電力工学ハンドブック

宅間　董
高橋一弘
柳父　悟
［編集］

赤崎正則
尾崎勇造
尾出和也
河村達雄
河野照哉
関根泰次
豊田淳一
堀井憲爾
松浦虔士
［編集顧問］

朝倉書店

刊行に寄せて

　2003年に，アメリカ，イギリス，イタリア，スウェーデンなどのいわゆる先進諸国で相次いで大停電が発生しました．照明，空調装置はもとよりエレベータ，道路信号機も途絶えた大都市の風景は，現代社会の死命が電力供給に制せられていることを世界中に印象付けました．

　このように電力系統は現代社会の最も重要なインフラシステムでありますが，あまりにも容易に電気が使えるために，それがいかに巨大で大規模な構成であるかが，普段ややもすると忘れられがちであります．わが国では，諸外国に比べて格段に停電の少ない信頼度の高い電力系統が確立され，電力供給はあたりまえのように感じられていますが，これは電力分野の関係者の過去から現在までのたゆまぬ努力のおかげであります．

　今回刊行される『電力工学ハンドブック』は，このような電力供給の関連技術を記述したもので，そのための個々の要素や全体システムを理解するに適した内容であると考えます．特に，今日の信頼できる電力系統が確立されるまでの歴史的変遷や国際的な視点に配慮して，個々の技術分野の基礎基盤的な内容が記述されていることは，わが国のみならず，海外の読者，特に開発途上国の技術者にとっても役立つものと思います．

　具体的内容は，継承技術に重点を置く一方，今後の方向や将来技術も過不足なく取り上げられており，電力分野の技術者・研究者や関係の学生諸君に好適の書として推薦する次第です．

　2005年8月

編集顧問一同

まえがき

　現代生活は電気なくしては成り立たず，あらゆる分野で電気が使用されている．このような電気文明を支えているのが動力源としての電力であり，最も重要な社会インフラシステムとして，全国のいたるところに電力網が張りめぐらされている．今後の情報化社会でもその基盤は電気エネルギー（電力）であり，先進諸国ではその利便性からエネルギー消費全体に占める電力の割合（電力化率）はさらに高まると予想されている．中国，インドなど開発途上国においても急速な経済成長に伴う電力需要の伸びが進行している．

　電力工学はこのような現代社会を支える工学として，発電，送電，変電，配電を骨幹とする電力供給とその関連技術を対象とするもので，すでに長い歴史を有するが，なお新しい技術の導入や環境の変化が続いている．先進諸国では，成長の停滞や将来の構成が現状と異なる方向に至る可能性も存在するが，それらに備える一方で，このインフラシステムを維持していくために，これまでに蓄積された知見の継承が不可欠である．さらに環境対策を始めとして，わが国の卓越した技術を世界に発信し，開発途上国の発展に寄与することも重要である．

　本書は，広範で複雑化した電力分野の基本となる技術を取りまとめて，その基礎と全貌を理解できるような内容を目指して，企画，構成，編集を行った．特に電力分野の技術者・研究者ならびにこの分野を志望する学生が，直接の専門でない関係技術や新しいトピックをも広く理解できることを主眼とした．電力分野のあらゆる技術を座右の1冊で把握できるように意図したものである．

　特に編集に留意した点を以下に列挙する．
　(1) 電力工学は十分確立された分野であり，基礎・応用とも多量の知識が蓄積されている．ハンドブックとして，特に歴史的発展や技術の変遷を念頭に，これら順序だてて記述するとともに，最近の新しい発展，動向，トピックを省かずに説明することとした．
　(2) 歴史的発展に関しては，個別の各章でも当該分野の技術の変遷としてふれるが，最初に，「電力利用の歴史と展望」なる独立した章を設けた．これは特に，これから電力分野に携わる若手の技術者や関心のある学生諸君に，今後の方向と発展を展望していただくことを意図している．
　(3) 電力工学は膨大で多岐にわたる内容であるため，専門的で詳細な説明は思い

切って圧縮し，むしろ基礎を重視した内容，すなわち技術の背景，要因，メカニズムをていねいに説明するものとした．そのため，一般の電力工学の教科書に比べると基礎から実用面までを広くカバーし，より充実した内容になっている．

(4) 新しい内容(トピック)を扱った章として，環境問題，分散型電源，パワーエレクトロニクス機器，超電導機器の各章を設けた．また，他の個別の章においても電力自由化など，最近の動向を積極的に取り上げた．

(5) 内容のおおまかな分類として，それぞれ，I. 基礎編，II. 応用編に分けて利用の便を図った．すなわち，基礎編は，電力利用の歴史と展望，エネルギー資源，電力系統の基礎特性，電力系統の計画と運用，高電圧絶縁，大電流現象，環境問題の7章，応用編は，発電設備（水力発電，火力発電，原子力発電），分散型電源，送電設備（架空送電線，地中送電線），変電設備（変電システム，変電機器），配電・屋内設備，パワーエレクトロニクス機器，超電導機器，電力応用の8章である．

(6) 執筆内容については字句や表記の統一に至るまで，細かい加筆・修正を行って万全を期した．

本書が，電力分野の関係者ならびに関心を有する方々のお役に立てられるならばまことに幸いである．

2005年8月

編集委員　宅間　　董
　　　　　高橋一弘
　　　　　柳父　悟

● **編集委員**

宅間	董	東京電機大学・電力中央研究所
高橋	一弘	電力中央研究所
柳父	悟	東京電機大学

● **編集顧問**

赤崎	正則
尾崎	勇造
尾出	和也
河村	達雄
河野	照哉
関根	泰次
豊田	淳一
堀井	憲爾
松浦	虔士

● **執筆者** (執筆順. ＊は章の編集責任者)

田中	秀雄*	東京電力
鈴木	浩	GEエナジー
武内	良三	日立製作所
大来	雄二	東芝総合人材開発
浅野	浩志*	東京大学・電力中央研究所
小川	芳樹	東洋大学
高橋	一弘*	電力中央研究所
内田	直之	東京理科大学
林	敏之	電力中央研究所
新藤	孝敏	電力中央研究所
横水	康伸	名古屋大学
柳父	悟*	東京電機大学
稲葉	次紀	中央大学
西宮	昌	前 電力中央研究所
宅間	董*	東京電機大学・電力中央研究所
一原	嘉昭*	東電記念科学技術研究所
山口	博	東京電力
久保田一正		東京電力
猪野	博行	東京電力
三明	誠司	東京電力
鈴木	康郎	東京電力
七原	俊也	電力中央研究所
鈴木	健一*	中部電力
重野	拓郎	中部電力・電気事業連合会
松井	俊道	中部電力
佐々木三郎*		電力中央研究所
村山	康文	東芝
松本	翼*	元 関西電力
土井	義宏	関西電力
松村	幹雄	関西電力
宮里	健司	関西電力
田辺	年隆	きんでん
小野	朗	関西電力
石原	一志	関西電力
堀内	恒郎*	国士舘大学
小西	博雄	日立製作所
植田	清隆*	東北大学・電力中央研究所
仁田	旦三	東京大学
塚本	修巳	横浜国立大学
阿部	茂*	埼玉大学
上住	好章	東芝三菱電機産業システム
米畑	讓	三菱電機
馬場	文明	三菱電機
小田	哲治	東京大学

目　　次

I. 基　礎　編

1. **電力利用の歴史と展望** ……〔田中秀雄〕……………………………… 3
   1.1 電気時代の誕生 ……………………………………〔田中秀雄〕… 3
      1.1.1 電気の発見から利用まで ……………………………………… 3
         静電気の発見／日本人と電気の出会い／電気の謎を探る／カエルの解剖実験から電池へ／電気の磁気作用／実験的事実から統合理論へ／電流の熱作用／初期の発電機
      1.1.2 エジソン時代から交流送電まで ……………………………… 10
         電気時代のはじまり／交直送電論争／電力機器の開発と産業電化
   1.2 電力系統・電力機器の大規模化 ……………………〔鈴木　浩〕… 14
      1.2.1 発電所・発電用機器の進歩 …………………………………… 14
         火力発電・水力発電の黎明期／貯水式水力発電所の開発／大規模水系開発の歴史／水主火従から火主水従への転換／化石燃料の転換／大規模揚水発電所の開発／原子力発電の導入／火力発電の高効率化
      1.2.2 送電技術の進歩 ………………………………………………… 20
         送電電圧の高圧化／電力ネットワークの拡大／ケーブル線路の発達
      1.2.3 電力制御技術の進歩 …………………………………………… 23
         自動給電システム／系統制御の歴史／アナログからディジタルへの歴史
      1.2.4 基礎技術の進歩 ………………………………………………… 25
         解析技術の進歩／絶縁技術の発達／パワーエレクトロニクス技術の発展
   1.3 電力利用技術の変遷 ………………………………〔武内良三〕… 28
      1.3.1 電力利用技術の変遷・発展 …………………………………… 28
         基盤技術の発達／利用分野の拡充／戦後の復興と飛躍
      1.3.2 電力利用機器の発展 …………………………………………… 31
         照明／モータ／家庭電化機器
      1.3.3 基礎技術 ………………………………………………………… 34
         材料技術／加工技術／計算機技術

1.4 電力技術の展望 …………………………………〔大来雄二〕… 37
 1.4.1 電力技術の置かれている状況 ……………………………… 37
  電力の役割／資源と発電／送配電・変電／規制緩和
 1.4.2 電力技術の将来 ……………………………………………… 44
  電力技術の多様化／電力技術の協調
 1.4.3 電力技術の担い手 …………………………………………… 49

2. エネルギー資源 ……〔浅野浩志〕…………………………… 54

2.1 エネルギーの基礎 ……………………………〔浅野浩志〕… 54
 2.1.1 エネルギーの定義 …………………………………………… 54
  各種のエネルギー／単位と変換効率
 2.1.2 エネルギー利用の歴史 ……………………………………… 56
  商業的利用へ／電力と自動車の時代へ
 2.1.3 エネルギー資源の分類 ……………………………………… 57
2.2 一次エネルギー ……………………………………………… 59
 2.2.1 石 炭 …………………………………………〔小川芳樹〕… 59
  資源の特徴／消費と供給の特徴／利用の特徴
 2.2.2 石 油 ………………………………………………………… 62
  資源の特徴／消費と供給の特徴／利用の特徴
 2.2.3 天然ガス ……………………………………………………… 65
  資源の特徴／消費と供給の特徴／利用の特徴
 2.2.4 ウ ラ ン ……………………………………………………… 68
  資源の特徴／供給の特徴／利用の特徴
 2.2.5 バイオマスエネルギー ……………………〔浅野浩志〕… 72
  資源の特徴／供給の特徴／利用の特徴
 2.2.6 再生可能エネルギー ………………………………………… 74
  太陽光発電と太陽熱／風力／地熱／海洋エネルギー／開発・利用促進
2.3 二次エネルギー ……………………………………………… 77
 2.3.1 電 力 …………………………………………〔浅野浩志〕… 77
  需要の特徴／供給の特徴
 2.3.2 都市ガス ………………………………………〔小川芳樹〕… 80
  需要の特徴／供給の特徴／規制緩和
 2.3.3 石油製品 ……………………………………………………… 83
  需要の特徴／供給の特徴／規制緩和
 2.3.4 水素エネルギー ……………………………〔浅野浩志〕… 86
  水素エネルギー社会への道／生産・貯蔵・輸送方法
 2.3.5 次世代クリーン燃料 ………………………………………… 88

GTL製造プロセス／各種新燃料の特徴

3. 電力系統の基礎特性 ［高橋一弘］ 91
3.1 電力系統の構成と特徴 〔高橋一弘〕 91
3.1.1 電気エネルギーと電力系統の概要 91
位置づけ／構成と要素／誕生と発展／形状と構造
3.1.2 電力系統を構成する主要な設備 96
発電所／変電所／需要家／送電線と配電線
3.1.3 電力系統の状態表示と基本特性 100
状態の記述変数／瞬時電圧・瞬時電流・瞬時電力／有効電力と無効電力の解釈／基本特性の概要
3.2 電力系統の需給と周波数 〔内田直之〕 105
3.2.1 周波数と需給バランス 105
系統周波数／周波数維持の重要性／周波数特性
3.2.2 負荷・周波数制御 108
単一系統の周波数制御／連系系統における負荷周波数制御
3.2.3 経済負荷配分と経済運用 109
火力発電所／送電損失の考慮／経済運用
3.3 電力系統の電圧と潮流 〔高橋一弘〕 112
3.3.1 電圧と潮流に関する基礎的事項 112
複素電圧と複素電流／有効電力と無効電力の複素表示／送電線の表現と送受電電力／送電線の基本的特性／変圧器の表現と等価回路
3.3.2 電圧・潮流解析の定式化と解法 118
ノードアドミタンス行列とその要素／電力方程式と解析の定式化／ニュートン・ラフソン法による求解／ヤコビアン行列の特徴と具体例
3.4 電力系統の安定度 〔内田直之〕 123
3.4.1 安定度の分類 123
定態安定度と過渡安定度／一機無限大母線系統
3.4.2 安定度解析手法 128
系統構成要素のモデル／定態安定度の解析手法／過渡安定度の解析手法／制御系定数の最適化
3.4.3 安定化対策 134
定態安定度と過渡安定度の対策

4. 電力系統の計画と運用 ［高橋一弘］ 138
4.1 電力系統の形態と特徴 〔林 敏之〕 138
4.1.1 わが国の電力系統の変遷 139

復興期／成長期／安定期／完成期
　　4.1.2　海外の電力系統 …………………………………………………… 142
　　　　北米系統／欧州系統／発展途上国の系統
　4.2　電力系統の計画と運用制御 ……………………………………………… 145
　　4.2.1　需要想定と電源・系統計画 ………………………………………… 146
　　　　電力需要の変遷／電源計画と電源開発／系統計画と供給信頼度の評価
　　4.2.2　需給運用と需給制御 ………………………………………………… 150
　　　　電源の運用計画／経済負荷配分／系統周波数制御
　　4.2.3　系統運用と系統制御 ………………………………………………… 153
　　　　系統運用／電圧・無効電力制御
　4.3　電力系統の安定運転 ……………………………………………………… 157
　　4.3.1　系統安定度の維持 …………………………………………………… 157
　　　　系統事故と安定度／保護システム／系統安定化制御／事故波及防止
　　4.3.2　系統事故時の復旧方式 ……………………………………………… 166
　　　　個別復旧／総合復旧／復旧訓練と自動復旧
　4.4　電力供給の信頼度と品質 ………………………………………………… 168
　　4.4.1　供給信頼度と停電 …………………………………………………… 168
　　　　供給支障事故／設備形成と供給支障／重大事故／停電コストの評価
　　4.4.2　電力供給における電力品質 ………………………………………… 174
　　　　フリッカ抑制対策／高調波障害／電磁障害／分散型電源の連系ガイドライン／瞬時電圧低下

5. 高電圧絶縁　……〔宅間　董〕 185
　5.1　絶縁特性 ……………………………………………〔新藤孝敏〕… 185
　　5.1.1　大気の絶縁特性 ……………………………………………………… 185
　　　　絶縁破壊の基礎特性／コロナ放電／火花電圧とV-t特性／グロー放電とアーク放電
　　5.1.2　大気以外のガスの絶縁特性 ………………………………………… 191
　　5.1.3　液体の絶縁特性 ……………………………………………………… 194
　　　　絶縁油／極低温絶縁
　　5.1.4　固体の絶縁特性 ……………………………………………………… 195
　　　　導体と絶縁体／固体の絶縁破壊現象／トリー現象
　　5.1.5　複合誘電体の絶縁特性 ……………………………………………… 197
　　5.1.6　真空の絶縁特性 ……………………………………………………… 199
　5.2　雷現象 ……………………………………………………………………… 200
　　5.2.1　電荷形成過程 ………………………………………………………… 200
　　5.2.2　雷放電過程 …………………………………………………………… 200

　　　　5.2.3　雷のパラメータ ……………………………………… 201
　　　　5.2.4　雷観測手法 …………………………………………… 204
　　　　　　雷放電現象の観測／落雷位置標定システム
　　　　5.2.5　誘雷技術 ………………………………………………… 206
　　5.3　過電圧と絶縁設計 …………………………………………………… 206
　　　　5.3.1　耐雷設計 ………………………………………………… 207
　　　　　　雷遮へい／雷サージ
　　　　5.3.2　開閉サージ・短時間過電圧 ………………………… 209
　　　　5.3.3　絶縁協調 ………………………………………………… 210
　　　　　　避雷器による過電圧抑制／避雷器保護レベルと機器試験電圧／変電所の絶縁協調
　　5.4　高電圧試験法 ………………………………………………………… 213
　　　　5.4.1　高電圧の発生 …………………………………………… 213
　　　　　　交流高電圧の発生／直流高電圧の発生／インパルスの発生
　　　　5.4.2　高電圧計測 ……………………………………………… 215
　　　　　　球ギャップ／抵抗倍率器／分圧器／計器用変圧器
　　　　5.4.3　高電圧試験法 …………………………………………… 218
　　　　　　絶縁試験の歴史とその基本的考え方／絶縁試験の種類と試験方法

6.　大電流現象 ……［柳父　悟］ 222

　　6.1　大電流基礎現象 ……………………………………〔横水康伸〕… 222
　　　　6.1.1　電磁力現象 ……………………………………………… 222
　　　　　　電流に外磁界が作用する力／導体間の電磁力／電気接点での電磁力
　　　　6.1.2　導電現象 ………………………………………………… 224
　　　　　　導体／ジュール熱／漂遊負荷損
　　　　6.1.3　接点現象 ………………………………………………… 225
　　　　　　接触抵抗／接点の損耗／接点材料
　　　　6.1.4　アーク現象 ……………………………………………… 227
　　　　　　短絡現象と遮断／高気圧アーク放電の物性／過渡応答解析／真空アーク
　　6.2　大電流発生技術 ……………………………………〔柳父　悟〕… 230
　　　　6.2.1　直流大電流の発生 ……………………………………… 230
　　　　　　蓄電器／直流発電機／整流器
　　　　6.2.2　交流大電流の発生 ……………………………………… 232
　　　　　　交流系統／短絡発電機／はずみ車式発電機
　　　　6.2.3　パルス大電流の発生 …………………………………… 234
　　6.3　大電流測定技術 ……………………………………〔稲葉次紀〕… 237
　　　　6.3.1　センサ …………………………………………………… 237

目次

- 6.3.2 接地・雑音対策 ……………………………………… 237
- 6.3.3 直流大電流の測定技術 …………………………… 239
  飽和形変流器／ホール素子形直流変流器／光変流器
- 6.3.4 交流大電流の測定技術 …………………………… 240
  分流器／電磁形変流器／光変流器
- 6.3.5 パルス大電流の測定 ……………………………… 243
  パルス大電流の測定／分流器／高周波変流器／ロゴスキーコイル／雷放電エネルギーの測定手法
- 6.3.6 大電流校正技術 …………………………………… 246
- 6.4 大電流試験技術 ………………………………〔柳父 悟〕… 246
  - 6.4.1 直接短絡遮断試験 ………………………………… 247
  - 6.4.2 合成遮断試験 ……………………………………… 248
  - 6.4.3 防爆試験 …………………………………………… 250
  - 6.4.4 温度上昇試験 ……………………………………… 251
  - 6.4.5 その他の試験 ……………………………………… 251
- 6.5 大電流応用技術 ………………………………〔稲葉次紀〕… 251
  - 6.5.1 応用技術全般 ……………………………………… 251
    核融合発電／エネルギー貯蔵／電磁流体（MHD）発電／超強磁界発生／極超高圧力応用／高速飛しょう／電磁両立性と電磁パルス応用／電磁推進応用／大容量発熱応用／高輝度発光応用／アークプラズマ環境応用
  - 6.5.2 応用技術の詳細 …………………………………… 253
    核融合発電／エネルギー貯蔵／電磁流体（MHD）発電応用／超強磁界発生／極超高圧力応用／高速飛しょう／電磁パルス応用／電磁推進応用
  - 6.5.3 発熱・発光応用技術 ……………………………… 257
    大容量発熱応用／高輝度発光応用／アークプラズマ環境応用

7. 環境問題 ……［宅間 董］…………………………………… 263

- 7.1 電力工学と環境 ………………………………〔西宮 昌〕… 263
  - 7.1.1 電気事業における環境問題 ……………………… 263
  - 7.1.2 環境年譜 …………………………………………… 264
- 7.2 地域環境問題 …………………………………………… 264
  - 7.2.1 地域環境保全 ……………………………………… 264
    大気保全対策／水質保全対策／騒音・振動防止／環境アセスメント
  - 7.2.2 原子力発電所の安全対策 ………………………… 268
  - 7.2.3 化学物質の管理 …………………………………… 269
    PRTR 制度／ダイオキシン類対策／PCB 対策
  - 7.2.4 電力設備の環境調和対策 ………………………… 270

　　　　発電所/送変電・配電設備
　7.2.5　電気事業とリサイクル ………………………………………………… 270
　　　　廃棄物の再資源化/建設副産物リサイクルの推進/放射性廃棄物の処理
7.3　地球環境問題 ……………………………………………………………… 271
　7.3.1　酸性雨 ……………………………………………………………………… 271
　　　　現象/防止対策
　7.3.2　地球温暖化 ……………………………………………………………… 273
　　　　メカニズムと温室効果ガス/温室効果ガスの排出の推移と予測/地球温暖
　　　　化に伴う気候変化とその影響
　7.3.3　地球温暖化問題に対する国際的取組み …………………………… 278
　　　　国際条約までの流れ/締約国会議（COP）と京都議定書/京都議定書以後
　　　　の締約国会議
　7.3.4　わが国の温暖化防止対策 ……………………………………………… 281
　　　　地球温暖化対策推進大綱/温室効果ガス排出削減のための技術的対策
　7.3.5　電気事業の温暖化対策 ………………………………………………… 284
　　　　環境自主行動計画/地球温暖化対策技術/SF_6の排出抑制対策/ライフサイ
　　　　クルアセスメント
7.4　電磁環境問題（EMC） ……………………………………〔宅間　董〕… 288
　7.4.1　電磁環境の概要 …………………………………………………………… 288
　7.4.2　感　電 ……………………………………………………………………… 289
　7.4.3　交流送電線の環境問題 ………………………………………………… 290
　　　　静電誘導/放電による環境問題
　7.4.4　直流送電線の環境問題 ………………………………………………… 293
　　　　雑音・騒音/イオン流帯電
7.5　電磁界の健康影響（EMF）問題 ……………………………………………… 294
　7.5.1　歴史的経緯 ……………………………………………………………… 294
　　　　疫学調査
　7.5.2　EMFにかかわる研究 …………………………………………………… 296
　7.5.3　電磁界の作用と誘導電界・電流 ……………………………………… 298
　　　　人体の電気的特性/誘導電界と誘導電流

II. 応用編

8. 発　電　設　備 ……〔一原嘉昭〕………………………………………… 305
（I）水　力　発　電 ……………………………〔山口　博・久保田一正〕… 305

目　次

- 8.1　水力発電の変遷と概要 …………………………………… 305
  - 8.1.1　水力発電の変遷 …………………………………… 305
  - 8.1.2　水力発電所の種類と分類 ……………………… 308
    構造による分類／水の使用方法による分類
  - 8.1.3　水力学 ………………………………………………… 308
    発電所出力／損失水頭／水撃作用
- 8.2　水力発電所の設備 …………………………………………… 309
  - 8.2.1　取水・水路設備 …………………………………… 309
    ダム／水路／水圧管路
  - 8.2.2　水力設備 …………………………………………… 312
    水車／ポンプ水車／入口弁／ケーシング／案内羽根（ガイドベーン）／吸出管／圧油装置／給水装置
  - 8.2.3　電気設備 …………………………………………… 315
    発電機／軸受／潤滑油装置／励磁装置
- 8.3　水力発電所の計画と設計 ………………………………… 317
  - 8.3.1　水力発電所の計画 ………………………………… 317
    地点選定／発電所の設計
  - 8.3.2　環境保全 …………………………………………… 318
    環境影響／水力発電所の環境保全対応
- 8.4　水力発電所の運用管理 …………………………………… 319
  - 8.4.1　水利権 ……………………………………………… 319
  - 8.4.2　監視制御 …………………………………………… 319
  - 8.4.3　出力制御と電圧制御 …………………………… 320
    出力制御／電圧調整／揚水発電所の始動方式
  - 8.4.4　設備管理技術 ……………………………………… 322
    巡視／点検／水車・発電機の設備診断技術
- (II)　火　力　発　電 ……………………………… 〔猪野博行・三明誠司〕… 324
  - 8.5　火力発電の変遷と概要 …………………………………… 324
    - 8.5.1　火力発電の分類 …………………………………… 324
      汽力発電／ガスタービン発電／コンバインドサイクル発電（複合発電）／内燃力発電／熱併給（コージェネレーション）
    - 8.5.2　わが国の火力発電の変遷 ……………………… 325
      汽力発電の熱効率向上・単機容量増大／燃料多様化と環境対策／出力調整能力とさらなる熱効率向上
    - 8.5.3　火力発電の燃料 …………………………………… 328
      石炭燃料設備／原重油燃料設備／LNG燃料設備
  - 8.6　ボイラと蒸気タービン …………………………………… 332

8.6.1　ボイラの種類 …………………………………… 332
　　　　自然循環ボイラ/強制循環ボイラ/貫流ボイラ
　　8.6.2　ボイラの構造 …………………………………… 333
　　　　燃焼設備/火炉/ドラム/過熱器，再熱器，節炭器/空気予熱器/通風設備
　　8.6.3　給水装置 ……………………………………… 336
　　　　水ポンプ/給水加熱器/脱気器
　　8.6.4　ボイラの性能 …………………………………… 336
　　8.6.5　蒸気タービンの種類 ……………………………… 337
　　　　復水タービンと背圧タービン/再生タービンと再熱タービン/単流タービ
　　　　ンと複流タービン/タンデムコンパウンドとクロスコンパウンド/衝動
　　　　タービンと反動タービン
　　8.6.6　蒸気タービンの構造 ……………………………… 338
　　　　ロータ/タービン翼（静翼と動翼）/車室（ケーシング）/軸受/主要弁/タ
　　　　ニング装置
　　8.6.7　復水装置 ……………………………………… 340
　　　　復水器/循環水ポンプ/復水ポンプ/空気抽出装置
　　8.6.8　蒸気タービンの性能 ……………………………… 341
　　　　熱サイクルの影響/蒸気タービン本体の影響
8.7　ガスタービン発電とコンバインドサイクル発電設備 ………………… 342
　　8.7.1　ガスタービンの構造と特徴 ………………………… 342
　　　　気圧縮機/燃焼器/タービン
　　8.7.2　コンバインドサイクル発電設備の種類と特徴 …………… 343
　　　　コンバインドサイクル発電の種類/ガスタービン発電およびコンバインド
　　　　サイル発電の特徴/ガスタービン発電およびコンバインドサイクル発電の
　　　　新技術
8.8　電気設備 ………………………………………………… 346
　　8.8.1　主要電気設備構成 ………………………………… 346
　　8.8.2　発電機 ………………………………………… 347
　　8.8.3　変圧器 ………………………………………… 348
　　8.8.4　発電機回路付属機器 ……………………………… 349
　　8.8.5　開閉設備 ……………………………………… 350
8.9　監視制御設備 ……………………………………………… 350
　　8.9.1　監視制御の基本方針 ……………………………… 350
　　8.9.2　制御システム構成と機能 …………………………… 350
　　8.9.3　マンマシンインターフェース ………………………… 351
　　　　中央操作室のマンマシンインターフェース機器/CRT オペレーション
　　8.9.4　自動化 ………………………………………… 352

プラント起動前準備／ガスタービン起動〜無負荷定格速度運転／並列〜通常運転／負荷遮断
- 8.10 火力発電所の建設と運用 …………………………………………… 354
  - 8.10.1 火力発電所の建設 …………………………………………… 354
    基本計画／建設工事／関連法規と手続き
  - 8.10.2 火力発電所の運用 …………………………………………… 355
    運転保守管理／環境保全対策

(III) 原子力発電 ………………………………………………〔鈴木康郎〕… 359
- 8.11 原子力発電の変遷 ………………………………………………… 359
  - 8.11.1 原子力発電の歴史 …………………………………………… 359
    原子力利用の始まり／アメリカの発電用原子炉開発計画／世界の現況
  - 8.11.2 わが国への導入と改良の経緯 ……………………………… 360
    原子力発電所／核燃料サイクル施設
- 8.12 原子力発電の概要 ………………………………………………… 361
  - 8.12.1 原子炉の理論 ………………………………………………… 361
    中性子の核反応／断面積
  - 8.12.2 原子炉の構成 ………………………………………………… 362
    燃料／減速材／冷却材／反射体／制御材／原子炉容器／生体遮へい
  - 8.12.3 軽水型原子力発電所 ………………………………………… 364
    加圧水型原子力発電所／沸騰水型原子力発電所／原子力用タービン発電機／軽水型原子力発電所の起動・停止方法と負荷追従性能
  - 8.12.4 その他の発電用原子炉 ……………………………………… 370
    ガス冷却型原子炉／重水型原子炉／高速増殖型原子炉／第4世代原子炉
- 8.13 原子力発電の安全確保 …………………………………………… 374
  - 8.13.1 安全確保の考え方 …………………………………………… 374
    事故の発生防止／事故の拡大防止
  - 8.13.2 保障措置 ……………………………………………………… 379
  - 8.13.3 安全確保のための制度 ……………………………………… 379
- 8.14 設備保全 …………………………………………………………… 379
  時間計画保全と状態監視保全／状態監視保全の考え方と特長／信頼性重視保全／リビングプログラム
- 8.15 原子燃料サイクル ………………………………………………… 383
  - 8.15.1 ウラン濃縮技術 ……………………………………………… 383
  - 8.15.2 原子燃料の成型加工 ………………………………………… 384
    ウラン燃料／MOX燃料
  - 8.15.3 使用済燃料の再処理 ………………………………………… 386
  - 8.15.4 放射性廃棄物の処理・処分 ………………………………… 388

- **9. 分散型電源** …… [浅野浩志] …………………………… 390
  - 9.1 分散型電源の概要 ……………………………… 〔浅野浩志〕… 390
    - 9.1.1 分散型電源の定義 ……………………………………… 390
    - 9.1.2 分散型電源の分類 ……………………………………… 392
      - 再生可能エネルギーシステム/リサイクル型エネルギーシステム/化石燃料投入型エネルギーシステム
    - 9.1.3 開発の歴史 ……………………………………………… 393
  - 9.2 分散型電源の導入と系統連系 …………………… 〔七原俊也〕… 394
    - 9.2.1 分散型電源と系統連系 …………………………………… 394
      - 系統連系の条件/系統連系の観点
    - 9.2.2 系統連系技術と制度 ……………………………………… 395
      - ローカル系統への影響/全体系統への影響
    - 9.2.3 分散型電源の導入促進政策 ……………………〔浅野浩志〕… 400
  - 9.3 各種の発電方式 ………………………………………………… 402
    - 9.3.1 太陽光発電 ……………………………………〔七原俊也〕… 402
      - 原理と構造/開発・普及状況/経済性/今後の方向性と課題
    - 9.3.2 風力発電 …………………………………………………… 405
      - 原理と構造/開発・普及状況/経済性/今後の方向性と課題
    - 9.3.3 小水力発電 ……………………………………〔浅野浩志〕… 409
      - 原理と構造/開発・普及状況/今後の方向性と課題
    - 9.3.4 地熱発電 …………………………………………………… 410
      - 技術動向/普及状況,市場
    - 9.3.5 燃料電池 …………………………………………………… 412
      - 原理/種類と特徴/適用分野と開発状況/課題
    - 9.3.6 コージェネレーションシステム …………………………… 416
      - 原理と特徴/各種原動機の特徴/普及状況と課題/今後の方向性と課題
    - 9.3.7 バイオマス発電 …………………………………………… 420
      - バイオマス発電への期待/バイオマスからのエネルギー変換/導入事例
  - 9.4 各種の電力貯蔵技術 ……………………………… 〔七原俊也〕… 422
    - 9.4.1 二次電池 …………………………………………………… 424
      - 原理と構造/特長と問題点/普及の状況/今後の方向性
    - 9.4.2 電気二重層キャパシタ …………………………………… 426
      - 原理と構造/特長と問題点/今後の方向
    - 9.4.3 フライホイール …………………………………………… 428
      - 原理と構造/特長と問題点/普及の状況
    - 9.4.4 その他の貯蔵技術 ………………………………………… 430
- **10. 送電設備** …… [鈴木健一] …………………………… 432

(I) 架空送電線 ……………………………………………〔重野拓郎〕… 432
10.1 架空送電線の概要 …………………………………………………… 432
10.1.1 架空送電線の変遷 ………………………………………… 432
10.1.2 架空送電線の設備構成 …………………………………… 435
送電方式の種類／交流架空送電線の概要／直流架空送電線の概要
10.1.3 架空送電線の保全 ………………………………………… 436
10.2 送電用支持物 ………………………………………………………… 438
10.2.1 送電用支持物の種類 ……………………………………… 438
支持物／鉄塔の分類・規模／使用材料／想定荷重／鉄塔応力の解法
10.2.2 基　礎 ……………………………………………………… 444
基礎への荷重／種類と特徴／逆 T 字基礎の設計
10.3 がいし装置 …………………………………………………………… 446
10.3.1 がいし装置の種類と構造 ………………………………… 446
材質／種類と構造／がいし装置
10.3.2 がいしの電気的特性 ……………………………………… 448
10.3.3 機械的特性 ………………………………………………… 450
10.3.4 がいし個数の設計 ………………………………………… 450
絶縁設計の基本的な考え方／耐汚損設計／耐内部過電圧設計／耐雷設計／がいし個数の設計例
10.4 電線・架空地線 ……………………………………………………… 453
10.4.1 電線・地線の種類と構造 ………………………………… 453
架空送電線用電線に求められる特性／単一より線／複合より線／特殊電線／電線付属品
10.4.2 電線・架空地線の電気的性能 …………………………… 458
10.4.3 電線の機械的性質および弛度計算 ……………………… 458
(II) 地中送電線 ……………………………………………〔松井俊道〕… 460
10.5 地中送電線の概要 …………………………………………………… 460
10.5.1 地中送電線の変遷 ………………………………………… 460
10.5.2 地中送電線の設備構成 …………………………………… 461
10.5.3 地中送電線の絶縁設計 …………………………………… 462
10.5.4 地中送電線の送電容量設計 ……………………………… 462
10.5.5 直流送電設備の概要 ……………………………………… 463
10.5.6 海底ケーブルの概要 ……………………………………… 464
10.5.7 GIL の概要 ………………………………………………… 464
10.6 OF ケーブル ………………………………………………………… 465
10.6.1 OF ケーブルの種類，構造および変遷 ………………… 465
10.6.2 OF ケーブルの絶縁設計 ………………………………… 466

　　　　ケーブル絶縁体厚さの求め方/構造的配慮
　　10.6.3　その他の設計 ………………………………… 467
　　10.6.4　OF ケーブルの保守技術 …………………… 468
　10.7　CV ケーブル ……………………………………… 468
　　10.7.1　CV ケーブルの種類，構造および変遷 …… 468
　　10.7.2　CV ケーブルの絶縁設計 …………………… 470
　　　　ケーブル絶縁体厚さの求め方
　　10.7.3　CV ケーブルの保守技術 …………………… 471
　　　　直流漏れ電流法/残留電荷法/損失電流法
　10.8　ケーブル接続部 …………………………………… 472
　　10.8.1　接続部の種類 ………………………………… 473
　　　　中間接続部/終端接続部
　　10.8.2　接続部の絶縁設計 …………………………… 474
　　　　中間接続部の設計/終端接続部の設計
　　10.8.3　接続技術の現状と将来 ……………………… 475

11. 変 電 設 備　……〔佐々木三郎〕……………………… 478
（I）　変電システム ………………………〔佐々木三郎〕… 478
　11.1　変電所の概要 ……………………………………… 478
　　11.1.1　変電所の変遷 ………………………………… 478
　　11.1.2　変電所の機能と構成 ………………………… 479
　　　　変電所の機能・種類/母線（単母線，二重母線，環状母線）
　　11.1.3　変電所の運転 ………………………………… 481
　11.2　絶縁協調 …………………………………………… 481
　　11.2.1　絶縁協調の変遷 ……………………………… 482
　　11.2.2　絶縁協調の基本的な考え方 ………………… 483
　　　　各種過電圧/各種変電所の絶縁協調
　　11.2.3　試験電圧 ……………………………………… 486
　11.3　保守と絶縁診断 …………………………………… 486
　　11.3.1　機器保守の考え方と変遷 …………………… 486
　　11.3.2　絶縁診断手法 ………………………………… 487
　11.4　保護と制御 ………………………………………… 488
　　11.4.1　保　護 ………………………………………… 488
　　　　保護の役割と方式/保護システムの変遷
　　11.4.2　系統保護技術 ………………………………… 488
　　　　送電線の保護/再閉路方式/母線の保護/事故波及防止保護
　　11.4.3　系統制御技術 ………………………………… 490

制御の基本的事項／変電所の監視制御方式の変遷
　　11.4.4　変電所の自動化 ……………………………………………… 491
　　　　配電用変電所・送電用変電所の自動制御
（II）　変電機器 ………………………………………………〔村山康文〕… 492
　11.5　変圧器 ……………………………………………………………… 492
　　11.5.1　技術の変遷 ………………………………………………… 492
　　11.5.2　油入変圧器 ………………………………………………… 492
　　　　油入変圧器の構造／変圧器の原理／鉄心構造と磁気特性／巻線構造と絶縁・冷却特性／温度設計と冷却
　　11.5.3　ガス絶縁変圧器 …………………………………………… 500
　　11.5.4　負荷時タップ切換器 ……………………………………… 501
　　　　タップ巻線と負荷時タップ切換器の配置／極性切換方式と転位切換方式／電流切換方式
　11.6　開閉装置 …………………………………………………………… 502
　　11.6.1　開閉装置の変遷 …………………………………………… 502
　　　　交流遮断器の変遷／ガス絶縁開閉装置の導入
　　11.6.2　交流遮断器 ………………………………………………… 504
　　　　基本機能／遮断時間／動作責務と高速度再閉路／多点切り構造／状態監視／補助開閉器
　　11.6.3　ガス遮断器 ………………………………………………… 506
　　　　単圧式ガス遮断器の構造／遮断性能向上技術／操作方式
　　11.6.4　ガス絶縁開閉装置（GIS） ………………………………… 508
　　　　GISの構造／三相一体構造／絶縁スペーサ／タンクの接地／複合化／主回路の接地／状態監視／代替ガスの開発
　　11.6.5　ガス絶縁断路器 …………………………………………… 512
　　　　ループ電流開閉性能／進み電流開閉と断路器再点弧サージ
　11.7　避雷器 ……………………………………………………………… 513
　　11.7.1　絶縁協調と避雷器 ………………………………………… 513
　　11.7.2　避雷器の変遷 ……………………………………………… 513
　　11.7.3　酸化亜鉛形避雷器 ………………………………………… 514
　11.8　その他の変電機器 ………………………………………………… 515
　　11.8.1　調相用コンデンサ ………………………………………… 515
　　11.8.2　リアクトル ………………………………………………… 516
　　11.8.3　位相調整変圧器 …………………………………………… 517
　　11.8.4　変成器 ……………………………………………………… 517
　　　　種類と構造／過電流倍数と過渡特性／計器用変圧器の過負荷特性と鉄共振
　　11.8.5　ブッシング ………………………………………………… 518

11.8.6	変電新技術 ………………………………………………	519

遮断器の位相制御付開閉方式/複合碍管ブッシング/パワーエレクトロニクス応用機器

12. 配電・屋内設備 …… [松本 翼] ………………………… 521

- 12.1 概 論 ……………………………………… [土井義宏]… 521
  - 12.1.1 配電の概要と特色 ……………………………………… 521
  - 12.1.2 配電技術の変遷 ………………………………………… 522
    配電電圧と電気方式/系統構成
- 12.2 配電設備計画 ………………………………… [松村幹雄]… 526
  - 12.2.1 配電の品質 ……………………………………………… 526
    供給信頼度/電圧管理/自然害対策
  - 12.2.2 設備計画の基礎 ………………………………………… 528
    負荷特性/需要想定/基本的な考え方/増強計画手法
  - 12.2.3 経済性評価 ……………………………………………… 530
    基本的な考え方/採算計算および諸元
- 12.3 配電線路 ……………………………………… [宮里健司]… 531
  - 12.3.1 配電線路の構成 ………………………………………… 531
    配電線路/設備設計/配電線路の技術基準
  - 12.3.2 特別高圧配電線路による供給方式 …………………… 533
    20 kV 級/6 kV 配電塔方式/20 kV 級/6 kV 柱上変圧器方式/20 kV 級/400 V 方式
  - 12.3.3 自然現象への対応 ……………………………………… 535
    雷害対策/塩害対策/雪害対策/樹木対策
  - 12.3.4 地域環境との調和 ……………………………………… 538
    配電線地中化の概要/環境調和装柱
  - 12.3.5 計量装置 ………………………………………………… 539
    電力量計の変遷/誘導形電力量計/電子式電力量計/遠隔検針システム
- 12.4 屋内電気設備 ………………………………… [田辺年隆]… 541
  - 12.4.1 屋内電気設備の概要 …………………………………… 541
    設備の特殊性/変遷と今後の課題
  - 12.4.2 受変電設備 ……………………………………………… 542
    受電電圧/受電方式/構成/保護方式
  - 12.4.3 屋内配電設備 …………………………………………… 551
    屋内配電電圧/屋内配電方式/屋内配電保護
  - 12.4.4 自家用発電設備 ………………………………………… 554
  - 12.4.5 瞬時電圧低下対策設備 ………………………………… 554

　　　　　蓄電池設備/無停電電源装置
　　12.4.6　ビル監視制御設備 …………………………………………… 555
　　　　　中央監視設備の歴史・機器構成・機能・付随設備・技術動向
　12.5　配電線運用 ……………………………………………………………… 559
　　12.5.1　設備管理 …………………………………………〔小野　朗〕… 559
　　12.5.2　電圧管理と負荷管理 ………………………………〔石原一志〕… 561
　　12.5.3　工事と保守 ……………………………………………………… 563
　　　　　配電線路の工事・巡視点検/事故復旧
　　12.5.4　保護システム ……………………………………………………… 566
　　　　　配電系統の保護/保護協調/接地工事
　　12.5.5　配電自動化 …………………………………………〔小野　朗〕… 568
　　　　　配電自動化システム/伝送路方式/将来像

13. パワーエレクトロニクス機器 ……［堀内恒郎］… 573
　13.1　直流送電 ………………………………………………………………… 573
　　13.1.1　直流送電の利点と適用分野 ……………………………………… 573
　　13.1.2　直流送電用変換装置 ……………………………………………… 574
　　13.1.3　内外の直流送電設備例 …………………………………………… 576
　　13.1.4　直流送電システム ………………………………………………… 577
　　　　　基本構成/三相ブリッジによる交直変換/直流送電システムの制御
　　13.1.5　交直変換所の主要機器 …………………………………………… 582
　　　　　サイリスタバルブ/変換器用変圧器/直流リアクトル/フィルタ/制御保護
　　　　　装置
　　13.1.6　自励式変換装置の適用 …………………………………………… 585
　13.2　無効電力補償装置 ………………………………………〔小西博雄〕… 587
　　13.2.1　他励式無効電力補償装置 ………………………………………… 587
　　　　　機器構成/動作原理
　　13.2.2　SVCの制御方式 …………………………………………………… 588
　　　　　交流電圧制御/無効電力制御/電力動揺抑制制御/三相電流平衡化制御
　　　　　/SVCの開発経過
　　13.2.3　自励式無効電力補償装置（STATCOM）………………………… 590
　　　　　装置の構成/制御方式/開発経過
　13.3　FACTS機器 ……………………………………………〔小西博雄〕… 592
　　13.3.1　FACTS機器の基本 ………………………………………………… 592
　　13.3.2　サイリスタ制御直列コンデンサ（TCSC）……………………… 593
　　　　　装置の構成/開発経過
　　13.3.3　潮流制御装置（UPFC）…………………………………………… 595

　　　　装置の構成/開発経過
　　13.3.4　そのほかのFACTS機器 ………………………………………… 596
　13.4　可変速揚水発電機励磁装置 ………………………………〔小西博雄〕… 598
　　13.4.1　可変速揚水発電機励磁装置の基本 ……………………………… 598
　　13.4.2　可変速揚水発電機励磁装置の開発経過 ………………………… 599

14. 超電導応用機器 …… [植田清隆] ……………………………………… 602
　14.1　超電導電力応用技術の歴史と現状 …………………………〔仁田旦三〕… 602
　　14.1.1　超電導電力機器のメリット ………………………………………… 602
　　14.1.2　超電導電力機器開発の歴史 ………………………………………… 603
　　14.1.3　超電導電力機器の実用化状況 ……………………………………… 605
　14.2　超電導導体と超電導マグネット ……………………………〔塚本修巳〕… 605
　　14.2.1　超電導導体の種類と構造 …………………………………………… 605
　　14.2.2　超電導マグネット技術 ……………………………………………… 607
　　　　マグネットの安定化/クエンチ保護
　　14.2.3　交流損失 ………………………………………………………………… 608
　　14.2.4　超電導マグネット応用機器
　　　　核融合装置/高エネルギー粒子物理実験装置/超電導磁気エネルギー貯蔵
　　　　装置(SMES)/産業・運輸応用/医療および分析用マグネット
　14.3　超電導電力輸送機器 ………………………………………〔植田清隆〕… 609
　　14.3.1　超電導ケーブルの特徴 ……………………………………………… 612
　　　　ケーブル構造/系統導入効果
　　14.3.2　開発課題と設計 ………………………………………………………… 615
　　　　磁界設計/絶縁設計/構造設計
　　14.3.3　超電導限流器 …………………………………………………………… 620
　　　　系統導入効果/開発課課題と設計の考え方
　　14.3.4　超電導変圧器 …………………………………………………………… 624
　　　　機器構造と系統導入効果/開発課題と設計の考え方
　14.4　超電導磁気エネルギー貯蔵 (SMES) ……………………〔仁田旦三〕… 626
　　14.4.1　SMESの特徴 ……………………………………………………………… 626
　　14.4.2　SMESの適用法 …………………………………………………………… 627
　　14.4.3　SMES開発プロジェクト ………………………………………………… 628
　14.5　超電導回転機 ………………………………………………〔仁田旦三〕… 630
　　14.5.1　超電導回転機の特徴 …………………………………………………… 630
　　　　超電導直流単極機/バルク超電導応用回転機
　　14.5.2　超電導回転機開発プロジェクト ……………………………………… 632

15. 電力応用 …… [阿部　茂] ……………………………………………… 634

15.1 電力需要の動向 ……………………………………〔阿部　茂〕… 634
　15.1.1 日本の電力需要の動向 …………………………………… 634
　　産業別需要／今後の長期需要見通し
　15.1.2 各国の電力需要 ……………………………………………… 637
15.2 鉄鋼・産業応用 ………………………………………〔上住好章〕… 639
　15.2.1 鉄鋼・産業分野の電力需要 ………………………………… 639
　15.2.2 鉄鋼プラント用電気設備 …………………………………… 640
　　鉄鋼製造プロセス／ホットストリップミルと電圧型インバータ／圧延プロセスとその駆動システムの変遷
　15.2.3 石油精製プラント用電気設備 ……………………………… 643
　　石油精製プロセス／電力需要
　15.2.4 最近の技術動向 ……………………………………………… 645
　　鉄鋼業における最近の省エネルギー／LNG 出荷基地における電気駆動方式
15.3 電気鉄道応用 …………………………………………〔米畑　譲〕… 645
　15.3.1 電気鉄道の電力需要 ………………………………………… 645
　　過去10年間の動向／今後の需要動向
　15.3.2 電気鉄道の電力負荷特性 …………………………………… 647
　　電力負荷の特徴／き電方式の適用例と特長／駆動制御システム
　15.3.3 電気鉄道の地上電力設備と車両電気機器 ………………… 649
　15.3.4 最近の技術動向 ……………………………………………… 651
　　駅，ホーム関連／車両／地上電力設備
15.4 ビル・昇降機応用 ……………………………………〔阿部　茂〕… 652
　15.4.1 ビルの電力需要と省エネルギー技術 ……………………… 652
　　ビルの電力需要／照明／空調
　15.4.2 エレベータとエスカレータ ………………………………… 654
　　エレベータの種類／ロープ式エレベータの駆動制御方式と省エネルギー化／エレベータの運転操作方式と群管理／エスカレータ
15.5 家庭応用 ………………………………………………〔馬場文明〕… 659
　15.5.1 家庭の電力需要 ……………………………………………… 659
　15.5.2 家電機器の省エネ技術 ……………………………………… 660
　　ルームエアコン／冷蔵庫／照明器具／モータ
　15.5.3 電力負荷の平準化 …………………………………………… 663
　15.5.4 新家電機器の動向 …………………………………………… 664
15.6 静電気応用 ……………………………………………〔小田哲治〕… 664
　15.6.1 静電気応用技術の概要 ……………………………………… 664
　　帯電とその対策／静電気力／静電気放電／各種の静電気応用技術
　15.6.2 環境改善への応用 …………………………………………… 666

電気集じん装置の概略／動作原理と構造／問題点とその対策／その他の静
　　　電フィルタ
　　15.6.3　画像分野への応用 ……………………………………………… 667
　　15.6.4　静電気技術の最近の動向 ………………………………………… 669
　　　バイオ操作／大気圧プラズマ応用

索　　引 ……………………………………………………………………… 673
　和英索引 …………………………………………………………………… 673
　英和索引 …………………………………………………………………… 702

資　料　編 …………………………………………………………………… 733

I
基礎編

1. 電力利用の歴史と展望

1.1 電気時代の誕生

1.1.1 電気の発見から利用まで

a. 静電気の発見

太古の人々も，雷や摩擦電気などの自然現象を通して電気現象に接していた．しかし，これらは単に現象を体験していたにすぎなかった．記録として残っている最古の電気現象の研究は，紀元前6世紀のギリシャの哲学者タレス（Thales, 図1.1.1）によるもので，琥珀の塊をこすると羽毛など軽いものを引きつけることを実証している．ただし，この現象は琥珀固有の性質として考えられ，今日の静電気の概念はなかった．電気の研究が次のステップに進むためには，中世の暗黒時代を経て科学が確立するまで，2000年以上の時が流れた．その間，磁石の応用として羅針盤が結実したにすぎなかったが，その発明は航海の自由度を広げ，大航海時代を拓いていった．

東洋では，中国で紀元前2世紀頃（前漢時代）に磁石についての記述がある．磁石の働きは，母がわが子をいとおしく抱き寄せる姿に似ていることから，「慈石」と表され，また，引き合う不思議な力から不老不死を追求する煉丹術の道具として使われていた．したがって，科学的な研究など望むべくもなかった．中国では，既に2世紀には磁石が北を指す性質は知られており，地相（占い）で方角を知るのに使われてい

図 1.1.1 タレス[4]

図 1.1.2 エリザベス女王の前で磁石の実験をしているギルバート[5]

た．11世紀に沈括によって書かれた「無渓筆談」には，磁石の北を指す性質や，磁極の偏りについての説明が記され，さらに，磁石でこすると針に磁力を移せることや，この針を木片などに刺して水に浮かべ磁針とする方法についても述べられている．

12世紀になると，これらの知識がヨーロッパに伝わり，羅針盤の原型が作られた．13世紀半ばには，フランスのペレグリヌス（P. Peregrinus）が，科学的に磁石の性質を調べている．磁石には磁力の強い部分（磁極）が両端にあり，しかも性質が異なることを示した．同種の極は反発し合い，異種の極は引き合うことや，磁石を細かく分けてもその性質が引き継がれること，一方の極だけの磁石は作ることができないことも明らかにしている．しかし，その研究が引き継がれることはなかった．

最初に科学的な電気の研究を行ったのは，イギリスの医学者ギルバート（W. Gilbert，図1.1.2）だった．ギルバートは水晶などの宝石をこすっても電気が起きることを見出し，ギリシャ時代から信じられていた電気現象が琥珀に固有のものであるという説が誤りであることを示した．水晶のように琥珀（エレクトロン）と同じような性質をもつ物質を琥珀質（エレクトリックス），それらが起こす現象をエレクトリシティ，すなわち電気と名づけた．これが電気の語源となり，また，起きた電気を静電気（スタティック・エレクトリシティ）と呼んだ．

その後，科学的な研究の積み重ねで，1770年ごろまでに静電気について明らかとなったことは，「電気には正負の2種類がある」，「物質には内部で電気が動きにくい絶縁体と，自由に動ける導体とがある」，「同種の電荷は反発し合い，異種の電荷は引き合う」などである．ここでいう引き合う力（引力），反発し合う力（斥力）は，それぞれ遠隔力と呼ばれ，代表的な遠隔力としてニュートン（Sir I. Newton）の万有引力がある．また，クーロン（C. A. de Coulomb）は，遠隔力としての類似性から電気力にも逆2乗則が働いているのではないかと考え，電気力の逆2乗則を実験的に確認し法則化した．

1660年，ドイツのゲーリケ（O. von Guericke）は摩擦起電器（図1.1.3）を発明し，「電気をつくる装置」を実現した．これは，硫黄を球状に固めたものにハンドルを付け，

図1.1.3　摩擦電気装置[6]　　　図1.1.4　エレキテル（逓信総合博物館所蔵）

回転できるようにしたものである．回転運動により連続して摩擦することができ，効率よく硫黄球を帯電させることができた．この球状起電機を原点に改良を重ねながら，様々な起電機が作られ，安定した電気を作り出すことが可能となり「電気」の解明が進められていった．

1745年クライスト（E. G. von Kleist）やミュッセンブルグ（P. van Musschenbroek）は，「なぜ，電気を帯びたものが，すぐに電気を失ってしまうのか」を研究する過程で，水を入れたガラス瓶は「電気を蓄えられる」ことを発見した．これがライデン瓶の発明である．ライデン瓶は，便利な電気実験器具として広まり，起電機とともに電気の研究を支える重要な道具となった．当初，電気は瓶に入れた水に蓄えられるものと考えたが，水を入れなくても，「外側の箔（導体）―ガラス瓶の壁（絶縁体）―内側の箔（導体）」という構造で電気を蓄えられることが判明した．実は電気は箔に蓄えられているのであるが，当時はどこに電気が蓄えられているのか確かめることができなかった．

b. 日本人と電気の出会い

日本人と電気との出会いは，江戸時代であった．1720年に徳川吉宗が洋書を解禁したことによって蘭学が盛んになり，電磁気学の研究や実験が試みられるようになった．電磁気学に関する日本人の最初の文献は，後藤梨春の「紅毛談」である．それには「エレキテル＝摩擦起電器」という電気治療具のことが記されている．森島中良の「紅毛雑話」には家蔵のエレキテルが図解されている．日本人でエレキテルすなわち摩擦起電器（図1.1.4）を初めて実作したのが平賀源内である．しかし，江戸時代の電磁気学は実用技術と結びつくことはほとんどなかった．明治期に入り，欧米からの科学技術の導入を待たなければならなかった．

c. 電気の謎を探る

18世紀初めにイギリスのグレー（S. Gray）は，電気は物体内を移動可能で，「電気を通すもの＝導体」と「電気を通さないもの＝不導体」があることを発見し，最もよく電気を通すものは金属であることを見出した．18世紀半ばに，フランスのデュフェイ（C. F. de Cisterney Du Fay）はガラスと樹脂の松ヤニをこすり合わせて電気を作る研究から，電気にはこの2種類があり，しかも2種類しかないことを発見した．デュフェイはこの2種類の電気を，発生源に従って「ガラス電気」と「樹脂電気」と呼んだ．これらは現代の正電荷と負電荷にあたる．さらに，同種の電気は互いに反発し合い，異種の電気は引き合うということも発見した．

アメリカのフランクリン（B. Franklin）は，当時流行した起電機とライデン瓶による「静電気ショー」をみて，

図1.1.5 凧上げ実験[7]
空中の電気を凧でひきよせる．

電気に関心をもち研究を始めた．彼は，樹脂とガラスの2種類の電気はただ1つの電気流体から生じ，摩擦によって電気流体は片方に移動して過剰な状態になり，移動された方は不足状態になって帯電すると考えた．当時は，どちらが過剰状態なのか確かめる方法はなく，ガラス電気が過剰な状態である「負の電気を帯びた電子」として区別した．しかし，どちらを正・負と呼ぶかは相対的な問題であり実用的な差はなく，現代でも彼がつけた呼び名が使われているが，電気を学ぶ者には，線を流れる電流の向きと電子が実際に動く方向が逆であることに戸惑いを感じる原因となっている．

フランクリンはライデン瓶にみられる放電の様子から，雷雲と地面は巨大なライデン瓶であり，稲妻と雷鳴はきわめて規模の大きい放電現象に伴う火花と音ではないかと考えた．フランクリンはこの仮説を確かめるため，雷雨の中で凧を上げ，雷から電気を集める実験を行った．これが有名な「凧上げ実験」（図1.1.5）である．

d. カエルの解剖実験から電池へ

電気学者たちは以前から，放電現象が人や生物に生理的な効果をもたらすことを知っていた．また，電気現象と生理現象の間に何らかの関係があることにも気づいていたが，その多くは正当に評価されることはなかった．

1791年，名高い医学者であるイタリアのガルヴァーニ（L. Galvani，図1.1.6，図1.1.7）の研究が，「筋肉の運動における電気力に関する論考」として刊行されると，すぐに人々の関心を呼び起こした．ガルヴァーニは，昔からの生物学上の課題である動物精気の本性を突き止めたいと考え研究していたので，これが電気化学現象であることを見抜けなかった．結局，彼は死ぬまで，動物電気は（起電機による）普通の電気とは違うものであると信じていた．

ガルヴァーニの論文を読んだイタリアのヴォルタ（A. Volta，図1.1.8）は，疑いながらも早速実験を試みた．その結果，ガルヴァーニの研究が「電気学の驚異的な発見」であることに気づいた．ヴォルタは最初のうち，カエルそのものをライデン瓶とみなすガルヴァーニの見解に同意を示したが，研究を進めるうちに，カエルは単なる検出器ではないかと考えはじめた．また，2種類の金属の一端を接触させて，それらの反対側に舌をはさむと奇妙な味がすることにも気づいた．このことから，2種類の

図1.1.6 L. ガルヴァーニ[5]

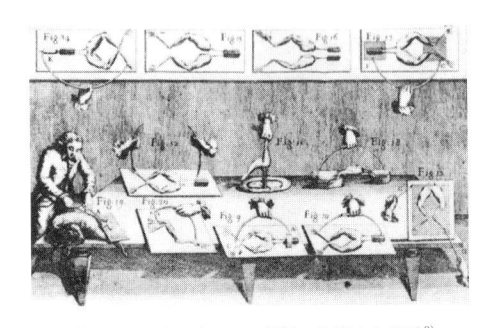

図1.1.7 ガルヴァーニが行った様々な実験[8]

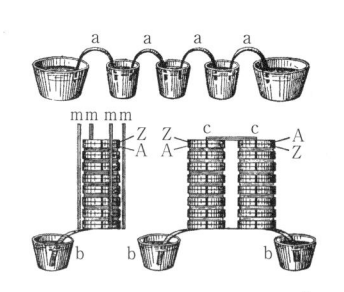

図 1.1.8 A. ヴォルタ[7]　　**図 1.1.9** ヴォルタの種々の電堆[9]

金属を接触させると電位が生じるのではないかと考え，電位計で実験しその考えが正しいことを立証した．

そして，1799年に「ヴォルタの電堆」，あるいは「ヴォルタのコップ」と呼ばれる電池を発明した（図1.1.9）．この電池によって，それまでとは比べものにならない強力な電気を継続的に取り出すことが可能となった．ただ，電池から得られる電気（低電圧・大電流）と，起電機からの電気（高電圧・微少電流）では，みかけ上の効果があまりにも異なっていたため，学者たちは長い間，両者が同じかどうか疑問を抱いていた．

電池の発明は，電気学のみならず他の分野に大きな影響を与えた．物理学者や化学者は競って，色々な物質に電気を流したときに起こる現象の研究にとりかかった．そのため，研究機関では部屋を埋め尽くすほどの巨大な規模の電池が作られた．ヴォルタの電池は，初めて継続的に大電流が取り出せる装置として画期的なものであった．しかし，この電池で電流を取り出し続けると，発生した水素ガスが電極に付着して反応が止まり，すぐに出力が落ちてしまうという欠点があった．

その後，ドイツのブンゼン（R. W. Bunsen）やイギリスのダニエル（J. F. Daniell）らによって，水素ガスの発生を酸化剤で抑える新しい型の電池が次々に開発されていった．1802年には，実用には至らなかったが，フランスのゴーテロ（N. Gautherot）によって蓄電池も作られている．電池は発明以来，このように改良を重ねながら発達してきたのである．

電池の発明からすぐに，イギリスのニコルソン（W. Nicholson）は，電気分解により，水は水素と酸素からできていることを確かめた．デーヴィ卿（Sir H. Davy）は彼の強力な電池を用いて，植物の灰から得たカリやソーダを電気分解して，新元素カリウムとナトリウムを発見した．電気分解の威力が認識されると，様々な研究が行われ電気化学分野が開拓されていった．また，デーヴィ卿は，1807年にはアーク放電を発見し，アーク灯を作り電気照明の可能性を示した．

e. 電気の磁気作用

1820年デンマークのエルステッド（H. C. Oersted）は，雷が磁針を振らす場合が

図1.1.10 エルステッドの実験[5] 電流を通した針金と磁針との関係を示そうとしている.

あることから,電気と磁気は何らかの関係があるのではないかと考え,磁針の上に置いた電線に電気を流し,電流の作用で磁針が動くことを発見した(図1.1.10).この発見を「電気の磁気作用」としてまとめ,1820年に発表した.この論文は各国の学者に大きな反響を与え,関連する新発見が相次ぐことになった.

エルステッドによる電流の磁気作用の発見後,導線をらせん状に巻いたコイルの方がより強い磁力をもつことがわかった.1823年にイギリスのスタージョン(W. Sturgeon)は,軟鉄の棒に布を巻いて絶縁した上に導線を離して巻いた,初めての電磁石を作った.その後,アメリカのヘンリー(J. Henry)が導線に絹糸を密に巻いた絹巻絶縁体を発明し,線の密着したコイルが作られるようになった.これによって電磁石の性能は大幅に向上し,製作も容易になったため,電磁力を利用する装置が次々に開発されていった.

1833年にロンドン大学のリッチー(W. Ritchie)が発明した電動機はこの電磁石を回転するタイプであり,今日の電動機の原型といえる.この後,有名無名の発明家たちによって様々な形式の直流電動機が開発されていったが,高価な上に小出力の電池を電源としていたため実用には至らなかった.電動機が動力として活用されるには,発電機の実用化を待たなければならなかったのである.

電気の磁気作用の発見以来,その逆の「磁気による電気作用」,つまり磁気から電気を作り出そうと多くの研究者が取り組んだ.1831年イギリスのファラデー(M. Faraday,図1.1.11)は,10年にわたって実験を繰り返し,コイルを通る磁界を素早く変化させると「磁気による電気作用」すなわち電磁誘導が起きることを発見した.

図1.1.11 M.ファラデー[10]

図1.1.12 王立研究所にあるファラデーの実験室[11]

この発見が今日の発電機や変圧器そして誘導電動機の開発を実現し，電気時代の幕を開けることになる．ファラデーは電磁誘導を単に発見しただけではなく，実験データから「磁力線による磁場」という理論を導き，「電磁誘導は磁場の時間的な変化によって起きる」と正確な洞察をしている．彼のこの考え方と実験の記録は，後にマクスウェル（J. C. Maxwell）が「電磁場の理論」を構築するときの大きな助けとなった．

その後，1834年にドイツのレンツ（H. F. Lenz）が，「電磁誘導による起電力の向きは，磁束変化を妨げる電流を生じるような向きであること（レンツの法則）」を発見し，さらに，1845年にはハンガリー生まれの数学者ノイマン（J. von Neumann）が起電力の大きさを示す微分方程式を導き出し，電磁誘導の解明が進んだ．

f. 実験的事実から統合理論へ

19世紀半ばまでに，電気に関する実験的事実はほぼ明らかになったが，理論は個々の分野ごとに独立したものであった．そこでイギリスのマクスウェルは，電気と磁気のクーロンの法則，エルステッドの電流の磁気作用，そしてファラデーの電磁誘導の法則を元に，電気と磁気の統合理論を数学的に構築して「マクスウェル方程式」にまとめ，1864年に「電磁場の理論」として発表した．ここに電気と磁気の全体像が明らかになり，現代電気理論の扉が開かれたのである．ただし，この理論は新しい概念「場」に基づくものであったため，理解することは容易ではなかった．

マクスウェルの方程式から，変化する電流は磁界と電界の波を作りそれが伝わる，という可能性が示され電磁波と呼ばれた．電磁波は，1882年にドイツのヘルツ（H. R. Hertz）によって実験的に確認され，後に無線通信の実現に至ることとなる．

g. 電流の熱作用

1838年，イギリスのジュール（J. P. Joule）は，発明されたばかりの電動機で仕事量に関する実験をしていたとき，電流によって熱が発生することに気づいた．彼は，電気と発生する熱の関係を突き止め，電流により発生する熱は，電流の2乗に比例し，また抵抗に比例するという「ジュールの法則」を見出した（図1.1.13）．電流により発生する熱は，ジュールにちなんでジュール熱と呼ばれている．その後，彼は熱とは何かを追求し，エネルギーの概念を明らかにした．その業績からエネルギーの単位はジュールと名づけられた．また，レンツも電流の熱作用を研究し，1842年に同様の法則を発見している．

ジュールの法則は，後の電力供給システムの設計においても重要な意味をもっていた．それは発電所から需要地まで電気を送る際，長距離送電では電線を太くして抵抗を下げるよりも，電圧を高くして電流を少なくした方が，熱損失が少なく経済的に有利となることを示したことである．

実際には，電流による熱作用よりも，その

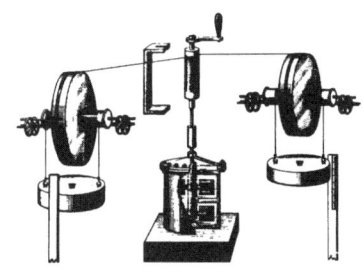

図 1.1.13 ジュールの実験装置[12]

逆の「熱による電気作用」の発見の方が早く，1821年にドイツのゼーベック（T. J. Seebeck）が「ゼーベック効果」として発見している．これは，2種類の金属を接合し，片方を熱してもう片方との間に温度差を作ると電気が発生するというものである．しかし，発生する電気量があまりにも小さいので実用には至らなかった．1834年にフランスのペルチェ（J. C. A. Peltier）は，その逆の接合部に電流を流して温度差を作り出す「ペルチェ効果」を発見している．

h. 初期の発電機

1831年電磁誘導の発見で磁気作用による発電の可能性が示唆されると，発電機の開発が試みられた．1832年にフランスのピクシ（N. H. Pixii）は，永久磁石を回転させコイルから電流を取り出すタイプの交流発電機を開発し，さらにアンペール（A. M. Ampere）の助言を受けて直流発電機も開発した．電力供給のための実用的な発電機への改良は，ベルギーのグラム（Z. T. Gramme）やジーメンス，（E. W. Siemens）アメリカのエジソン（T. A. Edison）などによって行われた．

1.1.2 エジソン時代から交流送電まで

a. 電気時代のはじまり

1870年代になると，発電機の実用化が進みアーク灯による照明が広まったが，移動式発電機を用いたイベントでの活用や工場などの自家用にとどまっていた．このころの都市部の照明の主流はガス灯であり，動力は自家用の蒸気機関で供給するのが一般的であった．エジソンは，ガス灯に代わる電気供給による照明システムの開発を行った．そして，コストと安全性から100Vの電圧でガス灯に勝つために，電気抵抗の高いフィラメント（白熱線）素材が必要になり，それには炭素繊維が有効であるとねらいをつけた．炭素フィラメントの開発は想像以上に難航したものの，1879年のある日テーブルの上にあった木綿糸を炭化することを思いつき，何気なく試したところ，これが40時間の連続点灯の成功を導いた．3年後のパリ電気博覧会では，炭化した竹をフィラメントにするエジソン電球が脚光を浴びた．

またエジソンは，1881年に世界で初めて中央集中型火力発電所をロンドンとニューヨークのパールストリートに作り，電線で需要家へ供給した（図1.1.14）．これをきっかけに，世界各地で電気事業が始まり1880年代から90年代にかけて急速に成長，多くの人々が電気を使うようになり，様々な電気製品も開発され商品化されていった．始めは照明が目的であったが，すぐに電気を動力とすることの使い勝手のよさが認められ，電動機の用途も広がっていった．エジソンの手法で注目しなければならないのは，まず電力供給による照明事業というビジョンがあり，それを実現するために発電機・電灯（白熱灯）・配電方法といった要素技術を開発し，さらにシステムとして統合していったことにある．エジソンが実現したのは，電気理論から経済効率までを検討して作られたものであり，その考え方はシステム工学のはしりといえる．

しかしエジソンの直流低圧方式では，たかだか2km程度が実用的な配電エリアで

あり，街中に多数の小規模発電所を設けなければならないという大きな欠点があった．そこで，電圧を自由に変えられる交流を使い，遠隔地の大型発電所から高圧で長距離を送電し，需要地で低圧にして配電するという構想が生まれた．

電力供給システムを構成するにあたって，送電電圧を高くした方が有利なことは，ジュールの法則により早くから知られていたが，当時主流の直流は電圧を変えられず高圧送電には向かないことがわかっていた

図 1.1.14 エジソン式直流発電機[13]（1890 年代）

ため，1880 年代には電圧が変えられる交流への関心が高まっていった．イギリスのフェランティ（S. Z. Ferranti）の交流発電機の改良をきっかけに，ハンガリーのガンツ社やアメリカのウェスティングハウス社も実用発電機を開発した．

交流システム実現に欠かせない変圧器の原理は，すでに電磁誘導が発見された当時にもわかっていた．1851 年にドイツのリュームコルフ（H. D. Rühmkorf）が発明した誘導コイルは，この原理を実用化したものであるが，これは断続した直流高圧を作り出すもので，今日の変圧器とは少し意味合いが違っていた．1882 年のフランスのゴラール（L. Gaulard）とイギリスのギブス（J. Gibbs）の作った変圧器は，「二次発電機」と呼ばれ，可動部の鉄心を調整することで電圧が調整できたが，開磁路型だったので効率が悪く，まだ十分とはいえなかった．

ウェスティングハウス（G. Westinghouse）の工場の技術顧問スタンレー（W. Stanley）が，ゴラールとギブスの変圧器を改良した変圧器を製作したのは 1885 年である．ウェスティングハウスはこれによって交流方式を進めるために，翌 1886 年にウェスティングハウス社を設立し，アメリカで最初の交流配電方式を行った．また，ハンガリーのブタペストでは，ガンツ社の技術者ジペルノフスキー（K. Zipernowsky）が，ゴラールとギブスの変圧器を 1 台購入し，デリー（M. Déri）やブラッシー（T. O. Bláthy）とともに効果的な磁界ができるように閉じた磁心を使うこと，一次回路と二次回路を並列につなぐことなどを改良することによって，並列式変圧器を発明した．

b. 交直送電論争

電気事業の立ち上がりから間もない 1880 年代の後半，直流か交流かの一大論争が巻き起こった．直流システムは長距離送電が困難ということを除けば確立した技術であり，一方交流は電圧が変更でき長距離送電が可能であるが，技術的にも理論的にも不明なところがあった．エジソンは，すでに直流システムに多大な資本を投下していたため商業的な思惑も絡み，論争は一層混迷を深めた．

事業としては先行した直流システムであったが，低電圧のために送電損失が大き

図 1.1.15 N. テスラ[4]

く，長距離送電に向かないという欠点があった．すなわち，変圧が困難な直流方式では，発電した電圧をそのまま送電せざるをえない．送電損失を減らすために高電圧で送電すると，受電端での取扱いに危険が伴う．これは直流方式が本質的に抱える問題点であり，システムの限界であった．一方，交流システムにおいても，幾度かの送電実験で長距離送電における交流方式の有利さは明白であったが，1880年代前半にはまだ実用的な交流電動機が開発されていないという弱点があった．

1824年フランスの物理学者アラゴ（D. F. Arago）は，銅の円板の上に磁石をつるし，円板を回転させると磁石が振れる「アラゴの円板」と呼ばれる現象を発見した．このアラゴの発見からその後開発が進められ，クロアチアのテスラ（N. Tesla，図 1.1.15）やイタリアのフェラリス（G. Ferraris）らの回転磁界現象の発見に引き継がれた．

テスラは1856年に現在のクロアチアで生まれた．1881年にハンガリーへ行って，新設された電話会社の技師となった．その当時，公園を友人と歩いているときに二相交流による回転磁界の原理，交流モータの原理を考えついた．その後フランスGE（General Electric）社を経て，1884年にテスラはアメリカに渡った．はじめエジソン社にいたが，エジソンが交流に関心を示さないため，1年足らずで辞めている．1888年に交流モータと多相交流による発電，送配電システムに関する特許がアメリカで許可になり，ウエスティングハウスがその多相交流方式の価値を認め特許を買い取った．その後，テスラは単相交流のための分相型誘導電動機を発明し，この際，ウエスティングハウス社が133 Hzの単相交流で発電，配電事業を始めていた周波数を，モータの特性がよい60 Hzに変更させた．これが現在のアメリカの周波数となっている．

その後，テスラの二相交流はウエスティングハウス社によってナイアガラ発電所に採用された．ナイアガラ発電所は1896年に運転が開始され，電圧を11 kVに昇圧し，40 km離れたバッファロー市へ送電された．この成功により，交直論争に終止符が打たれた．

ドイツではドリヴォ＝ドブロウォルスキー（M. von Dolivo-Dobrowolsky）が，テスラの二相交流技術を検討した結果，位相の数を増やすことによって磁力の分布状態を改善できると考え，三相交流技術の研究を行った．1889年に回転磁界の三相交流発電機を考案し，三相交流電動機，三相交流変圧器も発明して，1890年には三相交流四線式送電方式を考案した．そして1891年に開催されたフランクフルト博覧会で世界で初めての三相交流送電実験を行った．実験では，博覧会場から175 kmの距離にあるネッカー川から三相交流15 kVによる送電実験を行い，送電効率約70%という素晴らしい成果を得た．その結果，それまで二相か三相かで議論されてきた電力送電方法の論争に終止符が打たれ，電力が利用しやすくなり電力産業が急速に発展する

こととなった．三相交流が発展した背景には，三組分の交流を三本の線で送電でき，戻りの電線が不要になるという利点をもち，かつ，機器が小型化できるという利点が大きく影響した．四相，五相といった多相交流も考えられるが，電線一本当たりの送電可能電力は同じなので，構成がシンプルな三相交流が使われている．

　ただ，交流は時間的に変化する電流を扱うため解析が容易ではなく，長い間部分的な現象の研究にとどまっていた．1880年代後半のイギリスのヘヴィサイド（O. Heaviside）の研究により，交流理論は大きく前進した．彼の研究は，電気現象の解析に虚数を導入し，複素数による解法を示したものであった．また，1893年になると，アメリカのケネリー（A. E. Kennelly）が複素数を用いた交流回路の解析方法を作り上げ，代数的に処理が可能なことを明らかにした．同年，アメリカのスタインメッツ（C. P. Steinmetz）は，ケネリーの理論を拡張し，交流回路の工学的取扱いを完成させた．スタインメッツの言葉を借りれば，このときから電気工学は「Understood-science」すなわち「究められた科学」となったのである．

c. 電力機器の開発と産業電化

　最初の実用的な水力タービンは，フランスのフルネイロン（B. Fourneyron）によって1827年に考案された．従来の水車に比べて回転速度が速いこと，また出力が大きく小型化が可能なことが特徴であった．水力タービンが登場するや，その技術は急速に進歩した．

　この水力タービンの進歩に伴い，蒸気タービンも考えられるようになった．当初，火力発電の原動機にはレシプロエンジン（往復動蒸気機関）が使われていた．しかし，振動や騒音が大きく，問題は規模が大きくなるにつれていっそう顕在化してきた．1884年にイギリスのパーソンズ（C. Parsons）が発明した蒸気タービン（図1.1.16）は，レシプロエンジンより回転がスムーズで，エネルギー効率が2倍も高かった．そのため，蒸気タービンはレシプロエンジンに代わる原動機の主力となり，その出力も飛躍的に増大していった．これを皮切りに大電力系統への電力機器の開発と産業電化の進

図1.1.16 パーソンズ式タービン発電機[15]
（東京工業大学所蔵）

展が進んでいくのである．　　　　　　　　　　　　　　　　〔田中秀雄〕

1.2 電力系統・電力機器の大規模化

1.2.1 発電所・発電用機器の進歩
a. 火力発電の黎明期

電気照明からスタートした電気エネルギーが工場や電車などの動力に応用拡大されるにつれて，日本国内でも電燈会社（現在の電力会社）が相次いで創設され，発電所が次々と建設されるようになった．

1889年，大阪電燈は市内に蒸気機関を用いた発電所を設置し，当初から交流による電力供給を開始した．東京電燈は需要の増大に伴い，市内に分散していた5つの電燈局（今の発電所）に代わり1895年に浅草に集中的火力発電所を建設した．この発電機には，ドイツ製三相50 Hz機を4台使用し，それまで直流だった配電を高圧交流式に変更した．この時代までの往復蒸気機関に代わって蒸気タービンが日本で発電用に使われたのは，蒸気タービンが発明された19年後の1903年，東京市が路面電車開業用として設置した深川火力発電所であった．これにより単機出力の増大が容易になり，騒音・振動の低減も実現した．1905年には，東京電燈が1,000 kWの蒸気タービンを使用した千住火力発電所（総出力4,500 kW，図1.2.1）を建設，1910年には大阪電燈が3,000 kWの蒸気タービンを使用した安治川西火力発電所（総出力12,000 kW）を建設した．

b. 水力発電の黎明期

日本で最初の水力による発電は，栃木県の下野麻紡績所における大谷川の流れを利用したエジソン式4号発電機（15 kW，図1.1.14）にさかのぼる（1890年）．また，同年，ドイツ人技師の設計により，足尾銅山の電力供給用として間藤発電所（直流60 kW機3台，30 kW機2台）が建設された．これは，近くにあった急流河川を発電駆動力に利用し，内陸地の鉱山動力の電化を図ったものである．

電気事業用としては，1891年に完成した京都市営の蹴上発電所が最初で，琵琶湖

図 1.2.1　東京電燈千住発電所のパーソンズ式蒸気タービン発電機（1,000 kW, 明治39年竣工）[15]

図 1.2.2　猪苗代第一発電所（福島県）[16]

疎水を利用し直流 80 kW 機 2 台で運転を始めた．1901 年までに発電設備が増設されたが，設置された 19 台の発電機は，直流・交流（単相・三相），電圧，周波数がそれぞれ異なり，自動調整装置がないため並列運転ができなかった．

国産製のものとしては，1892 年に箱根電燈が直流 20 kW 発電機を使用し，湯本，塔ノ沢の温泉場に電灯をつけた．さらに，日光電力，豊橋電燈，前橋電燈などが水力での電力供給を開始した．1912 年には，蹴上発電所（第 1 期）の隣に，琵琶湖第二疎水を使った蹴上発電所（第 2 期，出力 4,800 kW）が設置され運転を開始した．当時の発電所の建物は，現在も関西電力の発電所として利用されている．以降，純国産技術としての水力発電機器製造技術が発展し，1926 年には単機容量 1 万 kW 級に，1942 年には当時世界最大の 10 万 kW 級を製造するに至った．

c. 貯水式水力発電所の開発

水力発電所の開発はその後も各地において小規模に行われていたが，これらのほとんどは河川の流水を貯留しない自流式（流れ込み式）であった．しかし，電力は一日あるいは一年のうちで使われる量が水の流れとは独立に変化するので，大きな貯水池をもつことが必要になり，代表的な例として猪苗代湖（福島県）を利用する猪苗代第一から第四発電所の建設（1912～1926 年）が行われ，4 発電所で合計 97,200 kW の大電源となった．

猪苗代第一発電所（図 1.2.2）には水車と発電機が各 6 台設置されたが，水車は横軸フランシス型（8,400 kW）のドイツ製，発電機はイギリス製といずれも輸入され 1914 年に運転を開始した．猪苗代第二発電所（1918 年）は同じ横軸であるがフランシス水車（7,650 kW），発電機（各 5 台）ともに国産品を採用している．その下流の第三発電所は，ドイツ製の立軸型のフランシス水車（7,460 kW）を使用，さらに下流の猪苗代第四発電所（1926 年）は立軸機（3 台）を採用しフランシス水車（11,650 kW）はドイツ，発電機はアメリカ製となっており，大容量化への技術進歩がうかがえる．日本の機械・電機メーカは先進外国技術の導入と自らの努力により，次第に大容量機の製作が可能となり，1 台当たり 20,000 kW 程度までは，国産品で対応できるようになった．

d. 大規模水系開発の歴史

第二次大戦後は，主としてアメリカから導入した大型施工機械と技術によって，大きなダムの建設が可能となった．また，季節的に変動のある河川流量を有効に利用しようという考えから小規模な「調整池式」と大規模な「貯水式」発電所による水系開発が行われるようになった．この方式は上流側に貯水池を設け，雨期に貯留した水を渇水期に使用するもので，その一例として黒部川がある．黒部川は電源河川として，早くから着目されていたもので，最下流地点の柳河原発電所（流れ込み式，1927 年完成）から上流へと開発が進められ，順次，調整池式発電所が完成していった．その後さらに，水系全体の有効利用を図るため，上流部に貯水池を設けた黒部川第四発電所（通称「クロヨン」，貯水池式，図 1.2.3）が建設され，1961 年に発電を始めた．

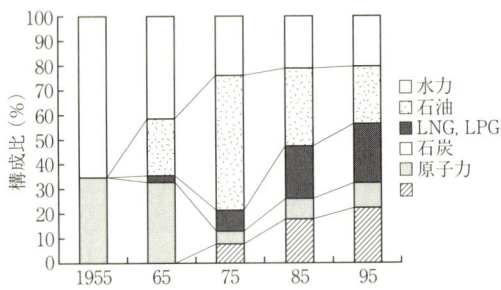

図1.2.3 関西電力・黒部川第四発電所（富山県）[17]

図1.2.4 電源構成比の推移（9電力会社合計，含他社受電）

このころは水力発電が中心であり「水主火従」の時代と呼ばれた．

e. 水主火従から火主水従への転換

日本の電力需要は，戦後の著しい経済発展につれて目覚しい伸びを示した．一方，電力供給は，従来国内資源の水力発電に依存していたが，安価に開発できる地点が少なくなってきたことと，石油が豊富かつ安価に入手できるようになったことから建設期間の短い火力発電が経済的となり，1960年ごろより水主火従から火主水従に転じた（図1.2.4）．

この時期の火力発電所の建設には，スケールメリットを追求しタービンおよび発電機の単機容量を増大することが，経済性を左右する最大の関心事であった．タービンの単機容量を増大させるには，蒸気条件の向上と大型のタービンブレード（最終段用長翼）の開発が必要であった．蒸気圧力の向上はタービンの小型化（容量増大に比して）による信頼性向上をもたらし，また，蒸気温度の向上は熱効率の向上をもたらしている．長翼の開発は熱効率の向上のみならず，タービンのコンパクト化に寄与し，単位容量（kW）当たりの建設費の低減に大きく貢献した．ロータ材料，翼材料の進歩に伴い，1955年ごろの最終翼長は有効長20インチ（508 mm）から23インチ（584 mm）であったものが，1967年には33.5インチ（851 mm）となり，さらに1973年には41インチ（1,041 mm）に増大した．

タービン発電機の大容量化は，冷却技術の進歩によるところが大きい（図1.2.5）．タービン発電機の重要な構成要素である絶縁材料の劣化を防ぐために，運転中の各種損失により生じる温度上昇をある限度以下に抑える必要がある．また，回転子を中心とした構造物も運転および製造面などから製作上の寸法限界があり，大容量化を実現

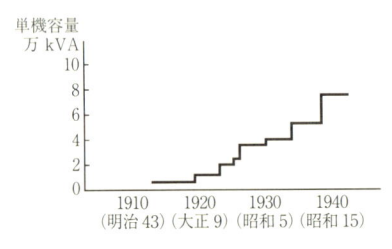

図1.2.5 戦前における事業用火力機の最大容量の推移[18]

するには冷却効果の増大が不可欠である．空気冷却に代わって水素間接冷却が技術導入され，1953年に国産機で初めて採用されて大容量化への道が開かれた．水素ガスの使用による冷却効果の増大は，空気に比べ熱伝達能力が向上し，回転子の風損が大幅に低減されることにより実現された．1959年には，水素ガスによる絶縁物を介した間接冷却（容量55～160 MVA）に代わり水素ガスを導体に直接接触させて熱を取り去る直接冷却方式が固定子，回転子の両者に採用され，急速に大容量機（容量208～281 MVA）の製作が可能となった．その後さらに冷却能力の優れた水を冷却媒体とした方式が開発され，1966年には国産初の固定子コイルの細部に水を通し冷却した発電機が製作され，大容量化（442 MVA以上）が一層加速された．

f. 化石燃料の転換

日本最初の火力発電所は，石炭焚きボイラを用いたレミプロエンジン（往復蒸気機関）によるものであった．1955年ごろから欧米の技術に基づき，国内炭を燃料とする新鋭石炭火力発電所が次々と建設され，安価で良質な電力を豊富に供給しつづけた．この石炭火力全盛時代は，1962年ごろまで続いた．

1960年ごろ，いわゆるエネルギー革命によって石炭と石油の燃料コストが逆転し，石油が大量かつ安価に入手できるようになったことから，急速に石炭から石油火力へのエネルギー転換が進んでいった．さらに1970年ごろから公害問題が深刻化するに伴って，石油への移行がより一層顕著なものとなった．すなわち，日本経済は高度成長を続けた半面，大気汚染が問題となり粉塵，SO_X，NO_Xなどの排出基準が制定された．これに対応する新しいエネルギー源として，1969年にLNG（液化天然ガス）が登場した．LNGは燃焼によるSO_X，煤煙の発生がなく，クリーン燃料と呼ばれている（図1.2.6）．

g. 大規模揚水発電所の開発

揚水発電は，貯めて置けない電気を何とかしたいという希望から生まれた技術である．電力需要の少ない夜間に電気エネルギーを用いて，水をポンプで高所に蓄え，電

図 **1.2.6** LNG基地（袖ケ浦火力発電所，千葉県）[19]

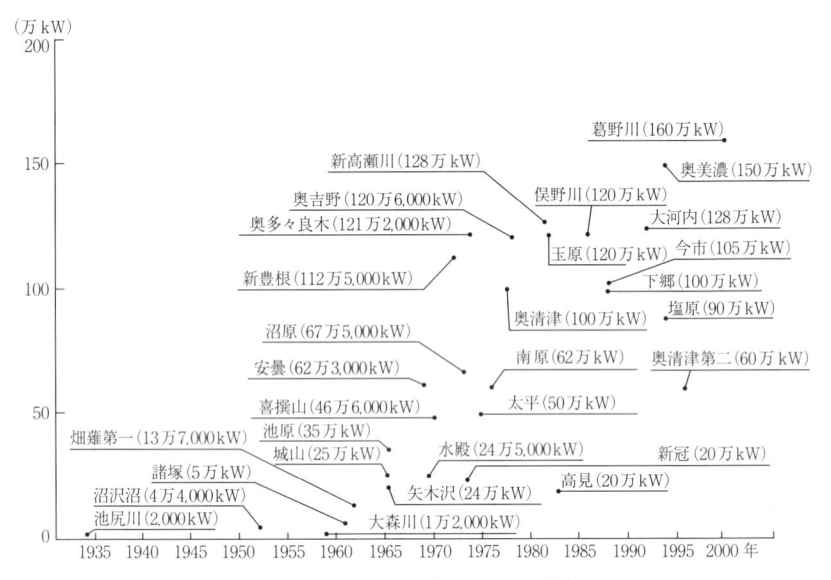

図 1.2.7 揚水発電所大容量化の歴史[20]

気の必要なときにこれを下に落として水力発電を行う仕組みである．わが国での揚水発電の歴史は古く，1919 年にはポンプと水車を別々に設けた別置式が設置された（図 1.2.7）．

1960 年に入り工業の急速な発展により大型火力発電所が次々に建設され，水力発電に頼っていた昼夜の電力調整が限界になってきた．揚水発電も 10 万 kW 以下の中容量揚水発電設備では十分な調整が困難になった．1970 年代には揚水発電機器も大型化し，当時，単機容量世界最大の 24 万 kW 機器が登場し，本格的な揚水発電の幕開けとなった．以後，原子力発電所の建設に対応して，20〜30 万 kW 級の揚水発電機が続々運転に入った．揚水発電所の機器の製造技術も容量増加とともに進歩し，揚水機器は別置式からタンデム式，単段可逆式，多段可逆式に変わってきた．

より経済的な機器を目指して大型化が進み，1980 年代半ばには単段で世界最高揚程 700 m を超す揚水発電所が日本の技術により構築されるようになった．さらに，揚水時に水車の回転速度を変えることによって揚水負荷を変えることのできる可変速揚水の技術もパワーエレクトロニクスを用いて開発され，電力系統の周波数制御の目的に多く使われるようになっている．

h. 原子力発電の導入

1950 年代の後半，イギリスは，コールダーホール発電所（黒鉛減速ガス冷却型）を改良し商業用発電に展開させる一連のプログラムを発表した．エネルギー資源に乏しい日本では政府と産業界がいち早くこの新技術に着目し，技術導入により茨城県東

図 1.2.8　原子炉格納容器[21]（敦賀発電所 2 号機）

海村に東海発電所を建設した．

1960 年代に入ると，濃縮ウランを燃料とする軽水（普通の水）で発電用の熱を取り出す小型で高出力の方式をアメリカが開発しはじめた．この軽水炉は，優れた経済性によって今日世界の原子力発電の主流を占めている．軽水炉には加圧水炉（PWR）と沸騰水炉（BWR）とがあり，前者は原子炉の外に蒸気発生器をもち，原子炉冷却水とタービンを回転させる蒸気を区分しているのに対し，後者は，原子炉の中で直接蒸気を作るなどの違いがあり，日本ではおのおの約半数ずつを占めている．

この 30 年間発電ユニットの規模は，初期の 40 万 kW 級から，110〜120 万 kW へと着実に増大した．経済性については 1973 年のオイルショック以前には石油火力に対して劣勢であったが，1978 年の第二次オイルショックの後に優位性が確立したといえる（図 1.2.8，原子炉の例）．

日本は，アメリカ，フランス，ロシアに続く世界第 4 位の原子力発電容量をもち，総発電電力の 30 ％以上を供給するに至っている．これは，石油，石炭，天然ガス，水力など資源別に見ても第 1 位となっている．

i. 火力発電の高効率化（コンバインドサイクルプラントの登場）

燃焼ガス（1,000 ℃ 以上）の膨張を利用したガスタービンとその排熱（500 ℃ 以上）を利用して蒸気タービンを駆動する複合発電により，高いプラントのエネルギー効率が得られる．これがコンバインドサイクル発電である．コンバインドサイクルの特徴には，発電効率が高いことのほかにも，建設期間が短いこと，必要な出力に応じて，運転台数が調整できることなどがある．

ガスタービンと蒸気タービンが同じ 1 つの軸の上で構成される一軸式と，ガスタービンと発電機，蒸気タービンと発電機が別軸で構成される多軸式がある．こうしたことから，コンバインドサイクル発電所では，発電機の番号を，従来の第何号機ではな

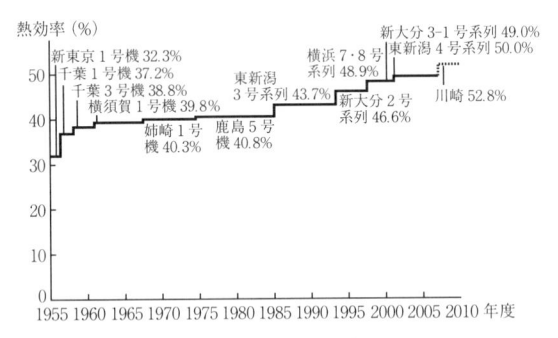

図 1.2.9 火力発電設備の熱効率の推移[22]（発電端熱効率＝設計値の最大）

く，系列および軸の番号で呼ぶならわしがある．

わが国では，1980年代にコンバインドサイクルプラントが使われはじめた．東新潟発電所（東北電力）が国産，富津発電所（東京電力）がアメリカ製である．このころの発電電力はおおよそ，56万kWから100万kW級であった．その後，1990年代には容量が大きくなり，一系列で150万kWを越すものが出現している．効率も，タービン入口ガス温度を1,500℃級にすることで55％以上にまで高めることが可能となった（図1.2.9）．

1.2.2 送電技術の進歩
a. 送電線建設の始まり

日本における架空線による送電は直流で始まり，1887年，送電電圧210V三線式配電線によって行われている．1891年には蹴上発電所（出力160kW）のように，郊外の水力発電所から比較的近距離の市内へ送電電圧500V直流で送電したものもある．同年ドイツではフランクフルト博覧会に際し，送電電圧15kV，送電容量240kW，送電距離175kmの交流送電実験に成功し，それ以降世界各地で長距離高圧送電が次第に普及し，特にアメリカではその実用化が急速に進んだ．

日本で初めて建設された高圧送電線としては，1899年，広島水力の広島第一発電所（出力750kW）と広島市との間（約26km）および呉市との間（約9km）と，郡山絹糸紡績が猪苗代湖の安積疎水を利用した沼上発電所（出力300kW）の送電電圧11kVの交流送電線がある．

1907年に駒橋発電所（出力3,500kW）と早稲田変電所との間（75km）に送電電圧55kVの送電線が完成したのに続き（図1.2.10），1911年には八百津発電所（出力10,800kW）と名古屋の間で66kV送電が，1912年には下滝発電所（出力37,500kW）と東京尾久の間（124km）で当時最大規模の66kV鬼怒川送電線が，さらに1913年には宇治発電所（出力25,000kW）から送電電圧77kV，送電距離47km

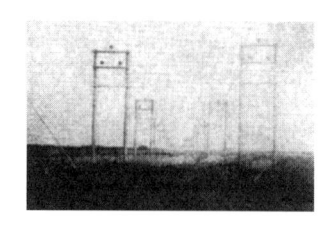

図 1.2.10 駒橋発電所～早稲田変電所間の 55 kV 送電線[23]

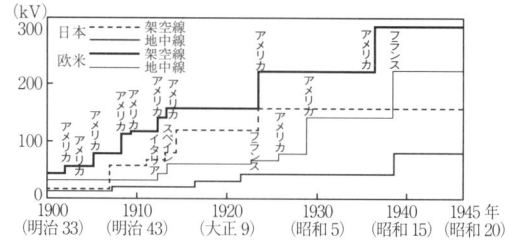

図 1.2.11 戦前までの各国の送電電圧の変遷[24]

の送電線が建設された．送電電圧は，大阪方面では 77 kV に統一され，一方東京方面では東京電燈に統一されるにしたがって，55, 66, 77 kV に落ち着いていった．

b. 送電電圧の高圧化

より大きな電力を送電するには，送電電流を大きくすると損失が増すことから，送電電圧を高くしたほうが効率的である．この理由から送電電圧が順次引き上げられ，1911 年には 66 kV，1913 年には 77 kV による送電が開始された（図 1.2.11）．

本格的な長距離送電として，1914 年には猪苗代第一発電所（出力 37,500 kW）から東京田端までの約 226 km の長距離送電が，115 kV により実現した．このときは，通信線への電磁誘導問題から非接地方式が採用された．さらに 1923 年には竜島発電所（出力 20,050 kW）と戸塚変電所間の 285 km の 154 kV による送電が開始され，このときには通信線への電磁誘導障害防止を考慮した中性点接地方式が採用された．以後，154 kV と 110 kV は約 30 年間日本の主要幹線の電圧として採用され，これら系統の中性点の接地方式としては高抵抗，または消弧リアクトル方式が用いられた．なお，その下の電圧としては 60 kV 級での送電が用いられたがこれら系統の中性点の接地方式としては消弧リアクトル方式が主に用いられた．

終戦後の国力回復に伴い，旺盛な電力需要の伸びに対して，電源設備が続々と遠隔地に建設されるようになった．関西電力では北陸電源地帯の電力輸送を目的とした新北陸幹線において，安定度の向上，送電損失の低減を図るため，日本初の 275 kV，230 km，2 回線の送電を 1952 年に開始した．この送電系統の建設に際しては，1941 年に日本が「満州」において実現した 220 kV 送電技術（水豊と鞍山の間 205 km，1 回線）が大きく貢献している．中性点接地方式を採用したため，地絡時の健全相の電圧上昇はほとんどなく，また地絡の検出が確実にできるようになり，送電線，機器の絶縁レベルの低減はもちろん，系統保護の信頼度向上に資するところが多かった．その後，1955 年から 1960 年にかけて，東京電力の外輪系統など全国的に超高圧送電網の整備が進められた．

275 kV 送電の出現から約 20 年を経過する間に，日本の電力需要量は約 10 倍に拡大した．この著しい需要の伸びを支えるため，日本最初の 500 kV 送電が 1973 年に東京電力の房総線（新古河変電所と房総変電所間約 85 km）により実現された．

c. 電力ネットワークの拡大

電力系統においては，電力の需要と供給のバランスが保たれていないと系統の電圧や周波数が安定しない．そのため，電力系統を別々に運用するより，これらを複数の送電線で連系した送電網を作り，さらには広範囲に分散している発電所を送電網に接続することにより1つの統合化された電力網（電力系統）が形成されている．これにより電力系統の信頼性が向上するとともに，燃料コストの低い発電所を優先的に活用するなど，経済運用の面でも効果がある．一方で逆の効果として送電線の短絡時などに流れ込む事故電流が増大することがある．系統連系の初期には，送電系統を変電所の二次側（電圧の低い側）で連系する方法が標準とされ，東京電力の例では，1935年東京北部から神奈川県にかけての66 kV 輪状線が完成し，電力の安定供給に役立った．

1950年ごろから，154 kV の送電線では送電容量が不足したため，次々と187～275 kV のいわゆる超高圧送電線が建設された．また，このころから，関東圏では大容量火力発電所を需要地近傍に建設し水力発電所と総合的に運用するため，超高圧送電線によるいわゆる外輪線が計画された．1960年に千葉火力発電所から横須賀火力発電所に至る200 km の 275 kV 外輪線（実際には半周）が完成し，従来の66 kV 内輪線は運用上は分断され都心部への放射状供給用線として位置づけられるようになった（図1.2.12）．

さらに，1970年代に入り，火力発電所の100万 kW 級の大容量化，原子力発電所や大容量揚水発電所の出現などにより，発電所地点が需要地から遠隔化し，さらに偏在化したため，275 kV 送電線でも送電容量の不足，事故電流の増大などの問題が再

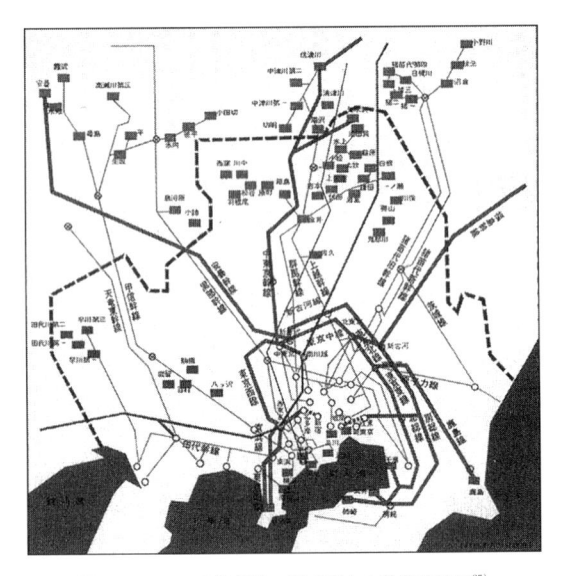

図 1.2.12　1972年当時の東京電力の送電系統図[25]

発するとともに，送電安定度が低下する問題が生じ，より高い電圧の 500 kV 送電連系網が建設されることとなった．その後全国的に 500 kV 基幹系統網の整備が進められ，500 kV 送電時代を迎えている．

d. ケーブル線路の発達

日本の地中線は，東京電車鉄道会社により 1903 年東京の大崎から今川橋までの

図 1.2.13　500 kV CV ケーブル布設工事[26]

6.6 kV のケーブルが敷設されたのが最初で，その後，10〜20 kV 級のケーブルが開発され，1930 年には 66 kV 地中線が運転に入っている．

1950 年代には，OF（oil filled）ケーブルの超高圧化が進み，180 kV 級までが実用化している．1960 年代には，架橋ポリエチレン（CV：cross linked polyethi lene）ケーブルの登場，POF（pipe type oil filled）ケーブルの実用化が図られ，さらに 1970 年代に入ってからのケーブルの強制冷却技術によって，大容量化が実現した．1980 年代に入ると，ゴムユニットワンピース型ジョイントによる CV ケーブル接続の簡易化やマス含侵直流海底ケーブルの高電圧化，ポリマー碍管の適用による気中終端の軽量化などの周辺技術も進歩し，地中線が多く用いられるようになってきた．1980 年代の後半には，500 kV CV ケーブルが世界に先駆け実用化されるに至っている（図 1.2.13）．

1.2.3　電力制御技術の進歩

a. 自動給電システム

初期の電力系統は，小規模かつ単純であったので，電圧や周波数を適正値に調整することや事故後の復旧などを行う給電業務は，その系統の中心となる発電所または変電所で行われていた．しかし，複雑な系統になるに従って専任の給電所（当時は配給所）が必要とされるようになった．日本の第一号は 1919 年の東京電燈の麹町配給所である（図 1.2.14）．給電所の出現によって各電気所からの情報を総合して系統全体の運

図 1.2.14　東京電燈の麹町配給所[27]

用状況を把握し，次々と変化する需要に対応して発電力を調整するよう発電所に出力変更の指令を出すとともに，事故復旧のため発変電所に開閉器類の操作を指令するなど，電力系統を円滑に運用する給電業務が一括して行うことができるようになった．

電力系統がその後ますます巨大化する中で，人手により系統全体を効率よく運用することが難しくなってきたため，1950年ごろからコンピュータ技術をいち早く取り入れることとなった．次々と変化する電力系統の状態を遠く離れたところで伝送表示する系統監視装置，電圧や周波数を適正値に維持する系統制御装置，事故時早期復旧のための自動操作装置などが開発・導入され，発変電所の自動化と協調して，給電運用の自動化が進められた．

これらの自動化により，周波数精度は手動調整時代の±0.3 Hzから±0.1 Hz程度に，電圧精度も±1%程度に収められ，いずれも世界最高レベルに達している．

b. 系統制御の歴史

電力系統では周波数，電圧が常に規定値に維持され，停電による供給支障が少ない良質な電力を供給する必要がある．この目的を達成するための各種の制御を系統制御という．主なものには，周波数や連系線の電力を制御する周波数制御と電圧維持や無効電力の合理的配分を行う電圧制御などがある．

初期の周波数制御は給電所で常に系統の周波数を監視しながら，状況に応じて特定の発電所に電話による指令を出し，その発電所の操作員が周波数計を監視しながら手動で調整する方法であった．この手動調整に対し，1954年に四国電力の松尾川発電所に自動周波数制御（AFC：automatic frequency control）装置が初めて設置された．このAFCは発電所を個別に制御する分散制御方式であったが，1959年に九州電力では系統の水力発電所，火力発電所を対象とした水火併用の中央制御方式のAFCを実施した．

初期の電圧制御は送電端の発電機電圧を調整する自動電圧調整器（AVR：automatic voltage regulator）と受電端の同期調相機で行っていた．AVRは1915年に東京電燈猪苗代発電所に，同期調相機は1916年に東京電力田端変電所に設置された．その後同期調相機に代わり建設費の安い電力用コンデンサが用いられるようになった．一方，変圧器の負荷時タップ切り替え器も実用化され有力な電圧調整手段として広く使われている．

主幹系統のルート遮断，母線事故あるいは系統分離などによって電力系統内に供給過不足が生じた場合，系統内の需給のバランスをとり，系

図 1.2.15 南川越変電所の制御室[28]

統の安定運用を継続するための制御が安定化制御である．系統安定化制御では，系統の周波数を所定の範囲内に落ち着くように，必要最小限の電源制限あるいは負荷制御を行う．1968 年に中部電力が系統の安定運用を促進するために系統安定化装置（SSC：system stabilizing control）を，東京電力が局地火力系統の安定運転を継続するために火力系統分離装置を設置した．

電力系統が大規模化するにつれて，中央給電指令所の運用から末端の発変電所の操作までの一貫した電力系統運用を行う電力系統総合自動化が促進されてきた．この制御システムには階層制御システムが適用されている（図 1.2.15）．

c. アナログからディジタルへの歴史

発電所の制御装置は，設備の信頼度向上，運転操作の自動化・省力化を目的として機械式から電気式へ，また，アナログ式からディジタル式へと発展してきた．火力発電所では，1970 年代後半からボイラ制御のディジタル化が図られており，タービン制御は，機械式から電気油圧式ガバナへと移行した．また，発電機励磁制御は，1965年ごろから直流励磁方式から交流励磁・サイリスタ励磁方式へと発展し，マイクロプロセッサ化も進められている．一方，原子力発電所では原子炉の運転性向上を目的に，各種制御装置のディジタル化が精力的に進められている．さらに，1975 年ごろから火力・原子力発電所の運転操作性，制御性向上のために，制御用計算機を中核とした運転自動化，燃料・設備管理などを行う総合自動化システムが大幅に導入されている．

変電所の自動化は，データ収集用のロガーの導入に続き，低速再閉路装置，自動操作装置，電圧・無効電力制御装置などが導入され運転操作の省力化，信頼度向上に貢献している．現在は，ディジタル技術と光伝送技術を融合して，変電所の制御・保護の高信頼度化，効率化をねらいとした変電所総合ディジタルシステムが実現される状況にある．

保護リレーの技術進歩に，アナログからディジタルへの変化がよく現れている．1950 年代には，海外からの技術導入により，表示線保護リレー，距離リレー，位相比較を含む電力線搬送方式と中心とした事故除去リレーが開発・実用化されていた．日本では，マイクロ波を用いた位相比較リレーが開発された．1960 年代に入ると，トランジスタ技術適用と動作の高速化（位相比較方式，距離リレー方式）が図られ，1970 年代にかけてアナログ静止型リレーが中心となってきた．1980 年代になって，大規模停電の復旧・保全技術，重潮流送電線における距離リレー方式の開発や，ディジタル技術の適用と高度化が図られ，ディジタル化の幕開けとなった（図 1.2.16）．1990 年代にはわが国がディジタルリレーの技術的中心となっている．

1.2.4 基礎技術の進歩

a. 解析技術の進歩

電力系統の解析の対象としては，主に正常時の電気の流れから電圧・電力の大きさを求める潮流計算，落雷などの事故が生じたときの短絡電流などを求める短絡故障計

図 1.2.16 日本初のデジタル型リレー（北総変電所 66 kV 八日市場線）[29]

図 1.2.17 交流計算盤[30]

算，事故発生時でも必要に応じた電気を送ることができるかどうかを調べる安定度計算などがある．

計算機が発達する以前には，直接的な解析手段がなかったために，様々な工夫が行われた．1904年には，日本初の解析の教科書として荒川文六著『荒川電気工学』が発行され，引き続き鳳秀太郎により，回転機の特性を解析する円線図法が提案されている．当時の解析は，精度よりも現象を物理的に理解し，達観と洞察に重心を置いて行われた．

昭和に入り，長距離，大電力輸送が行われるようになると，電力系統の安定度問題が重視され，より詳細な解析が望まれることとなった．これに応じて，アメリカで開発されたアナログ計算機技術を導入し，交流計算盤（図1.2.17）を国産化して使うようになった．このころから各電力会社において人工故障試験を実施し，解析結果との比較を通じて解析技術の向上が図られている．1955年ごろになると，主に保護リレーの動作特性，整定の目的で，電力会社やメーカに模擬送電線設備が置かれるようになった．

その後，経済成長に合わせて系統が拡大していったために，大規模な計算が必要となり，従来の解析手段では不十分となってきた．このころにはディジタル計算機が使えるようになり，各会社では独自の解析プログラムを作り使用していたが，関西電力がアメリカのBPA（ボンネビル電力庁）から安定度解析プログラムを導入したのをきっかけに，解析が本格的に大型電子計算機上で行われることになり計算が容易となった．

最近では，計算機のよりいっそうの進歩によって，実際の現象と同じ速さで電力系統計算が可能となっている．1977年の2度のニューヨーク大停電では，大規模停電事故の要因の1つとして「的確な給電指令を欠いたことが事故の拡大を招いた」と指

摘されたこともあり，給電所員の技能訓練の重要性が認識され，訓練用リアルタイムシミュレータが導入，活用されるようになった．

b. 絶縁技術の発達

電力の分野で様々な絶縁材料が本格的に使用されはじめたのは，1945年から1950年ごろである．空気は今もなお利用されている絶縁材料であるが，絶縁耐力が低いという欠点がある．水や油も絶縁材料として用いられてきたが，現在広く用いられているのがSF_6（六フッ化硫黄）である．これは1902年フランスで合成されたガスで1937年アメリカで優れた絶縁特性をもっているとわかったが，実用には結びつかないでいた．1960年代後半になって，都市への人口密集化が激しくなり電力需要も増した結果，都市近郊の変電所を超小型化するため，SF_6ガスを数気圧に圧縮して高電圧導体や開閉装置を金属容器内に収容するという構想が欧州と日本で始まり，1975年ごろ，日本は世界でも一流のレベルに達した．ガス遮断器（GCB：gas circuit breaker，図1.2.18）に加え，変電所の開閉機能から母線までをすべてガスの中で実現するガス絶縁変電所 GIS（gas insulated substation）も広く使われているが，これらにより，従来の面積の約10分の1で変電機器が実現できるようになった．

原油を精製して得られる鉱油系材料は今も変圧器などで使用されているが，電力機器が万一故障すると燃えることがあるという欠点をもっている．不燃油は1954年にアメリカで合成された．三塩化ベンゼン，五塩化ジフェニールなどがそれで，火災を極端に嫌う病院，電車，都市部の電力機器に長い間使用されてきた．しかし，環境問題を生じ1973年ごろから使用禁止になった．代わって，難燃性のシリコン油が用いられている．耐燃性（180℃）にも優れているので，地下鉄用，地下街などの変電所のコンパクト化に役立っている．

電力機器の絶縁保護に用いられる避雷器は，アレスタと呼ばれ，古くはギャップ式

図 1.2.18 SF_6ガス遮断器[31]（岩本発電所，群馬県）

図 1.2.19 佐久間周波数変換所[32]

が一般的であったが，酸化金属型のギャップレスアレスタが発明されてからは急速に置き換わっている．機器の絶縁保護を容易にし，過電圧の低減と機器の小型化に大きく貢献した．

c. パワーエレクトロニクス技術の発展

交流の送電網の中で，あらためて見直された直流送電は戦前のドイツ，ベルリンで試験運転が行われ，戦後にその技術を受け継いだソ連（当時）においてモスクワとカシラの間で実用化し，3万kWを200kVで送電した．その後も，水銀整流器を用いた直流送電は広く使われ，わが国でもこの技術の導入により，東京電力と中部電力の間に1965年，佐久間周波数変換所（30万kW，125kV，図1.2.19）が運開した．

1970年代に入ると，水銀整流器に代わる半導体のサイリスタ素子が開発され，直流送電に用いられるようになった．わが国でも，多くの実用化に向けた研究，実験が行われ，1974年新信濃周波数変換所（15万kW×2，125kV）において実用化された．その後も，電力会社間を結ぶ連系用（バックツーバック，非同期連系）にも用いられている．

その後，サイリスタ素子は大容量化するとともに，GTO（gate turn-off thyristor）と呼ばれるスイッチング機能の高度化が実現した．送電線への設備投資が厳しくなると，既存の交流送電線を有効に活用するためのFACTS（flexible AC transmission system）と呼ばれるパワーエレクトロニクス機器も実現し，系統動揺安定化に使われるようになってきた．

〔鈴木　浩〕

1.3 電力利用技術の変遷

1.3.1 電力利用技術の変遷・発展

a. 電力利用の始まり

明治時代に入って開国とともに電力利用が活発に進められた．まず1878年にアーク灯が実験的に灯された．まだ電灯会社が設立される以前なので，電池でアーク灯が点灯された．東京虎ノ門の工部大学校講堂で電信中央局開局の祝宴でのことである．その後，営業を開始した各地の電灯会社から供給される電力で日本全国の繁華街に電灯が灯されていった．図1.3.1は1882年に銀座通りに点灯されたアーク灯を描いたものである．ブラッシュ式発電機（19世紀末アメリカ，ブラッシュ社製．直流電流を供給）で灯され，2000燭光のあかりに多くの人々が見物に訪れたと伝えられる．白熱電灯は，1885年に移動式発電機で40個点灯されたのが最初である．

電力は動力用としても早期に利用された．発電機の原理の逆を考えればよいので，モータの開発は早かった．1890年に東京浅草に建設された凌雲閣のエレベータ用の直流電動機や，1895年に京都電気鉄道の電車へ電力が供給されるようになった．図1.3.2に凌雲閣の様子を示す．7馬力のモータを使用し，20人乗りであった．このころまでの電力利用分野としては，電灯用がほとんどで，1903年以降からわずかに動力用として利用されるようになった．

1.3 電力利用技術の変遷

図 1.3.1 銀座街頭に点灯されたアーク灯[33]（東京銀座通電燈建設之図，錦絵）

図 1.3.2 浅草凌雲閣とエレベータ[33]（凌雲閣機繪双六，錦絵）

b. 基盤技術の発達

その後，電力供給量が増加し，電灯のみでは，昼間に電力が過剰になり，動力の電化が進んだ．1894年の日清戦争や1904年の日露戦争などを契機に政府が工業化を推進し，紡績，製糸，織物などに代表される軽工業が飛躍的に発展し，陸海軍工廠を中心とする官営工場の拡張，官営製鉄所が設立された．しかし，工場動力の形態が顕著な変化を示したのは大正時代以降のことである．図1.3.3に大正時代を中心とした動力源の推移を示す．蒸気機関が順次電化されている様子がわかる．日露戦争後もまだ9％程度であった電化率が第一次世界大戦後には60％に達している．1916年を境にして蒸気機関から電力を主体に転換されていった．また大正時代に各産業の電化率が上昇し，紡績業，機械器具工業，化学工業が50％以上の電化率となり，金属精錬業が突出して78％に達した．1884年に本所溶銅所が設立され，1901年には，カーバイド製造が開始された．また1910年には，カーバイドから石灰窒素の製造が開始された．この時代の電力は水力を主体としたので，オフピーク時の余剰電力の消化と発電効率向上によって格安な電力を利用でき，これらの電気化学工業も第一次世界大戦ごろに飛躍的に増大した．

c. 利用分野の拡充

このような産業界の成長は，第一次世界大戦が終わり，戦後恐慌に突入し，一時は製品のダンピングや工場の閉鎖につながることになった．しかし，恐慌状態からの脱却を目指して電力利用方法が開発された．たとえば，電気化学工業や蓄電池，電気暖

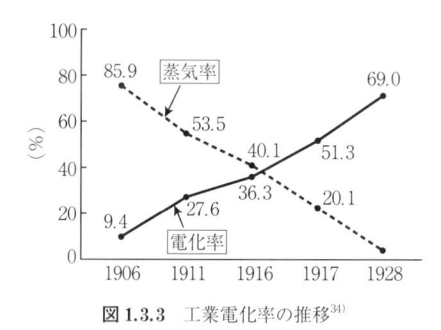

図 1.3.3 工業電化率の推移[34]

炉などが深夜電力の利用によって開発された．さらに昼間電力の利用拡大を目指して農業や家庭の電化が進められた．農業の電化は，潅漑用途が主で脱穀調整，電熱温床栽培などがあり，農業用モータは，恐慌の時期と重なるが，1925 年以降に急激に伸びている．一方，家庭電化については，急速に電灯が普及し，1935 年には，スイスに次いでわが国が世界第 2 位の普及率に達したことは注目に値する．なお，第二次世界大戦後に大幅に普及した家庭電化製品の多くはこのころまでに開発されたものである．たとえば，1894 年に国産第 1 号の扇風機が製品化され，1930 年には電気冷蔵庫，電気洗濯機，1931 年に電気掃除機，1935 年に冷房機が製品化されている．

電気化学工業も余剰電力を利用することで急激に発展した．不況の影響で停滞した電解法ソーダ，カーバイド石灰窒素，カーバイドアセチレン工業も人絹工業や紙パルプ工業などへと進展していった．さらにアルミニウム精錬業などが電力を利用して発展した．こうして，第二次世界大戦前には，重化学工業の電力需要量が大きく，金属工業，軽工業，そのほかも大きく伸び，幅広い産業が拡大した．その後の戦時下には，化学工業，紡績工業などの一般産業向け需要は減少したが，軍需産業を優遇する国策の下で，金属および機械分野が著しく増加した．

d. 戦後の復興と飛躍

1945 年に第二次世界大戦が終結するとともに電力需要は大幅に減少したが，その後直ちに一般の電灯・電熱や工場の生産活動が始まり，これが急速な電力不足を招来する結果となった．さらに 1950 年に勃発した朝鮮戦争により特需が発生し，急激な経済回復とともに需要が増大していった．

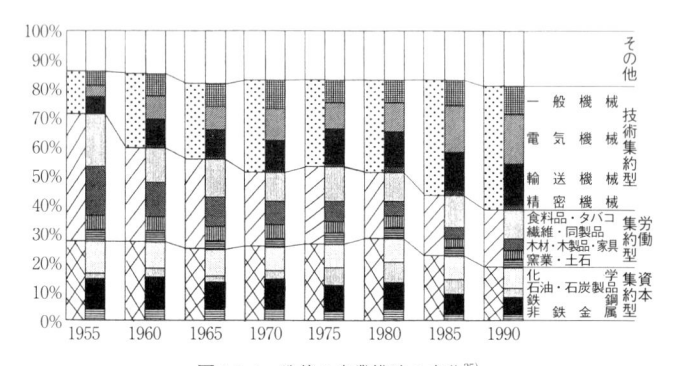

図 1.3.4 戦後の産業構造の変化[35]

図1.3.4に第二次世界大戦後から今日に至るまでの産業構造の変化を示す．労働集約型の産業から技術集約型産業へと大きく変化している．食料，繊維などの軽工業から機械工業へと変化し，労働集約型産業が27％まで減少し，技術集約型産業が30％にも達している．また，鉄鋼や化学などの資本集約型産業は，若干の減少傾向はあるが，25％程度の安定した比率となっている．この状況で大型の鉄鋼用高炉，大型の化学プラントなどが増設され，また大型船舶製造技術，家庭電化製品や自動車などの生産技術が躍進した．石油危機後には資本集約型の化学工業や鉄鋼などが比率を下げ，18％まで下がっている．この間に労働集約型産業も20％まで比率を下げている．これらに比して技術集約型産業は43％に達している．「産業の米」といわれた半導体の量産技術の急速な発達，大量生産技術で優位に立った家電製品や自動車，さらに生産合理化が進んだ鉄鋼などの輸出攻勢によって，日米貿易摩擦が発生するほどになった．

一方，昭和時代の後半になると電力需要で家庭電化製品の比率が大きくなり，三種の神器（電気冷蔵庫，電気洗濯機，テレビ）が普及し，さらに電力量の大きなエアコンが普及すると，夏期電力ピーク値に大きな影響を与えるようになった．最近では，1992年の日本経済のバブル崩壊，近隣諸国の技術的な成長による輸出の翳りなどで，産業は打撃を受け，電力ピーク対策は繰り延べされている．現在はゆるやかな経済再生の傾向が見られるが，今後の行方ははっきりしない．

1.3.2 電力利用機器の発展

電力が供給された当初は電灯のみであったが，その後に動力源としてモータが利用され，その後は各種の電気機器が利用されている．ここでは照明，モータおよび家庭電化機器を例として発展の様子を述べる．

a. 照　明

照明は1802年にデービー（H. Davy）が白熱電球の可能性を実験から得たことから始まり，1877年ごろに電球の研究に着手したエジソン（T. A. Edison）は，1879年に白金コイルを発光体とした電球を製作し，さらに木綿糸を炭化したフィラメントの真空炭素電球を試作した．この電球は40時間光り輝き続け，実用化の始まりとなった．その後も改良が続けられ，1906年にドイツのユスト（A. Just）とハナマン（F. Hanamam）によってフィラメントにタングステンを用いたタングステン電球が開発された．当時の電球を図1.3.5に示す．1913年にはラングミュア（L. Langmuir）がフィラメントをコイル化し，窒素を封入したガス入電球を開発した．さらに1925年に内面つや消し電球が開発された．その後，1959年にザブラー（E. G. Zubler）がハロゲン元素とタングステンの反応サイクルを利用し，ガラス管壁の黒化を防止し，特性を向上したハロゲン電球を発明した．このように白熱電球の開発が続き，広い分野で利用されている．

白熱電球と並んで広く利用されている蛍光ランプは，1938年にアメリカのインマン（G. E. Inman）が発明した．わが国では，1948年ごろから生産が開始され，1958

図 1.3.5　引き線タングステン電球[36] 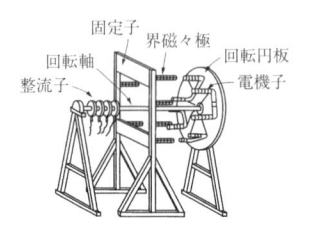　　図 1.3.6　ヤコビのモータ[37] 　　図 1.3.7　1911年当時の三相誘導モータ[38]

年には環形蛍光ランプが発売された．また高圧放電ランプは，1901年にクーパーヒューイット（P. Cooper Hewitt）が水銀ランプを試作し，1930年代に照明用として使用されるようになった．さらに，1950年代には蛍光物質の開発で演色性の改善が進み，急速に普及していった．

最近では，発光ダイオード（LED：light emitting diode）で三原色を表現できるようになり，交通信号機，各種表示装置などに使われ，さらに LED を用いた照明が採用されつつある．寿命が長いことから応用分野の拡大が期待されている．

b. モータ

電力の第二の利用技術であるモータは，ヤコビ（M. Jacobi）による回転電磁石形直流モータから始まった．1834年に発表されたモータを図1.3.6に示す．8本の鉄棒にコイルを巻き，木枠に取り付け，直流電流により交互に磁極を発生させて界磁を構成し，木の回転円板にやはり鉄棒を8本埋め込み，コイルを巻いて電機子とし，整流子により流入電流を反転させることで回転を持続させている．交流モータは，1882年にテスラ（N. Tesla）により構想が発表され，1887年にはアメリカ国内に15社のモータメーカが存在し，年間に約1万台を生産したといわれている．1890年ごろには洗濯機など家庭用機器を駆動するモータとして，コンデンサ始動誘導モータやユニバーサルモータが登場してきた．その後，産業動力用として三相交流の誘導モータ，特殊動力に同期モータ，小型電気機器用として単相誘導モータが利用され，乾電池駆動のおもちゃ，自動車用などに直流機が用いられた．図1.3.7に当時のモータを示す．

半導体スイッチング素子が開発されると直流電圧制御が容易になり，モータの速度制御を界磁制御から電圧制御に移行し，DC サーボモータとしての利用が急速に進んだ．特に小型モータがオーディオ，ビデオ，カメラ，情報機器，OA 機器などの高性能化に役立った．一方，電磁石の励磁電流の制御が容易になり，ステッピングモータとして利用が拡大した．センサレスで位置決め制御が可能である．

最近では，定速とされていた誘導モータや同期モータをインバータの利用で高出力制御用モータとする AC サーボモータが出現し，多くの駆動源を変えてしまった．

c. 家庭電化機器

家庭電化機器の始めは電灯である．これに続いて小型モータを用いた扇風機が発表

図 1.3.8 大正時代の電気扇風機[39] 　**図 1.3.9** 大正時代の電気アイロン[39] 　**図 1.3.10** 初期の電気コンロ[40]

された．国産品は1894年に登場した．その後，1916年に大量生産が開始された．図1.3.8に当時の扇風機を示す．扇風機に続いて普及した家電製品は電気アイロンであった．1915年に国産化され，1937年には4軒に1台まで普及している．図1.3.9に当時の電気アイロンを示す．電気コンロは，1923年の関東大震災の際にガスよりも電気の復旧が早いことから見直された．煮炊きに困っていた人々が一斉に電気の利便性に目を向け，電熱器ブームが起こる結果となった．図1.3.10に当時の電気コンロを示す．これらからいわゆる家庭電化が進み始めた．第一次世界大戦後は，家電製品が次々に製品化されていった．1930年には，電気洗濯機と電気冷蔵庫が国産化され，翌年には電気掃除機が販売された．一方，1925年に始まったラジオ放送によってラジオの普及は著しく，1938年には聴取者が358万人に達する．しかし，1939年に第二次世界大戦が勃発し，戦後復興が始まるまでの15年あまりの間，日本の家庭電化は停滞することになる．

戦後の電化の復興は日本に駐留した進駐軍から冷蔵庫，温水器，アイロン，コーヒー沸かし器，トースタなどが大量に発注されたことが大きな影響を与えた．1947年には電気パン焼き器が流行し，1953年には噴流式電気洗濯機が発売され，またテレビ

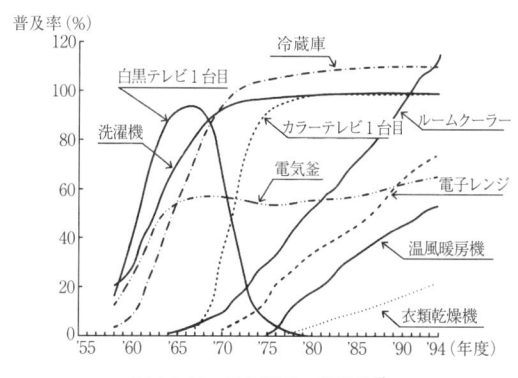

図 1.3.11 電化製品の普及率[41]

放送が開始され,朝鮮戦争の特需と相まって再び家庭電化ブームが訪れた.なかでも,電気洗濯機,電気冷蔵庫,テレビは,三種の神器と呼ばれ,庶民のあこがれの的になった.家電製品の普及の様子を図1.3.11に示す.テレビ放送開始から急激にテレビが普及している.また洗濯機や冷蔵庫も同じ時期に急速に立ち上がっている.これらは1955年を境にしており,特に戦後の生活を電気洗濯機と電気釜が大きく変え,家事労働を軽減し,女性の社会進出や地位向上を促した.

その後,1965年代には家庭電化機器の実用面での普及が完了し,一層の快適さが追及されるようになった.テレビはカラー化され,ステレオやエアコン,電子レンジなどが普及し,余裕のある生活が実現した.さらに21世紀を迎えるころには,情報技術を取り込んだ家庭電化機器が出現し,複雑な機器制御を実現した.事前に好みを入力しておけば,スタートスイッチを押すだけで,自動的に洗濯し,ご飯を炊き,料理をすることができるようになった.IT家電と呼ばれる技術も実用化されつつあり,いずれ家全体を家族の要求通りに制御する家庭システムが実現する日も近い.

1.3.3 基礎技術

ここでは,機器の発達を進めた基礎技術を紹介する.材料技術,加工技術,さらには計算機技術などである.以下にこれらの変遷をまとめる.

a. 材料技術

機器製作の基盤である鉄鋼の生産は,1880年に官営釜石製鉄所の高炉に火入れが行われたが失敗に終わり,1884年に実験を繰り返し成功にこぎつけた.当時の釜石製鉄所25t高炉を図1.3.12に示す.この後に官営八幡製鉄所も稼動し,1900年ごろから順調に生産されるようになった.

明治後半から大正にかけて日本の技術は自立期をむかえ,1916年に本多光太郎らによるKS磁石鋼の発明が注目された.この流れは,1917年に理化学研究所の設立へとつながり,独自技術の開発が推進された.各種の材料特性評価設備なども1921年ごろまでに国産化され,また1936年に電子顕微鏡の試作が行われた.これらの独自技術が日本の原子核物理学の指導的役割を果たし,その後に湯川秀樹のノーベル物理学賞受賞へとつながった.

また,1947年にブラッテンとバーディーンによる点接触トランジスタが発明され,1958年には江崎玲於奈によるトンネルダイオードの発明があり,ノーベル物理学賞を受賞している.図1.3.13に世界最初のトランジスタラジオを示す.さらに世界初のトランジスタテレビも開発された.その後にIC(integrated circuit,集積回路)の時代が来るが,まず1967年には図1.3.14に示

図 1.3.12　釜石製鉄所の25t高炉[42]

図 1.3.13　世界初のトランジスタラジオ[43]
図 1.3.14　IC 電卓 1 号機[44] 
図 1.3.15　民生の足踏み式旋盤（1876 年）[45] 

す IC 電卓が誕生した．この電卓をさらに小型化するために 1971 年にインテル社からマイクロプロセッサが誕生した．このマイクロプロセッサがマイコンの時代を開いていった．マイコンはひとつのチップ上にマイクロプロセッサ，メモリ，入出力制御などを集積したもので，コンピュータの基本機能をもっている．しかも，一括大量生産で製造コストが急速に下がり，様々な機器に組み込まれるようになった．これらの LSI（large scale integration，大規模集積回路）が「産業の米」と呼ばれ，その製造技術でわが国がアメリカを追い越す状況もあり，日米貿易摩擦が生じたこともあった．また，平面表示素子の開発でも液晶表示やプラズマ表示技術の実用化で世界の先鞭をつけた．

b. 加工技術

工作機械の源流は，往復回転運動を利用したろくろである．主に木工，金工，やきもの用に用いられ，世界各地で発達した．これが旋盤の誕生につながる．1871 年に赤羽工作分局が設立され，先進国の模造加工機械が製作された．ボール盤，旋盤，フライス盤などである．1876 年には図 1.3.15 に示す民生の足踏み式旋盤が製作された．1876 年には石川島平野造船所，1878 年には川崎造船所が開業し，1884 年には三菱長崎造船所がスタートした．これらの工場では輸入した工作機械が据え付けられ，国内最初の西洋式機械工場になった．1920 年ごろには技術的にも一歩先行した大工作機メーカが現われてきた．

1902 年ごろから工業製品の規格が定められるようになり，1924 年には日本標準規格（JES：Japanese Engineering Standard）が発足した．また製造の自動化に必要な計測技術の開発が進められた．温度計は 1800 年代から利用され，1920 年ごろまでドイツからの輸入技術で製作されていた．その後も湿度，圧力，流速，歪などの計測技術が開発され，さらにマイクロコンピュータを利用したデータ処理技術が開発され，製品の高品質化，工場生産の自動化が進められることになった．

第二次世界大戦後の空白からの回復には，1950 年からの朝鮮戦争特需が大きな契機となった．高度な加工機械が製作され，トランスファーマシン（自動搬送複合工作機械）による自動加工が進められた．さらに 1955 年に国内へ導入された数値制御技

図 1.3.16　国産第1号電子計算機（1956年）[46]

図 1.3.17　国鉄座席予約システム「みどりの窓口」（1964年）[47]

術により，高度な連続自動化処理が可能となった．

また種々の樹脂も開発された．熱可塑性樹脂としてポリエチレン，ポリエチレンテレフタレート，アクリル，ポリカーボネートなど，熱硬化性樹脂としてウレタン，ポリエステル，エポキシなどである．これらの樹脂の利用には，成型するための各種金型を必要とするが，優れた金型加工技術が開発され，電気機器や自動車などに利用された．金型製作の時間短縮が新規なデザインに対する人々の飽くなき要求に応えることができたので，次々と新製品が発表されるようになった．

c. 計算機技術

1945年にアメリカでENIACと呼ばれるノイマン式計算機が開発された．この情報を受けて1956年には図1.3.16の国産計算機FUJICが開発された．当初は，入出力に穿孔されたパンチカードや紙テープを用い，数値処理または文書処理が実行された．その後にキーボード入力，ブラウン管やプリンタによる出力が可能になり，大きなシステムが開発されるようになった．図1.3.17に1964年に開発された国鉄座席予約システムを示す．計算機が一層高速化されるに従って，従来は難しかった技術計算が実行できるようになり，機器設計の高信頼化を進めることになった．特に，信頼性を必要とする原子力発電の分野では，冷熱計算，強度計算，流体計算などの効率的な手法が開発され，それらが他の分野へも応用されるようになった．

1970年代にマイクロコンピュータが開発されると，パーソナルコンピュータ（PC）やワークステーション（WS）などが展開していった．特にWSでは強力なグラフィックス機能をもち，詳細な設計図面を取り扱うことができるようになった．WSは設計の現場へ設置できたのでコンピュータ支援設計（CAD：computer aided design）およびコンピュータ支援製造（CAM：computer aided manufacturing）システムとして利用されるようになった．これらの設計および製造技術によって，高品質の製品を自動化により低コストで提供できるようになり，鉄，カメラ，ラジオ，時計，テレビ，ビデオ，自動車などを世界へ向けて輸出できるようになった．しかし貿易摩擦が発生し，生産調整が始まり，加えて最近では韓国，台湾などの近隣諸国の技術力が向上し，厳しい競争にさらされている．

〔武内良三〕

1.4 電力技術の展望

電力技術の将来を展望するには、その自然科学的側面と技術的側面に注目するべきであろう。電力技術には、自然法則の探求により進歩してきた面と、有用性の探求により進歩してきた面があるからである。後者は技術の社会性に関わるものである。技術は人間の社会的な活動と密接な関係がある。

歴史的にいえば、もともと自然科学は科学であり、技術は技術であった。科学と技術は必ずしも近い関係にはなかった。自然科学は物質のふるまいを論理性をもって明示しようとするものであり、技術は人工物を生み出し運用するために、人間がなす行為であった。それが18世紀後半に始まる産業革命以降、科学は技術を利用して、技術は科学を利用して、互いに急速に発展することになった。

今後の電力技術の姿は混沌としており、それを展望するには、これまでの発展の経緯を把握しておくことが重要である。電力の発生・送配・利用に関わる技術の進歩については、前節までに既に記述されている。本節では、以上のことを踏まえて、従来の変遷と今日の置かれている状況を簡単に眺め、将来の電力技術を展望するとともに、電力技術を支える担い手となる技術者をめぐる動きについてふれてみる。

1.4.1 電力技術の置かれている状況
a. エネルギー消費のなかに占める電力の役割

古来、人間はエネルギーを消費し、社会と生活を改善してきた。電気エネルギーは安全性、利便性が高いため、最終エネルギー消費に占める電力量、すなわち電力化率は、年を追うごとに高まっている（図1.4.1）。ちなみに電力化率には2つの見方がある。一次エネルギー供給量のうち、発電用に投入されたエネルギー量の割合でみる場合と、最終エネルギー消費量の中で電力が占める割合でみる場合である。前者の場合では、投入エネルギーを電力に変換する際の損失が含まれることになる。図1.4.1は後者によるものである。電力化率が高まれば、それだけ電力の適切な供給、消費の重要性が高まる。

電力消費の用途を産業用、民生用、運輸用に分けてみると、いずれも年を追うごと

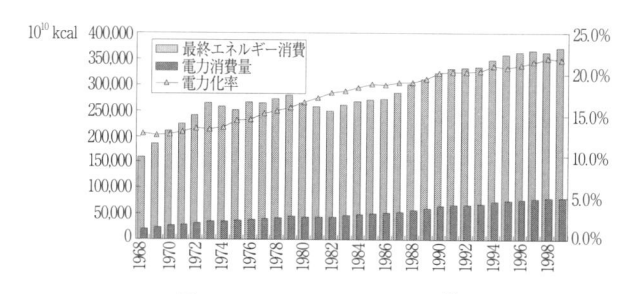

図1.4.1 日本のエネルギー消費[57]

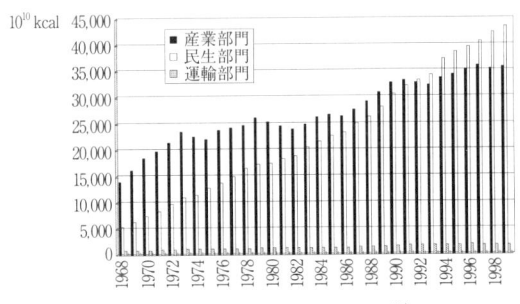

図 1.4.2 電力消費の内訳（実数）[57]

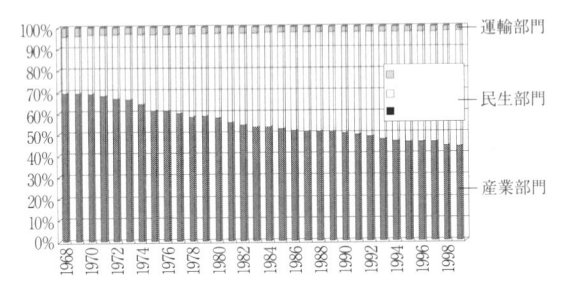

図 1.4.3 電力消費の内訳（％）[57]

に増加している（図 1.4.2）．特に民生用の増加が著しい（図 1.4.3）．図 1.4.3 からわかるように，民生用電力消費は 1970 年度には全体の 30％未満であったものが，1993 年度には 50％以上になっている．民生用電力消費は，家庭用とビル・デパート・学校・病院などの業務用に区分できる．家庭用は冷暖房機器導入などによる快適な生活を求めて，業務用は冷暖房需要に加えて情報化の進展による OA 機器などの増加によって，ともに消費が大きく増大してきた．

産業用電力消費は逆に，1970 年度前後には 70％近かったものが，1990 年代には 40％台に下落している．これは 90 年代の景気の低迷もあるが，産業分野における省エネルギー努力と，産業構造自体がエネルギー多消費型から情報産業型へ転換していることを意味している．

b. エネルギー資源と発電

電力は様々な形のエネルギー資源を転換して得られるので，わが国のエネルギー状況を，一次エネルギーの需要供給状況と，電力への一次エネルギーの転換状況でみてみる．ちなみに，一次エネルギーとは石油，石炭，原子力，天然ガス，水力，風力，地熱，太陽熱，バイオマスなど，加工されていない状態で供給されるエネルギーのことである．それに対して，一次エネルギーを転換・加工して得られる電力，都市ガス，コークス，ガソリンなどを二次エネルギーと呼ぶ．わが国の一次エネルギー需給の推移を，図 1.4.4 に示す．2010 年度にかけて消費は増え続けるが，温暖化防止など，地

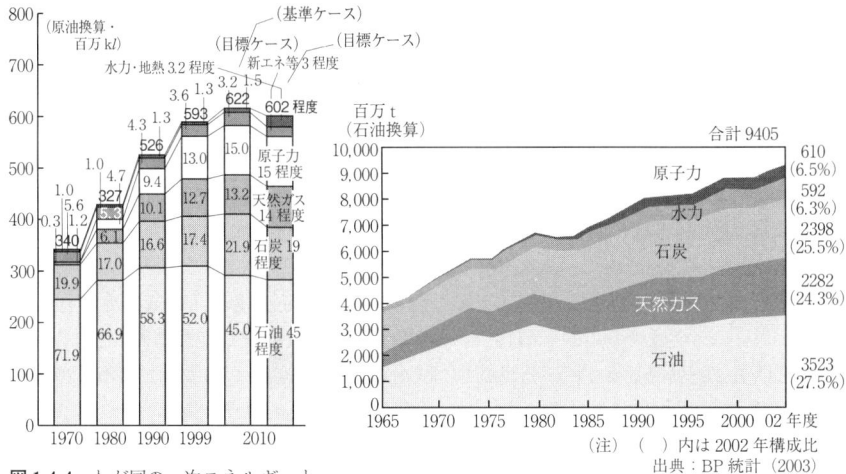

図 1.4.4 わが国の一次エネルギーと需要と供給の見通し

図 1.4.5 世界の一次エネルギー消費量の推移[58]

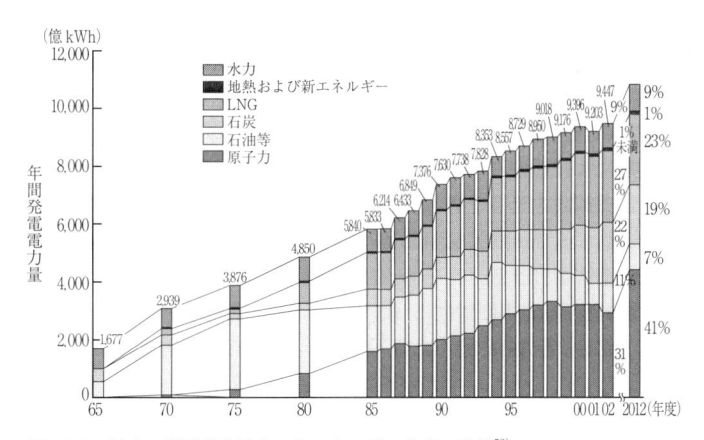

図 1.4.6 日本の発電電力量と一次エネルギー比率の推移[58]
 1. 石油等にはLPG, その他ガスおよび瀝青質混合物を含む.
 2. 構成比の各欄の数値の合計は四捨五入の関係で100%にならない場合がある.

球環境を保全していくためにはCO_2排出量を削減する必要があり，そのためには化石燃料の消費を削減していく必要がある．世界の一次エネルギー消費も，図1.4.5に示すように増加を続けている．

電力は一次エネルギーを色々な形の発電システムで，電気エネルギーに転換することによって得られる．日本の電力に占める各種一次エネルギー比率を図1.4.6に示す．水主火従の時代から火主水従の時代になって以降，火力発電の主力燃料は長期にわ

たって、安価での入手が可能な石油であった。しかし2回にわたるオイルショックを経て、石油火力発電所の建設は凍結され、それまでの産油地域への依存度が低く、酸性雨の原因となる窒素酸化物（NOx）や硫黄酸化物（SOx）が出にくいLNG（液化天然ガス）火力発電所と原子力発電所が、重点的に建設されるようになった。石炭火力も排煙脱硝・脱硫技術、電気集塵技術の進歩で、一定程度の建設が行われてきている。日本の火力発電所での脱硝・脱硫技術は、国際的にみて、きわめて高いレベルにある（図1.4.7）。

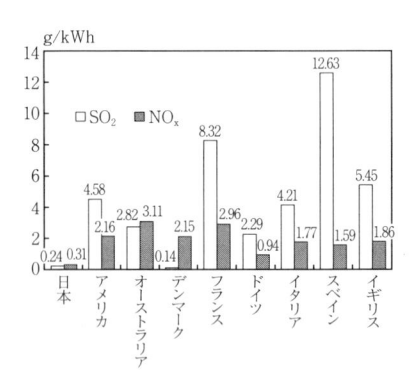

図1.4.7 火力発電所の発電量当たりSO$_2$, NO$_x$ 排出量の国際比較
(注) 日本, アメリカ, デンマーク, ドイツは97年, オーストラリア, フランス, イギリスは96年, イタリア, スペインは95年データ.
(出所) OECD Environmental Data Compendium 1999, OECD Energy Balances (1995-1997)より試算. 日本のデータは電気事業連合会調べ（電事連ホームページ）

　歴史的には、発電設備は電力会社を主体にして規模の効率化を追求して拡大してきた。発電設備の単機容量の増大、複合発電技術の採用などによって、大容量・高効率発電が図られてきた。大規模発電方式により、前述の酸性雨問題、廃塵問題なども発電所で集中的な環境対策をとりやすくなった。

　発電所の立地は大規模化に伴い、電力需要の中心地である都市から遠く離れたところとなり、大容量の電力を長距離伝送することが必要となった。大電力を伝送する場合、電流値の二乗に比例して送電損失が発生するため、それを低減するため高電圧に昇圧して送電する技術が進歩してきた。

　しかし、規模の効率自体に対する疑念、規模の効率追求のみが目指すべき姿ではないとの考え方が、1970年代後半から1980年代に提起されるようになってきた。また原子力発電については、安全性、核技術の拡散、国家安全保障が問題視され続け、1989年のベルリンの壁崩壊、1991年のソビエト連邦崩壊による世界の冷戦構造の終焉と、国際政治情勢の不安定化のなかで、大きな政治問題となっている。

　規模の問題は、電力技術の将来像を考える上で特に重要であるため、1980年前後に提示された考え方にふれておく。1977年にロビンズ（A. B. Lovins）が『ソフト・エネルギー・パス』で、従来型の原子力、石油・ガス、石炭によるエネルギーシステムをハード・エネルギー・パスと称し、それに対してソフト・エネルギー・パスへの転換を提唱した。ソフト技術は次の特徴を備えるものとされた。

① この技術は、われわれが使おうが使うまいが、常にそこにある太陽、風、植物といった再生可能なエネルギーのフローに依存する。すなわち、枯渇してしまうエネルギー資本でなく、エネルギー所得に依存するのである。

② この技術は分散的である。すなわち、国家財政が多くの小さな税金の集合から

成っているように，エネルギー供給も，それぞれの状況に応じて最も効率的に設計された小さなエネルギー供給単位による供給の集合から成り立っている．
③ この技術は弾力的でかつ相対的に低い技術である．ここで低い技術というのは，その技術が高度に開発されていない技術という意味ではなく，理解が容易で，秘伝などを必要とせずに利用でき，秘密ではなく近づきやすい技術だという意味である．
④ この技術は最終エネルギー需要の規模と地理的分布に適合しており，ほとんどの自然エネルギーの流れをただで利用するものである．
⑤ この技術は，最終需要の用途に対応したエネルギーの質に見合ったものである．この点はただちに説明されねばならない重要な性質である．

この考え方は，数次の国連の環境に関する世界会議開催，1979年のアメリカのスリーマイルアイランド原子力発電所事故などの動きと相まって，広く注目された．

日本でも，ハード・エネルギー・パスをソフト・エネルギー・パスに転換するのではなく，システムの中の個々の要素が全体と相通ずる性格をもち，個が全体の中でそれなりの独立の特徴を発揮しながら調和的に全体を作り上げる「ホロニック・パス」が茅ら（1988）によって提唱されるなど，ベストミックスの解を求める努力が行われている．

c. 送配電・変電

電力を起こす場所（発電所）と使う場所（需要地）とが距離的に隔たっているならば，電力を送り（送電），配る（配電）必要がある．そして，発電・送電・配電・消費の間には，変電が介在する必要がある．世界と日本でのその歴史はすでに前節まで

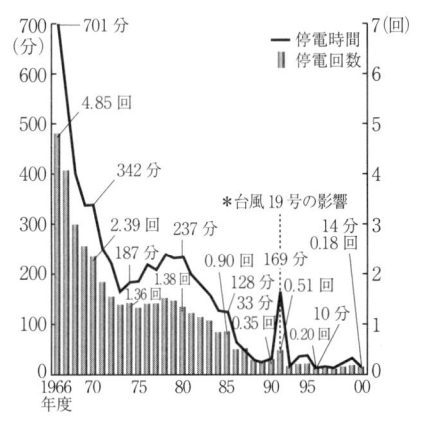

図 1.4.8 需要家一軒当たりの年間停電回数と停電時間の推移（作業停電，事故停電）（資源エネルギー庁・電気保安統計から；電気事業連合会まとめ）
＊1988年度までは9電力会社計

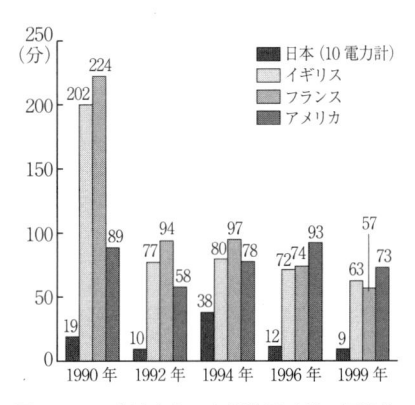

図 1.4.9 一軒当たりの年間停電時間の国際比較（事故停電）
（電気事業連合会調べ）
＊1990年は9電力会社計

に記述してあるが，電力技術の将来像を描くために，日本で突出して進歩した電力の信頼性技術について，ここで特に言及しておく．

日本は第二次世界大戦後，厳しい経済事情の中で戦後復興に取り組んだ．それは送配電分野に，不足する発電電力をいかに高い稼働率（アベイラビリティ）で需要地に届けるかとの技術課題を投げかけ，産官学が連携して日本独自の研究開発が行われることになった．その結果が停電率の急速な改善であり，世界に類をみない高い電力供給信頼度の実現であった．図 1.4.8 が停電率の低下，図 1.4.9 が諸外国との停電率の比較である．高い供給信頼度の維持にはコスト負担が伴う．将来に向けて，どれだけの供給信頼度が妥当か，換言すれば，誰がどれだけのコストを負担するべきかが大きな課題となる．

d. 規制緩和

日本の電力事業は，その勃興期の激烈な競争の時代，戦時体制化における国策電力会社の時代，そして地域独占と供給義務を一体化して実現した時代を経て，規制緩和の時代に入ってきた．もとより自由主義経済体制下では，競争を通した価格低減，サービスの向上により顧客利益の拡大と経済の活性化を図ることは大原則であり，電力事業分野でも 1980 年代から国際的に規制緩和の動きがみられるようになってきた．日本でも国際的な競争に直面している事業ほど，原材料としての電力料金負担に関心が高く，1990 年代初頭のバブル経済崩壊を背景として，電気事業の自由化が突っ込んで検討されるようになった．

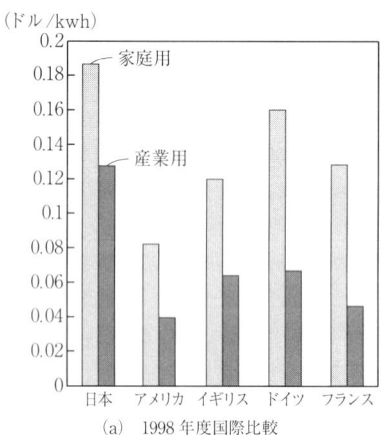

(a) 1998 年度国際比較
(IEA STATISTICS 'Energy Prices & Taxes' より．)
各国の，1 年間の使用形態を限定しない平均単価を計算したもの．産業用料金の中には，業務用（商業用）の料金を含むものと含まないものがある．日本の産業用料金の中には業務用の料金を含む．

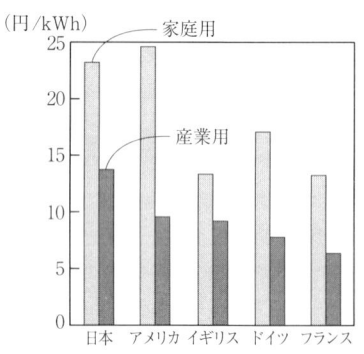

(b) 使用形態を統一したモデル料金比較
（電気事業連合会調べ．家庭用は 2001 年 9 月，産業用は 2000 年 2 月）家庭用は 290 kWh/月使用時，産業用は契約電力 4,000 kw で年間稼働時間 4,000 時間のモデルで計算した 1 kWh 当たりの単価．使用した為替レートは家庭用は 2001 年 9 月，産業用は 2000 年 2 月のもの．

図 1.4.10 電気料金の国際比較
（経済産業省電力市場整備課評価書，平成 14 年 5 月）

1.4 電力技術の展望

日本での電気事業自由化は,まず1995年の電気事業法改正で,独立発電事業者(IPP：independent power producer)が認められるようになり,卸発電部門に競争原理が導入され,特定電気事業が創設された.特定電気事業は,特定の供給地点で電気使用者に直接電力の販売を行う供給義務を負った事業であり,電力会社以外に電力小売への参入の道が開かれた.続いて1999年の電気事業法改正で,2000年3月から特別高圧需要家を対象にした小売の部分的自由化が導入された.対象となる特高需要家は,契約電力が原則として2,000 kW以上,受電電圧が2万V以上のもので,販売電力量の1/4強がこれに当たる(2001年度).自由化は今後も段階的に進められ,小売範囲の拡大,設備形成などの規則を定め,地域間連携の調整を図る中立機関の設置,電力取引所の設置などが進められていく.

電気事業の自由化の影響はまだ段階的自由化の途上であり,またいくつもの切り口からの検証が必要であろうが,価格低減の視点で電気料金の推移を,また電力技術の将来を見通すための基礎データとの意味で,電力会社の設備投資推移をみてみる.

日本の電気料金の比較データの例を図1.4.10に,消費者物価指数(CPI：consumers'price index)としての電気料金の推移を図1.4.11に示す.電気料金の国際比較は,為替の変動などの難しい評価要素を含んでいるが,日本はやや高いといえよう.消費者物価指数が全体として1990年以降漸増しているなかで,電気料金は着実に低下してきている.

電力会社の設備投資の推移を示したものが,図1.4.12である.電気事業の自由化が実施されるなかで,大

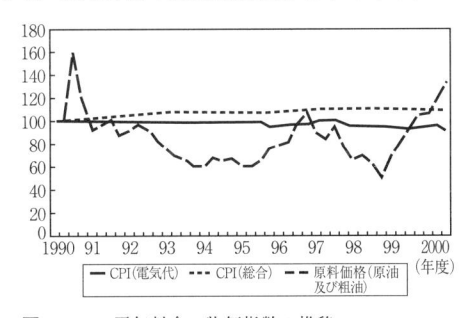

図1.4.11 電気料金の物価指数の推移
(総務省「消費者物価指数月報」,財務省「日本貿易月表」などより作成した.内閣府公表資料) 1990年度第1回半期を100としており,原料価格はCIF価格(運賃保険料込みの価格)の推移である.

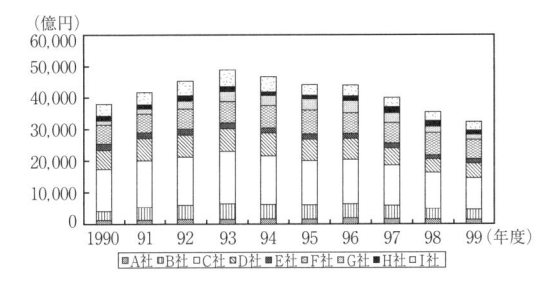

図1.4.12 9電力会社の設備投資の推移
(9電力会社「有価証券報告書」各年度版などより作成した内閣府公表資料) 付帯事業工事は含まれていない.

幅な減少を続けている．これは電力会社の経営体質の強化につながる半面，長期的な技術開発，回収に時間のかかる設備投資が控えられることにもなる．端的に具体例を挙げれば，核燃料サイクル事業を含む原子力投資，直接販売電力量の増加につながらない信頼度向上投資などに対しては，今後ともより慎重な姿勢をとることになろう．

1.4.2 電力技術の将来

本節の冒頭でも述べたように，技術は人工物を生み出し運用するために，人間がなす行為である．人工物は有用性をもって評価される．有用性は社会，経済，政治に左右される．その意味で，前項で述べた電力技術が置かれている状況から，電力技術の将来がみえてくる．ポイントはエネルギーの中に占める電気エネルギーの重要性の増大，資源・環境問題，自由化である．そしてエネルギー，電力をめぐる役者，役割の多様化である．

a. 電力技術の多様化

多様化する電力技術の中で，個々の技術は磨かれ，淘汰されていく．20世紀前半の発電技術は，水力発電と火力発電，それに化学エネルギーを電気に変換する電池であった．前者は大きいほどよく，後者は小さいほどよかった．その後，様々な発電技術が研究され，開発されてきた．そして必ずしも大きいことはよいことではなく，また小さいものに桁違いの小ささとパワーを求めるようになってきた．

大規模な発電技術分野では既に原子力発電が実用化され，核燃料サイクル技術が実用化の途上にある．核融合発電も研究が継続されている．廃炉技術の研究開発も行われている．この分野には8章に詳述されるように，数多くの興味深い技術的課題があるが，技術の社会性からは環境問題，電気事業の自由化の影響が最も大きな分野である．原子力は大規模発電に適し，化石燃料を消費しない，二酸化炭素（CO_2）を排出しないという意味で，地球環境問題の切り札的解決策である．しかし，核拡散と原子力安全保障，放射能を伴う安全問題，投資回収に長期間を要することなどは，原子力推進の強い逆風になる．

たとえば，核燃料サイクルでも，電気事業の自由化の環境下では，国際的なウラン燃料価格が大幅に高騰しない限り，電気事業者は経済的視点，経営リスク管理の視点から，その推進に積極的になれない．しかし，もしウラン燃料が高騰するとすれば，他の一次エネルギーとの相対的な競争力の低下を招いてしまう．このような点からも，単に自由な競争原理の下に置くのではなく，地球環境を次世代にどのような形で引き継ぐかとのマクロな視点で，政治的，社会的な合意を形成しつつ取り組む必要がある．

火力発電は化石燃料の枯渇問題に直面する．化石燃料は現時点で人類が保有している技術では，再生不可能なエネルギー源である．地球がかたちづくってきたこの貴重な資源を，直接的な熱源としてどれだけ利用してよいかは，人類の持続的発展のために考慮するべき大命題である．石油および天然ガスは最も早く枯渇問題に直面することになるので，発電効率改善のための技術開発が，環境対策技術の開発とならんで，

1.4 電力技術の展望

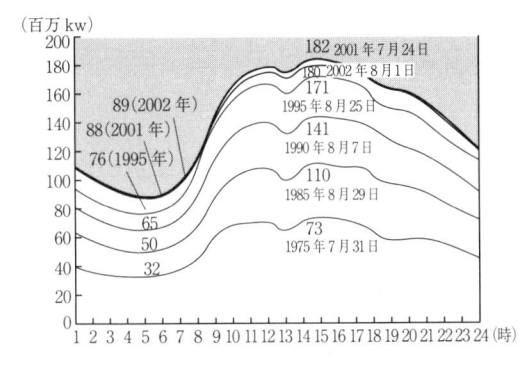

図 1.4.13 真夏の1日の電気の使われ方の推移
(電力の日負荷曲線)
(電気事業連合会調べ) 10電力会社合成値. 1975年の数値のみ9電力会社合成値

引き続き重要となる．石炭は石油・天然ガスよりはるかに豊かな資源といわれており，発電に効果的に利用するための技術開発を含めて，様々な技術開発が行われよう．また火力発電分野では，世界のトップレベルにある日本の環境対策技術を，世界的に活用する努力が求められよう．

水力は再生可能なエネルギー源であり，水力発電技術はそれを積極的に利用するものである．そして，揚水発電技術が，電力の日負荷（図 1.4.13）の平準化のために注目されてきた．電力は直接貯蔵ができないので，夜間の余剰電力を用いて水を下池から上池に移し，昼間の電力需要ピーク時に上池から落とした水の力で電力を得る方式である．水資源が豊富な地域では，引き続き技術開発と適用が進められよう．

中小規模の発電技術では，水力，風力，地熱，ごみ発電，太陽光，マイクロ・ガスタービン，バイオマス，燃料電池，熱電発電，波力・潮力など，多様な発電技術が注目される．特に燃料電池発電技術は，電力負荷平準化対策としても注目されよう．

送配電・変電技術は立地場所を含む電源の多様化，情報利用技術の進展と相まって，大きく変貌することになろう．基本的構図は電源の多様化，エネルギー利用の多様化が進むなかで，個々のあるいは地域のエネルギー利用者の部分最適化の動きと，大規模発電を含むエネルギーシステム全体の最適化の動きの協調をとる上で，情報利用技術を含む送配電・変電技術が今までに増して重要な役割を担うことであろう．

b. 電力技術の協調

文部科学省は2001年7月に第7回技術予測調査の結果を公表した．エネルギー分野では，フレーム，すなわち予測課題を検討するための技術の体系を，表 1.4.1 とした．横軸が領域，縦軸が目的である．領域は大別して一次エネルギー，二次エネルギー，エネルギーシステムからなり，電気エネルギーは二次エネルギーに含まれる．目的は

表 1.4.1 予測課題のフレーム「エネルギー」分野[55]

領域＼目的	一次エネルギー		
	石油・石炭・天然ガス	太陽・風力・海洋・バイオ・地熱	原子力
探査・採取・抽出	28 メタンハイドレードの採掘技術が実用化される。 29 石炭の大規模な地下ガス化が実用化される。		
生産	30 石炭ガス化発電システムが実用化される。	33 宇宙太陽発電システムが開発される。 34 砂漠地帯で100 MW級太陽光発電システムが実用化される。 35 変換効率20％以上の大面積薄膜太陽電池が実用化される。 36 海洋温度差発電が実用化される。 37 メガワット級風力発電システムが日本で普及する。 38 エネルギープランテーションが実用化される。 39 バイオマスのエネルギー利用が進み、国内の一次エネルギー供給の3％以上を占める。	45 核燃料サイクルを含めたFBR（高速増殖炉）システムが実用化される。 46 核融合発電炉が開発される。 47 中・小型で安全性の高い熱電併給原子炉が開発される。
貯蔵・輸送		40 クリーンエネルギーを水素等のエネルギー媒体に転換して輸送する国際的エネルギー供給システムが実用化される。	
利用	31 石炭の液化技術が普及する。	41 住宅電力供給用に太陽電池が普及する。 42 太陽熱給湯機が日本の70％近い家庭に普及する。（現在は約20％） 43 高温岩体発電技術が実用化される。	
省エネルギー			
環境対応・安全（回収・処分等）	32 火力発電所などの大型ボイラの排ガスより回収された二酸化炭素から、水素を用いてメタノール等の液体燃料をつくる技術が実用化される。	44 バイオ技術により廃棄物等を低コストで処理し、再利用することおよびメタン等のエネルギーを回収することが可能な技術が普及する。	48 長寿命核種の分離変換技術が実用化される。（注）分離変換技術：高レベル廃棄物中に含まれる、超ウラン元素、^{99}Tc、^{137}Cs、^{90}Sr等を分離し、高速炉あるいは加速器と未臨界炉のシステムで長寿命核種を短寿命核種あるいは安定核種に変換する。 49 高レベル放射性廃棄物の固化体の処分技術が実用化される。

＜社会・制度等の周辺課題＞
76 企業における環境会計の概念およびシステムが普及する。
77 わが国の総発電量＊の中で原子力発電が40％を超える。＊平成10年度推定実績は、原子力36％、LNG25％、石炭15％、石油11％、水力11％である。
78 IPP(独立発電事業)に代表されるような分散型小規模発電システムが総発電量の20％を占める。

1.4 電力技術の展望

(表1.4.1の続き)

加工エネルギー (水素,メタノールなど)	二次エネルギー 電気	熱・動力	エネルギー・システム(複合エネルギーなど)廃棄物処理,リサイクル
50 熱化学分解法によるエネルギー用水素製造プロセスが実用化される. 51 非石油性の水素を用いて,石炭やバイオマスからメタン,メタノールあるいはDME(ジメチルエーテル)などの合成燃料を製造する技術が実用化される.	55 石炭ガス利用の200〜300 MW級溶融塩型燃料電池発電所が実用化される. 56 高効率ガスタービン(入口温度1700℃以上)による大型複合サイクル発電が実用化される. 57 発電用水素燃焼タービンが実用化される. 58 自動車用高エネルギー密度(200 Wh/kg:鉛電池の5倍程度)の二次電池(Ni/MH電池,Li電池など)が普及する. 59 揚水発電所なみの容量(1000 MWh)が可能となる超電導エネルギー貯蔵技術が開発される. 60 二次電池を用いた電力の負荷平準化のための電力貯蔵設備が実用化される. 61 超電導ケーブルを用いた電力ネットワークが実用化される. 62 1000 kV級の直流送電が実用化される. 63 数kWhないし数十kWh規模の電力系統制御用のSMES(超電導磁気エネルギー貯蔵システム)が実用化される. 64 分散型電源生需要側で有効に使うために,電力貯蔵技術を有効に使ったエネルギー管理技術が実用化される.	70 地域コジェネレーション用および分散型電気事業用として数十MW級固体電解質型燃料電池が実用化される.	
52 メタノール燃料の使用が普及する. 53 環境性のよい高効率可搬型電源(電気自動車電源など)として燃料電池が普及する. 54 水素を燃料とするエンジン自動車が実用化される.	65 高温超電導を利用した発電機等の電力機器が産業面において普及する. 66 ガソリン自動車なみの走行性能を有する電気自動車が普及する. 67 太陽電池および二次電池を搭載した電気自動車が普及する.	71 家庭用固体高分子型燃料電池のコジェネレーション利用が普及する.	73 エネルギーの合理的トータル利用をめざした熱コンビナートが実現される. 74 現在の平均的な住宅に比べて冷暖房エネルギー消費が半分以下の省エネルギー住宅が普及する. 75 廃棄物選別回収システムが構築され,新たな経済尺度・基準に基づき再生した原料や再生品を生産・流通・消費する循環システムが普及する.
	68 タービン廃熱や工場廃熱等低温域の効率的ボトミングサイクル用発電技術(カリーナサイクルなど)が普及する. 69 電力を用いた水素製造による電力貯蔵熱が実用化される.		
		72 河川水や下水等の未利用エネルギーを利用した高効率ヒートポンプ(冷房COPが6)が普及する.	

探査・採取・抽出,生産・貯蔵・輸送,利用,省エネルギー,環境対応・安全(回収・処分など)の6つの部分に分けられた.さらにこのマトリックス以外に,社会・制度などの周辺課題が設定された.

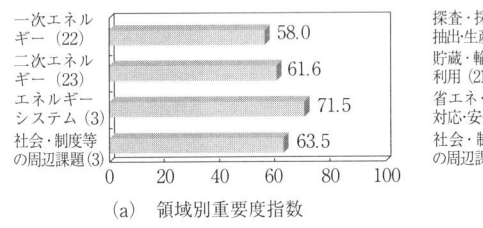

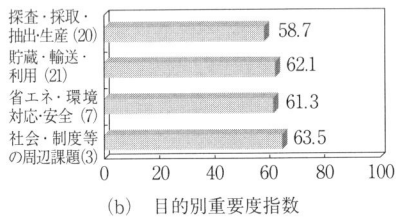

一次エネルギー (22)	58.0	探査・採取・抽出・生産 (20)	58.7
二次エネルギー (23)	61.6	貯蔵・輸送・利用 (21)	62.1
エネルギーシステム (3)	71.5	省エネ・環境対応・安全 (7)	61.3
社会・制度等の周辺課題 (3)	63.5	社会・制度等の周辺課題 (3)	63.5

(a) 領域別重要度指数　　　　　　　(b) 目的別重要度指数

図 1.4.14　技術予測調査（エネルギー分野，2001 年）[55]

(注)　・重要度指数＝(重要度「大」回答者数×100＋重要度「中」回答者数×50＋重要度「小」回答者数×25＋重要度「なし」回答者数×0)÷重要度総回答者数
　　　・カッコの中の数字は該当する課題数．

　この予測調査で，領域別で最も重要視されたものが，「社会・制度等の周辺課題」であった．また目的別では，四分された目的が，同じ程度の重要性をもつとされた（図 1.4.14）．個々の技術課題で，重要度が高いとされた課題の上位 20 位までが表 1.4.2 である．当然のことながら，多くの電気エネルギー関連課題が注目されている．これらはあらためて電力技術の重要性と社会との関係の深さを示すものとなっている．

　電気エネルギーの分野は交通分野などと同様に，「あなた電気を作る人，わたし電気を使う人」という分化がはっきりとした分野であった．しかしインターネット技術の出現で劇的に分化の様相が変わった情報分野と同様に，電気エネルギーの分野でも上述の分化が不明確になってくる．すなわち電源についていえば，広範な需要家に電力を供給する事業用電源と，きわめて用途を限定された自家用発電から電源が構成されていた時代から，地域電源，家庭用電源を含む多様な電源が出現し，その利用を可能とする社会・法制度の変化，システム技術の進化が着実に進行する．それと同時に，電気エネルギー，熱エネルギー，機械エネルギー，化学エネルギーなどの諸エネルギー間の協調を図ることがより重要になる．家庭を含む一般需要家で電力と熱を同時に発生させ，消費させる，コジェネレーション技術の開発と利用が進む．従来は廃熱として捨てられていた未利用エネルギーを，熱電素子によって電力エネルギーに変換して活用する技術の開発と利用が進む．これらは発電・送配電・利用技術の融合といってもよいであろう．

　電力利用技術もその周辺の様々な課題と関連して進化していく．たとえば一般家庭用の配電電圧に 100 V 近辺の電圧を用いている国は，先進国では日本とアメリカだけである．既存のインフラとの関係で配電電圧昇圧は困難な課題であるが，地域総合開発の一環で地域分散電源が整備されるようになれば，200 V あるいは 400 V といった電圧の使用が容易になる．これらの配電電圧の適用は，配電過程での電力損失を低減できる．電気湯沸し器などの家庭電化器具の効率も向上する．たとえば近年急速に普及している温水洗浄便座も 100 V なら常時予熱がある程度必要だが，昇圧されれば予熱を不要にできる．省エネルギーを実現し，それは CO_2 排出量の低減にもつながる．

地球環境問題は，究極のクリーンエネルギーといわれる水素エネルギーの利用技術開発も推進することになる．

地域分散電源の規模拡大は，電力事業者側からは電力システムのなかのよくみえない部分の拡大を意味する．よくみえない部分との協調，すなわち地域電力系統と広域電力系統の協調は，課金問題，供給信頼度，給電運用などを含む数多くの課題と技術開発の機会を提供する．需要家側でも，従来はほとんどすべて電力会社に依存していた電力コストと供給信頼度について，自律的な判断を求められることになる．需要家側に立った自律的制御が必要になり，たとえば家庭用の簡易型 UPS (uninterruptible power supply，無停電電源装置) などの需要も拡大するであろう．

一般需要家の下での高効率給湯器，太陽熱温水器，太陽光発電，高性能変圧器などのエネルギー高効率利用機器の拡大は，エネルギー利用をシステムとしてとらえてのBEMS (building energy management system，ビルエネルギー管理システム) 技術や HEMS (home energy management system，家庭内エネルギー管理システム) 技術の開発が不可欠になる．そして BEMS や HEMS を可能にするためには，ビルや家庭における光ファイバー通信技術，インターネット技術の利用が前提となる．すなわち電力を含むエネルギー分野と情報通信分野の技術の協調が，今までにも増して重要になってくる．

電気機器の省エネルギー技術開発も引き続いて行われる．電力多消費型の家庭用電気機器であるエアコン・冷蔵庫などを中心にして行われてきた省エネルギー化も，低電力消費型フラットディスプレイパネル，LED (light emitting diode，発光ダイオード) を使った高効率照明機器など，より多くの範囲で進められる．

以上のように，エネルギー，電力をめぐる役者，役割の多様化が進み，その研究開発，デザイン，運用などに携わる研究者・技術者にとってもきわめて興味深い時代になる．

1.4.3 電力技術の担い手

人材は研究開発を含む技術の適用のための最も重要な資源であり，前項までに述べた多様化の時代を担う研究者・技術者が育っているか，特に日本で育っているかを，本節の最後に当たって検証しておきたい．

まず，「技術者」を定義する．平成 12 年 (2000 年) 国勢調査における定義は，次のようになっている．

> 専門的・科学的知識と手段を生産に応用し，生産における企画，管理，監督，研究開発などの科学的，技術的な仕事に従事するもの．この仕事を遂行するには，通例，大学などで，自然科学に関する専門的分野の訓練又はこれと同程度以上の知識と実務的経験を必要とする．ただし，研究所，試験場などの研究施設において，自然科学に関する基礎的・理論的研究に従事するものは「科学研究者」に分類．

日本の総人口が横ばいに推移するなか，1994 年を基準にして，高等教育機関を卒業して就職する者の数は 537,500 人から，2004 年には 436,832 人へと 18.7％減となっ

表 1.4.2 重要度指数上位 20 課題[55]

課題	重要度指数	実現予測時期（年）
49 高レベル放射性廃棄物の固化体の処分技術が実用化される．	94	2021
63 環境性の良い高効率可搬型電源（電気自動車電源など）として燃料電池が普及する．	88	2015
75 廃棄物選別回収システムが構築され，新たな経済尺度・基準に基づき再生した原料や再生品を生産・流通・消費する循環システムが普及する．	86	2016
28 メタンハイドレートの採掘技術が実用化される．	83	2022
35 変換効率20％以上の大面積薄膜太陽電池が実用化される．	80	2015
66 ガソリン自動車なみの走行性能を有する電気自動車が普及する．	77	2018
58 自動車用高エネルギー密度（200 Wh/kg：鉛電池の5倍程度）の二次電池（Ni/MH電池，Li電池など）が普及する．	75	2015
71 家庭用固体高分子型燃料電池のコジェネレーション利用が普及する．	73	2017
74 現在の平均的な住宅に比べて冷暖房エネルギー消費が半分以下の省エネルギー住宅が普及する．	72	2016
64 分散型電源を需要側で有効に使うために，電力貯蔵技術を有効に使ったエネルギー管理技術が実用化される．	69	2014
56 高効率ガスタービン（入口温度1700℃以上）による大型複合サイクル発電が実用化される．	69	2015
60 二次電池を用いた電力の負荷平準化のための電力貯蔵設備が実用化される．	68	2015
45 核燃料サイクルを含めたFBR（高速増殖炉）システムが実用化される．	67	2031年以降
41 住宅電力供給用に太陽電池が普及する．	66	2014
40 クリーンエネルギーを水素などのエネルギー媒体に転換して輸送する国際的エネルギー供給システムが実用化される．	65	2027
70 地域コジェネレーション用および分散型電気事業用として数十MW級固体電解質型燃料電池が実用化される．	65	2018
46 核融合発電炉が開発される．	64	2031年以降
76 企業における環境会計の概念およびシステムが普及する．	64	2010
51 非化石性の水素を用いて，石炭やバイオマスからメタン，メタノールあるいはDME（ジメチルエーテル）などの合成燃料を製造する技術が実用化される．	64	2018
50 熱化学分解法によるエネルギー用水素製造プロセスが実用化される．	64	2022

た．技術者は99,557人が84,602人と，15%減である．（「学校基本調査；卒業後の状況調査」，文部科学省）継続する出生率の低下傾向と相まって，日本における技術者確保は大きな課題となってきている．技術者確保は大学・企業などの海外進出や，日本における外国人学生・研究者・技術者の拡大によってもよいが，ここでは日本国籍の日本国内での技術者確保に注目する．

この技術者確保を3つの段階に分けて，例示的に考察する．3つの段階とは，初中等教育，高等教育，専門的職業人としての成長の三段階である．

2000年に"Standards for Technological Literacy：Content for the Study of Technology"という到達基準が，アメリカで国際技術教育学会（International Technology Educa-tion Association）から公表され，2002年に日本で『国際競争力を高めるアメリカの教育戦略—技術教育からの改革—』との書名で訳出された．これは幼稚園から第12学年（K-12）までの生徒が学ぶべき，技術教育のための一般的項目の骨組みを提案したものである．全体は20の主目標と，K-12を4つの時期に区分し時期ごとに学ぶべき数多くの副目標，それにそれら目的達成に役立つ実践的教育課題を主体に構成している．20の主目標は「技術の本質」「技術と社会」「デザイン」「技術社会で必要な能力」「デザインされた世界」の5つの章に分けて説明している．日本でもこのような技術教育の目標設定への本格的な取組みが必要となっているのではないだろうか．

大学レベルの技術教育に関して，1991年に大学設置基準の大綱化が文部省により実施された．2003年に国立大学法人法および関連法案が国会で議決承認され，国立大学の独立法人化がスタートした．これらを背景として大学教育の外部評価・認証の動きが，日本国内で活発化してきた．工学技術分野でも日本技術者教育認定機構（JABEE：Japan Accreditation Board for Engineering Education）が1999年に設立され，基礎教育レベルでの質を高めることを通じて，わが国の技術者教育の国際的な同等性を確保し，社会と産業の発展に寄与するための活動を本格的に展開している．JABEEは認定の目的を次のように公表している．

① 技術者教育の質を保証する．すなわち，技術者の基礎教育を行っているプログラムのうち，JABEEが認定したものを公表することによって，そのプログラムの修了生がそこで定めた学習・教育目標の達成者であることを社会に知らせる．
② 優れた教育方法の導入を促進し，技術者教育を継続的に発展させる．
③ 技術者教育の評価方法を発展させるとともに，技術者教育評価に関する専門家を育成する．
④ 教育活動に対する組織の責任と教員個人の役割を明確にするとともに，教員の教育に対する貢献の評価を推進する．

JABEEの認定作業は2001年度から始まっており，本格的な成果が待たれる．ちなみにここでの技術者には，研究者も含んでいる．

専門的職業人のレベルでの,科学技術立国日本を支える研究者,技術者のレベルアップに対する取組みはどうであろうか.世界には技術者資格と継続教育義務を組み合わせている国もあり,企業の教育投資に税制上の優遇措置を講じている国もある.継続教育実績に対して,単位認定的取扱いをしている国もある.産業界,学協会,官界が連携した,組織的・本格的な取組みが待たれる.

上述の技術者確保の三段階の中で,電力工学分野は情報技術,バイオなどの分野に比べて,必ずしも発展的な分野とは受け取られていない.しかし記述したように,数々の技術的魅力にあふれる,社会的にも必要性が高い分野である.将来性のある若者に対し限られた学習・教育時間のなかで,多様化する電力工学分野の基礎的素養を身につけ,発展的学習に自ら取り組む意欲と知識をいかに獲得させるか,最先端の工学技術領域に踏み込んでいくための水先案内をどのようにするか,教育方法の高度化が研究開発活動と並んで重要である.電力工学分野における人材の確保・育成に,より積極的に取り組むべきであろう. 〔大来雄二〕

文　献

1) 山崎俊雄・木本忠昭:電気の技術史,オーム社（1976）
2) 平田　寛:図説科学・技術の歴史-ピラミッドから進化論まで（上）　前約3400-後1600年頃,朝倉書店（1985）
3) 平田　寛:図説科学・技術の歴史-ピラミッドから進化論まで（下）　約1600-1900年頃,朝倉書店（1985）
4) Smith D. E.: History of mathematics, vol. 1, Ginn and Co., Boston/London, 1923-1925.
5) Ward, B. H. (Publ.): *A pictorial history of science and engineering*, Year & News Front N. Y.
6) Gueriche, D.: *Experimenta nova* (ut vocant) Mag de burgica de spatio（1672）
7) Candy, E. T.: *Histoire de l'electricite*, Editions Recontre et ENI,（1963）
8) Wightman, W. P. D.: *The Growth of scientific ideas*, oliver and Boyd, London（1951）
9) Singer, Ch.: *A short history of scientific idea to 1900*, Clarendon Press, London（1959）
10) William, H. S.: *A History of science*, vol. III, Haper & Brother Publ., N. Y./London（1904）
11) 中瀬古六郎:世界化学史,カニヤ書店（1926）
12) Urbain, G. et Boll, M.: *La science, ses proges ses application*, vol. I, Lib, Larousse, Paris, 1933-1934.
13) 電気の史料館:電気の史料館ガイドブック,p.38, 東京電力（2003）
14) 同前,p.40.
15) 同前,p.42.
16) 同前,p.50.
17) 同前,p.80.
18) 同前,p.43.
19) 飯田賢一・後藤佐吉（編）:ビジュアル版日本の技術100年第1巻資源・エネルギー,p.143, 筑摩書房（1988）
20) 電気の史料館:前掲,p.100.
21) 飯田賢一・後藤佐吉（編）:前掲,p.147.
22) 電気の史料館:前掲,p.73.
23) 同前,p.51.

文　　　　献

24) 同前, p. 65.
25) 同前, p. 129.
26) 同前, p. 95.
27) 新田宗雄（編）：東京電灯株式会社開業五十年史, 東京電灯株式会社（1936）
28) 飯田賢一・後藤佐吉（編）：前掲, p. 159.
29) 電気の史料館：前掲, p. 132.
30) 同前, p. 130.
31) 同前, p. 86.
32) 同前, p. 88.
33) 同前, p. 36.
34) 電気事業講座編集委員会（編）：電気事業講座3 電気事業発達史, p. 56, 電力新報社（1996）
35) 同前, p. 189.
36) フェムテック（編）：Radio Days-家庭電化の黎明から快適生活へ, p. 13, 東京電力 電気の史料館（2003）
37) モータ技術実用ハンドブック編集委員会編：モータ技術実用ハンドブック, p. 11, 日刊工業新聞社（2001）
38) 石井威望・中山秀太郎（編）：ビジュアル版日本の技術100年第7巻　機械・エレクトロニクス, p. 49, 筑摩書房（1989）
39) フェムテック（編）：前掲, p. 14.
40) 同前, p. 15.
41) 電気事業講座編集委員会（編）：前掲, p. 200.
42) 石井威望・中山秀太郎（編）：前掲, p. 57.
43) 同前, p. 141.
44) 同前, p. 186.
45) 同前, p. 46.
46) 同前, p. 144.
47) 同前, p. 145.
48) 村上陽一郎：科学・技術と社会, 光村教育図書（1999）
49) 桂井　誠：基礎エネルギー工学, 数理工学社（2002）
50) エイモリー・ロビンス（室田泰弘・槌屋治紀訳）：ソフト・エネルギー・パス-永続的平和への道, 時事通信社（1979）
51) 茅　陽一・鈴木浩・中上英俊・西廣泰輝：エネルギー新時代-"ホロニック・パス"へ向けて, 省エネルギーセンター（1988）
52) 茅　陽一（編）：エネルギー技術の新パラダイム, オーム社（1995）
53) 日本電機工業会配電電圧昇圧による省エネ推進委員会：配電電圧昇圧による省エネルギーの推進に関わる提言（2003）
54) 科学技術と経済の会：わが国における「持続可能な発展」を可能とする既存技術および未来技術の総合的調査（2002）
55) 文部科学省科学技術政策研究所：第7回技術予測調査-わが国における技術発展の方向性に関する調査-（2001）
56) 宮川秀俊・桜井宏・都築千絵（訳）：国際競争力を高めるアメリカの教育戦略-技術教育からの改革-（2002）
57) 資源エネルギー庁：総合エネルギー統計, 通商産業研究社（2001）
58) 日本原子力文化振興財団：「原子力・エネルギー」図面集2003-2004年版（2003）

2. エネルギー資源

2.1 エネルギーの基礎

2.1.1 エネルギーの定義
a. 各種のエネルギー

エネルギーとはギリシャ語で仕事を意味するエルゴンから派生したエネルゲアが語源とされ,仕事をする能力をさす.エネルギーという言葉を初めて使ったのは,イギリスの物理学者で考古学者であるヤング(T. Young, 1773-1829)であり,スコットランドの物理学者であるランキン(W. Rankine, 1820-72)が復活させた.熱がエネルギーの一形態にすぎないことが明らかにされ,熱力学の第一法則が確立された.その後,音,光,電磁気,化学変化を含むすべての体系にエネルギー保存の法則が拡張された.20世紀に入ると,物質の分裂による核エネルギーが経済的に利用可能なエネルギーとして重要な意味をもつようになった.

エネルギーは力学的エネルギー,電気的エネルギー,磁気的エネルギー,熱エネルギー,化学的エネルギーに大別され,物理的原理に従って,タービンや発電機などの動的変換,太陽光発電などの量子的変換などによって相互に変換される.

エネルギーを取り出せる物質をエネルギー源という.物理的な意味でのエネルギー源とはエネルギーを発生する性質のある物質一般であり,経済的な意味でのエネルギー源は,ある時点で所与の技術水準で,経済的に利用可能なエネルギーを発生する物質である.海水からのウラン回収などは現時点では経済的な意味でのエネルギー源とは言わない.技術進歩によって物理的なエネルギー源が経済的なエネルギー源に転化する.

経済的な意味でのエネルギー源は,エネルギーフローの上で,上流から一次エネルギー源,二次エネルギー源,最終エネルギー源に分けられる(表2.1.1参照).一次

表2.1.1 経済的エネルギーの分類

一次エネルギー源	石炭	石油
二次エネルギー源	コークス,ガス	ガソリン,灯油などの石油製品
最終エネルギー源	石炭,コークス,ガス	ガソリン,灯油などの石油製品
有効エネルギー	熱	駆動力,熱

＊電力は各種一次エネルギー源から変換されるため,この表には含まれない

エネルギー源とは，潜在的にエネルギーを有しかつ自然産物として得られる状態にある物質である．一次エネルギー源としては，石炭，褐炭，石油，天然ガスなどの化石燃料が主体であり，そのほかに水力などの再生可能エネルギー，ウランがある．

二次エネルギー源とは，一次エネルギー源の物理的，化学的変化の転換によって，潜在されていたエネルギーが得られる状態にある物質である．一次エネルギー源によって得られるエネルギーが一次エネルギーであり，二次エネルギー源によって得られるエネルギーが二次エネルギーである．二次エネルギーは利用しやすい形に変換され，電力や石油製品，都市ガスが身近である．最終エネルギー源は空調や照明など有効エネルギーを引き出すために最終消費者に届けられるエネルギーの担い手である．

b. エネルギーの単位と変換効率

エネルギーは動力，照明などに使用されるが，これまで熱として利用される割合が大きく，一般に熱量単位が共通の単位として利用される．熱量単位は，SI 単位系ではジュール（J）であるが，カロリー，ブリティッシュサーマルユニット（Btu）やエネルギー源ごとの固有単位などさまざまな慣用的な単位も用いられる（表 2.1.2 参照）．Btu は 1 ポンドの純水を標準気圧（760 mmHg）の下で華氏 1 度だけ温度を上昇させる熱量であり，アメリカでは一般的に利用される．100 万 Btu は天然ガス 1,000 立方フィート（約 28.317 m^3）に相当する．クアド（Quad）は，Quadrillion の略で，10^{15}Btu を指す．また，標準的な石油，石炭の発熱量を元に石炭換算トン（1 kg = 7,000 kcal），石油換算トン（1 kg = 10,000 kcal）や原油換算キロリットル（kl）もよく使われる．

発熱量には蒸発するときに奪われる熱量（蒸発潜熱）を含む総発熱量（高位発熱量，higher heat value：HHV）と含まない真発熱量（低位発熱量，lower heat value；LHV）がある．両者の違いはエネルギー源に依存するが，石炭，石油で約 5％，天然ガスで約 10％であり，LHV では発電効率が高めに表示されるため，比較する際に注意が必要である．たとえば，国際エネルギー機関（IEA）やアメリカのエネルギー統計は LHV 表示であり，わが国の総合エネルギー統計は HHV 表示である．

表 2.1.2 エネルギー源熱量換算表[1]

～から ＼ ～へ	メガジュール megajoule (MJ)	キロワット時 kilowatthour (kWh)	キロカロリー kilocalorie (kcal) 国際定義*	原油換算キロリットル kiloliter of crude oil equivalent	石油換算トン ton of oil equivalent (toe)	British thermal unit (Btu)
メガジュール	1	2.77778×10^{-1}	2.38889×10^2	2.58258×10^{-5}	2.38846×10^{-5}	9.47817×10^2
キロワット時	3.60000	1	8.59999×10^2	9.29729×10^{-5}	8.59845×10^{-5}	3.41214×10^3
キロカロリー	4.18605×10^{-3}	1.16279×10^{-3}	1	1.08108×10^{-7}	9.99821×10^{-8}	3.96761
原油換算キロリットル	3.87210×10^4	1.07558×10^4	9.25000×10^6	1	9.24834×10^{-1}	3.67004×10^7
石油換算トン	4.18680×10^4	1.16300×10^4	1.00018×10^7	1.08127	1	3.96832×10^7
Btu	1.05506×10^{-3}	2.93071×10^{-4}	2.52041×10^{-1}	2.72477×10^{-8}	2.51996×10^{-8}	1

*計量法（日本）による定義から計算

電力の熱量換算は，アウトプットベースでは 1 kWh = 860 kcal で一定であるが，投入ベースでは国や年代によって異なるため，注意が必要である．水力や原子力など火力以外の発電方式を一次電力換算する際にも，火力発電と同じ発電効率を想定する．わが国では，2000 年以降 2,150 kcal（発電効率 40.0%）である．一方，IEA では 1991 年以降原子力 33%，水力 100% など実際の発電効率に近い値で換算する．

2.1.2 エネルギー利用の歴史（図 2.1.1 参照）
a. エネルギーの商業的利用へ

人類が文化を身につけたのは火を利用できるようになってからである．寒いときには暖をとり，照明として闇を照らし，焼き物を作り，煮炊きに使い，食物を豊かにし，貯蔵可能とした．バイオマスエネルギー源による火という最初のエネルギーをもつことによって農耕文化，銅製武器，鉄製武器を得た．鉄器により耕地は拡がり，畜力，風力，水力の利用による輸送能力の拡大もあって余剰食糧の交易が始まった．風力は紀元前 1000 年ころからフェニキア人が帆として，その後ギリシャでは動力として使った記録がある．水車はローマによって広められたが，中世に入り本格的に普及しはじめた．

産業革命前までは木炭製鉄など金属の精錬には大量の木炭を必要とし，森林資源の不足が顕著になり，エリザベス朝期のイギリスでは諸工業の隆盛により鉄の需要が伸び，木炭の供給が追いつかず，燃料革命が迫られていた．石炭は 17 世紀に煙を除くためコークスに転換されるようになった．18 世紀にはイギリスでコークス製鉄が大規模に行われるようになり，森林の荒廃も抑制された．その後，石炭の利用は一般の燃料にも及んだ．蒸気機関は，従来水力や風力が得られる場所に限定されていた機械工場の原動機として，鉱山のポンプ動力として用いられるようになり，産業革命の中心的役割を果たした．1825 年には世界初の鉄道会社が営業を始め，蒸気タービンで駆動する汽船により輸送力が増大した．このように薪，木炭から石炭へのエネルギー革命は産業革命を加速した．

b. 電力と自動車の時代へ

最初に通信への応用が考えられた電気は，ファラデーによる電磁誘導現象の発見を端緒に発電機，電動機が発明され，白熱電灯の発明改良により照明に用いられるようになった．電灯利用を中心に電力網の概念が成立，発展していった．このように 19 世紀の電気の登場は精密機械文明とその後の情報革命をもたらした．

蒸留器による原油の分留技術が発達したことと並行して，19 世紀後半にはガソリン機関，ディーゼル機関など内燃機関の発明，発展から石油の利用が急速に拡大した．ガソリン，灯油など軽い留分が大量に用いられるようになると，余った重油の処理が問題になり，軽油はディーゼルエンジンに，重油は船舶や工場の燃料，その後発電用になくてはならないものとなっていった．2 回の世界大戦を通しての航空機のめざましい発達とモータリゼーションによって，石油は重要な物資としてその支配権を

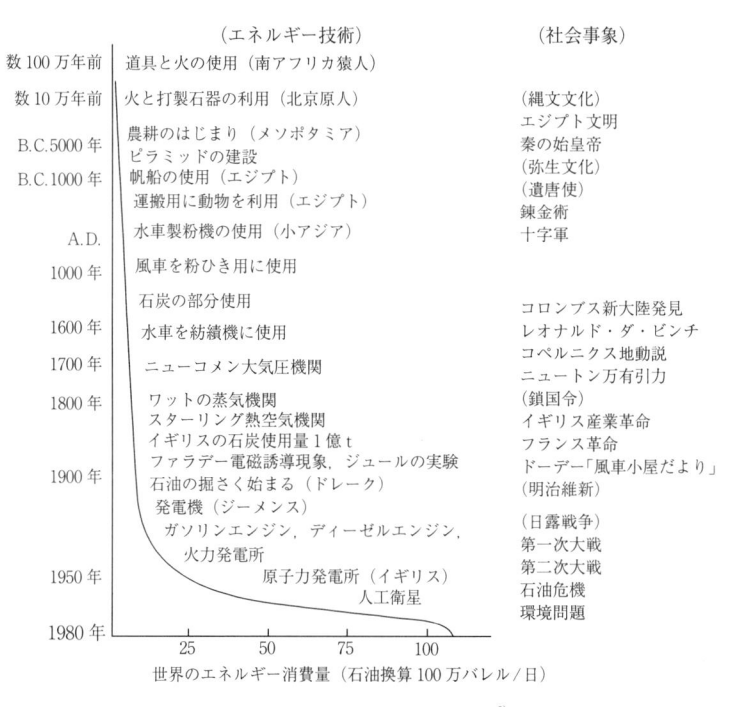

	（エネルギー技術）	（社会事象）
数100万年前	道具と火の使用（南アフリカ猿人）	
数10万年前	火と打製石器の利用（北京原人）	（縄文文化）
		エジプト文明
B.C.5000年	農耕のはじまり（メソポタミア）	秦の始皇帝
	ピラミッドの建設	（弥生文化）
B.C.1000年	帆船の使用（エジプト）	（遣唐使）
	運搬用に動物を利用（エジプト）	錬金術
A.D.	水車製粉機の使用（小アジア）	十字軍
1000年	風車を粉ひき用に使用	
	石炭の部分使用	コロンブス新大陸発見
1600年	水車を紡績機に使用	レオナルド・ダ・ビンチ
1700年	ニューコメン大気圧機関	コペルニクス地動説
		ニュートン万有引力
1800年	ワットの蒸気機関	（鎖国令）
	スターリング熱空気機関	イギリス産業革命
	イギリスの石炭使用量1億t	フランス革命
1900年	ファラデー電磁誘導現象，ジュールの実験	ドーデー「風車小屋だより」
	石油の掘さく始まる（ドレーク）	（明治維新）
	発電機（ジーメンス）	
	ガソリンエンジン，ディーゼルエンジン，	（日露戦争）
	火力発電所	第一次大戦
1950年	原子力発電所（イギリス）	第二次大戦
	人工衛星	石油危機
1980年		環境問題

世界のエネルギー消費量（石油換算100万バレル/日）

図 2.1.1 エネルギー利用と技術史[2]

めぐって列強の勢力争いが絶えなくなった．石油の登場は自動車，航空機の急激な利用拡大をもたらし，われわれの生活圏を飛躍的に拡大させた．

　原子力発電の実用化は第二次大戦後，研究が始まり，1950年代にはソ連，イギリス，アメリカで商用発電が開始された．1960年代以降，フランス，西ドイツ，日本でエネルギーとしての原子力の開発・利用が開始された．現在では世界の発電量の15％，わが国では30％半ばを供給する基幹電源の1つである．

　近年，資源開発の技術進歩と国際情勢の変化により，化石燃料の資源制約は緩和され，2030年ころまで化石燃料中心の時代が続くとの見方が主流になりつつある．しかし，より超長期では，少なくとも先進国では，原子力と再生可能エネルギーを主な一次エネルギー源とし，21世紀中に二次エネルギーは電力と水素が主力となる電力・水素エネルギー社会へと大きなエネルギー革命が起きる可能性がある．

2.1.3　エネルギー資源の分類

　エネルギーの分類は表2.1.1で既述した一次エネルギー，二次エネルギーなど経済的エネルギーのほか，現在主に利用されている石油，石炭などの在来型エネルギーとオイルサンドやオイルシェールなど従来未利用であった非在来型エネルギーなど様々

なものがある．

エネルギー資源は，一般に再生不能の枯渇性資源と再生可能な資源に大別される．前者は石炭，石油，天然ガスのような化石エネルギー資源とウランのような鉱物性資源に分けられる．再生可能エネルギーは水力，太陽熱，風力，地熱などを含み，自然エネルギーともいわれる．

新エネルギーはわが国固有の概念で，その範囲は新エネルギー法に基づく（表2.1.3参照）．技術的に実用化段階に達しつつあるが，経済性の面で普及が十分でないもので，石油代替エネルギーとして特に必要なものと定義される[4]．再生可能エネルギーのほか，バイオマス（生物体を構成する有機物を利用するエネルギー），廃棄物発電，ガスコージェネレーション，クリーンエネルギー自動車，燃料電池などが含まれる．

途上国のエネルギー問題を考える際に重要なのが商業エネルギーと非商業エネルギーである．商業エネルギーは市場取引を経由して調達するエネルギーである．

エネルギーの資源量は，枯渇性資源については埋蔵量で表されることが多い．石油の埋蔵量とは油（ガス）層中に存在する原油（ガス）を地表の状態に換算した量をいう．原油，ガスとも密度が一定でないため，その量を表すには体積を用いるのが一般的である．油層に存在する油の総量を原始埋蔵量という．原始埋蔵量のうち，技術的・経済的に生産可能なものを確認可採埋蔵量という．原始埋蔵量に対する可採埋蔵量の比率を回収率といい，石油の場合，約3割，ガスの場合で6～8割といわれている．究極可採埋蔵量も重要な概念であり，未発見を含め予測可能な将来の経済性の変化と技術進歩の下で採掘可能な資源の総量の推計値である．また，確認（可採）埋蔵量は生産設備を据え付ければいつでも取り出せるので，エネルギー資源の地下在庫に近く，発見された資源量に回収率を乗じたものである．確認可採埋蔵量／年間生産量

表 2.1.3　新エネルギーの分類

		地下資源エネルギー	再生可能エネルギー
エネルギー源	在来型	石油・石炭・天然ガス 原子力（核分裂）	大規模水力 地熱
	非在来型	オイルサンド ヘビーオイル コールベッドメタン 原子力（高速増殖炉） 原子力（核融合）	風力 太陽光 バイオマス 廃棄物 太陽熱 小水力 温度差発電 波力・潮力
	利用形態	クリーンコールテクノロジー	
		コージェネレーション クリーンエネルギー自動車 燃料電池	

＊網掛け部分が，一般的な"新エネルギー"と呼ばれるもの．

比率（R/P）はある時点の年間生産量を固定してみるため，静態的な可採年数を表す（生産量の変動を考慮すれば動態的になるが，将来の生産量の想定が困難なため，一般に静態的な可採年数が用いられる）．

現在探査などにより確認されている確認可採埋蔵量は，石油で1兆148億バレルであり，可採年数は41年とされる（基準年2003年)[5]．同様に，天然ガスの確認埋蔵量は176兆m^3，可採年数は67年，石炭の確認可採埋蔵量は9,845億tで可採年数は192年，ウランの確認可採埋蔵量は459万tで，可採年数85年である（2001年基準）．確認可採埋蔵量および可採年数は，探鉱技術の進歩やエネルギー価格の上昇により変動する（詳細は2.2節を参照されたい）．一方，再生可能エネルギーの資源量は時間当たりの供給量で表される．

近年バイオマス発電など新しいバイオマスのエネルギー利用が注目を集めている．元来，薪炭など在来型のバイオエネルギーは非商業エネルギーの主流であった．21世紀になってエネルギー・環境問題に貢献できると見直されるようになった．これは，利用した分を植林などによって補填する限り，再生可能なエネルギーであり，カーボン中立であることによる．バイオマスを直接燃焼し大気中にCO_2を放出させても，バイオマス育成時に光合成により固定されるCO_2により相殺されるので，地球規模でのCO_2バランスを崩さないという意味で，カーボン中立という．〔浅野浩志〕

2.2 一次エネルギー

2.2.1 石　炭

a. 資源の特徴

世界の石炭埋蔵量については様々な数字があるが，世界エネルギー会議で3年ごとに最新評価が発表される資源調査の結果を参照するのが一般的である．2004年の世界エネルギー会議に提出された資源調査[6]によると以下のようになっている．

全石炭の原始埋蔵量は世界全体で約10兆tあるといわれる[7]．上述の資源調査によると，石炭の予想埋蔵量は約3.83兆tで，そのうち瀝青炭・無煙炭が約1.83兆t，亜瀝青炭・褐炭が約2.00兆tである．

石炭の資源評価において定義される確認埋蔵量は約1.43兆tで，うち瀝青炭・無煙炭が約0.81兆t，亜瀝青炭・褐炭が約0.62兆tである．確認埋蔵量に予想追加埋蔵量を合わせたものが，上述の予想埋蔵量となる．

確認埋蔵量の中で，技術的，経済的に採掘可能な実収炭量が確認可採埋蔵量である．石炭の確認可採埋蔵量は9,845億tで，そのうち瀝青炭・無煙炭が5,191億t，亜瀝青炭・褐炭が4,654億tである．石炭の可採埋蔵量が，石油あるいは天然ガスの確認埋蔵量に対応するとみられる．

石炭の可採埋蔵量と石油，天然ガスの確認埋蔵量に関する資源規模と地域分布を図2.2.1に整理する．石油，天然ガスの確認埋蔵量は石油換算約1.3〜1.4億tであるが，石炭の可採埋蔵量はその4倍前後の石油換算約5.5億tである．第一の特徴として石

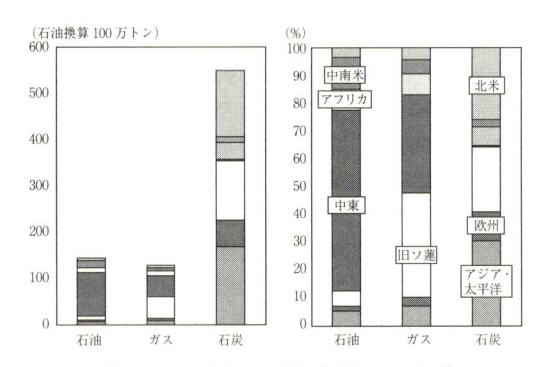

図 2.2.1 石炭等の可採埋蔵量とその分布[6]

炭の資源規模は他に比べきわめて大きいといえる．

2001 年の生産量に基づいて計算した可採年数は，石油が 40 年，天然ガスが 61 年であるのに対して，石炭は 227 年となる．可採年数からみても石炭が他に比べ豊富な資源であることがわかる．

石炭の地域分布をみると，アジア太平洋地域が石油換算約 1.7 億 t（31％）と最も高く，北米地域の約 1.4 億 t（26％），旧ソ連地域の約 1.3 億 t（23％）がそれに次ぐ．欧州地域の約 0.6 億 t（11％）も特徴的である．第二の特徴として石炭資源は世界の多様な地域に広く分散しているといえる．（後述するように石油資源は中東地域に約 65％が偏在しており，天然ガス資源も旧ソ連地域が約 37％，中東地域が約 35％と両地域に 70％以上が偏在している．）

このような規模が大きく多様な地域に分散している石炭資源の強みを長期的に生かすことが，将来の世界そして特にエネルギー需要が急速に増大するアジアにとって重要な課題である．

b. 消費と供給の特徴

2001 年の世界全体のエネルギー消費は，薪，バガス（サトウキビの絞りかすなど農業廃棄物）といった非商業用エネルギーも含めると，石油換算 101.6 億 t に達するが，この中で石炭消費は同 23.4 億 t で全体の 23％を占める．石炭消費は 1971 年で石油換算 14.4 億 t であり過去 30 年間に平均年率 1.6％で増加してきた．

国際エネルギー機関（IEA）の見通し[8]によると，2030 年まで平均年率 1.5％と過去とほぼ同じ伸びで石炭消費は増加し，石油換算 36.1 億 t に達すると予測されている．全体に占める石炭の構成比は 22％で現状と大きく変わらない見込みである．石炭は今後も中心的なエネルギーの 1 つといえる．

地域別にみると，2001 年時点で中国，インドを中心とするアジア太平洋地域が 50％弱を占め，次いで北米地域が 25％弱，欧州地域が 15％強，旧ソ連地域が 8％前後である．1971 年時点では欧州地域が 30％強，北米地域，旧ソ連地域，アジア太平洋地域がそれぞれ 20〜22％であった．アジア太平洋地域の重みが急増し北米地域も

増加したが，欧州地域，旧ソ連地域のシェアは低下した．
　一方，2001年の石炭生産量は石油換算23.6億tで，地域別にみるとアジア・太平洋地域48％，北米地域26％，欧州地域10％，旧ソ連地域9％である．石炭の貿易量は石油換算4.4億tで，生産量に占める割合は約5分の1である．1971年にこの割合は10分の1に満たなかったので，石炭貿易の拡大は間違いないが，他の化石燃料に比べると石炭は生産地で消費しているといえる．過去20年前後にわたる原油価格の乱高下に大きくは影響されず，競争力のある安定的な価格推移をたどってきたことも石炭の大きな特徴である．

c. 利用の特徴

　石炭利用の部門別構成と地域別構成を図2.2.2にまとめる．世界全体でみると，2001年に石炭の80％近くは発電を中心とする転換部門で消費されている．残りは産業部門が15％強，民生部門が5％弱で，輸送部門ではほとんど消費されていない．
　1971年には転換部門が55％強で，産業部門が30％前後，民生部門が10％強，輸送部門が3％弱という構成であったが，10年ごとに発電を中心とする転換部門の重みが高まってきた．石炭利用は発電部門中心という点が大きな特徴である．産業部門では主に製鉄用原料，ボイラー用燃料などで利用されている．
　日本では，2001年に発電を中心とする転換部門が60％強，産業部門が40％弱を占めており，世界全体と比べると産業部門の重みが大きい．このことは，日本の基幹産業として鉄鋼業の重みが現在も大きいことを示している．1981年までは転換部門が40％程度，産業部門が60％程度の構成比であった．石油危機への対応として，海外から輸入する一般炭の発電利用が拡大した結果，それ以降で発電部門の重みが高まった．
　石炭の利用にあたっては，① 大気汚染物質の排出対策，② 灰処理対策，③ 炭酸ガスの排出対策など環境面でしかるべき対策をとることが大きな課題である．日本で

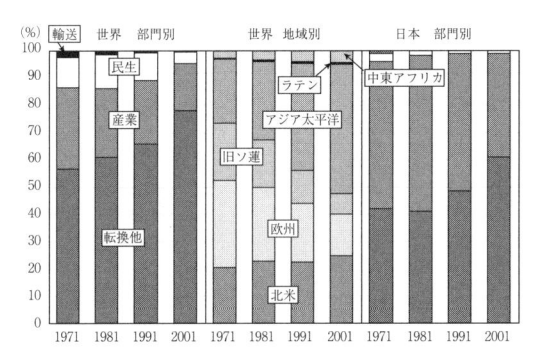

図2.2.2 石炭利用に関する部門別構成と地域別構成の特徴
（国際エネルギー機関，「エネルギーバランス統計」のデータから作成）

建設される最新鋭の石炭火力発電所では，外からみえない閉鎖システムですべての処理が進む．もちろんコストはかさむが，それでも他の発電方法と比較して十分な競争力がある．炭酸ガスの排出対策が今後の大きな課題である．

2.2.2 石　油
a. 資源の特徴

世界の在来型石油埋蔵量についても様々な調査がある．2.2.1項の石炭の項で述べた世界エネルギー会議の資源調査[6]もその1つである．米国地質調査所が3年に1回の世界石油会議で報告する石油・ガス資源調査[9]も定評がある．日本では石油鉱業連盟が1986年から5年ごとに独自の石油・ガス資源調査[10]をまとめてきた．

在来型石油資源の原始埋蔵量は世界全体で約8.2兆バレルあるといわれる[10]．究極可採埋蔵量に関しては，図2.2.3に示すように，様々な評価が過去60年にわたって発表されてきた．1990年代は，究極可採埋蔵量が2兆バレルを超えるとする楽観論（Mastersら[9]の見方）と2兆バレルを超えないとする悲観論（Campbell[12]の見方）が大きく対立した．

しかし，2000年の世界石油会議で米国地質調査所が発表した究極可採埋蔵量は3.35兆バレルという資源評価によって楽観論が多数派となった．1990年代前半からの革新技術の普及がもたらした「埋蔵量の成長」で在来型石油の資源量が大幅に上方修正された．日本の石油鉱業連盟も2002年に新たな資源報告[10]を発表し，在来型石油の究極可採埋蔵量が3兆バレルに上ると評価した．

米国地質調査所が発表した究極可採埋蔵量の内訳は，累積生産量が0.72兆バレル，残存確認埋蔵量が0.96兆バレル，埋蔵量の成長が0.73兆バレル，未発見資源量が

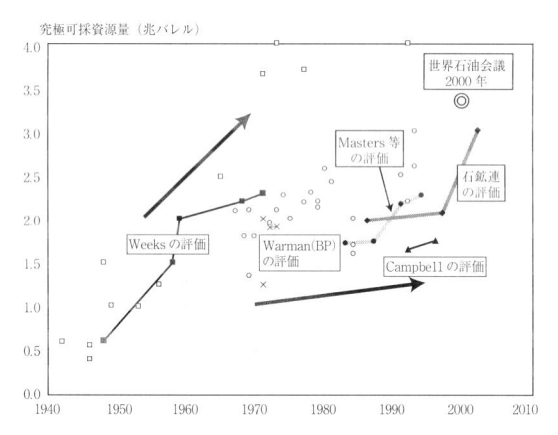

図 2.2.3 年代を追ってみた石油資源の究極可採埋蔵量の評価
（石鉱連「石油・天然ガス等の資源に関するスタディ」のデータに基づいて作成）

0.94 兆バレルである．ここでいう残存確認埋蔵量が，石油埋蔵量として通常よく使われる数字である．残存確認埋蔵量を地域別にみると，中東地域が65％，中南米地域が12％，アフリカ地域7％，旧ソ連地域6％，アジア太平洋地域5％である[10]．資源の中東偏在が，エネルギー問題を考える上でもきわめて重要な石油の特徴である．

　第1次石油危機直前の1972年に発表されたローマクラブによる報告書[13]で，石油資源の可採年数は30年とされ，資源の枯渇に大きな警鐘が鳴らされた．何回かの石油危機を経てほぼ30年経過した現在も，在来型石油資源の可採年数は40年である．このことは，可採年数が1つの目安となる指標に過ぎず，この数字を固定的にとらえるべきではないことを示している．

　エネルギー価格水準の上昇を前提に考えるのであれば，高次回収技術の進展やオイルサンド，オイルシェールなど非在来型石油資源の開発などで，今後市場に参入できる石油の可採資源量は，約8兆バレルに上るという見方[14]もある．

　ロイヤルダッチシェルが最近分析した2050年シナリオ[15]では，非在来型も含めて約4兆バレルの石油資源が1バレル20ドル以下のコストで市場参入できると評価した．2002〜2003年時点における多くの見通し[8,16]では，2020年まで実質の原油価格水準が1バレル20ドル台前半で推移し，2030年へ向けて穏やかに同30ドルに達するという見方が多数派である．

b. 消費と供給の特徴

　2001年の世界のエネルギー消費（石油換算101.6億t）に対して，石油消費は36.4億tで全体の36％を占める．1971年の24.4億tから過去30年間に平均年率1.3％で増加した．エネルギー消費全体の平均年率2.0％と比較すると，石油危機の影響で石油消費の伸びは穏やかであったといえる．

　国際エネルギー機関の見通し[8]によると，2030年まで平均年率1.6％と過去よりも若干高い伸びで増加して，石油消費は57.7億tへ達すると予測されている．石油の構成比は35％で現状と大きく変わらない見込みである．石油は構成比の最も高い中心的なエネルギーとして2030年まで推移する．

　地域別にみると，2001年に北米地域が30％強を占め，次いで高成長を続けるアジア太平洋地域が30％弱，欧州地域が20％前後，大産油地である中東アフリカ地域が9％前後である．現状の旧ソ連地域は5％弱の重みにすぎない．

　1971年に北米地域は35％強，欧州地域が30％弱を占め，旧ソ連地域も10％を超える重みがあった．アジア太平洋地域は15％強にすぎなかった．アジア太平洋地域の重みが急増したのに対して，北米地域のシェアは穏やかに減少し，欧州地域，旧ソ連地域のシェアは著しく低下した．

　一方，2001年の石油生産量は36.5億tで，地域別にみると中東地域30％，北米地域18％，欧州，旧ソ連，アジア太平洋，中南米，アフリカの各地域は9〜12％のシェアである．資源分布と比べると，中東地域の重みが小さく北米地域の重みが特に大きくなっている．

石油の貿易量は 20.9 億 t で，生産量に占める割合は 6 割近くに達する．1971 年の割合は 2 分の 1 弱であったので，石油貿易も拡大したといえる．生産地から消費地にいたる原油の輸送は，ULCC (ultra large crude carrier) あるいは VLCC (very large crude carrier) と呼ばれる大型タンカーが中心であるが，パイプラインを用いる場合も多い．北米や欧州の大陸部ではパイプラインが発達している．

c. 利用の特徴

石油利用の部門別構成と地域別構成を図 2.2.4 にまとめる．世界全体でみると，2001 年に石油の 50% は輸送部門で消費されている．残りは産業部門が 25%，発電を中心とする転換部門が 15% で，民生部門が 10% となっている．

1971 年の輸送部門は 35% 強で，産業部門が 30% 前後，転換部門が 20% 弱，民生部門が 15% 弱という構成であった．10 年ごとに輸送部門の重みが高まってきた．石油利用は輸送部門中心が大きな特徴といえる．転換部門や産業部門で発電用および加熱用燃料として用いられているほか，石油化学原料としても重要な位置を占めることを忘れてはならない．

日本の場合，2001 年に輸送部門は 35% 弱を占めるに過ぎず，産業部門が 35% 前後を占めている．世界全体と比べると輸送部門の重みが小さく産業部門の重みが大きい．日本では基幹産業である石油化学工業の重みが現在も大きい．

1981 年まで発電を中心とする転換部門は 30% 程度の構成比を維持したが，石油危機への対応で石油代替が進んだ結果，転換部門の重みは現状水準まで低下した．民生部門では，冬場の暖房用に灯油が利用されておりその重みは穏やかな増加傾向にある．

石油危機による原油価格の高騰で，過去 30 年間にわたって省石油と石油代替が進展したので，石油の用途は代替が効きにくい輸送用と化学原料用に絞られてきた．国際エネルギー機関の見通しによると，他部門では石油のシェアが減少を続けるが，輸

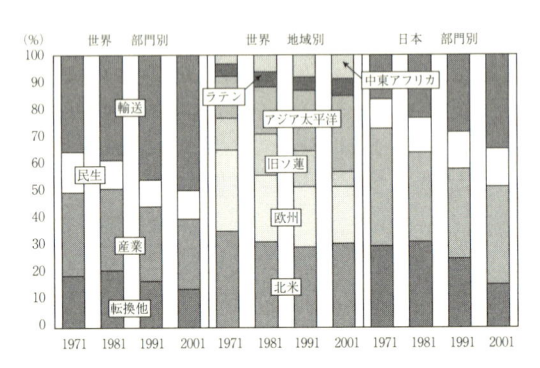

図 2.2.4 石油利用に関する部門別構成と地域別構成の特徴
(国際エネルギー機関，「エネルギーバランス統計」のデータから作成)

送部門では95%前後と石油が大半を占め続ける見込みである.

　枯渇問題が大きく懸念された石油資源であったが，2000年以降の石油資源量の上方修正によって,「脱石油」といった強い対応姿勢から適材適所のベストミックスで石油を利用する柔軟姿勢に日本でも変化しつつある.

2.2.3　天然ガス
a.　資源の特徴

　世界の在来型天然ガス埋蔵量についても，在来型石油の場合と同様に様々な調査がある．すでに述べた世界エネルギー会議の資源調査[6]もその1つである．米国地質調査所が報告する石油・ガス資源調査[10]にも天然ガスの報告がある．日本の石油鉱業連盟による資源調査[11]も天然ガスの資源評価をまとめている.

　在来型天然ガス資源の原始埋蔵量は世界全体で約2.1京（2.1×10^{16}）立方フィート（約588兆m^3）あるといわれる[11]．究極可採埋蔵量の数字も，石油と同様に年を追うごとに増加してきた．1990年代の初めから半ばにかけては，米国地質調査所も石油鉱業連盟も，究極可採埋蔵量を1.05～1.16京立方フィート（約294～324兆m^3）と報告した.

　しかし，2000年に米国地質調査所が発表した資源評価[9]では，すでに述べた石油と同様に，革新技術普及による「埋蔵量の成長」という概念が導入されて，究極可採埋蔵量は1.54京立方フィート（約431兆m^3）へ上方修正された．2002年の石油鉱業連盟の評価報告[10]でも，究極可採埋蔵量は1.42京立方フィート（約397兆m^3）となった.

　米国地質調査所が発表した究極可採埋蔵量の内訳は，累積生産量が1,752兆（$1,752\times10^{12}$）立方フィート（約49兆m^3），残存確認埋蔵量が4,793兆立方フィート（約134兆m^3），埋蔵量の成長が3,660兆立方フィート（約102兆m^3），未発見資源量が5,196兆立方フィート（約145兆m^3）である．ここでいう残存確認埋蔵量が天然ガ

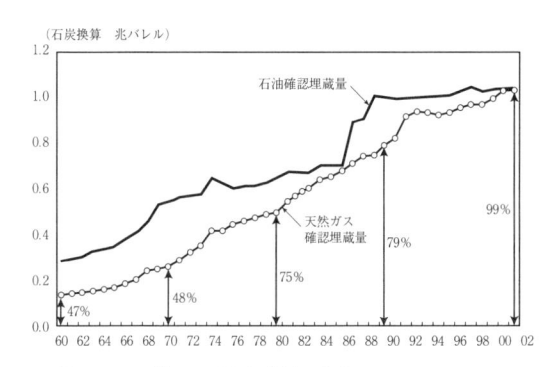

図2.2.5　天然ガス確認埋蔵量の増大
（BP統計およびCEDIGAZのデータから作成）

埋蔵量として通常よく使われる.

在来型天然ガスの確認埋蔵量は,図2.2.5に示すように,1960年代から現状へ向けて大幅に拡大してきた.1970年代初めまで石油確認埋蔵量に対する天然ガス確認埋蔵量の規模は48%と半分以下であったが,1970年代に入ると増加の一途をたどり,現状は両者の確認埋蔵量がほぼ一致する大きさである.

1970年代に産油国が石油資源国有化を進める中で,石油メジャーを中心に天然ガスの開発を進めた結果が,このような資源量の増大をもたらしたといえる.石油と同様に目安にすぎない指標であるが,在来型天然ガスの可採年数は約61年と石油の約40年を大幅に上回っている.ただし,この可採年数のもつ意味を固定的に考えることは間違いである.

残存確認埋蔵量を地域別にみると,旧ソ連地域37%,中東地域が35%と大きく二分され,アフリカ地域8%,アジア太平洋地域7%,中南米地域が5%である[10].資源分布は,旧ソ連地域と中東地域に大きく偏在しており,この点もエネルギー問題上きわめて重要な特徴である.

エネルギー価格水準の上昇を前提とするのであれば,在来型天然ガスの回収技術の進展や非在来型天然ガス資源の開発などによって,市場に参入できる天然ガスの可採資源量は今後もまだ増加する可能性が大きい.

非在来型天然ガス資源として,タイトサンドガス,コールベッドメタン,シェールガス,メタンハイドレート,地圧水溶性ガス,地球深層ガス,バイオマスガス,沼沢地ガスなどが挙げられる.日本の近海にも豊富なメタンハイドレートが存在し,長期的に有望な国内資源として開発が期待されている.

b. 消費と供給の特徴

2001年の世界のエネルギー消費(石油換算101.6億 t)に対して,天然ガス消費は同21.2億 tで21%を占める.1971年に石油換算9.0億 tであったので,過去30年間で平均年率2.9%と非常に高い伸びとなった.平均年率2.0%のエネルギー消費と比較しても,天然ガスシフトが大きく進んだといえる.

国際エネルギー機関の見通し[3]によると,2030年まで平均年率2.4%とかなり高い伸びで増加し,石油換算42.0億 tへ達する見込みである.天然ガスの構成比は2030年で26%と予測される.天然ガスシフトは今後も2030年まで継続し,石油と肩を並べる中心的なエネルギーになるといえる.

地域別にみると,2001年で北米地域が30%弱,次いで旧ソ連地域が25%弱,欧州地域が20%前後の構成比である.高成長を続けるアジア太平洋地域も10%を超えた.大産油地である中東アフリカ地域も10%を超え,原油とともに併産される随伴ガスが国内の重要なエネルギー源であることがわかる.

1971年時点では北米地域が60%強を占め,圧倒的な重みをもっていた.旧ソ連地域は20%強,欧州地域は10%強で,アジア太平洋地域,中東アフリカ地域,ラテン地域は2~3%にすぎなかったが,30年間でそれぞれがシェアを伸ばし,天然ガス利

用を拡大させたといえる．

　一方，2001年の天然ガス生産量は石油換算21.4億tで，地域別にみると北米地域30％，旧ソ連地域27％，中東アフリカ地域15％，欧州地域12％，アジア太平洋地域11％である．資源分布と比べると，中東地域の重みが小さく北米地域の重みが特に大きくなっている．

　天然ガスの貿易量は石油換算5.5億tで，生産量に占める割合は26％，4分の1強である．1971年の割合は5％，約20分の1にすぎなかったので，天然ガス貿易も大いに拡大したといえる．天然ガス貿易は，液化してLNG形態でタンカー輸送する場合とガス形態でパイプライン輸送する場合の2つがある．

　輸送形態でみると，パイプライン貿易が4分の3，LNG貿易が4分の1を占める．島国であるわが国の場合，1960年代末にLNG形態で天然ガス輸入を始め，世界第一のLNG輸入国となった．これまでパイプラインの天然ガス輸入はないが，サハリンからの天然ガスプロジェクトが現在検討中である．

　北米および欧州では，1950年代半ばないし1960年代初めから40年以上の歳月をかけて天然ガスパイプライン網を整備した．この結果，両地域では成熟した広域パイプライン・ネットワークが完成している．大陸内部の効率的なエネルギー輸送を考えると，パイプライン網は不可欠なインフラである．

　今後，中国を中心とするアジア大陸内部でのパイプライン網が必要になる．第一歩として，中国は国内における豊富な天然ガス資源の発見を契機に，タリム盆地から上海まで東西パイプラインの建設に着手した．欧米と同様に40年前後の時間をかけてアジア大陸内部でネットワーク整備が進むとみられる．

c. 利用の特徴

　天然ガス利用の部門別構成と地域別構成を図2.2.6に示す．世界全体でみると，

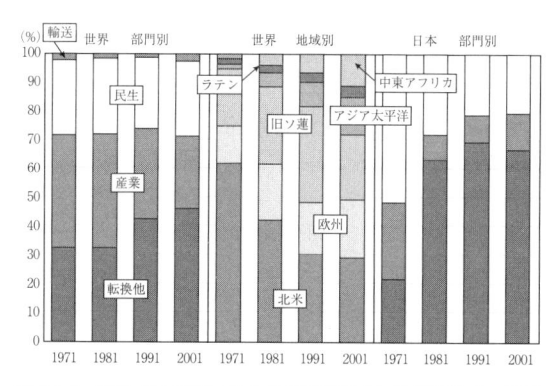

図2.2.6 天然ガス利用に関する部門別構成と地域別構成の特徴
（国際エネルギー機関「エネルギーバランス統計」のデータから作成）

2001年に天然ガスの45％強が発電を中心とする転換部門で消費されている．残りは産業部門と民生部門がそれぞれ25％前後，輸送部門が3％弱である．

1971年に転換部門は32％前後で，産業部門が逆に40％前後のシェアがあった．民生部門は現状とあまり変わらない25％前後の構成であった．天然ガス利用は転換，産業，民生という3つの部門にまたがり，民生部門が4分の1というシェアを過去30年間維持し続けている点が，大きな特徴といえる．

転換部門や産業部門で発電用や加熱用の燃料として用いられているが，民生部門では厨房用，暖房用の燃料として重要な役割を果たしている．国によっては，石油化学の原料としても重要な位置を占めることを忘れてはならない．

日本の場合は，2001年に発電を中心とする転換部門が3分の2を占めている．民生部門が20％強，産業部門が10％強の構成比である．世界に比べると，発電部門の重みが大きい点に特徴がある．1971年に民生部門の構成比は50％強を占めていたが，1990年代初めまでに20％強へ低下した．産業部門は，1980年代に入ってから徐々にシェアが増加している．

2.2.4 ウラン
a. 資源の特徴

ウランは，原子力発電の燃料となる物質である．ウランは地殻を構成する岩石，沈澱物，また海水中にも広く分布しており，微量であれば世界中いたるところに存在する．地殻中には平均すると2～3 ppm程度含まれる．海水中のウラン濃度は2 mg/t（地殻の約1,000分の1）とされるが，海水の量が膨大であるので，約40億tのウランが溶解していると見込まれる[17]．

資源量に関しては，1960年代から経済協力開発機構原子力局（OECD/NEA）と国際原子力機関（IAEA）が共同で，ほぼ隔年ごとに報告書[18]を発表してきた．質問状を発送して世界の50以上の国々からの回答を取りまとめたものである．

ウラン資源は，存在の確実度によって確認資源，追加推定資源（I），追加推定資源（II），期待資源の4つに分類される．前者2つが既知資源で，後者2つが未知資源と位置付けられる．世界の既知ウランの資源量を表2.2.1に示す．

中国など一部の国が抜けているが，既知資源の中で金属ウランを1 kg当たり80ドル以下で回収できる資源量は347万 t（tU）ある．コスト範囲を1 kg当たり130ドル以下まで広げると，資源量はさらに93万 t増える．

主要資源保有国は，オーストラリア87万 t，カザフスタン85万 t，カナダ44万 t，南アフリカ連邦37万 t，アメリカ35万 tの5カ国で，全体の66％，約3分の2を占める．

b. 消費と供給の特徴

2001年の世界のエネルギー消費（石油換算101.6億 t）に対して，原子力は同6.9億 tで6.8％を占める．1971年に石油換算0.3億 tであったから，過去30年間に年率

2.2 一次エネルギー

表 2.2.1 世界のウラン資源量[18]

	コスト範囲			
	80米ドル/kgU 以下 (30米ドル/1bU$_3$O$_8$ 以下)		80～130米ドル/kgU (30～50米ドル/1bU$_3$O$_8$)	
	確認資源 [tU]	推定追加資源 分類 I[*1] [tU]	確認資源 [tU]	推定追加資源 分類 I[*1] [tU]
アルジェリア	26000	0		
アルゼンチン	5080	2380	2000	6180
オーストラリア	607000	196000	30000	37000
ブラジル	162000	100200		
ブルガリア	7830	8400		
カナダ	314560	122390		
ガボン	4830	1000		
デンマーク			27000	16000
ドイツ			3000	4000
フランス	190			11740
イタリア	4800			1300
ギリシャ	1000	6000		
ハンガリー				18400
インドネシア	470		6330	1700
カザフスタン	432790	195900	162040	63400
モンゴル	61600	21000		
マラウィ	11700			
ナミビア	143870	25530	31240	16700
ニジェール	29600	90820		
ロシア	138000	36500		
スロベニア	2200	5000		5000
ポルトガル	7450			1450
ルーマニア			4550	4690
ソマリア			6600	3400
中央アフリカ	8000		8000	
南アフリカ	231100	66800	59900	9600
スウェーデン			4000	6000
スペイン	2460		2460	6380
トルコ	9130			
チェコ	2370	310		
ウクライナ	42600	20000	38400	30000
ウズベキスタン	90080	46800	25270	9970
アメリカ	104000		244000	
ベトナム		1100	1340	5640
その他の諸国	5390	3560	10290	1580
合計	2516100	949690	666420	260130

[*1]:推定追加のうち，地質学的調査に基づいて測定された確度の高い資源量
[*2]:アメリカの推定追加資源は分類Iと分類IIに分けて報告されていない．
[*3]:中国，インドなど相当量のウラン資源を報告しているが，上記の定義による区分が行われていないため，この表には含めていない．

平均11％と非常に高い伸びで増加した．

しかし，10年刻みでみると，原子力エネルギーは1981年に石油換算2.2億t，1991年に同5.5億tで，1990年代初めまでは非常に高い伸びを維持したが，その後は急速に鈍化したことがわかる．

1979年のアメリカのスリーマイル島事故，1986年の旧ソ連チェルノブイリ事故と原子力発電所の大事故が続き，1986年には原油価格大暴落によるエネルギー低価格時代を迎えた．その中で原子力発電所の新設計画を中止し，既設の原子力発電所も段階的に廃止（フェーズアウト）する国が欧米を中心に出現した結果である．

国際エネルギー機関の長期エネルギー需給見通しによると，2001年の石油換算6.9億tに対して，2010年で同7.5億tとピークに達した後は，2020年で同7.2億t，2030年で同7.0億tと漸減傾向を示す見込みである．これは，新設の原子力発電所があまり増えないなかで，既設発電所のフェーズアウトや老朽化による廃炉などが進展すると見込まれるからである．

2003年の世界のウラン生産量は35,837 t (tU) である．その中でカナダが最も生産量が大きく10,457 t（29％）で，オーストラリアの7,596 t（21％）がそれに次ぐ．カザフスタン，ロシア，ニジェールは3,100～3,300 tの生産量でそれぞれ9％強の構成比をもつ．

原子力発電のエネルギー源は，ウラン235と，燃焼中にウラン238から生成するプルトニウム239である．使用済みの核燃料を適切に処理すれば，燃え残りのウランとプルトニウムの抽出で，核燃料の再利用が可能となる．ウラン・プルトニウムをリサイクル利用する一連の過程を核燃料サイクルと呼ぶ．

核燃料サイクルの輪を国内で完成させることができれば，自主的な体制が確立して国内での天然ウラン消費の低減を図ることができる．また，高速増殖炉を開発できれば，プルトニウムの燃焼過程でその消費量以上にウラン238起源のプルトニウム239を生成させることができる．エネルギー資源を国内にほとんどもたない日本は，国産エネルギーの確保を目指して核燃料サイクルの確立と高速増殖炉の開発に大きな努力を傾けてきた．

c. 利用の特徴

一次エネルギーに占める原子力の重みは必ずしも高いとはいえないが，電力生産用投入エネルギーに占める原子力の割合は，2001年で24％を占める．石炭の46％には遠く及ばないが，天然ガスの14％，水力他の9％，石油の7％と比較するとその重みは大きい．原子力利用は圧倒的に発電部門中心といえる．

日本の場合は，2001年の電力生産用投入エネルギーに対して原子力がもつ重みは43％で，これは世界の電力生産用投入エネルギーで石炭がもった重みに近いといえる．ちなみに日本の場合は，天然ガスが23％，石炭が22％，石油が7％，水力他が5％である．

最後に，世界の原子力発電容量を表2.2.2にまとめる．2002年末現在で原子力発電

表 2.2.2 世界の原子力発電容量（2002年12月31日現在）[19]

順位	国名	運転中 出力	運転中 基数	建設中 出力	建設中 基数	計画中 出力	計画中 基数	合計 出力	合計 基数
1	アメリカ	10199.8	103					10199.8	103
2	フランス	6595.2	59					6595.2	59
3	日本	4590.7	53	411.8	4	1031.5	8	6034.0	65
4	ロシア	2255.6	30	300.0	3			2555.6	33
5	ドイツ	2236.5	19					2236.5	19
6	韓国	1571.6	18	200.0	2	680.0	6	2451.6	26
7	イギリス	1327.3	31					1327.3	31
8	ウクライナ	1183.6	13	500.0	5			1683.6	18
9	カナダ	1061.5	14					1061.5	14
10	スウェーデン	982.6	11					982.6	11
11	スペイン	787.6	9					787.6	9
12	ベルギー	599.5	7					599.5	7
13	台湾	514.4	6	270.0	2			784.4	8
14	中国	460.0	6	445.2	5			905.2	11
15	スイス	337.2	5					337.2	5
16	リトアニア	300.0	2					300.0	2
17	ブルガリア	288.0	4					288.0	4
18	フィンランド	276.0	4					276.0	4
19	インド	272.0	14	374.0	7	72.0	2	718.0	23
20	スロバキア	264.0	6			88.0	2	352.0	8
21	ブラジル	200.7	2			130.9	1	331.6	3
22	南アフリカ	193.0	2					193.0	2
23	ハンガリー	186.6	4					186.6	4
24	チェコ	176.0	4	196.2	2			372.2	6
25	メキシコ	136.4	2					136.4	2
26	アルゼンチン	100.5	2	74.5	1			175.0	3
27	スロベニア	70.7	1					70.7	1
28	ルーマニア	70.6	1	268.8	4			339.2	5
29	オランダ	48.1	1					48.1	1
30	パキスタン	46.2	2					46.2	2
31	アルメニア	40.8	1					40.8	1
32	イラン			229.3	2	88.0	2	317.3	4
33	北朝鮮			200.0	2			200.0	2
34	カザフスタン					192.0	3	192.0	3
35	エジプト					187.2	2	187.2	2
36	イスラエル					66.4	1	66.4	1
	合計	37372.7	436	3469.6	39	2536.0	27	43378.3	502
	（ ）内は前年値	(36628.6)	(432)	(4127.1)	(43)	(2660.4)	(35)	(43416.1)	(510)

（単位：万kW，グロス電気出力）

所をもつ国は31カ国あり，運転中の発電所数は436基，総発電容量は3億7,372万kWである[19]．日本は，アメリカ，フランスに次いで第3の原子力発電国である．日本で運転中の原子力発電所数は53基，総発電設備容量は4,591万kWである．

世界全体で建設中の発電所数は39基,総発電容量は3,470万kWで,計画中の発電所数は27基,2,536万kWである.建設中,計画中の発電所数が前年に比べて減る方向の変化となっている.日本では地球温暖化対策の重要オプションとして長期エネルギー需給見通しで原子力を位置付けているが,原子力発電所の新設に対する国民の反対運動は強まっている. 〔小川芳樹〕

2.2.5 バイオマスエネルギー
a. 資源の特徴

バイオマスは,元来,生態学で生物量を表す用語である.エネルギー資源の観点からは,ある一定量集積した動植物資源とこれを起源とする廃棄物の総称（ただし化石資源を除く）である.また,「新エネルギー利用等の促進に関する特別措置法（新エネ法）」にいうバイオマスとは「動植物に由来する有機物であって,エネルギー源として利用できるもの」である.すなわち,バイオマスは必ずしも森林産物や農業残渣だけに限らず,廃棄物や排泄物も含まれる.具体的なバイオマスの例を挙げると,廃木材・間伐材・剪定枝などの木質系バイオマス,農業残渣などの農産系バイオマス,畜糞や生ごみなどの廃棄物系バイオマス,製紙産業から排出される黒液等々がある（図2.2.7）.これらの有機物は,もともと,大気中の二酸化炭素を植物などが光合成によって固定したものが起点となっており,再生可能かつカーボン中立なエネルギー資源ということができる.このようにバイオマスの種類は多岐にわたり,賦存量も多いが,恒常的に一定量供給できるものは限られる.わが国で当面経済的に成り立つのは一般廃棄物,農林廃棄物などである.諸外国ではエネルギー製造を主目的に栽培されるエネルギー作物も有望である.

b. 供給の特徴

バイオマスの年間発生量を正確に推定することは困難であるが,家畜排泄物,下水

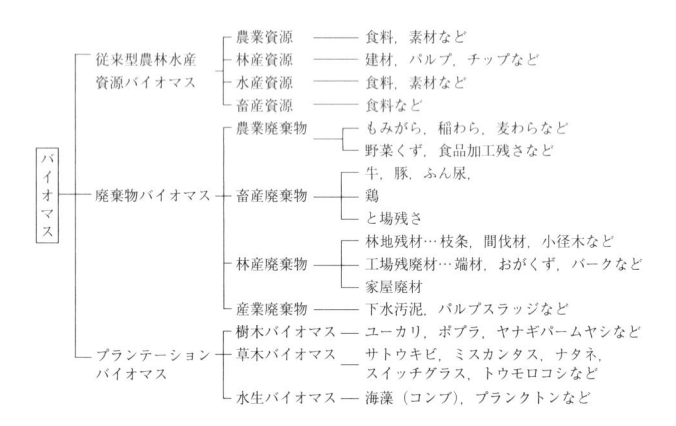

図2.2.7 バイオマス資源の分類[20]

表 2.2.3 バイオマス年間発生量（推定値）[21]

種別	年間発生量（万 t）	備考
家畜排泄物	9100	
下水汚泥	7600	濃縮汚泥
し尿汚泥	3200	
食品廃棄物	1900	
紙廃棄物	1400	紙消費量から古紙回収量を差し引いたもの
黒液	1400	乾燥重量
製材工場残材	610	
間伐材等林地残材	390	
建設発生木材	480	
農業残渣	1300	

汚泥，生ごみなどの食品廃棄物，籾殻や稲藁などの農業残渣，木残材，黒液（製紙工場廃液）などについてまとめると，表2.2.3のとおりである．

バイオマスをエネルギー資源としてみた場合，エネルギー密度が低い，収集運搬に費用がかかる，エネルギー利用する技術が確立されていないなどの課題があり，わが国では北欧などと比べて，実用している規模は小さい．しかし，賦存量は多く，現在開発されている技術が進めば，急速に普及が拡大されるとみられる．

c. 利用の特徴

バイオエネルギーの利用方法には，直接燃焼による発電のほか，ガス化，液化による発電がある．特にガス化の場合，生成されるメタンガスによるガスタービン発電や燃料電池による発電が可能になる．バイオマスのエネルギー利用には含水率が大きな因子になる．含水率は総重量に対する水分重量であるが，生態分野では乾燥重量に対する水分量の比率をさすことが多い．以下では前者の定義を用いる．NEDOでは，含水率50%以下のバイオマスをドライバイオマスと分類し，直接焼却，熱化学的分解（ガス化，液化など），アルコール醗酵などに適しているとしている[22]．ドライバイオマスである木残材などをチップ化し，ボイラ燃料として専焼炉で利用している例は少なくない．また，製紙工場から多量に発生する黒液は，加熱濃縮する必要はあるが，黒液専焼炉で燃料として焼却することができ，工場で使用する全使用エネルギーの1/4程度を賄っているといわれている．ドライバイオマスを乾留あるいは水熱反応によってガス化し，ガスエンジンに利用するシステムも検討されている．

一方，含水率が70%以上のウェットバイオマスは廃棄物系が多いが，メタン醗酵やコンポストなどの生物化学的分解処理が適切とされている．ウェットバイオマスは水分が多く発熱量（低位）が不足するため，適切な燃焼条件を維持するためには重油などの助燃剤を必要とする場合もあり，単独焼却することには問題もある．

バイオマスの熱エネルギー以外のエネルギー資源化については，酸，酵素，超臨界水などによってセルロースを糖化し，微生物機能を利用してアルコールに変換する技

術が一般的である．特に，トウモロコシやイモなどの栽培バイオマスからアルコールを生産し，通常のガソリンに最大10%混合したGashol燃料を実用化している例もある．また，菜種油や使用済食用油などのバイオマス由来の油脂をエステル化したバイオディーゼルも海外では規格化されており，実用化されはじめている．分散型電源としてのバイオマス発電の詳細については9章を参照されたい．

2.2.6 再生可能エネルギー
a. 全 般

再生可能エネルギー（renewable energy）は水力，太陽熱，風力，地熱などを含み，自然エネルギーともいわれる．化石燃料のように枯渇しないで，消費した分と同じ割合で補充されるエネルギーの流れを利用する．長期的な導入目標をEU指令として定めているEUの定義では，非化石燃料でバイオマス，埋立てガス，汚泥処理ガスを含む．発電や熱利用の過程において排出物を出さないクリーンエネルギーである．また，国内自給エネルギーであり，エネルギーセキュリティの観点からも重要なエネルギー源である．

再生可能エネルギーの資源量の推定は，その前提条件により大きく変動するものと理解する方がよいが，参考のため，主なエネルギー技術別に資源量あるいは利用可能な賦存量を示す．地球に降り注ぐ太陽エネルギーの総量は約177兆kWに達し，世界で消費するエネルギーの約2万倍に相当する．わが国における太陽光発電の実際的潜在量は1,000～2,100万kl（石油換算）といわれている[23]．風力については2003年度の風況マップから推定される資源量は明らかでないが，1994年の旧風況マップに基づく風力発電容量は690～3,520万kWと推定される．2010年度におけるバイオマスエネルギーの賦存量は2,880万kl（石油換算）とされている．いずれも現在開発されているものに比べて十分大きい．発電に利用できる200℃を超す地熱資源は，火山地帯の地下深部に限定される．地球内部から約1割の熱エネルギーが日本列島周辺から放出されているともいわれ，わが国は地熱資源に恵まれている．しかし，資源量のほとんどは自然公園内や温泉地に隣接しており，開発可能なわが国の地熱発電の資源量は243万kWといわれている[22]．

太陽エネルギーや風力エネルギーは，気象要因によりその出力が大きく変動し，安定したエネルギー供給を行うことが難しい．また，地熱発電は出力が一定の供給が可能であるが，地熱資源に恵まれる地域は限られている．したがって，再生可能エネルギーは現段階では補完的な位置づけであるが，その普及規模が急速に拡大している．1990年代以降，多くの再生可能エネルギーは，技術開発の時代から環境政策に基づく規制主導の需要で本格的な普及が図られ，さらに，電力の小売自由化が進展する中，新しい需要家の選択肢としてグリーン電力マーケティング（再生可能エネルギーによる発電を選好する需要家にプレミアム込みでグリーン電力を販売）により風力などの開発が進みつつある．いまや風力発電は大きなビジネスに育ちつつある．

再生可能エネルギーは大型ダム式水力発電やウインドファームと呼ばれる高圧系統に連系される事業用風力発電を除いて，分散型エネルギーとして利用されることが多い．本節では，水力とバイオマスエネルギー（2.2.5項）を除く再生可能エネルギーについてふれる．

b. 太陽光発電と太陽熱

太陽エネルギーを利用するには輻射エネルギーを直接電気に変換する太陽光発電，太陽熱エネルギーで水蒸気などを作って蒸気タービンを動かす太陽熱発電，太陽熱温水器，風力発電，波力発電，海洋温度差発電などがある．熱利用するには太陽熱温水器が最も経済的で，発電用には太陽熱発電より太陽光発電の方が経済性に優れているとされている．実際，わが国では太陽光発電の普及が急速に進んだ．ただし，夜間は太陽エネルギーの利用はできず，また日照の少ない日には利用量は大幅に減るため，年間の設備利用率は低いのが難点である．これを克服するには宇宙太陽発電というアイデアもあるが，現時点では基礎的な実験段階にとどまる．

わが国では太陽光発電は，国の設備補助金と電力会社の余剰電力の優遇買取り制度により3～4 kWの住宅設置の分散型電源として普及が進んでいる．2004年3月末時点の設備容量は86万kWに達し，普及規模は世界最大である．設置コストは工事費を含めて約70万円/kW，発電原価は約50～60円/kWhである．発電原価が高いのは設備利用率が年間12％程度と低いためである．2001年度に策定された2010年度の新エネルギー導入の政府目標（目標ケース）において，太陽光発電は482万kWと毎年これまでの累積導入量（約60万kW）を増やす必要があり，一層のコストダウンと連系時の系統への影響を緩和する必要がある．

c. 風 力 発 電

わが国の風力発電は，国の設備補助金，大型化による発電コストの低下や電力会社との長期電力購入契約により急激に普及規模が拡大してきた．2004年1月末時点の設備容量は73万kWに達する．世界では約3,200万kWの設備が設置され，うち欧州が74％を占める．欧州では沿岸，内陸での適地が限られてきたため，今後，洋上風力が有望とされる．

2010年度の風力発電普及の政府目標（目標ケース）は，300万kWである．風況がよく，まとまった土地が利用可能な風力発電に適した地域は北海道など一部の地域に偏るため，導入量が増えるにつれて当該系統においては，周波数変動抑制などの系統安定化制御や既存系統の強化が必要になる．

風力発電は量産や大型化によるコストダウンが進み，電気事業の規制改革の影響もあり，市場原理を活用した普及促進策が内外でとられるようになった．RPS（Renewables Portfolio Standard）と呼ばれる再生可能エネルギー間で競争させ，環境価値（新エネルギー価値）を取引可能とする制度がその代表である．わが国では，電気事業者に対して，新エネルギーによって発電された電気を一定量利用することを義務づける「電気事業者による新エネルギー等の利用に関する特別措置法」（RPS法）

が，2003年4月に全面施行された．RPSの下で新エネルギーの中で経済性に優れる風力は順調に伸びることが期待される．

d. 地　熱

地熱エネルギー利用は古くから行われており，20世紀に入ってから，地熱発電，地域暖房などにも利用されるようになってきた．地殻のマグマ溜の熱や放射性鉱物の崩壊熱が熱源となって熱せられた高温の温水や蒸気が浅部熱水系，大深部熱水系，高温岩体などを介して取り出されるときのエネルギーを利用する．深さ約3km程度ぐらいまでの，比較的地表に近い場所に蓄えられた地熱エネルギーを資源として利用するのが，地熱資源である．

地熱発電が盛んな国は，アメリカ，フィリピン，イタリアである．わが国では1963年に最初の発電が開始されて，現在53万kWの設備が設置されている．地熱発電の方式は地熱流体の蒸気に占める熱水の割合によっていくつかの方式があるが，わが国では地熱流体中の熱水割合が高く，汽水分離後の熱水から再度蒸気を抽出するフラッシュ式が採用される．

熱水の量は多いが，温度が低い場合，低沸点の熱媒体を加熱し，その蒸気でタービンを回すバイナリー方式がある．わが国では現在1基が実証運転中である．2003年度より施行されたRPS法では，バイナリー方式のみ新エネルギー価値が認められる．

e. 海洋エネルギー

わが国は四方を海に囲まれ，海洋エネルギーも大きな資源量をもつ．太陽エネルギーを吸収する表層の暖かい海水（24〜28℃）と深層の冷水（4〜7℃，水深600〜1,000m）との温度差を利用するのが海洋温度差発電である．1980年前後，ハワイ，ナウル，徳之島で実験が行われたが，実用化には至っていない．海上では風により波が起き，そのエネルギーを利用するのが波力発電である．灯標用ブイなど小規模発電システムは稼働している．

海では月など天体の引力による潮汐現象があり，条件のよい場所ではその位置エネルギーを利用して潮汐発電が可能である．これは水力発電と似て，湾などを締め切る堰を設けて，内外の水位差を利用する．フランスのランス発電所は8mの平均潮差を利用して24万kWの出力を有し，1966年に運転開始した．わが国で潮差が最大の地点は有明海で4.9mであり，一般に潮汐エネルギーには恵まれていない．潮汐に伴う流れ，潮流を利用すれば潮流発電が可能である．鳴門海峡などで水車を用いた実験が行われたが，実用化には至っていない．

f. 再生可能エネルギーの開発・利用促進

再生可能エネルギーは多くの場合，在来エネルギー技術に比べて経済性や出力制御性などの面で劣るため，初期導入段階で何らかの導入促進策を必要とする．これらの導入促進政策には大きく，設置補助など政府による支援策，再生可能エネルギー割当て制度（RPS）など規制的措置，電力会社の余剰電力購入やグリーン電力制度など自主的な取り組みに分けられる．これらの支援策は，対象とする技術，目標普及規模，

地域のエネルギー・電力事情，他の関連するエネルギー政策，環境政策との関係に応じて使い分けられる．これらの普及支援策の詳細は 9.2.3 項「分散型電源の導入促進政策」を参照されたい．

〔浅野浩志〕

2.3 二次エネルギー

2.3.1 電　力
a. 需要の特徴

電力（電気エネルギー）は，二次エネルギーの中でも，照明や様々な家電製品など暮らしに最も身近なエネルギーといえる．本節では主に電力の需給構造を中心に解説し，電力の発生，流通，利用の技術的解説は他の専門的な章に譲る．電力需要の長期的な推移を需要部門別にみると，業務用（50 kW 未満の小規模需要家や 2000 年度以降は特別高圧の特定規模需要を除く）電力は 1973 年度から 2001 年度までに 5.2 倍，家庭用を含む電灯は 3.5 倍と高い伸びを示した．一方，産業用（500 kW 以上の大口電力）需要は 1.5 倍と低い伸びにとどまっている．

電気事業は 19 世紀終わりに急速に世界で広まった．その初期は照明が主たる用途でガスとの競合はこのときから始まった．わが国の最終エネルギー消費の 14％（2001年度）を占める家庭部門で電力化が進んでいる．1975 年時点で電力，ガス，灯油がそれぞれ 3 分の 1 のシェアであったが，各種家電機器の普及や冷暖房にエアコンが多用されるようになり，2001 年度には電力のシェアは 44％に達している．家庭用電力は高度成長期からエアコンなどの各種家電製品の普及により利用形態が多様化している．機器の省エネルギー化以上に機器の大型化や多様化，複数普及によって，世帯当たりの月間電力消費量は 1977 年の 180 kWh から 2002 年の 300 kWh へと堅調に増加している．今後も IT 関連機器の普及などによって量的，質的にも安定供給が強く期待されている一方，2010 年代からは世帯数の伸びも飽和し，エアコンや冷蔵庫など電力消費の大きい機器の高効率化が進み，家庭用電力需要の伸びも次第に鈍化していくとみられる．

わが国の最終エネルギー消費の 47％（2001 年度）を占める産業部門でも電力化が進んでいる．製造業エネルギー源別消費量に占める電力の割合は 1970 年ごろまでは10％以下であったが，産業構造の高度化，製造工程の自動化，製品の高付加価値化の進展により，現在では 23％を超えている．

業務部門は最終エネルギー消費に占める割合は 13％と小さいが，経済のサービス化に伴い，最も伸びが大きく，特に電力のシェアが大きい．用途別需要の中で照明・動力など電力限定の需要の増大を反映し，1965 年度の 16％から 2001 年度には 48％にまで拡大している．IT 化のインパクトは業務部門で最初に現れ，OA 化の進展は床面積当たりの消費電力（原単位）を押し上げてきた．そのため，既存ビルでは電源容量が不足し，リニューアル時に契約電力を大幅に引き上げることが多い．また，高齢化は電力多消費型の老人福祉施設などの床面積を大幅に引き上げている．

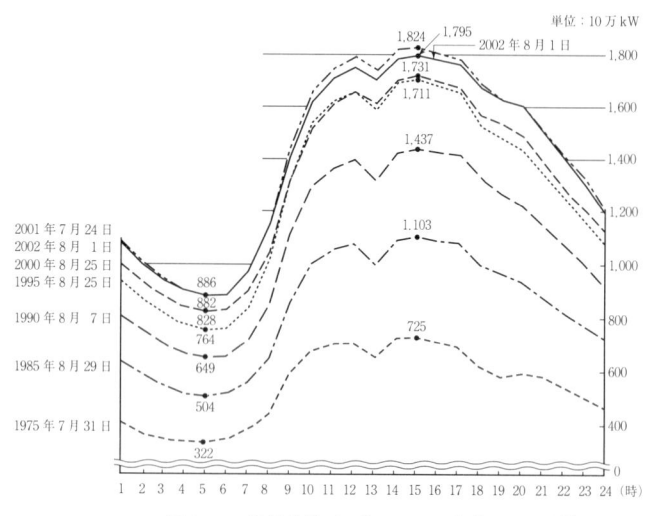

図 2.3.1 負荷曲線（エネルギーの基礎 2003-04）[24]
注，1975年の数値は9電力計

電力は様々な一次エネルギーから加工でき，使いやすい．そのため，二次エネルギーの中で需要の伸びが大きい．最終消費エネルギー源別でみた電力化率は1970年の12.7%から2001年の22.3%に伸びている．電力需要の特徴として季節，時間帯で大きく変動し（図2.3.1），負荷持続供給曲線，あるいは日負荷でベース，ミドル，ピークの供給を費用特性の異なる電源を組み合せる．需要変動の大きさと設備の有効利用率を表す指標として負荷率が用いられる．年間の最大電力（統計上は最大3日平均をとることが多い）に対する平均電力の比を年負荷率といい，1970年以前は70%近くあったものが，エアコンの普及や24時間操業型の素材産業のシェアが低下したことなどにより，50%台後半に低下してきた．1990年代から蓄熱式空調システムの導入などDSMプログラム（電気事業者が料金制度や機器普及支援制度などを通して需要家に働きかけて需給双方に望ましい使用形態に誘導すること）などにより少しずつ負荷平準化が進み，負荷率の低下に歯止めがかかったが，依然として国際的にみると低い負荷率はコスト高の要因である．

b. 供給の特徴

石油危機直前の1973年度，発電電力量に占める石油火力の比率は65%で，原子力は2.6%に過ぎなかった（図2.3.2）．これは1960年代に安価で使いやすい石油火力に大幅にシフトしたためである．その後の石油代替エネルギー政策の下，エネルギー価格の上昇が予測されるなか，電気事業はベース電源として原子力発電を中心に開発し，また，都市部を供給エリアにもつ電力会社はクリーンなLNG火力をミドル負荷供給用に開発してきた．2001年度には石油火力シェアは6%ともっぱら夏季ピーク対

2.3 二次エネルギー

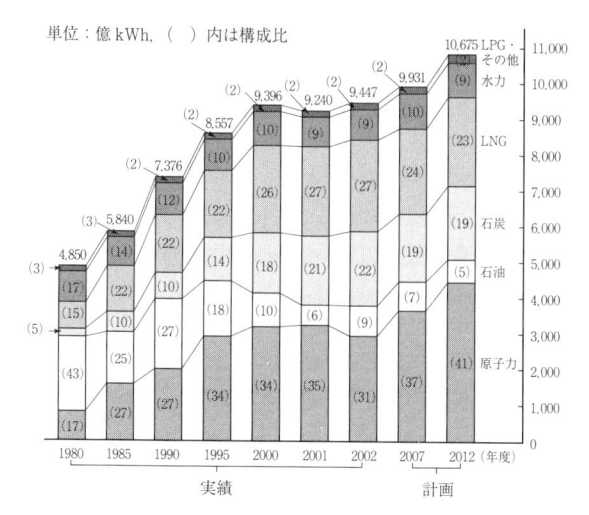

図 2.3.2 電源構成の推移[24]
(％の合計が 100％に合わないのは四捨五入の関係)

応に位置づけられ，ベース電源として原子力が35％を占めるに至った．2003年に閣議決定されたわが国のエネルギー基本計画において，原子力発電と核燃料サイクルの推進が明記されている．長期的な供給力確保にあたって電源の供給安定性，経済性，環境特性，運転特性を踏まえて最適な電源構成を構築することを目標とする．原子力発電は，エネルギー資源に恵まれないわが国では準国産エネルギーと位置づけられる．また，発電過程で CO_2 を排出することなく，地球温暖化防止に寄与する．今後，安全，品質保証の確立など，社会的受容性を高める取組みと同時に電力自由化時代における合理的な安全規制のあり方も問われている．また，電力需要の伸びが鈍化するなか，需要獲得をめぐる競争も激化し，資本集約的でバックエンド事業にリスクが残る原子力への投資は難しくなっている．新たな開発促進の措置が講じられようとしている．

わが国は核不拡散の観点から，再処理で取り出したプルトニウムとウランを混合して作る MOX（mixed oxide fuel，混合酸化物）燃料を軽水炉で利用するプルサーマル計画を進めている．

原子力発電および石炭火力は固定費の割合が高く，燃料費を含む運転費用が安価なため，ベース電源に向く．ある程度の負荷変動に追従でき，ランニングコストも中間的な LNG 火力がミドル電源に適している．近年導入が進んだ複合サイクルガス火力は，小容量機で 100 万 kW 級の系列を形成し，台数制御で広い範囲の出力制御に向くため，ミドルのみならず，ピークプラントとしても運用できる．ピーク電源は需要変動に応じて起動停止，出力調整が容易な揚水式水力や燃料費の高い既存石油火力が位置づけられる．

電気料金制度は規制改革により大きく変化しつつある．2000年の特別高圧需要家に対する小売自由化以降，自由化対象需要の料金設定は原則自由となった．自由化対象以外の規制分野の需要家に対しては総括原価主義（公正報酬率規制）により，適正な水準でかつ需要家間で公平な料金設定であることが電気事業法により定められている．すなわち，安定的に事業を運営するために，発電から営業までの原価および投資に必要な事業報酬を加えた総括原価が料金収入に等しくなるように料金水準が規制されてきた．最初の卸供給事業者（IPP：independent power producer）競争入札のあった1996年以降，電気料金水準は数度の料金改定により2割以上低下している．これはIPPとの競争により発電設備の建設単価が下がったと同時に運用コストも削減したこと，特定規模電気事業者（PPS：power producer & supplier）や自家発との競争が流通部門・間接部門も含めてコストダウンを促進したことが働いている．

〔浅野浩志〕

2.3.2 都市ガス
a. 需要の特徴

都市ガスは，二次エネルギーの中でも，厨房用，給湯用，暖房用など家庭生活で消費される身近なエネルギーである．2002年の需要規模は274.338兆kcalに達した．1970年から年率平均5.8%の伸びで需要が拡大しており，経済不況が長期化した1990年からでも年率平均4.9%と堅調な伸びを保っている．

用途別の伸びをみると，1990年から年率平均で家庭用が1.8%，商業用が4.5%，工業用が8.8%である．工業用の伸びが大きく全体の伸びを支えてきた．この結果，2002年の用途構成は工業用40.2%，家庭用35.3%，商業用15.8%，その他用8.7%で，2001年以降は工業用が最も高い構成比をもつに至った．

過去をみると，1960～70年代にかけて家庭用の構成比が60%台を占めたが，1980年代は50%台，1990年代は40%台へと低下し，1998年以降は40%を下回った．1990年代に進んだ都市ガス産業の規制緩和と厳しさを増しつつある環境対応が，工業用需要を堅調に拡大させる牽引車となった．また，工業用，商業用の都市ガス需要の増大には，コンバインドサイクル発電，コージェネレーション，ガス冷房（吸収式ガスヒートポンプ）など都市ガスの新たな利用技術が進んだことも見落とせない．これら利用技術の普及に加えて，燃料電池，天然ガス自動車などの技術開発も進められている．

1980年にほとんどなかったコージェネレーションは，1980年代後半に入ると急速に増加し，2002年度末では累積設置台数7,425台，累積発電容量650.4万kWに達した．都市ガスを燃料とするものは発電容量全体の3分の1を占める．ガス冷房も2002年度末の冷房能力が1,003万冷凍t（1冷凍tは0℃の水1tを24時間で0℃の氷にする冷凍能力）に達した．

天然ガス自動車は1990年代後半から急速に増加し，2003年末に普及台数は19,406

台となった．天然ガスの充填設備も，ガス事業所などを中心に進められ，急速充填所の設置は2003年末で237基となった．業務用燃料電池の実用化が実現しつつあるが，1 kW 中心の家庭用燃料電池も2005年頃までに実用化の見込みである．新規の利用技術による需要開拓にも多大の努力が払われている．

b. 供給の特徴

日本のガス産業は，表2.3.1に示すように，一般ガス事業，簡易ガス事業，大口ガス事業，卸供給事業，液化石油ガス販売業に分類される．一般ガス事業がいわゆる都市ガス産業である．都市ガス産業は，「ガス事業法」の規制下にあり，供給区域における供給義務，ガス料金認可・届出，製造・供給設備に対する技術基準などの規制が

表2.3.1 日本のガス事業の形態と構造

業種	事業概要	関係主要法令	免許等	事業者数	主な企業	需要家数
一般ガス事業	LNGやナフサなどを原料として消費地から離れた工場においてガスを製造し，供給区域を設定し，一般の需要に応じて長大な導管によりガスを供給する事業	ガス事業法	経済産業大臣の許可	229	東京ガス，大阪ガス，東邦ガス，西部ガス他	約2,700万
簡易ガス事業	簡易なガス発生設備（LPGボンベなど）によりプロパンガスを発生させ，導管によりガスを供給するもので，一つの団地において70件以上の需要家に供給する．平成15年度法改正により，天然ガス使用可．	ガス事業法	経済産業局長の許可	1800	日本瓦斯，西部ガスエネルギ，北ガスジェネックス，リキッドガス他	約191万
大口ガス事業	年間契約数量が100万m³以上の大口供給を行う事業（簡易ガス事業や一般ガス事業者がその供給区域内にて行うものは除く）平成15年度法改正により，100万m³→50万m³に緩和．	ガス事業法	経済産業大臣へ届出	80	東京ガス，大阪ガス，東邦ガス，西部ガス他	約1600件
卸供給事業	一般ガス事業者以外の者であって，一般ガス事業者に対して導管によりガスを供給する事業	ガス事業法	経済産業大臣へ届出	42	帝国石油，石油資源開発他	―
液化石油ガス販売業	液化石油ガスを一般消費者などに販売する事業のうち，一般ガス事業および簡易ガス事業以外のもの（70件未満の小規模導管供給を含む）	液化石油ガス法，高圧ガス保安法	知事または大臣の許可	約27000	―	約2500万（家庭業務用）

（出所）各種資料より作成

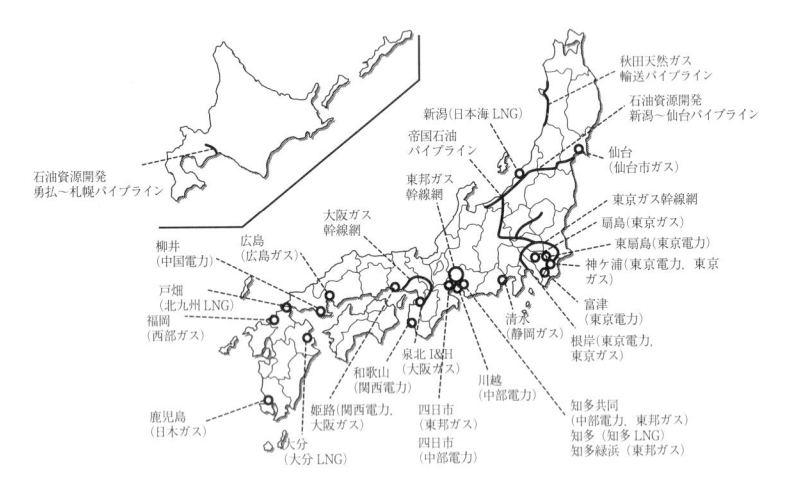

図 2.3.3 日本のLNG受入基地と主要なパイプライン

加えられている.

2003年4月時点の日本の都市ガス事業者数は，私営171社，公営58社の合計で229社である．1989年度末に日本の都市ガス事業者数は246社であったのに比べると，ゆるやかな減少を示してきたといえる．2003年において日本の都市ガス事業は，約2,700万戸の需要家に対して約284億 m^3 の都市ガス供給を行った．東京ガス，大阪ガス，東邦ガス，西部ガスが大手4社であるが，この4社で占めるシェアは都市ガス供給量全体に対して約80%に達する．このことから229社の大半を構成する中小ガス会社と，大手ガス会社のギャップを想像できる．

都市ガスの製造原料は，石炭から石油，石油から液化天然ガス（LNG：liquefied natural gas）へと変化してきた．2002年度のLNG比率は約84%で，国産の天然ガスを含めた天然ガス比率は約90%である．残りの大半は液化石油ガス（LPG：liquefied petroleum gas）で全体の約8%である．石炭系およびナフサ等石油系のガスはほとんど原料になっていない．

1976年度をみると，LNG比率が約30%，国産天然ガスが約8%に対して，ナフサ等石油系ガスが約33%，石炭系ガスが約19%，LPGが約10%で，都市ガス原料はきわめて多様化していた．この四半世紀で天然ガス転換が大きく進展したが，需要家の利便性，安全性の観点から2010年を目途に都市ガスを一酸化炭素（CO）を含まない高カロリーガスに統一する計画（IGF21計画）が進んでいる．

日本のLNG基地と主要なパイプラインの現況を図2.3.3に示す．日本は欧米と異なって国土を縦貫する幹線ガスパイプライン網がまだ整備されていない．東京，大阪，名古屋という三大都市圏に供給する幹線網，新潟，秋田，北海道といった国産天然ガスの供給パイプライン，福岡，静岡，仙台，広島など地方都市ガスの供給網が主

なものである．LNG 火力の発電所および都市ガスの供給網に供給するため，全国各地で現在 25 の LNG 基地が稼動している．

c. 都市ガス産業の規制緩和

1954 年に制定されたガス事業法は，1970 年に簡易ガス事業の創設などがあったが，大きな改正が加わることもなく，1990 年代半ばまでその形態を維持した．しかし，1990 年代の規制緩和の流れの中で，ガス事業法でも 1995 年から 4 年ごとに改正が実施されてきた．

1995 年の改正ガス事業法施行では，年間契約ガス量 200 万 m^3 以上の大口部門の自由化，ヤードスティック査定（料金認可制の下でコスト削減など効率化の度合いを共通尺度で評価する査定）の導入，大手 3 社による託送ガイドラインの作成が実施された．1999 年の改正ガス事業法施行では，料金制度の見直し，自由化範囲の年間 100 万 m^3 以上への拡大，卸供給の届出化などが実施された．

さらに，2004 年 4 月の改正ガス事業法施行では，自由化範囲の年間 50 万 m^3 以上への拡大，LNG 基地の第三者利用，導管事業者の創設などが実施された．2007 年度に想定される次の改正では，自由化範囲を年間 10 万 m^3 以上へ緩和し，付帯決議に基づく垂直統合経営維持などの再確認を行うことが議論の焦点となる．

ガス事業法，電気事業法の改正などによるエネルギー産業の規制緩和で，産業間の垣根が低くなり，相互参入が活発化しつつある．競争関係の激化に対応するため，大手事業者を中心とするガス料金の引下げが行われ，規制部門でも選択約款（効率化を図るため使用者が選択できる一般ガス供給約款とは異なる供給条件の約款）に基づく新たな料金メニューが工夫されている．

規制緩和実施の目的は，内外価格差の縮小であるが，ガス産業の場合には，総数 229 社で大手 4 社が供給の 8 割を占める供給構造からも容易に想像がつくように，ガス会社の統合再編を進めて内々価格差を縮小することも，今後の大きな課題となっている．

2.3.3 石油製品

a. 需要の特徴

同じ二次エネルギーでも，電力や都市ガスと石油製品が大きく異なる点は，多様な製品が原油から生産され，エネルギーに限らず多方面の用途で利用されることである．液化石油ガス，ナフサ，ガソリン，ジェット燃料油，軽油，A 重油，C 重油，潤滑油，アスファルト，グリース，ワックス，溶剤などが石油製品である．

石油製品の需要構成の変化を世界と日本に関して図 2.3.4 に示す．世界全体のガソリン，軽油（暖房用，産業用も含む），ジェット燃料油といった輸送用石油製品の構成比は 2001 年に 63% である．1971 年に 27% であった重油構成比は 2001 年に 10% まで低下した．石油化学用ナフサの構成比も 6% である．

これに対して，日本の輸送用石油製品の構成比は 2001 年に 49% で，世界平均に

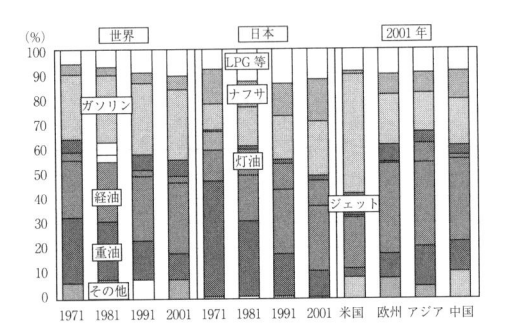

図 2.3.4　石油製品の需要構成の変化と地域別の特徴
（国際エネルギー機関，「エネルギーバランス統計」のデータから作成）

比べると低い．1971 年に 46％であった重油構成比は 2001 年に 10％まで低下しており，この点では世界平均と並ぶ状況になった．石油化学用ナフサの構成比は 17％で，日本の石油化学工業のもつ重みが大きいことを示している．暖房用の灯油構成比が 11％と高いことも日本の特徴である．

2001 年の地域別特徴をみると，アメリカの石油製品需要構成では輸送用のガソリンがほぼ半分を占め，軽油が 21％程度で，重油が 3％前後ときわめて小さい．欧州の場合，ガソリンは 20％程度にとどまって，軽油が 36％という大きな重みをもち，重油は 10％と世界並みの水準である．アジア途上地域（中国を除く），中国の場合は欧州に近い構造であるが，重油の構成比が幾分高目である．このように，石油製品の需要構成は地域でかなり異なるが，1970 年代の石油危機を通じて発電部門を中心に重油需要が大きく減退したこと，輸送燃料の重みが増していることは共通である．

発電を中心とする重油需要の減少に対して，日本の場合は，エネルギー産業の規制緩和の進展も影響して，製油所で残渣油（アスファルト）を発電用に活用する新規用途の開拓が 1990 年代半ば以降で活発化した．

b. 供給の特徴

日本における石油の供給フローを図 2.3.5 にまとめる．産油国から平均 20 万 t の原油タンカーのべ 1,000 隻余りで，日本が年間で必要とする原油を輸送する．輸入原油は，合計能力が日量約 490 万バレルとなる 32 ヵ所の製油所で精製して石油製品を生産する．製油所で精製あるいは海外から輸入された石油製品は，800 隻余りの内航タンカーによる海上輸送あるいは 2,800 輛余りのタンクローリー車による鉄道輸送で 400 ヵ所余りの油槽所に供給される．油槽所あるいは直接製油所から約 10,000 台のタンクローリーによって，工場・ビルなどへ直接供給されるとともに，全国の 5 万ヵ所余りの給油所へ配送されて最終消費者に販売される．

c. 石油産業の規制緩和

日本の石油産業は，石油およびガスの探鉱・開発・生産を担当する上流部門，石油

2.3 二次エネルギー

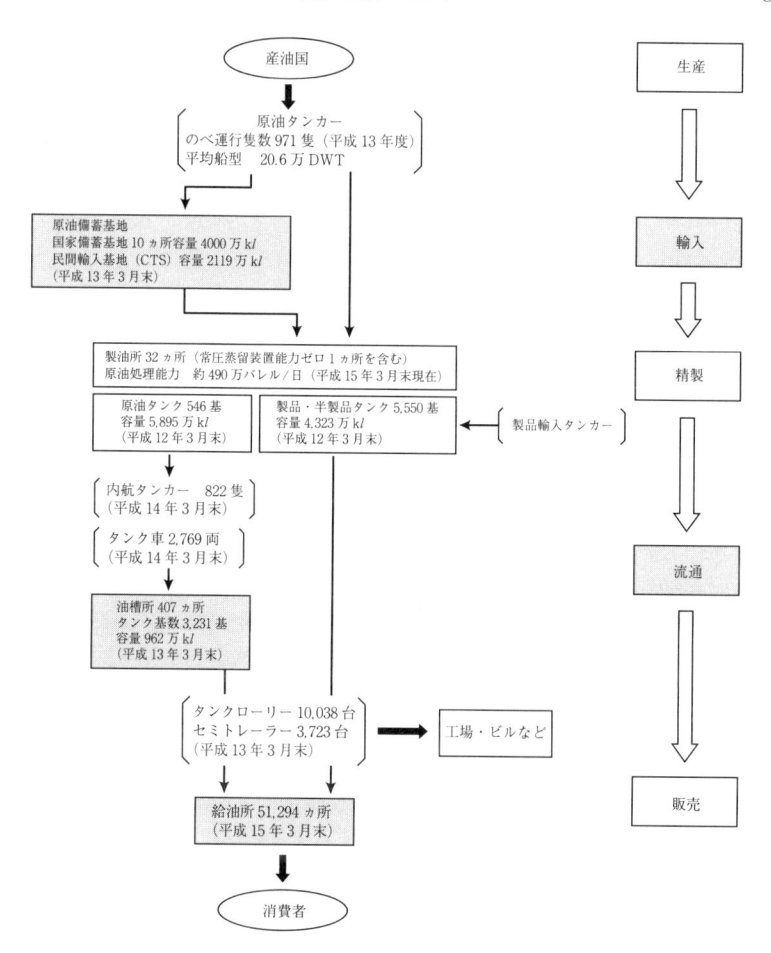

図2.3.5 日本における石油供給のフロー

製品の生産と一次卸を担当する精製・元売部門，石油製品の末端流通と小売を担当する流通・販売部門の3つに大きく分かれる．1980年代半ばまで石油業法など種々の法律によって産業活動に大きな規制が加えられてきた．

しかし，1987年から5年間の第一次規制緩和アクションプログラム，1996年の特定石油製品輸入暫定措置法（特石法）の廃止などによる第二次規制緩和と10年余りの時間をかけて石油産業の規制緩和は段階的に進められてきた．2002年1月の石油業法廃止をもって，石油産業の規制緩和はおおむね完了した．

特石法廃止を先取りする形で1994年以降の石油製品価格はガソリンを中心に大幅下落した．経済不況による需要低迷も重なって石油会社の収益は急速に悪化し，1998年度の精製・元売29社の経常利益は全体で180億円の損失となった．産業再編が始

まり，新日石・出光・コスモグループ，エクソン・モービルグループ，昭和シェル・ジャパンエナジーグループの3極へ集約しつつある．

石油産業の短期的な課題は，競争激化で混乱している国内市場の秩序を回復して安定的な収益基盤を確立することである．中長期的な課題は，アジアで国際競争できる石油産業に脱皮することである．そのためには，① 下流部門中心の国内市場における安定的収益基盤の確立，② 既設の液体燃料供給インフラ，供給チェーンの活用，③ 国内および国際的な石油市場の整備，④ 大気汚染など地域環境問題と地球温暖化など地球環境問題への積極的対応，といった課題に積極的に取り組む必要がある．

〔小川芳樹〕

2.3.4 水素エネルギー
a. 水素エネルギー社会への道

これまでのエネルギーシステムは化石燃料と原子力発電を用いた電力と燃料が主流である．化石燃料が漸次枯渇していくことを考えたとき，あるいは環境制約から脱化石燃料を目指すとき，化学燃料としての水素を輸送部門などに用いるのが将来の水素エネルギーシステムである．水素は工業的に重要な物質であり，アンモニアやメタノール製造の原料として広く使用される化学物質であるが，一次エネルギー源ではなく，電力を用いて水を電気分解するか，熱エネルギーを用いて化石燃料を改質することで得られる二次エネルギー源である．水素エネルギーは水素を直接燃焼するか，あるいは燃料電池の燃料として利用して得られ，窒素酸化物や二酸化炭素を排出しない究極のエネルギーともいわれている．将来は原子力や再生可能エネルギー起源でカーボンフリーの供給システムを目指している．水素のもう1つの特徴はエネルギー貯蔵が容易になり，不安定な再生可能エネルギーを一旦水素に転換することにより，場所を選ばず安定供給が実現することである．

水素の容積当たり発熱量は2,570 kcal/N m^3 とガス燃料では最低である一方，重量当たりでは28,570 kcal/kgと最大の発熱量を有する．燃焼速度が速く，着火エネルギーが小さく，空気と混合したとき幅広い燃焼範囲を有する．エネルギー利用の観点から仕事に変えうるエネルギー，すなわちエクセルギー効率が高いことも特長である．

石油危機を契機に水素エネルギーは世界的に注目され，わが国でも国のサンシャイン計画で石油代替エネルギーとして研究が支援された．1994年から10年間，国のWE-NET（World Energy Network）と呼ばれる水素エネルギーを含む大規模な研究プロジェクトでは，海外の再生可能エネルギーで製造した水素を日本に大量に輸送し，国内で利用する計画であった．

水素および燃料電池技術の開発に携わる主要企業が参加して，燃料電池実用化推進協議会が2003年3月に自動車用および定置用の固体分子形燃料電池（PEFC：polymer electrolyte fuell cell）の技術開発ロードマップを発表している．日本の水素

技術開発は燃料電池自動車開発の中に位置づけられており，低コストの水素製造技術，高圧水素・液体水素の安全性向上，水素貯蔵技術などの課題は2007年から2009年までに開発を完了し，2010年以降の自動車導入・普及段階での燃料は何か，など普及シナリオを明確にすることを目的としている．2020年までには業務用自動車の買替時には半数が燃料電池自動車に移行し500万台が普及すること，2030年には自家用車の代替も自律的に進み，1,500万台が普及することが期待されている．

b. 水素の生産・貯蔵・輸送方法

エネルギーシステムにおける水素利用を増やし，水素経済とも呼べるべきものを目指すには，水素の生産・貯蔵・輸送のコスト低減と安全性の確保が不可欠である．

水素の原料および製造法は多様であり，その中で自動車用あるいは定置用分散型電源などの用途に合わせて，高効率で低コストの製造法が開発目標である．製造法により水素の純度が異なり，利用法によって要求する仕様が異なる．水素エネルギーを最初に利用する燃料電池自動車用の燃料が国際的に規格化される動きがある．日欧米における開発を促進するためには，水素の純度や圧力，水素タンクの安全基準などについて標準規格を作成し，各国の保安規制を見直すことになる．さらに政府間協定を結び，燃料電池実用化の共同開発を促進することも検討されている．

定置用燃料電池に搭載されている改質器の主流は水蒸気改質法であるが，この改質プロセスは大きな吸熱反応であり，数百℃の高温が必要で触媒や反応管に負担を与える上に，CO_2を大量に放出する．化石燃料から水素を得る場合でもCO_2を排出せず，カーボンブラックなど有用物質を取り出すコプロダクションも開発されている．これにはメタン直接改質法や天然ガスのプラズマ分解法が含まれる．そのほかにバイオガスから水素を取り出す利用法や光触媒による水の光分解，高温ガス炉など原子力による熱化学法なども開発中である．

特に自動車用では，ガソリン車並みの航続距離を得るには燃料となる水素をいかに多く搭載するかが重要な課題である．水素は常温・常圧付近では気体であるため，燃

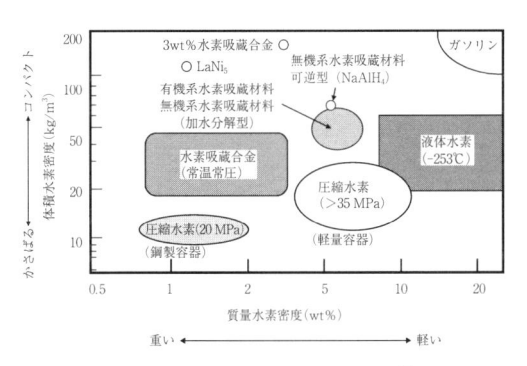

図2.3.6　各種水素貯蔵技術の比較[25]

料電池自動車が500 km走行するために必要とされる5 kgの水素は，25℃において6.1万lと非常に大きな体積を占める．現在実用化されている350気圧でも約220 lである．これでは乗用車の場合，スペースを取りすぎるので，現在700気圧貯蔵タンクが開発中である．液体水素は体積密度，質量密度の点から優れた貯蔵方法であるが，液化するためには−253℃の極低温が必要である．このため，液化には大きなエネルギーを必要とし，効率が低い．$LaNi_5$やMg_2Niなどの水素吸蔵合金は，水素分子が原子に解離して金属原子の格子間に入るため，体積水素密度が高く，液体水素と同等である（図2.3.6）．しかし，質量水素密度は鋼製の高圧容器より若干よい程度である．自動車貯蔵装置への水素充填時に合金の水素化に伴って発生する熱を除去する必要があるため，圧縮水素や液体水素に比べ充填時間が長い．このように現時点では，各貯蔵方法に一長一短がある．

2.3.5 次世代クリーン燃料
a. GTL 製造プロセス

新しい二次エネルギーとして上記の水素のほかにメタノール，ジメチルエーテル（DME）など次世代クリーン燃料として開発されているものがある．世界的規模で自動車の排ガスなどによる大気汚染が問題になり，燃料油の高品位化が急務になり，1970年代から天然ガスを液体燃料化する技術，すなわち，GTL（gas to liquid）に強い関心がもたれるようになった．20世紀初頭，フィッシャー（Fischer）とトロプシュ（Tropsch）が合成ガスを液体化するプロセス（FT合成）を開発し，石炭の液化が工業的に可能になった．この石炭から合成ガスを経由して，液体合成燃料を製造する技術がGTLの嚆矢であり，ドイツが第二次大戦中に軍需用燃料製造に適用した．1990年代以降，アメリカ，欧州，続いてわが国でガソリンや軽油の品質改善を求める規制強化がGTLの意義を再び浮かび上がらせた．GTLの第1段階は天然ガス，重質残渣油，石炭，バイオマス，産業廃棄物など各種エネルギー源，原料から合成ガス（CO

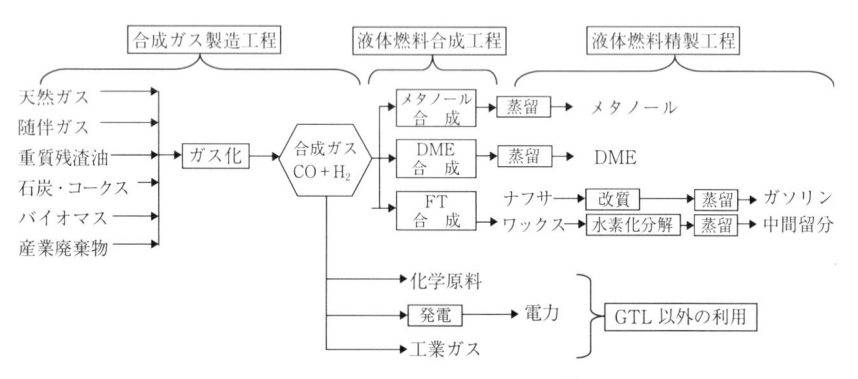

図 2.3.7 GTL 製造プロセスの概要[26]

$+H_2$) を製造する過程である（図 2.3.7）．第 2 段階はこの合成ガスから FT 合成油，DME，メタノールなど製造したい液体燃料を合成する．最終段階は合成反応での副生物を分離して最終的な液体燃料の製品を得るため，蒸留を中心とする精製過程である．

FT 合成油は硫黄分，窒素分，芳香族分，重金属を含まないクリーンな性状をもつ．アメリカの試験によると，FT 軽油は原油から精製する軽油と比べて，粒子状物質（PM：particulate matter）が 3 割減，NOx が 8％減，CO が 46％減と排ガスの汚染物質削減の効果がある．このクリーン特性と市場規模から自動車用軽油として利用することが期待されている．経済性の高い小規模プラントが商業化されれば，低コストで供給される随伴ガスからの GTL に競争力がある．

b. 各種新燃料の特徴

ジメチルエーテル（DME，化学式 CH_3OCH_3）は，石炭や天然ガスから作られる LPG の主成分であるプロパン，ブタンに類似した性状のクリーンな燃料で，LPG の運搬・貯蔵技術などを流用することが可能である．DME は常温では無色の気体で，飽和蒸気圧が 6 気圧と低く，圧力をかけると容易に液化する．化粧品，塗料などのスプレー用噴射剤として使用されており，毒性は低い．また，化学構造の中で炭素間の結合をもたないため，燃焼過程ですすを発生しにくい．DME は中小規模も含め様々なガス田が使えるため，安定した価格で供給可能であり，燃料価格変動の大きい LPG の代替として期待されるほか，硫黄分を含まないため，軽油の代替としても注目されている．商用化に向けて，製造のみならず，流通・利用技術，制度面の検討も進みつつある．DME をエネルギー媒体として，アジアの中小ガス田，油田の随伴ガス，低品位炭など現在未利用の資源をクリーン燃料化できる．DME は改質温度（水蒸気改質）が低いため，将来は燃料電池用燃料として優位になる可能性がある．

メタノールは常温で液体であり，輸送が容易な点がエネルギー媒体として有利な点である．メタノールの原料として天然ガスが 7 割を占めるため，天然ガス資源生産国（中東，中南米）での生産能力が拡大している．発熱量当たりの単価は LNG に比べて 4〜5 倍であるため，現状では燃料として引き合わない．大幅なコストダウンを目指したメタノール製造技術の開発が行われている．メタノールはガソリンより低い 300℃で改質し，水素を製造できる特性をもつため，燃料電池自動車用燃料の候補の 1 つである．

水素の輸送インフラを新たに整備するには膨大な投資を必要とするため，既存のガソリンステーションの物流網を利用することも有力な選択肢である．このとき，GTL の製品は石油製品に類似した液体燃料のため，これを輸送用に利用すれば，都市ガス網のゆきわたっていない地域での定置用燃料電池への燃料配送が可能となる．

〔浅野浩志〕

文　献

1) 松井賢一：エネルギー経済・政策論，嵯峨野書院（1999）
2) 牛山　泉：環境とエネルギー工学，p. 30，日本放送出版協会（1991）
3) 近藤駿介：エネルギア，電力新報社（1992）
4) 日本エネルギー経済研究所：図解エネルギー・経済データの読み方入門，省エネルギーセンター（2001）
5) 資源エネルギー庁：日本のエネルギー 2005，（2005）
6) World Energy Council：2001 Survey of Energy Resources, London（2001）
7) 曽我部正敏・佐藤良昭・藤井敬三：世界の石炭資源―原料炭・一般炭の賦存と炭質，アイ・エス・ユー，東京（1981）
8) International Energy Agency：World Enenrgy Outlook 2002, Paris（2002）
9) US Geological Survey：World Petroleum Assessment 2000-Description and Results, Washington（2000）
10) 石油鉱業連盟：世界の石油・天然ガス等の資源に関する 2000 年末評価，第四回　石鉱連資源評価ワーキング・グループ報告書，東京（2002）
11) Masters, C. D., Attanasi, E. D. and Root, D. H.：World Petroleum Resource Assessment and Analysis by Basin，第 15 回世界石油会議講演集（1994）
12) Campbell, C. J.：The Status of World Oil Depletion at the End of 1995, *Energy Exploration and Exploitation*, Vol. 14, No. 1, pp. 63-81，（1996）
13) Meadows, D.H., et al.（大来佐武郎監訳）：成長の限界　The Limits to Growth，ダイヤモンド社（1972）
14) 石鉱連資源評価ワーキング・グループ：石油・天然ガス等の資源に関するスタディ，石油鉱業連盟（1997）
15) Shell：Energy Needs, Choices and Possibilities-Scenarios to 2050, London（2001）
16) US. DOE：International Energy Outlook 2003, Washington（2003）
17) エネルギー・資源学会（編）：エネルギー・資源ハンドブック，pp. 164-165，オーム社，（1996）
18) OECD/NEA, IAEA：Uranium 2001 - Resources, Production and Demand, Paris（2001）
19) 日本原子力産業会議：世界の原子力発電開発の動向 2002 年年次報告，東京（2003）
20) 日本エネルギー学会：バイオマスハンドブック，オーム社（2002）
21) バイオマス・ニッポン総合戦略，平成 14 年 12 月 27 日閣議決定（2002）
22) NEDO（新エネルギー・産業技術総合開発機構）：新エネルギーガイドブック入門編，（2002）
23) 総合エネルギー調査会新エネルギー部会，新エネルギーの潜在性と経済性について，（2000）
24) 電気事業連合会：図表で語るエネルギーの基礎 2003-04，
25) 栗山信宏：水素貯蔵技術の動向，エネルギー・資源，Vol. 24, No. 6（2003）
26) 小川芳樹：クリーン液体燃料の意義：種類と利用分野，エネルギー・資源，Vol. 23, No. 5, pp. 11-16（2002）

3. 電力系統の基礎特性

3.1 電力系統の構成と特徴

3.1.1 電気エネルギーと電力系統の概要
　ここでは，電気エネルギーのもつ意義およびその供給システムである電力系統の特徴を概括的に記述する．
a. 電気エネルギーの意義
　現代において電気エネルギーは，食糧や飲料水のように人々の生活の維持に不可欠な物資であるだけでなく，社会や産業の進展さらには文化の創造を支える重要な基盤として位置づけられる．電気はいわば万能なエネルギー源であり，その用途はきわめて多岐にわたる（15章を参照）．動力や照明や熱源としての使用はもちろんのこと，エレクトロニクス装置をはじめ，電気以外のエネルギー源では代替ができない利用分野は数知れない．また，電気エネルギーは使いやすく，精緻なコントロールが可能であり，微細加工や精密実験などに電気の使用は必須である．しかも，電気自体はクリーンであり，環境面からみてもまったく汚れのないエネルギー源である．このように，他の二次エネルギーに比較して多くの点で優れており，電気は利用に際して最も高度なエネルギー形態であると言えよう．
　半面，こうした数多くの長所をもつ電気にもいくつかの欠点がある．最大の弱点は大量の直接貯蔵が容易でないことである．揚水発電や二次電池のように，一旦他の形のエネルギーに変換して，随時再び使用することはできるものの，経済性と効率性の点で大きなハンディキャップを負う．もうひとつの不利な点は，電気がまったく目にみえないことである．このため，高い電圧を扱う際には，感電や漏電など人体の安全や設備の保護に不都合な状況を招くことがある．また，こうした電気現象の可視化の無理なことが，人々に電気に関する基本的な知識や重要性に対する理解をもち難くさせ，ひいては無意味な誤解を誘う場合もある．このほか，生産に際しては有限で貴重な資源のもつ潜在的なエネルギーの大幅な凝縮を伴うこと，燃料の残渣や老朽設備の処理に際しては，環境に何らかの負担を強いざるをえないことなども挙げられる．
　さて，今日のわが国では，家庭への電気の配送施設は，ガス・水道の配管や電話ケーブルなどと並んで，人々の暮らしに欠かせないライフラインとなっている．また，あらゆる地域の社会・産業活動に必要な原動力を届ける公共インフラの役割を果たしている．こうして，電気の供給システムはほとんどの家庭やビル・工場にくまな

く整備され，いつでも，どこでも，簡単にスイッチひとつを操作するだけで，必要な量のエネルギーが十分に得られる仕組みになっている．しかし，日頃このような恩恵に浴し豊かなアメニティー文明を享受していながら，生活の中でそれぞれの人々に対する電気の存在感は著しく希薄であり，したがって電気の供給システムの実態，いわばコンセントの背後の世界は身近なものとして把握されていない．また，このような便利で清潔なエネルギー源が，大都市のようなはるか離れた消費地においても，あたかも空気のごとく自由に入手できることは，電気の生産・配送にかかわる幾多の地方の支えによるという認識も不足しがちになっている．

b. 電力系統の役割と位置づけ

あらゆる消費者に対して安価で良質な電気を，1つの商品として着実に送り届けることは，人々の生活や国家の発展を維持するうえできわめて大切な事柄である．近年わが国では，実際に停電に遭遇する機会はほとんどない．この事実が逆に一般の人々に電気の存在感を乏しくさせる原因にもなっている．しかし，電気というエネルギーの供給が一瞬たりとも停止すれば，社会の様々な分野に少なからず何らかの影響が生じる．もし，長期の燃料不足や広範な配送不能の事態に陥るとなれば，産業への打撃など経済的な損失だけでなく，国民に多大な不安や混乱を与え，人命にかかわる危険な状況を招き，さらには国家の安全保障・危機管理につながる重大問題にも及ぶ．

このように多くの面で不可欠な電気を，全国各地で生産し，一旦一括して集荷し，あらゆる顧客の要求に応じて，直ちに配送する総合的なシステムが電力系統である．すなわち，電力系統の具体的な役割は，絶えず個々の需要家の求める必要な消費量に合わせながら，様々な電源設備と流通設備を駆使して，質の高い電気を瞬時にかつ確実に届けることである．このため，電力系統では電気の発生から消費までが一体的に扱えるように，多種多様の設備や装置が密接に連結された構成になっている．また，電力系統の形状については，一種の広域的なネットワークを形成している．このように，電力系統は交通網や通信網と並んで，現代社会における最も巨大で複雑な公共システムの1つとして位置づけられる．

ところで，需要家は広く各地にわたって数多く散在し，しかも個々の消費量は常に変化している．ふつう，いかなる商品であっても需要と供給が完全に一致することはなく，両者には必ず空間的および時間的なギャップが生じる．このギャップを補うために，一般の流通システムでは空間的なギャップは輸送により，時間的なギャップは貯蔵により対処されている．電力系統の場合，輸送に関する限りは，いかに遠隔な需要家に対しても配送サービスが瞬時に実現できるため，迅速性と応答性の点で格段に優れた流通システムであると言える．半面，前述のように電気エネルギーは貯蔵に致命的な欠陥があり，蓄電技術（8.5節，9.4節を参照）の現状レベルも十分でない．そのため，一般の商品の流通システムのように在庫の機能を簡便な形で具備できず，電力系統では常に消費者のニーズに応じて，必要な量だけを時々刻々配送せざるをえない．もうひとつの特徴は，電気という商品は流通システムに乗った途端，他の電気

と混じり合い互いに区別できなくなることである．したがって，1つの流通システムにおいては，一般の商品のようないわゆる相対取引が厳密には成立しえない．

また，電力系統は巨大システムであるがゆえに，それを取り巻く環境に対して各種のインパクトを与える．そもそも電力系統を構成する大部分の設備自体が大型の構築物であるため，国土が狭隘なわが国では用地獲得に際して必ず何らかの支障を伴う．大規模の集中型発電所からは大量の排熱や廃棄物が放出され，周囲の土地・大気・海水に少なからず影響を与える．長距離にわたる大型の送電鉄塔は通過する地方の景観を損ない，とりわけ電磁気的な事象に関しては，付近の住民の家電器具や隣接する通信系施設とは避けられないかかわりをもつ．将来，本格的なIT時代を迎えるにあたり，強電領域と弱電領域の公共インフラが共存していくには，両者の立地・環境面での調和のための諸技術が一段と重要性を帯びてくるだろう（7章を参照）．

c. 電力系統の構成と要素

電力系統は一般に，図3.1.1に例示するような構成になっている．主要な構成要素として，発電所・変電所・送配電線・需要家などの電力設備がある．以下では，電力系統の構成とその要素について基本的な事項を概説する．

さて，あらゆるネットワークがそうであるように，電力系統も一種のネットワークとして，複数のノード（節点）とそれらの間を結ぶブランチ（枝路）から構成されている．個々のブランチは主要な配送設備である送電線や配電線および変圧器などに対応する．また，それぞれのノードはこれらの配送設備を相互に連結する端子に相当

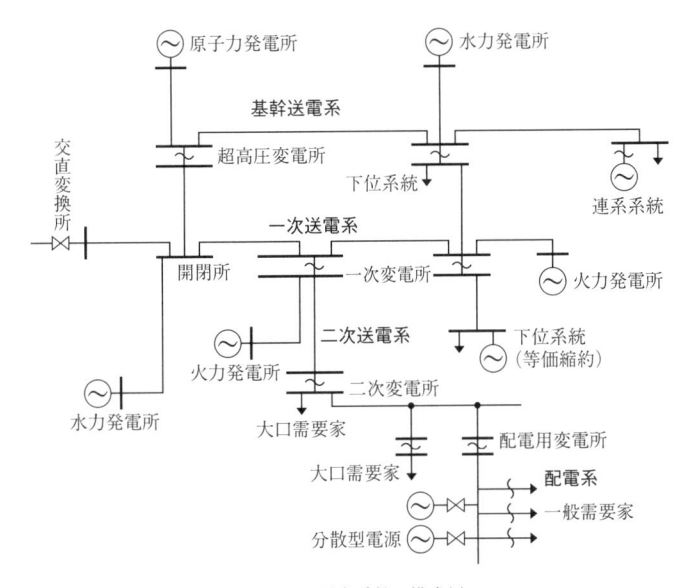

図 3.1.1 電力系統の構成例

する．電力系統の場合，この端子に対して母線と呼ばれる特殊な用語が与えられており，図において太めの短い線分が母線を示している．母線には配送設備のほかに，発電機や需要家も接続されている．また，電力系統には，上記の主要設備に対する電気的・機械的な保全の面から，それらを保護・監視する各種の補助的装置も数多く付属されている．

さらに，正常時・異常時を問わず，これら多数の構成要素を有効かつ円滑に活用するため，関係する設備や装置の間では必要なオンラインデータを交換しあっており，中央では主要な電力設備の運転状況を絶えず集中的に監視・制御し，緊急時には異常情報や操作指令を発信している．このため，電力系統には上述のような主要設備や補助装置のほか，情報系の面でもセンサ・計測システム，通信ネットワーク，制御用コンピュータなどが含まれる．このように，外見上の電力系統は設備や規模が巨大なものとして映るが，小さなサイズで知能的な働きをする多種多様の情報処理装置，さらにそれらを陰から支える膨大なソフトウェア要素からも構成されている．

したがって，電力系統は構成の面で規模が大きいだけでなく，仕組みは有機的で複雑である．このように，電力系統は大きなネットワーク状の広がりをもつと同時に，個々の構成要素は相互に密接に協調しあい，あたかも1つの個体としてふるまうといった特性を備えている．電力系統がしばしばマンモスのような一匹の生き物にたとえられるのは，この巨大性と一体性という特徴によるものである．また，電力系統は常に成長を続けており，その的確な対応には配慮すべき事項が多いため，計画立案から運用開始までに長い期間を要する．とりわけ，将来を展望した電力系統の構築にあたっては，国家ベースの経済予測や需要見通しに基づいた多様なシナリオの想定と，総合性と協調性さらに柔軟性の中にも一貫性のある方針が基本になる．

d. 電力系統の誕生と発展

電力系統を空間的側面のみならず，時間的視点から眺めてみることも興味深い．電力技術の成長の経緯など歴史的な事柄は，別記されているため，ここでの詳述は控える（1章，4章を参照）．電力系統の変遷過程を概観すると，初期の段階では需要地の近傍に発電所が個々に設けられ，きわめて簡素な配電施設をもった供給システムが地区ごとに独立した形で生まれている．こうした原始的ともいうべき電力系統が誕生した当時，採用すべき配電方式として直流か交流かをめぐり論争が交わされている．その後，多くの国々では産業や文化の発展に伴い，電力系統は個々に成長し，やがて互いに隣接する系統と連系しながら，次第に今日のような巨大システムへと変貌してきた．ようやく近年，いくつかの先進国では需要の伸びが鈍化し始めているが，特に東アジアなどにおける開発途上国の需要は依然として増加の様相を呈している．このため，世界的に眺めれば，まだ今後しばらくの間，電力系統は拡大基調を維持していくだろう．

ところで，系統の直接連系に必須の条件は，交流方式に関する限り，互いの系統の周波数が同じでなければならないことである．このため，これまで世界各国では，広

域の系統連系に際して，統一すべき共通の周波数の選定に向け，その整理と標準化が逐次進められてきた．また，連系すべき電力系統の間で成熟度に大きな格差のないことも，技術面での要件として重視される．もちろん，国際的な系統連系に及ぶ場合は，各国の政治情勢や相互の利害関係にも左右される．なお，わが国では歴史的な背景もあって50 Hzと60 Hzの地域が存在し，両地域は互いに周波数の変換により連結されているが，これは先進国では唯一の特殊な系統連系の形態となっている．

ところで，上述の直流か交流かの議論については，結局のところ現在，各国のほとんどが三相の交流方式を主体としていることで決着している．交流方式の大きな利点は，19世紀の終盤に開発された変圧器という比較的シンプルな装置によって，配送や用途に応じて電圧の大きさが自由に変えられることにある．また，三相交流の場合には，回転磁界が効果的に発生できるので，交流モータにより動力が容易に得られることも長所である．一方，直流方式については，遠方の電源地帯から大量の電気を送る場合や海底ケーブルで海峡を横断して送る場合に有利である．また，周波数が互いに異なる系統の連系のほか，事故時における電気的ショックの抑制，事故波及による二次影響への拡大の防止などに交直変換装置を介することもある．このため，現在では直流方式は交流方式を補完する形で部分的に採用されている（13章を参照）．なお，将来の工業団地や高層ビルに，直流の配電フィーダを併設し，直流専用の電気機器や分散型電源などと直接接続する新しい供給システム構想も提案されている．

e. 電力系統の形状と構造

電力系統は多数の電力設備から構成され，地域的に大きな広がりをもつことは既に述べた．ここでは，こうした大規模システムである電力系統の形状と構造について調べてみる（4.1節を参照）．電力系統の形状つまりネットワークとしての形態には，大別するとループ状のものと放射状のものがある．採択すべき形状については，それぞれの国や地域がもつ地形・気候など地理的要因，需要密度など経済的条件のほか，今日まで採用されてきた設計・運用上の基本思想など歴史的経緯によっても異なってくる．概して，欧米の先進国のように，面的な広がりのある国土で消費地が分散している地域では，ループ状の形態をとる場合が多くみられる．一方，わが国のように地形が狭隘で極度に負荷が密集しており，事故波及の防止を重視する考え方をとる地域では，放射状ないし運用で一部を切り分けたループ状の形態を選ぶ傾向がある．

また，電力系統の構造面での特徴は，一般に階層の形になっていることである．階層構造は多くの大規模システムにみられるが，電力系統の構造は高速路や一般路からなる道路システムと類似している．電力系統は通常図3.1.1のように，数十万V級の基幹部分から数百V級の末端部分まで数段の電圧階級から成り立ち，それぞれは変電所によって結ばれている．電圧階級の異なる電力系統を複数の地点で連結すると，いわゆる異電圧ループが形成され，系統運用に好ましくない事態が生じる場合がある．なお，ここに電圧階級の呼称（公称電圧）は対地電圧ではなく，相間電圧であることに注意されたい．周波数の場合と同様，電圧階級のとり方も国や地域で異な

る．その適正なあり方には，電力系統の規模，需要負荷の密度，用地取得の難易などが関係してくるが，従来における消費量の伸びの状況や長期的な基盤整備に関する意思決定の経緯にも左右される．電圧階級の再整理や標準化は望ましい事柄ではあるが，系統連系の観点からは，周波数の統一ほどに絶対的な要件ではない．

　一般に，高い電圧階級の送電設備ほど用地当たりの送配能力が大きい．このため，遠方の発電所から大量の電気を送る場合には，できる限り高い電圧が採用される．一方，低い電圧階級の電力設備ほど安全で小まわりの利いた対応が可能なことから，数多くの需要家の各種の用途に応じることができる．このように，上位の電圧階級は基幹部分で大電力の効率的な流通にかかわる役目を果たしており，送電系統と称される．一方，下位の電圧階級は末端部分で需要家のニーズに密着し，きめ細かなサービスの役割を分担しており，配電系統と呼ばれる．国によっては，送電系統と配電系統の間に両者の機能を兼ねた中間系統を設定する場合もある．なお，わが国は低圧の配電系統に 100 V を採用しているが，これは先進国では最も低い電圧レベルである．

3.1.2　電力系統を構成する主要な設備

　図 3.1.1 に示すように，電力系統の構成要素には多くの種類がある．ここでは，代表的な電力設備として発電所・変電所・需要家・送配電線をとり上げ概説する．

a.　発　電　所

　発電所は各種のエネルギー資源を原料にして，電気を製造し出荷する施設である．発電所の主役である同期発電機は，一旦タービンを通して変換された機械的エネルギーにより磁石を回し，電気エネルギーを発生する．1つの電力系統に接続されたすべての発電機は電気的に同じ速度で回転しており，個々の回転角の相対的な間隔は一定に保たれている．この状態を同期と呼ぶ．発電機とタービンは回転軸を共有し，微小な擾乱に対処できる程度の運動エネルギーを保持している．発電機は時々刻々の出力を自動的に調整し，絶えず全系の需給バランスと周波数を維持している．また，一部の発電機は出力を制御して，近傍の系統電圧を一定に保っている．

　発電所には大規模なものから小規模なものまで各種がある．当面は，基幹の送電系統における大規模・中規模な集中型の発電所が主力の座を続けるだろう．一方，低い電圧階級の送電線や配電線に接続される小規模な分散型電源も，需要家の近傍に立地し，熱効率の向上や配送施設の節減などの点で有利なことから，量的に少ないが今後は徐々に増加するだろう．供給サイドからみて，このような電源構成（電源の組合せ）は，主として経済面・安定面・環境面の3つのバランスにより決められる．このほか，適正な電源構成には，電力系統の運用・制御の難易性など技術的な側面も重要な要素になる．次の世代には大規模と小規模の電源が互いに長所を発揮し合い，理想的な電源構成と供給形態を構築していくことが望まれる．以下では，これら大規模集中型と小規模分散型の2つの電源について，それらの概要を述べる（8章, 9章を参照）．

　まず，大規模集中型電源を分類すれば大略，水力発電所・火力発電所・原子力発電

所の3つとなる．このうち，水力発電には一般水力と揚水式がある．一般水力には，ある程度の発電調整ができるダム式のものと，調整ができない流れ込み式のものがある．揚水式は現在段階で電気の大規模貯蔵に実用的な唯一の手段である．火力発電には，石炭・石油・ガスなどの化石燃料発電が主流であるが，中規模の地熱発電やごみ発電なども若干は含まれる．多くがボイラによって水蒸気を発生させ，タービンを回転させる仕組みになっている．また，原子力発電については，現在わが国では軽水炉であるBWR型とPWR型が主流を占めており，いずれも原子炉がボイラと同じ役目を果たしている．原子力発電をめぐる昨今の課題は多いが，これに代替できる有力な電源が現実に存在しない限り，少なくとも当面は技術的・社会的な隘路の解消に向けて逐次，着実に努力を重ねていく以外に有効な手立てはない．

一方，小規模分散型電源については，目的や方式などに応じ各種があるが，研究開発の段階のものも含まれ，共通の定義や分類は確立していない．あえて大別すれば，原料として自然エネルギーを使うものと化石燃料を使うものがある．有望な技術として，前者には太陽光発電や風力発電などが，後者には小型の燃料電池発電やガスタービン発電などが挙げられる．このほか，小水力発電やバイオマス発電から小型原子力発電まで各種の技術レベルのものがある．当面，小規模分散型は大規模集中型を補完する電源に位置づけられるが，近い将来，新しい社会的要因も加わり，需要地の局地電源として相当な量が期待されるとの見方もある．しかし，大量に集中して導入されると，系統運用が困難になり，電気の質が劣化する恐れもある．いずれにせよ，小規模分散型の一層の活用を図るには，今後の技術の飛躍的な進展がキーになる．

b. 変電所

変電所はあらゆる方面から送られてくる電気を集荷し，電圧を変えて再配送する施設である（11章を参照）．変電所における主役は変圧器であり，図3.1.1のように，両端は上位系と下位系の母線に結ばれている．前述のように，高い電圧ほど長距離の大量配送は効率的になるが，電気の利用には適度に低い電圧のほうが扱いやすく便利である．このため，発電所で生産された電気は数段の変電所を経由して，個々の需要家に届けられる仕組みになっている．こうして，電圧階級の変わる途上に，それぞれの変電所が位置するが，その呼称は図3.1.1に示すように位置に応じて，超高圧変電所・一次変電所・二次変電所・配電用変電所などがある．これに関連して，個々の発電所には専用の変圧器が設置されている．これは，発電機から直接発生される電圧がそれほどは高くないため，送り出す際に昇圧の必要があるからである．一方，配電系統の末端には柱上変圧器が設けられており，一般の家庭などと直結する最終段の変電装置として，使用に適した電圧に降圧する働きをしている．

いずれの変電所においても，中心的な設備である変圧器に付属して，変圧器を過度の電気的衝撃から保護するために，避雷器や遮断器などが設置されている．このほか，電力系統の電圧調整用のコンデンサやリアクトルと呼ばれる設備も配置されている．また，変圧器には下位側の母線電圧を一定値に制御する装置が具備されている．

場合によっては，異電圧ループにおける電力の流れを調整するために，電圧の位相角を変える移相と呼ばれる機能も付加されている．また，変電所の立地形態には，大別して地上式と地下式がある．都市内や近郊の一部では完全な地下式が多い．地下式の変電所においては，変圧器はもちろんのこと，多くの電力設備や補助装置には，高度な電気絶縁の技術が駆使され，著しくコンパクト化された設計が施されている．

なお，変電所に似た働きをする電力施設として，交直変換所や周波数変換所がある．これらの変換所は電圧の変換ではなく，交流と直流の相互変換や，異なる周波数の変換の機能をもっている．変換所における主役は交直変換器である（11章を参照）．直流送電が一定の距離にわたる施設であるのに対して，1つの地点に交直変換器が一括して設置された施設はBTB（back to back）と呼ばれる．さらに，電力系統には変電所や変換所のほかに開閉所という施設がある．開閉所に変圧器や変換器は設置されていない．変電所と開閉所はいわば高速道路のインターチェンジとジャンクションの関係にある．開閉所は方々から集まる電気を単に中継する役目だけでなく，長距離の送電ルートの中間に設けられた開閉所は送電能力を増大させる役割も果たす．

c. 需　要　家

電気の消費者としての需要家には，大工場・事務所ビル・商店・小工場・住宅など各種があるが，これらは消費電力の規模に応じ大口需要家や一般需要家などの種別に分けられる．この場合，それぞれ電力系統と接続する電圧階級は異なり，契約料金の体系も区分されている．需要家は広い地域に散在している．小規模で遠隔地の需要家も含まれるが，あらゆる需要家に対する公平なサービスの原則の下に，特定の配電線を敷設した場合でも，料金には平等性が保証されてきた．また，需要家の消費する電気の大きさ（需要負荷）は絶えず変化する．時々刻々の変動のみならず，日間・週間・季節を通して周期的に変わり，長期にわたる需要量の伸びもある．こうした需要負荷の変化に対しては，発電出力のオンライン制御，日間運用での発電スケジューリング，さらには新規電源の増設などによって対処されている（4.2節を参照）．

需要家が期待する望ましい電気とは，価格・信頼性・品質の各面で優れていることに尽きる．すなわち，電気料金が割安で公平で一時的な高騰もないこと，長期の供給不足や広範な事故停電が起こらないこと，常時供給される電気に乱れや歪みが含まれないことの3つが条件である．ところで，世界的に電力自由化が進行しており，大口需要家から一般需要家へと徐々に市場が開放され，需要家は販売先を選んで自ら取引できる方向にある．自由化政策の最優先課題は，消費者の利益の確保であり，各国では技術と制度の両面から慎重な検討を進めている．しかし実際には，急激な発進や加速が，需要家のニーズを損ない，供給体制への信頼を失墜させるおそれもみられる．

ところで，電力系統の電気的な現象として，個々の需要家の負荷は異常時の系統周波数や母線電圧の変動に応じて変化する性質があり，これを負荷特性と呼ぶ．これには周波数特性と電圧特性があり，いずれも事故時の系統運転の安定性解析などに重要な要素である．こうした電気的特性をもつ需要家が無数に存在する現実の電力系統の

現象解明に際して，対象の電力系統を上位系から下位系にわたり，すべて一括して扱うことは，変数や数式がきわめて膨大になるため不可能であり，実務上でも無意味である．このため，実際には解析の目的に応じて，対象となる特定の範囲の部分だけを抽出して扱う．この場合，図 3.1.1 に示すように，下位系統との接続点や隣接系統との連系点に，相手側の電気的特性を等価的に代表する一対の需要家と発電機を接続した系統を解析の対象にする．また，下位系統や隣接系統を簡略化した系統により等価的に表現する場合もあり，この方法を電力系統の縮約（集約）と呼んでいる．

d. 送電線と配電線

電気をある距離にわたって配送する設備が送電線と配電線である（10 章，12 章を参照）．送電線の配送能力は配電線に比較して格段に大きいが，亘長に関しては配電線のほうが送電線と比較してわが国では 1 桁程度長い．人体にたとえるならば，送電線は大動脈に配電線は毛細血管に相当する．ほとんどの送電線や配電線では三相交流が採用されており，3 本の電線が一組になって電気の配送にあたっている．ただし，家庭への引込み線を分岐する末端系の配電線では，単相交流が用いられており 2 本が対になって働いている．また，わが国では多くの架空線鉄塔にみられるように，片側 3 本ずつ双方で 6 本の電線を搭載した 2 回線方式が広く採用されている．これは一方が使用できない場合でも，対応が可能とする設計基準に基づくものである．

送電線にも配電線にも架空線のほかケーブルがある．ケーブルは高コストであり，道路での直接埋設や共同溝での併設のほか，長大橋における併架，あるいは海峡横断や離島間での海底布設などに限られる．近年わが国の都市部や観光地においては，景観の面からケーブル化が推進され，架空線に対するケーブルの比率は徐々に増加している．こうした配電設備の地中化事業は，社会資本の基盤整備の視点からも意義は大きい．しかし，技術の側面からは，事故時に故障点の特定に手間取ること，とりわけ地震など災害時に復旧が遅れること，大規模に地中化された区域では，夜間帯の軽負荷時に系統電圧の上昇（過電圧）現象を招くことなどの難点がある．

大型の架空送電線は地域の環境に対して，種々のインパクトを与える（7 章を参照）．これらは高電圧によるもの，大電流によるもの，および大型構築物によるものに分類される．高電圧による影響には，静電誘導・イオン流帯電・コロナによる騒音や雑音などがある．大電流に起因するものとしては，通信系への電磁誘導・電子機器への磁界影響などがある．また，巨大設備としての影響には，テレビ電波障害・風騒音・景観問題などが挙げられる．これらには，生物学的な反応が直ちには顕在化しない，公平な判定のための客観的な計測方法が確立していない，地域の風土や価値観によって評価の尺度が異なるなどの問題がある．この結果，説得性のある影響度の定量化が困難になっている．また，長区間にわたる送電線には，場所ごとに異なる対応を必要とする．このため，対策が複数の場合，その整合のための一律的ルールを設けることが難しい．

3.1.3 電力系統の状態表示と基本特性

この項では,電力系統の状態表示の方法と技術面での基本特性について概説する.ここでは,可能な限り数式などを用いず,物理的な視点に立った解説を試みる.

a. 電力系統の状態を記述する変数

最初に,電力系統の電気的状態を表す基本的な概念と用語についてふれておく.直流・交流を問わず一般の電気回路で,電気を送り出す力が電圧であり,2点間の電圧によって生じる電気の流れが電流である.これは,ガスをパイプに流す際のガス圧とガス流の関係に似ている.ふつう電流は電圧に比例するが,この場合の比例定数(電圧/電流)をインピーダンスという.また,電圧と電流の積は電力と呼ばれる.電圧・電流・インピーダンス・電力の単位はそれぞれ,V(ボルト),A(アンペア),Ω(オーム),W(ワット)である.実際の電力系統で扱う電気的諸量は桁違いに大きいため,単位には k(キロ,10^3),M(メガ,10^6),G(ギガ,10^9)などの接頭語がしばしば使われる.

電力系統の電気的状態を論じる際に注意すべきことは,状態変数として一般の電気回路のように,電圧と電流ではなく電圧と電力を採用することである.これは以下の理由による.まず,電圧を用いる理由は,電力系統では電圧の一定維持が設備保全や需要家サービスの面から重要視され,常時その大きさは全系にわたってある範囲内に収まるよう管理されているからである.一方,電力を状態変数に採用する理由は,電力を時間軸上で積算した値が電力量であり,これが需要家の要求する仕事や熱と同じエネルギーの次元をもつ物理量であることによる.ここで,電力量の単位は Wh(ワットアワー)であり,統計値にはT(テラ,10^{12})の単位も登場する.なお,電力系統の送電線などを流れる電力のことを,電力潮流あるいは単に潮流と呼ぶ.

もうひとつ注意すべきことは,電力系統の状態変数となる電圧と電力は,それぞれ2つの独立の要素をもつことである.要素の具体的な内容は3.3節で述べる.そもそも要素を2つ必要とする理由は,交流方式の電力系統(交流系統)の場合,電気的諸量が時間的に一定の波形(正弦波)で変化していることにある.この変化の単位時間(秒)当たりの数を周波数(系統周波数)と呼び,一般に f で表し,単位は Hz(ヘルツ)を用いる.また,$\omega = 2\pi f$ を角周波数と呼ぶ.もちろん周波数も電力系統の状態を示す重要な数値であるが,連結した正常な状態の交流系統においては,すべての地点における ω は同じ値をとることから,一般にはパラメータとして扱われる.

b. 瞬時電圧・瞬時電流・瞬時電力

電力系統における母線ごとの電圧は,同一の角周波数 ω で正弦波状に変動しており,個々の波形の振幅についてはおおむね同じ大きさであるが,位相については相対的にずれをもって分布している.基準母線に対するこのずれを電圧の位相角と呼び θ で表す.図3.1.2(a)に基準母線の瞬時電圧の様子を示す(基準母線では $\theta = 0$ に注意).一般に,正弦波状にふるまう変数は,単純平均値はゼロであるが,2乗の平均値の平方根はピーク値の $1/\sqrt{2}$ 倍になる.この値を実効値と呼び,ふつう交流の

3.1 電力系統の構成と特徴

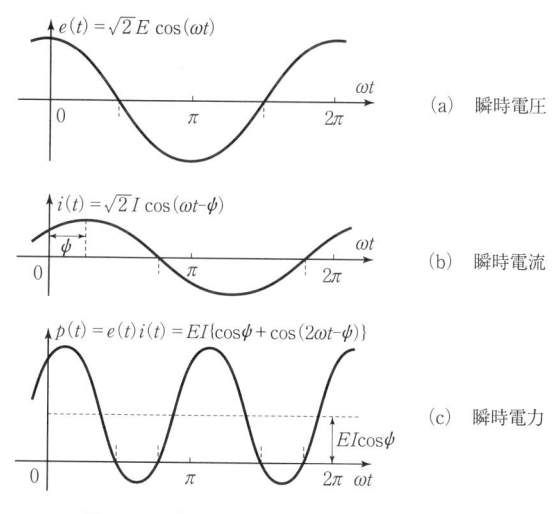

図 3.1.2 瞬時電圧・瞬時電流・瞬時電力の波形

波形幅の大きさを指す．つまり，交流の電圧に関し実効値を E とすれば，ピーク値は $\sqrt{2}E$ となる．このように，電力系統の母線電圧は 2 つの要素 E と θ によって表示される．

同様にして，この母線から送電線へ流れ出る瞬時の電流（瞬時電流）は図 3.1.2 (b) に示すような波形になる．つまり，瞬時電流は瞬時電圧と同じ角周波数 ω をもつ正弦波で，ピーク値は実効値 I の $\sqrt{2}$ 倍に当たる．注意すべきことは，ある母線の瞬時電圧の波形と，その母線から流れ出る瞬時電流の波形の時間的な位置は，一致していないことである．このずれを電流の位相差と呼び ϕ で表す．ϕ の値は送電線の両端の母線電圧の位相角によって支配される．また，瞬時電圧と瞬時電流を時々刻々乗じていくと，図 3.1.2 (c) に示すような電力の変動波形が得られる．これを瞬時電力と呼ぶ．なお，交流の電圧と電流の実効値を単に乗じた積 EI を皮相電力と名づけ，直流の場合の単なる電力と区別している．

ここで，瞬時電力については，図 3.1.2 (c) に示すように，一定のバイアスをもち，角周波数 2ω で正弦波状に変化し，振幅は皮相電力 EI に等しいことが確かめられる．瞬時電力はマイナスをとる瞬間があるが，常にプラスをとり続けることはない．すなわち，その平均値（バイアス分）は正負の皮相電力の幅の範囲にあり，皮相電力と平均値の比が $1:\cos\phi$ であることも確かめられる．$\cos\phi$ の値は力率と呼ばれる．こうして，もう一方の状態変数である電力は，原則的には EI と ϕ の 2 つで記述される．ただし，詳細は後述するが，これら EI と ϕ の代わりに有効電力 $P = EI\cos\phi$ と無効電力 $Q = EI\sin\phi$ を定義し，多くの場合はこの 2 つを用いる．なお，有効電力の式は，外力と変位による仕事の定義と一致している（E：外力，I：変位，ϕ：両間の角度）．

これら有効電力と無効電力の概念は，次項と 3.3 節で再びとり上げる．

皮相電力・有効電力・無効電力の単位はそれぞれ VA（ボルトアンペア），W（ワット），var（バール）である．また，以下では位相角 θ および ϕ は rad（ラジアン）で測る．なお，一般の電力系統では，三相の交流方式が採用されている．三相が平衡している場合には，3 つの相の瞬時電圧・瞬時電流・瞬時電力の波形はいずれも時間軸上の区間 $[0, 2\pi]$ の間に等間隔で位置する．このとき，電圧の大きさについては，相間が対地の $\sqrt{3}$ 倍になること，また，電流および電力の和については，三相一括するとそれぞれが常にゼロとなり，脈動分が打ち消され平滑化されることが確かめられる．

c. 有効電力と無効電力の解釈

ここでも有効電力と無効電力の意味づけに関し，波形の観点からの考察を続ける．図 3.1.2 (c) に示したように，瞬時電力の平均値（バイアス分）は $EI\cos\phi$ であり，これは有効電力と同じ値となる．瞬時電力からバイアス分を除いた変動分は，時間的平均がゼロであり，エネルギーの伝達には寄与しない．ところで，電流および電力は電圧の差により生じるが，電力系統では個々の母線電圧の振幅はほとんど同じであるため，電圧の位相角が電流や電力の流れを支配することになる．この点に注目し，瞬時電流を 2 つの基底成分（単位波形）に分解する．すなわち，図 3.1.3 のように，ひとつは単位の瞬時電圧 $e_c(t) = \sqrt{2}\cos(\omega t)$ の位相と同角成分の $i_c(t) = \sqrt{2}\cos(\omega t)$ であり，もうひとつは直角成分（1/4 波遅れ）の $i_s(t) = \sqrt{2}\sin(\omega t)$ である．このとき，図 3.1.2 (b) の瞬時電流は，前者に対して $I\cos\phi$ の重み係数をもち，後者に対して $I\sin\phi$ の重み係数をもつ 2 つの波形の合成であることが，簡単に確かめられる．

こうして，図 3.1.2 (c) の瞬時電力についても，瞬時電流と同じように，基底成分

(a) 同角成分の単位波形　　(b) 直角成分の単位波形

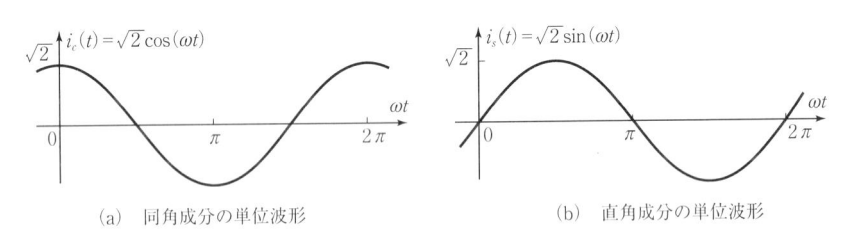

図 3.1.3 瞬時電流の基底成分

(a) 同角成分の単位波形　　(b) 直角成分の単位波形

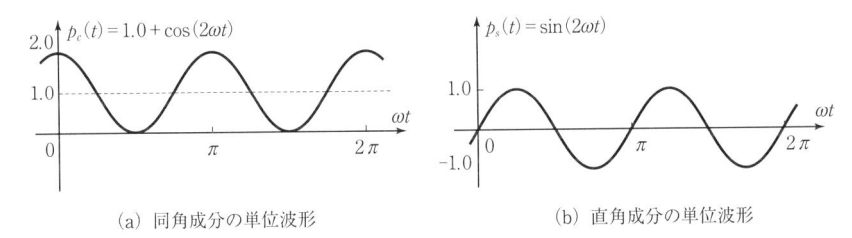

図 3.1.4 瞬時電力の基底成分

として振幅が1.0の2つの単位波形に分解してみる．すなわち，図3.1.4のように，ひとつは電圧 $e_c(t)$ と電流 $i_c(t)$ との積である同角成分 $p_c(t)=1+\cos(2\omega t)$ であり，もうひとつは電圧 $e_c(t)$ と電流 $i_s(t)$ との積である直角成分 $p_s(t)=\sin(2\omega t)$ の単位波形を想定する．このとき，図3.1.2 (c) の瞬時電力は，前者に対して $EI\cos\phi$ の重み係数をもち，後者に対し $EI\sin\phi$ の重み係数をもつことが確かめられる．この結果，これら2つの重み係数，すなわち瞬時電力のもつ同角成分と直角成分の振幅が，それぞれ有効電力と無効電力に相当すると解釈することができる．ここに，瞬時電力の同角および直角成分は，両者ともそれぞれ変動分をもつことに注意されたい．

d. 電力系統の基本特性の概要

ここでは，電力系統のもつ基本特性として，代表的な4項目について概要を記述する．そもそも電力系統には，自体に自己制御性と呼ばれる固有の回復性能がある．すなわち，以下に述べる基本特性のいくつかに関しては，たとえ異常状態に陥っても，受けた擾乱がある程度小さければ，特別な制御を施さなくても，直ちに自力で復帰できるという弾力さを備えている．半面，一定の限度を超えた大きな外乱に対しては，一転して著しく脆弱になってしまうという体質ももち合わせている．このため，一次の事故事象が次々に二次，三次，と波及し大停電を引き起こすこともある．このような重大事故の防止には，発生頻度の低減・事故波及の抑制・復旧時間の短縮の3つの視点があり，実務においては設計・運用・保守の部門で，技術・制度・要員の面から総合的な対処がなされている．

このうち技術的な対処には，たとえば以下のような対策が採用されている．まず，系統運用においては，事故波及を防止する際の決定的な最終手段として，一部の需要家に対し供給制限や負荷遮断を適用するという考え方がある．当然，その実施に際しては，対象地点の選択とタイミングのとり方に多大の慎重さが要求される．また，系統設計においては，計画基準にいわゆる $(n-1)$ ルールを採用することが挙げられる．これは電力系統の構成要素のうち，どの1つがいつ脱落しても，必ず他の要素がバックアップし，直ちには事故波及に至らないという条件の下で，個々の構成要素がそれに最小限必要な余力を事前に保持しておくという設計の考え方である．

最初に，電力系統の基本特性として系統周波数をとり上げる．前述のように，ひとつの電力系統では，どのように広域に及ぶものであっても，接続されている発電機はすべて電気的に同一の速度で回転している．したがって，平常時の系統周波数は全系にわたって常に一定に保持されている．全系の需給バランスが崩れると系統周波数は変わり，その変化は系統全体に影響を与える．つまり，供給が需要より過剰になると周波数は上昇し，逆の場合には周波数は低下する．需給バランスの維持は発電機からの有効電力の出力の自動的な応動のほか，制御・調整によっても行われる．また，需要家の負荷電力にも，系統周波数に応じて自らが変化する周波数特性と呼ばれる性質があり，絶えず全系の需給バランスが保たれる向きに増減している．

しかし，こうした発電機の応答などに時間的な遅れがあり，実際の系統周波数は微

小ながら絶えず変動している．この変動の大きさは電力系統の規模に依存するため，巨大な連系系統などにおいてはきわめて小さい．常時の系統運用では，こうした周波数偏差の収まるべき範囲に一定の目安が設けられている．事故時など大幅な周波数の低下や上昇が起こった場合，発電機を始め各種の電力設備に効率面や安全面で運転上不都合な事態を招くとともに，需要家に対しサービスの質を劣化させることにもなる．とりわけ，何らかの理由で急激に供給の過不足の事態が生じ，系統周波数が大きく限界値を逸脱した場合には，発電機は自己防衛のため自動的に電力系統から解列する仕組みになっている．こうした場合，さらに需給のアンバランスが加速され，系統周波数がますます低下あるいは上昇していくという悪循環に陥ることになる．

　電力系統の第2の基本特性は，電力潮流である．前記のように，電力潮流には有効電力と無効電力の2つがある．このうち，有効電力の流れだけが実際のエネルギー伝達に寄与している．一方，無効電力は瞬時電力の直角成分であり，時間的な平均値は常にゼロであることから，実効性のある働きはしない．しかし，後述するように，無効電力は電力系統の電圧調整に強くかかわっている．有効電力は発電機から供給されるが，無効電力は発電機のほかコンデンサやリアクトルによって供給あるいは消費される．次に重要なことは，電力系統を流れる電力潮流は，ループ状の形態の場合，送電線など線路のインピーダンスによって配分されることである．したがって，異電圧ループや複数の地点による連系系統では，特別の装置を設置しない限り，電力潮流は必ずしも期待どおりに配分されて流れないことになる．

　こうしたことから，電力潮流にはつながった通路が存在する限り，どんなに脆弱であっても，そこを目掛けて容赦なく向かっていくという性質がある．この結果，事故時の電力系統などのように，系統構成が余儀なく変更された際に，行き場を失った電気は当該の線路の許容能力とは何ら関係なく瞬時に一挙に流れ込み，いわゆるオーバーロード現象を引き起こす．この際そのまま放置すれば，送電線を損傷させてしまうため，系統運用面でいかに重要な通路であっても，一時的に自動遮断させる仕組みになっている．これが引き金になり不都合な現象が逐次波及していき，結果として広範な供給支障を招く場合も多々ある．こうした様相はガスや水道などの供給網にはみられない事象である．

　3番目の基本特性として系統電圧についてふれる．まず，系統電圧の大きな特徴として，上記のように周波数が全系にわたって一様な特性をもつことに対して，電圧の変化の現象は局所的であることが挙げられる．また，特に上位の電圧階級においては，電圧の調整に対し無効電力が強く関与しており，これが有効電力の円滑な流れを生み出す潤滑油の役割を果たすという特徴もある．ところで，常時の系統電圧もやはり基準の範囲に収められている．電圧が大幅に上昇すれば，設備に電気絶縁の面で過度な負担を与え，逆に下降し過ぎれば送電能力の低下・送電損失の増加・電力品質の劣化などを引き起こすからである．電圧がさらに低下すると，電力系統の電圧保持機能が突然失われ，いわゆる電圧不安定現象のよる広範な系統崩壊を招くことがある．

このため，常時の系統電圧には適切な維持が必要であり，その管理には系統電圧の局所性という特性から，近傍の調整装置が分担して当たっている．具体的には，変電所や開閉所に設置された無効電力の調整専用のコンデンサやリアクトルのほか，発電機や変圧器の付属装置などがかかわっている．このほか，前述のように需要家の側にも電圧特性と呼ばれる固有の性質があり，受端電圧が変化した場合，負荷電力が自動的に電圧を回復させる方向に増減している．なお，発電機からは有効電力と無効電力とが出力されるが，このうち無効電力の出力制御の仕方には，定電力方式と定電圧方式がある．前者は有効電力も無効電力も常に一定出力で運転する方式である．また，後者は有効電力の出力は一定であるが，無効電力は接続母線の電圧を一定に保持するよう自動的に制御される方式である．電圧面から系統運用の安定性を維持するには，定電圧方式をとる発電機が適度に配置されていることが望ましい．

電力系統の最後の基本特性は，同期不安定現象である．ひとつの電力系統に連結されたすべての発電機は，前述のように同期の状態で回転している．また，発電機の回転軸には常時ある程度の力学的エネルギーが保持されている．この蓄積量はわずかであり，普段の停電に対処できる量にははるかに及ばないが，落雷時など何らかの外乱によって送電系統の電力に重畳する数秒以内の軽度の電気的な動揺現象の解消には役立つ．すなわち，発電機にはこの蓄積エネルギーが外的ショックを過渡的に補償することにより，数秒のうちに電力潮流の動揺を収束させ，電力系統をもとの安定状態に復帰させるという特性がある．発電機が自ら保持するこの回復能力を同期化力と呼んでいる．このような発電機の回復作用は系統に接続された発電機どうしの間で，何ら特別な情報交換がなくても自然に発現する現象であることに特徴がある．

こうした同期化力は，上記のように外乱が微小で発電機の同期状態がやや崩れかけたような場合に有効に働き，常時の系統運用の安定化に重要な役割を果たしている．しかし，まれではあるが外乱がある限度を超えて大きい場合で，系統安定化用の制御装置によっても復帰が不可能な場合に，同期の喪失と呼ばれる状態に陥ることになる．つまり，同期の安定性の限界を逸脱した発電機（群）は，他の発電機群と同調した運転が維持できなくなり，いわゆる脱調（同期はずれ）という過程を経て，ついには完全停止の状態に至る．当然，この際の発電機（群）の停止量が大きいと大規模な供給停止を招くことになる．このような電力系統の同期安定性（系統安定度）の問題には，定態的な現象と過渡的な現象とがあり，それぞれの理論的な事柄については3.4節に詳述されている．

〔高橋一弘〕

3.2 電力系統の需給と周波数

3.2.1 周波数と需給バランス

a. 系統周波数

前述のように電力系統の周波数（系統周波数）は系統に接続し同期運転している発電機全体の回転速度ということができる．個々の発電機の回転速度は発電機の機械入

力と電気出力がバランスする値で決まる．系統全体の発電機電気出力の総和は常に負荷で消費される電力の総和に等しいので，系統周波数を維持することは，電力の需要と供給をバランスさせることを意味する．

　負荷変動のうち，季節的変動，日間変動などに対してはそれぞれの期間について需要予測を行い，運用計画に則って電源運用がなされ，ベースとなる需給バランスが保たれる．しかし，このほかに予測しがたい短時間の負荷変動が，時間オーダ・分オーダ・秒オーダで発生する．このような短時間の負荷変動に対して需給バランスを保ち周波数を維持することを目的とする制御が，以下に述べる周波数制御である．

　周波数制御の対象となる負荷変動はおよそ数秒から十数分ほどの範囲であり，常時は基準周波数からの周波数のずれが±0.1〜0.2 Hzに収まるように制御される．これ以上の長周期の負荷変動に対しては，図 3.2.1 に示すように経済負荷配分制御（ELD：economic load dispatching control）や中央給電所の運転員の指令により需給バランスが図られる．

　周波数維持のためには予想以上の需要増や事故に備えて，予備となる供給力を確保しておく必要がある．これを予備力という．予備力には，立ち上がるまでに数時間を要する停止待機中の火力などの待機予備力と，数分間で出力増加が可能な水力や運転中の火力の増加可能出力などの運転予備力がある．運転予備力のうち即座に出力増加が可能な予備力を瞬動予備力という．

b. 周波数維持の重要性

　周波数の維持は需要家側と供給側の双方にとって重要である．需要家側では電気時計の精度に影響を与えるほか，製造業において周波数変動による電動機の速度変動が製品の品質に影響を与えることがある．供給側においては大幅な周波数変動による発電プラントへの影響が最も重要となる．火力発電プラントではタービン翼の共振抑制など機器の安全を維持するため，周波数変動の許容限界がある．そのため，事故によって大幅な周波数低下が発生した場合に，一部の発電プラントがプラント保護のため周波数リレーによって停止し，それによって供給力がさらに不足する結果，系統周波数がますます低下し，不安定現象による連鎖的な停電事故を起こすことがある．こ

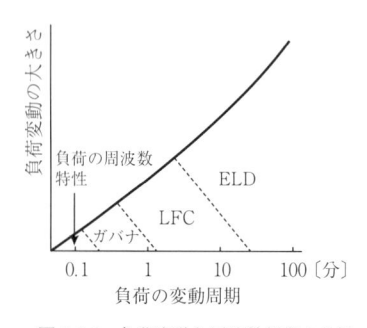

図 3.2.1 負荷変動と周波数制御の分担

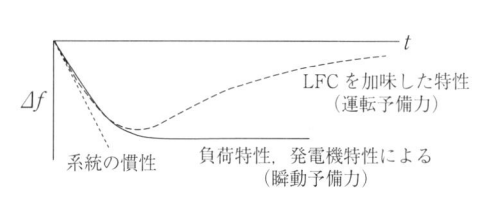

図 3.2.2 電源脱落時の系統周波数の応答

れを防止するには適正な運転予備力や瞬動予備力をもち緊急時に適切な制御を行うことが必要である．図3.2.2に電源脱落時の周波数変動の一例を示す．

c. 系統周波数特性

供給側では短周期で小さな負荷変動に対しては，主として発電プラントのガバナ（調速機）により自律的に周波数変動が抑制される．この特性を発電機周波数特性という．火力発電プラントを例にとってガバナの動作について述べると以下のようになる．ガバナは周波数 f（発電機の回転速度）が基準周波数 f_0 より高くなると，蒸気バルブを絞り発電機出力（タービン出力）を減少させ，逆に周波数 f が低くなると蒸気バルブを開き発電機出力を増加させる動作をする．すなわち，次式のような動作特性をもっている．

$$P = P_0 - \frac{1}{r}\Delta f \tag{3.2.1}$$

ここで，P は発電機出力，P_0 は基準周波数 f_0 のときの発電機出力の基準値（設定値）である．$\Delta f(=f-f_0)$ は周波数偏差，r は速度調定率と呼ばれる．r はガバナの特性を表す定数であり，通常4～5％の周波数変動に対して発電機出力が100％変化するように（すなわち20～25程度に）設定される．

また，ガバナには負荷制限装置（ロードリミッタ）が付置されており，発電機出力 P の上限値 P_{LL} が設定される（図3.2.3参照）．発電プラントは $P_0 < P_{LL}$ のとき，ガバナフリー運転と呼ばれる運転状態になり周波数の調整を行う．逆に $P_0 > P_{LL}$ のとき，ロードリミット運転の状態となり一定出力の運転を行う．このように電力系統の周波数特性は，ガバナフリー運転の発電機の割合によって決まる．

負荷はかなりの部分が電動機負荷であることから，負荷全体としては周波数が上がれば消費電力が増加し周波数が下がれば消費電力を減らす特性をもっている．図3.2.4に示すように，ガバナの特性で決まる発電機の周波数特性と負荷の周波数特性の交点で電力系統の周波数が決まる．負荷が増大すると交点が移動し周波数が f_0 から f_1 に下がることがわかる．発電機はガバナの働きによって出力を増大し周波数の低下を

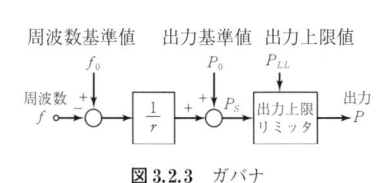

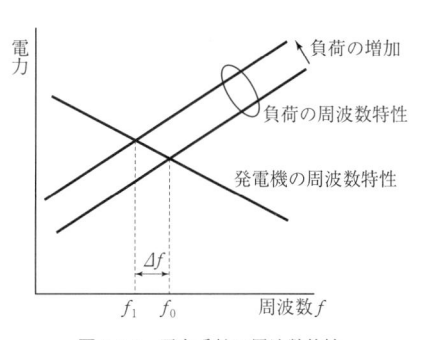

図 3.2.3 ガバナ

図 3.2.4 電力系統の周波数特性

少なくする．ただし，周波数偏差（$\Delta f = f - f_0$）を完全にゼロにすることはできない．発電機周波数特性と負荷周波数特性をあわせた系統全体としての周波数特性を系統周波数特性といい，通常は1～2%/0.1 Hz 程度である．

3.2.2　負荷・周波数制御
a.　単一系統の周波数制御

さらに長周期で大幅な周波数変動を吸収し，また周波数偏差をゼロに近づける制御は個々の発電プラントではなく，系統全体をカバーする周波数制御によって行われる．これを負荷周波数制御（LFC：load frequency control）あるいは自動周波数制御（AFC：automatic frequency control）と呼び，通常は中央給電指令所にその制御装置が置かれている．

LFCは，周波数偏差を検出すると各発電プラントに対し発電出力を変更するように出力変更指令を発する．これにより，各発電プラントのガバナの出力指定値が変わり発電出力が変更される．LFCでは周波数偏差に対する比例制御とともに周波数偏差をゼロとするための積分制御が組み合わされる．LFCにより定常状態における周波数偏差はほぼゼロとなる（図3.2.5参照）．

b.　連系系統における負荷周波数制御

複数の系統が連系送電線で連系されている場合にも，全系の周波数は前述のように総発電機出力と総負荷のバランスによって決まるが，各系統内の負荷と発電の過不足は連系送電線を流れる電力潮流によって補われる．そこで連系系統の安定運転を維持するためには，周波数の調整に加えて連系線を流れる有効電力の制御が必要となる．

簡単な例として，図3.2.6のように系統A，系統Bの2つの系統が1つの連系送電線で結ばれている場合について，周波数・連系線潮流の同時制御の方法を示す．いま，系統A，B内でそれぞれΔL_A，ΔL_Bの負荷変化があったとする．これによる全系の周波数変化をΔfとすると，周波数の変化により各系統の負荷の周波数特性とガバナによる発電機出力の変化によって差し引きの負荷変化が，系統Aで$K_A \Delta f$だけ生じ，系統Bで$K_B \Delta f$だけ生じる．このK_A，K_Bを系統特性定数という．周波数変化により全系の総発電機出力と総負荷は等しくなるが，系統Aと系統Bのそれぞれの内部では，発電機出力と負荷の過不足が生じる．そのため，連系送電線の潮流がΔP_Tだけ変化することになる．ここに

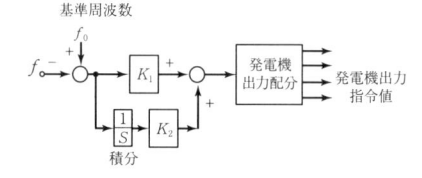

図 3.2.5　周波数制御（LFC）のブロック線図 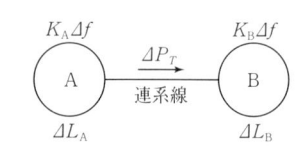　　　図 3.2.6　連系系統の負荷周波数制御

系統 A では
$$K_A \Delta f + \Delta L_A + \Delta P_T = 0 \tag{3.2.2}$$
系統 B では
$$K_B \Delta f + \Delta L_B - \Delta P_T = 0 \tag{3.2.3}$$
が成り立つ．これらの式から次式が導かれる．

$$\Delta f = -\frac{\Delta L_A + \Delta L_B}{K_A + K_B} \tag{3.2.4}$$

$$\Delta P_T = \frac{K_A \Delta L_B - K_B \Delta L_A}{K_A + K_B} \tag{3.2.5}$$

ところで，複数の電力システムが連系されている連系系統の場合には，全系の周波数と連系線潮流の両方が基準値や目標値になるように，各系統の需給バランスをとることが必要になる．連系系統の負荷周波数制御方式には以下のような方式がある．すなわち，連系された系統のうち最も大きな系統が周波数制御を分担し，その他の系統が連系線潮流の制御を分担する方式と全系統が周波数制御と連系線制御を分担して行う方式がある．最も大きな系統が周波数制御だけを行う制御を定周波数制御（FFC：flat frequency control）と呼ぶ．他の系統については，連系線潮流のみの制御を行う場合と連系線潮流と周波数の両方を制御する場合の2通りがある．連系線潮流のみの制御を行う場合を定連系線電力制御（FTC：flat tie-line control），連系線潮流と周波数の両方を制御する場合を周波数偏倚連系線潮流制御（TBC：tie-line bias control）と呼ぶ．

連系系統の周波数制御において FFC と FTC の組合せ，FFC と TBC の組合せのどちらでも，それぞれの系統の役割分担により，周波数と連系線潮流の両方を制御することが可能である．FTC を採用した場合，FFC を分担した系統に周波数調整のため大きな負担をかけることになるので，それを避けたい場合には一般的には TBC が採用される．TBC 方式では各系統の制御装置が次式の地域要求量 AR（area requirement）を算出し，これに見合うように自系統内の発電機出力を調整する．

$$AR = -\Delta P_T - K \Delta f \tag{3.2.6}$$

ここで，系統特性定数 K の精度が不十分な場合，周波数や連系線の電力潮流を設定値に保つことが困難となる．このため系統定数の精度を高めることはきわめて重要な事柄となっている．

3.2.3 経済負荷配分と経済運用
a. 火力発電所の経済負荷配分
毎日の需要変動に，時々刻々予想される需要に対して，系統全体の燃料費が最小となるように，各火力発電所の出力配分が決定される．これを経済負荷配分（ELD：economic load dispatching）という．この算定は中央給電指令所で行われる．また，ここでは便宜的に火力発電所群について考えることとする．図 3.2.7 に火力発電所の

燃料費曲線とその微分である増分燃料費曲線の例を示すが，このように各発電所はそれぞれ異なる燃料費特性をもっている．こうした経済負荷配分は以下に示す等式制約付の非線形最適化問題を解くことによって得られる．

目的関数： $z = f_1(P_1) + f_2(P_2) + \cdots + f_n(P_n)$ (3.2.7)

制約条件： $P_L - P_1 - P_2 - \cdots - P_n = 0$ (3.2.8)

ただし，発電機の台数を n，i 番目の発電機の出力を P_i，燃料費特性を $f_i(P_i)$，系統の総負荷を P_L とする．

この解は以下に示すラグランジュの未定乗数法によって求めることができる．すなわち，新たな変数 λ（ラグランジェ乗数）を導入し，次式で定義されるラグランジュ関数を作成する．

$$L = \sum_{i=1}^{n} f_i(P_i) + \lambda \left(P_L - \sum_{i=1}^{n} P_i \right)$$ (3.2.9)

ここで，変数 $P_1, P_2, \cdots, P_n, \lambda$ が次の条件を満たすことが，もとの最適化問題の解となるための条件となる．

$$\begin{cases} \dfrac{\partial L}{\partial P_i} = \dfrac{df_i}{dP_i} - \lambda = 0 \quad (i=1,\cdots,n) \\ \dfrac{\partial L}{\partial \lambda} = P_L - P_1 - P_2 - \cdots - P_n = 0 \end{cases}$$ (3.2.10)

したがって，最適な発電機出力配分は需給バランス式（3.2.8）を満足し，かつ

$$\lambda = \frac{df_1}{dP_1} = \frac{df_2}{dP_2} = \cdots = \frac{df_n}{dP_n}$$ (3.2.11)

を満足する値となる．これを等増分燃料費則という（図3.2.8参照）．実際には，それぞれの発電機出力に上下限があるが，制約条件式として発電機出力の上下限の制約式を追加すると，発電機出力は次のいずれかとなる．

① 上下限の中間の発電機に限って，等増分燃料費則を満足する出力となる．
② 増分燃料費が λ より小さく効率の高い発電機の出力は，上限値に張りつく．
③ 増分燃料費が λ より大きく効率の低い発電機の出力は，下限値に張りつく．

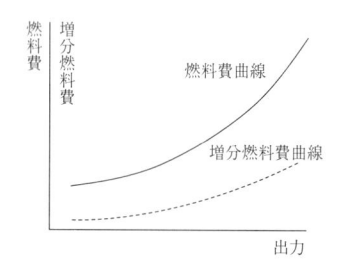

図 3.2.7 火力発電所の燃料費特性 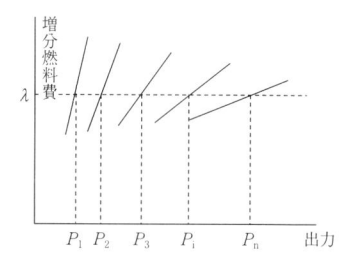　　図 3.2.8 等増分燃料費による経済配分

b. 送電損失を考慮した経済負荷配分

さらに，送電網における送電損失を考慮して経済負荷配分を決定することもある．送電網で発生する送電損失は，送電網を流れる電力潮流に依存するため，精密に予測するためには潮流計算を含む解析を必要とする．通常は，問題を簡単にするために各母線電圧や負荷の分布が一定と仮定し，送電損失 P_{loss} は各発電機の出力 P_i の関数として表す．この場合，需給バランスの等式は次式で表される．

$$P_L - P_1 - P_2 - \cdots - P_n + P_{loss} = 0 \tag{3.2.12}$$

式 (3.2.9) と同様に，未定乗数 λ を導入し次のラグランジュ関数を作る．

$$L = \sum_{i=1}^{n} f_i(P_i) + \lambda \left(P_L - \sum_{i=1}^{n} P_i + P_{loss} \right) \tag{3.2.13}$$

ここで，変数 $P_1, P_2, \cdots, P_n, \lambda$ が次の条件を満たすことがもとの最適化問題の解となるための条件となる．

$$\begin{cases} \dfrac{\partial L}{\partial P_i} = \dfrac{df_i}{dP_i} - \lambda \left(1 - \dfrac{\partial P_{loss}}{\partial P_i} \right) = 0 \quad (i=1,\cdots,n) \\ \dfrac{\partial L}{\partial \lambda} = P_L - P_1 - P_2 - \cdots - P_n + P_{loss} = 0 \end{cases} \tag{3.2.14}$$

したがって，最適な発電機出力配分は需給バランス式を満足し，かつ

$$\lambda = K_1 \dfrac{df_1}{dP_1} = K_2 \dfrac{df_2}{dP_2} = \cdots = K_n \dfrac{df_n}{dP_n} \tag{3.2.15}$$

ただし，$K_i = \dfrac{1}{1 - \partial P_{loss}/\partial P_i} \tag{3.2.16}$

を満足する値となる．ここで，式 (3.2.16) で定義した K_i はペナルティファクタと呼ばれ，発電機の増分燃料費がこの割合だけ増加したのと等価となる．

c. 経済運用

理論的には，上記に示した経済負荷配分に各種の制約条件や変数を追加し，より複雑な最適化問題として定式化することができる．しかし，通常はオンラインでの負荷周波数制御で用いられることは少なく，事前の運用計画の段階で考慮される場合が一般的であり，総称して経済運用と呼ばれる．なお，水力発電機を含む電力系統の場合の問題を水火力協調問題といい，貯水池の運用制約などが考慮される．

また，火力発電機の起動停止を考慮することもあり，この場合のいわゆる起動停止問題は，起動停止を表すために 0 か 1 の変数を導入した混合整数解問題として定式化される．さらに，送電線の熱容量による潮流制約や送電損失を考慮することもある．この場合には一般に，最適潮流計算（OPF：optimal power flow）と呼ばれている．いずれも，ここで述べた手法と同様の手法をさらに改良・拡張した手法で最適解を求めるものである．

〔内田直之〕

3.3 電力系統の電圧と潮流

3.3.1 電圧と潮流に関する基礎的事項

ここでは電力系統の解析のための基礎として，交流回路の電気的諸量の複素表示と代表的な構成要素の等価表現について説明する．以下，電力系統をネットワークとみなし，必要に応じて母線をノード，母線の間を結ぶ送電線などをブランチと呼ぶ．

a. 複素電圧と複素電流による表示

まず，電力系統の実用的な解析に欠かせない複素数を用いた手法についてふれる．交流回路の電気的諸量を複素数で表示する場合には，一般に複素数を$\dot{A}$のように頭にドットを付けて表す．$\dot{A}$の複素平面上の表記の仕方として，極座標表示と直交座標表示がある．すなわち，複素数$\dot{A}$の大きさ（絶対値）$|\dot{A}|$をr，位相角をϕとし，また，実軸成分をa，虚軸成分をbとすれば，$\dot{A} = r\exp(j\phi) = a + jb$と表される．ここに，$a = r\cos\phi$，$b = r\sin\phi$；$r^2 = a^2 + b^2$，$\tan\phi = b/a$の関係が成り立つ．電力系統の場合には，極座標表示において$\dot{A} = r\angle\phi$と表記することも多い．

次に，例題として図3.3.1に示すような交流の電圧源に，抵抗，リアクトル，コンデンサの3つの素子を直列および並列した回路について，それぞれの定常状態の電流を考えてみる．ここに，3つの素子はそれぞれ抵抗値R，リアクタンスL，またキャパシタンスCをもつものとする．

最初に，図3.3.1 (a) の直列回路をとり上げる．いま，電圧源の瞬時電圧を$e(t)$，回路の瞬時電流を$i(t)$とすれば，式 (3.3.1) のような微分方程式が得られる．

$$e(t) = Ri(t) + L\frac{d}{dt}i(t) + \frac{1}{C}\int i(t)dt \tag{3.3.1}$$

ここで，瞬時電圧を$e(t) = \sqrt{2}E\cos(\omega t + \theta)$とすれば，定常解としての瞬時電流は$i(t) = \sqrt{2}I\cos(\omega t + \theta - \phi)$の形に表され，また，$e(t) = \sqrt{2}E\sin(\omega t + \theta)$とすれば，$i(t) = \sqrt{2}I\sin(\omega t + \theta - \phi)$の形に表されることに注目し，これら両者を一括することによって，式 (3.3.1) は式 (3.3.2) のように書き換えることができる．

$$E\exp\{j(\omega t + \theta)\} = RI\exp\{j(\omega t + \theta - \phi)\} + L\frac{d}{dt}I\exp\{j(\omega t + \theta - \phi)\} \tag{3.3.2}$$
$$+ \frac{1}{C}\int I\exp\{j(\omega t + \theta - \phi)\}dt$$

これより，両辺から$(\omega t + \theta)$にかかわる共通項が消え，次の関係が導かれる．

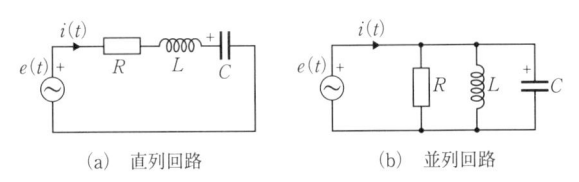

(a) 直列回路　　　　　(b) 並列回路

図3.3.1 交流回路における定常時の電圧と電流

$$E = \left(R + j\omega L + \frac{1}{j\omega C}\right) I \exp(-j\phi) \qquad (3.3.3)$$

ここで，式 (3.3.3) は単なる複素表示の一次方程式であるので，純粋に代数的な演算を施すことにより，未知の定数 I と ϕ は簡単に求めることができる．すなわち，

$$I = E \Big/ \sqrt{R^2 + \left(\omega L - \frac{1}{\omega C}\right)^2}, \quad \phi = \arctan\left\{\left(\omega L - \frac{1}{\omega C}\right) \Big/ R\right\} \qquad (3.3.4)$$

ここに，式 (3.3.3) の定数 $(R+j\omega L+1/j\omega C)$ を，この回路のインピーダンスと呼び，一般に $\dot{Z}$ を用いて表し，単位は Ω (オーム) である．同様にして，図 3.3.1 (b) に示すような 3 つの素子の並列回路の場合には，式 (3.3.1) に対応して式 (3.3.5) が成り立つ．

$$i(t) = \frac{1}{R} e(t) + \frac{1}{L} \int e(t) dt + C \frac{d}{dt} e(t) \qquad (3.3.5)$$

したがって，上記と同じ手順により，以下の関係が得られる．

$$I \exp(-j\phi) = \left(\frac{1}{R} + \frac{1}{j\omega L} + j\omega C\right) E \qquad (3.3.6)$$

ここに，定数 $(1/R + 1/j\omega L + j\omega C)$ をこの回路のアドミタンスと呼び，一般に $\dot{Y}$ の記号を用いて表し，S（シーメンス）を単位にしている．

上記の表記方法を用いて，瞬時電圧 $e(t)$ と瞬時電流 $i(t)$ についても，それぞれ以下のように複素表示に拡張して扱うことができる．

$$\dot{e}(t) = \sqrt{2} E \exp\{j(\omega t + \theta)\} \qquad (3.3.7a)$$
$$\dot{i}(t) = \sqrt{2} I \exp\{j(\omega t + \theta - \phi)\} \qquad (3.3.7b)$$

ここで，複素表示された電圧 $\dot{e}(t)$ と電流 $\dot{i}(t)$ は，それぞれ半径を $\sqrt{2}E$ と $\sqrt{2}I$ に保ち，ともに角周波数 ω の等速度で，基準の時刻 $t=0$ において θ と $(\theta-\phi)$ の位置を通過する回転ベクトルを意味している．それぞれのベクトルの実部が瞬時電圧と瞬時電流の実際の動きに相当している．定常状態の電力系統では角周波数 ω が一定であるため，この表記方法に従えば，任意の時刻におけるノード電圧およびブランチ電流は，実効値と $t=0$ における位相角によってそれぞれ示すことができる．このように複素表示された $\dot{E} = E \angle \theta$ を複素電圧，$\dot{I} = I \angle (\theta - \phi)$ を複素電流と呼ぶ．

b. 有効電力と無効電力の複素表示

前述のように，有効電力 P と無効電力 Q はそれぞれ $P = EI\cos\phi$, $Q = EI\sin\phi$ と定義される．ここに，新しく複素電力と呼ばれる $\dot{S}$ を導入する．複素電力は直交座標表示では $\dot{S} = P + jQ$ と表される．また，極座標表示では皮相電力 EI と相差角 ϕ により，$\dot{S} = EI\exp(j\phi) = EI\angle\phi$ と表される．ところで，このように定められた複素電力 $\dot{S}$ は，複素電圧 $\dot{E}$ と複素電流 $\dot{I}$ を用いることによって，式 (3.3.8) のように表記することができる．この関係は，電力系統の電圧・潮流の解析において最も重要な基本式のひとつである．

$$\dot{S} = \dot{E} \dot{I}^* \qquad (3.3.8)$$

ここに，$\dot{I}^*$ は $\dot{I}$ の共役であることを示す．この基本式は簡単に証明することがで

きる．すなわち，式 (3.3.8) の右辺は $\dot{E}\dot{I}^* = E\angle\theta \cdot I\angle-(\theta-\psi) = EI\angle\psi$ となるからである．なお，式 (3.3.8) のような電圧 $\dot{E}$ に電流 $\dot{I}$ の共役を乗じる演算は，電圧 $\dot{E}$ と電流 $\dot{I}$ の位相角の差を，時間上の位置 $(\omega t+\theta)$ に関係せずに抽出することを意味しており，電気的よりは数学的な解釈に意義がある．ちなみに，式(3.3.7a)と式(3.3.7b)に対して式 (3.3.8) に相当する演算を施した場合には $e(t) \cdot i(t)^* = 2EI\angle\psi$ となり，上記の $\dot{S}$ の定義とは一致しないことに注意を要する．

次に再び図 3.3.1 に戻り，個々の素子に消費される有効電力と無効電力について調べる．まず，図 3.3.1 (a) の直列回路の場合は，式 (3.3.3) に示すように $\dot{E}=\dot{Z}\dot{I}$ の関係が成立することから次式が得られる．

$$\dot{E}\dot{I}^* = \left\{R + j\left(\omega L - \frac{1}{\omega C}\right)\right\} I^2 \qquad (3.3.9a)$$

一方，図 3.3.1 (b) の並列回路の場合は，(3.3.6) が成り立つため次式となる．

$$\dot{E}\dot{I}^* = \left\{\frac{1}{R} + j\left(\frac{1}{\omega L} - \omega C\right)\right\} E^2 \qquad (3.3.9b)$$

ここで，式 (3.3.9a) と式 (3.3.9b) の両式から，有効電力はもっぱら抵抗 R において消費されること，無効電力はリアクトル L により消費され，コンデンサ C により供給されることがわかる．この特性は 3.1.3 項で述べたように，瞬時電力を 2 つの基底成分，同角成分 $p_c(t)$ および直角成分 $p_s(t)$，に分解した原理に対応していることに注意されたい．すなわち，瞬時電力の同角成分はすべて抵抗 R に流れ，直角成分はリアクトル L とコンデンサ C に流れることを意味している．

c. 送電線の表現と送受電電力

電力系統の構成要素のうち，いわゆるブランチ素子に相当するものとして，送電線・配電線・変圧器の 3 つがある．ここでは，最初に最も代表的なブランチ素子である送電線をとり上げ，その電気的な表示方法と送受電電力について述べる．一般に，送電線は図 3.3.2 に示すように，両端のノード s, r の間に直列状のインピーダンス成分 $(R+jX)$ と大地との間に並列状のアドミタンス成分（キャパシタンス成分）jY とを，それぞれ本来は分布定数の形でもっている．ただし，実際の解析においては，等価回路として集中定数の形の表現がなされる．一般には，図 3.3.2 のように，アドミタンス成分 jY を送電線の両端にそれぞれ 1/2 ずつ配置した，いわゆる π 型表示が採用される．このような近似的な表現でも，1 つの区間が数十 km 程度以内ならば，誤差は実用面で無視できることが知られている．

さて，図 3.3.2 に示すような等価回路においては送端 s および受端 r の電圧が，それぞれ $E_s\angle\theta_s$ および $E_r\angle\theta_r$ であるとき，送端の電流 $\dot{I}_s$ は，$\dot{I}_s = (\dot{E}_s - \dot{E}_r)/(R+jX) + j(Y/2)\dot{E}_s$ となるから，送端の電力 $\dot{S}_s = P_s + jQ_s$ は以下のとおりとなる．

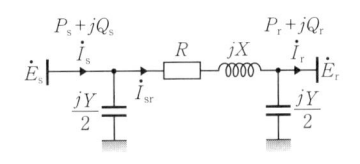

図 3.3.2　送電線の等価回路

3.3 電力系統の電圧と潮流

$$\dot{S}_\mathrm{s} = \dot{E}_\mathrm{s}\dot{I}_\mathrm{s}^* = \dot{E}_\mathrm{s}\left\{\frac{\dot{E}_\mathrm{s}^* - \dot{E}_\mathrm{r}^*}{R - jX}\right\} - j(Y/2)\dot{E}_\mathrm{s}^* \tag{3.3.10}$$

これより，有効電力 P_s と無効電力 Q_s に分けて示すと

$$P_\mathrm{s} = BE_\mathrm{s}E_\mathrm{r}\sin(\theta_\mathrm{s}-\theta_\mathrm{r}) + G\{E_\mathrm{s}^2 - E_\mathrm{s}E_\mathrm{r}\cos(\theta_\mathrm{s}-\theta_\mathrm{r})\} \tag{3.3.10a}$$

$$Q_\mathrm{s} = B\{E_\mathrm{s}^2 - E_\mathrm{s}E_\mathrm{r}\cos(\theta_\mathrm{s}-\theta_\mathrm{r})\} - GE_\mathrm{s}E_\mathrm{r}\sin(\theta_\mathrm{s}-\theta_\mathrm{r}) - \frac{YE_\mathrm{s}^2}{2} \tag{3.3.10b}$$

同様にして，受端 r における受電電力 $\dot{S}_\mathrm{r}$ は

$$\dot{S}_\mathrm{r} = \dot{E}_\mathrm{r}\dot{I}_\mathrm{r}^* = \dot{E}_\mathrm{r}\left\{\frac{\dot{E}_\mathrm{s}^* - \dot{E}_\mathrm{r}^*}{R - jX} + j(Y/2)\dot{E}_\mathrm{r}^*\right\} \tag{3.3.11}$$

ここに，$B = X/(R^2+X^2)$，$G = R/(R^2+X^2)$ であり，それぞれ送電線の直列分のサセプタンス，コンダクタンスと呼ばれ，ともに S（シーメンス）の単位で表される．

d. 送電線のもつ基本的特性

ここでは，上記の送電線の送受電電力の方程式 (3.3.10) と (3.3.11) に基づき，送電線のもついくつかの基本的特性について考える．最初に，この送電線で消失する有効電力 P_L と無効電力 Q_L について調べる．まず，図 3.3.2 に示す送電線の等価回路において，直列インピーダンスの区間 $(R+jX)$ を流れる電流の大きさを I_sr とすると，$I_\mathrm{sr}^2 = |\dot{E}_\mathrm{s} - \dot{E}_\mathrm{r}|^2/(R^2+X^2)$ となるので，両者はそれぞれ以下のように導かれる．

$$P_L = RI_\mathrm{sr}^2 \tag{3.3.12a}$$

$$Q_L = XI_\mathrm{sr}^2 - \frac{Y(E_\mathrm{s}^2 + E_\mathrm{r}^2)}{2} \tag{3.3.12b}$$

これらの関係は，有効電力は電流の 2 乗に比例して抵抗で失われること，また無効電力は電流の 2 乗に比例してリアクタンスで消費され，電圧の 2 乗に比例してキャパシタンスから発生することを意味する．なお，式 (3.3.12b) において，消費される無効電力と供給される無効電力とが補償しあう条件，$XI_\mathrm{sr}^2 = Y(E_\mathrm{s}^2+E_\mathrm{r}^2)/2$ は，送電線を流れる電力の適正量を評価するひとつの目安にされている．

次に，送電線の直列インピーダンス $(R+jX)$ に関して抵抗とリアクタンスの割合 $(R/X$ 比) にふれておく．一般に R/X 比については，高い電圧階級ほど小さいという性質がある．このことから，基幹系の送電系統の解析においては R や G はしばしば無視され，簡略的に $R \fallingdotseq 0$ あるいは $G \fallingdotseq 0$ として扱われる．一方，並列アドミタンス jY については，高い電圧階級ほど大きいという特性があり，低い電圧階級である配電系統ではきわめて小さいことから多くの場合は無視される．また，jY の値はケーブルの場合は架空線に比べて，一般に大きいことも特徴である．さらに，通常の電力系統においては，$E_\mathrm{s} \fallingdotseq 1$，$E_\mathrm{r} \fallingdotseq 1$ および $(\theta_\mathrm{s}-\theta_\mathrm{r}) \ll 1$ とする近似もひろく成り立つ．これらから，高い電圧階級においては上記の $G \fallingdotseq 0$ とする仮定と併用し，式 (3.3.10) と式 (3.3.11) に替えて，それぞれ以下の近似式も一般に採用される．

(a) 送電系の運転条件　　(b) 同期安定性限界　　(c) 電圧安定性限界

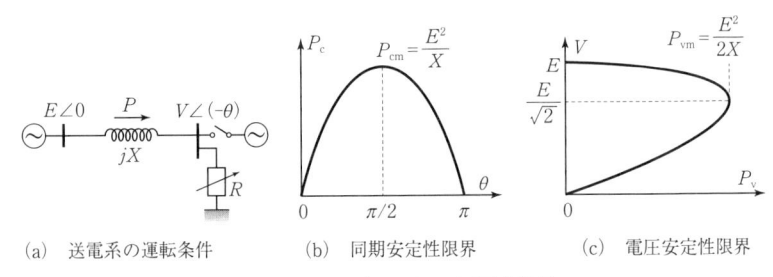

図 3.3.3　送電線における送電電力限界

$$P_{\mathrm{s}} \fallingdotseq \frac{\theta_{\mathrm{s}} - \theta_{\mathrm{r}}}{X} \fallingdotseq P_{\mathrm{r}} \tag{3.3.13a}$$

$$Q_{\mathrm{s}} \fallingdotseq \frac{E_{\mathrm{s}} - E_{\mathrm{r}}}{X} - \frac{Y}{2}, \qquad Q_{\mathrm{r}} \fallingdotseq \frac{E_{\mathrm{s}} - E_{\mathrm{r}}}{X} + \frac{Y}{2} \tag{3.3.13b}$$

これらの2つの近似式は，送電線の両端のノード電圧の位相角の差が有効電力の流れを支配し，電圧の大きさの差が無効電力を支配するという，基幹系の電力系統のもつ重要な性質を意味している．

もうひとつ追加すべき送電線の基本特性として，1つの送電線に流しうる電力の限界値に関して述べておく．簡単な例題として，図3.3.3 (a) に示すようなリアクタンス jX だけからなる送電線を想定する．送電電力は受端の抵抗負荷 R を調整して，任意に変えられるものとする．ここで，この送電線の運転条件として，両端ノードともに発電機によって電圧が一定に維持される場合と，送端の電圧だけが維持される場合の2通りを考え，両者の送電電力の限界値を比較してみる．

まず，両端ともノード電圧がそれぞれ同じ大きさ E に維持されている場合について調べる．すなわち，送端のノード電圧を $E\angle 0$, 受端のノード電圧を $V\angle(-\theta)$ とし，式 (3.3.10a) に基づいて送電電力 P_{c} を求め，これを横軸に θ をとり縦軸に P_{c} をとって表すと，図3.3.3 (b) の曲線が得られる．また，これより P_{c} の最大値 P_{cm} も簡単に算出される．具体的に，送電電力 P_{c} とその限界値 P_{cm} は，それぞれ次式のようになる．

$$P_{\mathrm{c}} = E^2 \frac{\sin\theta}{X}, \qquad P_{\mathrm{cm}} = \frac{E^2}{X} \quad \left(\theta = \frac{\pi}{2}\text{ のとき}\right) \tag{3.3.14a}$$

次に，受端側における発電機を切り離し，受端のノード電圧 $V\angle(-\theta)$ を自由にしたまま，送電電力を増大していく場合を考える．この例においては，受端における負荷が抵抗値のみであることから，式 (3.3.11) によって与えられる受端電力のうち無効電力がゼロになる（力率が1）ことに注目すれば，$Q_{\mathrm{r}} = (EV\cos\theta - V^2)/X = 0$ となる．これより $V = E\cos\theta$ の関係が得られることから，具体的に送電電力 P_{v} およびその最大値 P_{vm} は，それぞれ次式によって表されることが確かめられる．

$$P_{\mathrm{v}} = E^2 \frac{\sin 2\theta}{2X}, \qquad P_{\mathrm{vm}} = \frac{E^2}{2X} \quad \left(\theta = \frac{\pi}{4}\text{ のとき}\right) \tag{3.3.14b}$$

ここで，上記の2つの条件の下での送電電力の最大値を比較すれば，ちょうど $P_{cm} : P_{vm} = 2 : 1$ の割合になっていることがわかる．前者を同期安定性限界，後者を電圧安定性限界と呼ぶ．

なお，受端のノード電圧が維持されない場合，送電電力 P_v と受端電圧 V の関係が $V^4 - (EV)^2 + (XP_v)^2 = 0$ となることから次式が導かれる．

$$V^2 = \frac{E^2}{2} \pm \sqrt{\left(\frac{E^2}{2}\right)^2 - (XP_v)^2} \qquad (3.3.15)$$

式（3.3.15）は図3.3.3（c）のように，横軸に V，縦軸に P_v をとった曲線によって表され，一般に $(P-V)$ 曲線と呼ばれている．この曲線からも $V = E/\sqrt{2}$ のとき，$P_{vm} = E^2/2X$ となることがわかる．$(P-V)$ 曲線はいわゆる系統電圧の不安定性現象（電圧崩壊現象）の説明の基礎になっている．ここに，受端における力率が1でない場合には，力率に従って曲線が左右に移行することに注意されたい．

e. 変圧器の表現と等価回路

ここでは，もうひとつの重要なブランチ素子である変圧器について記述する．変圧器の機能の仕組みと等価回路を，それぞれ図3.3.4（a）と（b）に示す．図3.3.4（a）において中間端子 m は仮想ノードである．一般に，変圧器は変圧比 $\dot{a}$ をもつ理想的な電圧変換を行うブランチとリアクタンス jX をもつブランチの部分を直列した形で表現される．ここに，変圧比 $\dot{a} = a\angle\alpha$ の電圧変換とは，電圧の大きさを a 倍に変える変圧の機能と，位相角を α だけ進める移相の機能の両方を合わせた働きをさす．このようにして，図3.3.4（a）に示す端子 s と端子 m の間には，以下の関係が成立する．

$$\frac{\dot{E}_m}{\dot{E}_s} = \dot{a}, \qquad \dot{E}_s \dot{I}_s^* = \dot{E}_m \dot{I}_m^* \qquad (3.3.16)$$

これより，変圧器の両端の電圧 $\dot{E}_s$ と $\dot{E}_r$ が与えられたとき，送端と受端における複素電力 $\dot{S}_s$ と $\dot{S}_r$ は，それぞれ式（3.3.17a）および式（3.3.17b）のように表される．

$$\dot{S}_s = \frac{\dot{a}\dot{E}_s(\dot{a}\dot{E}_s^* - \dot{E}_r^*)}{-jX} \qquad (3.3.17a)$$

$$\dot{S}_r = \frac{\dot{E}_r(\dot{a}\dot{E}_s^* - \dot{E}_r^*)}{-jX} \qquad (3.3.17b)$$

このとき，式（3.3.17a）と式（3.3.17b）において $\dot{a}$ が実数のときに限り，図3.3.4

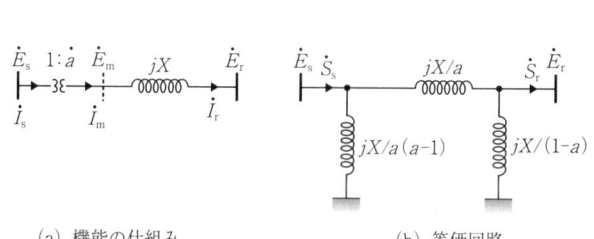

(a) 機能の仕組み　　　　　　(b) 等価回路

図3.3.4 変圧器の機能の仕組みと等価回路

(b) に示すような変圧器の等価回路が成立することが確かめられる．

3.3.2 電圧・潮流解析の定式化と解法

ここでは，電力系統の電圧・潮流の解析の定式化と手法について概説する．実際の解析における要点は，行列演算により全系のノードの複素電圧を求めることにある．

a. ノードアドミタンス行列とその要素

まず，最も簡単な電力系統の例として，図 3.3.5 (a) に掲げるような送電線 L，変圧器 T，コンデンサ C，発電機 G，需要家 D および連系系統 G∞ の組合せからなる 3 ノードの電力系統をとり上げる．このとき，この電力系統を構成する個々の要素がもつインピーダンスは，前節に記述したいくつかの基礎的な事柄に基づき，図 3.3.5 (b) に示すように，それぞれノード要素およびブランチ要素として一括され，すべてアドミタンスの形で表示されることがわかる．

ここで，図 3.3.5 (b) における電気回路の 3 つのノードに，外部から注入される電流を $\dot{I}_1, \dot{I}_2, \dot{I}_3$ とし，このときノードに現れる電圧を $\dot{E}_1, \dot{E}_2, \dot{E}_3$ とすれば，これら電流と電圧の間には，式 (3.3.18) のような一般的な関係が成り立つ．

$$\begin{bmatrix} \dot{I}_1 \\ \dot{I}_2 \\ \dot{I}_3 \end{bmatrix} = \begin{bmatrix} \dot{Y}_{11} & \dot{Y}_{12} & \dot{Y}_{13} \\ \dot{Y}_{21} & \dot{Y}_{22} & \dot{Y}_{23} \\ \dot{Y}_{31} & \dot{Y}_{32} & \dot{Y}_{33} \end{bmatrix} \begin{bmatrix} \dot{E}_1 \\ \dot{E}_2 \\ \dot{E}_3 \end{bmatrix} \tag{3.3.18}$$

この正方の係数行列はノードアドミタンス行列と呼ばれ，ふつう Y 行列と略称される．Y 行列は電力系統の電圧・潮流の解析において，最も中心的な役割をもつ．具体例として，図 3.3.5 (a) の場合について電圧・電流の関係を示すと式 (3.3.19) のようになる．式 (3.3.19) における最初の表現は簡単にキルヒホッフ則から導くことができる．第二の表現は行列要素を極座標で示したものである．なお，送電線の直列インピーダンス $(R+jX)$ の逆数の虚部に当たるサセプタンス $B=X/(R^2+X^2)$ は，一般に負であるため，ここでの極座標の表示では位相 ϕ にマイナス符号を付けて扱っている．

$$\begin{aligned}
\begin{bmatrix} \dot{I}_1 \\ \dot{I}_2 \\ \dot{I}_3 \end{bmatrix} &= \begin{bmatrix} \dot{y}_{10}+\dot{y}_{12} & -\dot{y}_{12} & 0 \\ -\dot{y}_{12} & \dot{y}_{20}+\dot{y}_{12}+\dot{y}_{23} & -\dot{y}_{23} \\ 0 & -\dot{y}_{23} & \dot{y}_{30}+\dot{y}_{23} \end{bmatrix} \begin{bmatrix} \dot{E}_1 \\ \dot{E}_2 \\ \dot{E}_3 \end{bmatrix} \\
&= \begin{bmatrix} y_{11}\angle -\phi_{11} & -y_{12}\angle -\phi_{12} & 0 \\ -y_{12}\angle -\phi_{12} & y_{22}\angle -\phi_{22} & -y_{23}\angle -\phi_{23} \\ 0 & -y_{23}\angle -\phi_{23} & y_{33}\angle -\phi_{33} \end{bmatrix} \begin{bmatrix} \dot{E}_1 \\ \dot{E}_2 \\ \dot{E}_3 \end{bmatrix}
\end{aligned} \tag{3.3.19}$$

次に，Y 行列の特徴をいくつか挙げておく．まず，式 (3.3.19) の最初の表現からわかるように，対角要素はそのノードの接続されるすべての素子のアドミタンス値の和であり，非対角要素はノード間のブランチ素子のアドミタンス値の逆符号の値となる．したがって，Y 行列は対称である．また，ノード間にブランチが存在しない場合，

(a) 3ノードの電力系統 　　　　　(b) アドミタンス表示の要素

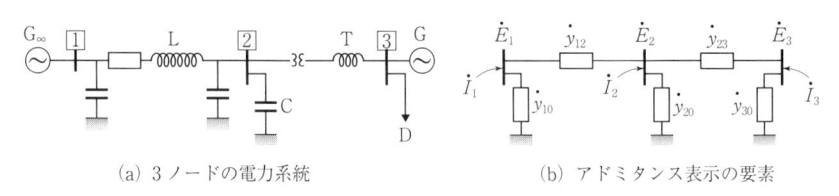

図 3.3.5 簡単な電力系統とアドミタンス表示の素子

非対角要素の値は当然ゼロとなる．このため，実際の大規模な電力系統においては，Y行列はきわめて大型になるものの，通常ではブランチの数がノードの数と比べて，やや大きい程度であることから，一般にY行列は著しく疎な行列（疎行列）となる．実際に母線が数百程度の電力系統の場合，Y行列のゼロ要素は 99% 以上を占める．

b. 電力方程式と解析の定式化

これまで，Y行列を通して電圧と電流の関係を論じてきたが，前述のように電力系統の解析では電圧と電力の関係が主体になる．ところで，複素電力 $\dot{S}$ は式 (3.3.8) のように電圧 $\dot{E}$ と電流 $\dot{I}^*$ の積として定義されるので，上記の3ノード系統の場合には

$$\begin{cases} \dot{S}_1 = \dot{E}_1 \dot{Y}_{11}{}^* \dot{E}_1{}^* + \dot{E}_1 \dot{Y}_{12}{}^* \dot{E}_2{}^* + \dot{E}_1 \dot{Y}_{13}{}^* \dot{E}_3{}^* \\ \dot{S}_2 = \dot{E}_2 \dot{Y}_{21}{}^* \dot{E}_1{}^* + \dot{E}_2 \dot{Y}_{22}{}^* \dot{E}_2{}^* + \dot{E}_2 \dot{Y}_{23}{}^* \dot{E}_3{}^* \\ \dot{S}_3 = \dot{E}_3 \dot{Y}_{31}{}^* \dot{E}_1{}^* + \dot{E}_3 \dot{Y}_{32}{}^* \dot{E}_2{}^* + \dot{E}_3 \dot{Y}_{33}{}^* \dot{E}_3{}^* \end{cases} \quad (3.3.20)$$

これらの関係は電力方程式と呼ばれる．それぞれの方程式はノード電圧を変数とした非線形関数の形で表される．電圧・潮流解析の本質は，この連立の非線形方程式を解くことにある．ここに，すべてのノードの複素電圧が決まれば，すべてのブランチの複素電力は，式 (3.3.10) と式 (3.3.11) により簡単に定めることができるので，さしあたりノード電圧だけに注目する．

ところで，式 (3.3.20) は複素表示であることから，実際の演算が行われる実数領域においては，電力方程式は個々のノードに対して2つずつ割り当てられるため，その合計はノード数の2倍になる．一方，個々のノードにおいては4つの変数，すなわち，母線に現れる電圧の大きさ E と位相角 θ，ノードに注入される有効電力 P と無効電力 Q の4つがかかわっている．一般に，いかなる連立方程式においても，求解性が成立するための必要条件として，方程式の数と未知数の数は互いに等しくなければならない．そこで，電力方程式の定式化に際しても，多くの場合，これら4つの変数のうち，2つが既知で2つが未知とする設定がなされる．

すなわち，電力系統の電圧・潮流解析における前提条件として，それぞれのノードに対して，以下のような3種類のうちいずれかの指定がなされる．PQ指定ノード（P と Q が既知，E と θ が未知），PV指定ノード（P と E が既知，Q と θ が未知），$V\theta$ 指定ノード（E と θ が既知，P と Q が未知）のいずれかである．実際においては，PQ指定ノードが最も多数を占める．PV指定ノードは発電機の接続する母線などに

限られ，系統に分散して配置される．また，$V\theta$指定ノードは基準母線（基準ノード）として1個だけが設定され，その位相は$\theta=0$と指定される．基準ノードは有効電力の送電損失の総量が，事前には不明であることから，必然的に設けられるものであり，隣接系統との連系点などが選ばれる場合が多い．

以下に具体的に，図3.3.5 (a) に示す3ノードの電力系統を例にして，電力方程式の定式化を試みる．この電力系統では，母線1を基準ノード，母線2をPQ指定ノード，母線3をPV指定ノードとする．これらの前提条件の下で，それぞれのノードに2つずつ関数を割り当てると，次のような合計6つの方程式が得られる．

$$\begin{cases} t_1 \equiv \theta_1 = 0 & (3.3.21a) \\ v_1 \equiv E_1^2 - E_1^{s2} = 0 & (3.3.21b) \end{cases}$$

$$\begin{cases} p_2 \equiv -y_{12}E_1E_2\cos(\theta_2-\theta_1+\phi_{12}) + y_{22}E_2^2\cos\phi \\ \quad -y_{23}E_2E_3\cos(\theta_2-\theta_3+\phi_{23}) - P_2^s = 0 & (3.3.22a) \\ q_2 \equiv -y_{12}E_1E_2\sin(\theta_2-\theta_1+\phi_{12}) + y_{22}E_2^2\sin\phi_{22} \\ \quad -y_{23}E_2E_3\sin(\theta_2-\theta_3+\phi_{23}) - Q_2^s = 0 & (3.3.22b) \end{cases}$$

$$\begin{cases} p_3 \equiv -y_{23}E_2E_3\cos(\theta_3-\theta_2+\phi_{23}) + y_{33}E_3^2\cos\phi_{33} - p_3^s = 0 & (3.3.23a) \\ v_1 \equiv E_3^2 - E_3^{s2} = 0 & (3.3.23b) \end{cases}$$

このように，全体では非線形の連立方程式を形成することがわかる．ここで，左辺の$v_1, t_1; p_2, q_2; p_3, v_3$は，原則的に$E_1, \theta_1; E_2, \theta_2; E_3, \theta_3$の関数である．また，ここでの既知変数（指定値）は$\theta_1=0, E_1=E_1^s; P_2=P_2^s, Q_2=Q_2^s; P_3=P_3^s, E_3=E_3^s$であり，未知変数は$P_1, Q_1; E_2, \theta_2; Q_3, \theta_3$である．

c. ニュートン・ラフソン法による求解

ふつう非線形方程式の求解には繰返しの手順が必要である．これには，一般にニュートン・ラフソン法が用いられる．この解法を具体的に説明するために，まず最も簡単な例として，1つの変数からなるなめらかな非線形関数$f(x)$が与えられたとして，方程式$f(x)=0$を解くことを考える．いま，$f(x)$を適当な近似解$_0x$の周りで展開すると$f(_0x+\Delta) \fallingdotseq f(_0x) + \Delta \cdot df(_0x)/dx$となるので，$_0x+\Delta =_1x$がいっそうよい近似値であるとすれば

$$f(_0x) + \frac{df(_0x_0)}{dx}\Delta = 0 \tag{3.3.24}$$

となることから，$\Delta = -f(_0x)/df(_0x)/dx$を得る．そこで

$$_1x = _0x - f(_0x)/df(_0x)/dx \tag{3.3.25}$$

の関係に基づいて，近似値としての$_0x$を$_1x$に修正する．以下，これと同じ手順を収束するまで$_0x, _1x, _2x, _3x, \cdots$と繰り返し続ける．これがニュートン・ラフソン法の基本原理である．この原理を拡張して，次のようにn個の変数$x_1, x_2, \cdots, x_n$からなるn個の非線形方程式$f_1, f_2, \cdots, f_n$の場合を考える．

$$\begin{cases} f_1(x_1, x_2, \cdots, x_n) = 0 \\ f_2(x_1, x_2, \cdots, x_n) = 0 \\ \cdots\cdots\cdots\cdots \\ f_n(x_1, x_2, \cdots, x_n) = 0 \end{cases} \quad (3.3.26)$$

　上記の原理と同様の考え方を適用すれば，このような多元の場合には式 (3.3.24) に対応して，式 (3.3.27) で表される連立一次方程式を導くことができる．そこで，同じように最初に適当な近似解 $_0x_1, _0x_2, \cdots, _0x_n$ をとり，(3.3.27) に示す連立一次方程式を解き，$\Delta_1, \Delta_2, \cdots, \Delta_n$ を得て，次の近似解 $_1x_1, _1x_2, \cdots, _1x_n$ に修正する．そして，逐次この手順を解が収束するまで繰り返す．なお，式 (3.3.27) における未知数 $\Delta_1, \Delta_2, \cdots, \Delta_n$ の係数行列をヤコビアン行列と呼ぶ．以上が一般のニュートン・ラフソン法による解法の説明である．

$$\begin{bmatrix} f_1 \\ f_2 \\ \vdots \\ f_n \end{bmatrix} + \begin{bmatrix} \dfrac{\partial f_1}{\partial x_1} & \dfrac{\partial f_1}{\partial x_2} & \cdots & \dfrac{\partial f_1}{\partial x_n} \\ \dfrac{\partial f_2}{\partial x_1} & \dfrac{\partial f_2}{\partial x_2} & \cdots & \dfrac{\partial f_2}{\partial x_n} \\ \cdots\cdots\cdots\cdots\cdots \\ \dfrac{\partial f_n}{\partial x_1} & \dfrac{\partial f_n}{\partial x_2} & \cdots & \dfrac{\partial f_n}{\partial x_n} \end{bmatrix}_{_0x_1, _0x_2, \cdots, _0x_n} \begin{bmatrix} \Delta_1 \\ \Delta_2 \\ \vdots \\ \Delta_n \end{bmatrix} = \begin{bmatrix} 0 \\ 0 \\ \vdots \\ 0 \end{bmatrix} \quad (3.3.27)$$

d. ヤコビアン行列の特徴と具体例

　さて，電力系統の具体的な電圧・潮流の解析とは，式 (3.3.21)〜(3.3.23) の非線形の連立方程式に対して，上記のニュートン・ラフソン法による解法を適用することに相当する．ヤコビアン行列は Y 行列と同様に，電力系統の電圧・潮流の解析において最も重要な行列の１つである．この行列の要素は式 (3.3.27) に示すように，個々の方程式の個々の変数に関する偏微分係数から構成される．したがって，電圧・潮流の解析におけるヤコビアン行列は，Y 行列とほぼ同じ構造をしており，実規模の電力系統では非ゼロ要素が著しく少ない．

　このため，式 (3.3.27) の求解の演算にあたっては，ふつう行列の三角化分解と呼ばれる数学的手法が適用される．この手法は行列がきわめて疎であるという性質に注目しながら，適切なノードの順序づけを行った後，ヤコビアン行列を積の形に分解した２つの三角型の行列を通して，解を求めるという効率の高い方法であり，きわめて大規模な行列であっても大きな問題が生じることはない．また，ニュートン・ラフソン法による求解過程における繰返しの回数については，実際の解析対象の電力系統が特異な状態でない限り，ふつう数回で収束することが経験的に知られている．参考までに，上記の３ノードの電力系統のヤコビアン行列は，図 3.3.6 のようになる．ここでは，ノード電圧の大きさ E の変化を $(\delta E/E)$ として扱い，行列要素を電力の次元に合わせた表現にしている．

　さて前記のように，高い電圧の送電系統では，送電線の R/X が小さいため ϕ は

	$\partial\theta_1$	$\partial E_1/E_1$	$\partial\theta_2$	$\partial E_2/E_2$	$\partial\theta_3$	$\partial E_3/E_3$
∂t_1	1	·	·	·	·	·
∂v_1	·	$2E_1^2$	·	·	·	·
∂p_2	$-y_{12}E_1E_2\sin(\theta_2-\theta_1+\phi_{12})$	$-y_{12}E_1E_2\cos(\theta_2-\theta_1+\phi_{12})$	$y_{12}E_1E_2\sin(\theta_2-\theta_1+\phi_{12})+y_{23}E_2E_3\sin(\theta_2-\theta_3+\phi_{23})$	$-y_{12}E_1E_2\cos(\theta_2-\theta_1+\phi_{12})+2y_{22}E_2^2\cos\phi_{22}-y_{23}E_2E_3\cos(\theta_2-\theta_3+\phi_{23})$	$-y_{23}E_2E_3\sin(\theta_2-\theta_3+\phi_{23})$	$-y_{23}E_2E_3\cos(\theta_2-\theta_3+\phi_{23})$
∂q_2	$y_{12}E_1E_2\cos(\theta_2-\theta_1+\phi_{12})$	$-y_{12}E_1E_2\sin(\theta_2-\theta_1+\phi_{12})$	$-y_{12}E_1E_2\cos(\theta_2-\theta_1+\phi_{12})+y_{23}E_2E_3\cos(\theta_2-\theta_3+\phi_{23})$	$-y_{12}E_1E_2\sin(\theta_2-\theta_1+\phi_{12})+2y_{22}E_2^2\sin\phi_{22}-y_{23}E_2E_3\sin(\theta_2-\theta_3+\phi_{23})$	$y_{23}E_2E_3\cos(\theta_2-\theta_3+\phi_{23})$	$-y_{23}E_2E_3\sin(\theta_2-\theta_3+\phi_{23})$
∂p_3	·	·	$-y_{23}E_2E_3\sin(\theta_3-\theta_2+\phi_{23})$	$-y_{23}E_2E_3\cos(\theta_3-\theta_2+\phi_{23})$	$y_{23}E_2E_3\sin(\theta_3-\theta_2+\phi_{23})$	$-y_{23}E_2E_3\cos(\theta_3-\theta_2+\phi_{23})+2y_{33}E_3^2\cos\phi_{33}$
∂v_3	·	·	·	·	·	$2E_3^2$

図 3.3.6 3ノードの電力系統におけるヤコビアン

$\pi/2$ に近い．また，常時は隣り合うノード間の電圧の位相角に大きな差はない．これらを前提にして，ヤコビアン行列の4種類の要素 $\partial p/\partial\theta$，$\partial p/\partial E/E$，$\partial q/\partial\theta$，$\partial q/\partial E/E$ に関して，大きさを比べると，図3.3.6からもわかるように，$\partial p/\partial\theta$ と $\partial q/\partial E/E$ が $\partial p/\partial E/E$ と $\partial q/\partial\theta$ よりも大きな値をとることが推察される．これらからも，有効電力の変化 δp が電圧の位相角の変化 $\delta\theta$ に，無効電力の変化 δq が電圧の大きさの変化（$\delta E/E$）に対して，それぞれ強く依存することがわかる．なお，ヤコビアンの逆行列の要素（ヤコビアン行列の要素の逆数でないことに注意）は，いわゆる感度係数を意味する．たとえば，ノードに注入される有効・無効電力の変化 δp と δq に対して，ノードに現れる電圧の大きさと位相角の変化（$\delta E/E$），$\delta\theta$ との間の影響の度合いを示す係数に相当する．　　　　**〔高橋一弘〕**

3.4 電力系統の安定度

電力系統の安定性には同期安定性，電圧安定性，周波数安定性の3つがある．いずれも「系統の安定な運転を損ない広範囲の停電を引き起こす恐れのある不安定現象」を問題にしている．単に安定度というときは電力系統の同期安定性のことをさすことが多く，ここでは主にこの同期安定性の問題をとり上げる．

3.4.1 安定度の分類
a. 定態安定度と過渡安定度
電力系統に接続される発電機のほとんどすべては同期発電機（以下，発電機というときは同期発電機をさす）である．すべての発電機が同じ回転速度で回転，すなわち同期していなければ電力の供給は不可能となる．一般に安定度には，微小外乱に対する定態安定度と，大外乱に対する過渡安定度の2種類がある．前者の場合には微小な変化に対する安定性を問題とするため系統の動特性を線形近似して解析するのに対し，後者では非線形性が中心的な問題となる．いずれも精度よく安定度を解析するには非線形性を忠実に模擬したモデルを用い，シミュレーションを行う必要がある．時間領域で細かく分類する場合には，外乱発生後，発電機動揺第1波に対する安定度を（狭義の）過渡安定度と呼び，第2波以降の時間領域の安定度を中間領域安定度あるいは動態安定度と呼んで区別する．さらに1分以上の時間領域の系統動特性を長時間動特性と呼び，この場合には電圧，周波数の安定性の問題も対象になる．

なお，電圧安定性は，需要の急激な増加や送電線の事故などにより，送電線や変圧器が重負荷となるとともに無効電力消費が急増し，通常の電圧無効電力制御による電圧制御が追いつかない状態となったときに，負荷系統に発生する不安定現象である．電圧不安定となると負荷地域の大幅な電圧低下や広範囲の停電を起こすことが多い．

電圧不安定現象は基本的には送電線容量の不足により発生する現象であるが，これを防止するためには，電圧維持能力が高く応答の速い同期調相機やパワーエレクトロニクス素子を用いた静止型無効電力補償装置（SVC：static var compensator）などの設置が有効な対策である．周波数の安定性については3.4.2項を参照されたい．

b. 一機無限大母線系統
図3.4.1に示すように発電機Gが変圧器，送電線を介して無限大母線につながれている最も簡単な1機無限大母線系統モデルの安定度について述べる．ここで，無限大母線とは電圧の大きさと位相が一定の仮想の母線のことをいう．無限大母線は解析対象となる発電機が十分大きな容量をもつ系統に連系されているとき，電圧が一定とみなせる点をこの無限大母線に置き換え，系統解析を簡略化するためにしばしば用いられる（3.1.3項参照）．

無限大母線の電圧を $\dot{V}_\infty = V_\infty \angle 0$，発電機の内部電圧を $\dot{V}_g = V_g \angle \delta$，発電機の内部リアクタンスを X_g，変圧器の漏れリアクタンスを X_T とし，これに送電線のリアク

タンス X_l を加えた全リアクタンスを X とする．または無限大母線の電圧と発電機の内部電圧間の相差角を δ とする．後述のように高精度の解析には発電機内部の電流や磁束の時間的変化を考慮した発電機モデル（Park の方程式）を用いなければならない．簡略な解析の場合は以下に示すように，発電機の内部電圧 V_g を一定とするモデルがよく用いられる．

発電機の状態変化がゆっくりした（静的な）変化の場合には，界磁電流が一定と仮定でき，内部電圧 E_g は界磁電圧に等しく，また内部インピーダンス X_g は同期リアクタンス（$X_d = X_q$：発電機の凸極性を無視）と等しいと仮定できる．一方，過渡安定度などの過渡状態を検討するときには X_g は過渡リアクタンス X'_d に等しいとし，その点での内部電圧を V'_q（一定値）とする X'_d 背後電圧一定モデルが最も簡略なモデルとして用いられる．

発電機から送り出される有効電力すなわち発電機出力は 3.3.1 項で示したように次の式（3.4.1）で表される．

$$P_e = \frac{V_\infty V_g}{X} \sin \delta \tag{3.4.1}$$

式（3.4.1）の P_e と δ の関係を示すと図 3.4.2 となるが，これを P-δ 曲線という．P_e は $\delta = \pi/2$ のとき最大となり，最大値 $P_{\max} = \dfrac{V_\infty V_g}{X}$（定態安定極限電力）となる．

発電機の電気出力が式（3.4.1）で与えられたとき発電機の回転子の動きは，次の運動方程式で記述される．この微分方程式を発電機の動揺方程式と呼ぶ．

$$\begin{cases} M\dfrac{d\omega}{dt} = -D\omega + P_M - P_e \\ \dfrac{d\delta}{dt} = 2\pi f_0 \omega \end{cases} \tag{3.4.2}$$

ここで M [s] は慣性モーメント，D [pu] はダンピング係数，f_0 [Hz] は商用周波

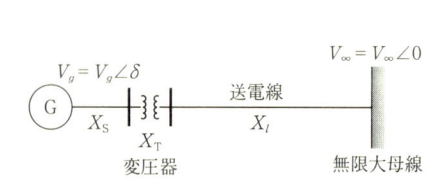

図 3.4.1 1 機無限大母線系統

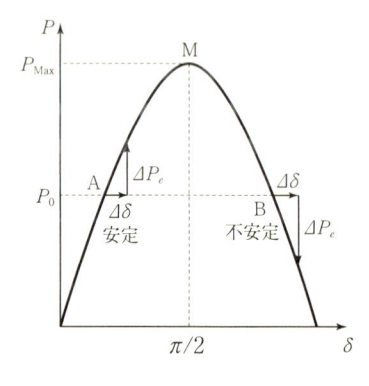

図 3.4.2 P-δ 曲線と安定性

数（50 Hz あるいは 60 Hz），ω [pu] は回転子の回転速度（定格時は $\omega=1$ [pu]），P_M [pu] は機械入力である．なお，式 (3.4.2) の右辺はトルク（$T=P/\omega$）を用いるのが正しいが $\omega \approx 1$ であることから $T=P$ と近似することが多い．ここでもその慣習に従っている．

式 (3.4.2) で ω を消去すると次式を得る．

$$M\frac{d^2\delta}{dt^2} + D\frac{d\delta}{dt} + 2\pi f_0(P_e - P_M) = 0 \tag{3.4.3}$$

1) 定態安定度　まず，静的な安定性について述べる．前述のように，静的な現象では内部インピーダンスは X_d となる．発電機の機械入力 P_M を一定値（$=P_0$）とすると，機械入力 P_M と電気出力 P_e が等しい点（平衡点という）が複数個求められる．1機無限大系統の場合は図 3.4.2 に示すように，点 A と点 B の 2 点が平衡点である．発電機が平衡点にあり，まったく外乱がなければ，無限大母線との位置関係（相差角 δ）は一定に保たれる．ここで，わずかな変動が生じたときに回転子がもとの平衡点に戻るかどうかが静的な安定性の問題である．

図 3.4.2 の点 A で運転しているときに位相角 δ が何らかの小さな外乱で $\Delta\delta$ だけわずかに大きくなったとする．このとき，P-δ カーブにそって電気出力 P_e が ΔP_e だけ増加することとなる．機械入力は一定であるから電気出力が機械入力より ΔP_e だけ大きくなり回転子を減速させる力が働く，逆に δ が小さくなったときには P_e は減少し発電機には加速する力が働く．つまり，運転状態が点 A から少しでもずれると，回転子をもとの平衡点（点 A）に引き戻す力が働く．このもとの平衡点に引き戻す力が前述の同期化力であり，傾き $K = \partial P_e / \partial \delta$ を同期化力係数と呼ぶ．点 A はこの同期化力係数が正の値となるので安定ということができる．

点 B では同期化力係数 K が負となるので，相差角が $\Delta\delta$ だけわずかに増加したときに ΔP_e が負となる．そのため回転子を加速しようとする力が増えてしまうことになり，回転子はさらに加速され，相差角はますます増大してしまう．点 B は不安定である．P_e が最大となる点 M では $K=0$ であり，点 M を境に δ が小さい領域（$\delta < \pi/2$）では安定（$K>0$），δ が大きい領域（$\delta > \pi/2$）では不安定（$K<0$）である．

次に動的な安定性を考えてみる．定態安定度は微小な外乱によって発生する振動の安定性を問題とするため，通常は線形化した微分方程式を用いて検討する．線形化するには平衡点 δ_0 からの偏差 $\Delta\delta = \delta - \delta_0$ を用いてテイラー展開の一次の項までを用いる．式 (3.4.3) を線形化し，次式を得る．

$$M\frac{d^2\Delta\delta}{dt^2} + D\frac{d\Delta\delta}{dt} + K'\Delta\delta = 0 \tag{3.4.4}$$

ただし，$K' = 2\pi f_0 K$, $\quad K = \dfrac{\partial P_e}{\partial \delta} = \dfrac{V_0 V_g}{X}\cos\delta_0$ \hfill (3.4.5)

通常は $D \ll K'$ であるため，線形微分方程式 (3.4.5) の一般解は振動解となり

$$\Delta\delta(t) = \text{Re}\{c\exp(\lambda t)\} = a\exp(\lambda_R t)\cos(\lambda_I t + b) \tag{3.4.6}$$

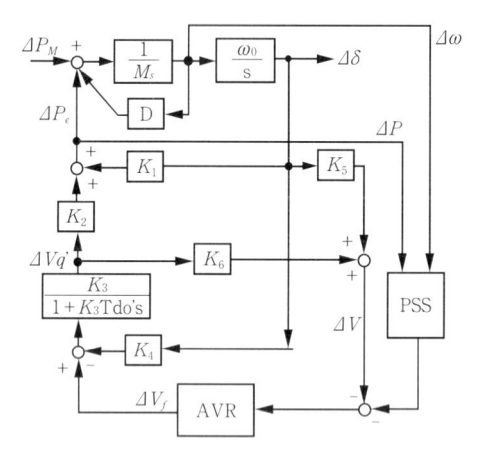

図 3.4.3　一機無限大系統の線形近似モデル

と表せる．ここで，λは線形微分方程式（3.4.4）の固有値であり，その実部λ_Rと虚部λ_Iは

$$\lambda_R = D/2M, \qquad \lambda_I = \frac{\sqrt{D^2 - 4MK'}}{2M}$$

である．また，複素数cあるいは実数a, bは初期値で決まる任意定数である．

定態安定度は線形微分方程式（3.4.4）が安定であるかどうかを問題としている．式（3.4.4）が安定であるためには，その解，すなわち式（3.4.6）が時間とともに収束しなければならない．したがって，系統が安定であるためには，λ_Rが負（ダンピング定数Dが負）でなければならず，また前述のように同期化力係数Kが正でなければならない．Kが負となると固有値の1つが正の実数となり系統は不安定となる．

上記では発電機内部電圧と内部インピーダンス，さらにダンピング定数Dを一定としたが，実際には発電機内部の磁束が時間的に変化するため一定ではない．さらに，自動電圧調整装置（AVR：automatic voltage regulator）の影響を強く受ける．したがって，一機無限大系統の場合にも，動的な定態安定度解析を行う場合には，発電機内部の磁束の変化（すなわち内部誘起電圧の変化）やAVRを考慮したモデルで解析することが望ましい．図3.4.3は発電機の界磁磁束の変化とAVR, PSS（PSSについては3.4.3項a.1）参照）を考慮した1機無限大系統の線形モデルである．実際の電力系統では多数の発電機が相互に関連し，また，制御系などの影響により複雑な振動現象を示すので，3.4.2項で示す解析手法を用いる必要がある．

2）過渡安定度　定態安定度が微小な外乱に対する安定性を問題とするのに対し，過渡安定度は地絡事故，短絡事故などの大外乱に対する安定性を問題とする．また，過渡不安定現象は脱調という本質的に非線形な現象となるため，過渡安定度の場合は非線形性の考慮が不可欠である．

3.4 電力系統の安定度

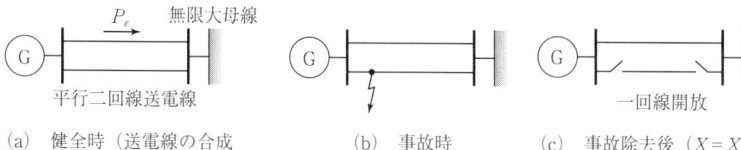

(a) 健全時（送電線の合成リアクタンス $X=X_1$）
(b) 事故時
(c) 事故除去後（$X=X_2$）

図 3.4.4 事故の発生と除去

ここでは，図 3.4.4 に示すように，二回線送電線でつながれた一機無限大系統で，発電機は X'_d 背後電圧一定モデルとし，機械入力 P_M 一定，制動係数を無視した簡略モデルを用いる．発電機内部電圧 $V_g \angle \delta$ から無限大母線電圧 $V_\infty \angle 0$ までの合成リアクタンスを X_1（線路抵抗は 0）とすると，発電機の動揺方程式は次式で表される．

$$M \frac{d\omega}{dt} = P_M - \frac{V_\infty V_g}{X_1} \sin \delta \tag{3.4.7}$$

ここで，系統に次のような事故が発生したとする．

① 時刻 t_1 に，二回線送電線の片側一回線の発電機側の端子付近で三相地絡事故発生（図 3.4.4 (b)）．
② 時刻 t_2 に，事故が発生した送電線一回線の両側の遮断器を開いて事故除去．その後，残り 1 回線の送電線で送電を継続（図 3.4.4 (c)）．

三相地絡事故が発生すると地絡地点の電圧が 0（地絡抵抗は無視）となるため発電機の電気出力はほぼ 0 となる．発電機の運転点は事故前には図 3.4.5 の点 A（$\delta(t_1)=\delta_1$）にあったものが事故により点 B に瞬時に移動する．発電機の機械入力は一定であるから，発電機は加速され，発電機の運転点は同図の BC 上を右に移動する．

この地絡事故の間の，発電機の挙動は次式で表される．

$$M \frac{d\omega}{dt} = P_M \tag{3.4.8}$$

時刻 t_2（点 C：$\delta(t_2)=\delta_2$）に送電線の遮断器が開放されるまで，機械入力 P_M で発電機は加速されるので発電機が受け取る運動エネルギー E_a は

$$E_a = P_M(\delta_2 - \delta_1) \tag{3.4.9}$$

となる．これは図 3.4.5 の斜線部 E_a の面積に等しい．

時刻 t_2（遮断器開放）以降，系統は送電線一回線の状態（図 3.4.4 (c)）となり送電が再開され，発電機の運転点は点 C から瞬時に点 D に移動する．このとき，全リアクタンスは X_1 から X_2（$X_1<X_2$）となり，発

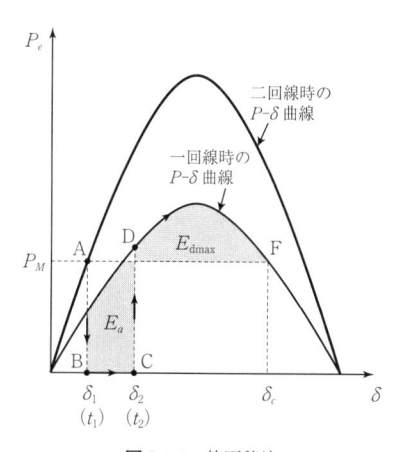

図 3.4.5 等面積法

電機の運動方程式は次式となる．

$$M\frac{d\omega}{dt} = P_M - \frac{V_\infty V_g}{X_1}\sin\delta \tag{3.4.10}$$

時刻 t_2 以降は電気出力が機械入力を上回り発電機の回転速度 ω を減速させる．発電機の回転速度 ω は徐々に減速されながらも，定格回転速度 ω_0 より大きい間は相差角 δ は開いていく．つまり，発電機の運転点は図 3.4.5 の曲線 DF 上を右に移動していく．もし，減速しきれず $\omega>\omega_0$ の状態が継続して $P_M=P_e$ となる点 F $(\delta=\delta_c)$ を通過し $\delta>\delta_c$ となると，$P_M>P_e$ となり発電機は再び加速され脱調にいたる．点 F に到達する前に減速が十分で $\omega<\omega_0$ となり，相差角の増大が止まれば安定である．

この間に回転子の運動エネルギーが系統に電力エネルギーとして放出され発電機は減速していくが，この放出される運動エネルギー E_d は次式で表される．

$$E_d = \int_{\delta_2}^{\delta}(P_e - P_M)d\delta \tag{3.4.11}$$

E_d は $\delta=\delta_c$ のときに最大で，最大値 E_{dmax} となる．

したがって，運動エネルギーの増減から，以下のように安定性を判別できる．

① $E_a<E_{\mathrm{dmax}}$ の場合は安定である．すなわち，δ が δ_c に到達する前に運動エネルギー E_a を放出することができるので，発電機の回転子は安定平衡点に向かって戻ることになる．

② $E_a>E_{\mathrm{dmax}}$ の場合は不安定である．すなわち，δ が δ_c に到達する前に運動エネルギー E_a を放出することができないので，δ は δ_c より大きくなり，脱調に至る．

このように，E_a の面積と E_{dmax} の面積の大小によって過渡安定度の安定・不安定の判定ができることがわかる．この過渡安定度判別法を等面積法という．

前項の定態安定度でも述べたように，実際の電力系統では多数の発電機が相互に関連し，また AVR やガバナなどの制御機器が働くためよりいっそう複雑な動揺となる．そのような場合でも時々刻々の P_M, P_e, δ の値を用いて P-δ 曲線を描けば等面積法の原理によって安定判別は可能である．ただし，時々刻々の P_M, P_e, δ などの諸量は多数の連立非線形微分方程式を解かなければ知ることができない．つまり，大規模系統の高精度な過渡安定度判別は，3.4.2 項に述べるようにルンゲ・クッタ法などの数値積分計算に頼らざるをえないのが現状である．

3.4.2 安定度解析手法
a. 系統構成要素のモデル

多機系統の高精度な安定度解析では，送電網および多数の発電機，制御系，負荷を以下のように数式モデルで取り扱う．

1) 同期発電機 同期発電機は直軸（軸 d：界磁巻線の中心軸の方向）に 1 個，横軸（軸 q：直軸に垂直な方向）に 1 個あるいは 2 個の制動巻線をそれぞれもつものとし，Park の微分方程式を用いる．ここでは軸 q の制動巻線を 1 個とする．

通常の安定度解析では送電線と同様に Park の方程式において,電機子巻線磁束 (ϕ_d および ϕ_q) の微分項を省略する.Park の方程式を整理し,界磁電圧 e_{fd},界磁巻線磁束 ϕ_{fd},軸 d,軸 q の制動巻線磁束 ϕ_{kd}, ϕ_{kq},発電機端子の電圧,v_d, v_q,電流 i_d, i_q 以外の変数を消去した式を以下に示す.

界磁巻線の電圧式

$$\frac{d}{dt}\phi_{fd} = -\frac{\phi_{fd}}{T_{ffd}} + \frac{\phi_{kd}}{T_{fkd}} + \frac{r_{fd}}{x_{md}}e_{fd} - r_{fad}i_d \quad (3.4.12)$$

制動巻線の電圧式

$$\begin{cases} \dfrac{d}{dt}\phi_{kd} = \dfrac{\phi_{fd}}{T_{kfd}} - \dfrac{\phi_{kd}}{T_{kkd}} - r_{kad}i_d \\ \dfrac{d}{dt}\phi_{kq} = \dfrac{\phi_{kq}}{T_{kkq}} - r_{kaq}i_q \end{cases} \quad (3.4.13)$$

電機子巻線の電圧式

$$\begin{cases} e_d = -\omega H_{kq}\phi_{kq} + x_q''i_q - r_{ad}i_d \\ e_q = -\omega(H_{fd}\phi_{fd} + H_{kd}\phi_{kd}) - x_d''i_d - r_{aq}i_q \end{cases} \quad (3.4.14)$$

トルクの関係式

$$TQ_e = \phi_d i_d - \phi_q i_q \quad (3.4.15)$$

回転子の運動方程式

$$M\frac{d\omega}{dt} = -D\omega + TQ_M - TQ_e \quad (3.4.16)$$

$$\frac{1}{2\pi f_0}\frac{d\delta}{dt} = \omega \quad (3.4.17)$$

ここで,T:時定数 (s),H:電機子―回転子変換定数,x_d'', x_q'':次過渡リアクタンス [p. u.],ϕ:磁束,f_0:商用周波数 [Hz],δ:回転子の位相角,ω:回転子角速度 [p. u.],TQ_e:電気出力トルク,TQ_M:機械入力トルク,添え字 d:軸 d,q:軸 q,f:界磁巻線,k:制動巻線.

2) **励磁系モデル** 励磁方式には励磁機器によって直流励磁機方式,交流励磁機方式,サイリスタ励磁方式がある.これらは自動電圧調整装置(AVR)によって端子電圧を一定値に保つよう制御される(図 3.4.6).また,必要に応じて系統安定化のための補助制御装置(PSS,3.4.3 項 a に説明)が付加される.

3) **ガバナ・タービン系モデル** 外乱が大きく系統周波数の変化が大きい場合には,再熱器出口の蒸気を阻止するインターセプト弁の制御部やプラント系を含む詳細なモデルが用いられるが通常の過渡安定度解析では加減弁の動作のみを考慮したモデルが用いられる(図 3.4.7 参照).

4) **負荷モデル** 個々の負荷は多様な特性をもつが,安定度解析では変電所単位に単一の負荷としてまとめてモデル化を行う.負荷特性には電圧特性と周波数特性があり,以下に示す静特性で表すことが多い.

$$P_L = P_{L0}V^\alpha(1 + K_f \Delta f) \quad (3.4.18)$$

電圧特性は式(3.4.18)の前半部のように電圧の指数関数として表す.$\alpha = 2$ のとき定インピーダンス負荷,$\alpha = 1$ のとき定電流負荷,$\alpha = 0$ のとき定電力負荷となる.多くの実測では $\alpha = 0.5 \sim 1.5$ である.周波数特性については必ずしも実測データが十分ではないが $K_f = 1$ [p. u./p. u.] 程度がよく用いられる.無効電力の負荷特性は送配電

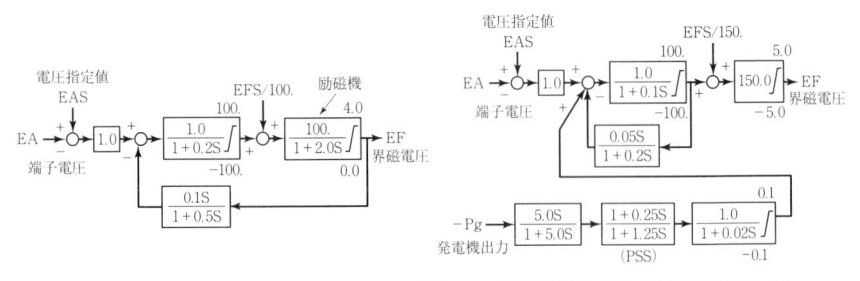

(a) 回転形励磁機用モデル
(b) ΔP形PSS付サイリスタ励磁機用モデル

EA：端子電圧　EF：界磁電圧　EAS：端子電圧設定値　EFS：界磁電圧設定値　Pg：発電機出力

図 **3.4.6** 励磁系モデルの例（電気学会標準モデルより引用）

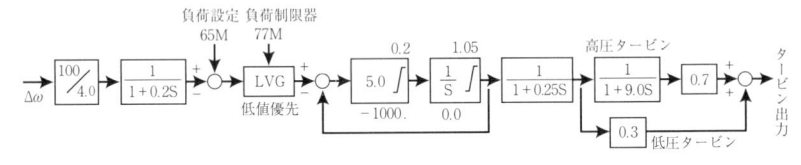

(a) 火力・原子力機用モデル

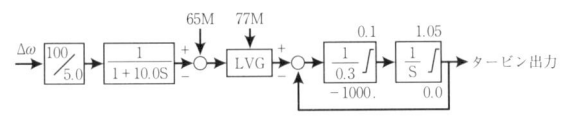

(b) 水力機用モデル

図 **3.4.7** ガバナ・タービン系モデルの例
（電気学会標準モデルより引用）

線，変圧器，調相設備の特性を考慮する必要があるが，通常は定インピーダンス特性とすることが多い．

5) 送電網　3.3.2項で示したように送電線は電圧，電流の時間微分項を省略し，商用周波数f_0で回転する系統基準座標系でベクトル表現する．また，変圧器は漏れリアクタンスとタップ比だけを考慮したモデルを用いることが多い．大規模な系統では，ノードアドミタンス行列Yを用いてノード電圧ベクトルVとノード注入電流iの関係を次式で表し，

$$i = YV \tag{3.4.19}$$

Y行列の要素の大部分が0である性質（スパース性）を利用することにより効率的に解を求める疎行列解析手法が用いられる．

6) 送電網と発電機の結合　発電機の電圧，電流は回転子に固定されたPark座標系（d-q座標系）で表されるのに対し，送電網の電圧，電流は系統基準座標系（R-J座標系）で表されるので次式を用いて座標変換を行い，発電機と送電網の方程式を結

合する.

$$\begin{pmatrix} V_R \\ V_J \end{pmatrix} = \begin{bmatrix} \sin\delta & \cos\delta \\ -\cos\delta & \sin\delta \end{bmatrix} \begin{pmatrix} V_d \\ V_q \end{pmatrix} \tag{3.4.20}$$

$$\begin{pmatrix} i_R \\ i_J \end{pmatrix} = \begin{bmatrix} \sin\delta & \cos\delta \\ -\cos\delta & \sin\delta \end{bmatrix} \begin{pmatrix} i_d \\ i_q \end{pmatrix} \tag{3.4.21}$$

b. 定態安定度解析手法

1) 基本方程式 定態安定度解析は微小な外乱に対する安定度を問題とするので,変数の微小変化について式 (3.4.12)〜(3.4.21) を線形近似した次の線型微分方程式 (3.4.22), (3.4.23) を用いて解析を行う.

発電機内部の状態量を Δx, 送電線のノード電圧を ΔV, ノード電流を Δi とすれば, これらの関係は,以下のような線形が成り立つ.

発電機の線形微分方程式
$$\begin{cases} \dfrac{d}{dt}\Delta x = A_g \Delta x + B_g \Delta V \\ \Delta i = C_g \Delta x + D_g \Delta V \end{cases} \tag{3.4.22}$$

送電網の線型代数方程式(発電機接続ノード以外を消去している.)

$$\Delta i = Y \Delta V \tag{3.4.23}$$

ここに Y は 3.3 で示した Y 行列である.
式 (3.4.22), (3.4.23) から電圧,電流を消去し次の線形状態微分方程式を得る.

$$\dfrac{d}{dt}\Delta x = A \Delta x \tag{3.4.24}$$

ただし, $A = A_g + B_g(Y - D_g)^{-1}C_g$

2) 固有値と安定性 定態安定度は式 (3.4.24) の安定性によって判定できるが, 式 (3.4.24) が安定であるためには行列 A のすべての固有値の実部が負でなければならない.すべての固有値を求める解法としては QR 法が代表的であり小規模系統の定態安定度解析によく用いられる.ただし,行列 A のサイズを n としたとき,QR 法は所要メモリーが n の 2 乗に,計算時間が n のほぼ 3 乗に比例して増大するため大規模系統の解析には適していない.大規模系統の場合には以下に示す S 行列法などが用いられる.

3) S 行列法 まず,行列 A を次式により行列 S に変換する.

$$S = (A + hI)(A - hI)^{-1} \tag{3.4.25}$$

ここで, h は正の実数, I は単位行列である.
この変換により,行列 A の固有値 λ_A と

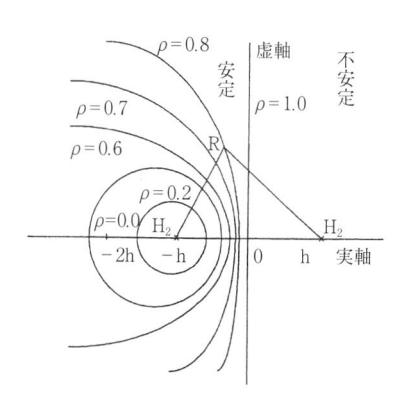

図 3.4.8 S 行列法による安定判別

対応する行列 S の固有値 λ_S の関係は次式となる.

$$\lambda_S = \frac{\lambda_A + h}{\lambda_A - h} \quad (3.4.26)$$

式 (3.4.26) により，図3.4.8 に示すように，λ_S の絶対値は線分 RH_2 と線分 RH_1 の長さの比となるので，λ_A の実部が正のとき λ_S の絶対値が 1 より大となり，λ_A の実部が負のとき λ_S の絶対値が 1 より小となる.

S行列法では行列 S の絶対値最大の固有値を求め，その絶対値が 1 より大きいか小さいかにより安定性を判別する. 絶対値最大の固有値を求める方法としては最も簡単なベキ乗法が用いられ，さらにこれを改良した方法により絶対値が大きい複数の固有値を一度に求めることもできる. いずれも行列のスパース性(非0要素が少ない性質)を利用した効率的な解析が行えるため大規模系統の定態安定解析に適している.

そのほかの解析手法に周波数応答法がある. 周波数応答法は，行列 A の固有値が $\det(A - sI) = 0$ の根であることから，ナイキストの定理を用いて $\det(A - j\omega I)$ の軌跡から安定性を判定する手法である.

c. 過渡安定度解析手法

系統の方程式群 (3.4.12)～(3.4.21) のうち式 (3.4.12) のように微分方程式で表される部分を式 (3.4.27) で表し，その他の式のように代数方程式で表される部分を式 (3.4.28) で表しておく.

$$\frac{d}{dt}x = f(x, y) \quad (3.4.27)$$

$$0 = g(x, y) \quad (3.4.28)$$

高精度の過渡安定度解析には系統動特性を表す非線形微分方程式 (3.4.27)，(3.4.28) の時間領域における数値積分法が用いられる.

常微分方程式の数値積分法には陽解法と陰解法がある. 陽解法には最も簡単なオイラー法や陽的ルンゲ・クッタ法があり，陰解法には後退オイラー法，修正オイラー法，陰的ルンゲ・クッタ法などがある.

1) 陽解法（例：オイラー法，ルンゲ・クッタ法）　　オイラー法は以下のように，t 時点の変数の値 x_n と y_n から式 (3.4.29) を用いて $t + \Delta t$ 時点の値 x_{n+1} を求め，微分方程式部分の解を求める方法である. 式 (3.4.29) の右辺の計算式が既知の変数だけで陽に表せることから陽解法という.

$$x_{n+1} = x_n + \Delta t \cdot f(x_n, y_n) \quad (3.4.29)$$

次いで，代数方程式 (3.4.30) を解いて y_{n+1} を求める.

$$0 = g(x_{n+1}, y_{n+1}) \quad (3.4.30)$$

式 (3.4.29)，(3.4.30) の計算を繰り返し用いることにより時間領域の解を得る.

四次の陽的ルンゲ・クッタ法は次式のように 4 個の時間微分係数 $f_1, \cdots, f_4$ を用いて x_{n+1} の値を計算する高精度な手法である.

$$x_{n+1} = x_n + \frac{\Delta t}{6}(f_1 + 2f_2 + 2f_3 + f_4) \qquad (3.4.31)$$

ただし，$f_1, \cdots, f_4$ は陽解法だから以下の式を順番に解いて求める．

$$f_1 = f(x_n, y_n), z_1 = x_n + (\Delta t/2) f_1, \quad 0 = g(z_1, w_1)$$
$$f_2 = f(z_1, w_1), z_2 = x_n + (\Delta t/2) f_2, \quad 0 = g(z_2, w_2)$$
$$f_3 = f(z_2, w_2), z_3 = x_n + \Delta t f_3, \quad 0 = g(z_3, w_3)$$
$$f_4 = f(z_3, w_3)$$

以上の陽解法では Δt を大きくしすぎると，系統が安定であっても数値計算が不安定となる，いわゆる数値不安定性が発生するという問題がある．

2) 陰解法（例：後退オイラー法，修正オイラー法） 後退オイラー法では式 (3.4.29) の右辺に未知変数 x_{n+1} と y_{n+1} が含まれる以下の連立方程式を解いて x_{n+1} と y_{n+1} を求める．

$$x_{n+1} = x_n + \Delta t \cdot f(x_{n+1}, y_{n+1}) \qquad (3.4.32)$$
$$0 = g(x_{n+1}, y_{n+1}) \qquad (3.4.33)$$

後退オイラー法の場合は Δt を大きくしても数値的不安定性は発生しないが，逆にもとのシステムが不安定であるのに数値積分の結果が安定になる場合がある．この欠点がない，すなわちシステムが不安定なら不安定，安定なら安定となる積分法が次の修正オイラー法である．

修正オイラー法では，t と $t + \Delta t$ の中間時点 $t + \Delta t/2$ の変数 $x_{1/2}, y_{1/2}$ を導入し，t から $t + \Delta t/2$ までは後退オイラー法を用い，$t + \Delta t/2$ から $t + \Delta t$ まではオイラー法を用いる方法である．すなわち以下の式 (3.4.34)〜(3.4.37) から x_{n+1} と y_{n+1} を求める．
t から $t + \Delta t/2$ まで：

$$x_{1/2} = x_n + \frac{\Delta t}{2} f(x_{1/2}, y_{1/2}) \qquad (3.4.34)$$
$$0 = g(x_{1/2}, y_{1/2}) \qquad (3.4.35)$$

$t + \Delta t/2$ から $t + \Delta t$ まで：

$$x_{n+1} = x_{1/2} + \frac{\Delta t}{2} f(x_{1/2}, y_{1/2}) \qquad (3.4.36)$$
$$0 = g(x_{n+1}, y_{n+1}) \qquad (3.4.37)$$

d. 制御系定数の最適化

安定化制御装置の設計は制御装置と系統の非線形動特性を十分考慮して決定しなければならないが，理論的に決定することは容易でない．特に PSS や SVC による安定化制御では，制御系定数の設定が重要である．定数設計にあたっては，まず，解析が容易であることから定態安定度解析に用いる線形近似モデルを用いて理論的方法で最適設計を行う．その後，過渡安定度を考慮するため過渡安定度シミュレーションによって，効果の検証を行うとともに経験則と試行錯誤的手法により定数の再調整を行うことが多い．

線形近似モデルを用いた定数設計は 1 機無限大母線モデルを用いて周波数応答をみながら設計する手法が従来は主流であった．しかし，最近では多機系統の状態微分方程式（3.4.24）の固有値と制御系定数の固有値に対する感度係数を用いる手法が広く用いられるようになった．その概要を以下に示す．

制御系の定数を $\alpha_1, \cdots, \alpha_m$ とすると，系統の線形状態微分方程式の係数行列 A は $\alpha_1, \cdots, \alpha_m$ の関数として表される．定態安定度は行列 A の固有値 $\lambda_i (i=1,\cdots n)$ によって評価できることから，安定性のよさを評価する評価関数（目的関数）を固有値の関数 $f(\lambda_1, \cdots, \lambda_n)$ で表すことができる．制御系定数に対する固有値の感度 $\partial \lambda_i/\partial \alpha_j$ は，λ_i に対応する右固有ベクトルを $\boldsymbol{p}_i$，左固有ベクトルを $\boldsymbol{q}_i$ とすると次式によって求められる．

$$\frac{\partial \lambda_i}{\partial \alpha_j} = \boldsymbol{q}_i \frac{\partial A}{\partial \alpha_j} \boldsymbol{p}_i \Big/ \boldsymbol{q}_i \boldsymbol{p}_i \tag{3.4.38}$$

ここで，右固有ベクトル $\boldsymbol{p}_i$ は，$A\boldsymbol{p}_i = \lambda\boldsymbol{p}_i$，左固有ベクトルは $\boldsymbol{q}_i A = \lambda\boldsymbol{q}_i$ を満足するベクトルである．

したがって，関数 f の $\alpha_1, \cdots, \alpha_m$ に対する感度が次式で表される．

$$\frac{\partial f}{\partial \alpha_j} = \sum_{i=1}^m \left(\frac{\partial f}{\partial \lambda_i} \frac{\partial \lambda_i}{\partial \alpha_j}\right) = \sum_{i=1}^m \left(\frac{\partial f}{\partial \lambda_i} \boldsymbol{q}_i \frac{\partial A}{\partial \alpha_j} \boldsymbol{p}_i \Big/ \boldsymbol{q}_i \boldsymbol{p}_i\right) \tag{3.4.39}$$

式（3.4.39）を用いて，制御系定数の上下限などの制約条件を加えた非線形最適化問題を解くことにより制御系の最適設計が行える．

3.4.3 安定化対策

安定度向上対策は，基本となる 1 機無限大系統の動揺方程式で考えるとわかりやすい．

$$M\frac{d^2\delta}{dt^2} + D\frac{d\delta}{dt} + 2\pi f_0 (P_e - P_M) = 0 \tag{3.4.40}$$

$$P_e = \frac{E_\infty E_g}{X_1} \sin \delta \tag{3.4.41}$$

まず，電気出力 P_e に着目すると，定態安定限界送電電力を大きくし同期化力係数 $K = dP_e/d\delta$ を大きくすることが最も基本となることがわかる．そのためには，リアクタンス X を小さくする，あるいは，電圧を高く維持するなどが有効である．次に重要となるのは制動力係数 D を大きくすることである．また，事故発生後の機械入力 P_M を制御することも効果的である．具体的には以下の安定化対策が挙げられる．

以下に，定態安定度，過渡安定度の両方の対策として用いられるものと，過渡安定度のみの対策として用いられるものを示す．

a. 定態安定度と過渡安定度の対策

1) 超速応励磁制御と系統安定化制御装置（PSS：power system stabilizer）　　送電線で地絡・短絡事故が発生すると発電機端子電圧，送電線電圧が低下し送電電力が著しく小さくなってしまう．そこで，事故中および事故後の励磁電圧を高くし，内部

誘起電圧，発電機端子電圧を高くすることが有効である．そのため，頂上電圧（励磁電圧の最大値）が高く応答の速い高性能励磁制御装置を用いる．これを超速応励磁といい，サイリスタなどのパワーエレクトロニクス技術が用いられる．

これにより過渡安定度が向上するが，一方で電圧変動による電気出力変動が発電機の電力動揺を拡大させるタイミング（位相）となり，電力動揺に対し負の制動力となって，振動発散現象を起すことがある．この電圧変動の位相を調節し正の制動力を発生させるように制御を行うのが PSS である．PSS の入力信号としては，発電機出力偏差 ΔP_e，回転子の回転速度偏差 $\Delta \omega$，発電機端子電圧の周波数偏差 Δf などの信号が単独あるいは複数同時に用いられる．PSS は安定度向上対策としては最もコストパフォーマンスの高い対策の1つである（図 3.4.6 参照）．

2) **静止型無効電力補償装置**（SVC：static var compensator） SVC は変電所や中間開閉所の母線に設置し，速応性の高いパワーエレクトロニクス素子を用いて電圧を維持する装置で，主に電圧無効電力制御に用いる．SVC は，送電線の中間母線の電圧を維持するよう機能するので定態安定極限電力を大きくすることができる．また，高速の制御性を利用して電力動揺を抑制するダンピング制御を行うこともできる（図 3.4.9 参照）．

3) **送電電圧の高電圧化** 送電電圧を高めると最大送電電力と同期化力係数 K は電圧の2乗に比例して増加する．歴史的に電力系統の拡大とともに送電電圧が上昇してきたことはこの理由による．ただし，送電線の高電圧化は多額の設備投資を必要とする．

4) **直列コンデンサ** 送電線に直列にコンデンサを挿入し全体のリアクタンスを小さくすることによって安定度を向上させる対策である．ただし，送電線のインダクタンスとの LC 共振により異常振動（SSR：sub-synchronous resonance）を起こし，発電機の軸にダメージを与える場合があるので注意を要する．

5) **中間開閉所** 長距離送電線で事故除去のため並列2回線のうち事故の起こった1回線の開放を行うと大幅なリアクタンス増加をまねく．そこで中間開閉所を設け

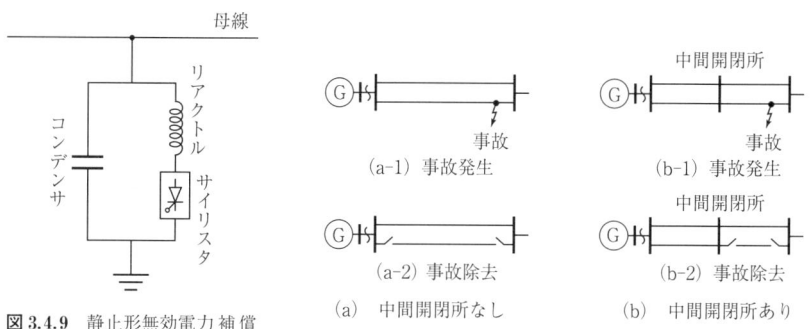

図 3.4.9 静止形無効電力補償装置のモデル図

図 3.4.10 中間開閉所による事故除去区間の縮少

て複数の区間ごとに遮断器を設置し,事故除去のために開放する送電線をその区間だけにとどめるようにする.こうして事故除去後のリアクタンスの増加を小さくすることができる（図 3.4.10 参照）.

6) 束導体方式 送電線の各相の導体数を増やすことにより,送電線のリアクタンスを小さく,静電容量を大きくすることができるので安定度向上効果が得られる.

b. 過渡安定度の対策

1) 高速度遮断と高速再閉路 高速度遮断は,送電線事故を高速に遮断し,事故継続時間を短くすることにより,発電機の加速時間を小さくし運動エネルギーの増加を小さくする.高速再閉路は事故除去後に速やかに送電線を再投入しリアクタンスをいち早く健全時に戻す.いずれも過渡安定度の向上を図ることが目的である.

2) 制動抵抗 送電線事故により発電機の負荷（電気出力）が軽くなり加速されるのを抑制するため,発電機に並列に抵抗器を投入する.適切なタイミングで遮断器を開放し抵抗器を除外する.

3) 高速バルブ制御 送電線事故時に発電機の加速を抑制するために,タービンの蒸気バルブを急速に閉じて機械入力を抑制する.通常,回転速度変化が小さい場合には蒸気加減弁のみが動作するが発電機近くで事故が発生した場合など回転速度上昇が大きい場合には,蒸気加減弁に加えてインターセプト弁（ICV）が急速閉鎖される.

〔内田直之〕

文　献

1) 電気事業講座編集委員会（編）：電気事業講座 7　電力系統,電力新報社（1996）.
2) 電気学会（編）：電気工学ハンドブック第 6 版, 24 編, オーム社（2001）
3) 関根泰次：電力系統工学,電気書院（1966）
4) 関根泰次・林　宗明・芹澤康夫・豊田淳一・長谷川淳：電力系統工学,コロナ社（1979）
5) 電力中央研究所（編）：新電気文明へのシナリオ,電力新報社（1998）
6) 電気新聞（編）：電力系統をやさしく科学する,日本電気協会（2002）
7) 嶋田隆一（監修）,佐藤義久：図説　電力システム工学,丸善（2002）
8) 給電常置専門委員会：電力系統の負荷・周波数制御,電気学会技術報告（II 部）No. 40（1976）
9) 電力系統の需給制御技術調査専門委員会：電力系統の需給制御技術,電気学会技術報告（II 部）No. 302（1989）
10) 電力系統安定運用技術専門委員会：電力系統安定運用技術,電気協同研究, vol. 47, No. 1, 電気協同研究会（1991）
11) 電力系統の電圧・無効電力制御調査専門委員会：電力系統の電圧・無効電力制御,電気学会技術報告, No. 743（1999）
12) 電気学会（編）：電気工学ハンドブック　第 6 版, 24 編, 3.1, オーム社（2001）
13) 電気学会（編）,長谷川淳・大山　力・三谷康範・斎藤浩海・北　裕幸：電気学会大学講座　電力系統工学,オーム社（2002）
14) 田村康男（編著）：電力システムの計画と運用,オーム社（1991）
15) 関根泰次：電力系統解析理論,電気書院（1971）
16) 高橋一弘：電力システム工学,コロナ社（1977）
17) 新田目倖造：電力系統技術計算の基礎,電気書院（1980）

文　　　献

18) 関根泰次：電力系統過渡解析論，オーム社（1984）
19) 赤崎正則，原　雅則：電気エネルギー工学，朝倉書店（1986）
20) 関根泰次（編）：現代電力輸送工学，オーム社（1992）
21) 大久保仁（編著）：電力システム工学，オーム社（1998）
22) 小向敏彦・色川彰一・加藤政一：電力システム工学，丸善（1999）
23) 原　雅則（編著）：電気エネルギー工学通論，電気学会・オーム社（2003）
24) 電気学会（編）：電気工学ハンドブック　第6版，24編，4.2，オーム社（2001）
25) 電気共同研究会：電力系統の安定度
26) 電力系統の安定度研究グループ：大規模電力系統の安定度総合解析システムの開発，電中研総合報告，No.T14（1990）
27) Uchida, N. and Nagao, T. : A New Eigen-Analysis Method of Steady-State Stability Studies for Large Power Systems : S Matrix Method, IEEE Transaction on Power Apparatus and Systems, Vol. PWR-3, No. 2, pp. 706-714（1998）
28) 吉村健司・内田直之：多機系統ロバスト安定化のためのP+ω形PSS定数最適設計手法，電気学会論文誌B, p. 1312, Vol. **118** No. 11（1998）

4. 電力系統の計画と運用

4.1 電力系統の形態と特徴

　先に述べたように（3.1.1, 3.1.2項参照），電力系統は基本的には，電気を作る発電機を主とした電源と，電気を使う需要家機器の集合である負荷，これらを結んで電気を送る送変電設備で構成されている．電源，負荷が増えるに従って，それらを結ぶ送変電設備の組合せで異なる形態となっている．すなわち，需要の量と地域的な拡張に従って，これらを負荷端で結びつけることにより電源の予備力を削減することが可能な放射状系統となり，さらに電源端で結びつけることで送電線のルート数を削減できるループ系統となる（図4.1.1参照）．わが国の電力系統のみならず，海外の電力系統も同様の発展の過程をたどっており，さらに進んだ構成として網目状に結ばれたメッシュ系統となっている．

　電力系統を結びつけることによる電源予備力については，系統規模が大きくなるほどその予備力の削減は可能であるが，ある程度以上となると飽和することが明らかに

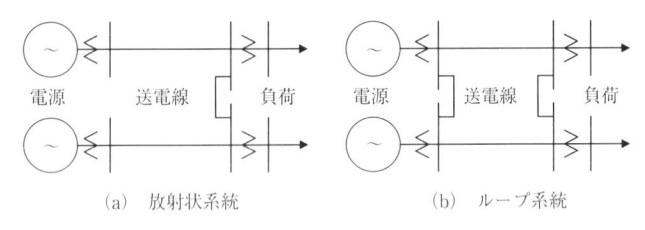

図 4.1.1 電力系統の構成

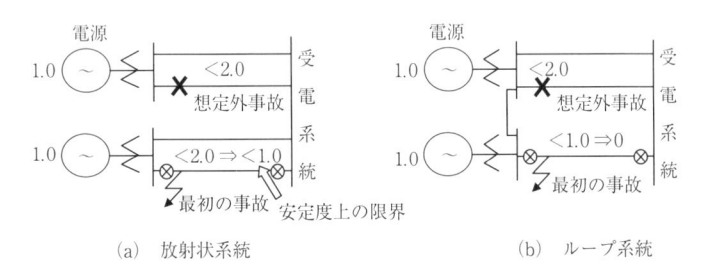

図 4.1.2 電源送電におけるループ化の効果
　　　　　（数字はルート当たりの事故前，後の送電可能電力（p.u.））

されている．このことのみから系統規模を一概に決めることはできないが，後に述べる事故波及による大規模停電の防止のためにも，適切な大きさの系統規模とし，それらを適切に連系して，防御対策を考えることが有効である．

一方，電源側で連系することによる効果は，電源からの送電設備の節約が可能，言い換えれば電源の容量増加に対して，電源側の連系線を設備することで，長距離の送電線の建設をしなくて済むことになる．図 4.1.2 に示すように，1 回線を予備と考える 2 回線の電源送電線において，電源側で連系をすることにより，1 回線を節約できることがわかる．しかしながら，これは事故後きわめて安定に定常的に切換わることを想定した計算にすぎなく，過渡的な応答を考えた場合，切換え後に安定運転が確保できるかが課題となる．また，想定外の事故に対しても十分と言えない．

4.1.1 わが国の電力系統の変遷

a. 復 興 期

わが国の電力系統は表 4.1.1 に示すように，電源の開発状況に応じて変遷してきた．

表 4.1.1 電源の動向と電力系統の発展

区分	電源の動向	電力系統の発展	備 考
復興期 (～1960)	水力の開発（水主火従） ・重力ダム（佐久間）に加え，アーチダム（黒四，奥只見），ロックフィルダム（御母衣）が普及	・高圧・超高圧電源線 ・275 kV 新北陸幹線運開 (1952)	・電気事業法 (1950) ・9 電力会社設立 (1951)
成長期 (～1975)	火力の開発（火主水従） ・湾岸の石油火力（東京；横須賀，五井，姉ヶ崎，横浜，中部；新名古屋，知多，関西；姫路 II，堺港）が進む	・超高圧中西系統連系 (1962) ・佐久間 FC (300 MW, 1965) ・OF 海底ケーブル (1969)	
安定期 (～1990)	原子力，LNG 火力（ベストミックス） ・原子力：美浜，福島 I，島根，玄海，浜岡，伊方 ・LNG：五井，姉ヶ崎，東新潟，知多，堺港，新小倉	・500 kV 房総幹線運開 (1973) ・新信濃 FC (300 MW, 1977) ・北海道・本州直流連系 (150–300 MW, 1979, 1980) ・500 kV 中西連系	・電力使用制限 (1974) ・省エネ運動開始 (1979)
完成期 (～2005)	大型石炭火力，原子力 ・石炭：苫東厚真，原町，碧南，三隅，松浦，新地 ・原子力：泊，女川，福島 II，柏崎刈羽，大飯，川内	・新信濃 FC 増強(600 MW, 1991) 北・本連系増強 (600 MW) ・佐久間 FC リプレース (300 MW, 1993) ・UHV 外輪完成 (1998) ・南福光 BTB (300 MW, 1999) ・400 kV 本四連系 (2000) ・紀伊水道連系(1,400 MW, 2000)	・時間帯別電灯料金(1990) ・阪神淡路大地震 (1995) ・電気事業法改定 (1995) ・電力卸入札 (1996) ・自己託送制度 (1997) ・特定電気事業開始 (1998) ・電気事業法改正 (2000) （特定規模電気事業）

戦後の復興期の「水主火従」の時期には，遠隔地の水力電源からの送電を主体に需要地への供給が行われている．すなわち，1950年に新しく制定された電気事業法に基づいて，各地域に供給責任をもつ電力会社は，遠隔地の水力電源の開発と高圧，超高圧の電源送電線の建設を進め，安定な電力供給の確保に努めた．東京電力においては只見や田子倉から京浜地域へ，関西電力では木曾川，庄川，さらには黒部川から阪神地域への電線送電線が建設され，需要地近くの外輪送電線に接続して，近傍の火力電源とともに需要地への電力供給が行われた．この様子は図4.1.3に示す1960年代中ごろの東京電力の系統図からわかるように，典型的な放射状系統となっている．ちなみに関西電力では，御母衣の電源からの2ルート送電線を電源側で連系し，ループ系統構成として運転したが，1965年に事故波及により阪神地域の大停電を起こしている．

b. 成長期

経済成長期に入っても水力電源の開発は進められたものの，高効率な発電が可能で燃料の入手が容易な火力発電の需要地近傍への建設が加速され，「火主水従」の時代となる．この時期のわが国の電力系統の特徴は，需要地近傍の外輪送電線が超高圧送電 (187 kv, 275 kv) へと増強されたことと，超高圧送電線と佐久間周波数変換所 (FC: frequency converter) により系統間の連系が進められたことである．大きな需要地を抱える東京電力，関西電力，ならびに中部電力では外輪系統を主とした放射状系統の構成を発展させたのに対し，東北電力，九州電力，北海道電力など電源，負荷が分散立地する系統では，ループ系統を構成することにより電力供給の効率化を図っている．

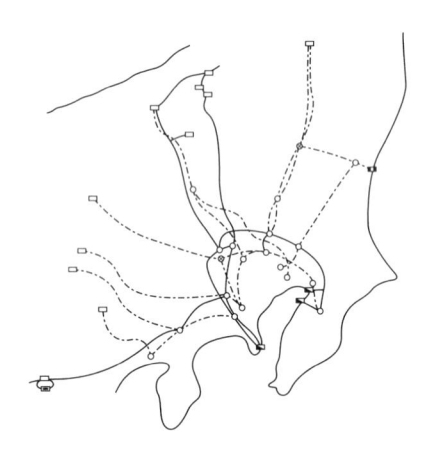

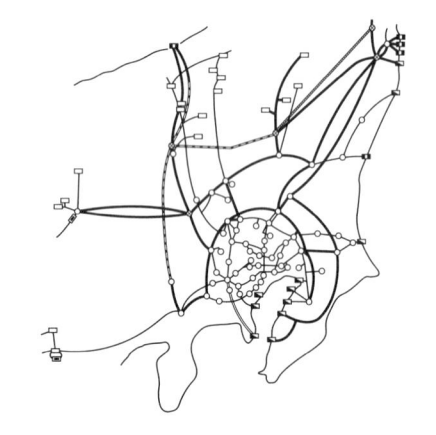

図4.1.3 1960年代中葉の系統構成　　図4.1.4 2000年前後の系統構成
凡例　□：水力発電所　　■：火力発電所　　―：超高圧送電線
　　　○：変電所　　　　―：高圧送電線　　……：送電線

c. 安 定 期

　中東戦争による石油危機を契機に，わが国の電源構成はベストミックスを目指して，原子力と LNG 火力が増加することになる．これらの電源は大量の冷却水の確保が要求され，原子力では安全性の面から強固な岩盤が必要で，大型火力では燃料受け入れの利便性から外洋に面した立地となった．このため，電源立地は遠隔立地とならざるをえず，系統の安定運転のためにも 500 kV 送電線の導入が進んだ．この 500 kV 送電線の導入が系統間連系へと発展して，500 kV 中西連系系統が完成することになる．なお，これらの 500 kV による系統間連系に先立って，新信濃 FC や北海道・本州直流連系が運開し，全国連系が完成している．

d. 完 成 期

　最後に，最高電圧である UHV 送電技術の完成と直流送電技術の完成により，わが国の最終的な電力系統の構成ができあがる．すなわち東地域系統では電源送電線と外輪送電線を兼ねた UHV 設計の送電線を完成させ，東北電力との連系を強化している．また，中西連系系統では±500 kV 紀伊水道直流連系と南福光 BTB（back to back）の運転開始で，直流連系によるループ系統を完成させ，さらに，新信濃 FC の増強や佐久間 FC のリプレース，北海道・本州直流連系の増強が図られ，広域連系の強化が図られている．2000 年前後の東京電力の系統構成を図 4.1.4 に示す．この図に示すように，電源からの送電線（電源送電線）と需要地をまとめる外輪線が一体となった構成となっていることがわかる．このような系統連系の進展が系統間の相互作用を強め，低周波の系統動揺などの課題が生じてきた．このため，各発電機の系統安定化装置（PSS：power system stabilizer）の調整や新方式の PSS 開発が進められ，送電可能容量の増強が図られた．一方，電気料金の低減を目指した電力自由化の圧力の強まりが，新規参入に対する系統間をまたぐ託送可能量の確保を余儀なくし，また大規模停電の発生の可能性を高めている．このため，連系系統の安定運転のための系統構成のあり方と運用制御が重要な課題となっている．

表 4.1.2　わが国の系統電圧

会社名	超高圧系統			一次系統		二次系統			
北海道電力	−	275	−	187	−	−	−	66	−	22
東北電力	500	275	−	−	154	−	77	66	33	22
東京電力	(UHV)500	275	−	−	154	−	−	66	−	22
中部電力	500	275	−	−	154	−	77	−	44	33	22
北陸電力	500	275	−	−	154	−	77	66	−	22
関西電力	500	275	−	−	154	−	77	66	33	22
中国電力	500	−	220	−	−	110	−	66	33	−
四国電力	500	−	−	187	−	110	−	66	−	22
九州電力	500	−	220	−	−	110	−	66	33	−

なお，わが国の電力系統の電圧階級は表 4.1.2 に示すとおりで，超高圧系統から一次系統，二次系統において複数の電圧階級が用いられており，簡素化が課題となっている．

4.1.2 海外の電力系統
a. 北 米 系 統

海外の先進国の電力系統は一般にループ系統，あるいはメッシュ系統の構成となっている．その経緯は，需要地への電力供給システムの相互連系が発展したもので，図4.1.5 にアメリカの東部の連系系統を 1 例として示す．この図からわかるように，東部系統では人口が密集していることから，地域ごとにメッシュ系統が構成され，それらが相互に連系されている．これに対し，西部系統では都市間の連系が進み，大きなループ系統が構成されている（図 4.3.9 参照）．

これらの系統構成が進むなかで，いくつかの系統運用上の問題が発生している．そのひとつがループ連系の問題で，図 4.1.5 に示すようにケベック，オンタリオ，ニューヨーク，ニューイングランドと連系された連系系統において，ニューイングランドとケベックとの連系にあたっては，位相差に関係なく連系できる直流連系の活用が推進された．次に浮かび上がったのはループフローの問題で，図 4.1.5 のケベックからニューヨークへの電力が近くの連系線ではなく，より強い連系のオンタリオ，PJM，MISO を経由して流れ，このルートに潮流が集中するため，連系系統の安定性が課題となっている．この解決策としてパワーエレクトロニクス機器を活用した FACTS (flexible AC transmission system) の研究が進められている．

さらに，西部系統のループ系統では，1990 年代半ばに発生した大規模停電にみられる事故波及が課題となっている．すなわち，ループ系統で連系して互いに支えあっている連系系統において，ループが切れ，放射状系統となることで，系統間のねじれ[*]

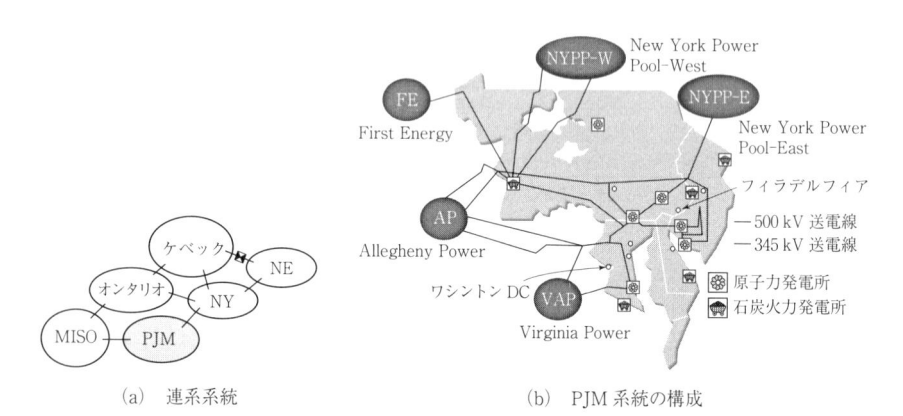

(a) 連系系統　　　　　　　　　　(b) PJM 系統の構成

図 4.1.5　北米東部の連系系統

が生じて長周期の不安定現象，あるいは末端での電圧支持がなくなる電圧低下現象が発生することになる．2003年夏に発生した東部連系系統での大規模停電にもこのような現象がみられる．

＊系統間のねじれ：連系されている系統間で電力を送るためには，系統間の発電機（群）に位相差が必要で，串形連系では両端の系統間の位相差が大きくなる．

b. 欧州系統

ヨーロッパの連系系統は，各国のメッシュ系統が相互に連系している点では，北米東部の連系系統と似ている．これらの系統での大規模停電はこれまで，事故が発生すると連系線が遮断され，事故が発生した国内に留まっていた．2003年9月に発生したイタリアの大停電は連系線の事故によるもので，外部電源に頼り過ぎたことが問題となっているが，これも電力自由化の進展によるものと考えられなくもない．

このようなヨーロッパの連系系統の特徴は，西欧UCTE（Union for the Co-ordination of Transmission of Electricity）と北欧NORDEL（An Organization for Nordic Electric Cooperation）の連系にみられるように，直流連系を有効に活用していることである．西欧UCTEと東欧CENTREL（An Organization for Central Electric Cooperation）の連系も1990年の社会主義崩壊以前はオーストリアを中心に直流連系が行われていた（現在は交流連系）．このように，東西連系が完成した大規模連系系統での課題は，連系潮流の条件によって系統間のねじれが生じることで，その安定化が大きな課題となっている．

c. 発展途上国の電力系統

1) 中 国 電力需要が急成長している中国の電力系統は，図4.1.6に示すように大きく7つの地域系統で構成されており，これら系統間の連系が徐々に進められている．そのひとつに葛洲壩・上海直流送電（1,200 MW, ±500 kV, 1,080 km）による，華東と華中の直流連系があり，さらに三峡ダムから電力供給の第Ⅰ期として，三峡・

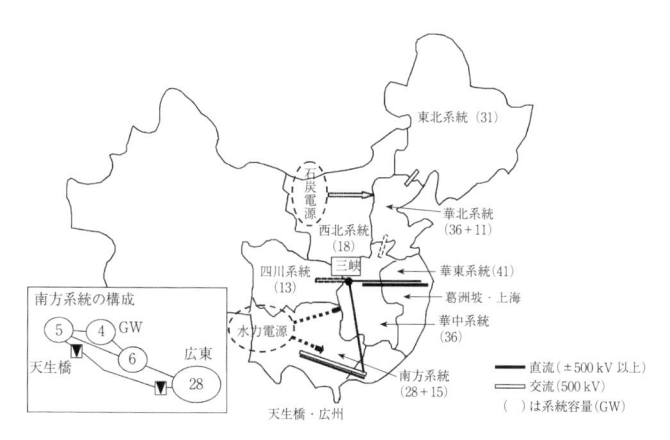

図 **4.1.6** 中国の電源と系統連系

徐州直流送電（3,000 MW，±500 kV，1,000 km）が運開して，同様に華東と華中を連系している．この三峡を中心とした系統連系は華東と南方の連系へと発展しており，三峡・広州直流送電（3,000 MW，±500 kV，940 km）の建設が進められている．

一方，交流連系も進められており，東北と華北を結ぶ500 kV の交流送電線が完成している．ただこの連系により系統間のねじれによる長周期動揺が問題となっており，今後の連系容量の増強における対策が課題となっている．

中国ではこれらの地域系統のほかに，さらにローカルな系統が存在し，これらを含め，北部（東北，華北，西方，山東），中部（華東，華中，四川），南部（南方，福建，海南島）の大規模系統への集約が計画されている．

2) インド インドも中国と同様に大きく5つの地域系統から構成されているが，ここでは徹底して直流連系，直流送電が活用されている．図4.1.7に示すように5つの系統間が既に3つの直流系統で連系され，さらにもう1つの直流連系が計画中である．一方，中東部の石炭電源からの送電として，リハンド・デリー（1,500 MW，±500 kV，810 km）やチャンドラプール・パッジェ（1,500 MW，±500 kV，900 km）がニューデリー，ムンバイ（ボンベイ）の需要地へ電力を供給している．さらに3ルートの長距離直流送電による電源地域からの電力供給が計画されている．

3) 東南アジア タイ，マレーシア，ベトナム，フィリピン，インドネシアなどの発展途上国では，各国内での電力系統は電源と需要地を結ぶ送電に限られており，ベトナムでは電源地域の北ベトナムから需要地地域の南ベトナムへ500 kV の送電線が建設された．またフィリピンでも地熱電源から首都ケソンへの直流送電（440 MW，±350 kV，443 km）がある．また，インドネシアではスマトラ島とジャワ島は交流送電線でつながれている．タイの半島部はマレーシアと直流連系（300 MW，±300 kV，110 km）されているが，マレーシアは半島部とボルネオ島は別系統となっている．これらの諸国を連系する東南アジア連系構想が，バクーン水力の開発に関連して提案

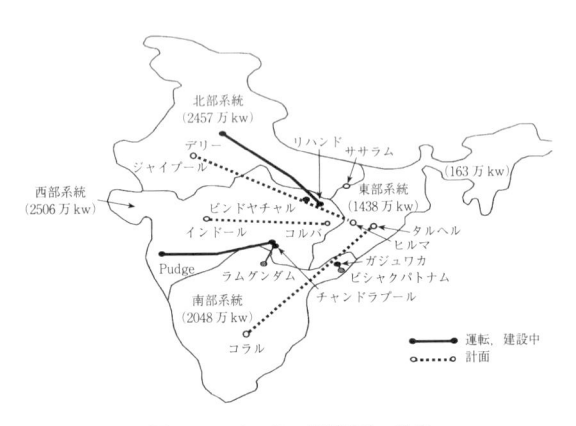

図4.1.7 インドの直流連系，送電

されたが，水力開発のとりやめを機に計画は宙に浮いた状態となっている．

4) 南米 南米のブラジルは大きな領域を含み，主な需要地はサンパウロ，リオデジャネイロの南部地域と古くから開発された東北地域に分かれている．これらを連系するため500 kV送電線が建設され，電気的な距離を縮め系統安定化を目的にサイリスタ制御直列コンデンサ（TCSC：thyristor controlled series capacitor）が採用されている．また，将来にわたってアマゾンの水力電源の活用が計画されているが，これらの活用のためには，長距離の送電が不可欠となる．

一方，南米で電力系統が発達している国はアルゼンチンとブラジルであり，アルゼンチンは火力発電が主体の電力系統で，ブラジルは水力発電が主体となっている．このためアルゼンチンとブラジルの連系について各種検討が進められ，アルゼンチンから燃料をパイプラインで送りブラジルに発電所を建設する計画などが出ている．この連系でネックとなるのは両国の周波数の違いである．パラグアイ，ウルグアイを含めアルゼンチンは60 Hzであるのに対し，ブラジルは50 Hzである．このため，パラグアイとブラジルの国境に建設されたイタイプ水力発電所の半分は50 Hz系統用として交流送電でブラジルに送られており，残り半分は60 Hzで発電して，2ルートの直流送電（3150 MW，±600 kV，785 km）で送られている．また，60 Hzと50 Hzの両系統を連系するため，ウルグアイ，パラグアイとブルジルを結ぶ2ヵ所の直流連系のほかに，コンデンサ転流形変換器（CCC：capacitor commutated converter）を用いた直流連系によりアルゼンチンとブラジルが連系されている．

5) アフリカ 地中海沿岸地域では，各国の系統間の連系が進んでおり，スペインとモロッコの連系，ヨルダンとエジプトの連系が完成している．これにより環地中海連系が完成し，エネルギー資源の有効活用が図れるとしている．

一方，アフリカの水力電源としては中央アフリカのザイール川が最も大きく，この開発に関連していくつかの電源，系統計画が提案されている．需要地は北部の地中海沿岸と南アフリカにあるため長距離の電力輸送が必要とされる．

4.2 電力系統の計画と運用制御

電力系統の計画と運用制御は互いに密接に関係する．すなわち，電源の計画と送電線の計画が十分に協調がとれていないと，それらを活用して需要家に電力を供給する運用制御に大きな影響を与えることになる．このため，電源計画，系統計画へ運用計画からフィードバックがかかるようにしている．しかしながら，電源計画・建設に十数年，系統計画・建設に数年かかることから，年単位での運用計画からの反映は十分とは言えない．このため，長期の需要想定をもとにした電源計画，系統計画は電力系統の良し悪しを決めることとなる．特に，長期の経済や景気を見通した需要想定が要となる．

一方，系統運用は当日の需要変動や気象条件の変化，系統事故などに応じて時々刻々の対応が求められ，運用計画によって設備された電源，系統の構成のみならず，

系統制御装置，保護システムの設定などを活用するため，十分な計画がなされていなければならない．十分な運用計画ができていない電力系統では，需要変動や系統事故に対して十分な対応がとれず，大規模な停電となる場合がある．

4.2.1 需要想定と電源・系統計画
a. 電力需要の変遷と需要想定
わが国の電力需要は図 4.2.1 に示すように，石油危機における国を挙げての省エネルギーで一時的に停滞することはあっても，おおむね一様にいわゆる右肩上がりで増加してきた．この増加の状況をさらに詳細にみてみると，図 4.2.2 に示すように，1 年間の季節別，また 1 日の時間帯でも大きく変化している．このことは，電力系統を考える上で重要な要素であり，電力供給の面では 1 年間のうちごく短期間しか利用しない電源，系統を確保しておく必要があることを意味する．このような電力需要の想定には各種の経済的，社会的な要因を検討する必要がある．

まず，電力需要の長期想定においては，人口や国民総生産（GNP：gross national product），鉱工業生産（IIP：indices of industrial product）などの経済指標に基づく長期エネルギー予測をもとに想定するとともに，家電機器の普及率や産業構成の時系列トレンドをもとに民生用（家庭用，業務用，小口低圧）と産業用（小口高圧，大口）の需要を個別に想定している．この需要想定をもとに，年負荷率の動向や季節，気象などの要因をもとに最大電力を想定することになる．わが国の最大電力の推移を図 4.2.1 の別軸で示す．この図に示すように，最大電力に対する年間の電力需要の比（年負荷率）は，1970 年代に約 73% であったのが，1990 年代には 60% 以下となっており，最大電力が先鋭化していることがわかる．

b. 電源計画と電源開発
以上に述べた需要想定をもとに電源計画を立てることになる．原子力，火力，水力，ならびに新エネルギーなどの電源の運用特性，環境影響，燃料確保の安定性を考慮して策定することになるが，電源立地への対応やエネルギー情勢を考慮する必要がある

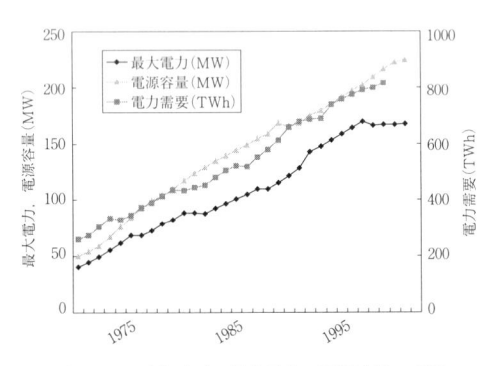

図 4.2.1　電力需要，最大電力，電源容量の変遷

4.2 電力系統の計画と運用制御

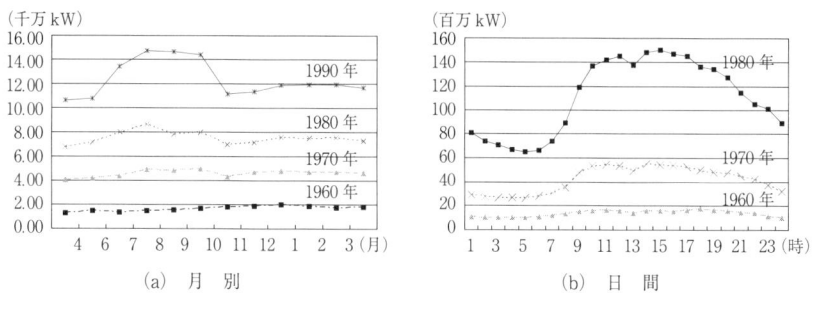

図 4.2.2 最大電力の推移

(エネルギー源については 2 章を参照されたい).

まず，原子力は石油代替エネルギーとして主要な電源であり，放射線防護や耐震性の構造から建設費が高い反面，燃料費が安いという特徴をもつ．ただ，燃料の健全性などの観点から一定出力で運転せざるをえない運転特性と，原子力立地の合意の困難さによる計画から運開までの期間が長いことから，ベース電源*として位置づけられる．

> *一定の出力で効率的な電源をベース電源として，需給調整などに対応して速い応答が可能な電源をピーク電源とする．朝・夕・昼の負荷変化に対応できる電源をミドル電源とする．

次に石炭火力はその埋蔵量が他の化石燃料より多く，産出地が偏らないことから安定したエネルギー源として期待されているが，大規模な港湾と石炭揚陸設備，広い貯炭場と灰捨場，さらに厳しい環境対策が必要である．そのため，建設費が高いことと，燃料の取扱いが難しく，起動・停止が容易でなく，負荷変化速度も遅いことから，ベース電源として扱われる．一方，近年原子力の開発が困難になっていることから，石炭ガス化など地球環境への影響の少ない石炭火力の開発が促進されている．

LNG 火力は，特別な LNG 基地を必要とするため建設費が高く，テイクオアペイ (生産に対する引取りが義務づけられ，引取れない場合は違約金を支払うこと) の燃料確保の硬直性により割高な燃料費とならざるをえず，石油火力より高い発電コストとなる．また，運用性についても，起動・停止時間や負荷変化速度は石炭火力より速いものの，ミドル電源としての運転のためには設備改造が必要となる．

なお，石油火力は高い運用性と低い発電コストで，石油危機までは広く活用されてきたが，世界エネルギー機関（IEA：International Energy Agency）の合意により，新規の開発を控えている．

水力は自然エネルギーを活用した国産エネルギーで燃料費はかからないが，山間地の大規模な土木工事のため高い建設費となる．また，自流式水力では出水状況により発電が決まり，貯水池式水力でも貯水量により運用が制約される．一方，運用制約が大きい原子力の導入に伴って，揚水式発電が開発され，夜間の揚水をもとに水力の運用制約が緩和されている．このような水力のピーク電源としての位置づけは，原子力

表 4.2.1　長期供給計画，電源計画（一般電気事業分）

年　度	電力供給計画（億 kWh）			電源開発計画（万 kW）		
	2001	2007	2012	2001	2007	2012
石炭火力	1894	1879	2016	3050	3922	4315
LNG 火力	2475	2408	2451	5880	6186	6609
石油火力	594	733	544	4579	4336	4233
原子力	3198	3686	4422	4574	4958	6508
一般水力	753	789	792	2015	2057	2062
揚水発電	125	171	188	2471	2545	2742
地　熱	34	33	33	52	52	52
新エネルギー	29	36	59			
合　計	9240	9931	10675	23030	24429	26892

や石炭，LNG 火力の増加とともに確立されてきた．しかしながら，大規模な水力の開発はほとんど飽和状態にあり，今後建設費がいっそう高い小水力の開発，あるいは老朽水力の改修に向かっている．表 4.2.1 に長期電源計画の例を示す．

　これらの電源の特性をもとに電源開発が進められるが，いずれの電源もその建設に長時間を要する．特に原子力ではその立地地点の了解に，火力では漁業に対する補償交渉にかなりの時間を費やしており，十年近くの建設期間の大半を準備に費やすことになる．

c.　系統計画と供給信頼度の評価

　電力系統は電源からの電力を需要地に安定に届ける役割をもつ．このため，電源計画に合わせて系統計画を策定する必要がある．まず，電源送電線では，電源立地に合わせて送電ルートを決めるとともに，送電容量から電圧階級，ルート数を決める．原子力や LNG 火力の大容量電源が遠隔地に立地されるに従って，高い電圧階級が採用され，1 ルートの送電電力が多くなる．一方，送電ルート断の事故による電源脱落の系統全体への影響が大きくなり，電圧階級とルート数の選定が重要となる．このため，通常の事故に対する各種安定度向上方策とともに，万一の事故に対しても安定運転を確保する方策が採用されている（4.3 節参照）．

　一方，大都市の外輪系統は超高圧変電所や一次変電所を結んで，需要地に安定に電力を供給する．この系統には長距離の電源線とともに，需要地近傍の火力電源が連系され，電力をプールする役割を果たす．そのため，電源の偏在化や需要の集中などの考慮が必要であり，また，電源の運転状況や需要変化に応じて大きく変わる潮流変化に対応できる必要がある．この外輪系統の事故や変電所の母線事故の場合は全系統への影響が大きく，事故の局限化が図られている．

　一次変電所から需要家近くの二次（中間）変電所，配電変電所への電力供給は，負荷供給系統により行われる．この系統は表 4.2.2 に示すように，大都市部では単一ユニット方式あるいは多端子ユニット方式が採用され，1 ユニットの事故に対しても供給支障が生じないように構成されている．過密都市への長期的に高信頼度の供給を可

能とするため，超高圧のケーブル送電が行われている．一般的な地域供給は放射状方式の架空送電により行われるが，特に高信頼度の供給が必要な場合はループ方式が採用される．送電線は一般に2回線であるが，送電ルートの確保が困難な場合は4〜6回線となっている．

　これらの系統計画に基づいて，送変電設備の開発が進められるが，電源開発と同様に用地確保が重要な課題で，建設期間の大半を費やすことになる．特に大都市での負荷供給系統の開発においては用地確保が困難な状況にあり，既存設備のリプレースによる増容量化などの方策がとられている．

　以上の系統計画，開発をもとに，電力系統の供給信頼度を単一事故あるいは二重事故に対して評価することになるが，一般に電源送電線は単一事故で系統安定度が維持できること，ルート事故で系統全体の供給支障が生じないものとしている．一方，負荷供給系統では負荷の重要性に応じて供給信頼度を評価している．すなわち，単一事故では供給支障は生じないが，二重事故で供給支障が生じるものの，短時間に供給回復が可能なように計画する．この回復に要する時間は系統の構成，供給地域の実態に応じたサービスレベルなどを考慮して決められる．系統構成と供給信頼度の評価を表4.2.2に示す．

表4.2.2　系統構成と供給信頼度の評価

系統構成			供給信頼度の評価
電源系統	電源～外輪系統		・単一事故；電源の安定度維持 ・ルート事故；受電系統に大規模な影響がない
負荷供給系統	大都市供給系統	単一ユニット　多端子ユニット	・単一，二重事故とも，1ユニットの事故で供給支障にならないよう負荷配分 ・短絡電流の検討
	一般地域供給系統	放射状方式	・単一事故；短時間の系統切り替えで，早い供給回復 ・二重事故；供給支障を許容
		ループ方式	・単一，二重事故とも，送電線事故で供給支障なし

4.2.2 需給運用と需給制御
a. 電源の運用計画

電源の起動・停止の運用計画は電力の安定供給の面で重要な課題で，想定需要に対して所与の電源が最も経済的になるように電源を組み合せ，補修計画，貯水運用を決定して，他社からの融通などを考慮し，供給信頼度の確保を図っている．

このため，年間の最大電力に対応して，電源設備の供給能力を算定する必要がある．各水力，火力，原子力の供給能力をもとに設備の補修などを加味して供給予備力を算定するものである（図4.2.3参照）．水力の供給能力はその方式によって異なり，自流式での過去数年の発電力から求めた可能発電力に調整池式の増加発電による調整電力を加え，計画補修量と所内分を差し引いて求められる．すなわち，貯水池式では責任放流（ダム下流の産業を維持するために決められた放水量）や洪水調整および計画補修などを考慮して求め，揚水式では貯水池容量や揚水源資を考慮して算定される．

火力・原子力の供給能力は発電能力から補修計画による停止電力と所内電力を差し引いたものであるが，火力・原子力はユニット容量が大きく，定検インターバルも蒸気タービンが2年に1度，ボイラ・原子炉が1年に1度で，火力ボイラで15～60日，蒸気タービン30～75日，原子炉2～3ヵ月となっており，補修計画の算定は複雑である．これらの供給能力のほかに各社間の融通電力，自家発電からの自家消費を超える契約分などがある．

一方，これらの運用計画に対し，設備事故による計画外停止や出水変動，気温変化やイベントなどによる需要変動を確率的に組み合わせ，最大電力の持続曲線との対比から供給見込み不足日数を求めることにより，供給信頼度の評価を行うことができる（図4.2.4参照）．一般に電力各社では年最大ピークの現れる月の見込み不足日数を0.3日/月を目標値としている．この場合，供給予備力は最大電力の8～10％を想定して，供給能力から差し引いて計算することになる．なお，電源設備の計画外停止の確率は，水力，火力，原子力のn台のうちr台が停止する確率を求め，次のように出力区分での総合として計算する．

$$計画外停止の確率\ P(r) = {}_nC_r p^r (1-p)^{n-r} \tag{4.2.1}$$

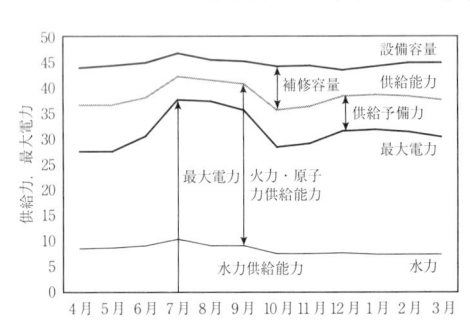

図 4.2.3 年間の電力需給計画

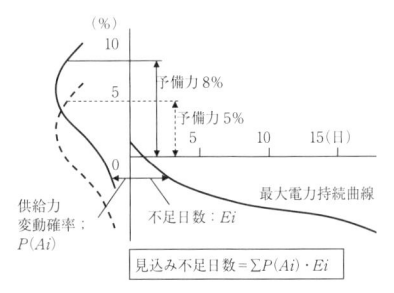

図 4.2.4 供給予備力と供給不足日数

ここで，pは各ユニットの計画外停止率（水力0.5％，火力・原子力2.0〜2.5％）．

また，出水変動については，過去の実績をもとに出力変動確率分布を作成し，第5出水時点（過去の出水実績のうち5番目に出水の多い時点）を基準に用いる．需要変動には，季節，曜日，日間の周期的な変動のほかに，冷暖房，電灯需要に影響する気象的変動，高校野球や事件のテレビ放映などの社会的変動があるが，気象的変動の影響が近年大きくなってきている．

以上の年間の運用計画に対し，月間，週間で見直しを行い，最終的には翌日の運用計画となる．

b. 経済負荷配分

このようにして策定した運用計画をもとに，電源の起動・停止，周波数調整などの需給調整に加え，全体としての経済運用を行うことになるが，電源の種類によってその運用特性が異なるため，分担が異なる．すなわち，貯水池式水力や揚水式水力は高い応答性を有するが，火力については，需要変動に対応した日間，週間運用（DSS：daily start-stop, WSS：weekly start-stop）への対応，経済負荷配分や負荷周波数制御に対する負荷変動，ガバナフリー（3.2節参照）を分担することになる．

まず，水力の経済運用の目標は，季節によって出水に差があり，落差や流入量で発電量が変わる，水系全体としての効率的な運用が必要，などの制約条件下で発電電力量を最大とすることにある．このため，最大需要のピーク時に稼動し，火力の燃料使用を削減して，系統全体として経済性を高めるよう運用される．また，揚水式水力は揚水時の損失が伴うため効率的ではないが，原子力や石炭火力など運用に弾力性が乏しい電源が増えるに伴って，余剰電力で揚水してピーク時に低効率火力の可動を抑制するなどと有効に活用されている．揚水によるメリット評価は下式で計算できる．

$$M = (C_1 - C_2/\eta) \cdot P + S \tag{4.2.2}$$

ここで，P：揚水発電出力，C_1：低効率火力の発電コスト，C_2：深夜（高効率）火力の発電コスト，S：低効率火力の起動費，η：揚水発電の総合効率．

次に，火力の起動・停止の費用を含めた運転費は，図4.2.5に示すように出力が増えるとともに増加する（運転費曲線）．一方，出力増加に対する費用の増分は出力が増えると増加する（増分費曲線）．このような発電所が並列された状況で，トータルの運転費を最小化するため，経済負荷配分（EDC：economic dispatch control として次の関数を最小化する．

$$F_t = \sum F_i(P_i) \tag{4.2.3}$$

ここで，F_iはiユニットの出力P_iにおける運転費である（3.2.3項参照）．

c. 系統周波数制御

電力系統の需給制御は，上記の運用計画に基づいて経済運用を実現することであるが，安定運用

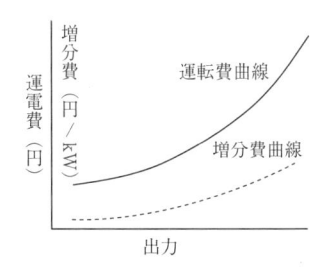

図4.2.5 発電所の運転費，増分費

表 4.2.3　各電源の応答性能

	瞬時の応答能力（%/Hz）	長時間の出力調整能力（%/分）
ダム式水力	40～60	5～20
石油火力	10～30	3～5
LNG火力	10～30	2～4
石炭火力	～20	～1
原子力	未運用	未運用
太陽光・風力	なし	なし
その他分散型電源	あり?	あり?
出力応答	出力指令値／出力（0～1分）	出力指令値／出力（0～1時間）
制御機能	出力制御　ボイラ－タービン－発電機	給水，燃料供給／出力制御　ボイラ－タービン－発電機

のためには系統周波数を一定に保つ必要がある．このため，各発電所は需要変動に応じて起動・停止を行うとともに，系統周波数を一定に保つために出力調整を行うことになる．ただ，各発電所は表4.2.3に示すように異なる応答性能をもつため，それぞれ有効に運転する必要がある．

　電力系統は需給のバランスに応じて系統周波数が変化する．その変化特性は系統を構成する発電機の特性に大きく依存するが，電源脱落などの場合の系統周波数の低下は，図4.2.6に示すように外乱の初期の応答は系統の慣性で決まる．その後，負荷の周波数特性が周波数の低下を抑制し，早い応答性をもつダム式水力，ガバナフリー火力が周波数低下を食い止める（瞬動予備力）．この周波数低下の状態を基準の周波数に回復させるため，出力調整能力をもつ火力が負荷周波数制御（LFC：load frequency control）を行うことになる（運転予備力，3.2.1項参照）．

　このように，各電源はそれぞれの能力に応じて出力調整を行い，系統の安定運用に寄与しているが，先に述べた経済運用配分との調整結果は中央給電指令所の系統制御として各発電所に伝えられる．

　一般に，鉄鋼や製紙，繊維工場などの需要家ではモータなどを動力源として用いており，このため，モータの一定速度の維持には系統周波数の維持が重要である．近年はパワーエレクトロニクスを活用したインバータの普及により，系統周波数に関係なく運転可能な設備も存在するが，系統周波数は産業製品の

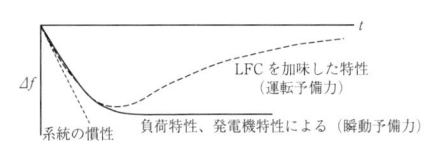

図 4.2.6　電源脱落時の系統周波数の応答

表 4.2.4(a)　発電プラントの周波数低下限界

	主な要因	50 Hz 機	60 Hz 機	備　考
タービン	動翼の共振 軸振動	48.5 Hz 30.0～43.0 Hz	58.0, 58.5, 59.0 Hz	連　続 〃
ボイラ・ 原子炉	補機能力の低下	47.5 Hz	57.5, 58.2 Hz 57.0 Hz	瞬時（PWR） 連続（ボイラ，BWR）
発電機	過励磁	47.6 Hz	57.1 Hz	連　続

表 4.2.4(b)　発電プラントの周波数上昇限界

		主な要因	50 Hz 機	60 Hz 機	備　考
タービン		動翼の共振	50.5 Hz	60.2, 60.5 Hz	連　続
ボイラ	貫流型	MFT		60.3 Hz	連　続 （D 社負荷急減試験例）
	ドラム型			61.5 Hz	
原子炉	BWR	スクラム	50.88 Hz 52.75 Hz	60.5 Hz 63.3 Hz	バイパス 25%，連続の場合 〃　100%，　〃
	PWR		51.25 Hz 52.375 Hz	61.5 Hz 62.85 Hz	バイパス 40%，負荷急減の場合 〃　100%，　〃

高品質化に欠かせない．一方，電力供給側の発電機・タービンで構成されている発電プラントにおいても，表 4.2.4 (a)(b) に示すように，系統周波数の維持が欠かせないものとなっている．特に高速に回転する巨大なタービン動翼は系統周波数の上下に共振周波数をもつため，系統周波数の維持が重要となる．

4.2.3　系統運用と系統制御
a.　系 統 運 用

電力系統の運用は，平常操作，緊急操作，復旧操作に分類され，平常操作には，系統の信頼度，経済性の観点からの系統構成の変更や設備保全のための作業停止，事故を回避するための予防措置などがある．緊急操作は，系統事故や機器故障などにより，送電線ルート断，電源トリップ，負荷脱落などに進展し，供給支障が発生するおそれがあるため，保護リレーシステムによる検出遮断のほかに，系統安定化制御や電圧・無効電力制御がこれらを支えている．さらに，過電流保護，電源制限，負荷制限，系統分離などの事故波及防止制御が設備されている．復旧操作は，緊急操作で供給支障となった負荷に対し，可能な限り速やかに電力を回復するもので，電源確保から送電線の再送電，発電機の系統並列，負荷切換えなどのほか，単独運転に成功した場合の系統並列などがある．

このような系統運用を司る体制として給電指令体系が確立されており，図 4.2.8 に体系と主な機能を示す．これらの機能において，小水力や下位変電所は無人化され，その操作は中央給電指令所からの系統操作や主要発電所，変電所の機器操作を除いて

ほとんど自動化されている.

給電指令の実施にあたっては,単純な事故が電力系統の安定運転を損なうおそれのある事故波及を防止するため,送変電設備の過負荷,電圧,系統の周波数,安定度についての運用目標値が設定される.すなわち,送電線では,1回線運用での連続熱容量あるいは故障時の他系統からの受電容量が設定され,2回線運用での1回線故障時に残り回線の短時間過負荷限度と制限時間内の過負荷解消が運用目標となっている.変圧器では,1バンク故障時に残りのバンクの過負荷限度と制限時間内の過負荷解消が決められている.また,系統周波数についても,系統分離あるいは大規模電源の脱落時に,系統安定化方策により電源制限あるいは負荷制限が行われ,0.5 Hz の上昇,1.5 Hz の低下に収められるが,このためには事前の電源出力,送電線の潮流を一定限度に収める必要がある.系統電圧についても,電源,送電線の停止において,無効電力の供給不足や潮流増加による無効電力損失の増加が電圧低下を来たすため,潮流,電圧の目標値を決めている.さらに,安定度に関する運用目標としては,各種想定故障条件での解析により,電源の限界出力や送電線の限界潮流が求められる.これらの運用目標は常時の系統運用で設定されるのみならず,電源や送変電設備の作業停止に対しても設定され,系統監視によるオンライン情報と比較される.

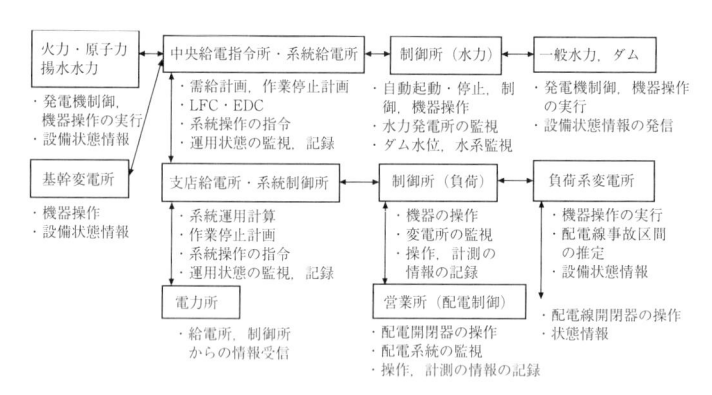

図 4.2.7　給電指令体系と主な機能

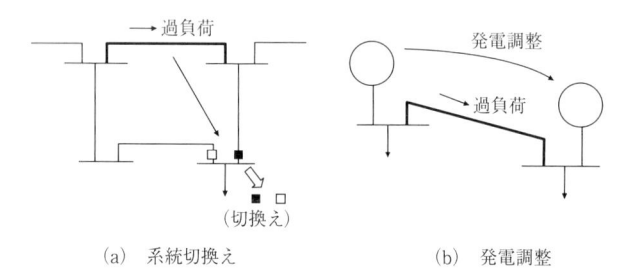

図 4.2.8　潮流調整の例

(a) 系統切換え　　(b) 発電調整

系統監視において運用目標値を超す場合，あるいは想定故障によるシミュレーションで運用限度を超す場合，系統切換え，発電調整を実施して，運用目標内になるよう潮流調整が行われる．系統切換えは送変電設備の潮流超過に対し，系統構成や潮流条件を考慮して常時解放点の変更により潮流超過を解消する（図4.2.8(a)）．発電調整も潮流超過に対し，一方の発電機の出力を減らし，他方の発電機の出力を増加することで，潮流の軽減を図る（図4.2.8(b)）．一方，送変電設備への落雷による系統事故を避けるため，気象観測による雷雨情報や気象レーダによる落雷情報を用いて，あらかじめ異常気象や発雷予測を行い，当該送変電設備を系統から切離す，あるいは潮流を軽減するなどの対策を行っている．

b. 電圧・無効電力制御

平常時の負荷変動などに対して，運用目標を逸脱しない，さらにはより効率的な運転を目指して系統制御が行われている．先に述べた系統周波数制御（3.2節および4.2.2項c参照）もこの範疇であるが，ここでは電圧・無効電力制御について述べる．なお，緊急時に対応する系統安定化や事故波及防止については，次節で述べる．

電力系統の電圧は，発電端で一定電圧を維持していても，負荷端では昼間の重負荷時には低くなり，夜間の軽負荷時には高くなる．このため，発電機の励磁装置による電圧維持と負荷端の調相設備，変圧器の負荷時タップ切換え器（LTC：load tap changer）などによる電圧調整の協調が必要となる．たとえば負荷端での電圧低下に対応して電力用コンデンサを投入した場合，近傍の発電機が低い電圧を維持すると進相運転となり，安定運転に問題が生じることになる．

発電機の励磁装置の概略は図4.2.9に示すとおり，直流発電機あるいは整流装置により得られる直流電圧を界磁巻線に印加して直流電流を流し，界磁磁束を発生することで，電機子巻線に交流電圧を発生している．この発生交流電圧を調整するためには，直流電圧を調整する必要があり，直流発電機の界磁あるいは整流器の点弧角を制御することになる．この場合，界磁電流を増やすことで発電機電圧が高くなり，系統へ無効電力を供給することで，系統電圧が高められる．一般に，発電機は端子電圧を一定に保つよう自動電圧調整装置（AVR：automatic voltage regulator）が用いられるが，

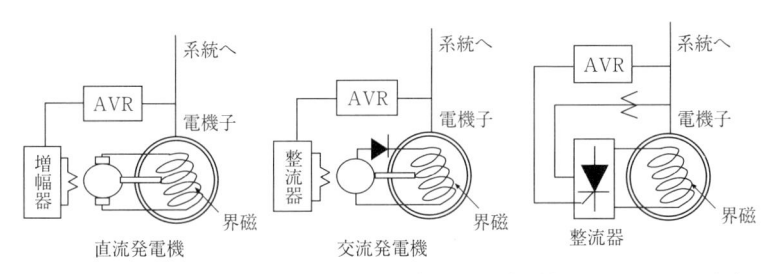

(a) 直流励磁機方式　(b) 交流励磁機方式（ブラシレス）　(c) サイリスタ励磁方式

図4.2.9　発電機の励磁方式

(a) 調相設備の制御　　　　　　　(b) 変圧器タップ制御

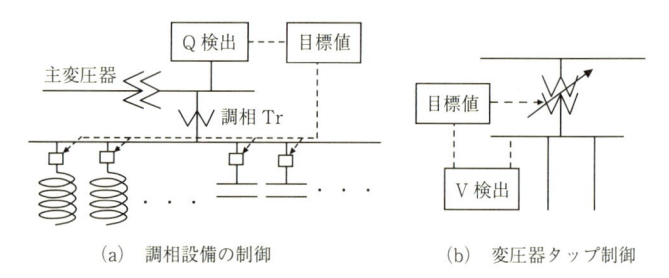

図 4.2.10　調相設備，変圧器タップ制御

発電機によっては自動力率調整装置が用いられる．

調相設備による系統電圧の調整は，電力用コンデンサ（SC：static capacitor）あるいは分路リアクトル（ShR：shunt reactor）の開閉によって行われる．図 4.2.10 (a) に変電所の調相設備の構成を示す．この調相設備の開閉は変電所の無効電力潮流に応じてシーケンシャルに，または時間スケジュールに従って行われる．

また，変圧器の LTC（図 4.2.10 (b)）は，一般に変圧器の二次電圧を目標値とするように，自動または手動で行われる．目標電圧は系統ごとに異なるが，超高圧系統では機器の許容範囲から，目標電圧範囲を基準電圧 ±5% としている．特高需要家あるいは下位変電所へ供給する変電所では，到着電圧がそれぞれの変電所のタップ動作範囲内となるよう，負荷需要に応じて電圧降下を計算して時間スケジュールで調整される．

これらの電圧維持装置を組み合わせて，系統電圧を目標値に抑えながら送電損失を最小化する電圧・無効電力制御が実施されている．具体的な処理手順は以下のとおりである．

① 対象系統の母線および発電機の電圧，無効電力，SC, ShR の投入状態，変圧器タップ位置，ならびに送電損失計算の対象となる線路潮流，電圧の情報を得る．
② 発電機，調相設備，変圧器タップの無効電力の容量変化分を計算する．変圧器の無効電力はタップ比を n として，次式で計算できる（3.3.1 項 e 参照）．

$$Q = V_1 \cdot V_1 - V_1 \cdot (V_2/n) \cdot \cos\delta / X \tag{4.2.4}$$

ここで，V_1, V_2 は一次，二次の電圧で δ は電圧位相差，X は漏れリアクタンス．
③ 電圧を目標値に抑えるため，次式の電圧偏差の和を最小化する．

$$\Phi = \sum \Delta E i^2 \tag{4.2.5}$$

最小化のためには，SC, ShR などの無効電力変化に対する感度 $\delta\Phi/\delta x$ を求め，最大のものから操作を行い，すべてが目標値以内あるいは最小値になるまで繰り返す．
④ さらに，送電損失が最小になるよう，$\delta L/\delta x$（L，送電損失の和）の最大のものから調整する．この場合，目標値を超すことがないよう留意が必要である．

以上のようにして求めた調整量に従って，電力系統の各機器が中央給電指令所からの指令に従って制御を行う．

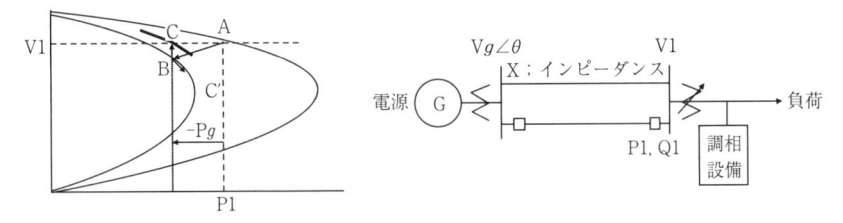

図 4.2.11 負荷端発電機による電圧維持能力

なお，電圧，無効電力に関連して，近年の海外の大規模事故波及の原因として注目されている電圧安定性にふれておく．図4.2.11に示す負荷供給系統における電力関係式は次式で表すことができ，これを電力‐電圧の関係で表示すると，同図に示すいわゆるノーズカーブ（電力‐電圧（PV）曲線が鼻のようにとがっていることからの呼称）が得られる．

$$(V_l^2)^2 + (2Q_l \cdot X - V_g^2) \cdot (V_l^2) + P_l^2 \cdot X^2 + Q_l^2 \cdot X^2 \tag{4.2.6}$$

ここで，V_g, V_lは電源端，負荷端の電圧，P_l, Q_lは負荷端の有効，無効電力．

この図に示すように，送電線の1回線がトリップしたとすると，運転点がAからBに移り，調相設備制御や変圧器のタップ制御が適切に動作しない場合，C'に向けて運転点が移動し不安定となる危険性が生じる．制御が適正に動作することで安定運転点Cが得られる．

4.3 電力系統の安定運転

4.3.1 系統安定度の維持

電力系統の安定度は，送電線の開閉や系統事故，電源脱落，負荷脱落など各種系統外乱に対し，発電機間の同期運転が維持できるかで評価する．3.4節で述べたように，送電線の1回線解放や負荷の微小変動などきわめて小さな外乱に対し安定運転が維持できるかを定態安定度といい，系統事故などにより発電機の負荷が一時的に消滅するような大きな外乱に対する安定度を過渡安定度と呼んでいる．

過渡安定度は図4.3.1に示す位相角—電力特性を用いて説明することができる．すなわち，2回線の電源送電系統において，1回線事故による発電機の加速が事故除去後に十分に減速されるかが問題となり，式(4.3.1)，(4.3.2)による発電機の運動方程式が安定度を決めることになる．この場合，発電機と送電線のリアクタンスの和Xが小さい（距離が短い，並列回線数が多い）ほど，あるいは系統電圧V_1, V_2が大きいほど，発電機の安定度がよくなる．

$$M \cdot d\omega/dt = Pm - V_1 \cdot V_2/X \cdot \sin\delta \tag{4.3.1}$$

$$d\delta/dt = \omega \tag{4.3.2}$$

ここで，M；慣性定数，ω；回転子角速度，Pm；機械入力，δ；回転子位相角である．

一方，定態安定度は系統の運転状態での微小外乱に対する安定性を示すもので，簡

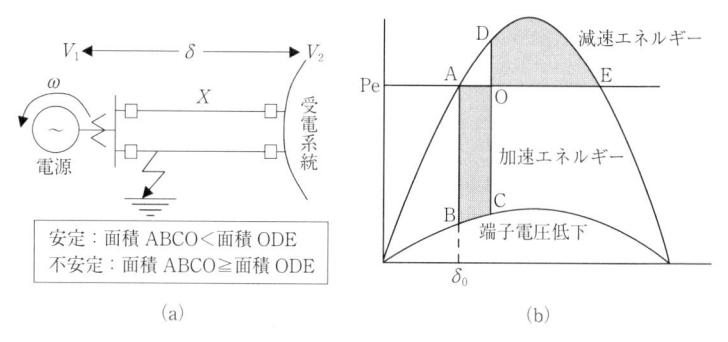

図 4.3.1 電源送電の過渡安定度（等面積法）

単な電源の送電系統の場合は上式の微小変化は下式により安定判別できる.

$$M \cdot d^2\Delta\delta/dt^2 + V_1 \cdot V_2/X \cdot \cos\delta \cdot \Delta\delta = 0 \tag{4.3.3}$$

この式（4.3.3）の解は第2項の係数 $V_1 \cdot V_2/X \cdot \cos\delta$ が正で安定である. なお, X には発電機の同期リアクタンスを用いる点が, 上記の過渡安定度で過渡リアクタンスを用いることと異なる. 式（4.3.3）第2項の係数を同期化力と呼ぶ. このような系統の安定度は発電機のリアクタンスを含む系統インピーダンスを小さく, 系統電圧を高くするなどにより向上できる.

a. 系統事故と安定度

電力系統に発生する事故の主なものは, 発電所, 送電線, 変電所の台風, 地震, 雪害, 雷害などの自然災害である. これらのうち, 送電線への発生頻度が高い雷害が系統事故として重要であり, その対策が系統保護システムとして設備されている. なお, 発電所や変電所も雷害をこうむる可能性があるが, これらに対しては雷遮蔽などにより十分な対策が行われており, 事故発生頻度は小さい. 送電線の雷事故は, 通常, 上からの雷が地線に落雷して, 雷電流を地線, 鉄塔を通じて大地に逃がすことで保護される（地線が避雷針の役割を果たす）が, 鉄塔の大地抵抗による電位上昇が導体を支えている碍子連あるいはそれを保護するアークホーンに放電を引き起こすことがある（逆フラッシオーバ）. 一方, 斜めからあるいは横からの雷が導体に落雷した場合, 碍子連あるいはアークホーンの放電（フラッシオーバ）を引き起こす（図4.3.2）. いずれの場合も, この放電通路を通して電源から事故電流が注入され, これらを保護するため, 送電

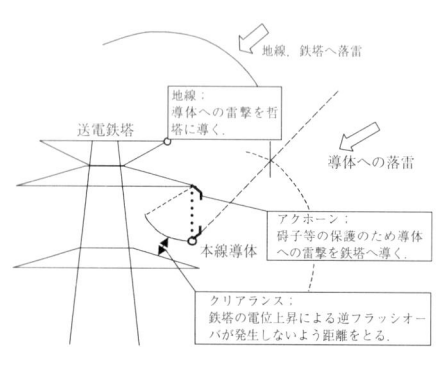

図 4.3.2 架空送電線の耐雷方策

4.3 電力系統の安全運転

線両端の変電所で事故電流を検出し遮断器を解放して遮断する（続流遮断）．
　この事故電流は遮断器の容量選定や通信線への電磁誘導に影響するため，十分な検討が必要である．一般に遮断器の容量の決定にあたっては，変電所の至近端の短絡を想定して，次式により短絡電流 I_{sc} が計算される．

$$I_{sc}\,[\mathrm{kA}] = \frac{1}{Z_1\,[\mathrm{p.u.}]} \cdot \frac{1000\,[\mathrm{MVA}]}{\sqrt{3}\,V_b\,[\mathrm{kV}]} \qquad (4.3.4)$$

ここで，Z_1；事故点からみた正相インピーダンス（1000 MVA ベース），V_b；系統電圧ベース
　一方，系統事故での発生頻度が大きい1線地絡事故の地絡電流 I_{1G} は，同様に次式で求められる．

$$I_{1G}\,[\mathrm{kA}] = \frac{3}{2Z_1 + Z_0\,[\mathrm{p.u.}]} \cdot \frac{1000\,[\mathrm{MVA}]}{\sqrt{3}\,V_b\,[\mathrm{kV}]} \qquad (4.3.5)$$

ここで，Z_0；事故点からみた零相インピーダンス（1,000 MVA ベース）
　これらの短絡電流，地絡電流を検討するにあたって，変電所の中性点の接地方式に留意する必要がある．すなわち，需要地近くの154 kV 級以下の系統では，地絡電流による通信線への影響を軽減するため，抵抗接地やリアクトル接地など非有効接地方式を採用しており，地絡電流が短絡電流より小さくなるが，187 kV 以上の超高圧系

表4.3.1　2回線送電線事故の組合せ

第1回線 第2回線	1LG(A) -	〃 1LG(A)	〃 1LG(B)	〃 2LG(A, B)	〃 2LG(B, C)	〃 3LG
事故シーケンス	1ΦG-O	1ΦG-欠	2ΦG-O	2ΦG-欠	3ΦG-O	3ΦG-欠
第1回線 第2回線	2LG(A, B) -	〃 2LG(A, B)	〃 2LG(B, C)	〃 3LG	3LG -	〃 3LG
事故シーケンス	2ΦG-O	ルート断	3ΦG-欠	ルート断	3ΦG-O	ルート断

注）LG；線の地絡，O；解放（遮断），ΦG；相地絡，欠；欠相，(A, B, C)；事故発生相

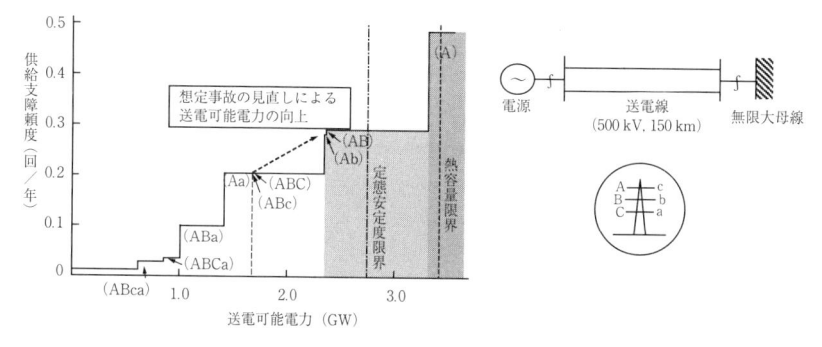

図4.3.3　想定事故に対する送電可能電力
　　　　注：（　）内は事故相

統では地絡電流も短絡電流も差がなくなる．このことは，遮断器の容量決定の上で重要である．

2回線送電線の事故の組合せは，表4.3.1に示すように多くの組合せが考えられるが，系統の安定度にとってはその影響が異なる．図4.3.3に示すように，電源送電系統の検討では，通常の検討に用いられている1回線3LG-O（-C）と比較すると，想定事故を1ΦG-Oとすることにより，送電可能電力が30％程度向上し，系統の信頼度（年間の発生確率）も向上することがわかる．

b. 保護システム

発電所や変電所，送電線の事故に対し，その事故が継続して機器を破損しないよう，また事故の影響を局限するため，保護システムに工夫が図られている．発電所の発電機や変電所の変圧器の機器保護には，比率差動リレー（電流差動の原理で，電流変成器の特性差，飽和を抑制したもの）を主保護とし，距離方向リレーや過電流リレーを後備保護としている．一方，変電所の母線においては，万一事故が発生した場合に，大規模事故に進展しないよう，主保護と後備保護の協調が図られている．表4.3.2に電圧階級に応じた母線構成と保護システムを示す．すなわち，万一の事故を高速かつ確実に除去するため，高速度電圧電流差動リレーを主保護とし，重要な母線の後備保護に距離方向リレーや過電流リレーなどを採用して，一段と信頼度の向上を図っている．この表に示す母線方式の構成を図4.3.4に示す．

送電線保護は，先に述べた事故遮断をいかに高速かつ正確に実施するかによって，系統の安定度を左右することになる．架空送電線の保護は，表4.3.3に示すように，275 kV以上の送電線では，差電流原理のリレーを用い，さらに2系列化して，高速，確実に遮断できるようにしている．154 kVでは，方向比較または差電流原理による方式（PW；パイロットワイヤ伝送）を用いている．66 kV以下の系統では，重要な送電線ではPW方式を用いる以外は，経済性を考慮した保護方式を採用している．

c. 系統安定化制御

系統の安定度向上対策として，表4.3.4に示すように系統構成，発電機制御，保護

表4.3.2 母線の保護方式

電圧階級	母線構成	主保護	後備保護	その他
500 kV, 275 kV	二重母線，リング母線 1・1/2母線	短絡，地絡とも；高速度電圧・電流差動リレー	距離方向リレー	主保護二重化
154 kV	二重母線，単母線（超高圧二次，火力）	同上	短絡；過電流リレー or 距離方向リレー 地絡；地絡過電流リレー or 地絡方向リレー 地絡過電圧リレー	同上
66 kV	二重母線，単母線（超高圧二次）	同上	短絡；過電流リレー 地絡；154 kVと同じ	同上

4.3 電力系統の安全運転

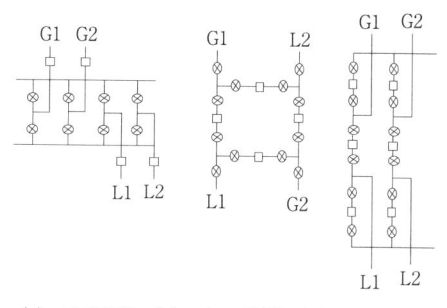

(a) 二重母線　(b) リング母線　(c) 1・1/2 母線

図 4.3.4 母線方式の構成

システムなど各種の方策が実用化されている．このうち，発電機制御や系統制御による方策は他の方策より安価に実施できることから，広く開発が進められ実用化されてきた．ここでは発電機の PSS (power system stabilizer) 付き超速応励磁による系統安定化制御と静止型無効電力補償装置 (SVC：static var compensator)，ならびにパワーエレクトロニクス技術の適用による系統安定化について述べる．

発電機の励磁装置には，4.2.3 項で述べたように直流発電機方式，交流発電機方式，ならびにサイリスタ方式があり，サイリスタ方式は応答速度が速いことに加え，頂上電圧（界磁の印加最高電圧）が高く設計できるので，系統事故除去後の回復電圧を高くして安定度の向上を図ることができる．このように高感度の励磁装置を導入することは，過渡安定度への効果が高い反面，系統動揺に対する安定性が悪くなる場合がある．このため，系統動揺に合わせて調整が可能な PSS が採用され，広く系統安定化に活用されている．PSS による系統安定化は，発電機出力 ΔP や $\Delta \omega$ を入力として，発電機の動揺を打ち消すように自動電圧調整装置（AVR；automatic voltage regulator）への信号を作成する（図 4.3.5 参照）．

表 4.3.3 送電線の保護方式

電圧階級	送電線	主保護	後備保護	
500 kV, 275 kV	2 端子，3 端子	各相電流差動リレー	距離方向リレー（1〜4 段）高速後備保護リレー	主保護 2 系列 多相再閉路
154 kV	遠距離（2〜4 端子）	短絡；距離方向リレー 地絡；地絡方向リレー	短絡；距離方向リレー（1〜3 段）地絡；地絡方向リレー	主保護 1 系列 3 相再閉路
	近距離（2〜4 端子）	方向比較リレー，or 電流循環 PW リレー	同上	
	1 回線送電線	短絡；距離方向リレー（1〜3 段）地絡；地絡方向リレー		主・後備共用
66 kV	遠距離（2〜3 端子）	電流バランスリレー	距離方向リレー（1〜4 段）	主保護 1 系列 3 相再閉路
	近距離（2〜3 端子）	電流バランスリレー，or 電流循環 PW リレー	短絡；距離方向リレー（1〜3 段）地絡；地絡方向リレー	
	ループ送電線	電流循環 PW リレー		
	1 回線送電線	短絡；距離方向リレー，or 過電流リレー 地絡；地絡方向リレー，or 地絡過電流リレー		主・後備共用 低速再閉路

これまで PSS を設計するにあたって，1つの発電機からの電源送電のみを対象に最適化が図られてきたが，PSS をもつ発電機が増加するにしたがって，大規模系統での最適化が必要となった．このため，大規模系統での考えられる系統条件，運転状態に対して最適化する手法が開発された．一方，大規模系統の広域動揺（長周期動揺）とローカル動揺（短周期動揺）に着目して，ΔP, $\Delta \omega$ の 2 入力で動揺抑制を図る手法が開発され，その有効性が確認されている．さらに，大規模系統の過渡安定度から長周期動揺にわたって系統安定化を図る多入力 PSS が開発されている．

次に SVC による系統安定化は海外ではかなり進んでいるが，わが国ではローカルな電圧変動の抑制や電圧安定度の改善に適用されている程度である．これは，わが国には長距離の送電線が少ないことと，系統間の連系がさほど密でないためと考えられる．一例として，系統間のねじれ（4.1.2項参照）による広域モードの弱制動の長

表 4.3.4 系統安定度の向上対策

分類	対策	過渡安定度向上	定態安定度向上
系統構成による対策	並列回線の増強 中間開閉所の設置 上位電圧階級の導入	○ ○ ○	○ ○ ○
発電機制御による対策	PSS 付き超速応励磁 タービン高速バルブ 制動抵抗	○ ○ ○	○ － －
系統制御による対策	直列コンデンサ 静止型無効電力補償装置（SVC）	○ ○	○ ○
保護システムによる対策	高速度遮断方式 脱調未然防止システム	○ ○	－ －
その他	機器仕様の改善 （インピーダンス低減，慣性定数増加）	○	○

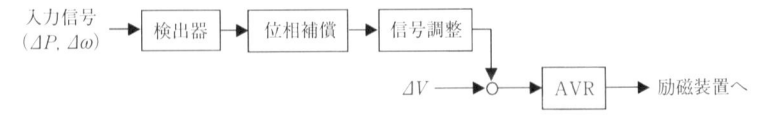

図 4.3.5 PSS の概略ブロック図

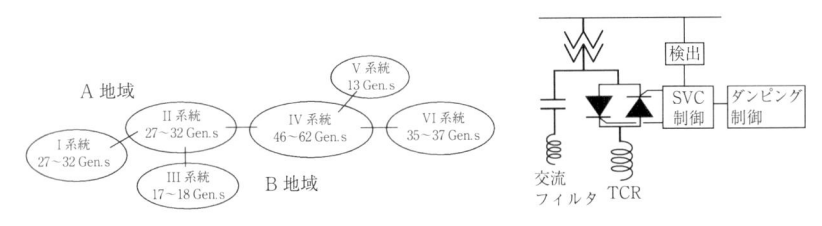

図 4.3.6 広域連系系統モデル

図 4.3.7 SVC の回路構成

4.3 電力系統の安全運転

周期動揺について検討した結果を述べる．図4.3.6に示す連系系統に図4.3.7に示すSVCを適用した場合の固有値の変化を表4.3.5に示す．設置地点により系統のダンピング向上が図られ，系統安定化制御（ダンピング制御）を付加することによりいっそうの適用効果が得られる．

さらに，パワーエレクトロニクス技術を活用した系統安定化制御について，モデル系統を対象にその適用効果を検討した．図4.3.8に示す放射状系統およびループ系統のモデルにおいて，サイリスタ制御直列コンデンサ（TCSC：thyrister controlled capacitor），位相調整器（UPFC：unified power flow controller），自励式SVCの系統安定化への効果を比較している．この場合，放射状系統では左から右への送電可能電力を3GW確保でき，ループ系統では左下の3GWの電源を右上に移動できるために必要な設備容量で安定化効果を評価している（表4.3.6）．この表にはPSSおよ

表4.3.5 SVCの適用個所と系統ダンピング係数

有無設置個所	SVCなし	SVCあり	ダンピング制御付き
A 地域端		-0.04	-0.19
A-B 地域中間	0.07	0.1	0.1
B 地域端		0.08	-0.02

(a) 放射状系統モデル　　(b) ループ系統モデル

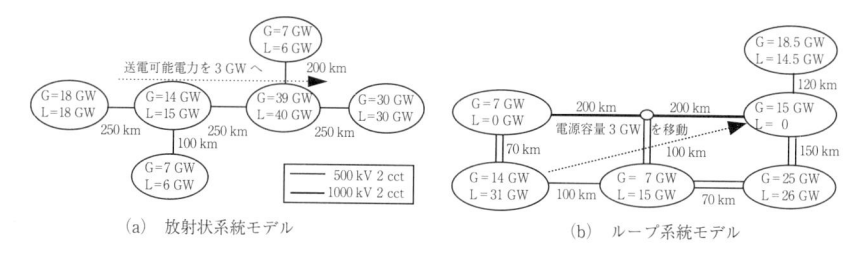

図4.3.8 解析に用いたモデル系統

表4.3.6 パワーエレクトロニクス技術による送電機能向上の評価

送電機能向上方策		放射状系統			ループ系統		
		3000 MW送電における安定度（設備容量MVA）	多機能性	総合	電源3000 MW移動における安定度（設備容量MVA）	多機能性	総合
従来方式	PSS付超速応励磁	△ (18000)*	△	△	○ (3000)*	△	△
	SVC	○ (2400)	△	△	○ (1800)	○	○
パワーエレクトロニクス応用	自励式SVC	○ (1500)	○	○	○ (1200)	○	○
	TCSC	○ (600)	△	△	○ (1000)	△	△
	UPFC	△ (1100)	○	○	○ (650)	○	○
	VS-WM	○ (1200)	△	△	○ (900)	△	△

*発電機容量，VS-MS：可変速フライホィール機．○；高い評価，△；低い評価．いずれも最適点の集中設置による（安定度の評価は設備容量をもとにしたコスト評価）

びSVCによる効果も示している．PSSについては，系統安定化に必要な発電機で評価を行っているが，既存の発電機の制御装置のリプレースなどにより効果的となる．

d. 事故波及防止

これまでの電力系統の大規模停電は表4.3.7に示すように，一次的な事故要因が波及した，いわゆる事故波及によるものが大半である．これらの事故波及は相互に連系

表4.3.7　国内外の主な大規模停電

発生個所	発生年月日	規模MW(最長時間)	主な要因
日本中地域	1965. 6.22	3400(2)	鉄塔倒壊による地絡，脱調，周波数低下
米国北東部	1965.11.9	25000(13)	過負荷によるリレー動作
ニューヨーク	1977. 7.13	58000(26)	多重雷による2回線同時トリップ，過負荷，電圧変動
ケベック	1977. 9.20	10000(6.5)	PTの破損
フランス	1978.12.19	29000(8.5)	送電線過負荷，脱調，周波数低下
米国西部	1981. 1.9	1800(6)	
英国南部	1981. 8.5	1100(2.5)	
米国西南部	1981. 8.29	1800(0.25)	
ケベック	1982. 4.	16000	降雨
ケベック	1982.12.14	15240(7)	CTの破損，3回線のうち2回線停止，系統動揺で系統分離
米国西部	1982.12.22	12400(3.5)	風による鉄塔倒壊，系統動揺で連系分離
スウェーデン	1983.12.27	11400(5.3)	断路器故障で連系線ルート遮断，過負荷，動揺による電圧低下
米国西部	1984. 2.29	7900(3.8)	
フランス	1987. 1.12	9000(数時間)	寒波による火力トリップ，電圧低下
日本東地域	1987. 7.28	8200(3.3)	高温による冷房需要の急増，電圧低下
ケベック	1988. 4.18	13000(8)	寒波により電源線停止，他の電源も脱落
ケベック	1989. 3.	21350	磁気嵐でSVC停止，電圧低下により系統不安定，電源脱落
米国西部	1994.12.14	5000以上(4)	送電線事故遮断，過負荷，連系線遮断
米国西部	1996. 7.2	数1000(8.3)	送電線事故遮断，発電機トリップ，連系線遮断
マレーシア	1996. 8.3	5760(14.2)	断路器地絡，発電所トリップ，
米国西部	1996. 8.10	約30000(数時間)	送電線事故遮断，電圧変動，発電機トリップ，連系遮断
ニュージーランド	1998. 1.22〜2.19	1350(4週間)	ケーブル破損，過負荷によるルートトリップ
ニューヨーク	1999. 7.6	数100(19)	熱波，発電能力不足，供給力不足
台湾	1999. 7.29	16700(4)	鉄塔倒壊，過負荷，連系線トリップ
米国東部	1999. 7.30	約300(最大2日)	猛暑，ケーブルトリップ，変圧器焼損
日本中地域	1999.10.27	1300(1)	変電所保護リレーのトラブル，原子力自動停止
カリフォルニア	2000. 6.14	100(輪番)，200(ピークカット)	猛暑，供給力不足による価格暴騰
カリフォルニア	2001. 1.17	1000以上(輪番)	供給力不足による価格暴騰
米国東部	2003. 8.14	60000(約2日)	送電線過負荷，系統動揺，連系遮断
イタリア	2000. 9.28	22700(20)	送電線過負荷，連系遮断

注）地震，台風，豪雪などによるものは含まない

した系統において，連系の一部が切れ，それまでの支えがなくなることで，安定運転が維持できなくなる場合がほとんどである．

一例として，1998年7月2日に米国西部系統で発生した事故波及による大停電の様子を紹介する．主な事故様相は次のとおりで，樹木接触事故から系統動揺，連系線トリップ，電圧崩壊に至っており，事故発生から約30秒で大停電となっている（図4.3.9）．

① 樹木接触で345 kV送電線トリップ（リレーミスで別の345 kV送電線線もトリップ）
② 残り送電線の過負荷を防ぐため，近傍発電機2ユニット（1,000 MW）が緊急停止（電圧低下により近くの発電機もトリップ）
③ 東西500 kV連系線に電力動揺が発生
④ 事故後24秒で南北230 kV連系線が過負荷でトリップ
⑤ オレゴン‐カリフォルニア500 kV連系線で電圧崩壊，トリップ

このような大停電を未然に防ぐため，表4.3.8に示す各種の保護システムが適用されている．これらの方式は系統の異常が全系に波及するのを防ぐために設置されているが，その効果を有効に発揮させるためには，適用箇所を十分に考慮した検討が必要である．周波数リレーは，大量の電源脱落，負荷脱落，あるいは系統分離などによる周波数異常に対し，発電機制御などによる周波数回復が十分でない場合に動作するもので，過負荷や脱調分離，脱調未然防止などによる電源制限，系統分離との協調が必要となる．また過負荷リレーは，ループ系統が少ないわが国ではさほど問題とならないが，過負荷の送電線のみを遮断した場合，他の送電線に過負荷が生じ，事故波及が全系に拡大するおそれがある．脱調分離リレーは，発電機や系統間の脱調時のインピーダンス（脱調時の系統電圧を電流で割ったもの）や電圧位相差をみながら脱調の中心を求めて分離するものであるが，分離後に残された系統の電力バランスを図るこ

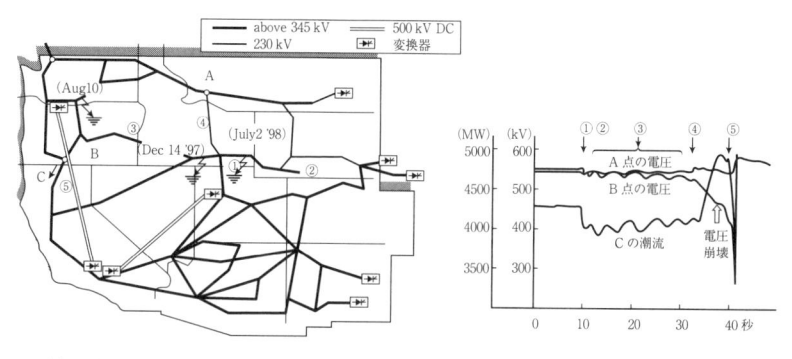

(a) 大停電事故のアメリカ西部系統概略図　　(b) 事故波及の進展様相

図4.3.9 アメリカ西部系統の大規模停電の例（1998年7月2日）

表 4.3.8 事故波及防止のための保護システム

種　類	方　式	適用箇所	主な動作
周波数リレー	UFR：周波数低下	・連系系統 ・負荷供給系統（154 kV，66 kV） ・揚水発電機	負荷遮断
	OFR：周波数上昇	・連系系統 ・火力，原子力発電機	電源遮断
過負荷リレー		・単一事故；基本的に適用なし ・多重事故；過負荷が予想される送電線，変圧器	同上
脱調分離リレー	インピーダンスリレー	・基幹系統(275 kV 以上)に接続する発電機，変圧器，電源線 ・二次系統の重要な送電線	当該箇所の分離
	電圧位相比較リレー	・基幹系統の送電線，変圧器	同上
脱調未然防止リレー	事前潮流，事故種別に応じてオフライン計算	・連系系統 ・大容量電源	電源制限
	オンライン情報による制御	同　上	同上

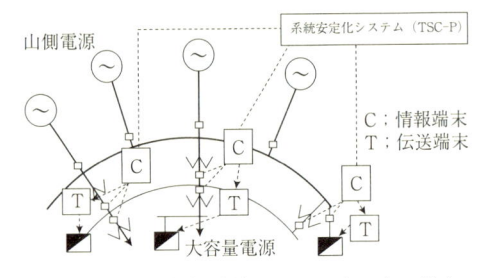

図 4.3.10 過渡安定化制御システム（TSC）の構成

とが重要である．一方，脱調未然防止リレーは主要系統のルート断事故などによる全系の安定度が保たれるよう各種の系統安定化方策が開発され，近年はオンラインデータによる方式が実用化されている．図 4.3.10 に中部電力の過渡安定化制御システム（TSC：transient stabilizing control）の概略構成を示す．

4.3.2 系統事故時の復旧方式

わが国の電力系統は地震，雷，台風，豪雪・雨などの自然災害に曝されている．電力設備の建設，運転，保守にあたっては，これらの自然災害に対して，人命に重大な影響，また，社会システムに重大な機能障害を与えないよう，様々な観点からの対策を実施している．自然災害などにより設備に被害が生じた場合，まず停電範囲を局限する保護システムや制御システムが動作して，停電範囲の切り離しが行われる（図4.3.11）．系統切換えなどによりさらに停電範囲を局限できる場合は，系統操作が行われ，その復旧操作が行われる．地震などの被害が予想される場合，大規模な被害が発生した場合，さらに大規模な被害で復旧の長期化が予想される場合，各レベルに応

4.3 電力系統の安全運転

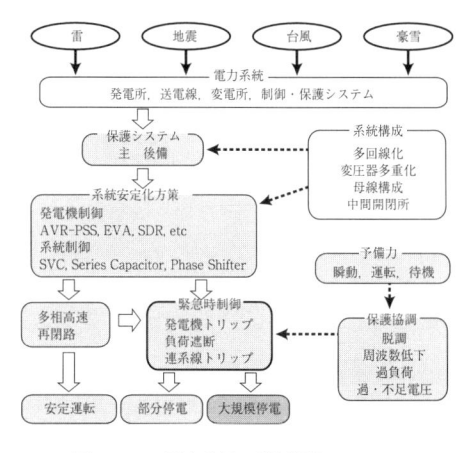

図 4.3.11 電力系統の運用制御システム

じた非常態勢が発令され，非常災害対策本部の設置，自動呼出しシステムによる要員の呼集が行われる．

a. 個別復旧

発電所や送電線，変電所が停電になった場合は，個別に復旧が行われる．まず，送電線の事故は雷事故などによる一時的なものがほとんどで，事故原因が消滅していることを前提に，できるだけ早期の送電が再開できる再送電が行われる．再送電は通常 1 分後に行われることから低速再閉路とも呼ばれる．再送電が不成功の場合は，復旧作業を要する可能性が高いため，巡視による設備状況の把握などを行い，給電所の指令に基づいて第 2 回目以降の再送電を行うことになる．

水力発電所は，系統事故により単独運転となった場合，系統の復旧を待って並列され復電となる．単独運転に失敗した場合は，系統復旧後必要な所内電源を確保して，発電機を立ち上げて系統と並列することになる．この場合数分で並列可能となる．火力・原子力発電所も系統事故に対し，所内単独運転の機能がある場合は，運転を継続して系統が復旧したあと，数時間で電力供給が開始できる．一方，所内単独運転に失敗した場合や機能がない場合は，起動・並列し全出力となるには数〜十時間を要する．

変電所の事故は送電線と比較して機器損傷のケースが多いため，事故により停電が生じた場合は，切換え先の設備状況を十分に考慮して，負荷を健全な変圧器，系統に切換える必要がある．一方，系統事故により変電所が停電した場合，送電線の再送電などにより一挙に負荷がかかり，系統擾乱を生じて再び停電となるおそれがある．このため，変電所の遮断器を開放した上で復旧操作を行うよう要綱などが定められている．

b. 総 合 復 旧

広範囲にわたって停電が発生した場合，系統全体としての復旧が必要となる．このため，給電所が中心となって，各所と連絡をとりながら復旧を行うことになるが，給電所には系統全体の事故状況の把握が求められる．系統の潮流や電圧などオンライン情報や電話連絡などによる情報を総合的に判断し，系統状況の把握や停電区間の判定を行っている．最近では，運転員がこれらを的確，迅速に行えるよう，事故後に変化した情報内容を監視システムに表示する機能が備わっている．大規模停電の具体的な復旧手順は以下のとおりである．

1) 初期電源の確保　他系統からの受電により順次再送電して復旧するが，他系統からの受電が不可能な場合は，発電機を立ち上げ，試送電により電源を確保する．この場合，フェランチ効果による電圧上昇や自己励磁が発生しないよう留意が必要である．

2) 基幹系統の復旧　基幹系統の送電線，変電所の全遮断器を開放の状態で，1区間あるいは一定区間ごとに充電を繰り返し，変電所を含めた基幹系統を復旧させる．この場合，送電線の充電容量による電圧上昇に留意する必要があり，分路リアクトルなどを投入して系統電圧を適正に保ちつつ充電を進める．

3) 負荷への供給　火力・原子力発電所を起動，立ち上げたあと，給電指令に基づいて負荷への供給を行う．

c. 復旧訓練と自動復旧

近年電力系統の規模が巨大化するに従って，その運用は一段と複雑になっている．一方で，設備の信頼度向上に伴い，運転員が事故に遭遇する機会が減ってきている．このため，事故時における運転員の冷静さ，沈着な判断力，実行力の養成と，系統運用に関する実践的な技術，技能の習得を目的に，電力会社では訓練用シミュレータを用いた停電の復旧訓練に力を入れている．訓練内容としては，① 若年齢層を対象とした基本的な操作訓練，② 運転員の連携による迅速，的確な復旧のためのチーム訓練，③ 関係電気所や他の給電所との密接な連携による復旧のための合同訓練などがある．

今後は，大規模事故時に系統の復旧を迅速に行うため，訓練用シミュレータを用いた運転員の訓練と合わせて，コンピュータ技術を活用した総合的な自動復旧の開発が進められると考えられる．

4.4　電力供給の信頼度と品質

4.4.1　供給信頼度と停電

一般に「停電の少なさ」を電力システムの供給信頼度というが，北米電力信頼度協議会（NERC：North America Electric Reliability Council）では，設備の充足度を意味する「アデカシー」と，各種外乱に対して安定運転が維持できるか示す「セキュリティ」に分類されている．この定義に従った電源，流通設備の具体的要件は表4.4.1に示すとおりで，アデカシーについては適切な電源予備力をもち，送電余力が確保されていることであり，セキュリティとしては系統安定度，系統周波数ならびに系統電圧が維持されている必要がある．

a. 供給支障事故と停電の推移

供給信頼度のアデカシーを端的に示すものとして，電力の供給支障（停電）がある．需要家の停電として現れる電力系統の供給支障となる事故件数の推移は，図4.4.1に示すように経年とともに減少傾向にある．この供給支障件数は電源，流通設備の不具合や雷，台風，地震など自然災害による設備の供給停止によって生じるものである．

わが国では一般に発電所，変電所は屋内設備で，個別に耐雷，耐震設計が行われているのに対し，送電線，配電線は屋外設備で広く分布している点で，被害を受けやすい．また，配電線は個別の需要家に電力を供給するため，送電線の10倍以上の亘長であり，支障件数も多くならざるをえない．

一方，各需要家における停電時間，停電回数は図4.4.2に示すように，台風などの自然災害によるもの以外は着実に低下している．このようなわが国の高信頼度の電力システムと海外のシステムを比較すると，図4.4.3に示すように，わが国の年間の需要家当たりの停電時間40分以下，停電回数0.2回以下は世界最高の水準である．しかしながら，この高信頼度化のために高い設備投資が行われ，高い電気料金に対する

表4.4.1 供給信頼度の定義と具体的方策

	NERCによる定義	電源	流通設備
アデカシー (adequacy)	設備の計画停止・計画外停止や需要の不確定性を合理的に考慮した上で，需要に対し十分な設備を有すること	適切な予備力をもっていること	送電余力が確保されていること
セキュリティ (security)	外乱（送電線の雷事故や電源・負荷の突然の喪失など）が発生しても，系統の供給力を回復し安定運転が維持できること	系統の安定度が保たれるとともに，周波数や電圧の大幅な低下による大規模停電を起こさないこと

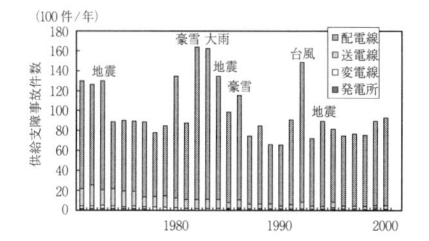

図4.4.1 わが国の供給支障事故件数の推移

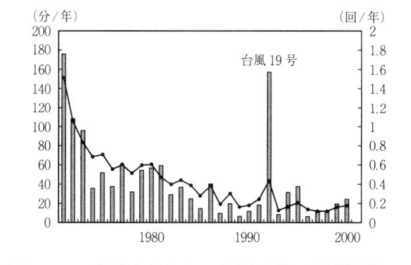

図4.4.2 需要家当たりの停電時間，停電回数
注：棒グラフが停電時間（左目盛）
　　折れ線グラフが停電回数（右目盛）

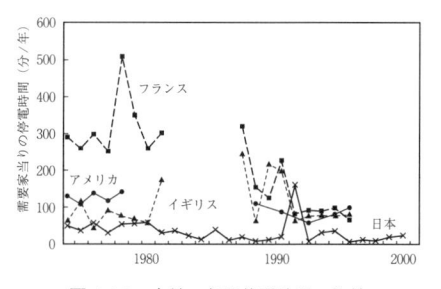

図4.4.3 内外の年間停電時間の比較

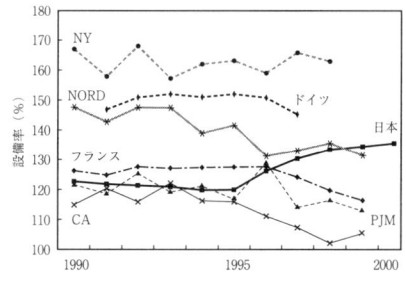

図4.4.4 各国の設備率の比較

批判もある．

b. 設備形成と停電

電力系統の構成は放射状系統，ループ系統，メッシュ系統に大きく分けられることは4.1節で述べたが，これらのメリット，デメリットは表4.4.2に示すとおりで，設備投資のコストと供給信頼度，安定運転面で評価が分かれることになる．すなわち，放射状系統では一定レベル以上の供給信頼度を維持するためには，設備の多重化が必要で設備投資が嵩むが，潮流制御，管理が容易で，想定外の事故による事故波及への対応が容易である．一方，ループ系統では1つのルートが使用不可となっても他のルートで供給できるため，供給信頼度維持のための多重化が不要となり設備投資が効率化できるものの，潮流制御が困難で，事故波及への対応が難しく大規模停電となる恐れがある．これらに対し，メッシュ系統では電源，需要の接続が容易である反面，設備が過剰となる．

このような停電に対する設備形成について，まず，内外の設備率（年間最大需要に対する電源設備容量の比）の比較を図4.4.4に示す．この図に示すように，わが国の設備率は120～140%で推移しているが，アメリカでは1980年代には150%あった設備率が，1990年代には公益事業規制政策法（PURPA：Public Utility Regulatory Policy Act）に始まる電力自由化の進展により，電力設備への投資が減少し，昨今は120%を切り予備率が10%を確保できない状況となっている．一方，アメリカの各地域での減少に対し，ヨーロッパ各国では高い設備率となっている．これらの状況を各国の設備投資で比較すると，図4.4.5に示すように，アメリカ，ヨーロッパでは設備投資，特に電源に対する投資が1980年代後半から大幅に抑制されている．このことから，需要（最大電力）の増加が少なかったヨーロッパでは高い設備率を維持できたが，需要増加が大きいアメリカでは設備率の低下を来している．わが国はここ数年経済の低迷で設備投資が滞っているが，今後の需要増加の有無に興味がもたれる．

表4.4.2 系統構成の設備投資，供給信頼度面での比較

	放射状系統	ループ系統	メッシュ系統
メリット	・潮流制御，管理が容易 ・事故波及に対し対応が容易 ・短絡電流の軽減	・設備投資の効率化ができる	・電源，需要の接続が容易 ・混雑発生が少ない
デメリット	・設備投資がかさむ ・電源の偏在，長距離連系で安定度が重要	・潮流制御が困難（ループフローによる混雑が生じやすい） ・事故波及への対応が困難	・設備が過剰になる ・短絡電流が増加する
主な国	日本，中国	米，英，北欧，韓国，日本（一部）	独，仏，米（都市部）

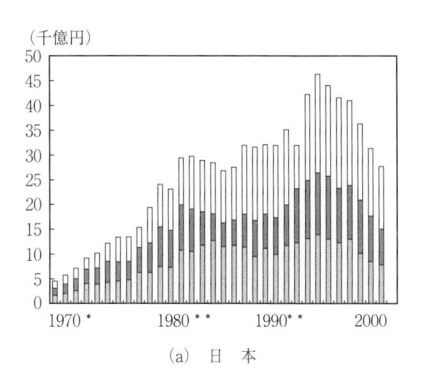

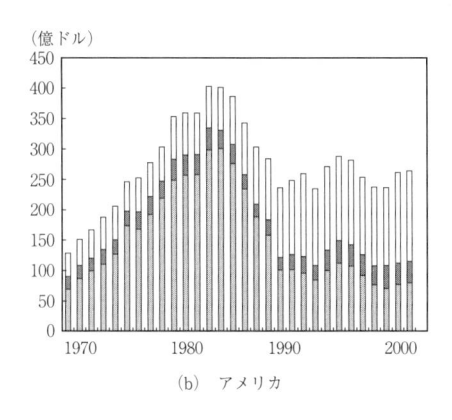

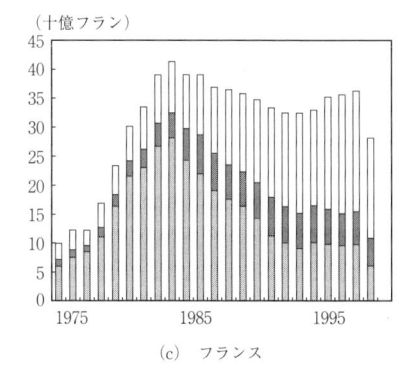

4.4 電力供給の信頼度と品質

図 4.4.5 各国の設備投資額の比較

(a) 日本 (千億円)
(b) アメリカ (億ドル)
(c) フランス (十億フラン)

凡例
□ 配電設備ほか
▨ 送変電設備
▥ 電源設備

c. 重大供給支障事故

さらに，設備形成と供給信頼度の関係を明確にするため，日本とアメリカの電気事業の事故統計をもとに，重大供給支障事故の影響を比較検討する．わが国の重大事故による供給支障事故については，中央給電連絡所の「給電年報」から停電（供給支障）電力量を計算し，アメリカについては，NERC "DAWG Database" のデータから作成した．図 4.4.6 に示すように，わが国の重大事故の件数はアメリカの数分の 1 で，アメリカでは近年は寒波，熱波など気象による停電が急増しているものの，停電時間がわが国より長く，供給支障電力量も恒常的に大きい．また，送電線トリップや設備事故，自然災害（その他）などによる供給支障別の回数と供給支障電力量で比較すると，わが国の場合は台風，地震の自然災害によるものが大半であるのに対し，アメリカでは数年前までは送電線トリップ事故が多く，最近になって熱波や寒波などの自然災害が急激に増加している．このことから，電力自由化が進むアメリカでの設備保全への取り組み方，ならびに事故復旧に対する迅速さなどが，課題として考えられる．

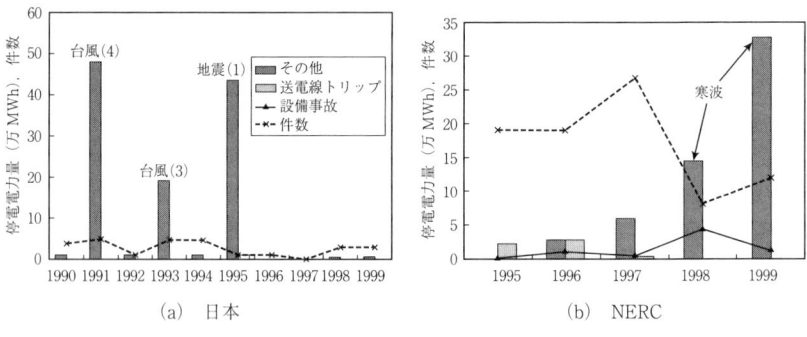

図 4.4.6 重大事故による供給支障の日米比較

(a) 日本　　(b) NERC

d. 停電コストの評価

供給信頼度を定量的に評価するうえで停電コストが重要である．停電コストの算定には上記の供給支障電力量による考えと，製品不良など供給支障に伴って発生した被害を補償する考えがある．表 4.4.3 はこれまで公表されているアメリカにおける停電事故の概要と賠償，損失額である．

1977 年のニューヨークの停電では 300 万所帯・25 時間の供給支障で，1 所帯の平均消費電力を 2 kW とし，停電の発生直後から時間経過とともに電力が復旧したとすると，供給支障電力量は（600 万 kW × 25 h）/2 = 7,500 万 kWh となる．支障電力量当たりの賠償請求額は 0.27 ドル /kWh となり，アメリカの平均電気料金の約 10 セント /kWh と比べてもやや高い値といえる．一方，1999 年のシカゴの停電では，10 万所帯・48 時間の供給支障を生じ，50 人が死亡している．供給支障電力量は同様に（20 万 kW × 48 h）/2 = 480 万 kWh で，電気料金を 0.1 ドル /kWh とすると，供給支障分の賠償額は 48 万ドルとなる．賠償総額を 300 万ドルとすると死亡の賠償額が 252 万ドルとなり，一人当たり約 5 万ドルとなる．

表 4.4.3 停電事故の賠償，損失額

	時期	電力会社	事故の概要	賠償，損失額
1	1977.7	コンソリデッド・エディソン (New York)	・雷雨により 300 万所帯への送電停止（25 時間）	2000 万ドルの賠償請求
2	1978.3	(Illinoi)	・寒波により 85％の需要家で電力不足（14 日）	590 万ドルの損失
3	1999.夏	コモンウェルス・エディソン (Chicago)	・高温で 10 万所帯への送電停止（2 日間），50 人以上死亡（7 月） ・変圧器故障で市中心部への供給停止，2300 社停電（8 月）	数百万ドル賠償
4	1999.7	コンソリデッド・エディソン	・送電線の停止，出火 20 万人への送電停止（18 時間）	数百万ドルの賠償請求

わが国では北海道電力の需要家を対象にした北見工大の調査がある．この調査では広い範囲の需要家にアンケート調査を行っており，表4.4.4に示すように，需要家の種別によって停電コストが変化している．一般需要家と業務用需要家のコストが電気料金より10～190倍と高いのに対し，大規模，商工業需要家では低くなっている．

海外でも停電コストの調査が行われている[22]．図4.4.7はカナダ，イギリスの家庭，工業，商業の需要家について，停電時間に対する停電の被害（停電コスト）を示したもので，停電時間が長くなるにつれて停電コストが高くなり，家庭需要家は産業，商業需要家より被害が少ないが，時間が長くなると被害がかさむといえる．イギリスの例で大規模需要家の停電コストがさほど変化していないようにみえるが，停電時間が長くなるほどkWh当たりのコストは高くなっている．図4.4.7では，停電時間に対する停電コストをkWで示しているが，各ケースの特性を次式で表すことでその特徴を把握できる．

$$\ln[停電コスト] = A \times \ln[停電時間] + \ln[B] \tag{4.4.1}$$

（あるいは，$[停電コスト] = B \times [停電時間]^A$）

表4.4.4 北見工大の停電コスト調査（1992～1994年；北海道）

種別	推定停電コスト	電気料金比
一般需要家	1350～2700 円/kWh	52～104
業務需要家	200～3700　〃	10～190
大規模需要家	40～1400　〃	2～70
商工業需要家	60～1200　〃	3～60

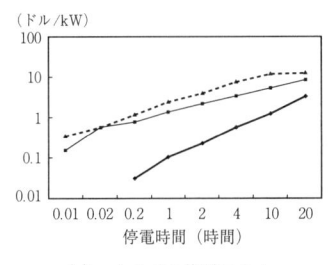

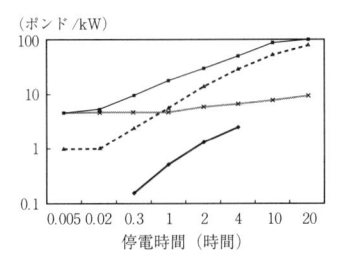

(a) カナダの停電コスト
(b) イギリスの停電コスト

◆：産業需要家　■：産業需要家
▲：商業需要家　×：大規模需要家

図4.4.7 カナダ，イギリスの需要家ごとの停電時間に対する停電コスト

表4.4.5 カナダ，イギリスの停電コストの係数

係数	カナダ (B：カナダドル/kW)			英国 (B：ポンド/kW)			
	家庭	産業	商業	家庭	産業	商業	大規模
A	1.0	0.6	0.7	1.2	0.7	1.0	0.2
B	0.1	1.5	3.0	0.5	20.0	6.0	5.0

ここで，ln；自然対数，A, B は係数である．

このように，各ケースに対応して求めた係数 A, B を表 4.4.5 に示す．この表から停電時間に対する係数 A は 0.2～1.2 で，停電時間の影響がさほど大きくないのに対し（A＝0 では時間の影響を受けないが，A＝1 では時間に比例する），係数 B は地域，需要タイプにより大きく変化することがわかる．したがって，停電コストを kWh で考える場合，係数 B に注目して停電時間の影響を加味すればよいことになる．これらの海外データを北見工大データと比較すると，産業，商業需要家の停電コストの差はさほどないが，家庭需要家の停電コストがかなり低いことが注目される．

4.4.2 電力供給における電力品質

電力供給における品質は，一般に系統電圧や周波数が一定値に維持され，系統の安定度が保たれて供給支障が発生しないことをいうが，このことは既に供給信頼度として述べたので，ここでは需要家に直接関係する高調波やフリッカなどの電圧変動を電力品質として取り扱うこととする．なお，最近話題となっている瞬時電圧低下は，自然災害に位置づけられ雷害に分類されるので，電力品質とはいえないが，最後にふれることとする．供給信頼度と電力品質の分類を表 4.4.6 に示す．なお，電圧変動などに対する需要家機器の許容範囲は表 4.4.7 に示すとおりである．

a. フリッカ抑制対策

アーク炉によるフリッカ問題は，アーク炉での溶解初期あるいは追加装入における

表 4.4.6 電力供給の信頼性と電力品質

分類	課題	電力供給への影響，障害の概要
信頼度	停電	機器故障，事故対応の不調などによる供給支障
	雷害	落雷，誘導による供給支障，あるいは機器動作への影響，機器損傷
	瞬時電圧低下	落雷などによる瞬時の電圧低下の機器動作への影響
電力品質	フリッカ	電圧変動による照明機器のチラツキ
	高調波	電圧波形の歪みなどによる，機器動作への影響，機器損傷
	電磁障害	電力線，信号線の伝播，放射による，機器動作への影響

表 4.4.7 電圧変動などに対する需要家機器の許容範囲

項目	許容範囲	備考
周波数の変動	±0.5%	50 Hz 地域では 50 Hz±0.2 Hz
供給電圧の変動		電圧低下（10～99%），上昇の幅と継続時間
瞬時過電圧		短時間耐電圧
電圧フリッカ	Max 0.45, Av. 0.32	ΔV_{10} に対する指標
過渡過電圧	0.5 kV	波頭 1 μs，波尾 10 μs のインパルス電圧
供給電圧の不平衡	0.5%	負荷電流のアンバランスにより生じる
高調波電圧	3%（1%）	（　）内は次数間高調波に対する値

注）％値は公称電圧（100 V, 200 V, 230 V, 400 V など各国で使用する低電圧）に対する値．

アーク電流が系統電圧を変動させるもので，1分間に数〜十数回の大きな変動と1秒間に1〜十数回の細かな変動とからなる．これらの変動は電力系統の運用に影響を与えるとともに，一般需要家にも影響を与える．このため，SVCなどによるフリッカ対策がアーク炉に課せられている．この場合，フリッカの測定基準が必要であり，わが国では以下に述べるフリッカの定義と測定器が採用されてきた．近年のグローバル化の流れにおいて，IEC基準が注目され，わが国の方式との整合性が検討されている．

アーク炉によるフリッカが問題となる一般需要家との共通連系点（PCC）における電圧変動の最大値 ΔV_{max}（％）は，最大無効電力変動 ΔQ_{max}（MVA）から次式で表される（図4.4.8参照）．

$$\Delta V_{max} = X_S \frac{\Delta Q_{max}}{10} = \frac{\Delta Q_{max}}{S} 100 \qquad (4.4.2)$$

ここで，X_S は系統インピーダンス（10 MVAベースの％値），S はPCCにおける系統短絡容量（MVA）である．

一方，アーク炉による電圧変動を正規分布とみなすと，変動の最大値は次式で表すことができる．

$$\Delta V_{max} \fallingdotseq \pm 3\sigma_{\Delta V} \qquad (4.4.3)$$

また，フリッカ評価の尺度である ΔV_{10}（照明のチラツキが現れる10 Hzの電圧変動）と $\sigma_{\Delta V}$ の間には次の関係が成り立つ．

$$\sigma_{\Delta V} \fallingdotseq 0.6 \Delta V_{10} \qquad (4.4.4)$$

したがって，ΔV_{10} と ΔV_{max} の関係は次のように表すことができる．

$$\Delta V_{10} = \frac{\sigma_{\Delta V}}{0.6} = \left(\frac{1}{0.6}\right)\left(\frac{\Delta V_{max}}{6}\right) = \left(\frac{1}{3.6}\right)\Delta V_{max} \qquad (4.4.5)$$

なお，ΔV_{10} については，電圧変動の各周波数成分 ΔV_n に対するちらつき視感度指数 a_n は図4.4.9に示すとおりで，10 Hzにおいて最も感度が高い．このことから，10 Hzの電圧変動を検出するフリッカメータが開発されている．

一方，IECでは人間の目と脳の動きを模擬したフィルタを通して，64以上のフリッ

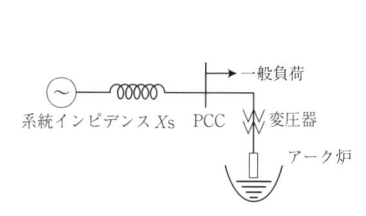

図4.4.8 アーク炉への電力供給系統例 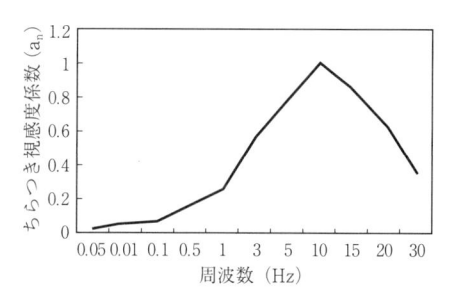　　**図4.4.9** 電圧変動の周波数に対するちらつき視感度係数

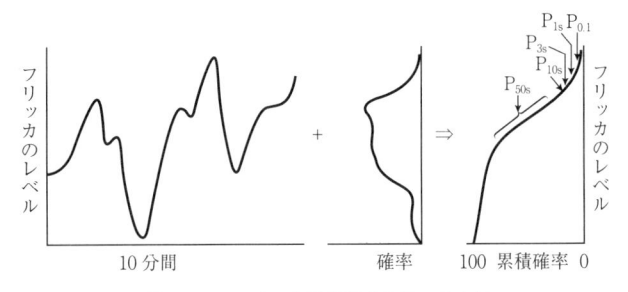

図 4.4.10　フリッカ累積確率曲線の求め方

カレベルに分類し，その 10 分間の発生頻度からフリッカ累積確率曲線を作成する（図 4.4.10）．これをもとに短期フリッカ値 P_{st} を次式で計算する．

$$P_{st} = (0.0314 P_{0.1} + 0.0525 P_{1S} + 0.0657 P_{3S} + 0.28 P_{10S} + 0.08 P_{50S})^{1/2} \quad (4.4.6)$$

ここで，$P_{0.1}$ は 0.1％ に相当する確率で最大値を示し，P_{1s}, P_{3s}, P_{10s}, P_{50s} はそれぞれ 1％，3％，10％，50％ に相当する確率を示す．

$$P_{1s} = (P_{0.7} + P_1 + P_{1.5})/3, \quad P_{3S} = (P_{2.2} + P_3 + P_4)/3,$$
$$P_{10S} = (P_6 + P_8 + P_{10} + P_{13} + P_{17})/5, \quad P_{50S} = (P_{30} + P_{50} + P_{80})/3 \quad (4.4.7)$$

ここで，P は各％（サフィックスに示す）に対する確率である．

このようにして求めた 10 分間の P_{st} を 2 時間測定して，次式により長時間フリッカ値 P_{lt} を求める．

$$P_{lt} = \left(\sum_{t=1}^{12} \frac{P_{sti}^3}{12} \right)^{1/3} \quad (4.4.8)$$

これらの各 P_{st} は 1.0 以下，合計の P_{lt} は 0.65 以下であることが要求されている．

b. 高調波障害と抑制対策

需要家における直流電源のための整流器やモータ駆動のインバータなどパワーエレクトロニクス機器の普及に伴って，電力系統での高調波が増加する傾向にある．また，一般需要家のテレビや AV など家電機器の増加が高調波の増加を助長してきた．一般に整流器の交流電圧と入力電流は次式で表すことができる．

$$v = \sqrt{2} V_1 \sin \omega t \quad (4.4.9)$$
$$i = \sqrt{2} I_1 \sin(\omega t + \phi_1) + \sum \sqrt{2} I_n \sin(n\omega t + \phi_n) \quad (4.4.10)$$

このとき，電流実効値；$I = (I_1^2 + \sum I_n^2)^{1/2}$, 皮相電力；$P_a = V_1 (I_1^2 + \sum I_n^2)^{1/2}$, 有効電力；$P_r = V_1 I_1 \cos \phi_1$, 総合力率 λ；P_r/P_a, ひずみ率；$\mu = (\sum I_n^2)^{1/2}/I_1$ である．したがって，総合力率とひずみ率の関係は次式となる．

$$\lambda = \cos \phi_1 / (1 + \mu^2)^{1/2} \quad (4.4.11)$$

一般の単相ブリッジ整流器の交流入力電流は，直流電流を I_d として次式で表すことができる．

$$i_s = 4Id/\pi\{\sin \omega t + \frac{1}{3}\sin 3\omega t + \frac{1}{5}\sin 5\omega t + \cdots + \frac{1}{2n-1}\sin(2n-1)\omega t\} \quad (4.4.12)$$

また，三相ブリッジ整流器の入力電流も同様に表すことができる．

$$i_3 = 4I_d/p\{\sin \omega t - \frac{1}{5}\sin 5\omega t - \frac{1}{7}\sin 7\omega t + \frac{1}{11}\sin 11\omega t + \cdots \quad (4.4.13)$$
$$+ (-1)^n \cdot \frac{1}{2n-1} \cdot \sin(2n-1)\omega t\}$$

これらの式で示すように，高調波電流は次数に反比例して減少し，低い次数ほど大きくなる．このため，交流フィルタを設置するほかに，整流器の多重化が高調波低減の重要な方策となっている．

これらの高調波は，産業需要家では種々の対策が施されており，系統の電圧をゆがませることはないが，一般需要家の家電機器からの高調波は，配電系統から変圧器を介して高圧系統に注入されることになる．この高調波の注入と系統の共振とから電力機器の障害が発生する．図 4.4.11 にそれらの発生件数と障害台数を示す．この図に示すように 1990 年代の PC や AV の普及に伴い，1980 年代と比較して大幅に増加していることがわかる．また，図 4.4.12 に機器別の障害の台数を示す．電力用コンデンサの放電を抑制するための直列リアクトルの障害が圧倒的に多く，次に電力用コンデンサとなっている．

このような高調波障害の増加に対し，各電力機器，家電機器からの高調波発生を抑制するための高調波ガイドラインが 1987 年に策定された．このガイドラインでは電力機器については対象機器を等価 6 パルス整流器に換算して，限度値以下に抑えることとしており，一般家電機器では機器の種類に分類して適用することとしている．前者は機器設置者に責任があり，後者は機器メーカに責任を負う．

c. 電磁障害（EMI：electro-magnetic interferance）

狭い意味での EMI として，高い周波数での電磁障害が，インバータ機器の普及に伴って注目され，近年では電力線搬送や携帯電話などについての検討が進められている．インバータからの電磁障害は図 4.4.13 に示すように，電力線での伝導のみなら

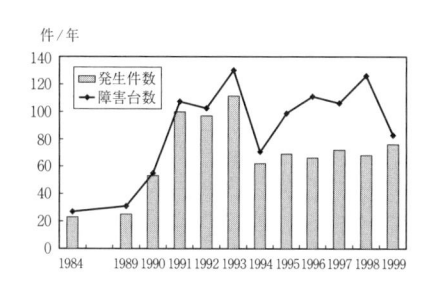

図 4.4.11 高調波障害の発生件数，台数の推移

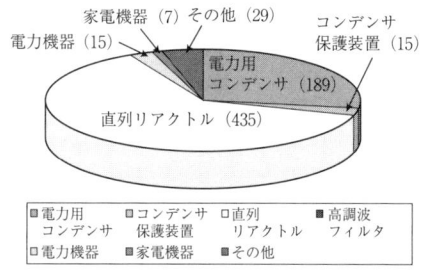

図 4.4.12 機器ごとの高調波障害の発生件数（数年間の累積）

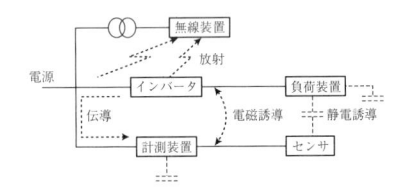

図 4.4.13 インバータからの電磁障害の概念図

ず放射による無線装置への障害，電磁誘導や静電誘導による計測系への障害がある．このうち伝導による障害は，インバータのスイッチングに起因するもので，インバータのスイッチングをゆるやかに行うソフトスイッチング化や外部からの高周波の注入によるアクティブ方式の抑制方策などにより障害レベルの低減が図られている．

この図に示す放射性あるいは伝導性の電磁障害に対し，IEC の基準は表 4.4.8 に示すように，伝播波形，経路ごとに基準値を設けている．

d. 分散型電源の連系ガイドライン

地球規模の環境問題から自然エネルギーが着目され，新しい電源として燃料電池や電力貯蔵装置の開発，実用化が進められている．このような分散型電源を有効に活用するにあたっては，従来の系統運用への影響を考える必要があり，分散型電源の系統連系要件ガイドラインが 1993 年に策定された．このガイドラインでは，高圧，低圧の配電線に分散型電源を連系するにあたっては，電圧変動については逆潮流（需要家からの電力が配電系統に流れる状態）により電圧が適正値を逸脱するおそれがある場合は対策を必要とし，単独運転*については簡素化が図れる場合を除いて，逆潮流ありの場合はなんらかの対策装置の設置を必要としている．その後，電気事業法の改正や各種規定の改定に伴い見直しが進められてきた．

*配電系統の事故などにより分散型電源を需要家負荷がバランスして運転すること．安全性の点からこのような運転を防止することとしている．

表 4.4.8 電磁障害の IEC 基準

現象	侵入経路		筐体	AC 電源線	DC 電源線	信号・制御線
伝導性	誘導連続波	10 kHz～150 MHz		3～10 V	3 V	3～30 V
	電力線搬送	9～500 kHz		0.6, 5%	0.6, 5%	
	過渡波	単方向性		1～4 kV	1, 2 kV	1～4 kV
		振動性		2 kV		1, 2 kV
放射性	振動性	9 kHz～27 MHz CB 無線, アマ無線, 携帯, 移動体 1～40 GHz	1, 30 V/m 0.3～30 V/m 1, 3 V/m			
	パルス性	雷 電力系	100 V/m/ns 300～3000 〃			
静電気放電	低速～高速		25, 40 A/m			

(注) IEC TC77 基本 EMC 規格 1000-2-5

表 4.4.9 分散型電源の高圧連系保護方式（逆潮流あり）

設備 項目	交流発電設備		直流発電設備＋逆変換装置	
	同期機	誘導機	自励式	他励式
発電電圧異常	OVR＋UVR			
系統地絡	OVGR（配電用変電所の地絡検出の後動作）			
系統短絡	DSR		UVR（電圧異常と兼用可）	
自動負荷制限	発電設備の脱落時に配電線が過負荷となるおそれがあるとき，自動負荷遮断装置などにより自動負荷制限を行う．			
単独運転防止	OFR＋UFR＋転送遮断装置または単独運転検出装置（能動方式1方式以上を含む）			
線路無電圧確認装置	能動方式*1方式以上を含む2方式以上の単独運転検出装置の設置などにより省略可			
短絡容量対策	要		不要（大容量のものは要）	

注) ■系統との保護協調が必要
 OVR：over voltage relay, UVR：under voltage relay
 OVGR：over voltage grounding relay, DSR：directive short-circuit relay
 OFR：over frequency relay, UFR：under frequency relay
 *能動方式：発電設備からの信号などにより単独運転を検出する方式．

一方，現状では分散型電源として，コージェネレーションや風力発電などの交流発電機を用いるものと太陽光発電や燃料電池などのインバータを用いた電源が考えられ，これらに対する保護方式として表4.4.9に示す方式が提唱されている．今後分散型電源の普及に伴い，その対策への取り組みが重要となってきている．

e. 瞬時電圧低下とその対策

これまで電気事業は，自然災害に対し供給支障（停電）の回数，時間の低減に努めてきた．とりわけ送電線への雷事故に対し，高速の事故除去による系統安定化と電力供給の支障時間の短縮を図っている．しかしながら，高度情報化に欠かせない計算機は電圧低下にきわめて高感度であり，半導体や液晶産業での高精度な加工を行う機器は電圧低下に対する許容度が少ないため，通常の電力系統の保護方式により系統電圧が回復しているにもかかわらず，雷事故による瞬時の電圧低下の影響を受け運転継続ができない場合がある．

これまでも，大型計算機の普及や産業生産のオートメーション化などの進展に伴い，この瞬時電圧低下が話題となり，機器ごとの瞬時電圧低下に対する特性の解明，影響の実態調査と対策が行われ，無停電電源装置（UPS：uninterruptible power supply）が個別機器への対策として提案され，電気協同研究会報告としてまとめられた[27]．また，メーカによるUPSの高度化，ならびに電力会社による瞬時電圧低下への対策についての理解促進が進められてきた．

1) 瞬時電圧低下の現状 まず，瞬時電圧低下の現状について述べる．送電線への雷事故は図4.4.14に示すように一時的に電圧低下を生じるが，保護リレーシステムと遮断器の高速動作により事故除去が行われ，瞬時に電圧回復が図られる．この瞬

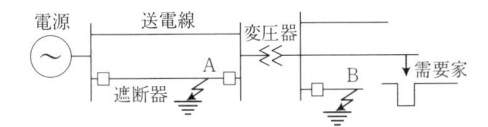

図4.4.14 送電線事故時の瞬時電圧低下の概略図

時電圧低下はその継続時間が短いものの，系統に接続されるすべての需要家に大なり小なりの影響を与え，需要家機器の特性により運転継続が左右される．表4.4.10は上記の報告に述べられている機器別の瞬時電圧低下に対する影響を示したもので，電圧低下幅とその継続時間により運転継続の可否が決まる．このため，産業機器の製品規格と瞬時電圧低下の実態と対策の整合性が注目されるようになっている．なお，アメリカでは，CBEMA（Computer Business Equipment Manufacturers Association）の規格が，1996年にITIC（Information Technology Industry Council）の規格に置き換えられ，計算機への適用が見直されている（図4.4.15）．

一方，電力系統では電力需要の増大に伴い，超高圧送電線や高圧送電線，配電線の亘長が増加したものの，図4.4.16に示すように超高圧送電線の雷事故の件数は増加していない（結果として事故率は低下）．また，154 kV以下の高圧送電線，配電線に

表4.4.10 瞬時電圧低下の負荷機器への影響

負荷機器	瞬時電圧低下 電圧低下幅	継続時間	主な影響	主な対策
工場用プロセスコンピュータ	10〜20%以上	3〜20 ms	計算ミス防止のためコンピュータ停止	直流安定化電源のコンデンサを増やす（0.2 sec以内）
パソコン，WS	10〜30%以上	10〜100 ms	データが消滅	停電対策として電池，UPS設置
マグネットスイッチ付モータ	50%程度以上	5〜20 ms	マグネットスイッチが開きモータ停止	マグネットスイッチを遅延式，ラッチ式に変更し，動作を遅らせる
サイリスタ駆動可変速モータ	20%以上	5〜30 ms	サイリスタ停止によりモータ停止	電圧低下に対しサイリスタの運転継続機能を付加する
コジェネ，分散型電源	不足電圧リレーの整定値（20〜30%，2〜3 sec）		不足電圧リレーによりトリップ	整定値の協調を図る
高圧放電ランプ	20〜30%以上	5 ms〜1 sec	消灯	瞬時再点灯型に取り替える

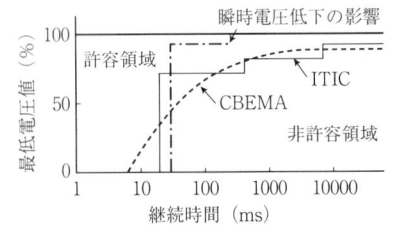

図4.4.15 アメリカにおける計算機の電圧低下に対する許容規格値

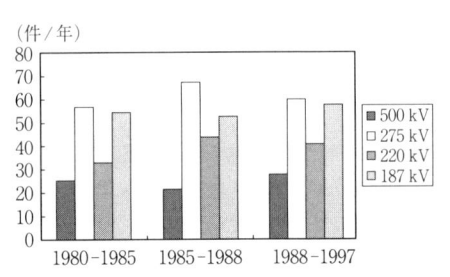

図4.4.16 超高圧送電線の雷事故件数

ついても線路避雷器の設置などにより雷事故件数は低下しているものと想定される*.
これに対し，瞬時電圧低下の発生状況は，上記報告書では多雷地域の変電所で年当たり11件であったのに対し，十分解明されていないが，地域によっては20件以上と言われている．この理由として上記の需要家機器の高感度化が考えられ，今後，超高圧，高圧送電線，高圧配電線への雷事故の様相と瞬時電圧低下の実態を十分に解明する必要がある．

　　＊電線路こう長の伸び（1980⇒1999）：超高圧送電線——12.2⇒19.2千km，高圧送電線——57.7⇒62.6千km，高圧配電線——48.5⇒65.5万Km

図4.4.17は二次変電所（66 kV）につながる高圧需要家の瞬時電圧低下の影響を示したもので，電圧低下の最低値と継続時間を示している．このデータから変電所の90％以下の最低電圧値（電圧低下幅10％以上），40 ms以上の継続時間で，需要家において瞬時電圧低下が生じる可能性があることがわかる．このことを図4.4.15に引き直すと一点鎖線のように最低電圧値，継続時間ともにアメリカの規格と差異が生じている．すなわち，表4.4.10に示したように，従来はコンピュータが瞬時電圧低下の影響に厳しい機器とされてきたが，工場単位で考えると製紙工場や化学工場でのプラントへの影響が厳しくなっており，瞬時電圧低下に対する新しい基準が必要であることを示している．なお，年間48件の雷事故のうち30件が超高圧系の事故であり，そのうち超高圧系事故8件（27％），高圧系事故10件（55％）が瞬時電圧低下として需要家に影響を与えている実績がある．

2) 瞬時電圧低下の対策 　雷事故による瞬時電圧低下の需要家への影響を防止するため，表4.4.10に述べたような対策が進められてきたが，雷事故の件数が減少傾向の中で，瞬時電圧低下の影響の増加が問題となっている．この要因としては，対策が進められているにもかかわらず効果を発揮していない，対策が必要であるがコスト面で効率的でないため実施していないなどが考えられる．これまで開発された対策は，i) 電圧低下から隔離する，ii) 電圧低下から逃げる，iii) 電圧低下を補償する，の3つに分類できるが，以下にそれぞれの対策を検討して，適用にあたっての評価を試みる．

i) 電圧低下から隔離する： 　重要負荷に対し自家発電などの別電源で供給するか，インバータ給電方式のUPSを用いて保護する方式である．後者は商用系統に連系しながら，雷事故による瞬時電圧低下の影響を一切受けないことから，データセンターや銀行のコンピュータシステムに適用されている．通常UPSの蓄電装置としては蓄電池が用いられているが，NaS電池やレドックスフロー電池などの新型電池，

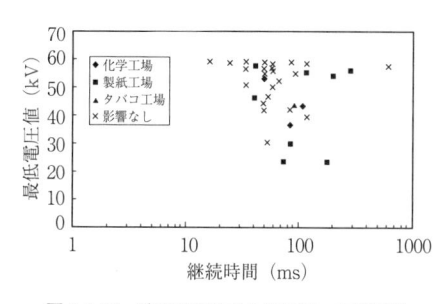

図4.4.17　瞬時電圧低下の需要家への影響例

電気二重層キャパシタ，フライホィール，燃料電池による各種方式の開発，実用化が進められている．

ii) 電圧低下から逃げる：　別電源や UPS で供給する方式は，電力供給のフレキシビリティと損失，コストの面で効率的ではない．このため，通常は商用系統と連系運転しながら，瞬時電圧低下の発生を予知あるいは検出して連系を遮断する方式が実用化されている．表 4.4.11 に代表的な方策の比較を示す．雷事故の予知によりオフラインで連系遮断する方式は，その予知のためのレーダ網の構築と正確な雷事故予知とともに，電力系統の運転状態から瞬時電圧低下の正確な判定が必要である．また，この方式の精度向上のためには，雷放電と雷事故の原因解明と系統解析技術の融合による研究が重要である．

雷事故による瞬時電圧低下を検出してオンラインで連系遮断を行うためには，電圧低下の継続時間を先に述べた需要家に影響しない短時間とする必要がある．表 4.4.11 には別電源として UPS（常時商用給電方式）と自家発電を用いた場合の例を示す．自家発電方式では瞬時電圧低下から停電までを保護するのに対し，UPS 方式では非常用電源の起動までを対象としている．

これらの方式では高速スイッチが重要な役割を果たすことになり，電圧低下から 1 サイクル以下の速さで遮断する必要がある．高速スイッチは常時通電のためその損失が重要となる．また，別電源から事故点への事故電流が十分に遮断できるのみならず，事故から事故除去の系統切換えなどに対して別電源の安定運転が確保できる必要

表 4.4.11　瞬時電圧低下対策の例（1）

	雷観測による電源切替え (オフライン)	高速 SW による電源切替え（オンライン）	
		UPS（常時商用給電）方式	自家発電機方式
構　成	(a)	(b)	(c)
容　量 (短絡電流)	負荷に対応	30～500 kVA	6.6 kV - 400～1200 A (20 kA - 1 サイクル以内)
切替時間*	———	検出から 1/4 サイクル以内	1 サイクル以内
損　失	きわめて小	5%以下	2%未満
適用範囲	瞬低～停電	瞬低～非常電源起動まで	瞬低～停電
主な課題	雷予測の精度向上が必要	運転・保守の低減 損失の軽減	同左
備　考		アクティブフィルタ機能付	GTO により 1/2 サイクル以内

*短絡から遮断完了まで

がある．

iii) 電圧低下を補償する： 瞬時電圧低下の需要家機器への影響は継続時間，電圧低下幅が小さいため，短時間に電圧を補償する方式が経済的である．この方式は表4.4.12に示すように直列補償方式と並列補償方式に分類することができる．直列補償方式の変圧器タップ切換え方式では応答時間短縮を目的に，双方向電流が制御できるトライアックが用いられているため，小容量の機器への適用に限られる．一方，インバータ補償方式はパワーエレクトロニクス機器を適用した瞬時電圧低下対策の先駆けで，需要家機器を対象に適用が進められてきた．近年では，高圧配電線における瞬時電圧低下の影響を一括して軽減するため，インバータ補償の大容量化を目的に実系統試験が進められている．海外ではエネルギー貯蔵を活用した数MVAのDVR(dynamic voltage restorer)の実用化が進んでいる．

一方，並列補償方式にはMG（電動・発電機）方式やD-SMES（分散型・超電導電力貯蔵）方式が開発され，前者は既に実用化されている．MG方式では，商用系統との間にチョークコイルを挿入し，発電機の起電力を活用して重要機器への瞬時電圧低下の影響軽減を図っている．この方式はフライホイールの活用により数サイクルから10秒までの電圧保持を可能としており，エンジン発電機を接続することで停電対応を可能としている．一方，D-SMESでも商用系統とインバータ出力の間に変圧器を挿入して，重要負荷への瞬時電圧低下の影響を緩和している．この方式は超電導コ

表 4.4.12 瞬時電圧低下対策の例 (2)

構成	直列補償方式			並列補償方式	
	変圧器タップ切替え（電中研）(a)	インバータ補償（日新）(b)	DVR (c)	M-G 装置（神鋼）(d)	μ-SMES (AMSC) (e)
容量	1 kVA	10～120 kVA 50～400 kVA	数 MVA	140/150～1670 kVA	～8 MVA（連続）, ～20 MVA（瞬時）
応答時間	40 ms 以内	(1 サイクル以内)			検出から 5 μs 以下
損失	5%以下	2%		4%	
適用範囲（保持時間）	60%瞬低	60%瞬低 (0.35 秒)	40～50% (14～25 サイクル)	(130/122～10 秒)	
適用性	瞬低に限定	同左	同左	瞬低～非常電源起動	瞬低～停電
備考		大容量化 (2 MVA) によりコスト低減		UPS より運転・保守容易，損失小 アクティブフィルタ機能	

注） AMSC；American Superconductor

イルの大きさによるが，瞬時電圧低下から停電まで対応可能としている．直列補償方式が瞬時電圧低下のみに限定して時間容量が小さいのに対し，並列補償方式は大容量で停電対応までを可能としている．　　　　　　　　　　　　　　　　　　〔林　敏之〕

文　　献

1) 東京電力総務部：送電の基幹系統を探る，とうでん，No. 578（1999）
2) 林　敏之：明日の電力システム技術，電気学会論文誌B，Vol. **116**, No. 10（1996）
3) 林　敏之：将来の直流送電，電気評論，357号（1995）
4) 林　敏之：海外の直流プロジェクト，OHM（1997）
5) 田村康男（編）：電力システムの計画と運用，オーム社，東京（1991）
6) 電気学会（編）：電気工学ハンドブック　第6版，オーム社，東京（2001）
7) 電気事業連合会統計委員会：電気事業便覧，オーム社，東京（2001）
8) 給電より見た電力機器運用限度，電気学会技術報告，No. 183（1985）
9) 電力系統の需給制御技術，電気学会技術報告，No. 302（1989）
10) 電力系統の安定運用技術，電気協同研究，Vol. **47**, No. 1（1991）
11) 電力系統の安定化技術，電気学会技術報告，No. 238,（1986）
12) 高橋一弘・田中和幸・栗原郁夫・井上敦之：基幹系統の電力輸送力に関する新しい評価手法，電気学会論文誌B，Vol. **117**, No. 11（1997）
13) 吉村健司・内田直之：多機系統ロバスト安定化のための$P+\omega$型PSS定数最適設計手法，電気学会論文誌B，Vol. **118**, No. 10（1998）
14) 関根泰次・林　敏之：広域・大電力輸送力のための"連系強化技術開発"―プロジェクトの概要とこれまでの成果―，電気学会論文誌B，Vol. **114**, No. 10（1994）
15) Taylor, C. W., Erickson, D. C.：Recording and analyzing the July 2 cascading outage, IEEE Computer Application in Power, Vol. **10**, No. 1（1997）
16) 系統脱調・事故波及防止リレー技術，電気学会技術報告，No. 801（2000）
17) 日本電気協会：電気事業の現状，オーム社，東京（2001）
18) http://www.nerc.com/~dawg/database.html
19) 港　和夫：NY大停電で市長が損害賠償請求，エネルギーレビュー，Vol. **19**, No. 9（1999）
20) 港　和夫：猛暑下の停電で非難される米電力，エネルギーレビュー，Vol. **19**, No. 11（1999）
21) 山城　迪・木下　尚・仲村宏一・木村　貢・福島知之：停電コストを考慮した柔軟な送電設備拡充計画決定法，電気学会論文誌B，Vol. **115**, No. 12（1995）
22) Gate, J. *et al.*：Electric Service Reliability Worth Evaluation for Government Institution and Office Buildings, IEEE Trans. on P. S. vol. **14**, No. 1（1999）
23) 岩瀬　久・川住和雄・橘　和也・塩田敏昭：ディジタルパワーメータ WT2010/WT2030，横河技報，Vol. **41**, No. 1（1997）
24) 高圧受電設備における高調波障害と対策，電気協同研究，Vol. **54**, No. 2（1998）
25) 徳田正満：高周波EMC現象と内外規格，電気学会論文誌D，vol. **116**, No. 5（1996）
26) 資源エネルギー庁（編）：電力系統連系技術要件ガイドライン（1998）
27) 瞬時電圧低下対策，電気協同研究，Vol. **46**, No. 3（1990）

5. 高電圧絶縁

5.1 絶縁特性

5.1.1 大気の絶縁特性
a. 絶縁破壊の基礎特性

大気は主として窒素（約80％）と酸素（約20％）から構成されるが，これらは通常は電気を通さない絶縁物である．しかし，大気中に置いた電極に高い電圧を印加すると大気の絶縁が破壊されて放電が生じる．このような大気の絶縁破壊に関する理論的研究は，19世紀末から20世紀始めに至るタウンゼント（J. S. E. Townsend）による電子の増倍作用に基づいた理論がその端緒である．以下，タウンゼントの理論について紹介する．

大気中に置いた平行平板電極に電圧を印加した場合を考える．このギャップ中にある電子は電界の力により，陽極に向かって加速されながら移動する．この加速された電子が気中の中性分子と衝突すると，電子のエネルギーが十分大きければその分子を電離させる．電離した分子は正イオンとともに新たな電子を生じるため，電子の数は増えていく．これが衝突電離による電子の増倍作用である（図5.1.1）．

数式で表すと以下のようになる．電子が外部電界によって単位長だけ移動する間に α 回の衝突電離を起こす，すなわち，α 個の電子と正イオンが発生すると仮定する．単位面積当たり n 個の電子が陽極に向かって進んでいるとすれば，x から $x+dx$ 間で増加する電子の数 dn は

$$dn = n\alpha dx \tag{5.1.1}$$

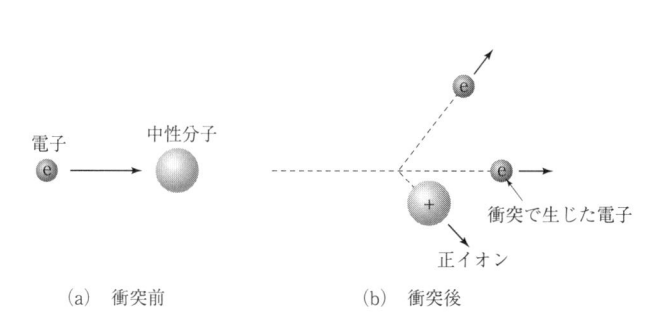

(a) 衝突前　　　　　(b) 衝突後

図 5.1.1　電子増倍過程

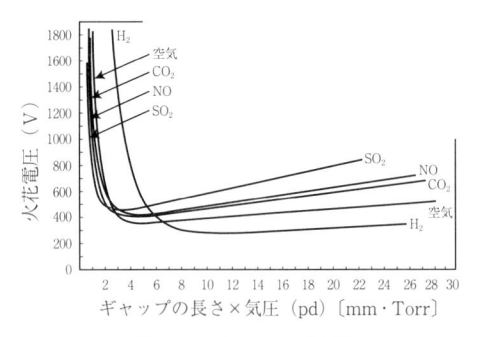

図 5.1.2 パッシェン曲線[1]

となる．

電子が出発する陰極表面（$x=0$）での電子数をn_0とすれば，位置xにおける電子の数$n(x)$は次式で与えられる．

$$n(x) = n_0 \cdot \exp(\alpha \cdot x) \quad (5.1.2)$$

なお，ここで用いたαは，電子の衝突電離係数またはタウンゼントの第一電離係数と呼ばれる．このような電子の増倍過程により，ギャップ内で電子とイオンの数が十分大きくなれば絶縁破壊に至ると考えることができる．しかし後述するように，分子の中には電子を捕らえやすいものがあり，そのような分子があると式 (5.1.2) ほどには電子は増倍しない．衝突電離係数と同様に，電子が単位長さ当たり移動する間に分子に捕らえられる個数を付着係数と呼び，ηで表す．この電子付着の効果を考慮すると式 (5.1.2) は次のようになる．

$$n(x) = n_0 \cdot \exp\{(\alpha - \eta) \cdot x\} \quad (5.1.3)$$

ここで$(\alpha - \eta)$は，実質的な電離の効果を表すものであり，実効電離係数と呼ばれる．

一般に気圧が高くなると絶縁破壊電圧は上昇するが，これは上記の電子の増倍作用から説明できる．気圧が高いということは単位体積当たりの空気分子の数が多いということであるが，その場合には電子が少し電界で移動しただけで分子との衝突が起こる．電離を起こすにはそれ以前に十分加速されエネルギーを大きくしておく必要があり，そのためには高い電界，言い換えると高い電圧を必要とし，絶縁破壊電圧は上昇する．

一方，気圧が非常に低くなると，電子は加速されやすくなるが衝突するべき分子の数も少なくなり電子増倍が起こりにくくなるので，この場合も絶縁破壊電圧は上昇する．

平等電界における気圧とギャップの絶縁破壊電圧の関係については，19世紀終わりにパッシェン（F. Paschen）により以下の法則が見出され，パッシェン則と呼ばれている．

> 平等電界におけるギャップの絶縁破壊電圧Vは，気体の種類が変わらなければ，気圧pとギャップ長dの積のみの関数$V=f(pd)$で与えられる．

図 5.1.2 に平行平板電極での絶縁破壊電圧とpd積の関係（パッシェン曲線）を示すが，図に明らかなように，パッシェン曲線はある最低値をもつ．空気の場合，pd = 約 5.5（Torr・mm）のとき，約 350 V である（1 Torr = 1 mmHg = 133.322 Pa）．

さらにパッシェン則は次のように一般化されるが，この法則は相似則といわれる．

> 電極やギャップ長を n 倍し，気圧を $1/n$ にすると，ギャップの絶縁破壊電圧は変わらない．

ただし，このパッシェン則は pd が著しく大きいところや小さいところ，すなわち高真空や高気圧，またギャップ長が数十 cm 以上の長い場合や μm 級の短いギャップに対しては成り立たない．

b. コロナ放電

平行平板電極のような平等電界となる配置では，ギャップ全体にわたる絶縁破壊となるが，針対針電極配置のように電界分布が不平等な場合には，ギャップ間全体にわたる絶縁破壊が生じる前に，電極近傍の電界が高い部分だけで絶縁破壊が生じる場合がある．これを局部破壊といい，ギャップ全体にわたる全路破壊と区別する．局部破壊の状態は部分放電もしくはコロナ放電と呼ばれる．コロナは，本来太陽の周囲の微光に付けられた名称であるが，外観が似ていることから放電分野でも用いられるようになったもので，20 世紀始めから使われている．

もともとコロナ放電はギャップの不平等性に由来するものであるから，電極構造，電圧の極性や波形などによってその特性はかなり異なるが，コロナ放電の代表である針–平板電極配置で直流を印加したときのコロナ放電を，その外観から大別するとグローコロナとストリーマコロナの 2 種類に分けられる．グローコロナとは，針電極の先端付近に膜状の発光がみられるもので，膜状コロナとも呼ばれる．ストリーマコロナとは，針電極から線状の発光部が広がっているもので，場合によっては平板電極に達しているようにもみえる．針電極を正極とした方がコロナはよく発達し，針電極を負とした場合には，グローコロナ状の発光となりストリーマ状の発光はみられない．

コロナ放電が生じているときに電流波形を観測すると，細かいパルス状の電流波形がみられる．特に針電極が負極性の場合には，かなり規則的なパルスが観測され，これをトリチェルパルスと呼ぶ．

コロナ開始電界を表すものとして，ピーク（Peek）の式が知られている．すなわちコロナ開始電界を Es とすると，

$$Es = 29.8\delta\left(1 + \frac{0.301}{\sqrt{\delta\gamma}}\right) \quad [\text{kV/cm}] \tag{5.1.4}$$

ここで r は電極先端の曲率半径，δ は大気の密度を表す量で相対空気密度と呼ばれ，次式で与えられる．

$$\delta = \frac{0.386p}{273 + t} \tag{5.1.5}$$

ただし，p は気圧（Torr），t は気温（℃）である．

工学的にもコロナは重要なものである．送電線でコロナが発生すると，コロナ損やコロナ放電による騒音，電波障害などの電気環境問題を生じる．送電線のコロナ損についても，ピークの求めた以下の実験式がある．

$$P = \frac{234}{\delta}(f+25)\sqrt{\frac{r}{d}}(v-v_0)^2 \times 10^{-5} \quad [\text{kW/km}] \qquad (5.1.6)$$

ここで，P は単相2線式または三相3線式送電線の電線一条，1km 当たりのコロナ損（kW/km），δ は相対空気密度，f は周波数（Hz），r は電線半径（mm），d は電線中心間の距離（mm），v は導体－大地間の電圧実効値（kV），v_0 は実験的に決められた定数で，破壊臨界電圧と呼ばれる．v_0 は導体の表面状態や天候などによって決まり，ほぼ次式のように表される．

$$v_0 \cong 4.98 m_0 m_1 r \delta \log\left(\frac{d}{r}\right) \quad [\text{kV}] \qquad (5.1.7)$$

ここで m_0 は導体の表面状態によって決まる値で，磨いた導線では 1，より線などでは 0.8～1 程度の値となる．m_1 は天候によって決まる定数で，晴天では 1，雨や霧では 0.8 が用いられる．式（5.1.6）から明らかなように，コロナ損はほぼ電圧の 2 乗に比例することとなり，超高圧以上の送電線では複導体や 4 導体など複数の導体を用いて等価的な導体半径を増大させ，コロナの発生を抑えるようにしている．

ガス絶縁機器や変圧器などの電力機器の絶縁劣化がコロナ放電によって検知されることがある．ガス絶縁機器では，コロナ放電時に発生する UHF 帯の電磁波によって絶縁劣化の発生場所の特定を行うことも研究されている．

c. 火花電圧（スパークオーバ電圧）と V-t 特性

気中ギャップで全路破壊が生じる電圧を火花電圧と呼ぶ．全路破壊のことをスパークオーバとも呼ぶ．火花電圧は，同じギャップ長でも電極形状，電圧波形などによってかなり異なる．

ここで，高電圧試験などで用いられる電圧波形について述べる．電力機器の絶縁には昔から雷が最大の課題であることから雷電流波形を模擬した，立ち上がりが数 μs，立ち下がりが数十 μs の電圧波形をしばしば用いるが，これを雷インパルス電圧と呼ぶ．雷インパルス電圧波形の波頭長，波尾長は以下のように定義される．図 5.1.3 に示すように波高値の 90% の点と 30% の点を直線で結び，この直線が零レベルと交わる点を規約原点とし，その規約原点からの時間により，図に示すように波頭長，波尾長を定める．これは，雷インパルス電圧を発生，測定するときに，立ち上がり部分に高周波のノイズが発生しやすいため，その影響による誤差を低くすることと，波高値付近の電圧波形が平坦なため正確な波高値の位置（時間）が決め難く，その精度を高めることが目的である．また送電線の開閉操作によって発生する過電圧を模擬する電圧波形として，開閉インパルス電圧と呼ばれる，波頭長が数百 μs，波尾長が数 ms のインパルス波形を用いることもある．開閉インパルス電圧の場合には，上記のノイズの影響が少ないため，実際の原点からの時間を用いて波頭長，波尾長を定める．

このようなインパルス電圧波形を用いて，電圧レベルを変えて印加すると，印加電圧レベルによってスパークオーバの発生する時間が異なる．これらを重ねて示したものが図 5.1.4 であるが，このスパークオーバの発生する時間 t と印加電圧の波高値 V

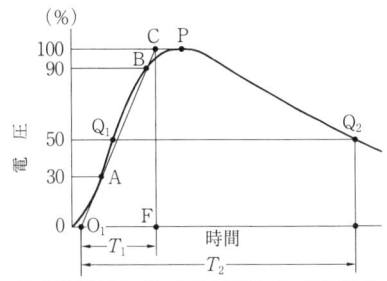

5.1 絶縁特性

T_1: 規約波頭長, T_2: 規約波尾長, O_1: 規約原点, Q_1, Q_2: 半波高点, P: 波高点, CF: 波高値, CF/T_1: 規約波頭峻度

図 5.1.3 雷インパルス電圧波形[2]

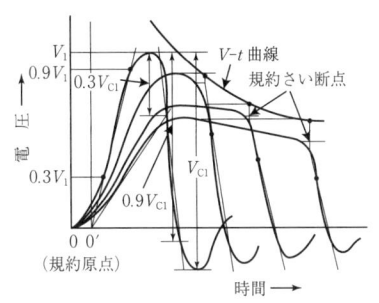

V-t 曲線は規約原点を座標の原点とする
規約さい断点は $0.9\,V_{C1}$ と $0.3\,V_{C1}$ より規約原点と同様に決定する

図 5.1.4 V-t 曲線[2]

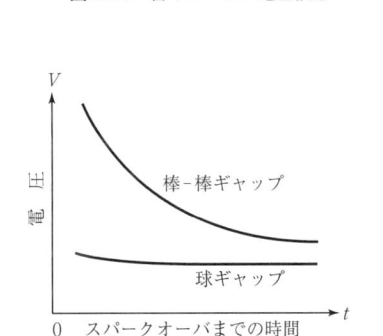

図 5.1.5 電極配置による V-t 特性の違い

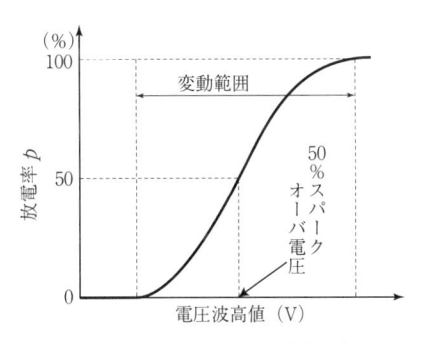

図 5.1.6 スパークオーバ確率分布

（波頭でフラッシオーバした場合にはそのときの電圧）との関係を示したものが V-t 特性である．平行平板電極のような平等電界の電極配置ではスパークオーバ電圧は時間によらずほぼ一定で，V-t 特性は水平に近い曲線になるが，棒対棒電極のような不平等電界の電極配置では図 5.1.5 のように左上がりの曲線になる．

インパルス電圧を気中ギャップに印加した場合，スパークオーバが生じるかどうかは確率的な現象であり，通常，印加電圧に対して図 5.1.6 のような確率分布を示す．ここで，スパークオーバが発生する確率が 50% である電圧を 50% スパークオーバ電圧と呼ぶ．また図 5.1.6 の曲線は累積正規分布でよく表されることが知られており，その変動係数（標準偏差／平均値）は雷インパルスで 1〜3%，開閉インパルスでは若干大きく 5% 程度となる．

平等電界配置の代表的な例が平行平板電極であり，不平等電界配置の代表例が針対針電極であるが，それらの 50% スパークオーバ電圧 V_s はギャップ長を d (cm) とすると次式で表すことができる[1,5]．

平行平板電極 $V_s = 23.85\delta d\left(1 + \dfrac{0.329}{\sqrt{\delta d}}\right)$ [kV]   (5.1.8)

針対針電極 $V_s = 18.4 + 5.01 d$ [kV]   (5.1.9)

　式 (5.1.8) を計算すると $d = 2\sim 10\,\mathrm{cm}$ の範囲では，V_s/d は約 $30\,\mathrm{kV/cm}$ となる．すなわち，平等電界ギャップのスパークオーバ電界は約 $30\,\mathrm{kV/cm}$ と考えればよい．

　一方，針対針ギャップの場合には，式 (5.1.9) からわかるように，d が比較的長い場合には，フラッシオーバ電界は約 $5\,\mathrm{kV/cm}$ であるといえる．この電界値は，より長い（m級）の雷インパルス電圧の場合でもほぼ変わらない．ただし，m級の中ギャップに開閉インパルス電圧を印加した場合には，スパークオーバ電圧はギャップ長に比例せず飽和特性を示す．これは，特に棒−平板ギャップに正極性の開閉インパルスを印加した場合に著しい（図 5.1.7）．また長ギャップに開閉インパルス電圧を印加した場合には，その波頭長によってスパークオーバ電圧が異なり，ある波頭長で最低値となる，図 5.1.8 のような，いわゆる U 特性を示す．このスパークオーバ電圧が最低となる波頭長を臨界波頭長と呼ぶ．臨界波頭長は一般に

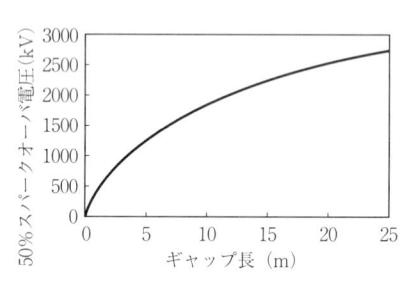

図 5.1.7　棒−平板ギャップにおける正極性開閉インパルスの50％スパークオーバ電圧とギャップ長との関係[1]

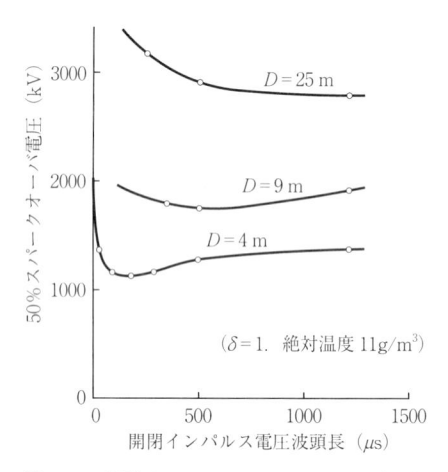

図 5.1.8　開閉インパルススパークオーバ電圧と波頭長の関係[1]
（臨界波頭長，正極性棒−平板ギャップ）

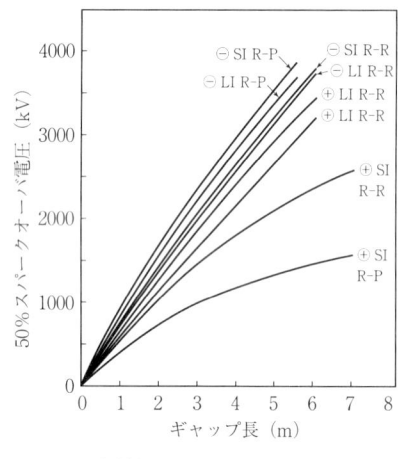

図 5.1.9　各種条件での50％スパークオーバ電圧とギャップ長の関係[1]
（R-P：棒−平板ギャップ，R-R：棒−棒ギャップ，LI：雷インパルス，SI：開閉インパルス）

ギャップ長が長いほど大きくなる．このように波頭長によってスパークオーバ電圧が変化する理由は，長ギャップ放電でストリーマの幹となるリーダと呼ばれる導電率の高い放電路の進展が，ある電圧上昇率のときに最も起こりやすいためといわれているが，そのメカニズムにはまだ不明の点も多い．図5.1.9は棒-棒および棒-平板ギャップにインパルス電圧を印加したときの，スパークオーバ電圧とギャップ長の関係を示したものであるが，棒-平板ギャップ（R-P）に負極性のインパルス電圧を印加した場合には，棒-棒ギャップ（R-R）の場合よりもスパークオーバ電圧は高くなる．

d. グロー放電とアーク放電

スパークオーバが生じたあとも電源から電流が供給され続ければ，放電が持続することになる．持続放電にはグロー放電とアーク放電があり，100 mAから1A程度を境に，電流が少ない領域をグロー放電といい，大電流の領域をアーク放電という．大気圧空気ではグロー放電は安定でなく，通常アーク放電に移行する．低気圧ではグロー放電も比較的安定であるが，気圧，ガスの種類などに依存して，発光状態など，その様相はかなり異なる．アーク放電状態では，電流が大きくなるほど電圧が低下する特性を示す．

5.1.2 大気以外のガスの絶縁特性

前述したように，原子や分子の中には電子が付着して負イオンとなりやすいものがある．これを電気的負性気体あるいは単に負性気体と呼び，代表的なものにF, Clなどのハロゲン元素，酸素などがある．電子付着が生じると，電離が生じにくくなり，電子増倍が抑制されるため，絶縁破壊電圧は上昇する．

特にSF_6（6フッ化イオウ）は絶縁・消弧媒体として以下の優れた特性を有するため，広く用いられている．

① 無味無臭であり，化学的に安定である．
② 無毒である．
③ 負性気体であり，絶縁性能が高い．1気圧（= 760 mmHg = 101,325 Pa）において，通常の空気の約3倍の絶縁耐力をもっている．
④ アークの消弧性能が高い．

図5.1.10にSF_6の分子構造を，また表5.1.1にSF_6の物理的特性を示す．

もともとSF_6は1900年に初めて人工的に合成された気体であるが，SF_6が商業ベースで生産されるようになったのは1940年代後半である．わが国では1960年代末からSF_6を用いた開閉機器（GIS：gas insulated switchgear）の運転が開始されているが，SF_6を用いたガス絶縁機器の開発により，変電所などの大幅な小型化が可能となった．

SF_6の場合，絶縁破壊強度の最大電界に対する依存性は空気よりもはるかに鋭敏である．言い換えると，どこか一箇所でも電界がSF_6の絶縁破壊強度を超える点が生じると，直ちに全路破壊に至る可能性がある．通常のGIS機器では，そのような部分

表 5.1.1 SF_6 の物理的特性[1]

分子量	146.06
密度（大気圧 20℃）	6.14 (g/l)
比重	5.1
昇華点	-63.8 (℃)
融点 (2.2 atm)	-50.8 (℃)
臨界温度	46.8 (℃)
臨界圧力	38.2 (気圧)
臨界密度	0.725 (g/cm³)
定圧比熱（大気圧 30℃）	0.155 (cal/(g・℃))
熱容量（モル当たり，大気圧 30℃）	22.6 (cal/(g・mol・℃))
飽和蒸気圧 (0℃)	13.0 (気圧)

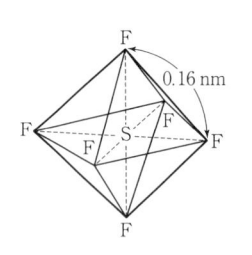

図 5.1.10 SF_6 の分子構造

が生じないように設計されているが，針状の金属異物が混入すると絶縁耐力は著しく低下するので注意する必要がある．また電極表面の微小突起なども絶縁耐力を下げる要素となるため，一般に電極面積が大きくなると絶縁破壊電圧は低下する(面積効果)．

アークの消弧性能も SF_6 の電子付着特性が関係している．SF_6 中のアークの電気電導度は SF_6 の電子付着やアーク柱が細く遮断後の冷却が急速に進むなどの理由で空気の約 100 倍の速度で低下するため，絶縁が急速に回復し交流での電流遮断が行われる．

このように SF_6 は絶縁媒体としてきわめて優れたものではあるが，昨今の環境問題に関する関心の高まりに伴い，SF_6 の地球温暖化係数が高いことから，SF_6 に代わる絶縁媒体の研究も最近精力的に進められている．SF_6 の地球温暖化効果とその対策については 7.3.5 項に記載している．フロン系のガスには SF_6 より絶縁性能の高いガスもあるが，毒性，液化温度などの点に難点があり，現在のところ代替ガスとして適当なものは見つかっていない．現在，SF_6 代替ガスとして考えられているのは，窒素や CO_2 である．ただし，これらのガスは SF_6 より絶縁耐力が低いため，圧力を高くするか機器の形状を大きくせざるをえない．しかし SF_6 を混合した場合，SF_6 は少量でもシナジー効果により混合ガスの絶縁耐力は非線形的に向上するので，SF_6 との混合ガスを用いて，絶縁耐力の向上と SF_6 使用量の減少を図ることも考えられている．一般に，2 種類の気体を混合すると火花電圧は混合比に比例せず，図 5.1.11 に示すように上に凸，もしくは下に凸となるのが普通である．図 5.1.11 のカーブ A のように混合比より火花電圧が高くなる性質をシナジズム（相乗作用）と呼ぶ．条件によっては，それぞれの気体単独よりも火花電圧が高くなる場合もある．一方，5.1.1 項で述べたように，一般的に高気圧にすれば絶縁性能は向上するので，窒素や CO_2 単独でも高気圧にすれば SF_6 ガス使用機器と同じ寸法にできる可能性がある．

SF_6 単独でも平等電界配置においては，短ギャップでは気圧に比例して耐電圧は上昇するが，ある値以上では飽和する傾向を示す．図 5.1.12 に示すようにギャップ長が長いほど，低い気圧において直線からずれはじめる．高気圧にした場合には，機器

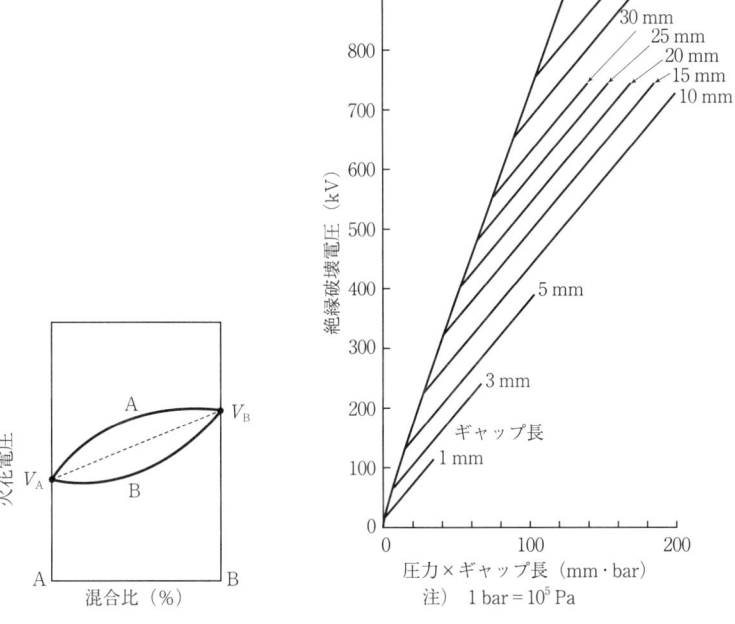

図 5.1.11 混合気体の火花電圧

図 5.1.12 SF_6 中の平等電界のスパークオーバ電圧[3]

の機械的強度も考慮する必要があり，気圧に対する耐電圧の飽和特性などを考慮すると，一般には 10 気圧以下で用いるのが合理的である．SF_6 のような負性気体の場合には，図 5.1.13 に示すように不平等電界ギャップでは圧力の増加とともに絶縁破壊電圧が低下する，いわゆる N 字形特性を示す．

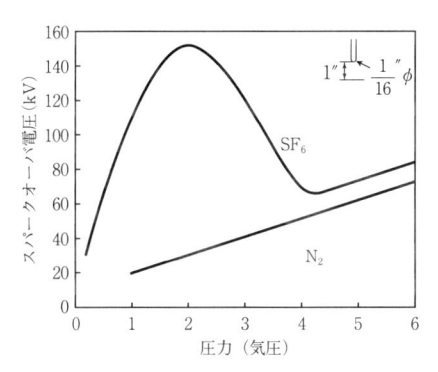

図 5.1.13 不平等ギャップでの窒素と SF_6 の交流スパークオーバ電圧の圧力依存性[1]

5.1.3 液体の絶縁特性
a. 絶 縁 油

液体の絶縁物として代表的なものが絶縁油であり，変圧器などの絶縁に広く用いられている．油中においても高電界部分にはコロナ放電が発生し，その様相も，気中と同様に膜状のものと樹枝状のものがある．油中コロナはガスを発生したり，材料の絶縁劣化をもたらすため，絶対にコロナを発生しないように設計する必要がある．

変圧器油の棒－平板ギャップの絶縁破壊特性の一例を図 5.1.14 に示すが，大気圧空気に比べてかなり絶縁強度が高くなっている．図 5.1.15 は変圧器油の破壊電圧と電極面積の関係を示したものであるが，一般に電極面積が増すと破壊電圧は低下する．この原因として，高電界部にさらされる絶縁油の体積が増すため破壊の原因となる不純物などが存在する可能性が増加する体積効果，また電極面積が増加するため，電極面上の放電しやすい点が増加する面積効果が挙げられる．このほか，絶縁油の破壊電圧は以下に述べる多くの要因によって影響を受ける．

① 不純物：絶縁油中に固体絶縁物の小片などがあると破壊電圧は低下する．特に繊維状の不純物が水分を吸収している場合には，その低下が著しい．
② 圧　力：絶縁油の圧力を上昇すると，その破壊電圧は圧力に対し直線的に上昇する．

上記のほか，絶縁油の温度や電極の材料，印加電圧によっても，絶縁油の破壊電圧は影響を受ける．特に直流や交流の場合には，不純物の影響が大きいが，インパルス電圧に対しては不純物の影響は比較的少ない．図 5.1.16 は各種液体について破壊電界を示したものである．図の横軸は分子パラコルと呼ばれ，一定表面張力のときの分子容量を示す値である．

$$\text{分子パラコル} = \frac{M\gamma^{1/4}}{D-d} = MC^{1/4} \tag{5.1.10}$$

ここで，M は分子量，γ は表面張力，D, d は液体および蒸気の密度であり，C はマクロード（Mac Leod）定数と呼ばれる物質固有の常数である．図から明らかなように，液体の破壊電界は分子パラコルが大きいほど，大きくなる傾向がある．

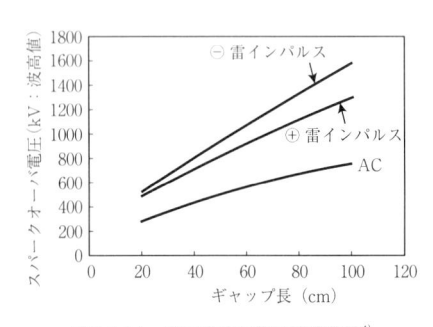

図 5.1.14 変圧器油の絶縁破壊特性[4]

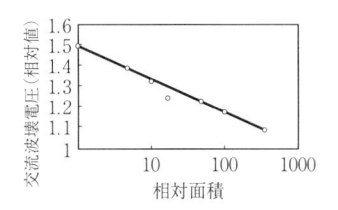

図 5.1.15 変圧器油の交流破壊電圧に対する電極面積の影響[5]

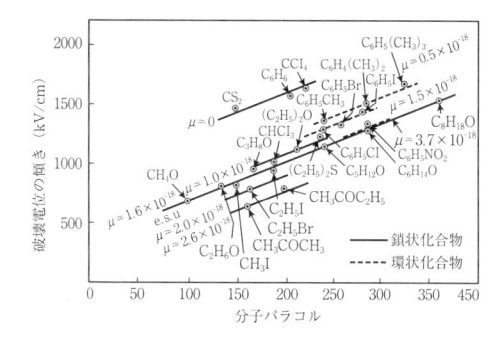

図 5.1.16 各種有機化合物の破壊電界と分子パラコルとの関係[5]

b. 極低温絶縁

超電導機器の開発では，その冷却媒体である液体ヘリウムなどの極低温液体の絶縁特性も重要な問題である．極低温液体の破壊電界強度は，電極の材料や形状，液体の温度と圧力などの実験条件に大きく影響される．準平等電界ギャップおよび不平等電界ギャップの破壊電圧 V_b (kV) の最低値はギャップ長を d (mm) とすると，おおよそ次式で近似できる．

① 準平等電界ギャップ

$V_b = 21.5 d^{0.8}$ （液体ヘリウム）
$V_b = 29 d^{0.8}$ （液体窒素）

② 不平等電界ギャップ

$V_b = 7 d^{0.4}$ （液体ヘリウム）
$V_b = 18 d^{0.26}$ （液体窒素）

5.1.4 固体の絶縁特性

a. 導体と絶縁体

物質内において，電子やイオンが自由に移動できるものを導体といい，移動しにくいものを絶縁体または誘電体という．物質に電圧を加すると電流が流れるが，同じ電圧（電界）でも流れる電流の大きさは物質によって異なる．電流密度と印加電界の比である導電率は物質固有の定数である．導電率の逆数である抵抗率を ρ とすれば，通常，$\rho = 0 \sim 10^4\ \Omega$ cm の物質を導体，$\rho = 10^4 \sim 10^{13}\ \Omega$ cm の物質を半導体，$\rho = 10^{13}\ \Omega$ cm 以上のものを絶縁体として区別している．

b. 固体の絶縁破壊現象

固体の絶縁破壊は熱的破壊と電気的破壊に大別できる．熱的破壊は電流によるジュール熱によって温度が上昇し，これによって抵抗が低下し，そのためさらに電流が増加するというプロセスにより，ついには破壊に至るというものである．電気的破

壊は電界によって加速された電子が固体を構成する結晶格子に衝突して電子を発生させ，これが電子なだれを起こし，絶縁破壊に至るものである．

一般に固体の絶縁耐力は空気の絶縁耐力に比べて著しく大きい．たとえばポリエチレンでは厚みがわずか数十 μm でも破壊電圧は数十 kV のオーダである．そのため，空気中で固体試料に電圧を印加すると，被試験物である固体がその内部で絶縁破壊する前に，固体表面に沿った放電，いわゆる沿面放電（表面放電）が発生し，固体本来の絶縁破壊電圧が求められないことが多い．このため，図 5.1.17 にあるように沿面放電路よりも短いギャップ長の電極配置とするとともに，供試物全体を絶縁耐力の高い絶縁油や絶縁気体の中で試験を行うなどの配慮が必要である．

固体絶縁物の場合，その絶縁破壊電圧 V は，厚み d が増大するほど増加する．

$$V = Ad^n \tag{5.1.11}$$

ここで，V は絶縁破壊電圧であり，A, n は固体絶縁物の種類，電極による定数である．n は通常 0.3～1.0 の間の値である．

c. トリー現象

ポリエチレンなどの高分子固体絶縁材料に電圧を印加すると，樹枝状の放電路が絶縁物の内部に向かって進展することがある．この放電路をトリーといい，トリーが発生，進展していく現象をトリーイング現象という．トリーは，その成因から水トリー，電気トリー，化学トリーに分類できる．

水トリーとは，水分が絶縁物の中に雲のように広がったことで発生するものであり，電気トリーは導体表面や絶縁物中の空隙（ボイド），異物など電界が集中する部分から樹枝状の放電路が伸びだすものである．水トリーには図 5.1.18 に示すように，内部半導電層から発生する内導水トリー，外部半導電層から発生する外導水トリーのほか，固体絶縁体中のボイドや異物から発生するものがあり，最後のものは，その形状からボウタイ（bow-tie）状トリーと呼ばれる．水トリーは直径 1 μm 程度以下の微小ボイドとそれらを連結するチャネルからなっており，これらの中は水で満たされている．水トリーの形成メカニズムは完全には解明されていないが，水と局部電界が必要条件である．しかしその電界値は，電気トリーが 100 kV/mm のオーダの電界で発生するのに比べてはるかに低く，200 V/mm 程度でも水トリーは発生する．水ト

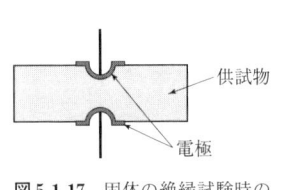

図 5.1.17 固体の絶縁試験時の電極例

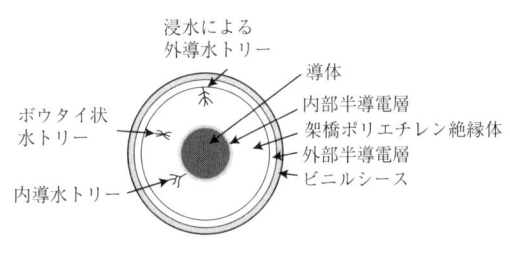

図 5.1.18 トリーの例

リーが発生しても，通常は部分放電は観測されない．電気トリーは，文字どおり，電界のみによって発生する．化学トリーは，硫化イオンなどを含む水中にケーブルが布設された場合，銅線が硫化銅になって樹枝状に絶縁体中に浸透するものである．

電力ケーブルなどでこれらのトリーが発生すると，常規電圧で進展しやがて絶縁破壊に至る．そのため，電力ケーブルの製造にあたっては，絶縁物内の異物，気泡の混入を極力防止するとともに，導体表面に半導電層を形成して微小突起による電界集中を避ける，水分の浸入を防止するための遮水層を設けるなどの工夫がなされている．また電力ケーブルの絶縁体としては架橋ポリエチレンが用いられるが，これも以前は加熱・加圧媒体として水蒸気を用いて架橋反応を起こしていたが，最近は電熱器で加熱し高圧窒素を用いる乾式架橋により絶縁体内に水分が残留しないようにしている．

固体誘電体内部にボイドが発生すると，後述するように，気体と固体誘電体では気体部分の方が電界が高いので，まずボイド中での絶縁破壊（ボイド放電）を生じる．ボイド放電は交流電圧下では繰り返し発生するので，固体誘電体の劣化につながるとともに，前述のトリーの原因ともなる．ケーブルなどでは製造時にボイドの発生を極力防止するようにしている．

5.1.5 複合誘電体の絶縁特性

高電圧機器においては，通常複数の誘電体を組み合わせた絶縁構成とする場合が多い．たとえば，油入変圧器では，固体の絶縁紙と液体の絶縁油を用いており，GISでは固体のスペーサと気体のSF_6など，固体と液体や気体との組合わせが現実には多用されている．このように異なる誘電体を組み合わせた構成では，個々の誘電体の誘電率が異なるため，電界の分布はかなり複雑なふるまいを示す．

一般に，固体や液体は気体に比べて誘電率が大きいため，図5.1.19のように気体と固体が直列にある場合には，気体の部分の電界は固体の部分にかかる電界より大きい．また気体の絶縁破壊強度は固体の絶縁破壊強度より一般に小さいから，まず気体部分で部分絶縁破壊が発生する．しかし，固体部分が絶縁破壊しなければ全路破壊には至らないから，気体部分の絶縁破壊は絶縁システムにとって致命的なものではない．しかし前述したように，交流電圧下での部分放電の繰返し発生は，荷電粒子の衝突，化学作用，大気中ではオゾンなどによって固体絶縁物が劣化を受けるため，できるだけ部分放電を発生しないように，また機器では無部分放電となるよう絶縁設計がなさ

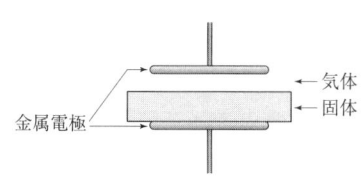

図 5.1.19　複合誘電体の配置例

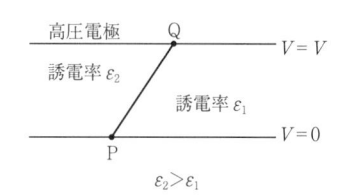

図 5.1.20　三重点をもつ複合誘電体構成

れている.

複合誘電体の場合，電界が理論上無限大になることがある．図5.1.20がその例であり，点Pのように誘電率が小さい方が鋭角となるような点では電界が無限大となり，逆に点Qでは電界が0となることが理論上知られている．一見奇妙にみえるが，現実の物質では誘電体の漏れ抵抗が有限であるため無限大にはならない．実際の機器では電界が無限大にはならないにしても，誘電体の配置によっては局部的にかなり高い電界となる場合があるので注意する必要がある．具体的にはGISのスペーサの電極接続部などが問題となる．

固体と気体，もしくは固体と液体の組合せでは，通常，固体表面での沿面放電が問題となる．気体と固体の組合せの場合，沿面放電は気中放電と同様にストリーマとリーダの構造をもつが，対象とするギャップの電界分布によってその特性はかなり異なる．

スペーサのような場合には，図5.1.21 (a) のように電気力線と固体誘電体表面が平行となり，固体誘電体の存在により電界分布はあまり変らないので，固体誘電体がない場合の気中ギャップの放電特性と類似の特性となるはずであるが，固体への金属異物付着などで，それより低くなる場合もある．がいしなども同様の電界分布であるが，大気にさらされているため塩分付着による汚損や湿潤などでフラッシオーバ電圧が著しく低下する場合があり，それを考慮して，必要な絶縁距離をとれるようにがいしの長さを定める必要がある．

一方，ケーブル端末などでは図5.1.21 (b) のように，電気力線が固体表面にほぼ垂直に入る形となる．この場合には，電極先端の電界が高いため比較的低い電圧から沿面放電が発生する．背後電極がある場合のインパルス電圧に対する沿面フラッシオーバ電圧の実験式として式 (5.1.12) があるが，沿面距離に対して著しい飽和特性がある（言い換えると，沿面距離を長くしてもフラッシオーバ電圧はあまり上昇しない）ことを注意すべきである．

$$V = \frac{K}{\sqrt[8]{C\sigma^3}} \sqrt[5]{l} \tag{5.1.12}$$

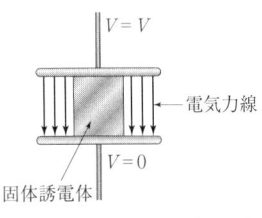

(a) 電気力線が固体誘電体表面と平行

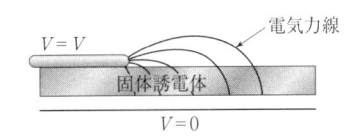

(b) 電気力線が固体誘電体表面に垂直

図 5.1.21 沿面放電と電極構成

ただし V：電圧（V），l：沿面長さ（m），Co：固体誘電体の固有容量*（F/m²），K は正インパルスに対して 73.6，負インパルスに対して 74.25

沿面放電が発生すると，絶縁物表面が変質して導電路ができる場合がある．この現象をトラッキングという．特にベークライトなどでは，沿面放電によって表面が炭化し導電路が形成されるため，一度沿面放電が生じると，その後，絶縁耐力は大幅に低下する．

*誘電体表面と背後電極との間に存在する単位面積当たりの静電容量

5.1.6 真空の絶縁特性

5.1.1 項で述べたように，平等電界の火花電圧は空気中では pd が約 5.5 (Torr・mm) で最低となり，これより pd が小さくなると火花電圧は急増する．これは，ガス圧が小さくなると，単位体積中に含まれる分子の数が少なくなり，電界によって加速された電子が分子に衝突して電離する可能性が少なくなるためである．さらに高真空になると，パッシェンの法則は成り立たず，火花電圧はギャップ長 d で決まるようになる．平行平板電極にインパルス電圧を印加した場合，ギャップ長の単位を mm とすると，$d<1$ mm では $V(\text{kV}) \fallingdotseq 70d$ と，火花電圧 V はギャップ長にほぼ比例する．しかし，$d>1$ mm では，火花電圧 $V(\text{kV}) \fallingdotseq 70d^{0.5\sim0.7}$ と，ギャップ長のほぼ 0.5～0.7 乗に比例，すなわち飽和特性を示す．さらに真空中の放電電圧は，電極の材料，表面状態（表面あらさ，酸化皮膜の有無など）によっても大きく影響される．また，顕著なコンディショニング効果があることが知られている．すなわち，電極を真空容器内に設置したあと，適当な処理を行うと絶縁破壊電圧が数倍のオーダで高くなる．コンディショニングの方法はいくつかあるが，1つの方法としては，何回か実際に放電させて放電開始点を除去することがある．

基本的に，真空中の放電では，電極間に衝突電離などを生じるガスが存在しないとみなしてよいため，電極からの電子の放出，電極材料の蒸発，電極に吸着されていたガスの離脱などが放電メカニズムを決定する．高真空中の放電機構としては以下のような理論が提唱されているが，必ずしも十分解明されているわけではない．

1）陽極加熱説　陰極面から高電界により電子が放出され，その電子が陽極に衝突し，吸蔵ガスまたは電極金属の蒸気を放出させ，これをイオン化することにより火花放電が発生する．

2）陰極加熱説　陰極から発生した電子ビームの陰極点は，電流によって局部的に加熱され，熱電子を発生するようになり，これにより火花放電が発生する．

3）クランプ説　電極表面に付着している不純物（クランプ）が静電力によって離脱し，帯電したクランプが電界で加速され対向電極に衝突して金属蒸気を放出することにより，火花放電に至る．

真空中では，ギャップが絶縁破壊し，アーク放電が形成されても比較的容易に消弧される．このため，遮断器やスイッチなどの電力用開閉器に用いられる．また，真

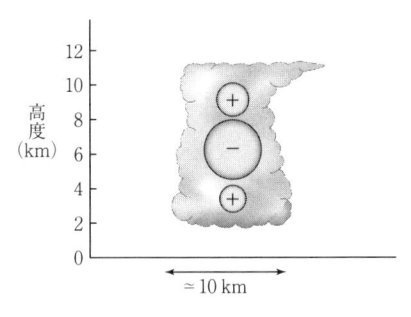

図5.2.1 雷雲の電荷構造

空の絶縁特性は各種電子管や，電子顕微鏡などの真空機器の絶縁設計にも重要である．

5.2 雷 現 象

5.2.1 電荷形成過程

雷雲内の電荷形成メカニズムについては，現在でも必ずしも解明されているわけではないが，上昇気流の盛んな雷雲内であられと氷晶とが摩擦帯電し，電荷分離するとの説が一般的である．この際，気温が−10℃以下では，軽い氷晶が正に，重いあられが負に帯電するため[6]，図5.2.1に示すように，雷雲上部には氷晶による正の電荷が，下部にはあられによる負の電荷が蓄積する．しかし気温が−10℃以上では，逆に軽い氷晶は負に，あられは正に帯電するため，雷雲全体としてみると，雷雲上部には正，下部には負，そして最下部にはポケットチャージと呼ばれる正の電荷が蓄積する，いわゆる三層構造をもつことになる．ただし，これは非常に単純化したモデルであり，実際の雷雲ではもっと複雑な電荷構造をもつことが知られている．

いずれにしても，雷雲の形成には上昇気流が不可欠であり，夏季によくみられる積乱雲では，夏の強い日射により地表面が熱せられることで上昇気流が発生する．通常，気温は高度が1km上昇するごとに約6℃低下するため，地上では30℃であっても上空では気温が0℃以下となり，空気中の水分が凍結し，氷晶やあられが形成され，それが上昇気流の中で摩擦帯電し電荷分離を生じる．このような雷を熱雷と呼ぶ．一方，秋田から福井にわたる日本海沿岸では冬季にも雷が発生し，冬季雷と呼ばれている．この場合には，暖流である対馬海流が日本海に流れ込み，上空にはシベリアからの寒気団が張り出すため，やはり上空に対して地上（この場合は日本海海面）が暖かいので，上昇気流が発生し雷雲が形成される．ただし，夏季と比較すると温度が全体的に低いため，低い高度から氷結が起こり，電荷分離が始まるので，雷雲電荷中心位置は夏季よりも一般に低い．また前線や低気圧に伴う上昇気流でも雷雲が発生することがあり，それぞれ界雷（前線雷），渦雷と呼ぶ．

これらのほか，火山爆発や竜巻などでも微粒子が摩擦帯電して電荷分離し，雷を発生することがある．前者は比較的よく観測され，火山雷と呼ばれている．

5.2.2 雷放電過程

一般的な夏季雷の放電過程を図式的に示したものが図5.2.2である．まず雷雲からリーダと呼ばれる放電が進展する．このリーダは数十mずつ，ステップ状に進展するため，ステップトリーダ（階段状先駆放電）と呼ばれるが，その平均的な進展速度は10^5 m/sのオーダである．このステップトリーダが地上に到達すると，大地から電

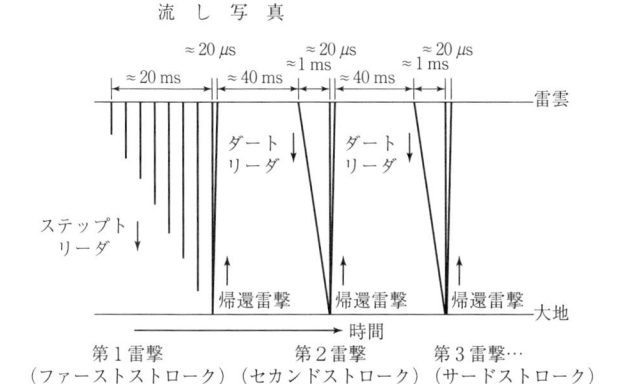

図 5.2.2　雷放電過程の模式図

荷を中和する大電流が流れる．これが帰還雷撃（リターンストローク）であり，通常われわれが落雷と呼ぶのはこの過程である．帰還雷撃の速度は光速の数分の1程度であり，帰還雷撃時には強い発光が生じるとともに，大電流による空気の膨張により衝撃波が発生する．これが伝播してわれわれの耳には雷鳴として聞こえる．通常の夏季雷では1回の帰還雷撃で雷雲電荷がすべて中和されることは少なく，同じ雷放電路を通って数回繰り返し放電が起こる．これを多重雷と呼ぶ．2回目以降の放電を後続雷撃と呼ぶが，後続雷撃では，雷雲からのリーダは既に電離されたチャネルを進展するためステップ状にはならず，連続的に進展する．これをダートリーダと呼ぶ．ダートリーダが大地に到達すると，第一雷撃と同様，帰還雷撃が雷雲に向かって進む．一方，冬季雷では，多重雷は少なくほとんどが単一雷撃となる．個々の雷撃をストロークと呼び，第1雷撃と後続雷撃をまとめた一連の雷撃現象をフラッシュと呼ぶ．

　雷雲からの下向きリーダが鉄塔などの高構造物に近づいた場合には，上向きリーダと呼ばれる高構造物からの上向きの放電が進展し，これが雷雲からの下向きリーダと結合して雷撃となる．送電線などの雷被害防止にはこのような雷撃特性が重要であり，これについては5.3.1項で述べる．

　大地への雷撃以外にも雲内や雲間でも雷放電が発生しており，これを雲放電と呼ぶ．実際，雷放電の8割は雲放電であるといわれている．

5.2.3　雷のパラメータ

　わが国の雷雨日数分布（IKL：isokeraunic level）を図5.2.3に示す．雷雨日数とは，一年間に雷鳴や雷発光など雷現象が耳目によって観測された日数である．したがって，大地雷撃の数とは必ずしも比例するものではないが，従来，雷雨日数と大地雷撃密度には一定の関係があるものとして，耐雷設計の基礎データとして用いられてき

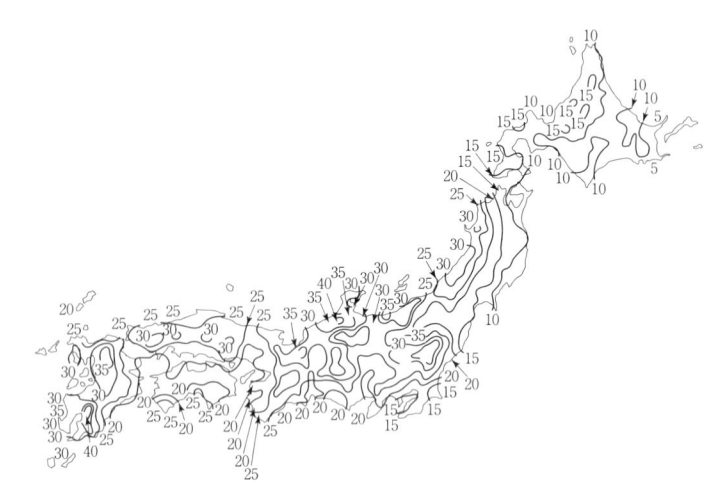

図 5.2.3 わが国の雷雨日数分布（1954〜1963 年の平均）[7]

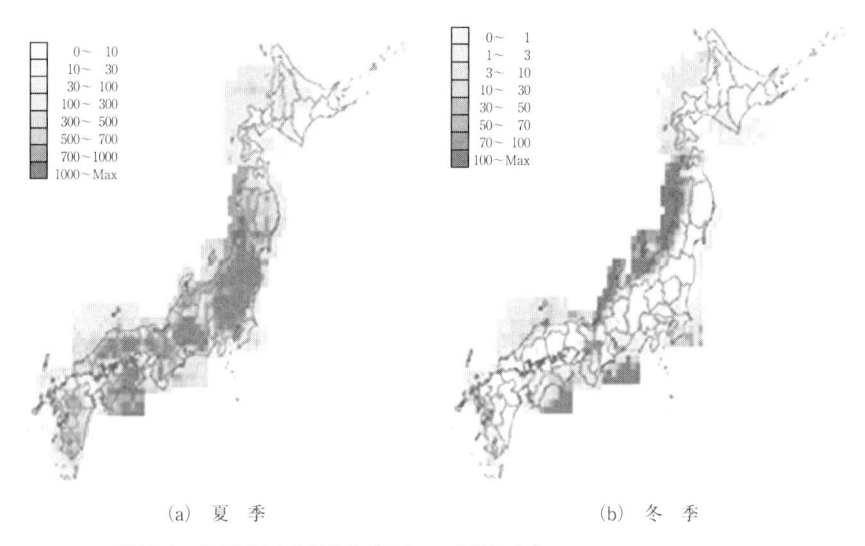

(a) 夏季　　(b) 冬季

図 5.2.4 わが国の大地雷撃数（ストローク数）分布
（落雷位置標定システムによるデータ，1992〜2001 年の平均）[8]

た．たとえばわが国では N_g を大地雷撃密度（回/km^2），T_d を雷雨日数（日）とすると $N_g = 0.1 T_d$ として大地雷撃密度を推定していた．しかし最近は，後述するように大地雷撃時に放射される電磁界から雷撃地点を標定する落雷位置標定システムが開発・活用されている．後述する落雷位置標定システムで得られるデータは大地雷撃そのものであるため，そのデータを用いれば雷雨日数のデータに基づくより，はるかに高精

5.2 雷現象

度の大地雷撃密度を得ることができる．その一例[8]を図5.2.4に示す．図中の数字は，夏季（4月～10月），冬季（11月～3月）ごとの各メッシュの大地雷撃（ストローク）総数である．夏季は関東，中部，九州など太平洋側が多いが，冬季には日本海沿岸に雷が集中していることがわかる．図5.2.5には，同じく落雷位置標定システムのデータによる，わが国の最近の10年間の大地雷撃数の変化を示すが，年により大地雷撃数はかなり変動している．特に1993年は雷撃数が著しく少ないが，この年はまれにみる冷夏の年であった．

雷撃電流も統計的にばらつく量で

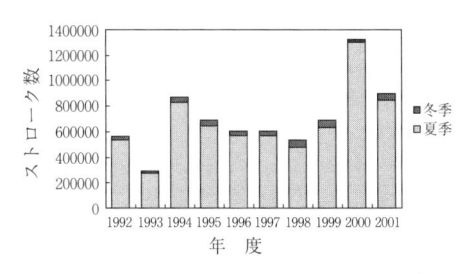

図 5.2.5 わが国のストローク数の年度変化[8]

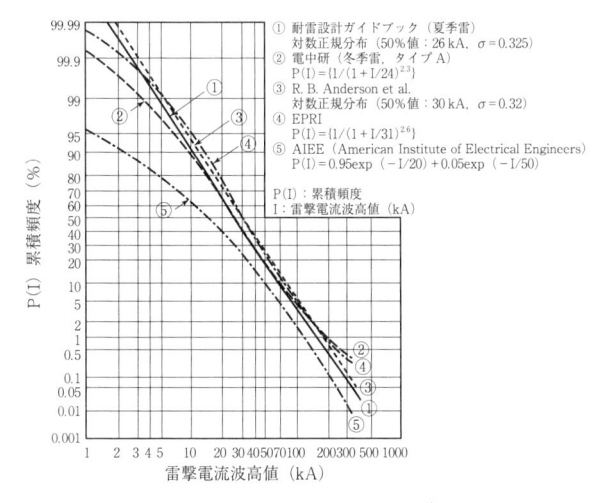

図 5.2.6 雷撃電流の累積頻度分布[7]

表 5.2.1 雷に関する種々のパラメータ[9]

	第1雷撃			後続雷撃		
	95%値	50%値	5%値	95%値	50%値	5%値[*1]
ピーク値（kA）	14	30	80	4.6	12	30
電荷量（C）（1つの雷撃当たり）	1.1	5.2	24	0.2	1.4	11
立ち上がり時間（μs）[*2]	1.8	5.5	18	0.22	1.1	4.5
最大峻度（kA/μs）	5.5	12	32	12	40	120
波尾長（μs）	30	75	200	6.5	32	140

*1 累積頻度分布の値
*2 2kAからピークまでの時間

あり，その累積頻度分布の例[7]を図5.2.6に示す．わが国では，雷撃電流の累積頻度分布を，平均値26 kA，標準偏差0.325の対数正規分布（変数の対数をとったものが正規分布となる分布）として耐雷設計が行われている．雷撃電流の極性は，夏季は90%以上が負極性であるが，冬季は正極性の雷撃の割合が数十%と夏季に比べてかなり大きい．また冬季の雷では，夏季に比べて長時間雷撃電流が継続する，エネルギーの大きな雷がしばしば発生する．

そのほか，雷撃電流波形など，雷に関するパラメータはいくつかあるが，いずれもその測定値はかなりばらつきが大きい．夏季雷について海外でまとめられた例を表5.2.1に示す．

5.2.4 雷観測手法

雷観測は古くから行われているが，主要なものとしては，光学的観測，雷撃電流観測，電磁界観測などがある．

a. 雷放電現象の観測

光学的観測としては，まず静止カメラによる観測があるが，雷撃の発生箇所をあらかじめ知ることは容易でないので，効率的なデータ収集には自動観測システムが有効であり，雷撃時の電光をトリガとして高速でシャッターを開き撮影するなどの手法

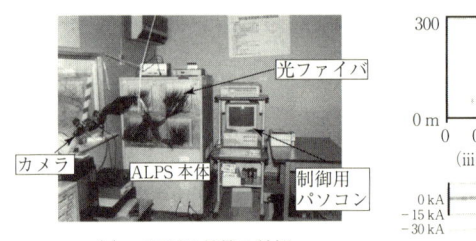

(a) ALPS4号機の外観

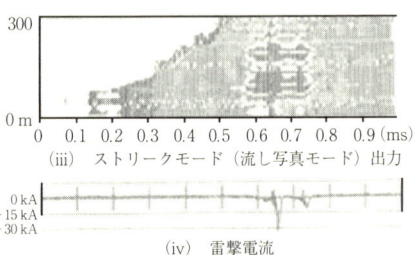

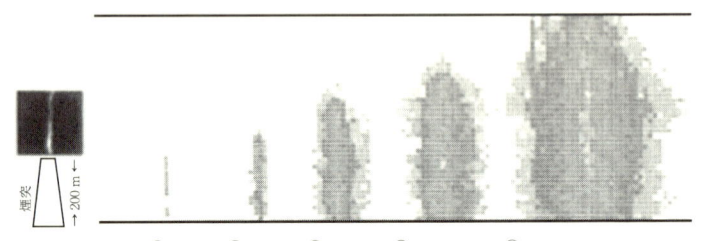

(iii) ストリークモード（流し写真モード）出力

(iv) 雷撃電流

(i) 静止写真　(ii) フレーミングモード（駒取り写真モード）出力
① 140 μs　② 240 μs　③ 300 μs　④ 360 μs　⑤ 480 μs

(b) 出力例

図5.2.7 ALPSの外観とデータ例
ストリークモード：横軸を時間にして放電の進展状態を示したもの

が開発，実用化されている．また雷放電の進展様相を把握するためには，レンズやフィルムを回転させ，フィルム上で雷放電像を高速移動させることにより，放電進展様相を撮影する回転型カメラなどが用いられていたが，近年，ALPS（automatic lightning progressing feature observation system）と呼ばれる高速撮影装置が開発されている[10]．これは，通常のカメラのフィルム部分をマトリックス状に配置した光ファイバ束で置き換え，各ファイバへ入る光信号を高速記録・処理し，画面上での発光分布の時間変化を明らかにするものである．ALPSの外観とデータ例を図5.2.7に示す．

　雷撃電流の観測には磁鋼片が用いられてきた．磁鋼片は鉄塔などに装着し，鉄塔に雷撃電流が流れたときの磁界により生じた磁化の大きさから雷撃電流ピーク値を推定するものである．一方，避雷針などへの雷撃電流測定では電流シャント（分流器）やロゴスキーコイルが使用される．これらを用いれば雷撃電流波形も測定可能であるが，雷撃電流はその大きさも波形も広範囲にわたるため，測定システムの周波数特性やダイナミックレンジを大きくとる必要があり，また雷撃時に生じる電磁的ノイズの影響を抑えるため，得られた電気信号を光変換して伝送するなど，種々の配慮が必要である．

　雷雲が接近すると，雷雲電荷により地表面の静電界は増加し，雷撃発生直前には10 kV/m以上になる．一方，大地雷撃で雷雲内の電荷が中和されれば地表電界は減少する．このときの電界変化を多地点で観測すれば，雷雲内で中和された電荷の位置と大きさの推定が可能である．

　また帰還雷撃時の大電流によって，強い電磁界が放射される．この放射電磁界は放電チャネルの電流分布が与えられれば，マクスウェルの方程式により理論的に計算されるため，放射電磁界の観測から雷放電路内の電流分布を推定する研究が多くの研究者によって進められており，現在までいくつかの帰還雷撃電流モデルが提案されている．

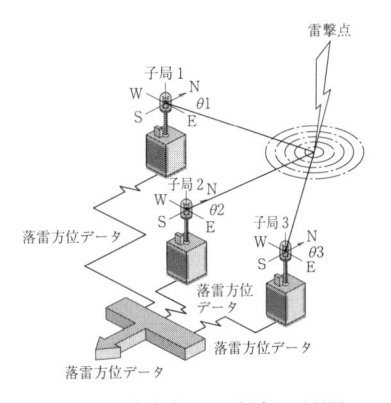

図 5.2.8 交会法による標定の原理図 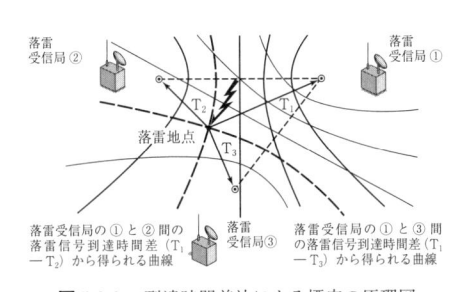　　**図 5.2.9** 到達時間差法による標定の原理図

b. 落雷位置標定システム

最近，雷撃時の放射電磁界の多点観測から雷撃地点と雷撃電流を推定する落雷位置標定システムが開発され，全世界で使われている．落雷位置標定の原理は2つあり，1つは交会法，もう1つは到達時間差法と呼ばれる．交会法では，図5.2.8に示すように帰還雷撃時に流れる電流による磁界を直交する2つのループアンテナで観測し，この2つのループアンテナに誘起される電圧の比から雷撃点の方向を決定する．このような子局が2つあればその交点から雷撃点が決定できるが，通常3つ以上の子局のデータから雷撃点を標定する．一方，到達時間差法は帰還雷撃時の放射電磁界が各子局へ到達する時間差を利用するものである（図5.2.9）．すなわち，ある地点から放射された電磁波が2つの地点へ到達する時間の差が一定となる場合，その放射源はその2点を焦点とする双曲線上にあることを利用し，雷撃点を標定する．この場合，最低3つの子局があれば標定可能であるが，通常4つ以上の子局のデータを用いて標定を行う．最新型のシステムでは，上記2つの方法を併用し標定精度の向上を図っている．現在，わが国では電力会社や民間の気象データ会社によって運用され，それらのシステムにより日本全体がカバーされているが，それらのデータは前節に示したとおりである．また北米やヨーロッパでも，それらの地域をカバーする落雷位置標定ネットワークが運用されている．

これらのほか，電力会社などによってレーダによる雷雲の観測が行われており，電力系統の安定運用に役立てられている．

5.2.5 誘雷技術

究極の耐雷技術として誘雷技術の研究が進められている．誘雷とは，自然雷の雷撃地点を人為的にコントロールしようとするものであり，その方法はいくつかあるが，実際に誘雷に成功しているのは，ロケットを用いた誘雷である．1m程度の長さのロケットに金属線を結び，それを雷雲下で打ち上げることによって誘雷する．ロケットの上がる高度は200〜300m程度であるが，条件が整えばロケット先端に雷撃が生じ，雷撃電流は金属線により地上まで導かれる．雷撃点が固定できるので，雷撃電流や雷撃時の電磁界の観測が容易にでき，雷放電メカニズムの解明に有用なデータが得られており，現在もアメリカのフロリダでは，ロケット誘雷の実験が行われている．このほか，大出力レーザを用いて気中に電離したチャネルを形成し，それを用いて誘雷を行う研究も進められている．

5.3 過電圧と絶縁設計

送配電線，発変電所などの電力設備には，各種の過電圧が発生する．その主要な原因は雷であるが，そのほかに系統の遮断器の開閉操作などでも過電圧が発生する場合がある．この章では，各種過電圧の発生とその抑制対策について説明する．

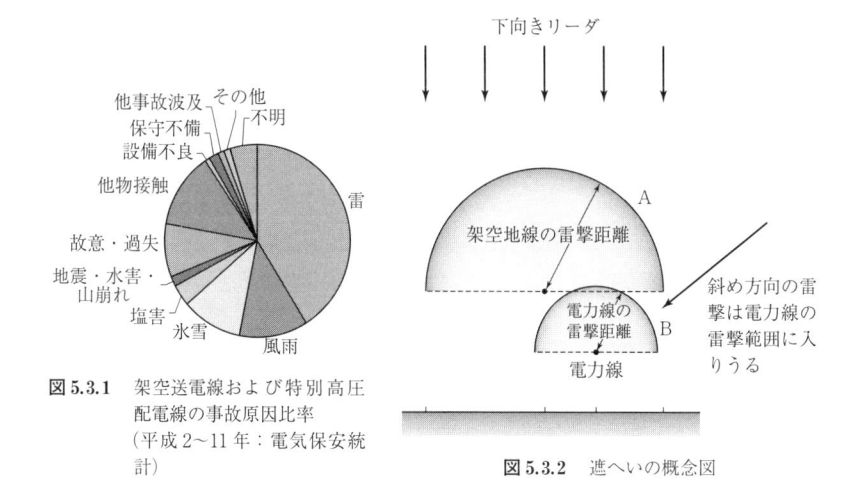

図 5.3.1 架空送電線および特別高圧配電線の事故原因比率
(平成 2~11 年：電気保安統計)

図 5.3.2 遮へいの概念図

5.3.1 耐雷設計

送電線の事故要因は図 5.3.1 にあるように，雷がかなりの割合を占める．わが国の送電線の雷事故率は電圧階級が高いほど低く，500 kV 系統では年間 100 km 当たり 1 件以下，66~77 kV 系統で年間 100 km 当たり数件程度である．当然ながら，雷事故率はその年の雷の発生数によって変化する．

a. 雷遮へい

送電線では雷が電力線へ直撃することを防止するために，通常，電力線の上部に架空地線と呼ばれる接地線を設けている．しかしながら，架空地線があっても電力線へ雷撃する場合がある．これを遮へい失敗という．架空地線で送電線の雷遮へいができるかどうかは，概念的には次のように考えられる．

雷雲からの下向きリーダは大地に向かって進んでくるが，その先端が，たまたま架空地線のような接地構造物からある距離まで近づけば，その接地構造物へ雷撃すると考え，この距離を雷撃距離と呼ぶ．この考え方に基づいて架空地線の遮へい特性を説明したのが図 5.3.2 である．まず架空地線，電力線を中心とし，雷撃距離を半径とした半円を考える．ただしここでは簡単のため，架空地線，電力線を各 1 本ずつとし，また架空地線と電力線への雷撃距離は，架空地線，電力線の高さにそれぞれ等しいとする．前述の考え方によれば，この図で円弧 A 上に下向きリーダが到達すれば，その時点で架空地線への雷撃が決定して，架空地線へ雷撃し電力線は遮へいされることになる．同様に，円弧 B に下向きリーダが到達すれば電力線雷撃となる．図 5.3.2 から明らかなように，もし下向きリーダの進展方向が鉛直方向のみであれば，この配置では下向きリーダは円弧 B に到達する前に必ず円弧 A に到達するので，電力線は架空地線による完全な遮へいが可能である．しかしながら，実際にはある割合で斜めからも進展してくると考えれば，この配置では完全には架空地線で電力線を遮へいでき

ないことになる.このようなことを考慮し,UHV 送電線などでは,遮へい失敗をできるだけ防止するため,架空地線を電力線より張り出す形で張るようにしている.

しかし架空地線により,電力線の遮へいはできても,送電線の雷事故が完全に防止できるわけではない.架空地線もしくは鉄塔に雷撃した雷撃電流が鉄塔を流れると鉄塔の電位が上昇する.この電位上昇が電力線を絶縁しているがいし連の絶縁耐力より大きいと鉄塔から送電線へ向かってフラッシオーバが起こる場合があり,これを逆フラッシオーバという.ここで逆というのは,電力線から鉄塔への方向への放電が正常で,その逆という意味である.図 5.3.3 に遮へい失敗と逆フラッシオーバを模式的に示す.

b. 雷サージ

送電線に発生した過電圧は送電線上を津波のように伝播する.このような過電圧をサージという.サージでも電圧と電流の関係は,送電線のサージインピーダンスを用いて以下の式で与えられる.

$$V = Z \cdot I \tag{5.3.1}$$

ここで,V:サージ電圧,I:サージ電流,Z:送電線のサージインピーダンス

送電線のサージインピーダンスは送電線の高さや導体半径などの幾何学的配置で決

図 5.3.3 遮へい失敗と逆フラッシオーバ

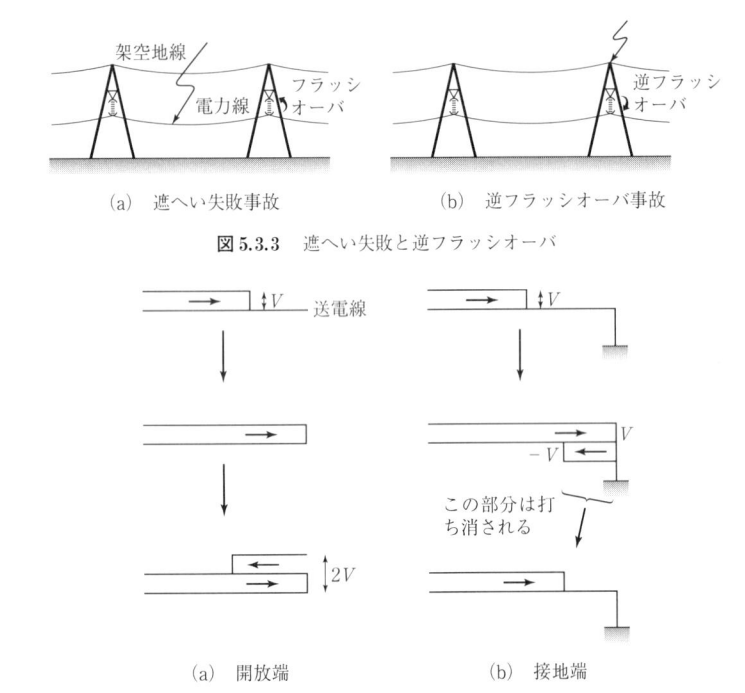

図 5.3.4 サージの伝搬と反射

まるが，伝播していく過程で送電線のサージインピーダンスが異なる点があれば，そこでサージの反射が生じる．重要なのは，送電線が開放されている場合と接地されている場合である．図5.3.4に示すように，開放端（終端インピーダンスは無限大）にサージ電圧が到達すると，100％反射する．このため開放端ではサージ電圧は進行波と反射波が重量されて2倍になる．一方，接地端（インピーダンスは0）では逆極性で100％の反射が生じる．このため，サージ電圧はキャンセルされ，0となる．このように，インピーダンスの不整合による反射は最大100％，最小−100％である．もし，端子が送電線のサージインピーダンスと同じインピーダンスで結ばれていれば，反射は0となり，これはいわゆるインピーダンスマッチングしている状態である．

後述するように，変電所では，通常その入口に避雷器を設置し，送電線から進入するサージを抑えるようにしている．しかし変電所内の回路構成によっては，上述のサージの反射などの影響により，入口の避雷器で制限される電圧より大きな電圧が変電所内で発生する場合もある．

配電線では，配電設備に直接雷撃した場合（これを直撃雷と呼ぶ）以外にも，その近傍の大地雷撃があった場合に，電磁的な誘導で配電線に過電圧が発生する場合がある．これを誘導雷という．また，需要家などの設備に雷撃があり，その雷撃電流が配電線に逆流して配電設備に被害を生じることもある．これを逆流雷という．

電力設備に限らず，最近は低圧機器の雷被害が増加している．これは情報化社会の進展に伴い，低圧制御回路や通信回路の電子化が進み，またコンピュータが多用されるようになったため，低い電圧で装置の破壊や誤動作が生じるようになったことによる．また，各種システムのネットワーク化により，過電圧の侵入経路が増えたことも被害を増加させる一因である．

5.3.2 開閉サージ・短時間過電圧

遮断器や断路器の開閉操作によっても過電圧が発生する．これを開閉過電圧（開閉サージ）という．開閉サージは雷サージより継続時間が長く，数百 μs から数 ms である．持続時間が数 ms から数秒と比較的長い過電圧を短時間過電圧といい，商用周波およびその高調波の過電圧である．短時間過電圧の発生原因としては，電力系統での地絡事故，負荷遮断，共振などがある．代表的なものについて以下簡単に述べるが，1〜4）は開閉サージ，5〜8）は短時間過電圧である．

1) **遮断器投入サージ**　遮断器の投入時，特に無負荷線路に投入するときにサージが発生する．特に線路に残留電圧がある場合，受電端では3倍程度の過電圧が発生する．日本の500 kV 送電系統では，抵抗投入方式の遮断器（遮断器を一度に投入せず，一旦抵抗を介して投入し，その後，最終投入する方式）を用いて，過電圧を2倍以下に抑えている．

2) **断路器サージ**　断路器では，負荷電流は遮断できないが，充電電流程度は開閉できる．断路器は開閉速度が遅いので，開閉操作中電極間で繰り返しアークが発

生・消滅し，これにより高周波の過電圧が発生する．開閉器の場合には一般に負荷側の容量が小さいため，雷サージよりも高周波のサージとなる．

  3) **地絡サージ**　　送電線路に地絡が発生すると，地絡の発生しなかった相（健全相）に地絡による電圧の変動分が誘起されてサージが発生する．地絡サージの大きさは 1.6 倍程度であって 500 kV 以外の送電線ではあまり問題になっていない．

  4) **アーク間欠地絡**　　非有効接地系で一線地絡が発生し，大地間にアークが発生するが，このアークが消弧，再点弧を繰り返し，それにより過電圧が発生する場合がある．

  5) **フェランチ効果**　　無負荷の送電線を充電すると，送電端よりも受電端の方が電圧が高くなる．これをフェランチ効果と呼ぶ．これは送電線が容量性とみなせるための効果である．

  6) **負荷遮断**　　送電線事故などで遮断器によって回路の一部を切り離すと，負荷が急激になくなったことになり，発電器の機械的入力が過剰となり起電力が増大する．過電圧の大きさは自動電圧調整器などの効果にもよるが，日本の 500 kV 送電系統では 1.6 倍程度の過電圧が発生する．

  7) **一線地絡時の健全相電位上昇**　　非有効接地系で一線地絡が発生すると，健全相の対地交流電圧は $\sqrt{3}$ 倍になる．有効接地系では線路のインピーダンスにもよるが，通常は 1.4 倍以下の電位上昇である．

  8) **鉄共振過電圧**　　変圧器の鉄心と線路の静電容量との共振によって，過電圧が発生する場合がある．これを鉄共振過電圧という．

5.3.3　絶縁協調

　絶縁協調とは「系統各部の機器・設備の絶縁の強さに関して，技術上，経済上ならびに運用上から見て最も合理的な状態になるように協調を図ること」と JEC（電気学会電気規格調査会，Japanese Electrotechnical Committee）では定義している．もともと，絶縁協調の考え方は 1920 年代にアメリカで初めて示されたものである．当時は送電線には架空地線がなく，雷が絶縁の最大の課題であった．送電線技術者は，がいし連の長さを増強することで送電線の雷事故の防止を図ったが，このため変電所に大きな雷サージが侵入するようになった．当時は避雷器も十分なものがなかったので，変圧器の事故が増加することとなった．そのため，送電線と変電所機器の絶縁強度のバランスを図って，全体として合理的な設計になるようにするというのが，絶縁協調の基本的考え方である．極端な言い方をすれば，変圧器で事故を起こすよりは送電線のがいしでフラッシオーバする方が後の始末が容易であるから，送電線は，変電所より絶縁を一段低くし，万一のときには送電線でフラッシオーバを起こすようにする考え方である．

　現在では，避雷器などの保護機器も高性能化しているが，一部機器の絶縁強度をいたずらに高くするのは合理的でないので，各機器の絶縁強度にバランスをもたせると

いう，絶縁協調の基本的考え方は変わらない．以下，過電圧保護機器の代表である避雷器の原理や機器試験電圧の考え方などについて簡単に述べるが，詳細は 11 章を参照されたい．

a. 避雷器による過電圧抑制

避雷器とは，雷サージなどの過電圧に対しては大地に電流を流して電圧を抑制し，常規の運転電圧に対しては絶縁物として電流を抑制し通常の運転に支障とならないようにする，いわば非線形のスイッチ素子である．

避雷器の歴史は古く，送電事業が始められた 19 世紀末から，送電線に侵入してきた雷サージから機器を守るため，並列ギャップで放電させることが行われている．すなわち，通常の運転電圧では放電せず，過電圧が加わったときだけ放電するように調整したギャップを高圧側と接地との間に入れておくのである．これを協調ギャップと呼ぶが，協調ギャップが一旦放電しアーク放電状態になると，通常の運転電圧でも放電が持続してしまう．そのため，ギャップを多数個直列に接続し，アーク放電を細分化して，通常の運転電圧と戻ったときにアーク放電が容易に消弧し，絶縁が回復しやすくするようにした多重ギャップ避雷器がまもなく開発，実用化された．しかし，送電線電圧が高くなると必要なギャップの数も増加し，数百個といった数が必要となった．その後，気中放電の特性のみを用いるのではなく，炭化ケイ素（SiC）などの非線形抵抗を直列に接続して電流を抑制する避雷器が開発された．最近は，さらに優れた非線形抵抗特性をもつ酸化亜鉛（ZnO）を用い，直列ギャップをもたないギャップレス避雷器が用いられるようになった．

SiC を用いる避雷器は図 5.3.5 のように，直列ギャップと非線形抵抗体の特性要素とからなる．過電圧がある値 V_0 以上になると直列ギャップが放電する．この値 V_0 を避雷器の放電開始電圧という．過電圧が加わっているときに避雷器に流れる電流を放電電流，放電電流が流れているときに避雷器端子間に残留する電圧を制限電圧という．ある過電圧に対して，避雷器端子に生じる電圧の最大値を保護レベルという．すなわち，これは放電開始電圧と，制限電圧最大値の大きい方の値である．

ZnO と SiC の電圧電流特性を模式的に描いたものが図 5.3.6 である．SiC では常規

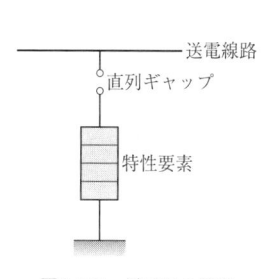

図 5.3.5 避雷器の構成

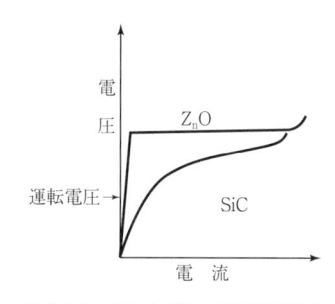

図 5.3.6 Z_nO と SiC の電圧電流特性

表 5.3.1 避雷器の制限電圧と変圧器試験電圧（500 kV 系統）

公称系統電圧 (kV)	避雷器定格電圧 (kV：実効値)	雷インパルス制限電圧 (kV)[*1]	変圧器の雷インパルス試験電圧 (kV：全波)[*2]
500	420	870	1300 あるいは 1550

[*1] JEC-2372-1995, 10 kA 避雷器の 10 kA における制限電圧
[*2] JEC-2200-1995

　電圧が印加されると定常的に漏れ電流が流れるので，直列ギャップで常規電圧が特性要素に加わらないようにする必要があるが，ZnO では通常の運転電圧で流れる電流はほとんど 0（数 μA 程度）であるので直列ギャップを省略できる．
　図 5.3.6 の電圧電流特性からも明らかなように，ある電流範囲内であれば，避雷器にいくら電流が流れても避雷器の端子電圧は，ほぼ一定の制限電圧となるので，避雷器が線路に設置されていると，過電圧が伝播してきても避雷器を越えて伝播する電圧は避雷器の保護レベル以下に抑えられる．しかし，伝播する電圧は制限電圧以下であっても，5.3.1 項で述べたように変電所内回路末端での反射で電圧が増倍する場合がある．結論として，避雷器が設置されていてもその制限電圧より高い過電圧が発生する場合があり，現実の回路条件を模擬した詳細な解析が必要である．

b. 避雷器保護レベルと機器試験電圧

　避雷器で過電圧が制限できるとすれば個別機器は避雷器で保護されるレベルまでの絶縁強度をもてば十分であり，個別機器の試験電圧もそのように定められている．一例として，500 kV 系統について，避雷器の定格，雷インパルス制限電圧および変圧器の雷インパルス試験電圧の関係を表 5.3.1 に示す．JEC-2372-1995 は直列ギャップをもたない方式の酸化亜鉛形避雷器の規格なので，保護レベルではなく雷インパルス制限電圧という表現になっているが，ようするに 870 kV が避雷器で制限できる電圧値である．一方，変圧器の試験電圧は 1,300 kV もしくは 1,550 kV であるから，1,300 kV としても，1,300/870 = 1.49 と約 50% の裕度がある．しかしながら，避雷器と変圧器の距離によってはサージの反射などで避雷器で制限される以上の過電圧が生じる可能性がある．公称放電電流 10 kA 以上の電流が流れた場合には，上記の制限電圧以上の電圧が発生する．このようなことも考慮して上記の裕度がとられている．

c. 変電所の絶縁協調

　気中変電所でまず保護すべき機器は変圧器であり，変圧器近傍（50 m 以内）に避雷器を設置することが推奨されている．GIS（ガス絶縁開閉装置）変電所の場合は気中変電所に比べてその広がりは小さいが，変圧器だけでなく線路部分もサージの保護対象とする必要があり，またサージインピーダンスが小さく侵入した雷過電圧が往復反射で増倍するなど，気中変電所とは異なる点も多い．通常 GIS の送電線引き込み口に避雷器を配置するが，500 kV GIS 変電所などでは変圧器近傍にも避雷器を配置する場合がある．しかしながら，気中，GIS いずれの場合でも，実際の変電所の設計

にあたっては，EMTP（electro-magnetic transients program）など汎用の過渡現象解析プログラムを用いた詳細な過電圧解析に基づいて避雷器配置が決定される．

5.4 高電圧試験法

5.4.1 高電圧の発生
a. 交流高電圧の発生
交流高電圧の発生には変圧器が用いられる．ただし，試験用の高電圧発生用変圧器は，通常の電力用変圧器とは以下の点で異なる．
① 発生電圧が高い割には，容量が小さい．
② 高電圧側端子の1つは通常接地して使用する．
③ 雷サージや大きな短絡電流は通常発生しないので，設計に考慮しない．

発生電圧 500 kV 程度までは単器で製作されるが，それ以上の電圧発生には，図 5.4.1 に示すように試験用変圧器をカスケード接続して高電圧を発生するのが普通である．

汚損したがいしの試験などでは，フラッシオーバ前に大きな電流が流れるため，10 A 以上の短絡電流を流せるような変圧器を用いる必要がある．また，ケーブルの耐電圧試験の場合も大きな充電電流が流れ，試験も連続的に長時間かかる．これらの

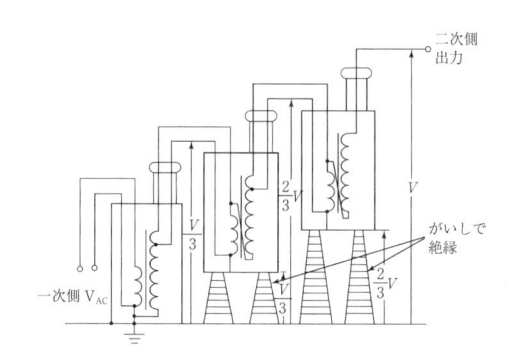

図 5.4.1 試験用変圧器のカスケード接続

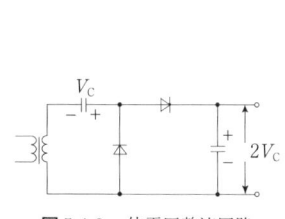

図 5.4.2 倍電圧整流回路

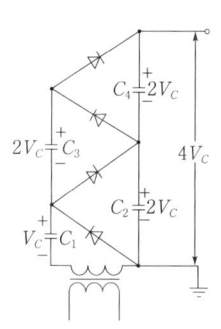

図 5.4.3 コッククロフト回路

試験に用いる試験用変圧器は，通常の試験用変圧器とは異なり，むしろ一般の電力用変圧器に近いものとなる．

コンデンサやケーブルなど，容量性の供試品を試験する場合には，共振により交流高電圧を発生して試験することもある．

b. 直流高電圧の発生

直流高電圧の発生には，交流高電圧を整流する方法と，静電発電機を用いる方法がある．交流高電圧を整流して直流高電圧を発生する回路を工夫すると，交流電圧ピーク値の2倍以上の電圧を得ることができる．その代表的な例が，交流電圧ピーク値の2倍の直流電圧を得る倍電圧整流回路（図5.4.2），n倍の直流電圧を得るコッククロフト回路（図5.4.3）である．いずれも各整流素子の逆耐電圧はコンデンサ電圧V_cの2倍でよい．

静電発電機の代表的なものが，図5.4.4のバンデグラーフ発電機である．図に示すように，絶縁物のベルトにコロナ放電などで発生させた電荷を載せ，その電荷を上部にある金属電極に蓄積させ，直流高電圧を発生させる．

c. インパルスの発生

インパルス電圧発生装置（IG：impulse generator）の回路を図5.4.5に示す．図5.4.5の回路では，多段のコンデンサ$C_1 \sim C_{2n-1}$を充電抵抗Rにより並列に充電する．その後，始動ギャップと呼ばれる最下段に設置された球ギャップを火花放電させ，最下段コンデンサの片側の端子を接地する．その結果，段間に挿入されている火花ギャップGが次々放電し，並列に充電されていたコンデンサが直列接続されることになるので，最上部には，ほぼ（IG内部のコンデンサ1個の充電電圧）×（コンデンサ個数）に等しい高電圧が発生する．始動ギャップには，図5.4.6のように球ギャップの一方

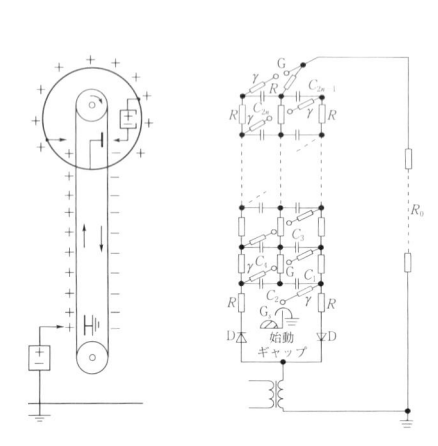

図 5.4.4 バンデグラーフ発電機

図 5.4.5 雷インパルス発生回路の一例

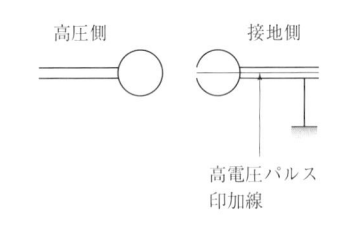

図 5.4.6 始動ギャップ

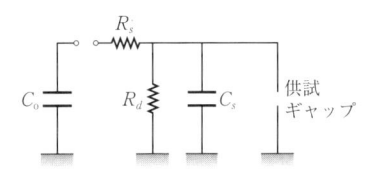

図 5.4.7 インパルス電圧発生装置の基本等価回路

5.4 高電圧試験法

の中心に穴をあけて針を入れ，その針に数 kV 程度の高電圧パルスを印加し，まず接地球先端で微少放電を起こし，それをトリガとして球ギャップを放電させる方式がよく用いられる．

インパルス電圧発生回路に供試品などを含めた等価回路は図 5.4.7 のようになる．図中の R_s, R_d は，図 5.4.5 の充電用の抵抗のほか，波形整形用に外部に取り付けられる抵抗や，電圧測定用の分圧器などを表す．この回路で，C_s, R_d, R_s などを

図 5.4.8 屋外形 12000 kV インパルス電圧発生装置 (電力中央研究所塩原実験場)

調整することにより，原理的には任意のインパルス波形が発生できる．ただし，実際に図 5.4.7 の供試ギャップでの発生電圧波高値は，上記の波形整形用の抵抗やコンデンサの影響で (IG 内部のコンデンサ 1 個の充電電圧)×(コンデンサ個数) よりも小さくなり，この比を利用率という．利用率は雷インパルスを発生させる場合で 0.8～0.9，開閉インパルスを発生させる場合で 0.7～0.8 程度である．屋外型のインパルス電圧発生装置の写真を図 5.4.8 に示すが，このような大型の装置では電圧印加線や接続線のインダクタンスや浮遊容量も出力波形を決める大きなファクタとなる．この装置では，充電電圧 150 kV，容量 2 μF のコンデンサを 80 段用いており，充電電圧は 12 MV である．

開閉インパルスも上述の雷インパルス発生回路と同様の回路で発生できる．ただし，開閉インパルスでは波形の波頭長，波尾長とも雷インパルス電圧に比べて長いので，波頭長を長くするため，C_s としてかなり大きな (数千～1 万 pF) の高圧コンデンサを接続する必要があるとともに，波尾長を長くするため充電抵抗，分圧器抵抗ともかなり抵抗値を大きくする必要がある．

5.4.2 高電圧計測

高電圧測定について考慮すべき点としては以下が挙げられる．
① 高電圧を測定する場合には，当然ながら絶縁距離を十分とる必要がある．
② 上記に伴い，測定回路も大型化し，外部からのノイズを受けやすくなる．特にインパルス高電圧を測定する場合には，測定用のオシロスコープは電磁遮へいされたシールドルーム内に入れ，測定ケーブルは二重シールドしたものを用いる，測定装置の電源は絶縁変圧器を介して接続するなど，測定系へのノイズ除去が重要な問題となる．
③ 静電力などを用いた測定の場合には，測定装置に加わる静電力はわずかであ

るので繊細な測定装置が多く，その取扱いには注意を要する．
④ インパルス電圧の測定の場合，測定対象である現象の時間が短いので，測定ケーブルでの伝搬や反射を考慮しなければならない場合がある．たとえば，測定ケーブルが 30 m であれば，そこを信号が伝搬する時間は約 $0.1\,\mu s$ であるので，現象がこれと同程度もしくは速い場合には，測定ケーブルは伝送線路として考える必要がある．

具体的な高電圧測定装置としては，コンデンサ分圧器，抵抗分圧器，球ギャップなどが用いられる．交流高電圧の測定には，計器用変圧器，直流高電圧の測定には，静電気力を用いた電圧計も使用される．最近は，オプトエレクトロニクス技術の進歩に伴い，高電位点で電位や電流を測定し，その電気信号を光信号に変換して光ファイバにより測定装置まで導き，そこで再び電気信号に変換して記録する方法なども開発されている．このような方法を用いれば，長距離の信号伝送にも外部からの誘導の影響を受けにくい．また，波形処理も最近はコンピュータによるディジタル処理が一般化しつつある．

以下，主要な高電圧測定方法と注意点について解説する．

a. 球ギャップ

球ギャップの放電電圧は波形によらず一定であることを利用し，球ギャップの放電の有無からそこに印加された交流電圧やインパルス電圧を測定するものである．精度を±3%以下にするにはギャップ長は球直径の半分以下とすることが必要である．ギャップ長と放電電圧の関係は一覧表としてまとめられており，さらに放電電圧は気圧や気温などの気象条件によっても変わるため，その補正方法も定められている[11,12]．また球ギャップに近接して接地された物体があるとギャップ中の電界分布に影響を与え放電電圧が変わるので，それらの条件についても詳しく規定されている[11]．図 5.4.9 は垂直配置の例である．A, B は球の直径が小さいほど大きくとる必要がある．たとえば球の直径 D が 10 cm であれば，A は 35〜50 cm，B はギャップ長の 7 倍以上と定

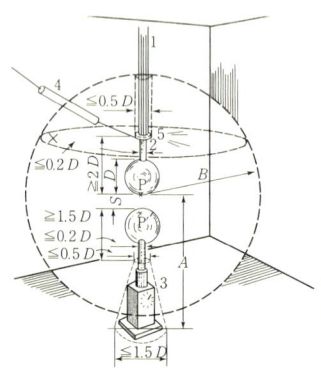

1：支持絶縁物　2：球柄
3：柄座　4：高圧側直列抵抗
5：シールドリング
P：高圧側破壊放電点
P'：低圧側破壊放電点
A：接地面から高圧側破壊放電点までの高さ
B：外部物体への離隔距離の半径
X：接続導線は，X 面より外部に設置

図 5.4.9 標準球ギャップ（垂直形）[11]

められている.

なお直流電圧に対しても,球ギャップによる電圧測定は原理的には可能であるが,小さいごみなどギャップ中の浮遊物による放電電圧への影響が大きいため,実用上はあまり適当ではなく,棒-棒ギャップによる測定が推奨されている.

b. 抵抗倍率器

直流高電圧の測定に主として用いられる方法であり,高抵抗に流れる電流により,電圧を測定するものである.抵抗体としては,ニクロム線やマンガニン線のほか,ソリッド抵抗や皮膜抵抗が用いられる.抵抗体の温度上昇による抵抗変化が誤差の主要な原因であるため,補償回路を付ける場合もある.

c. 分 圧 器

抵抗分圧器は抵抗の比率で分圧比が決まるので,抵抗値が変わらなければ分圧比も一定であると考えがちであるが,交流高電圧やインパルス電圧では,浮遊容量の影響により抵抗分圧器でも周波数特性があることを注意すべきである.対地浮遊容量が大きいと,応答時間が大きくなるので,これを防ぐため図5.4.10のようにシールド電極を設ける.抵抗に並列にコンデンサを接続した抵抗容量分圧器もある.交流高電圧やインパルス電圧を測定する場合には,コンデンサで分圧した容量分圧器を用いることもできる.抵抗分圧器を用いた場合のインパルス電圧測定システムの例を図5.4.11に示すが,測定ケーブルでの反射が生じないよう,通常 R_1+R_2,および R_4 はケーブルのサージインピーダンス Z_0 と等しくする.この場合の分圧比 D は以下の式で与えられる.

$$D = \frac{R_2 R_4}{(r+R_1+R_2)(R_3+Z_0+R_4)+(r+R_1)R_2} \tag{5.4.1}$$

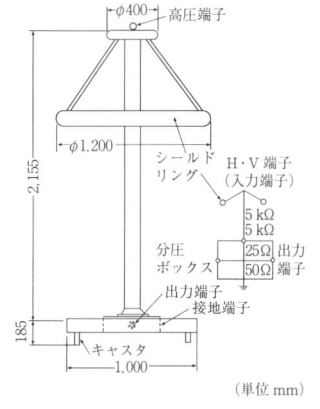

(a) 構 造   (b) 試作分圧端

図5.4.10 700 kV 雷インパルス用基準分圧器[13]

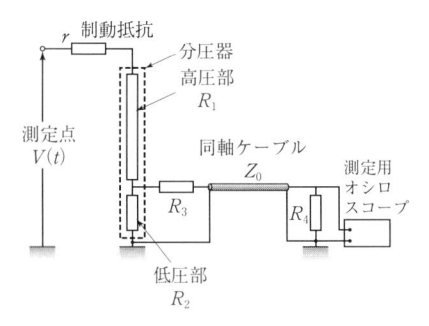

図 5.4.11 抵抗分圧器によるインパルス電圧測定システムの一例

d. 計器用変圧器

交流高電圧の測定法として計器用変圧器がある．巻線比の大きい高電圧巻線と低電圧巻線との間の電磁誘導を利用したものであり，低圧側に接続する測定器により，実効値，波高値，波形などの測定が可能である．計器用変圧器は比較的簡易で正確な測定が可能であるので，電力系統や実験室での交流高電圧測定に広く用いられている．

5.4.3 高電圧試験法
a. 絶縁試験の歴史とその基本的考え方

電力用機器を使用する場合，絶縁設計面で考えなければならない課題が2つある．1つは，雷などの過電圧が侵入した場合に，機器が耐えられるかということであり，もう1つは，現在は絶縁上の支障がなくても，将来にわたって保証されるかという点である．特に後者は，想定すべき使用年限が30年といったオーダであり，しかも機器の劣化といった点を考慮しなければならない反面，あまり高い電圧で試験すると，かえって機器の損傷や劣化をもたらす危険がある．これらの点からどのような試験で長期にわたる絶縁性能を保証するかはきわめて難しい問題であり，現在でも必ずしも十分解決されているとは言えない．

機器の絶縁試験法の歴史については文献14)に詳しく述べられているので，ここでは簡単に紹介する．変圧器の例を挙げると，アメリカで交流送電が行われた1890年代には，既に高電圧変圧器について定格電圧の2倍の電圧を1分間印加する試験が行われている．当時は交流性の過電圧もかなり発生する状況ではあったようであるが，機器の安全率としてある程度の過電圧をかけて試験する必要があるという認識があり，その値は理論的というよりは，実績に基づいて半ば経験的に定められたようである．その後，系統の中性点が直接接地化され交流性の過電圧が低くなると，雷に関する絶縁が最重要課題となった．しばらくは交流電圧で雷に対する絶縁特性も等価的に評価できるという考え方で試験されたが，雷撃電流波形など雷に対する知識が集積され，雷サージに対してはそれに合った波形で試験すべきとの考えが出され，交流1分間電圧試験とともにインパルス電圧試験が行われるようになった．

その後，避雷器の進歩などにより系統へ侵入する雷サージがあるレベル以下に抑えられるようになると，インパルス電圧試験電圧もそれに応じて低減され，また交流1分間試験の電圧もそれに合わせて低減されてきた．しかし，あまり交流試験電圧を下げると，通常の運転電圧に対する長期寿命が保証できるかとの心配が生じ，通常の運転電圧より1.5倍程度高い電圧を比較的長時間（30分～2時間程度）印加し，その間

に部分放電が発生しないことを確認して長期寿命を保証する交流長時間試験（部分放電試験）が実施されるようになった．

b. 絶縁試験の種類と試験方法

電力用機器の絶縁試験は，印加する電圧から分類すると，商用周波電圧試験（交流電圧試験），雷インパルス電圧試験，開閉インパルス電圧試験，直流電圧試験がある．これらの試験に用いるインパルス電圧は，標準雷インパルス，標準開閉インパルス電圧と呼ばれ，標準雷インパルス電圧の波頭長は 1.2 μs，波尾長は 50 μs，標準開閉インパルス電圧の波頭長は 250 μs，波尾長は 2500 μs である．なお，波頭長などの定義は 5.1 節を参照されたい．交流電圧試験の場合には，周波数が 45〜65 Hz，ひずみ率は 5% 以下とされている．

一方，試験の目的から分類すると，絶縁破壊試験，耐電圧試験，非破壊試験などがある．以下にそれらについて述べる．

1) 絶縁破壊試験 絶縁破壊試験では，実際に絶縁破壊が生じる限界電圧を求めるもので，主としてケーブルやがいし，および気中の絶縁を保つための離隔（クリアランス）の確認などに対して実施される．屋外で使用されるがいしやブッシングに対しては，降雨状況を模擬した注水状態での試験や，海塩などによる汚損を模擬した人工汚損試験なども実施される．

いずれにしても絶縁破壊現象は確率的な現象であり，スパークオーバ電圧もスパークオーバ確率が 50% の電圧（50% スパークオーバ電圧）で通常評価され，その試験方法としては補間法と昇降法が用いられる．

補間法は，適当な電圧レベルで 10 回程度印加し，破壊する確率が 20〜50% となる

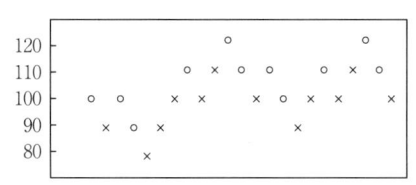

o の方が数が少ないので o を用いて計算する

i	n_i	$i \cdot n_i$	$i^2 \cdot n_i$
3	2	6	18
2	5	10	20
1	3	3	3
0	1	0	0

90 kV のレベルから o が存在するので，90 kV のレベルから i を 0, 1, 2… と定める．n_i は各レベルの o の数である．$i \cdot n_i$, $i^2 n_i$ は i と n_i から機械的に求められる．(5.4.2) 式，(5.4.3) 式に従って計算を行えば，$\overline{V}$ と S が，算出される．

o：絶縁破壊
×：絶縁破壊せず

$N = \Sigma n_i = 11$　　$V_0 = 90$　d = 10
$A = \Sigma i n_i = 19$　　$\overline{V} = 90 + 10\left(\dfrac{19}{11} - \dfrac{1}{2}\right)$
$B = \Sigma i^2 n_i = 41$　　　　$= 102.3$

$S = 1.62 \times 10\left(\dfrac{11 \times 41 - 19^2}{11^2} + 0.029\right)$
　　$= 12.5$

図 5.4.12 昇降法の例

電圧レベル，および 50～80％となる電圧レベルを求め，それらから破壊確率が 50％となる電圧レベルを内挿して求めるものである．いくつかの電圧レベルでの破壊確率が求められていれば，正規確率紙を用いてより正確な値を求めることができる．昇降法は，一定電圧幅で，破壊すれば印加電圧を下げ，破壊しなければ印加電圧を上げるというプロセスを 40 回程度繰り返し，それらの結果から 50％フラッシオーバ電圧と標準偏差を算出する方法である．具体的には以下のように行う．

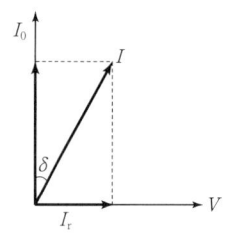

図 5.4.13 誘電正接

最初ある電圧 V_0 から試験を開始する．この電圧で絶縁破壊しなければ，次は V_0 より高い V_0+d の電圧で試験するが，もし V_0 の電圧で絶縁破壊すれば V_0 より低い V_0-d の電圧で試験する．このように，絶縁破壊するかしないかで次に印加する電圧を上下させながら n 回電圧を印加する．この n 回のうち，絶縁破壊が生じた数と生じなかった数の少ない方をデータとして，以下の計算を行う．データの各印加電圧における度数を，電圧の低い方から高い方へ順に $n_0, n_1, n_2, \cdots, n_k$ とおき，以下の式を計算する．

$$N=\sum_{i=0}^{k}n_i, \quad A=\sum_{i=0}^{k}in_i, \quad B=\sum_{i=0}^{k}i^2n_i \tag{5.4.2}$$

これらから，50％スパークオーバ電圧値 V_{50} の推定値 $\overline{V}$ および標準偏差 σ の推定値 S は次式で求められる．

$$\overline{V}=V+d\left(\frac{A}{N}\pm\frac{1}{2}\right), \quad S=1.62d\left(\frac{NB-A^2}{N^2}+0.029\right) \tag{5.4.3}$$

ただし，V は $i=0$ に対応する電圧，複号 ± は絶縁破壊した回数をデータとして使用した場合は －，絶縁破壊しなかった回数をデータとして使用した場合は ＋ を用いる．実際の計算例を図 5.4.12 に示す．

2) 耐電圧試験 耐電圧試験とは，所定の電圧を印加し，機器がそれに耐えることを検証するもので，機器の基本的絶縁性能および長期間使用時の信頼性を確認するための試験である．

耐電圧試験では，所定の電圧を数回印加し，いずれも絶縁破壊を生じなければ耐電圧と考えるといった方法が用いられる．変圧器の巻線など機器内部の絶縁に対しては試験電圧印加による損傷をできるだけ少なくするため，少ない電圧印加回数で行うことが望ましい．

3) 非破壊試験 非破壊試験は絶縁破壊の生じない程度の低い電圧を印加して機器の絶縁特性を評価するものであり，誘電正接試験，部分放電試験などがある．

誘電正接試験（$\tan\delta$ 試験）とは，試験体に交流電圧を印加し，そのとき発生する電力損失を求めるものである．試験体が理想的な絶縁物であれば，電圧と電流の位相差 θ は 90° であるが，通常は $\theta<90°$ であり，図 5.4.13 にあるように電圧と同相の電

流成分 I_R が流れ，これが電力損失を発生させる．図 5.4.13 の δ を誘電損失角といい，tan δ が誘電正接である．電力損失は材料の比誘電率と tan δ の積に比例する．本来，電力損失は物質固有の値をもつが，材料の劣化などがあると誘電正接が増加するため，試験体の健全性の評価指標として使用できる．健全な材料の誘電正接は通常数％以下である．部分放電試験は誘電体中のボイド（空隙）や絶縁体表面で発生する部分放電を検出し，絶縁不良などを判定するものである．部分放電の大きさは放電電流パルス中の最大の放電電荷で表されるが，所定の電圧を印加して，この電荷量の大きさが規定の値以下であれば良好であると判断する． 〔新藤孝敏〕

文　献

1) 電気学会放電ハンドブック出版委員会（編）：放電ハンドブック　上（3版），p. 129, p. 265, p. 280, 電気学会（オーム社）(2003)
2) JEC-0202：インパルス電圧・電流試験一般（1994）
3) T. W. Dakin, G. Luxa, G. Oppermann, J. Vigreux, G. Wind and H. Winkelnkemper：Breakdown of gases in uniform fields　Paschen curves for nitrogen, air and sulfur hexafluoride, *Electra*, No. 32, pp. 61-82（1974）
4) Y. Kamata and Y. Kako：Flashover characteristics of extremely log gaps in transformer oil under non-uniform field conditions, *IEEE Trans. on EI*, Vol. EI-**15**, No.1, pp. 18-26（1980）
5) 河村達雄・柳父　悟・河野照哉：高電圧工学　3版改定，p. 45, p. 52, 電気学会　(2003)
6) 北川信一郎編：大気電気学，東海大学出版会（1996）
7) 耐雷設計基準委員会送電線分科会：耐雷設計ガイドブック，電力中央研究所研究報告，No.175031　(1976)
8) T. Suda, T. Shindo, S. Yokoyama, S. Tomita, A. Wada, A. Tanimura, N. Honma, S. Taniguchi, M. Shimizu, N. Itamoto, Y. Sonoi, S. Kawamoto, M. Komori, K. Ikesue and K. Toda：Lightning occurrence data observed with lightning location systems operated by power utilities in Japan：1992-2001, IWHV2003, ED-03-20, SP-03-09, HV-03-09（2003）
9) K. Berger, R. B. Anderson and H. Kroninger：Parameters of lightning flashes, *Electra*, Vol. **80**, pp. 23-37（1975）
10) S. Yokoyama, K. Miyake, T. Suzuki and S. Kanao：Winter lightning on Japan Sea coast-development of measuring system on progressing feature of lightning discharge, *IEEE Trans. on Power Delivery*, No.5, pp. 1418-1425（1990）
11) JEC-0201：交流電圧絶縁試験（1994）
12) JEC-0202：インパルス電圧・電流試験一般（1994）
13) インパルス用標準分圧器・分流器開発協同研究委員会（編）：インパルス電圧・電流測定用基準分圧器・分流器，電気学会技術報告，第541号（1995）
14) 河野照哉：系統絶縁論　電気・電子工学大系 64, コロナ社（1984）

6. 大電流現象

6.1 大電流基礎現象

6.1.1 電磁力現象

a. 電流に外磁界が作用する力

電力系統の各種機器には，数千A以上の大電流が定常的に流れることがあり，短絡などの故障時には，数万A級の大電流が過渡的に流れる．したがって，これらの機器においては，大電流通電のために電磁力は大きくなり，その電磁力は機器の導体部に機械力となって作用し，導体の構造形状のゆがみおよび破損などを引き起こすこともありうる．

導体に電流 I が流れ，その導体が磁束密度 B の磁界中に存在するとき，導体は力の作用を受ける．この力は電磁力と呼ばれる．導体の長さ方向の微小距離を dl とすると，dl が受ける電磁力は

$$d\boldsymbol{F} = I\, d\boldsymbol{l} \times \boldsymbol{B} \quad [\text{N}] \tag{6.1.1}$$

で表される．磁束密度 B は，外部からの印加磁界の磁束密度であって，電流 I 自身による磁束密度を含んでいない．電磁力の方向はフレミングの左手の法則に従う．

導体全体が受ける力は，式 (6.1.1) を積分したものであり，

$$\boldsymbol{F} = \int \boldsymbol{J} \times \boldsymbol{B}\, dv \tag{6.1.2}$$

で表される．J は導体に流れる電流の密度である．

b. 導体間の電磁力

上述のように，電磁力は電流と磁束との相互作用によって生じる．この磁束は，他の導体に流れる電流によって生じることが多い．その簡単な例が，2本の無限長の平行導線における電磁力である．すなわち，2本の平行導線に電流 I_1 および I_2 が流れ，導体が距離 d だけ離れて配置されている場合，導体は，単位長当たり，次式の電磁力を受ける．

$$F = \frac{\mu_0}{2\pi}\frac{I_1 I_2}{d} = 2 \times 10^{-7}\frac{I_1 I_2}{d} \quad [\text{N/m}] \tag{6.1.3}$$

ここで，μ_0 は，真空の透磁率であり，距離 d は導体の直径よりも十分に大きい場合である．電流 I_1 および I_2 が同方向の場合には，力は引力，逆方向の場合には力は反発力となる．2本の導体の断面形状および寸法を考慮する必要がある場合には，磁界

計算によって磁束密度 B を求め，式（6.1.2）によって電磁力 F を求めることとなる．

送配電系統および機器には，3本の導体に三相交流電流が流れている．この場合，3本の導体U,VおよびWにおいて，導体Uへの電磁力は，導体Vと導体Wの電流に起因する電磁力との和であり，しかも電流が交流電流であるので，電磁力も時間とともに変化する．図6.1.1に示すように，3本の導体が同一平面上において距離 d だけ離れて配置され，導体にはU,VおよびWの相順で実効値 I_r の電流が流れている場合，導体UおよびWにおける電磁力の最大値は，

$$F_{\max} = 12.9 \times 10^{-7} \frac{I_r^2}{d} \quad [\text{N/m}] \tag{6.1.4}$$

と表される．中央部に配置された導体Vにおける電磁力の最大値は，

$$F_{\max} = 13.9 \times 10^{-7} \frac{I_r^2}{d} \quad [\text{N/m}] \tag{6.1.5}$$

と表される．

c. 電気接点での電磁力

遮断器および開閉器は，2つの金属からなる動接点を備え，その1つの金属と他の金属とが接触することによって電流が流れる．みかけ上は接触部の全面にわたって一様に接触しているように思えるが，そうではなく，微小な凸部が多数接触している．この凸部をa-スポットと呼ぶことがある．電流はその微小凸部を通じて流れる．図6.1.2は，a-スポットにおける通電の様子を模式的に示している．同図からわかるように，a-スポット近傍部では，電流は，微小な間隙だけ離れて，逆方向に流れる．その結果，6.1.1 (b) で述べたように電磁力が作用し，接点間に反発力が働く．接点構造を回転軸対称とみなした場合，ホルム（R. Holm）によれば，この電磁力は次式で表される[1]．

$$F = \frac{\mu_0}{4\pi} \log_e \frac{D}{a} \quad [\text{N}] \tag{6.1.6}$$

ここで，D は接触子の直径，a はa-スポットの直径である．

開閉器においては，大電流通電時に発生する反発力に対して，接点をバネなどで固定している．a-スポットの大きさは，接触圧力，接点材料に依存するが，通常1～2 mmの値が用いられる[2]．

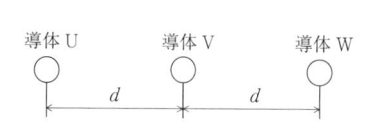

図6.1.1 平行3導体に作用する電磁力

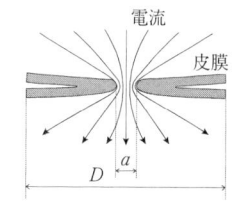

図6.1.2 接点におけるa-スポットと電流の流れ

6.1.2 導電現象
a. 導体

大電流は,多くの場合,固体の金属導体を通じて流れる.この導体は,常温で 10^6 ～ 10^8 [S/m]の高い導電率をもっている.逆に言えば,わずかながら抵抗を有する.表6.1.1は,代表的な金属の抵抗率を示している.抵抗率は温度依存性を有しており,多くの金属の場合,抵抗率は 0～100℃の範囲において温度に対して線形的に変化すると考えてよい.したがって,抵抗率 ρ の温度 T に対する変化は次式で表される.

$$\rho = \rho_0 [1 + \alpha (T - T_0)] \tag{6.1.7}$$

ここで, T_0 は表6.1.1に示すような基準となる温度, ρ_0 は温度 T_0 における抵抗率, α は温度係数である.

電力機器の導体部の材料として用いられるのは,ほとんどの場合,CuおよびAlである.Cuは,表6.1.1に示されるように,抵抗率が低く,また加工性,ハンダおよび溶着による接続性もよい.Alは,Cuに比べて約1.5倍の抵抗率をもっているものの,Alの質量密度はCuの約30%であり,軽量であるため断面積を大きくとることができる.このため,架空送電線などに利用されている.

b. ジュール熱

導体には上述のように抵抗がある.よって,電流が密度 j で流れると,ジュール熱 W が次式のように発生する.

$$W = \rho \int_v j^2 dv \tag{6.1.8}$$

ここで, v は導体の体積である.もし電流密度が一様で,その結果電流 i が流れている場合には,

$$W = \rho i^2 \frac{L}{S} = R i^2 \tag{6.1.9}$$

と表される.ここで, L および S は導体の長さおよび断面積である.この式に表されるように,ジュール熱は電流の2乗に比例する.したがって,大電流の通電の場合にはジュール熱を無視できない.すなわち,ジュール熱が導体を加熱することとなり,導体の温度上昇を引き起こし,導体そのもの,あるいはその周辺の絶縁皮膜を損傷させることにつながる.

表6.1.1 主な金属の抵抗率

金属	温度 (℃)	抵抗率 ($\times 10^{-8}$ Ωm)	温度係数 ($\times 10^{-3}$/℃)
Ag	0	1.62	4.10
Au	20	2.3	3.7
Al	0	2.62	4.05
Cu	20	1.7	4.33
Fe	20	10	6.25
W	27	5.6	5.0

c. 漂遊負荷損

導電材料に対して,外部から時間的に変化する磁界が印加されると,

$$\mathrm{rot}\,\boldsymbol{j} = -\frac{\partial \boldsymbol{B}}{\partial t} \tag{6.1.10}$$

で示されるように,渦電流が電流密度 $\boldsymbol{j}$ で流れる.この電流によって,ジュール熱が発生する.これをうず

電流損と呼んでいる.

大電流機器の場合,導体部に時間的に変化する電流が流れ,この電流が周囲空間に磁界を作る.磁界が周囲の導体にうず電流を発生させ,ジュール熱を発生させる.ジュール熱は機器における発生であること,またその発生は望ましいものではないため,漂遊負荷損と呼ばれる.漂遊負荷損は,局部的な加熱の原因となり,また機器の効率低下の一因となる.

6.1.3 接点現象

開閉器,断路器および遮断器などにおいては,2つの金属からなる動接点を備えている.単に接点と呼ばれることもあり,特に遮断器のような大電流機器の場合には接触子と呼ばれる.接点あるいは接触子においては,その1つの金属と他の金属とを接触/非接触に切り換えることによって,課電/非課電,通電/非通電を行っている.

これら接点に対しては,接触部の接触抵抗が小さいこと,通電に伴う異常加熱や劣化がないことが要求される.さらに,故障による大電流を問題なく通電でき,アーク放電による接点損耗を極力抑えることも必要である.

a. 接触抵抗

前述のように,接点の表面にはミクロにみれば凹凸があり,実際に接しているのはa-スポット部である.また,接点の表面が酸化,硫化あるいは油膜の存在を被ると,その皮膜による抵抗が生じる.したがって,接点間の抵抗,すなわち接触抵抗 R_T は,前者に起因する集中抵抗 R_C と後者に起因する皮膜抵抗 R_F との和からなり,次式のように表される.

$$R_T = R_C + R_F = \frac{\rho}{2}\sqrt{\frac{\pi k H}{F}} + R_F \tag{6.1.11}$$

ここで,ρ は接点材料の抵抗率,F は接触荷重である.接触荷重 F [kg] は材料の硬度 H(単位なし)および接触断面積 A_r [m^2] と近似的に次式の関係がある[3].

$$F = kHA_r \tag{6.1.12}$$

ここで,k は 0.1~0.3 の範囲の定数である.k は,接触部の表面の状態に依存し,また,硬度 H も F に対して必ずしも一定ではない.しかし,上式に見るように,荷重を大きくするにつれて,接触断面積が大きくなり,それが起因して集中抵抗 R_C が減少する.図 6.1.3 における実線は,接触荷重に対する接触抵抗の依存性を示している.材料は銅であり,実線は無酸化の状態での接触抵抗,すなわち集中抵抗である.一方,前述のように,接触抵抗には,集中抵抗のほかに,皮膜抵抗がある.図 6.1.3 の破線は,銅接点が数分間空気中にさらされたあとに測定された銅接点間の接触抵抗を示している.空気にさらされたことによって,銅の表面に酸化が発生し,その結果,接触抵抗が増加している.

b. 接点の損耗

開閉器,断路器および遮断器の接点では,接点の開離によってアーク放電が接点間

に点弧する．アーク放電の陽極および陰極降下部に起因するエネルギーが接点表面に入力し，接点表面の温度が上昇する．その結果，接点は溶融・気化し，損耗に至る．その損耗量 m [m³/(kA·s)] は，アークの特性と接点材料とに依存し，概略次式に従う[4]．

$$m = \frac{10^{-3}(E_C + E_A)}{I\rho H} \quad (6.1.13)$$

ここで，E_C および E_A はそれぞれ陰極および陽極降下電圧 [V], I は電流 [A], ρ は密度 [kg/m³], H は気化熱 [J/kg] である．純タングステン（W）の m は約 20 mm³/(kA·s) であり，この値は，純銅（Cu）の場合の 150 mm³/(kA·s) および鉄（Fe）の場合の 110 mm³/(kA·s) よりも小さい[4]．

c. 接点材料

表 6.1.2 は主要な接点材料を示している．これらは以下のように分類される．

1） タングステン系　純タングステンは他の材料と比べて耐摩耗性に優れているが，接触抵抗が高い．したがって，純タングステンの接点は，小電流の多数回開閉用として用いられている．一方，大電流用の遮断器には，耐アーク用接点として合金の Cu-W あるいは Ag-W が用いられている．これらの接点材料は，アークによる損耗量が小さいことが知られている．図 6.1.4 はその実測例で，SF_6 遮断器において接点材料に W, Cu および Cu-W を用いた場合について，アークによる損耗量を示している[5]．Cu-W 接点における損耗量は，W の場合よりも小さいことが実験的に示されている．また，W に Cu を含有させると，接点の導電率が低下，すなわち接触抵抗も低下する．ただし，Cu は酸化しやすいので，Cu-W 接点はガス遮断器および油遮断器などの酸素レス環境下で使用される．

配線用遮断器（100～1,000 A）などでは，接点は空気中に存在する．Ag は抵抗率が低く，酸化しにくい．このため，Ag-W が接点材料として用いられる．

2） 銅　系　真空遮断器の電流遮断期間には，接点の金属蒸気が接点間の真空アークを形成する．したがって，接点材料の相異によって，真空アークの特性が大き

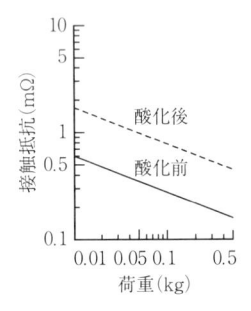

図 6.1.3　荷重に対する接触抵抗の依存性

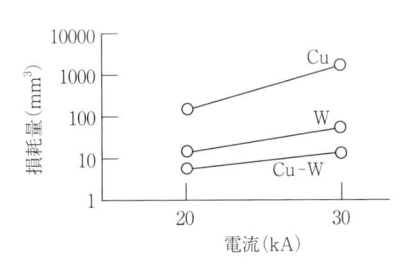

図 6.1.4　ガス遮断器における接点損耗量の例

6.1 大電流基礎現象

表6.1.2 アーク接点の材料

機 器	小電流域 (10〜100 A)	中電流域 (100〜1000 A)	大電流域 (1000 A 以上)
交流スイッチ，リレー	Ag/Ni Ag/CdO Ag/SnO$_2$	Ag/CdO Ag/SnO$_2$	———
配線用遮断器	———	Ag/W WC/Ag Ag/CdO Ag/ZnO Ag/SnO$_2$	Ag/W WC/Ag Ag/SnO$_2$ Ag/CdO Ag/C-Cu Ag/C-Ag/Ni
電力用遮断器	———	Cu/W	Cu/W Ag/W Cu/Cr

く変化する．Wのように気化しにくい接点材料の場合，金属蒸気の量が不足で，電流裁断現象が発生してしまう．逆に，Cuのように気化しやすい接点材料の場合，金属蒸気の量が過大となり，遮断能力が低下する．また，導電率および熱伝導率が高いことも必要であり，このような条件を満たすものとして，Cu-Crが用いられる．

3) 銀 系 100 A以下の電流開閉および遮断に対しては，電流が小さいため，接点の耐摩耗性への要求が軽減される．そこで，接点材料として，高導電率性，非酸化性のAgが主体となって，AgにCdO, SnO$_2$およびNiなどを混ぜたものが用いられる．

6.1.4 アーク現象
a. 短絡現象と遮断

送配電系統において，雷撃による線路短絡，機器短絡などの異常が検出されると，遮断器は接触子を解離させ，異常に伴う大電流を遮断する．電流遮断過程においては，接触子間の開離に伴って，高い導電性をもつアーク放電が接触子間を橋絡し，これを通じて大電流が流れ続ける．交流電流の瞬時値が零となった時点以降において，アーク放電の導電性を急速に低下させ，系統電圧に耐える絶縁体に変化させる．

故障点が遮断器に近い場合には，交流電流が零になった直後に，接触子間には図6.1.5 (a) に示すような電圧が印加される．この電圧は過渡回復電圧と呼ばれ，電源側回路における電源電圧，インダクタンスおよび静電容量から決まる周期と振幅とをもつ．周期は数十から数百 μs のオーダである．故障点が遮断器に近いため，このような故障形態は遮断器端子故障と呼ばれる．遮断器は交流電流の零点前までの期間にアークが存在していたにもかかわらず，零点直後からは急速な電圧上昇に接触子間が耐えなければならない．耐えられなければ，アークが再形成され，遮断失敗である．

一方，故障点が遮断器から架空送電線を介して数km離れた位置で起こった場合に

は，過渡回復電圧は図6.1.5(a) とは異なった波形になる．電流零点の時点において架空送電線に分布した電圧が，電流零点の直後から往復反射を繰り返す．その結果，周期数 μs ののこぎり波電圧が重畳することになり，過渡回復電圧は図6.1.5(b) に示す波形になる．電流零点直後において，遮断器端子故障よりも高い上昇率で，過渡回復電圧が急激に増加することとなり，遮断器は急峻な電圧上昇に耐えなければならない．このような故障形態を，近距離線路故障と呼ぶ．

b. 高気圧アーク放電の物性

SF_6 遮断器および空気遮断器では主としてその消弧気体からなるアークが形成される．そのアークは高温気体であり，ほとんどの条件下ではガス温度は電子温度に等しい．すなわち熱平衡下にある．温度はアーク電流にも依存するが，20,000 K 以上に達することもある．アークが熱平衡下にあれば，原子，イオンなどの衝突をボルツマン統計で扱うことができ，ひいては，解離および電離などの化学反応を温度の関数として記述できる．この熱電離反応は，サハ (Saha) の式と呼ばれる次式で記述される．

$$\frac{n_i n_e}{n_a} = \frac{(2\pi m_e kT)^{3/2}}{h^3} \frac{2Z_i}{Z_a} \exp\left(-\frac{E_a}{kT}\right) \tag{6.1.14}$$

ここで，n は粒子密度を表し，添え字 a，i および e はそれぞれ原子，イオンおよび電子を示す．さらに，m_e：電子密度，h：プランク定数，k：ボルツマン定数，Z：内部状態和，E：電離電圧である．図6.1.6は，サハの式などの連立方程式を解いて求

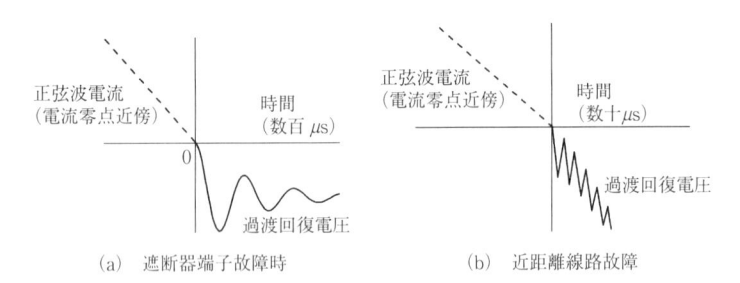

(a) 遮断器端子故障時

(b) 近距離線路故障

図6.1.5 遮断器接触子間に印加される過渡回復電圧の波形

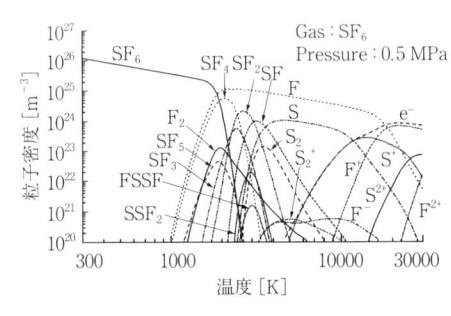

図6.1.6 高温 SF_6 の粒子密度の温度依存性

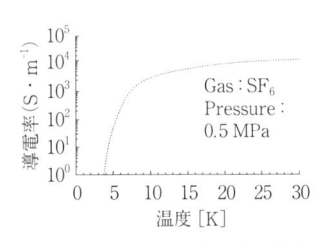

図6.1.7 高温 SF_6 の導電率の温度依存性

めた高温 SF_6 における粒子組成である．温度上昇に伴って，分子，原子は解離・電離し，その結果非常に多くの粒子が生成されるとともに，電子は温度 10,000 K 以上において約 $10^{23}m^{-3}$ オーダ存在する．

粒子密度が求まると，粒子間の衝突断面積を加味して，導電率および熱伝導率が温度の関数として求められる．図 6.1.7 は高温 SF_6 の導電率を示している．導電率は 20,000 K では約 10,000 S/m であるが，温度低下によって特に 10,000 K 以下において桁違いに減衰する．

c. 過渡応答解析

前述のように，遮断器はアークの過渡応答を利用して電流を遮断している．このアークの過渡推移をアークのコンダクタンス g でとらえ，その時間 t に対する変化割合を電気的入力 vi とアーク損失 Q との関係で表したものが次式である．

$$\frac{1}{g}\frac{dg}{dt} = \frac{1}{\theta}\left(\frac{vi}{Q} - 1\right) \tag{6.1.15}$$

この式は，マイヤー（Mayr）の式と呼ばれる．θ はアーク時定数と呼ばれ，アークのもつエネルギー S と損失 Q は，$\theta = S/Q$ の関係がある．θ が小さいほどコンダクタンスの変化が速く，その結果遮断性能が高いことを示す．条件によるが，時定数は SF_6 遮断器ではおおよそ 1 μs，空気遮断器では SF_6 のおおよそ百倍程度である．

ガス遮断器および空気遮断器におけるアークコンダクタンスは，アーク温度，アーク直径，気体の圧力および気体速度などの相互作用によって決まる．このような熱流体力学的状態を把握するための解析方法は，アークの各部における質量，運動量およびエネルギー保存式を解くことである．

$$\frac{\partial \rho}{\partial t} + \mathrm{div}(\rho \boldsymbol{u}) = 0 \quad （質量保存式） \tag{6.1.16}$$

$$\frac{\partial (\rho \boldsymbol{u})}{\partial t} + \mathrm{grad}(p) + \rho(\boldsymbol{u} \ \mathrm{grad})\boldsymbol{u} = 0 \quad （運動量保存式） \tag{6.1.17}$$

$$\frac{\partial (\rho h)}{\partial t} = -\boldsymbol{u} \cdot \mathrm{grad}(\rho h) + \mathrm{div}(\kappa \ \mathrm{grad}\ T) + \sigma E^2 - \varepsilon \quad （エネルギー保存式） \tag{6.1.18}$$

ここで，ρ：質量密度，σ：導電率，κ：熱伝導率，h：エンタルピー，$\boldsymbol{u}$：気体の流速，p：気体の圧力，T：温度，E：電界の強さ，ε：放射係数である．上の式を数値的に解くために，FLIC 法，TVD 法および CIP 法などが開発されている[6,7,8]．

d. 真空アーク

真空中で金属接点を開離させても，アーク放電が発生する．これは，陰極表面において，陰極スポットと呼ばれる輝点が形成され，そこでの金属が蒸気化して真空中に放出され，プラズマが形成されるからである．真空アークと高気圧アークとの大きな違いは下記のとおりである．

① 真空アークは金属接点材料の蒸気からなる．このため，接点材料の変化は真空アークの特性を変化させ，遮断性能も変化させる．

(a) 拡散モード　　(b) 収縮モード

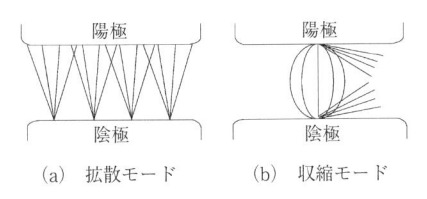

図 6.1.8 真空アークの形態

② アーク電圧はおよそ 30～40 V 程度であり，高気圧アークに比べて著しく小さい．

③ 真空アークの特徴として，拡散モードと収縮モードとがある．

拡散モードでは，図 6.1.8 (a) に示すように，多数の陰極スポットが形成され，あたかも多数のアークが並列に点弧しているかのようである．陰極スポットにおける電流は約 100～200 A であり，真空アークの電流が大きくなるにつれて，スポットの数が増える．

真空アークの電流が過大となると，真空アークの形状は大きく変化する．すなわち，陽極に衝突する電子のエネルギーが増加し，陽極側においてアークが小範囲（約 $1\,\mathrm{cm}^2$）に集まってしまい，陽極スポットが出現する．図 6.1.8 (b) に示すように，陽極スポットの出現に伴って，陰極スポットも 1 ヵ所に集まる．これを収縮モードと呼んでいる．拡散モードから収縮モードへ移行する電流は，電極材料および電極サイズに依存するが，おおよそ 10～15 kA を超えたレベルである．収縮モードでは，陽極スポットのため，陽極部が激しく損耗し，その損耗量は拡散モードにおける陰極損耗量の 1～2 桁も大きい．その結果，アーク中の金属蒸気の量が過大となり，真空遮断器の遮断性能を著しく低下させてしまう．　　　　　　　　〔横水康伸〕

6.2 大電流発生技術

大電流発生技術は電力用機器の試験，プラズマ実験，各種パルスパワー機器などの試験に用いられる．したがって簡便に使用できることが大切である．

6.2.1 直流大電流の発生

直流大電流はアルミなどの電解や直流送電などに用いられているが，将来技術としては現在話題になっている ITER などの核融合装置の電源や超電導コイルなどに使われる予定である．また直流送電では今までもっぱら電流形インバータが用いられていたが，最近では半導体の技術進歩により電圧形インバータが採用されるようになった．

a. 蓄電器

大電流発生源としてはもっぱら鉛蓄電器が使用されてきた．鉛蓄電器は自動車用の電源や非常用電源に採用されてきたので実績があり，直並列に接続することにより電圧電流ともに大きなものができている．しかし漏れ電流などがあり電圧には制限があり，電解液などの保守管理が必要であるため大きな装置はない．またあとに述べるような半導体装置が発展してきたため，むしろ半導体装置で交流から直流を得ることが多くなってきた．また同時に NiCd 電池など二次電池が開発されるとともに，さら

にエネルギー密度が高く発生電圧も高いリチウムイオン電池が開発された．現在ではNaS電池やレドックスフロー電池などが電力会社を中心に負荷がないときエネルギーを蓄え，負荷が多いときに放出する電力平準化に開発されてきている．いずれも半導体装置で変換する．

b. 直流発電機

直流発電機が以前は多く用いられたが，電機子に発生する交流電圧を整流するための整流子とブラシの保守が大変なことなどがあり，交流発電機のように大電流を得ることが難しい．そのため，せいぜい 10 MW-10 kA 程度の発電機しかない．

また大電流発生装置としてはホモポーラ発電機がある．これは図 6.2.1 に示すように磁束の中を円筒状導体が高速回転して，直流大電流を得ることができる．

この発電機は数 10 V と低圧であるが，高速回転をするため集電部分が高速になり，液体金属が電流引き出しのため用いられている．150 kA 程度のものまで開発されパルスパワー電源として用いられている．

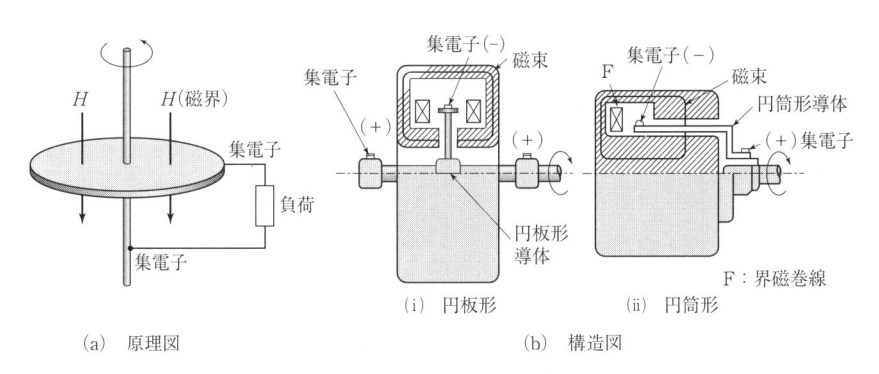

図 6.2.1 ホモポーラ発電機

表 6.2.1 整流回路と波形

名　称	二相半波整流	単相ブリッジ整流	二重三相ブリッジ整流
回　路			
直流電圧	0.90 V	0.90 V	1.35 V
波　形	f：周波数		

c. 整流器

直流電流を，変圧器を用いて整流器で整流して電力を得ることができる（表6.2.1参照）．変圧器の容量には制限がなく整流器で決まる．近年，整流素子が発達し，容易に大電流が得られる．整流器としてはダイオード，サイリスタあるいはGTOなどが開発され電圧8kV電流8kAクラスのものが開発されている．整流回路は三相ブリッジ回路が基本であるが，変圧器により位相を変えて12相整流や24相整流を行い，リプルを小さくする．

6.2.2 交流大電流の発生

交流大電流は主に電力用機器の遮断試験や電流耐量試験に用いられる．試験設備が大きく経費がかかるので，国を代表する機関で建設されることが多い．

a. 交流系統

大電流を電力用交流系統から変圧器を通して得ることができる．しかし少なからず電力系統に動揺を与えるので夜間行われることが多い．しかし電子機器が多く使われ，夜間でも人間の活動が盛んな現状ではあまり使われなくなった．注意事項としては負荷の供試器が発生する電圧より十分大きい電圧を発生することが必要である．たとえばSF_6ガス遮断器では高いアーク電圧が発生するので20～30kVの電圧で試験しないと電流が著しくゆがむ．また試験終了時には遮断器で大電流を試験ごとに遮断しなければならず，遮断器の信頼性や寿命など十分な配慮が必要である．

b. 短絡発電機

図6.2.2に交流大電流発生回路を示す．誘導電動機，交流発電機で構成される．まず誘導電動機で発電機の同期スピードまで上昇させる．その後，交流発電機を励磁して短絡電流を得る．交流発電機は通常の発電機が使用されるが，大電流を毎回流すので電機子巻線の絶縁強化とコイルの固定が必要である．また，電機子や界磁巻線の時定数を大きくして短絡電流の減衰を防ぐとか，回路のリアクタンスをできるだけ小さくし大電流が得られるようにする．実用化されている短絡発電機では，極数は2～24，電圧は10～30kV，単相短絡容量としては短絡瞬時が7,000 MVA, 0.06サイクル

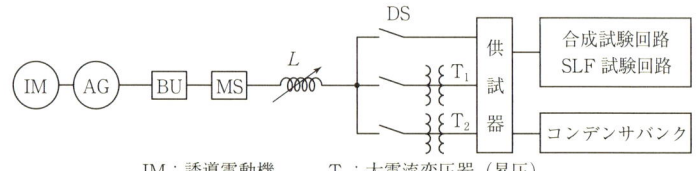

IM：誘導電動機　　T_1：大電流変圧器（昇圧）
AG：交流発電機　　T_2：大電流変圧器（降圧）
BU：保護遮断器　　L：電流調整用リアクトル
MS：投入スイッチ　DS：断路器

図6.2.2　交流電流発生方法

6.2 大電流発生技術

表 6.2.2 世界の大容量短絡試験用発電機

試験所	短絡瞬時三相対称出力（MVA）
KEMA（オランダ）	3400×4
Siemens（ドイツ）	4300
AEG（ドイツ）	3000, 2000
IPH（ドイツ）	1200×2
Merlin Gerim（フランス）	3600, 800×2
EdF（フランス）	6520
ABB（スイス）	3750
ZKRATOVNA（チェコ）	2000×2
WB（アメリカ）	3900, 1500
GE（アメリカ）	1800
CPRI（インド）	2500
KERI（韓国）	6200
電中研	4550
東芝	7400, 3600
三菱	5500, 1400
日立	4500, 2500
富士	2000（3サイクル後）
明電舎	1650

注）現在では電力機器の分野で，東芝と三菱が，また日立，富士および明電舎が合併し，それぞれ TM T&D 社と日本 AE パワー社ができている．

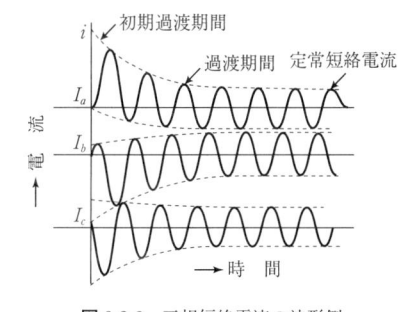

図 6.2.3 三相短絡電流の波形例

後で 5,000 MVA 程度が使われている．通常短絡発電機の出力に変圧器を接続し，電圧と電流を調整する．また大きな短絡容量が必要なときには発電機を並列に運転することが必要であるが発電機間を流れる横流対策を行うことが必要である．表 6.2.2 に世界の短絡試験設備を示すが，中立性から KEMA や CESI の試験設備が認定試験に利用される．

また短絡時の波形を図 6.2.3 に示すが，短絡試験では短絡を発生したときの位相によって直流分の大きさが異なり，また短絡後のインピーダンス変化によっても電流値が異なることにも注意が必要である．

三相短絡では a 相の短絡電流 i_a は次のようになる．

短絡瞬時（初期過渡電流）　　$i_a = V_a / X_d''$
短絡直後（～100 ms，過渡期間）　　$i_a = V_a / X_d'$
定常短絡電流（～s）　　$i_a = V_a / X_d$

ここで V_a は誘起電圧の実効値，X_d''，X_d'，X_d はそれぞれ直軸初期過渡インピーダンス，直軸過渡インピーダンス，直軸同期インピーダンスである．これに短絡位相に

よって直流分が重畳する.

c. はずみ車式発電機

発電機が短絡すると, 発電機の回転運動エネルギーが電気エネルギーに変換される. したがって, 大きな短絡エネルギーを得ようとすると機械力が不足し回転速度が低下してしまう. そこではずみ車（フライホイール, fly wheel）を用いる. はずみ車は大きな重量をもつ回転構造体で, 短絡発電機と直列に接続し, 短絡時のエネルギーを大きくしたものである. 大きな短絡エネルギーが取り出せるうえ, 系統に動揺を与えない.

6.2.3 パルス大電流の発生

パルス大電流はナノ秒からマイクロ秒という短時間であるため蓄積エネルギーも大きい. 荷電粒子ビーム装置, 慣性核融合用レーザなどの先端研究には欠かせない装置である. 表6.2.3にパルス大電流発生装置の分類を示す.

a. コンデンサ

連続的に使用される電力用コンデンサとは違い, 特殊な注意を払って作られる. コンデンサは短時間のエネルギー放出量が大きいため, 内部インピーダンスが小さく, 充放電が容易でかつ直並列に組み合わせることができる構造になっている. たとえばインピーダンスを小さくするためには電流取り出し端子を数多く付けるとか, ブッシング構造のインダクタンスをできるだけ小さくする構造にするなど工夫される. 誘電体には高密度クラフト紙やプラスチック誘電体フィルムが用いられる. それらをアルミ箔でサンドイッチ構造として巻き返した素材とし, 複数個直並列にして金属ケースに収めてある. 定格は1〜150 kV, 蓄積エネルギー1〜30 kJのものまである. また最近ではフィルムにアルミまたは亜鉛を蒸着したコンデンサが現れた. 充電したコンデンサは急速に放電させるが, そのためには始動スイッチとしてサイラトロン, 半導体スイッチ（サイリスタ, GTO, SIサイリスタ, パワーMOSFETあるいはIGBTなど）, ギャップスイッチあるいはイグナイトロンなどが使用される. 半導体スイッチは電流値, あるいは遮断性能の要求などによって選ばれる. またスイッチは定格電圧, 電流上昇率, 寿命, 経済性あるいはパルス繰返し率などによって選ぶが最近ではサイリスタが多くなってきた.

表6.2.3 パルス大電流発生装置

電流特性	時間領域	電流値	主な方法	使用例
低速大電流	1〜100 ms	〜10 MA	コンデンサ	ガラスレーザ, プラズマ圧縮閉込め, プラズマ閉込め, パルス磁界発生
高速大電流	1〜1000 μs	〜10 MA	コンデンサ	CO_2レーザ励起, プラズマ衝撃圧縮・加熱, プラズマ閉込め, パルス磁界発生
超高速大電流	10〜1000 ns	〜10 MA	PFL, コンデンサ	REB(LIB), エキシマレーザ励起, X線・中性子発生

6.2 大電流発生技術

また高電圧でエネルギーを発生させるためには衝撃電圧発生器（マルクス回路）を使用することも多いがその後に波形整形装置などを接続する．波形の峻度などが要求されるときはパルス整形回路（PFN）パルス整形線（PFL）が使用される．その原理を図 6.2.4 に示す．回路にあらかじめ充電しておきそれを負荷に放電することによってパルス電圧が得られる．

$$Z = (L/C)^{1/2} \tag{6.2.1}$$

$$\tau = 2n(LC)^{1/2} \tag{6.2.2}$$

Z と負荷 R が等しいとき，充電電圧の半分の波形が所定期間にわたって発生できる．電流 i_c は

$$i_c = V/\{(L/C)^{1/2} + R\} \tag{6.2.3}$$

電力用避雷器では端子電圧が $a + bi$ なる接線で近似できるとして V の代わりに a，R の代わりに b を用いて算出する．避雷器の試験では方形波インパルス電流試験に

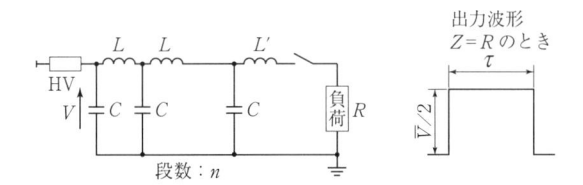

図 6.2.4 パルス整形回路（PFN）図

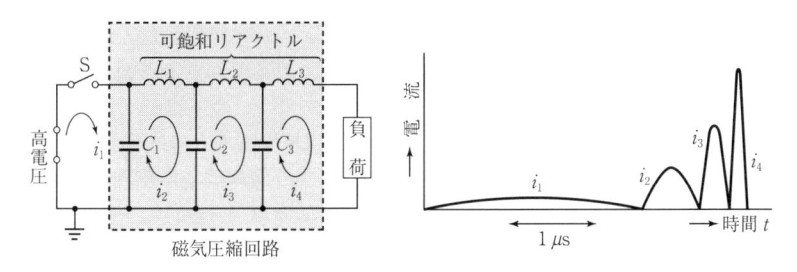

図 6.2.5 パルス圧縮回路

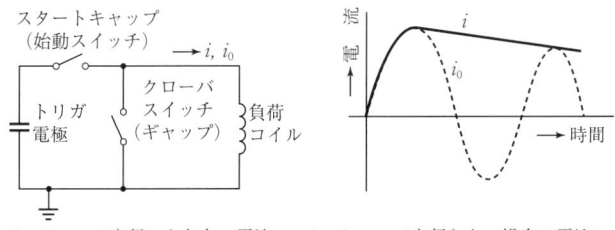

図 6.2.6 クローバ回路

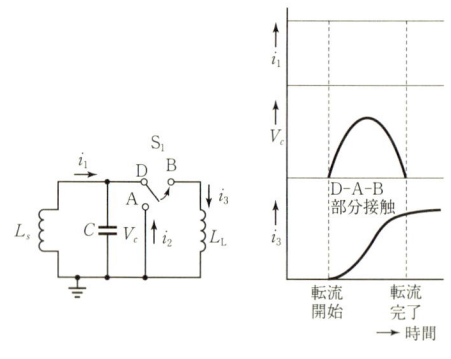

使用される波形は，波高値の90%以上の継続時間が500, 1,000, 2,000 μs の波形が採用されている．

またゆるい波形を圧縮する方法もある．図6.2.5に原理を示すが，サイリスタなどで発生した比較的ゆるい波形をアモルファスなどでできた可飽和リアクトルとコンデンサ群を組み合わせて急峻な波形に整形する回路である．これは可飽和リアクトルを磁気スイッチとして用い，後段になるほど磁気スイッチの飽和後のインダクタンスを小さくして，次段への共振充電時間を短くしパルス圧縮していく．

(a) インダクタンス電源回路 (b) 電圧，電流の波形
i_1: L_s の電流，V_c: C の端子電圧，i_3: 負荷電流

図 6.2.7 インダクタンスの直流遮断によるエネルギーの発生図
(注) 図(b) の波形はD-A間にヒューズを用いD-B間を接続したときの例である

また，コンデンサから放電した電流は負荷のインダクタンスと振動するが，それにクローバスイッチを付けて波形の振動を無くして電流を継続する回路がある．その回路図を図6.2.6に示すが始動スイッチで放電させたあと，電流ピークでクローバスイッチを放電させ負荷電流を継続させる．

また，インダクタンスに蓄えられたエネルギーは，コンデンサに比べるとエネルギー密度が高く安価なためエネルギー蓄積に使用される．図6.2.7に示すようにL_sはエネルギー蓄積装置でDA回路を閉じておき，あらかじめ電流が流れている．この回路をDBに切り換えること，すなわち直流を遮断することによって高電圧のパルスを発生させ，大きなエネルギーを負荷に転送する回路である．国内のJT60には100 kA-25 kVの直流遮断が行われた例がある．またヒューズも同様な目的で採用される．半導体で作ると多くの素子を直並列に接続する必要があり，現在は機械的スイッチが採用されている．

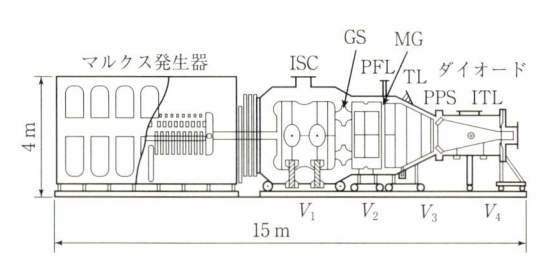

図 6.2.8 励電IV号の概略図

以上述べた回路を組み合わせて所定のパルス大電流を整形し，エキシマレーザ，各種ビーム装置，自由電子レーザなどに活用されている．一例として慣性核融合装置に使用されている回路を図6.2.8に示す．マルクス発生器，中間蓄積コンデンサ (ISC)，パルス整形線 (PFL)，伝送ライン (TL) インピーダンス変換ライン (ITL) で構成されている．直列ギャップスイッチ (GS) と主ギャップスイッチ (MG) あるいはプリパルススイッチ (PPS) によって最終的に約 2.2 MV, 0.4 MA, 50 ns のパルスが負荷に供給される．

〔柳父 悟〕

6.3 大電流測定技術

直流から超高速パルスまで，1 kA から 10 MA まで，各種の測定器が開発されている．測定精度 (measuring accuracy) は，直流で 0.1～1%[9]，交流で 0.1～3%[10,11]，インパルスで波高値±3% 以内，波頭長，波尾長±10% 以内[12,13] などと定められており，測定精度に対応して測定器を選定するとともに，適切な校正を行う必要がある．測定技術では，接地対策と測定センサの開発と高性能化，光技術の導入，雑音対策の向上，計測のディジタル化，データ処理，解析へのコンピュータ適用など技術の向上と革新が推進されている[37,38]．

6.3.1 センサ

測定回路の例を図6.3.1に示す[12,13]．センサ (sensor) により電流に比例した電気量を取り出し，伝送回路 (高周波ケーブルなど) を通して，測定器まで導く．測定器には，オシロスコープ，ディジタル測定器などが用いられる．雑音防止のために，センサ,伝送回路,測定器はシールド (shield) される．
センサの例を表6.3.1に示す[14]．

6.3.2 接地・雑音対策
a. 接地対策[15]
大電流を取り扱う短絡試験所やインパルス電流を扱う実験所では，安全上と測定上，接地 (earthing) 抵抗や接地インダクタンスを極力小さくす

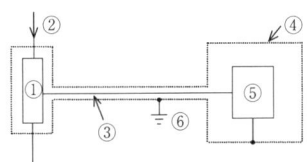

① 電流センサ　② 電流回路
③ 伝送回路　　④ シールド
⑤ 測定器　　　⑥ 一点接地

図6.3.1 測定回路例

表6.3.1 電流波形と測定センサ

測定対象	測定範囲	おもなセンサ
交　流	～0.1 MA	電磁形 CT (変流器)，分流器，ホール素子形 CT，レーザ CT，光 CT，ファイバセンサ CT
直　流	～0.1 MA	DC-CT, ホール素子形 CT, 分流器
インパルス電流	～10 MA	分流器，高周波変流器，ピックアップコイル，ロゴスキーコイル (CR 積分，DC Amp 積分，ディジタル積分，LR 積分)

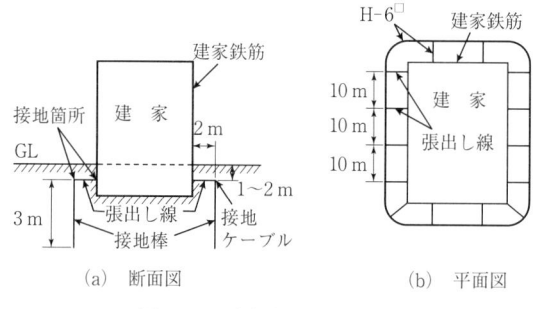

図 6.3.2 試験所のメッシュの概念例

る工夫がなされる．多くの実験所が数十本以上の接地導体棒を地中深く打ち込んで接地極とし，これらの接地極間を格子状に銅線で結んで埋設し接地系としている．さらに接地系での電磁誘導やインピーダンスの低減を図るために，接地銅板を床全面に布設する例もある．接地抵抗は，0.3～0.5 Ω程度である．短絡試験所では，やはり複数個の接地極を設けて接地極間を結んだ格子状の電線を埋設して接地系としている．短絡実験所では，事故点を模擬して母線を短絡接地するが，電流帰路には母線を用い，接地リード線には電流を流さない．短絡点の電位を接地電位にするだけであるが，接地リード線は不慮の機器の損傷事故により大電流が流れるので，十分な通電容量の導線が用いられる．

例として実験施設の特徴は，次の3点に集約できる．
① 大電力パルス供給システムである．
② 雑音に敏感な計算機システムや計測機器類を多数包含している．
③ 各種設備・機器が広範囲に配置されている．

したがって，各機器が高速に制御されなければ，性能を発揮できない施設である．このような施設を安全かつ安定に運転するためには，次の3点の確保が重要になる．
④ 人身の保護．
⑤ 電気的雑音の低減．
⑥ 設備・機器の保全

施設例[14]では，各建家に敷設されるメッシュは実験施設と施設外との境界部での歩幅電圧を低減するために，メッシュ端部では短い接地棒を打ち込む．メッシュの概念図を図6.3.2に示す[16]．

b. 雑音対策

直流や交流の測定では，雑音除去は比較的容易であるが，パルス大電流の場合，高周波雑音が発生するので，その除去には困難が多い．このため，対策研究が活発に行われてきた．また，CIGRE（Conseil International des Grands Reseaux Electriques：万国大送電網会議）や電気学会による組織的な検討も実施された[17]．

分流器を用いたパルス大電流測定の場合，測定器への主要な雑音は，測定ケーブル

シースの分流電流による心線への誘導 (A)，大電流より発生する磁界 (B)，電源より侵入する高周波雑音 (C) などである．

(A) に対しては，良好な接地を施す，分流器－接地間のリード線を短くする，測定ケーブルに二重シールドケーブルを用いる，などの対策が有効である．また，測定ケーブルを金属パイプ中に施設する，ケーブルの内側シースとオシロスコープは，シールドルーム内で非接地とする（安全用保護装置を配置），銅の接地板を測定系全般にわたって敷設する，などにより，さらに雑音を低減できる．

(B) に対しては，分流器や測定器を十分遮へいすることが有効である．特に，数百 G（ガウス）の漏れ磁界中では，高透磁率材は飽和磁界が小さく適さないため，十分厚い軟鉄材が使用される[18]．

(C) に対しては，シールド変圧器を介して電源に接続する．オプトエレクトロニクス技術を用いて，光信号に変換して測定すれば，電気的に完全に絶縁できるので，雑音除去にきわめて有効である．

6.3.3 直流大電流の測定技術

直流大電流の測定には分流器や変流器に加えて磁気増幅，ホール素子，光などを応用した，より高精度，高速応答の新形変流器も用いられる[19]．

a. 飽和形変流器

飽和形変流器は，直流を交流に変換する可飽和リアクトルで構成され，クレーマ形（図 6.3.3）などがある[20]．環状鉄心は鋭い飽和特性をもち，一次側に直流電流が流れると，可飽和リアクトルの磁気飽和作用により二次回路に一次電流に比例した交流電流が流れる．規格には JRS[21] があり，1〜15 kA，1.0，2.0 級について規定し，40 kA 程度[22]まで製作されている．

この方式は直流主回路と計器間が絶縁され，二次回路の電力負荷が大きくとれる，並列運転が可能などの特徴をもつ．一方，補助電流が一次電流の 3/2 乗[22] で大きくなる，極性弁別ができない，一次電流急変時にサージを発生する，などの問題もある．誤差は低電流で大きくなる．一次電流の極性を弁別する方式としては，バイアス巻線方式や，磁気増幅器式変流器をプッシュプル接続する方式などがある．後者では定

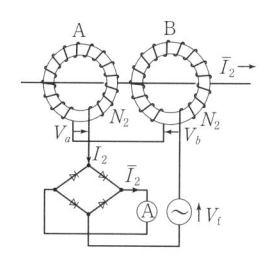

図 6.3.3　飽和形直流変流器

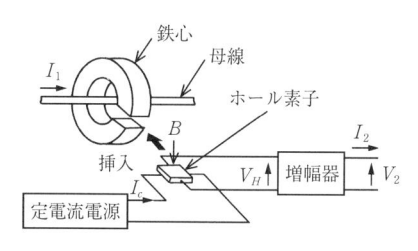

図 6.3.4　ホール素子形変流器

格入出力±1,000 A/±2.5 V，直線性0.0014%，検出遅れ4 μsの報告がある．

b. ホール素子形直流変流器

本変流器は半導体ホール素子で磁束を測定し，電流を検出するもので，応答特性や精度が良好なため，高圧直流用として開発されている．原理を図6.3.4に示す．

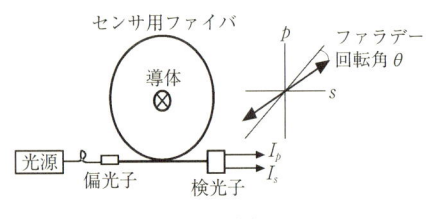

図6.3.5 光変流器

鉄心のギャップ部のホール素子に発生するホール電圧 V_H は，供給される定電流 I_c，および被測定電流 I_1 に比例したギャップ部磁束密度 B によりホール定数 K_H を用いて次式のように表される．

$$V_H = K_H I_c B \quad (B \propto I_1) \tag{6.3.1}$$

ホール素子には直線性や温度係数の良好な GaAs や InAsP が用いられる[23]．変流器としての誤差は低電流域で増加し，直流よりも交流のほうが相対誤差が小さい．応答特性は主に鉄心特性に支配される．

磁界コイル電流用変流器は直流電流±10～±100 kA に対して精度±0.5%，ステップ応答10 μs の特性をもつ．広帯域（DC～50 MHz）遮断器の残留電流測定用もある[24]．

c. 光変流器

磁気光学材料によるファラデー効果を利用し，鉄心にコイルを巻いた変流器に比べ，絶縁の簡略化，小型軽量および耐ノイズ性などの特徴をもつ[25,26]．ファラデー効果とは，磁場中に置かれた磁気光学材料の中に光を伝播させると，伝播光の右回り円偏光と左回り円偏光に位相差 2θ が生じるものであり，伝播光が直線偏光の場合にはその偏波面が θ 回転する．ファラデー効果の大きさを示すベルデ定数を V_e，光路長を L，磁界の強さを H とすると，回転角 θ は次式で与えられる．

$$\theta = V_e H L \tag{6.3.2}$$

複屈折が小さい鉛ガラス，ほう珪クラウンガラス（BK7）などが用いられる．鉛ガラス光ファイバ，あるいは石英で複屈折を小さくしたファイバ式光変流器が開発されている．図6.3.5に構成例を示す．測定精度は感度誤差±2%程度，分解能 10^{-3} 以下が得られており，30 kA～数 MA 級の電流が計測できる．

6.3.4 交流大電流の測定技術

交流電流測定器として分流器で200 kA，変流器で100 kA 程度まで製作されている．電力系統では変流器，短絡試験では主に分流器が使用され，測定器として次の条件が要求される．

① 短絡電流に含まれる直流分も精度よく測定できること．
② 応答時定数が小さいこと．
③ 電磁機械力や熱的な変形に耐えること．

6.3 大電流測定技術

表 6.3.2 分流器の種類と特性

種　類		応答時定数の代表的な値	最大電流における通電時間	主な用途
直　線　形		$10^{-3} \sim 10^{-4}$ s	$10^0 \sim 10^{-2}$ s	AC, DC
折　返　形		$10^{-4} \sim 10^{-5}$ s		AC, DC
同軸形	かご形	$10^{-4} \sim 10^{-5}$ s	$10^{-2} \sim 10^{-3}$ s	AC, DC
	円筒形	$10^{-6} \sim 10^{-8}$ s		AC, DC インパルス残留電流

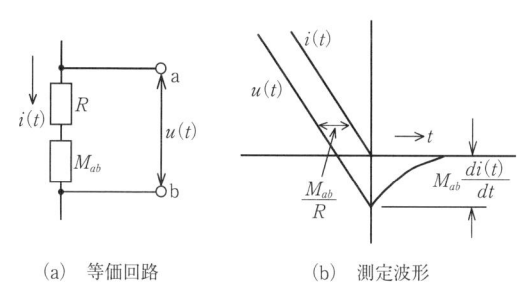

(a) 等価回路　　(b) 測定波形

図 6.3.6 分流器の等価回路と測定波形例

④ 電磁および静電誘導によるノイズが無視できること.

a. 分　流　器

分流器の種類と特性を表 6.3.2 に示す. 分流器の等価回路と電流零点近傍の測定波形例を図 6.3.6 に示す[27].

特に, 遮断器の残留電流測定用としては応答時定数の小さいことが要求される. この場合, 数十 kA 通電直後に数 A の微小電流を MHz 以上の周波数応答で測定する必要がある. しかし, 通常の単一の分流器では限界がある. そこで, 大電流部分は分流器に並列接続された真空スイッチ, ダイオード, 放電管[28]などのバイパス装置に通電し, 電流零点近傍のみ分流器に転流して測定する方式[29]や, 主電流はこの分流器には流さない方法などが検討されている.

b. 電磁形変流器

電磁形変流器は主回路と測定回路が絶縁されていること, 大きなジュール熱を発生しないので長時間測定に適するなどの特徴を有し, 用途別に分類すると表 6.3.3 となる.

計測および電力需給用は定常電流用であり, 継電器用は故障電流用である.

直流分電流の伝達については, 故障電流測定中の変流器の鉄心に誘起される磁束 Φ は次式となり,

$$\Phi = R\int i(t)dt + L \times i(t) + \Phi_0 \qquad (6.3.3)$$

表 6.3.3 変流器の分類と特性

種別	用途	確度階級	規定電流	定格電流
計測用	標準器	0.1/0.2 級	0.025〜1.2	0.1 A〜20 kA
	精密計測	0.5	0.05〜1.0	
	普通計測	1.0	定格電流に対する倍数表示	
	配電盤用	3.0		
電力需給用	特別精密	0.3 W	0.1〜1.2	10 A〜20 kA
	精密用	0.5 W		
	普通用	1.0 W		
継電器用	一般用	1.0	0.1〜1.0, 2.0	10 A〜12 kA

$$M = \frac{\mu N_2 S}{2\pi a} \to 小 \quad (\mu:小)$$

(a) 構造　　(b) 変換原理

$$E_2 = \frac{M dI_1}{dt} = \omega M I_1$$

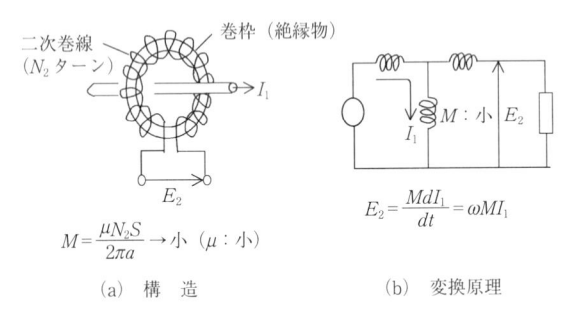

図 6.3.7 空心形変流器の構造

巻線や二次負荷の R, L のほかに電流 $i(t)$ に無関係な残留磁束 Φ_0 が存在し，正確な測定を妨げる．Φ_0 を減らすため，鉄心の一部に全磁路長の 0.01% 程度の間隙を設けて，特性の改善が図られる．

故障電流の増大と大容量電源の偏在・集中によって直流分減衰時定数が大きくなり，変流器の磁気飽和が顕著になりつつある．そこで，1,000 kV 系統の母線には空心形変流器が適用されている．

図 6.3.7 に示すように，空心形変流器は鉄心の代わりに絶縁物を巻き枠として用いる．このため透磁率がほぼ空気と同じで，相互インダクタンス M も 0.02 H 程度と小さい．また，空心形変流器の出力は一次電流 I_1 と相互インダクタンス M によって発生する電圧 E_2 であり，次式で与えられる．

$$E_2 = M dI_1/dt = \omega M I_1 \tag{6.3.4}$$

空心形変流器は磁気飽和がないため，小電流域から大電流域まで広い範囲で直線性が得られる．

空心形変流器の誤差要因として，(a) 一次導体の偏心によって，二次巻線の鎖交磁束が変化する，(b) 鉄心形変流器が隣接し，その二次巻線による漏れ磁束の影響を受ける，などが考えられる．(a) は通常の組立精度であれば誤差は 0.1% 以下である．(b) の誤差は 0.01% 程度で実用上問題ない．

c. 光変流器[30]

ガス遮断器などの電流計測用として，小型軽量および飽和がないなどの特徴から，光変流器が研究されている．特に，鉛ガラスファイバを利用した光変流器が開発されている．商用周波数の電流を計測する場合には，光強度の変動を補償することで，定格電流 8,000 A，確度階級 1 PS 級，最大検出電流 200 kA の光変流器が開発されている．

6.3.5 パルス大電流の測定
a. パルス大電流の測定

電力分野においては μs 領域の $10^4 \sim 10^5$ A のパルス大電流が避雷器の試験などに用いられるが，核融合装置などには ms から ns，$10^6 \sim 10^7$ A にわたる大電流パルスが使用される．分流器が主要な測定器であるが，表 6.3.4 に示す各種の測定装置が用いられる[14, 27]．電流容量の増大，応答特性の高速化などが測定装置の性能向上のため研究されている．

b. 分流器[30]

パルス電流測定用の分流器は，交流測定用より良好な応答特性が要求されるので，同軸円筒形分流器が主として用いられる．図 6.3.8 に模式的な構造を示す．円筒形抵抗体と電流帰路円筒導体とは，できるだけ密着してインダクタンスを減少するとともに

表 6.3.4 インパルス電流の測定対象と計測法

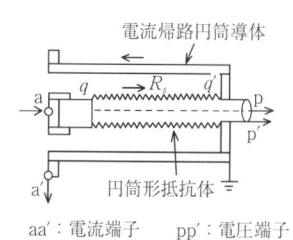

測定対象	電流値(MA)	時間領域	主な測定器
インパルス電流	～0.2	$0.1 \sim 10^2 \mu$s	分流器，高周波変流器
短絡試験	～0.1	$10^{-2} \sim 10^{-1}$ s	分流器，変流器
プラズマ電流	～1	μs～10 s	ロゴスキーコイル（CR 積分，DC アンプ積分，ディジタル積分）
レーザ電源電流	～0.1	μs～ms	高周波変流器，ロゴスキーコイル（CR 積分）
パルスパワー電流	～10	$1 \sim 10^2$ ns	ロゴスキーコイル（LR 積分），ピックアップコイル

図 6.3.8 同軸円筒形分流器

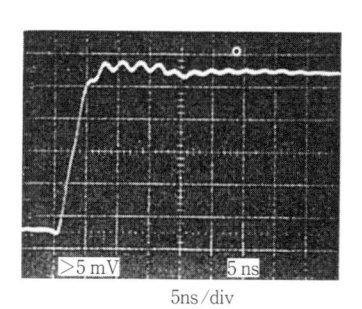

図 6.3.9 同軸円筒形分流器の応答特性[37]

に，表皮効果を抑えるために抵抗率が大きく，かつ厚さが薄い抵抗体を使用する．

過渡特性を表す分流回路の応答は，一般に直角波応答や周波数応答で示される．振幅が -3 dB になる遮断周波数 F (MHz) と立上り時間 T_r (μs) との間には近似的に次の関係がある．

$$T_r \fallingdotseq 0.35/F \tag{6.3.5}$$

分流回路の応答特性は主として表皮効果の影響による分流器自体の特性で定まる．分流器の周波数応答や，直角波応答については各種の解析がなされている．図 6.3.9 に抵抗体の厚さ 0.08 mm，材料カーマロイの 20 kA 分流器の実測応答波形を示す．応答時間約 2.5 ns，立上り時間約 4 ns である．

分流器の出力を発光素子で光に変換して，光ファイバで伝送し，受光素子によって電気量に変換する方法も用いられる．この方法は雑音対策にすぐれ，高電位点のパルス電流を容易に測定できる．

c. 高周波変流器

電流回路に直接接続する必要がなく負荷とならない，電流回路と絶縁して用いられるので測定点の電位上昇の影響を受けない，雑音対策上も有利であるなどの利点を有する．フェライトのような高周波用磁心に二次巻線を巻き，制動抵抗を巻線各部に分布して接続する．一次電流はその中心を貫通する．出力端子に抵抗を接続し，端子電圧から一次電流を測定する．最大電流 500 kA，立上り時間 $10 \sim 10^2$ ns，最大 IT 積（測定電流 × 継続時間） $10^{-3} \sim 10^3$ A·s などが製作されている．

d. ロゴスキーコイル[31]

構造が簡単，非接触測定が可能，大きさや電流感度変化が容易など多くの利点を有し，パルス大電流の測定に広く使用されている．図 6.3.10 にその構造を示す．

半径 r の円周上に，断面積 A の小コイルを直列に接続する．一次電流 i_p と二次電流 i_s の間に次式が成立する．

$$M di_p/dt = L di_s/dt + (R_s + R_o) i_s \tag{6.3.6}$$

(1) i_p の下限角周波数を ω_L とすると，$\omega_L L \gg (R_s + R_o)$ ならば，$i_s = (M/L) i_p$ が成立し，出力電圧は

$$v(t) = (M/L) R_o i_p \tag{6.3.7}$$

となり，一次電流に比例する．このタイプを自己積分形，LR 積分形などという．立

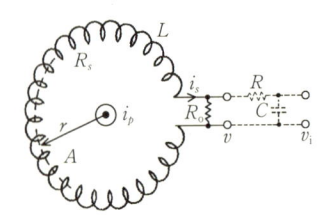

i_p：一次電流，i_s：二次電流
A：小コイル断面図
R_s, L：ロゴスキーコイルの抵抗，インダクタンス
M：i_p 導体とロゴスキーコイルとの相互インダクタンス
R_o：出力抵抗
r：ロゴスキーコイルの半径

図 6.3.10 ロゴスキーコイルの構造

入門 電気・電子工学シリーズ〈全10巻〉
加川幸雄・江端正直・山口正恆 編集

1. 入門電気磁気学
奥野洋一・小林一哉著
A5判 272頁 定価3360円（本体3200円）（22811-2）

クーロンの法則に始まり，マクスウエルの方程式まで，基礎的な事項をていねいに解説。〔内容〕静電界の基本法則／導体系と誘電体／定常電流の界／定常電流による磁界／電磁誘導とマクスウエルの方程式／電磁波／付録：ベクトル公式

2. 入門電気回路
斉藤制海・天沼克之・早乙女英夫著
A5判 152頁 定価2730円（本体2600円）（22812-0）

現在の高校物理との連続性に配慮した記述，内容とし，セメスター制に準じた構成内容になっている。〔内容〕電気回路の基礎と直流回路／交流回路の基礎／交流回路の複素数表現／線形回路解析の基礎／線形回路解析の諸定理／三相交流の基礎

4. 入門電気・電子計測
江端正直・西村 強著
A5判 128頁 定価2730円（本体2600円）（22814-7）

現在の高校物理と連続性に配慮した記述，内容のセメスター制対応教科書。〔内容〕計測の基礎／測定用計器の基礎／電圧，電流，電力の測定／抵抗，インピーダンスの測定／センサとその応用／センサを用いた測定器／演習問題解答

6. 入門ディジタル回路
岡本卓爾・森川良孝・佐藤洋一郎著
A5判 224頁 定価3150円（本体3000円）（22816-3）

基礎からていねいに，わかりやすく解説したセメスター制対応の教科書。〔内容〕半導体素子の非線形動作／波形変換回路／パルス発生回路／基本論理ゲート／論理関数とその簡単化／論理回路／演算回路／ラッチとフリップフロップ／他

7. 入門制御工学
竹田 宏・松坂知行・苫米地宣裕著
A5判 176頁 定価2940円（本体2800円）（22817-1）

古典制御理論を中心に解説した，電気・電子系の学生，初心者に対する制御工学の入門書。制御系のCADソフトMATLABのコーナーを各所に設け，独習を通じて理解が深まるよう配慮し，具体的問題が解決できるよう，工夫した図を多用

8. 入門計算機システム
伊藤秀男・倉田 是著
A5判 196頁 定価3150円（本体3000円）（22818-X）

計算機システムの基本構造，計算機ハードウエア基礎，オペレーティングシステム基礎，計算機ネットワーク基礎等の計算機システムの概要とネットワークOS等について基礎的な内容を具体的にわかりやすく解説。各章には演習問題を付した

9. 入門計算機ソフトウエア
金子敬一・今城哲二・中村英夫著
A5判 224頁 定価3360円（本体3200円）（22819-8）

ソフトウエア領域の全体像を実践的に説明し，ソフトウエアに関する知識と技術が獲得できるよう平易に解説したテキスト。〔内容〕データ構造とアルゴリズム／プログラミング言語／基本ソフトウエア／言語処理系／システム事例／他

10. 入門数値解析
加川幸雄・霜山竜一著
A5判 152頁 定価2730円（本体2600円）（22820-1）

数値計算を利用する立場からわかりやすい構成としたセメスター制対応のやさしい教科書。〔内容〕数値計算の誤差／微分と積分／補間と曲線のあてはめ／連立代数方程式の解法／常微分方程式と偏微分方程式の差分近似と連立方程式への変換

エース電気・電子・情報工学シリーズ
教育的視点を重視し，平易に解説した大学ジュニア向けシリーズ

エース電磁気学
沢新之輔・小川英一・小野和雄著
A5判 232頁 定価3570円（本体3400円）（22741-8）

演習問題と詳解を備えた初学者用大好評教科書。〔内容〕電磁気学序説／真空中の静電界／導体系／誘電体／静電界の解法／電流／真空中の静磁界／磁性体と磁場／電磁誘導／マクスウェルの方程式と電磁波／付録：ベクトル演算，立体角

エース電子回路 —アナログからディジタルまで—
金田彌吉編著
A5判 216頁 定価3360円（本体3200円）（22742-6）

電子回路（アナログ回路とディジタル回路）に関する基礎理論や設計法を，実例を交えながらわかりやすく整理・解説。〔内容〕増幅回路／電力増幅回路／直流増幅回路／帰還増幅回路／演算増幅／電源回路／発振回路／パルス発生回路／論理回路

エース電気工学基礎論
河野照哉著
A5判 148頁 定価2730円（本体2600円）（22743-4）

電気電子工学の基礎科目の中から，電気磁気学，電気回路，電気機器，放電現象（プラズマを含む）をとりあげ，電気工学の基礎となる考え方の道筋を平易に解説。〔内容〕電気と磁気の起源／電界／磁界／電気回路／電気機器／放電現象とその応用

エース制御工学
津村俊弘・前田 裕著
A5判 160頁 定価3045円（本体2900円）（22744-2）

具体例と演習問題も含めたセメスター制に対応したテキスト。〔内容〕制御工学概論／制御に用いる機器（比較部，制御部，出力部）／モデリング／連続制御系の解析と設計／離散時間系の解析と設計／自動制御の応用／付録（ラプラス変換，Z変換）

エースパワーエレクトロニクス
引原隆士・木村紀之・千葉 明・大橋俊介著
A5判 160頁 定価2940円（本体2800円）（22745-0）

産業の基盤であり必要不可欠な技術であるパワエレ技術を詳細に説明。〔内容〕パワーエレクトロニクスの概要とスイッチング回路の基礎／電力用スイッチ素子と回路の基本動作／パワエレの回路構成と制御技術／パワエレによるモータ制御

エース電気回路理論入門
奥村浩士著
A5判 164頁 定価3045円（本体2900円）（22746-9）

高校で学んだ数学と物理の知識をもとに直流回路の理論から入り，インダクタ，キャパシタを含む回路が出てきたとき微分方程式で回路の方程式をたてることにより，従来の類書にない体系的把握ができる。また，演習問題にはその詳解を記載

エース情報通信工学
野村康雄・佐藤正志・前田 裕・藤井健作著
A5判 144頁 定価2940円（本体2800円）（22747-7）

従来の無線・有線・変調などに加えて，ディジタル・ネットワーク時代に対応させた新しい通信工学のテキスト。〔内容〕信号解析の基礎／振幅変調方式／角度変調方式／アナログパルス変調／波形符号化／ディジタル伝送／スペクトル拡散通信

図説ウェーブレット変換ハンドブック
P.S.アジソン・新 誠一・中野和司監訳
A5判 408頁 定価13650円（本体13000円）（22148-7）

ウェーブレット変換の基礎理論から，科学・工学・医学への応用につき，250枚に及ぶ図・写真を多用しながら詳細に解説した実践的な書。〔内容〕連続ウェーブレット変換／離散ウェーブレット変換／流体（統計的尺度・工学的流れ・地球物理学的流れ）／工学上の検査・監視・評価（機械加工プロセス・回転機・動特性・カオス・非破壊検査・表面評価）／医学（心電図・神経電位波形・病理学的な超音波と波動・血流と血圧・医療画像）／フラクタル・金融・地球物理学・他の分野

電子・情報通信基礎シリーズ
先端化が進む産業界との格差を埋める内容を伴った基本的教科書

3. 電子デバイス
木村忠正著
A5判 208頁 定価3570円（本体3400円）（22783-3）

理論の解説に終始せず，応用の実際を見据え高容量・超高速性を念頭に置き解説。〔内容〕固体の電気伝導／半導体／接合／バイポーラトランジスタ／電界効果トランジスタ／マイクロ波デバイス／光デバイス／量子効果デバイス／集積回路

6. ディジタル伝送ネットワーク
辻井重男・河西宏之・坪井利憲著
A5判 208頁 定価3570円（本体3400円）（22786-8）

現実の高度な情報通信技術の基礎と実際を余すことなく解説した書。〔内容〕序論／伝送メディア／符号化と変復調／多重化と同期／中継伝送ディジタル技術／光伝送システム／無線通信システム／マルチメディアトランスポートネットワーク

7. 情報交換工学
池田博昌著
A5判 208頁 定価3570円（本体3400円）（22787-6）

電話交換システムの基本事項から説き起こし，順次高度情報ネットの交換技術を詳解する。〔内容〕歴史／基本事項／交換スイッチ回路網／信号方式とプロトコル／蓄積プログラム制御方式／ISDN交換方式／データ交換方式／通信サービスの高度化

8. 情報通信網
五嶋一彦著
A5判 176頁 定価3360円（本体3200円）（22788-4）

通信網構成特有の技術の説明に重点をおき，一般論に実例をそえて具体的に理解できるよう図り，個々の技術を統合化するのに，どのような知識が必要なのかを解説。〔内容〕概要／端末技術と伝送技術／交換技術／構成／設計と評価技術／具体例

電気・電子工学テキストシリーズ1 電気・電子計測
菅 博・玉野和保・井出英人・米沢良治著
B5判 152頁 定価3045円（本体2900円）（22831-7）

工科系学生向けテキスト。電気・電子計測の基礎から順を追って平易に解説。〔内容〕第1編「電磁気計測」(19教程)――測定の基礎／電気計器／検流計／他。第2編「電子計測」(13教程)――電子計測システム／センサ／データ変換／変換器／他

電気・電子・情報工学基礎講座5 新版 電気・電子計測
新妻弘明・中鉢憲賢著
A5判 192頁 定価3150円（本体3000円）（22736-1）

電気・電子計測の基本的な考え方の理解と，最近の測定器による計測の実践的知識の習得を意図したテキスト。〔内容〕基本概念／単位系と電気標準／センサ／信号源／雑音／電磁気量／信号処理／付録：正弦派信号の複素数表示／IC演算増幅器

半導体物理
浜口智尋著
B5判 384頁 定価6195円（本体5900円）（22145-2）

半導体物性やデバイスを学ぶための最新最適な解説。〔内容〕電子のエネルギー帯構造／サイクロトロン共鳴とエネルギー帯／ワニエ関数と有効質量近似／光学的性質／電子-格子相互作用と電子輸送／磁気輸送現象／量子構造／付録

ウェーブレット入門 ―数学的道具の物語―
B.B.ハバード著 山田道夫・西野 操著
A5判 228頁 定価3990円（本体3800円）（22146-0）

類書の中での最高評価を得ている絶好のウェーブレット入門書である。本書はサイエンスライターによるフーリエ解析とウェーブレット理論の一般向け解説書である。本文の間に数学的・工学的な補足もあり，ウェーブレット理論の概要が凝縮

電気電子工学概論
磯477滋宏・松井景樹・松岡良輔・渡辺健二著
A5判 164頁 定価2940円（本体2800円）（22040-5）

『電気工学概論』を最新の内容へ全面改訂。〔内容〕電気電子工学の基礎／交流理論と電気回路／電子素子と電子回路／電気電子計測／情報の伝送・処理とコンピュータ／パワーエレクトロニクスと電機制御／電力の発生と輸送

●制御・システム

計測工学ハンドブック

山崎弘郎・石川正俊・安藤 繁・今井秀孝・江刺正喜・大手 明・杉本栄次著
B5判 1324頁 定価50400円（本体48000円）（20104-4）

近年の計測技術の進歩発展は著しく，人間生活に大きな利便を提供している。本書は，多方面の専門家の協力を得て，計測技術の進歩の成果を幅広く紹介し，21世紀を視野に入れたランドマークの役割を果たすハンドブックであり，学問的に明解な解説と同時に，計測の現場における利用者を意識して実用的な記述を重視した総合的なハンドブック。〔内容〕基礎／計測標準とトレーサビリティ／信号変換技術とシステム構成技術／計測方法論／計測のシステム化と先端計測／応用

線形システム

前田 肇著
B5判 352頁 定価6090円（本体5800円）（20112-5）

線形システム理論の金字塔ともいえる教科書。〔内容〕ダイナミカルシステム／応答／ラプラス変換／可観測性と可到達性／システム構造／実現問題／状態フィードバック／安定性／安定解析／実現問題／行列の分数表現／システム表現／問題解答

新版 フィードバック制御の基礎

片山 徹著
A5判 240頁 定価3780円（本体3600円）（20111-7）

1入力1出力の線形時間システムのフィードバック制御を2自由度制御系やスミスのむだ時間も含めて解説。好評の旧版を一新。〔内容〕ラプラス変換／伝達関数／過渡応答と安定性／周波数応答／フィードバック制御系の特性・設計

システム制御工学 ―基礎編―

寺嶋一彦他著
A5判 200頁 定価3360円（本体3200円）（20118-4）

実問題の具体的な例題を取り上げて平易に解説した教科書。〔内容〕シーケンス制御／ダイナミカル制御と制御系設計とは／伝達関数とシステムの時間応答／システム同定と実現問題／安定性解析／フィードバック制御系の特性／制御系の設計／他

システム制御情報ライブラリー1 新版 ロボットの力学と制御

有本 卓著
A5判 232頁 定価4410円（本体4200円）（20945-2）

本書はロボティクスの体系化されたテキストとして高い評価を得てきたが，その後の研究の発展と普及のなかで全面的に書き直した改訂版。H無限大制御にも触れ，とくに「柔軟ロボットハンドの力学と制御」の章を新設し，読者の要望に対応

システム制御情報ライブラリー23 ウェーブレット変換とその応用

前田肇・佐野 昭・貴家仁志・原 晋介著
A5判 176頁 定価3675円（本体3500円）（20943-6）

信号処理分野をはじめシステム同定や微分方程式の数値解析に従来のフーリエ解析以上に威力を発揮するウェーブレット変換とその工学的応用を解説。〔内容〕基礎／マルチレート信号処理との関係／通信・レーダへの応用／システム同定への応用

システム制御情報ライブラリー24 確率システム入門

大住 晃著
A5判 232頁 定価4515円（本体4300円）（20944-4）

不規則雑音が介入する動的システムを確率システムという。本書は確率システムをどのように数学的に表現するか，その出力をどのように評価するか，またシステムの状態量をどのように推定してさらに制御するのか，に的を絞って平易に解説

ISBN は 4-254- を省略　　　　　　　　　　　　　　　　（定価・本体価格は2005年5月10日現在）

朝倉書店

〒162-8707　東京都新宿区新小川町6-29
電話　直通（03）3260-7631　FAX（03）3260-0180
http://www.asakura.co.jp　eigyo@asakura.co.jp

上り時間が短く1ns程度に達するが，減衰時定数が小さいので，高速短時間のパルス電流測定に用いられる．

(2) i_p の上限角周波数を ω_h とするとき，$\omega_h L \ll (R_s + R_o)$ ならば次式が成立し，

$$i_s = \frac{M}{R_s + R_o}\frac{di_p}{dt} \tag{6.3.8}$$

$$v(t) = \frac{MR_o}{R_s + R_o}\frac{di_p}{dt} \tag{6.3.9}$$

出力電圧は一次電流の時間微分に比例するため，出力電圧を積分する必要がある．積分器としては最も簡単なものとして，破線で示したCR回路を用い，$R \gg 1/(\omega_L C)$ に選ぶと，出力電圧 v_i は，$R_o \gg R_s$ のもと，

$$v_i = 1/(CR)\int v(t)dt = (M/(CR))i_p \tag{6.3.10}$$

となる．立上り時間や減衰時定数が長くなるので，μs～ms領域のパルス電流測定に用いられる．

応答特性に関しては，コイルを集中あるいは分布定数回路と考えて，過渡特性あるいは周波数特性について詳細な検討も行われている．測定精度は±3％程度であるが，積分回路にDC増幅器を設け，そのオフセット，ドリフトを補正し高精度化したものもある．

e. 雷放電エネルギーの測定手法

1) **ロケット誘雷実験における計測手法**[32,33]　　電気諸量は測定箇所でE/O（電気→光）変換器で光量に変え，光ケーブルを通じて制御所に送られ，再びO/E変換器で電気に変えられるか，または同軸ケーブルで直接データレコーダにて記録される．

① シャント抵抗法により，地上誘雷電流およびアレスタ端子電圧の3チャンネル同時記録を実施する．サンプリング40ns，記録時間160ms，分解能8ビットのシステムを図6.3.11に示す．

② 分光システムにより，雷放電光のスペクトル分布，放電路の熱半径を撮影する．雷放電の温度推定，分光分析ができる．透過式回折格子フィルム（905本/mm）を付けたカメラで放電路を撮影する．

2) **自然雷の光学観測手法**[34]　　観測用静止カメラ（図6.3.12）は一眼レフカメラに液晶シャッタを組み合わせ，フォトダイオードによる雷光検出で動作する．最初の雷光によりシャッタは観測待機状態に入るので，以後は液晶シャッタのみで撮影可能となる．開動作時間は3msで，開放時間は250msである．電源はバッテリで，時間は秒までの機能表示を有する．これらを前面がアクリルのステンレス箱内に収納し，配電柱上に設置している．

観測写真によると，雷道は強い発光の雷道に並行して弱い発光の雷道が観測され，弱い発光の雷道はアクリル面の多重反射像である．誘導雷では配電線側にかなり高い誘導電圧が生じたことを示す発光点がみられた．

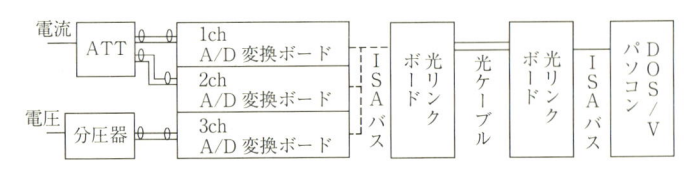

図 6.3.11　ディジタル雷計測システム構成例

表 6.3.5　測定回路の応答時間

インパルス電流波形	応答時間
8/20 μs	1.6 μs 以内
4/10 μs	0.8 μs 以内

図 6.3.12　観測カメラ例[37]

6.3.6　大電流校正技術

校正は測定精度あるいは測定誤差を明確にして補正を行うため実施される．適時校正するものと，試験ごとに校正するものがある．一般の交流用変流器では，標準変流器と比較して校正する方法が[35]，交流，直流分流器では，ブリッジにより抵抗値を測定する方法，既知の電流を流して，電圧降下より抵抗値を求める方法などがある．

一方，パルス用分流器，高周波変流器，ロゴスキーコイルなどでは，抵抗値，電流感度，応答特性の測定が必要である．通常，直角波電流を流し，出力端子の電圧波形から応答特性を求める[12,13,36]．

パルス用分流器の抵抗値は交流，直流用と同様に，応答特性は，同軸ケーブルあるいはコンデンサの放電電荷を分流器抵抗より十分大きな抵抗を通して分流器の電流端子に加え，出力電圧を観測して求める．直角波パルス電流の立上り時間は，分流器の応答時間より十分小さいこと．標準インパルス電流を波高値±3％，波頭長，波尾長±10％以内で測定するには[11,12]，電流比を±1％で求めるとともに，表 3.6.5 に示す応答時間の測定回路を使用するよう求められる．

最近の動向として，標準インパルス電流を波高値±1％，波頭長，波尾長±5％の精度で測定できる標準分流器と，被校正分流器に同時に標準インパルス電流を流して比較校正し，前述の測定精度を維持する方法が提案されている．　　〔稲葉次紀〕

6.4　大電流試験技術

短絡試験を行うには，遮断時に短絡電流を与えるとともに，電流遮断直後には電圧を与える必要がある．以前はこのような試験は実系統を使わざるをえなかったが，試

験が大変であった．そこで試験に工夫を加えて，設備は大きいものであるが実系統を使わず，等価試験を行っている．また後に述べるような短絡した後の様子をみる防爆試験や機器が無事に通電できるかをみる温度上昇試験が電力機器には行われる．

6.4.1 直接短絡遮断試験

中容量の遮断器では発電機を直接使用した遮断試験が行われる．遮断電流および遮断後の電圧が発電機で与えられるためである．ここで短絡遮断現象を説明する．図6.4.1に示すように短絡電流を遮断するとき，電源の母線端子で短絡しそれを遮断する場合（BTF：bus terminal fault）とある程度送電線があり，その端子で地絡遮断する場合（SLF：short line fault）とがある．それぞれ遮断電流と過渡回復電圧が異なる．遮断試験に発電機のみを利用する直接試験回路を説明する．ここでは直接短絡遮断回路でもっぱら行われるBTFについてふれる．

短絡遮断試験設備は図6.4.2に示すように短絡発電機，バックアップ遮断器，投入スイッチ，電流調整リアクトル，変圧器で構成される．短絡発電機を励磁したあと，投入器を投入して供試器に電流を流し，その後遮断器が遮断すると電圧が印加される．このとき，バックアップ遮断器と供試遮断器は閉じておく．電流は定格遮断電流が基本であるが遮断電流が小さい場合や脱調時やコンデンサ開閉時を模擬した電流など種々の責務がある．

また，それに応じ電圧は定格過渡回復電圧が基本となるが電流の責務に応じ各種過渡回復電圧が規定されている．脱調時では電源の電圧が逆になる場合，またコンデンサが負荷のとき，電流は小さいが電源電圧とコンデンサの電圧が加算され2倍の電圧が極間に印加されるような場合がある．このように遮断器に接続される電源および負荷によって電流電圧は大きく変化するため複雑であり，規格によって細かく定められている．また遮断の難しさはそれぞれ異なった現象で決まるのですべての遮断試験を実施する必要がある．

遮断試験には三相および単相で遮断試験を行うことができる．三相で試験を行うと

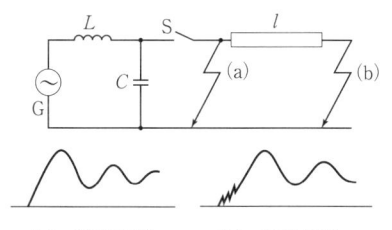

(a) BTF波形　　(b) SLF波形
G：電原，L：電源側等価インダクタンス
C：電源側等価キャパシタンス，S：遮断器

図 6.4.1　BTFとSLF回路の過渡回復電圧の概念

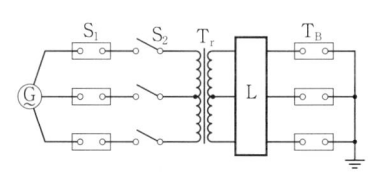

G：短絡発電機　T_r：変圧器　S_1：保護遮断器
S_2：投入スイッチ　L：系統を模擬する回路要素
T_B：供試遮断器

図 6.4.2　直接短絡遮断試験回路

表 6.4.1 短絡発電機の時定数の例

初期過渡リアクタンス	X_d'' [%]	2.7〜2.9
過渡リアクタンス	X_d' [%]	4.1〜6.6
同期リアクタンス	X_d [%]	40〜60
短絡初期過渡時定数	T_d'' [s]	0.02〜0.04
短絡過渡時定数	T_d' [s]	0.7〜1.0
電機子時定数	T_a [s]	0.04〜0.08

きは遮断第一相に過酷な責務が生ずるので，単相遮断試験はこの責務で試験をする．また投入位相によって電流が異なるので，これについても規格に定められている．投入スイッチは時間制御が細かくできるものが必要である一方，バックアップ遮断器は試験をする遮断器より遮断能力があり，かつ多頻度で遮断できることが必要である．さらに電流を制限するリアクトルだけでなく，遮断器に並列にコンデンサ，電源には電圧電流の位相が調整できる抵抗などが必要である．遮断責務には供試遮断器自体を最初は開極しておき，それを投入し，短絡電流を流したあとに直ちに遮断する責務もある．そのとき与えられる直流分も規定されており，投入位相だけでなく，遮断時間も制御が必要である．また最近では短絡電流の減衰時定数も規格化されており，その制御も必要である．典型的な短絡発電機の時定数を表 6.4.1 に示す．

また 1 つの短絡発電機で十分な電流が出せないときは複数の短絡発電機を並列に接続して得ることができる．しかし，複数の発電機を並列に接続すると発電機の特性に違いができたり，励磁が異なると発電機間に流れる横流に注意しなければならない．

このような設備では小容量の遮断器，開閉器，ヒューズなどの試験が行われるが，場合によっては短絡回路の力率を調整することも必要である．

以上の如く遮断試験は，以下に示す合成遮断試験も同様であるが大変複雑で，これを理解するためには，規格についてとともに，経験者から学ぶことが必要である．

6.4.2 合成遮断試験

遮断器の遮断容量が大きいときは合成遮断試験を実施する．以前は油遮断器や空気遮断器の試験が行われていたが，最近では SF_6 遮断器の性能が向上したため，もっぱら SF_6 遮断器の試験が行われる．まず電流は直接短絡遮断試験回路から与える．しかし，試験回路は図 6.4.3 に示すように電圧源が設けられており，決められた時間で電流源回路に投入する．

直接遮断試験回路と同じく，供試遮断器にまず電流を流しておく．電流が零点に達する直前に電圧源回路を動作させる．このためには，電流 i_1 が零点数百 μs 前に電流零点を検出して，トリガ回路のギャップ T_g を動作させ電圧源コンデンサ C_V から L_r を通して電流 i_2 を流す．その後 i_1 と i_2 を重畳する．その前に補助遮断器 S_E を遮断しておく．この様子を図 6.4.4 に示す．T_1 で重畳動作が開始され，T_0 で i_1 が零点になり，まず補助遮断器 S_E が遮断される．その後，i_2 が供試遮断器 S_P に流れ T_2 で供試遮断器が零点を迎える．その後は電圧が逆転したコンデンサから過渡回復電圧が与えられる．過渡回復電圧は C_2, R_C あるいは C_C で調整される．このとき，重畳する i_2 と i_1 のそれぞれの電流零点での電流変化率が一致することが必要である．通常 i_2 が周

波数は C_V と L_r で決まるが，商用周波数の遮断電流の 10 倍程度が選ばれる．この試験では電流零点を検出する精度は数十 μs 以下で直流分によらないこと，ギャップ T_g が安定に動作することなど複雑な試験が必要である．たとえば，ギャップ T_g をレーザトリガ式にし，回路もディジタル回路で構成されるようになった．そのほかについては直接短絡試験と同様である．

最近では三相一括ガス遮断器が開発されたため，三相合成試験回路が開発され，遮断器に印加される遮断器の各種責務が検証されるようになった．また電圧が高い状態で行われる投入試験，リアクトル遮断試験あるいはコンデンサ開閉試験はそれぞれの特殊性があり，現在，開発が行われている．

中でも SLF（近距離故障）責務は SF_6 ガス遮断器では重要である．線路の長さがある程度あり，そのインピーダンスのため電流が減衰され BTF 遮断電流の 90% に

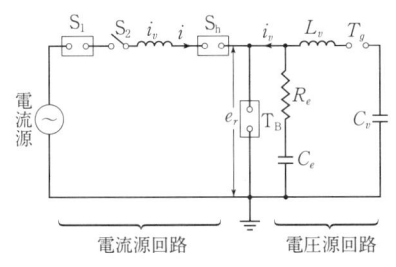

i：電流源電流　　i_v：電圧源電流　　e_r：過渡回復電圧
R_e：過渡回復電圧調整用抵抗　　L_v：電圧源電流調整用インダクタンス
C_e：過渡回復電圧調整用コンデンサ　　C_v：電圧源コンデンサ
Sh：補助遮断器　　T_g：トリガギャップ　　T_B：供試遮断器
S_1：保護遮断器

図 6.4.3　合成遮断試験回路

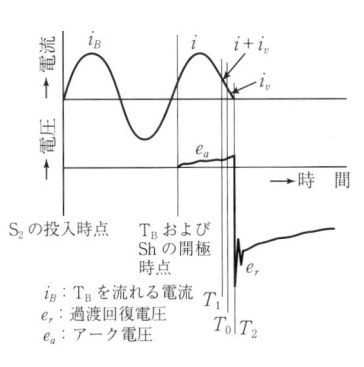

図 6.4.4　電流の重畳の波形例

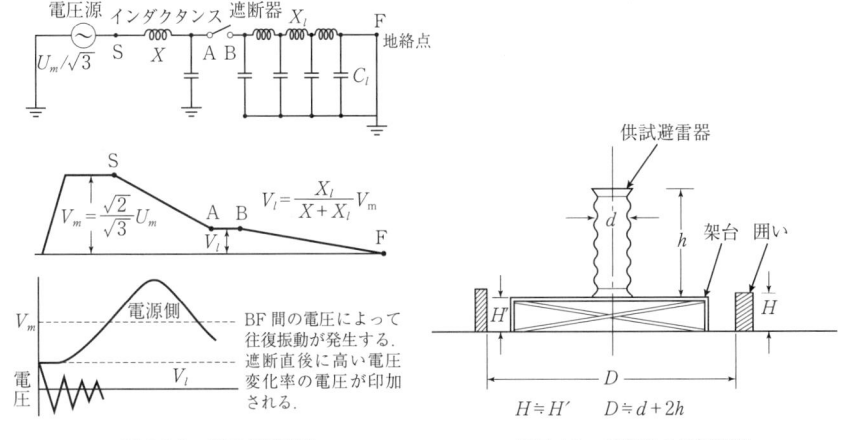

図 6.4.5　SLF 遮断試験

図 6.4.6　避雷器の防爆試験

なったときを 90% SLF 遮断試験という．これは SF_6 ガス遮断器がこの責務で遮断しにくいといわれているためである．もちろん 60% SLF 遮断試験もあり，遮断器によっては要求がある．送電線があると遮断時に線路に電圧が存在し，それが線路間を往復反射するため 10 kV/μs 前後の急峻波となり，それが遮断器に印加される．この波形は遮断器内の残留プラズマに作用し，電流遮断後に流れる残留電流を発生させる．

図 6.4.5 に X% SLF 遮断時の試験回路を示す．$(1 - V_l)/V_m$ で X% SLF を示す．世界的に合意に至った試験法については規格化されており，詳細は規格を参照されたい．

6.4.3 防爆試験

電力用機器は種々の原因で地絡故障する．そのとき大電流アークが機器の周辺に発生し，場合によっては機器に損傷を与える．たとえば，がいし装置で大電流アークが発生するとがいしに被害を与えることもあるが，がいしの連結装置に被害が及ぶと送電線が落下することがある．アークホーンを付けてその間でアークを発生させて被害を防ぐことが行われている．同様にブッシングやがいしで気中で電流アークが発生すると，アークががいしに被害を与えブッシング全体が破壊することがある．がいしが破損すると鋭いナイフ状のがいし破片が多数発生する．同様にアークホーンを付けて被害を防ぐことが行なわれる．

また，同様にがいし形避雷器素子が破損するとがいしの内部圧力が上昇し，鋭いナイフ状のがいし破片が発生することは同じである．周辺に飛散してきわめて危険である．このため避雷器には放圧装置が付けられているがその機能が達成されていることを実証することが必要である．規格では万一破損したときはあらかじめ決められた範囲内に収まることが規定されている．また，GIS で短絡事故が発生すると GIS 内部の内圧が上昇し GIS タンクが破裂することがある．その場合内部で圧力を吸収し破裂しないか，破裂しても粉々に破損することがなく，破裂する方向が周囲の人物に危険でない方向にしておくことが必要である．

一例として避雷器の防爆試験を説明する．図 6.4.6 に示すように供試避雷器を 30 cm 以上の高さの水平架台上に取り付ける．周囲に「供試器直径＋供試器高さの 2 倍」に相当する直径で，架台とほぼ同じ高さの囲いを設ける．避雷器内部をヒューズで短絡して試験をする．たとえば定格放電電流が 50 kA のときは定格電流 50 kA 実行値の電流を 0.2 秒流し，第一波高値が対称分実効値の 2.5 倍になるようにする．このとき試験後避雷器の放圧装置が動作し，容器が爆発的飛散状態にならないこと，あるいは容器が破壊しても，がい管の破片そのほかが所定の囲い内に収まることを確認する試験が行われている．

以上のように多くの機器で，大電流アークによって不測の事態が発生しないことを確認するため，大電流アークを発生させて試験をすることがある．サイリスタの防爆性能を調査することもあるがその種類は多数ある．

6.4.4 温度上昇試験

電力機器には変圧器,発電機あるいは GIS のような開閉機器では常時電流が流れ,負荷に電気エネルギーを供給する.そのため常時この定格電流が流れても異常な状態が起こらないことを検証しなければならない.たとえば,変圧器では一次側から励磁して二次側を短絡しておくと,低い励磁で定格電流を流すことができる.温度が最終的に上昇するまで数時間かかるが,それまで電流を流し続け異常がないことを確認し巻線抵抗などを測定する.開閉装置では大電流変圧器を用いて,電圧は低いが大電流を流して異常のないことを確認する.場合によっては複数の変流器を逆方向から励磁して大電流を得ることがある.多くの場合試験回路の負荷はリアクタンスであるので,負荷にコンデンサを接続することによって回路の電流は大幅に減少できる.このような試験には短絡発電機は使用できない.なぜなら短絡発電機は機械エネルギーを電気エネルギーに変換するので,時間的には限られるが,温度上昇試験では常時大電流を流す必要があるためである.

6.4.5 その他の試験

直流大電流の遮断試験があるが,これは直流電流遮断の方法によって異なるので,供試器によって遮断試験の方法は変わってくる.ここでは詳細は省略する.

プラズマ実験やレーザ装置では大電流試験やパルス大電流試験が行われる.これらは高電圧現象も含めた大電流機器は電力用機器の開発をベースにしたものが多くある.もちろん実験によっては,雷インパルス試験など省略されたものが多くあるのは当然であるが,基本的な考え方は同じである.また,パルス大電流のように複合機器で目的を達することが多いが,これらは試験をすることが目的であり,電力用機器のように試験を行って性能を確認することではない.このような大電流現象機器の試験は各研究所で行われている.

〔柳父 悟〕

6.5 大電流応用技術

核融合発電,電磁流体(MHD:magneto-hydro dynamics)発電,超電導エネルギー貯蔵(SMES:super-conductive magnetic energy storage)などの新エネルギー関連技術と,熱,光,アークプラズマ,磁界,電磁力などの新応用技術が開発されている[59,37].

6.5.1 応用技術全般
a. 核融合発電技術

核融合反応は太陽エネルギーを模擬し,超高温(1〜2億℃),高密度の重水素と三重水素の混合プラズマを閉じ込める人類の最終エネルギー源と考えられる.磁界によるプラズマの発生,閉じ込め,加熱,制御などにおいて大電流技術が必要である.電流は数十 kA から数 MA に及び,送電系統の短絡電流を大きく凌駕する.

b. エネルギー貯蔵技術

パルス的な負荷に対して電源容量を抑えるには，エネルギーの貯蔵・放出装置が必要である．電力系統では揚水発電がこの役割を果たしており，また，エネルギー密度が高く応答性のよい方法として，回転エネルギーや超電導エネルギー貯蔵（SMES）などが利用・検討されている．

c. 電磁流体（MHD）発電[39]

超電導磁石の実用化と高温材料の開発に伴って，実用化研究が進められている．火力発電において燃料の発生する高温領域に MHD 発電を使い，10% 程度の効率アップを目指す．電離度を高めるシード剤の脱硫効果も優れており，石炭有効利用クリーン技術としても期待される．

d. 超強磁界発生技術

物性研究用など最先端技術の担い手として注目され，定常，パルス，磁界圧縮などの方式がある．定常形では超電導と常電導を組み合わせたハイブリッド方式で 40 T 級の磁界を，パルス方式では，巻き線形（数十 ms）で 70 T 級，レーザ励起形（1 ns）で 10,000 T 級を，磁界圧縮形では 1,000 T の強磁界を得ている．

e. 極超高圧力応用技術

フラッシュエネルギー（瞬間発生エネルギー）を利用し，物質，空間内に超高密度エネルギーを発生する技術として，極超高圧力技術がある．発生する高電圧・大電流は，継続時間がほぼ 1 μs 程度ながら，静圧力に対して，動的圧縮あるいは動圧力と呼ばれ，地球の中心を上まわる 7,000 万気圧級の極超高圧力が発生する．

f. 高速飛しょう技術[40]

高圧力の発生法として，高速飛しょう体の衝突による衝撃圧力発生法が有望視される．さらに，溶射技術への応用や，宇宙船に高速宇宙塵が衝突したときの安全性などの研究が考えられる．パルス大電流放電によりアルミニウムなどをプラズマ化し，得られる化学的エネルギーを利用する方式も研究されている．

g. 電磁両立性と電磁パルス応用技術

電子機器の普及・高度化に伴い，電磁両立性（EMC：electromagnetic compatibility）が問われる．EMC は電磁的障害（EMI：electromagnetic interference）とそれに対する機器の耐性との整合を意味している[41]．EMI は，電源などの発生する電磁波・高調波，雷などで，強度（電圧，電流，電磁波など）も種々である．侵入経路も複雑である．電磁パルスはパルス大電流と関連が深い．

h. 電磁推進応用技術

磁力の吸引力，反発力を利用すると車体を浮上，駆動できる．超高速リニア磁気浮上式鉄道や電磁推進船の実用化技術が開発されている．

i. 大容量発熱応用技術

熱源は化石燃料が一般的であるが，環境問題，保守運用の簡便さ，高い制御性から総合的には電力に移りつつある．電力加熱には，抵抗加熱，アーク加熱，プラズマ加

熱，赤外加熱，誘導加熱，誘電・マイクロ波加熱，ビーム・レーザ加熱，ヒートポンプなどがある．

j. 高輝度発光応用技術

高輝度発光源としては，HID（high intensity discharge）ランプ（高圧水銀灯など）やキセノンランプが実用化されている．気体粒子や封入粒子により特有の光を放射するため，アークプラズマの温度や圧力，構成粒子などにより発光強度や発光波長が制御できる．

k. アークプラズマ環境応用技術

アークプラズマは，超高温，高エネルギー密度，高制御性，大容量化，クリーン性という特徴を有し，有害廃棄物処理やリサイクル・回収など環境応用技術に適用されている．フロン，NOx，SOx，焼却飛灰，医療廃棄物，PCB絶縁油，低レベルおよび超ウラン（TRU：transuranic）放射性廃棄物，表面膜の処理，改質などが対象である．

6.5.2 応用技術の詳細

a. 核融合発電技術

1) 核融合装置の種類[42]　核融合装置は，高温プラズマを磁力線で閉込めて加熱する「磁気閉込め核融合」と，ペレットをエネルギー束で加熱する「慣性核融合」に分けられる．前者は，環状のトーラス系磁気閉込めと，開放端系磁気閉込めに区別される．慣性核融合もレーザ形とビーム形に分けられる．

2) 磁気閉込め方式　トカマク装置（トーラス状の強磁界を用いる環状放電装置）が著名である．トーラス状の磁界を発生するコイルを並べ，その中に環状プラズマを発生させ，磁場によりプラズマを閉じ込める．数MAのプラズマ電流が，変流器の原理で誘導される．プラズマは，さらに，中性粒子ビームなどにより1億℃以上に加熱される．日本では，JT-60の運転を1985年に開始し，改造（JT-60U）のあと，1996年に核融合反応によって発生するエネルギーが注入されたエネルギーと等しくなる臨界プラズマ条件を達成した（図6.5.1参照）[43]．

現在，自己点火条件（発生したエネルギーで点火状態を持続できる条件）を目指す国際熱核融合実験炉（ITER：international thermonuclear experimental reactor）計画[44]が，日本，欧州連合（EU），アメリカ，ロシア，中国，韓国の国際協力で進められている．そのほか，ヘリカル装置，ピンチ，逆磁場ピンチなどの閉込め方式がある．

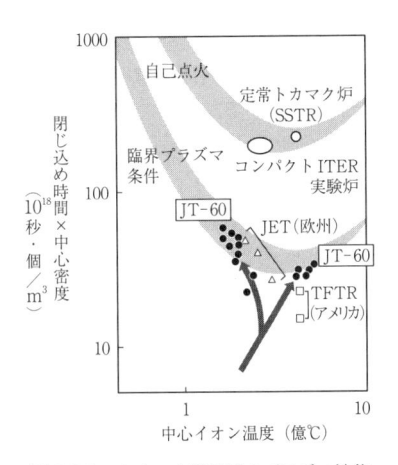

図6.5.1　トカマク型装置のプラズマ性能

3) 慣性核融合方式　　重水素などを充填した直径数 mm の燃料ペレットに，① レーザなどでエネルギーを照射する．② 数 TPa の圧力を発生させる．③ 燃料を爆縮する．④ 核融合反応を点火する．⑤ 荷電粒子で核融合燃焼させる．これを発電システムでは，1 秒間に 10 回程度繰り返す計画である．

b. エネルギー貯蔵技術

1) 大容量発電機　　大電力機器の大容量化などを図るため，エネルギーを回転エネルギーで蓄え，電力を放出させる大容量発電機として，短絡発電機，フライホイール（はずみ車式）発電機がある．前者は，主に交流電力機器の研究開発に利用される．特に，開閉保護装置（遮断器など）の性能検証には，実規模の短絡大電流が必要なため，短絡発電機が設置される．後者は，臨界プラズマ試験装置（JT-60）や，超電導大型ヘリカル装置（LHD：large helical device）などの駆動電源として使用される．これらは 6.2.2 項にも説明されている．

2) 超電導エネルギー貯蔵（SMES）[46]　　超電導コイルに磁気エネルギーを貯蔵するもので，貯蔵効率が高い．貯蔵・放出が迅速で，貯蔵量が大きく，瞬時出力，電力系統の負荷平準化，系統安定度向上，負荷変動補償，瞬時電圧低下などに対応できる．SMES は 14.4 節に解説されている．

c. 電磁流体発電応用技術

1) 電磁流体（MHD）のシステム　　燃焼ガスを直接発電チャンネルに通すオープンサイクルと，燃焼熱で加熱した作動気体（希ガス）を発電チャンネルに通し，循環させるクローズドサイクルに分類できる（図 6.5.2）．前者は作動ガスの生成が簡便であり，後者は，電極の損耗が少なく，さらに 1,800～2,000℃ 程度で高い導電率となり出力密度が大きい．

2) MHD 発電開発の動向　　クローズドサイクルでは，ロシアにおいて，天然ガス燃焼，長期耐久試験（800 時間），石炭燃焼，20 MW・240 時間連続運転，300～400 MW の U25-G 型実験装置などで実用化研究が進められている．アメリカでは，

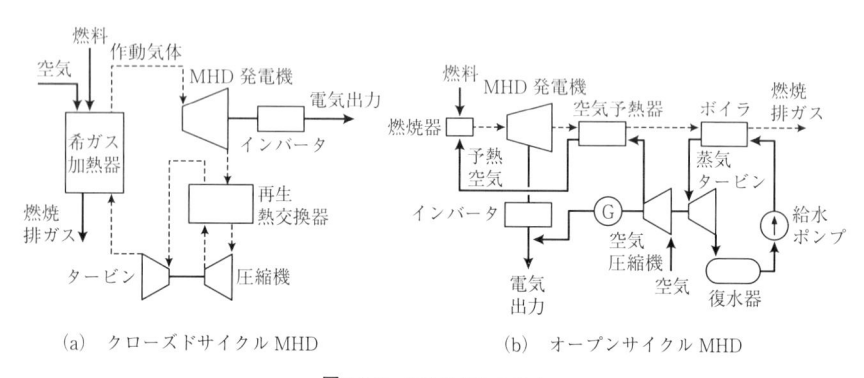

(a) クローズドサイクル MHD　　　　(b) オープンサイクル MHD

図 6.5.2　MHD のシステム

熱入力50 MW, 発電機出力1.5 MW, 合計300時間の発電試験により, 2,000時間を超える予想寿命を得た. クローズドサイクルでは, ディスク型MHD発電機でエンタルピー抽出率18%を達成した.

3) **パルスMHD発電** 短時間, 大電力を得るのに適し出力電力密度が高く, 小型軽量である. 数十GJの電力量が得られる. 常電導磁石式自励パルスMHD発電機では, 4 kG程度に励磁し, ロケットを噴射する. 起電力が発生すると自励発電になる. 電流を負荷に転流し, 数秒間, 数MWの電力が得られる.

d. 超強磁界発生技術

1) **定常強磁界発生** 金属材料研究所では, 超電導マグネットと水冷常電導マグネットを組み合わせたハイブリッド方式で強磁界物性研究用に世界最高レベルの37 T[47]の定常磁界の発生に成功した. 超電導コイルは低磁界ながら大口径磁界空間を生成し, 水冷マグネットは小口径ながら20 Tを超す高磁界を発生する.

2) **パルス超強磁界発生** メガガウス (1 MG = 100 T) の領域は物性研究上未踏であり, 種々の電子相転移の発生が期待される. 発生磁界は, 巻線コイル形: 10 ms〜1s・70 T以下, ディスク形: 10 ms・100 T程度, 破壊的1巻コイル形: 数 μs・300 T程度, 爆縮形: 1 μs以下・1,000 T程度, レーザ励起形: 1 ns・10,000 T程度である.

3) **磁界圧縮法** 磁界を圧縮媒体に利用した方法や爆薬を利用した方法がある. 5 km/sの爆縮エネルギーは1,000 Tの発生に相当する. 機械的圧縮 (濃縮) 法, 電磁濃縮法, 爆縮法[48]などがある.

e. 極超高圧力応用技術

1) **動的圧縮方法による極超高圧力の発生** 電気ガン, 大出力パルスレーザビーム, 爆発力, レールガンなどを利用した方法がある. 電気ガンとして, 電磁力を利用した装置[49]が開発されている. 数百kAのパルス大電流により金属箔を爆発させプラズマを作り, プラスチック板を30 km/sに加速し, 衝突で1.2 TPaの圧力が発生する. 簡易かつ安価であるが, 持続時間がきわめて短い.

2) **超高圧力の産業機器への応用**

(ⅰ) 電磁成形: ① コイル中に置いた銅管を被圧着棒に圧接する, ② 銅管中に設けたコイルに通電して拡管を行う, ③ 中心導体と円筒状被加工物に直接通電する方法がある. 肉厚1 mm, 直径50 mm, 長さ50 mmの銅円筒の場合, 数百kAで加工できる[50].

(ⅱ) 放電成形: 水中での細線爆発を利用し, 発生する衝撃波で塑性加工を行う.

(ⅲ) 岩盤破砕: 金属線にパルス大電流を流し, 衝撃波で岩盤を砕く[51]. 50 kA, 1 msのパルスで170 t/m^{2}の衝撃波を発生し原子力施設の解体に応用できる.

(ⅳ) セラミックスの接合: セラミックスを中間接合材 (Ti箔) ではさみ, パルス大電流によりプラズマ化して接合する. 短時間で適切な化学的結合が得られる.

f. 高速飛しょう技術

1) **電磁加速法**[52] レールガン, エミラック, マグラックなどの方式がある.

2) レールガン　図6.5.3に示すように，コンデンサCの電荷を放電スイッチSにより給電レールに供給し，飛しょう体（導体）で短絡した回路にkA～MA級の大電流を流す．発生磁束により飛しょう体は電磁力を受け，外方向に加速される．レールの短絡部分には，軽量で電気的損失が小さい固体やプラズマが利用される．

g. 電磁パルス応用技術

代表例として，核爆発による電磁的障害（EMI）の発生があるが，自然現象である雷撃も大規模EMIであり，電力系統での過電圧に対する絶縁協調などの観点から重要である．

1) 電磁パルスシミュレータ　一般的なEMIに対する耐性を確認するための試験法はIEC1000-4シリーズなどに規定され，試験装置も販売されている．大強度電磁パルスEMIのシミュレータは特殊なもので，高速パルス大電流を用いる．たとえば，約100Ωの特性インピーダンスのアンテナに500kV～1MVの急峻波電圧を印加するか，4～8kAの電流を流し供試物に50kV/mの電界や，150A/m級の磁界を発生させる．

2) 雷撃シミュレータ　インパルス発生装置が雷撃耐性検証シミュレータとして一般的である．多重雷対策試験法の開発のための雷撃シミュレータは[53]，600kV，100kJのインパルス電圧発生装置2台で構成され，多重雷を模擬し，遮断器に1～100msの間隔で連続的にインパルス電圧を印加できる．全天候型分割可搬式の3MV，450kJ，60kAインパルス発生装置も開発されている[54]．

h. 電磁推進応用技術

1) 磁気浮上式鉄道　誘導反発方式による超電導浮上式鉄道が，山梨実験線での走行試験で有人での552km/h（5両編成）を達成している．超電導浮上式鉄道では[55]ガイド平面上に浮上用地上コイルが，左右の側壁に推進・案内用地上コイルが配置される．山梨実験線では，8の字形の浮上用コイルと推進用コイルがガイド側壁に取り付けてある．コイル中心から数cm下側を車上の超電導コイルが通過して，車両を浮上させる．超電導マグネットは，NbTi製コイルと冷凍タンクで構成され，クエンチ

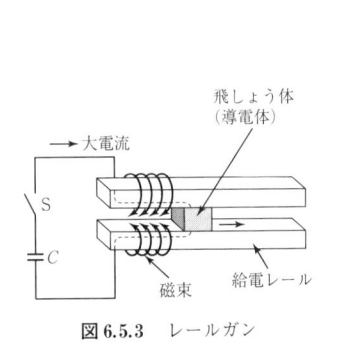

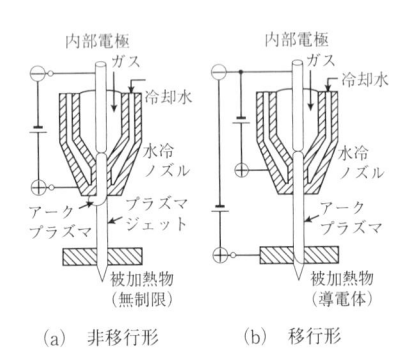

図6.5.3　レールガン

図6.5.4　プラズマトーチの構造

ング対策・振動対策などの結果，高信頼性・耐久性を実現している．常電導式では，車上一次リニアモータ方式（HSST）[56]，地上一次リニアモータ方式（トランスラピッド）[57] がある．

2) 電磁推進船　船体側コイルの磁界と海水中電流とのローレンツ力を利用する．わが国では，1992年には実験船「ヤマト－1」による海上走行実験[58] が行われ，6本のダイポールコイルを配置し，有効磁束密度4 T，装置推力1,600 N，速力8ノットに設計された．高速艇，砕氷船，各種作業船などへの適用が考えられる．

6.5.3 発熱・発光応用技術
a. 大容量発熱応用技術[38]
1) 抵抗加熱　低抵抗の被加熱物に直接大電流を通電し，自身のジュール発熱で加熱する．被加熱物自体が発熱するため熱効率，電力密度とも高く，比較的大規模加熱に利用される．具体的に，黒鉛化炉，ガラス溶融炉，抵抗溶接などがある．

2) アーク加熱[60]　アークは，3,000～6,000 Kの高温を呈し，電極への熱伝達，熱放射などにより被加熱物を加熱する．アーク電圧はアーク長にほぼ比例する．したがって電流・アーク長によって，大電力が容易に制御できる．

交流アーク炉：　黒鉛電極とスクラップ（鉄屑）間のアークで毎時数十tの溶鋼を出炉できる．電流は40～60 kA，電圧は500～600 Vである．フリッカ（頻繁な電圧変動）を生じやすい．

直流アーク炉：　溶鋼を正極，黒鉛電極を負極とし，70 kA前後通電する．

真空アーク炉：　成分調整をした素材金属を電極として直流大電流アークを発生させ，真空水冷容器内で溶解し，液滴を凝固させて高級鋼を製造する．

3) プラズマ加熱

プラズマトーチ：　ノズルなどの作用で高温，高速，集束，制御性のよいプラズマ流が得られ，薄板切断用から金属の溶解・精錬用に利用される．トーチから吹き出す高温のプラズマジェットを利用する非移行形と，被加熱物を電極とし，通電中のアークプラズマを利用する移行形に分けられる．基本構造を図6.5.4に示す．

溶接，切断，溶射，金属酸化物の還元－精錬などに利用される．高温気体・超微粒子の製造，微粉炭燃焼用バーナなども研究されている．

そのほかのプラズマ：　ピンチプラズマ，プラズマフォーカス，細線Zピンチプラズマなどがあり，回路パターン彫刻（LSIなどの微細回路の線条形成），有害物質の分解などに適用される．

4) 誘導加熱　電磁誘導現象を用い，鋳造用低周波誘導炉や，省エネルギー用高周波誘導炉がある．具体的に，ガルバリウムポット（高周波インバータを使用した極薄板誘導加熱装置のうち，ガルバリウムめっき鋼板用誘導炉）[61]，金属を浮上させ，非接触で溶解できる浮揚溶解装置（CCLM：cold crucible levitation melting）などがある（図6.5.5）[62]．

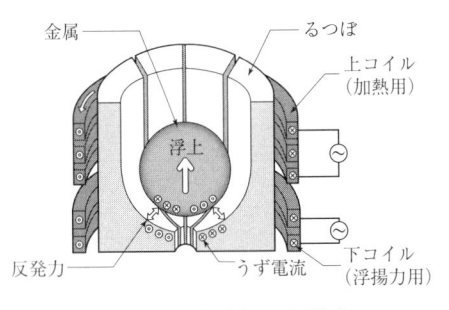

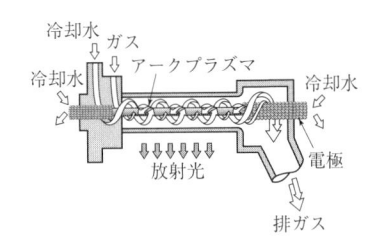

図 6.5.5 浮揚溶解の原理構成

図 6.5.6 渦流安定式アルゴンアークランプ

表 6.5.1 放電ランプの特性比較

発光体	入力パワー	全光束・発光効率	ガス・圧力	特徴
渦流安定化アルゴン	100, 150, 300 kW	5×10^6, 8×10^6, 10^7 lm	Ar, 7 atm	直流,輝度大,太陽並み $2\times10^4 \sim 1.2\times10^5$ カンデラ/cm^2
白熱電灯 (W)	~1 kW	$2\sim10^4$ lm	Ar+N$_2$など	非放電形,フィラメント白熱
ハロゲンランプ	~2 kW	16~26 lm/W	不活性ガス+ハロゲン	寿命 25~5000 h
蛍光ランプ	10~220 W	440~13000 lm	水銀+Ar 数 Torr	省エネルギー
超高圧水銀ランプ	~1000 W	40~65 lm/W	水銀 10~200 atm	丸形:ショートアーク形 細長形:キャピラリ形水冷
高圧ナトリウムランプ	150~700 W	14000~84000 lm	ナトリウム 100 mmHg	100~120 lm/W,屋外,体育館用
キセノン (ショート)	150 W~ 数十 kW	20~40 lm/W	キセノン 20~30 atm	直流,自然昼光に近い,ソーラシミュレーション,アークイメージ炉用

＊圧力:1 atm = 0.1 MPa

b. 高輝度発光応用技術

1) **放電ランプの種類と分光特性**　高圧水銀ランプ,メタルハライドランプ,高圧ナトリウムランプ,キセノンランプなどがある.渦流で安定化した数百 kW 級のアルゴンアークランプが製作されている.構造を図 6.5.6 に示す[63].大容量,分光分布が自然昼光に近いなどの特徴を有する.総光束は 10^7 lm,寿命は 12,000 h に達する.表 6.5.1 に特性比較を示す.適用分野として,高輝度照明,集光加熱,植物育成などがある.

2) **アークプラズマを利用した高輝度照明技術**
(ⅰ) **広域高輝度照明**:　都市景観向上策としてのライトアップや,アルゴン (Ar) アークランプによるサッカー場,木材集荷場などでの広域照明が試行されている.
(ⅱ) **高輝度照明用光源**:　演色性(太陽光で照らした場合の色合い)に優れたメタルハライドランプが多用される.道路照明では発光効率を重視し,高圧ナトリウム

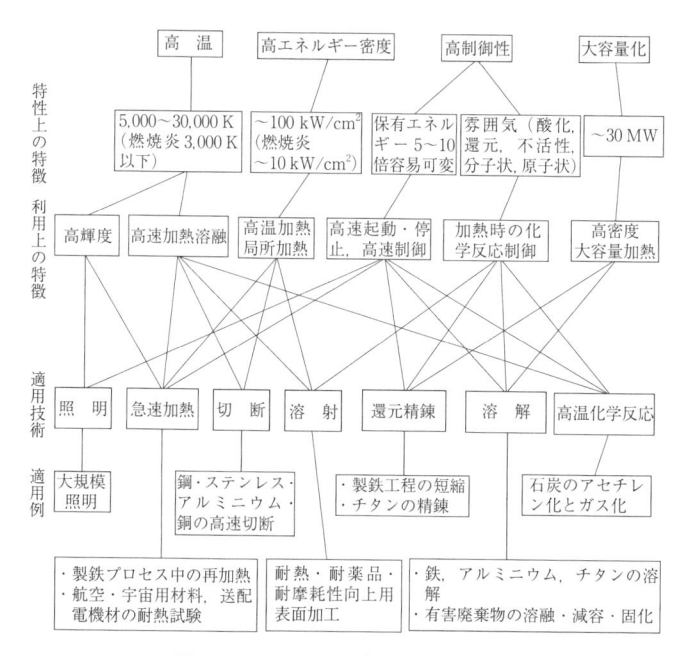

図6.5.7 アークプラズマの特徴と適用例

表6.5.2 アークプラズマによる分解処理例

低レベル・TRU（超ウラン）放射性廃棄物
有害排ガス（フロン，NOx，SOxほか）
医療廃棄物
PCB・含有体
アスベスト廃材
化学廃棄物
都市ごみ焼却灰
無害化処理・リサイクル

ランプが利用される．イオウ電灯が提案され[64]，Arガス中のイオウ粒子をマイクロ波で発光させる．太陽光線に近く，水銀灯より4倍明るく，スミソニアン博物館などで試用されている．

c. アークプラズマ環境応用技術[65]

1) アークプラズマ処理[66,67]　アークプラズマは，超高温，高エネルギー密度，高制御性，大容量化，クリーン性という特徴を有する．適用例を図6.5.7に，有害廃棄物の分解・処理例を表6.5.2に示す．廃棄物処理にきわめて有用である．

フロンガス，NOx成分：　各種排ガスなどを高速に熱分解できる[68]．

医療廃棄物：　エイズ感染のおそれがある使用済み注射針などを熱処理する．

PCB油：　配電用変圧器で使用されたPCB油を99.99％以上分解できる．

放射性廃棄物：　低レベル放射性廃棄物[69]や超ウラン（TRU）混合廃棄物[70]の溶解で，大きな減容効果と均一閉じ込めが図れ，保管の簡易化や性状の安定化に役立つ．

焼却飛灰[71]**，アスベスト**[72]：　固溶化で，重金属や針状体を無害化できる．

2) リサイクル・回収へのアークプラズマの応用

ジルコニウム（Zr）の回収： 原子炉燃料の被覆管スクラップ（廃材）から高価な Zr を回収できる．

有益金属の回収： スクラップ鋼の転換や白金の回収が企業化されている．

金属表面膜の除去[45]： 酸化膜や窒化膜，Ti 膜，放射性汚損表面層，TBT（トリブチルすず）などの有害物を含む塗装表面，さびなどを減圧アークの陰極点を用いて，クリーンに除去できる．

さらに，薄板表面処理，ダイアモンド，高温超電導膜，Si 製造へ適用できる．

〔稲葉次紀〕

文　献

1) R. Holm : *Electric contacts, Theory and Applications*, Berlin : Springer-Verlag (1976)
2) 宅間 董・柳父 悟：高電圧大電流工学，p. 99, オーム社 (1988)
3) CIGRE SC13, High Voltage Circuit Breaker Reliability Data for Use in System Reliability Studies, CIGRE Publication, Paris, France (1991)
4) W. R. Wilson : High-Current Arc Erosion of Electrical Contact Materials, *AIEE Trans. Part III*, PAS Vol. **74**, pp. 657-664 (1955)
5) J. Kamiski : Burn-up behavior of nozzle electrodes with strong SF_6 flow, Proc. of the Int. Conf. And Holm Conf. on Electrical Contacts, IIT, Chicago, IL, p. 25 (1978)
6) 竹渕秀光・榊 正幸・松井芳彦：GCB における熱破壊領域の遮断性能解析，電気学会開閉保護・高電圧研究会資料，SP-95-35, HV-95-148 (1995)
7) 山下・久世・中務・香山・日高・杉山：ガス遮断器の消弧室内の衝撃波を含む流れについての検討，電気学会開閉保護・高電圧研究会資料，SP-96-59, HV-96-131 (1996)
8) 堀之内・中山・香山・笹尾：CIP 法による SF_6 ガス中アークのシミュレーション，電気学会開閉保護研究会，SP-98-12 (1998)
9) 日本規格協会：JIS C 1721-1976, 分流器 (1976)（1994.12.1 廃止）
10) 日本規格協会：JIS C 1731-1988, 計器用変成器（標準用及び一般計器用）(1988)
11) 日本規格協会：JIS C 1736-1988, 計器用変成器（電力需給用）(1988)
12) 電気規格調査会：JEC-213-1982, インパルス電圧電流測定法 (1982)
13) IEC Publication 60-3, 4, High Voltage Test Techniques (1976～77) および同改訂案 (1990)
14) 電気学会 絶縁試験法ハンドブック改訂委員会：高電圧試験ハンドブック (1983)
15) 黒沢：高電圧実験所ならびに短絡実験所での接地，電気評論, Vol. **66**, p. 634 (1981)
16) 恒岡まさき・荒川・嶋田隆一・薮野・石垣：臨界プラズマ試験装置 (JT-60) 接地系の実際，電気学会論文誌 B, Vol. **107**, No. 2, p. 81 (1987)
17) 汎用オシロスコープによるインパルス電圧，電流測定時のノイズ除去対策，電気学会技術報告, II 部，No. 104 (1980)
18) 佐藤正泰・横溝英明・長島　章：JT-60 フーリエ変換分光器システム，核融合研究, **59**, 別冊 (1988)
19) 石附ほか：直流大電流用変流器，電気学会高電圧研究会，HV-81-54 (1981)
20) 片山ほか：磁気増幅式瞬時値検出器の検討，電気学会磁気応用研究会, AM-76-16 (1976)
21) 日本国有鉄道：直流計器用変成器および付属電気計器，JRS 31719-1D (1977)
22) 電気学会磁気増幅器専門委員会編：計器用磁気増幅器 (1968)
23) 原：高感度 GaAs ホール素子とその応用，電子材料，p.3 (1981)

24) O. Bottger, et al.: Potentialfreie Messung Schnellveranderlicher Strom, *Wiss. Ber. AGE-Telefunken*, Vol. **43**, p. 62 (1970)
25) 勝川裕幸・石川 等・岡島久和：バルクファラデーセンサを用いた高精度碍子型光 CT の特性検証，電気学会論文誌 B，Vol. **116**, No. 1, pp. 58-64（1996）
26) 黒澤 潔・吉田 知・坂本和夫・増田 勲・山下俊晴：鉛ガラスから製造した光ファイバのファラデー効果を利用した電流センサ，電気学会論文誌 B，Vol. **116**, No. 1, pp. 93-103（1996）
27) しゃ断器の試験法，電気学会技術報告，II 部，No. 46（1976）
28) 渋谷正豊・泉 那和・加藤敏夫：短絡電流ゼロ点近傍における電流の一測定法（大電流バイパス法による），電力中央研究所研究報告，No. 781004（1982）
29) しゃ断器の合成試験法としゃ断現象測定技術，電気学会技術報告，II 部，No. 131（1982）
30) 計測用光変流器開発の現状と動向，電気学会技術報告，II 部，No.149（1983）
31) K. Yasuike, S. Miyamoto and S. Nakai: A new multidimensional diagnostic method for measuring the properties of intense ion beams, *Rev. Sci. Instrum.*, Vol. **67**, No. 2, pp. 437-445 (1996)
32) 依田正之：平成 7 年度ロケット誘雷実験計画，電気学会東海支部「21 世紀の雷研究」，第 16 回セミナー（1995）
33) 稲葉次紀・楠 茂幸・遠藤正雄・中村光一・角 紳一・堀井憲爾：ロケット誘雷による小電流冬季雷の気体放電路電界とエネルギーの計算，電気学会放電・高電圧合同研究会，HV-96-77（1996）
34) 谷口弘光・杉本仁志・横口 茂：配電線雷撃応答様相のカメラ観察，電気学会論文誌 B，Vol. **116**, No. 9, pp. 1138（1996）
35) 池田三穂司：計器用変成器の誤差試験，電気試験所研報，No. 529（1952）
36) インパルス電圧，電流測定用分圧器ならびに分流器の性能調査，電気学会技術報告，II 部，No. 167（1984）
37) 電気学会・大電流エネルギー応用技術調査専門委員会（編）：大電流エネルギー工学，p. 202，電気学会（オーム社）（2002）
38) 電気学会・大電流応用技術調査専門委員会（編）：大電流工学ハンドブック，コロナ社（1992）
39) プラズマ MHD 発電技術調査専門委員会（編）：プラズマ MHD 発電，電気学会技術報告，No. 621（1997）
40) レールガン―超高速への挑戦―，電気学会技術報告，No. 563（1995）
41) 半導体電力変換機器の電磁波障害協同研究委員会：パワーエレクトロニクス機器の電磁波ノイズ，電気学会技術報告，No. 545（1995）
42) 特集：核融合発電，電気学会誌，Vol. **103**, No. 11, p. 1053（1983）
43) 鎌田 裕・石田真一・小関隆久・菊池 満：JT-60 の臨界プラズマ条件達成と核融合炉への展望，日本原子力学会誌，Vol. **39**, pp. 367-377（1997）
44) 特集/ITER 設計報告，プラズマ・核融合学会誌，Vol. **73** Supplement（1997）
45) 稲葉次紀・岩尾 徹・久保祐也：直流アークプラズマによる有害廃棄物処理，応用物理，Vol. **72**, No. 4, pp. 444-447（2003）
46) 山本・堤：超電導電力応用機器 SMES の研究開発の現状と課題，電気評論，No. 12, p. 18（1998）
47) 科学技術庁 金属材料研究所：ホームページ プレスリリース，http://www.nrim.go.jp:8080/public/kikaku/japanese/press.htm（1999. 10）
48) 薄葉・角館・藤原・宮本昌広・田・久保田：大電流の発生とその計測，電気学会高電圧研究会，HV-88-26（1988）
49) K. E. Froeschner, *et al.*: *Shock Waves in Condensed Matter*, p. 86, North Holland Pub. (1984)
50) 高橋ほか：電磁力によるパイプの二次成形（第 2 報），塑性加工春季講演会，No. 431（1982）
51) M. Hamelin, F. Kitzinger, S. Pronko and G. Schofield: Hard Rock Fragmentation with Power,

9th IEEE Int. Pulsed Power Conf., p. 11（Albuquerque 1993）
52) パルスパワー技術とそのフラッシュエネルギーへの応用, 電気学会技術報告 (II), No. 247 (1987)
53) 植村哲夫・葛間泰邦：多重雷対策試験法の開発—試験設備の概要と模擬試験例, 平成2年電気学会全国大会, No. 1299 (1990)
54) 森本準生・林田 弘・関岡昇三・磯川正彦・樋山達哉・森 均：全天候型分割可搬式インパルス電圧発生装置の開発と接地抵抗非線形特性試験への適用, 電気学会論文誌B, Vol. **115**, No. 11, p. 1365 (1995)
55) 鉄道総合技術研究所：*Railway Research Review*, Vol. **44**, No. 11 (1987)
56) 田中正夫・村井宗信：HSST-100L型車両試験結果と東部丘陵線概要, 電気学会12回電磁力関連のダイナミックス (2000)
57) Miller and Luitpold：Superspeed Maglev System Transrapid System Description, Proc. MAGLEV'95, pp. 37-43 (1995)
58) 竹澤：超電導電磁推進実験船ヤマト—1, 電気学会誌, Vol. **111**, No. 8 (1991)
59) 日本電熱協会 (編)：エレクトロヒート応用ハンドブック, オーム社 (1990)
60) 池田泰幸・岡山 栄・安藤孝一：鉄鋼プロセスにおける誘導加熱の適用, 富士時報, Vol. **71**, No. 5, p. 288 (1998)
61) 武 達男：浮揚溶解法における電磁力応用技術, 電気学会論文誌D, Vol. **118**, No. 4, p. 431 (1998)
62) Vortek社 (カナダ) カタログ (1989. 3)
63) 朝日新聞1998年10月22日, スミソニアン博物館資料
64) 稲葉次紀：電力・エネルギー分野における大電流制御・応用技術, 電気学会論文誌B, Vol. **123**, No. 4, pp. 432-435 (2003)
65) 稲葉次紀：アークプラズマの新利用技術, 中央大学「草のみどり」, No. 110, pp. 24-27 (1997. 11)
66) 稲葉次紀・岩尾 徹：熱プラズマによる有害気体処理, 電気学会誌, Vol. **123**, No. 2, pp. 85-88 (2003)
67) 進藤春雄・工藤大祐・Ramasamy Raju・久保祐也・稲葉次紀：多モードアンテナ型誘導結合プラズマによるC₄F₈半導体ガスの除害化, 電気学会論文誌B, Vol. **123**, No. 4, pp. 437-441 (2003)
68) 天川正士・足立和郎・安井晋示：プラズマ加熱を用いた低レベル放射性雑固体廃棄物の一括溶融処理技術, 電力中央研究所総合報告, No. W12 (1998. 10)
69) 天川正士・足立和郎・安井晋示・古川静枝：TRU廃棄物のアークプラズマ溶融処理技術—溶融時の核種挙動の解明—, 平成11年火力原子力発電大会要旨集, pp. 90-91, 火力原子力発電技術協会, (1999. 10)
70) 久保祐也・細井俊裕・金子順恵・大畑昌輝・岩尾 徹・古田直紀・稲葉次紀：プラズマによる焼却飛灰溶融スラグのpH別溶出特性と物理的特性の検討, 電気学会論文誌D, Vol. **121**, No. 4, pp. 493-500 (2001)
71) 稲葉次紀・長野将美・遠藤正雄：焼却飛灰とアスベストに見る有害廃棄物のプラズマ処理の検討, 電気学会論文誌D, Vol. **117**, No. 7, pp. 831-838 (1997)

7. 環境問題

7.1 電力工学と環境

7.1.1 電気事業における環境問題

電気事業は，発電・送電・変電・配電などの各過程で，様々な環境問題に直面している．地球規模では地球温暖化や酸性雨であり，地域規模では大気や水質の保全，廃棄物対策，騒音・振動防止，環境調和，化学物質の管理など，多岐にわたる．さらに，電気の発生・輸送・利用の際に形成される電磁環境も環境問題を引き起こす．

わが国の 2002 年の発電電力量（自家発電を含む）は，第一次石油危機に見舞われた 1973 年に比べて 2.3 倍に，1990 年に対しては 1.3 倍に増加した．高度情報化社会の進展や人々のアメニティ志向の高まり，高齢社会の形成などとともに，電力需要はますます増大していくと思われる．この需要増をいかなる電源で賄うかについては議論の余地があるが，火力発電は二酸化炭素（CO_2）の排出増加を招き，中でも石油・石炭の燃焼によって発生する二酸化硫黄（SO_2）や窒素酸化物（NOx），ばいじんは大気汚染などの環境問題を引き起こす．電磁環境問題では，送電線の高電圧やコロナ放電が生じる環境問題に対して様々な対策が実施されてきたが，近年は電磁界の健康に対する影響が社会的なトピックとなった．

これらは，多種多様な環境問題を主に外部に与える影響からみたものであるが，一方電力設備や電力機器の材料・製造，運転，廃棄の点から次のように分類することもできる．ここでは，広い意味の環境問題として，最初に自然環境が電力分野に及ぼす影響，すなわち天然起源の環境影響も含めている．

① **自然現象の電力分野への影響**　　例：雷によるサージ，雨・雪・汚損などの影響，磁気あらし，地磁気による誘導
② **電力設備・機器の材料・製造にかかわる問題**　　例：有毒材料（PCB），ハンダ，フロン類
③ **電力設備・機器の運転にかかわる問題**
  (1) 発生する電界・磁界によるもの　　例：高電圧（電界），大電流（磁界），コロナ放電
  (2) その他の問題　　例：炭酸ガス発生，温排水，騒音，景観阻害
④ **電力設備・機器の廃棄にかかわる問題**　　例：放射性廃棄物，リサイクル，リユース

本章では，電力工学と密接に関連する環境問題について，その現状を明らかにし，問題を克服するためにとられている施策や技術を概説する．まず7.2節に電力設備周辺の地域環境保全・安全対策について述べ，電力設備・機器のリサイクルにもふれる．7.3節にはより広域あるいは地球全体の環境問題として酸性雨と地球温暖化問題，7.4節は電力設備の主に高電圧・大電流から生じる（電気的な）環境問題，7.5節では電磁界の健康影響（いわゆるEMF）問題を述べる．また，この後の7.1.2項では主に地球環境問題にかかわる歴史的経過を年譜の形式で示す．

7.1.2 環境年譜

人間活動の結果として生じる環境問題は，
［公害⇒酸性雨⇒オゾン層破壊⇒温暖化］
にみられるように，原因となる行為や影響が時間的・空間的に大きな広がりをもち，人間の生存，将来世代，地球規模に深くかかわっていることが強く認識されるようになった．

この流れを作ったのが，世界の経済学者，科学者，財界指導者で構成されるローマクラブの「成長の限界」（このまま人口増加や資源減少，環境悪化が続けば，100年以内に地球の成長が限界に達する）(1972)や，アメリカ政府大統領諮問委員会報告「西暦2000年の地球」（世界各国が資源の枯渇と環境悪化の未然防止行動をとらない限り，20世紀末までに地球の生命維持力の低下，急速な人口増大，耕地・漁業資源・森林・動植物種の減少，地球の大気や水の悪化が生じる）(1980)などの警告，環境と開発に関する世界委員会の「ブルントラント報告書 われら共通の未来」（持続可能な開発：将来の世代のニーズを満たす能力を損なうことなく，今日の世代のニーズを満たすような開発）(1987)，レイチェル・カーソン（R. Carson）の「沈黙の春」（有害化学物質が人間と環境に及ぼす脅威）(1962)やシーア・コルボーン（T. Colborn）ほかの「奪われし未来」（内分泌攪乱物質（環境ホルモン）を含む膨大な量の合成化学物質の環境への放出が人間を含む動物への生殖上の脅威となっている）(1996)の出版，など地球環境問題への警鐘であった．

電気事業に関連する地球環境問題の変遷を表7.1.1に示す．

7.2 地域環境問題

7.2.1 地域環境保全

発電所・変電所などの電力施設では，大気・水質などの環境保全に関する法令を遵守するとともに，それぞれの自治体と「公害防止協定（環境保全協定）」（原子力発電所は「安全協定」）を結び，地域環境の保全に努めている．公害防止協定は，大気，水質，廃棄物，騒音，緑化など，環境全般に関して自治体と地域の特性に配慮し，通常，国や自治体の規制基準より厳しい値を定めており，測定結果を定期的に自治体へ報告することが義務づけられている．

表 7.1.1 [環境年譜] 電気事業に関連する地球環境問題の変遷

年月	国内動向	年月	国際動向
		58	アメリカがマウナロア山（ハワイ）で CO_2 濃度測定開始
		62	レイチェル・カーソン「沈黙の春」出版
67.8	「公害対策基本法」公布		
68.6	「大気汚染防止法」,「騒音規制法」公布		
		72	ローマクラブ「成長の限界」出版
		72.4	OECDが「大気汚染物質長距離移動計測共同技術計画（LRTAP）」開始
71.7	環境庁発足	72.6	国連人間環境会議開催（ストックホルム）
72.5	初の「環境白書」発表	72.7	「ワシントン条約」（野生動植物の国際取引規制）発効
		72.12	「国連環境計画」設置
		74	ローランド（アメリカ），フロンガスによるオゾン層破壊説を発表
		75	「野生生物保護に関するワシントン条約」発効
		79	硫黄酸化物排出抑制に関する「ヘルシンキ議定書」締結（欧州・カナダ）
		80	米政府大統領諮問委員会報告「西暦2000年の地球」
80	「地球規模の環境問題に関する懇談会」設置	85.3	オゾン層保護のための「ウィーン条約」採択
84.8	「環境影響評価実施要綱」閣議決定	87.4	環境と開発に関する世界委員会報告「われら共通の未来」公表
88.5	「特定物質の規制等によるオゾン層の保護に関する法律（オゾン層保護法）」制定	87.9	オゾン層保護に関する「モントリオール議定書」採択
90.6	通産省が「地球再生計画」発表	90.8	「IPCC（気候変動に関する政府間パネル）」第1次評価報告書発表
90.10	地球環境保全関係閣僚会議で「地球温暖化防止行動計画」を決定	90.11	「世界気候会議」開催（ジュネーブ）
91.4	経済団体連合会が「地球環境憲章」を発表		
92	環境庁「地球温暖化対策技術評価検討会」報告書を公表	92.2	IPCC第一次評価報告書の補足報告
		92.5	「気候変動枠組み条約」および「生物多様性条約」署名
		92.6	「環境と開発に関する国際会議（UNCED）」開催（リオデジャネイロ）「環境と開発に関するリオ宣言」採択,「アジェンダ21」採択
93.11	「環境基本法」公布	94.3	「気候変動枠組み条約」発効
94.12	「環境基本計画」公表	95.3	気候変動枠組み条約第1回締約国会議（COP1）開催（ベルリン）
95.4	「改正電気事業法」成立	95.12	IPCC第二次評価報告書発表
96.7	経済団体連合会「環境アピール」を発表	96.7	COP2開催（ジュネーブ）
96.11	「電気事業における環境行動計画」（電気事業連合会）発表	96	シーア・コルボーン「奪われし未来」
97.6	「環境影響評価（アセス）法」成立	97.6	国連環境開発特別総会

97.6	経済団体連合会が「環境自主行動計画」を発表		
97.12	「地球温暖化対策推進本部」(本部長：総理大臣)設置	97.12	COP3 開催（京都）「京都議定書」採択
98.6	「地球温暖化対策推進大綱」閣議決定	98.11	COP4 開催（ブエノスアイレス）「ブエノスアイレス行動計画」採択
99.4	「地球温暖化対策推進法」施行，「地球温暖化対策の推進に関する基本方針」閣議決定		
99.4	エネルギーの使用の合理化に関する法律（省エネ法）」改正	99.11	COP5 開催（ボン）
00.1	「ダイオキシン類対策特別措置法」施行		
00.3	「特定化学物質の環境への排出量の把握等及び管理の改善の促進に関する法律（PRTR 法）」施行		
00.4	「容器包装に係る分別収集及び再商品化の促進等に関する法律（容器包装リサイクル法）」施行		
00.6	「循環型社会形成推進基本法」施行 改正廃棄物の処理及び清掃に関する法律（廃棄物処理法）」施行		
00.10	「新環境基本計画」公表	00.11	COP6 開催（ハーグ）
01.1	中央省庁再編により環境省発足	01.3	アメリカ「京都議定書」離脱を表明
01.4	「改正再生資源の利用の促進に関する法律（資源の有効利用の促進に関する法律）」および特定家庭用機器再商品化法（家電リサイクル法）」施行	01.4	IPCC 第三次評価報告書発表
01.5	「国等による環境物品等の調達の推進等に関する法律（グリーン購入法）」および「食品循環資源の再利用等の促進に関する法律（食品リサイクル法）」施行		
01.7	「ポリ塩化ビフェニル廃棄物の適正な処理の推進に関する特別措置法（PCB 処理特別措置法）」施行	01.7	COP6 再開会合開催（ボン）
		01.10	COP7 開催（マラケシュ）
02.3	「省エネ法」および「地球温暖化対策推進大綱」改正		
02.4	「特定製品に係るフロン類の回収及び破壊の実施の確保等に関する法律（フロン回収破壊法）」施行	02.8	持続可能な開発に関する世界首脳会議（ヨハネスブルグ）
02.5	「地球温暖化対策推進法」改正「建設工事に係る資材の再資源化等に関する法律（建設リサイクル法）」施行	02.10	COP8 開催（ニューデリー）
03.7	産業構造審議会環境部会地球環境小委員会中間とりまとめ（案）「気候変動に関する将来の持続可能な枠組みの構築に向けた視点と行動」公表	03.12	COP9 開催（ミラノ）
		04.12	COP10 開催（ブエノスアイレス）
		05.2	京都議定書発効

*注　英略字の正式表記
　OECD：Organization for Economic Cooperation and Development
　LRTAP（条約）：Long-Range Transboundary Air Pollution
　　IPCC：Intergovernmental Panel on Climate Change　　COP：The Conference of the Parties
　UNCED：United Nations Conference on Environment and Development
　　PRTR：pollutant release and transfer register　　PCB：Poly-chlorinated Biphenyl

表 7.2.1 大気汚染防止対策

対象物質	対　策	内　容
SOx	良質燃料の使用	硫黄分の少ない重・原油，石炭，硫黄分を含まないLNG
	排煙脱硫装置の設置	90％以上の除去率
NOx	良質燃料の使用	窒素分の少ない重・原油，石炭
	排煙脱硝装置の設置	約90％の除去率（コンバインドサイクルLNG火力）
	燃焼方法の改善	排ガス混合法，二段燃焼法，低NOxバーナー
ばいじん	電気集じん装置の設置	重・原油火力80％以上，石炭火力99％以上の高性能電気式集塵装置
炭塵	炭塵飛散防止対策	散水装置の設置，防風板・カバー・防風フェンス取付，屋内貯炭

a. 大気保全対策

火力発電所から排出される主な大気汚染物質には，硫黄酸化物（SOx），窒素酸化物（NOx）およびばいじんであるが，表7.2.1に示す燃料対策や設備対策のほか，徹底した燃料管理，発生源の監視などの対策が行われている．2001年度のSOx排出原単位は0.21 g/kWh，NOx排出原単位は0.27 g/kWhであり，OECD先進諸国と比べてSOxは1/10以下，NOxも1/10〜1/3以下できわめて小さい値になっている（後述の図7.3.2参照）．また，光化学スモッグなどによる大気汚染の注意報・警報が発令された場合，火力発電所では自治体からの要請を受けて出力抑制，燃料使用量抑制などの措置を講じ，SOxやNOxを減少させることを協定で定めている．

b. 水質保全対策

1) 温排水対策　火力・原子力発電所では，温排水による海域の水温上昇範囲を極力狭くし，周辺海域への環境影響を少なくする対策が講じられている．すなわち，タービン発電機で使用した蒸気を深層取水方式により取水口から取り入れた海水で冷却し，各発電所の周辺海域の特性に応じた放流方式（大気熱拡散や海域熱拡散の大きい表層放水方式や，急速に水温を低下させる水中放水方式）により放水口から温排水として放流する．このとき，冷却水の復水器水温上昇値は7℃以下に制御される．

温排水の海域環境への影響の調査結果によれば，海生生物などの出現状況に季節変化などの自然変動はあるものの，経年的な温排水の影響はこれまで報告されていない．また，温排水が有する熱は，地域の特性に合わせ，発電所隣接地の栽培漁業センターや種苗研究施設への温排水の供給による漁業振興，温排水を利用する農作物栽培研究，さらに，放水口に隣接して釣り場を設けるなどのアメニティの場としても利用されている．

2) 火力発電所構内排水対策　火力発電所の運転に伴う排水や生活排水，雨水などは，中和凝集沈殿装置や油分離装置などにより排水基準に適合するよう処理され，海域に放流される．

3) 水力発電所水質対策　水力発電所では，ダムの水を適当な深さから取水する

設備(選択取水方式)などを設け,下流の水の濁りや水温の低下を防止する対策がとられている.

c. 騒音・振動防止

発電所や変電所に設置される発電機や変圧器などは,できるだけ屋内に設置し,低騒音・低振動型の設備・工法の採用,消音器・防音壁の設置,機器設置基礎の強化,人家から遠ざける機器配置,などの対策が講じられている.また,建設工事などに際しても,低騒音・低振動型の機械・工法の採用,防音カバーの設置などの対策がとられている.

d. 環境アセスメント

1977年7月に通商産業省で省議決定された「発電所の立地に関する環境影響調査及び環境審査の実施について」により,発電所の環境アセスメントがルール化され,これまで約130件の実績がある.また,埋立などの発電所以外の事業についても,1984年8月に「環境影響評価の実施について」が閣議決定された.

1993年11月に成立した「環境基本法」を受けて,1997年6月に「環境影響評価法」が成立し,1999年6月から全面的に施行されている.また,同時に「電気事業法」も改正された.新たに定められた環境アセスメントの大きな特徴は,従来の制度に比べて早期の段階から住民や自治体の意見を聞く手続き(スクリーニング手続きとスコーピング手続き)が導入されたことである.

7.2.2 原子力発電所の安全対策

原子力発電所では設計段階から機械の故障や作業員のミスを想定し,何重もの安全対策が講じられている.安全確保のために多重防護の考え方を適用し,「異常の発生防止」「異常の拡大および事故の進展の防止」「周辺への放射性物質の異常放出防止」などの措置がとられる.

発電所の立地県,周辺関係自治体,および電力会社との間では,原子力発電所の周辺環境の安全を確保することを目的として,「原子力発電所周辺地域の安全確保に関する協定」が締結されている.この協定書では,原子力発電所の設置・運転に際し,関係法令の遵守と,発電所の周辺環境の安全を確保するために講ずる措置が謳われている.具体的な内容は,発電所周辺環境の安全確保のために,地域の防災対策の策定,環境放射能の測定と環境試料の放射能分析,必要事項の通報義務,立入調査,原子力発電所環境安全協議会の設置,ならびに原子炉施設の設置・運転などに起因して地域の住民生活や生産活動などに損害を与えた場合の損害補償などを行うことである.

その結果,わが国では,原子力発電所からの放射性物質の放出による周辺公衆への影響については,法令値(年間 1 mSv*)や原子力安全委員会の指針に基づく目標値(年間 0.05 mSv*)が遵守され,かつ可能な限り低い値になるように管理されている.さらに,発電所周辺の放射線の量や放射性物質の濃度が連続または一定の頻度で測定

されているほかに，発電所周辺の海底土，土壌，農作物，水産物などについても定期的に測定されている．多くの発電所では線量評価は年間 0.001 mSv 未満で，これまで発電所の影響が問題になった報告はない．なお，原子力発電所の安全対策については，8.14 節でも説明されている．

　＊mSv（ミリシーベルト）：放射線による人体への影響の度合いを表す単位．

7.2.3 化学物質の管理
a. PRTR 制度
PRTR 制度とは，「特定化学物質の環境への排出量の把握等及び管理の改善の促進に関する法律（化学物質排出把握管理促進法，1999 年 7 月公布）」に基づく「人の健康や生態系に有害なおそれのある化学物質について，事業所からの環境（大気，水域，土壌等）への排出量および廃棄物に含まれての事業所外への移動量を，事業者自らが把握して国に届出るとともに，国は届出データや推計に基づき排出量・移動量を推計し，公表する制度」で，2001 年 4 月より運用が開始された．PRTR は，pollutant release and transfer register（環境汚染物質排出・移動登録）の略である．

PRTR 制度の対象事業者は，第一種指定化学物質を製造・使用し，事業活動に伴い当該化学物質を環境に排出する可能性のある事業者である．電気事業からは，焼却に伴うダイオキシン類，溶剤や塗料溶剤などに含有されるトルエンなど，吹付けアスベスト，建材などに含有される石綿などの第一種指定化学物質が排出されるため，政令により「第一種指定化学物質等取扱事業者」に指定されている．

b. ダイオキシン類対策
電力会社では，水力発電所のダムに流れ着く河川塵芥（流木など）はダイオキシン類対策特別措置法の規制対象である廃棄物焼却炉で焼却されているが，現状では，ダイオキシン類濃度基準（10 ng-TEQ/m^{3}N*）を超える施設はなく，いずれも基準を大幅に下回っている．また，河川塵芥の堆肥への有効利用の促進など，焼却量の減量などによるダイオキシン類の排出抑制策も講じられている．

　＊ng-TEQ/m^{3}N
　　　1ng（ナノグラム）：10 億分の 1 グラムの重さ．
　　　TEQ：毒性等量のことで，ダイオキシン類の量をダイオキシン類の中で最も毒性の強い
　　　　　2, 3, 7, 8- 四塩化ダイオキシンの毒性に換算した数値．
　　　m^{3}N（立方メートルノルマル）：標準状態（0℃，101.325 kPa）における体積を表す．

c. PCB 対策
PCB（ポリ塩化ビフェニル）は耐熱性や絶縁特性に優れているため変圧器などの電気機器に使用されてきた．しかし，1968 年のカネミ油症事件などをきっかけに有害性が問題となり，1972 年に生産が中止され，1974 年に製造，輸入，使用が原則禁止されるとともに，保有者に厳重な保管・管理が義務づけられた．

ストックホルムで合意された PCB を含む 12 種類の POPs（persistent organic pollutants, 残留性有機汚染物質）の全廃・削減を内容とする国際条約の批准（2001

年5月）を受けて，わが国では，2001年6月にPCB処理推進のための立法措置，処理基金の創設，処理期限の設定，環境事業団による広域処理計画などを含むPCB廃棄物の適正処理を推進するための法律（ポリ塩化ビフェニル廃棄物の適正な処理に関する特別措置法）が制定された．

PCB廃棄物の大部分を占める高圧変圧器，高圧コンデンサの現存量は，2001年7月現在，電気事業全体で，保管中236,841台，使用中32,191台，合計269,032台である．このほかに，未届出事業者数も無視できず，PCB特別措置法に基づく届出情報および使用中の電気機器に関する情報をもとに保管中および使用中のものの所在確認が進められている．電力各社は，保有するPCBについて，燃焼焼却（高温熱分解）に代わる科学的な処理法，たとえば，光／触媒処理，紫外線／微生物処理，触媒水素還元，プラズマ分解など，環境への影響が少ないPCBの無害化処理とリサイクル化を推進している．

7.2.4 電力設備の環境調和対策

発電所建設に際しては，環境保全と地域社会との融和を基本とし，発電所内緑化，電力設備の建設工事中における排水や騒音などに対する地域環境対策，国立公園などの自然環境や都市景観に配慮した設備形成などが行われる．

a. 発電所の環境調和対策

発電所の立地にあたっては，ダムや建物，煙突などの形状，配置，色彩などで周辺の自然景観への配慮や，緑化などによる周辺環境との調和が図られている．

① 地域のシンボルとしての発電所づくりや，街並みに合わせた変電所のデザインの採用
② 周辺環境と調和した緑地の形成
③ 建設・浚渫・埋立工事中の水質汚濁防止や周辺環境へ配慮した低騒音・低振動工法の採用など，環境影響の低減対策
④ 河川維持流量の確保による河川環境との調和

b. 送変電・配電設備の環境調和対策

① 鉄塔の低光沢処理や電線の低反射処理など，送電線付近の国立公園などへの景観に十分配慮した送変電設備の建設
② 景観に配慮した配電線の地中化，カラーポールや細径ポールの採用など，自然環境や都市空間と調和する配電設備の設置

7.2.5 電気事業とリサイクル

a. 廃棄物の再資源化

電気事業から発生する主な廃棄物には，火力発電所の石炭灰，配電工事に伴う廃コンクリート柱などの瓦礫類（建設廃材），電線などの金属屑があり，また，副生品としては火力発電所から発生する脱硫石膏がある．

廃棄物については，資源の有効利用の観点より，極力再資源化が図られており，発生量の多い石炭灰については，75%以上がセメント分野，土木分野あるいは土地造成材として有効利用されている．また，脱硫石膏は全量がセメント分野，建設分野に再利用されている．今後は，特に石炭灰の有効利用の拡大が課題である．

b. 建設副産物リサイクルの推進

建設工事に伴い発生する副産物（コンクリート塊，アスファルト・コンクリート塊，木材，掘削土）のリサイクルが進んでいる．

c. 放射性廃棄物の処理

原子力発電所から発生する廃棄物は，放射性物質を含んでいることから，一般の産業廃棄物とは区別され，「放射性廃棄物」として，法律により厳しく管理されている．放射性廃棄物は，含まれている放射性物質の濃度などにより「低レベル放射性廃棄物」と「高レベル放射性廃棄物」に区別されるが，どちらも生活環境に影響を与えない方法で処分することが義務づけられている．

7.3 地球環境問題

7.3.1 酸性雨[5]

a. 酸性雨の現象

石炭・石油などの化石燃料の燃焼や火山活動などに伴って，硫黄酸化物（SOx）や窒素酸化物（NOx）が大気中へ放出される．酸性雨とは，これらのガスが雲粒に取り込まれて複雑な化学反応を繰り返して最終的には硫酸イオン，硝酸イオンなどに変化し，強い酸性を示す降雨または乾いた粒子状物質として降下する現象をいう．SOxやNOxなどの発生源から500〜1,000 kmも離れた地域にも，湖沼の酸性化や魚類の死滅，森林や農作物の枯死，石造建造物の溶解，地下水の酸性化などの被害を及ぼす国境を越えた広域的な現象が酸性雨の特徴である．

酸性の強さを示す尺度としてはpH（potential of hydrogen，水素イオン指数）が用いられる．pHの値が小さいほど酸性は強く，中性はpHが7である．雨水については，大気中の二酸化炭素(CO_2)が溶け込んでいるため，雨水（蒸留水）と大気(CO_2)とが平衡を保った状態でのpHは5.6である．このことから，一般的には，pHが5.6以下の雨水が酸性雨とされている．しかし，周囲の地形・地質や土壌による影響を受ける場合もあり，pH 5.6以下の降水が必ずしも人為的な汚染による酸性雨でない場合もある．アメリカの全国酸性降下物調査計画（National Acid Precipitation Assessment Program）の報告書では，自然条件を考慮してpH 5.0を大気の清浄な場所での雨水のpHとしており，これ以下を酸性雨としている．

1983年以降，環境庁（現環境省）が行ってきた調査結果によれば，わが国の酸性雨のpH（4.5〜5.8の範囲）および沈着量は，欧米の酸性雨と同程度であるが，酸性雨による生態系などへの影響は現時点では明らかになっていない．しかし，一般に酸性雨による土壌・植生，陸水などに対する影響は長期間を経て現れると考えられてい

るため，現在のような酸性雨が今後も降り続くとすれば，将来，酸性雨による影響が顕在化する可能性がある．

b. 防止対策

酸性雨の防止は，その主たる原因となる SOx と NOx の排出を抑えることである．

欧米では，国連欧州経済委員会（UNECE：the United Nations Economic Commission for Europe）の「長距離越境大気汚染条約（LRTAP 条約：Convention on Long Range Transportation of Air Pollutants）」(1979 年)，アメリカの大気清浄法の改正（1990 年），酸性雨被害の拡大を防止するための大気保全に関するカナダとアメリカの二国間協定（1991 年）などの SOx や NOx の総量削減を目指す国際条約を締結し，エネルギー効率の向上，クリーン化技術の適用，クリーンな燃料の使用などの技術的対応を進めた．また，わが国では大気汚染防止のための厳しい環境規制に対応するために，排煙脱硫・脱硝などの防除施設の導入などが行われた．さらにエネルギー利用効率の向上や石油・石炭から天然ガス・原子力へのシフトなど，産業・民生の両分野における省エネルギー対策が進められた．その結果，現在，先進国の酸性雨問題は克服されつつある．

一方，東アジア地域においては，世界の 1/3 強の人口を擁し，現在めざましい経済成長を遂げている．エネルギーを石炭，特に自国消費に高硫黄炭に依存することから，SOx や NOx の排出量が大幅に増加し，アジアの SO_2 排出量は，2000 年には欧米の合計を凌ぐ勢いである（図 7.3.1）．1990 年の中国沿岸部への SO_2 沈着量は 830～1,480 t/km^2 と推定された．これは，過酷な大気汚染を経験した 1975 年頃のわが国の沈着量の 40～45 倍に相当する．この趨勢が続けば，自然の中和能力を超え，大気汚染や酸性雨による深刻な影響が懸念される．また，わが国の日本海側で，硫酸イオンの濃度が秋から冬にかけて高く，わが国の硫黄沈着量の少なくとも 37％は中国からの越境汚染と推定されている．そのため，東アジア地域においては，大量の SOx や NOx の排出は国内問題にとどまらず，近隣諸国の酸性雨被害，エアロゾルによる気候の寒冷化，地域住民の健康被害，窒素化合物による光化学スモッグの多発など，国

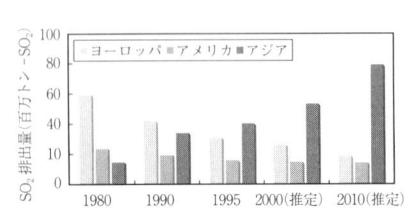

図 7.3.1 化石燃料燃焼による二酸化硫黄(SO_2)の排出量の推移と予測

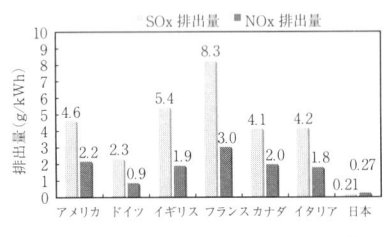

図 7.3.2 世界各国火力発電所の発電電力量当たりの SOx，NOx 排出量
評価年：アメリカ・ドイツ (97 年)，イギリス・フランス・カナダ (96 年)，イタリア (95 年)，日本 (2001 年)

境を越えた広域的な大気汚染問題を引き起こす可能性が示唆されていることから，東アジア地域における取組みの推進と国際協力が大切な課題である．

わが国の電気事業は，火力発電所において，前述のように，「燃料対策」「設備対策」「運用対策」によってSOxやNOx，ばいじんの低減に早くから取り組んできた．その結果，7.2.1aで述べたように，発電電力量当たりのSOxやNOxの排出量は1970年代半ばから急速に低下し，現在では，OECD先進6ヵ国と比較しても，きわめて少なくなっている（図7.3.2）．

7.3.2 地球温暖化
a. 地球温暖化のメカニズムと温室効果ガス[3,4]
1) **地球温暖化のメカニズム** 地球は，太陽からの放射（紫外線，可視光線など）を吸収する．このエネルギーは大気や陸地，海洋を暖めたのち，より長い波長（赤外線）で宇宙空間に再放射される．地球全体の熱収支は，太陽からの放射と地球からの熱放射とがバランスすることによって保たれる．しかし，大気中に温室効果ガスが存在すれば，この熱放射の一部は，温室効果ガスに吸収される．温室効果ガスに吸収されたエネルギーは，地表面との間で吸収，放射を繰り返したのち，最終的に大気上層部から宇宙空間に放射される（図7.3.3）．すなわち，大気層は，日射は容易に透過させるが，地表面からの熱放射の一部の流出を妨げ，熱エネルギーを地表面付近に保持する．この「温室効果」の結果，既に地表面は，大気層の温室効果ガスがないと仮定した場合（理論値 $-18°C$）に比べ約 $33°C$ 高い $15°C$ に保たれている．

温室効果ガスには，水蒸気（H_2O），二酸化炭素（CO_2），メタン（CH_4），一酸化二窒素（N_2O），フロン（CFCs，クロロフルオロカーボン）およびオゾン（O_3）などがあり，それぞれ温室効果の強度が異なっている．このため，単位排出量当たりの温室効果を，CO_2 を基準として算定した地球温暖化係数（GWP：global warming potential）が定義され，削減量の議論などに使われている．

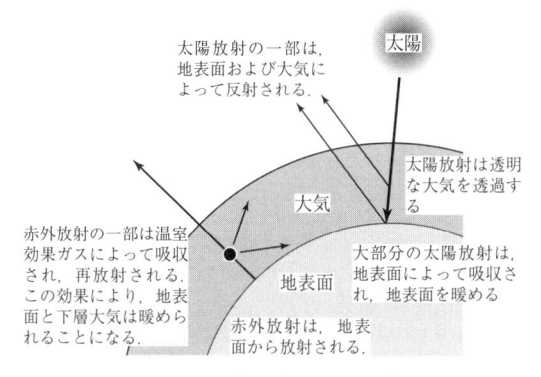

図7.3.3 地球温暖化のメカニズム

近年，産業の発展や森林の開拓など，人間活動の活発化に伴って，これらの温室効果ガスの濃度が増加しているために，地球温暖化が進行している．たとえば，CO_2濃度の増加は，産業革命以後の急激な工業化に伴い石炭，石油などの化石燃料の消費が激増したためである．氷河期最盛期から間氷河期までの5,000年間のCO_2濃度上昇率は0.016 ppmv/年＊であったが，現在の上昇率は，1.8 ppmv/年である．いかに異常な速さで上昇しているかがわかる．また，CH_4の増加は，湿地，水田，腸内発酵，天然ガスや石炭の採掘場での漏出などによる．自然界に本来存在しないフロンガスなどは，冷蔵庫やクーラの冷媒，スプレーの噴射材，半導体の洗浄剤に使用されてきた．

＊ppmv；濃度を測る単位で，1 ppmvは体積比で100万分の1だけ含まれていることを表す．

2) 温室効果ガス 人為的に増加している主な温室効果ガスの特徴を表7.3.1に示す．このうち京都議定書（後述）の対象となっているのは，CO_2，CH_4，N_2O，ハイドロフルオロカーボン（HFC），パーフルオロカーボン（PFCs），六フッ化硫黄（SF_6）の6種類のガスであるが，オゾン層破壊物質であるフロン類（CFC，HCFCなど）も強力な温室効果をもつ．温室効果に最も寄与する人為起源のガスはCO_2で，産業革命以来，増大してきた温室効果ガスの約3分の2を占めている．

表7.3.1 温室効果ガスの種類と主な発生源

種類	GWP[*1] 京都議定書[*2]	GWP[*1] IPCC TAR[*3]	性質	用途，排出源
二酸化炭素（CO_2）	1	1	常温で気体，安定した物質	化石燃料燃焼，セメント製造，開墾など
メタン（CH_4）	21	23	天然ガスの主成分，常温で気体，可燃性	化石燃料の漏洩，埋立，畜牛，米作など
一酸化二窒素（N_2O）	310	296	多数の窒素酸化物の中で最も安定，無害	自動車などの燃料燃焼，化学工業，畜牛，農耕地土壌
ハイドロフルオロカーボン（HFC）	HFC-23 11700 HFC-134a 1300 など	HFC-23 12000 HFC-134a 1300 など	H, F, Cからなるフロン，強力な温室効果ガス	噴霧剤，冷媒，半導体洗浄
パーフルオロカーボン（PFC）	PFC-14：6500 PFC-116：9200	PFC-14：5700 PFC-116：11900	HがなくCとFのみからなるフロン，強力な温室効果ガス	半導体洗浄など
六フッ化硫黄（SF_6）	23900	22200	SとFのみからなる，強力な温室効果ガス	電力機器の絶縁ガス，半導体洗浄

[*1] GWP（global warming potential, 地球温暖化係数）：ある温室効果ガスを大気中に排出した場合に生ずる地球温暖化への寄与を，同重量のCO_2を大気中に排出した場合の寄与に対して見積もった指数．大気中での寿命の違いにより，時間枠によって異なる．表では100年間の効果を示している．

[*2] 「IPCC第二次評価報告書」(1995)に示された値，京都議定書ではこの値を使うことを決めている

[*3] IPCC TAR：「IPCC第三次評価報告書」(2001)に示された値

7.3 地球環境問題

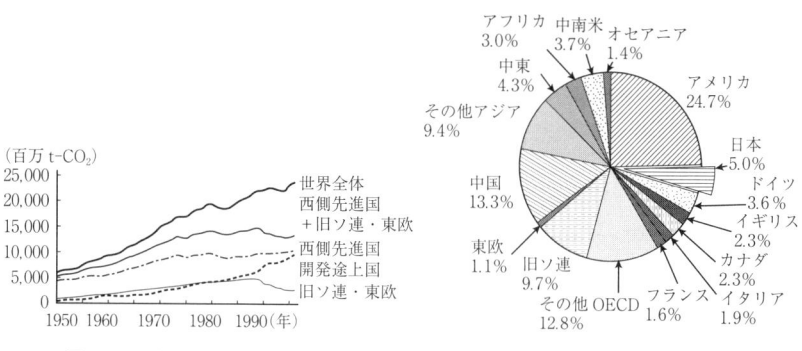

図 7.3.4 世界の CO_2 排出量の推移

図 7.3.5 世界の国・地域別 CO_2 排出割合（2000 年）

b. 温室効果ガスの排出の推移と予測[1,2,6,7]

1) 世界の CO_2 排出量　化石燃料の利用の増大により CO_2 排出量が増加している（図 7.3.4）．世界の CO_2 排出量は，1950 年以降 4 倍に激増し，2000 年には 23.4 Gt-CO_2（Gt-CO_2；CO_2 換算 1 億 t）に達した．中でも途上国の増加は著しく，1990 年以降の世界の年増加率 12.5％に対し，45.6％である．先進国では，北米やオーストラリア，日本で大幅に増加している一方で，EU（欧州連合）の中でも排出量が多いドイツ（統合した東ドイツの旧型発電プラントの改善・効率向上）やイギリス（石炭・石油から天然ガスへの燃料転換）は減少傾向にある．

現在，アメリカだけで世界の CO_2 の 1/4 を排出，旧ソ連・東欧を含め世界人口の 1/4 の先進国が 6 割を排出している．わが国の排出割合は 5％で中南米とオセアニアの合計に匹敵し，アフリカ全体の約 1.6 倍に当たる（図 7.3.5）．なお，旧ソ連・東欧の経済移行国が 1990 年ごろから経済の混乱・停滞により大きく排出量を減らしているが，2020 年までには，経済も回復し，仮に老朽設備の更新や石油・石炭から天然ガスへの転換が進んでも，CO_2 排出量は増大するとみられている．さらに，中国・インドは著しい経済成長の下で，化石燃料，特に石炭の消費が急増するため，CO_2 排出量の激増が危惧されている．

一方，経済開発協力機構 OECD の予測によれば，既に実施されているエネルギー効率化やエコロジー政策・対策がこのまま続くという現行のエネルギー政策の下では，今後 30 年間で CO_2 排出は 1.8％／年で増え続け，2030 年には化石燃料燃焼などによる CO_2 排出量は，現在（約 23 Gt-CO_2）よりも 16.4 Gt-CO_2，率にして 70％増える（図 7.3.6）．新たに増加する排出量の大半は，石炭を主とする火力発電の増大が見込まれる途上国によるもので，中国だけでも 3.6 Gt-CO_2

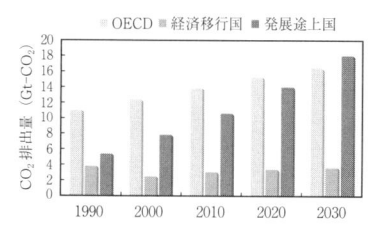

図 7.3.6　エネルギー起源の CO_2 排出量の推移と予測

表 7.3.2 分野別 CO$_2$ 排出量の増加量 (Mt-CO$_2$)

	OECD		旧ソ連・東欧		途上国		世界	
	1990-2010	2000-2030	1990-2010	2000-2030	1990-2010	2000-2030	1990-2010	2000-2030
総増加量	2803	4028	-746	1158	5268	10336	7325	15522
発電	1373	1800	44	341	2870	5360	4287	7500
産業	11	211	-309	341	739	1298	440	1850
運輸	1175	1655	-52	242	1040	2313	2163	4210
その他*	244	363	-428	234	620	1365	436	1962

*農業,民生(業務,家庭)など

増える.

また,2000年から2030年までの増加のほぼ半分は発電によるもので,運輸からは1/4強,残りがそのほかの農業,民生(業務,家庭)などである(表7.3.2).発電に伴うCO$_2$排出のシェアは2000年の40%から2030年には43%に増える.これは途上国の発電が化石燃料に強く依存するためであり,CO$_2$排出量は発電量にほぼ比例して増加するようになる.(火力発電所の)発電の熱効率向上や,天然ガスや再生可能エネルギーの利用拡大などは,CO$_2$排出を抑制すると考えられるが決定的ではない.

2) **わが国の CO$_2$ 排出量** 2001年度の温室効果ガスの総排出量(各温室効果ガスの排出量を地球温暖化係数でCO$_2$に換算)は1,299 Mt-CO$_2$で,1990年(後述する京都議定書における基準年)の排出量(1,233 Mt-CO$_2$)と比べ約5.2%増加した.

温室効果ガスの総排出量の約9割を占めるCO$_2$排出量は景気動向に大きく依存し,2001年度の排出量は1,213 Mt-CO$_2$,一人当たりCO$_2$排出量は9.53 t-CO$_2$/人で,前年に比べ減少している(図7.3.7).しかし,部門別では,CO$_2$排出量の約4割を占める産業部門からの2001年度の排出量は1990年度比で5.1%減少しているものの,運輸部門は+22.8%,家庭部門は+9.4%,業務その他部門は+30.9%など,わが国全体としては増加傾向にある.

c. **地球温暖化に伴う気候変化とその影響**[3,4]

後述する気候変動に関する政府間パネル(IPCC)は2001年の第三次評価報告書では,気候変化とその影響について以下のようにとりまとめている.

1) **気候変化に関する科学的事実と予測** これまで観測された気候の変化は次の

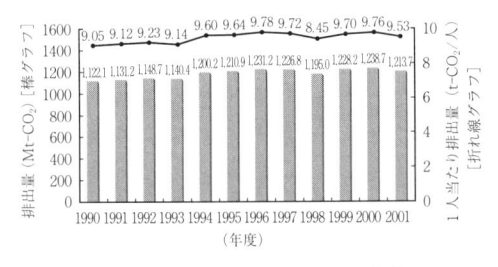

図 7.3.7 わが国の CO$_2$ 排出量の推移

とおりである．

① 全球表面気温は，1861 年以降，0.6±0.2℃ 上昇し，20 世紀の温暖化の程度は，北半球では過去 1000 年で最大であった．
② 積雪面積・海氷面積が減少した．
③ 20 世紀中に，全球平均海面は 0.1～0.2 m 上昇した．
④ 降水量は，熱帯および北半球の中～高緯度の大陸では増加し，北半球の亜熱帯の陸域では減少した．一方，極端な降水現象（集中豪雨や干ばつなど）の頻度が増加した．

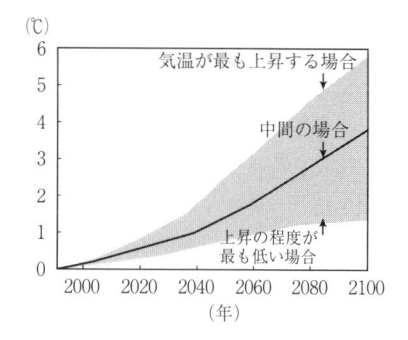

図 7.3.8　全球気候モデルによる温度変化の予測（IPCC 第三次評価報告書より作成）

⑤ エルニーニョ現象が頻発・長期化・強力化の傾向にある．

また，気候は将来次のような変化が予測される．
① CO_2 濃度は，21 世紀のおわりまでに 540～970 ppm（1790 年の 280 ppm の 1.9～3.5 倍）に上昇する．
② 1990～2100 年までの全球平均表面気温は 1.4～5.8℃ 上昇する（図 7.3.8）．
③ 全球平均の水蒸気と降水量が増加する．
④ 異常気象現象が頻発し，21 世紀中に，最高気温および最低気温の上昇，降水強度（単位時間当たりの降水量）の増加，中緯度内陸部の夏期の渇水，熱帯低気圧の強大化（最大風力・降水強度の増大）などが起こる．
⑤ 1990～2100 年の間に，全球平均海面は 0.09～0.88 m 上昇する．
⑥ CO_2 濃度が安定したのちも，全球平均表面気温の上昇と海水の熱膨張による海面水位の上昇は，数 100 年間継続する．

3）気候変化の影響　　温暖化の影響は，氷河の後退，永久凍土の融解，河川・湖沼の氷結期間の減少，洪水や干ばつなどの異常気象など，既に世界的に現れており，生態系に影響を及ぼしている．さらに，適応力に限度がある氷河，珊瑚礁，マングローブ，湿地などの自然システムは，気候変化に対して特に脆弱であり，その一部は深刻かつ不可逆的な損害を受けている．今後地球温暖化が進むと，生態系が適応できない急激な気温上昇や海面上昇，豪雨と干ばつの増加や水資源の変化などが起こることが予想される．人間や自然は気象の変化に敏感なために，このような気候変化によって，人間の健康や衛生面への影響，生態系の破壊，国土の消失，食糧生産への打撃，など深刻な影響が生ずることになる．

7.3.3 地球温暖化問題に対する国際的取組み
a. 国際条約までの流れ[4]
1) 国連環境サミット
① **国連人間環境会議**［1972，ストックホルム］
地球環境問題の流れを受けて開かれ，環境問題への取組み原則を謳う「ストックホルム宣言」が採択された．この会議の基調は，経済学者バーバラ・ウォード（B. Ward）らの報告書「かけがえのない地球」（人間を支える地球の能力を人間自らが侵食している）（1972）であり，環境問題を人類に対する脅威ととらえ，国際的に取り組むべきとし，国連環境計画 UNEP（7.3.3項の2）で説明）の設立につながった．
② **環境と開発に関する国連会議**（地球サミット）［1992，リオデジャネイロ］
ブルントラント報告書を基調とし，狭義の環境問題を超えて，食糧，エネルギーから，人口問題，国際経済，安全保障問題まで，広範なテーマに言及．これを実現するための世界行動指針「Agenda 21」（自然資源のより効率的な利用，地球共有財の保全，人間居住地のより適切な管理，汚染物質と化学廃棄物の削減，を通し地球上の生活の質を改善する）と「気候変動枠組み条約」（UNFCCC：the United Nations Framework Convention on Climate Change．人間による気候の改変を回避するための目標や行動を設定）が採択された．
③ **持続可能な開発に関する世界首脳会議**（環境開発サミット）［2002，ヨハネスブルグ］
世界的な環境問題への取組みを評価するための「Rio＋10」の1つの区切りとして開かれた．「Agenda 21」や「Agenda 21の一層の実施のための計画」（地球サミットから5年目にあたる1997年に，ニューヨークで開催された国連環境開発特別総会で採択）が包括的に見直され，策定後の成果やさらなる努力が必要とされる分野が検証されたほか，グローバリゼーションの進展や情報通信技術の発達などを踏まえた国際社会が直面している新たな挑戦や機会についても議論された．

2) 気候変動に関する政府間パネル IPCC　気候変動に関する最新の科学的知見を広く調査・評価し，各国政府に助言・勧告を行うことを目的に，WMO（World Meteorological Organization，世界気象機構）と UNEP（United Nations Environment Programme，国連環境計画）は，1988年に政府間機構として IPCC（Intergovernmental Panel on Climate Change，気候変動に関する政府間パネル）を設置した．

これまで1990年に第一次評価報告書（FAR），1995年に第二次評価報告書（SAR），2001年に第三次評価報告書（TAR）が発表されており，第四次評価報告書（AR4）は2007年に刊行予定である．IPCC報告書は世界の温暖化抑制政策にかかわる意思決定に重要な役割を果たしている．

最新の知見に基づく TAR は，気候変化予測を扱う第1作業部会（WG Ⅰ）報告書，温暖化の影響と適応を扱う第2作業部会（WG Ⅱ）報告書，温暖化への対策と政治経済的側面の評価を扱う第3作業部会（WG Ⅲ）報告書および全体の関連性を整理した統合報告書の4部構成になっており，人間活動による気候変化が既に検知されるまでになっており，温暖化の影響が顕在化していることを初めて明確に指摘している．

3） 気候変動に関する国連気候変動枠組み条約（UNFCCC） 国連気候変動枠組み条約（UNFCCC）は，温室効果ガスの増大に伴う気候変動を防止するための枠組みを規定した条約で，1992年5月に採択され，1994年3月に発効した．わが国は1993年5月に批准している．

UNFCCC は，温室効果ガスの大気中濃度を，「地球の気候に対して危険な人為的干渉を及ぼすことを回避し，経済発展を前進させる水準に安定化させる（第2条）」という目標を打ち立てた．この条約は次のような基本理念を含んでいる．

① 科学的な不確実性を理由に，予防行動を回避してはならない．
② 各国は「共通だが差異のある責任」を負う．
③ 歴史的に気候変動のもっとも大きな原因を作ってきた先進国が，率先してこの問題に取り組まなければならない．

条約はすべての締約国に，気候変動に取り組み，その影響に対応し，条約実施のためにとっている行動について報告することを求めている．また，先進国と旧東側諸国はそれぞれの気候政策と温室効果ガス排出量について定期的な報告書を作成し，提出することも求められている．これらの国は排出量を2000年までに1990年レベルまで戻すために自発的な目標を設定し，他の国々に技術的・財政的支援を提供しなければならない．しかし，法的拘束力を課さなかったために，約束を実行できた国はなかった．2003年現在，UNFCCC には，181ヵ国と EU（欧州連合）が参加している．

b． 締約国会議（COP）と京都議定書[4]

1995年，UNFCCC の締約国はその内容が不十分だと判断して，法的拘束力をもつ条約議定書の交渉を開始した．この締約国会議（COP：the Conference of the Parties）は，各締約国，特に先進国の排出削減計画や実施状況の検証，新たな仕組みなど，UNFCCC の具体的方策を話し合うための最高意思決定機関で，1995年の COP1（第1回会合，ベルリン）で2000年以降の取組みの検討課題や手順を定めた「ベルリン・マンデート」が採択された．

一連の交渉は COP3（京都，1997）の京都議定書に結実した．COP3で採択された京都議定書の特徴は次のとおりであり，その概要を表7.3.3に示す．

① 先進国と旧東側諸国（あわせて付属書B締約国と呼ぶ）の温室効果ガス排出量を，2008年から2012年までに，1990年の水準から5.2％削減することを国際公約とした．この数値目標は法的拘束力をもち，各国の主張を考慮して差異がある（増加が認められた国もある）．
② 費用効果的に温室効果ガスを削減する「柔軟性メカニズム（通称：京都メカニ

表 7.3.3 京都議定書の概要

(a) 排出削減目標

項目	内容
対象ガス	CO_2, CH_4, N_2O, HFC, PFC, SF_6
吸収源	森林などの吸収源による温室効果ガス吸収量を算入
基準年	1990年（HFC, PFC, SF_6 は1995年としてもよい）
目標期間	2008年から2012年
目標	先進国全体で少なくとも5.2%削減を目指す

(b) 主要各国の数値目標と削減率（1990年比）

EUと主な加盟国			EU以外の主なOECD諸国		
国	数値目標	基準年排出量	国	数値目標	基準年排出量
EU全体	-8%	4223	日本	-6%	1223
フランス	0%	554	アメリカ	-7%	6070
オランダ	-6%	219	カナダ	-6%	612
イタリア	-6.5%	520	オーストラリア	8%	423
イギリス	-12.5%	745	ニュージーランド	0%	73
ドイツ	-21%	1211	ロシア	0%	3040

基準年排出量（単位：$Mt\text{-}CO_2$）は，削減対象ガスをCO_2換算した総量

(c) 京都メカニズム

共同実施 (JI)	・先進国（市場経済移行国を含む）間で，温室効果ガスの排出削減又は吸収増進の事業を実施し，その結果生じた排出削減単位を関係国間で移転（または獲得）することを認める制度．
クリーン開発メカニズム (CDM)	・途上国（非附属書Ⅰ国）が持続可能な開発を実現し，条約の究極目的に貢献することを助けるとともに，先進国が温室効果ガスの排出削減事業から生じたものとして認証された排出削減量を獲得することを認める制度． ・先進国にとって，獲得した削減分を自国の目標達成に利用できると同時に，途上国にとっても投資と技術移転の機会が得られるというメリットがある．
排出量取引 (ET)	・排出枠（割当量）が設定されている附属書Ⅰ国（先進国）の間で，排出枠の一部の移転（または獲得）を認める制度．

ズム）」が盛り込まれており，目標達成の難しさを軽減する措置がいくつか含まれている．

③ 数値目標は複数の国が共同で達成することもできる．EUはこれを利用して域内の15ヵ国の中で目標の差異を認めつつ，共同で8%削減を達成することを決めた．

④ 森林そのほかの炭素吸収源の利用も数値目標の達成に利用できる．

⑤ 運用ルールの詳細は後の交渉に委ねる．

なお，京都議定書は，締約国の55ヵ国が議定書を締結し，かつ，締約国の全CO_2排出量が基準年（1990年）における全締約国の55%以上となったときの90日後に発

効する．わが国は 2002 年 6 月に批准した．

c. 京都議定書以後の締約国会議（COP）[4]

COP4（ブエノスアイレス，1998）では各国政府は議定書実施のルールを決定するための行動計画と発効時期に合意したが，COP6（ハーグ，2000）では，途上国の参加問題など，いくつかの重要な条項をめぐってアメリカと EU が対立し，交渉は決裂した．さらに，世界最大の温室効果ガス排出国であるアメリカが「途上国に削減義務がなく不公平」「米国経済に悪影響がある」という理由で離脱を宣言し（2001.3），10 年越しの交渉の積み重ねが水泡に帰す危機に直面した．

このような状況下で開かれた COP6 再会合（ボン，2001.7）では，178 ヵ国が早期の批准・発効を目指し，各国の利害・対立を乗り越えて，議定書の運用ルールに関するいくつかの重要な点で政治決着した．ボン合意の内容の多くは，京都議定書の目標達成にさらに柔軟性を加える排出量取引，炭素吸収源，遵守制度にかかわる妥協である．また気候変動の影響に対する途上国の適応策を支援するために，特別な基金も設置された．続いて開かれた COP7（モロッコ・マラケシュ，2001.10）では，ボン合意に基づいて議定書の運用ルールに関する「マラケシュ合意」が成立した．しかし，COP8（ニューデリー，2002.10）では，途上国の参加問題など，南北対立や先進国間の立場の違いから合意が進まず，途上国を含む各国が排出削減のための行動に関する非公式な情報交換を促進することを提言した「デリー宣言」の採択に止まった．COP9（ミラノ，2003.12）では，議定書の実施にかかわるルールが決まった．気候変動枠組み条約発効 10 周年にあたる COP10（ブエノスアイレス，2004.12）では，議定書発効に伴う将来枠組みや温暖化による悪影響への適応支援，さらに議定書が定めていない 2013 年以降の温暖化対策の枠組みづくりが議論された．

京都議定書は，COP10 の直前に国内事情で遅れていたロシアの批准が決まり，2005 年 2 月に発効した．しかし，最大排出国のアメリカや経済成長の著しい中国などの途上国の非加入，先進国の気候変動対策による産油国の収入減への補償問題など，解決されていない課題は多い．

7.3.4 わが国の温暖化防止対策[4,5,6]

a. 地球温暖化対策推進大綱

京都議定書の数値目標達成の基礎となる「エネルギー政策基本法」（2002 年 6 月成立）は戦略的に日本のエネルギー政策を定める法律である．エネルギー政策の基本目的を ① 安定供給の確保，② 環境への適合，③ 市場原理の活用，とし，エネルギーの安定供給と環境適合に「十分考慮しつつ」市場原理の活用を進めると明確に規定され，エネルギー分野の自由化よりも優先すべきとしている．

総合資源エネルギー調査会の報告書「長期エネルギー需給見通し」（2001 年 6 月）によれば，消費面では，民生（家庭・業務）部門など引き続きエネルギー需要の増加が見込まれている（図 7.3.9）．もしも供給面で原子力など非化石エネルギーの導入が

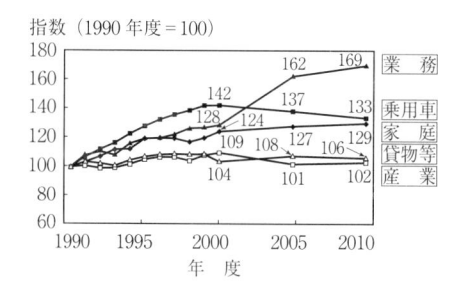

図7.3.9 分野別最終エネルギー消費の推移と見通し（1990年度を基準）

進まなければ，CO_2 のみならず，SOx や NOx などの環境負荷物質を排出する安価な石炭燃料の大幅増加が懸念される．したがって，特段のエネルギー政策をとらない，いわゆる BaU (business as usual) で推移すると，「環境保全や効率化の要請に対応しつつ，エネルギーの安定供給を実現する」というエネルギー政策の基本目標の実現は困難になる．

COP7で京都議定書の実施にかかわるルールが決定したのを受けて，より実効性をもたせるための新しい「地球温暖化対策推進大綱」（新大綱）が2002年3月に政府の地球温暖化対策推進本部で決定した（表7.3.4参照）．

新大綱は地球温暖化対策推進法によって規定される「京都議定書目標達成計画」の基礎となるもので，旧大綱（1998年6月制定）に比べて，部門別・分野別の個別対策と削減量見込み，対策実施のスケジュールを詳細に明記した点に特徴がある．

新大綱では，対策実施の基本的考え方として次の4点を挙げている．
① 環境と経済の両立に資する仕組みの整備・構築
② ステップ・バイ・ステップ（〜2004，〜2007，2008〜の三段階で見直し）のアプローチ
③ 国・地方公共団体・事業者・国民が一体となった取組みの推進
④ 地球温暖化対策の国際的連携の確保

2000年度のエネルギー起源の CO_2 排出量は1332 Mt-CO_2 で，1990年度（1233 Mt-CO_2）に比べ，既に約8％増大している．「長期エネルギー需給見通し」から2010年度のエネルギー起源の CO_2 排出量を試算すると，BaU の場合は1,126 Mt-CO_2 になり，約78 Mt-CO_2（約7％）増えることになる．

そのため，新大綱では，第一約束期間のエネルギー起源の CO_2 排出量を1990年度

表7.3.4 新地球温暖化対策推進大綱で示された6％の削減目標の内訳

施策	内容	効果
国内での排出削減	エネルギー起因の CO_2 の排出抑制	±0.0％
	革新的技術開発と国民各界各層の努力による CO_2 排出削減	−2.0％
	メタン・N_2O・エネルギー起源以外の CO_2 の排出削減	−0.5％
	代替フロン（HFC・PFC・SF_6）の排出抑制	+2.0％
森林吸収源	議定書の拡大解釈による吸収源の確保	−3.9％
海外での削減	京都メカニズムの活用	−1.6％
計		−6.0％

の水準に安定化させるとしたほか，産業部門7％減，民生部門2％減，運輸部門17％増，と部門別目標を定めた．エネルギー起源では，省エネ，新エネ，燃料転換で追加的対策を行うとともに，原子力については安全性確保を大前提に着実に推進し，2010年度までに2000年度比約3割の発電電力量増加を目指した新増設が必要，としている．

b. 温室効果ガス排出削減のための技術的対策

CO_2 排出抑制には，
- エネルギーの使用そのものをできる限り少なく，かつ無駄なく使用すること
- 一次エネルギー投入量をできるだけ小さくすること
- 投入エネルギーの種類をできるだけ CO_2 排出量の少ないエネルギーに転換すること

が基本である．しかし，従来からの対策を継続したとしても基本目標の達成に十分でなく，追加的に省エネルギー，新エネルギー，電力の燃料転換，燃料電池などの技術開発，などにかかわる新たな対策が必要であり，エネルギー安定供給の強化に向けた国際的な取組みが不可欠である．

1) 省エネルギー　2度の石油危機を契機に，わが国はこれまで積極的な省エネルギー技術の導入を進め，結果的に地球温暖化対策の効果を上げている．たとえば，2000年における世界のGDP（1995年平価）当たりの CO_2 排出量（$kg-CO_2/US\$$）は，カナダ0.75，アメリカ0.63，イギリス0.41，ドイツ0.31に対して，日本は0.20で，フランス0.21と並んできわめて低い水準となっている．ちなみに，世界全体は0.69，OECD諸国0.45，中国2.53，旧ソ連4.35である．

一層の省エネ努力の必要性を謳う「改正　エネルギーの使用の合理化に関する法律」（改正省エネ法，1999年4月施行）では，民生・運輸部門でのエネルギー消費性能を向上させるため，テレビ，エアコン，自動車など特定機器12種について，現在商品化されている製品のうち，エネルギー消費効率が最も優れている機器の性能を目標値とする「トップランナー方式」の考え方が採用されている．機器ごとの省エネルギー基準が作られ，目標年度内において生産された特定機器の区分ごとに全機種の消費効率加重平均がこれをクリアしなければならないという，世界でも類をみないきわめて厳しいものである．

2) 新エネルギー　将来にわたって安定した電力供給を続けていくためには，貴重な化石エネルギーを有効に活用するとともに，風力，太陽光・熱，バイオマス（食糧・農業廃棄物，木材），黒液・廃材（紙・パルプ製造過程で出る廃棄物）など新たなエネルギーの開発を進める必要がある．

新エネルギーのメリットはクリーンで枯渇のおそれがないことであり，デメリットは既存のエネルギー源に比べ，エネルギー密度が極端に低く，安定性に欠け，現時点では経済性に問題があることである．そのため，基幹エネルギーではなく，分散電源としての活用が期待されている．新エネルギーについては，9章で，電力貯蔵技術も含めて詳述されている．

7.3.5 電気事業の温暖化対策
a. 環境自主行動計画

今後のわが国の電力消費は，民生用需要の伸びが高いものの，産業用におけるエネルギー多消費型から寡消費型への産業構造転換などにより 2%弱の伸びで推移するものと予想される．電気事業は，電力需要が着実に増加するなかにあっても，自主的な目標として，「使用電力量当たりの CO_2 排出量の低減」を目指すこととし，1996年 11 月に「電気事業における環境行動計画」を策定した．電気事業の温暖化対策の目標は，『2010 年度における使用端 CO_2 排出原単位を 1990 年度の実績から 20% 程度低減（0.34 kg-CO_2/kWh 程度にまで低減）するよう努める』ことである．これにより，2010 年度には，使用電力量は 1990 年度比で 43% 増加すると見込まれるのに対し，CO_2 排出量は 14% 程度の伸びに抑えられると試算されている（表 7.3.5）．

b. 地球温暖化対策技術
1) CO_2 の排出抑制対策
[電気の供給面での対策]
① 非化石エネルギーなどの利用拡大
  ・発電の際に CO_2 を排出しない原子力や CO_2 排出量の少ない LNG 火力の導入
  ・自然エネルギー（地熱・太陽光・風力発電など）や燃料電池の開発導入，清掃工場の排熱を利用した廃棄物発電などの普及促進など，分散型電源の活用
② 電力設備の効率向上
  ・コンバインドサイクル発電や石炭火力の高効率化など，火力発電効率の向上
  ・送配電時の損失低減

[電気の使用面での対策]
① 省エネルギー
  ・省エネルギーの PR 活動
  ・蓄熱式空調，ヒートポンプなど高効率・省エネルギー機器の開発・普及
  ・ビルや工場，変電所，清掃工場などからの排熱，海水，河川水，下水などのもつ温度差エネルギーなど，様々な未利用エネルギーを活用した地域熱供給の導入促進（このような地域熱供給システムでは，化石燃料の使用が削減される結果，SOx, NOx, CO_2 の排出が削減され，さらに蓄熱システムと組み合わせることにより電力負荷の平準化にも寄与する）

表 7.3.5 CO_2 排出実績と見通し

年度	1990*	2000	2001	2005 [見通し]	2010[目標](1990 年度比)
使用電力量（億 kWh）	6590	8380	8240	8620	9430（約 1.43 倍）
CO_2 排出量（Mt-CO_2）	277	317	312	320	320 程度（約 1.14 倍）
使用端 CO_2 排出原単位 (kg-CO_2/kWh)	0.421 (基準)	0.378 (-10%)	0.379 (-10%)	0.36 (-14%)	0.34 程度 (20%程度低減)

② 負荷平準化
- 各種電気機器の高効率化と高効率機器の普及拡大
- 蓄熱式空調システムの普及拡大
- 蓄熱調整契約・季節別時間帯別電力・深夜電力などのメニューを取り入れた間接的な電気料金制度による負荷平準化

2) **排出された CO_2 の削減技術**

[**分離・回収技術**]　火力発電所から排出される CO_2 を分離・回収・固定する技術の中で，適用の可能性があるものとしては，次の3つが挙げられる．
① 化学吸収法（湿式吸収法）：アルカリ性の吸収液に CO_2 を吸収させる方法
② 物理吸着法（乾式吸着法）：固体吸着剤に CO_2 を吸着させる方法
③ 膜分離法：高分子膜に対するガスの透過速度の違いを利用する方法

[**固定・有効利用技術**]　回収した大量の CO_2 を固定・有効利用する技術には，海洋や陸上の生物を利用する方法と，水素と反応させて有機化合物を生産するなどの化学的方法がある．また，大気中の CO_2 に対しては，植物や藻類，植物プランクトンなどの光合成によって植物体に固定する方法があり，実用化に向けた研究開発が進められている．CO_2 回収，処分・固定技術の概要を表7.3.6にまとめる．

c. SF_6 の排出抑制対策[8]

SF_6（六フッ化硫黄）は6個のフッ素と硫黄が対称に正八面体をなす化合物で，天

表7.3.6　CO_2 回収，処分・固定技術の分類

分類		技術名		概要
排ガス中 CO_2 の削減	分離・回収	吸収法	アミン吸収 炭酸カリウム吸収	アルカリ性の吸収液に CO_2 を吸収
		吸着法	物理吸着	固体吸着剤に CO_2 を吸着
		ガス分離法	高分子膜分離	膜に対するガスの浸透速度の違いを利用
			深冷分離法	ガス成分の凝縮温度の違いを利用
	貯留	地中貯留	帯水層貯留	地下1000m程度の帯水層に CO_2 を圧入
			油田・ガス田貯留	CO_2 を圧入し，石油・メタンなどを回収しつつ CO_2 を処理
			炭層貯留	採炭の見込みのない炭層などに CO_2 を貯留
		海洋貯留	深海貯留	水深3000m以上の深海底に貯留
			中深層溶融希釈	水深1000～2500mの中深層に溶融希釈
大気中 CO_2 の削減	固定化	化学的固定	電気・光化学的反応	光照射や電極反応により CO_2 を電気化学的に還元
			接触水素化学反応	触媒下で CO_2 と水素からメタンなどの有機化合物を生成
		生物的固定	植林・再植林	植林などで CO_2 を光合成により植物体として固定
			菌類	藻類などに $CaCO_3$ として固定

然には存在せず工業的に生成される．SF_6 は，化学的に安定した無毒・無臭なガスで，空気の約3倍の絶縁性能（同じ気圧で比較）と約100倍の消弧能力（電流を遮断する際に発生する高温のアークを消す能力）という優れた電気特性をもっている．1940年代から電気機器への適用が研究されはじめ，現在はガス遮断器やガス絶縁開閉装置（変電所の変圧器を除く開閉機器とその接続部分）をはじめとする電気機器に広く使用されており，電力分野には不可欠である．しかし，SF_6 は大気寿命が3,200年と長く，表7.3.1に示したように地球温暖化係数（GWP）が CO_2 と比べて著しく大きいため，京都議定書の削減対象ガスに指定され，大きな問題となった．なお，ガス絶縁機器の絶縁媒体としての用途以外では，半導体のエッチング・クリーニング，欧米では二重窓，航空機のタイヤへの充填，マグネシウム産業などに使用されている．

わが国電力分野での SF_6 ガス排出削減の方向は，最初，電気協同研究会（わが国の電気設備に関する諸問題の調査研究を行う財団法人）に設立された電力用 SF_6 ガス取扱基準専門委員会（1996-1998年）によって検討・提案された．この委員会は，わが国の SF_6 ガスの使用状況，分解生成物，リサイクル基準と取扱い方法の3点について調査・検討し，調査結果を基にして SF_6 ガスの排出を抑制する方策を提言している．なかでも，ガス絶縁機器から SF_6 ガスを回収する際の残留ガスを減らすための回収終圧（絶対圧力）と漏れの目標値を以下のように定めた：

工場内，据付時，点検時：0.015 MPa 以下

撤去時：0.005 MPa 以下

自然漏洩：0.1％／年以下

これらの提言を受けて，電力業界は SF_6 の排出削減の「電気事業における SF_6 排出抑制に関する自主行動計画」（1998年4月）を策定し，以下のような内容で，機器点検時や機器廃棄時の排出抑制を図った．

① 機器点検・撤去時の対策として回収技術の充実，点検内容・周期の見直しなど
② ガス再利用システムを確立するために，関係業界と共同で再利用基準の設定
③ ガス管理体制を強化するために，SF_6 ガス管理台帳の整備

これらの対策によって，SF_6 の排出量は1995年の排出量約720 t（17.2 Mt-CO_2）が2000年には240 t（5.7 Mt-CO_2）と3分の1に著しく減少した（表7.3.7）．ただし，この減少はガス製造会社と電力分野における低減によるもので，半導体分野ではむし

表7.3.7 わが国の SF_6 の排出量（単位：t／年）

	1995	1996	1997	1998	1999	2000
ガス製造時	195	175	110	90	65	70
電力機器製造時	400	420	355	320	175	95
変電所	60	70	75	55	35	20
半導体製造時	65	60	65	65	80	90
その他	0	0	0	0	5	5
排出量合計	720	730	605	535	350	240

ろ増加している．しかし，いずれにしても，約 12 Mt-CO_2 の減少は 1990 年のわが国全体の温室効果ガス排出量約 1.2 Gt-CO_2（表 7.3.3）の約 1% にも達する．また，SF_6 のこのような大幅な排出削減を達成したのは，2003 年の時点では日本だけである．

SF_6 の排出をさらに低減する手段として，代替ガスや代替絶縁の適用も盛んに研究されている．これらには次のような種類がある．

① 高気圧の窒素，二酸化炭素の適用
② GWP の低いフロン（c-C_4F_8, CF_3I など）と窒素などの混合ガスの利用
③ 真空絶縁の利用拡大

d. ライフサイクルアセスメント[9]

1) CO_2 排出量による発電技術の評価　資源の採取から素材製造，製品化，輸送，使用，廃棄など，いわば「製品の一生」において投入される資源・エネルギーやそれに伴い排出される廃棄物などが環境に与える負荷とその影響を，定量的に評価する手法をライフサイクルアセスメント（LCA）という．

地球温暖化の観点から発電技術を評価する場合には，発電燃料の燃焼時に排出される CO_2 のみではなく，発電燃料の生産や輸送，発電所の建設などに伴い排出される CO_2 も考慮した，1 kWh（送電端）当たりの CO_2 排出量が指標として用いられる．なお，CO_2 以外に考慮すべき温室効果ガスはメタンで，GWP を用いて CO_2 量に換算する．

2) 発電方式別の CO_2 排出量のライフサイクルアセスメント　わが国の平均的な技術レベル（熱効率など）を想定し，輸入依存度の高い化石燃料やウラン燃料の生産については海外での生産活動の実態を，また，発電燃料の生産や輸送などのプロセスについてもわが国の現状を反映した各発電技術のライフサイクル CO_2 排出量の評価結果を図 7.3.10 に示す．図からわかるように，CO_2 排出原単位（g-CO_2/kWh）は，石炭火力 975，石油火力 742，LNG 火力 608，LNG 複合*519 である．

　*LNG 複合発電：LNG（液化天然ガス）を用いて，ガスタービンと蒸気タービンを組み合わせて熱効率の向上を図る発電方式．運転・停止が短時間で容易にでき，需要の変化に即応した運転が可能．

(a) ライフサイクル CO_2 排出量（基準ケース）

(b) 火力発電以外のライフサイクル CO_2 排出量

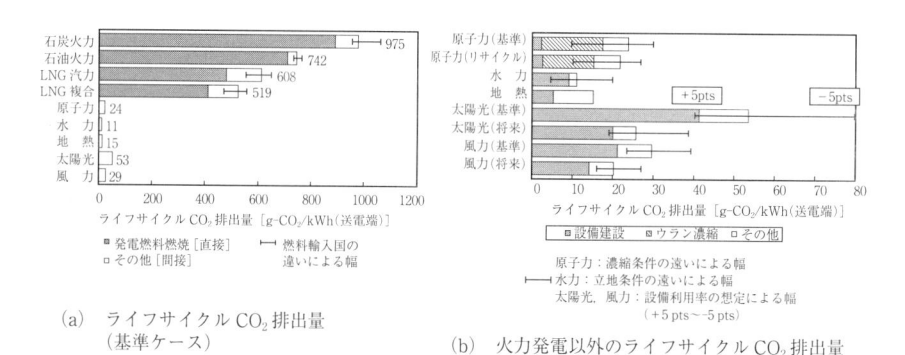

図 7.3.10　ライフサイクルからみた発電プラントの CO_2 排出量

これに対し，原子力はウラン濃縮法により異なり，アメリカが推進するガス拡散法では28，わが国が採用している遠心分離法では9で，平均すると24である．原子力は化石燃料はもちろん，太陽光よりも温暖化抑制効果の高い電源であり，自然エネルギーに比べても遜色がないか，それよりも優れていることを示している．

〔西宮　昌〕

7.4 電磁環境問題（EMC）

7.4.1 電磁環境の概要[10]

電気の発生から輸送，利用に至る広大な分野において，電力工学は電磁環境あるいは電磁界環境と呼ばれる環境を形成するとともに，電磁環境以外の様々な一般的環境とかかわり合ってきた．7.1節に電力設備や電力機器の環境問題を，材料・製造，運転，廃棄にかかわる問題に分け，それらの代表的な例を示した．このように電力設備・機器は種々の環境問題に直面しているが，これまで設計，製作，利用形態によって対処してきている．環境問題の基本は，電力あるいは電力工学が現代社会を支える基盤技術であることは間違いないが，それでもなお人の生活環境と調和しうる設備，製品を用い，環境を乱さない利用状態を維持しなければならないことである．

広い意味での環境問題には，7.1節にも述べたように自然環境の電力分野に及ぼす影響もある．たとえば，屋外の電力機器の及ぼす気象や大気条件の影響，すなわち雨，風，雪，塵埃による汚損などの影響があるが，ここでは述べない．さらに，自然現象あるいは天然起源の電磁界影響もある．自然現象の電界は大気電界，雷現象，摩擦電気などの静電気現象で発生する電界，磁界は地磁気，磁石，落雷時の大電流によって発生する磁界がある．

電力分野で特に重要なのは，雷による過電圧（しばしばサージと呼ぶ）による被害とその対策である．中でも落雷はその高電圧と大電流によって，停電，機器の絶縁破壊のみならず，通信障害，電子機器や通信情報機器の損傷をもたらす．雷被害の問題は，現在 EMC（electromagnetic compatibility，電磁両立性）と呼ばれる大きな研究分野の主要な研究対象である．EMC は，「装置またはシステムの存在する環境において，いかなる物に対しても許容できないような電磁妨害を与えず，かつ，その電磁環境において満足に機能するための装置またはシステムの性能」と定義されている．したがってそれぞれの装置は，自分の生じる電磁環境が他の装置に支障を与えないことと，他の装置から生じる電磁環境によって性能を損なわない（イミュニティ）という両面の性能が必要になる．

EMC の一部である雷現象は5.2節，雷過電圧は5.3節に説明されているが，送電鉄塔の存在が落雷の頻度を高めることや送電線・配電線が雷サージの伝播通路になるなど，電力設備が雷被害を助長する面もあることを忘れてはならない．ほかに天然起源の電磁界の作用には，必ずしも電力分野ではないが，空電や太陽面の黒点爆発で生じる磁気あらしの作用，東西方向の長距離直流送電線が地磁気を横切ることで発生す

7.4 電磁環境問題（EMC）

表 7.4.1 送電線の電磁環境問題

交流：静電誘導，電磁誘導，コロナ雑音，コロナ騒音，その他（生理的影響など）
直流：イオン流帯電，（直流）磁界，コロナ雑音，コロナ騒音，その他（生理的影響など）

る直流電流などの問題もある．

電気設備ならびに，電気を利用する機器はすべてなんらかの電磁環境を形成し，多かれ少なかれ電磁妨害の発生源となる．特に電力分野は高電圧，大電流と関係が深く，高電圧の生じる放電，大電流の磁界がEMC問題の発生源となる．電力設備や機器のEMC問題のうち，電圧，電流や設備・機器の存在が生じる環境問題は次のように分類することができる．

1) **直接的作用**
   (1) 接触による作用（感電）
   (2) 非接触時の作用―静電誘導，電磁誘導
2) **間接的（二次的）作用**　主に発生したコロナ放電や部分放電による作用
3) **その他の環境影響，健康影響**　高電圧送電線を例にとると，一般に環境影響には電圧，電流によって生じるものと無関係なものとがある．電圧電流に無関係なものとしては，たとえば電線やがいしに風が当たって生じる風騒音がある．また，送電線や鉄塔の存在が受信電界を低減させるとかゴーストを発生させるというテレビ電波障害も，設備の存在によって発生する環境問題である．一方，送電線の電圧，電流によるものをまとめると表7.4.1のようになる．送電線の建設計画，設計では，このような項目について予測計算を行い，必要なら環境に影響を及ぼさないような対策が講じられる．

7.4.2 感　　電

感電は人が電圧を有する物体に触れて電流が流れる現象であるが，電力分野はしばしば高電圧で大きなエネルギーがあるために用心が必要である．また歴史的にも，電力輸送（送電）が高電圧で行われるために常に問題になってきた．そもそもアメリカで1880年代に電気事業が開始された際，直流交流のどちらがよいかの抗争があったが，交流は感電したとき危険であるという主張が交流送電の欠点の1つとして，直流推進派に用いられた．

高電圧の物体と接触して電流が人体を流れるときの作用は，電流の増加とともに，次のレベルに分けられる．もともとの用語が英語なので，日本語とともに一部は英語も付記する．

　(イ)　感知以下
　(ロ)　感知（perception）
　(ハ)　2次ショック：　煩わしさ（annoyance），刺激（startle），忌避（aversion）
　(ニ)　1次ショック：　生理的障害を生じるもの

感知は電流を感じる（知覚する）ことを意味する．成人男性の感知電流の平均値（50%値）は直流では約5 mA，商用周波数（60 Hz）では約1 mA である．感知電流を超えるレベルでは2次ショックは煩わしさ，刺激，忌避などの効果を意味し，1次ショックは生理的障害を生じる場合を指す．感電の作用で問題になるのは基本的に体内を流れる電気エネルギーであるが，人体の電気抵抗が同じなら電流値で決まることになる．したがって，電圧が高くても容量の小さい電源（たとえばネオントランス）や回路の直列抵抗が大きい場合は危険が小さい．

電流が大きくなると筋肉のコントロールがきかなくなる．握っている場合は手が離せなくなるので，この電流は離脱電流（let-go current）と呼ばれる．成人男性の平均は直流では74 mA，交流（60 Hz）では男性16 mA，女性約10 mA である．しかし，感知電流も離脱電流もこれらの値がアメリカの測定値である点に注意が必要である．また，これらは50%の人に相当する平均値で，安全面からはもっと低い値を対象にしなければならない．たとえば，離脱電流の0.5%の分布に相当する値は，成人男性で9 mA，女性で6 mA である．このように女性の対応する電流は男性の60〜70%で，通電に関しては女性のほうが鋭敏である．

電流が20 mA程度になると激しい痛みを感じ，筋肉の収縮と呼吸困難が起こる．体質や健康状態によって相違するが50 mA では相当に危険である．実際には流れる時間にも依存し，商用周波数では人体に危険な電流（心室細動を起す電流あるいは致死電流）の最低限界 I（全体の0.5%の人に生じる値）として，次式が有名である．

$$I = 116/\sqrt{T} \quad [\text{mA}] \tag{7.4.1}$$

T は通電時間（秒）で，この式は $0.01 \sim 5$ 秒の範囲に適用される．また，心室細動電流は体重に比例すると考えられており，この式は体重50 kgの人に対する式である．体重70 kgの人では係数として116の代わりに165，体重18 kg（子供）では42が与えられている．

7.4.3 交流送電線の環境問題[1]

a. 静電誘導

静電誘導は時間的に変動する電圧源が，容量的結合で近くの物体に電圧や電流を生じる誘導である．屋外の大気中には常に80〜200 V/mの電界（大気電界あるいは大気電場という）が存在するが，この電界は直流であるからほとんど誘導を生じない．しかし，わが国の交流送電線は地上付近では数kV/mの電界で1けた以上高く，また交流であるから電界の変化に応じて誘導を生じる．一般に大地上にある物体に対する高電圧物体の静電誘導作用を模式的に書けば図7.4.1のようになる．図7.4.1 (b) は等価回路で，高電圧物体が結合容量 C の作用で誘導し，被誘導物体の大地に対するインピーダンス（R と C_0）によって誘導電圧 V_0 ならびに（正味の）誘導電荷 Q と誘導電流 I が決まる．

$$Q = C_0 V_0 + C(V_0 - V) \tag{7.4.2}$$

7.4 電磁環境問題（EMC）

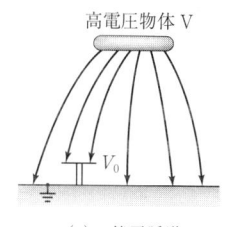

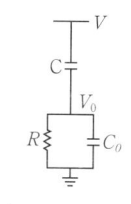

(a) 静電誘導　(b) 等価回路

図 7.4.1 静電誘導とその等価回路

であるが，典型的な例は R が零と無限大の場合である．

① **$R=0$（接地状態）のとき** $V_0=0$ であるから誘導電流が問題になる．$I=dQ/dt$, $Q=-CV$ であるが，高電圧源が周波数 f の交流であれば，

$$I = 2\pi fCV \tag{7.4.3}$$

である．電流は被誘導物体が接地されているときに最大になるが，この電流をわが国では誘導電流，英語では短絡電流（short-circuit current）という．

高電圧源が直流のときは C が一定であれば誘導電流は零である．被誘導物体が飛び跳ねるなどして C が変化すれば電流が流れることになるが，通常は1秒間に50, 60回も極性が反転する商用周波交流に比べて問題にならないわずかな電流である．

② **R が無限大（絶縁状態）のとき**　このときは主に誘導電圧が問題になる．$C \ll C_0$ であれば，

$$V_0 = CV/(C+C_0) \doteq CV/C_0 \tag{7.4.4}$$

誘導電流は接地状態の式（7.4.3）と同じである．

誘導電流や誘導電圧の計算は複雑な配置の場合でも基本的に静電界計算であるから，現在は数値的な電界計算法を用いれば容易に行うことができる．

わが国では，500 kV 送電開始にあたり，電気協同研究会の委員会が1971年から約5年間検討を行い，電気協同研究の第31巻5号「超高圧架空送電線の静電誘導」[12] としてとりまとめた．検討の中心は，500 kV 送電線下の傘あるいは自動車，建築物，柵などの金属物に触れたときの感知で，特に

(イ) 人体への影響と感知の程度
(ロ) 送電線下の電界の値と感知の関係
(ハ) 電界の測定方法と予測計算方法
(ニ) 抑制目標，低減方法

である．この委員会の検討がもとになって，わが国では人の往来の少ない場所を除いて，大地からの高さ1mの電界が30 V/cm（3 kV/m）以下となるように電気設備の技術基準で規制されている．この値は欧米の多くの送電線の 70～150 V/cm に比べると約1/3である．そのため，わが国では送電線による静電誘導の苦情はほとんどない．しかし，220 kV 以上の送電線の地上高はこの静電誘導の規制値で決定され，一方，送電線の建設費はほぼ高さの2乗で高くなるので，建設費に大きな影響を及ぼしている．

一方，アメリカでは General Electric 社のプロジェクト UHV（その後 HVTRF：High Voltage Transmission Research Facility と改称）において，1970年代に詳細な研究が行われ，その結果は EPRI（Electric Power Research Institute, 米国電力研

究所) からの通称 Red Book と呼ばれる Transmission Line Reference Book-345 kV and Above[13] の第8章にとりまとめられている.

その後, 計算機を用いた数値的な電界計算法が発達し, 静電誘導問題に関しても複雑な配置の定量的な解析が可能になった. わが国でも 1,000 kV 級の UHV 送電が 1978 年より検討されたが, 環境問題の 1 つとして静電誘導問題が初めて三次元配置で定量的に解析された[14].

送電線の静電誘導作用を低減させるには, 発生源 (送電線) 側の対策と被誘導側の対策とがある. 発生源側では, 高電圧の導体を遠ざける (導体の地上高さを大きくする), 交流の位相差による相殺効果を利用する (2 回線縦配列の導体構成で各回線の三相の配列を逆にする逆相順配置), 遮へい (送電線導体の下部に遮へい線を設ける) などの方法がある.

b. 放電による環境問題

大気中の局所的な絶縁破壊であるコロナ放電や, がいし, スペーサなど固体絶縁物が存在する場合の局所的な火花放電 (部分放電) が二次的な作用を生じる.

1) コロナ雑音　コロナ放電や部分放電で発生した電磁波がラジオやテレビの雑音となる. 高電圧送電線で主に考慮の対象になるのは電線のコロナ放電に起因する雑音で, コロナ雑音と呼ばれる. わが国では 1950 年代の 275 kV 送電線の実用化とともにラジオ受信障害が問題になった. 国際的には, 国際無線障害特別委員会 (CISPR : Comité International Special des Pertubations Radioelectriques) が 800 kV までの送電設備から発生する AM ラジオ受信機雑音に関して, 測定法, 許容値, 対策などを規格, マニュアルとして刊行している.

電波雑音を生じる放電には, 正極性のストリーマコロナ, 負極性のグローコロナ, がいしなどの固体絶縁物における部分放電 (火花コロナといわれる) があるが, ラジオ雑音は主に伸びやすく, 波高値の大きな正コロナで発生し, 主として長中短波帯 AM ラジオに影響する. 一方, テレビ雑音は少なくともわが国では問題ないとされている. コロナ雑音は電線に水滴が付くと大きくなるので, 降雨量とともに増大する. 原因となるコロナ放電は電線表面の電界に支配されるので, 表面電界, 特に最大の電界値を求めればラジオ雑音の大きさ (レベル) を実験式から推定することができる.

コロナ雑音を減らすのは基本的に電線の表面電界を低くすることである. すなわち電線を太くするほか, 一相の導体 (素導体) 数を増やす, 表面の凹凸を減らすといった方法がある.

2) コロナ騒音とオゾン　雑音は放送や通信用の電波に対する障害 (ノイズ) であるが, 騒音は可聴 (耳に聴こえる) 音のノイズである. 電線のコロナ放電で生じるコロナ騒音は 1960 年代にアメリカの 500 kV 送電線に対する苦情から始まり, 欧米各国, わが国で詳細な研究が行われた.

コロナ騒音には, ジリジリあるいはザーザーと聞こえる広い周波数範囲からなる不規則音と, ブーンと聞こえる正弦波音の 2 成分がある. 前者をランダム騒音, 後者を

コロナハム音と呼ぶ．後者の周波数は電源周波数の2倍（100 Hz または 120 Hz）である．コロナ雑音と同様に降雨時に大きくなる．コロナ騒音を減らす方法は基本的にコロナ雑音の対策と同じであるが，コロナ雑音のように電線に沿って伝搬することはないので，人家が近くにある特定の区間だけ対策すればよい．

そのほかに高電圧送電線のコロナ放電によって，酸素分子が分解されてオゾンを生じるという問題もあるが，自然の大気中オゾン濃度 10～60 ppb（1 ppb は 10^9 分の1）に比べて問題にならない量である．500 kV 送電線の試算例によると，導体での放電による地表オゾン濃度は降雨時でも 0.2 ppb 程度である．

3） 設備の存在で生じる問題（テレビ電波障害と風騒音）　送電線の電圧・電流とは無関係に，屋外にある大きな設備であるために発生する問題である．

まずテレビ電波障害は，送電鉄塔がテレビ電波を反射するためにゴースト（虚像）を発生させテレビ面像が二重になるとか，遮へい効果のために受信電波を弱めるなどの問題である．わが国でのテレビゴースト障害は，1964年に神奈川県久里浜に 275 kV 送電が建設されて以来とされているが，海外ではこれまでほとんど問題になっておらず，わが国特有の問題とされている．これはわが国に垂直2回線の大型送電線が多いことと，ほとんどのテレビ放送電波が水平偏波である（電線によって水平方向の電界成分が影響を受けやすい）ためである．

一方，送電線に風が当たるために生じる風騒音は風速 10 m/秒以上で発生しやすい．位置が高いほど風速が大きくなるので，やはり欧米より送電線の地上高が大きいわが国での苦情が多い．電線に風が当たって発生する電線風騒音は大型送電線の場合 100 Hz 程度の音であるが，これは風下に形成されるカルマン渦によるものである．一方がいし風騒音の周波数は 400～600 Hz 程度である．電線風騒音の防止には表面にらせん状に線を巻きつける（スパイラル線），がいし風騒音に対してはがいしのピンとキャップ間にゴムキャップをはめ込んで空洞をなくすなどの方法が用いられる．ただし，スパイラル線はコロナ雑音やコロナ騒音を増大させることがあるので適当な構造や装着方法をとらなければならない．

7.4.4 直流送電線の環境問題[11]

a. 騒　　音

直流送電線の環境問題（影響項目）は交流送電線と共通するものとまったく異なるものとがある．たとえば，コロナ騒音は主として正極性の電線から発生するが，交流送電線のランダム騒音と似た周波数スペクトルをもつ．コロナハム音は存在しない．これらの値（コロナ騒音レベル）の予測は，交流送電線では空間電荷の存在しない電線表面の最大電界で評価できるのに対し，直流送電線では直流コロナで生じる空間電荷を含めた電界計算が必要である．また騒音に関しては，がいし連中の各がいしの分担電圧が直流漏れ抵抗で決まるために，汚損湿潤状態にあると漏れ抵抗の高い一部のがいしだけが電圧を負担し，その火花放電のために俗にパチコンと呼ばれる強い衝撃

音を発生することがある．濃霧や霧雨のときには何時間も継続することがあるので，湿潤しても高い耐電圧値を維持するようなシリコーンゴムを表面塗布したがいしが用いられる．

b. イオン流帯電

直流送電線には静電誘導の問題はないが，イオンの存在と流れの作用を考慮する必要がある．交流送電線の場合，半サイクルの間に生じたイオンは大部分次の半サイクルで電線に吸収される．残りのイオンは往復運動しながら外側へ広がっていくが，再結合によって減少するので地表に到達するイオンはごくわずかである．また，イオンは電界分布にもほとんど影響しない．これに対して直流送電線では，発生したイオンは逆極性の電線あるいは大地へ向かってほぼ電界の方向に移動し，大地に向かうイオンはほとんど消滅しないで地表に達する．このイオンが絶縁された人体や傘に流れ込んでじゅうたんとの摩擦と同じような帯電状態を生じることがある．このようなイオンによる帯電（によるショック）の問題を「イオン流帯電（現象）」と呼んでいる．

大気中イオン流の電流密度 j は $j=qv$（q は電荷密度，v は移動速度）で与えられる．移動速度は電界 E に比例し $v=\mu E$ であるから，$j=\mu q E$（μ は移動度）である．q がまた電界 E に依存するために非線形の関係になる．単極性イオンの場合，イオン流は次の式で与えられる．

$$\text{ポアソンの式：} \quad \text{div}\, \boldsymbol{E} = q/\varepsilon_0 \tag{7.4.5}$$

$$\text{電流連続の式：} \quad \text{div}\, \boldsymbol{j} = \text{div}\,(\mu q \boldsymbol{E}) = 0 \tag{7.4.6}$$

ε_0 は大気の誘電率（真空誘電率とほぼ同じ）である．これらから，μ が一定のとき，電荷密度 q と電界との関係は次式になる．

$$\text{grad}\, q \cdot \boldsymbol{E} + q^2/\varepsilon_0 = 0 \tag{7.4.7}$$

風が存在すると風による移動があるので式はもっと複雑になる．さらに正負イオンが存在する両極性（双極性）の場合は再結合による消滅を考えなければならない．これらの条件を含めて既に両極性送電線についても有限要素法などによる数値電界計算が行われているが，送電線の断面での二次元計算である．

250 kV 北本（北海道－本州）直流幹線では，人のイオン流帯電電圧による刺激を交流送電線の地上 1 m での電界規制値 3 kV/m における静電誘導の刺激と同程度以下にするという考えで電線地上高が決定され，9 m になっている．500 kV 設計の阿南紀北直流幹線では同じ設計思想で 18 m となっている．なおイオン流帯電電圧は電線下部に遮へい線を敷設することで大幅に低減させることができる．

7.5 電磁界の健康影響（EMF）問題

7.5.1 歴史的経緯

a. 疫学調査

電磁界が人の健康に影響するのではないかという問題は，EMF（electromagnetic, または electric and magnetic fields, 電磁界の健康影響）問題といわれる．EMF 問

題には 1 GHz 付近の高周波の電波を用いる携帯電話での影響，10 kHz～10 MHz 程度のいわゆる中間周波電磁界の影響の問題もあるが，ここでは電力分野と直接かかわる 50, 60 Hz の商用周波数に話を限る．

この問題の端緒は 500 kV 変電所の作業員に健康障害がみられるという 1972 年に発表された旧ソ連からの論文とされている．これは主として電界の作用を問題にしたものであるが，その後 WHO（世界保健機構）も参加して広汎な研究が行われ，20 kV/m までの電界なら健康に無害であると結論された．ところが，1979 年にアメリカのデンバー地区について，「配電線の近くに住む子供は白血病による死亡率が高い」という疫学調査の結果が発表され，その後 1993 年にスウェーデンのカロリンスカ研究所の疫学調査でも磁界の強さと小児白血病の関連性を示唆する報告がなされ，商用周波磁界の影響が大きな注目をあびるようになった．1979 年以降約 25 年間に，世界各国で何十という多数の疫学調査が行われたが，電界や磁界が小児白血病や脳腫瘍と関連があるとする報告もあれば，関連なしという報告もある．関連があるという報告でも統計の信頼度ぎりの弱い関連という結果がほとんどである．しかし，いずれにしてもこのような疫学調査の結果を背景に，次項に述べるような多種多様な研究が行われた．

わが国でも各種の研究が行われているが，1995 年 12 月電気学会に電磁界生体影響問題調査特別委員会が設置され，商用周波領域を中心に調査を行った．1998 年 10 月の第 I 期報告書[15]では，「通常の居住環境における電磁界が人の健康に影響を与えるとはいえない」と結論している．また，2003 年 3 月に刊行された第 II 期報告書[16]でも，「現時点においても，第 I 期報告時の総合評価を変更するに足る報告や知見はない」と結論している．

一方，アメリカでは，1992 年制定の「エネルギー政策に関する法」に基づいて電磁界影響の研究と広報活動を行う研究プログラムとして，EMF-RAPID（electric and magnetic fields-research and public information dissemination）計画が 1993 年から約 6 年間研究調査を行った．疫学，動物，細胞，工学という 4 分科会で，約 4,100 万ドルの予算がつぎ込まれ，特に過去の生物学的影響の再現性を調べることに重点が置かれた．研究プロジェクトの推進組織の中心は国立環境健康科学研究所（NIEHS：the National Institute of Environmental Health Sciences）で，1999 年 6 月に NIEHS とアメリカエネルギー省（DOE：the U.S.Department of Energy）から提出された最終報告書[17]は，「電磁界影響がなんらかの健康リスクをひき起こすことを示す科学的証拠は弱い」としている．さらに，「疫学調査では白血病と磁界曝露との関連性に弱いが科学的な証拠がみられるが，動物，細胞あるいは人を対象にした実験研究からは，電磁界曝露と生物学的な作用との関連性は支持されない」としている．また，研究結果を評価した全米科学アカデミー（NAS：National Academy of Sciences）は「RAPID 計画の生物学的研究で磁界曝露とがんの関連性を支持する証拠はなく，電気の使用が健康障害をもたらすことはない」と結論づけている．

しかし，RAPID計画の報告書でも，疫学調査の結果で低周波磁界と健康影響に弱い関連性がみられることは否定していない．また，国際がん研究機関（IARC：the International Agency for Research on Cancer）は，商用周波磁界を「発がん性があるかもしれない」というグループ2bに分類している．そのため今後も，環境磁界の測定や電磁界と人体との相互作用などの研究を継続することが必要と考えられている．なお，IARCは商用周波電界と直流電磁界は「発がん性については分類できない」というグループ3に位置づけている．

7.5.2 EMFにかかわる研究

電磁界の健康影響にかかわる研究は次のように分類できる．
- (イ) 人を対象にした研究
    - イ-1. 疫学調査
    - イ-2. ボランティアによる影響研究
- (ロ) 電気工学的研究
    - ロ-1. 環境電磁界の測定
    - ロ-2. 電磁界による人体内誘導電界・電流の解析
- (ハ) 生物学的研究
    - ハ-1. ねずみなど小動物を用いた影響研究
    - ハ-2. 分子・細胞レベルの影響研究

これらのうち，環境電磁界とは電気施設や電気機器の発生する電磁界，家庭・職場における電磁界環境と，実際に人があびるあるいは曝される量（曝露量という）の測定・調査，の2種類がある．表7.5.1に身の周りで遭遇する電界，磁界の一覧を示す．大気電界や地磁気などの自然に存在するものも含めている．送配電線のような屋外にある発生源の電界は，建物によって遮へいされるために，屋内の電界は屋内配線と電気製品から生じるがあまり大きい値にはならない．送電線による屋外の電界（7.4.3項aで述べた3 kV/m）に比べて2けた以上低い値である．磁界は建物によってほとんど遮へいされないので，屋内配線と家庭用電器製品による磁界のほかに屋外の磁界もほとんどそのまま加わる．家庭用電気製品の発生する電磁界の値は発生源からの距離によって著しく変わり，多くの製品では距離の3乗に反比列して減少する．また新製品が省エネルギー化によって使用電流が小さくなるとそれに対応して発生磁界も低くなる．

人の曝露量は，その場の磁界の値だけでなく曝露される時間も含めて評価されるのが普通である．曝露量は英語でドーズ（dose）であるが，測定に用いる測定器はドシメータと呼ばれ長時間の装着（携帯）と時間的積分などデータ整理の可能なものが開発されている．これまでの報告によると，居住環境における平均的な曝露磁界はわが国でもアメリカでも $0.1\,\mu T$（マイクロテスラ）以下で，高い方の90％値は $0.2 \sim 0.4\,\mu T$ である．高磁界が発生している職業環境では，たとえば溶接工や架線作業員などで曝

7.5 電磁界の健康影響（EMF）問題

表 7.5.1 身の周りの電磁界のまとめ

	電界の値	
大気電界	100 V/m	ただし直流，屋外
送電線（最大値）		
アメリカ	10 kV/m	
日本	3 kV/m	
屋内・アメリカ	5〜10 V/m	
	磁界の値	
地磁気	50 μT	ただし直流
送電線（最大値）		
アメリカ	50 μT	
日本	20 μT	想定値
日本（屋内）	10 μT	想定値
配電線（最大値）		
日本	2 μT	想定値
日本（屋内）	10 μT	想定値
家庭		
平均（50％値）	約 0.1 μT	
アメリカ（95％値）	0.3〜0.6 μT	測定例
日本（90％値）	0.2〜0.4 μT	測定例
（95％値）	0.4〜0.5 μT	測定例
家庭電気製品（距離3 cmのときの最大値）		
ヘアドライヤ	20 μT（アメリカでは 2000 μT もあり）	
電気カーペット	20 μT	
テレビ	6 μT	
交通機関		
電車，飛行機	1〜15 μT（最大 50 μT）	測定例
職場環境		
電力会社（アメリカ，イギリス）	幾何平均 0.1〜1.2 μT	
曝露磁界の高い職種（スウェーデン）	平均 1〜2 μT（最大 100 μT 以上）	

露磁界の平均が数 μT に達する例があるが，10 μT になるのはごくまれである．

生物学的研究は，細胞を対象とする *in vitro*（試験管内あるいは生体外）研究と動物を対象とする *in vivo*（生体内）研究に分けることもある．分子・細胞レベルの研究では細胞増殖，細胞死，DNA の変化，突然変異，シグナル伝達，さらにはメラトニン（松果体から分泌されるホルモン）の分泌量への影響など様々な研究が行われた．しかし，疫学調査では家庭内の 0.2〜0.3 μT（2〜3 mG）という磁界を境界値として影響のあるなしが評価されているが，今のところ，この 100 万倍もの磁界でなければ影響が認められていない．

7.5.3 電磁界の作用と誘導電界・電流[18]
a. 電磁界の作用

50 Hz, 60 Hz の商用周波数でも原理的には電磁波である．本来，波である電磁波は粒子と考えることもできるが，低周波では粒子のエネルギーはけた違いに小さい．電磁波の波長 λ を nm（1 nm は 10^{-9}m）で表すと，このエネルギー E (eV) は，

$$E = 1,240/\lambda \tag{7.5.1}$$

で与えられる．エネルギーは波長が短いほど（周波数が高いほど）高く，10 eV を越す電磁波，あるいは波長が約 100 nm 以下のものを電離放射線と呼ぶ．物質に当たったとき電離作用があり，化学結合を切断する能力がある．しかし，50 Hz, 60 Hz の波長は 6,000 km, 5,000 km もあり，式 (7.5.1) の E は 10 eV の 10^{12} 倍も低くまったく問題にならない．50 Hz, 60 Hz は ELF（極低周波；extremely low frequency）に分類されるが，このような周波数領域の電磁界は電界と磁界が相伴って空間を進行する電磁波ではなく，電界と磁界をそれぞれ分離した存在として扱うことができる．

一方，電磁界の作用はしばしば熱作用（thermal effect，熱効果ということもある）と非熱作用（nonthermal effect，非熱効果）とに分けられる．熱作用は生体に吸収された電磁界のエネルギーが熱に変換されるための作用である．一方，非熱作用の代表は人体に流れる電流による神経，筋などの刺激である．熱作用，刺激作用とも周波数の増加とともに小さくなるが，刺激作用の方が低下割合が大きくほぼ周波数に反比例して低下する．その結果，数 10 kHz 以下では刺激作用が大きく，それ以上の周波数では熱作用の方が大きいと考えられている．非接触時の低い磁界で起こる作用は，磁気閃光と呼ばれるもので，しきい値は 20 Hz で約 10 mT である．この現象を生じるのは網膜における誘導電流密度が 200 mA/m^2 とされているが，最近の文献では 10 mA/m^2 となっているものもある．この例のように，人体外の ELF 電磁界から生じた電気信号が細胞膜に作用し，細胞の機能や増殖に影響する可能性はあるが，そのメカニズムや健康への影響はほとんどわかっていない．

b. 人体の電気的特性

身の周りの自然の電磁界として，晴天時の屋外には 80~200 V/m の電界（大気電界）があり，また約 50 μT の地磁気が至るところに存在する．この電磁界は時間的にゆっくりと変化する直流であるが，商用周波数の電磁界は時間的変動のために静電誘導や電磁誘導によって人体内に電界と（それによる）電流を誘導する．このような誘導量の評価には人体の電気的特性が必要である．

生体に限らず物体の電磁気的特性は，マクロ的には誘電率，導電率，透磁率で表される．人体の透磁率 (μ) は真空とほとんど同じである．一方誘電率と導電率の効果は，次の複素誘電率で与えられる．

$$\varepsilon = \varepsilon' + j\varepsilon'' \tag{7.5.2}$$

これは比誘電率 (ε_s) と導電率 (σ) によって，

$$\varepsilon = \varepsilon_s \varepsilon_0 + \sigma/j\omega \tag{7.5.3}$$

と表される。ε_0 は真空誘電率，$\omega=2\pi f$ で f は場の周波数である。

人体は各種の組織から成り立っているが，それらの電気的特性のデータもかなり詳しく与えられている。代表的な筋肉組織の特性は周波数とともに相当に変わるが 50～60 Hz の周波数領域では ε_s は 10^6，σ は 0.1 S/m のオーダである。ε_s がこのように大きいのは細胞界面などの分極効果のためである。これらから式（7.5.3）の実数部と虚数部の値を比較すると，商用周波数領域では

$$\omega\varepsilon_0\varepsilon_s/\sigma \fallingdotseq 3\times 10^{-2} \tag{7.5.4}$$

となり導電率が支配的である。ε_s と σ が一定であれば周波数が約 30 倍になると誘電率の効果が導電率に匹敵するはずであるが，実際は周波数の増加とともに σ は増大し，ε_s は減少するので 10～100 kHz 程度まで導電率のみ考慮すればよい。

c. 誘導電界と誘導電流

送電線のように電界，磁界の発生源がある程度離れている場合，それぞれ大地付近では一様電界，一様磁界と考えられ，電磁界による誘導効果の多くは一様場で検討されている。このとき，第一に電界では多くの場合大地に垂直な方向（成分）だけが問題になるが，磁界はすべての方向を考慮する必要がある。第二に生体の透磁率が空間とほとんど同じであるために印加磁界が乱されないのに対して，電界は生体の存在によって著しく変化し（ひずみ），頭の先まで大地と同じ電位になる。その結果，人体の頭の上の外部電界は 15～18 倍ぐらいに高くなる。

人体を大地（接地平面）上の半球（半径 R）で模擬すると一様電界，一様磁界下の電界，電流は簡単な式で与えられ，誘導電界 $\boldsymbol{E}$ と誘導電流密度 $\boldsymbol{j}$ は次のようになる。

一様電界（$\boldsymbol{E}_0$）による誘導（静電誘導）の場合：

$$\boldsymbol{E} = 6\pi f \varepsilon_0 \boldsymbol{E}_0 / \sigma \tag{7.5.5}$$
$$\boldsymbol{j} = 6\pi f \varepsilon_0 \boldsymbol{E}_0 \tag{7.5.6}$$

一様磁界（磁束密度 $\boldsymbol{B}_0$）による誘導（電磁誘導）の場合：

$$\boldsymbol{E} = \pi f R \boldsymbol{B} \tag{7.5.7}$$
$$\boldsymbol{j} = \pi f \sigma R \boldsymbol{B} \tag{7.5.8}$$

半球モデルでは先端の外部電界は $\boldsymbol{E}_0$ の 3 倍となるだけで，実際の人の頭上のように 15～18 倍にはならない。人体をより実物に近い形状の半回転だ円体で模擬しても解析式で表せるが，以上の式に形状を補正するような係数が付け加わるだけでパラメータ依存性は本質的には変わらない。これらをまとめて誘導電流密度のパラメータ依存性を表 7.5.2 に示す。誘導電界は電流密度/σ であるから，表 7.5.2 で σ に対する依存性が異なるだけである。

誘導電流分布が電界と磁界で最も相違するのは，前者は体組織の導電率の局所的な相違を無視すると体内の高さ一定の断面をほぼ一様に流れるのに対し，後者は体中心より表面に大きな電流が流れることである。また，電界による電流は上下方向に流れ大地へ流出（あるいは大地から流入）するのに対し，磁界による電流は体内の閉ループをうずを巻くように流れる（うず電流という）。

表 7.5.2 誘導電流密度のパラメータ依存性

	周波数 (f)	導電率 (σ)	半径 (R)	身長
電界の誘導	比例	依存せず	依存せず	2 乗に比例
磁界の誘導	比例	比例	比例	依存せず

*注 身長が変わったとき太さは一定とする.

表 7.5.3 一様な電界磁界による体内の誘導電流の概略値 (50 Hz, 60 Hz)

電界 1 V/m	首部	$0.5\ \mu\mathrm{A/m}^2$
	胴体部	$0.2\ \mu\mathrm{A/m}^2$
	足首	$2\sim5\ \mu\mathrm{A/m}^2$
磁界 $0.1\ \mu\mathrm{T}$ (1 mG)	頭部	$2\ \mu\mathrm{A/m}^2$ (平均は約 $0.3\ \mu\mathrm{A/m}^2$)

現在数 Hz から 1 kHz までの周波数の誘導電流密度が $10\ \mathrm{mA/m}^2$ を超えると,人体組織に対して無視できない作用が生じると国際的に考えられている.たとえば,国際非電離放射線防護委員会(ICNIRP:the International Commission on Non-Ionizing Radiation Protection)による 1998 年の防護指針でも電磁界の規制値や推奨値のもとになっているのは誘導電流密度である.このガイドラインは 1999 年に EU(ヨーロッパ連合)の勧告に採用されるなど国際的に広く認められている.一方,アメリカでは電気電子学会(IEEE)が 2002 年に低周波電磁界の曝露に関する規格を発行したが,この規格では体内誘導電流ではなく誘導電界を曝露の限度値に用いている.

電界や磁界による誘導電流は,これまでに数値的な電磁界計算法を用いて様々なケースが計算されている.ただし,複雑な微細組織からなる人体を完全に模擬するのは不可能で,今のところ最も細かくて 2 mm 程度の巾で細分割し,各部分の電気的特性(導電率や誘電率)を一定として計算しているにすぎない.表 7.5.3 に,商用周波の一様な電界,磁界による体内誘導電流の概略値を示す.磁界による電流は磁界の方向に対して垂直な面で半径の大きな胴体部分の電流密度が大きくなるが,主に重要な臓器のない体表面を流れるので,頭部の値を示している.また,表 7.5.2 の周波数依存性からわかるように,60 Hz は 50 Hz より 20% 大きくなるがこの表は概略値なので区別していない.

表 7.5.1 を参考にして,各種の環境における商用周波数の電界,磁界の値とそれによって人体内に誘導される電流密度の概略値を表 7.5.4 に

表 7.5.4 各種環境の電磁界による体内誘導電流の概略値 (50 Hz, 60 Hz)

1. 居住環境:$5\sim10\ \mathrm{V/m},\ 0.1\sim0.3\ \mu\mathrm{T}$
   $5\sim10\ \mathrm{V/m}$ → $2\sim5\ \mu\mathrm{A/m}^2$
   $0.1\ \mu\mathrm{T}$ → $2\ \mu\mathrm{A/m}^2$
   $0.3\ \mu\mathrm{T}$ → $6\ \mu\mathrm{A/m}^2$
2. 送電線下:$3\ \mathrm{kV/m},\ 10\ \mu\mathrm{T}$
   $3\ \mathrm{kV/m}$ → $1500\ \mu\mathrm{A/m}^2$ ($1.5\ \mathrm{mA/m}^2$)
   $10\ \mu\mathrm{T}$ → $200\ \mu\mathrm{A/m}^2$
3. 交通機関:$1\sim15\ \mu\mathrm{T}$
   $1\sim15\ \mu\mathrm{T}$ → $20\sim300\ \mu\mathrm{A/m}^2$

示す.電界の誘導電流は通常足首付近が最も高くなるが,足首についで大きくなる首部分をとっている.この表からわかるように,家屋内には配電線による電界があり,この電界を一様電界とみなすと誘導される電流は磁界による誘導量に匹敵する.誘導される電流は家庭内よりも交通機関内の方がはるかに大きく,また送電線では磁界より電界の誘導電流の方が何倍も大きい.しかし,いずれの環境でも,先に述べた人体に影響の可能性があると考えられている $10\,\mathrm{mA/m^2}$ よりはるかに低い値である.

〔宅間 董〕

文　献

1) IEA：World Energy Outlook 2000, Paris OECD（2000）
2) IEA：World Energy Outlook 2000, Paris OECD（2002）
3) IPCC（編），気象庁・環境省・経済産業省（監修）：IPCC 地球温暖化第三次レポート，中央法規（2002）
4) 気候ネットワーク（編）：よくわかる地球温暖化問題　改訂版，中央法規（2002）
5) 火力原子力発電技術協会監修：火原協会講座29「火力発電所の環境保全技術・設備（改訂版）」，火力原子力発電技術協会（2003）
6) 経済産業省・資源エネルギー庁（編）：総合資源エネルギー調査会基本計画部会「エネルギー政策基本法と最近のエネルギー情勢」（2003）
7) 日本エネルギー経済研究所（編）：エネルギー・経済統計要覧2003年版,省エネルギーセンター（2003）
8) 電力協同研究会：電力用 SF_6 ガス取扱基準，電気協同研究，第 **54** 巻，第3号（1998）
9) 本藤祐樹・内山洋司・森泉由恵：ライフサイクル CO_2 排出量による発電技術の評価，電中研研究報告 Y99009（2000）
10) 宅間　董・垣本直人：電力工学,第11章,共立出版（2002）
11) 交流架空送電線の電気環境設計ハンドブック，電力中央研究所総合報告 T74（2003）．
12) 電気協同研究会：超高圧架空送電線の静電誘導，電気協同研究，第 **31** 巻，第5号（1975）
13) EPRI：Transmission Line Reference Book-345 kV and Above. 2nd ed.（1982）
14) 宅間　董・河本　正・須永亨隆：交流送電線の静電誘導-三次元配置の計算法と解析結果-,電力中央研究所総合報告, No.119（1984）
15) 電気学会電磁界生体影響問題調査特別委員会：電磁界の生体影響に関する現状評価と今後の課題（第Ⅰ期報告書）（1998）
16) 電気学会電磁界生体影響問題調査特別委員会：電磁界の生体影響に関する現状評価と今後の課題（第Ⅱ期報告書）（2003）
17) NIEHS/DOE　NIEHS Report：Health Effects from Exposure to Power-Line Frequency Electric and Magnetic Fields（RAPID 計画最終報告書），NIH Publication No. 99-4493（1999）
18) 文献（16）の pp. 58-59，ならびに宅間董：身の回りの電磁界，第7回電気学会電磁界の健康影響に関するシンポジウム資料，6.7節（2000）

II
応用編

8. 発電設備

(I) 水力発電

8.1 水力発電の変遷と概要

8.1.1 水力発電の変遷

水力発電の誕生は，1878年，フランスのパリ近郊セルメーズの製糖工場で水車による発電を行ったのが最初といわれる．まもなく，イギリスとアメリカでも水力発電が始まったが，ほぼ同じ時期に，わが国でも，1888年（明治21年），仙台の宮城紡績が自社の工場照明用に40馬力（1馬力＝0.746 kW）の水車で5 kWの直流発電機を回したのが，日本における水力発電の始まりとされる．その後，紡績工場や栃木県足尾の古河鉱業会社の400馬力の横軸水車など，鉱山への自家発電用としての導入が続いた．

まもなく，1891年（明治24年）運転を開始した京都市営の蹴上発電所が，電気供給事業としての最初の水力発電所である．120馬力のペルトン水車2台，80 kWエジソン式直流発電機2台を備え，日本最初の電気鉄道や付近の工場の動力として電気の供給を行った．その後，各地に水力発電の電気事業が興り，1895年（明治28年）には全国の水力発電所の出力は合計1,000 kWを超えるに至った．第一次世界大戦（1914～1918年）が勃発すると，産業の興隆に伴い電力需要が激増したため，大同電力・日本電力のような大規模な水力開発を計画する会社の設立が相次いだ．これらの会社は山岳地帯の豊富な水力を開発し，115 kVや154 kVの高圧送電を用いた長距離送電によって，猪苗代水力電気会社の猪苗代第一電所（37,500 kW），大同電力会社の大井発電所（42,900 kW）などの大容量水力発電所を，当時としては画期的な巨大プロジェクトとして開発した．1925年末における水力の総発電力は156万 kWとなり，水力発電が全国の発電電力の72％を占めていた．その後も，日本の豊富な水力資源は世界的にみても産業に有利なインフラとして，日本の経済発展の原動力となった．

昭和になり，水力電源はさらに開発が進められ，1930年（昭和5年）床川電力会社の祖山発電所54,000 kWを始め，50,000 kW以上の水力発電所が続々と建設された．

1937年の日中戦争以後は戦時体制強化のため電気事業は国の管理下に置かれることとなった．1939年，国策会社の日本発送電株式会社（日発）が設立され，電力各社の設備は次々に日発に併入された．1942年には日発が全国設備に対して水力73％，

火力85%，送電線67%を有することとなり，9配電会社の設立に至って，大正末期から隆盛を誇っていた五大電力を始めとする一般供給電気事業者は姿を消すこととなった．

1930年代には，台湾・朝鮮半島・中国東北部における水力開発も活発に行われた．1941年には朝鮮半島北部において，当時世界最大級のダム，世界一の単機容量を有する水豊発電所（出力70万kW，主機7台）が，日本の水力発電技術を用いて建設されるなど，日本の水力技術は世界的にみても高い水準に達した．

日発により国内の水力開発が行われたが，戦況の悪化に伴い，鋼材・セメントなどの資機材が不足するなど，開発は困難を増し，多くの発電所の建設工事がうち切られることとなった．

終戦後，経済復興の著しい進展に伴い電気事業の再編成により1951年（昭和26年）現在の9電力会社が発足するとともに，「電源開発促進法」が制定され，本格的な開発が始まった．1956年には，アメリカから導入した建設機械により日本初の本格的な大型機械化施工となった佐久間ダムが完成し，以降，飛躍的に向上した土木技術によって，大規模で近代的なダム建設が行われるようになった．

戦後，電力需要の回復に対して，アメリカからの火力技術の導入により，大容量火力が運転されるようになったのと並行して，負荷調整を目的とした貯水池または調整池を有する水力発電所が建設されるようになった．1956年からの15年間には1,109万kWの水力が開発され，この期間の前半には年間70～80万kWもの一般水力開発が行われるなど水力史上空前の活況を呈した．これにより水力機械技術のみならず土木技術全般が発展した．

水力発電所の運転は，人間が機器の状態を監視し，バルブや開閉器などの操作も人力で行う「手動制御方式」により行われていたが，1950年代から自動制御の適用が進んだ．1955年に通産省令「常時監視を必要としない発電所の施設基準」が制定されると，水力発電所の無人化が加速された．電気的な制御のみ自動的に行う「簡易自動方式」も一部の発電所で用いられた．配電盤室または遠方からの操作指令により水車発電機の始動・並列・運転・負荷調整・停止のすべてを自動的に行う「一人制御方式」が開発され，山間僻地の発電所などを離れた地点の発電所から監視制御を行う「遠隔制御方式」により発電所の無人化が進められた．その後，1960年代後半には，制御所から複数の発電所を制御する「集中監視制御方式」が導入されはじめ，現在ではほとんどの発電所が無人化されている．

大規模地点の開発もピークを過ぎた1965年には，国内における水力開発は開発可能な全包蔵水力の41%に達し，全国の総発電電力3,800万kWのうち，火力発電の占める比率が60%となり，火主水従へと移行した．1960年代前半から，電力需要の著しい伸びに対応し，昼夜の負荷変動のピーク格差の顕著化により，電力を貯蔵して負荷調整するシステムとしての揚水発電所が建設されるようになった．揚水発電所は初期には天然の湖沼を上池として利用し，河川の季節流況変化を補う調整を目的とし

たものであったが，大きなピーク負荷への対応のため，人工的に巨大な上下ダムを建設して昼夜の負荷調整を目的とする純揚水発電所も建設されるようになった．揚水発電所は，発電用と揚水用の各機器を別に設ける別置式から始まり，発電運転と揚水運転を1台の機器で兼用した可逆式が現在では主流である．可逆式はポンプと水車を同一機器とし，反対方向の回転によってポンプ運転と水車運転を行う形式で発電電動機と直結する．可逆式の実用化により，揚水発電所の経済性は大きく向上した．利用可能地点の拡大と経済性の観点から，落差は500 m超級に，容量は30万kW超級にまで高落差・大容量化されてきた．1970年代以降進められた高落差大容量揚水発電所の開発は，水車の鋳造技術，水車性能の解析技術など，高性能で信頼性の高い水力機械の製作技術を始め，大ダム，地下空洞の建設技術など土木技術にもさらなる進歩をもたらした．

一方，世界的には，エジプトにおけるAswan High発電所（181.5万kW，1967年），南米におけるItaipu発電所（1,260万kW，1983年），ロシアにおけるSayano-Shushensk発電所（640万kW，1988年），など，大規模で大容量の水力発電所が開発された．今後も，中国の三峡発電所（1,820万kW，2009年完成予定）などを始めとした，大河川での水力開発が見込まれる．1999年時点で，世界の全包蔵水力14億kWのうち既開発は6.9億kWであり，50％以上が依然未開発となっている．

国内の全包蔵水力は，2003年3月では，59％が既開発となり，全国の総発電電力設備26,613万kWで，水力発電設備の割合が17.5％である．この水力発電設備のうち揚水発電設備が53％を占めている．近年，維持放流や電気事業者による新エネルギー等の利用に関する特別措置法（RPS〔renewables portfolio standard〕法）の施行により，数十〜数百kW程度のマイクロ水力の開発も進められている．

電力系統の高品質・安定運用のために，水力発電所の周波数制御は早くから発達し，近年では揚水発電所の大容量化や，揚水運転中に入力調整をして周波数調整に寄

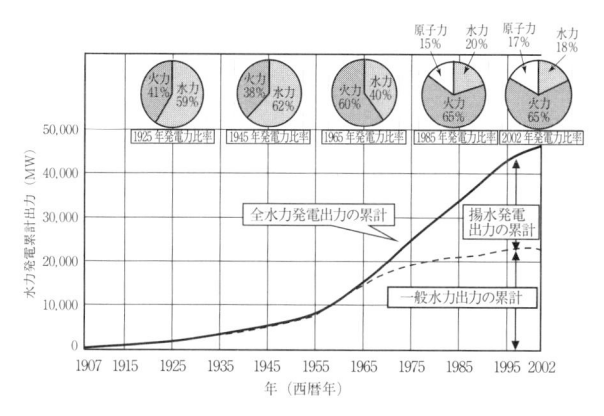

図8.1.1　日本の水力発電の出力変遷

与する可変速揚水発電システムが実用化され，経済運用ならびに電力品質の向上に貢献している．

水力発電は再生可能電源であり，地球環境問題などから，開発は世界でますます重要となっている．水力発電に関する解析をはじめとした日本の機器製造などの技術は世界に誇れるレベルであり，今後，世界の水力開発に大きな役割を担うものと期待される．日本の水力発電の変遷概要を図8.1.1に示す．

8.1.2 水力発電所の種類と分類

水力発電所は，取水設備の構造面からの分類と，水の使用方法による分類と，2つの分類方法がある．

a. 構造による分類

1) **水路式発電所** 川の上流に小さな堤を造って水を取り入れ，水路で適当な落差が得られるところまで水を導き，発電する方式で最も経済的であるが条件のよいところにしか作れない．（例：東京電力信濃川発電所）

2) **ダム式発電所** 川幅が狭く，両岸の岩が高く切りたった適地にダムを築き，水をせき止め人造湖を造り，その落差を利用して発電する．（例：電源開発田子倉発電所）

3) **ダム水路式発電所** ダム式と水路式を組み合せた方式で，ダムで貯めた水を圧力隧道で下流に導き，ダムで得られる落差より高い落差で発電する．（例：電源開発佐久間発電所）

b. 水の使用方法による分類

1) **流れ込み式発電所** 河川の水をそのまま利用する発電方式．自流式と呼ぶ場合もある．

2) **調整池式発電所** 取水ダムや水路の途中に数万～数百万 m^3 程度の調整池を設置し，日間または週間の負荷の変動に応じて，水量を調節し発電する方式．

3) **貯水池式発電所** 雪解け，梅雨，洪水などの豊水期の水を貯水池に溜め，年間の季節的な負荷変動や河川水流の変化に応じて出力調整を行い発電する方式．有効貯水量は数百万～数億 m^3 程度．（奥只見ダム 4.6億 m^3，猪苗代湖 3.3億 m^3 など）

4) **揚水式発電所** 発電所の上流および下流に2ヵ所の貯水池を造り，経済的な深夜電力を利用し下流の貯水池から上流の貯水池に水をくみ上げておき，昼間に発電する方式．上池の河川流量を発電に利用できるものを混合揚水式，下池からくみ上げた水のみを利用するものを純揚水式という．

8.1.3 水 力 学

水力発電所は，水の位置エネルギーを利用するもので，落差と流量によって出力が決定される．水力発電所で用いられる公式を以下に述べる．

a. 発電所出力

発電所の出力 P は，以下により算出される．

$$P = \rho \cdot g \cdot Q \cdot H \cdot \eta_T \cdot \eta_G \times 10^{-3} \quad [\text{kW}] \tag{8.1.1}$$

ρ：水の密度 [kg/m³]，g：自由落下加速度 = 9.8 [m/s²]，Q：流量 [m³/s]，H：有効落差 [m]（静落差（上水槽水面と放水位の標高差）から損失水頭を引いたもの），η_T：水車効率 [%]（水車の型式や容量で異なるが一般に 85〜93% 程度），η_G：発電機効率 [%]（容量が大きいほど高く一般に 95〜98% 程度）．

b. 損 失 水 頭

損失水頭は，水が水路または水圧管路を流れる際，流体と壁面などとの摩擦によって生じる損失を落差で表現したもので，下記により求められる．

1) 水路の損失水頭

$$h_f = n^2 v^2 / R^{4/3} \times L \quad [\text{m}] \tag{8.1.2}$$

h_f：損失水頭，n：水路の粗度係数（一般に 0.012〜0.040），v：平均流速 [m/s]（2 m/s 程度），R：径深 [m]，L：管路長 [m]．

2) 水圧管路の損失水頭

$$h_f = \lambda \times L/D \cdot v^2/2g \quad [\text{m}] \tag{8.1.3}$$

λ：摩擦損失係数（流速 10 m/s で 0.017 程度），L：管路長 [m]，D：管路径 [m]，g：自由落下加速度 = 9.8 [m/s²]

c. 水 撃 作 用

管内を流れる水の流れを急に遮断すると，管内に瞬間的な圧力の上昇が起きる．また，管内の静止している水を急に動かすと圧力が低下する．これを水撃作用（water hammer）と呼び，特に電力系統で事故が発生し発電機の負荷が遮断されると，この現象が現れる．水力発電所は，この水撃作用を十分に考慮して設計される．高落差で水車が複数台ある発電所では水撃作用の重量で大きな値となる場合があるため，種々のケースの過渡現象をシミュレーション解析により求め，水撃作用を把握して設計に反映している．

発生する水撃圧力は，水車の特性と弁の閉鎖速度によって決まり，管路における水圧力の変化は下記のアリエビの式 (Allievi's formula) で算出することができる．

$$\Delta H = N \cdot (N \pm \sqrt{N^2 + 4}) \cdot H_0 / 2 \quad [\text{m}] \tag{8.1.4}$$

$$N = L V_0 / g T H_0 \tag{8.1.5}$$

ΔH：変化水圧，H_0：水車中心の静水圧 [m]，L：水圧管路長 [m]，V_0：弁閉鎖前の定流量 [m³/s]，g：自由落下加速度 = 9.8 [m/s²]，T：弁閉鎖時間 [s]．

8.2 水力発電所の設備

8.2.1 取水・水路設備

a. ダ　　ム

ダムは，河川をせき止め，流水を貯留あるいは取水する目的で建設される構造物

で，地形，岩盤条件，使用する材料によってダムの形式が選ばれる．提体を構成する材料による分類では，コンクリートダムとフィルダムに分かれる．コンクリートダムは，構造の違いによりアーチダム，重力式ダムに分類される．

(i) アーチダム： 提体を上流に向かって凸に湾曲させた断面形状をもち，貯水圧を両岸の岩盤に伝達する構造である．両岸の幅が狭く岩盤が堅硬な場所に適用される（図 8.2.1）．

(ii) 重力式ダム： ダム提体のコンクリート重量によって水圧を支えるもので，わが国では最も多く作られている．アーチダムに比べて基礎の地質条件の要求が厳しくない（図 8.2.2）．

土質材料で作られるフィルダムは，遮水機能から，均一形，ゾーン形，表面遮水壁形に分類される．

① **均一形ダム**： 提体全体が粘土などを含む均一の材料で構成される．堤高の高いダムには不適であるが，基礎が軟弱な場合にも適用が可能である．

② **ゾーン形ダム**： 提体内部に土質材料を用いて遮水ゾーンを設けたダムである．遮水ゾーンの周りには強度の高い岩石材料を設けてダム提体の安定を確保する．高度な設計を要するがサイト付近から堤体材料を得ることができる場合には経済的である．

③ **表面遮水壁形ダム**： 提体の上流面にアスファルトコンクリートなどを舗装して，止水する構造である．一般にダムサイト近傍で遮水用の土質材料が得られない場合に採用される（図 8.2.3）．

ダムの水位を所定の高さ以上に上げないように洪水対策として，余水はき，洪水はきがダムの付属設備として設置されている．

b. 水　　路

水路は，取水ダム，取水口，沈砂池，導水路，水そう，放水路から構成される．

流水の貯留を目的とせず水路式発電所の取水のために河川に設ける低いダムは，一般的に取水ぜきと呼ばれるが，高さ 15 m 以上のものは河川法により取水ダムとして定められ，設計上考慮すべき荷重や構造に関する技術的基準への適合，洪水時のダム操作状況の通報などが求められている（図 8.2.4）．

取水口は，河川水を導水路へ円滑に導水するための設備である．設計にあたっては

図 8.2.1　コンクリートダム（アーチダム）

図 8.2.2　コンクリートダム（重力式ダム）

図 8.2.3　フィルダム（表面遮水壁形）

使用水量を確実に取水し，必要に応じて流量を調節できること，損失落差を小さくすること，導水路への土砂，ゴミなどの流入を防除することなどが考慮されている．

沈砂池は，河川に浮遊している土砂を沈降させ，鉄管や水車を摩耗させる土砂の流入を防除する役割をもつ．

導水路は，取水口から水そうまでの水路をいう．導水路は開放された開水路，水路内全面に水圧が働く圧力水路などがある．

水そう（head tank）は，水車負荷の急変に応じ，使用水量の調整を行う役目をもつ．サージタンクは水そうの一種で，圧力水路と水圧管の間に設けられ，使用水量が急変するときに発生する水撃作用のため，圧力水路，水圧管路などの水路構造物に悪影響を及ぼさないようにする構造物である（図8.2.5）．

余水路は，水車負荷の急変により，余分となった水を水そうやサージタンクから放流するために設ける水路である．

渓流取水設備は，沢などから小流量の水を取り入れるための設備である．

放水路は，水車から出た水を放流のため河川に導く水路であり，一般水力では通常，放水庭，放水路，放水口の3部分で構成される．

c. 水圧管路

水圧管路は，水力発電所の取水口，水そうまたはサージタンクから水車に直接導水するために設けられる水路であり，水圧管とその付属設備および水圧管を支持する構造物の総称である．水圧管の材料は，一般に溶接構造用鋼板（SM．〔steel marine〕材）が用いられるが，近年では大きな水圧がかかる高落差発電所において950 N/mm² 級

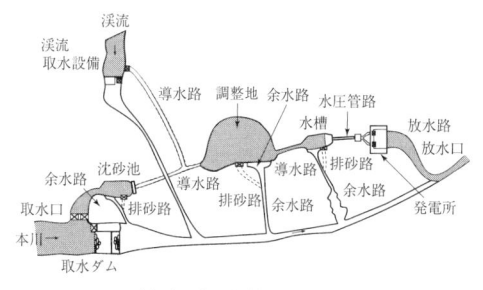

(a) 水路式発電所水路平面概要図

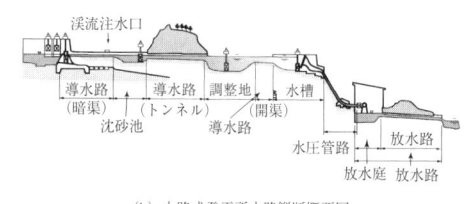

(b) 水路式発電所水路縦断概要図

図 8.2.4 水力発電所の水路概要

図 8.2.5 大型のサージタンクを備えた発電所

の引張強度を有する，高 Ni 高 Cr 組成の高張力鋼板（HT-100；high tensile strength steel）が用いられることもある．一方，小水力向けには強化プラスチックを用いる場合もある．鋼管の水圧管は，直径の大きなものでは 8 m を超えるものがある．

8.2.2 水力設備
a. 水　　車

水車は，水のもっているエネルギーを機械エネルギーに変換する機械であり，大別すると圧力水頭を速度水頭に変えた流れをランナに作用させる構造の衝動水車と，圧力水頭をもつ流水をランナに作用させる構造の反動水車がある．衝動水車は高落差用に，反動水車は中落差以下用に使用される．主な水車の種類を表 8.2.1 に示すが，それぞれの水車は，図 8.2.6 に示されるとおり，効率よく適用できる範囲が落差と流量で決まっている．

表 8.2.1　水車の分類

水　車	衝動水車	ペルトン水車，ターゴインパルス水車	クロスフロー水車
	反動水車	フランシス水車，斜流水車，デリア水車，プロペラ水車，カプラン水車	
ポンプ水車	反動水車	フランシス水車，デリア水車，カプラン水車	

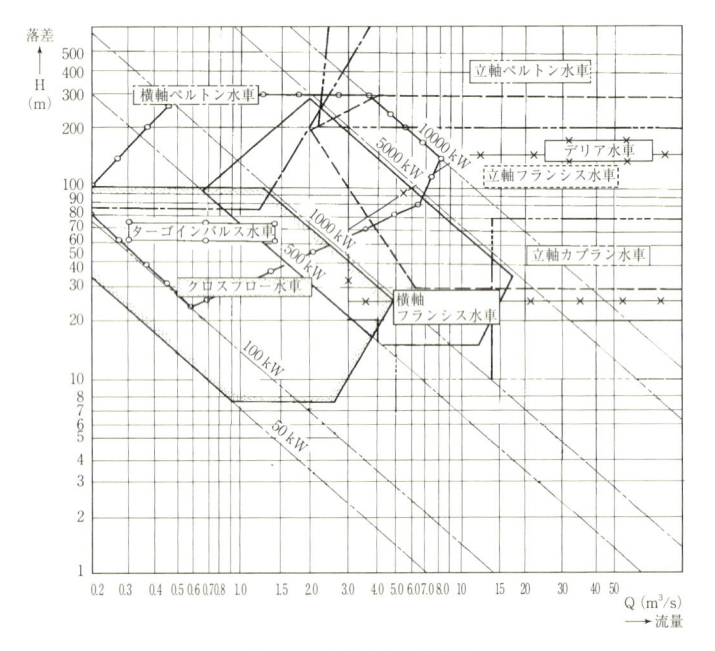

図 8.2.6　水車形式の選定図

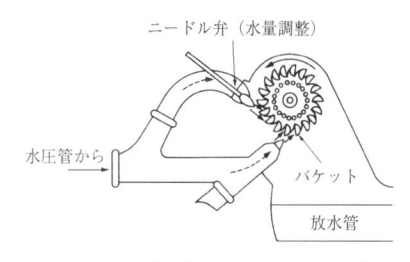

図 8.2.7 衝動水車の例（ペルトン水車）
（代表例：黒部川第4発電所）

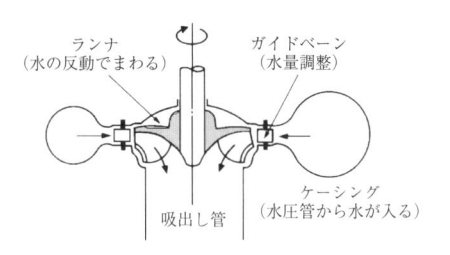

図 8.2.8 反動水車の例（フランシス水車）
（代表例：信濃川発電所）

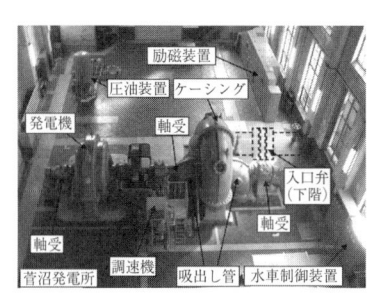

図 8.2.9 発電所内部風景（横軸双流フランシス水車の例）

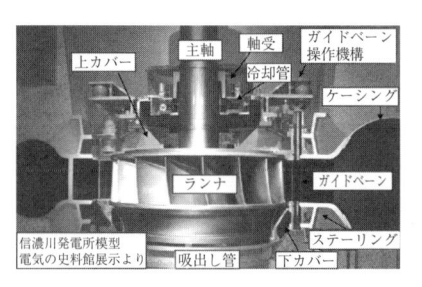

図 8.2.10 立軸形フランシス水車断面図

　衝動水車と反動水車の代表例であるペルトン水車（Pelton turbine）とフランシス水車（Francis turbine）の概略構造を，図 8.2.7，図 8.2.8 に示す．
　水車の材質は，1945年以前は，鋳鉄（FC〔ferrum casting〕材）で，落差が50mを超えるものには，炭素鋼鋳鋼（SC〔steel casting〕材）を使う場合もあった．また，水が酸性水の場合など水質の不良な地点では，燐青銅製（PBC〔phosphor bronze casting〕材）のランナが使用されていた．第二次世界大戦後から，ステンレス鋼鋳鋼（SCS1〔steel casting stainless 1〕相当品）が用いられるようになり，従来，ランナは一体構造で鋳造されていたが，1955年ごろからは，溶接構造用鋼板（SM材）を用いた溶接組立構造も採用されるようになった．さらに，近年では溶接性，耐摩耗性，耐キャビテーション性に優れた含ニッケルのステンレス鋳鋼（SCS6）が用いられるようになっている．
　横軸形フランシス水車の発電所の例を図 8.2.9 に，立軸形フランシス水車断面を図 8.2.10 に示す．

b. ポンプ水車

　揚水発電の形式として，別置式，タンデム式，可逆式がある．タンデム式はポンプと水車が個別に設けられ，電動機・発電機共用の発電電動機に直結される．軸の両側にポンプ，水車がそれぞれ設けられ，発電時にポンプを切り離すようにしているもの

8. 発電設備

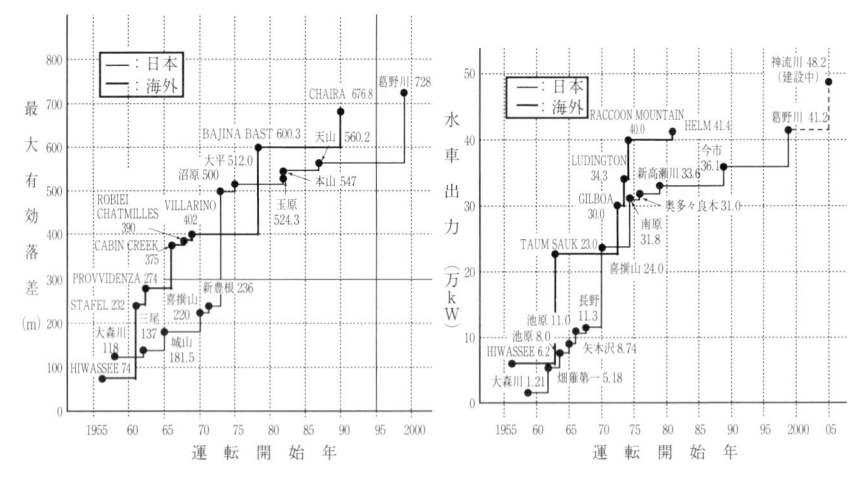

図 8.2.11 単段水車最大有効落差の推移

図 8.2.12 水車単機最大出力の推移

もあり，現在は廃止となった東北電力沼沢沼発電所がこのタイプである.

現在はポンプ，水車共用の可逆回転であるため，ポンプ水車と呼ばれる．形式は主にフランシス形が採用され，斜流形（デリア形）も採用される．

ポンプ水車ランナは，高速回転で，なおかつ高周波の大きな水圧加振力を受ける．高落差・大容量化のための技術は，この水圧加振力による疲労破壊の回避など様々な技術課題を解決して確立された．

図8.2.11に，単段ポンプ水車の落差の推移を示す．国内では，1959年に四国電力大森川発電所（118 m）において，日本初のポンプ水車が竣工して以降，急速に高落差化されてきたことがわかる．単段のポンプ水車単機出力の推移を図8.2.12に示す．2000年現在，1984年運転開始のアメリカ Helms 発電所（41.4万 kW）が最高であるが，東京電力神流川発電所（48.2万 kW）が建設中であり（1号機は2005年12月運転開始予定），落差，出力でも，日本が世界をリードしている．

現在，単段ポンプ水車で技術的には落差800 m 級の実用化も可能な段階となっている．また，最近，効率向上，水圧脈動の低減などを図るために，羽根を長翼と短翼を交互に配置した構造のスプリッタランナも開発されている．

c. 入 口 弁

入口弁は水圧管の末端とケーシングの入口間に設けられ，水車の内部点検，長時間の停止あるいは機器のトラブル発生時など，必要なときに水車に流入する水を遮断する目的で設置される．入口弁には，スルース弁，ロータリ弁，ちょう形弁があるが，最近ではちょう形弁の一種の複葉弁が使われることが多い．入口弁の操作方式には，油圧方式，水圧方式，電動方式がある．中小水力発電所では，電動方式が用いられてきている．

d. ケーシング

ケーシングは，水を水車ランナに導入する構造物である．フランシス水車のケーシングは，一般にうず巻形の形状をしている．ケーシングの材質は，明治・大正時代は鋳鉄で製作されたものがほとんどで，大正時代の後半からは鋳鋼が用いられるようになり，昭和初期にはリベット接続やフランジ接続の鋼鈑が用いられた．現在は普通，溶接構造用鋼板を用いた溶接接続により製作される．

e. 案内羽根（ガイドベーン）

案内羽根は，反動水車ランナの外周に配列し，ランナに流入する流量を調整する機能をもつ．材料は，鋳鋼製（SC材）のものが多く用いられている．

f. 吸 出 管

吸出管は，ランナの出口から放水路までの接続管で，ランナと放水面間の落差を有効に利用し，放流地点での不要な流速を減速することにより，水の運動エネルギーを位置エネルギーとして回収する働きをもつ．

g. 圧 油 装 置

圧油装置は，信頼性が高く容易に大きな力が得られることから，水力発電所の機器操作用に用いられている．水車のガイドベーン，ランナベーン，制圧機，デフレクタ，ニードルおよび入口弁のサーボモータの操作動力となる圧油を供給するための装置であり，圧油タンク，集油タンク，圧油ポンプおよび圧油タンクの圧力を一定にするためのアンローダからなる．

h. 給 水 装 置

給水装置は，水車・発電機の軸受冷却や発電機本体の冷却などの給水設備である．水圧管から自動弁によって減圧装置を経て給水する方式と放水路から給水ポンプで汲み上げて給水する方式がある．

8.2.3 電 気 設 備

a. 発 電 機

水車発電機は，突極形の回転界磁形三相交流同期発電機が用いられるが，最近は数百kW以下には，経済的な三相交流誘導発電機が用いられることがある．回転子は，水車ランナによって回転し，励磁装置によって磁界を発生する機能を有する．

発電機の定格回転速度（同期速度）n は次式で算出される．

$$n = 120 \cdot f/p \ [\mathrm{min}^{-1}] \qquad f：周波数[\mathrm{Hz}], \ p：磁極数[極] \qquad (8.2.1)$$

一般に，発電機の定格回転速度は，使用する水車の形式や形が変わることにより，回転速度が変わることが多い．100〜1000 min^{-1} 程度と幅があり，回転子磁極数も6〜56極と多種多様である（図8.2.13参照）．

固定子巻線は，固定子鉄心のスロット（溝）に収められ，経済的な機器設計ができることから，一般に1個のスロットに2個の固定子巻線を入れる二層巻きが採用されている（図8.2.14参照）．

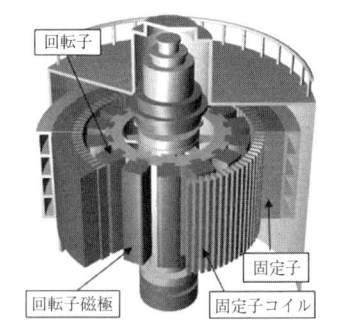

図 8.2.13　立軸同期発電機鳥瞰図 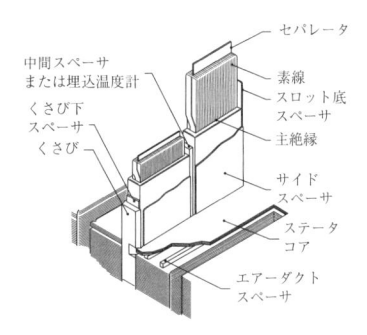　　図 8.2.14　スロット内固定子巻線の構成例

(解説)回転子の周波数(回転速度)と励磁周波数を加えた周波数が,常に系統周波数と同期するように回転子巻線に交流励磁している.

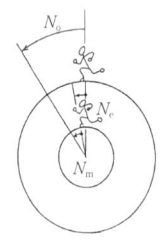

$N_o > N_m$
$N_e > 0$
$N_e = N_o - N_m$
N_e：励磁周波数

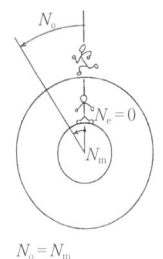

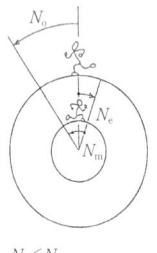

$N_o = N_m$
$N_e = 0$
N_o：系統周波数

$N_o < N_m$
$N_e < 0$
N_m：回転子の周波数
　　（回転速度）

図 8.2.15　可変速運転における系統周波数と回転速度のイメージ図

　発電機は，電圧が高くなるほど固定巻線の絶縁が厚くなり，導体の占積率が低下して重量が増しコスト高となる．一方，容量に対して電圧を低くすると，固定子コイルの巻回数が減り設計上の自由度がなくなる．発電機電圧は，長らく 6 kV, 11 kV 程度が採用されてきたが，現在は，発電機の大容量化に伴い 18〜20 kV も用いられる．また，コイルは，銅線にマイカテープを巻いた構造であり，含浸材料としては従来アスファルトコンパウンドが用いられていたが，1970 年代からはエポキシレジンが採用されている．

　水車発電機の冷却は一般に空冷方式であり，空気冷却器を用いた閉鎖風道方式がよく用いられるが，中小容量機では管通風形なども採用される．

　可変速揚水発電では，発電電動機の回転子に三相交流電機子巻線が適用され，必要な回転速度と系統周波数の差に相当する周波数で交流励磁する方式が採用されている（図 8.2.15 参照）．ポンプ入力は回転速度の 3 乗に比例するため，発電電動機の回転速度を変化させることにより，揚水運転時にも入力調整ができる．サイリスタやGTO（gate turn off thyristor）などの半導体デバイスの大容量化により実用化が可

能となった．
　可変速揚水発電は世界に先がけて，8万kWの東京電力矢木沢発電所（1990年），30万kWの関西電力大河内発電所（1993年）で実用化された．大容量パワーエレクトロニクス技術や高度なディジタル制御技術を駆使した，日本が世界に誇れる水力発電技術となっている．

b. 軸　　受

　軸受には，軸方向の荷重を支えるスラスト（推力）軸受，軸径方向の荷重を支えるガイド（案内）軸受がある．
　スラスト軸受は，発電所の発電機の大容量化に伴い，水車発電機の回転体重量と水車にかかる水の力が大きくなり，高面圧，高周速のスラスト軸受が要求されるようになってきている．軸受の静止板は，すべり面に錫を主体としたホワイトメタルを台金に鋳込むか溶接した構造である．近年，ホワイトメタルに代わり，耐摩耗性に優れた四フッ化エチレン（テフロン）などのエンジニアリングプラスチックを適用したものも導入されている．
　ガイド軸受は，一般に2分割した円筒軸受であるが，立軸の大容量機を中心に半径方向に数個に分割され，調整の容易なセグメント軸受も使用されている．

c. 潤滑油装置

　水車・発電機の軸受潤滑には，潤滑油（タービン油）が使われている．潤滑油装置は潤滑油ポンプ，集油タンク，油を冷却する装置などから構成された，潤滑油を冷却・供給する装置である．集油タンクから潤滑油ポンプによって油を高所のタンクへ汲み上げ，自重によって給油する重力給油方式は，複数台ある中小容量機に採用される．また，潤滑油ポンプから直接給油する給油方式もある．揚水発電所などスラスト荷重が大きなものは，スラスト押上装置が設置されている．

d. 励磁装置

　励磁装置は，回転子の界磁極を励磁するための装置である．主な方式には，直流励磁機方式，ブラシレス（交流励磁機）方式，静止形励磁方式などがある．近年は，大中容量機には静止形励磁方式が，中小容量機にはブラシレス励磁方式が採用される場合が多い．

8.3　水力発電所の計画と設計

8.3.1　水力発電所の計画

a. 地点選定

　水力発電所は，計画から運転開始まで長期間を要するとともに，計画策定においては多岐にわたる検討が必要である．計画策定の概略手順は図8.3.1のとおりである．
　水力開発地点は，一般に下記の条件を満たす地点を抽出し，計画を進める．
　・短い水路で落差が得られること
　・水量が豊富で，年間を通して流量が安定していること

・ダムや発電所などを構築するために，地形・地質が良好であること

・工事資材や機器などの運搬が容易にできること

・既設の電力系統に連系しやすいこと

検討にあたっては，ダム，水路，発電所の工作物を設置する場所の地形・地質調査，通常10年間以上の河川流況調査，騒音規制法，振動規制法，自然公園法，森林法などの各種法規制調査，開発地点にかかわる農業用水など既得の水利用調査など，様々な調査を行い，最も経済的な地点を選定する．

b. 発電所の設計

地点が決定すると，最適な発電所の設計を行う．適用する水車形式は水車特性から，ほぼ落差，使用水量で決められ，

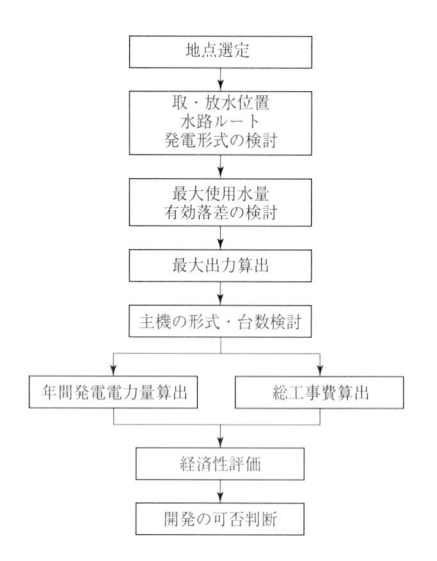

図8.3.1 水力発電所計画策定の概略手順

各水車の適用範囲は前述の図8.2.6のとおりである．選定にあたっては，その発電所の運用方法や経済性などを総合的に勘案する．

水車発電機を立軸・横軸機にするかは，発電機容量，回転速度，水車の形式などで総合的に検討し決定する．単独運転を必要としない系統や，系統並列時の電圧変動などの問題がない場合には，電圧調整装置や調速装置などを省略できる誘導発電機を適用する場合もある．

水車発電機台数の選定にあたっては，河川流況や開発地点の特性，建設費のほか，運用性・保守性などを考慮して検討する．台数を少なくし単機容量を大きくすると，建設費・保守維持費などが低減できるが，運用性が悪くなる．地点によっては，輸送上の制約から単機容量が制限され台数が決まる場合もある．

年間を通じて水量が大幅に変化するような河川や下流利水条件などの制約で，部分負荷運転が多くなる発電所では，複数台にして，使用水量の変化による水車の効率低下を抑え，年間発生電力量を増加させる検討も行なう．また，保守点検時の溢水電力量の影響も台数選定において考慮すべき項目である．

8.3.2 環境保全
a. 環境影響

地質調査や経済性評価などによって水力発電所の地点が決定後，発電所の立地に関する環境影響調査が実施される．環境影響評価法で発電所出力が3万kW以上で，国立公園等環境保全上特に必要と認められる場合に義務づけられている．環境影響評

価の観点は次のとおりである．
① 自然環境：　自然保護・自然景観，植生の保護，動物の保護
② 水質：　貯水池などの水温・濁水・富栄養化，減水区間の影響，工事中の水質保全
③ 騒音および振動：　工事中，運転開始後の騒音・振動
④ その他：　交通および公共施設，土地利用，水系利用など

最近国内では，特に希少動物の保護や自然・景観の保護に配慮しながら，発電所計画が進められている．

世界では，三峡ダムのように日本のダム貯水総量の2倍にもなる総貯水容量393億 m^3，100万人以上の人々の移住や航道改善距離がダム上流500km以上までに及ぶ大規模な開発も行われている．

大規模な水力開発に伴う，社会的な問題や動植物などへの影響の問題について，開発のためのガイドラインが国際エネルギー機関（IEA：International Energy Agency）などにより作成されている．

b. 水力発電所の環境保全対応

河川への関心の高まりや，CO_2 削減への取組みなどで，既設水力発電所の環境保全も重要になっている．取組み事例として次のようなものがある．
・河川維持流量の確保要求と発電電力量確保の両立
・河川の浄化，魚類保護，観光などの目的での地域要請への対応
・マイクロ水力を活用した河川維持放流からのエネルギー回収
・周辺環境を考慮した建物外観の工夫，水路・発電所周辺への植樹
・取水ダムへ流入する流木処理

8.4　水力発電所の運用管理

8.4.1　水 利 権

水力発電所を設置する場合には，河川法に基づき，国土交通省所管の河川管理者より水利権を取得しなければならない．水力発電を目的とする場合には原則的に30年間の許可期限が定められているが，更新時には，社会情勢の変化，河川状況の変化などに対応し，30年未満の許可期限が設定される場合がある．また，発電所の出力に応じた水利使用料（流水占用料）を都道府県に支払うことも規定されている．

8.4.2　監 視 制 御

水力発電所の監視制御は，情報伝送，自動制御技術の進歩，保護装置の信頼度向上などから無人化が進み，ほとんどが遠方からの監視制御となっている．発電所で常時監視をする「常時監視制御方式」のほか遠方から監視制御する方式として，「随時巡回方式」，制御所から監視制御する「随時監視制御方式」，「遠隔常時監視方式」の4種類に分類されている．水車発電機の標準的な自動始動および，自動停止の概略の流

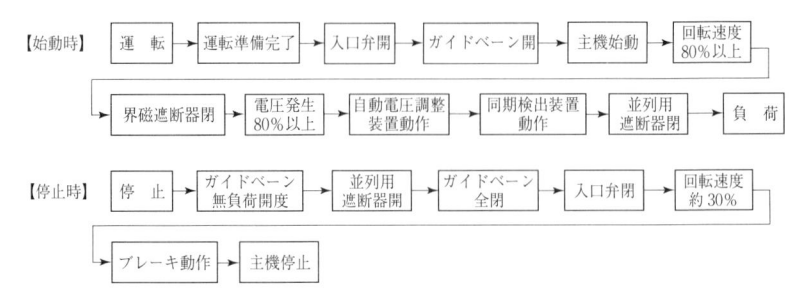

図 8.4.1 水車発電機の自動始動・停止ブロック図

れを図 8.4.1 に示す．始動の所要時間は 5 分程度である．

8.4.3 出力制御と電圧制御
a. 出 力 制 御

出力制御は，調速機が回転速度の変化を検出して，ガイドベーン開度を調整し，回転速度を保つように水車出力を自動的に調整する．また，負荷が遮断された瞬間には回転速度の上昇を検出し，直ちにガイドベーンを急閉して水車発電機の異常な速度上昇を防ぐ．

調速機は，当初，発電機の速度変化を機械的に検出し，調速機から水車までの操作力が機械的に結合された機械式調速機が用いられていたが，現在では，速度検出およ

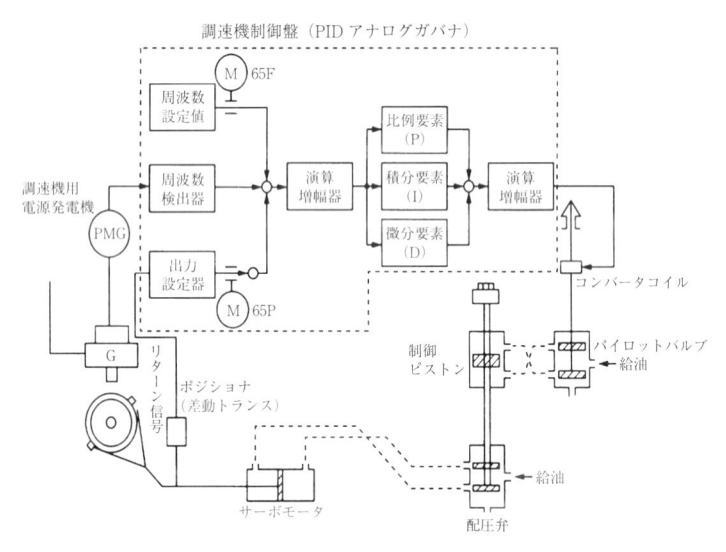

図 8.4.2 電気式調速機（PID 調速機）概念図

図 8.4.3 P, I, D 各要素の動き

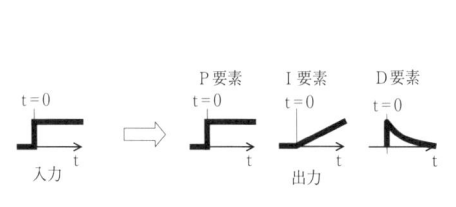

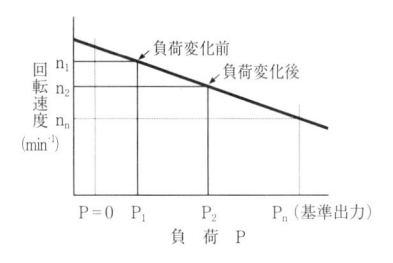

図 8.4.4 速度調定率説明図

び調速制御を電気的に行う電気式調速機が用いられている．

電気式調速機では一般的に PID 調速機（ガバナ）が用いられる（図 8.4.2）．

PID 制御は，目標値と現在値との偏差に比例した制御出力を発生する比例要素（proportional），目標値に対するオフセットを埋める積分要素（integral），目標値の変化に迅速に応答するための微分要素（derivative）を組み合わせ，制御の安定性と速応性を高めている（図 8.4.3）．

調速機には，系統周波数の変動に応じて負荷を自動的に調整し，周波数変動の抑制に寄与する特性が設けられており，その特性は速度調定率として定義される（図 8.4.4）．n_1, n_2 を負荷変化前後の回転速度 [min^{-1}]，n_n を定格回転速度 [min^{-1}]，P_1, P_2 を変化前後の負荷 [kW]，P_n を基準出力 [kW] とすると，速度調定率 R [%] は次の式で表され，通常 2～4% の設定となっている．

$$R = \frac{(n_2 - n_1)/n_n}{(P_1 - P_2)/P_n} \times 100 \quad [\%] \tag{8.4.1}$$

たとえば，30 万 kW の発電機では，速度調定率 4% において，系統周波数が 50 Hz から 0.1 Hz 増加すると出力は 1.5 万 kW 減少する．

水力発電は，火力・原子力とは異なり，熱時定数が存在しないため 5 分程度の短時間で始動が可能である．水車に流入する水量を調整することにより発電量を変化させ系統の負荷変動に追従することができ，機器定格に対して 40～60% からの部分負荷運転が可能である．このため，特に大容量の揚水発電所は他電源と比較して，大きな周波数調整能力をもっており，迅速な系統周波数調整を行っている．

b．電圧調整

自動電圧調整装置（AVR：automatic voltage regulator）は，発電機電圧と電圧設定器の値を比較し，その偏差によって界磁電流を制御することで発電機の電圧を所定の値に調整する装置である（図 8.4.5）．系統への並列時には，発電機電圧と系統電圧を合わせるために，自動同期装置からの指令に基づき，AVR で発電機電圧が調整される．電圧調整指令から電圧変化までは，1 秒程度である．

近年，インバータ機器を用いた負荷の増加や，電圧を維持するために多くの無効電力を供給する必要性が増してきている．一方，夜間や休日などの軽負荷時には電圧が

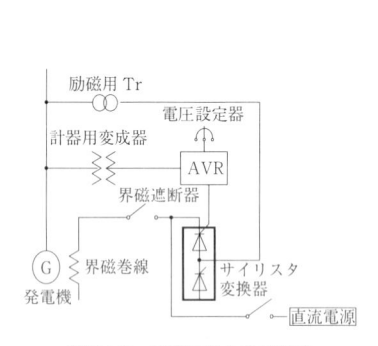

図 8.4.5 励磁回路の基本構成

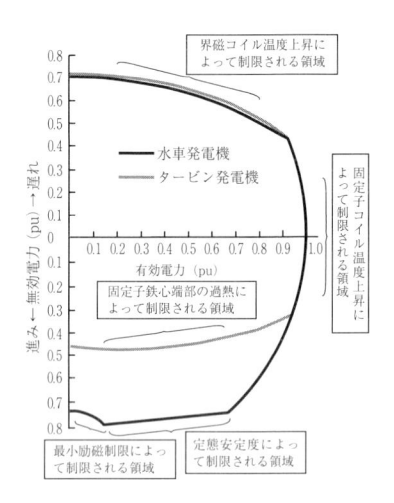

図 8.4.6 発電機の可能出力曲線の例

高くなりやすく，無効電力を吸収する必要がある．水車発電機は，タービン発電機に比べて無効電力を吸収するための進相側調相容量が大きいことや，励磁制御により連続的に調整できることから，揚水発電所では，系統電圧の変化に合わせて無効電力の調整を行う調相機能も有している（図 8.4.6）．

c. 揚水発電所の始動方式

可逆式のポンプ水車のポンプ方向の始動は，制動巻線始動方式，直結電動機始動方式（ポニーモータ始動方式），直結水車始動方式，同期始動方式，サイリスタ始動方式がある．近年は，同期始動方式とサイリスタ始動方式を組み合せた方式が採用されている．

同期始動方式は，電力系統から分離された状態で，発電電動機と別の発電機や発電電動機を回路接続し，発電機を始動しながら同期をとって発電電動機を加速する方式である．この方式は始動用電源として発電機が必要なため，台数の多い揚水発電所や近傍に始動用発電機として利用できる発電所がある場合に採用される．

サイリスタ始動方式は，停止中の発電電動機にあらかじめ励磁を与えておき，サイリスタ変換器により，0～定格回転速度までの可変周波数の電流を固定子巻線に供給して回転子を始動する方式である．

8.4.4 設備管理技術

設備の機能を維持し，安定した運転を確保するために，設備の状況の把握や計画的な点検や修理を実施する必要がある．最近では，効率的な設備保全のために，定期的に点検を実施するやり方から，設備の状態を監視し必要な保全を実施するやり方に変わってきている．設備・河川の状況や機器の状態を確認し把握する巡視や，点検時

などに設備の劣化度合いを把握するための設備診断が重要になっている．電気事業者は，電気工作物を技術基準に適合するよう維持すること，ならびに保安確保のため，巡視・点検および検査などについて定めた保安規定を提出することが電気事業法で義務づけられている．

a. 巡　　視

通常，月に1～2回程度設備実態に応じて設定し実施する「普通巡視」のほかに，機器の点検・改修の要否を判断するために「特別巡視」や，洪水や地震などの災害時に「臨時巡視」を行う．

b. 点　　検

機器を分解しないで行う「普通点検」と，機器を分解して行う「分解点検」がある．「普通点検」は外部から，あるいは抜水して実施する点検であり，「分解点検」は，しゅう動部やパッキンの摩耗や劣化状況を確認し，損耗部品の取替などを行うとともに，性能確認の諸試験も実施する．普通点検はおおむね1～3年に一度，分解点検は機器の運転状況や水質などの実態に応じて設定される．近年，水車ランナなどの耐摩耗性材質の適用で延伸化の傾向にある．また，異常が認められたときや同種事故防止対策のために「臨時点検」を行う．

c. 水車・発電機の設備診断技術

1) 水車の非破壊検査　　磁粉探傷，浸透探傷，超音波探傷検査により，水車各部の欠陥の有無を検査する．特に進行性の欠陥は検査の間隔を短くし追跡調査を行い，欠陥の大きさや進展状況から，修理や取替の判定を行う．最近では，欠陥の発生している箇所に働く応力や亀裂進展の挙動を予測して余寿命を評価する手法も使われている．

2) 発電機固定子巻線絶縁劣化診断　　運転中の温度上昇による劣化，ヒートサイクル（始動停止の繰返し）による機械的な劣化，サージなどによる電気劣化，吸湿・汚損などの環境的な劣化で，絶縁特性が低下する．現状の絶縁耐力を把握するために，直流電流試験，誘電正接試験，交流電流試験，部分放電試験の特性確認の試験が実施される．この結果により固定子巻線の寿命予測を行い，取替計画を立てる．最近は，固定子巻線の温度測定素子（サーチコイル）を使用して内部に発生する部分放電をとらえて診断する方式も考案されている．

3) 設備監視システムによる診断　　重要な揚水発電所などでは，機器に設置した各種センサや状態表示などの運転データを収集して，傾向を管理する機能や各データを組み合わせて異常を判断する機能をもったシステムを導入している．また，振動検出による異常診断や軸受の温度予測による異常診断なども実施している．

4) 圧油・潤滑油のトライボロジー診断　　圧油や潤滑油は，油の粘度，水分，全酸化などの性状を分析して，取り替えられてきた．最近は，血液から体の状態を診断するように，油中の夾雑物を分析することで，軸受の摩耗状態や油中のしゅう動部状態把握など機器の状態を分解しないで診断し判定する方法も適用されている．

〔山口　博・久保田一正〕

(II) 火力発電

8.5 火力発電の概要

火力発電とは，石炭，石油，ガスなどの燃料の燃焼に伴う熱エネルギーを，原動機により機械エネルギーに変換して発電機を駆動し，電気エネルギーに変換する発電方式である．

8.5.1 火力発電の分類
火力発電には様々な分類方法があるが，原動機の種類などにより以下のように分類できる．
a. 汽力発電
ボイラで燃料を燃焼させて蒸気を発生させ，蒸気タービンを原動機とする歴史的にも主流をなす発電方式である．単機容量は数百～百万 kW 程度と幅広く，多様な燃料に適用できることから，火力発電の中心的設備として広く採用されている．一般的な汽力発電設備は図 8.5.1 に示すように，ボイラ，蒸気タービン，発電機およびそれらの付属設備と，燃料設備，冷却水設備，排煙処理設備，煙突などで構成される．燃料としては歴史的に石炭が用いられ，現在も世界の火力発電電力量の約 60％が石炭，約 30％がガス，約 10％が石油である．また，バイオマスや廃棄物なども燃料に用いられているが，燃料性状が不安定であり，燃料中の塩素などによる腐食防止の点から，蒸気条件の向上が難しいなどの課題がある．
b. ガスタービン発電
近年著しく進歩したガスタービンを原動機とする発電方式である．単機容量は数十

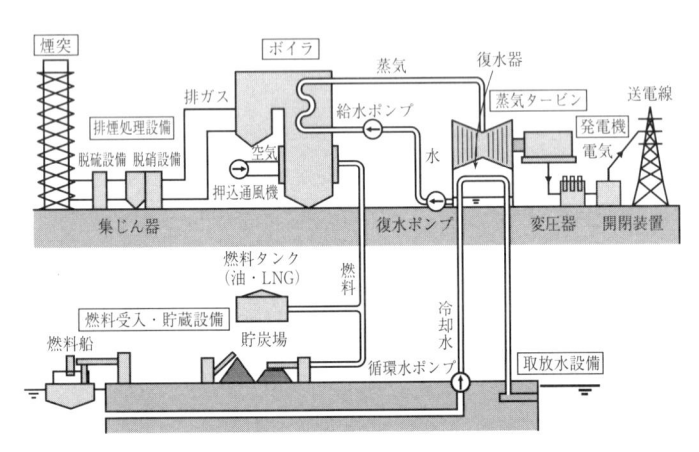

図 8.5.1 汽力発電所の設備構成概要

～30万kW程度で内燃力発電よりも幅広い．燃料には各種のガスや灯油・軽油などの比較的良質な燃料が用いられ，熱効率（HHV）は20～35％程度と高くはないが[*]，単純な設備構成や機動性などの特徴から，主にピーク負荷用や非常用発電設備として用いられている．

> [*] 燃料の発熱量には，燃料が発生する全発熱量である高位発熱量（HHV：high heating value）と，高位発熱量から燃焼によって発生する水蒸気の潜熱を減じた低位発熱量（LHV：low heating value）があり，HHV基準の熱効率は，LHV基準の熱効率よりも低くなる（天然ガスでは10％程度）．このため，熱効率の基準がHHVであるかLHVであるかに留意する必要がある．

c. コンバインドサイクル発電（複合発電）

コンバインドサイクル発電は，高温域と低温域で異なる熱サイクルを組み合わせて熱効率の向上を図る発電方式で，ガスタービン発電と汽力発電を組み合わせた高効率の発電設備が実用化されている．コンバインドサイクル発電には様々な方式があるが，わが国の電気事業において多く採用されている排熱回収式は，ガスタービン，排熱回収ボイラ，蒸気タービン，発電機などで構成される（8.7.2項参照）．

d. 内燃力発電

軽油などを燃料とするディーゼルエンジンや，各種のガスを燃料とするガスエンジンなどを原動機とする発電方式である．起動性や出力調整能力に優れており，比較的に単純な設備構成で建設期間が短いなどの特徴がある．単機容量は数十～15,000 kW程度であり，自家発などの比較的小規模な発電設備や非常用発電設備として用いられている．熱効率は20～45％（HHV）程度である．

e. 熱電併給（コージェネレーション）

工場や大型ビルなどの熱需要のある場所においては，ディーゼル発電やガスタービン発電と排熱回収ボイラなどの組合せにより，電気と熱エネルギーを供給する熱電併給（コージェネレーション）が行われる場合がある．熱電併給は，廃熱利用により省エネルギーを実現する方式で，供給する電気および熱エネルギーを単純に加算したものを総合熱効率と称して，これが高いことが利点とされることがある．しかし，電気エネルギーは熱エネルギーを加工した高度なエネルギーであり，熱電併給の総合熱効率と電気に変換する熱効率とを単純に比較することは意味がない．電気と熱エネルギー需要が安定的に存在する場合は限られており，エネルギーの利用形態をもとに正確に熱効率を評価する必要がある．

8.5.2 わが国の火力発電の変遷

わが国の電気事業は水力発電を中心に発達してきたが，戦後復興に伴う電力需要の増加に対して火力重点の建設が行われ，1950年代より火力発電が電気事業の中心となった．当時のわが国の火力発電は，欧米の再熱ボイラや制御技術などの導入により，目覚しい高効率化と単機容量の増大が図られた．また，国産化も7万5000 kW機から順次大型化が進められ，国内メーカの技術育成と生産体制の確立が進められた．

その後，現在に至るまでに，熱効率向上，大容量化，環境対策，出力調整能力向上などの諸課題に対して様々な技術改良が重ねられ，わが国は世界でも一流の火力発電設備の製造技術・運転技術をもつに至った．以下にわが国の火力発電の主な変遷を記載する．

a. 汽力発電の熱効率向上

熱効率向上は，省エネルギー，発電コスト低減，環境対策などの観点から火力発電技術の重要な課題であり，蒸気条件の高温高圧化を主として様々な改良が重ねられてきた．図8.5.2にわが国における火力発電の熱効率と蒸気条件の推移を示す．汽力発電の熱効率は，1950年代当初では約30％（HHV）であったが，現在の最新鋭汽力発電では約43％（HHV）にまで向上している．また，蒸気条件は1952年に運転開始の蒸気タービンでは，5.8 MPa（主蒸気圧力）-482℃（主蒸気温度）と非再熱サイクルであったが（九州電力築上1号），1956年には，10.0 MPa-538℃（主蒸気温度）/538℃（再熱蒸気温度）のわが国初の再熱サイクルが（九州電力苅田1号），1959年には，16.6 MPa-566℃/566℃の亜臨界圧での最高蒸気条件が導入された（東京電力千葉3号）．1967年には，超臨界圧の24.1 MPa-538℃/566℃が導入され（東京電力姉崎1号），その後しばらくは蒸気条件の著しい向上はみられなかったが，高温強度に優れた改良9Cr鋼（火STBA28）やSUS347（ASME TP347HFG）の開発などにより，1989年には，31.0 MPa-566℃/566℃の超々臨界圧汽力発電が導入された（中部電力川越1号）．その後，約10年間は，高温化を中心に蒸気条件の向上が図られ，2000年には25 MPa-600℃/610℃の世界最高水準の蒸気条件による汽力発電（電源開発橘湾1号）が運転を開始している．

b. 汽力発電の単機容量増大

1950年代から1970年代にかけて，電力需要急増への対応，限られた発電所用地の活用，発電コスト低減などの要求から，蒸気条件の向上と同時に単機容量の増大が積極的に図られた．1952年に3万5000 kW（九州電力築上1号）だった汽力発電の最

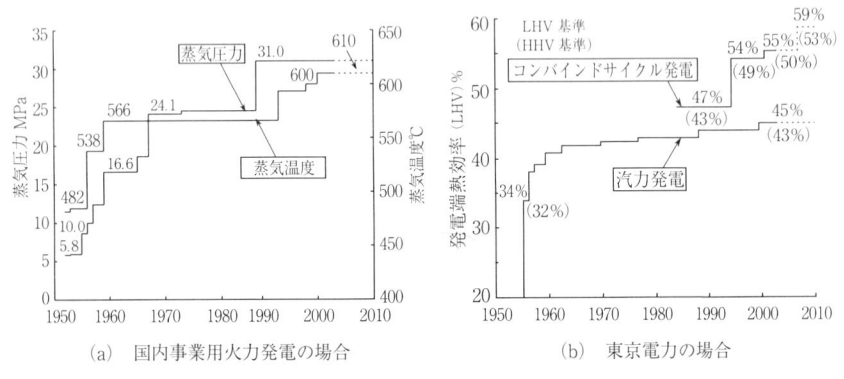

図8.5.2 熱効率と蒸気条件の推移

大単機容量は，1964 年には 35 万 kW（東京電力横須賀 3 号），1967 年には 60 万 kW（東京電力姉崎 1 号）と増大し，1974 年にはわが国初の 100 万 kW 機（東京電力鹿島 5 号）が導入されるなど，およそ 20 年間で 30 倍程度の大容量化が図られた．

c. 燃料多様化と環境対策

1950 年代まで，わが国の火力発電燃料は石炭が主であったが，1960 年代より安価な石油が潤沢に供給されるようになり，新設・既設火力の大部分は石油に転換した．また，高度経済成長に伴うエネルギー需要急増による大気汚染が社会問題となり，低硫黄燃料や排煙処理設備の導入，燃焼改善などの環境対策技術の開発が積極的に行われ，1970 年には世界初の LNG 火力発電（東京電力南横浜 1・2 号）が，わが国において誕生した．1970 年代には，二度にわたる石油危機を契機とし，国際エネルギー機関（IEA：International Energy Agency）による石油火力新設禁止の取決めや，世界的な天然ガス資源開発により LNG の導入が飛躍的に進んだ．現在，わが国の火力発電電力量は，約 40％が LNG，約 40％が石炭，約 20％が石油を燃料としており，電気事業における火力発電の硫黄酸化物（SOx），窒素酸化物（NOx）の排出原単位は，世界的にみてもきわめて低い水準となっている．

d. 出力調整能力とさらなる熱効率向上

1970 年代より，わが国の電気事業においては，ベース運転を主とする原子力発電の構成比率が増大し，火力発電に対しては，季節間や昼夜間の需要格差を吸収する部分負荷運転や毎深夜起動停止運転（DSS：daily start and stop）などの出力調整能力が要求されるようになった．

1) 汽力発電の変圧運転　変圧運転は，部分負荷運転時に主蒸気圧力を低下させて運転する方式であり，熱サイクル的には不利になるが，蒸気加減弁絞り損失や給水ポンプ駆動動力の低減により，部分負荷運転時の熱効率低下を少なくできる．変圧貫流ボイラは，1970 年代より 35 万 kW 機（東京電力大井 3 号）での実績があったが，1980 年代より改造も含めて広く採用され，超臨界圧汽力発電では標準的な方式となっている．

2) コンバインドサイクル発電の導入　先述のとおり汽力発電は，蒸気条件の向上などにより飛躍的な熱効率の向上を達成したが，さらに蒸気条件を向上しても，高温材料の経済性などから熱効率向上のメリットを期待することが難しい状況にあった．一方，ガスタービンは，航空機用原動機として飛躍的に進歩し，建設や運転が容易な発電方式として用いられていたが，ガスタービンと蒸気タービンを組み合わせて高効率化を図るコンバインドサイクル発電が，1950 年ごろより欧米で導入され始めた．1970 年代には，ガスタービンの高温化や単機容量増大などにより，当時の汽力発電の熱効率を大きく上回る約 43％（HHV）の熱効率と，優れた出力調整能力をもつコンバインドサイクル発電が実現し，1980 年代よりわが国の大規模発電にも本格的に導入され始めた（東北電力東新潟 3 号など）．現在では，さらなるガスタービンの高温化や，蒸気サイクルでの再熱サイクルの採用などにより，熱効率 50％（HHV）

にも及ぶコンバインドサイクル発電（東京電力品川1号など）が運転されている．また，この高い熱効率から，LNGコンバインドサイクル発電のCO_2排出原単位は約$0.4\,kg\text{-}CO_2/kWh$と汽力発電の約$0.5\sim0.9\,kg\text{-}CO_2/kWh$[16]に対して小さく，火力発電における有効な地球温暖化防止対策として積極的に導入が図られている．

8.5.3 火力発電の燃料

1960年代から，世界では天然ガスの利用が急速に進展し，1970年代のコンバインドサイクル発電の発達とあいまって，新設火力では天然ガスが多く使用されるようになった．しかし，今なお世界の火力発電電力量の約60％は石炭を燃料としており，今後，天然ガスの割合が増加しても，世界的には埋蔵量の豊富な石炭が，火力発電の主力燃料であることには変わりがないと考えられる．

a. 石炭燃料設備

石炭燃料設備は揚炭設備，貯炭設備，運炭設備およびこれらの付属設備から構成される．図8.5.3に石炭燃料設備の構成例を示す．

揚炭設備のアンローダ形式は，クラブバケット式と連続式に大別でき，クラブバケット式では水平引込式や橋形，連続式ではバケットエレベータ式やバケットホイール式などの方式がある．火力発電所では高い揚炭効率，容易な運転，密閉構造で優れた防じん性などから，連続式が多く採用されている．また，陸揚げ時の騒音対策などの観点から，石炭輸送船に揚炭機能を備えたセルフアンローダ船も採用されている．

貯炭設備には屋外貯炭式と屋内貯炭式があり，屋外貯炭式は，石炭を積付けるスタッカ，石炭を払い出すリクレーマ，この双方の機能をもつスタッカリクレーマなどのレール上を移動する大型ヤード機械で構成される場合が多い．一方，敷地面積の制約，騒音対策などから採用され始めている屋内貯炭式には，切妻屋根式，ドーム式，サイロ式などの方式があるが，一般に，屋外貯炭式に比べて建設費が高く，自然発火や炭じん爆発などにも注意する必要がある．

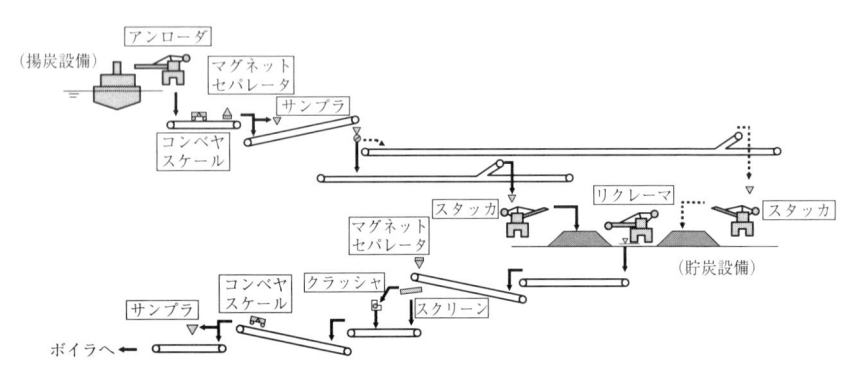

図 8.5.3 石炭燃料設備の構成例

運炭設備は，揚炭設備から貯炭設備まで，貯炭設備からボイラ設備までを，主にベルトコンベヤと乗継建屋で結ぶ搬送設備であり，騒音，振動，石炭の飛散や落粉などに十分な配慮を必要とする．従来，平ベルトコンベヤが多く使用されていたが，環境面や景観などの観点から，密閉したチューブ内で空気圧力によりベルトを浮上させる空気浮上式コンベヤも採用され始めている．ベルトコンベヤの最大傾斜角度は，石炭の性状により12～17°程度のものが多いが，省スペースや機械基礎削減の観点から，特殊ベルトによりほぼ鉛直方向に搬送できる急傾斜コンベヤも採用され始めている．

付属設備には，計量器，サンプリング装置，スクリーン，クラッシャ，マグネットセパレータなどがある．計量器は，取引上の計量や在庫管理のために，受入と払出系統に設置され，水平または15°以内の傾斜コンベヤの一部に秤を設けて自動計量することができ，計量誤差や故障が少ないコンベヤスケールが用いられる．サンプリング装置は受入払出された石炭の試料を採取するもので，ベルトコンベヤ接続シュート部に設けられるベルトサンプリングが使用されている．スクリーンとクラッシャはボイラ設備の手前に設置され，スクリーンでおおむね50 mm以下の石炭を選別し，この粒度以上の石炭をクラッシャで破砕する．マグネットセパレータは，石炭中に混在する鉄片を除去するもので，コンベヤヘッド部に設置され，ベルト上に吊り下げた電磁石で鉄片を吸引する．

b. 原重油燃料設備

燃料油の受入方法には，タンカーなどによる海送受入と，パイプライン，タンクローリなどによる陸送受入とがある．海送受入の燃料設備は，岸壁や桟橋上でタンカーからの送油を受入れるアンローディングアーム，計量装置，サンプリング装置，油タンクなどから構成されている．また，万一の漏洩事故に備えてオイルフェンスや消火設備なども設置されている．図8.5.4に燃料油受入貯蔵設備の構成例を示す．

アンローディングアームは，船と陸上の受入管を接続するもので，受入時の潮の干満や波浪などによる船の揺動に自由に追従できる構造になっている．

計量装置には，計量誤差が小さく，低粘度の原油や高粘度の重油などを1つの流量計で計測できる容積型流量計が広く使用されている．また，サンプリング装置には，

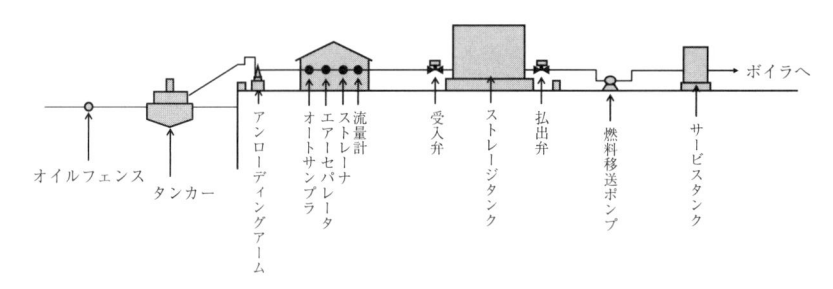

図8.5.4 燃料油受入貯蔵設備の構成例

受入燃料から試料を自動的にサンプリングするオートサンプラが使用されている．

大量の油を貯蔵するタンクには，鋼板製の円筒形地上タンク，岩盤内地下タンク，海上タンクなどがあるが，経済性から火力発電所のタンクはほとんどが円筒型地上タンクである．円筒形地上タンクは屋根の構造形式により，固定屋根式タンク，浮屋根式タンク，固定屋根付浮屋根式タンクに分類される．

固定屋根式タンクには，円錐形をした屋根を側板上部に固定するとともに，タンク内に設けた支柱により支持するコーンルーフタンクと，屋根を球面形にして強度をもたせ，タンク内に支柱を設けず，かつタンクの耐圧力を高める構造のドームルーフタンクがある．比較的単純な構造，容易な維持管理，安価な建設費などの特徴から，コーンルーフタンクが広く使用されている．固定屋根式タンクには，大気開放のベント弁やブリーザ弁が取付けられており，油面や大気圧，大気温度などの変動によりタンク内の揮発分が大気中に放出されるため，原油など揮発分の多い燃料油の貯蔵には適さない．

浮屋根式タンクは，油面上に浮いた，側板よりも若干小径の円形屋根が油面変化に追従して上下する構造のタンクである．固定屋根式タンクのように油面と屋根の間に空間がなく，息つぎ作用による揮発分の大気放出がないため，原油などの揮発分の多い燃料油の貯蔵に使用されている．屋根には浮力をもたせるポンツーンが設けられており，屋根の外周沿いにポンツーンを設けたシングルデッキポンツーン型と，屋根全体にポンツーンを設けたダブルデッキポンツーン型がある．ダブルデッキポンツーン型は，上部デッキと下部デッキ間の空気層が断熱層として利用できるため，太陽輻射による加熱を防止したい場合などに使用される．

固定屋根付浮屋根式タンクは，固定屋根式のドームルーフタンクと浮屋根式タンクとを組み合わせたものである．このタンクは，側板に付着した油からの揮発分放出や，側板からのわずかな雨水侵入をも防止したいような場合に使用される．

タンクの付属設備としては，タンクレベルを測定する液面計，油の流動点が常温より高い場合に凝固を防止する加熱コイル，タンク内を撹拌するミキサなどがある．

c. LNG 燃料設備

ヨーロッパやアメリカなどのガス産出地域においては，発電所への燃料ガス供給はパイプラインで行われるのがふつうである．わが国では，国内ガス田から発電所へガスパイプラインを設け，ガスを直接供給する方法もとられているが，新仙台，新潟，広野火力発電所など非常に少数である．ガス生産国からガスを輸入する国際ガスパイプラインが島国で未整備であるわが国では，ガスを LNG として輸入し，LNG 受入基地にて気化・送出して発電所へ供給する形態をとっており，世界でもこの方式が拡大しつつある．

燃料の受入は原重油と同様に，桟橋に設けられたアンローディングアームによって行われるが，LNG の温度が約 $-162°C$ と極低温であるため，LNG 用配管は低温時でも十分な靭性をもつオーステナイト系ステンレス鋼を使用するなどの特徴がある．

LNGを貯蔵しておく貯槽も，低温に耐えられる仕様になっており，図8.5.5に示すように地上式と地下式に大別される．地上式の代表である金属二重殻式貯槽は，液密性・気密性を保つ内槽，保冷材を保持する外槽の二重殻構造となっており，内槽には−162℃の低温に耐えられる9% Ni鋼，外槽には普通鋼が使われている．内外槽間には粒状パーライト，グラスウールを充填し断熱性を保持している．近年では，外槽側壁をコンクリートとしたプレストレスト（prestressed）コンクリート地上式LNG貯槽が登場し，新たな流れとなっている．一方，地下式の代表例であるメンブレン式貯槽は，LNGの荷重を受けるコンクリート，液密性・気密性を保つメンブレンと呼ばれるステンレス板，断熱性を保つためのウレタンブロックから構成されている．貯槽形式の選定は，立地，地盤条件などに応じて行われるが，地下式貯槽は，LNGが地表面に漏れないという利点がある．

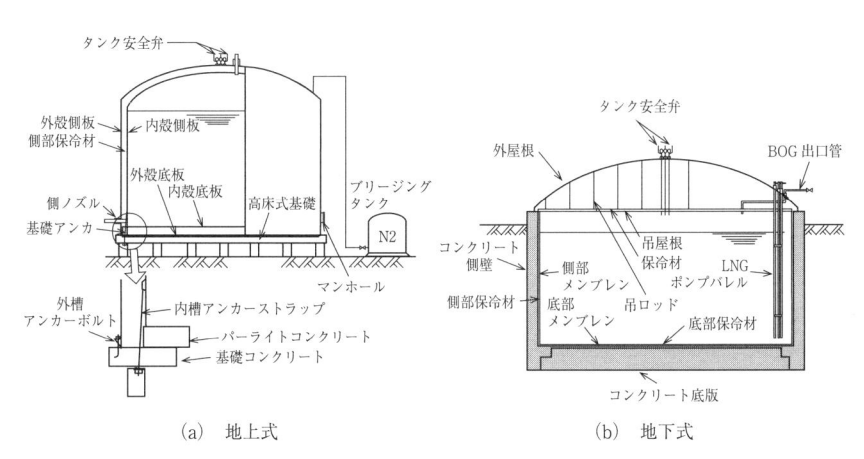

(a) 地上式　　　　　　　　　　(b) 地下式

図 8.5.5 LNG貯槽の構造

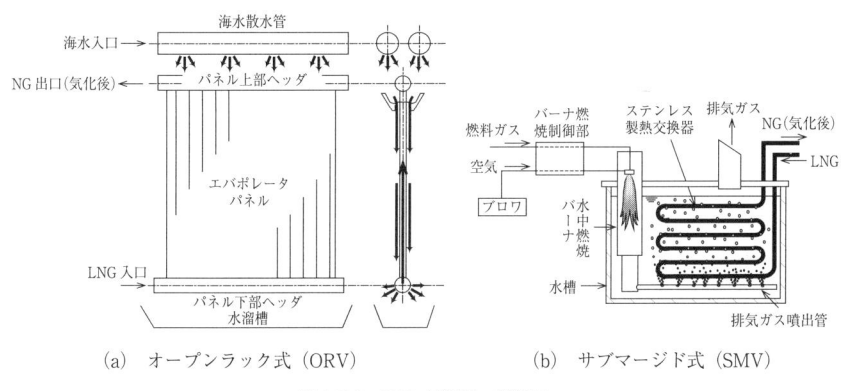

(a) オープンラック式（ORV）　　　(b) サブマージド式（SMV）

図 8.5.6 LNG気化器の概略図

地上式，地下式ともに外部からの熱の侵入により，わずかずつではあるがLNGは蒸発する．このガスはボイルオフガス（BOG：boil-off gas）と呼ばれ，コンプレッサで昇圧後，気化器で作ったガスとともに発電所へ送られるが，BOGの温度も$-110 \sim -130$℃と低温であるため，低温に耐えられる材料と構造をもったコンプレッサを使用する必要がある．

貯槽に蓄えられたLNGは発電所でのガス使用量に応じて気化し，発電所に送る必要がある．LNGを払い出すためのポンプも低温に耐えられるアルミ合金などが使用される．

気化器は常用で使用するオープンラック式気化器（ORV：open rack vaporizer），緊急用として使用するサブマージド式気化器（SMV：sub-merged vaporizer）に分けられる．図8.5.6にORVとSMVの概略図を示す．ORVは，下部ヘッダより通したLNGがアルミ製のフィン付チューブパネル内を通過上昇する間に，管外を流下する海水との熱交換により蒸発し，上部ヘッダでは常温のガスとなるものである．SMVは，鋼板製またはコンクリート製水槽中に浸漬した熱交換器の管内をLNGが通過上昇する間に，管外の温水との熱交換により常温のガスとなるもので，熱源には，水中燃焼式バーナで燃焼させた高温ガスを用いる．

LNG基地の保安防災は，漏洩の未然防止・早期発見・拡大防止，漏洩ガスの拡散促進，火災対策を基本方針として，ガス検知器，水幕設備，粉末消火設備などを備えている．

8.6 ボイラと蒸気タービン

8.6.1 ボイラの種類

発電用ボイラは，燃料のもつ化学エネルギーを燃焼により蒸気の熱エネルギーに変換する設備である．ボイラには様々な種類があるが，発電用ボイラには水管ボイラが一般的に採用されている．水管ボイラは水の循環方法により，自然循環ボイラ，強制循環ボイラ，貫流ボイラに分類される．

a. 自然循環ボイラ

自然循環ボイラは，$11.8 \sim 18.6$ MPa程度の亜臨界圧ボイラで採用されている方式で，蒸発管中と下降管中との水の密度差から生じる循環力を利用して水を循環させる．この密度差は蒸気圧力が高くなると減少するため，高圧大型ボイラにおいては，ボイラ高さを高くするとともに，循環経路をできるだけ直管で構成し，水管径を比較的太くして管内抵抗を減少させることで循環力を確保する．

b. 強制循環ボイラ

先述のように，蒸気圧力が高くなると水と蒸気の密度差が減少し循環力が減少する．さらに，水管は耐圧強度と経済性のために径を細くする必要があり，管内抵抗が大きくなる．このため高圧のボイラでは，循環力を与えるために下降管の途中に循環ポンプを設置して強制的に缶水を循環させる．このようなボイラを強制循環ボイラという．

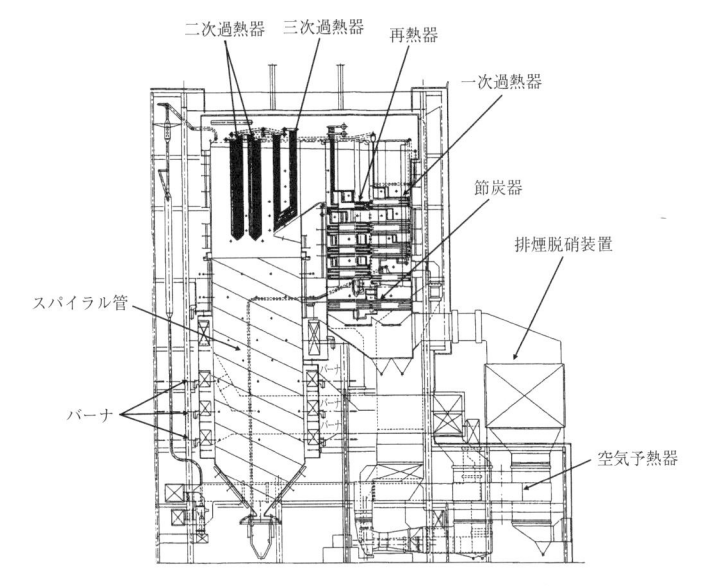

図8.6.1 貫流ボイラの主要構造（100万kW級）

c. 貫流ボイラ

蒸気圧力が臨界圧力（22.1 MPa）以上となると，水と蒸気の密度差がなくなり，ドラム内での気水分離ができなくなる．したがって超臨界圧ボイラには，循環ボイラのようなドラムがなく，水管群によって構成される貫流ボイラが採用されている．図8.6.1に貫流ボイラの主要構造を示す．

貫流ボイラでは，水管の一端から圧送された給水が，火炉に配置された管内で順次加熱，蒸発，過熱され，管の他端では過熱蒸気となる．100万kW級貫流ボイラの場合，この水管の全長は約600 kmにも及ぶ．貫流ボイラには，主蒸気圧力が常に一定の定圧貫流ボイラと，部分負荷時に主蒸気圧力を低下させる変圧貫流ボイラがある．変圧貫流ボイラは，定圧貫流ボイラに比べて起動時間が短く，部分負荷時における熱効率の低下も低減できるが，主蒸気圧力を低下する部分負荷時には，火炉水管内の膜沸騰現象による局部過熱に留意する必要があり，スパイラル管やリブド管などを用いてこれを防止する．

8.6.2 ボイラの構造
a. 燃焼設備

燃焼設備は，燃料を燃焼に適した状態にし，火炉に送出して燃焼させる設備であり，使用する燃料の種類や性状により設備構成が異なる．

石炭を燃焼する方法としては，塊のままストーカ（固体燃料を上面に載せて，下方

から隙間を通して供給される空気によって燃焼させる装置)を用いて燃焼する方法や，微粉炭にした後にバーナを用いて燃焼する方法などがある．微粉炭燃焼は，ストーカ燃焼に比べて過剰空気が少なくボイラ効率がよいこと，出力変動に敏速に対応できること，使用できる石炭性状の範囲が広いことなどの利点から，発電用として広く採用されている．微粉炭焚き火力発電では，貯炭場から送られた石炭を，ボイラ近傍の石炭バンカに一旦蓄える．石炭バンカの石炭は，給炭機で定量ずつ微粉炭機（ミル）に供給され，粒径 0.1 mm 程度まで粉砕される．粉砕された微粉炭は，空気予熱器で予熱された燃焼用空気（一次空気）によりバーナに搬送され，さらにバーナ近傍で，同じく空気予熱器で予熱された燃焼用空気（二次空気）と適切に混合された後，火炉内に送り込まれて燃焼する．

　油を燃焼するには，油を微粒化して空気と油との接触面積を増やす必要があり，燃焼装置をバーナでの微粒化方法で分類すると，圧力噴霧式，媒体噴霧式などに大別できる．圧力噴霧式は，加圧した油を小径ノズルから高速噴射することで油を霧化する方式で，媒体噴霧式は，噴霧媒体（蒸気または空気）と加圧した油の混合衝突により，油を霧化する方式である．媒体噴霧式は，圧力噴霧式に比べて油の噴射圧力が低く，系統圧力は低圧にできるが，噴霧用蒸気または空気が必要なために系統構成は複雑となる．しかし，圧力噴霧式に比べて噴霧粒径を微細にできるため，低質油に対しても有効な方式である．

　ガス燃焼は，他の燃料と比べて燃焼調整が容易であるため，燃焼装置としての特別な装置はほとんどない．天然ガスの場合，圧力 150～300 kPa でバーナまで移送され，バーナ先端の小孔からガスを高速に噴射させて燃焼する．

b. 火　　炉

　火炉は，燃焼装置から送られる燃料と燃焼用空気とを混合し，燃焼させるエリアである．火炉は，水管で構成されており，火炉自体を冷却するとともに缶水を加熱，蒸発する．

　火炉の大きさは，ボイラ型式，燃料種別，燃焼方法，通風方法および火炉壁構造などにより異なるが，一般的には火炉熱負荷をもとに設計されている．火炉熱負荷は，石炭焚きでは 100～350 Mcal/m^3h，重油やガス焚きでは 150～500 Mcal/m^3h 程度である．石炭焚き（微粉炭）ボイラは，石炭の完全燃焼に時間を要すること，また，後流接触伝熱面での溶融飛灰の付着防止のために火炉出口ガス温度を適度に下げる必要があることから，同容量の重油やガス焚きボイラと比較して火炉は大きくなる．最新鋭の 1,000 MW 級微粉炭焚きボイラの例では，火炉容積は 2.3 万 m^3（幅 29 m×奥行 15 m×高さ 58 m）程度である．また，火炉は，燃焼に伴う熱膨張を拘束しないように，上部から吊り下げられており，上記の 100 万 kW 級微粉炭焚きボイラの熱膨張量は約 30 cm にも及ぶ．

c. ド ラ ム

　ドラムは，蒸発管で加熱された気水混合物を蒸気と水に分離するための設備で，自然循環ボイラおよび強制循環ボイラに用いられている．ドラムで分離された蒸気は，

過熱器を通過してタービンに送られ，一方，水は降水管を通して再び蒸発管に送られる．なお，貫流ボイラでも，起動時および低負荷時の水冷壁保護に必要な給水流量を確保するために，ドラムと同様の機能をもつ気水分離器を設置している場合もある．

d. 過熱器，再熱器，節炭器

過熱器は，火炉などで発生した蒸気をさらに過熱するための装置で，タービン内での熱落差を増加させて熱効率の向上を図ることなどを目的として設置されている．伝熱方式により，燃焼ガスの高温領域（火炉壁，分割壁，天井など）で主に放射伝熱により熱吸収する放射形，低温領域（煙道）で主に燃焼ガスとの接触伝熱により熱吸収する接触形，火炉出口付近で放射伝熱と接触伝熱の両方により熱吸収する放射接触式に分類される．放射形過熱器は負荷の増加とともに蒸気温度が低下し，接触形過熱器は逆に上昇する傾向があるため，一般的な過熱器ではこれらを組み合わせて使用することで，広範囲の負荷での蒸気温度の一定化を図っている．

再熱器は，高圧タービン内で膨張して飽和温度に近づいた蒸気を，再加熱して中・低圧タービンに送るための装置で，熱効率の向上，湿り蒸気による低圧タービン翼の侵食防止などを目的として設置されている．再熱器を通過する再熱蒸気は，過熱器での蒸気より圧力が低く比容積が大きいことから，蒸気の圧力損失を低く抑えることが重要となる．

節炭器は，排ガスを利用してボイラの給水を予熱するための装置で，排ガス損失の低減，缶水と給水との温度差によるドラム熱応力の軽減などを目的として設置されている．

e. 空気予熱器

空気予熱器は，排ガスを利用して燃焼用空気を約300℃にまで予熱する装置で，排ガス損失の低減，燃焼効率の向上などを目的として設置されており，伝熱方式により再生式と伝導式に分類される．再生式は，波形鋼板を組み合わせたエレメントを交互に排ガスと燃焼用空気に接触させ，エレメントが吸収した熱を燃焼用空気に与える方式であり，伝導式は，鋼管などの金属壁を介して，排ガスの熱を燃焼用空気に与える方式である．再生式は，伝導式に比べて単位面積当たりの伝熱量が大きく，小型化が可能なため，大容量ボイラでは一般に再生式が採用されている．

f. 通風設備

通風設備は，燃焼用空気を火炉に供給するとともに，発生した燃焼ガスを，ボイラ伝熱面，排煙処理設備を通して煙突から放出させるための設備である．一般に発電用ボイラでは，押込通風方式および平衡通風方式が採用されている．

押込通風方式は，ボイラ上流から押込通風機により火炉内に空気を送り込み，火炉内を正圧力で運転する方式である．平衡通風方式は，ボイラ上流の押込通風機と，ボイラ下流の煙道に設置した誘引通風機により，火炉内をほぼ零から多少の負圧に保ちながら運転する方式で，微粉炭焚きボイラで外部への微粉炭漏洩を防ぐ場合などに用いられる．

上記の通風機以外に，ボイラ出口の排ガスを再び火炉内に供給する排ガス混合通風

機や再循環通風機などがあり,前者は燃焼用空気の酸素濃度低下による NOx 低減を,後者はボイラ通過ガスの流速増加による蒸気温度の調整を目的として設置されている.

8.6.3 給水装置
a. 給水ポンプ
給水ポンプは,ボイラの運転上で最も重要な設備の1つである.給水ポンプの故障は,ボイラの運転に支障を来たすだけでなく,瞬時の停止でもボイラ水管の破損事故に及ぶ可能性がある.給水ポンプの駆動方法には,電動機や駆動用蒸気タービンによる方法などがあるが,大容量のポンプには蒸気タービン駆動が一般的に採用されている.

b. 給水加熱器
給水加熱器は,タービンからの抽気で給水を加熱するための装置で,再生サイクルにより復水器で放出される熱量を減らし,プラント熱効率の向上を図るものである.

給水加熱器の方式には,加熱管を通じて熱交換を行う表面加熱式と,給水と蒸気を直接接触させる直接加熱式があるが,一般的には表面加熱式が採用されている.表面加熱式には機能面から,過熱蒸気の顕熱を利用する過熱低減部,蒸気が凝縮する際の潜熱を利用する蒸気凝縮部,凝縮した飽和水と給水入口温度差を利用するドレン冷却部などがある.

c. 脱気器
脱気器は,給水中の溶存酸素や炭酸ガスなどを除去するための装置で,ボイラや付属設備での電気的,化学的腐食を防止するために設置されている.脱気器では,飽和温度の給水中に酸素や炭酸ガスなどが溶存できないことを利用し,復水器から送られた給水を蒸気と混合して飽和温度まで加熱することで,給水中の酸素や炭酸ガスを取り除いている.

8.6.4 ボイラの性能
ボイラ効率は,供給された燃料の熱量と,給水に伝わり蒸気の発生に用いられた熱量との比で表される.ボイラ効率の算出方法には入出熱法と熱損失法があり,熱損失法では以下の計算式が用いられる.

$$\text{ボイラ効率} = 100 - (L_1 + L_2 + L_3 + L_4 + L_5 + L_6) \quad [\%] \qquad (8.6.1)$$

L_1:乾排ガス損失(排ガスによる熱損失のうち,排ガス中の水蒸気を除いた乾ガスの顕熱による損失)

L_2:燃料中の水素・水分による損失(排ガスによる熱損失のうち,燃料中の水素から発生する水分,および燃料中に含まれる水分の顕熱,潜熱による損失)

L_3:空気中の湿分による損失(排ガスによる熱損失のうち,燃焼用の空気中に含まれる湿分の顕熱による損失)

L_4:放散熱損失(ボイラおよび付属設備の周壁から大気中に放散される損失)

L_5:未燃損失(不完全燃焼により,燃焼ガス中に未燃分が残ることによる損失)

表 8.6.1 ボイラ効率と損失の例（HHV 基準）

ボイラ効率・各損失	燃料種別	石炭焚き ボイラ	重油焚き ボイラ	ガス焚き ボイラ
ボ イ ラ 効 率		89.38%	87.90%	85.89%
L_1	乾排ガス損失	4.31%	4.33%	2.70%
L_2	燃料中の水素・水分による損失	4.03%	6.53%	10.19%
L_3	空気中の湿分による損失	0.09%	0.07%	0.05%
L_4	放散熱損失	0.17%	0.17%	0.17%
L_5	未燃損失	0.52%	0.00%	0.00%
L_6	その他の損失	1.50%	1.00%	1.00%

L_6：その他の損失（上記以外の損失）

表 8.6.1 にボイラ効率と損失の例を示すが，石炭焚きとガス焚きとを比較すると，石炭焚きボイラでは，燃料中の水素分が少なく，水素から発生する水分による損失 L_2 は小さい．また，燃料中に硫黄分を含み，低温腐食（硫酸腐食）防止の観点から排ガス温度を高くするために，乾排ガス損失 L_1 は大きくなる．さらに，石炭がすべては燃焼せず，一部は未燃分（すす）となることから，未燃損失 L_5 も大きくなる．

8.6.5 蒸気タービンの種類

蒸気タービンは，蒸気の熱エネルギーをロータの回転による機械エネルギーとして取り出す原動機であり，汽力発電では図 8.6.2 に示すランキンサイクルを基本として用いる．蒸気タービンには様々な種類があり，選定時には，経済性，運用性，技術水準などを総合的に考慮し，発電設備の使用形態や発電出力に最適なタービン型式，蒸気条件，機器配置などを決定する．蒸気タービンの主な種類（分類）を以下に記載する．

a. 復水タービンと背圧タービン

復水タービンは，タービン出口の蒸気を復水させて高真空を得ることで，蒸気をタービン内で十分に膨張させるもので，発電を主目的とする場合に多く用いられる．また，復水タービンの中間段から工場用蒸気などを抽気するものは抽気復水タービンという．一方，タービン出口の蒸気を工場用などに利用するものや大気放出するものを背圧タービンといい，背圧タービンの中間段からも抽気するものを抽気背圧タービンという．

b. 再生タービンと再熱タービン

タービン中間段から蒸気を抽気してボイラ給水を加熱するものを再生タービン，膨張段の途中で蒸気を再加熱してタービンに戻すものを再熱タービン，これらを組み合わせたものを再熱再生タービンと呼び，いずれも熱効率の向上を図る目的で広く採用されている．

c. 単流タービンと複流タービン

1つの車室（後述）内において蒸気が一方向に流れるタービンを単流タービン，中

央から両方向に流れるタービンを複流タービンという．

d. タンデムコンパウンドとクロスコンパウンド

複数のタービン（高圧，中圧，低圧など）が軸継手で接続され，同一軸に配置されたものをタンデムコンパウンド，タービン軸を2軸以上に並列に配置したものをクロスコンパウンドという．クロスコンパウンドでは発電機数が増加するが，1軸当たり容量は小さく，また，軸受数と軸継手数が少なくなるために振動などの管理が容易になる利点がある．一方，タービンの全段落が単流で設計できる場合には，高圧・中圧・低圧の複数のタービンを構造的に一体化し，機器のコンパクト化と車室数の低減を図るものもある．

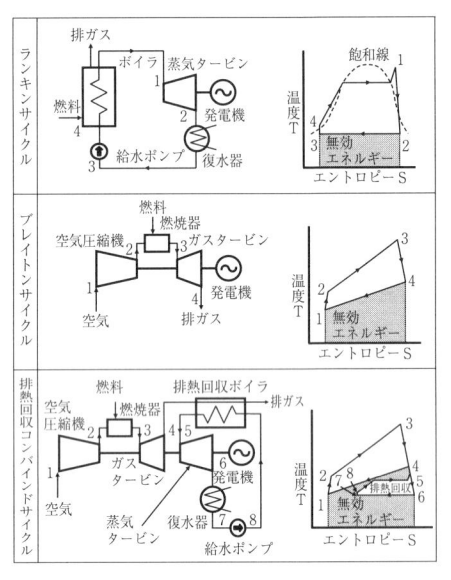

図 8.6.2 火力発電の熱サイクル

e. 衝動タービンと反動タービン

ノズルから噴出する蒸気の衝動力によりロータを回転させるのが衝動タービン，この衝動力とともに動翼から噴出する蒸気の反動力によってもロータを回転させるのが反動タービンであり，蒸気条件や容量などにより効率のよい方式が選択される．

8.6.6 蒸気タービンの構造

蒸気タービンは，ロータ，タービン翼，車室などで構成されている．図8.6.3に蒸気タービンの主要構造を示し，以下に主要部の概要を記載する．

a. ロータ

ロータは車軸，翼車とも呼ばれ，動翼により蒸気のもつエネルギーを取り出す回転体である（動翼を除いたものもロータと呼ばれる）．機器容量や製造者により異なるが，一体の素材から削出される一体式と，焼嵌めや溶接，ボルト締めなどによる組立式がある．一体式ロータは，応力腐食割れや軸系不安定振動の潜在要素の排除を目的として開発され，ロータ素材の鋼塊製造技術から大型化には制約があるが，現在では仕上がり重量で200tを超えるものも製造実績がある．ロータの設計製作時には，遠心応力や熱応力に対する材料強度，軸振動の防止，危険速度などに対する考慮が重要である．

b. タービン翼（静翼と動翼）

静翼は，蒸気のもつ熱エネルギーを速度エネルギーに変換して適切な角度で動翼に

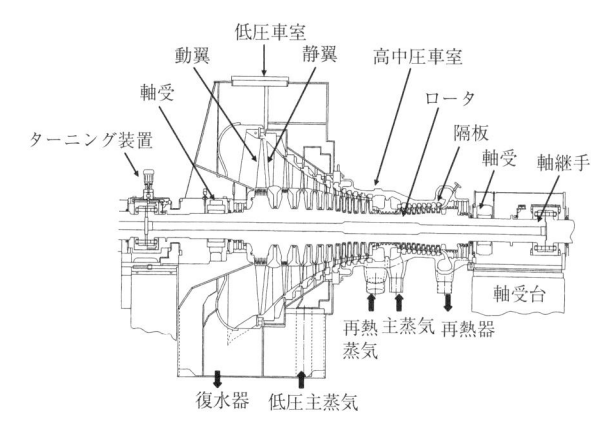

図 8.6.3 蒸気タービンの主要構造（高中低圧一体型）

導く固定翼で，動翼は，蒸気の速度エネルギーを吸収してロータに伝える回転翼である．タービン翼は，その形状がタービン性能に大きな影響を及ぼすきわめて重要な部分である．

静翼は仕切板に植え込まれ仕切板と一体となり，タービン段落ごとに車室に固定されるが，高圧タービン初段では，ノズルボックスと呼ばれる圧力容器にノズルを固定する場合もある．仕切板内周部と，回転するロータとの間隙はラビリンスパッキンなどでシールされる．

動翼は，ロータの円板または円胴に植込まれて固定される．蒸気逸出や翼振動を防止するために，翼頂部にシュラウドリングを設ける場合があるが，近年では，シュラウドリングが翼と一体で削り出されたインテグラルシュラウド翼も採用されている．また，復水器直前の低圧タービン最終段翼には，湿り蒸気によるドレンアタックを防ぐために，ステライトなどの耐食合金の張付けや，硬化処理などが施される場合が多い．

c. 車室（ケーシング）

車室は，仕切板などを保持するとともに，蒸気の外部漏洩を防いでおり，鋳物または溶接構造である．分解点検を考慮して水平フランジをもつ上下二分割構造のものが多いが，高圧の車室には「つぼ型」と呼ばれる水平フランジのないものもある．また，応力や熱応力低減のために二重車室とする場合もある．車室は，回転するロータとの接触を防止するために，常にロータと同心位置を保つ必要があり，軸芯に対して自由な熱膨張ができるように，車室両端の軸受台上で支持される構造とすることが多い．また，車室両端のロータ貫通部には，蒸気の外部漏洩を防ぐためにグランドパッキンが設置される．

d. 軸　　受

ロータ荷重を支える軸受には，強制潤滑による滑り軸受が一般的に用いられる．潤滑油は，ロータ直結または別置きの油ポンプにより給油され，潤滑および摩擦熱の除

去を行う．ロータと接触する軸受メタルには，錫を主成分とする低融点の合金ホワイトメタル（バビットメタル）が用いられる．また，オイルホイップなどの油膜に起因する自励振動対策として，受圧面を個々に可動できるセグメント（パッド）に分割したティルティング(tilting)パッド軸受が用いられる場合もある．スラスト軸受は，ロータの軸方向に作用する力を支持し，ロータの軸方向の位置を正しく保つ役割をもつ．

e. 主 要 弁

蒸気タービンの主要弁には，主蒸気流量を調節してタービンの出力や回転数を制御する蒸気加減弁，主蒸気の流入を遮断する主蒸気止め弁，危急時に再熱蒸気流量を制御して過速を防止するインターセプト弁，再熱蒸気の流入を遮断する再熱蒸気止め弁などがある．

f. ターニング装置

ターニング装置は，タービン停止後の，高温状態のロータの曲がりを防止するために，ロータを低速（2～10 rpm 程度）で回転させる装置で，小型電動機から減速歯車を介して回転させる．この歯車は，タービン停止時には所定の回転数以下でロータと勘合し，起動時には昇速とともに離脱する構造になっている．

8.6.7 復水装置

復水装置は，復水タービンの背圧を低減してタービン内での熱落差の増大を図るとともに，蒸気を凝縮して給水を回収する装置である．復水器には，蒸気を冷却水の通った冷却管（細管）に接触させる表面式と，冷却水と直接接触させる直接接触式とがある．冷却水には海水や河川水などが用いられることが多いが，冷却水を調達しにくい内陸地などでは，冷却水を空冷する冷却塔や，復水を空冷する空冷復水器なども用いられる．国内の大型火力発電所では海水冷却による表面復水器が広く用いられており，以下に表面復水器と主な復水装置について記載する．図 8.6.4 に復水装置の概略系統を示す．

a. 復 水 器

表面復水器は，蒸気が導かれる胴，冷却管群の管巣，冷却管の両端を固定して蒸気と冷却水を区分する管板，復水を溜めるホットウェル，冷却水の水室などから構成さ

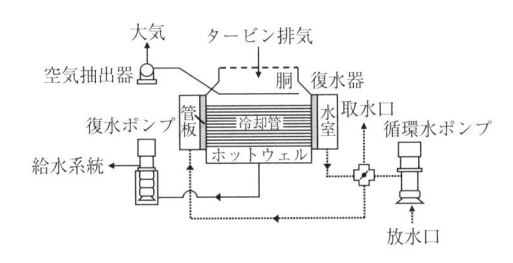

図 8.6.4　復水装置概略系統

れる．冷却管には伝熱性能に優れた黄銅管や耐食性に優れたチタン管などが主に用いられている．

b. 循環水ポンプ
循環水ポンプは，復水器に冷却水を供給するポンプである．一般的に容量に対して揚程が小さく，立軸形の斜流ポンプや軸流ポンプが用いられる．また，発電所における大型補機の1つであることから，可変翼方式により所内動力の低減を図る場合もある．

c. 復水ポンプ
復水ポンプは，復水器のホットウェルに溜まった復水を，復水系統に送水するポンプである．高真空域の飽和水を送水するため，地下に揚水管を埋設して吸込み揚程を確保するなどキャビテーション（流路内で液体が気化すること）に対する考慮が必要である．一般的に容量に対して揚程が大きな多段タービンポンプが用いられることが多い．

d. 空気抽出装置
復水器内の真空度維持のために，非凝縮性ガスを抽出する装置である．蒸気エゼクタ方式と，水封回転式ポンプと空気エゼクタを組み合わせた真空ポンプ方式が一般的である．

8.6.8 蒸気タービンの性能
蒸気タービンの性能には，熱サイクルおよびタービン本体の性能が相互に影響するが，汽力発電の熱効率に及ぼす影響は，一般的に熱サイクルによる影響の方が大きい．

a. 熱サイクルの影響
一般に，蒸気条件を高温高圧にすると熱効率は向上するが，給水ポンプ駆動動力の増加や，高温材料の経済性，小容量タービンでは翼効率・漏洩損失などにより，熱効率向上のメリットが活かされない場合もあり，設備に応じた蒸気条件を選定する必要がある．

また，復水器の真空度を高く設計すると熱効率は向上するが，復水器が大型化するため，経済性を考慮して適切な真空度を選択する必要がある．事業用汽力発電所では排気圧力 5.3～4 kPa（真空度 720～730 mmHg）が採用される場合が多い．また，細管の汚れによる性能低下を抑えるために，運転中の復水器逆洗運転や細管ボール洗浄運転，停止中の細管ブラシ洗浄などにより，細管の清浄度を維持するなどの運用上の管理も重要である．

b. 蒸気タービン本体の影響
蒸気タービン本体の効率は，タービン内部効率，すなわちタービン内の有効熱落差（実際の仕事量）と断熱熱落差（損失がない場合の蒸気の理論仕事量）との比で表される．内部効率は，タービンの型式や容量，蒸気条件などにより異なるが，各種の損失によりおおむね 70～94% 程度である．損失には，翼と蒸気の摩擦や流れの乱れなどによる翼損失，蒸気の漏洩による漏洩損失，タービン排気の速度エネルギーによる

排気損失，蒸気加減弁絞り損失や配管圧損などによる入口通路部損失，ロータと軸受との摩擦などによる機械損失などがあり，これらの損失を低減させる技術開発が進められている．一例として，数値流体解析を駆使して設計した三次元翼による翼損失低減，シールフィンの最適化による漏洩損失低減，低圧最終翼長大化による排気損失低減などがある．

8.7 ガスタービン発電とコンバインドサイクル発電設備

8.7.1 ガスタービンの構造と特徴

ガスタービンとは，空気などの作動流体を圧縮した後に加熱し，高温高圧のガスの膨張によりタービンを回転させる原動機である．最も単純なガスタービンの熱サイクルは図8.6.2に示すブレイトンサイクルで，空気圧縮機，燃焼器，タービンから構成されている．図8.7.1にガスタービンの主要構造を示す．

a. 空気圧縮機

空気圧縮機は，作動流体である空気を圧縮し燃焼器に導く部分である．一般に圧力比が高いほどガスタービン単体の熱効率は高く，小容量機では遠心式が用いられる場合もあるが，主に多段式軸流圧縮機が用いられる．空気圧縮機では，起動時などの定格運転点以外で発生する旋回失速（圧縮機の環状流路に生じた流れの失速域が，動翼の回転方向と逆方向に伝わる現象）やサージング*などの現象に留意する必要があり，入口案内翼や可変静翼，放風弁などによりこれを防止することが多い．

＊サージング：圧縮機内の作動流体の流量や圧力が低周波数で変動する不安定状態．

b. 燃 焼 器

燃焼器は，圧縮された空気中に燃料を噴射して高温高圧の燃焼ガスを生成する部分で，加圧下でかつ空気過剰率が大きいことなどがボイラの燃焼器と異なる．燃料や燃焼方式などにより様々な構造の燃焼器があるが，一般的には，燃料を噴射する燃料ノズル，燃料を燃焼させる内筒，燃焼ガスをタービンに導く尾筒，点火装置などで構成される．燃焼器には，燃焼安定性，耐久性，環境性（排出物質低減）などが求められる．環境性では，窒素酸化物（NOx）に対する環境規制の強化から，低NOx燃焼器の導入が進められており，高温の燃焼により空気中の窒素から生成するサーマル

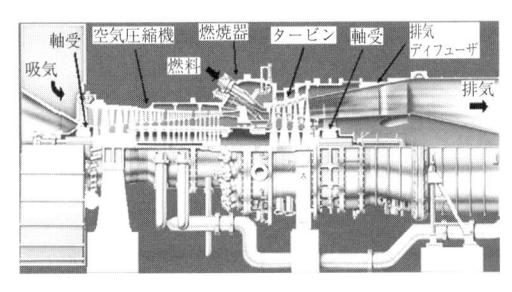

図 8.7.1 ガスタービンの主要構造

NOxの低減方式として，燃焼器内に水や蒸気を噴霧して燃焼域の温度を下げる湿式と，予混合燃焼（燃料と空気を予め混合して均一に燃焼させる燃焼方式）により局所的な高温域の発生を防ぐ乾式などがある．

c. タービン

タービンは高温高圧の燃焼ガスの膨張により回転エネルギーを得る部分である．高温下での耐久性を確保するために，タービン翼にはNiやCoをベースとした耐熱合金を用いるとともに，翼内面に複雑な冷却用空気または蒸気の通路を形成して，金属の表面温度を低減する．このような冷却技術は，精密鋳造や冷却孔加工などの製造技術の発展により可能となったものである．近年では翼の強度向上を図るために，翼の金属結晶配列を制御した一方向凝固翼や単結晶翼なども採用されている．また，さらなるガスタービン高温化に対応するために，耐熱材料，冷却技術，遮熱コーティングなどの技術開発が進められている．

d. そ の 他

その他のガスタービン構成機器として，吸排気装置，起動装置などがある．

8.7.2 コンバインドサイクル発電設備の種類と特徴

a. コンバインドサイクル発電の種類

コンバインドサイクル発電には，排熱回収式，排気再燃式，排気助燃式，給水加熱式など様々な方式があるが，電気事業用では排熱回収式および排気再燃式が広く採用されている．

1) 排熱回収式コンバインドサイクル発電 図8.6.2に示すようにガスタービンの排気を排熱回収ボイラに導き，発生した蒸気で蒸気タービンを駆動する方式である．機器構成が比較的簡単で制御性にも優れるが，蒸気タービン単独での運転はできない．ガスタービンと蒸気タービンの出力分担を最適化することで高効率化が図られ，蒸気タービンの約2～4倍の出力をガスタービンが分担する．機器構成では，ガスタービンと蒸気タービンが同一軸で直結して共通の発電機を駆動する1軸形と，ガ

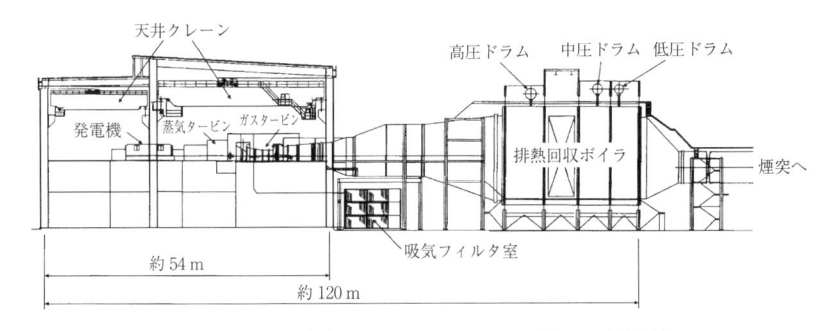

図8.7.2 排熱回収式コンバインドサイクル発電の1軸構成例

スタービンと蒸気タービンが別の発電機を駆動する多軸形がある．1軸型排熱回収式コンバインドサイクル発電の構成例を図8.7.2に示す．

2) 排気再燃式コンバインドサイクル発電

ボイラの押込通風機の代わりに，ガスタービン発電設備を設置し，ガスタービンの排気をボイラの燃焼用空気として利用する方式である．排熱回収式に比べて運転制御は複雑になるが，既設汽力発電設備にガスタービン発電設備を追設し，出力，熱効率向上を図るリパワリングに適した方式である．また，押込通風機を別に設置すれば，蒸気タービン単独での運転も可能である．

b. ガスタービン発電およびコンバインドサイクル発電の特徴

1) コンバインドサイクル発電の高い熱効率　コンバインドサイクル発電では熱効率50%（HHV）を超えるものも運転されており，汽力発電の熱効率を大幅に上回る水準となっている．さらに，短い起動停止時間や，少ない所内動力などにより，同容量の汽力発電と比較して1〜3割程度の燃料削減が可能である．図8.7.3に汽力発電とコンバインドサイクル発電の熱精算図の比較を示す．

また，比較的小容量の1軸形コンバインドサイクル発電設備を単位機（1軸）として，これを複数軸設置して大容量発電設備（1系列）を構成する場合には，出力の増減を単位機の運転台数の増減により行い，単位機自体は常に定格負荷運転を行うことで，系列としては部分負荷運転でも，定格負荷時と同等の熱効率で運転することが可能である．

2) 優れた機動性　ガスタービン発電およびコンバインドサイクル発電は，汽力発電と比較して機動性に優れている．DSS運転（8.5.2 d.参照）などの暖機起動時に

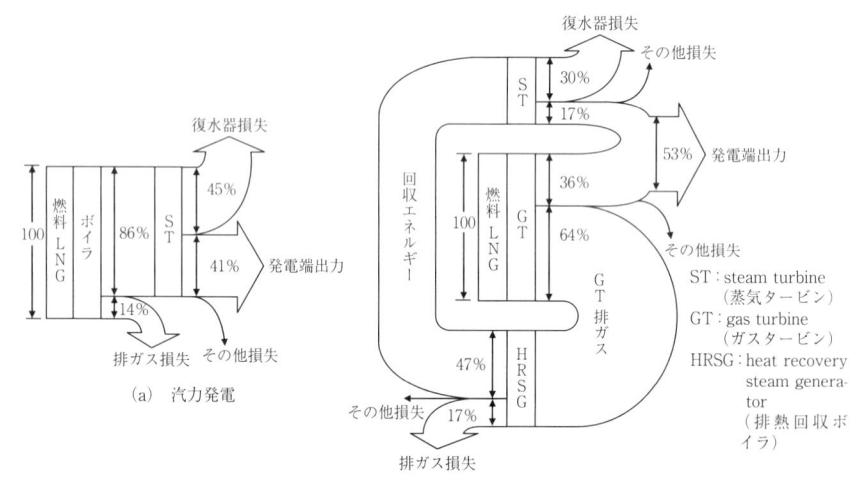

(a) 汽力発電

(b) 1500℃級コンバインドサイクル発電

ST：steam turbine（蒸気タービン）
GT：gas turbine（ガスタービン）
HRSG：heat recovery steam generator（排熱回収ボイラ）

図8.7.3　火力発電の熱精算図（HHV基準）

おける定格負荷までの起動時間は，汽力発電では約3時間を要するのに対し，1軸形コンバインドサイクル発電では約1時間で起動を完了することができる．

3) 少ない温排水量　ガスタービン発電は，汽力発電のような復水設備用の冷却水が不要であり温排水が少ない．また，コンバインドサイクル発電もガスタービンが出力の多くを分担しているため，同容量の汽力発電設備と比較して温排水量が6割程度に低減される．

4) 大気温度－出力特性　ガスタービンおよびコンバインドサイクル発電は，大気温度が上昇すると出力が低下する．これは，大気温度が上昇するとガスタービンの作動流体である空気の密度が低下して空気流量（質量流量）が減少すること，また，タービン材料の耐熱温度に応じたタービン入口ガス温度の制限から燃料を過投入できないことによるものである．

5) 高温部品の保守　ガスタービンの燃焼ガスに直接接触する燃焼器やタービン翼などの高温部品は，苛酷な運転環境から高温酸化減肉やクラックなどの欠陥が発生しやすく，定期的な検査や修理を行うことが重要である．一般に，高温部品の保守インターバルは，運転時間や起動停止回数，その両者を考慮した等価運転時間に基づき計画される場合が多い．

c. ガスタービンおよびコンバインドサイクル発電の新技術

1) ガスタービンの高温化　ガスタービン入口ガスの高温化は，熱効率の向上に大きく寄与しており，わが国の1,100℃級コンバインドサイクル発電では約43%（HHV），1,300℃級では約50%（HHV）の熱効率を達成している（図8.6.2参照）．また，1,500℃級コンバインドサイクル発電では，ガスタービンの冷却媒体の一部に蒸気を用いることで高温化に対応し，冷却後の蒸気を回収して蒸気サイクルにも利用することで約53%（HHV）の熱効率を達成する見込みである．また，さらなる高温化に対応するために，耐熱超合金材料やセラミックスなどの非金属材料の技術開発も進められている．

2) コンバインドサイクル発電における燃料多様化　ガスタービンの燃料は，高温下で運転するタービン翼の健全性維持のために，金属類や硫黄分などの不純物が制限されている．このため，ガスタービン燃料には，主に天然ガスや灯油，軽油などの良質な燃料が使用されてきたが，近年では，石炭の加圧流動床燃焼による排ガスを脱塵してガスタービンに導く加圧流動床コンバインドサイクル発電（PFBC：pressurized fluidized bed combustion combined cycle）や，石炭や残さ油をガス化・脱塵・脱硫してガスタービンの燃料とするガス化精製コンバインドサイクル発電が実用化されている．現在は，加圧流動床酸化炉による石炭ガス化技術の研究や，また，石炭ガス化コンバインドサイクル発電（IGCC：integrated coal gasification combined cycle）については，欧米で採用されている「酸素吹き」方式よりも送電端熱効率の高い「空気吹き」噴流床ガス化炉を用いた実証機の研究開発が，わが国の電力会社を中心に進められている．

8.8 電　気　設　備

8.8.1 主要電気設備構成

　火力発電所における主要電気設備の構成例を図8.9.1に示す．発電機で発生した電力は，発電機主回路を流れ，発電機電圧から送電系統電圧へ昇圧する主変圧器，構内連係ケーブル，さらに開閉所機器を経て送電系統へ供給される．発電機の系統への並列，解列は主変圧器の高圧側に設置される遮断器により行われるが（高圧同期方式），発電機と主変圧器の間の開閉器により行う方式（低圧同期方式）もある．

　所内電源は，一般に発電機主回路に接続した所内変圧器により降圧され，所内回路母線へ供給される．また，起動停止時の所内電源は，系統より直接降圧する起動変圧器により所内回路母線に供給され，必要時に所内母線切り替えを行うことで確保される．所内回路母線には，補機に適当な電圧を供給するために，メタクラ（メタルクラッドスイッチギアの略称）（6.9 kV），パワーセンタ（460 V），コントロールセンタ（460 V，230 V）などの各母線が設置される．また，所内電源喪失時に，機器の安全停止および早期起動準備を行う交流電源として非常用発電機が，機器の安全停止および保安上必要な機器の運転を行う直流電源として蓄電池が設置される．

　これら電気回路には，各機器の事故事象に応じた保護リレーが各々設置されるが，

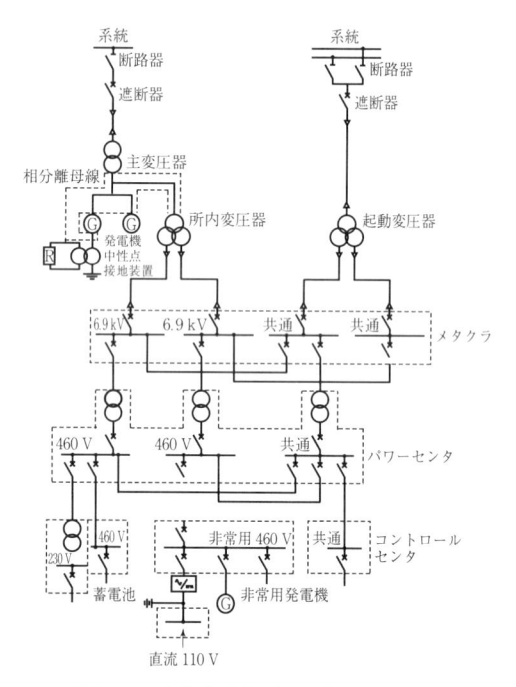

図 8.8.1　火力発電所の主要電気設備系統図

最近は従来の機械式，アナログ静止式に代わり，ディジタル式が普及してきている．

8.8.2 発電機

火力発電所に採用される発電機は，三相交流同期発電機であり，タービンと直結される発電機は，二極機では3,000 rpm（50 Hz）または3,600 rpm（60 Hz）で回転する．高速回転に適した形状として，発電機の構造は円筒形で回転子は横軸回転界磁形となっている．発電機容量は直結されるタービンの出力によるが，スケールメリットの観点から大容量化が進められており，わが国においては二極機の単機容量として778 MVA（50 Hz），1,120 MVA（60 Hz）の大容量機が製作されている．

発電機の電圧は，発電機容量に見合う最適値が選定されるが，高電圧では固定子コイルの絶縁の厚みが厚くなり，発電機の体格が大きくなる．一方，低電圧では電流が大きくなり，固定子コイルの断面積を増加させる必要がある．すなわち，発電機の電圧は，固定子コイルの最大電流，固定子スロット数，磁束密度などの設計条件により決定されるが，火力発電所における通常の設計では25 kV程度が最大である．

発電機の定格力率は，送電系統で要求される無効電力を供給できる値を選定することが必要である．定格力率を下げれば無効電力供給量を増やせるが，発電機容量（MVA）も増加するので発電機の体格が大きくなる．近年の発電機では，定格力率90％を選定する場合が多い（発電機の運転力率に制限はないが，実際の運転では，送電系統側で必要無効電力が適正調整されていることから，力率95％以上で運転することが多い）．

図8.8.2にタービン発電機の可能出力曲線を示す．図中の(A)〜(C)の範囲はそれぞれ，(A)界磁巻線の温度上昇，(B)固定子巻線の温度上昇，(C)固定子鉄心端部の温度上昇により制限され，定常時はこれら曲線の範囲内で運転が行われなければならない．

発電機の冷却方式には，空気冷却，水素冷却，水冷却方式がある．大容量化の進展においても，水素冷却あるいは水冷却の採用により機器寸法を小型化できた反面で，冷却効率を向上させるために構造が複雑になり，高い製造技術が必要となった．

固定子コイルの対地絶縁は，発電機の寿命，寸法などに著しい影響を与える．絶縁方式には，大別して真空加圧含浸方式，レジンリッチ方式（プリプレグ，セミキュア方式ともいう），全含浸方式（空気冷却機や中小の水素

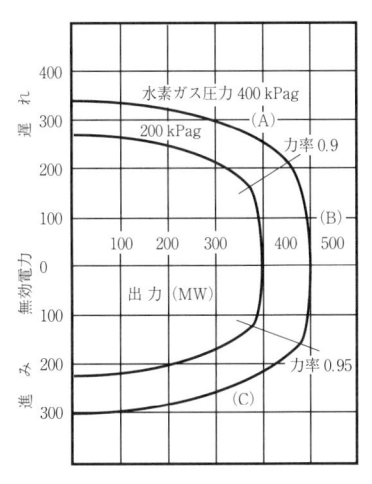

図8.8.2 タービン発電機の可能出力曲線（500 MVA，力率0.9タービン発電機の例）

冷却機に採用されている）の3通りがあり，絶縁材料には一般的にマイカテープおよびエポキシ樹脂が使用されている．近年の絶縁方法および絶縁材料の技術進歩は，機器のコンパクト化に寄与している．

発電機の励磁方式には，直流励磁方式（直結またはギア直結方式，別置M-G方式），交流励磁方式（別置整流器方式，回転整流方式），静止形励磁方式（サイリスタ励磁方式）がある．発電機は，直流の界磁が回転することで励磁されることから，直流励磁方式が古くから使用されているが，現在では整流素子の進歩によって，交流励磁方式をはじめ，スリップリングおよびブラシが不要で保守点検の簡素化が図れるブラシレス励磁方式が小容量機から大容量機まで，また静止形励磁方式が大容量機に主として採用されている．励磁制御としては，発電機端子電圧を一定に保つよう励磁を制御する自動電圧調整装置（AVR：automatic voltage regulator）が，ほとんどの場合に設置されている．また，サイリスタ方式などの速応励磁方式では，系統事故後の動揺の第2波目以降の減衰が遅くなることもあり，発電機有効電力の変化あるいは角速度の変化を補正信号として加えることで，第2波目以降の動揺を急激に減衰させて系統安定度向上に寄与する電力系統安定化装置（PSS：power system stabilizer）を設置する場合がある．また，需要増加時や系統事故時に，発電機の無効電力余裕を活用することで系統電圧の維持と電圧安定性向上を図る送電電圧制御発電機励磁装置（PSVR：power system voltage regulator）を設置する場合もある．

8.8.3 変 圧 器

火力発電所に設置される主要変圧器としては，発電機で発生した電力を系統電圧に昇圧する主変圧器，所内電力を供給するための所内変圧器，起動変圧器がある．

図8.8.3に示すように，主変圧器は，発電機で発生した電力のほぼ全量を変圧することから，発電機容量とともに大容量化され，また，電力系統の変遷に合わせて高圧側電圧も高圧化されている．火力発電所の主変圧器の主な特徴として以下が挙げられる．

① 低圧側電圧を発電機端子電圧に等しくすることから，変圧器容量により低圧側には大電流（100万kW機で30kA程度）が流れるため，巻線もれ磁束や巻線リードの磁界による構造部材の浮遊負荷損の増大や局部過熱への配慮が必要である．

② 発電機端子電圧から系統電圧へ直接昇圧するため，変圧比

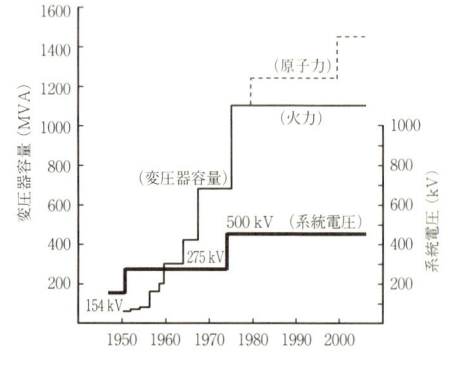

図8.8.3 系統電圧と火力発電所用変圧器容量の推移

が大きい．

③ 結線方法は，変圧比を大きくとれること，変圧器で発生する第三高調波を循環させることが可能であること，低圧側の中性点が発電機で接地できることから，低圧側三角形-高圧側星形が適用されている．

④ わが国の火力発電所では，海上輸送が可能な沿岸地域に立地することが多く，重量や寸法などの輸送制約が少ないこと，また，高圧側引出しにエレファント形接続方式を採用することが多く，絶縁距離による配置制約がないことから，三相器として製作される．電圧調整器には，従来，無電圧タップ切替方式が採用されていたが，近年では，系統運用上，発電所端での電圧調整を要求される場合もあり，負荷時タップ切替方式の採用も増えている．負荷時タップ切替方式には，高圧巻線にタップ巻線を配する直付方式と，中性点に別置負荷時電圧調整器を設置する方式がある．

所内変圧器は，発電機主回路に接続され，ユニット所内負荷（補機動力など）に対して十分な容量として，発電機容量の約10%程度もしくはそれ以下の容量のものが多い．また，起動変圧器は，共通補機およびユニット起動時に必要な容量とし，さらに所内変圧器のバックアップとすることも考慮して，所内変圧器と同容量とする場合が多い．前述のように，主変圧器の結線は三角形-星形であるため，所内変圧器の結線は所内母線において位相を合わせるために，三角形-星形を，起動変圧器は星形-星形としている．

8.8.4 発電機回路付属機器

発電機と主変圧器間の接続回路には，大電流および短絡電流への対応が必要であり，信頼性，安全性などから相分離母線（IPB：isolated phase bus）が用いられている．相分離母線は，各相の導体を各々接地した金属板製の箱内に収納して，各相を分離した閉鎖母線の一種である．外箱にはアルミニウムなどの導電率の高い材料を使用し，三相の両端を相互に短絡することで，導体電流により生じる磁束で誘導された逆方向の電流が流れる．これにより，外部への漏れ磁界を低減し，鉄構造物に発生する誘導過熱を抑制するとともに，短絡時に各相導体に働く電磁力を低減することができる．また，外箱は放熱面積が大きいため，電流容量も大きくできるが，外箱内部を風冷式にすればさらなる大電流にも対応でき，定格電流が20 kAを超過するときには風冷式とする場合が多い．

発電機回路には，主変圧器高圧側から侵入した異常電圧に対して，発電機や発電機回路接続機器を保護するためのサージアブソーバ（SA：surge absorber）を設置し，絶縁協調を図っている．主変圧器高圧側から低圧側に移行する電圧は，電磁移行電圧と静電移行電圧からなり，サージアブソーバは電磁移行電圧を抑制する避雷器と静電移行電圧を抑制する蓄電器（コンデンサ）を各相各々組み合わせて構成される．また，これらの電圧が発電機などの耐電圧値を超えないように，避雷器の動作電圧，蓄電器

の静電容量の最適値が選定される．

中性点接地装置は，発電機回路での地絡事故の検出を容易にし，地絡により発生する過渡的な過電圧を抑制する目的で設置される．接地方式には，一般に，抵抗接地と変圧器接地（二次抵抗付）がある．

8.8.5 開閉設備

発電機で発生し，主変圧器で系統電圧（66～500 kV）にまで昇圧した電力を送電系統と連係する設備として，遮断器・開閉器・母線などが設置される．これらの設備は変電所と同様の機器であり，一般的には屋外式とすることが多い．以前は，沿岸に位置する火力発電所では，がいし・がい管類の塩分付着による絶縁低下とこれに伴う事故の発生を防止する目的で，空気遮断器・気中絶縁機器からなる開閉設備を屋内式とすることがほとんどであった．1960年代から，SF_6ガスの優れた消弧能力，絶縁強度を利用したガス遮断器が採用され，さらに，SF_6ガスを絶縁材料として遮断器・開閉器・母線および接地装置などを一体で構成したガス絶縁開閉装置（GIS：gas insulated switchgear）が主に採用されるようになった．GISは，母線，遮断器，開閉器の組合せにより種々の結線方式に対応できること，気中絶縁機器に比べて著しく小型化が図れること，充電部が完全密閉されており安全であること，塩害などの影響を受けずに信頼性が高いことなどの利点が多く，屋外式とすることが多くなっている．

8.9 監視制御設備

火力発電設備の監視制御設備には，高い信頼性，高速な応答性，優れた保守性と経済性が要求される．ここでは，1系列3軸構成のコンバインドサイクル発電設備の監視制御設備を例に説明する．なお，コンバインドサイクル発電設備以外のプラント監視制御設備も，基本的には同様のシステムである．

8.9.1 監視制御の基本方針

① 発電設備を小人数で安全に運転するために中央操作室での一括集中監視方式とする．
② 通常の負荷運転，軸起動/停止および緊急時の監視操作を自動化し，省力化する．
③ マンマシンインターフェース機器の充実を図るとともに，情報の集中化および集約化を図り，運転監視性の向上を図る．
④ 制御システムは，ディジタル制御装置の採用により，信頼性，制御性，経済性，保守性に優れたものとする．

8.9.2 制御システム構成と機能

図8.9.1に制御システムの構成例を示すが，監視制御システム全体は，制御用計算

機［サーバおよびオペレータステーション（OPS：operator station)]を主体とした自動化システムとし，大きく分けてマンマシン部，系列統括部，系列共通部，各軸制御部に階層化される．マンマシン部，系列統括部，系列共通部は，系列全体の運転・監視に関係することから，分散化，冗長化により，信頼性および保守性を確保している．特にOPSは，それ自体でCRTオペレーションやプラント監視などの発電設備の運転に必要かつ重要な機能を有しており，複数台を配置することにより，これらの機能を高い信頼度で実現している．

各軸の制御システム（制御装置，検出器など）は，軸ごとの定期点検やメンテナンス，危険分散を考慮して，軸ごとに分離されているが，冗長化の基本例は下記のとおりである．
① 主機（ガスタービン，蒸気タービン，HRSGなど）の保護に使用するものは三重化
② 軸の通常運転，起動停止などの主制御に使用するものは二重化
③ 故障しても通常の運転継続に支障のないものに対しては冗長化を実施しない
このとき，制御装置などの故障時のプラント動作は，下記のとおりである．
① トリップ回路の健全性が損なわれるような故障発生時には，強制的にトリップ
② 主制御回路に影響する故障発生時は負荷ロックにて，故障発生前の状態を保持
③ 二重化制御装置の片系（主系）故障時は，自動的に従系へ切替え，制御を継続
④ 上記以外の操作端異常時は，当該操作端を手動に移行
⑤ 上記以外の検出器異常時は，当該操作端を手動に移行

8.9.3 マンマシンインターフェース
a. 中央操作室のマンマシンインターフェース機器
運転は中央操作室での一括集中監視方式により，小人数の運転員で通常運転，試運転，定期点検および異常時などの運転状況に応じた操作と監視が行われる．

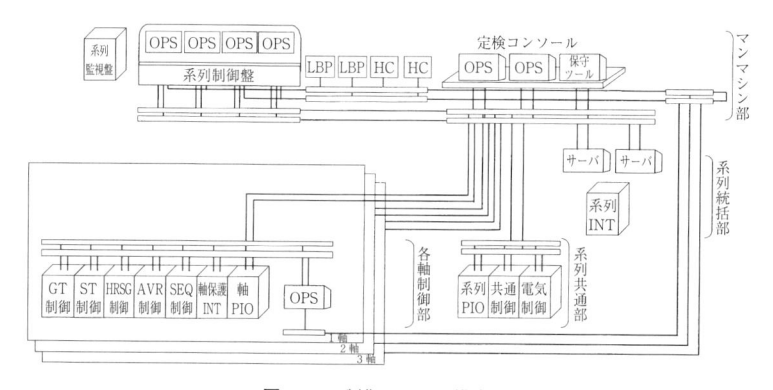

図 8.9.1 制御システム構成例

1) 系列制御盤 軸および系列の起動停止または通常運転は，基本的に自動化されており，これに関する監視操作（自動化，警報表示など）は，OPSを設置した系列制御盤から行われる．

2) 系列監視盤 操作機器や環境関係記録計，重故障警報表示などを設置する．

3) 定検コンソール 複数軸を有するコンバインドサイクル発電設備では，同時期に通常運転軸と定期点検軸が混在することがある．そこで，通常運転軸の操作監視に支障を与えることなく，定期点検軸の操作監視を実施するために，定検コンソールを設ける．定検コンソールには，OPSおよび制御装置保守のための保守ツールが設置される．

b. CRTオペレーション

原則として，すべての補機，電動弁，調節弁，シーケンスマスタ，設定器などをCRT-OP（オペレーション）化し，通常の起動停止時のブレークポイント操作（次項に説明）および自動化不調時の操作端の補完操作などは，系列制御盤に配置したOPSにより監視操作を行う．また，CRT-OPが不可能となった場合のバックアップとして，系列制御盤に非常用のトリップボタンが設置される．

8.9.4 自動化

図8.9.2に示すように，自動化の範囲は，起動，停止，通常運転，緊急事故時および再起動時の操作であり，起動時は海水系統起動から通常運転まで，停止時は通常運転から海水系統停止までが自動化されている．自動化運転時の監視操作は，主要操作の区切りごとに運転員が進行確認操作を行う，いわゆるブレークポイント方式にて行う．ブレークポイントとしては，海水系統起動/停止，HRSG(heat recovery steam generator)起動/停止，GT(gas turbine)起動/停止などがある．また，運転支援機能として，設定した時刻や条件でプラントを起動/停止させるための時間を計算するスケジュール計算機能をもつ．

上記のような自動化を含む監視制御設備を用いたコンバインドサイクル発電設備の起動曲線を図8.9.3に，その概要を以下に記載する．起動前準備の完了後は，自動化ブレークポイントにおける3回の進行許可操作（図の ③，⑫，⑮）のみで，発電設備は定格負荷へ到達する．

a. プラント起動前準備

① 起動前条件： 冷却水，電気などの各系統が正常に運転されており，タービンがターニング中であること．

② プラント附帯設備起動（自動化範囲）： 海水，給水，復水器真空，制御油，HRSG，通風などの各系統を起動し，条件がすべて成立すると，ガスタービン（GT）起動が許可される．

b. ガスタービン起動～無負荷定格速度運転

③ CRT-OPまたは計算機により自動的にGT起動信号が「ON」となり，GTリ

8.9 監視制御設備

セットによりトリップ電磁弁が励磁されトリップ油圧が確立する.

④ サイリスタ起動装置により, パージ回転数（下記のパージ運転時の回転数）に向けてGTが昇速を開始する.

⑤ パージ回転数を保持して, HRSG内を3回以上換気するパージ運転を実施する（図8.9.3のように, 軸の危険速度回避のためにノコギリ歯状に回転数を変動させる場合がある）.

⑥ パージ完了後, サイリスタ起動装置を一旦切離し, 着火回転数に向けて降速を開始する.

⑦ 着火回転数で, 点火プラグがスパークし, GTに燃料が投入される.

⑧ 火炎検出器での火炎検知のあとに, 回転数保持によるGTウォーミング運転を実施する.

⑨ GTウォーミングが完了後, サイリスタ起動装置の併用により定格速度に向けて加速制御により昇速する. 未通気の状態で回転する蒸気タービン（ST）の低圧段には, 風損による過熱防止のために冷却蒸気を投入する.

⑩ 定格速度到達前に, サイリスタ起動装置を停止し, 発電機界磁遮断器を閉じる.

⑪ 定格速度到達で, 加速制御から速度制御に切換わり, 調定率制御に入る.

c. 並列～通常運転

⑫ CRT-OPまたは計算機により自動的に, 自動同期装置にて揃速制御を開始し, 同時にAVRにより揃圧制御を行い, 発電機遮断器が投入されて発電機が並列する.

⑬ 並列後, GT初負荷まで負荷上昇し, HRSGウォーミングを開始する. 発生した蒸気は, ST通気条件が成立するまではタービンバイパス弁により復水器に逃がされる.

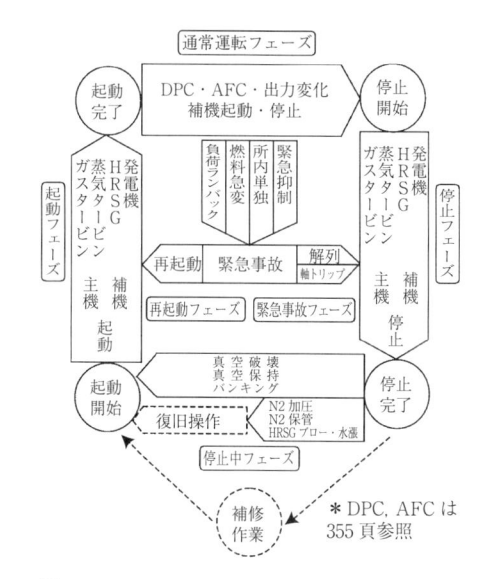

図8.9.2 コンバインドサイクル発電設備の自動化範囲例
*注 点線部分は自動化範囲外

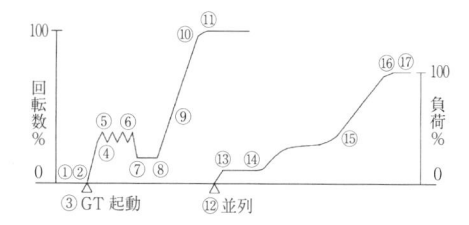

図8.9.3 コンバインドサイクル発電設備の起動曲線

*DPC, AFCは355頁参照

⑭ ST通気条件が成立後，高圧/中圧蒸気加減弁を開けてタービンバイパス弁を閉める．この弁切替にて，STへ蒸気を通気した後にGT負荷上昇が許可される．
⑮ CRT-OPまたは計算機により自動的に，負荷が上昇する．燃料増加によりGT負荷が上昇するに従い，HRSGでの蒸気発生量も増加してST負荷が上昇する．この負荷上昇時には，蒸気タービンロータの熱応力を計算して，負荷上昇率を制御する．
⑯ GT負荷上昇は，GTが排ガス温度制御に投入されて完了する．
⑰ ST負荷はGT負荷にやや遅れて上昇を完了し，軸負荷が定格負荷となる．

d. 負荷遮断

電力系統事故などの異常時において，系統負荷が急減した場合は，ガスタービンと蒸気タービンに流入するエネルギーを自動的に調整し，タービンの回転数を非常調速装置が作動する回転数（蒸気タービンでは定格回転数の111％以下）未満にしなければならない．負荷遮断が発生した場合には，下記のように制御される．

① 燃料流量指令を無負荷定格回転数相当にプリセットし，燃料調節弁開度を急減させて，GTへ投入する燃料を抑制する．
② 上記①と同時にST主要弁を急速に全閉し，STへの蒸気流入を阻止する．低圧蒸気はタービンの過速が抑制されたあとに通常運用に戻し，ST冷却蒸気を確保する．またインターセプト弁も急閉後，タービン回転速度の整定に伴い，開制御される．これらの間にHRSGより発生した蒸気は，タービンバイパス弁にて復水器に逃がされる．

8.10 火力発電所の建設と運用

8.10.1 火力発電所の建設

火力発電所の建設には長い期間と膨大な資金を要するため，長期的な視野に立った計画を行う必要がある．図8.10.1にわが国の火力発電所建設のフロー例を示す．

a. 基本計画

事業用火力発電所の基本計画では，長期的な需要動向に基づき，用地・港湾設備・送電系統・環境規制・周辺の漁業権などの立地条件と，経済性・運用性・技術水準などを総合的に考慮して発電出力・発電方式・使用燃料などを策定し，これらをもとに，機器諸元・構内配置計画・環境対策・防災対策・燃料計画・用排水計画・送電計画などを策定する．

b. 建設工事

火力発電所の建設工事は，工事準備，土木建築工事，機械電気工事，試運転に大別できる．建設工事においては，土木建築や機械電気などの各部門の設計が密接に関連し，また工事も輻湊することから，工程管理，品質管理，安全管理には十分な配慮を要する．

1) **工事準備**　基本計画に基づいた機器の設計，工事工程などの詳細検討と並行

8.10 火力発電所の建設と運用

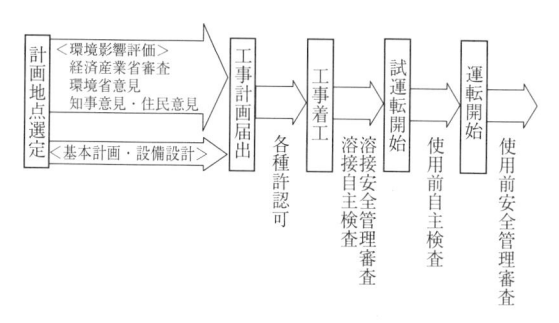

図 8.10.1 わが国の火力発電所建設のフロー例

して，機器の発注，工事用電源や用水の確保，荷役設備の設置などの建設工事に必要な準備を行う．

2) **土木建築工事** 発電所用地の整地や地盤改良，機器や建築物の基礎工事，タービン本館や事務所などの建築工事，煙突工事，冷却用水路工事などを実施する．

3) **機械電気工事** ボイラ，タービン，発電機などの主要機器およびその他設備の据付を行う．近年では，工期の短縮や品質管理の向上を目的として，ボイラやタービンなどの大型機器を工場内で組み立て，一体のまま現地への搬入，据付を行うモジュール工法が広く採用されている．

4) **試運転** 各機器の単体試運転，各系統内のフラッシング（流体の流速と衝撃により異物を除去すること），電気設備の絶縁耐力試験，インターロック試験などの実施後に総合試運転を行う．総合試運転では，プラント性能確認試験，負荷遮断試験，保安装置試験などを行う．

c. 関連法規と手続き

わが国の事業用火力発電所の建設工事においては，発電所の規模や発電方式などに応じて，工事着手前の環境アセスメント（環境影響評価法および電気事業法）や工事計画の届出（電気事業法）が義務づけられている．また，工事中には，溶接自主検査や使用前自主検査を実施し，これらにかかわる実施体制について安全管理審査を受審する必要がある（電気事業法）．火力発電所の建設に関係するその他の法規として，工場立地法，消防法，建築基準法，公害防止関連諸法令などがある．

8.10.2 火力発電所の運用

火力発電所の運用においては，安全運転はもとより，経済性や省エネルギーのための高効率運転，適切な保守による健全性維持，環境保全など様々な配慮が必要である．

a. 運転保守管理

わが国の電気事業用火力発電所は，昼夜間の需給格差や系統周波数の変動を吸収するために，中央給電指令所より各発電所に送信される運転基準出力制御（DPC：dispatching power control）と自動周波数制御（AFC：automatic frequency control）

指令に基づいた細かな出力制御を実施している．火力発電所の最低出力は，発電方式や設備容量などにより異なるが，制御性，各部の圧力温度，排ガス特性などの変化を考慮して，安定運転が可能な範囲で設定される．また，急激な温度変化を伴う起動停止時には，熱応力による機器の寿命消費を低減するために，負荷変化率を制限するなどの運転制御が実施される．

火力発電所の保守においては，日常の運転監視や巡視などにより，異常の早期発見に努めるとともに，定期的な開放点検などにより機器の健全性維持を図る必要がある．わが国の事業用火力発電設備のボイラや蒸気タービンなどは，電気事業法により定期自主検査を実施することが定められており（ガスタービンは一部の設備を除き対象外），原則としてボイラは2年ごと，蒸気タービンは4年ごとに定期自主検査が実施される．

b. 環境保全対策

わが国の電気事業用火力発電の環境保全対策は，その技術と実績から世界的にも高く評価されているが，火力発電設備の大容量化や燃料多様化などの点から，環境対策の重要性はより一層高まっている．火力発電における主な環境保全対策について以下に記載する．

1) 大気保全対策 わが国においては，1968年の大気汚染防止法の制定により，「ばいじん」「硫黄酸化物（SOx）」の排出基準が設けられ，さらに1973年の同法改正により「窒素酸化物（NOx）」の排出基準が追設された．各自治体においては，大気汚染防止法に基づき環境条例が整備され，これらの排出規制に加えて上乗せ基準が制定されることもある．

火力発電所における大気汚染防止の主な対象は，ばいじん，SOx，NOxであり，ばい煙（ばいじん，SOx）対策として，電気集じん器や排煙脱硫装置の採用，NOx対策としては燃焼改善や脱硝装置の設置などが実施されており，わが国の石炭火力発電設備は，建設費用の2割程度を大気環境対策設備に要している．また，煙突の高煙突化や集合化などにより，排出ガスが地表に及ぼす影響の低減が図られている．

(i) 集じん技術: 灰分を含まないLNGを燃料とする火力発電所では，ばいじんの発生はほとんどないが，重原油や石炭を燃料とする火力発電所では，ばいじん対策として電気集じん器が設置されている．石炭燃料中の灰分は10～20%程度で，燃焼ガス中のばいじんは重原油に比べて100倍以上である．わが国の石炭灰（主成分SiO_2, Al_2O_3）の年間発生量は，約580万t（1999年実績）であり，全体の約7割がセメント・コンクリート原料として有効利用されている．

わが国の火力発電所では，圧力損失が低く集じん効率の高い電気集じん器（EP: electrostatic precipitator）が一般的に採用されている．EPは，コロナ放電により燃焼ガス中のダスト粒子を帯電させて捕集するもので，ダストの電気抵抗率が集じん効率に大きく影響するため，電気抵抗率に影響する硫黄分や灰のアルカリ成分などの特性を把握することが重要である．一般的に排ガス温度を低くするとダストの電気抵抗

表 8.10.1 石炭と重油の燃料性状と排ガス性状の例

			石炭	重油
燃料性状	高位発熱量	[kcal/kg]	6000〜7000	10500
	低位発熱量	[kcal/kg]	5700〜6700	9900
	窒素分	[％]	1.0〜2.0	0.3〜3.0
	灰分	[％]	10〜25	0.1 以下
	硫黄分	[％]	0.2〜2.0	1〜2
排ガス性状	NOx 濃度	[ppm]	100〜200	60〜100
	SOx 濃度	[ppm]	10〜25	0.1〜0.2
	ばいじん濃度	[g/m^3N]	200〜1600	500〜1500

率が下がり集じん効率が向上するため，わが国の電気事業においては低低温 EP が広く採用されている．わが国で採用されている EP の集じん効率は，石炭火力発電では 99％以上（脱硫装置との組合せ），重原油火力発電では 80％以上のものが多い．

(ii) 脱硫技術： 燃料中の硫黄分が燃焼により酸化して SOx となるため，燃料中の硫黄分を低減すれば，SOx の生成も低減することができる．この点で，LNG は，精製過程において脱硫後に液化されることから，硫黄分を含まないクリーンな燃料といえる．石油系燃料では硫黄分の多い C 重油の使用を少なくし，原油や低硫黄化された重油を使用するなどの SOx 対策が進められている．石炭燃料は数％程度の硫黄分を含んでおり，排ガスから SOx を除去するための脱硫装置が必要となる．脱硫方式は湿式法と乾式法に大別されるが，比較的安価な石灰石を吸収剤とし，副生物としてセメントやボードに有効利用が可能な石こうを回収する湿式石灰石‐石こう法が一般的に用いられており，脱硫効率は 90％以上のものもある．表 8.10.1 に石炭と重油の燃料性状と排ガス性状の例を示す．

(iii) 脱硝技術： 燃焼に伴い発生する NOx は，一酸化窒素（NO）と二酸化窒素（NO_2）がほとんどを占め，通常は NOx の 95％程度が NO である．NOx には，燃料中に含まれる窒素化合物が燃焼時に酸化されて生成する燃料 NOx（fuel NOx）と，燃焼空気の窒素分子が高温下で酸素と反応して生成する熱的 NOx（thermal NOx）がある．熱的 NOx の生成割合は燃料や燃焼方法により異なるが，LNG では 100％，重原油では 30〜40％，石炭では 10〜20％程度である．燃料 NOx の抑制には低窒素燃料の使用が，熱的 NOx の抑制には燃焼温度の抑制，酸素濃度の抑制，高温域の燃焼ガス滞留時間の短縮などが有効である．具体的な方法として，二段燃焼，排ガス混合通風機，低 NOx 燃焼器，炉内脱硝などの技術が確立されており，石炭焚きボイラの例では，無対策の場合に生成する 300〜500 ppm の NOx を 200 ppm 程度まで低減することができる．

排ガスから NOx を除去する設備として排煙脱硝装置がある．性能，信頼性，経済性の面からアンモニア接触還元法が広く用いられており，脱硝効率は 80％以上のものもある．

表8.10.2 燃料の種類と排水性状の相違

項　目	石炭火力	石油火力	LNG火力
SS	・フライアッシュが主体で多い	・未燃カーボン主体で少ない ・金属を含む	・補給水処理装置のスラッジブローが主体で少ない
金属類	・フライアッシュ中の金属の溶出による ・鉄，アルミニウムが主体	・鉄，ニッケルなどが主体 ・空気予熱器洗浄排水や集じん器洗浄排水中の濃度は高い	・ほとんどない
COD	・脱硫装置の排水中のジチオン酸，ヒドラジン，化学洗浄排水	・未燃カーボン，第一鉄，ヒドラジン，化学洗浄排水，脱硫装置排水中のジチオン酸	・ヒドラジン，化学洗浄排水
油	・床ドレンやタンクヤード雨水に少量含む	・同左	・床ドレンに少量含む
排水量	・多い	・やや少ない	・少ない

表8.10.3 排水処理対象物質と単位処理処置

項　目	pH	SS	油分	COD	金属類	全窒素	全リン
中和装置	○						
沈降分離装置		○					
凝集沈殿装置		○		○	○		○
分離膜装置		○		○	○		○
ろ過装置		○	○				
イオン交換装置				○			
吸着装置			○	○			
生物化学的処理装置				○ (BOD)*		○	○
汚泥濃縮装置		○					
脱水装置		○					
油水分離装置			○				

＊BOD（生物化学的酸素要求量）：検水中の有機物質などの被酸化性物質が，好気性微生物によって生物的化学的に酸化されるとき，消費される酸素の量．有機物質汚染の指標．

2）水質保全対策　火力発電所の排水は，燃料の種類などにより発生源や排水性状が異なるため，それぞれの火力発電所ごとに，排水基準，排水発生状況（定常，非定常）などを考慮した排水処理装置が設置されている．定常排水は，水処理設備・発電設備・排煙処理設備・燃料設備より発生し，事務本館からも生活排水が発生する．非定常排水は，発電設備の起動時および燃料ヤードの排水以外は，定期検査時などに発生する機器洗浄排水である．排水中の主な監視項目としては，pH, SS (suspended solids, 浮遊物質)，油分，COD (chemical oxygen demand, 化学的酸素要求量：検水中の被酸化性物質を酸化剤を用いて化学的に酸化したときに消費される酸素の量)，金属類，指定海域での窒素などがある．表8.10.2に燃料の種類と排水性状の相違を示す．また，排水処理装置は，排水源や排水性状に応じて，表8.10.3に示すような単位処理装置の組合せにより構成される． 〔猪野博行・三明誠司〕

(III) 原子力発電

8.11 原子力発電の変遷

8.11.1 原子力発電の歴史
a. 原子力利用の始まり

1938年,ドイツのハーン (O. Hahn),シュトラスマン (F. Strassmann) らによってウランが中性子によって核分裂することが発見され,1942年にイタリアのフェルミ (E. Fermi) を中心として,シカゴ大学に作られた原子炉 CP-1 により,史上初の核分裂連鎖反応が達成された.ただし,この原子炉は原爆開発計画の一環として作られたものであった.

b. アメリカの発電用原子炉開発計画

原子力開発の独占的権限を有していたアメリカ原子力委員会は軍事用に焦点を絞った第1期原子力開発計画に続き,発電用原子炉開発を目的とした第2期原子力開発計画を1952年に発表した.これ以降始まる民生用発電用原子炉開発の最大の特徴は,

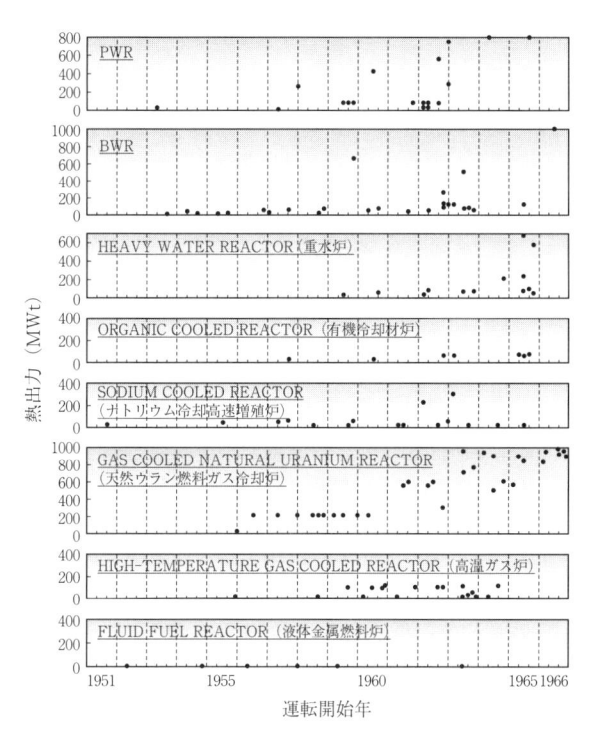

図 8.11.1 世界の原子炉開発初期実績

考えられるあらゆる原子炉技術概念をリストアップし,その中から可能性のある複数の異なった技術をアイダホ,オークリッジ,アルゴンヌなどの国立研究所が同時並行的に研究開発し,あとは民間企業による自由競争の市場原理に任せるという点である.研究開発対象となったのは,PWR (pressurized water reactor, 加圧水型軽水炉),BWR (boiling water reactor, 沸騰水型軽水炉),ナトリウム冷却高速増殖炉,高温ガス炉などであり,複数の実験炉が建設されてラウンドロビンテストが行われ,最終的にすぐに商業化できるものとしてPWRとBWRの2つの軽水炉が残り,民間の手で開発されることになった.開発初期における世界の様々な原子炉の実績を図8.11.1に示す.

c. 世界の原子力発電の状況

2003年末時点での全世界で運転中の原子力発電所は434基,3億7,628.6万kWであり,建設中36基,計画中28基の発電所がある.世界で第1の原子力発電設備保有国はアメリカで,103基,約1億kWが運転中,第2はフランスで59基,約6,500万kWが運転中である.一方,アジア諸国では,日本を除き最も設備容量の大きいのが韓国 (18基,約1,570万kW) で,台湾 (6基,約510万kW),中国 (6基,約460万kW) が続いている.

8.11.2 わが国への導入と改良の経緯

a. 原子力発電所

日本の原子力発電は,日本原子力研究所が1963年10月26日に茨城県東海村に1万2500kWの動力試験炉 (JPDR : Japan power demonstration reactor) を用いて2,000kWの発電に成功したのが最初である.実用発電炉としては,日本原子力発電がイギリスのコールダー・ホール改良型原子炉を導入し,1966年に東海村において1万6600kWの運転を開始したのが最初であり,その後,アメリカにおける軽水炉の開発の進展を受け,1970年に日本原子力発電が敦賀1号機 (35.7万kW, BWR),関西電力が美浜1号機 (34万kW, PWR),翌年 (1971年) には東京電力が福島第一1号機 (46万kW, BWR) の運転を開始した.

それ以降,わが国の軽水炉技術を,自主技術により改良を進めるとともに標準化を行う観点から,国,電力会社,メーカなどが一体となって,1975~1985年度まで,三次にわたる改良標準化計画が進められ,この結果,信頼性・利用率の向上,作業員の被ばく低減が図られてきた.

2003年12月現在,日本では,52基,4,574.2万kWの商業用原子力発電所が運転されており,アメリカ,フランスに次ぐ世界で3番目の原子力発電保有国である.2001年度の設備利用率は80.5%,原子力発電電力量は約3,175億kWhであり,総発電電力量の3分の1以上を占めている.

一方,動力炉・核燃料開発事業団 (現在は核燃料サイクル開発機構) によって,高速増殖炉 (FBR) や新型転換炉 (ATR) など新型動力炉の研究開発が行われてきた.

新型転換炉原型炉「ふげん」(16.5万 kW) は 1971 年に着工, 1979 年に運転開始し, 総発電電力量約 219 kWh, 設備利用率約 62% の実績を残して, 2003 年に運転を終了した. また, 高速増殖炉原型炉「もんじゅ」(28万 kW) は, 1985 年に着工, 1994 年に初臨界を達成し, 1995 年 8 月に初発電を達成したが, 同年 12 月に二次系ナトリウム漏えい事故が発生し, 2005 年 3 月現在, 停止中である (改造工事の準備工事改始).

b. 核燃料サイクル施設

わが国は, ウラン資源の有効利用, 放射性廃棄物の低減などの観点から, 原子力発電所の使用済燃料を再処理し, プルトニウムをリサイクルして使うという核燃料サイクルの確立を基本方針としている. ウランの濃縮や再処理については, これまで海外に依存してきたが, 核燃料サイクル開発機構による研究開発が進められるとともに, 民間では日本原燃株式会社が青森県の六ヶ所村において, 商業用のウラン濃縮施設を 1992 年に操業開始した. また, 低レベル放射性廃棄物の処分については, 1992 年に同じく六ヶ所村で低レベル放射性廃棄物埋設センターの操業を開始した. 一方, 再処理については, わが国初の再処理工場である東海再処理施設が核燃料サイクル開発機構により操業されているが, 商業用再処理施設も 1993 年に六ヶ所村において着工され, 2006 年の操業開始を目指して建設が進められている. また, 再処理により発生する高レベル放射性廃棄物については, 30〜50 年間冷却したあと, 最終的には地層処分されることになっている (図 8.15.7 参照). これについて, 核燃料サイクル開発機構による研究開発が行われるとともに, 2000 年 5 月に「特定放射性廃棄物の最終処分に関する法律」が制定され, これに基づき処分事業の実施主体として「原子力発電環境整備機構」が同年 10 月に設立され, 2005 年 5 月現在, 最終処分施設建設地の概要調査地区が公募中である.

8.12 原子力発電の概要

8.12.1 原子炉の理論

原子炉内では核反応と呼ばれる原子核と原子核または原子核と他の粒子との衝突によりもとの原子核とは異なる核が生成されている.

a. 中性子の核反応

原子炉内では特に中性子と原子核の核反応が重要であり, 大別して吸収反応と散乱反応に分類できる.

1) 吸収反応　　吸収反応は主に核分裂と放射性捕獲に分類できる.

(i) 核分裂:　　中性子を吸収した原子核が 2 つの原子核に分裂する現象であり, 質量数の大きな原子核 (特に ^{233}U, ^{235}U, ^{239}Pu, ^{241}Pu) はエネルギーの低い熱中性子を吸収して核分裂を起こす. ^{235}U の核分裂反応の場合, 1 回の核分裂により放出されるエネルギーは約 200 MeV ($1\,\mathrm{eV} = 1.602 \times 10^{-19}\,\mathrm{J}$) であり, この大部分は核分裂によって生じた原子核の運動エネルギーとして放出され, 発生した場所の近傍で直ちに衝突により熱エネルギーに変換される. 核分裂により発生する中性子は核分裂中性子と呼

ばれ，0〜約 10 MeV までの広い範囲に分布していて，平均は 2 MeV である．1回の核分裂で発生する中性子の平均個数は，^{235}U で 2.5，^{239}Pu で 2.9 程度である．

核分裂で生じた原子核は核分裂生成物と呼ばれる．核分裂生成物は中性子が過剰であることが多いため不安定で，数回の $\beta-$ 崩壊のあとに安定核となる．したがって，原子炉が停止し核分裂が起こらなくなったあとも，核分裂生成物の崩壊により発熱が続く．これを崩壊熱という．長時間運転後，停止から1時間後でも定格の1%程度の出力がある．

(ii) **放射性捕獲**： 原子核が中性子を吸収して質量数が1大きくなる反応である．中性子を吸収することにより核が不安定となるため，捕獲 γ 線と呼ばれる γ 線を放出して安定状態となる．代表的なものに ^{59}Co があり，中性子を吸収して放射性の ^{60}Co へと変わる．このように中性子を吸収して生じる放射能を誘導放射能という．

(iii) **その他**： 中性子を吸収した原子核は荷電粒子を放出することがある．代表的なものに ^{10}B と中性子の反応により α 線を放出するという反応がある．この反応は原子炉の制御材として用いられている．

2) **散乱反応** 散乱反応には弾性散乱と非弾性散乱がある．
（i）**弾性散乱**： 反応の前後で運動エネルギーと運動量が保存される反応である．入射中性子エネルギーの一部，あるいは全部が標的核の運動エネルギーとなる．標的核の質量数が小さいほど，標的核に与えるエネルギーが大きくなるため，中性子の減速には軽い原子核が用いられる．

（ii）**非弾性散乱**： 反応の前後で運動量は保存されるが運動エネルギーが保存されない反応である．入射中性子エネルギーの一部または全部が標的核の励起に使われる．励起した標的核は γ 線を放出し安定状態となる．標的核の質量数が大きい場合に起こりやすい．

b. 断面積

中性子の核反応の発生を定量的に扱うために，断面積という量が用いられ，吸収や散乱といった核反応ごとに定義されている．ミクロ断面積は面積の次元をもち，b（barn，バーン）の単位で表される．ただし $1b = 10^{-24} cm^2$ である．

8.12.2 原子炉の構成

原子炉は核分裂の連鎖反応を維持させて熱エネルギーを引き出す装置である．核分裂性物質を含んだ燃料を原子炉容器の中に配置し，その隙間を冷却材が流れ，熱を燃料から原子炉外へもち出す．また，熱中性子炉の場合は，核分裂で生じた高速中性子を熱中性子まで減速させるために，燃料周辺に減速材を配置する．炉心の周囲には，炉心から漏れ出す中性子を減らす反射体や放射線遮へい材が配置されている．

a. 燃料

燃料は，^{233}U，^{235}U，^{239}Pu，^{241}Pu などの核分裂性物質からなる．^{235}U は天然ウラン中に約 0.7% しか含まれておらず，現在の軽水を用いる発電用原子炉は，必要に応じて

2～5％に濃縮した低濃縮ウランを燃料として使用している．また，^{238}U, ^{232}Th は中性子を吸収すると核分裂性の ^{239}Pu, ^{233}U に変わるため（転換），転換炉，増殖炉ではこれらも燃料として使われる．

燃料は燃料棒や燃料板などの形に成型加工して用いられ被覆材で覆われている．被覆材は，燃料と冷却材の接触を妨げるためや，核分裂生成物を密封するために用いられる．被覆材にはジルコニウム合金，アルミニウム合金，ステンレス鋼，黒鉛などが用いられる．

b. 減 速 材

減速材は，核分裂で生じた高速中性子を散乱反応により熱中性子まで減速するために使われる．減速材として適している性質には，散乱断面積が大きいこと，吸収断面積が小さいこと，質量数が小さいことが挙げられる．軽水，重水，黒鉛などが利用されている．

c. 冷 却 材

冷却材は液体または気体で，炉心で発生した熱を外部へ移送する役目を果たす．冷却材として適している性質には，中性子吸収断面積が小さいこと，熱除去・熱輸送が良好であること，誘導放射能が小さいこと，被覆材などの原子炉構造物を腐食させないことが挙げられる．軽水，重水，液体ナトリウム，炭酸ガス，ヘリウムなどが用いられる．

d. 反 射 体

反射体は，炉心から漏えいしてくる中性子を炉心へ送り返すために使われる．散乱断面積の大きな軽水，重水，黒鉛，ベリリウムなどが用いられる．高速炉においては，炉心から漏れる中性子を親物質の ^{238}U に吸収させて ^{239}Pu を作る目的で，天然ウランを炉心の周囲に配置することもある．これをブランケットという．

e. 制 御 材

原子炉では中性子の生成・消滅のバランスを変えることにより出力制御を行う．この目的で使われるのが制御材である．中性子吸収能力の大きな材料が制御材として適している．発電用原子炉では，炭化ホウ素，Ag-In-Cd 合金，ハフニウムなどが用いられている．また，長期的でゆるやかな制御には，冷却材のホウ酸濃度を変化させる方法や，燃料中にガドリニアのような熱中性子吸収断面積の大きな物質（バーナブルポイズン）を混入させる方法もある．

f. 原子炉容器

原子炉容器は炉心や反射材などを収容しているステンレス鋼，低合金鋼などで作られた容器である．発電用原子炉では冷却材を高圧で用いるため耐圧設計となっていることから，原子炉圧力容器ともいう．

g. 生体遮へい

原子炉からの放射線から人体を守るために原子炉容器の外側に設けられる遮へいをいう．コンクリート，炭素鋼などが用いられる．

8.12.3 軽水型原子力発電所
a. 加圧水型原子力発電所

加圧水型原子力発電所は，燃料に低濃縮ウランを，減速材と冷却材には軽水を用いた加圧水型原子炉（PWR）において，冷却材を沸騰させることなく蒸気発生器で二次系に蒸気を発生させて，その蒸気でタービン・発電機を回して発電する方式の発電所である．（図8.12.1に概略系統図を示す）　PWRでは，蒸気発生器や冷却材ポンプからなる冷却材ループの数を発電所出力により標準化し，50万kW級，80万kW級および110万kW級に対して，それぞれ2,3,4ループを採用している．

原子炉は，原子炉圧力容器とその中に収納される炉心，炉心支持構造物，制御棒クラスタおよびその駆動装置などから構成される（図8.12.2）．

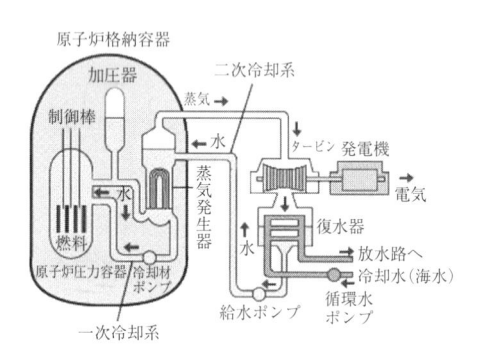

図8.12.1　加圧水型原子力発電所の概略系統図

原子炉圧力容器の冷却材出入口ノズルは，炉心から上方に取り付けられ，炉心は常に冷却水中にあるように考慮されている．圧力容器上部の冷却材入口ノズルから入る一次冷却材は，炉心槽と圧力容器間の円環部を下方に流れ，圧力容器底部で上方に方向を変えて炉心部に入る．炉心で発生した熱を吸収し高温になった一次冷却材は，圧力容器上部の冷却材出口ノズルから蒸気発生器に送られる．

燃料棒は，ジルカロイ-4被覆管に低濃縮ウランペレットを挿入し，上部にばねを入れた後にヘリウム（He）を封入し両端を端栓で溶接したもので，50万kW級以上では有効長さ約3.7mである．燃料集合体は，その格子配列に14×14, 15×15, 17×17の3種類が使用されている．ここでは，17×17配列を代表として説明する．17×17配列の燃料集合体は，24本のジルカロイ-4製の制御棒クラスタ案内シンブル（制御棒を挿入する際のガイドとなる管）と1本の炉内計装案内シンブ

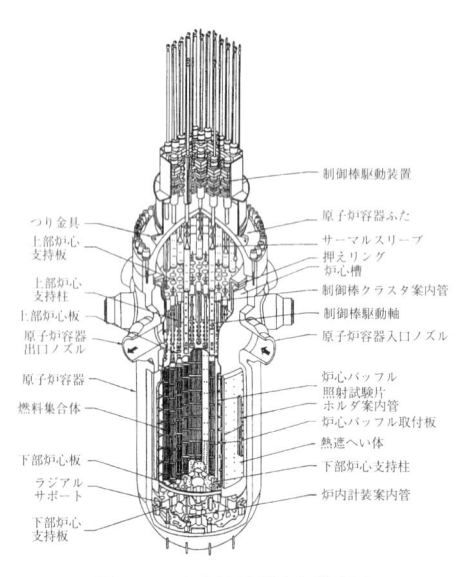

図8.12.2　原子炉容器内部構造図

ル（計測用端子を挿入する際のガイドとなる管）に，下部ノズルおよび9個のインコネル製ばね付き支持格子を所定間隔で取り付けて支持骨格を形成し，それに264本の燃料棒を挿入して上部ノズルを取り付けたものである．燃料集合体には側板がなく一次冷却材の混合をよくしている（図8.12.3）．

　制御棒はクラスタ方式（複数の制御棒を上部で束ねて一度に動かす方式）で，上部の駆動軸との連結機構に付けられたスパイダ状の継手に細い棒状のクラスタ要素を取り付けたもので，燃料集合体中の案内シンブル内を上下して反応度を制御する．クラスタ要素は，ステンレス鋼の被覆管内に中性子吸収材である Ag-In-Cd 合金を入れたものである．制御棒クラスタの駆動装置は磁気ジャック式で，原子炉上部ふたに取り付けられた圧力ハウジング内部には可動プランジャとグリッパラッチおよび溝付き駆動軸があり，電磁コイルの励磁によって，駆動軸の溝とかみ合うラッチと駆動軸まわりのプランジャが動作し，駆動軸に連結している制御棒クラスタが上下に動くか，または所定の位置に保持される．電磁コイルの励磁が遮断されると，ラッチが外れて制御棒クラスタは自重で落下する（図8.12.4）．

　蒸気発生器は，縦置U字管式でインコネル製伝熱管を用いている．一次冷却材は蒸気発生器下部入口ノズルから入り，伝熱管を経て出口ノズルから出ていく．蒸気発生器二次側への給水は，伝熱管上端のすぐ上の位置から給水リングを通じて行い，気水分離器で分離された下降水と混合しながら伝熱管周囲の円環状の部分を下降したあと，方向を変えて伝熱管を上昇し，蒸気は上部の気水分離器および湿分分離器を通してタービンに送られる（図8.12.5）．

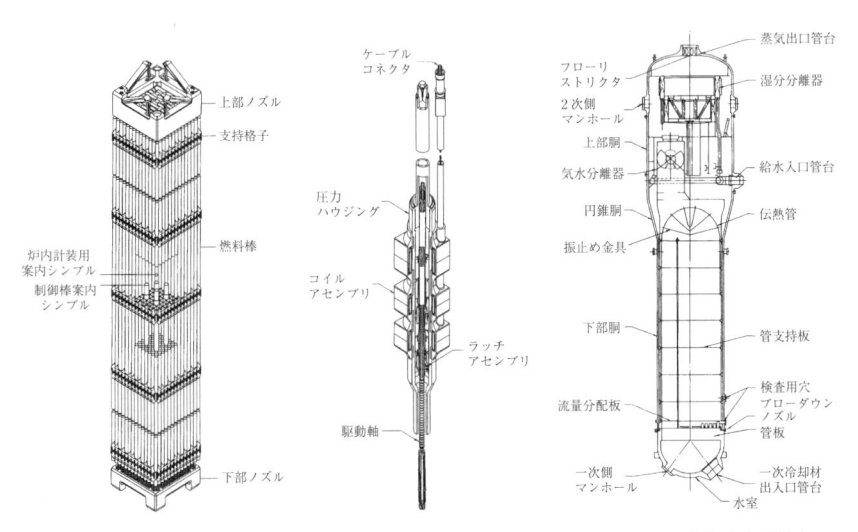

図 8.12.3　燃料集合体構造

図 8.12.4　制御棒駆動装置構造

図 8.12.5　蒸気発生器構造

加圧器は運転中一次冷却材圧力を一定に保つための設備で，底部には液浸式ヒータ（電気ヒータ）を，上部にはスプレイ，安全弁および逃がし弁を設けている．加圧器は運転中，下半分が液相，上半分が気相を形成しており，負荷変動に伴う正および負のサージを，ヒータおよびスプレイの操作によって水の蒸発・凝縮を制御して吸収するようになっている．

　化学体積制御設備（chemical and volume control system）は，一次冷却材保有量の変化の調整，反応度制御のための一次冷却材中のほう素濃度調整，一次冷却材中の核分裂生成物，腐食生成物などの不純物の除去，pH，溶存酸素などの調整による水質制御などの機能をもち，一次冷却ループから一次冷却材の一部を抽出し，脱塩塔・体積制御タンクを経て，充てんポンプでループに戻している．pH調整は水酸化リチウム，溶存酸素の調整はヒドラジン注入または体積制御タンクへの水素圧入によって行われる．

　非常用炉心冷却系は，一次冷却配管破断時に燃料取替用水貯蔵タンクまたは格納容器底部サンプの水を炉心に注水して，炉心の損傷を防止するためのもので，蓄圧注入系，高圧注入系，低圧注入系で構成される．

　格納容器は，内面に鋼製ライナプレートを設けたプレストレストコンクリート造の屋外型円筒構造物で，その円筒下部外側は密閉された空間を形成し，通常運転中負圧に保っており，万一の事故時には格納容器からアニュラス部（格納容器と原子炉建屋の間の気密性の高い円環状空間）へ漏れてくる放射性物質をアニュラス空気浄化設備によって除去したあと，排気筒から大気に放出する．

b.　沸騰水型原子力発電所

　沸騰水型原子力発電所は，燃料に低濃縮ウランを，減速材と冷却材には軽水を用いた沸騰水型原子炉（BWR）において，蒸気を直接発生させて，その蒸気でタービン・発電機を回して発電する方式の発電所である（図8.12.6に概略を示す）．ここでは，最新のBWRである電気出力130万kW級の改良型沸騰水型原子炉（ABWR）を例として，その仕組みと特徴について説明する．

　原子炉の内部構造例を図8.12.7に示す．原子炉圧力容器内には燃料集合体，制御棒，中性子検出器，炉心シュラウド，気水分離器，蒸気乾燥器，原子炉内蔵型再循環ポンプ（インターナルポンプ）などが配置されている．給水系から入ってきた水は給水スパージャ（散水管）によって均一に分散され，周辺の水と一緒になり，炉心シュラウド（炉心と炉心外を仕切る円筒状のステンレス鋼製構造物）外側を下方に流れ，インターナルポンプによって炉心下部に注入される．そして，上向きに流れを変え，燃料から熱を受け加熱沸騰し，蒸気と水の混合流体となって気水分離器に行き，ここで蒸気と水に分離される．分離された水は給水と混合し炉心に戻される．一方，分離された蒸気は蒸気乾燥器で残留湿分が除去され，乾燥蒸気となってタービンに送られる．燃料集合体は炉心支持板と上部格子板との間に872体格子状に配列され，燃料集合体と燃料集合体の間に制御棒205本，中性子検出器が配列される．

8.12 原子力発電の概要

燃料集合体は，9行9列の正方格子状に配列した燃料棒で構成される．燃料集合体を炉心に装荷する際に外側にジルコニウム合金製のチャンネルボックスをかぶせる．各燃料棒は，ジルコニウム合金製の被覆管内に低濃縮二酸化ウラン燃料を円筒状に焼結成形したペレットを層状に封入したものである (8.12.8)．

燃料は低濃縮二酸化ウランを円筒状のペレットに焼結成形し，これをジルカロイ被覆管に封入して燃料棒とする．燃料棒は上部タイプレートおよび中間スペーサで，9×9の正方格子配列とし，その周囲をジルカロイ-4製のチャンネルボックスで囲み，燃料集合体を形成する（図8.12.8）．

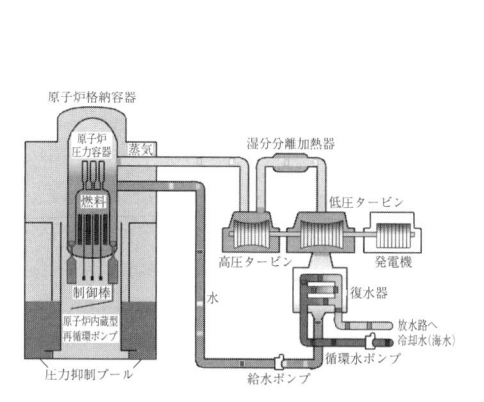

図 8.12.6 沸騰水型原子力発電所の概略図

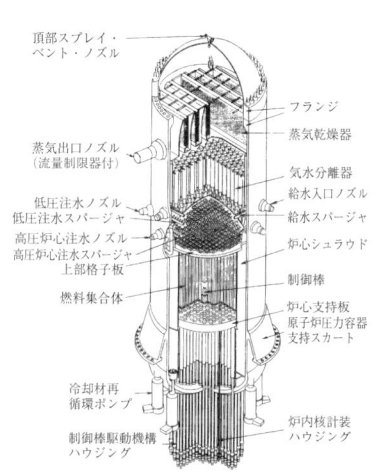

図 8.12.7 原子炉内部構造物（ABWRの例）

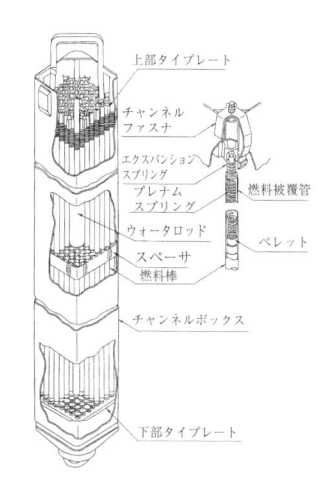

図 8.12.8 燃料棒および燃料集合体

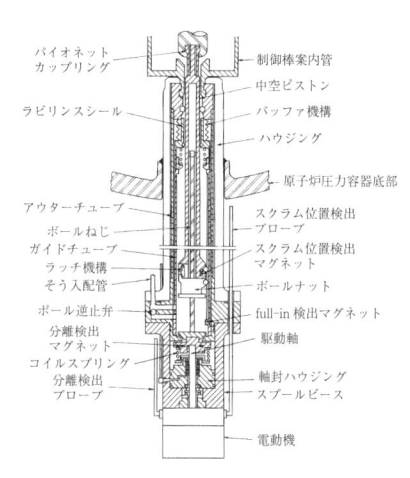

図 8.12.9 制御棒構造

制御棒は中性子を吸収しやすいボロンカーバイド粉末をステンレス鋼管に充てんし，ステンレスシースで十字形に組み立てたもの（さらに中性子吸収特性が優れたハフニウム（Hf）を用いて，長寿命化したものもある）で，4本の燃料集合体の中央に炉心全体に一様に配置してある．制御棒は，原子炉下部に取り付けられた駆動装置により，通常時は電動で，緊急挿入（スクラム）時は水圧で駆動され，炉心下部から上向きに挿入される（図8.12.9）．同一の駆動装置につながる1組の制御棒が挿入できなくても原子炉は安全に停止できる設計となっているが，万一制御棒すべての挿入ができない場合を考慮して独立したほう酸水注入系が設けられている．

制御棒による原子炉の出力制御（主として低出力状態時）のほかに，主として通常運転中は原子炉圧力容器下部に取り付けた10台のインターナルポンプで炉心を再循環する冷却材流量を変えることで原子炉出力を制御する．すなわち，原子炉出力を増加させるためには，再循環流量を増し炉心内に存在する蒸気泡の量を減少させ，炉心反応度を増加させる．

原子炉で発生した蒸気は4本の主蒸気系配管によりタービンに送られる．その途中に主蒸気隔離弁，主蒸気逃がし安全弁などが取り付けられている．主蒸気隔離弁は格納容器の内外それぞれ1個ずつあり，主蒸気配管破断事故の際に原子炉冷却材および放射性物質の放出を抑制する役割を，主蒸気逃がし安全弁は格納容器内に18個あり，原子炉の圧力上昇時に蒸気をサプレッションプール（圧力抑制プール）に導き，凝縮することにより過圧防止の役割を有している．

BWRでは復水・給水が直接原子炉に入るため，復水ろ過装置設置による鉄さび持ち込み量の低減，低コバルト材の採用などにより，放射化生成物による放射能を低減している．さらに，燃料漏えい減少による炉水中の希ガス・よう素濃度の低減と相まって，定期検査時に作業者の受ける放射線量は，1980年ごろの約3.5 mSv/人から最近では約1 mSv/人と，劇的に低減されている．

原子炉格納容器は，原子炉冷却材喪失事故時に放出された蒸気をサプレッションプールで凝縮させ，圧力上昇を抑制する方式を採用しているため比較的小さい．ABWRでは，鉄筋コンクリート製原子炉格納容器を採用し，原子炉建屋と一体構造としていることから，地震時安定性も向上している．

非常用炉心冷却系は，原子炉冷却材喪失事故時にサプレッションプールあるいは復水貯蔵槽の水を原子炉に注入することにより，炉心の損傷を防止する．ABWRでは高圧炉心注水系，原子炉隔離時冷却系，低圧注水系（残留熱除去系を兼ねる）からなる3区分および自動減圧系から構成され，いかなる状況でも炉心を冷却し，燃料の過度の温度上昇または溶融を防止できるようになっている．

c. 原子力用タービン発電機

原子力用蒸気タービンは，タービン入口の蒸気条件が悪いため蒸気消費量が多く，同じ出力に対して火力用タービンの約2倍の蒸気量を必要とする．したがって，大きな排気面積を必要とするために低圧最終段翼に長大な翼を使用し，湿分による翼

の浸食を防ぐために翼先端周速度を減らさなければならないことから，回転数を 1,500 rpm または 1,800 rpm としている．現在わが国で運転されている軽水炉の原子力用蒸気タービンの低圧最終段翼長は 35～52 インチ（約 89～132 cm）であり，タービン形式は，この翼長と排気分流との組合せによってユニット容量に適するように低圧車室数を定め，これを高圧タービンと 1 軸でつないだ「くし型」となっている．また，原子力用発電機は火力用と本質的な違いはないが，回転数が 1,500 rpm または 1,800 rpm であることから，火力用の二極機とは異なり，四極機が採用されている．

d. 軽水型原子力発電所の起動・停止方法と負荷追従性能

1) 加圧水型原子炉（PWR） PWR プラントの起動は，一次冷却材ポンプ運転による入熱および加圧器ヒータの投入による一次冷却材の昇温昇圧からスタートする．定格温度・圧力に到達したら，ほう素濃度希釈および制御用制御棒クラスタの引抜きにより臨界操作を行う．臨界に達したら，さらに制御用制御棒クラスタの引抜き操作およびほう素濃度の希釈により原子炉出力を上昇させ，二次系の蒸気の供給を開始する．

プラントの停止は，タービン負荷の減少に追従して，ホウ素の濃縮により原子炉出力を低下させる．その後，制御棒クラスタの挿入により出力を徐々に下げゼロ出力，ついで未臨界状態にする．低温停止ほう素濃度とするため，降圧，降温の前にホウ酸を注入する．

負荷追従性能としては，約 15％出力以上では ±5％/min のランプ状負荷変化，または ±10％のステップ状負荷変化に応答できる．また，原子炉をスクラムせずに定格出力から 50％出力までの急激な負荷低下に，40％バイパス弁で余剰蒸気を復水器に流すことにより応答できる．70％定格蒸気流量のバイパス容量をもつプラント（蒸気発生器を介しているため BWR のように 100％バイパス容量までは不要）では，送電線事故時にも原子炉をスクラムすることなく，所内負荷をもって単独運転が可能である．

2) 沸騰水型原子炉（BWR） BWR プラントの起動操作は基本的には次の 4 段階に分けて行われる．すなわち，① 制御棒引抜き前の主復水器の真空度達成，② 制御棒引抜きによる原子炉圧力上昇（核加熱），③ タービン起動/発電機並列，および ④ 定格出力への出力上昇である．出力上昇は，発電機並列までは制御棒の引抜きにより，また並列以降は制御棒の引抜きと原子炉再循環ポンプの速度上昇（すなわち炉心流量の増加）により行われる．その間，原子炉出力あるいは原子炉圧力の上昇に従って，原子炉および発電機の運転に必要な機器を適正なタイミングで起動していく．

プラントの停止は，再循環ポンプ速度の降下（すなわち炉心流量の降下）および制御棒の挿入により，原子炉出力を降下させる．発電機解列後は，制御棒の挿入により原子炉を未臨界とし，さらに原子炉系の減圧と冷却を行い冷態停止状態に移行する．

負荷追従性能としては，ABWR では約 65～100％出力の範囲では制御棒を動かす

ことなく，再循環流量制御によって 60%/min の出力変動が可能である．また，原子炉をスクラムせずに定格出力から 70% 出力までの急激な負荷低下に，25% バイパス弁で余剰蒸気を復水器に流すことにより応答できる．100% 定格蒸気流量のバイパス容量をもつプラントでは，送電線事故時にも原子炉をスクラムすることなく所内負荷をもって単独運転が可能である．

8.12.4 その他の発電用原子炉
a. ガス冷却型原子炉

ガス冷却型原子炉とは，原子炉冷却材として炭酸ガスやヘリウムなどの高圧のガスを用いる原子炉の総称である．現在，実用化されているガス冷却炉は，冷却材に炭酸ガス，減速材に黒鉛を用いたもので，熱交換器で発生させた蒸気により，蒸気タービンを駆動するものである（図 8.12.10）．

ガス冷却炉は，1950 年代後半から 1970 年代にかけて，主にイギリスで開発された．1956 年に，マグノックス（magnox）炉と呼ばれる，天然ウラン金属をマグネシウム合金で被覆した燃料棒を用いた原子炉の 1 号機（コールダーホール型）が商用運転を開始した．日本にも同型の炉が導入され 1966 年に商業用原子力発電所第 1 号機（東海発電所 1 号機）として建設された．その後イギリスでは，1970 年代を中心に，マグノックス炉の熱効率を向上させた改良型ガス炉（AGR：advanced gas-cooled reactor）を開発し，両型式とも現在も運転を行っている．

また，高温ヘリウムガスを用いて熱効率の向上や熱の有効利用を目指すものとして，高温ガス炉が開発されている．高温ガス炉では，燃料に被覆燃料粒子（二酸化ウランなどの微小粒子を熱分解炭素や炭化けい素の薄い膜で多重に被覆した直径 1 mm 以下の粒子），減速材および主要炉内構造物に黒鉛を用い，1,000℃ 近い冷却材温度を得ることができる．1960 年代を中心に，ドイツやアメリカで，実験炉や原型炉が開発されたが，経済的な理由からいずれも 1980 年代に運転を停止している．その後，1990 年代にかけて，小容量モジュール化による標準化効果と自然放熱のみで事故時

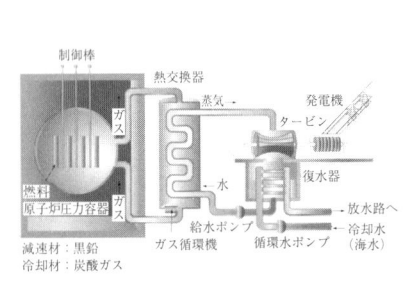

図 8.12.10 ガス冷却炉のしくみ

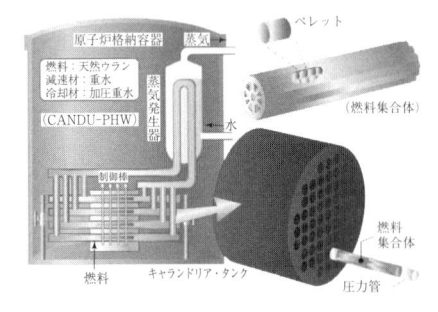

図 8.12.11 カナダ型重水炉（CANDU 炉）のしくみ

燃料最高温度を健全性限界値以下に維持できるなどの高い固有の安全性を有するモジュール型高温ガス炉のプラント概念が生まれ，熱効率向上による経済性向上を目指した直接サイクルヘリウムガスタービンとの組合せによる発電，さらに高温の熱を利用した水素製造などに関して，アメリカ，フランス，南アフリカ，ロシア，中国，日本などで研究開発や実証プロジェクトが進められている．

モジュール型高温ガス炉ガスタービン発電プラント概念の代表例が，南アフリカのPBMR (pebble bed modular reactor) とアメリカのGT-MHR (gas turbin modular helium reactor) である．PBMRの燃料要素形式はペブルベッド型と呼ばれ，直径約60 mmの黒鉛中に被覆燃料粒子を分散させた球状燃料を用いている．現在，南アフリカで実用炉1号を兼ねた原型炉の導入計画が進展中である．GT-MHRは，ブロック型という，被覆燃料粒子を集めて高温で焼結したペレット状の燃料を黒鉛ブロックに挿入した燃料体を用いている．

一方，日本では，日本原子力研究所において，高温ガス炉の特性を実証する目的で高温工学試験研究炉 (HTTR : high temperature engineering test reactor) が建設され，1998年に初臨界，2001年に定格出力到達を経て，現在，高温ガス炉の安全性実証試験等を実施している．また，水素製造技術の開発も進められており，HTTRによる世界初となる核熱を利用した水素製造試験が計画されている．

b. 重水型原子炉

重水炉は，中性子吸収の少ない重水を減速材に用いる原子炉の総称であり，天然ウラン燃料でも稼動することができるほか，軽水炉の使用済燃料から回収したウランとプルトニウムで製造したMOX燃料（混合酸化物燃料）なども効率よく燃やすことができる．

重水減速重水冷却炉の代表例としては，カナダ型重水炉 (CANDU炉，Canadian deuterium uranium reactor) があり，大型の圧力容器の代わりに多数の圧力管を重水の詰まった容器の中に水平に並べることが特徴で，運転しながら燃料交換ができる構造になっている（図8.12.11）．CANDU炉はカナダ国内で稼働中の22基のほか，アルゼンチンのエンバルセ発電所（1基），インドのラジャスタン発電所（2基），パキスタンのカラチ発電所（1基），韓国の月城発電所（4基），ルーマニアのチェルナボーダ発電所（1基）が稼働中であり，ルーマニアと中国でそれぞれ4基と2基が建設中である．

カナダ原子力公社 (AECL : Atomic Energy of Canada Ltd.) は2002年6月，既存のCANDU炉より一層の低コスト化や高信頼性を実現した次世代炉ACR (advanced CANDU reactor) を発表した．ACRでは，蒸気発生器やタービン発電機などの多くのシステムで，次世代加圧水型軽水炉 (APWR) に類似したものを採用するため，炉心サイズは同規模の既存炉の約半分となり，重水使用量と取扱いコストも既存炉の4分の1に低減される．また，低濃縮ウラン酸化物燃料を採用することにより燃料の寿命を天然ウラン燃料の3倍にする一方で，運転中の燃料交換，単純な燃料設計，柔

軟な燃料サイクルの選択など，CANDU炉のもつ長所も継承している．当面は出力約70万kWのACR-700を供給するが，100万kW級のACR-1000の設計作業も進められている．

重水減速軽水冷却炉の代表例としては，沸騰軽水冷却圧力管型を採用した新型転換炉（ATR：advanced thermal reactor）の原型炉「ふげん」がある．減速材の重水が入ったタンクの中にウラン燃料が入った圧力管があり，圧力管の中の水（軽水）が燃料によって加熱され沸騰し，その蒸気がタービンに送られ発電するため，蒸気発生器が不要となる．「ふげん」は開発運転の役割を終えたことから，原子炉の廃止措置に必要な研究開発を行うことになっている．

c. 高速増殖型原子炉

1) 高速増殖型原子炉の特徴と意義 原子炉の燃料は，^{235}Uや^{239}Puのような核分裂性物質，^{238}Uのような親物質が混ざっているから，原子炉を運転すると，核分裂性物質を消費するが，同時に親物質から新たな核分裂性物質を生産する．もし新しく生産された核分裂性物質の量が消費した量より大きいときは，エネルギーを得るために消費した量以上のエネルギー資源を生産し，増やしたことになる．このことを「増殖」という．原子炉のなかでは，核分裂により放出される中性子のうちの1個は連鎖反応を持続するのに使われるから，増殖を実現するには，核分裂で放出される中性子の数ηが2個以上でなければならない．実際の原子炉では炉心から漏れて外へ出る中性子や燃料以外の構成物で吸収される中性子があるから，ηの値からこのようなロスを差引いても，2個以上の中性子が残っていること，すなわちηの値が2よりできるだけ大きいほど増殖の可能性が高い．ηが2を大きく超える中性子のエネルギーは^{235}Uでは1MeV以上，^{239}Puでは100keV以上の高速中性子領域である．中性子のエネルギーが高くなるほどηも大きくなるが，^{235}Uに比べて^{239}Puはより大きな余裕をもっていて，増殖するのに有利である．

高速増殖型原子炉は，^{239}Puを高速中性子で核分裂させて発電しながら消費した以上の核燃料を生成（増殖）できることから，ウラン資源の利用効率を飛躍的に高めることができる原子炉として開発が進められている（図8.12.12）．増殖を実現できれば，天然ウランを有効に利用することによりウラン価格の変動など外部情勢に影響されないエネルギー資源を確保することができることになり，エネルギー政策上重要な意味をもつ．エネルギー資源に乏しいわが国の場合，ウラン資源についてもそのほとんどを海外から輸入しており，また大規模な原子力開発を進めている国として，対外依存度の低減，ウラン資源の有効利用などにより，如何なる事態の

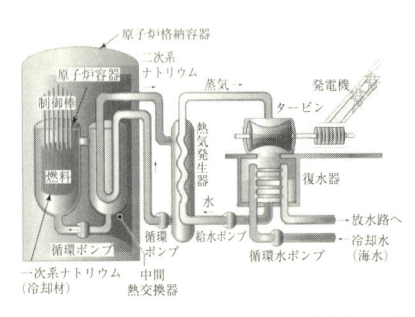

図8.12.12 高速増殖炉(ナトリウム冷却炉の例)

発生にも対応しうるようなエネルギー政策の推進が必要である．そのために，準国産エネルギーともいえるプルトニウムを利用する高速増殖型原子炉と関連する燃料サイクル（高速増殖型原子炉サイクル）の開発をナショナルプロジェクトとして実施してきている．なお，高速増殖型原子炉サイクルでは，さらに軽水炉の核燃料サイクルにおいて廃棄物として発生する超ウラン元素を積極的に再利用することも期待されている．

2) 高速増殖型原子炉の開発　わが国の高速増殖型原子炉の開発は，原子力委員会が昭和41年5月に決定した基本方針に従って実施されてきた．増殖型原子炉は種々研究されているが，燃料としてウラン・プルトニウム混合酸化物燃料を使用し，冷却材として液体金属ナトリウムを使用する高速増殖型原子炉を発電用プラントとして実用化することを目標に開発を進めてきた．冷却材に液体金属ナトリウムを使用することは，高温低圧で冷却系を運転できる優れた利点があるが，ナトリウムが化学的に活性なことからナトリウムの漏洩対策などが必要となる．昭和42（1967）年10月に旧動力炉・核燃料開発事業団（動燃）が発足し，実験炉，原型炉，実証炉，実用炉へと段階的に開発を進める方針に従って，「常陽」，「もんじゅ」を建設して技術データとノウハウを蓄積してきた．しかし，1995年に発生した「もんじゅ」の二次系ナトリウム漏洩事故を契機とした原子力委員会「高速増殖炉懇談会」において，① 将来の非化石エネルギー源の1つの有力な選択肢として，高速増殖型原子炉の実用化の可能性を追求するため研究開発を継続，② 実証炉の計画はもんじゅの運転経験，研究開発成果を評価した上で決定すべき，③ 実用化計画は安全性と経済性を追求しつつ，将来のエネルギー状況をみながら柔軟に対応していくことが必要，とされた．

これを受けて，1999年7月から核燃料サイクル開発機構が中心となって高速増殖型原子炉と関連する燃料サイクル（高速増殖型原子炉サイクル）の実用化に向けた研究開発戦略の立案を目的とした「実用化戦略調査研究」が実施されている．

d．第4世代原子炉

第4世代原子炉（Generation IV：GEN-IV）とは，「第1世代」（初期の原型炉的な炉），「第2世代」（現行の軽水炉など），「第3世代」（改良型軽水炉，東電柏崎刈羽のABWRなど）に続き，アメリカエネルギー省（DOE：department of energy）が2030年ごろの実用化を目指して2000年に提唱した次世代の原子炉概念である．燃料の効率的利用，核廃棄物の最少化，核拡散抵抗性の確保などエネルギー源としての持続可能性，炉心損傷頻度の飛躍的低減や敷地外の緊急時対応の必要性排除など安全性/信頼性の向上，および他のエネルギー源とも競合できる高い経済性の目標を満足するものである．以下に選定された各概念の概要を述べる．

1) 超臨界圧軽水冷却炉（SCWR：supercritical-water-cooled reactor）　東大，東芝を中心にわが国が研究を主導している概念である．現在，実用中の軽水炉は，亜臨界圧力（BWR：7.2 MPa，PWR：15.5 MPa）なので，蒸気と水とを分離しタービンに送る必要がある．超臨界圧22.1 MPa以上では気水の分離が必要ないので，原子炉

で加熱した冷却水で直接タービンを駆動して発電できる．この技術を応用した超臨界圧軽水冷却炉は，水の臨界圧 22.1 MPa 以上の高圧（25 MPa）かつ高温（500℃）で運転するため，高い熱効率（約 45％）が達成できるとともに，貫流サイクルが採用できるので，気水分離系，再循環系が不要となり，機器の簡素化による経済性向上が図れる．本概念には減速材の量を制限するために稠密炉心を採用する高速炉と，追加の減速材として水減速棒を使用する熱中性子炉があり，いずれも GEN-IV として採択された．

2) **ナトリウム冷却高速炉**（SFR：sodium-cooled fast reactor）　酸化物燃料と先進湿式再処理方式を組み合わせた概念と，金属燃料と乾式再処理を組み合わせた概念がまとめて GEN-IV 概念に採択された．いずれもわが国が FBR サイクル実用化戦略調査研究で検討している概念である．特に前者の代表的な概念としては，「もんじゅ」開発を踏まえて JNC（Japan Nuclear Cycle Development Institute，核燃料サイクル開発機構）が検討中の大型ループ型炉があり，原子炉構造のコンパクト化，ループ数削減，一次系機器の合体などによる経済性向上を特徴としている．

3) **鉛合金冷却高速炉**（LFR：lead-cooled fast reactor）　このカテゴリーには，鉛冷却大型炉（1,200 MWe），鉛ビスマス冷却小型炉（400 MWe），および鉛ビスマス冷却バッテリー炉（120-400 MWe）の 3 種類の概念が包含されている．鉛冷却大型炉としてはロシアで開発中の BREST がある．また，バッテリー炉は，15～30 年の超長期運転が可能であり，分散型電源や水素製造，海水脱塩などを目的としている．また，原子炉モジュールは工場生産し現地に据え付け，使用後の炉心はそのまま燃料リサイクルセンターに輸送するもので，核拡散抵抗性にも優れている．

4) **超高温ガス炉**（VHTR：very-high-temperature reactor）　900℃以上の原子炉出口温度で運転できる超高温ガス炉で，高効率発電とともに熱化学水素製造などの高温プロセス利用が可能である．わが国では，日本原子力研究所が HTTR の建設・運転をベースとして研究開発の推進を主導し，電気出力 30 万 kW の高温ガス炉ガスタービン発電システムを設計検討している．また，アメリカやフランスでも高温ガス炉技術の開発を進めており，これらの技術は以下のガス冷却高速炉にも活用できる．

5) **ガス冷却高速炉**（GFR：gas-cooled fast reactor）　提案されている概念は，電気出力 288 MWe のヘリウム冷却炉で，出口温度は 850℃，熱効率 48％である．炉心はピンまたは板状燃料を用いたブロック型をベースとしている．フランスを中心に検討が進められているが，燃料形状，炉心構造など，概念の基本部分についてはまだ未決定で，燃料サイクル技術を含めて開発要素が多い．

8.13　原子力発電所の安全確保

8.13.1　安全確保の考え方

原子力発電所は図 8.13.1 に示すように，地点選定から運転までの各段階において，各種手続きの中でその安全性が確認されている．原子力発電所の安全対策の目標は，

8.13 原子力発電所の安全確保

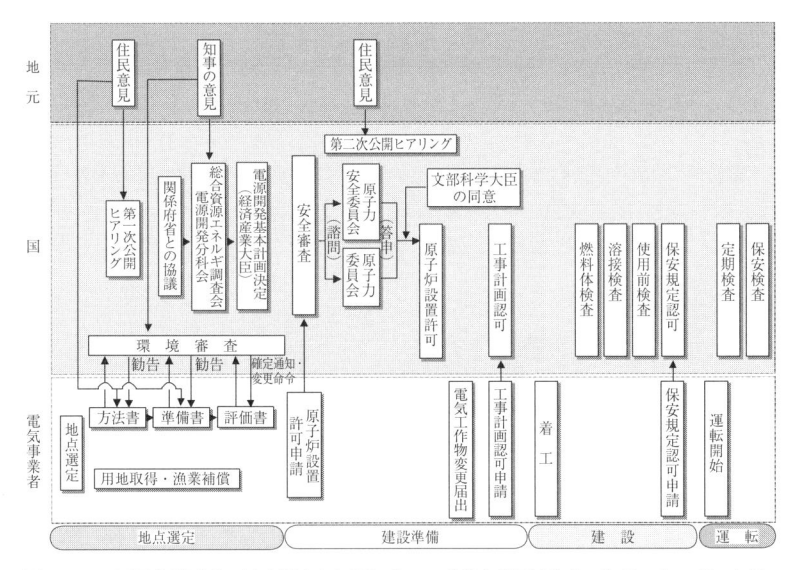

図 8.13.1 原子力発電所の地点選定から運転までの手続き概要(出典,資源エネルギー庁編：原子力 2001)

その内蔵する高レベルの放射性物質から公衆および従事者を保護することにある．わが国の原子力発電所は，事故の発生防止，ならびに，事故時に原子炉施設から大量の放射性物質が外部に放出されることを防ぐために，以下のような多重防護の考え方をとっている．

a. 事故の発生防止

原子炉や関連施設に故障が発生しないように安全余裕をみた設計を行い，また，想定されるいかなる地震力に対しても事故の誘因にならないよう十分な耐震性をもたせ，厳重な品質管理の下で製作・検査を実施する．また，運転開始後は，監視・点検を厳重に行う．一方，故障が発生した場合にも，原子炉を緊急自動停止させて，異常状態に対応することにより事故に拡大することを防止する対策が講じられている．

b. 事故の拡大防止

原子力発電所は，万一事故が発生した場合に備えて，工学的な安全施設などを設置し，事故の拡大を防止し，公衆に対する影響を軽減する対策を講じている．具体的には，以下のとおりである．

1) 原子炉の停止系と固有の出力抑制特性 原子炉の停止系は，高温運転状態から炉心を臨界未満にできる2つの独立した系（制御棒駆動系，ほう酸水注入系）からなっている．また，原子炉の炉心は，原子炉出力の過渡的変化に対して，燃料の損傷を防止または緩和するため，ドップラ係数（燃料の温度変化に伴う反応度の変化率），減速材温度係数（減速材の温度変化に伴う反応度の変化率），減速材ボイド係数（減

速材の気泡の量の変化に伴う反応度の変化率）などを総合した負のフィードバックにより，急速な固有の出力抑制効果をもたせるよう設計されており，BWRの制御棒落下事故のような急速に出力が上昇する事故に対しても，十分な抑制効果をもたせている．

2) 事故時における炉心の冷却 一次冷却配管の破断のような原子炉の冷却材が喪失するような事故に対して，炉心を冷却し，燃料の過度的な温度上昇を抑制し，燃料の溶融を防ぎ，炉心を冷却可能な形状を維持するため，多様な非常用炉心冷却設備が多重に設けられている．また，外部電源が喪失しても機能が維持できるよう，非常用電源設備（非常用ディーゼル発電機）が多重に設置されている．以下にBWRの非常用炉心冷却系について，簡単に紹介する．

世代によって構成が異なるが，最新のBWRプラントであるABWR (8.13.3 b. で説明) では，低圧注水系，高圧炉心注水系，原子炉隔離時冷却系，自動減圧系で構成される．

(i) 低圧注水系： サプレッションプール水を原子炉炉心シュラウド外に注入し，炉心を冷却する．原子炉圧力が 2.0 MPa 以下になると注水できる．

(ii) 高圧炉心注水系： 復水貯蔵槽の水またはサプレッションプール水を，原子炉炉心上部に取り付けられたスパージャ（散水管）のノズルから燃料集合体上に注水することによって，炉心を冷却する．

(iii) 原子炉隔離時冷却系： 復水貯蔵槽の水またはサプレッションプール水を，給水系を経由して圧力容器に注水する．

(iv) 自動減圧系： 逃がし安全弁18個のうちの8個からなり，原子炉蒸気をサプレッションプール水中へ逃がし，原子炉圧力を速やかに低下させて低圧注水系による注水を可能とし，炉心冷却を行う．

3) 放射性物質の閉込め 原子力発電所では，核分裂に伴って燃料の中に放射能をもった核分裂生成物が蓄積されるので，これが外部に放出されないように燃料ペレット内に保持され，さらにこれが燃料被覆管によって取り囲まれている．一次冷却系は，原子炉圧力容器をはじめとする圧力バウンダリで形成され，主要設備は，原子炉格納容器の中に収納されている．また，原子炉格納容器の外部に気密性を有する原子炉建屋を設けている．このように放射性物質は，多重の障壁によって外部に漏れないように設計される．

4) 原子炉格納容器と付属施設 一次冷却配管破断事故があれば，放射能を帯びた冷却材が系外に放散される．また万一非常用炉心冷却系の動作が大幅に遅れるようなことがあると，燃料の一部が溶融することも考えられるので，このような万一の事態に備えて放射能を施設内に閉じ込め，敷地外の放射線災害を防止するため，一次冷却系を気密性の格納容器で取り囲む方法がとられる．

以下にBWRにおける原子炉格納容器と付属施設について紹介する．

(i) 原子炉格納容器： BWRでは圧力抑制形格納容器が採用されている．最新の

ABWR の格納容器を図 8.13.2 に示す．格納容器は原子炉および一次冷却系を収納するドライウェルと大容量の水を蓄えているサプレッションチェンバからなり，一次冷却系の破断事故後にドライウェルに放出された蒸気をベント管を通じてサプレッションチェンバに導き，ここで蒸気を凝縮復水させることによって格納容器の圧力上昇を抑制する．また付属施設として，格納容器スプレイ冷却系（図 8.13.3），可燃性ガス濃度制御系，非常用ガス処理系がある．

(ii) 原子炉格納容器スプレイ系： 一次冷却系破断事故時，格納容器内の温度を低下させ内圧を減少させるとともに，よう素の濃度を低下させる必要がある．そのた

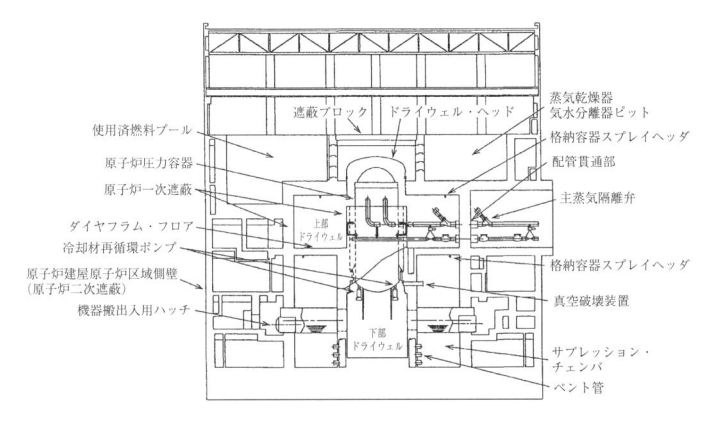

図 8.13.2 ABWR の格納容器の例

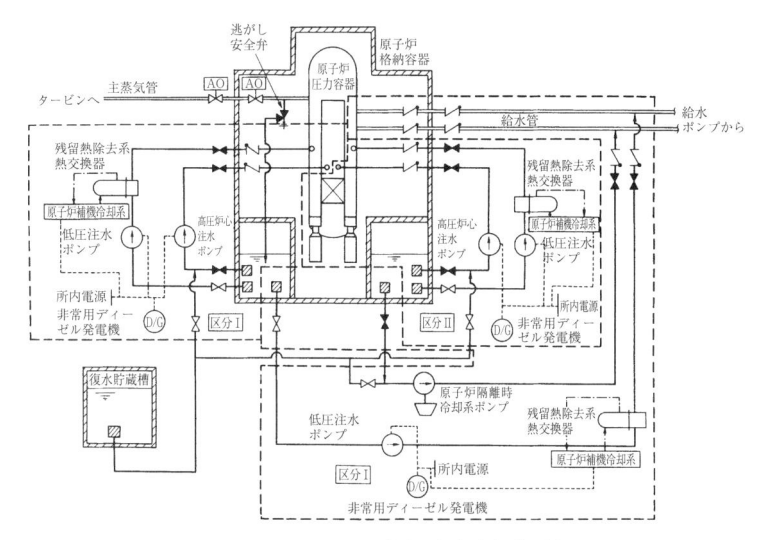

図 8.13.3 ABWR の非常用炉心冷却系の例

め，サプレッションプール水を残留熱除去系ポンプでくみ上げ，熱交換器を経て格納容器内のスプレイヘッダからドライウェルおよびサプレッションチェンバにスプレイする．

(iii) 非常用ガス処理系： 事故時，格納容器から漏れ出る核分裂生成物の放散を防止するため，気密性の原子炉建屋がこれを取り囲み，放射能レベルが高くなると自動的に常用換気系を閉そくし，非常用ガス処理系に切り換え，そのフィルタによって核分裂生成物を除去したうえで，排気筒から環境へ放出する．フィルタは活性炭フィルタ（99％以上のよう素除去効率）と粒子フィルタとの組合せからなる．

5） **アクシデントマネジメント**　　原子力発電所では，設計で想定した事象を大幅に超えた原子炉が大きく損傷するおそれのある事態が万一発生したとしても，安全性の余裕や，設計上想定した本来の機能以外にも期待できる機能，または，そうした事態に備えて新しく設置した機器などを使うことによって，それがシビアアクシデント（大量の放射性物質を外部に放出するような原子力事故）に拡大するのを防止するため，もしくはシビアアクシデントに拡大した場合でもその影響を小さくするために採られる措置（アクシデントマネジメント）を講じている．（格納容器ベント機能，格納容器の過圧防止のために排気配管を設け除熱機能を向上，低圧注水系の代替注水機能，消火系などからも原子炉への注水可能など）

6） **原子力発電所の安全評価**　　わが国では原子力発電所の安全評価は，原子力安全委員会が策定した安全評価に関する指針「原子炉立地審査指針およびその適用に関する判断のめやすについて」，「発電用軽水型原子炉施設の安全評価に関する審査指針」および「発電用軽水型原子炉施設に関する安全設計審査指針」に基づき行われ，安全設計の評価として，運転時の異常な過渡変化において炉心が損傷することなく通常運転に復帰できる状態で収束する設計であること，原子炉施設の安全性を評価する観点から想定する必要のある事象（原子炉冷却材の喪失や原子炉出力の急激な変化など）において炉心が著しく損傷することなく周辺公衆に対して著しい放射線被ばくのリスクを与えないことなどを確認している．また，発電所の立地条件の適否については，技術的見地から最悪起こるかもしれない重大な事故，さらには，起こるとは考えられない重大事故を超える仮想的な事故が発生した場合でも，放射性物質が発電所敷地周辺へ大量に放出されるのを防止できること（目安線量である，甲状腺（成人）に対して 3 Sv，全身に対して 0.25 Sv，全身線量の積算値 2 万人 Sv に対して十分下回るものであること）を示し，発電所周辺の一般公衆との離隔の妥当性を評価し，確認している．

7） **確率論的安全評価と安全目標**　　シビアアクシデントは，施設の設備の誤動作や誤操作，機器の故障が発生した際に，作動すべき安全装置が機能しないことにより引き起こされる．確率論的安全評価は，こうしたシビアアクシデントに至るまでの様々なシーケンスに対して，その発生確率を確率論に基づいて定量的に推定し，原子力施設などの安全性を総合的に評価する手法である．

近年の確率論的安全評価技術の発展に伴い，達成しうるリスクの抑制水準として，確率論的なリスクから安全目標を定め，わが国の原子力安全規制活動などに関する判断に活用しようという動きがある．この安全目標は，原子力施設の事故に着目し，事故による公衆の健康リスクは，日常生活に伴う健康リスクを有意には増加させない水準に抑制されるべきとの考えに基づき設定される．

8.13.2　保障措置

保障措置（SG：safeguards）とは，原子力の平和利用を担保するために，ウランやプルトニウムのような核物質ならびに設備，資材および情報が，核兵器その他の核爆発装置の製造などに転用されないことを確認するための措置のことである．1970年に「核兵器の不拡散に関する条約（核不拡散条約，NPT：Non-Proliferation Treaty）」が発効するに至って，現在はNPTに基づく保障措置協定（INFCIRC/153）が適用されている．国際原子力機関（IAEA：International Atomic Energy Agency）が実施する国際保障措置と国自らが実施する国内保障措置とがあり，国際保障措置は原則的には国内保障措置をIAEAが観察することを通して実施される．保障措置の具体的な技術的手段には，基本手段としての「核物質計量管理」と補助手段としての「封じ込め・監視」および査察がある．

8.13.3　安全確保のための制度

原子力発電所の運転に際しては，「核原料物質，核燃料物質及び原子炉の規制に関する法律」（原子炉等規制法），「電気事業法」などの法規制に従うとともに，原子炉設置者は，原子炉施設の運転および保守にあたって，原子炉設置者およびその従事者が守るべき事項を定めて経済産業大臣の認可を受けた「保安規定」を遵守しなければならない．また，原子炉設置者は，地方自治体などとの間に締結された安全協定に対しても忠実でなければならない．

さらに，原子炉設置者は「原子力災害特別措置法」に基づき，原子力防災組織を設置し，必要な資機材を整備するとともに，「原子力事業者防災業務計画」を作成し，原子力災害予防対策，緊急事態応急対策，国・地方自治体・原子炉設置者の連携，防災体制・資機材の整備，事業者間協力などをあらかじめ定め，万一の原子力災害に備えることとしている．

8.14　設備保全

一般に，保全作業の主対象である機器の劣化は図8.14.19のようなバスタブ曲線でモデル化できるものとされ，そして，この考え方に基づいた周期を定めての時間計画保全（TBM：time based maintenance）が実施されてきた．これに対し，1960年代のアメリカの航空業界の調査報告以来（図8.14.1），この劣化モデルの有効性が疑問視され，保全の考え方が見直されてきている．また同時に，機器単位が中心だった保

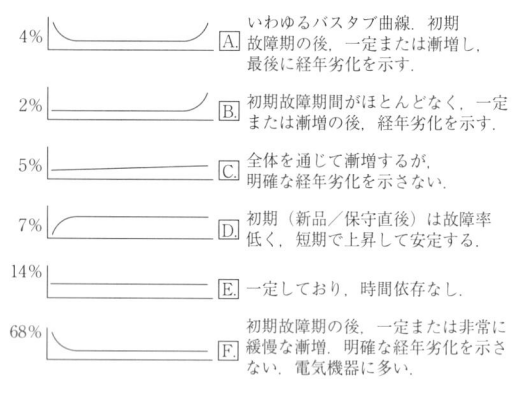

故障率	曲線	説明
4%	A	いわゆるバスタブ曲線。初期故障期の後、一定または漸増し、最後に経年劣化を示す。
2%	B	初期故障期間がほとんどなく、一定または漸増の後、経年劣化を示す。
5%	C	全体を通じて漸増するが、明確な経年劣化を示さない。
7%	D	初期(新品/保守直後)は故障率低く、短期で上昇して安定する。
14%	E	一定しており、時間依存なし。
68%	F	初期故障期の後、一定または非常に緩慢な漸増。明確な経年劣化を示さない。電気機器に多い。

図 8.14.1　航空機部品の時間－故障曲線[28]
時間計画保全の効果を望めるもの(明確な劣化寿命を示すもの)はA, Bのほか, Cまで含めても11%しかない。

全計画法から, 系統／プラント機能をベースにした体系的な手法が開発され, 効果を上げてきている。

原子力発電分野でも, 機器単位での時間計画中心の体制から, 信頼性重視保全 (RCM: reliability centered maintenance) や状態監視保全 (CBM: condition based maintenance) の考え方を取り入れて体系化し, 工学的合理性に基づく, 総合的な信頼性向上を目指す動きが活発になっている。

a. 時間計画保全と状態監視保全

「原子力発電所の保守管理規程」JEAC (Japan Electric Association Code) 4209によれば, 保全の方式は予防保全(時間計画保全, 状態監視保全)と事後保全に分類され, 適切な組合せをとることが求められている。一方, 従来の原子力発電所における保全活動は, このうち時間計画保全, 特にプラント定期検査時の機器分解点検を主体に行われてきた。これは, 古典的バスタブモデルをベースにした考え方によるものであるが, この考え方は, 前述の航空業界のデータなどにもみられるように, 次のような課題を抱えている。

・偶発的な(時間依存性の低い)故障の比重は特に複雑な設備では相当以上に大きい。こうしたタイプの故障には時間計画保全では対応が困難である。
・分解点検には元来初期故障やヒューマンエラーのリスクがある。たとえば正常に運転されている回転機器などは, 時間計画保全による分解調整をしない方が設備信頼性上よいと考えられる場合も少なくない。
・保全周期は主に統計的に決定される。統計的方法では, 故障モードごとの特徴が平均化されてしまう懸念があるとともに, データのばらつきが大きいことから, 大きな過剰保全の傾向を産む。また, 機器単品ごとの状態の差を反映しにくい。
・点検に伴い, 設備の稼働率・利用可能性が悪化する。これはリスク要因にもなりうるので, 特に原子力発電所ではプラント運転中の保全に対しリスク管理上一定の制約条件となる。

こうした課題に対応するものとして, 状態監視を中心とする保全方式が検討されている。これは, 系統機器の稼働中にその運転状態を計測することによって, 健全性や劣化の程度を推定し, それを保全計画に反映していくもので, 他産業(石油, 化学な

ど）では多くの実績を上げている技術である．わが国の原子力発電所においては，プラントの安全性，信頼性確保に対する特段の配慮から，こうした新しい手法の扱いには慎重な検討が行われてきたが，他産業および海外（アメリカなど）の原子力発電所での良好な実績を踏まえ，徐々に導入が始まっている．

b. 状態監視保全の考え方と特長

状態監視に用いられる代表的な技術には，系統の温度，圧力などのプロセス計測のほか，回転機器に対する振動診断や潤滑油診断，電気機器に対するサーモグラフィのような温度計測など様々なものが開発され，実用化されてきている．その基本的な考え方と特長は以下のとおりである．

- ・定期的に状態を計測し，その結果と過去の傾向をもとに診断を行って保全作業の必要性や時期を決定する．
- ・保全計画は診断の結果をもとに必要に応じて実施されるのが原則である．ただし，特に時間計画からの移行期や重要機器などの対象によっては，時間計画保全に加えて運転中の状態計測を補間的に用いたり，保全周期の妥当性検証データとして用いることもある．
- ・機器個別の運転中データによる診断であり，前述した統計的な問題が生じるおそれがない．
- ・定期検査時期に限定されず，運転期間全体を通じて状態を把握できる．偶発性故障への対応としても優れている．
- ・時間計画による本各点検を最小化することにより，初期故障/保全原因故障を低減できる．

このように，状態監視保全は時間計画保全の短所を補うものであるが，対象とすべき機器の重要性，適用技術の信頼性（検出可能性），設備の保全可能性などにより，時間計画保全とも組み合わせて適切な保全計画とする必要がある．このような要請に対する回答の１つが信頼性重視保全の考え方である．

c. 信頼性重視保全

信頼性重視保全は，系統・機器の機能分析とプラント保全・安定運転への影響度評価というシステム的な評価，機器の故障モード分析および故障の発生可能性／対応保全・検出技術などに対する技術的な妥当性評価を統合し，機器単品だけでなく，プラント全体としての保全の信頼性向上と高効率化の両立を目指すものである．そのなかで状態監視技術は保全手法の有力オプションとして扱われる．信頼性重視保全の実施方法には様々なバリエーションがあるが，最近の，特にアメリカの原子力では，① 重要度に応じた分析詳細度（解析の重点指向），② 保全内容の根拠データの標準化と共有化といった工夫により，作業の効率化や標準化が図られている．原子力発電所で用いられる信頼性重視保全実施手順の代表的な例を図 8.14.2 に示す．

d. リビングプログラム

信頼性重視保全は，保全計画（内容と頻度，判断基準）のための基準を整備するも

8. 発電設備

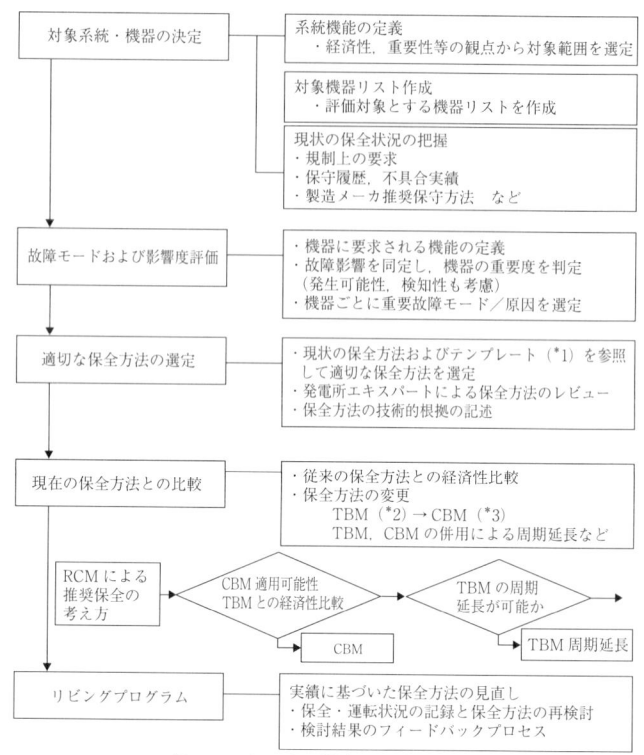

```
対象系統・機器の決定 ── 系統機能の定義
                         ・経済性，重要性等の観点から対象範囲を選定
                      ── 対象機器リスト作成
                         ・評価対象とする機器リストを作成
                      ── 現状の保全状況の把握
                         ・規制上の要求
                         ・保守履歴，不具合実績
                         ・製造メーカ推奨保守方法　など

故障モードおよび影響度評価 ── ・機器に要求される機能の定義
                           ・故障影響を同定し，機器の重要度を判定
                            （発生可能性，検知性も考慮）
                           ・機器ごとに重要故障モード／原因を選定

適切な保全方法の選定 ── ・現状の保全方法およびテンプレート（*1）を参照
                         して適切な保全方法を選定
                       ・発電所エキスパートによる保全方法のレビュー
                       ・保全方法の技術的根拠の記述

現在の保全方法との比較 ── ・従来の保全方法との経済性比較
                         ・保全方法の変更
                            TBM（*2）→ CBM（*3）
                            TBM，CBMの併用による周期延長など

RCMによる推奨保全の考え方 ── CBM適用可能性TBMとの経済性比較 → CBM
                              → TBMの周期延長が可能か → TBM周期延長

リビングプログラム ── ・実績に基づいた保全方法の見直し
                     ・保全・運転状況の記録と保全方法の再検討
                     ・検討結果のフィードバックプロセス
```

*1 テンプレート：故障モード解析や運転保守経験を反映した機種毎の標準的な保全方法・頻度
*2 TBM：時間計画保全（time based maintenance）
*3 CBM：状態監視保全（condition based maintenance）
*4 RCM：信頼性重視保全（reliability centered maintenance）

図 8.14.2　信頼性重視保全の*4実施手順（例）

のであり，機器ごと，系統ごとの保全／故障の履歴，状態監視記録を蓄積し，常に見直していくことが肝要である．このための業務プロセスをリビングプログラム（living program）といい，① 保全時，運転時の機器状況の記録，② 機器状況に基づく評価，主に保全が適切でないと判断されるもの（予想より劣化が進展していたようなケース，逆にほとんど問題がなくて保全の必要がなかったケース）について検討，③ 保全計画の見直しというフィードバックが継続的に行われる．

　原子力発電所にはユニット当たり数万点の点検対象機器があり，保全計画／履歴データを蓄積して，かつ，このようなフィードバックプロセスを的確に実施する必要から，関連データを一元的に取り扱い，業務プロセスを追跡する計算機システムの導入が進んでいる．

8.15 原子燃料サイクル

8.15.1 ウラン濃縮技術

天然に存在するウランには核分裂性核種である ^{235}U が約 0.711%（重量%）しか含まれていない．このため，^{235}U を原子炉で効率よく利用するために，この比率を高める工程がウラン濃縮である．ウラン濃縮技術としては，大規模商業プラントで実用化されているガス拡散法，遠心分離法があり，その他に研究開発中のレーザ法などがある．各種のウラン濃縮技術を表 8.15.1 に示す．ここでは，日本をはじめ，ヨーロッパ，ロシアなどで実用化されている遠心分離法について説明する．

遠心分離法は，超高速で回転する遠心分離機の内部に UF$_6$（六フッ化ウラン）ガスを流し，質量つまり遠心力の違いにより比較的重い ^{238}U を含む分子は外壁側に，比較的軽い ^{235}U を含む分子は中心側に多く分布する原理を利用した方法である．遠心分離機のしくみを図 8.15.1 に示す．遠心分離機の分離性能は，理論上周速の 4 乗と回転胴長さに比例して増大する．実際には，構造や運転操作条件に依存する．

表 8.15.1 各種ウラン濃縮技術

	濃縮原理	特徴	消費電力	概念図	現在の開発状況
遠心分離法	UF$_6$ ガスを遠心分離機により遠心力を作用させて ^{235}UF$_6$ を濃縮し回収する	① 消費電力が小さい ② 可動部が多い	小		日本，ヨーロッパ，ロシアなど実用化
ガス拡散法	^{235}UF$_6$ ガスと ^{238}UF$_6$ ガスの分子の運動速度の差を利用する	① 消費電力が大きい ② 設備が大規模	大		アメリカ，フランスで実用化
レーザ法（原子法）	金属ウランを蒸気化した後，レーザ光を照射し，ウラン 235 のみイオン化して分離回収する	① 可動部が少ない ② 設備がコンパクト	小		アメリカ，フランスで研究開発中
レーザ法（分子法）	超音速ノズルで冷却された UF$_6$ ガスにレーザ光を照射し，ウラン 235 のみ粉体の UF$_5$ にした後，捕集する	① 既存の原子燃料サイクルとの整合性がよい ② 設備費大幅低減の可能性大	小		日本などで研究開発中

（出典：日本原燃株式会社，ホームページ，http://www.jntl.co.jp）

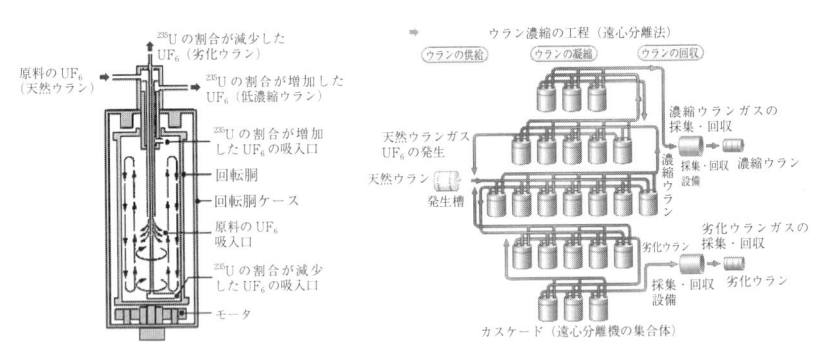

図 8.15.1　遠心分離機のしくみ　　図 8.15.2　カスケードの概念
(出典：日本原燃株式会社ホームページ)

また，ウラン濃縮の成果は，分離作業単位（SWU：separative work unit）という仕事量で表される．これは，ウランを濃縮する際に必要となる仕事量を表すために，^{235}U の同位体比率（濃縮度）X に価値を与え，量との積で重み付けをする．このときの分離作業 δV は価値関数を $V(X)$，$P \cdot W \cdot F$ を製品・廃品・原料の量とすると次のようになる．

$$\delta U = PV(X_P) + WV(X_W) - FV(X_F) \tag{8.15.1}$$

一例として，天然ウランから3.5%濃縮ウラン1KgUを取得する場合の分離作業量は，劣化ウラン濃度を0.25%とすると，4.8 KgSWUである．また，発電量と分離作業量との関係を極めて大雑把に例示すると，120 tSWUの分離作業量が100万KW発電所の年間燃料取扱量に相当する．

実際の商業プラントでは，いずれの方法でも1回の分離作業では十分な濃縮度が得られないので，遠心分離機を何台も効率的に組み合わせ，濃縮操作の多段連続化とともに原料物質の有効利用を図ることにより，所定の分離作業を行っている．遠心分離機を何台も組み合わせた装置をカスケードという．カスケードの概念図を図8.16.2 に示す．ある段（a）段を出た濃縮流（^{235}U の割合が増加した流れ）は，1段上の（a+1）段に供給され，(a) 段を出た減損流（^{235}U の割合が減少した流れ）は，1段下の（a-1）段に供給される．これらを繰り返すことにより，求める濃縮度の濃縮ウランを得ることができる．わが国では，経済性を高めた遠心分離機の実用化を目指して，回転胴の周速と長さを改良することにより，分離性能を高めた新型機の開発に取り組んでいる．

8.15.2　原子燃料の成型加工

a.　ウラン燃料[30]

現在日本の原子力発電所で使用されている一般的な原子燃料は，UO_2（二酸化ウラン）を原料としており，この粉末が直径および高さ約1 cmの円筒形のペレットに圧

縮成型される．高温（1,700～1,800℃）で焼結されたペレットは燃料被覆管の中に密封されて燃料棒となり，複数の燃料棒を組み合わせた集合体となる．図8.15.3に代表的な軽水炉用ウラン燃料集合体の製造工程を示す．現在わが国では，BWRでは燃料棒を9行9列の正方格子状に配列した9×9燃料が，PWRでは17×17燃料が主流となっている．これらの燃料は時代とともに高燃焼度化が進み，燃料サイクルコストの低下，使用済燃料の発生量低減などの点で改善されてきている．

b. MOX燃料[31, 32]

MOX（ウラン・プルトニウム混合酸化物）燃料は，使用済燃料を再処理して得られるプルトニウムをウランに数～十数％程度混合したものを原料として製造する燃料である．海外では，フランス，ドイツを中心に約4,000体が軽水炉で使用されており，日本では「ふげん」で約800体が使用された実績がある．また，日本国内の軽水炉でのMOX燃料利用，いわゆるプルサーマルの実施も予定されている．

製造工程におけるウラン燃料との最も大きな違いは，ペレットの成型前にUO_2粉末とPuO_2粉末を混合する工程があることである．そのほかの工程については，プルトニウムの飛散による汚染や被ばくの防止・抑制のために密閉されたグローブボックス内で取扱う必要があるなどの設備上の違いを除けばウラン燃料とほぼ同じと考えてよい．わが国で現在計画中の国内MOX燃料加工工場では，海外で実績のある仏COGEMA社のMIMAS法（ボールミルにより粉末を粉砕する一次混合工程と希釈用UO_2で所定のPu富化度に調整する二次混合工程からなる二段混合法．図8.16.4）を導入することとしている．海外のMIMAS法では原料としてPuO_2を使用するのに対し，国内MOX燃料加工工場では，MOX粉末（$PuO_2 : UO_2 = 1 : 1$）を使用することとしており，現在，各種の確証試験が行われている．

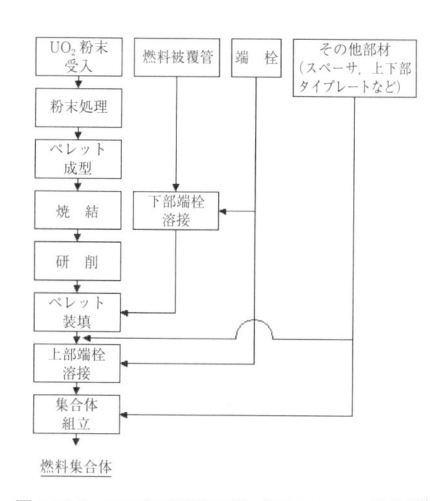

図 8.15.3 原子燃料製造工程（BWRウラン燃料）[30]

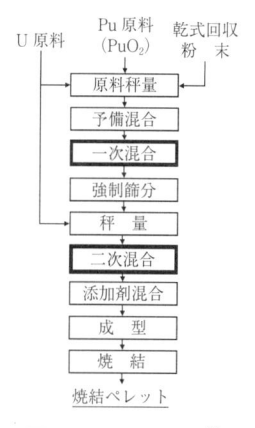

図 8.15.4 MIMAS法[33]

8.15.3 使用済燃料の再処理

原子力発電所で使用された燃料（使用済燃料）には，再び燃料として利用することができる，燃え残ったウランと新しく生成したプルトニウムが含まれている．再処理とは，この使用済燃料から，ウランとプルトニウムを化学的に回収し，残りの核分裂生成物を放射性廃棄物として分離することである．

再処理の方法は湿式法と乾式法に大別できるが，現在実用化されている唯一の方法は湿式法に分類されるピューレックス法（溶媒抽出法）と呼ばれる方法である（図8.15.5）．ピューレックス法では，使用済燃料を硝酸溶液に溶解し，有機溶媒TBP（リン酸トリブチル）を用いて，核分裂生成物の化学的な分離，ウランとプルトニウムの回収を行う．ここで分離した核分裂生成物は，高レベル放射性廃棄物として物理的にも化学的にも安定させるためにガラス固化される．

現在，わが国の使用済燃料は，核燃料サイクル開発機構の東海再処理施設（1981年運転開始）のほか，イギリス（BNFL社）とフランス（COGEMA社）に委託して再処理している．また，青森県の六ヶ所村において，日本原燃株式会社がわが国初の商業用再処理工場の建設を進めており，2006年に操業を開始する計画である．

将来の高速炉燃料再処理技術についても，様々な研究・検討が行われている．わが国では，核燃料サイクル開発機構と電気事業者が一体となり実施している，高速増殖炉サイクルの実用化にむけた調査研究において，経済性の向上，環境負荷の低減が実現できる技術として，ピューレックス法を合理化した先進湿式法や，溶融塩中での電解反応によりウランとプルトニウムを分離・回収する溶融塩電解法（乾式法）などの先進的な再処理技術の開発が進められている．

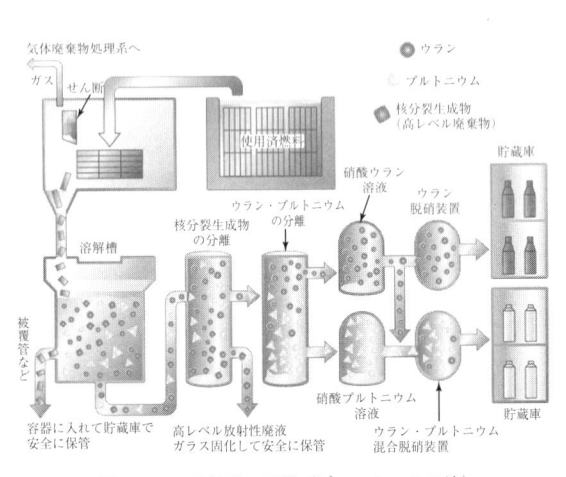

図 8.15.5 再処理の工程（ピューレックス法）

8.15 原子燃料サイクル

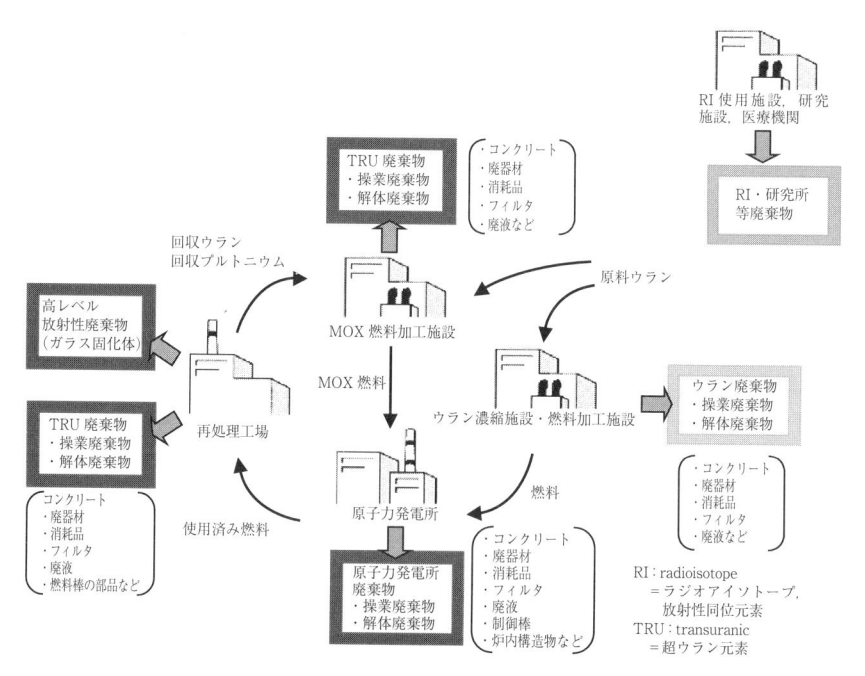

図 8.15.6 放射性廃棄物の発生施設と種類

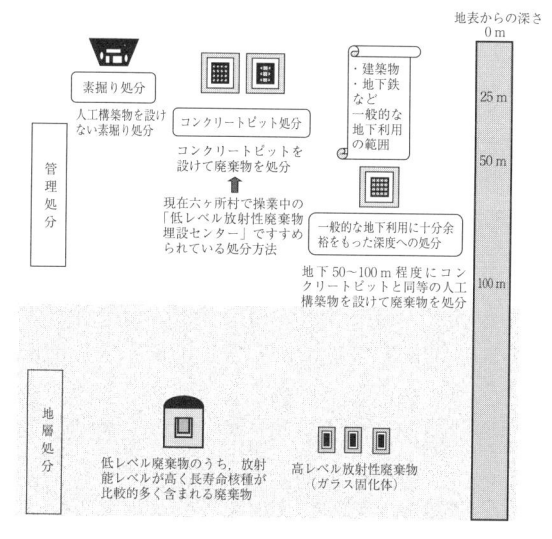

図 8.15.7 放射性廃棄物の処分概念

8.15.4 放射性廃棄物の処理・処分

原子燃料サイクルにおいて発生する主な放射性廃棄物を図8.15.6に示す．放射性廃棄物は，発生施設による区分，放射能レベルによる区分がある．放射能レベルに応じた処分概念は図8.15.7に総括されるが，人工バリア（人工構築物，固型化材料，処分容器など）と天然バリア（土壌や岩石など）の組合せによる放射能の漏出抑止，処分深度確保による生活環境からの離隔が主要な安全確保対策である．

わが国では，使用済燃料の再処理工程で発生する高レベル放射性廃液のガラス固化体を高レベル放射性廃棄物としている．これらは，30～50年間程度，冷却のための貯蔵を行い，その後，地下300m以深の安定な地層中に処分（地層処分）することとしている．2000年に処分実施主体として原子力環境整備機構が設立され，処分場候補地の公募が開始されている．なお，使用済燃料の再処理を行わないアメリカなどの国では使用済燃料を高レベル放射性廃棄物としている．ちなみに，アメリカ，フィンランドでは処分場候補地が決定しており，他国においても地下研究所の建設が進められるなど着実な進展をみせている．

低レベル放射性廃棄物の発生施設は，原子炉施設，再処理施設などがある．これらの廃棄物の処分概念として，素掘り処分，コンクリートピット処分，余裕深度処分があるが，発生施設によらず，その放射能レベルに応じて共通の処分概念を適用することが原則である．なお，再処理施設から発生する高レベル放射性廃液以外の長寿命半減期核種を多く含む廃棄物については，高レベル放射性廃棄物と同様な地層処分が必要であると考えられている．

低レベル放射性廃棄物の処分については，1992年から日本原燃株式会社六ヶ所低レベル放射性廃棄物埋設センターにおいて，原子力発電所から発生する廃棄物を対象としたコンクリートピット処分が開始されている．処分する廃棄体の製作にあたっては，安定性確保，減容性向上の観点から，廃液の固化，固体状廃棄物の圧縮，溶融，固型が行われている．また，素掘り処分については，埋設処分実地試験が日本原子力研究所東海研究所において，1996年から開始されている．同構内に設置された動力試験炉（JPDR）の解体実地試験に伴って発生したコンクリートなどの廃棄物が対象である．なお，アメリカ，フランス，イギリス，スペインなどの諸外国においても，わが国と同様の素掘り処分，コンクリートピット処分が進められている．〔鈴木康郎〕

文　献

(I)
1) 水力技術百年史編纂委員会：水力技術百年史，電力土木技術協会（1992）
2) 電気学会：電気学会大学講座　水力発電　改訂版，電気学会（1998）
3) 電気事業連合会統計委員会：電気事業便覧（平成15年版），電気学会（2003）
4) 電気工学ハンドブック改訂委員会：電気工学ハンドブック　第6版，電気学会（2001）
5) 電気学会技術報告（II部）第308号「水力発電設備の現状と劣化診断技術」，電気学会（1989）
6) 電気学会技術報告 第502号「電力設備の絶縁余寿命推定法」電気学会（1994）

文 献

7) 電気学会技術報告 第758号「水力発電機器高度監視システムに関する調査報告」, 電気学会 (1999)
8) 中小水力発電ガイドブック（改訂4版), 財団法人新エネルギー財団 (2001)
9) 千葉 幸：水力発電所, 電気書院 (1976)
10) 技術研究所報告 No.67001「発電機巻線絶縁劣化判定基準」, 電力中央研究所 (1967)
11) 東京電力設備パンフレット (HYDRO POWER IN TEPCO)
12) 東京電力社内資料

(II)

13) 電気学会：電気学会大学講座 火力発電 改訂版, 電気学会；オーム社 (1985)
14) 電気工学ハンドブック改訂委員会：電気工学ハンドブック 第6版 電気学会；オーム社 (2002)
15) 火力原子力発電技術協会：火力原子力発電50年のあゆみ (2002)
16) 図表でみるエネルギーの基礎2002 電気事業連合会
17) KEY WORLD ENERGY STATISTICS 2003-IEA
18) 火原協会講座28 火力発電所－全体計画と付属設備－改訂版, 火力原子力発電技術協会, pp. 125-155 (2002)
19) 火原協会講座2 ボイラ 改訂版, 火力原子力発電技術協会 (1988)
20) 火原協会講座3 タービン・発電機, 火力原子力発電技術協会 (1990)
21) 火原協会講座25 複合発電 改訂版, 火力原子力発電技術協会 (1998)
22) 千葉 幸：最新高級電験講座12 火力発電所, 電気書院 (1994)
23) 火力原子力発電技術協会：VI 主要電気設備の設計と材料, NO.553, Vol.**53** (2002)
24) 道上 勉：発電・変電 改訂版, 電気学会 (2002)
25) 火原協会講座22 発電所の建設・試運転と運転保守, 火力原子力発電技術協会 (1995)
26) 電気事業連合会：環境とエネルギー 2002-2003
27) JEAG3715-1999 排水処理設備指針, p.120 p.132

(III)

28) F. Stanley Nowlan and Howard F. Heap：Reliability-Centered Maintenance, AD-A066-579 (1978)
29) 日本電気協会：原子力発電所の保守管理規程, JEAC 4209-2003
30) 原子力安全研究協会：軽水炉燃料のふるまい, pp.79-103 pp.128-142 (1998)
31) 原子力安全研究協会：軽水炉燃料のふるまい, pp.180-186 (1998)
32) 経済産業省資源エネルギー庁編集：原子力2003-Nuclear Energy 2003-, pp.45-46, 日本原子力文化振興財団発行 (2003)
33) 大島博文：日本におけるMOX燃料開発, p.15, MOX利用国際セミナー2002/2/18資料, 核燃料サイクル開発機構

9. 分散型電源

9.1 分散型電源の概要

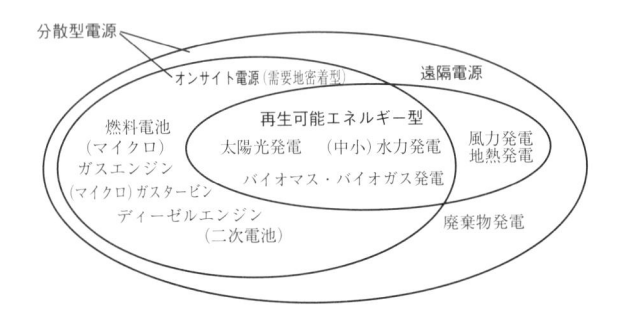

9.1.1 分散型電源の定義
a. 分散型電源の特徴

分散型電源 (distributed generation) は，原子力発電所や大型火力発電所など集中型電源と対比され，おおむね5～10万kW以下の容量で，需要家・事業者が自律的に導入し運用する設備である．分散型電源のうち，1～250kWクラスで需要家設置型の電源を分散電源 (dispersed generation) という．ただし，dispersed generation を distributed generation と区別しないで，用いる場合もある．また，イギリスでは分散型電源を embedded generation と称する[1]．分散型電源は大きく，独立型，切替型，系統連系型に分けられるが，系統連系する場合は配電系統に接続されるのが一般的である（詳細は9.2.1項参照）．利用するエネルギー源により大きく再生可能エネルギー利用型と化石燃料投入型（オンサイト型）に分けられる（図9.1.1）．再生可能エネルギー利用型には太陽光，風力，中小水力，バイオマスなどが含まれる．ただし，ウィンドファームと呼ばれる大規模な風力発電施設は，分散型電源というより集中型電源として位置づけられる．化石燃料投入型には従来型のディーゼルエンジン，ガスタービン，ガスエンジンなどのモノジェネ（発電専用）あるいはコージェネレーションシステム（熱電併給）のほか，今後普及が期待されている燃料電池が含まれる．燃料電池の燃料は当面化石燃料からの改質ガスが主流になるが，バイオガス利用もあり，この場合再生可能エネルギーに位置づけられる．そのほかに，中小規模の廃棄物発電も

図 9.1.1 分散型電源の分類

分散型電源として位置づけられる場合がある．

またに分散型電源として，主に瞬時電圧低下への対応など電力品質維持用にナトリウム硫黄電池，SMES（super-conducting magnetic energy storage，超電導エネルギー貯蔵システム），フライホイールなどの電力貯蔵装置を加える動きがみられ，これらは distributed power と呼ばれている．さらにこれに直接負荷制御や需要反応プログラム（需要家が市場価格で需給調整を判断する負荷削減プログラム）など系統側から給電可能なデマンドサイドマネジメント（DSM）を加えた資源を，分散型エネルギー資源（DER：distributed energy resources）と総称している．DER は自由化市場での有効利用が期待され，国内外で研究されており，従来の系統電源による供給の一部を代替し，将来は電力供給の一端を担うことも想定される．

こうした分散型電源の特徴は次のような点にある．

① エネルギー変換と利用が一体となっている．需要側に発電機などのエネルギー変換装置が置かれる場合には，オンサイト型と呼ばれる．
② オンサイト型分散エネルギーでエンジン，タービンのような熱機関型や燃料電池は，電気と熱を同時生産し，従来のエネルギーシステムでは独立に扱われていたエネルギー形態が複合化される．こうした形態は，コージェネレーションシステムと呼ばれる．
③ 分散型電源がネットワーク化されるシステムでは，電力の配電網における逆潮流などのように利用部門から二次エネルギーの流出が起こり，双方向の電力潮流となる．ただし，現状の配電系統では逆潮流が発生することは想定していない．
④ 廃棄物やバイオマスの利用は，物質循環とエネルギーシステムを結びつけ，循環型社会構築という大きな社会的目標の中にエネルギーシステムを位置づけることとなる．
⑤ 太陽光発電やコージェネレーションシステムは，環境負荷低減，輸入エネルギー資源削減に寄与する．

このように，分散型電源の本格的な展開は，エネルギー変換部門と利用部門を融合し，熱と電気など異種の二次エネルギー製品の生産を結びつけ，エネルギー輸送の向きを双方向化し，さらには廃棄物からの燃料化・原料化など物質循環との連携やコプロダクション（co-production）など，エネルギーシステムの構造を大きく変化させる可能性を秘めている．

b. 分散型電源の得失

多様な技術が分散型電源に含まれるが，エネルギーコスト削減，環境負荷低減，不確実性への対応など，導入目的は幅広い．分散型電源を導入する供給サイド，需要サイドのメリットは次のように要約される．

〔エネルギー供給サイド〕
① 大型電源に比べて，運転開始までのリードタイムが短く，今後 競争導入や経済

見通しが不透明ななか，需要などの不確実性への対応が容易になる．
② 需要地近接型の場合，流通設備投資を削減できる．
③ ローカルな混雑管理や系統大での需要反応プログラムに活用でき，電力市場とリンクした電力系統の需給運用に組み込める．
④ 将来，需要地系統による分散型電源の出力，無効電力が実時間で制御可能になった場合，電圧維持などアンシラリーサービス（系統運用維持サービス）を供給できる可能性がある．

〔エネルギー需要サイド〕
① 需要家が求める信頼度とコストのバランスに従って，自家発や電力貯蔵装置を設置できる可能性がある．
② 排熱を有効利用できれば，エネルギーの高効率化，エネルギーコストの削減が可能である．

一方，後述するように本格的に普及した場合，電圧変動や高調波など電力品質の悪化や短絡容量の増大など様々な技術的課題を生じる．また，天然ガスなどの化石燃料を利用するコージェネレーションなどの分散型電源の普及拡大は，天然ガスパイプラインの整備，燃料配送力の強化を必要とする．このように，電力，燃料供給ネットワーク全体での効果を勘案し，適切な計画運用が必要である．

9.1.2 分散型電源の分類

分散型電源として活用されるエネルギーは，図9.1.1に示すようなものがある．これらは，主に新エネルギーとして，技術開発が推進されてきており，今後，適材適所への導入促進のみならず地域開発などで関係各所の連携を通じた効果的，効率的な複合的開発普及が期待されている．現在，ウィンドファームとして大規模に開発される風力発電や地熱発電は需要地から離れた遠隔地に立地する場合が多い．廃棄物発電は約6割がバイオマス起源といわれており，一部再生可能エネルギーと位置づけられる．

a. 再生可能エネルギーシステム

再生可能エネルギーとしては，水力や地熱発電などは既に発電技術として技術的，経済的に実用化し普及している．これらは，経済的な開発地点が限られ，また環境への影響を考慮した開発が必要で，今後は中小水力の普及が期待されている．太陽エネルギー（太陽光発電，太陽熱利用），風力発電は，技術開発の成果により実用化段階にある．出力が不安定であるという欠点があるが，資源的に枯渇しないこと，化石燃料を消費せずCO_2排出がないこと，という大きな利点があり，経済的な課題はあるものの今後の普及拡大が期待される．波力，海洋温度差発電などの海洋エネルギーは，技術開発段階である．

2002年2月の総合資源エネルギー調査会新エネルギー部会では，バイオマスエネルギーと雪氷エネルギーを新エネルギーとして法的に認知する方向を打ち出した．わ

が国には，寒冷地に農畜産地域が多いことから，両者からなる複合システムにより食料の流通・循環にも資する新たなエネルギーシステムの創出が期待できる．

b. リサイクル型エネルギーシステム

廃棄物は，既にかなりの部分焼却処理されていることから，新たに環境に負荷を与えることなく，熱利用や電力利用が可能である．一般廃棄物発電はかなり普及している．また工場廃熱は，生産工程から高温で排熱されることから利用可能である．一主体で使い切れない場合，隣接する工場群や民生施設も含めて組合形式で活用することが提案されている．これらはリサイクル型エネルギーとして，新エネルギーに位置づけられている．

c. 化石燃料投入型エネルギーシステム

各種エンジン，タービンなどの熱機関や燃料電池による分散型エネルギーは，発電するとともに排熱による熱供給を行うコージェネレーションとして高効率なエネルギーシステムを構成できる．天然ガスコージェネレーションと燃料電池は，国の定義によれば，従来型エネルギーの新利用形態として需要サイドの新エネルギーに位置づけられている．

離島など系統容量は小さいが，自然エネルギーに恵まれる場合，風力や太陽光発電の負荷変動に対応するため，従来の離島電源であるディーゼル発電機と組み合わせるハイブリッドシステムは，燃料輸送費削減や現段階では割高な蓄電池を回避できるという点で有望である．

9.1.3 開発の歴史

自然エネルギーはエネルギー密度が低く，地域，時間的に偏在し，輸送が困難なことから，大量生産，大量消費が進んだ20世紀後半には利用が遅れたが，世界のエネルギー供給の大半を占める化石燃料の資源制約や地球温暖化などの環境制約から，再び，再生可能エネルギーの開発が叫ばれている．

そもそも，人類によるエネルギー利用，すなわち，バイオマスによる火の利用は分散型再生可能エネルギーから始まった．熱エネルギーの多段階利用は古代ローマ帝国公共浴場においてみられる．電気エネルギーの利用は19世紀まで待つが，この多段階利用の考え方がコージェネレーションの発想につながる．19世紀終わりから20世紀初頭に電力系が出現するまでは，依然として分散型エネルギーシステム主流の時代であった．20世紀半ばからは電力系統，石油パイプライン，ガスパイプラインが各国で発達し，ネットワークエネルギーシステム全盛の時代に入った．しかし，この規模の経済を追求する数十年間も分散型電源の技術革新が眠った訳ではなかった．燃料電池は人工衛星用に開発され，航空機転用ガスタービンはメガワットクラスの定置用発電機として，主に産業用分散型電源として市場に浸透してきた．1970年代以降のソフトエネルギーパス（省エネルギーと再生可能エネルギーをエネルギー政策の中心に位置づける考え）の考え方は太陽エネルギーの開発に向かわせた．1950年代，

太陽電池は当初軍事衛星用に開発され，その後，コンピュータと宇宙産業のために行われた大規模な研究開発により技術的基盤が確立された．

現在でこそドイツ，デンマークなど欧州が風力発電の盛んな地域であるが，当初風車タービン製造で有力であったのはアメリカであり，風力電気事業が成立したのはカリフォルニア州である．1978年にニューハンプシャー州で30 kWの風力発電機を20基設置し，地元電力会社に販売したのが世界初の風力ビジネスである[2]．カリフォルニア州では1981年に風力タービンが150基建設され，1983年には4,732基となり，風力発電事業は急成長した．ベスタス，ミーコンなど欧州メーカはカリフォルニア州の風力発電事業で有名になった．

1980年代以降，アメリカでは地熱，風力，太陽エネルギー，コージェネレーションは公益事業政策法（PURPA：public utility regulatory policies act）に基づき発展してきた．しかし，電力会社がこれらの小規模分散型電源から回避可能原価（電力需要増に対して電気事業者の電源投資繰延べや燃料費節減を含むコスト）で買い取るという高コストの電力購入契約が次第に負担になり，1990年代の電気事業の競争導入へのトリガーとなったのは皮肉である．一方で，電力自由化は実時間で電力価格が決まる電力市場を創設し，ITの進歩とあいまって需要反応プログラムを作りだした．これは系統の需給バランスを保つのに分散型電源をより一層活用する場を与えるものになりうる．

情報通信技術の発展は，分散型電源の遠隔監視制御と市場への参加を経済的に可能とし，規模の経済と量産の経済が拮抗する時代をもたらした． 〔浅野浩志〕

9.2 分散型電源の導入と系統連系

9.2.1 分散型電源と系統連系
a. 分散型電源と系統連系
分散型電源は，電力系統との関係からは，図9.2.1に示す次の3種がある．
① 独立型：分散型電源だけで負荷に供給する方式．太陽光発電など発電出力の制御が行えない場合には，二次電池など電力貯蔵装置が必要となる．
② 切換型：分散型電源は系統に連系しないが，需給条件に応じ負荷を分散型電源と系統の間で切り換える方式．
③ 系統連系型：　分散型電源を電力系統に接続し利用する方式．

分散型電源を電力系統に連系した場合，電圧や周波数など電力品質が安定すること，独立型の場合に比べ信頼度向上が図れること，需要家での需給条件に応じて電力系統との間で電力を授受できる（余剰電力を逆潮流できる）ことなど種々の利点が期待できる．このため，連系可能な系統が近隣に存在し，系統連系によるメリットが所要費用を上回る場合には，分散型電源は電力系統に連系して運転することが一般的である．ただし系統連系型の場合であっても，連系せずに運転すること（自立運転）を可能とする場合もある．

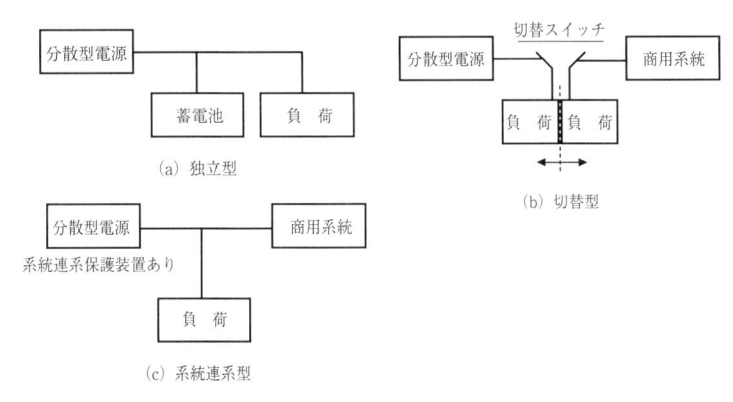

図 9.2.1　分散型電源の種類

b. 系統連系の観点からみた分散型電源

系統連系の面からみると，分散型電源は大規模集中型電源に比べ次のような特徴を有している．

① 分散型電源は電力系統側からは基本的に制御できない．
② 発電出力は，太陽光発電や風力発電などは気象条件に，熱併給発電の場合は熱負荷などに左右される．特に太陽光発電や風力発電の出力には秒オーダの短周期から季節オーダの長周期まで大きな変動が重畳している．
③ 大規模集中型電源が同期発電機を用いるのに対し，電池を用いた発電方式では自励式インバータを，風力発電では誘導発電機を用いることが多い．
④ 分散型電源は配電系統に連系されることが多いが，これまで配電系統は基本的には電源が連系されることを想定していない．また太陽光発電は電力系統の最末端である低圧配電線に連系されることが多いし，風力発電は風況のよい地点の人口密度が低いため系統の弱いことが多い．このため，これらの電源については特に電力品質などへの影響が懸念される．

上記により，電力系統の立場からみると，分散型電源の影響への配慮が必要である．

9.2.2　系統連系技術と制度

分散型電源を電力系統に連系して運転する場合，前節に述べた分散型電源の特徴に起因し，供給信頼度や電力品質に悪影響を及ぼさないようにする必要がある．本節では，分散型電源の系統連系に関わる技術課題と制度について述べる．

分散型電源は，表 9.2.1 に示すように，回転機系の交流発電機を直接連系するもの（回転機型）と，静止型の直交変換器を用いて連系するもの（インバータ型）とに大別される．交流発電機はさらに同期発電機と誘導発電機に，インバータは自励式と他

励式とに分類される．これらの種別により，表9.2.2に示すように，電力系統に及ぼす影響も異なるため，必要に応じ分けて考える必要がある．また低圧配電線，高圧配電線，スポットネットワーク配電線，特別高圧電線路など連系する系統により電気方式，接地方式なども異なるため，連系系統の種類も分けて扱う必要がある．

以下では，分散型電源の影響をローカル系統への影響と電力系統全体に関わる影響とに分けて述べる．

a. ローカル系統への影響[3-8]

ローカル系統への影響は，供給信頼度の確保（保護協調），電力品質の確保，安全および設備保全の確保への影響の3つに大別できる[5]．

1) 供給信頼度の確保（保護協調） 種々の事故に対する分散型電源の保護の基本的な考え方は次のとおりである．

① 分散型電源の異常および故障時は，系統に影響を及ぼさないよう分散型電源を解列する

② 連系された系統の地絡，短絡事故時には，過電流，地絡電流などを検出する．

表9.2.1 様々な分散型電源の発電電力形態と系統連系形態[5]

	分散型電源	発電電力形態	系統連系形態
再生可能エネルギー型	太陽光発電	直流	インバータ
	風力発電	商用周波数交流	交流発電機
		可変周波数交流	誘導発電機（二次励磁型）インバータ
	小水力発電	商用周波数交流	交流発電機
燃料投入型（ガス，石油，水素など）	ディーゼルエンジン，ガスタービン，ガスエンジン	商用周波数交流	交流発電機
	マイクロガスタービン	商用周波数交流	交流発電機
		高周波数交流	インバータ
	燃料電池発電	直流	インバータ
未利用エネルギー	廃棄物発電	商用周波数交流	交流発電機

表9.2.2 系統連系面からみた回転機とインバータの比較[5]

	回転機	インバータ
力率調整能力	同期発電機：あり 誘導発電機：なし	自励式：あり 他励式：なし
高調波発生	なし	あり
起動時の突入電流	同期発電機：同期投入 誘導発電機：要対策	自励式：同期投入 他励式：要対策（ソフトスタート）
系統事故時の過電流	定格電流の数倍（要対策）	定格電流の2倍以下に抑制
保護装置	外部保護継電器要	内部保護機能利用可

または分散型電源の制御異常により生じる電圧異常を検出するなどにより，分散型電源を解列する
③ 連系された系統以外の系統での事故時には，分散型電源を解列しないようにする．

また，分散型電源による短絡容量の増大についても配慮が必要である．すなわち一般需要家の構内短絡事故の際に，分散型電源（同期発電機および誘導発電機）から短絡電流が流入し，遮断器の短絡容量を超過すると，遮断不能となる可能性がある．ただしインバータの場合は，短絡電流を抑制する機能や，定格電流の 2 倍程度の過電流に対しては瞬時に過電流保護が働くため，短絡容量の増大にはあまり寄与しない．

2） 電力品質の確保　電力品質については電圧変動（常時電圧変動，瞬時電圧変動）や高調波などの問題がある．

（i） 常時電圧変動の抑制：　分散型電源からの電力潮流に起因する電圧変動は下式で近似できる．

$$\Delta V = PR + QX \tag{9.2.1}$$

ここに P, Q：分散型電源による線路の有効・無効電力潮流，R, X：線路インピーダンスの抵抗分，リアクタンス分．
このため分散型電源から系統への逆潮流がある状況では，以下のように，適正電圧の維持が困難になる場合が考えられる．

電気事業法（施行規則）によれば，低圧需要家の電圧は標準電圧 100 V に対しては 101±6 V，標準電圧 200 V に対しては 202±20 V を維持する必要がある．このために配電系統では，変圧器通過電流をもとに線路電圧降下分を補償する線路電圧降下補償装置（LDC：line drop compensator），柱上変圧器のタップ値変更などにより電圧調整を行っている．しかし式 (9.2.1) で表される分散型電源からの逆潮流による電圧変動（主として電圧上昇）があり，しかも分散型電源の発電出力は不安定である場合が多い上に，解列される場合もあることを考えると，従来型の電圧管理方式だけでこの電圧上昇に対応することは困難な場合がある．

このような場合の対策としては，分散型電源の無効電力出力を電圧に応じ制御することや，配電線の増強，静止形無効電力補償装置（SVC：static var compensator）の設置などがある．

（ii） 瞬時電圧変動，電圧フリッカ：　風力発電などに利用されている誘導発電機では，二次励磁制御などを行わない場合，並列時（および二速切替型の風力発電機では高速機と低速機の切替時）に突入電流が流れ，瞬時電圧低下が生ずる．この対策としては，サイリスタを逆並列接続したソフトスタート装置や限流リアクトルを利用することなどが採用されている．また，ウィンドファームでは複数機の同時起動を避けるのが通常である．

一方，誘導発電機を用いた風力発電（二次励磁制御を行わないもの）では，タワーシャドウ効果（風車ブレードがタワーの前を通過することにより生ずるトルク変動

などによりHzオーダの出力変動が生ずる．これはフリッカの原因となる可能性がある．

(iii) 高調波：　インバータを用いた分散型電源の場合，インバータから高調波電流が流出する．高調波電流は，需要家の力率改善用コンデンサ，家電機器，OA機器などの過熱や誤動作を引き起こすことがある．ただし最近の太陽光発電などでは，高速スイッチング素子によるPWM (pulse width modulation) インバータを用いインバータ側で高調波電流を抑制する技術も確立されている．

なお上記以外に，インバータが高周波の電磁妨害発生源であることから，電磁妨害が配電線をアンテナとして放射される問題もある．またインバータを用いない場合であっても，たとえば風力発電のソフトスタータなどにより高調波問題が起こることもある．

3) 安全および設備保全の確保　　上述の保護協調に関連する問題として，分散型電源の単独運転がある．単独運転とは，系統側の電源が喪失した場合に分散型電源が系統から解列されず，局所的に分散型電源が一般需要家に電力を供給している状況を指す．系統側の電源が喪失する場合としては，連系配電線などに事故が起こった場合，作業時ないしは火災などの緊急時に遮断器を開放した場合などがある．

単独運転が起こると，本来無電圧であるべき系統が充電されることとなり，作業時の保安面から問題となる．また配電系統の自動再閉路時に系統が分散型電源により充電されていると再閉路失敗につながるため，変電所の遮断器が開放されたあと，再閉路までに単独運転を検出して解列する必要がある．

このため分散型電源の単独運転を迅速に検出し解列する必要があるが，逆潮流がある場合には逆潮流を検出して保護する逆電力リレーは利用できない．このため需給アンバランスに起因し，単独運転時には電圧や周波数が規定値からはずれる性質を利用し，電圧リレーと周波数リレーを用い単独運転が発生する条件を狭める方式がとられている．しかし需給のアンバランスが小さいときにはこれらのリレーでは検出できないため，変電所遮断器の遮断信号を通信線を用いて伝送する転送遮断によらない場合は，単独運転検出装置を用いることが多い．

単独運転の検出方式としては，系統諸量の変動をもとに検出する受動的方式（電圧位相跳躍検出，周波数変化率検出，三次電圧高調波電圧歪急増検出など）と，外乱を与えそれへの応動をもとに検出する能動的方式（周波数シフト，有効または無効電力変動，負荷変動など）の二種類がある．受動的方式は高速な検出が可能であるが，不感帯があること，系統擾乱により誤動作する場合があることなどの短所がある．一方，能動的方式は，不感帯がないが，一般に検出に時間を要すること，複数台が接続された場合に検出できない可能性があることなどの短所を有している．

以上の分散型電源の連系時における課題（高周波は除く）については，「系統連系技術要件ガイドライン」，「電気設備技術基準」および「高圧または特別高圧で受電する需要家の高調波抑制対策ガイドライン（略称：高調波ガイドライン）」に指針が記

9.2 分散型電源の導入と系統連系

表 9.2.3 系統連系技術要件ガイドラインの整備状況[4]

商用系統の種類		逆潮流の有無	
		なし	あり
特別高圧電線路	交流発電設備	1986 年 8 月作成	
	直流発電設備	1990 年 6 月作成	
スポットネットワーク配電線	交流発電設備	1991 年 10 月作成	ネットワークの特性上逆潮流はしない
	直流発電設備		
高圧専用線	交流発電設備	1986 年 8 月作成	
	直流発電設備	1990 年 6 月作成	
高圧一般配電線	交流発電設備	1986 年 8 月作成	1993 年 3 月作成
	直流発電設備	1990 年 6 月作成	
低圧配電線	交流発電設備	1998 年 3 月作成	未整備
	直流発電設備	1991 年 3 月作成	1993 年 3 月作成

*注 交流発電設備：回転機を用いたコージェネレーションなどの発電設備
　　直流発電設備：直流自家用発電設備で逆変換装置を介して系統と連系される発電設備

されている[3,4]．連系電圧，発電機種別，逆潮流の有無別にみた系統連系ガイドラインの整備状況を表 9.2.3 に示す．

なお分散型電源が大量に導入されると，保護協調，電力品質，安全性のいずれの課題においても，対応がより困難になると予想される．たとえば，保護協調の面からは回転機からの短絡電流の増大，電力品質面では電圧上昇対策としての無効電力制御などの限界，安全性の面からは単独運転防止対策の感度低下などの問題が予想される．海外では，分散型電源（特に風力発電）が増えた場合，分散型電源を電力系統の無効電力・電圧制御に組み込む例も現れてきている[9]．

b. 全体系統への影響[6-8]

9.2.1 項に述べたように，分散型電源の発電出力は不安定であり，その予測も困難であることが多い．一方，電力系統では刻一刻，需要と供給のバランスをとる必要がある．このため特に風力発電のように出力変動の著しい発電が増えた場合，需給制御（周波数制御），需給運用などに影響を及ぼすことが懸念される[10]．

また系統信頼度の観点からも，系統事故に伴う瞬時電圧低下時や電源脱落に伴う周波数低下により分散型電源が解列すると系統擾乱を拡大しかねないため，海外では分散型電源の連系指針としてその対策を求めるケースも出てきている[9]．

なおこの需給バランスや上記の電圧制御などは，規制緩和の下ではアンシラリーサービス（電力品質を適切に維持するためのサービス）として分類される．将来，分散型電源が増えた場合にアンシラリーサービスの確保やそのコスト負担が問題となる可能性もある．
〔七原俊也〕

9.2.3 分散型電源の導入促進政策

石油危機を契機として1980年に「石油代替エネルギーの開発及び導入促進に関する法律」が施行され，太陽光発電のような再生可能エネルギーや廃棄物発電などのリサイクル型エネルギーを利用した分散型電源は，石油代替エネルギーとして供給目標の策定，導入指針の策定，財政上の措置など導入促進が図られるようになった．再生可能エネルギーやガス・コージェネレーションシステムを中心に，国は分散型電源の技術開発ならびに普及助成措置を充実させてきた．また，わが国ではほとんどの場合，独立型ではなく系統連系型の分散型電源が導入されるため，全国で統一した系統連系のガイドラインを定め，普及を支援してきた．さらに電気事業は住宅に設置された太陽光発電などの余剰電力を回避可能原価以上の優遇した料金単価で買取りしてきた．

わが国は太陽光発電システムの製造，設置で世界をリードしているが，これは1974年に開始したサンシャイン計画と呼ばれる国の研究開発プログラムに大きく負ってきたところがある．太陽光発電の場合，研究開発と商業生産が並行して進められ，1992年からは住宅用や公共施設の設置導入助成制度や電力会社の優遇的な余剰電力購入制度と併せて相乗効果を上げてきた．

1994年には，わが国初の政府による新エネルギーの基本方針が「新エネルギー導入大綱」として閣議決定された．1997年には「新エネルギー利用などの促進に関する特別措置法」が施行され，新エネルギー利用に関する基本方針の策定，新エネルギー利用指針の策定，各種支援を講じることとされた．「地球温暖化防止行動計画」や「地球温暖化対策推進大綱」においてもCO_2削減に寄与する分散型電源の導入普及を取り上げている．

これら政府による具体的な支援措置は，事業費補助や財政投融資による低利融資，優遇税制などを民間事業者や地方自治体など導入主体ごとに設けている．バイオマスエネルギーなどを活用した分散型電源は地域振興などのメリットを有すること，地方自治体が率先導入するとともに，まちづくり，村おこしの一環として導入整備することが効果的な普及啓発につながることから，地域新エネルギービジョンの策定や先進的導入事業に対する補助がなされている．たとえば，自治体のなかには積極的に風力発電を開発し，観光資源としても利用してきた．1995年から開始した国の風力開発フィールドテスト事業の補助制度（自治体に対して設置費用の1/2，民間事業者に対して同1/3を補助する）を利用して，自治体による風力発電の導入が進んだ．

民間事業者による風力事業の始まりは，1996年2基の400 kW風力発電機を運転開始した山形風力発電会社であった．1998年から電力会社は事業者用風力購入メニューを設定し，15〜17年の長期にわたり固定価格で発電された全量を買い取るという制度が，電源開発や商社など大手企業が風力発電に参入する契機となった．このころ欧州でも風力発電産業が大幅に成長し，風車の大型化に伴ったコストダウンが進み，風況のよい北海道，東北で合計100〜150万kWともいわれる開発計画が生まれた．北

海道電力は系統規模が小さく，本州との連系容量もきわめて限られるため，出力の不安定な風力発電が数十万 kW も連系されると，系統の周波数に影響を与えるおそれがある．不安定な風力発電はいわゆる容量価値がほとんどなく，回避可能電源を削減できない．このため，風力発電の電力としての価値は火力発電の燃料費（3〜5 円/kWh）削減程度であるが，購入単価は 11〜12 円/kWh 程度であるため，100 万 kW の風力発電に対して年間百数十億円の補助（設備利用率 25％と仮定）をすることになる．これは小売自由化された電気事業者間で公正な競争条件を乱す要因である．このため，まず北海道電力が 1999 年から風力発電の競争入札を実施し，風力発電にも建設費補助はあるものの，発電単価削減の競争が働くようになった．

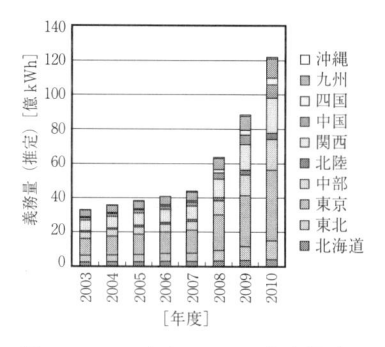

図 9.2.2 2010 年までの RPS 義務量（一般電気事業者別，電力中央研究所推定）

さらに 2003 年 4 月から，追加的な新エネルギー導入に競争原理をもちこむ RPS 法（renewables portfolio standard，電気事業者による新エネルギー等の利用に関する特別措置法）が施行された．対象の新エネルギーは，太陽光，風力，バイオマス，中小水力，および地熱で，系統連系され販売される電気でなければならない．RPS 法は，電気事業者にある一定割合以上の新エネルギー調達量を義務づける．義務量は経済産業大臣が定める 8 年間の義務総量に基づき，各事業者の各年度の販売電力量や RPS 法の経過措置により毎年 6 月以降決定される．義務量合計は，2003 年度の約 33 億 kWh から 2010 年度の 122 億 kWh に達する．

現段階で事業者ごとの義務量は確定していないが，10 電力会社のみに按分した試算結果を図 9.2.2 に示す[11]．これによってコスト競争力のある風力発電が主に開発され，続いて一般廃棄物発電のバイオマス燃焼分も大きく寄与する．太陽光発電に対する直接補助制度が 2005 年度終了予定であり，コストの高い太陽光発電は RPS では競争的に導入されないため，別途支援策が検討される．また，RPS は自家発自家消費分を対象としていない．RPS によるコスト負担が大きくなると，電気料金の上昇を通して顧客は化石燃料系の自家発に移行し，逆に日本全体の CO_2 を増加させるというマイナス要因になりかねない．現時点では行政費用の観点から消費側でなく供給側で義務を課している．わが国の RPS は導入されたばかりで，新エネルギー価値の取引も本格的に始まっていない．これらの点から，今後新たな環境・エネルギー政策が導入される場合には RPS 制度が大きく見直される可能性もある．

RPS 法は供給サイドからの新エネルギー導入の義務づけであるが，一方，需要家の環境意識の変化や小売自由化の進展を背景に，消費者の自主的な選択により割高なグリーン電力を普及させる仕組みも徐々に現れてきた．現在，電力会社によるグリー

ン電力基金制度，市民参加型の基金，企業向けのグリーン電力証書などが含まれる．将来はアメリカのようなグリーンプライシングも選択肢になろう．グリーンプライシングとは，購入する電力の電源を選択する代わりにプレミアムを支払う制度である．

　以上，新エネルギーに対する導入促進政策は主に経済的な手法によるものが主であるが，燃焼投入型の小型分散型電源の開発・普及には技術的な規制緩和も有効である．たとえば，1997年の電気主任技術者不選任（選任不要）の範囲が拡大され，出力10 kW未満のマイクロガスエンジン・コージェネレーションシステムが市場に登場した．2001年にボイラ・タービン主任技術者専任制度が緩和され，300 kW未満のガスタービン発電機は選任不要となり，マイクロタービン発電機の導入コストを押し下げた．

　コージェネレーションシステムの普及には特定供給の対象拡大も寄与している．1995年に1建物内の電気供給が自由になり，2000年には1構内の電気供給が自由になった．今後，国は電力供給構造の多様化を目指して，2003年に分散型電源からの自営線敷設を認めるよう電気事業法が改正された．また，将来は系統に連系された複数の分散型電源を統合して，系統から各分散型電源に情報を与え運転制御し，配電線電圧維持や配電線過負荷対策など系統への貢献（一種のアンシラリーサービス）を可能とする統合制御の研究を国が支援している．　　　　　　　　　　　〔浅野浩志〕

9.3　各種の発電方式

9.3.1　太陽光発電

太陽光の有するエネルギーを太陽電池で直流電力に変換し，インバータにより交流に変換する方式である．

a.　原理と構造[12-14]

太陽電池の原理となる光起電力効果は19世紀半ばに発見されていたが，電源としての太陽電池の利用はコスト高のため宇宙船や僻地などに限られていた．しかし石油危機以降，石油代替エネルギーとしての太陽光発電が注目され，通産省工業技術院（当時）のサンシャイン計画に盛り込まれた．

1) 太陽エネルギー　　地球における太陽からの入射エネルギー（太陽定数）は$1.37 kW/m^2$程度であるが，地表には大気中での散乱・吸収などに起因し最大で約$1 kW/m^2$の太陽エネルギーが降り注いでいる．

　この太陽エネルギーを用い発電する方式は，太陽光発電や太陽熱発電がある．太陽熱発電は太陽エネルギーを集光し，熱エネルギーに変換し，熱機関などを用いて発電する方式であり，わが国でも1980年代に香川県仁尾町にパイロットプラントが設置された．しかし，その後は太陽光発電の導入が主であるため，本項では太陽光発電に焦点を絞る．

2) 太陽光発電の構造の概略　　太陽光発電は，図9.3.1に示すように，太陽電池アレイ，インバータなどからなる．太陽光発電は電力系統への連系の有無により，系

9.3 各種の発電方式

統連系型と独立型とに分類できる．上記の機器のほかに，系統連系型では連系保護装置など，独立型では蓄電池などが設置される．

（i）太陽電池アレイ： 広く用いられている太陽電池は，図9.3.2に示すように，電気伝導の主役が正孔であるp型半導体と電子であるn型半導体を接合した構造を有しており，光起電力効果を用いて光エネルギーを電気エネルギーに直接変換する．すなわち，入射光のうち波長が限界値より短いものは，光のもつエネルギーが半導体のギャップエネルギーより大きいため，価電子帯の電子を伝導帯に励起することによりキャリア（電子，ホール）を作る．一方，pn接合により内部電界があるため，電荷の分極が引き起こされ起電力を生じる．太陽電池用の半導体としては主にシリコンが用いられているが，他にカドミウム・テルル，ガリウム・砒素などの化合物半導体が用いられることもある．またシリコン太陽電池は，その結晶の状況により，単結晶，多結晶，アモルファス太陽電池に分類できる．

太陽光発電用として市販されている太陽電池は，太陽電池セルを直並列しパッケージとした太陽電池モジュールである．その効率は10～17%程度であり，アモルファス系は結晶系に比べ低い傾向がある．

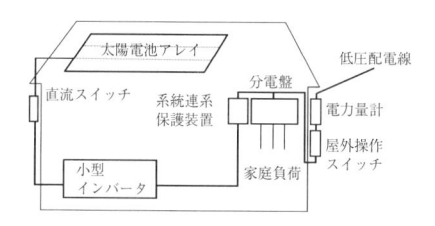

図9.3.1 住宅用系統連系型の太陽光発電設備の構成
  注）系統連系保護装置はインバータに内蔵可．

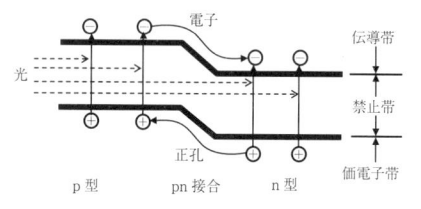

図9.3.2 太陽電池の仕組み

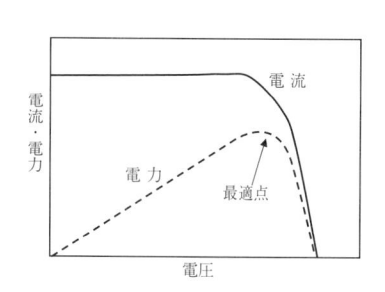

図9.3.3 太陽電池の電流－電圧特性と最適動作点

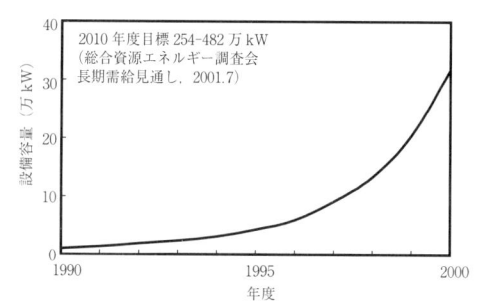

図9.3.4 太陽光発電の累積設置容量の伸び
  ［出典］NEDO：新エネルギーデータ集，総合資源エネルギー調査会報告書（2001，6）

太陽光発電システムで日射エネルギーの電気エネルギーへの変換を行う太陽電池アレイは，通常，10～100 W オーダの容量を有する太陽電池モジュールを複数枚設置し，それらを電気的に接続することにより実現する．太陽電池アレイへの日射量はその方位角や傾斜角により異なるが，方位角については北半球では南向き，傾斜角については，地点により異なるが，わが国では 12～42° 程度が最適値とされている[14]．

(ii) **インバータ**: 太陽電池の発電出力は直流電力であるが，電力系統に連系するなどのため，直流を交流に変換することが必要である．インバータはこの機能を果たす．

系統連系用のインバータとしては自励式で，系統側の周波数・電圧をもとに，有効電力・無効電力が指定値となるように制御を行う瞬時電流制御型のインバータが用いられることが多い．日射量が変動する中で太陽電池アレイの最適な運転を実現するには，図 9.3.3 に示すように太陽電池の電流・電圧特性をもとに最適な動作点（電圧，電流）を選ぶ必要がある．系統連系用インバータは，これを実現するため，通常，最適出力点追尾制御（MPPT：maximum power point tracking）を備えている．

(iii) **その他の機器**: 系統連系には 9.2.1 項で述べたメリットがあるため，可能な場合は，太陽光発電を電力系統に連系して運転することが多い．分散型電源の系統連系についての技術要件は「系統連系技術要件ガイドライン」，「電気設備技術基準」に規定されているが，そこに記された系統とのインターフェース機能は系統連系保護装置やインバータが担う．一方，独立型の場合，需給のアンバランスを解消するため，鉛蓄電池などを併設するのが通常である．蓄電池容量は需給アンバランスの状況をもとに決定する必要がある．

b. 開発・普及状況

太陽光発電の設置容量は，図 9.3.4 に示すように，1990 年代後半以降の伸びが著しく，2000 年度のわが国の累積設置量は 30 万 kW 程度に達している[16]．太陽光発電の設置量は，太陽電池の生産量とともに，2000 年現在ではわが国が世界一である．

太陽光発電を従来型の発電方式と比べた場合，太陽エネルギーのエネルギー密度が 1 kW/m^2 程度以下と低いため広い用地を要する．このため所要敷地をどのように確保するかが課題となるが，わが国では一般住宅の屋根に数 kW 級の設備を設置する事例が多い．これは一般住宅の屋根には，南向きである程度の傾斜角を有する空きスペースがあることが多いという特徴による．

なお総合資源エネルギー調査会の長期需給見通し[17]によれば，2010 年における太陽光発電は 254（現状維持ケース）～482 万 kW（目標ケース）の見通しである．

c. 経済性

太陽光発電の発電コストは，現状では在来型電源に比べ高い．これは太陽光発電の建設単価（円/kWh）が従来型の電源に比べて高いことに加え，上述のように太陽光のエネルギー密度が小さい上に，日照が昼間に限られるため年設備利用率が 10% 強程度と低いことに起因している．ただし太陽光発電の導入量の拡大と技術進歩に

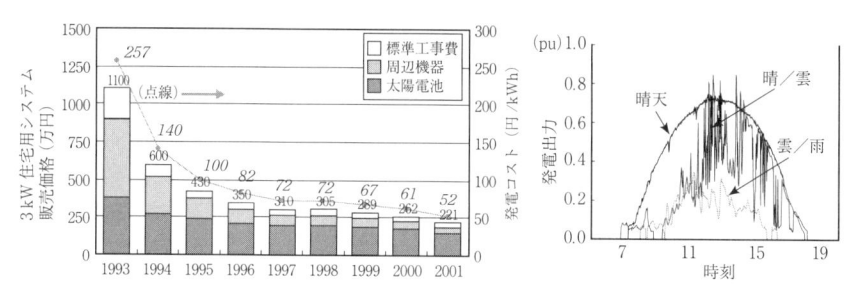

図9.3.5 太陽光発電の発電コストの推移
[出典] NEDO ホームページ

図9.3.6 太陽光発電の発電出力の日間変動の例

伴い，図9.3.5に示すようにコストの低下も顕著であり，発電単価は2001年に50円/kWh程度となっている．

家庭用需要家の電気料金が20数円/kWh程度であるため，この値は太陽光発電の発電単価の1つの目標値となる．業務用や電力用需要家に設置する場合は一層のコストダウンが必要となる．なお電力系統の立場からみると，雨・曇の日には出力が著しく低下するため，安定した供給力としては期待できない．このため，火力発電などと経済性を比較する際には単純に1kWh当たりの発電単価を比較することは適当でない．

d. 今後の方向性と課題

太陽光発電は，電源としてみた場合，図9.3.6に示すように，天候に左右されるとともに，雲などに起因する短時間の変動が大きい．また上述のように一般住宅に設置されることが多いため，電力系統の最末端である低圧配電線に連系される．このため，導入量が増えてくると，特に電圧などの電力品質への影響が懸念される．

これからの太陽光発電の導入状況は，RPS制度（9.2.3項参照）など今後の制度の推移や発電コストの低減の動向にも依存すると考えられる．

9.3.2 風力発電

a. 原理と構造[18-20]

風の保有するエネルギーを，機械エネルギーを経て電気エネルギーに変換する方式である．風車の利用はきわめて長い歴史を有しているが，1990年代以降，設備の大型化などとともに世界的に導入量が急増している．本項では，電力系統に連系し利用する風力発電について解説する．

1) 風と風力発電 風力発電は風のエネルギーを変換するものであるが，単位時間に風車受風面を通過する風の有するエネルギー P (W) は下式で表される．

$$P = \frac{1}{2}\rho\pi\left(\frac{D}{2}\right)^2 V^3 \qquad (9.3.1)$$

ここに ρ：空気密度 (kg/m^3), D：風車半径 (m), V：風速 (m/s)

このように，風速の3乗に比例するため，できるだけ風速の高い地点に設置することが重要となる．また風車から取り出すことができるパワーは，上式に出力係数 C_P を乗じた値となる．

$$P_e = \frac{1}{2} C_P \rho \pi D^2 V^3 \tag{9.3.2}$$

ここに理論的に出力係数は約60%以下となることが証明されている（ベッツの法則）．

風力発電装置の概要は図9.3.7に示すとおりであり，風車翼で風の有するエネルギーを運動エネルギーに変換し，それを増速ギアなどを介して発電機に伝え，その発電電力を電力系統に送電するのが基本的な構成である．

2) 風車の方式 風車は風車回転軸により水平軸形と垂直軸形に大別され，それぞれはさらに多数の方式に分類される．しかし近年，発電用として利用されているのはほとんどがプロペラ形であるため，本項では以下，同方式に焦点を絞る．なおプロペラ形については，最近は3枚翼のアップウィンド形（風車ロータがタワーの風上側で回る方式）が主流となっている．

様々な風速に対する風力発電の出力特性は図9.3.8に示すパワーカーブで表される．式(9.3.1)に示したように，風の保有するエネルギーは風速の3乗に比例するため，定格風速以上の風速では風のエネルギーを逃がすことにより出力を抑制する必要がある．このための制御として，風車翼での風の迎え角を制御するピッチ角制御と，翼自身の失速特性を用いたストール制御などがある．

ピッチ角制御は，高風速時に翼の迎え角を小さくすることにより，風の有するエネ

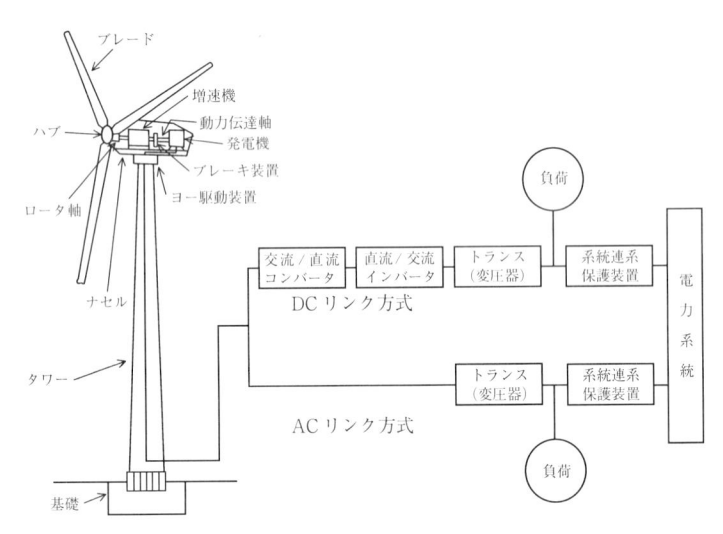

図 9.3.7 風力発電の構成
[出典] NEDO：風力発電導入ガイドブック (1996)

ルギーを逃がすもので，後述の可変速機にも広く利用されている．一方，ストール制御は，翼の失速特性を利用し，高風速時に出力が増大することを抑制する．ストール制御は翼特性を利用しているため，ピッチ角制御と違い可動部が不要となる利点がある．なお最近の大型機などでは，制御特性の向上を目指し，翼の迎え角を大雑把に変化させるアクティブ・ストールなど両者の中間的な方式も増えている．

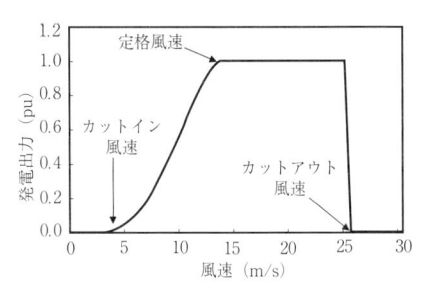

図 9.3.8 風力発電のパワーカーブの例

アップウィンド形では，風車ロータを風向に追従させるヨー制御により風車を風上側に向けるように制御している．この制御には，ナセル上に設置されている風向風速計の観測値が用いられる（図 9.3.7 参照）．

3） 風力発電設備の構成　風力発電設備の構成にも種々あるが，固定速機（二次励磁制御を行わない誘導発電機を用いたタイプ）を例にとり説明する（図 9.3.7 の AC リンク方式参照）．風車タービンで得られたトルクは，誘導発電機の駆動に用いられ，誘導発電機は変圧器を介して電力系統に接続される．ここに風車の回転数は 1 分間に数十回転程度であるが，誘導発電機はその電気特性により高回転数が必要であるため，両者の間に増速機が設置される．誘導発電機は電力系統の周波数にほぼ対応した回転数（滑り周波数分だけ異なる）で回転し，風車の回転数もこれに比例するため，本方式は固定速機と呼ばれる．なお固定速機では，カットイン風速（風車の起動風速）を下げるなどのため，風速の高低に応じて高速および低速発電機を切り換える方式も広く実用化されている．

近年，風車の回転数を可変とすること（可変速機）により，電力系統への影響の抑制，風車効率の向上などを図る例も増えてきている．可変速運転を実現する方法としては，

① 発電機出力を整流したあと，インバータにより連系する方式（DC リンク方式）
② 巻線形誘導発電機を用い二次励磁制御を行う方式（セルビウス制御方式，二重給電方式）

などがある[21]．これらの方式では，機器定格などによる制約はあるものの，無効電力の制御も可能となる．また DC リンク方式では，同期発電機を用いその極数を増すことにより，増速ギアを省略することが多い．なお上記の固定速機と可変速機の中間に当たる方式として，巻線形誘導発電機を用い等価的に二次抵抗制御を行う方式（滑り制御方式）も用いられている[21]．

b． 開発・普及状況[22]

図 9.3.9 に 1991 年以降の世界およびわが国における風力発電容量の伸びを示す．同図によれば 1991～2002 年での世界の伸び率は年率 27% にも及び，2002 年におけ

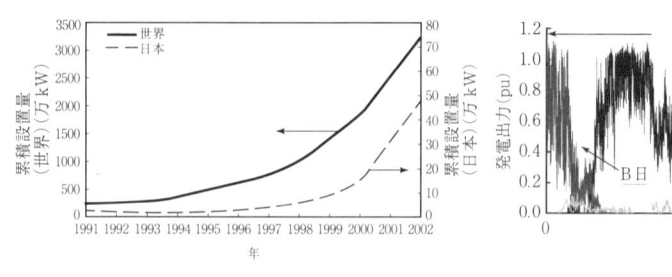

図 9.3.9　風力発電の設備容量の伸び
［出典］NEDO：新エネルギーデータ集，NEDO ホームページ，BTM Consult ApS："International Wind Energy Development"

図 9.3.10　風力発電の発電出力の日間変動の例

る世界の風力発電容量は 3,200 万 kW 程度に達している．導入量の過半を占める欧州では，欧州議会が 2001 年 9 月に「再生可能エネルギー発電の導入促進に関する指令」を採択するなど，今後とも導入を図る方向である．しかし一方，一部の国では陸上立地が困難になりつつあり，洋上立地が注目されている．

わが国でも風力発電の最近の伸び率は高く，図 9.3.9 に示すように，特に 1990 年代後半からの伸びが著しい．すなわち 1999 年 11 月の北海道苫前町で初の大規模ウィンドパーク（容量 2 万 kW，1000 kW×20 機）の運開以来，新規ウィンドファームなどで風力発電機の新設があいつぎ，1996 年度に 1 万 kW 程度であった容量が 2002 年に 50 万 kW 程度と増大している．

c. 経済性

このような容量の急増の背景には，設備の大型化およびウィンドファーム化，量産効果などによるコスト低減がある．最近の風力発電の発電コストについては 10〜14 円/kWh などの試算例[17]があり，風力発電は再生可能エネルギーの中では比較的経済性に優れている．

しかし風力発電は，広いエリアに分散導入した場合であっても相当の確率で出力がほぼ零となる時間帯があるとの報告もある[21]．このため，風力発電と火力発電の経済性を比較する際には，風力発電の発電単価は火力発電の燃料費と比較する必要がある．

d. 今後の方向性と課題

風力発電は，エネルギー源としてみた場合，変動が激しい，設備利用率が低い，厳しい自然条件に直接さらされるなど様々な短所も有している．また風力発電の立地条件としては，風況が優れていること以外に，エネルギー密度が低いため広い敷地が確保できること，道路や送配電線などのインフラストラクチャが整備されていることなど，様々な現実的な条件が存在する．

特に風力発電は図 9.3.10 に示すように出力変動が著しいにも関わらず，人口密度の

低い個所に設置される場合が多いため，弱い系統に連系されることが通常である．風力発電の系統連系に当たっては，9.2節に述べた分散型電源一般の系統連系に関わる配慮が必要であるが，上記により，風力発電の導入にあたっては特に電圧など電力品質への影響が懸念される．また，風力発電を大量に導入した場合，電力系統の需給バランスの維持が困難となることも懸念される[23]． 〔七原俊也〕

9.3.3 小水力発電
a. 概　　要
　小水力発電はRPS（9.2.3項）の対象となる水路式（ダムを用いない）で1,000 kW以下の水力とする．わが国における一般水力の開発は昭和30年代にピークを迎え，大規模貯水式発電所が多く建設されたが，その後，適地が次第に少なくなり，中小水力が多くなった．一般水力の総発電容量（電気事業用）は1985年度に1,884万kWに達したあと，2002年度で2,022万kWと他の電源に比べるとほぼ開発が飽和している．わが国の包蔵水力に対する開発率は68％と欧米なみに高く，未開発水力の平均出力は約4,600 kW（第5次発電水力調査，1986年）と大規模な開発はほとんどなくなっている．1999年3月末で1,000 kW未満の一般水力の出力は一般電気事業者が10.6万kW，公営電気事業が1.3万kW，自家発5.2万kWなど合計18.3万kWと全一般水力の0.7％にすぎない．近年，1,000 kW以下の小水力の開発主体は一般電気事業者ではなく，公営企業が多い．小水力は既設ダム，既設農業用水路などを活用する場合が多い．水力発電はクリーンエネルギーであり，純国産の再生可能エネルギーである．また，起動時間が短く，広い負荷変動に対応可能であり，内燃機関のように効率低下がない．耐用年数は40年と長い．ただし，小水力建設コストが50～150万円/kWと高いのが普及の障害となっている．

b. 構造と原理
　一般に水力発電の出力は流量と有効落差の積に比例する．小水力の特徴は有効落差が2m程度あれば発電可能であることである．流量-落差曲線（図9.3.11）[24]において1,000 kW以下の小水力にはプロペラ水車，クロスフロー水車，フランシス水車が適用される．下水処理場などで得られる2mの超低落差でも水量が0.6 m³/sあれば，7.5 kW出力の横軸プロペラ水車が適切である．ただし，この図では落差1 m以下は対象とならない．

c. 開発・普及状況
　1,000 kW未満でかつ至近年において経済的に開発可能と考えられる未開発容量は，全国で35地点，合計1.9万kW，年間発電量2.5億kWhと推定されている．
　農業用水路や小河川の流量で発電可能な出力が100 kW未満のものをマイクロ水力と称することがある．農業用水路は流量と流速がほぼ一定で，生物や土砂などが混入するおそれがないことからマイクロ水力に適する．農業用水路では潅漑排水施設などへの補助電源として利用できる．しかし，有効落差が大きくなく，水車の回転速度が

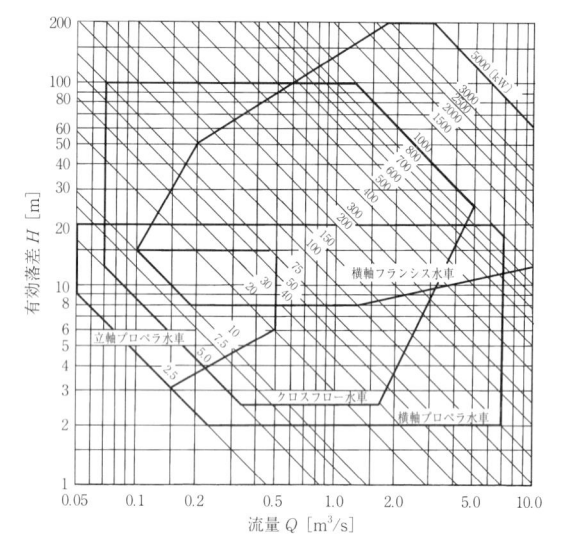

図 9.3.11 発電出力と水車の形式

遅いため，出力を高めるためには増速比の高い増速機などの工夫が必要である．

長い管路をもつ浄水場では静落差は一定であるものの，水量変化による管路損失の変化により水車の有効落差が大きく変化する．汎用インバータ，コンバータを用いた可変速マイクロ水力発電システムが開発されている．定速機に比べて年間発電電力量が3割増加するとの報告もある[25]．

d. 今後の方向性と課題

発電電力量が小さく経済性に乏しい小水力は，新技術により機器価格を下げることはもちろん，土木設備を含む建設コストダウンが最大の課題である．上下水道などの未利用水力は全国で約40万kWと推定されている．一部企業や自治体の環境意識の高まりに対応して，マイクロプロペラ水車を利用し，2010年度までに2.5万kW（発電量1.5億kWh）を開発目標とする事業者が現れている．

9.3.4 地熱発電

a. 概　　要

地球の誕生以来，その内部には膨大な量の熱エネルギーが蓄積されている．これらのエネルギーの一部は，火山の噴火や温泉の形で目にふれることができ，特に温泉などの天然温水は，保養や浴用として世界各国で利用されている．このように，地熱エネルギー利用は古くから行われており，20世紀初頭に地熱発電がイタリアで始まり，世界で約827万kW（2001年）が設置されている．

地熱エネルギーとは，地殻のマグマ溜りの熱や放射性鉱物の崩壊熱が熱源となって

熱せられた高温の温水や蒸気が浅部熱水系，大深部熱水系，高温岩体などを介して取り出されるときのエネルギーである．深さ約3km程度ぐらいまでの，比較的地表に近い場所に蓄えられた地熱エネルギーを資源として利用するのが，地熱資源である．地熱資源はその温度により，① 高温地熱資源（200℃以上の熱水・蒸気，火山の近く：深さ2～3km），② 中・低温地熱資源（50～150℃程度の熱水（温泉を含む），火山の廻りなど：深さ数十m～数km），③ 地中熱資源（10～20℃程度の地層（地下水）の熱，一般の土地：深さ～数百m）に分類される．地熱資源の利用としては，発電利用，熱水利用，地中熱利用がある．発電利用では，地下に掘削した抗井から噴出する蒸気を直接利用する場合，熱水を利用する場合，両方の混合流体を利用する場合とがある．熱水利用では浴用・給湯，農業，養殖漁業，工業，冷暖房，融雪などで活用されている．また，地中熱利用ではヒートポンプの熱源とされている．

b. 技術動向

地熱発電は地中にある熱水・蒸気を回収し，熱エネルギーによって蒸気タービンを回し発電するシステムである．わが国における2002年の発電容量は約53万kWに達しているが，開発可能量のごくわずかが利用されているにすぎない．地熱発電が伸び悩んでいる原因は，自然に存在する地熱貯留層を開発対象としており，開発規模がこの地熱貯留層に大きく依存するためである．地下数百mに存在する地熱貯留層の位置や大きさを地表から推定するのは困難であり，坑井掘削や熱水中の化学成分対策などが発電コスト増大を招いている．

地熱貯留層を人工的に造成する高温岩体発電が開発されている[26]．高温であるが十分に天然の流体（熱水，蒸気）が含まれない岩盤を高温岩体（HDR：hot dry rock）といい，火山国である日本には大量に存在すると考えられている．高温岩体のもつ熱エネルギーを利用し発電するためには，まず地上から坑井を掘削し，高温の岩体に圧力を加えて人工的に亀裂を造り，人工的な貯留層を造成する．次に坑井（注入井）を介して水を地上から貯留層内に通過させ，岩体の熱エネルギーを奪った水を他の坑井（生産井）から蒸気・熱水として回収し，発電に利用する．アメリカでは1973年から実験を開始し，熱水の循環で毎分400～700kgの熱水を生産した．欧州ではEUのプロジェクトとして，フランスで1995年4,000m級の坑井で熱出力9,000kWを達成した．わが国ではNEDOにより，山形県で2,000m級の坑井を用いて50kWの発電に成功した．

また，熱水量は多いが，熱水の温度が低い場合，低沸点の熱媒体を加熱し，その蒸気でタービンを回すバイナリー方式がある．地下の貯留層温度が低い場合は，熱水や蒸気を地表へ噴出する能力が弱いために，現在はこのような中高温熱水（150～200℃）の貯留層は利用されていない．このような未利用熱水を利用して経済的に発電する技術を確立するために，水中モータ駆動式ダウンホールポンプ適用型のバイナリーサイクル発電の技術開発が行われた．バイナリーサイクル発電とは，熱水のもつ熱エネルギーを低沸点の媒体に伝え高圧の媒体蒸気を作り出し，その蒸気によりター

ビンを駆動して発電する方式である.

c. 普及状況, 市場

日本では1925年に大分県で出力1.12 kWの地熱発電に成功した. 以来, 国内の各方面で実用化に向け研究開発を重ね, 1966年, 日本で最初の本格的地熱発電所として蒸気卓越型の松川地熱発電所が, また, 翌年には, 熱水分離型の大岳発電所が運転を開始した. 現在では, 東北, 九州地域を中心に18地点20プラント(出力計53.5万kW)の設備がある. 1999年, 出力3,300 kWの東京電力八丈島地熱発電所が営業運転を開始した. 坑井は生産井2本(深度1,650 m, 960 m)と還元井1本(深度100 m)からなる. 発電所から周辺の温室団地へ毎年12月から3月の間, 温水を供給し, 温室内を約15℃に暖房している.

世界では, 1904年にイタリアのラルデレロ(Larderello)で天然過熱蒸気を利用した発電に成功し, 1913年には250 kWの地熱発電が実用化された. その後, 1950年代後半からニュージーランドのワイラケイ(Wairakei)やアメリカのガイザース(Geysers)などで地熱発電の商業運転が開始した. 現在, 全世界では732万kWの地熱発電設備がある.

9.3.5 燃料電池[27]

a. 原　理

燃料電池は1839年にイギリスのグローブ卿(Sir Grove)により発明されたが, その後急速に発展した熱機関による交流発電機の陰に隠れていた. 1960年代にアメリカの人工衛星が燃料電池を搭載し, 日本では1981年のムーンライト計画で国家プロジェクトとして開発研究が始まった. 人工衛星では, 水素と酸素を燃料としてもち上げ, 飲料水が得られるため使用されている.

燃料電池は燃料のもつ化学エネルギーを直接電気エネルギーに変換できるエネルギー変換装置である. 燃料を電気化学的に反応させ, 電気を直接取り出すためには2つの電極と電解質を組み合わせた単位素子(セル)が必要である. 燃料電池内部は電解質の両面にアノード(陰極)とカソード(陽極)の電極が配置され, 燃料である水素を送り込む燃料室と酸素(空気)を送り込む空気室がそれぞれアノードとカソードの外側に配置される構造となっている(図9.3.12). 使用する電解質の性質により以下の2つのケースの反応が各電極で起きる.

① 電解質が陽イオン導電性の場合

アノード： $H_2 \rightarrow 2H^+ + 2e^-$

カソード： $2H^+ + \frac{1}{2}O_2 + 2e^- \rightarrow H_2O$

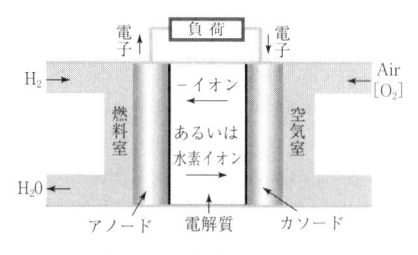

図9.3.12 燃料電池の原理

② 電解質が陰イオン導電性の場合
アノード： $H_2^+ + O^{2-} \rightarrow H_2O + 2e^-$

カソード： $\frac{1}{2} O_2 + 2e^- \rightarrow O^{2-}$

両ケースとも全体として電池反応は以下となる.

$$H_2 + \frac{1}{2} O_2 \rightarrow H_2O \tag{9.3.3}$$

電解質を介してアノード反応とカソード反応に分けることにより，外部に電流を取り出すことができる.

外部の負荷抵抗に加わるセル電圧は理論起電力から空気極および燃料極の電圧降下および抵抗損失による電圧降下を差し引いた値である．理論起電力は熱力学の法則により決まり，理論効率は燃料電池反応の標準生成エンタルピー変化に対する標準生成ギブスエネルギー変化の比率である．標準状態で水素を燃料とする場合の理論起電力は 1.23 V，理論効率は 83% である．熱機関の理論効率は温度とともに増加するのに対して，燃料電池の場合低温ほど効率が高い.

b. 燃料電池の種類と特徴

燃料電池を発電技術として利用するにはセルを積層し，ガスシールなどの機能を備え，燃料および酸化剤を供給し続ける限り電気エネルギーを取り出せる燃料電池スタックと呼ばれる発電装置の基本構造を作る．このほかに燃料を供給する燃料処理システム（改質器を含む），発生した直流の電気を利用可能な状態に変換する電力変換システム，未反応ガスも燃料電池の運転温度に応じた温度の熱エネルギーとして回収する周辺装置などを含めて発電システムを構成する.

燃料電池は一般に使用する電解質の種類によって分類される（表 9.3.1）．作動温

表 9.3.1 燃料電池の種類と特徴

項　目	溶融炭酸塩形（MCFC）	固体酸化物形（SOFC）	りん酸形（PAFC）	固体分子形（PEFC）
電解質	炭酸塩	セラミックス	りん酸	高分子膜
作動温度	約 650℃	約 1000℃	約 200℃	約 80℃
発電効率 (LHV)	45～60%	50～60%	40～45%	40～45%
特　徴	発電効率が高い 大容量化に向く	発電効率が高い 耐久性の面で有利	最も早くから開発され既に実用化段階	起動停止が容易 出力密度が高い
燃　料	天然ガス，LPG メタノール 廃棄物ガス 石炭ガス	天然ガス，LPG メタノール 廃棄物ガス 石炭ガス	天然ガス LPG メタノール	天然ガス LPG メタノール
用　途	分散電源用 火力代替電源用 （大規模）	分散電源用 火力代替電源用 （中規模）	小型分散電源用	自動車用 家庭用コージェネレーション

度が高い溶融炭酸塩形燃料電池（MCFC：molten carbonate fuel cell）や固体酸化物形燃料電池（SOFC：solid oxide fuel cell）では，水素と一酸化炭素が電池反応に寄与するため，石炭ガスなどを適用できるほか，高温の排熱を利用した複合発電とすれば既存火力発電所を上回る発電効率を実現できる．作動温度の低いりん酸形燃料電池（PAFC：phosphoric acid fuel cell）と固体分子形燃料電池（PEFC：polymer electrolyte fuel cell）はいずれも水素のみ電池反応し，一酸化炭素は触媒を被毒させる．PEFCでは一酸化炭素濃度を10 ppm以下に低減する必要がある[27]．

　MCFCは電解質に溶融した炭酸塩（リチウム炭酸塩，カリウム炭酸塩，ナトリウム炭酸塩などの混合塩）を用いており，動作温度が650℃程度と，白金触媒を必要としない．空気極に空気と二酸化炭素の混合ガスを供給し，燃料極には水素を供給する．空気極では空気中の酸素と二酸化炭素が外部回路から電子を受け取り，炭酸イオンとなる．炭酸イオンは電解質を構成するイオンであり，電解質中を燃料極側に移動し，燃料極で燃料ガスとして供給された水素や一酸化炭素と反応して，二酸化炭素と水蒸気を生成し，電子を外部回路に放出する．現在は200〜300 kW級の分散型電源として導入が始まったところであるが，将来大型電源としての適用も期待されている．

　SOFCは安定化ジルコニアなど酸化物イオン導電性電解質を用い，その両面に多孔性電極を取り付け，これを障壁として，一方に燃料ガス（水素，一酸化炭素など），他方に酸化ガス（空気，酸素）を供給し，MCFCよりさらに高温の1,000℃で動作する．多様な燃料が利用可能である．現在，小規模業務用の分散型電源が開発されている．

　電解質にりん酸水溶液を用いたPAFCは民生用燃料電池の第1世代として実用化された．水素イオンがシリコンカーバイドなどの微粒子とりん酸電解質液で構成された電解質層を移動し，電子は外部回路を流れる．動作温度は200℃程度で反応触媒として白金が必要である．50〜200 kWクラスのシステムが業務用施設に設置されている．技術的には実用化されているが，5, 6年ごとの保守時の費用負担を嫌って導入後運転を止めるケースがあり，本格的な市場浸透には長寿命化を図り，保守費用を低減することが課題である．

　プロトン導電性の高分子膜を電解質としたPEFCは動作温度が100℃程度と低いが，反応触媒用の白金が必要であり，燃料として純度の高い水素に限られる．燃料極の反応によって生成した水素イオンは，イオン交換膜中のイオン交換基を介して水分とともに空気極側へ移動し，酸素と反応して水を生成する．一般に電極とイオン交換膜とが一体に接合されている．

　実用化への最大の課題は耐久性向上とコスト低下である．2003年時点での耐久時間は，セルスタックで1万時間，システムで5,000時間と目標の10万時間とはかけ離れている．2010年の実用化に向けてブレークスルーが必要である．東京ガスの開発目標は発電効率31％（HHV：higher heating value）以上，総合効率70％以上とし，DSS（daily start and stop）運転および電力負荷追従運転可能なこととしている．

燃料電池は電気化学的に燃料のもつ化学エネルギーを，熱エネルギーを介さず，直接電気エネルギーに変換するため，変換に伴う損失が少ない．したがって，発電効率が高い．電池反応によって生成される物質は水のみであり，窒素酸化物など大気汚染物質をほとんど発生しない．低温動作型はコージェネレーションに利用されると，エネルギーの有効利用が図られ，高温動作型は燃料電池の排熱をガスタービンとハイブリッド化することにより高い発電効率を達成できる可能性がある．このため，CO_2の排出量も少ない．エンジンなど熱機関を用いる発電機と比べて騒音，振動は小さい．

c. 適用分野と開発状況

MCFCは排熱温度が高いため，ガスタービンや蒸気タービンとの組合せによる複合発電を構成することができる．大型発電プラントでは天然ガス燃料で発電端効率60〜65%，石炭ガス化燃料で50〜55%の高い効率を目標としている．また，COを含む廃棄物ガスも燃料として用いることができる．ビール工場では工場排水処理設備で発生する消化ガスを燃料に内部改質型加圧MCFCが運転されている．可燃性廃棄物を高温でガス化して300 kW級加圧発電システムを実証試験中である．また，2005年の愛知万博で有機性廃棄物をメタン醗酵して得られるバイオガスを300 kW級発電システムで実証試験を行っている．

SOFCは構成材料がセラミックスであるため，電極面積をMCFCほど大きくできない．そのため，MCFCよりセル当たりの出力が小さくなり，中規模の高効率電源に向く．改質器を不要とするコンパクトな電源として1〜10 kW級の小型分散型電源としての開発も進められている．アメリカでは250 kW，300 kWの分散型電源の2006年商用化を目指している．

PAFCは排熱と温水だけでなく蒸気も生成可能となることから，冷熱も供給できる

表9.3.2　1 kW 家庭用燃料電池開発・導入ロードマップ

年		2002〜2004	2005〜	2010〜	2015〜	2020
段　階		基盤整備・技術実証	導　入	普　及	本格普及	
システム発電効率(%, HHV)		27	32	36	40	
システム熱利用率(%, HHV)		30	36	36	40	
耐久性	システム耐久時間	2千h	2〜4万h(または5年)	7万h(または8年)	9万h(または10年)	
	起動停止回数(回)	数十〜数百	2000	3500	4500	
システムコスト(万円/台)		2500	120	60	40	
(生産台数/社)		数台	1万	10万	30万	
導入目標(万 kW)				120		570

出所)　「燃料電池実用化戦略研究会報告書」および「燃料電池実用化推進協議会」資料

コージェネレーションシステムとして主に業務用分散型電源として導入されている.
　PEFC は発電端での発電効率が 35～40％程度と低いが，温水を有効に利用できれば 60～70％の総合効率も可能であり，数十 kW 以下の小型分散型電源の範囲では従来のエンジンコージェネレーションと比較して効率が高く，環境性にも優れ，家庭用コージェネレーションシステムや自動車用駆動源としての適用が主流である．製造事業者が中心となり 2001 年に燃料電池実用化推進協議会が設立され，主に家庭用と自動車用の開発・導入目標を発表している（表 9.3.2）．表に示す導入目標は政府の新エネルギー導入目標にもなっている．

d. 課　　題
　PAFC の信頼性・耐久性は実用化水準に達しており，今後はセルスタックの寿命予測技術など本格普及に向けた技術開発が必要である．そのほかの燃料電池は開発段階から実用化の目処がついてきた段階であり，信頼性・耐久性を確保するための技術課題を克服する必要がある．また現在最も開発が盛んな PEFC の場合，電解質が乾くと損傷を受けるため，水管理が難しく，また，寒冷地ではスタック中の水分が凍結しないような対策が必要である．

9.3.6　コージェネレーションシステム
a. 原理と特徴
　コージェネレーションシステム（CGS：cogeneration system）は単一の一次エネルギーから電力や熱など 2 種類以上の有効なエネルギーを同時に取り出すシステムをさす．欧米では combined heat and power（CHP）とも称する．コージェネレーションに限らず一般に工場などでは熱を高温から順次使っていき，廃棄せざるをえない低温まで使い切る熱の多段階利用を行っている．内燃機関によるコージェネレーションの場合，A 重油，灯油，都市ガスなど燃料をエンジンのシリンダやタービンの燃焼

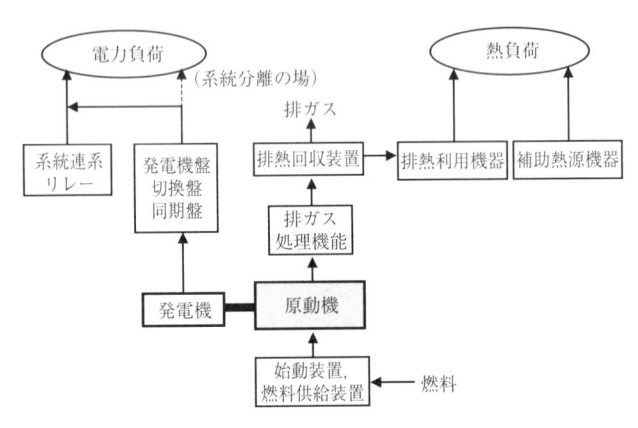

図 9.3.13　コージェネレーションの機器構成

器で燃焼させ，1,000℃以上の高温エネルギーを発電機用動力として使い，ジャケット冷却水や排気ガスから200～800℃の蒸気や温水を取り出す．コージェネレーションは熱のカスケード利用を実現する技術の1つである．排熱を有効に利用するためには熱配管距離を短くするほうがエネルギー効率や経済性の面で有利であるため，コージェネレーションは熱需要のある需要サイトに設置されるのが一般的である．排熱を有効利用すると年間の総合効率は70%に達するが，電力需要と熱需要が同時にあり，システムの熱電バランスと合っていることが条件となる．貯湯槽など蓄熱装置を利用することも考えられるが，設置スペースやコストの面で不利になる．

図9.3.13に示すようにコージェネレーションはエンジン，タービンなどの原動機，発電機，ボイラなど排熱回収装置，冷凍機など排熱利用機器，放熱装置など周辺機器から構成される．燃料電池も温水や蒸気として排熱を利用できるため，図9.3.13の燃料供給装置に改質器が含まれ，原動機および発電機に相当する部分が燃料電池セルスタックに置き換わり直接発電する．

近年，マイクロタービンなど小型でも従来より効率的な発電システムが開発され，最小は1kWの家庭用までコージェネレーションシステムが販売されるようになった．数百kW以上のコージェネレーションシステムは工場，ホテル，病院などにある程度普及してきたが，10kW未満のガスエンジンコージェネレーションなどが飲食店，公衆浴場など給湯需要の大きい業務用に普及しはじめている．

b. 各種原動機の特徴

コージェネレーションの原動機として，小規模容量機はガスエンジン，中規模は

表9.3.3 コージェネレーション用原動機の主な仕様と特徴

		ディーゼルエンジン	ガスエンジン	ガスタービン	燃料電池
単機容量		15～10000 kW	1～5000 kW	28～100000 kW	1～500 kW
発電効率（LHV）		30～44%	20～42%	20～35%	36～45%
主な燃料		A重油・軽油・灯油	都市ガス・LPG・消化ガス	灯油・軽油・A重油・都市ガス・LPG・LNG・消化ガス	都市ガス・灯油・メタノール・消化ガス
排熱温度		排ガス 450℃前後 冷却水 70～75℃	排ガス 500～600℃ 冷却水 85℃前後	排ガス 450～550℃	作動温度 250℃以下 温水 70℃，120℃
NOx対策	燃焼改善	噴射時期遅延	希薄燃焼	水噴射・蒸気噴射 予混合希薄燃焼	必要なし
	排ガス処理	選択還元脱硝	三元触媒	選択還元脱硝	必要なし
特徴		発電効率が高い 排ガス温度が比較的低い	排ガスがクリーンで熱回収が容易 発熱が高温で熱利用率が高い	小型・軽量 排ガス温度が高温で蒸気回収が容易 冷却水不要	発電効率が高い 騒音・振動が小さい 排ガスがクリーン りん酸形のみ実用機．その他は開発中

ディーゼル，大規模および小規模はガスタービンなど様々な熱機関が用いられている．近年，これら熱機関以外に燃料電池がりん酸形（PAFC）のみ実用機になっている（表9.3.3）．

コージェネレーションの排熱回収方式は排熱温度の水準により，温水回収方式，蒸気回収方式，温水・蒸気回収方式がある．温水・蒸気回収方式とは，中大型のエンジンで，排ガスから蒸気を，ジャケットから温水を回収する．

内燃機関は燃焼時には窒素酸化物を排出するが，自治体などの環境規制が強化されるにつれ，技術開発も進み，三元触媒などで大幅に低減されてきた．三元触媒は排ガス中のNOx, HC, COを同時に浄化できる触媒であり，自動車の排ガス処理に広く用いられている．主に300 kW未満の小型機に適用される．これより大型の機種にはガスと空気を理論空燃比（燃料を完全燃焼させるために最低限必要な空気量の燃料に対する比率）以上で燃焼させる希薄燃焼方式が適用される．環境対策費用は保守費などのコスト上昇要因であり，予混合希薄燃焼方式など低コストで排出抑制可能な技術も実用化されてきた．

ディーゼルエンジンの特徴は圧縮比が大きいため，発電効率が高く，しかも燃料噴射量でエンジン出力を制御できるため，部分負荷効率が高いことである．一方，騒音・振動が大きく，排ガス中のNOx，粒子状物質（PM：particulate matter），黒煙が多いのが難点である．そのため環境規制のゆるやかな地域で普及している．NOx低減のために，噴射時期遅延などを行い燃焼温度を低下させ，サーマルNOx生成を抑制したり，排ガス後処理として，NOx還元触媒の働きにより排ガス中のNOxを窒素と水に分解する選択還元触媒脱硝法が用いられる．これらの対策はNOx排出量とPM・黒煙排出量がトレードオフの関係にある．これを解決するため，燃料噴射圧高圧化が実用化されるようになった．

ガスエンジンの発電効率は1〜50 kWの小型機で25〜30％（LHV），中型機（50〜300 kW）で27〜38％，大型機（300 kW超）で35〜40％と，同クラスのディーゼルエンジンに比べると効率が低い．しかし，ミラーエンジンと呼ばれる圧縮比より膨張比を大きくしたエンジンは発電効率が40％以上に達する．2004年に入って2,500 kW，5,000 kWの大型機では44，45％とディーゼルエンジンなみに高いものが登場した．一方，エンジンの小型化も著しい．2003年から販売されている家庭用1 kWエンジンコージェネレーションは発電効率が18.1％と低いため，電力負荷ではなく熱負荷に合わせてもっぱら給湯・暖房需要の大きい朝と夕方以降に短時間稼働する．また，食品廃棄物の適正処理や下水汚泥処理のため，嫌気性醗酵により生成される消化ガス（発熱量5 Mcal/Nm^{3}程度）や廃棄物を高温でガス化した熱分解ガス（発熱量3 Mcal/Nm^{3}程度）など都市ガスに比べて低カロリーガスをコージェネレーション用燃料として使うニーズが高まっている．低カロリーガスに対応できるようエンジン出力や混合気温度などに基づき，燃料量を精密に制御する技術が開発されている．一般にガスエンジン排熱は温水として回収することが多く，空調用には吸収式冷温水器が使われ

る．

　ガスタービンは発電効率が低い一方，排気温度が高く（500～650℃），排ガス量が多いため，熱利用の価値が高い．マイクロタービンなど単純サイクルでは熱効率が低すぎるため，再生サイクルで効率を倍増させる．このサイクルは排ガスと再生器で熱交換し，燃焼器入り口温度を上昇させる．ガスタービンの入口温度が900～1300℃と高温のため，未対策では300 ppm程度のNOxが排出される．そのため，予混合希薄燃焼法や水噴射法などによりNOx対策を施している．燃焼器に水または蒸気を噴射して火炎温度を下げ，サーマルNOxを下げる．従来型のガスタービンコージェネレーションでは発生する電力と熱の比率がほぼ一定である．一方，需要は熱電比が変化するのが一般的であり，これに対応する熱電可変型ガスタービンが開発された．排熱を高圧の蒸気として回収し，燃焼器に噴射することにより発電量を増加させる．

c. 普及状況と課題

　わが国におけるコージェネレーションの普及は石油価格が大幅に低下した1986年以降である．日本コージェネレーションセンターによると，2004年3月末時点での普及規模は，民生用153万kW，産業用547万kW，合計700万kWである．規制緩和や技術開発の進展，省エネルギー法による大規模需要家のエネルギー管理強化などを背景に，1996年以降年間ほぼ40～45万kW増加している．民生用では設置容量シェアで店舗17％，病院15％，ホテル15％，事務所14％と6割以上を占める（図9.3.14）．空調負荷・給湯負荷など熱需要が多く，施設の稼働時間の長い需要分野で普及している．産業用では，化学，機械・精密機械，エネルギー，鉄・非鉄金属など業種を問わず普及している．生産工程に蒸気や温水を多量に消費する業種で普及が進んでいる．これらの需要分野以外にも今後，熱需要比率の小さい機械産業やコンビニエンスストアなど小規模需要家が普及対象に加わっていくことが予想される．

　この統計に含まれない工場に設置されている大型の蒸気タービンを用いたコージェネレーションシステムが1,280万kWと推定される（2003年3月末時点，日本コージェネレーションセンター）．蒸気タービンを除くコージェネレーションも含む全体では1,931万kW（2003年3月末時点）である．事業用発電設備を含めた全発電設備に占めるコージェネレーションの普及率は7.4％とイギリスなみであり，わが国の気

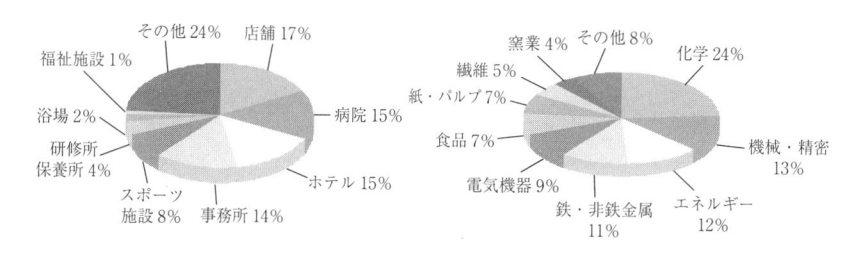

図 9.3.14 業種別コージェネレーション普及状況（2003年3月末）
　　　　　出所：日本コージェネレーションセンター

候や都市ガスなど燃料価格の高さを考えると，決して低くない．欧米で高い普及率を示す諸国はそもそも暖房需要の旺盛な地域であり，地域冷暖房としてのコージェネレーションも含まれるためであり，冷房需要が旺盛なわが国と条件が異なる．

9.3.7 バイオマス発電
a. バイオマス発電への期待

ここでは分散型電源としてのバイオマス発電について述べる．バイオマスのエネルギー利用一般については2章を参照されたい．2002年12月に「新エネルギー利用等の促進に関する基本方針」の改正が閣議決定され，このなかで，「新エネ基本方針」の対象とする新エネルギーに，バイオマス燃料製造，バイオマス発電，バイオマス熱利用などが追加されると同時に，エネルギー使用者が実施すべき新エネルギー種類ごとの導入目標が改定された．2010年度における国内総一次エネルギーに占める新エネルギーの割合は3.1%（対策ケース，石油換算1,940万 kl）と設定されている．バイオマスはこのうち約1/3，約1%を供給する．ただし，このうち8割は黒液・廃材など従来から製紙産業で自家発として利用されているものが含まれる．新しい分散型電源として計上されるバイオマス発電は33万 kW を目標とする．この目標は，太陽光発電(482万 kW)や風力発電(300万 kW)に比べると設備利用率の差を考慮しても，低い設定目標である．このことは，バイオマスをエネルギー資源としてみた場合，エネルギー密度が低い，収集運搬に制約がある，エネルギー化するための技術が確立されていないなどの課題のあることを反映している．

2002年7月に，農林水産省，文部科学省，経済産業省，国土交通省，環境省は「バイオマスの総合的な利活用に関する戦略」，すなわち，「バイオマス・ニッポン総合戦略」骨子を策定した．バイオマス・ニッポン総合戦略は，動植物，微生物，有機性廃棄物からエネルギー源や生分解素材，飼肥料などの資源の回収を図り，利用可能なバイオマスを循環的に最大限活用することによって将来にわたって持続的に発展可能な社会の実現を目指すものであり，そのための国庫補助などの助成策も積極的に実施されると考えられる．「循環型社会形成法」および関連の諸リサイクル法に基づく補助などとも相まって，バイオマスのエネルギー資源化市場が急速に立ち上がることが期待されている．

バイオマスの発生源は，一般に分散している場合が多い．したがって，バイオマスのエネルギー資源化システムは，単位量当たりのエネルギー密度が高くないことと併せ，需要と近接する地域のバイオマス資源を有効活用しやすい分散型の比較的規模の小さなシステムを開発，設置することが妥当である．現状ではまとまった量を定常的に確保しやすい廃棄物を利用するものが多い．

b. バイオマスからのエネルギー変換[28]

バイオマスからのエネルギー製造は，燃焼法，熱化学的変換法，生物学的変換法に大別される．バイオマス資源は含水率など原料特性あるいは電力利用か液体・気体燃

料かに応じて変換方法が選ばれる．ここでは代表的な発電プロセスのみをいくつか紹介する．最も普及しているのが，燃焼発電であり，原理的には石炭の燃焼発電と同じである．直接的な熱エネルギー変換システムとしてはウッドチップ専焼炉や黒液専焼炉が実用化されている．前者は，焼却規模が数 t／日から数百 t／日と広い範囲のシステムが実用化，商品化されている．黒液専焼炉も普及しており，多くの製紙工場に導入されている．これらの焼却設備にはボイラが付設されており，用途によって蒸気の単独利用，あるいは蒸気タービンによる発電／コージェネレーションが実現している．欧米ではピートなどほかの燃料と混焼され，数十 MW 級の発電所が地域熱供給用に稼働している．わが国では大きなものは廃棄物発電として，小規模なものは製材工場の自家発として稼働している．燃料は木材チップや木質ペレット，RDF（refuse derived fuel）などの形態がある．RDF は家庭ごみを乾燥，圧縮整形し，ペレット状にした固形化燃料である．安全面から貯蔵管理の法整備が急がれる．

　直接燃焼は発電効率が低く（10％台），原料の大量安定供給が課題である．投入した燃料を燃焼空気によって流動化する流動層発電は，未利用材など高含水率の燃料も事前乾燥なしで供給可能であり，炉内での脱硫が可能である．

　熱化学的変換法の中では高効率発電を目指してガス化複合発電技術が開発中である．700〜1,000℃でガス化し，CO と水素からなる合成ガスの燃焼と排熱利用の蒸気タービンにより複合サイクルで発電する．小規模の場合，単純サイクルとするが，直接燃焼と比べて高効率（20％程度）にでき，ダイオキシン発生も抑制できる．また，250〜300℃の加圧熱水中で触媒なしで処理したものをスラリー燃料として発電用ボイラで利用できる．

　近年，家畜糞尿が原因とみられる地下水汚染や，病原性微生物による水道水源の汚染が問題となり，1999 年に「家畜排泄物の管理の適正化及び利用に関する法律」が施行された．これに伴い，糞尿処理とエネルギー利用の両面からメタン醗酵施設が増えている．家畜糞尿からのメタン醗酵したバイオガスはマイクロタービンやガスエンジンなど小規模分散型電源として一部実用化が始まっている．ビール工場などでガスの改質を行ってりん酸形燃料電池による発電も可能である．メタン醗酵の基質として食品廃棄物，畜産廃棄物，農産廃棄物，廃水処理汚泥，し尿などがある．メタン醗酵は醗酵温度により高温（55℃），中温（35℃）に分けられる．高温醗酵のほうが有機物分解速度が速く，新しい醗酵システムでは高温醗酵が用いられる．しかし，醗酵温度を保つには加温が必要になりエネルギー収支上は課題である．メタン醗酵によるバイオガスは，一般にメタンが約 6 割，二酸化炭素が約 4 割，ほかに微量の硫化水素，窒素が含まれる．ガスの発熱量は $21.5\,\mathrm{MJ/m^3}$（LHV）と高いため，内燃機関の燃料として利用しやすい．ただし，0.1〜0.5％含まれる硫化水素は有毒であり，機器の腐食や燃焼時に亜硫酸ガスを発生するため，除去する必要がある．メタン醗酵の長所は，好気性処理（酸素のある条件での微生物醗酵）と比較して送風動力が不要なこと，汚泥発生量が少ないこと，運転管理が容易であることが挙げられる．一方，短所は有

機物分解率が低いこと,窒素化合物やりん酸の除去率が低いこと,処理時間が長いこと,加温が必要なことが挙げられる.発電を伴うメタン醗酵を最も利用しているのは下水処理場であり,20施設で15,810 kWにのぼる[30].

c. 導入事例

2000年に施行された「ダイオキシン類対策特別措置法」などにより,木材事業者などが廃材処理に使用していた小型焼却炉から対策済みの焼却炉やボイラへの転換が必要になった.森林組合などが協同組合を組織して従来より規模の大きい発電所を建設する動きが出てきた.秋田県能代市の能代バイオマス発電施設は,木質系バイオマスの専焼炉システムとして,2003年に稼働した[29].本設備は日量220 t(年間約50,000 t)の杉樹皮,残材などを60 mm以下のチップ状燃料とする.定格発電出力3,000 kW,蒸気発生量24 t/h,発電効率10.4%,蒸気への変換効率48%と熱利用が主体のコージェネレーションである[29].事業主体は能代森林資源利用協同組合であり,同じ敷地内のボード製造工場に電力や水蒸気を供給する.また,福島県白河市で11,500 kWの木質チップを燃料とする発電所(総事業費30億円)が2006年度に運転開始予定である.

酪農家から搬入される家畜糞尿を主とし,わら,おが屑,おからを混合し,中温醗酵で発生するバイオガスを利用して発電し,熱供給するバイオプラントが京都府八木町で1998年から稼働している.バイオガスの発生量は日量1,650 m^3,メタン含有率は65%である.70 kW級ガスエンジン2台からの発電電力は2001年から余剰電力として売電している.エンジンからの排熱は醗酵層の温度維持および管理室の暖房に用いられている[30].

既存の石炭火力発電を改良し,石炭とバイオマスを混焼する発電は最も経済的なバイオマス発電の1つである.微粉炭火力の改造費用は燃料ハンドリング,ボイラ改造,制御などを含む.木質バイオマスを混焼する際,石炭とは独立にバイオマスを単独粉砕し,専用バーナを設置する方式と運炭コンベアにバイオマスを供給し,石炭と混合粉砕する方式がある.製材所副産物を6%(重量比)混焼させた場合,燃焼性や環境性(NOx, SO$_2$)は石炭専焼と同等で問題ないとの報告がある[31].

廃棄物処理を主目的としていたバイオマス発電も余剰電力メニューのほか,RPS制度(9.2.3項)の下で新エネルギー相当価値が上乗せされて系統への売電が可能となり,新エネルギー発電事業者として大規模なバイオマス発電所も計画される可能性がある.

〔浅野浩志〕

9.4 各種の電力貯蔵技術

分散型の電力貯蔵装置は分散型電源の一種として捉えることもできるが,その性格は他の分散型電源とは大きく異なっている.すなわち電力貯蔵設備は,種々の要請に応じ融通性に富んだ運転を行うものであり,無停電電源などに利用されるなど信頼度も高い.しかし一方,貯蔵に際し損失が避けられないなどの短所も有している.本節

では，各種の電力貯蔵設備の特性について述べるが，それに先立ち電力貯蔵設備の役割についてまとめる．

揚水式水力は広く実用化されている電力貯蔵設備であるが，それ以外の電力貯蔵設備としては後述する二次電池，電気二重層コンデンサ，フライホイールなどがある．

これらを分散型電力貯蔵設備として利用することにより期待される機能としては次が挙げられる．

(i) **電力システムの負荷平準化**：　配電用変電所などに設置し負荷平準化を行う．通産省工業技術院（当時）のムーンライト計画ではこれを二次電池開発のねらいとした．送変電設備の開発繰り延べを期待する場合もあるが，海外の導入事例をみても，実際にこれを期待したケースは少ない．なお日間の負荷平準化を実現するには通常，発電継続時間として6～8時間程度が必要である．

(ii) **需要家のピークカット**や**負荷平準化**：　需要家の負荷曲線に見合った発電を行うことにより，電気料金の節減を図るもの．需要家の負荷パターンのピーク継続時

表9.4.1　各種電力貯蔵装置の特性の概略比較（文献37に基づき作成）

	揚水式水力	二次電池	電気二重層キャパシタ	フライホイール	SMES
貯蔵エネルギー形態	位置エネルギー(mgh)	電気化学エネルギー(QV)	電気エネルギー($CV^2/2$)	運動エネルギー($I\omega^2/2$)	電気エネルギー($LI^2/2$)
発電装置	交流発電機	インバータ	インバータ	可変速交流発電機	インバータ
貯蔵効率（システム効率）概数	65～70%	65～90%	～70%	～80%	80～90%
エネルギー密度	小	小～大	小～中	小～大	小
負荷応答	数分	瞬時	瞬時	瞬時	瞬時
運用単位	日・週	～分～日	～分	～分	～日
規模	大	小～大	小	小	小～大
立地制約	地形の制約	なし（消防法による規制のある場合あり）	なし	なし	なし
実用化・検討されている主な用途	ピーク電源（運転・瞬動予備力を含む）	変動負荷対策，負荷平準化など	瞬低対策	変動負荷・発電対策	瞬低対策，系統対策
実用化例	事業用発電所：2430万kW（2000年末現在）	NaS電池：6 MW（綱島変電所），レドックスフロー電池：500 kW（兵庫県三田），ほかに無停電電源など多数	瞬低対策装置などの例あり	ROTES：26.5 MVA，210 MJ：周波数調整用（沖縄電力），ほかに京浜急行電鉄での実用化例あり	マイクロSMES（1 MW，1 MJなど）：瞬低対策装置などの開発例あり

注）貯蔵効率は方式や運用形態により大きく変化する

間に応じたkWh容量が必要となる．二次電池などが用いられる．

 (iii) 間欠電源や変動負荷の対策： 風力発電などの間欠電源や電炉負荷などの変動負荷の変動補償を行う場合．貯蔵設備の所要kWh容量は変動負荷の特性に応じて定まるが，通常は負荷平準化用に比べ小容量で済む．フライホイールや二次電池の利用などが検討されている．

 (iv) 系統対策： 電力系統の安定度向上などを目的とする場合．SMESやフライホイールの利用などについて検討例がある．

 (v) 供給信頼度向上・瞬時電圧低下対策など： 需要家での非常用電源，無停電電源，瞬時電圧低下対策として，鉛蓄電池が広く実用化されている．ナトリウム・硫黄電池，レドックスフロー電池，リチウム電池，SMES（超電導エネルギー貯蔵；14.4節），フライホイール，電気二重層キャパシタなどの検討例もある．

電力貯蔵装置としては，大規模から小規模なものまで種々のものがあるが，以下では揚水式水力や圧縮空気エネルギー貯蔵発電のような大規模プラントを除く電力貯蔵設備について述べる．これら電力貯蔵設備の特性の概略比較を表9.4.1にまとめる．

9.4.1 二次電池
a. 原理と構造[32-37]

二次電池は，電気エネルギーを直接，化学エネルギーに変換して貯蔵し，必要に応じ可逆的に電気エネルギーに変換する装置である．電力貯蔵用としては以前より鉛蓄電池が実用化されてきたが，近年はナトリウム・硫黄電池，レドックスフロー電池，リチウム電池などの技術も進歩している．

二次電池の基本構成単位は単電池であり，1組の正極，負極および電解質とから構成される．単電池を直並列接続することにより，所要の容量を有する二次電池を製作する．

1960年代までは繰返し充放電が可能な大型の二次電池は，鉛蓄電池とニッケル・カドミウム（NiCd）電池に限られていた．しかし石油危機を契機に省エネルギーへの関心が高まり，電気事業の配電用変電所などに設置する電力貯蔵用電池の技術開発が行われた．電力貯蔵用電池としては，エネルギー密度が高い，コストが安い，総合エネルギー効率が高い，寿命が長い，資源制約がないなどの特性が重要である．このような観点から，ナトリウム・硫黄電池，亜鉛・塩素電池，亜鉛・臭素電池，レドックスフロー電池，改良型鉛電池，リチウム電池などの技術開発が行われた．

以下では，実用技術である鉛蓄電池と，実用化が進められつつあるナトリウム・硫黄電池（NaS電池），レドックスフロー電池について述べる．

1) 鉛蓄電池 1859年にプランテ（Planté, R.）により発明された常温形の二次電池であり，正極活物質として二酸化鉛，負極活物質として鉛，電解液として希硫酸を用いて構成される．補水の必要な開放型とメンテナンスフリーの密閉型とがある．充放電反応は次のとおりである．

$$PbO_2 + 2H_2SO_4 + Pb \underset{充電}{\overset{放電}{\rightleftarrows}} 2PbSO_4 + 2H_2O \tag{9.4.1}$$

放電により硫酸が硫酸鉛となり電解液中に水が生ずるため，放電が進むほど電解液の比重は低下する．

鉛蓄電池は歴史も長い成熟した技術でもあり，常温形電池で密閉型は補機の必要がないなどの長所を有しているが，放電深度（定格容量に対する放電電力量の比率）を深くすると劣化が進むこと，経済性，エネルギー密度や寿命などの大幅な改良を見込みがたいことなどの短所を有している．

2) ナトリウム・硫黄電池[34, 35, 38]　図9.4.1 (a) に示すように，正極活物質として溶融硫黄と多硫化ナトリウムを，負極活物質として溶融ナトリウムを用い，両極の間にナトリウムイオンを通過させる固体電解質（βアルミナ）を用いる方式．充放電反応は次のとおりである．

$$2Na + S \underset{充電}{\overset{放電}{\rightleftarrows}} Na_2S \tag{9.4.2}$$

活物質のナトリウム，硫黄および反応によって生成される多硫化ナトリウムを溶融状態に維持して動作させるため，電池は300℃程度以上で運転する必要がある．このため電池モジュールは断熱容器に収納する．

ナトリウム・硫黄電池は電力貯蔵用電池の中でも特にエネルギー密度やエネルギー効率が高く，電解質として固体電解質を用いているため自己放電がないなどの長所を有しているが，温度管理が必要であるなどの短所もある．

3) レドックスフロー電池[34, 39]　レドックスフロー電池は価数が変化するバナジウムや鉄などのイオン（レドックスイオン）の酸化・還元反応を利用する二次電池であり，図9.4.1 (b) に示すように，タンクに貯蔵したレドックス水溶液をポンプにより流通型電解槽に供給し充放電させる．最近は，レドックスイオンとしてオリノコタールの燃焼残渣などから得られるバナジウムを用いる場合が多いが，その場合の充放電反応は次のとおりである．

$$V^{3+} + V^{4+} \underset{充電}{\overset{放電}{\rightleftarrows}} V^{2+} + V^{5+} \tag{9.4.3}$$

レドックスフロー電池は，常温作動の流動型電池であり，ポンプ，タンクが必要と

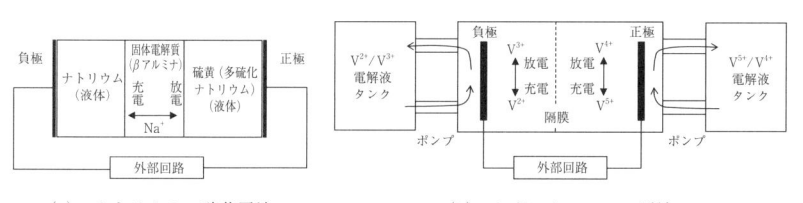

(a) ナトリウム・硫黄電池　　　　(b) レドックスフロー電池

図 9.4.1　二次電池の概略構造

なるが，電解液を貯めるタンクの容量を増やすことでkWh容量増が容易であること，出力（kW）と容量（kWh）を独立に定めることができるなどの長所がある．ただしエネルギー密度は鉛蓄電池などより低く，エネルギー効率もほかの二次電池に比べあまり高くない．

なお電力貯蔵用電池としては，上記のほかに，効率の高いリチウムイオン電池，レドックスフロー電池と同様に電解液をポンプで循環させる亜鉛・臭素電池などについて技術開発が行われてきた．

b. 特長と問題点

二次電池は，立地制約が少ない，負荷変動への応動が速い，電池容量の選択に自由度が大きいなどの特長を有している．ただし，腐食性の材料を用いているため，耐用年数の面からは他の貯蔵方式に比べ不利な傾向がある．

このような長所に起因し，電力系統での利用形態として，揚水式水力の代替とする，需要地に近接して分散設置することにより負荷平準化を図る，高速な応動が可能であることから需給調整に用いるなどが検討されてきた．発電継続時間は，日間の負荷平準化のためには6～8時間程度が必要であるが，需給調整用の場合には大幅に短くできる．一方，需要家サイドでの利用形態としては，負荷平準化・ピークカットによる電気料金節減，停電対応，負荷変動補償などがある．なお二次電池には，上記のように種々の型があり，性能はタイプにより異なるため，適用にあたっては配慮が必要である．

c. 普及の状況と今後の方向性

非常用電源や無停電電源としての鉛蓄電池は広く使用されているが，ナトリウム・硫黄電池やレドックスフロー電池についても負荷平準化用や非常用電源などへの実用化が進められている．また出力変動の著しい風力発電などの間欠電源の負荷変動補償などへの適用についても検討が進められている．用途をさらに広げるには，効率，寿命，経済性について一層の改善が必要と考えられる．

9.4.2 電気二重層キャパシタ

a. 原理と構造[35,40-42]

電気二重層現象を利用したキャパシタ（コンデンサ）である．二次電池が化学的にエネルギーを蓄積するのに対し，物理的にエネルギーを蓄積する．二次電池に比べ，サイクル寿命が長いなどの長所を有しているが，エネルギー密度が低いなどの短所もある．

電子回路に利用されるコンデンサと同様に電界にエネルギーを蓄積する方式であり，貯蔵エネルギーは下式により定まる．

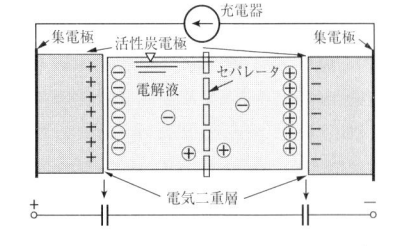

図 9.4.2 電気二重層キャパシタの原理[41]

$$E = \frac{1}{2}CV^2 \qquad (9.4.4)$$

ここに，C はキャパシタの静電容量，V は印加電圧である．通常のキャパシタは誘電体を用いるのに対し，同方式は電気二重層現象を用いる点に特徴がある．電気二重層とは，図9.4.2に示すように，固体と液体など異なる二相が接する面に電荷が蓄積される現象をさす．電気二重層キャパシタは，イオン性溶液中に一対の電極を浸した簡単な構造であり，電極には一般的には活性炭が使用される．充電時には，電気分解が起こらない程度の電圧をかけると，正負電極の表面にイオンが吸着され，そこにプラスとマイナスの電気が蓄えられる．一方，放電時には，正負のイオンは電極から離れて中和状態に戻る．ただしこれら充放電の過程において電気分解が起こると，キャパシタとして機能しなくなる．

実用化されている電気二重層キャパシタの電解液には，水溶液系と有機電解液系とがある．水溶液系には希硫酸や水酸化カリなどを用いたものがあるが，水の電気分解電位による制約より電圧は1.2V程度と低い．一方，四級アンモニア塩炭酸プロピレン溶液など有機電解液を利用した系では約2.0～2.5Vと高い．

また電気二重層キャパシタの静電容量は，電極材料である活性炭の物性に大きく左右される．電極材料は，大きな比表面積を有し，かさ密度（気孔を含む体積で重量を割った密度）が大きく，化学的・電気的に不活性であり，導電率が高いことなどが重要である．

優れた運転特性を得るには，回路的な側面への配慮も必要である[41,42]．たとえばキャパシタは貯蔵エネルギーの変化に応じ端子電圧が大きく変化するが，この電圧変動の影響を軽減するため，DC/DCコンバータを用いるとともに，キャパシタバンクの直並列接続を切り換える方法が提案されている．また各セルの静電容量や漏れ電流には不揃いがあるが，これに起因し充電時に一部のセルに高い電圧がかかり過充電を招くと不具合の原因となる．このためセル電圧を揃える制御回路などが組み込まれることもある．

b. 特長と問題点

電気二重層キャパシタは，充放電に際し電気化学反応を用いる二次電池と異なり，電解質イオンが溶液内を移動して，電極界面に吸着・脱着するという物理過程によっ

表9.4.2 電気二重層キャパシタと鉛蓄電池の特性比較例

	電気二重層キャパシタ （急速充放電用）	鉛蓄電池
重量エネルギー密度	3～5 kWh/t	25～35 kWh/t
出力密度	2～3 kW/t	～0.2 kW/t
最小放電時間	4～30 秒	6～100 分
サイクル寿命	10000 回以上	300～1500 回

ている．このため，原理的には性能劣化が少なく，長いサイクル寿命が期待できる．また正負電極間を狭くすることで，イオンの移動距離を短くでき，高率充放電が可能となる．

一方，電極材料にはかさ密度が大きく，比表面積の大きい活性炭を利用するものの，二次電池に比較して体積・重量当たりのエネルギー密度は低い．なお経済性については，現在は二次電池に比べ高価格であるが，量産化が進んだ場合，コストダウンが期待される．

表9.4.2に電気二重層キャパシタと鉛蓄電池の特性比較の例を示す．同表によれば，電気二重層キャパシタは，重量エネルギー密度は低いものの，出力密度や応動速度が高く，サイクル寿命も長いなどの長所を有していることがわかる．このため電気二重層キャパシタは，放電時間が短時間（例：5分程度）で，頻繁に充放電を繰り返す用途などに適していると考えられる．

c. 今後の方向

電気二重層キャパシタの電力用の利用は始まったばかりである．上記のように，同装置は，高速応動が必要で，発電継続時間が短く，所要貯蔵エネルギーのあまり大きくない用途に適している．たとえば瞬時電圧低下対策装置などは有望な適用先と考えられ，製品化の例もある．ほかには，電気自動車，ハイブリッド自動車などへの応用も考えられる．なお電力系統の負荷平準化用としては，長時間にわたる充放電が必要となるため，キャパシタ価格の低減が課題となる[43]．

9.4.3 フライホイール
a. 原理と構造[33, 34, 44]

エネルギーをフライホイール（はずみ車）の回転エネルギーとして貯蔵する方式である．高速制御が可能であるなどの長所を有しているが，運転時間が長くなると損失が増すこと，大容量の装置を製作することが困難であることなどの短所もある．

1) 原理 回転体の有する運動エネルギー E は，その慣性モーメントを I，角速度を ω とするとき，

$$E = \frac{1}{2} I \omega^2 \tag{9.4.5}$$

で表される．このとき，回転体の回転数を制御すれば，エネルギーの授受が可能となる．

2) 構造 電力貯蔵用フライホイールは，図9.4.3に示すように，フライホイール，発電機，軸受，回転数変化用のパワーエレクトロニクス装置などから構成される．

フライホイールのエネルギーの貯蔵密度を上げるには，慣性モーメント・回転数を高くする必要があるが，式（9.4.1）から明らかなように慣性モーメントに比べ回転数を高める方が効果的である．しかしその場合，高回転に伴い材料に加わる遠心

力に起因して回転体内部の応力も増すため，高強度材料を用いる必要が生じる．フライホイールの材料としては合金鋼，FRPなどが用いられている．

一方，発電機は可変速で運転することにより，フライホイールなどへの蓄積エネルギーを電力系統との間で授受する．発電機の可変速運転を可能とする方式として，サイクロコンバータを用いて交流発電機の二次巻線を交流励磁する方式（セルビウス方式）と，発電機にコンバータとインバータを直列に接続する方式などがある[44]．

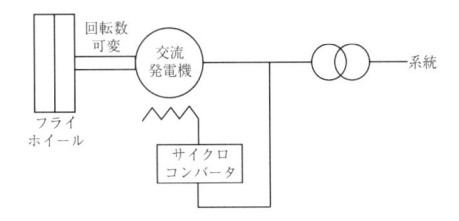

図 9.4.3 フライホイール発電設備の構成例

フライホイールは運転に伴い風損や軸受での摩擦損などの損失があるため，長時間の電力貯蔵を行うと損失が大きくなる．既設設備では軸受として機械式軸受を用いているが，そこでの損失を減らすため第二種高温超電導体の磁束ピン止め力を利用した超電導軸受による超電導フライホイールの開発も行われている[34,35]．

b. 特長と問題点

フライホイールの長所には，単位重量当たりのエネルギー貯蔵量が鉛蓄電池に比べ高いこと，クリーンであること，高速での電力の制御が可能であること，寿命が長いことなどがある．

一方，短所としては，特に長時間運転の場合，エネルギー損失が大きいこと，破損事故防止などの安全対策が必要であること，大容量化に限界があることなどがある．

c. 普及状況

フライホイールは既に実用化されている（表9.4.3参照）．すなわち電鉄での回生失効対策や核融合試験装置の電源などでの利用のほかに，電力系統での利用例としても周波数安定化用や風力発電の出力安定化用の利用例がある．

同表より明らかなように，実用化されているフライホイールは定格出力での発電継続時間でみて数十秒以下と短時間の用途であり，比較的高速の制御を行う場合に利用される．すなわちフライホイールは短時間の変動補償に用いることが多い．その際，

表 9.4.3 フライホイールの実用化例

	事例1	事例2	事例3
設置場所	沖縄本島	隠岐島	京浜急行電鉄
発電出力	発電機定格出力 26.5 MVA	出力制御幅 ±200 kVA	1800 kW（蓄勢時） 3000 kW（放勢時）
充放電エネルギー	210 MJ	8 MJ	90 MJ
方式	交流機のサイクロコンバータを用いた交流励磁	コンバータ，インバータ方式	電車線電力蓄勢装置

フライホイール発電の出力指令値は，変動抑制の対象とする信号から周波数の高い成分を抽出し作成することが一般的である．ただし貯蔵エネルギー量はあまり大きくないため，貯蔵エネルギーレベルをできるだけ基準値に戻すために，引き戻し制御と組み合わせて利用される．

9.4.4 その他の貯蔵技術
a. SMES（超電導エネルギー貯蔵）
エネルギー効率が80％を上回るなど高いとともに，応動が速いなどの特長を有する．規模の選択に自由度が大きいため，集中型および分散型の電力貯蔵設備としての利用も可能である．詳細については14.4節を参照されたい．

b. 他の二次エネルギーを介する貯蔵方式
発電電力を用いて水を電気分解することにより水素を製造し，その水素を用いて燃料電池により発電するなど，水素を二次エネルギーとして用い電力貯蔵に相当する機能を果たすことも可能である．エネルギー効率や経済性など克服すべき課題も多いが，水素エネルギー社会に関連して種々の検討がなされている[33,34]．また蒸気貯蔵を用いた蓄熱を火力発電に利用する方式などについても検討例がある[45]．　〔七原俊也〕

文　　献

1) Nick Jenkins, Ron Allan, Peter Crossley, Daniel Kirschen and Goran Strbac: *Embedded Generation*, IEE Power and Energy Series 31（2000）
2) 小林健一：アメリカの電力自由化，日本経済評論社（2002）
3) 資源エネルギー庁公益事業部技術課（監修）：解説　電力系統連系技術ガイドライン，電力新報社（1997）
4) 日本電気協会：分散型電源系統連系技術指針　JEAG 9701-2001, 2002年1月
5) 石川忠夫・佐々木三郎・石井彰三：分散型電源の系統連系の現状と課題，OHM, Vol. 88, No. 6, pp. 65-69（2001）
6) （座談会）分散型電源技術と電力系統の将来展望，電気協同研究，Vol. 56, No. 4（2001）
7) 谷口治人：分散型電源と電力系統の制御，電気学会論文誌 B, Vol. 121, No. 9, pp. 1065-1068（2001）
8) 藤井裕三・山口寿士：分散型電源の連系状況と電力系統への影響，エネルギー・資源，Vol. 23, No. 3, pp. 31-34（2002）
9) 甲斐隆章：風力発電の系統連系について，電気学会誌，Vol. 124, No. 1, pp. 24-31（2004）
10) 七原俊也：海外における風力発電の導入状況と電力系統への影響，電気学会論文誌 B, Vol. 120, No. 3, pp. 321-324（2000）
11) 西尾健一郎・浅野浩志：RPS下における新エネルギー導入量と対策費用の分析，電中研研究報告，Y02014（2003）
12) 日本太陽エネルギー学会（編）：太陽エネルギー読本，オーム社（1975）
13) 浜川圭弘・桑野幸徳（編）：太陽エネルギー工学，培風館（1994）
14) 太陽光発電技術研究組合（監修）：太陽光発電システム設計ガイドブック，オーム社（1994）
15) 分散型電源系統連系技術指針，日本電気協会（2002）
16) 新エネルギー・産業技術総合開発機構ホームページ：http://www.nedo.go.jp
17) 総合資源エネルギー調査会新エネルギー部会報告書：今後の新エネルギー対策のあり方について

2001年6月
18) 牛山　泉:風車工学入門,森北出版 (2002)
19) 松宮　輝:ここまできた風力発電―風のエネルギーを有効利用,工業調査会 (1998)
20) 新エネルギー・産業技術総合開発機構:風力発電導入ガイドブック　第5版 (2001)
21) 電力中央研究所:風力発電力系統安定化等調査　平成13年度新エネルギー・産業技術総合開発機構報告書,2002年3月
22) 七原俊也:世界および日本における風力発電の普及状況と導入支援制度,電気学会誌,Vol. **124**, No. 1, pp. 12-16 (2004)
23) 七原俊也:海外における風力発電の導入状況と電力系統への影響,電気学会論文誌B,Vol. **120**, No. 3 号 (2000)
24) 清水幸丸:マイクロ水力ハンドブック,パワー社 (1989)
25) 新エネルギー財団:水力発電所の計画および建設,第65回中小水力発電技術に関する実務研修会,2002年7月
26) 電力中央研究所:未利用地熱資源の開発に向けて―高温岩体発電への取組み,電中研レビュー,No. 49 (2003)
27) 電気学会(編):燃料電池の技術,オーム社 (2003)
28) 小木知子:バイオマスエネルギー:―変換技術の現状と将来展望,火力原子力,Vol. **54**, No. 563, pp. 42-50 (2003)
29) 土樋俊夫・田村良範:木質バイオマス発電所(能代バイオマス発電所)の建設,火力原子力,Vol. **54**, No. 563, pp. 51-57 (2003)
30) 日本エネルギー学会:バイオマスハンドブック,オーム社 (2002)
31) 吉高恵美・気駕尚志:石炭火力発電所での木質バイオマス利用,火力原子力,Vol. **54**, No. 563, pp. 76-81 (2003)
32) 電力系統への二次電池の適用,電気学会技術報告(II部)第103号,昭和55年10月
33) 科学技術庁資源調査所:エネルギー貯蔵に関する基礎調査,資料第93号,昭和56年11月
34) 鈴木　胖・山地憲治(編著):エネルギー負荷平準化,エネルギー・資源学会,(2000)
35) (座談会)分散型電源技術と電力系統の将来展望,電気協同研究,Vol. **56**, No. 4, (2001)
36) 斉藤晴通・伊藤　登:新型電池によるエネルギー貯蔵,電気学会雑誌,Vol. **101**, No. 6, pp. 510-515, (1981)
37) 岩堀　徹・石原　薫・七原俊也・石井彰三:エネルギーを巡る新しい状況下での電力貯蔵技術,OHM, Vol 89, No. 9, pp. 60-64, (2002)
38) 奥野晃康:最近の電力貯蔵技術の動向,電気学会論文誌B,Vol. **122**, No. 3, pp. 347-350 (2002)
39) 長谷川泰三・徳田信幸・菊岡泰平・重松敏夫・筒井康充:電力貯蔵用レドックスフロー電池の開発,エネルギー資源,Vol. **22**, No. 5, pp. 335-338 (2001)
40) 西野　敦・直井勝彦(監修):大容量キャパシタ技術と材料,シーエムシー (1998)
41) 岡村廸夫:電気二重層キャパシタを用いた蓄電装置,電気学会誌Vol. **120**, No. 10, pp. 610-613 (2000)
42) 岡村廸夫:電気二重層キャパシタを用いた蓄電装置の課題と展望,電気学会論文誌B,Vol. **120**, No. 10, pp. 12919-1222 (2000)
43) 新エネルギー・産業技術総合開発機構:負荷平準化新手法実証調査報告,平成12年3月
44) 斉藤哲夫:風力発電への適用―超高速フライホイール発電機による電力安定化装置,太陽エネルギー,Vol. **28**, No. 1, pp. 24-30 (2002)
45) 大容量蒸気貯蔵発電共同研究委員会・浜松照秀・須原繁雄:大容量蒸気貯蔵発電に関する研究―石炭火力の場合の概念設計と運用方式―,火力原子力発電,Vol. **33**, No. 7, pp. 729-739 (1982)

10. 送電設備

(I) 架空送電線

10.1 架空送電線の概要

　送電線は電力輸送のため，発電所相互間・変電所相互間・発電所変電所間を結ぶ電線路と定義される．送電技術の観点からはこれらに加え，特別高圧（7,000 V 以上）により工場など消費地点に電力を輸送する電線路を含め送電線と呼ばれている．送電線は，電力の安定供給や需要のピーク時などに電力を互いに融通しあうため，北海道から九州まで連係されている．送電線の概要を図 10.1.1 に主な送電ネットワークを図 10.1.2 に示す．

　送電線はその設備形態により架空送電線と地中送電線に分けられる．架空送電線は鉄塔，がいしにより支持された電力線により電力を輸送するシステムであり急峻な山岳地，沿岸部など，様々な場所を経過し，風雨，雷，雪，海塩などの環境にさらされている．このため，経過地ごとに異なる自然環境を把握し，これらをもとに電気的・機械的設計が行われる．設計は，電気事業法の規定に基づき定められた「電気設備に関する技術基準を定める省令」（以下「電技」という）に準拠し実施されている．

10.1.1 架空送電線の変遷[1,2]

　わが国の送電の歴史は，1899 年の 11 kV 送電にはじまり，電力消費量の増加とともに高電圧化による大容量送電技術が進歩した．ここで

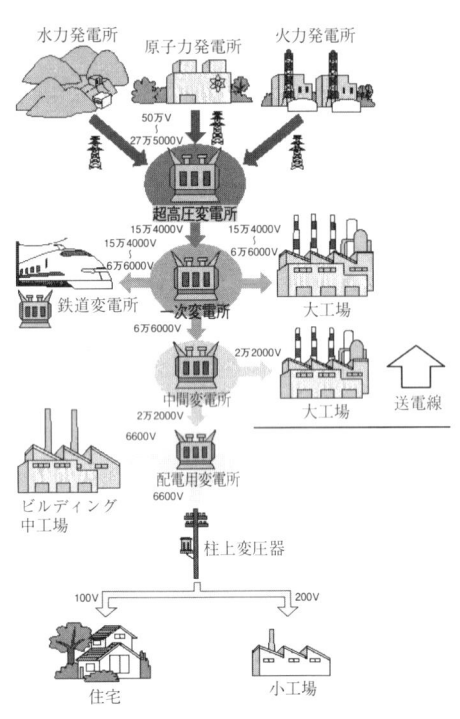

図 10.1.1　送電線の概要
（電気事業連合会ホームページより）

10.1 架空送電線の概要

① 北本連系線：北海道と本州は，函館と上北に交・直流変換設備を設置し，この間を架空送電線および海底ケーブルで結んでいる．
② 関門連系線：本州と九州を50万Vの送電線で結んでいる．
③ 本四連系線：阿南紀北直流幹線：本州と四国は瀬戸大橋に添架された50万Vの送電線と，阿南と紀北に交・直流変換設備を設置し，この間を架空送電線および海底ケーブルで結んでいる．
④ 周波数変換所：静岡県佐久間 (30万 kW)，および長野県新信濃 (60万 kW) の2カ所の施設がある．東日本の50 Hz系統と，西日本の60 Hz系統を変換し連系している．

— 50万 V 送電線
— 27.5～18.7万 V 送電線
-- 直流連系線
⌂ 主要変電所，開閉所
⌂ 周波数変換所 (F.C.)
⌂ 交直変換所

図 10.1.2 主な送電ネットワーク
（電気事業連合会ホームページより）

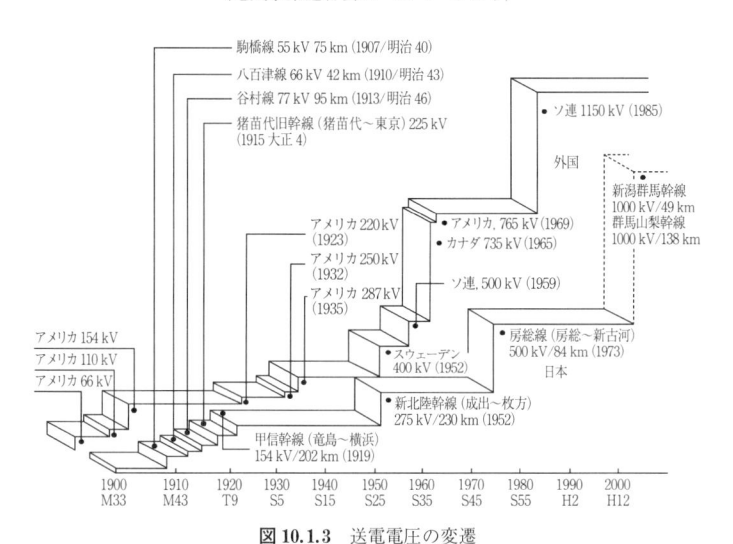

図 10.1.3 送電電圧の変遷
（送電線建設技術研究会，目で見る送電線工事の歩み，1989）

は，時代とともに変化してきた設備形成や技術を中心に架空送電線の変遷について述べる．送電電圧の変遷を図 10.1.3 に設備量の推移を図 10.1.4 に示す．

こう長（千 km）

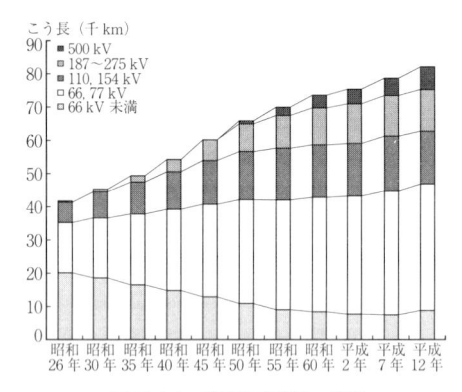

図中凡例：
- 500 kV
- 187〜275 kV
- 110, 154 kV
- 66, 77 kV
- 66 kV 未満

横軸：昭和26年, 昭和30年, 昭和35年, 昭和40年, 昭和45年, 昭和50年, 昭和55年, 昭和60年, 平成2年, 平成7年, 平成12年

図10.1.4 送電線設備量の推移

1910年に建設された66 kV送電線は，硬銅より線，ピンがいしが使用されていた．1915年に建設された115 kV猪苗代旧幹線は，当時国内最高電圧であるとともに，着工以来3年の工期を要し，この建設期間に各種の研究が進められ，現在の送電技術の基礎が固められた．また，このとき初めて懸垂がいしが使用され，鉄塔の形もおおむね現在の鉄塔に近いものとなった．

1923年，信濃川支流の電力を京浜地区に送るために建設された甲信幹線は，わが国最初の154 kV送電線であるとともに，鋼心アルミより線が本格的に使用された送電線となった．なお，鋼心アルミより線は，1921年，河川横断4ヵ所に使用されたのが最初であるが，本格的に使用されたのは甲信幹線が最初で，この後154 kV送電線に逐次使用されるようになった．

1940年，250 kV設計黒部笹津線（154 kV運転）が建設されたが，この建設は単に超高圧送電関係の技術のみでなく，架空送電線全般の設計理論の確立に大きな役割を果たし，各種の標準設計・基準が整備された．戦後，電力需要の回復に従って大容量水力・火力の建設が進み，わが国の送電技術も大きな進展の段階を迎え，送電線建設工事が各地で計画・実施されるに至った．1952年275 kV新北陸幹線が完成し，その後，電線に多導体方式が採用され，1960年までに約1,000 kmの275 kV送電線が建設された．1965年，500 kV設計の房総線が建設され，当初275 kVで運転されていたが1973年には500 kVに昇圧され，わが国も500 kV時代に入り，2002年3月末現在で6,974 kmの500 kV送電線が運転されている．

なお，諸外国においては，1900年代に154 kV送電線がアメリカにおいて採用されて以来，1935年にアメリカで287 kV送電線，1959年にソ連，スウェーデンで500 kV送電線の運転が開始されている．

また，北海道と本州の連系線に1979年，DC 125 kV（1980年 DC 250 kV昇圧）の北本直流幹線が建設された．

一方，電源の遠隔地化および大規模化に対応した送電の安定度を確保するため，UHV (ultra high voltage) 送電技術や低インダクタンス技術の開発が行われた．UHV送電としては，1965年に世界最初の735 kVがカナダにおいて運開し，その後765 kVがアメリカにおいて1969年に，また韓国において1998年に運転を開始している．一方，ソ連では1985年に1,150 kVが採用され，わが国においても，1992年西群馬幹線において1,000 kV設計送電線が建設されている．また，低インダクタンス技術としては1987年500 kV設計伊勢幹線において，大束径6導体（束導体径

表 10.1.1 架空送電線技術の変遷

西暦	年号	電圧の変遷	架空送電線技術の変遷	
1899 年	明治 32 年	11 kV 沼上郡山線	1899 年	硬銅線を使用
1907 年	明治 40 年	55 kV 駒橋線	1907 年	送電用支持物に鉄塔を使用
			1907 年	硬銅より線を使用
1910 年	明治 43 年	66 kV 八百津線	1912 年	硬アルミ電線を使用
1913 年	大正 2 年	77 kV 谷村線		
1915 年	大正 4 年	115 kV 猪苗代旧幹線	1915 年	懸垂がいしを使用
			1921 年	鋼心アルミより線を使用
1923 年	大正 12 年	154 kV 甲信線	1926 年	送電用鉄塔設計標準を制定（JEC-22 (1926)）
			1926 年	基礎に鉄筋コンクリートを使用
1940 年	昭和 15 年	220 kV 黒部笹津線	1942 年	室戸台風（1934 年）による送電鉄塔の倒壊を機に設計標準を改訂
1952 年	昭和 27 年	275 kV 新北陸幹線	1955 年	コンクリート充填鋼管鉄塔を使用
			1956 年	2 導体を使用
			1960 年	4 導体を使用
			1965 年	中空鋼管鉄塔の使用
			1965 年	伊勢湾台風（1959 年）, 第 2 室戸台風（1961 年）による送電鉄塔の倒壊を機に設計標準を改訂（JEC-127 (1965)）
1973 年	昭和 48 年	500 kV 房総線	1979 年	直流送電線を採用
			1980 年	6 導体を使用
			1986 年	湿雪と強風による送電鉄塔の倒壊を機に難着雪リング取付などの雪害対策を実施
			1987 年	大束径 6 導体を採用
1992 年	平成 4 年	1000 kV 西群馬幹線（500 kV 運用）	1991 年	9119 号台風による送電鉄塔の損壊を機に局地風に対する設計を検討

1,600 mm. 一相が 6 条の電線で構成されているものを 6 導体といい，各電線の外接円の直径を束導体径という.）が採用された．電技の設計条件についても，1934 年の室戸台風，1959 年の伊勢湾台風などの大型台風，1987 年の雪害事故を機に見直しがなされた．架空送電線技術の変遷を表 10.1.1 に示す．

10.1.2 架空送電線の設備構成[2,3,4]
a. 送電方式の種類

送電方式には交流送電方式と直流送電方式があるが，国内外を問わず，主に交流送電方式が採用されている．これは送電システムが発展する過程で，変圧が容易な交流方式が順次採用されてきたことに由来する．しかし，電力系統の連係が密となるに伴い，系統安定度の強化，短絡容量の減少，ならびに海底ケーブル送電などに優れた長所を有する直流送電が見直され，交流送電を補完する役割として直流送電方式が採用されている．

b. 交流架空送電線の概要

交流架空送電線の標準的な設備構成を図10.1.5に示す．交流架空送電線は，電気を送る「電線」，電線に対する雷の直撃を防ぐための「架空地線」，電線・架空地線を支持する「支持物」，電線と支持物間を絶縁する「がいし」，支持物から伝達される荷重を地盤に伝達し安定を保つ「基礎」で構成される．電線は3本（相）を一組（回線）として構成される．図10.1.5は2回線送電線を示したものであり，6本の電線と2本の架空地線が張られている．また，送電容量の増加および高電圧化に伴うコロナ障害防止の手段として，各相を複数の電線で構成する場合がある．一相の電線が1本で成り立っているものを単導体，2本以上のものを多導体といい，275kV送電線では2, 3, 4導体，500kV送電線では，3, 4, 6導体が用いられ，1,000kV設計では8導体が採用されている．

c. 直流架空送電線の概要

直流架空送電線における支持物，基礎，がいし，電線など基本的な構成材料は，交流架空送電線とほぼ同じであるが，直流送電線の支持物では，以下の特徴を考慮した設備構成となっている．

① 各2本の本線と帰線で構成される．② 電食対策上，専用の帰線を設けている．③ 帰線が架空地線の役割を果たすため，架空地線を設けていない．④ 直流がいしを使用している．

直流架空送電線の設備構成を図10.1.6に示す．

10.1.3 架空送電線の保全[2, 3]

送電線の電力輸送の使命を果たすため，巡視・点検を行い，設備状態に応じた補修により設備の機能維持を図ることによって，停電事故防止に努めるとともに，万一の

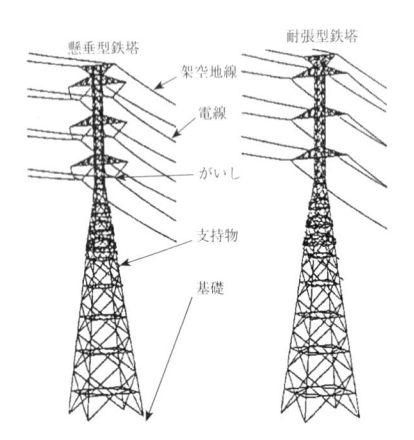

図10.1.5 交流架空送電線の標準的な設備構成
（日本鉄塔協会，鉄塔95）

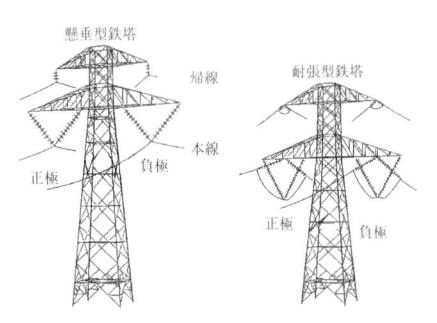

図10.1.6 直流架空送電線の設備構成
（送電線建設技術研究会：送電線建設資料，第44集）

事故時には速やかに復旧するよう保全を行っている.

平成4～13年度までの10ヵ年の架空送電線事故を原因別に示すと図10.1.7のとおりである.架空送電線は,絶えず様々な環境にさらされているため,雷・風雨など自然現象に起因する故障・事故が大部分を占める.

雷撃による電気事故防止対策としては,架空地線の設置による雷遮へいや,不平衡絶縁(架空送電線の回線間において,アークホーン間隔などの絶縁間隔にあらかじめ差をつけておき,逆フラッシオーバ事故を1回線にとどめようとする絶縁方式)の採用,避雷器の設置などがあり,設備損傷防止対策としては,アークホーン・アーマロッドの取付によるがいし・電線への被害防止などが行われている.氷雪に対する事故防止対策としては,着氷雪時の電線挙動を考慮した電線配列の適用,難着雪リングの取付,相間スペーサの取付などが行われている.

また,開発の著しい箇所における送電線周辺では建造物の新設・改築工事においてクレーン車などが使用されるため,これらの工事箇所のパトロール,注意喚起のためのPRなどが行われている.

送電線に事故が発生した場合,いったんは遮断器により送電を遮断するが,短時間で自動的に再閉路する保護継電装置が設置されているのが一般的である.また,事故発生時には早期に事故点を発見するために故障点標定装置の設置,雷撃箇所を表示するせん絡表示器などの取付を行うとともに,事故巡視の実施など復旧の迅速化が図られている.故障標定装置の例を表10.1.2に示す.

近年では,落雷により発生する電磁波をとらえ,落雷位置や雷電流の大きさなどを観測する落雷位置標定システムが整備され,観測結果を故障点標定装置や故障区間標定システムなどのデータとともに活用することにより故障点の標定および故障原因の特定における精度向上が図られている.

また,変化の著しい環境に対応するため,市街地などにおける地上高確保の設備改修技術,風音・景観に対する環境調和技術,雷・着雪・ギャロッピング(電線が着氷した状態で強風を受けたとき,着氷した氷が飛行機の翼の役目をして電線が上下運動すること)・微風振動(風速7m/s程度以下の風が一様に吹いているとき,電線の後方に空気の渦が発生し,これにより電線が振動すること)・鳥獣接触事故防止に対する信頼性向上技術などについて研究が進められている.なお,交流送電線,直流送電線の環境問題は,それぞれ7.4.3項,7.4.4項に説明されている.

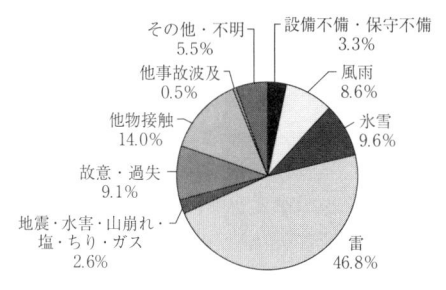

図10.1.7 原因別事故統計
(原子力安全・保安院電力安全課:電気保安統計,電気事業者,平成4～13年度)

- その他・不明 5.5%
- 設備不備・保守不備 3.3%
- 他事故波及 0.5%
- 風雨 8.6%
- 他物接触 14.0%
- 氷雪 9.6%
- 故意・過失 9.1%
- 地震・水害・山崩れ・塩・ちり・ガス 2.6%
- 雷 46.8%

表 10.1.2 故障標定装置の例

システムの分類	基 本 構 成	標 定 概 念
故障点標定装置 （フォルトロケータ）	故障時の変電所内情報を利用し，変電所で故障標定を行うもの	故障を変電所からの「距離」として標定する．
現地表示型 故障方向標定装置	故障時の鉄塔情報を利用し，鉄塔で故障標定を行うもの	故障をセンサ設置鉄塔を基準とする「方向」として標定する．
中央表示型 故障区間標定 システム	故障時の鉄塔情報を利用し，保守担当箇所の中央装置に伝送して総合的に故障標定を行うもの	故障を送電線に任意の間隔をもって設置されたセンサで区切られる「区間」として標定する．
その他装置	センサ設置鉄塔において地絡故障や雷電流の通過があったことを表示するもの	センサ設置鉄塔で地絡故障が発生したとき，動作を表示する．

（電気協同研究会：架空送電線保守情報システム電気協同研究，第53巻，2号）

10.2 送電用支持物

10.2.1 送電用支持物の種類

a. 支持物の種類

送電用支持物には，鉄塔，鉄柱，鉄筋コンクリート柱および木柱などがあるが，現在使用されている支持物の大半が鉄塔である．

鉄柱や鉄筋コンクリート柱は鉄塔に比べ比較的荷重の小さい電線路に適用され，支線による補強が行われる場合もある．古くは木柱も頻繁に使用されていたが，現在ではほとんど使用されていない．

b. 鉄塔の分類

図10.2.1に各種鉄塔の形状を示す．四角鉄塔は，一般的に使用されるもので四面が同じ部材で構成され，矩形鉄塔は，相対する2面が同じ部材で構成される．
烏帽子鉄塔は，雪や雷の多い山岳地など気象条件の厳しい地域に適用される．門型（ガントリー）鉄塔は，鉄道，道路上に送電線路を施設する場合に使用されることが多い．鋼管単柱（モノポール）鉄塔は，公園・景勝地などで周囲の景観に配慮が必要な場合や市街地などで用地上の制約が多い箇所に適用される．

また鉄塔は，がいし装置の吊り方により懸垂型，耐張型に大別される（図10.2.2）．懸垂型鉄塔は，電線路が直線あるいは比較的角度が小さい箇所に適用され，耐張型鉄塔は，比較的角度が大きい箇所や電線を引留める必要のある箇所に適用される．

c. 鉄塔の規模

送電鉄塔の規模は，線路の電圧階級や想定する設計荷重などにより異なる．図

10.2 送電用支持物

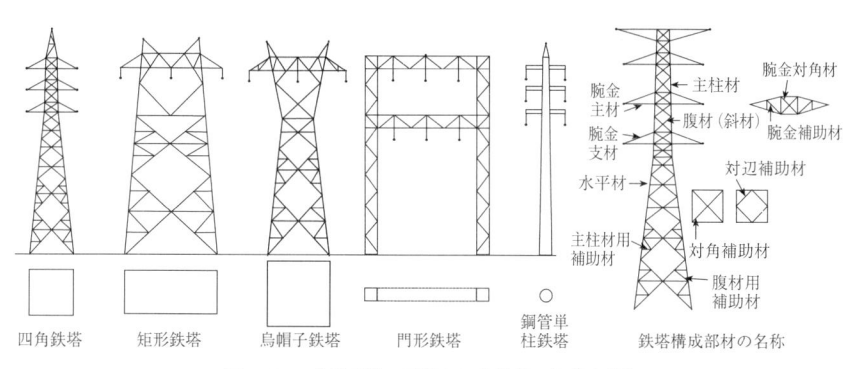

図 10.2.1 各種鉄塔の形状と四角鉄塔の部材名称[5]

図 10.2.2 懸垂型鉄塔（左）と耐張型鉄塔（右）の例

10.2.3 に主な電圧階級別の鉄塔規模を示す．鉄塔の高さは，電線路が横断する地上や構造物と電線との電気的な離隔距離で決定され，腕金の長さや間隔は，鉄塔と電線の電気的な離隔距離，電線相互の離隔距離などから決定される．これら離隔距離は電圧が高くなるほど大きくなるため，高電圧の送電線になるほど鉄塔は高く規模が大きくなる．

図 10.2.4 に 77 kV 規模の鉄塔の離隔検討図（クリアランス図という）を示す．標準絶縁間隔 a とは，風速 5〜10 m/s 程度において雷撃時に電線と支持物の間でフラッシオーバさせないための絶縁間隔を示し，異常時絶縁間隔 b とは，台風などの強風時において線路の最高許容電圧に対して電線と支持物の間でフラッシオーバさせないための絶縁間隔を示す．また角度 θ は適用する電線種類により異なり，図中に示す角度は標準的な鋼心アルミ

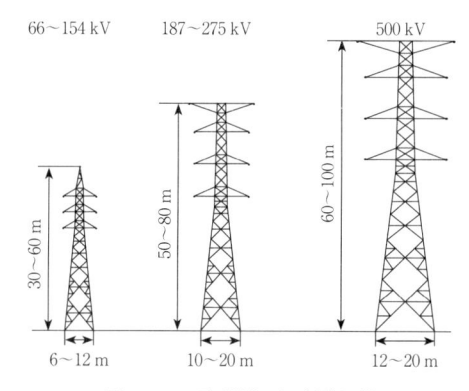

図 10.2.3 電圧階級別の鉄塔規模

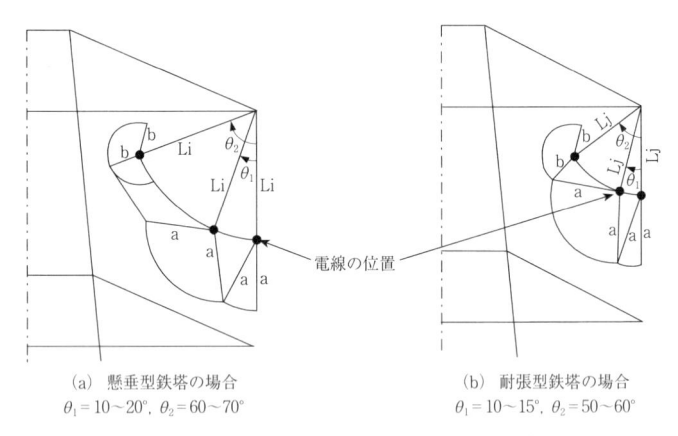

(a) 懸垂型鉄塔の場合
$\theta_1 = 10 \sim 20°$, $\theta_2 = 60 \sim 70°$

(b) 耐張型鉄塔の場合
$\theta_1 = 10 \sim 15°$, $\theta_2 = 50 \sim 60°$

Li：がいし連長，Lj：ジャンパ深さ　a：標準絶縁間隔，b：異常時絶縁間隔

図 10.2.4 77 kV 鉄塔の離隔検討例[6]

表 10.2.1 鉄塔に使用される材料の断面形状と特徴

種　類	断面形状	特徴など
等辺山形鋼（アングル）		古くから使用される最も一般的な鋼材であり製作加工が容易で安価である．
中空鋼管		力学的断面特性，空力特性に優れる．山形鋼に比べ荷重の大きな鉄塔に使用される．山形鋼に比べ製作加工に手間がかかる．
コンクリート充填鋼管		中空鋼管の内部にコンクリート（モルタルを含む）を充填しており圧縮耐力に優れているため，同じ応力に対し中空鋼管より細い管径が可能となる．
十字アングル		山形鋼を溶接・ボルトで接合する．昭和30年代後半から送電鉄塔の大型化に伴い，通常の山形鋼では強度不足になる鉄塔に使用される．

より線における角度である．

d. 使用材料

送電用支持物のうち鉄塔を構成する材料には，等辺山形鋼などの形鋼のほか，鋼管，鋼板などが使用され，これらをボルトまたは溶接にて接合して鉄塔を構築している．

表 10.2.1 に，鉄塔に使用される主な材料の断面形状と特徴を示す．

e. 想定荷重

鉄塔で想定される荷重には，鉄塔や電線，がいし装置の重量などの固定荷重や，高温季（春から秋にかけての季節）の台風および低温季（冬から春にかけての季節）の

表 10.2.2 風圧荷重の種類と適用区分[7]

地方の区別		風圧荷重の種類	
		高温季	低温季
氷雪の多い地方以外の地方		甲 種	丙 種
氷雪の多い地 方	下記以外の地方	甲 種	乙 種
	冬季に最大風力を生ずる地方	甲 種	甲種又は乙種

表 10.2.3 鉄塔・電線の標準風圧値[8]　　　　単位 (Pa)

塔高 (m)	山形鋼鉄塔		鋼管鉄塔		電　線	
	普通鉄塔	超高圧鉄塔	普通鉄塔	超高圧鉄塔	単導体	多導体
40 以下	2840	3040	1670	1770		
50 以下	3040	3240	1770	1860		
60 以下	3240	3430	1860	1960	980	880
70 以下	−	3630		2060		
80 以下	−	3820		2160		

季節風による風荷重，これらに伴う電線張力荷重や電線路の水平角度荷重などがある．また，冬季に氷雪の多い地方では電線への着氷雪を考慮して重量や風圧荷重を定めている．

風荷重で設計された鉄塔は，地震荷重に対しても充分な強度を有しており，過去の大きな地震に対しても大きな被害が出ていないことから，地震荷重は一般的には設計荷重として考慮されていない．

「電気設備に関する技術基準を定める省令」においては下記の3種類の風圧荷重を定めている．

① 甲種：風速 40 m/s の風による風圧荷重
② 乙種：氷雪の多い地方で低温季に電線の周囲に厚さ 6 mm，比重 0.9 の氷雪が付着した状態で甲種の 1/2 の風圧荷重を受けるとした場合
③ 丙種：氷雪の多くない地方で甲種の 1/2 の風圧を受けるとした場合

これら風圧荷重は地理的な条件および季節に応じて表 10.2.2 のごとく適用する．また表 10.2.3 に鉄塔および電線の甲種の風圧値を示す．

鉄塔風圧は，上空になるほど風速が大きくなること（風の遍増）を考慮し，10 m ごとに標準風圧値を定めている．電線風圧は，鉄塔同様に風の遍増を考慮する必要があるが，電線全体に一様な風圧がかかりにくいなど風の特性を考慮し，地上約 80 m 程度までは一律 980 Pa を適用している．また，多導体では近接した電線間の相互干渉により風圧が低減される場合があるため，880 Pa として設計する場合がある．

鉄塔には上記の風に伴う荷重のほか，鉄塔，電線，がいしの重量である固定荷重がある．下記にそれら想定荷重を示す．

1) **風荷重**　① 鉄塔風圧荷重 H_t，② 架渉線（電線および架空地線）風圧荷重 H_c，

③ 水平角度荷重 Ha (図 10.2.5)

i) 鉄塔,腕金風圧荷重 Ht:
標準風圧値に各節点間の受風面積 S を掛ける

例) 40 m の普通鉄塔で受風面積が $1.5\,\mathrm{m}^2$ のとき
$$2840[\mathrm{Pa}] \times 1.5[\mathrm{m}^2] = 4260 \quad [\mathrm{kN}] \tag{10.2.1}$$

ii) 架渉線風圧荷重 Hc:
[高温季]
$$Hc = (980\,d \times 10^{-3}\,S + Hi) \times 10^{-3}$$
$$[\mathrm{kN}/支持点] \tag{10.2.2}$$
[低温季]
$$Hc = \{490(d+2t) \times 10^{-3}S + 0.5Hi\} \times 10^{-3} \quad [\mathrm{kN}/支持点] \tag{10.2.3}$$
Hi:がいしへの風圧力 (N)

iii) 水平角度荷重 Ha:
$$Ha = 2T \times \sin(\theta/2) \times 10^{-3} \quad [\mathrm{kN}/支持点] \tag{10.2.4}$$

図 10.2.5 では,$Ha = 23.7\,[\mathrm{kN}]$

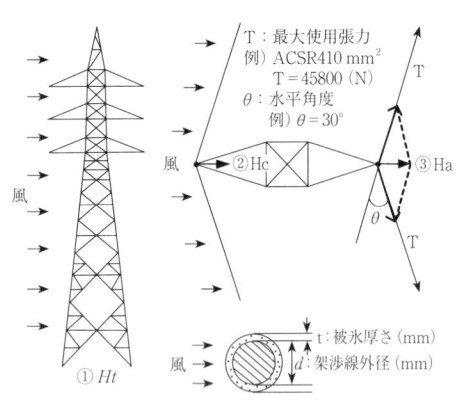

図 10.2.5 鉄塔の想定荷重 (風荷重)

2) 固定荷重 ① 鉄塔重量 Wt,② 架渉線重量 Wc (図 10.2.6)

i) 鉄塔,腕金重量 Wt: 各節間に存在する鋼材の質量とボルト・プレート類の質量に重力加速度を掛けて算出する.コンクリート充填鋼管についてはコンクリート質量を加算する.

ii) 架渉線重量 Wc
[高温季]
$$Wc = (Wc'S + Wi)g \times 10^{-3} \quad [\mathrm{kN}/支持点] \tag{10.2.5}$$
[低温季]
$$Wc = \{(Wc' + W_{ice})S + Wi\}g \times 10^{-3} \quad [\mathrm{kN}/支持点] \tag{10.2.6}$$
$$W_{ice} = 0.9\pi t(t+d) \times 10^{-3} \tag{10.2.7}$$

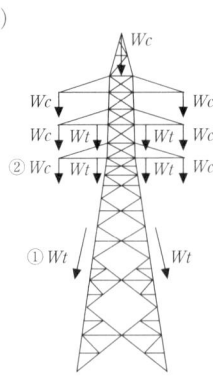

図 10.2.6 鉄塔の想定荷重 (固定荷重)

ここで,
Wc':架渉線の単位長さ当たりの質量 [kg/m]
S :荷重径間 [m] で前後径間長の合計の 1/2
Wi :がいし装置の質量 [kg]
g :重力加速度 $[= 9.80665\,\mathrm{m/s}^2]$
t :被氷厚さ [mm]
d :架渉線の外径 [mm]
0.9:氷の比重

3) 補強設計 送電用支持物の歴史では想定以上の着雪,強風による支持物損壊がわずかであるが発生している.これらの経験から,着雪については大型河川横断部

やそれら近傍の電線着雪が発達し
やすい箇所において着雪量を適切
に定め補強設計が行われている．

強風についても，地形的な条件
により風速が増加する箇所などで
は，適切な風圧荷重を想定し設計
を行い，設備の信頼度向上が図ら
れている．

f. 鉄塔応力の解法

鉄塔に生じる応力の解法は，応
力図と呼ばれる図式解法を基本と
している．鉄塔は，立体構造物で
あるが，標準的な構造であれば過
去の実験や経験から，鉄塔の1面
に生じる応力を平面トラス（滑節
骨組）構造として求めることで，
十分安全な設計ができるとされている．応力図とは，滑節（曲げモーメントが発生し
ない節点）と仮定した節点（部材と部材の接合点）に加わる荷重と部材間の単純な力
のつりあいを図式解法で求める方法であり，骨組み構造物の設計法として古くから用
いられている．

この方法で求められた鉄塔の部材応力は，軸方向の圧縮力と引張力に限定される．
図10.2.7に応力図による応力の解法例を示す．

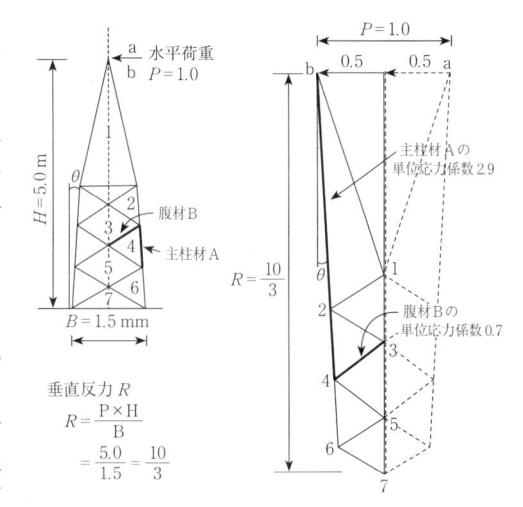

図10.2.7 応力図による解法例

垂直反力 R
$$R = \frac{P \times H}{B}$$
$$= \frac{5.0}{1.5} = \frac{10}{3}$$

1) **応力図の描き方**
   ① 水平単位荷重 $P = 1.0$ を縮尺を決めて線を引く．（始点a，終点b）
   ② 垂直反力 R を計算し垂線を引く．（始点abの中間，終点7）
   ③ 各記号に狭まれた部材の傾斜に合わせて応力線を上から順番に線を引く．
   ④ 各部材の応力線が交差したら三角形を閉じる．

2) **単位応力係数** 単位応力係数とは，単位荷重1.0を与えたときに，その部材
に発生する応力の倍率を表す係数である．

たとえば，主柱材Aの単位応力係数は2.9，腹材Bの単位応力係数は0.7であるか
ら，荷重Pが20kNとした場合は，主柱材Aには，

$$20 \text{ kN} \times 2.9 = 58 \text{ kN} \tag{10.2.8}$$

腹材Bには，

$$20 \text{ kN} \times 0.7 = 14 \text{ kN} \tag{10.2.9}$$

の応力が生じることとなる．

10.2.2 基礎
a. 基礎への荷重
　基礎への荷重は鉄塔からの荷重伝達により，圧縮（下向き）荷重と引揚（上向き）荷重および水平荷重の3種類が発生する．図10.2.8にその概念を示す．
　鉄塔基礎の設計は，圧縮力と引揚力および水平力に耐えるように行う．
b. 基礎の種類と特徴[9]
　送電用鉄塔の基礎は，鉛直方向の圧縮，引揚荷重が支配的な「鉛直荷重基礎」と転倒モーメントが支配的な「モーメント荷重基礎」の2つに分類され，以下のような基礎が標準的に用いられる．図10.2.9の例では，マット基礎がモーメント荷重基礎であり，その他の基礎は鉛直荷重基礎となる．

1) 逆T字基礎　基礎体により荷重を地盤に直接伝達する基礎．逆T字形のコンクリート基礎体を用いたもので，良質な支持地盤が浅い所に存在する場合に用いられる．施工性に優れるほか，一般に経済性にも優れていることから，広範囲に使用される．

2) 深礎基礎　鋼板などで坑壁を保護しながら内部の土砂を排出し，坑内で構築

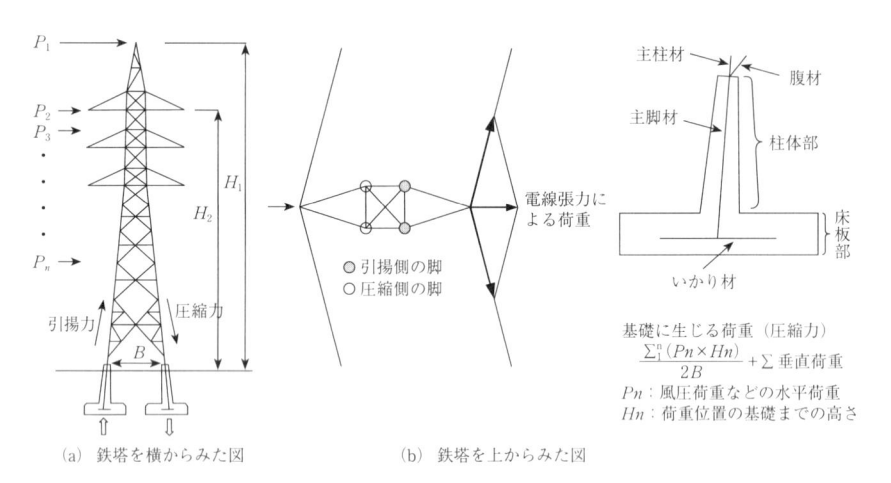

基礎に生じる荷重（圧縮力）
$$\frac{\sum_1^n (P_n \times H_n)}{2B} + \sum 垂直荷重$$
P_n：風圧荷重などの水平荷重
H_n：荷重位置の基礎までの高さ

(a) 鉄塔を横からみた図　　(b) 鉄塔を上からみた図

図10.2.8　基礎への荷重伝達の概念と逆T字基礎の各部名称

逆T字基礎　　深礎基礎　　杭基礎　　アンカー基礎　　マット基礎　　ケーソン基礎

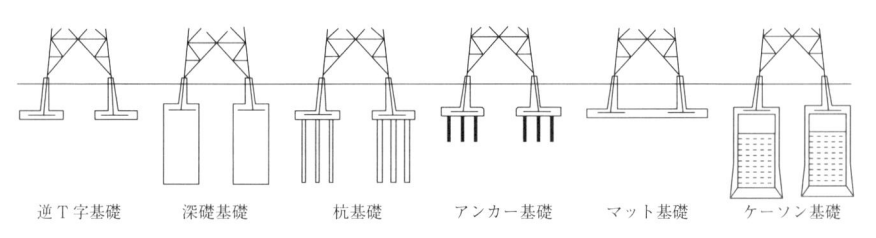

図10.2.9　送電用鉄塔基礎

表 10.2.4　各種地盤に適用する標準的な設計諸元（逆 T 字基礎の例）

地盤の種類	引揚力に抵抗する土の有効角度 θ [°]	土の等価単位体積質量 γ [t/m³]	床板底面に対する圧縮耐力度 q [kN/m²]
地下水位が充分に低く，抵抗力の大きい地盤	30	1.6	600
多少の湧水はあるが，抵抗力の大きい地盤	20	1.5	400
地下水位が高く，抵抗力の小さい地盤	10	1.4	200
地下水位が非常に高く，抵抗力のない地盤	0	1.3	100

した基礎体により荷重を地盤に伝達する基礎．支持層が比較的深く，大型建設機械の搬入が困難で湧水の少ない山岳地の急斜面に構築する大型基礎などに適用される．

　3）**杭基礎**　鉄筋コンクリートや鋼管などで構築された杭により荷重を地盤に伝達する基礎．基礎体直下の地盤が軟弱で，逆 T 字基礎などでは圧縮耐力が得られない場合に適用される．

　4）**アンカー基礎**　岩盤に定着させたアンカーおよび基礎体により荷重を地盤に伝達する基礎．アンカーを定着できる良質な地盤が浅い深度から出現する場合，アンカー施工により基礎体の縮小が可能である．

　5）**マット基礎**　2 脚または 4 脚の基礎床板を一体化して荷重を地盤に伝達する基礎．基礎体底面の接地圧を減少させるとともに，軟弱地盤などで不同変位（鉄塔の脚が不均一に移動すること）による上部構造への悪影響を防止する目的で適用される．

　6）**ケーソン基礎**　主として軟弱地盤，水場などで鉄筋コンクリート製の筒を，その内部の土砂を掘削しながら重力により所定の深さまで沈下させることで基礎体を構築し，その基礎体により荷重を地盤に伝達する基礎．軟弱地盤箇所で荷重の大きい大型鉄塔に適用される．

c. 逆 T 字基礎の設計

　基礎の設計は，鉄塔からの荷重に対し，支持地盤が安全に支持することを確認する安定設計と基礎体自体の強度を確認する構造設計がある．最も広範囲に使用される逆 T 字基礎の安定設計について表 10.2.4 に示す．

　表 10.2.4 は各種地盤に適用する土の設計諸元を示し，引揚荷重に抵抗する土の有効角度 θ は，基礎が引揚力を受けたときの土のすべり面，および床板側面に作用する抵抗力などをそれと等価な土の重量に置き換えるものである．

　1）**圧縮荷重に対する安定設計**（圧縮耐力）　基礎に伝達される圧縮力は，基礎床板底面の地盤耐力により支持するものとし，安定照査は式 (10.2.10) による．

　2）**引揚荷重に対する安定設計**（引揚耐力）　基礎に伝達される引揚力は，基礎の重量と有効角度内 θ に存在する土の重量により引揚力に抵抗するものとし，安定照査は式 (10.2.11) による．

$$\frac{q}{F_1 F_2} \geq \frac{C + (G + Ws)g}{A} \qquad (10.2.10)$$

$$\frac{Gg}{F_1} + \frac{\gamma(Ve-Vc)g}{F_1 F_2} \geq T \qquad (10.2.11)$$

ここで，q：床板底面に対する地盤の圧縮耐力度，F_1：荷重の不確実性に対する安全率（1.5），F_2：地盤の不確実性に対する安全率（1.33），C：鉄塔からの圧縮力 [kN]，G：基礎体の質量 [t]，Ws：基礎直上の土の質量 [t]，A：床板底面積 [m^2]，g：重力加速度 [=9.80665 m/s^2]，T：鉄塔からの引揚力 [kN]，γ：土の等価単位体積質量 [t/m^3]，Ve：土の有効角度で算定される基礎底面上の倒立截頭角錐（円錐）体の体積 [m^3]，$Ve=\pi/4D(B^2+2B \cdot D \cdot \tan\theta + 4/3D^2 \cdot \tan^2\theta)$，$\theta$：引揚力に抵抗する土の有効角度 [°]，$Vc$：地表面下の基礎体の体積 [m^3]，$D$：地表面から基礎体底面までの深さ [m]

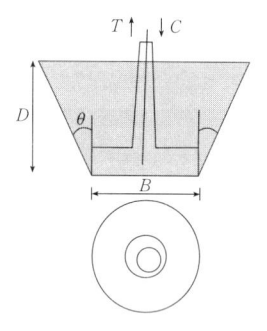

図 10.2.10 逆Ｔ字基礎の安定設計

10.3 がいし装置

架空送電線路は空気による絶縁が基本であり，支持物に電線を支持するために必要な設備が，がいしである．特に架空送電用がいしは，過酷な自然条件下で常時引張荷重を受けながら使用されるため，電気的性能はもちろんのこと機械的性能がきわめて重要である．

10.3.1 がいし装置の種類と構造
a. がいしの材質
がいしの絶縁体の材質には，磁器，ガラス，有機高分子材料があるが，わが国でがいしといえば，そのほとんどが磁器製である．磁器の材質は，過去には，けい石，長石，粘土を原料とする長石質磁器であったが，線路の大容量化に伴い，耐アーク特性の優れたアルミナ含有磁器が使用されるようになった．現在では，懸垂がいし用磁器はすべてアルミナ含有磁器を使用している．

b. がいしの種類と構造
70 kV までの架空送電用がいしにはピンがいしが用いられていた．しかし，大正時代初期に送電電圧が 100 kV を超えると，ピンがいしでは，大きくなりすぎて重量が増大することなどの理由により，懸垂がいしが導入されるようになった．懸垂がいしは，その後さらに高強度の製品が開発され，今日でも架空送電用がいしとして最も広く使用されている．このほか，表 10.3.1 に示すように現在では，耐塩用懸垂がいし，長幹がいし，長幹支持がいしおよびラインポストがいしなどが架空送電用がいしとして使用されている．

c. がいし装置
がいし装置は，がいし，架線用金具およびアークホーンで構成される．鉄塔への吊

10.3 がいし装置

表 10.3.1 架空送電用がいしの種類と特徴

名称		特徴	外観
懸垂がいし	普通懸垂がいし	・架空送電用がいしとして最も多く使用される ・全電圧階級に適用される ・連結方式により，クレビス形とボールソケット形の2形状に分類される ・引張強度はクレビス形が120 kN，ボールソケット形が165 kN〜530 kN	クレビス形
	全面導電釉がいし	・通常釉がいしと同一構造，同一寸法形状 ・磁器表面の釉薬に金属酸化物（酸化錫，酸化アンチモン，酸化ニオブ）を添加し，半導電性をもたせており，汚損湿潤時のコロナ防止特性に優れる	ボールソケット形
	耐塩がいし	・磁器部のヒダを深くし，普通懸垂がいしに比較し表面漏れ距離を約50%長くすることで，汚損時の耐電圧を約30%向上させたがいし ・汚損の厳しい臨海部送電線に適用される	
長幹がいし	普通ヒダ	・磁器部分は中実厚肉構造 ・長期の使用によっても絶縁体に劣化や電気貫通が発生しないため，劣化に対する点検作業が不要 ・分岐鉄塔など電線が複雑に配置され保守作業が困難な鉄塔に多く使用される	
	下ヒダ	・普通ヒダ部下面にヒダを設け，表面漏れ距離を長くし，汚損時の耐電圧を向上させたがいし ・汚損の厳しい臨海部送電線に適用される	
	長幹支持	・ジャンパ線と支持物の必要離隔を確保するため，ジャンパ線を支持する場合に適用される	
ラインポストがいし		・支持物へはボルトを用いて腕金に垂直または水平に取り付ける ・主に44 kV以下の架空送電線に適用される	
ピンがいし		・電気事業の初期の架空送電設備用に使用された ・現在は架空送電用としてはほとんど使用されない	
有機がいし		・軽量かつ経済性に優れる ・FRP製の芯材に強度を分担させ，外被に耐候性や汚損時の耐電圧特性に優れたシリコーンゴムを用いる ・北米などでは銃撃による破壊対策として，架空送電用がいしとしての適用が拡大している ・海外におけるブリトルフラクチャ(コアの脆性破壊)などの不具合の発生や劣化検出，保守技術が確立されていないことから，国内での採用実績は少ない	

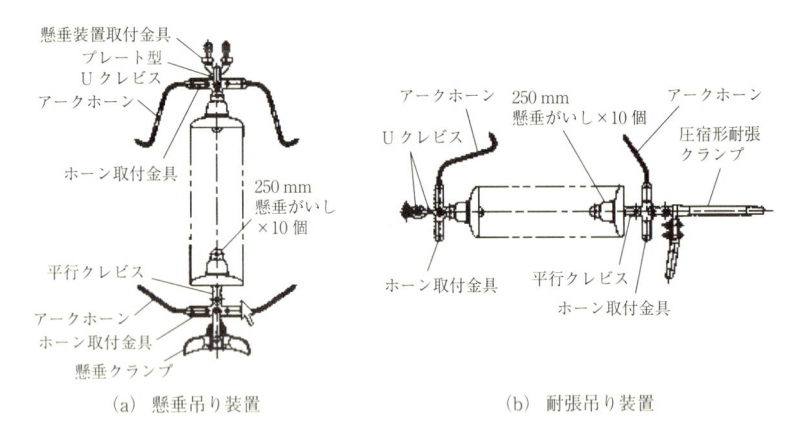

図10.3.1 がいし装置[3]

り型により，懸垂吊り用，耐張吊り用があり，多導体用など荷重が大きい箇所へ適用される場合には，がいし連を並列にすることで必要な強度を確保する．図10.3.1に154 kV用1連懸垂装置，1連耐張装置の例を示す．

10.3.2 がいしの電気的特性
a. がいしの電気的特性

がいし表面に沿った距離は表面漏れ距離と呼ばれ，がいしの耐汚損特性に密接に関係する．がいし装置の絶縁設計では耐汚損設計が，がいし個数の決定要因になることが多く，表面漏れ距離はがいしの使用性能を決定するきわめて重要な因子である．最も一般的に使用される懸垂がいしではIECなどの規格でその距離が規定されている．

各種がいしの設計汚損耐電圧は人工汚損試験結果をもとに，過去の事故実績を加味した実用的見地から決定されており，250 mm懸垂がいしの設計耐電圧としては，次式が推奨されている．

$$V = \frac{28}{\left(\frac{\omega}{0.1}\right)^{1/5}\left\{1.5\left(K^{1/3}+2\right)+\frac{5}{8}K\right\}} \times \kappa \quad (10.3.1)$$

V：がいし1個当たりの汚損耐電圧（kV），ω：等価塩分付着密度（mg/cm^2），K：との粉の付着密度（mg/cm^2），設計では0.1（mg/cm^2）を用いる，κ：耐電圧補正係数（一般に220 kV以下1.25，275 kV以上1.15）．

表10.3.2に250 mm懸垂がいしの汚損区分別設計耐電圧を示す．

b. がいし装置の電気的特性

1) 雷インパルス特性 送電線の絶縁設計では，雷撃によるフラッシオーバはある程度許容している．通常，架空送電線の雷撃によるフラッシオーバは，がいし装置で発生するように絶縁協調が図られており，過去にはフラッシオーバに伴う続流アー

表 10.3.2　250 mm 懸垂がいしの設計耐電圧（kV/個）

汚損区分		A	B	C	D
塩分付着密度（mg/cm²）		0.063	0.125	0.25	0.50
がいし1個当たりの設計耐電圧（kV）	275 kV 以上	9.4	8.2	7.2	6.3
	220 kV 以下	10.3	8.9	7.8	6.8

クによってがいしが損傷する事例がしばしばあった．このようながいしの損傷防止を目的に取り付けられた装置がアークホーンであり，雷サージによるフラッシオーバをホーン間で発生させ，続流アークをがいしから遠ざけることで，アーク熱によるがいし破壊を防止する．また，がいしの著しい汚損などにより，万一がいし表面でフラッシオーバが発生した場合には，続流アークをがいしからホーンへと引き離し（招弧），がいしを保護する役目も果たす．

雷インパルス電圧に対するアークホーンのフラッシオーバ特性は棒-棒ギャップに対する実験式から求められており，標準波（±1.2/50 μs）に対するアークホーン間隔 d（m）の 50% フラッシオーバ電圧 V_{50} は従来から次式が採用されている．

$$V_{50} = 550d + 80 \quad （正極性） \tag{10.3.2}$$
$$V_{50} = 580d + 190 \quad （負極性） \tag{10.3.3}$$

アークホーンに逆フラッシオーバ（鉄塔あるいは架空地線への雷撃により，鉄塔と電力線との間に大きな電圧が生じ絶縁破壊すること）が発生するか否かは，気象条件と波形の影響を考慮して判定され，逆フラッシオーバを発生させる雷撃電流 I_L は近似的に次式で表される．

$$I_L = \frac{(\kappa/\alpha)V_{50} - e}{(K - C)Z_T} \tag{10.3.4}$$

ここで，α：気象補正係数（通常 1.1），κ：波形補正係数（1.2/50 μs 波を 2/5 μs 波に換算する場合 1.25），K：アームの電位上昇比率，C：導体と架空地線の結合率，e：商用周波対地電圧の瞬時値，Z_T：鉄塔頂部の電位上昇インピーダンス

2）ホーン効率　アークホーンおよびがいし連は，印加される雷電圧が高い（雷撃電流が大きい）ほどフラッシオーバまでの時間が短くなる．図 10.3.2 に示すよう

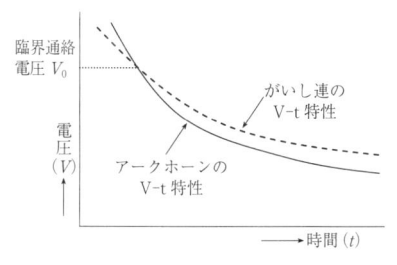

図 10.3.2　臨界通絡電圧

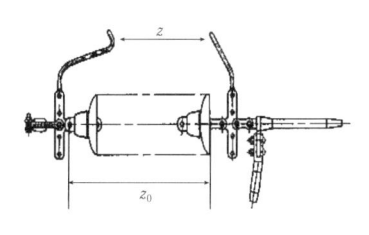

図 10.3.3　ホーン効率

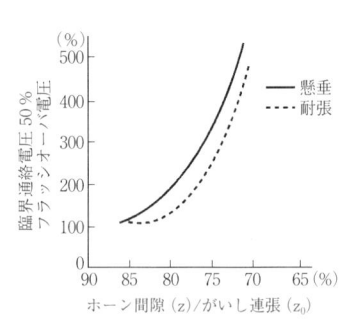

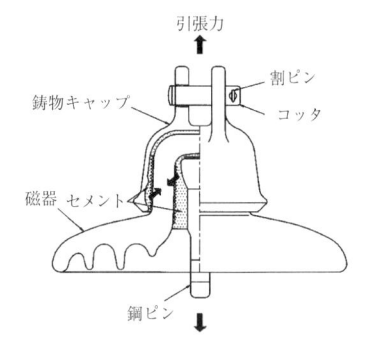

図 10.3.4 ホーン効率と臨界通絡電圧[10]

図 10.3.5 懸垂がいしの断面構造

に，この電圧（V）−時間（t）特性（V−t特性）はがいし連とアークホーンで異なるため，ある電圧 V_0 を超えるとアークホーン間でのフラッシオーバからがいし連の表面に沿うフラッシオーバに変わる．この電圧 V_0 は臨界通絡電圧と呼ばれている．

図 10.3.3 に示すアークホーンギャップ長 z とがいし連長 z_0 の比率（z/z_0）をホーン効率と呼び，図 10.3.4 に示すようにホーン効率を小さくすると臨界通絡電圧が高くなる．架空送電線路では，がいし表面でのフラッシオーバを避けるため，臨界通絡電圧がアークホーンの 50% フラッシオーバ電圧の 2〜3 倍になるようにホーン効率を選定している．

10.3.3　機械的特性

a.　がいしの機械的特性

図 10.3.5 に懸垂がいしの断面を示す．懸垂がいしは鋳物キャップ，磁器，鋼ピン，セメントからなり，外部からの引張荷重が加わるとピンの頭部とキャップの内面形状によって，磁器，セメントには圧縮荷重が加わるよう工夫されている．なお，懸垂がいしの引張破壊試験時の破壊状況は，ほとんどの場合がピン部での破断となる．

b.　がいし装置の機械的特性

送電電圧が高くなるとコロナによる雑音障害を防止するため，電線に多導体方式が採用される．また，一般的に径間長も長くなるため，電線を支えるがいしへの荷重が増大する．このような送電線では高強度がいしを使用するとともに，がいしを並列に配置し荷重を分担して電線を支持している．わが国ではがいしを 4 列並列にした 4 連がいし装置も適用されている．

10.3.4　がいし個数の設計

a.　絶縁設計の基本的な考え方

がいし個数は絶縁設計により決定される．架空送電線路の絶縁設計は以下のような基本思想で設計されている．

- 常規対地電圧に対しては，いかなる場合もフラッシオーバを起こさない．
- がいし汚損に対しては，常規対地電圧または一線地絡時の健全相対地電圧上昇に対して，フラッシオーバを起こさない．
- 短時間過電圧および開閉サージなどの内部過電圧に対しては，台風による電線およびがいし連の揺動やスリートジャンプ（電線に付着した氷雪の一斉脱落による電線の跳ね上がり）などきわめてまれな現象と重畳した場合を除き，フラッシオーバを起こさない．
- 雷サージに対しては，ある程度のフラッシオーバの発生は許容する．

がいし個数は上記の条件をすべて満足する個数で決定するが，架空送電線では耐汚損設計で定まるがいし個数が最大となり，これによって個数が決定される場合が多い．

b. 耐汚損設計[3]

架空送電線の汚損に対する絶縁は汚損区分，汚損耐電圧目標値，がいしの汚損耐電圧特性から決定される．すなわち，対象地区におけるがいしの等価塩分付着量を想定し，その付着量におけるがいしの汚損耐電圧が，送電線の設計対象電圧より高くなるよう，がいし個数を選定する．

1) 等価塩分付着量の想定 わが国におけるがいし汚損の大部分は，台風などの強風がもたらす海塩汚損であるため，表10.3.3に示すように，海岸からの距離によっておおまかに汚損地区を分類することができる．しかし，塩分付着量は海岸からの距離によって一律に決められるものではなく，地形，気象などの環境要因の影響を大きく受ける．このため，過去の台風による被害実績や現地での塩分付着量の実測が繰り返され，多くの電力会社では管轄地域を各汚損区分に分割した汚損区分マップを作成している．

2) 設計対象電圧 汚損設計に用いる設計対象電圧としては常規対地電圧をとる場合と，一線地絡時の健全相対地電圧をとる場合とがあり，前者は汚損を一次原因とする事故防止を対象とし，後者は波及事故防止も含めて対象としている．

3) 設計汚損耐電圧 がいし1個当たりの設計汚損耐電圧については10.3.3a.を参照．

表10.3.3　想定塩分付着密度と海岸からの距離の関係[11]

汚損区分		A	B	C	D	E
想定最大等価塩分付着密度 (mg/cm^2)	懸垂がいし	0.063	0.125	0.25	0.5	海水のしぶきが直接かかる場合を対象とし，3% 塩水 0.3 mm/min（水平分）の注水を想定
	長幹がいし	0.03	0.06	0.12	0.35	
海岸からの概略の距離	台風に対し	50 km 以上（一般地域）	10〜50 km	3〜10 km	0〜0.3 km	0〜0.3 km または 0〜0.5 km
	季節風に対し	10 km 以上（一般地域）	3〜10 km	1〜3 km	0〜1 km	0〜0.3 km

表 10.3.4 懸垂がいしの電圧別連結個数例[3]

電圧階級 (kV)	がいし種類	想定最大等価塩分付着密度 (mg/cm²)				海岸近傍	
		0.063	0.125	0.25	0.5	耐張	懸垂
33	250 mm 懸垂	3	3	3	3	4	4
66	〃	4	5	6	6	7	8
77	〃	5	6	6	7	8	10
110	〃	7	8	9	10	11	14
154	〃	10	11	12	14	16	19
187	〃	11	13	15	17	19	23
220	〃	13	16	17	20	22	27
275	〃	16	19	22	25	28	34
500	280 mm 懸垂	28	32	37	43	−	−
500	320 mm 懸垂	25	29	33	38	−	−

4) がいし個数の決定 送電線の設計対象電圧をその汚損地区のがいし1個当たりの設計汚損耐電圧で割れば所要がいし個数を決定できる．表 10.3.4 に電圧別の懸垂がいし連結個数の例を示す．

c. 耐内部過電圧設計

内部過電圧には，短時間過電圧と開閉サージがあり，これらは 5.3 節に説明されている．

短時間過電圧では，負荷遮断時の過電圧が一線地絡時の過電圧よりも大きくなるが，仮にフラッシオーバが発生しても既に負荷が遮断された送電線であるので系統に与える影響はないと考えられる．このため，設計に考慮する過電圧としては一般に一線地絡時の健全相対地電圧上昇を適用する．また，がいしの耐電圧は商用周波に対する注水フラッシオーバ電圧の 90% 値を用いている．

開閉過電圧の大きさは次式で表現される．

$$(\sqrt{2}/\sqrt{3}) \times U_m \times n \tag{10.3.5}$$

U_m は線路の最高許容電圧，n は開閉サージ倍数である．開閉サージの大きさは系統構成，線路の長短，遮断器の種類および中性点の接地方式などによって異なる．したがって，厳密には個々の対象系統ごとにその大きさを求める必要があるが，設計時には，あらかじめ電圧階級ごとに標準的な架空送電線路を模擬して行った EMTP (electro magnetic transients program) 解析などの結果から定めた n を使用する場合が多い．また，がいしの耐電圧は開閉インパルスに対する注水フラッシオーバ電圧から，275 kV 以下では標準偏差の 2 倍 (10%) を，500 kV 以上では標準偏差の 3 倍 (15%) を差し引いた値が一般に採用されている．

d. 耐雷設計

耐雷設計では対象線路の目標事故率を定め，目標値に沿った耐雷方策（アークホーン間隔，架空地線条数，架空地線遮へい角，目標接地抵抗値など）の選定を行う．がいし個数は，この耐雷設計の結果決定されたアークホーン間隔に対し，先述のホーン

間隔効率を満足するような個数とする．

e. がいし個数の設計例

表 10.3.5 に 500 kV 送電線でのがいし個数決定例を示す．

表 10.3.5 500 kV 送電線のがいし個数決定例

	公称電圧 (kV)			500			
	標　高			1000 m 以下			
	電線および相配列			垂直 2 回線・逆相配列			
	最高許容電圧 (kV)			525 〔$U_m = 500 \times 1.05$〕			
耐汚損設計	汚損区分		A	B	C	D	E
	想定塩分付着密度 (mg/cm^2)		0.063	0.125	0.25	0.5	1.0
	目標耐電圧 (kV)		303	〔$U_m/\sqrt{3}$〕			
	所要がいし個数 (個)	280 mm	28	32	37	43	49
		320 mm	25	29	33	38	44
		340 mm	23	27	31	35	40
開閉サージ設計	対地電圧波高値 (kV)		429 〔$\sqrt{2}/\sqrt{3} \times U_m$〕				
	開閉サージ倍率	対地間	1.8				
		相　間	3.12				
	設計耐電圧値 (kV)	対地間	849 〔429 kV × 1.8 × 1.1〕				
		相　間	1472 〔429 kV × 3.12 × 1.1〕				
	所要がいし個数 (個)	280 mm	15				
		320 mm	13				
耐雷設計	架空地線条数		3				
	接地抵抗目標値 (Ω)		13				
	ホーン間隔 (mm)		3,950				
	所要がいし個数 (個)	280 mm	28 (ホーン間隔効率 83 %：懸垂)				
		320 mm	25 (ホーン間隔効率 81 %：耐張)				
		340 mm	24 (ホーン間隔効率 81 %：耐張)				
総合	所要がいし個数 (個)	280 mm	28	32	37	43	49
		320 mm	25	29	33	38	44
		340 mm	24	27	31	35	40

10.4　電線・架空地線

10.4.1　電線・架空地線の種類と構造

a. 架空送電線用電線に求められる特性

架空送電線路は電気の輸送路としての電気的性能および，線路に発生する荷重に耐える機械的性能の両者を兼ね備えていなければならない．電線に対しては適用条件下で以下の要求を満たしていることが必要である．

① 導電率が高いこと
② 機械的強度が高いこと

表 10.4.1 単一より線

名称	断面図	主な用途	特徴
硬銅より線 (PH: power hard drawn copper conductor)	硬銅	電力線	導電率（96%以上）[*1] 最小引張強さ（427～433 MPa）
亜鉛めっき鋼より線 (GSW: galvanized stranded steel wire)	亜鉛めっき鋼線	架空地線	最小引張強さ[*2] （1,230～1,320 MPa）
アルミ覆鋼より線 (AC: aluminum clad wire)	鋼線／アルミ	架空地線	鋼線の周囲にアルミを押し出しながら圧着し製作．GSWの性能に加えアルミ覆による高い耐食性をもつ．

[*1] 導電率は JIS に定められた標準軟銅比で示す．
[*2] 最小引張強さとは，単位面積当たりの電線破断張力最小値の保証値を指す．

　③ 耐候性が高いこと
　また，効率的な電力輸送，設備形成の観点から，以下の要件を満足する電線を選定することも重要である．
　① 重量が軽いこと
　② 価格が安いこと
　③ 取扱いが容易であること
　上記要件より，送電線の電圧や送電容量，経過地の自然条件などの特性に応じて，各種の電線のうち，最も適しているものを使用する必要がある．
　以下に，電線種類とその特徴について概説する．

b. 単一より線

　単一より線とは，一種類の素線を数～数十本よりあわせた構造をもつ電線のことである．その典型的な構造は，一本の素線を中心とし，その周りに他の素線をいくつかよりあわせたものであり，代表的なものを表10.4.1に示す．

c. 複合より線[13]

　複合より線は，二種類以上の素線をよりあわせたものであり，架空送電用としては以下の表10.4.2のような電線が主に使われている．
　表10.4.2の複合より線の特徴を，鋼心アルミより線（ACSR）を例にとり説明する．ACSRは，表皮効果により電流を外層アルミに集中させるため，鋼線の周りに硬アルミ線をよりあわせた構造をもち，アルミの良好な電気伝導性を利用し，最小引張荷重は内層鋼線により補強する構造をもつ電線である．
　ACSRは，硬銅より線に比べ導電率は低いものの，機械的強さが大きく重量が小さいため，送電容量を一定とした場合経済的であることから，現在の電線に標準的に使用されている．
　また，硬アルミ線の代わりに耐熱アルミ合金線を使用した複合より線を，鋼心耐熱

10.4 電線・架空地線

表10.4.2 複合より線

名　称	断面図	主な用途	特　徴
鋼心アルミより線（ACSR：aluminum conductor steel reinforced）	硬アルミ線／亜鉛めっき鋼線	電力線	・高い導電率（61%）と大きい最小引張荷重[*]を併せもつ電線． ・連続許容温度は90℃である．
鋼心耐熱アルミ合金より線（TACSR：thermo-resistant aluminum alloy conductor steel reinforced）	耐熱アルミ合金線／亜鉛めっき鋼線	電力線	・高い導電率（60%）と大きい最小引張荷重を併せもつうえに，良好な耐熱性（連続許容温度150℃）を有する電線．

[*] 最小引張荷重とは，電線破断張力最小値の保証値を指す．

表10.4.3 特殊電線

名　称	断面図	主な用途	特　徴
光ファイバ複合架空地線（OPGW：composite fiber-optic ground wire）		架空地線	・アルミ覆鋼線の内側に光ファイバを内蔵した電線であり，通信ケーブルと架空地線の機能を併せもっている．
防食電線	防食グリース充填	電力線架空地線	・内部にグリース充填を行い，防食性を高めた電線． ・沿岸部や重工業地帯のような，特に腐食しやすい環境で使用される．
低風音電線	45°	電力線架空地線	・最外層に突起を設けることにより，電線より発生する風音を抑制する機能をもつ電線．
低弛度増容量電線	ギャップ電線／耐熱防食剤／TAl（圧縮形）（UTAL）／TAl（円形）（UTAL）／特殊亜鉛めっき鋼線／間隙／UTAL：超耐熱アルミ合金線／インバ芯電線／XTAl／アルミ覆インバ線／XTAL：特別耐熱アルミ合金線	電力線	・既設設備の増容量化を目的として，電線温度上昇に対する伸びを小さくし，弛度（電線のたるみ）を抑制した電線． ・ギャップ電線：電線内部に空隙を作ることにより，線膨張係数の小さい鋼心部で電線を引き留め，弛度を抑制した電線． ・インバ芯電線：線膨張係数がきわめて小さいインバ合金を心線として用いることにより，伸びを抑制した電線．

アルミ合金より線（TACSR）と呼ぶ．TACSRは，昭和30年代の高度経済成長期における電力需要の急増に伴い，送電線の容量不足が問題となりはじめた時期に，鉄塔などの支持物の大型化・高強度化を行わず，送電容量を増加させる電線として開発された．具体的には，通常のACSRの連続許容温度は90℃であるが，TACSRは，ア

ルミにジルコニウムを添加した合金を使用することにより，連続許容温度を150℃に上昇させたものである（連続許容温度については，10.4.2項で解説する.）．当初の耐熱アルミ合金線は硬アルミ線の導電率約61%に比し，58%と導電率が低かったが，昭和40年代に入り技術進展の結果，60%導電率の耐熱アルミ合金線が開発され，現在に至るまで広く使われている．

また，ACSRおよびTACSRの鋼心部をAC線として耐候性を向上させた，アルミ覆鋼心アルミより線（ACSR/AC）およびアルミ覆鋼心耐熱アルミ合金より線（TACSR/AC）が開発され，広く適用されている．

d. 特殊電線

本節では，特殊な材質もしくは構造をとることにより，機能強化を行った電線について述べる．代表的な特殊電線は表10.4.3のとおりである．

e. 電線付属品

電線を支持物に固定し，振動や雷撃などの機械的・電気的損傷から保護するために各種の電線付属品が用いられる（図10.4.1）．

鉄塔に固定されたがいし連装置に，電線を固定する金具を電線クランプと呼ぶ．懸垂型鉄塔において，電線を支持物から吊り下げるためのクランプは懸垂クランプと呼ばれ，その構成例は図10.4.2のとおりであり，通常ボルト締めにて固定する．

また，耐張型鉄塔に対し電線を固定する金具は引留クランプと呼ばれ，固定方式に

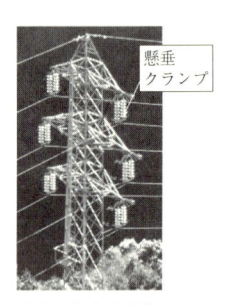

(a) 耐張型鉄塔　　(b) 懸垂型鉄塔

図10.4.1 電線付属品設置例

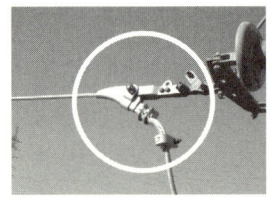

(a) 懸垂クランプ　　(b) くさびクランプ　　(c) 圧縮クランプ

図10.4.2 電線クランプ

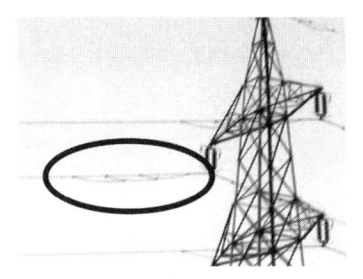

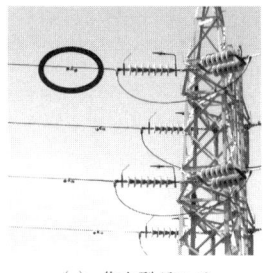

(a) 集中型ダンパ　　　　　　(b) 分布型ダンパ

図 10.4.3 ダンパ

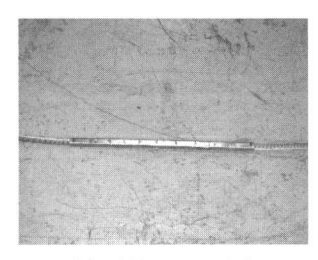

(a) 直線スリーブ全体　　　　　(b) スリーブ鋼心層

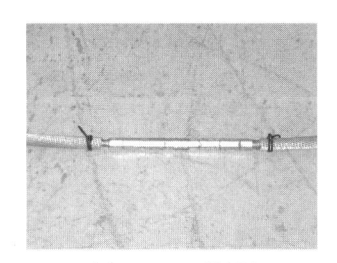

図 10.4.4 圧縮スリーブ

より電線-金物間にくさびを押し込み電線を固定するくさびクランプ，電線を管の中に挿入し，管ごと圧縮することにより電線を固定する圧縮クランプなどに分類される．

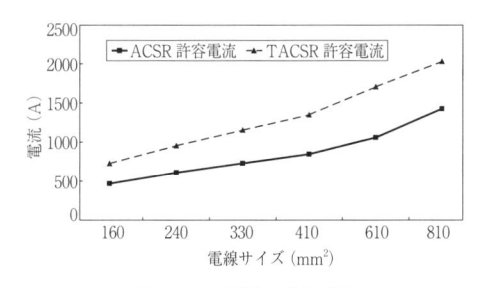

1) アーマロッド　クランプ把持部付近での電線の疲労被害防止および，故障発生時の溶断防止のため電線に巻き付ける素線様の部品である．図 10.4.2 (a) の懸垂クランプ把持部は，アーマロッドを巻き付けた電線である．

2) ダンパ　電線の風による微風振動を吸収し，電線の疲労被害を防ぐ部品であり，重錘を利用した集中型ダンパおよび，電線に添え線を設置する分布型ダンパの2種に大別できる（図 10.4.3）．

3) スリーブ　電線同士を接続する際には，通常管の中に電線を挿入し，管ごと圧縮することにより固定する接続管（スリーブ）が用いられる．特に ACSR 系電線を径間内で接合する場合には，鋼心およびアルミをそれぞれ独立に圧縮する直線ス

図 10.4.5 電線の許容電流

リーブが用いられる（図10.4.4）.

10.4.2 電線・架空地線の電気的性能[14]

電線に流しうる電流は，電線の連続許容温度により制限されている．ここに連続許容温度とは，その温度が設備存続期間連続すると考えて，機械的強度の低下率が10%となるように決定されたものである．また，連続許容温度時の電流のことを許容電流と呼ぶ．

図10.4.5にACSR（連続許容温度90℃），TACSR（連続許容温度150℃）の許容電流を示す．

10.4.3 電線の機械的性質および弛度計算
a. 電線の機械的性質

架空送電線を設計する際，電線の機械的性質のなかで特に重要なのはその最小引張荷重である．わが国においては，電線の安全率（電線にかかる張力とその最小引張荷重の比）は「電気設備に関する技術基準を定める省令」（以下「電技」という）により規定されており，その値は，表10.4.4に示す想定荷重が加わった場合に，銅線系電線で「2.2」，そのほかの電線で「2.5」を確保しなくてはならない．

b. 電線の弛度計算式[15]

電線を鉄塔間に張ると，電線は張力に応じた弛度（たるみ）をもち，電線長さは鉄塔間距離（径間長）よりもわずかに長くなる．この電線長さを，特に電線実長と呼ぶ．

電線を弾性体と考えた場合，近似的に電線は放物線を描くと考えられ，その概念図

表10.4.4 電線の最小引張荷重および想定荷重

(a) 主な電線の最小引張荷重

線　種	PH		ACSR				
サイズ（mm²）	55	100	160	240	410	610	810
最小引張荷重（kN）	21.6	38.0	68.4	99.5	136.1	180.0	180.9

(b)「電技」における想定荷重とその組合

風圧荷重の種類	電線の被氷厚(mm)	電線の垂直投影面積1m²当たりの風圧値(Pa)
甲　種	0	980
乙　種	6	490（被氷を含む電線の投影面積をとる）
丙　種	0	490

地方の別		風圧荷重	
		高温季	低温季
氷雪の多い地方	冬季に最大風圧を生じる地方	甲　種	甲種もしくは乙種のいずれか大きいもの
	上記以外の地方	甲　種	乙　種
氷雪の多い地方以外の地方		甲　種	丙　種

は図 10.4.6 のとおりであり，弛度および電線実長は式 (10.4.1)，式 (10.4.2) にそれぞれ従う．

$$D = \frac{gW_c'S^2}{8T} \quad [\text{m}] \qquad (10.4.1)$$

$$L = S + \frac{gW_c'^2 S^3}{24T^2} \quad [\text{m}] \qquad (10.4.2)$$

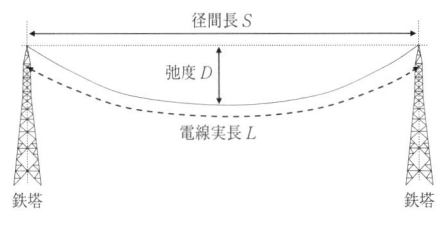

図 10.4.6　電線の弛度および実長

W_c'：電線単位長さ当たりの質量 (kg/m)
　T：電線水平張力 (N)，S：径間長 (m)，g：重力加速度 ($=9.80665\,\text{m/s}^2$)
　一例として，TACSR 410 mm² 電線（単位長さ当たりの質量 1.673 kg/m）を，水平張力 27,500 N にて，300 m の径間に施設した場合，弛度は 6.71 m，電線実長は 300.04 m となる．
　また，一定水平張力で張った電線の弛度の径間長による変化は，電線種類により異なるが，上記 TACSR 410 mm² に対し図示すると図 10.4.7 (a) に示すとおりとなる．
　また，径間長を一定とした場合，弛度は温度によって変化し，電線温度と弛度の関係は図 10.4.7 (b) のようになる．

c.　電線に加わる荷重[15]

電線にかかる荷重には，電線自重のほかに電線の風圧および着氷雪荷重があり，これらの合成荷重を考えなければならない．このときの風圧荷重 W_w，着氷雪荷重 W_{ice}，合成荷重を W_s，合成荷重と電線自重の比を負荷係数 q とおくと，その荷重は以下のように図示できる．
　負荷係数 q を用いれば，任意の荷重条件時の電線が，あたかも自重が q 倍になったかのように取り扱うことができ，弛度計算上便利である．具体的には，式 (10.4.1) (10.4.2) において，W_c' を qW_c' と置換することにより，式 (10.4.3) (10.4.4) が得られる．

（風圧荷重）　　　　　　　　$W_w = P_W(d+2t) \times 10^{-3} \quad [\text{N/m}]$

（着氷雪荷重）　　　　　　　$W_{ice} = \rho\pi t(d+t)g \times 10^{-6} \quad [\text{N/m}]$

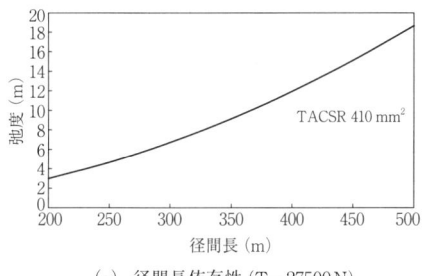

(a)　径間長依存性 (T = 27500 N)　　　　　(b)　温度依存性 (S = 300 m)

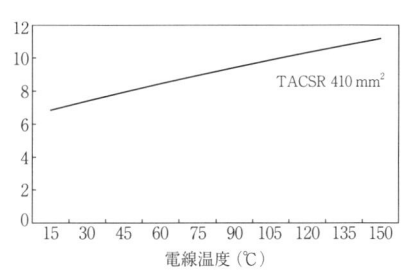

図 10.4.7　電線弛度の径間長および温度依存性

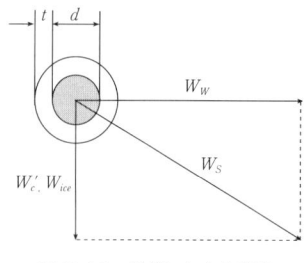

図 10.4.8 電線に加わる荷重

（合成荷重）　$W_s = \sqrt{(W_c' + W_{ice})^2 + W_w^2}$　[N/m]

[負荷係数]　$q = \dfrac{W_s}{W_c'}$

$$D = \dfrac{gqW_c'S^2}{8T} \quad [\text{m}] \qquad (10.4.3)$$

$$L = S + \dfrac{gq^2 W_c'^2 S^3}{24T^2} \quad [\text{m}] \qquad (10.4.4)$$

P_W：電線風圧（Pa），t：被氷雪厚さ（mm），d：電線外径（mm），ρ：被氷雪密度，g：重力加速度（＝ 9.80665 m/s²）

〔重野拓郎〕

(II) 地中送電線

10.5　地中送電線の概要

送電線路は，一般的に架空送電線で施設されるが，用地確保の問題や離隔確保などの保安上の制約および地域環境との調和などの理由から，架空線では施設できない場合に地中送電線が採用される．

10.5.1　地中送電線の変遷

当初は，絶縁紙を積層し油を含浸したベルトケーブルや SL（separately leaded）ケーブルが用いられていたが，1930年ごろにケーブル中の油を給油装置で加圧することで高電圧・大容量化を可能とした OF（oil filled）ケーブルが実用化され，需要の増大に対応して電源線や幹線系統を中心に採用が増加していった（図 10.5.1）．

1960 年代には，絶縁材料に架橋ポリエチレンを用いた CV（cross-linked polyethylene polyvinyl-chloride-sheathed, XLPE）ケーブルが実用化された．CV ケーブルは，OF ケーブルに比べ高温使用が可能，送電損失が少ない，給油装置が不要で保守性が

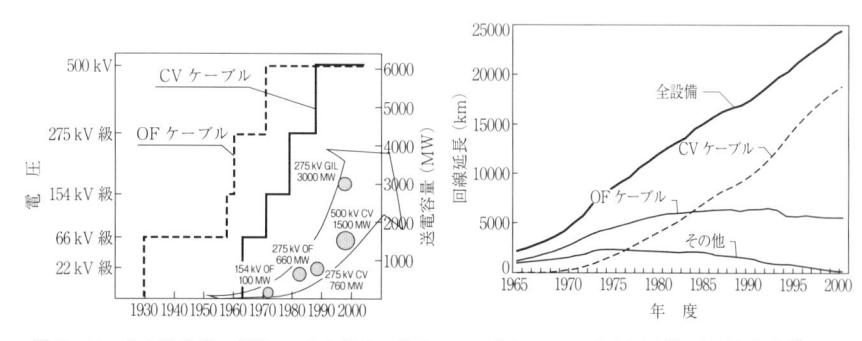

図 10.5.1　地中送電線の高電圧・大容量化の推移

図 10.5.2　地中送電線の設備量推移[16]

よいなどの特長から広く採用が進み，現在では一部の特殊用途（直流送電など）を除いて地中送電線の主流となっている．地中送電線の全設備量は1965年度末に比べて10倍以上に増加しているが，中でも1980年代以降の新設分はほぼCVケーブル線路であり，現在では全設備量の約80％を占めるに至っている（図10.5.2）．

10.5.2 地中送電線の設備構成

地中送電線は，ケーブルと，管路・マンホール・洞道などの収容設備で構成される．

地中送電線は，図10.5.3a.のように公共インフラとして道路直下への埋設が認められており，収容方式としては，道路を掘削することなくケーブルの増設や引き替えが可能な管路式が一般的である．管路式では，ケーブルの接続箱を設置するため，約200～400mごとにマンホールが設けられる．また，大サイズ・多条数布設を行う場合には，暗きょ式が採用される．暗きょ式には，電力会社が単独で構築する洞道と道路構造の保全を目的に国が企業の負担金を募り，各種インフラを一括して構築する共同溝がある．また，暗きょ式の建設方式には，交通規制を行い道路を地上から掘削して構築する開削方式と，交通量が多く交通規制が困難な場合や埋設物の輻輳によって開削できない場合に用いるトンネル技術を応用した非開削方式がある[3]．

地中送電線に使用されるケーブルは，導体である銅のより線に油浸紙やポリエチレンなどの絶縁体を被覆し，その周囲に電界遮へいと故障電流の帰路となる銅テープなどの遮へい層を施し，最外層には防食層を被覆した構造となっている．現在用いられているケーブル種類には，次のようなものがある（図10.5.4）．OFケーブルは，絶縁体として絶縁油を

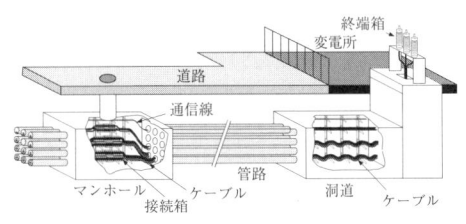

(a) 管路式

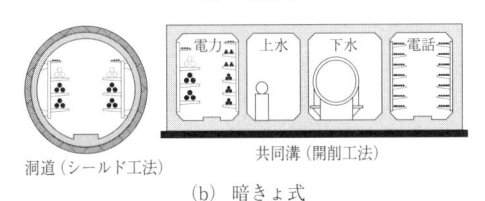

(b) 暗きょ式

図10.5.3 地中送電線の概要

(a) OF　　(b) CV (XLPE)　　(c) GIL

図10.5.4 地中送電線に用いられるケーブル

含浸した紙（油浸紙）を金属被覆に納め，給油設備により油圧をかけることで絶縁性能を高めたものである．また，CVケーブルは，絶縁体に架橋ポリエチレンを用い，故障電流の大きさや機械的強度確保などのため，遮へい層の構造が異なるタイプ（銅テープ，銅ワイヤ，金属管など）が存在する．これらは管路式を前提としているため，外径は150 mm程度以下である．そのほか，油浸紙により絶縁した導体を大サイズの鋼管に3条収容し，鋼管内の油を循環冷却させることにより大容量送電を可能としたPOF（pipe-type oil filled）ケーブルや，さらなる大容量化を目的に絶縁体にSF_6ガスを用いたGIL（gas insulated transmission line）[21]なども，暗きょ式を中心に用いられている．

10.5.3 地中送電線の絶縁設計

ケーブルで使用されている架橋ポリエチレンなどの固体絶縁物は，故障などにより絶縁破壊した場合，絶縁の自然回復が望めないことから，通常印加される「常規商用周波電圧」のほか，一時的な過電圧として系統に発生しうる「雷過電圧」，「開閉過電圧」，「地絡故障などで発生する過電圧（商用周波過電圧）」に耐えるよう絶縁設計を行う必要がある．この際，開閉過電圧，地絡故障などで発生する過電圧は雷過電圧より低いので，絶縁設計においては，長期にわたる商用周波電圧と一時的過電圧である雷過電圧が支配的となる．

また，合理的な絶縁設計を行うためには，系統構成および運用条件を考慮し，避雷器などの保護装置を用いた電圧抑制を併用することが重要なため，JEC-0102「試験電圧標準」においてケーブルが単体として耐えるべき「雷インパルス耐電圧値（LIWV：lightning impulse withstand voltage）」および「交流短時間（長時間）耐電圧値」が定められている．

10.5.4 地中送電線の送電容量設計

送電時，ケーブルに発生する損失（発熱）には，通電電流の2乗に比例する導体損（ジュール熱）や遮へい層におけるシース損（誘導電流による回路損および金属被における渦電流損），課電により絶縁体に発生する誘電体損がある．これらの発生した熱は，絶縁体や防食層，周囲の土壌などの熱抵抗を通して拡散する．これを電流と電圧の関係になぞらえて考えると，下式のように電流→熱，電圧→温度となり，熱伝導に伴う温度上昇の割合（熱の伝わりにくさ）は熱抵抗と

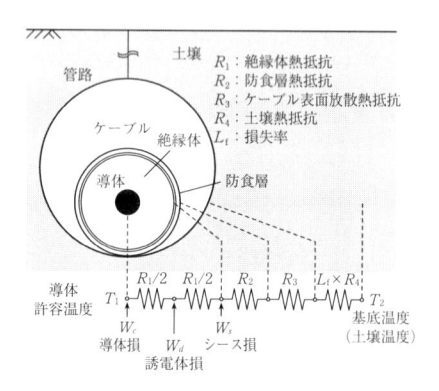

図 10.5.5 ケーブルの熱等価回路（管路式の例）[17]

R_1：絶縁体熱抵抗
R_2：防食層熱抵抗
R_3：ケーブル表面放散熱抵抗
R_4：土壌熱抵抗
L_f：損失率

なる.

$$V = IR \rightarrow T = WR \quad (10.5.1)$$

V：電圧　→　T：温度　　I：電流　→　W：熱　　R'：抵抗　→　R：熱抵抗

このように各部で発生する温度上昇の結果として，ケーブルの許容電流は，ケーブルの最高許容温度を超えない電流として定められている．管路式の場合は，一般的に図10.5.5のような熱等価回路で表され，関係式は以下のとおりとなる．

$$T_1 = W_c(R_1 + R_2 + R_3 + LfR_4) + W_d(R_1/2 + R_2 + R_3 + R_4) + W_s(R_2 + R_3 + LfR_4) + T_2 < 導体許容温度 \quad (10.5.2)$$

ただし，$W_c = I^2 r$，r：交流導体抵抗，$W_s = P_s W_c$，P_s：シース損失率（他の変数は図10.5.5参照）．

10.5.5　直流送電設備の概要

交流ケーブル系統では，電圧および距離に比例して増加するケーブルの充電電流により有効送電容量が減少するため，図10.5.6 (a) に示すように送電可能な距離に制約が生じる．一方，充電電流の発生しない直流送電は，交流系統と接続する変換設備が高価なため，近距離送電では不経済となる．したがって，直流ケーブル系統は，海底ケーブルなど長距離ケーブル系統に採用されることが多く，おおむね，こう長30 km以上で主流となっている[18]．

直流ケーブルは，1954年にスウェーデン本土とゴットランド島との間（100 kV 2万kW　こう長96 km）に世界で初めて適用された．また，わが国においては，1979年完成の北海道本州直流連系（±250 kV，60万kW，こう長43.3 km）が初めてであり，続いて2000年完成の紀伊水道直流連系（±500 kV，280万kW（設計），こう長48.9 km）が2例目である[19]．

また，直流送電に用いられるケーブルは，OFケーブルが一般的である．CVケーブルは，海外で小容量線路（80 kV，5万kW，72 km）に適用された事例[16]はあるが，

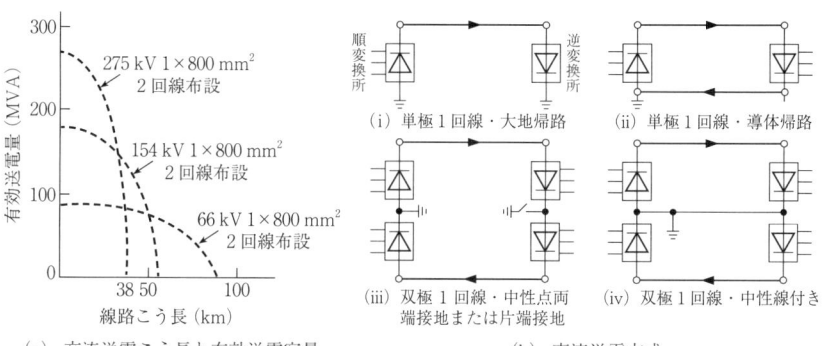

(a) 交流送電こう長と有効送電容量

(b) 直流送電方式
 (i) 単極1回線・大地帰路
 (ii) 単極1回線・導体帰路
 (iii) 双極1回線・中性点両端接地または片端接地
 (iv) 双極1回線・中性線付き

図 10.5.6　直流送電の概要[20]

直流課電により絶縁体中に蓄積された空間電荷が，極性反転時に絶縁特性を低下させるという問題があり，現在も研究が進められている．

10.5.6 海底ケーブルの概要

海底ケーブルは，離島への電力供給や大陸間の系統連系などに適用されている．海底ケーブルは，布設船の船尾から懸垂されながら布設され，修理時には水底から船上に引き上げられるので，ケーブルに大きな張力や圧力など機械的外力が加わる．さらに，潮流により水底の岩石や砂れきとの摩耗，底引漁具および船舶の投錨による外傷などの可能性もある[21]．この対策として，一般的にケーブル最外層には，鉄線鎧装が施されている．海底ケーブルの構造例（OFケーブル）と布設概要を図10.5.7に示す．

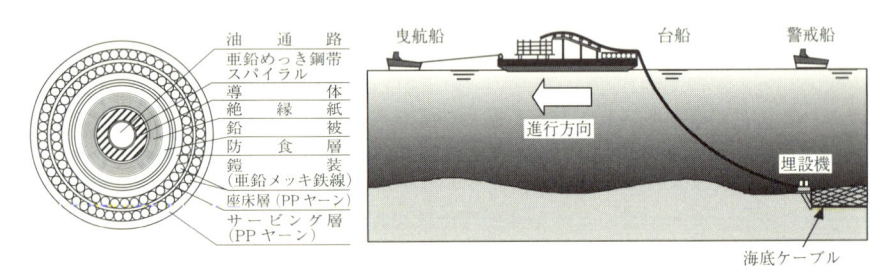

図10.5.7　海底ケーブルと布設概要

10.5.7 GILの概要

GIL（gas insulated transmission line）は，1960年に，わが国で発案された国産の技術である．その基本構造は，図10.5.8（a）に示すように，アルミパイプの導体をエポキシ樹脂製の絶縁スペーサで，アルミなどのパイプ状の金属シース内に支持し，導体と金属シース間にSF_6ガスを充填するものである[21]．

GILは，構造上，CVケーブルに比べて導体断面積を大きくでき，かつSF_6ガスの対流効果により熱放散性がよいことから架空送電線なみの送電容量が確保できる．

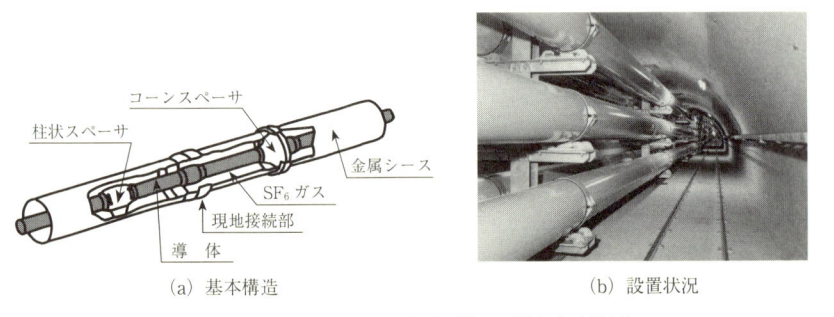

(a) 基本構造　　　　　　　　　　(b) 設置状況

図10.5.8　GILの基本構造と設置状況（新名火東海線）

GILは，単体のコストが，CVケーブルよりも高いが，回線当たりの送電容量が大きいことから，CVケーブルで多回線化が必要となる場合は，GILを採用することで回線数を減らすことができる．これに伴い，回線数が少なくなることで，発電所や変電所の引出口（遮断器，開閉器など）の数も削減できるためGILは，短距離大容量線路に適しており，主に発電所や変電所構内の連絡，架空送電線との連系に用いられている．

1998年には，発電所と変電所を結ぶ本格的な全線地中送電線路であり，世界最長となるこう長3.3kmの新名火東海線（図10.5.8(b)）に適用された[22]．

10.6 OFケーブル

10.6.1 OFケーブルの種類，構造および変遷

OF（oil filled）ケーブルとは，油浸紙に油圧を加えることで高い絶縁性能を実現したケーブルで，その基本構造は，図10.6.1に示すように，導体・内部半導電層・絶縁体・外部半導電層・遮へい層・金属シースおよび防食層からなる．

単心OFケーブルは，図10.6.1(a)に示すように，導体内部に油通路が設けられており，小サイズ導体をコンパクトにまとめた三心ケーブルは，図10.6.1(b)に示すように，絶縁体外部に油通路が設けられている．また，POF（pipe-type oil filled）ケーブルは，図10.6.1(c)に示すように，油浸紙で絶縁されたコアを大サイズ鋼管内に収納した構造で，絶縁油を循環冷却することによって比較的容易に大容量化が可能である．これらケーブルは，図10.6.1(d)に示すように，圧力を加えるとともに，

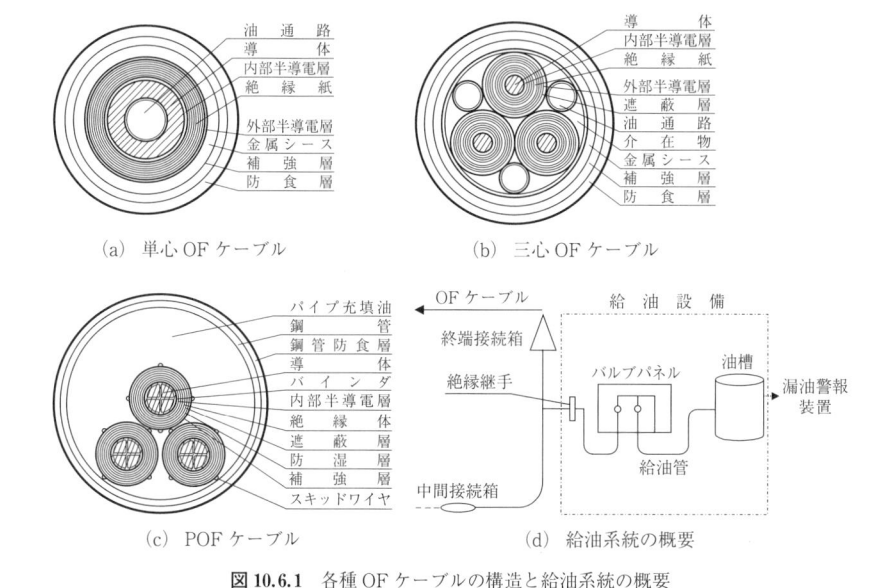

(a) 単心OFケーブル

(b) 三心OFケーブル

(c) POFケーブル

(d) 給油系統の概要

図10.6.1 各種OFケーブルの構造と給油系統の概要

絶縁油の膨張・収縮を吸収する給油設備が接続されている.

OFケーブルは,国内では1928年から使用されはじめ,その後,誘電体損失の低減を目的に,1965年ごろからイオン成分を除去した水を用いて製造した脱イオン水洗紙が,さらに1980年ごろから紙とプラスチック材料を張り合わせた半合成絶縁紙が実用化された.また,絶縁油には鉱油が用いられてきたが,1965年ごろから154 kV級以上では低誘電体損失で熱安定性がよいアルキルベンゼン系の合成油が使用されている.

金属シースは,当初,製造が容易で耐腐食性などに優れる純鉛が用いられたが,亀裂による漏油が問題となり,機械的疲労特性を改善するため,1960年ごろから鉛に錫およびアンチモンを配合した鉛合金や,アルミニウムが使用されるようになった[23].

10.6.2 OFケーブルの絶縁設計
a. 考 え 方
OFケーブルの絶縁性能は商用周波長時間破壊値のほうが雷インパルス破壊値と比較して1/3倍程度と低いが,OFケーブルに加わる電圧値は,ケーブルが雷過電圧に対して耐えるべき性能を規定する雷インパルス耐電圧値の方が常規対地電圧値の7～10倍と非常に大きいため,OFケーブルの絶縁厚さは雷インパルス耐電圧値を基準にして決定すればよい.また,油浸絶縁体は均一性が高いため,最も電界の高い部分から破壊すると考え,その部分が最低破壊電圧値を超えないよう設計する.ただし,誘電損の増加を抑制するため,商用周波電圧に対する電位傾度低減を考慮する場合もある[21].

b. ケーブル絶縁体厚さの求め方
図10.6.2のように,ケーブルの導体中心から距離xの点における電位傾度E_xは,ケーブルを半径方向の電界のみをもつ無限円筒と考え,次式により求められる.

$$E_x = \frac{V}{x \times \ln\dfrac{R}{r}} \quad [\text{kV/mm}] \tag{10.6.1}$$

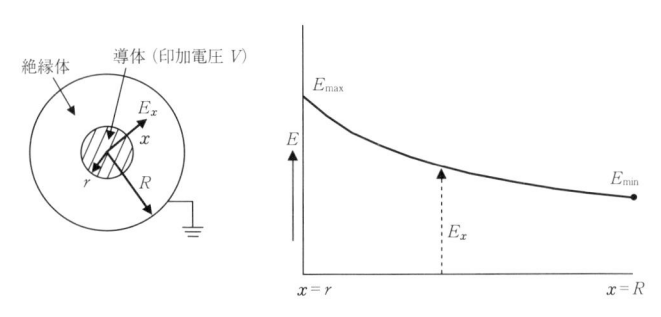

図10.6.2 ケーブルモデルと電界強度分布

V：印加電圧（kV），r：導体半径（mm），
R：絶縁体半径（mm），x：導体中心からの距離（mm）

したがって，OFケーブルの絶縁厚 t は，設計条件の耐電圧値に対し，E_{max}=OFケーブルの許容電位傾度 g として次式により求められる．

$$t = R - r = r \times e^{V/r \cdot g} - r = r(e^{V/r \cdot g} - 1)$$
$[mm]$ [21]　　　　　　　　　　(10.6.2)

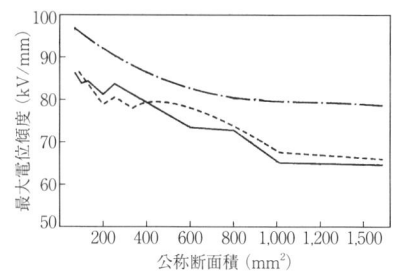

1) 雷インパルス耐電圧値　66 kV 級における雷インパルス破壊値の最低値を，導体上の最大電位傾度に換算した値を図10.6.3に示す．各導体サイズにおいて，使用状態を考慮した不確定要素と，使用温度と常温における破壊値の差を10%ずつ見込んだ値を許容電位傾度 g として，絶縁厚さが求められる．

―― 66 kV ケーブル（インパルス電圧基準値：420 kV）
……… 77 kV ケーブル（インパルス電圧基準値：480 kV）
－・－ 破壊最低値（1960～1968年国内実績）

図 10.6.3　66kV 級 OF ケーブルの雷インパルス破壊電圧における最大電位傾度[24]

66，77 kV ケーブルの値は，実際に用いられている OF ケーブルに，試験電圧を加えた場合の最大電位傾度を示す．

2) 常規商用周波電圧に対する最大電位傾度　常規商用周波電圧に対して，最大電位傾度が 20 kV/mm 以上になると，絶縁体の誘電特性が悪くなり，誘電損を増加させてしまう．500 kV 以上においては，雷インパルス耐電圧値による設計では 20 kV/mm を超過するため，絶縁厚を厚くして，16 kV/mm 程度に抑制されている[21]．

c. 構造的配慮

OFケーブルは，油浸紙と絶縁油の積層構造のため，絶縁油が弱点となっており，油層が連続しないよう1/3ずつずらして絶縁紙テープが巻かれている．

また，77 kV 以下の OF ケーブルでは，通常1種類の絶縁紙で絶縁層が形成されるが，154 kV 以上の OF ケーブルでは，3～4種類の厚さの絶縁紙を用いて，電界の高い内層には，絶縁強度が高く，また密度が高く誘電率の大きい薄紙を配し，電界の低い外層には，絶縁強度は劣るが誘電率や誘電正接が小さく機械的強度に優れる厚紙が配される．これにより，絶縁強度や誘電特性が向上すると同時に，ケーブル内部の電位傾度分布も若干緩和される[23]．

10.6.3　その他の設計

給油設計は，下記の点を考慮し，ケーブル内油圧が，常に大気圧以上かつ金属シースの許容圧力以下でなければならない．

① 温度変化による油量の増減
② ケーブルルートの高低差による静油圧
③ 負荷の投入，または遮断による過渡油圧
④ 漏油時の余裕油量

ケーブルに給油する油槽には,油槽とケーブルとの高低差により油圧を加える重力油槽と,油槽内に封入したガス圧によって油圧を加える圧力油槽などがある[23].

10.6.4 OF ケーブルの保守技術

OF ケーブルの異常や劣化現象は,ケーブルに巻かれた絶縁紙のコアずれ,絶縁体の劣化による分解ガスの発生,GIS(gas insulated switchgear)との接続箇所からのガスの混入および金属シースの疲労劣化による漏油などが挙げられる.表 10.6.1 にOF ケーブルに発生する異常や劣化とそれに対する現状の診断技術の有効性を示す.

油浸紙絶縁体は,過熱による熱劣化や内部放電による電気的劣化などによる分解ガスが絶縁油に溶解することから,その異常診断法として,一般に油中ガス分析が有効である.また,絶縁体への水分混入は,絶縁破壊強度の低下や誘電正接の増大を引き

表 10.6.1 OF ケーブルの異常や劣化とそれに対する現状の診断技術の有効性[23]

診断技術		異常			劣化		有 効 性
		水分ガスの浸入	外傷	振動伸縮	酸化劣化	熱劣化	課電劣化	繰返し疲労	
油中ガス分析		○		○	○	○	○		異常現象と生成ガスとの相関関係が調査されており,異常の有無を推定することが可能.生成ガス量により異常の程度を推定することが可能.
絶縁油特性測定	水分量	○			○				施工不良や水分浸入の有無の推定が可能.油中水分量から紙中水分量を推定することにより,異常の程度を推定することが可能.
	体積抵抗率	○							施工不良や絶縁油の汚損状況の推定が可能.
	誘電正接	○				○			施工不良や水分浸入,熱劣化の推定が可能.
コアずれ測定	放射線測定			○					接続箱の内部異常の調査が可能.コア移動発生箇所の推定手法と油中ガス分析とを組み合わせることで,効率的な運用が可能.
	活線下ケーブルコア移動測定			○					コア移動量の活線下で測定および連続測定が可能.
油量,油圧監視			○					○	傾向管理により,漏油の早期発見が可能

起こすため,油中水分量の管理も重要である.

10.7 CV ケーブル

10.7.1 CV ケーブルの種類,構造および変遷

CV(cross-linked polyethylene polyvinyl chloride-sheathed, XLPE)ケーブルとは絶縁材料に架橋ポリエチレンを使用したケーブルで,その基本構造は図 10.7.1 に示

10.7 CV ケーブル

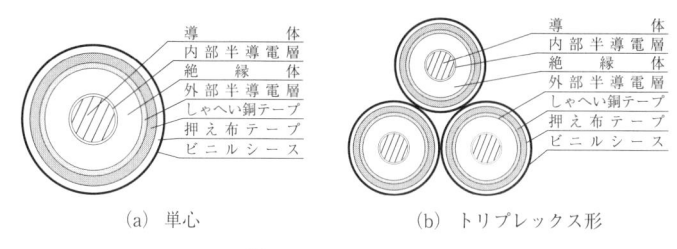

図 10.7.1 CV ケーブル

(a) 単心　(b) トリプレックス形

ラベル: 導体／内部半導電層／絶縁体／外部半導電層／しゃへい銅テープ／押え布テープ／ビニルシース

すように，導体・内部半導電層・絶縁体・外部半導電層・遮へい層・防食層からなる．絶縁性能低下の原因となる水分の侵入を防止するため，防食層の下に金属の遮水層を付加したり，より完全な防水性能と外傷防止を目的に OF（oil filled）ケーブルと同様に金属シースを施す場合もある．また，小サイズの場合は，取扱いを容易にするため，3本のケーブルをよりあわせて三相一体化したトリプレックス形が一般的である．

1950年ごろまでは油浸紙を絶縁体に用いたケーブルが主流であったが，戦後，ゴム・プラスチックなどの固体絶縁の研究が進歩して，油漏れの心配がなく取扱いが容易なことから，電力ケーブルも種々のゴム・プラスチックが使われるようになった．ゴム・プラスチック絶縁材料の採用初期は，ブチルゴム，ポリエチレン，EP（ethylene-propylene）ゴムなどが用いられており，当初は耐熱性や絶縁性能で OF ケーブルに劣っていた．

1957年ごろ，ポリエチレンの耐熱性を高める方法として，ポリエチレンに過酸化物などの架橋剤を添加して架橋する技術がアメリカから導入され，国内では，1960年代に 3～6 kV 配電用の架橋ポリエチレンケーブルとして用いられ始めた．

また，ケーブルの高電圧化には絶縁体内部の異物・ボイド，半導電層部における突起などによる電界集中の抑制が大きな課題であった．

初期の半導電層には，布テープに半導電性ゴムなどを含浸したテープを使用していたため，負荷の増減に伴う絶縁体の膨張収縮によって界面に剥離ボイドが形成され，ボイド内放電およびそれらを起点にした水トリー（後述図 10.7.4 参照）による絶縁破壊が頻繁に起きた．この対策として半導電層にカーボンを混ぜたポリエチレンを使用し，内部・外部半導電層と絶縁体の三層を同時に押出す方式が開発され（1969年ごろ），密着性と平滑性が改善された．

また，初期の絶縁体は，水蒸気による高温高圧を一定時間加えて架橋した湿式架橋ポリエチレンが使用されていたため，絶縁体中に水分を有するミクロボイドが多数存在した．水分が絶縁体に残置されると電気特性を低下させるとともに水トリー劣化の要因になる．これを改善するため，1972年ごろから水蒸気に変えて，N_2 ガスなどを利用した乾式架橋方式が採用され，現在の主流となっている．

これらの改善により，絶縁体中の異物・空隙（ボイド）・突起の低減を行い，絶縁性能を格段に向上させ，現在では 500 kV 級の超高圧ケーブルまで適用されている[21]．

10.7.2 CVケーブルの絶縁設計
a. 考え方

CVケーブルの絶縁設計は,「ケーブルの劣化を考慮し常規商用周波電圧に30年間耐えること」および「系統に侵入する雷過電圧」,「系統に発生する開閉過電圧」,「地絡故障などで発生する過電圧」に耐えることが要求される.開閉過電圧,地絡故障などで発生する過電圧は雷過電圧より小さいので,通常CVケーブルの絶縁設計は商用周波耐電圧値と雷インパルス耐電圧値によって決定される.

また,CVケーブルの絶縁性能は絶縁体中の微小欠陥に支配され,この欠陥は押出し絶縁体中にランダムに分布しているという考えから,絶縁体中の平均電界強度で絶縁設計が行われる.

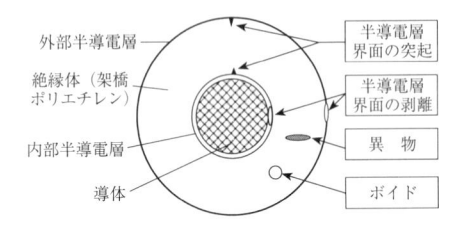

図10.7.2 CVケーブルの絶縁性能へ影響を与える欠陥の種類

b. ケーブル絶縁体厚さの求め方

ケーブルの絶縁体厚さは,以下の厚い方が採用される.

商用周波耐電圧性能から求まる絶縁厚さ(mm)

$$\geqq \frac{商用周波耐電圧値(KV)}{E_{L(AC)}(KV/mm)} \tag{10.7.1}$$

インパルス耐電圧性能から求まる絶縁厚さ(mm)

$$\geqq \frac{雷インパルス耐電圧値(KV)}{E_{L(Imp)}(KV/mm)} \tag{10.7.2}$$

ここに,$E_{L(AC)}$,$E_{L(Imp)}$は商用周波およびインパルス電圧課電時の最低破壊電界強度

1) 商用周波耐電圧値 CVケーブルの絶縁材料である架橋ポリエチレンは,商用周波電圧(V)を印加し続けると時間(t)とともに絶縁性能が低下する劣化型の絶縁材料である.その関係は材料や製造品質によって決まり,寿命指数(n)を用いて,「$V^n t = 一定$」(V-t特性)と表すことができる(図10.7.3).寿命指数(n)は,当初からKreuger[25]やOudin[26]のボイドサンプルのデータをもとに$n=9$が用いられてきたが,ケーブル製造技術の向上により,最近では実設計で$n=15$が採用される例も増えている[27].

商用周波電圧に対する設計耐電圧は,系統の最高電圧(V_0)に,CVケーブルのV-t特性から求まる設計寿命

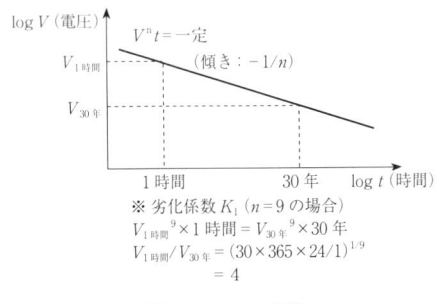

※劣化係数K_1($n=9$の場合)
$V_{1時間}{}^9 \times 1時間 = V_{30年}{}^9 \times 30年$
$V_{1時間}/V_{30年} = (30 \times 365 \times 24/1)^{1/9}$
$= 4$

図10.7.3 V-t特性

表 10.7.1 CV ケーブルの絶縁厚（計算例：$n=9$ の場合）

電圧階級 (kV)	最低破壊電界強度 E_L (kV/mm) AC	最低破壊電界強度 E_L (kV/mm) Imp	所要耐電圧値/E_L 値 (kV/mm) AC	所要耐電圧値/E_L 値 (kV/mm) Imp	必要絶縁厚 (mm)
22	30	60	65/30 = 2.1	230/60 = 3.8	4
66	30	60	146/30 = 4.9	530/60 = 8.8	9
154	30	60	450/30 = 15	1135/60 = 19	19
275	30	60	805/30 = 26.8	1590/60 = 26.5	27

注．AC：商用周波耐電圧の場合，Imp：雷インパルスの場合

30年間の必要耐電圧値（$V_{30年}$）と初期1時間の耐電圧値（$V_{1時間}$）との比で表される劣化係数（K_1）および使用温度と常温試験における耐電圧性能の差（K_2），不確定要素に対する裕度（K_3）を見込んだ商用周波耐電圧値（V_{AC}）として次式のように表される．

$$V_{AC} = V_0/\sqrt{3} \times K_1 \times K_2 \times K_3 \quad [\text{kV}] \tag{10.7.3}$$

V_0：最高電圧（kV）〔※系統の最高電圧＝公称電圧×1.15/1.1〕，K_1：商用周波電圧に対する劣化係数〔＝4.0（$n=9$ の場合），2.3（$n=15$ の場合）〕，K_2：商用周波電圧に対する温度係数〔＝1.1〕，K_3：試料試験そのほかの不確定要素に対する裕度〔＝1.1〕

2) 雷インパルス耐電圧値 雷過電圧に対する設計耐電圧は，JEC-0102に規定される雷インパルス耐電圧値（LIWV：lightning impulse withstand voltage）に，雷インパルスの繰返し印加による劣化（K_1）および使用温度と常温試験における耐電圧性能の差（K_2），不確定要素に対する裕度（K_3）を見込んだ雷インパルス耐電圧値（V_{Imp}）として次式のように表される．

$$V_{Imp} = \text{LIWV} \times K_1 \times K_2 \times K_3 \quad [\text{kV}] \tag{10.7.4}$$

K_1：雷インパルスの繰返し印加による劣化係数〔＝1.1〕，K_2：雷インパルス電圧に対する温度係数〔＝1.25〕，K_3：試料試験そのほかの不確定要素に対する裕度〔＝1.1〕

3) 最低破壊電界強度 絶縁体材料の最低破壊電界強度 E_L は，絶縁破壊電圧値を平均電界強度で整理したワイブル確率分布によって求められる最低破壊確率値[27]であり，同一製造条件で作られた絶縁物はその値以下では絶対破壊しない（破壊確率＝0）という電界強度である．商用周波電圧に対しては，30 kV/mm，雷インパルス電圧に対しては，60 kV/mm が一般的に採用されている（表10.7.1）．

各設計パラメータ値はケーブルの製造技術の革新にともなって変化し，E_L 値の向上および劣化係数 n の見直などにより，近年絶縁体厚さの低減が図られている．

10.7.3 CV ケーブルの保守技術

CV ケーブルの経年劣化による絶縁破壊は，水蒸気架橋方式で製造され，約30年経過したケーブルで，水トリー劣化によるものが大半を占めている（図10.7.3）．水トリー長さの進展度合いを診断する技術の研究が行われており[16]，ここでは現在実用

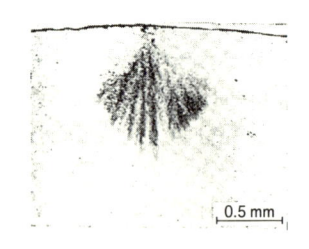

解説：水トリーとは，ポリエチレン絶縁材料が長時間水と共存する状態で電界にさらされたときに発生するもので，その形は樹枝状，ブッシュ状であり，水で充填される余地のある微細な通路，あるいは空隙の集合体である．

図 10.7.3　外部半導電層からの水トリー

化されつつある劣化診断方法の例を紹介する．

a. 直流漏れ電流法

直流漏れ電流法は，絶縁体を貫通する水トリーが存在する場合に漏れ電流が増加する現象を利用し，ケーブル絶縁体に直流高電圧（10～16 kV）を印加して，漏れ電流の大きさを測定して劣化状態を判定する方法である．ケーブルが長い場合でも，小型の電源で対応可能であるという長所をもち，古くから行われている手法で貫通水トリーが存在しても運転電圧ではすぐには絶縁破壊に至らない 6.6 kV 級以下の高圧ケーブルに対して有効である．

b. 残留電荷法

残留電荷法は，直流印加により水トリー内部に蓄積された電荷（残留電荷）が，交流印加により放出される現象を利用した劣化診断方法である．残留電荷が放出される交流電圧値と水トリー長の相関関係により，劣化度合いが診断されている．

c. 損失電流法

損失電流法は，交流課電時にケーブル絶縁体に流れる充電電流のうち，印加電圧と同相の電流成分（損失電流）を測定し，その中に含まれる高調波成分を用いてケーブル絶縁体中の水トリー劣化診断を行うものである．損失電流の波形には，水トリーの長さや数の進展に従い第三高調波成分が重畳する現象が見られ，この第三高調波成分の振幅や重畳位相を指標として劣化状態が診断されている．

10.8　ケーブル接続部

ケーブルの起・終点では，開閉設備や架空送電線との接続のために終端接続が必要となる．また，長距離の地中送電線を建設する場合，ケーブルどうしを接続する中間接続が必要となる．

接続の方法はケーブルの種類，電圧などにより様々であるが，基本的にはケーブル端末の絶縁体を処理し，露出させた導体を圧縮スリーブで接続したあと，その周囲に再度絶縁体を施す方法である．その絶縁性能をケーブル部と同レベルにするため，接続点におけるケーブル絶縁体と接続部の絶縁体界面は，電界が過大に集中しない形状とする必要がある．

また，現地での組立であるため，湿気や粉塵などの現場環境による影響を受けない

品質管理やマンホール内の狭隘部での施工を考慮した構造も求められる.

10.8.1 接続部の種類
a. 中間接続部
中間接続部に施される補強絶縁体は，OF（oil filled）ケーブルの場合油浸絶縁紙，CV（cross-linked polyethylene polyvinyl-chloride-sheathed, XLPE）ケーブルの場合66 kV 級以下では自己融着絶縁テープが広く用いられている．154 kV 級以上のケーブルでは高電界下で欠陥となる自己融着絶縁テープ層の空隙をなくすため，補強絶縁体にポリエチレン樹脂を用い，ケーブル絶縁体と融着一体化するモールド構造が用いられ，1990 年ごろからゴムストレスコーンとエポキシユニットの組合せによるプレハブ構造が用いられている．中間接続部における遮へい層の接続方法は，ケーブルどうしの金属遮へい層を接続した普通接続と，シース回路損を低減するため遮へい層間を絶縁した絶縁接続方法の 2 種類がある．図 10.8.1〜10.8.3 に中間接続部の構造例を示す.

特殊な中間接続として，分岐ケーブルを接続する Y 分岐接続や，CV ケーブルと OF ケーブルなどの異種のケーブルどうしを接続する異種接続，OF ケーブルではケーブル内の絶縁油の移動を制限して給油系統を分割する油止め接続などがある.

b. 終端接続部
終端接続は設置する場所（大気中，油中，ガス中）に応じその構造が大別される．大気中に接続する気中終端接続は，がい管にがいしを用いた構造が主であり，ガス

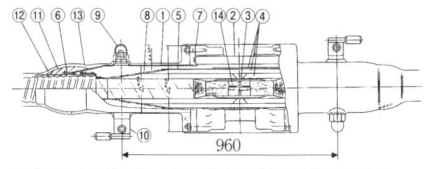

① 銅管　② 絶縁筒　③ 導体接続管　④ 絶縁油浸紙
⑤ 遮へい筒　⑥ 鉛スペーサ　⑦ パッキング（O リング）
⑧ 錫メッキ軟銅線　⑨ コネクタ　⑩ 接地端子
⑪ 鉛工　⑫ 防食層　⑬ 仮油止装置　⑭ 補強鋼管

図 10.8.1 66 kV 級 OF ケーブル単心用絶縁接続部[28]

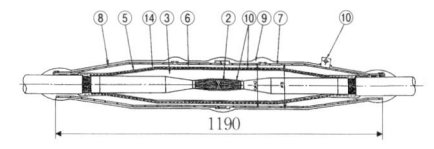

① 導体接続管　② 半導電性テープ層　③ 絶縁テープ層
④ 遮へいテープ層　⑤ 保護テープ層　⑥ 防水混和物
⑦ 保護管 A　⑧ 保護管 B　⑨ 防食層　⑩ 接地端子座

図 10.8.2 66 kV 級 CV ケーブル用普通接続部[29]

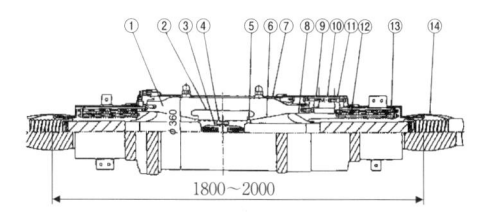

① 絶縁成形物　② 高圧シールド　③ 導体接続管
④ 導体接続管固定金具　⑤ ストッパー　⑥ プレモールド絶縁体　⑦ 本体ケース　⑧ プレモールド絶縁体押しパイプ　⑨ アダプター　⑩ 絶縁筒
⑪ 中間フランジ　⑫ プレモールド絶縁体圧縮装置　⑬ ケーブル保護金具　⑭ 防水処理部

図 10.8.3 275 kV CV ケーブル用絶縁接続部（プレハブタイプ）[30]

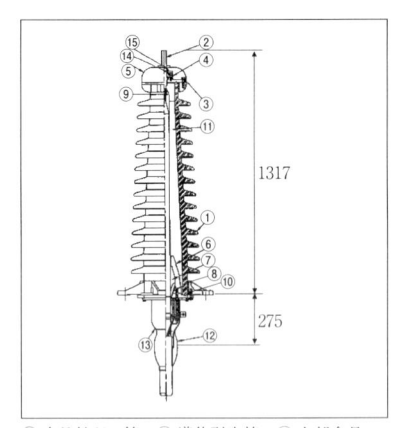

① 金具付がい管　② 導体引出棒　③ 上部金具
④ 締付金具　⑤ 上部覆　⑥ エポキシ座
⑦ プレモールド絶縁体
⑧ プレモールド絶縁体圧縮装置
⑨ ケーブル保護金具　⑩ Oリング　⑪ 絶縁混和物
⑫ 防水テープ層　⑬ シール用テープ層
⑭ 導体固定金具　⑮ ロックナット

図 10.8.4　CV ケーブル用気中終端接続[31]

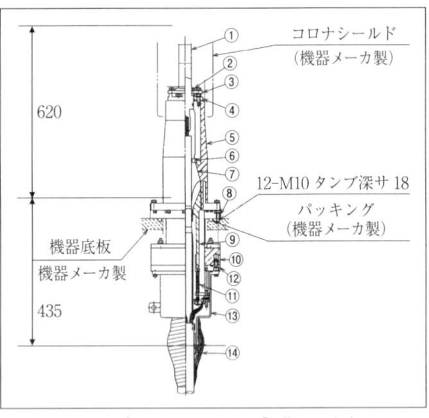

① 導体引出棒　② ロックナット　③ 導体固定金具
④ 上部金具　⑤ エポキシがい管　⑥ ストッパー
⑦ プレモールド絶縁体　⑧ アダプター　⑨ 押しパイプ
⑩ 絶縁筒　⑪ プレモールド絶縁体圧縮装置
⑫ 中間フランジ　⑬ プレモールド絶縁金具　⑭ 防水テープ層

図 10.8.5　CV ケーブル用ガス中終端接続[32]

(SF_6) 絶縁機器に接続するガス中終端接続にはがい管にエポキシ成型樹脂が用いられ，油絶縁機器に接続する油中終端接続にはがい管にエポキシ成型樹脂またはがいしが使用されている．また，補強絶縁体の構造は絶縁テープを用いる構造や，ストレスコーンによるプレハブ構造などがある．図 10.8.4〜10.8.5 にその構造例を示す．

10.8.2　接続部の絶縁設計

接続部の構造を決めるには，ケーブルの熱伸縮に対する機械設計や荷重設計，防水設計なども重要であるが，ここでは基本的な絶縁設計について述べる．

a.　中間接続部の設計

中間接続部の補強絶縁体の形状は，導体接続スリーブ上の電位傾度 (G_1)，補強絶縁体とケーブル界面の沿層方向電位傾度 (G_2) から設計される（図 10.8.6）．この際，導体接続スリーブ上の補強絶縁体厚さは，OF ケーブルでは最大電位傾度，CV ケーブルでは平均電位傾度により決定される．また，補強絶縁体立上り部ではケーブル外部半導電層の処理を施すため，この部位の破壊強度 (G_3) よりケーブルの絶縁体厚さを検討する必要がある．

b.　終端接続部の設計

終端接続部はその内部の電界集中を緩和する方式としてストレスリリーフコーン方式とコンデンサ分圧方式に大別される（図 10.8.7）．

ストレスリリーフコーン方式はケーブル端末にテーパ状の補強絶縁体を形成し電界

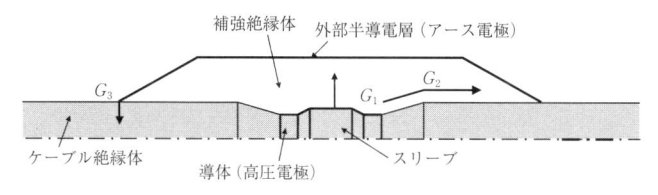

図 10.8.6　中間接続部設計構造図

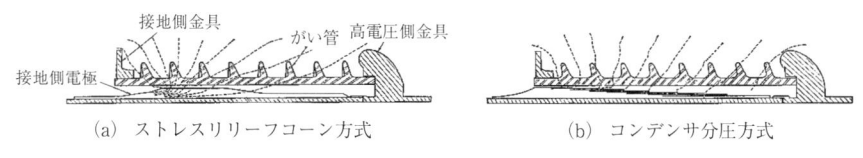

図 10.8.7　終端接続部の電界[33]

(a) ストレスリリーフコーン方式　　(b) コンデンサ分圧方式

集中を緩和する方式である．絶縁テープにより補強絶縁体を形成するタイプのほか，高電圧領域の OF ケーブルではエポキシベルマウス，CV ケーブルではプレモールド絶縁体によるプレハブ構造を用いることも多い．

コンデンサ分圧方式は，終端接続部に使用するがい管表面電界の集中を緩和するため，ケーブル終端部の補強絶縁体内に金属箔を挿入した構造であり主に 154 kV 級以上の OF ケーブル，275 kV 以上の CV ケーブルに用いられる．

また，気中終端部におけるがい管部の沿面絶縁設計として，風雨などの汚損によるがい管の沿面閃絡を防止するため，設置される地域の汚損量（塩分付着量）を考慮してがい管長さを決める必要がある．油中・ガス中終端部は雰囲気中におけるがい管表面のフラッシュオーバ値により，がい管長さが決定される．

10.8.3　接続技術の現状と将来

接続部の組立はケーブル絶縁体の処理，補強絶縁体の形成および外装の防食処理などすべてが現場での作業であり，かつ高度な技術が必要である．最近では，あらかじめ工場で成形され，耐電圧試験を実施した補強絶縁体を用いるゴムブロック方式接続が採用されている．この方式により接続部分の縮小化と現場での補強絶縁体の形成作業が軽減され，かつテープ巻やモールド組立に必要であった熟練技能が不要となる．

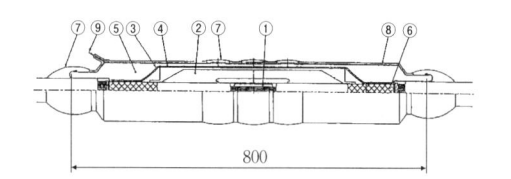

① 導体接続管　⑥ 半導電層
② プレモールド絶縁体　⑦ 防食層
③ 遮蔽層　⑧ 保護管
④ 保護層　⑨ 接地端子座
⑤ 防水混和物

図 10.8.8　66 kV 級ゴムブロック形普通接続部[34]

さらには，組立に要する作業日数の短縮も可能となる．図 10.8.8 に構造を示す．

中間および終端接続部においては，今後も，いっそうの熟練技能の不要化，組立作業日数の短縮，コンパクト化，軽量化と内部診断技術を含めた高信頼度の両立を目指した技術開発が必要である． 〔松井俊道〕

文 献

1) 電気学会：四半世紀における電気工学の変貌と発展，pp. 563-572，電気学会（1963）
2) 電気事業講座編集委員会：電気事業講座 第 10 巻，pp. 46-49，電力新報社（1996）
3) 電気工学ハンドブック改訂委員会：電気工学ハンドブック 第 6 版，pp. 1219-1250, p. 1251, p. 1262，電気学会（2001）
4) 送電線建設技術研究会：送電線建設資料，第 44 集，pp. 325-357，送電線建設技術研究会（1998）
5) 電気学会電気規格調査会：送電用支持物設計標準（JEC-127-1965），p. 21, 電気書院（1965）
6) 送電線絶縁設計要綱調査専門委員会：架空送電線路の絶縁設計要綱（電気学会学術報告（II 部）第 220 号），p. 7, 電気学会（1986）
7) 経済産業省原子力安全・保安院：解説 電気設備の技術基準 第 10 版，p. 312，文一総合出版（2001）
8) 電気学会電気規格調査会：送電用支持物設計標準（JEC-127-1965），pp. 32-33，電気書院（1965）
9) 送電用鉄塔基礎適用動向専門委員会：送電用鉄塔基礎の設計，電気協同研究，Vol. **58**, No. 3, pp. 57-59, pp. 107-108，電気協同研究会（2002）
10) 耐雷設計委員会送電分科会：送電線耐雷設計ガイド，電力中央研究所報告，T72，電力中央研究所（2003）
11) 塩害対策専門委員会送変電分科会（1）：送変電設備の塩害対策，電気協同研究，Vol. **20**, No. 2, 電気協同研究会（1964）
12) 河村ほか：がいし，電気学会（1983）
13) 三宅保彦：アルミニウム電線の技術進展，軽金属，Vol. **36**, No. 1, 2, pp. 51-60, pp. 112-121（1986）
14) 確率論的電流容量決定手法調査専門委員会：架空送電線の電流容量，電気学会技術報告，第 660 号，電気学会（1997）
15) 竹下英世：架空送電線の弛度，電力社（1966）
16) 21 世紀の地中送電技術，電気協同研究，Vol. **58**, No. 1, p. 56, p. 99, p. 124, 電気協同研究会（2002）
17) 地中送電線の送電容量設計，電気協同研究，Vol. **53**, No. 3, p. 8, 電気協同研究会（1998）
18) 紀伊水道直流 500 kV 連系プロジェクトにみる最先端技術－ケーブル編－電学論 A，Vol. **120**, No. 11, (2000)
19) 直流ケーブルの技術動向と今後の課題，電気学会技術報告，第 745 号，電気学会（1999）
20) 道上 勉：電気学会大学講座 送配電工学［改訂版］，p. 222, p. 258, 電気学会（2003）
21) 新版 電力ケーブル技術ハンドブック，p. 5, p. 128, p. 130, p. 131, pp. 199-222, p. 366, 電気書院（1994）
22) T. Nojima, M. Shimizu, T. Araki, H. Hata and T. Yamauchi：Installation of 275 kV-3.3 km Gas-Insulated Transmission Line for Underground Large Capacity Transmission in Japan, CIGRE 21/23/33-01（Session-1998）
23) OF ケーブルの保守技術電気協同研究，Vol. **55**, No. 2, p. 12〜15, p. 31, p. 39, p. 40, p. 108, 電気協同研究会（1999）
24) 66・77 kV アルミ被 OF ケーブル規格（電力用規格 A-205），p. 35, 日本電気協会（1997）
25) Kreuger：Endurance Tests with Polyethylene Insulated Cables Method and Criteria, CIGRE 21-02 (1968)
26) J. M. Oudin, *et. al*：The Use of Thermoplastic Insulating Material in the Manufacture of Extra

文　　献

High Voltage Cables for DC and AC, CIGRE 209（1962）
27) CVケーブルおよび接続部の高電圧試験法 p. 26，p. 30，電気協同研究，Vol. **51**，No. 1，電気協同研究会（1995）
28) 66・77 kV アルミ被 OF ケーブル用接続箱規格（電力用規格 A-251），p. 29，日本電気協会（1997）
29) 66・77 kVCV ケーブル用直線接続箱（電力用規格 A-262），p. 15，日本電気協会（1998）
30) 滝波直樹・永田達也：275 kVCV ケーブル用プレハブ接続箱の基礎研究，工務技報，No. 17，p. 54-59，中部電力（1995）
31) 66・77 kVCV ケーブル用気中終端接続箱（電力用規格 A-263），p. 14，日本電気協会（1998）
32) 66・77 kVCV ケーブル用ガスおよび油中終端接続箱（電力用規格 A-264），p. 15，日本電気協会（1998）
34) 岡本ほか：SEI テクニカルレビュー，第 157 号，住友電気工業（2000）

11. 変電設備

(I) 変電システム

11.1 変電所の概要

　変電とは，電気の発生，輸送，消費の各場面において，電力を最もふさわしい姿に形を変えることである．具体的には，変圧器を用いて電圧を変えることが変電である．この変電を行う場所が「変電所」であり，電気設備技術基準では「変電所とは構外から伝送される電気を構内に施設した変圧器，電動発電機，回転変流機，整流器その他の機械器具により変成する所であって，変成した電気を更に構外に伝送するものをいう」と定義されている．

　電力系統においては，送電線・変電所・配電線などが自然環境に直接さらされており，風雨や雷，雪などによる設備事故が発生事故の大半を占めている．このため，電力系統は，事故時に速やかに機能を回復保持するための保護・制御システムとともに事故波及防止システムを具備している．変電所はその機能も担っている．

11.1.1 変電所の変遷

　1900年代初頭の変電所の形態は，機器がすべて独立しており母線，断路器，接続部が気中絶縁の構成であった．1960年代に入り遮断器と変流器を一体にした構成となり，1970年代にはガス絶縁による，大幅な縮小化をねらった機器の複合化が国内で加速的に進んだ．屋外型から屋内型への進展もみられ，現在では500 kVの地下変電所が建設されるに至っている．

　送電線から変電所への引込は元来，気中の電線で引込口ブッシングまで引き込まれるが，その後，ケーブルも用いられるようになった．構内用ケーブルとしては1920年代後半よりOF (oil filled) ケーブルが66 kVに適用され，1970年代には500 kVまで適用され現在に至っている．CV (cross linked polyethylen insulated polyvinyl sheathed, XLPEケーブルともいう) ケーブルは1960年代から適用が始まり，2000年には500 kVとして適用されるに至っている (10.5節参照)．

　最近では，GIL (gas insulated transmission line) と呼ぶガス絶縁送電線路が開発され，必要に応じて適用されている．GILは海外では1960年代末より345 kVなどで適用され，国内では1970年代末から154 kV，275 kV，500 kVへ順次適用されている．

以上のように，国土が狭隘なわが国において大容量の送電を可能とするための，ガス絶縁変電所の開発や絶縁設計の合理化，高性能な変圧器やケーブルの開発，また，変電所自動化技術，保守管理技術の開発が進められ，世界的にも最先端の変電技術が確立されている．一方，最近ではグローバル化の潮流の中で，規制緩和・電力自由化が進み，既設設備の有効活用，いっそうのコスト低減，さらに環境適応など，質的な変革が求められるようになってきている．

今後の変電所は，パワーエレクトロニクス，超電導，分散型電源の各技術が電力系統に導入されることに伴って大きく変革していくことになろう．また，ITの進展により，量・質ともこれまでとは異なる様々なデータの高度な処理機能基点となり，設備保全が高度化し，機能が多様化するであろう．これらの高度化の拠点として，変電所は，「サブステーション」から「マルチステーション」に変革されていくことだろう．

11.1.2 変電所の機能と構成
a. 変電所の機能
変電所の機能は下記のとおりである．
① 送配電電圧の昇圧または降圧を行う．
② 遮断器を開閉して系統の切換えを行い，電力の流れを調整する．
③ 調相設備により，電力系統の無効電力を制御し，電圧を調整する．
④ 遮断器や断路器を用いて，送電線を区分したり，系統の切換を行う．

上記のように変電所は，電圧・電流の変成，電気の集約・分配，電圧の調整（一定化），電力潮流制御や系統安定度確保を行うなど，電気の質をよくしたり，設備を保護する役割を担っている．なお，変圧器は有しないが，電圧調整機能や集約・分配を行うものを，特に開閉所と呼ぶ．

b. 変電所の種類
1) 電力系統から見た分類　変電所は，特別高圧（電圧が7kVを超えるもの）で受電した電気をほかの特別高圧に変成して送電する変電所で，昇圧用変電所と降圧用変電所とがある．昇圧用設備は発電所に併置されることが多く，変電所として独立

表11.1.1　変電所の種類とその機能

変電所の種類	機　　能	代表的な電圧（一次／二次）
一次変電所	最も高い送電電圧から降圧する変電所　一般に，高圧側が500kVの場合を500kV変電所，高圧側が275kVまたは187kVの場合を，超高圧変電所と呼ぶ	500 kV/275〜77 kV　275〜187 kV/154〜33 kV
二次変電所	主に需要地の近くにおいて，配電用変電所に送電する電圧に降圧する変電所	154〜110 kV/77〜22 kV　77〜66 kV/33〜22 kV
配電用変電所	特別高圧で受電した電気を配電電圧に降圧して配電する変電所	154〜22 kV/33, 22, 6.6 kV

したものは少ない．一方，降圧用変電所はいろんな種類のものが設置される．
　降圧用変電所の種類，機能と代表的な電圧階級を表11.1.1に示す．
2) 設備の形式による分類
① 気中絶縁変電所：母線や開閉設備などを大気絶縁とした変電所
② ガス絶縁変電所：母線や開閉設備などをガスを充てんした容器中に収めたガス絶縁開閉装置 GIS（gas insulated switchgear）やキュービクル形ガス絶縁開閉装置（C-GIS：cubicle-GlS）によって構成された変電所（主母線だけを気中絶縁とした，複合形ガス絶縁開閉装置と呼ばれる変電所もある）

c. 母　　　線
　変電所には多くの送電線や配電線が集まり，出入口の遮断器などを介して母線に接続されている．電力の流れ（潮流）は母線に接続される送電線を，状況に応じて適切に切り換えることによって調整される．母線には，変電所の規模や機能によって，下記の種類がある．
1) 単母線　単母線は所要機器およびスペースが少なく，経済的に有利であり，一般的に広く用いられている．多くの送電線が集中する大規模な変電所では，事故時に変電所が全停電になることを避けたり，変電所を停止せず母線および母線側断路器の点検を可能にするため，区分開閉器によりブロックに分割した構成にする．
2) 二重母線　二重母線（複母線ともいう）は単母線に比べて断路器・母線・鉄構および所要面積が増加するが，機器の点検，系統運用に便利で，片母線の停止が容易なため，500 kV，275 kV などの基幹系統の大容量変電所には二重母線方式が採用される．二重母線方式は，① 送電線事故時，母線事故時の系統への影響，② 電源，送電線工事の進捗状況への適応性や増設工事時の安全性，③ 系統運用操作の容易性，④ 総合経済性などを総合比較して，図11.1.1に示す二重母線4ブスタイ（ブスタイとは母線と母線を遮断器でつなぐことをいう）方式や，図11.1.2に示す1 1/2遮断器方式が採用されている．大容量変電所の母線方式の種類とその機能と特徴を表11.1.2

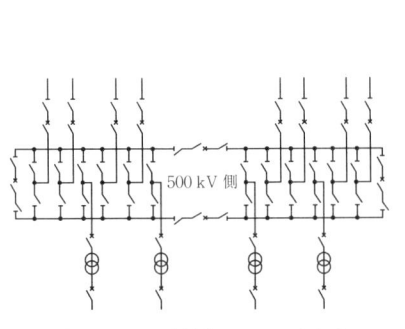

図11.1.1　二重母線4ブスタイ方式 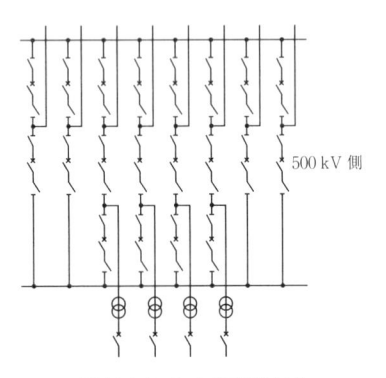　　　　**図11.1.2　1 1/2遮断器方式**

表 11.1.2 大容量変電所の母線方式

母線方式	機能と特徴
二重母線 4 ブスタイ方式	・あたかも 2 つの変電所を遮断器で接続したような方式で 4 つの母線からなる．万一の母線事故でもその影響は 1/4 で，系統への影響が少ない ・電源立地・送電用地事情などによって流動する系統構成に合わせて段階的に対応でき，系統運用も柔軟 ・送電線の数が多い場合，1 回線当たりの遮断器の数は少なくなり，経済的にも有利 ・当該線路に関連する遮断器の点検時には線路の停止を必要とし，信頼性の高い遮断器の適用が必要
1 1/2 遮断器方式	・2 回線当たり 3 台の遮断器を設置し，母線事故による系統へ影響が少なく，遮断器点検の際も当該線路の停止が不要 ・単純な系統で遮断器点検のため送電線の停止を避けたい場合や，潮流が偏在し，万一の母線事故による系統分断を防止しなければならない変電所に有利 ・用地も比較的少なくてすむ． ・潮流によっては，遮断器の定格電流が 2 回線の容量必要

に示す．

わが国の架空送電系統では 1 ルート 2 回線の送電線が多く，両回線・両母線の負荷のバランスをとり，事故時に母線連絡用遮断器を開くことを可能としている．母線の分割運用により，異系統運用も可能である．

3) 環状母線　環状母線は所要面積が少なく，母線の部分停止，遮断器の点検には便利であるが，系統運用上自由度が少なく，制御および保護回路が複雑になり，直列機器の電流容量が大きくなるなどの欠点があるのであまり用いられない．

11.1.3 変電所の運転

変電所の運転とは，変電所設備の操作・監視・記録・非常時の応急処置をいう．近年，社会の電気に対する依存度がますます増加し，また，情報社会の目覚ましい進展により，停電の社会的な影響が非常に大きくなっている．また瞬時電圧低下のような現象でもコンピュータが停止してしまうなど，停電をなくすことばかりでなく高品質の電気の供給が要求されている．

このため事故を未然に防止するような設備面の日常の整備と，万一，事故が発生した場合には事故を局限し，系統から切り離すなど，的確かつ迅速な処置が重要である．さらに適正電圧の維持のためには，負荷状況に応じた調相設備や負荷時タップ切換装置などの的確な運用が必要である．

11.2 絶縁協調

絶縁協調は，「系統各部の機器・設備の絶縁の強さに関して，技術上，経済上ならびに運用上から見て最も合理的な状態になるように協調を図ること」（JEC-0102-1994）

と定義されている．すなわち，絶縁協調技術は，電力系統の重要な構成機器である変電機器の，電気絶縁面での信頼性とコストの両立を実現するために必須の技術である．

絶縁協調にあたっては，系統の運転電圧ならびに系統に発生する過電圧とそれに対する保護装置の特性を基礎に幅広い条件が考慮される．過電圧には雷過電圧（雷サージ），開閉過電圧（開閉サージ），負荷遮断時の交流過電圧，一線地絡時の交流過電圧などがある．

11.2.1 絶縁協調の変遷

絶縁協調の基本的な考え方は，アメリカにおいて 1928 年に「電力系統各部の絶縁特性を適切に選んで，絶縁事故を最も損害の少ない場所に限定する」として出された．当時は，変圧器などの機器絶縁は交流試験で設計され，送電線絶縁とは独立に設計されていたため，変圧器などの事故が多発し，この絶縁協調の考え方に至った．

1933 年にアメリカでは変圧器にインパルス試験を初めて導入し，変圧器が雷サージに実際にどれだけ耐えられるかを調べるための，雷インパルス波形を決めた試験法が規定された．1937 年には試験電圧値が規定され，これをもとに，1940 年に BIL (basic impulse insulation level) が規格化された．

わが国では，アメリカの動きに合わせ，1944 年に JEC-106-1944「衝撃電圧試験規格」が制定され，絶縁階級とアメリカと同じ値の基準衝撃絶縁強度（インパルス試験電圧）が定められた．

超高圧階級になるに従い，絶縁レベルの低減によるコストダウンが検討され，1952 年の 275 kV 系統の導入にあたり，わが国で初めての有効接地系統（変圧器の中性点が直接接地された系統）が採用され，短時間過電圧を抑制するとともに，保護特性のよい避雷器を基盤とした絶縁協調の考え方が導入された．これにより 1964 年に，「試験電圧標準 JEC-164」が制定され絶縁レベルが低減された．

1973 年に運転を開始した 500 kV では，そのころから使用され始めた GIS（ガス絶縁開閉装置）変電所も対象として，続流遮断特性を向上させた限流形避雷器による雷過電圧の抑制，抵抗投入方式の採用による送電線開閉過電圧の抑制などの技術開発により，275 kV に比べていっそうの絶縁低減が図られ，1974 年に「試験電圧標準 JEC-193」が制定された．このとき，新たに開閉インパルス試験電圧が規格化された．

その後，非線形特性の優れた酸化亜鉛形避雷器が開発され，1975 年に変電所用に使われるようになり，GIS の適用拡大とも相乗し，絶縁協調の要として多数適用されている．1984 年には「酸化亜鉛形避雷器規格 JEC-217」が制定されている．

その後いっそうの高性能避雷器や過電圧解析技術などの技術進歩を背景に，絶縁レベルが低減され，1994 年に「試験電圧標準 JEC-0102」が改訂・制定された．ここでは，交流試験電圧は，有効接地系統を対象に，従来の 1 分間耐電圧試験が廃止され，長時間試験のみが規格化された．

11.2.2 絶縁協調の基本的な考え方

絶縁協調の検討手順を図 11.2.1 に示す．その考え方は，避雷器の適切な配置などにより過電圧の抑制を図りつつ，系統に生じる各種過電圧（雷過電圧，開閉過電圧，短時間過電圧など）の大きさとその発生頻度を予測し，これを評価して過電圧種類ごとの最大値を設定する．次に，機器の絶縁性能に与える諸因子の影響を考慮して，上記の各種過電圧最大値に対する機器の所要耐電圧を決める．さらに，各種過電圧に対する試験の必要性や異なる波形の試験電圧間の等価性などを考慮に入れて，実施すべき試験電圧を選定している．

a. 各種過電圧と絶縁協調

1) 雷過電圧 雷過電圧は電力系統への雷撃時に発生する波頭長が数 μs オーダのサージ性の過電圧である．

変電所における雷に対する絶縁設計は，送電線での遮へい失敗や逆フラッシオーバ（5.3.1 項に説明）によって電力線を伝搬して変電所に侵入する雷過電圧を，変電所内に設置した避雷器により，機器の耐電圧以下に抑制することを基本とする．

具体的には，変電所に発生する過電圧の過酷なケースとして，発変電所近傍の第 1 鉄塔塔頂の雷撃により，電力線へ逆フラッシオーバしたときに変電所で発生する過電圧に基づいている．想定雷撃電流値（波形 1/70 μs；波頭長が 1 μs，半波尾長が 70 μs のランプ波形）の推奨値は，電圧階級別に表 11.2.1 に示すように標準化されている．

上記のように，わが国における雷過電圧に対する絶縁協調は，「発生する過電圧の最大値を算出し，それより設備の最低の絶縁強度が大きくなるように設計する」確定的な手法である．ただし，想定雷撃電流

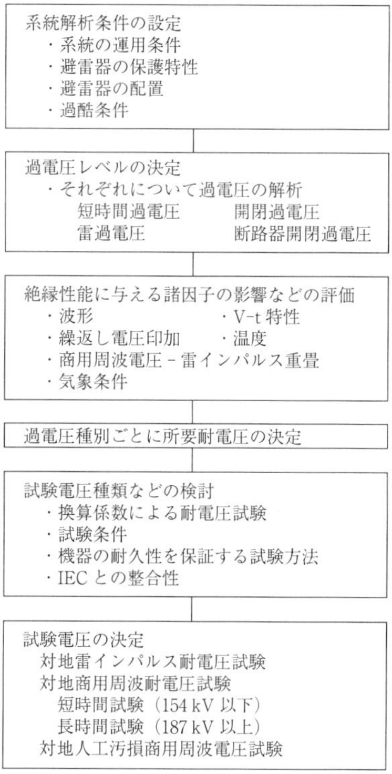

系統解析条件の設定
・系統の運用条件
・避雷器の保護特性
・避雷器の配置
・過酷条件

過電圧レベルの決定
・それぞれについて過電圧の解析
　短時間過電圧　　開閉過電圧
　雷過電圧　　　　断路器開閉過電圧

絶縁性能に与える諸因子の影響などの評価
・波形　　　　　　・V-t 特性
・繰返し電圧印加　・温度
・商用周波電圧 – 雷インパルス重畳
・気象条件

過電圧種別ごとに所要耐電圧の決定

試験電圧種類などの検討
・換算係数による耐電圧試験
・試験条件
・機器の耐久性を保証する試験方法
・IEC との整合性

試験電圧の決定
　対地雷インパルス耐電圧試験
　対地商用周波耐電圧試験
　　短時間試験（154 kV 以下）
　　長時間試験（187 kV 以上）
　対地人工汚損商用周波電圧試験

図 11.2.1 試験電圧の決定手順

表 11.2.1 想定雷撃電流推奨値（耐雷設計ガイド）

電圧階級 [kV]	66	77	110	154	187	220	275	500
雷撃電流推奨値 [kA]	30 40	30 40	60	60	80	80	100	150

*40 kA は強雷地区に適用

の中に統計的な考え方が含まれている．これに対し，国際的な IEC（International Electrotechnical Commission）規格では，「過電圧の発生確率を求め，設備の絶縁破壊確率と合わせた事故率が許容事故率以下になるように設備の絶縁を設計する」統計的手法が規定されている．ただし，各国において必ずしも統計的手法が適用されているわけではない．

わが国の場合，本格的な統計的手法の導入は今後の課題である．

2) 開閉過電圧 開閉過電圧は，送電線の遮断器開閉の際や地絡時（健全相に発生）に発生する波頭長が数 $100\,\mu s$ オーダの過電圧である．最も過酷な過電圧は，こう長が長い送電線で遮断器を投入した時に発生する．500 kV 系統では，遮断器に投入抵抗を付して開閉過電圧レベルを抑制して合理的な設計を行っている．

500 kV 系統では，開閉インパルス耐電圧試験が実施されるが，275 kV 以下の機器・設備などの場合，開閉過電圧に対する絶縁性能は，雷インパルスおよび商用周波の耐電圧特性を検証することによってカバーされる．

3) 短時間過電圧 短時間過電圧は一線地絡時の健全相電圧上昇や負荷遮断時の過電圧であり，商用周波数またはこれに近い周波数の過電圧である．最も大きな過電圧値は，負荷遮断を行った場合で，1 ルートの電源単独送電線に発電機が接続されている系統で，受電側変電所において遮断器が 2 回線とも開放された場合に発生する．

負荷遮断時の交流過電圧の大きさは 500 kV 系統では常規系統電圧の 1.43 倍程度である．また，一線地絡時の健全相交流過電圧の大きさは，非有効接地系で 1.73 倍，275 kV 以下の有効接地系で 1.4 倍，500 kV 系では 1.25 倍がとられる．

短時間過電圧は避雷器などの保護を期待できないため，機器・設備自体が十分な絶縁耐力をもつよう設計され，その性能は商用周波耐電圧試験により検証される．一般に商用周波耐電圧値は，一線地絡時の健全相の電圧倍数をベースに，全負荷遮断時などのほかの過電圧や絶縁物の経年劣化，そのほかを配慮した総合的安全係数として 2 倍がとられている．

b. 各種変電所の絶縁協調

1) 気中絶縁変電所 気中絶縁変電所の耐雷設計の重点は変圧器であり，避雷器をできる限り変圧器に近づけて設置する．この場合，線路引込口周辺機器は線路側遮断器開放の場合にこの避雷器の保護範囲外となるため，154 kV 以下の変電所では一般に，引込口に気中ギャップを設置して保護する．引込口ギャップは，過酷な近接雷を除くとほぼ絶縁協調が可能であり，実用上かなりの効果が期待できる．500 kV や 275 kV の変電所および，雷の多い地区では一般に避雷器が設置される．

2) ガス絶縁変電所（GIS） GIS は内部にスペーサなどの固体絶縁物があるので変圧器と同等の保護対象とする．この場合，ガス絶縁機器の絶縁耐力 V-t（破壊電圧 - 時間）特性は，従来の気中絶縁機器よりも平坦であり，急峻波領域での協調がとりにくいので，高精度な解析が必要である．GIS は気中絶縁変電所に比べ，母線の広がりが小さいが，GIS のサージインピーダンスが送電線の 1/5 程度と小さく，侵入し

た雷過電圧が往復反射で増大するため，GIS の送電線引込口に避雷器を配置し，過電圧を抑制する．

　避雷器の設置位置は GIS の絶縁特性および線路側機器との協調などを勘案したうえで，線路引込口，母線，変圧器付近，またはそれらの組合せのいずれかにより決定される．一般的には，線路引込口に設置すれば全体として保護が図れるが，500 kV 変電所のように母線の広がりが大きい場合には，線路引込口に加えて変圧器端子に避雷器を設置する場合がある．ガス絶縁母線と変圧器の間にケーブルが介在する場合

表 11.2.2　試験電圧（JEC-0102-1994）

公称電圧 [kV]	試験電圧値 [kV]		
	雷インパルス 耐電圧試験	短時間商用周波耐 電圧試験（実効値）	長時間商用周波耐 電圧試験（実効値）
3.3	30	10	—
	45	16	
6.6	45	16	—
	60	22	
11	75	28	—
	90		
22	100	50	—
	125		
	150		
33	150	70	—
	170		
	200		
66	350	140	—
77	400	160	—
110	550	230	—
154	750	325	—
187	650	—	170-225-170
	750		
220	750	—	200-265-200
	900		
275	950	—	250-330-250
	1050		
500	1300	—	475-635-475
	1425		
	1550		
	1800		

は，母線端子のみに避雷器を設置する場合もある．

11.2.3 試験電圧

変圧器など各変電機器は，実際に系統につながれた状態で，運転期間中を通じて遭遇する過電圧に十分耐えられることを検証するために，試験（工場試験）が実施される．この試験の方法，電圧値が「試験電圧標準」や個々の機器規格で規定されている．

試験電圧の種類としては，有効接地系統（187 kV 以上），非有効接地系統（154 kV 以下，11.4.1b に説明）のそれぞれに対して電インパルスと商用周波の2種類の耐電圧試験を規定し，そのほかの耐電圧試験はこれらに包含されるとされている．試験電圧値は，各過電圧種類に対応した所要耐電圧を踏まえ，JEC-0102-1994 において表 11.2.2 に示すように規定されている．

内部絶縁を有する機器の絶縁耐力の検証には，図 11.2.2 に示すように，比較的低い電圧を長時間印加しながら部分放電を測定する長時間部（図 11.2.2 の V_1, V_3）をベースに，やや高い電圧の短時間部分（V_2）を複合させた長時間商用周波耐電圧試験が有効であるため，有効接地系統の機器を対象に適用される．

11.3 保守と絶縁診断

11.3.1 機器保守の考え方と変遷

保守とは，変電所設備の点検，障害の復旧，保守関係諸工事の実施をいう．その目的は，電気工作物が常に法令などで定める技術基準に適合するようその性能を維持すること，ならびに事故の未然防止を図ることである．そのため，巡視，点検，手入れなどの実施により，障害発生の未然防止と余寿命の判定が行われている．

従来，機器の保守は，事故が発生した場合に初めて対応する，いわゆる事後保全であったが，その後，一定期間ごとに部品交換や補修を実施し，突発事故を防ぐ予防保全が取り入れられ，機器の信頼性維持に寄与している．最近では，長期使用した機器，に対しても，延命化，点検周期延長，無保守化などがニーズとなっており，機器

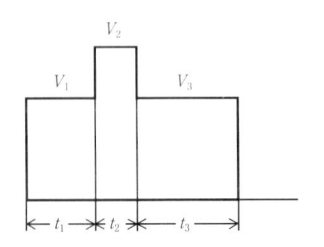

図 11.2.2 長時間商用周波耐電圧試験のパターン
V_1 および V_3 は 1.5E，V_2 として 2E を規定．t_2 として1分を採用

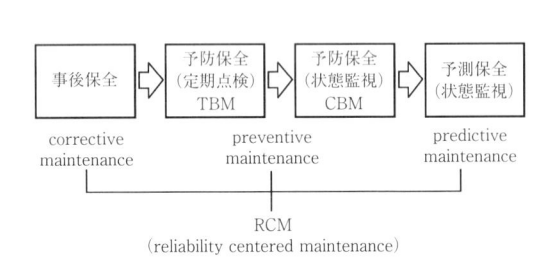

図 11.3.1 設備保全の考え方の変遷

の信頼度に即した点検周期の採用，余寿命評価方法の確立が必要となっている．

このため，この対策の1つとして，機器の異常の兆候や将来起こるべき事態を予知し，一方で，設備運用上の信頼性を極力損わない範囲で，設備の維持投資の総合コスト削減を目指す保守，いわゆる RCM（reliability centered maintenance）が提案されている．保全の考え方の変遷と RCM の概念，およびそれを構成する3つの保全要素（事後保全，予防保全，予測保全）の関係を，図 11.3.1 に示す．従来の定期点検である TBM（time-based mainte-nance）から，機器の状態に応じた保守である CBM（condition-based maintenance）への取組みが始まっている．

11.3.2 絶縁診断手法

機器やケーブルの絶縁診断手法として，適用中あるいは研究中の例を表 11.3.1 に示す．

機器の大型化や変電所の規模や数の増加に対応し，保守の省力化を図る必要がますます高まっている．各機器の無保守・無点検化を指向して高信頼度化を図るとともに，万一の故障に備えて制御装置の常時監視自動点検方式の導入，センサ類を利用した設備監視システムによる機器の予防保全など点検保守の自動化・合理化の研究が盛んに行われている．

予防保全は，一部機器の外部診断という形で実施されている．たとえば，変圧器では，余寿命診断に $CO+CO_2$ 量やフルフラール量*などを測定する方法が適用されつつあるが，現状では，評価のための実データが不十分で実用上十分な精度には達していない．

 ＊フルフラール量： 絶縁紙の熱分解により油中に発生する成分で，絶縁紙の劣化度合に対応する量

今後，変電所の自動監視の進展および高性能で低コストのセンサの開発などにより，機器内部状況および機器異常の前駆現象をより正確に把握することが可能となると考えられる．

表 11.3.1 機器，ケーブルの絶縁診断手法

機　　　器	絶縁診断手法の例
油入変圧器	油中のガス分析，$CO+CO_2$ 量やフルフラール量，アセトン量を評価．絶縁診断のほか，経年や重要度，障害実績などを考慮
ガス絶縁開閉装置（GIS） SF_6 ガス絶縁変圧器	発生分解ガスの測定． UHF センサを用い，絶縁破壊の前兆現象としての部分放電測定．絶縁診断のほか，遮断器部の開閉性能，導体接触部通電性能を確認
油浸絶縁ケーブル	シースの腐食・外傷などによる絶縁体の吸湿，浸水やケーブルの熱伸縮などによる空隙，長年月の使用による変質を測定
CV ケーブル（水トリーの進展による絶縁劣化）	絶縁体中への空間電荷の蓄積現象を利用した残留電荷法，電流-電圧特性の非線形性を利用した交流損失電流法，直流バイアス法．水トリーを除去する目的の耐圧法（交流あるいは代替波形）

11.4 保護と制御

11.4.1 保　　護
a. 保護の役割と方式
　変電所における保護とは，電力系統を構成する発電機，変圧器，送電線などの設備に発生した事故を検出し，事故を高速に健全部分から分離し，限られた範囲に限定することである．このような役割を，異常状態の検出装置と保護リレー（保護継電器）が担っている．
　この保護リレーの動作によって，過大な故障電流や地絡の期間を最小限にとどめ，保安の確保や電気工作物の損壊防止などを図るとともに，供給支障範囲の局限化，電力系統の安定性を損う大じょう乱の発生防止など，電力供給の信頼性の確保が図られる．
　電力系統に発生する電気的故障に短絡と地絡があるが，これらは過電流や，電圧低下または過電圧を伴う現象であり，検出器によって電気現象をとらえることで故障を検出する．電圧や電流を検出する装置を計器用変成器，変流器と呼び，これらの出力値により，正常か故障かを判定し，故障部分の検出を行って，遮断器に開放の指令を与えるのが保護リレーであり，全体を総称して，保護リレーシステムと呼ぶ．
　保護リレーに要求される性能としては，事故除去リレーは，系統事故発生に際して確実に動作を求められるものであり，動作の高速性と弁別性能の両立，動作信頼度と不動作信頼度の両立が求められる．また，動作の確実性を期するため，一般にバックアップがおかれ，主保護と後備保護で構成される．

b. 保護システムの変遷
　わが国では，154 kV 以下の系統は，非有効接地系統（抵抗接地系統あるいは非接地系統）が採用されており，地絡電流が小さい．一方，187 kV 以上では，直接接地系統が採用され，地絡電流を早期に検出することによる高速度遮断の採用など，信頼度向上が図られてきた．
　保護の形式は，当初は，主要部分が電磁機械部品で構成される電磁形，その後トランジスタなどの電子部品で構成される静止形が開発された．これらは，アナログリレーと呼ばれる．静止型は高感度で高速動作が可能であるため，高電圧系統に広く採用されている．その後，小型プロセッサを内蔵した，ディジタル型（ディジタルリレー）が開発され，設定の変更が容易なことや，自動監視機能の付加が容易なため，普及が進んでいる．

11.4.2　系統保護技術
a. 送電線の保護
　送電線保護には，自所の電流や電圧などの電気情報だけにより事故を検出する方式と，送電の相手側の情報とあわせて事故を検出するパイロットリレー方式がある．

1) **過電流リレー**　　最も基本的な方式で，電力系統の黎明期から用いられている．送電線で故障が発生したとき，過大な故障電流を検出して遮断器を開放操作させるものである．過電流方式では，電源から最も遠方のリレーの動作時間を最も短くなるように設定し，その動作時間差によって選択遮断を行う時限協調がとられている．本方式は簡単かつ安価であるが，適用上の限界があり，比較的低圧の放射状送電線や電気所所内回路の保護に用いられる．

2) **距離リレー**　　距離リレーは接地方式を問わず短絡保護に，また直接接地系の地絡故障保護に用いられる．距離リレーの原理は，ある点で故障が発生したとき，リレー設置点の電圧と電流から故障点までの距離（線路インピーダンス）を求めるものである．距離リレーは，比較的装置構成が簡単で動作信頼度が高いことや，故障区間の選択が比較的確実であり，第一段区間の故障を高速度遮断できるという特長を有しているので，一回線送電線の主保護や，後述のパイロットリレー方式や回線選択リレー方式の後備保護として多く採用されている．

3) **回線選択リレー方式**　　平行二回線送電線を保護するための方式で，過電流リレー方式や距離リレー方式と異なり，隣接区間との動作協調を基本的に必要としないで高速に動作させることが可能である．この方式は，現在では主として 77 kV 以下の高抵抗接地系統の送電線主保護に用いられている．

4) **パイロットリレー方式**　　故障点が保護すべき送電線の内部か外部かを確実に判定するため，自端と対向端の電流の方向と大きさから判断する．外部故障であれば相手端にも自端と同じ大きさの電流が流れ，内部故障であれば電流の方向が逆方向で大きさも異なるからである．

5) **搬送リレー方式**　　電流情報などを信号変換し，電力線搬送やマイクロ波などの伝送媒体を介して搬送する方式で，表 11.4.1 に示す各方式がある．

表 11.4.1　搬送リレーの各種方式の機能と適用

各種方式	機　　能	適　　用
方向比較リレー方式	送電線の全端子の情報を使って内部故障か外部故障かを判定	比較的長距離の送電線用
位相比較リレー方式	送電線の各端子の電流極性を伝送し，各端子の電流の位相を比較して内部故障か外部故障かを判定	本方式の各相適用により平行二回線送電線の多相再閉路方式を適用
電流差動リレー方式	全端子の電流瞬時値を相互に伝送し，全端子間の差動電流が所定値以上のときに高感度に内部故障と判定	重潮流系統や多端子系統にも適用
転送遮断方式	リレーの動作が内部故障のみに限定されるリレーの動作時に，自らの端子を遮断すると同時にほかの端子も遮断	距離リレー第一段，回線選択リレーなどの動作時に搬送信号を送出

b. 再閉路方式

送電線の故障は大部分が雷撃によるアーク故障であり，故障区間をいったん系統から切り離し，無電圧状態にするとアークは自然消滅して，送電を再開すれば異常なく送電を継続できる場合が多い．送電線の再閉路は，この特性を利用して，故障送電線をできるかぎり速やかに自動復旧させて電力供給の安定性を損わないようにしたものである．

再閉路は，故障相と無関係に三相を遮断し再閉路する三相再閉路，一線地絡故障時に故障相のみを選択遮断し再閉路する単相再閉路，平行二回線送電線の故障時に少なくとも二相が健全の場合に故障相のみを選択遮断し再閉路する多相再閉路などがある．また，それぞれ再閉路方式には，無電圧時間を1秒程度以下とする高速度再閉路方式と1分程度の低速度再閉路方式がある．前者は各種搬送リレー方式と組み合わせて用いられる．

c. 母線の保護

基幹送電線や変圧器などが集中する重要電気所の母線で故障が発生すると，その影響は広範囲に及び，系統状態が非常に過酷なものとなって大きな供給支障を生ずるばかりでなく系統安定度を脅かすおそれもあり，その保護は重要である．

母線保護方式は，一般に適用上の制約が少ない差動方式が適用され，特に高インピーダンス差動方式と低インピーダンス差動方式で代表される．母線保護では，外部の至近故障時には，保護区間を通過する故障電流が大きいので，電流を検出する変流器の磁気飽和に注意が必要である．

d. 事故波及防止保護

電力系統に発生した故障は，発電機，変圧器，母線，送電線などの設備ごとに設けられた保護リレーにより検出され除去される．しかし，電源の遠隔化や集中大容量化，送電線の重潮流化や長距離化などにより安定度的に厳しい系統では，故障除去後も系統全体に波及拡大し，広範囲な停電を引き起こす場合がある．このような局所的な故障の影響が全系統に波及拡大するのを防ぐために，発電機励磁装置への系統安定化装置（PSS；power system stabilizer）の付加，高速バルブ制御の適用などの発電機制御系の機能向上による制御性能の強化が行われている．

事故波及防止保護リレーの方式には，二次的に発生する種々の系統異常現象を端的に表す電圧，電流，周波数などの電気状態量を直接用いて，現象として比較的容易に検出する方式と，ディジタル処理技術や多量のデータを高速伝送できる情報処理技術を活用して，電気的状態量と遮断器の開閉状態などの系統情報を用いて演算処理し，将来の系統状態を予測して制御し異常現象の発生を未然に防止する方式がある．

11.4.3 系統制御技術

a. 制御の基本的事項

変電所は，電圧や無効電力を制御して電力を配分するために，開閉装置などの機器

を制御し，また電力系統の事故を検出して，これを保護する機能をもっている．そのほか電力系統の安定化制御機能を有する場合がある．

たとえば，過渡的な無効電力動揺に起因する系統機能低下に対処するため，無効電力供給を目的とした直列コンデンサやサイリスタなどの半導体技術を応用した静止形無効電力補償装置（SVC：static var compensator）が適用されている．また，電源脱落などによる系統の崩壊を防止するため，系統安定化装置（系統崩壊を未然に防止するための予測演算制御装置）が変電所に設置される場合がある．

b. 変電所の監視制御方式の変遷

変電所の監視制御方式は，増加する電力需要に対し，電力系統の効率的運転と信頼度向上のため，下記のような変遷をたどってきた．

1950年代半ばには，それまでの変電所に運転員が常駐した常時監視制御方式（有人変電所）から，一部設備を自動化し，断続的に監視制御する方式がとられるようになった．1960年代半ばになると，遠方監視制御装置の適用による遠方監視制御と配電線の再閉路，電圧調整などの個別制御装置の自動化など，無人化が行われるようになった．

1970年代半ばには，1ヵ所の制御所から多くの変電所を遠隔常時監視制御するようになり，1980年代にはコンピュータを用いた制御所用監視制御システムにより集中的に遠隔常時監視制御するようになった．現在では，1ヵ所の総合制御所から一般に，20〜30ヵ所の配電用変電所が遠隔常時監視制御されており，一次系変電所の場合は2ヵ所程度が遠隔常時監視制御されている．配電用変電所はすべて無人の遠隔常時監視制御方式となっている．

11.4.4 変電所の自動化

変電所の操作のうち，操作頻度の多い，電圧・無効電力調整，迅速な処置の求められる事故復旧操作などは自動制御化が図られている．

a. 配電用変電所の自動制御

電圧調整装置　　変圧器タップの昇降により母線電圧を基準値内に維持する．

配電線路の自動再閉路　　配電線の事故は多くの場合は一時的であり，事故除去後に再送電することによって停電を自動復旧する．

自動切換　　健全回線に自動的に受電切換えを行う機能のほか，変圧器事故，母線事故の際に事故点の切離しや健全部分の復旧操作が自動的に行われる．

b. 送電用変電所の自動制御

送電線の自動再閉路　　保護リレーによる事故除去のあと，事故点のアーク消滅時間経過後に自動的に再送電を行う．

電圧無効電力制御装置　　変電所の一次電圧，二次電圧や変圧器の通過無効電力の基準値に対する偏差を検出することにより，変圧器のタップ制御，電力用コンデンサ，分路リアクトルの制御により基準値が維持される．急激な電圧変化の発生時には

調相設備の高速制御により一次側電圧が維持される.
自動同期投入装置 送電線や母線の遮断器を操作して,異系統併用する場合,系統に与える動揺を極力小さくするため,周波数差,電圧位相などの条件により,遮断器の特性に応じて適切なタイミングを設定し,遮断器に投入指令を送出する装置である.
〔佐々木三郎〕

(II) 変 電 機 器

11.5 変 圧 器

11.5.1 技術の変遷

変圧器の技術は,変電所,発電所の高電圧・大容量化と密接な関連をもって発展してきた.高電圧化のための絶縁技術,解析技術,縮小化技術,大容量化のための漏れ磁束対応技術,冷却技術の進歩が材料の進歩とともに図られた.絶縁媒体としては,絶縁油が標準であるが,不燃化・ガス絶縁開閉装置との一体化などの利点からSF_6ガスを冷却・絶縁に適用したガス絶縁変圧器が,わが国が技術の先導役として275 kV-300 MVAまで実用化され,輸出向け製品としては345 kVまで製品化されている.

わが国は鉄道輸送や,山岳地の陸上輸送,トンネルなど変圧器の輸送にかかわる寸法と重量に関する制約が厳しいため,タンク,鉄心とコイルに分解して輸送し現地で再度組み立てる分解輸送方式も,500 kV大容量器まで製品化され適用が拡大してきている.

変圧器内部の絶縁と冷却を絶縁油で行っている変圧器を油入変圧器と呼ぶ.油の代わりにSF_6ガスを用いたものをガス絶縁変圧器,鉄心と巻線が空気中で使用されているものを乾式変圧器と呼んで区別している.鉄心と巻線の構造からは内鉄形変圧器,外鉄形変圧器に分類される.内部の冷却を絶縁油の対流による自然循環によるか,ポンプで強制的に循環するかで前者を自冷式,後者を強制冷却式と分類する.

11.5.2 油入変圧器

a. 油入変圧器の構造

1) 内鉄形変圧器の標準構造 図11.5.1に標準的な内鉄形変圧器の構造を示す.図は,三相分の全体構造を示しているが,500 kV変圧器のように大型のものは輸送上の制約から,単相分ごとにタンクに収納し,外部で電線で三相結線することで三相変圧器とする場合が多い.電磁気の原理からいえば,内鉄形も外鉄形も同じであるが,内鉄形は図に示すように,1つの鉄心に高圧側と低圧側の巻線を同心状に配置し,三相分を並置して,巻線軸を鉛直に起立配置している.

巻線の中心部の鉄心を主脚鉄心と呼ぶ.三相分を電磁気的に結合するために上下部に設けた鉄心を上・下部ヨーク鉄心,あるいは主脚どうしをつなぐという意味で継

11.5 変　圧　器

鉄と呼ぶ．両サイドに配置された鉄心を側脚鉄心と呼ぶ．図からわかるように正面からみると主脚は巻線の内部に隠れてみえないので内鉄形の呼称がついた．英語ではコアタイプ (core type) と呼ばれる．巻線を取り付ける前の段階の鉄心を組み立てた状況を図 11.5.2 に示す．主脚は厚さ 0.3 mm 程度のけい素鋼板を数千枚積み上げたものを，ガラス繊維で強化したプラスチックテープで締め付けた円柱構造である．

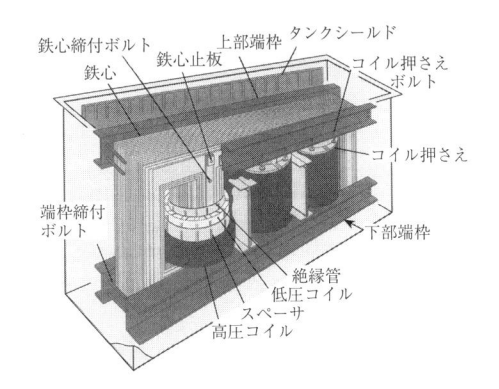

巻線全体は強化木やプレスボード積層材などを用いた強固な絶縁構造材の上に据え，運転時の電磁振動や大きな電流が流れたときの巻線の電磁力による挙動を抑制するため，絶縁材料で上部クランプ部から押さえている．巻線から接地電位であるタンクとの絶縁を確保しながら外部へ電線を引き出すためにブッシングを用いる．運転中の温度変化による絶縁油の膨張収縮を吸収するために最上部にコンサベータを設け，吸収空間としてはゴム袋を設けている構造と窒素封入密封式などがあるが，大容量では前者が標準的である．

図 11.5.1 内鉄形変圧器の標準構造
三相分の構造を示す．タンク内に鉄心と巻線が収納され，ブッシングで外部に電線が引き出される．巻線は主脚鉄心に同心状に円筒構造で高圧巻線，低圧巻線を組み込んでいる．

2) 外鉄形変圧器の標準構造　図 11.5.3 に代表的な外鉄形変圧器の構造を示す．図は三相分の構造を示している．巻線を図のような矩形状の板状に構成し，並べて鉛直に起立させる．高圧巻線を中央部側に，低圧巻線を外側に配置する．方形巻線間の絶縁距離を維持するために絶縁物でできたスペーサを配置する．この状態でけい素鋼板を水平に積み上げて鉄心を構成する．内鉄形と異なる点は，巻線の形状が中心部も含めて矩形であるため，鉄心は矩形に積み上げられることである．鉄心の締付は通常

(a) 三相 3 脚鉄心　　　(b) 三相 5 脚鉄心

図 11.5.2 内鉄形変圧器の鉄心構造
鉄心はけい素鋼板を円柱状に組み上げてプラスティックテープで締め付けている．

はタンク自体を固定枠として使用している．変圧器の中身を眺めると周囲はすべて鉄心で囲まれて上下部に方形巻線が出ている．このため外鉄形と呼称されている．英語ではシェルタイプ (shell type) と呼ばれる．

b. 変圧器の原理

1) 変圧の原理 変圧器の基本原理は図 11.5.4 にて表現されていることが多い．しかしながら，実際の電力用変圧器は，図 11.5.5 に示すように一次側の巻線と二次側の巻線とが同じ鉄心（主脚）に同心状に巻かれているのが通常である．一次側と二次側巻線の間の磁気的結合をよくするため，同心状に配置される．三次巻線が設けられる場合にも，同心状に配置する．通常は低い電圧ほど内側に巻き，最外層は最高電圧の巻線を配置することが多い．三次巻線は三相でデルタ接続をすることで，三相間の電気的結合が図られている．

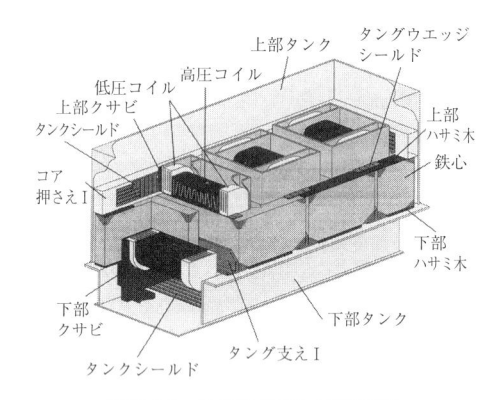

図 11.5.3 外鉄形変圧器の標準構造
三相分の構造を示す．巻線を方形上に高圧巻線，低圧巻線と交互配置とし，鉄心が矩形状に水平に組み上げられている．

変圧器の機能は，ある巻線に電圧を印加したときに，他方の巻線端子間に定められた変圧比で電圧を発生することである．図 11.5.4 において，基本は $V_1 = N_1 \cdot d\phi/dt$ で与えられる．ここで N_1 は磁束と鎖交する巻線の巻き回数である．この電圧を発生するために巻線（この場合一次巻線）に流れる電流を励磁電流と呼び，磁束 ϕ を主磁束と呼ぶ．

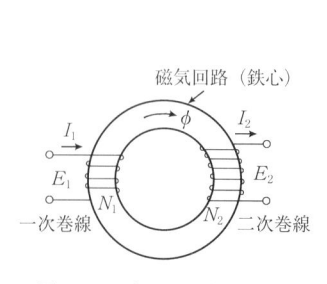

図 11.5.4 変圧器の基本原理図
一次巻線と二次巻線で鉄心を共有した変圧の原理図

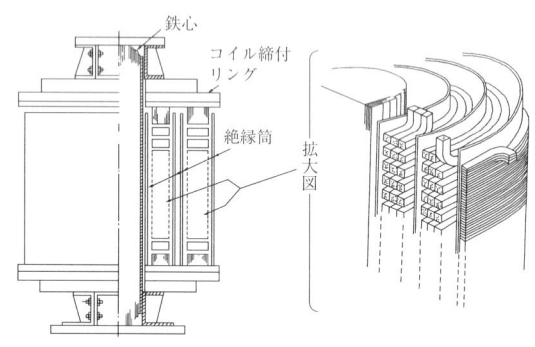

図 11.5.5 実際の変圧器の巻線配置構成
主脚鉄心に同心状に巻かれた巻線配置．巻線間には絶縁距離が必要．

主磁束＝(起磁力)／(磁気抵抗)
起磁力＝(巻線の励磁電流)×(巻き回数)

で与えられる．磁気抵抗は磁束の通りやすさや磁束の通る経路の長さに関連する．鉄心に用いられるけい素鋼板の進歩と積層構造の改善により，鉄心の磁気抵抗が小さいため，励磁電流は通常は，定格電流の0.2〜0.5％程度ときわめて小さな値である．

主磁束は主脚鉄心を通っているため，各巻線は同じ磁束と鎖交している．このため，たとえば巻き回数 N_2 を有する二次巻線には V_1 と同じ向きに $V_2 = N_2 \cdot d\phi/dt$ が発生し，これは $V_2 = N_2/N_1 \cdot V_1$ と表現される．すなわち，巻き数比で電圧の変圧比が決定される．

この電圧が発生している状態で二次巻線に負荷を接続すると，二次巻線に電流が流れ，新たな起磁力が発生する．一次側の電圧を維持するために，新たな起磁力をキャンセルするように一次巻線にも電流が流れる．起磁力は（巻き回数）×（電流値）に比例するので，同じ起磁力を発生するためには，$N_1 \cdot I_1 = N_2 \cdot I_2$ の関係で電流が（逆向きに）流れる．

2）漏れ磁束，漏れリアクタンス，インピーダンス　図11.5.4のような原理図で考えている限りは，磁束も完全にキャンセルされているが，図11.5.5のような実際の形状では，一次巻線と二次巻線との間には絶縁距離のための間隙が存在している．二次巻線の内径側は，起磁力が打ち消し合っているが，一次巻線と二次巻線の間の空間は一次巻線が形成した起磁力に基づく磁束がキャンセルされずに残っている．あたかも両巻線の間の漏れにみえることから，この負荷電流によって両巻線間に発生する磁束を漏れ磁束と呼ぶ．起磁力＝（巻き回数）×（電流値）は一次巻線も二次巻線も同じ数値になるため，現象的には，一次巻線と二次巻線とが一体のコイルとなって，両巻線間の空間に磁束を発生しているとみなすこともできる．このコイルに相当するリアクタンスを漏れリアクタンスと呼ぶ．一次巻線と鎖交する磁束はこの漏れ磁束分だけ二次巻線と異なることになる．したがって一次巻線と二次巻線の端子電圧にこの漏れ磁束分だけ電圧差が生じる．漏れ磁束の向きが主磁束と同じ場合には二次巻線が一次巻線電圧よりも低下するが，漏れ磁束が逆向き，すなわち，負荷電流が進相電流となる場合には二次巻線は高め方向になる．

変圧器に負荷電流が流れることにより発生する電圧差であるため，この電圧差を変圧器のインピーダンス電圧と呼ぶ．正確にはインピーダンスは導体の直流抵抗分とリアクタンス分のベクトル合計であるが，電力用変圧器では抵抗分は非常に小さいため，ほとんど，漏れリアクタンスがその変圧器のインピーダンスと等しい．

また，漏れリアクタンスは，上述したように，一次巻線と二次巻線の形状で決まる．巻線自体が半径方向に大きな厚みがある形状なので，実際の設計は複雑であるが，詳細な設計を別にすれば，傾向的には，巻き回数，巻線間の空間寸法，巻線の高さなどがパラメータとして作用する．経済的な設計とのバランスで決める必要があり，わが国では標準的には66kV級で7.5％，275kV級で14％が採用されている．

インピーダンスの単位は，オームで表すこともできるが，周波数や一次側からみるか二次側からみるかによってオーム値が異なり煩雑なので，定格に対する％で表現するのが通例である．たとえば，14％のインピーダンスをもつ変圧器の二次側で短絡事故が起きたときに，流れる短絡電流は定格電流の100％/14％＝7.1倍の電流が流れることになるなどと計算することができる．

大容量の変圧器ほど，この漏れ磁束量が大きくなるので，巻線や構造物・タンクなどが渦電流により過大な温度上昇を生じないように適切な配慮が必要である．漏れ磁束という用語は，副次的なイメージを与えるが，変圧器の機能および系統機器にとって非常に重要な事象である．

3) **単巻変圧器** 通常は一次巻線と二次巻線は別の巻線とするため，分離巻線と呼ぶが，図11.5.6に示すように二次巻線の部分を共有してその上に一次巻線を積み重ねた接続のものを単巻変圧器，英語ではオートトランス（autotransformer）と呼んでいる．共有部分を分路巻線，その上に電圧的に積み重ねた部分を直列巻線と呼ぶ．一次巻線と二次巻線の中性点が共有されていることから，系統の接地条件が直接接地系統の場合にのみ適用される．一次巻線が縮小できることから一次500 kV／二次275 kVなどの変圧器に標準的に適用されている．

c. 鉄心構造と磁気特性

4) **鉄心材料と鉄心構成** 電力用変圧器の鉄心材料はけい素鋼板が一般的である．冷間圧延方向性けい素鋼帯が使用されている．これはけい素の含有率が3〜6％程度で結晶の磁化容易軸を圧延方向とし，表面コーティングにより，圧延方向（磁束方向）に張力を加えたものである．柱状変圧器で用いられているアモルファス合金などの材料は磁束が通ったときの損失が少ないという点で優れているが，幅が200 mm程度まで，厚さが0.03 mm程度までが製造の限界で飽和磁束密度が1.56 T（けい素鋼板は2 T）と低いので，大きな寸法を必要とする電力用変圧器に使用するのは現実的でない．アモルファス合金は通常の合金と異なり，結晶構造ではなく，溶融金属の

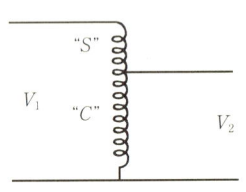

図11.5.6 単巻変圧器の構成
分路巻線を共有しているため，直列巻線が節約できる．

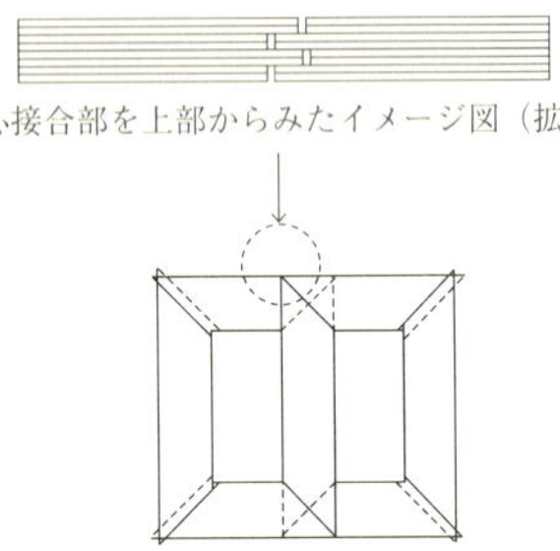

S：直列巻線，C：分路巻線

図11.5.7 鉄心接合構造
ラップ積み鉄心の説明．接合部で磁束は隣のけい素鋼板を通るため，流れに乱れが出る．

噴射流を急冷させて形成させた非晶質の金属箔帯である．

方向性けい素鋼帯は，製造時の圧延方向に磁束を通すと損失が少なく，その特性を最大限に活用できる．2枚のけい素鋼帯が直交する接合部は一般的に45°の角度で構成し，突き合わせる．すべてのけい素鋼帯を同じ位置で単純に突き合わせると空隙ができ磁束の流れを阻害するため，けい素鋼帯の突合せ位置を30 mm 程度ずらして積み上げて接合する構造を，ラップ接合あるいは交互積み接合と呼ぶ．図 11.5.7 にラップ接合方式とその時の接合部の磁束の流れの説明を示す．けい素鋼帯表面には無機質絶縁皮膜を施す．初期のころは表面にさらにワニスベーキングを施していたが，最近ではベーキングをしないのが一般的である．

内鉄形の場合には，巻線が円筒形をしているため，内部の空間を有効利用するために，鉄心の断面形状を円形にする．円に近いほど占積率がよくなり小型化できるが，薄いけい素鋼帯を幅を変えて切断し，積み上げる作業が煩雑になる欠点がある．最近では鉄心切断と積み上げ作業を自動化した機械が採用されている．鉄心自体の冷却のために，何箇所か隙間を作り油道を設けている．

三相構造とするためには3脚鉄心と5脚鉄心がある．図 11.5.2 (a) のように主脚3本で構成し，ヨーク鉄心でつないでいる3脚鉄心では，ヨーク鉄心と主脚は同じ磁束が通るため，同じ断面積で構成する．5脚鉄心は図 11.5.2 (b) に示すように中央に主脚3本を設け両脇に側脚を設けた構成である．主脚の磁束は三相で120°ずつ位相がずれているため，側脚およびヨークには主脚の $1/\sqrt{3}$ の磁束が通ることになり断面積を縮小できる．そのため大容量の変圧器で輸送高さを低減するときなどに採用されている．

外鉄形の場合には鉄心断面は角形でけい素鋼帯を積み上げている．

2) 励磁突入電流 前述したように常時の励磁電流は定格電流の 0.2～0.5% 程度ときわめて小さい．しかしこれは鉄心が飽和していない，磁束を通しやすい状態のときである．鉄心材料の飽和磁束密度（通常は 2 T 程度）を超える場合は透磁率が激減し，ほぼ真空の透磁率に近づく．したがって，電圧を維持するために必要な起磁力を

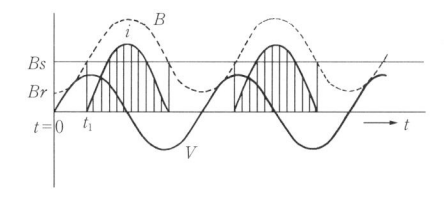

図 11.5.8 励磁突流の原理
鉄心の磁束が飽和磁束密度を超えた段階で励磁電流が急増する．磁束は鉄心の電圧の積分であるため，残留磁束密度が大きいほど，電圧の零点に近い位相で投入するほど，飽和が起こりやすい．

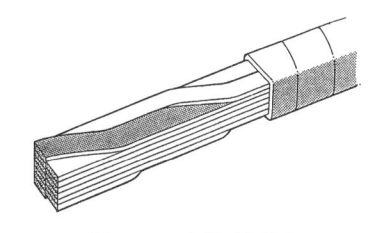

図 11.5.9 転位電線構造
電線の渦電流損を少なくするために，複数の電線をより合わせ，位置を周期的に転位させた構造．

得るためにきわめて大きな電流が流れる必要がある．この電流を励磁突入電流（励磁突流）と呼ぶ．波高値の表現で，定格電流の4～6倍程度の電流が流れる．

変圧器の使用状態で回路を遮断すると，鉄心にはある値の磁束が残留する．この状態で再度変圧器が励磁されると，電圧と磁束は図11.5.8のような関係で変化する．図は励磁突入電流が最大になる条件として，正弦波形の電圧が位相0°で接続されたときを示す．磁束は電圧波形の積分値であるから，初期値（残留磁束）Brから始まり，時刻t_1の時点で飽和磁束密度Bsに到達する．これ以降は励磁突流iが流れる．磁束密度がBsを下回ったときにこの電流は通常の励磁電流に戻る．この現象は残留磁束が減衰するまで持続し，数秒から長い場合には数十秒持続する．励磁突流は大きな電流が変圧器に流入するが流出していかないため，差動式保護リレーにとっては変圧器の内部事故と混同される．片側極性のみ流れることや，波形的に電源周波数の2倍の波形に近いなどの特徴で識別して保護リレーの誤作動を抑制している．

d. 巻線構造と絶縁・冷却特性

1) 巻線導体 導体には気密度を高くして絶縁耐力を高めたクラフト紙を用いた紙巻銅線や機械的強度を高めたポリビニール・ホルマール線などのエナメル銅線が使われる．導体形状は電流容量の関係から平角銅線が使用されるが，電流が大きい場合，あまり太い銅線を使うと渦電流損が増大し，また，巻き作業が困難になるため，適当な太さの紙巻銅線を何本か並列にして使う．この場合には各並列銅線に電流が一様に流れるように適当な転位（相互配置の入れ替え）を行う．並列銅線の1本1本に絶縁紙を巻いて厚く絶縁すると占積率が悪くなるので，図11.5.9のようなホルマール被覆銅線をより合わせ，全体の上に絶縁紙を巻いた転位電線が使用される．

2) 雷インパルスに対する絶縁特性 商用周波数近傍の交流電圧に対しては，巻線の各部の電位は容易に計算することができる．一方，急峻波形である雷インパルスが印加されたときの巻線内部の電位は巻線のもつ静電容量と，インダクタンスによって左右され，しかも，印加瞬時とその後の電位分担が異なるために起こる振動波形となるため時刻によって電位が変化する．

きわめて単純化すれば，雷インパルス印加時の変圧器の応答を検討するための等価回路は図11.5.10で表現できる．電圧印加直後は静電容量が支配的で，その後，時刻の進展とともに振動波形となる．印加直後が直線的な電位分担になるほど，その後の振動成分を抑制できる．線路端子の近傍に電圧が集中することを防ぐためには，直列の静電容量を増大させることが有効である．

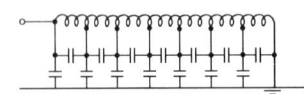

図 11.5.10 雷インパルス印加時の変圧器の初期電位分担
雷インパルス印加時の変圧器はLとCの直並列で構成された等価回路で考えられる．直列のCが大きいほど電位分担は均等化される．

3) 巻線構造の種類と特徴 変圧器の巻線は使用定格によっていくつもの種類を組み合わせて構成されている．主な種類を図11.5.11に示すが特徴は下記のとおりである．

11.5 変圧器

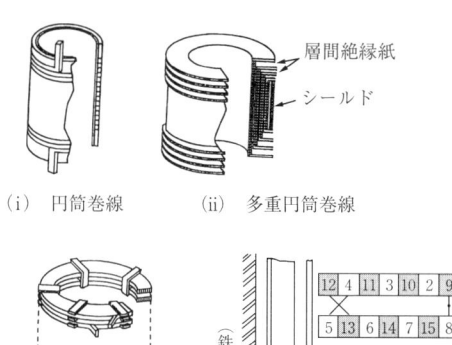

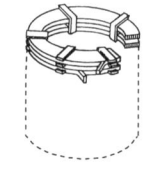

図 11.5.11 巻線の種類

(i) 円筒巻線
(ii) 多重円筒巻線
(iii) 円板巻線（連続円板，ハイセルキャップ円板）
(iv) ハイセルキャップ円板巻線の接続
(v) 外鉄形サージプルーフ巻線

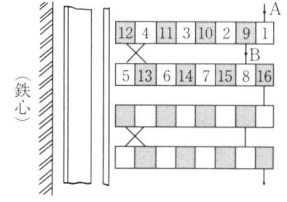

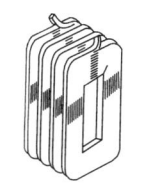

(i) 円筒巻線: 一番簡単な構造で，導体を絶縁筒上にコイル状に巻き上げたもので，小容量の変圧器や三次巻線などに適用する（図 11.5.11 (i)）．

(ii) 多重円筒巻線: 円筒巻線を何層にも接続した構造．二層間の両端で巻線二層分の電圧差が発生するので，絶縁筒に傾斜を付けて絶縁距離を確保する．線路端に静電シールドを配置し，最外層の静電容量を増加し，かつ，各巻線間の対向面積が大きいため静電容量が大きくなっている．このため雷インパルスに対する絶縁設計が容易である．冷却特性も軸方向に絶縁油を流しやすい構造である（図 11.5.11 (ii)）．

(iii) 連続円板巻線: 平角銅線あるいは転位電線を半径方向に連続巻きにし，バウムクーヘンのような輪切りの円板を作る（図 11.5.11 (iii)）．円板 1 枚の単位をセクションと呼ぶ．このセクションを何段も積み上げて巻線を形成する．各円板間は絶縁距離と冷却のための油道を確保するためにプレスボードのスペーサを置いている．巻線全体をプレスボードで円筒形に包み込み，冷却のための絶縁油は下部から上部に向かって流し，巻線内部は円板に沿って数セクション単位で半径方向にジグザクに流す．巻線占積率が大きいことと，巻線の機械的強度が得られやすいことから低電圧から高電圧まで広く適用されている．ただし，多重円筒巻線に比べると直列の静電容量が小さいため，高電圧では雷インパルスに対する電位分布の改善のために線路端部の 2 セクションにまたがったターン間シールドやコンデンサカップリングシールドを設けて静電容量を増大させるなどしている．

(iv) ハイセルキャップ円板巻線: 円板巻線の 1 種であるが，連続円板巻線が 1 本の電線を巻いているのに対し，ハイセルキャップは 2 本の電線を同時に巻いて製作し，2 セクションの巻き始めと巻き終りの部分で，図 11.5.11 (iv) では 8 と 9 の導体

を接続する．ターン間の電位差が大きくなるため，等価的に直列キャパシタンスを増やすことができ，特別なターンシールドを設けなくてもすむ利点があり，500 kV 級の超高圧変圧器に適用されている．直列静電容量が大きいということで high series capacitance の略語である．インターリーブ巻線とも呼ばれる．冷却の構造は連続円板巻線と同様である．

（v）外鉄形サージプルーフ巻線：略称パンケーキ巻線と呼ばれる．矩形の型に平角銅線を巻き付けて形成する矩形板状巻線で，円板巻線でいう2セクション分単位で製作する．板状巻線間にカルタと呼ばれる絶縁物を配置し，絶縁距離と冷却のための油道を確保する．両端で板状巻線2セクション分の電圧差が発生するので巻線は皿状に傾斜させている．冷却のための絶縁油はカルタで設けられた空間を下部から上部に流れる．巻線間の対向面積が大きく，直列静電容量が大きいなど，特徴的には多重円筒巻線とよく似ている（図 11.5.11 (v)）．

e. 温度設計と冷却

変圧器の温度上昇は長期的には固体絶縁物の寿命，短期的には絶縁油の気泡発生に影響する．絶縁物は耐熱クラスによって分類され，油入変圧器は耐熱クラスAの105℃が許容最高温度（長時間許容最高温度）である．変圧器の寿命は95℃連続使用で一般に30年ぐらいとされている．短時間過負荷としては運転指針では150%過負荷および巻線最高点温度140℃を限度としている．変圧器の巻線温度は，周囲の油温に巻線の温度上昇を加算したものになり，変圧器上部が最も高くなる．

巻線および鉄心の冷却は絶縁油を巻線油道および鉄心油道内を通すことにより行い，高温となった油を冷却器で冷却する．冷却器の方式には自冷，風冷，水冷がある．

11.5.3 ガス絶縁変圧器

絶縁油の代わりに SF_6 ガスを用いた変圧器がガス絶縁変圧器である．ガス絶縁変圧器の日本における1号器はガス絶縁開閉装置（GIS）よりも早く，1967年に巻線がケーブル式で絶縁された 66 kV-3 MVA が完成している．その後，不燃性という特長が注目され，1979年にフィルム絶縁を採用して再度製品として登場した．絶縁フィルムには耐熱クラス E のポリエチレンテレフタレート（PET）フィルムや耐熱クラス F のポリフェニレンサルファイド（PPS）フィルムなどが実用化され，設計の自由度が拡大した．油絶縁変圧器の場合には，クラフト紙で電線の被覆をすれば油浸により良好な絶縁性能が得られたが，ガス絶縁の場合には，紙では空隙が多く絶縁物として機能しない．そのため，電線の被覆のためのフィルム絶縁の開発実用化が必須であった．

中小容量器は SF_6 ガスのみでの冷却が可能であるが，大容量器の場合には，当初は SF_6 ガスのみでは冷却性能が得られず，冷却液としてフルオロカーボン $C_8F_{16}O$ を適用する構造が採用された．絶縁油のように巻線を液体に浸漬させ循環させるもの，巻線に液体を振り掛けて蒸発冷却するもの，液体を区画して巻線内に冷却液を循環

させるものなどが開発された．しかし，大きさ，価格などの課題が多く，その後，400 kPa 程度のSF$_6$ガスのみで冷却する構造の大容量ガス絶縁変圧器が実用化され，わが国では 275 kV-300 MVA，海外向けでは 345 kV-400 MVA まで製品化されている．構造的には油入変圧器の円板巻線を採用した構造に似ている．異なる点は絶縁材料が紙やプレスボードに代えて B 種 PET フィルムや低誘電率の高分子絶縁ボードを使用している点である．後者の採用は油の比誘電率が約 2.2 なのに対し，SF$_6$ガスは比誘電率が 1 であるため，同一形状では電界の集中が起きるのを防ぐためである．

ガス絶縁変圧器の特長は不燃性と，コンサベータが不要なため高さが低くできることにあるため地下変電所など屋内設置の場合に総合的な建設コストの低減を目的に採用されている．

11.5.4 負荷時タップ切換器
a. タップ巻線と負荷時タップ切換器の配置

変圧器の変圧比を運転状態で変えるために用いるのが負荷時タップ切換器（on load tap changer, OLTC あるいは LTC）である．変圧比を変えるには巻数比を変えることになるためタップ巻線と呼ぶ，あらかじめ変動分に相当する巻線を配置し，巻数に応じた位置に接続端子を出しておく．変圧器主巻線とこれらの端子との接続を切り換えることにより変圧比の変更を行う．標準的には LTC は変圧器の高圧巻線の中性点側に配置する．単巻変圧器の場合にまれに二次巻線の線路側に配置することもあるが，絶縁設計への配慮などから，わが国では中性点側への配置が一般的である．

タップ巻線はタップリードを引き出す必要性から，最外層に配置したり，変圧器の主巻線と巻線構造が異なったりすることから，静電容量など主巻線と特性が異なる．雷インパルスの進入時にタップ巻線が主巻線とは別の電位振動をすることが多いため，高電圧の変圧器では電位抑制用に酸化亜鉛などの保護装置をタップ巻線に併置することがある．

b. 極性切換方式と転位切換方式

タップ巻線の巻数を節約するために，電圧調整変動幅に必要な巻数の半分でタップ巻線を構成し，電流の流れる向きを反転させる切換方式（極性切換）とタップ巻線の主巻線につながる位置を転位する方式（転位切換）とがある．わが国の高電圧，大容量器では構造が単純な極性切換の方が一般的であるが，外国では特性面や損失面で長所のある転位切換も採用されている．

c. 電流切換方式

LTC はタップ選択器と切換開閉器とからなる．タップを切り換えるときには，次に接続するタップに選択器で接続し，選択したタップへ開閉器で接続切換をしていく．どの時点でも中性点との主回路接続を断路しないように，必ず，2 つの端子を橋絡しながら次の端子へと移る．このときに電流切換が生じる．抵抗方式とリアクトル方式の 2 種類の方式があるが，現在では抵抗方式が標準である．切換動作の中間段階

で瞬間的には2つのタップが橋絡するタイミングがあるが，抵抗式の場合には，このときに，タップ間の循環電流を制限するために抵抗を直列に挿入する方式である．

リアクトル方式の場合には，常時リアクトルが挿入されている．リアクトルが連続使用定格となるため大型化する欠点があるが，一方，切換動作が緩慢となっても定格的には耐えられる．抵抗方式の場合には，抵抗は短時間使用定格のため，高速の切換が前提となる．

LTCの切換能力は，切り換えた後の切換器の極間に発生するタップ電圧と，切り換える電流値とで表す．

開閉器は標準的には耐弧メタル（アーク電流で溶損のしにくい材料．一般的には銅とタングステンの合金）のついた接点で油中で電流開閉を行うが，最近では中小容量の変圧器用に真空バルブを用いた開閉器が適用され始めている．ガス絶縁変圧器では真空バルブを適用した開閉器が標準である．

11.6 開 閉 装 置

11.6.1 開閉装置の変遷
a. 交流遮断器の変遷

交流遮断器の遮断の原理は，電極を開離させて，その間に発生したプラズマ状のアークを冷却し導電性を低下させて遮断し，その後の電極間に現れる過渡性の過電圧に極間絶縁が耐えることにより完了する．交流遮断器は遮断能力のほとんどない気中開閉器として1880年代後半にまず製品化されたが，電力系統用としては1890年代に木製ないしは鉄のタンクに入れた絶縁油中で電極を開閉する並切形油遮断器が最初である．その後，電極の周囲を壺形の絶縁物で包み，電極間のアークによって高圧力の水素ガスを発生させ，ガスの急膨張によってアークを冷却し，ガス流によって吹き消すという消弧室付油遮断器が開発された．

その後，消弧室の形状の工夫，使用油量の低減が進められた．碍管の中に消弧室を納め，これを支持碍管で支えた小油量形油遮断器や接地タンクの中に油消弧室を入れたウオッチケース形油遮断器などが，国内での開発およびウェスティングハウス（WH）社の技術導入などによって製品化され，超高圧系統まで適用拡大された．

一方，遮断失敗した場合の火災の危険などから油を使わない遮断器として，圧縮空気を用いた空気遮断器の開発が欧州メーカを中心に進められ，1930年代に超高圧級まで初期の製品化が進んだ．日本でも自力開発が進められていたが，1950年代にブラウンボベリ（BBC）社の技術導入などを契機に大容量器まで空気遮断器の適用が始まった．その後，高速化，耐震，耐塩害，遮断性能向上などの改良を経ながら500 kVまで適用が拡大した．空気遮断器の原理は，常時3 MPa程度の高圧力の空気を保持しておき，遮断時に弁構造をそなえた電極を開いてこの高圧空気を電極間のアークに吹き付けるというものである．原理的には単純で遮断性能を得やすい特長があるが，常時高圧気体を封じておくために高低圧間の弁シール部分などの部品が多い

ことや，遮断時に高圧空気の排気音が大きいという欠点があった．

わが国では1960年代後半に各社で活発にガス遮断器の開発が行われた．当初は空気遮断器の様に常時1.5 MPa程度のSF$_6$ガスを封じておき，遮断操作時に電極を開離してアークにこの高圧SF$_6$ガスを吹き付けるという原理であり，二重圧力式あるいは複圧式と呼ばれた．日本では大容量器はウェスティングハウス社やブラウンボベリ社から二重圧力式の技術が導入された．1965年には日本最初の84 kV-31.5 kAガス遮断器が製作された．空気遮断器と異なる点は，空気は大気中に放出するが，ガス遮断器はSF$_6$ガスを再使用するため，排出されたガスを300 kPa程度の圧力の低圧側で回収し圧縮機で再度高圧に蓄えるという閉サイクルとしている点である．

二重圧力式ガス遮断器は小さな操作力で所定の遮断性能が得られるという長所がある反面，弁シールなどの部品点数が多いことや圧縮機が必要であること，高気圧のSF$_6$ガスは10℃程度で液化するため，液化防止用のヒータが必要であるなどの短所があった．これらの短所を克服するために開発されたのが単圧式ガス遮断器である．原理としては，600 kPa程度のSF$_6$ガス圧力の中で，電極と一体となった消弧室で高圧力のガス流を作り出してアークに吹き付ける方式である．圧力発生の方式はふいごの原理を用いておりパッファ式とも呼ぶ．欧州，日本で同時並行的に活発に開発が進められ，わが国では1967年に最初に適用され，その後，各種の改良が加えられ，今では大容量の交流遮断器の標準になった．空気遮断器や二重圧力式ガス遮断器の技術が欧米からの技術導入を基に日本で適用が拡大したのに対し，この単圧式ガス遮断器は開発の初期段階から，日本の技術が世界の先端をリードした．

遮断原理として真空が消弧方式として可能性があることは1890年代には知られていたが，真空技術や冶金技術が未発達であったため，実用化されたのは1950年代に入ってからであった．アメリカのジェネラルエレクトリック（GE）社で1962年に34.5 kVが製品化された．わが国では1960年代より開発が進められ，1965年に7.2 kVの初製品が製作されて以来，真空管理技術や遮断原理の研究が進み，36 kV以下では遮断器は標準的に真空遮断器が適用されている．72 kV以上では1974年に最初の製品が製作されて以来，現在では国内で120 kV，海外向145 kVまで製作されている．

b．ガス絶縁開閉装置の導入

遮断器以外の変電機器も一体となってSF$_6$ガス絶縁化されたものをガス絶縁開閉装置（gas insulated switchgear, GIS）と呼ぶ．変電所の構成機器としての遮断器，断路器，避雷器，変成器などとともに，各回線を接続している主母線も含めてガス絶縁化したものである．欧州では当初，高圧力の圧縮空気を封入した接地タンク内に機器を収納した構造も開発されたが，より低い圧力容器で可能なことから400 kPa程度の圧力のSF$_6$ガスを接地タンク内に封入したGISが製品開発の中心となった．

わが国では1968～69年に72/84 kV系統で最初のGISが設置され，フィールド試験，実用運転が始まった．1970年には168 kV，300 kV，1973年には550 kVと急速に実用化が進められた．世界的にみてもきわめて急速に適用拡大が進められた背景には，

GISとすることにより，変電所を気中絶縁機器で構成した場合と比べて面積で10～15%程度まで縮小できることがある．わが国は都市部での変電所の立地場所の確保がきわめて困難であり，また山岳地域も含めてできる限り造成面積が小さくて済むGISに対する需要が大きいことがその理由である．

都市部では地下変電所の必要性も高くなり，GISは気中変電所構成に比べると高さが低くでき，容積比では気中絶縁機器構成の5%程度にまで縮小できる．地下変電所では造成費用の削減が建設費の削減に大きく貢献することからGISの需要がますます進んだ．

66/77 kV系統の受変電設備のGISとしてSF$_6$ガスの封入圧力を200 kPa程度とし，キュービクル状のタンク内に機器を収納した構造のもの（C-GIS）も製品化された．圧力容器の構造が簡略化できるメリットがある．

11.6.2 交流遮断器
a. 基本機能
交流遮断器は三相交流回路のスイッチであり，保護制御装置からの開あるいは閉指令を受けて高速で動作する．開閉時に遮断あるいは投入する電流は，回路で相間短絡や地絡事故が起きているときの数万Aの遅れ位相の事故電流，力率が0.9程度で大きさが100～数千Aの負荷電流，コンデンサ回路や相手端が開放状態の送電線の数～数十Aの進み位相の電流，リアクトルや励磁状態の変圧器の数～数100Aの遅れ位相の電流，など非常に広範な種類と値にわたる．回路条件と開閉時の回路現象は6章の大電流技術を参照されたい．

遮断器の基本的な責務として，① 開・閉指令に対し定められた時間で動作すること，② 定められた回路条件での電流遮断ができること，③ 短絡が起きている回路への投入指令などを想定して，投入するときには必ず引き続き遮断まで一連の動作として完了できる構造であること，④ 投入と遮断の混在した指令が出たときは遮断を優先し，たとえ一旦投入しても最後は遮断で終わること，などが挙げられる．また，動作頻度としてはごくまれに動作機会があるという稀頻度動作や，毎日切換動作をする多頻度動作などがあり，機械としての動作信頼性の確保が重要である．

b. 遮断時間
開指令を受けて電極が開離するまでの開極時間と電極開離後に電流が遮断されるまでのアーク時間の合計の最長時間を遮断時間と呼び，遮断器の最も重要な仕様となる．アーク時間は電流の周波数が50 Hzか60 Hzかで絶対値が異なるため，遮断時間の単位は商用周波数の何サイクル分かで表現し，現在最も短い仕様は超高圧以上の系統に適用する2サイクル，長いものは66/77 kV系統での5サイクルまである．系統で事故が発生したときには，保護リレーの動作時間とこの遮断時間の合計した時間だけ系統で事故電流が流れる．

表 11.6.1 交流遮断器の標準動作責務の規格

一般用	A 号	O-(1分)-CO-(3分)-CO
	B 号	CO-(15秒)-CO
高速度再閉路用	R 号	O-(0.35秒)-CO-(1分)-CO

注）O：遮断動作，C：投入動作

c. 動作責務と高速度再閉路

遮断器の動作責務は，投入動作をして即遮断動作をする場合（一般用B号）と，投入状態で使用していて遮断指令を受け，短時間後に再度投入動作をする場合（一般用A号）とに分けて規定されている．標準動作責務は規格で表11.6.1のように規定されている．再度投入投動作のインターバルが0.35秒と短いものを特に，高速度再閉路用R号と規定している．遮断動作を"O"，投入動作を"C"と略記する．

動作責務を考えるときに，遮断器の極間の絶縁は遮断後1秒以内で常態に復しているので，配慮すべきは操作機構がこの動作パターンに追従できるか否かである．操作エネルギーとしては電動機で蓄勢したばね力（ばね操作方式），油ポンプで蓄圧した油圧力（油圧操作方式），コンプレッサで蓄圧した圧縮空気力（空気操作方式）などがあるが，1つの動作をするたびに蓄勢エネルギーが減少していく．減少分を電動機やポンプの起動で復帰させる．一般的には，ばね操作方式および油圧操作方式はO-C-Oの一連の動作を，空気操作方式ではCO-COの一連の動作分は補充なしで動作できるように設計している．

高速度再閉路動作は架空送電線路用の遮断器に要求される機能である．雷による鉄塔での地絡などは一旦その地絡電流を遮断し，一定の時間を経過すると絶縁が回復して再度運用が可能になることが多い．その時間として1秒程度を確保して再閉路をする．単相ごとにこの動作をさせる方式（単相再閉路方式）と三相を一括して動作させる方式（三相再閉路方式）とがある（11.4.2b参照）．

d. 多点切り構造

遮断性能を確保するために，1つの消弧室では性能が得られないときあるいは合理的な設計にならないときに，複数の消弧室を直列接続する構造を多点切り構造と呼ぶ．たとえば空気遮断器では550 kV-50 kA定格では最大12個の消弧室を直列に接続した12点切り構造が採用されたこともある．

多点切り構造では性能を確保するために，① 直列消弧室で分担する電圧が均等化されていること，② 開極のタイミングにずれがないことが重要である．分担電圧の均等化のために並列に高抵抗あるいはコンデンサを設けている．このため，遮断器が開極状態であっても，この高抵抗あるいはコンデンサを通して負荷側電極には電圧が誘起されている．高抵抗で分圧している場合には，遮断器に断路部と呼ぶ電極を設け，最終的には断路部を開いて完全に開路する．

SF_6ガスは絶縁および遮断性能に優れているため，研究開発の結果，現在では

550 kV 定格まで1遮断点での構成が可能となっている．直列の遮断点数が少ないことは，部品点数の削減や，電圧分担用コンデンサの省略などの利点がある．

e. 状態監視

遮断器の遮断性能を保証するためには，絶縁媒体や操作機構の蓄勢エネルギーが所定の状態である必要がある．これらの条件が具備していないときに遮断動作を行うと遮断ができずに保護システム上不都合であるだけでなく，遮断器自身の破壊に至ることがある．そのため，条件が具備していないときには操作指令を受けつけない，あるいは操作指令を出さないようにインターロック回路を構成する．絶縁媒体監視は SF_6 ガスの場合には温度補償付圧力スイッチ（密度スイッチ），操作エネルギー監視は空気圧力や油圧力の圧力スイッチを用いて行っている．高速度再閉路用の遮断器では，O-CO の一連の動作ができる状態にあるか否かの条件も圧力スイッチの接点の ON/OFF で保護制御側に提示されている．

遮断器の投入や開路制御にソレノイドコイルが用いられているものが多い．最近ではこれらのコイルの断線がないかを保護制御回路から常時監視している例も多い．

f. 補助開閉器

遮断器が投入状態か開極状態にあるかを外部に示すために，補助開閉器が取り付けられている．投入状態で閉，開極状態で開となるものを a 接点，逆の動きをするものを b 接点開閉器と呼ぶ．標準的には遮断器の操作機構部内に設けられている．遠方からの系統監視装置や保護リレーはこの補助開閉器の動きを基に遮断器の状態を判断しているので信頼度の高いことが求められる．

11.6.3 ガス遮断器

a. 単圧式ガス遮断器の構造

代表的な構造例を図 11.6.1 に示す．製品化当初は消弧室を磁器碍管の中に納め，支持碍管で大地との絶縁を確保した碍子形ガス遮断器も適用されていたが，変流器（BCT：bushing type current transformer）を搭載でき据付面積が縮小できることと，耐震性能，耐塩害汚損に優れている接地タンク形が日本では標準になっている．タンク内は常時 600 kPa 程度の SF_6 ガスが封入されており，遮断動作のときには操作ロッドで消弧室を駆動し，所定の寸法を動いた段階で電極が開離し，アークが電極間に発生する．消弧室はパッファー室と呼ばれる圧縮室空間があり，動作によって 1 MPa 以上に圧縮されたガスがテフロンなどの絶縁材料でできたノズルと呼ぶガイドを通って電極間のアークに吹き付けられる．SF_6 ガスは，大電流のアークが空気中に比べて断面積が小さく時定数が短いため，開口面積の小さなノズルで効率的にアークの冷却が行え，また，電流遮断後の絶縁回復が早いという遮断媒体としての利点がある．

b. 遮断性能向上技術

遮断性能の向上は ① 所定の吹付けガス圧力ができるだけ小さな操作駆動力で得られること，② できるだけ低い吹付けガス圧力で遮断できること，③ 直列の遮断点数

が少なく構造が簡単であること，④ 操作駆動力が小さいこと，などを主体に進められてきた．

① については，単純にパッファ室を断熱圧縮して得られる圧力だけでなく，電極間で発生したアークの熱エネルギーを応用する技術開発が進められた．これにより消弧室の断面積や容積の縮小が図られてきた．図11.6.2はその適用技術の一例である．② については，ガス流の可視化技術やノズルの形状の研究などにより，ガス流路の合理化研究が進められた．必要な個所に必要なタイミングでガス流を導くという技術開発が進んだ．③ の直列点数の削減は，1点当たりの分担電圧が増大することになり，電流遮断後の電極間の絶縁回復速度を大幅に向上する必要がある．遮断直後の高温化したガスの挙動研究や電極形状の工夫による電界の緩和が進められた．電極の開離速度を合理的に上げるためには，消弧室に対向する側の電極も同時に動かす設計も採用され，④ の駆動エネルギーの低減にもつながっている．図11.6.3にわが国における1遮断点当たりの遮断性能の向上の変遷を示す．

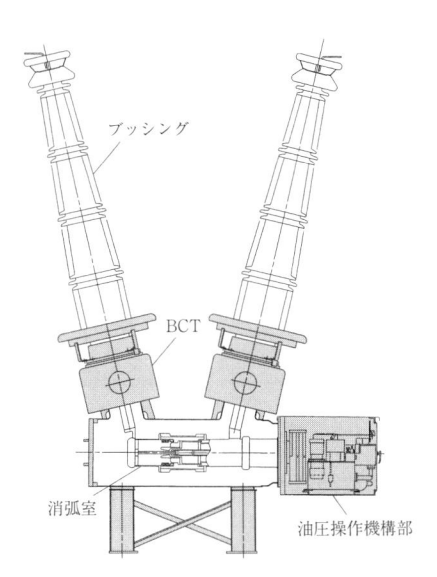

図11.6.1 単圧式ガス遮断器の標準構造
500~600 kPaのSF_6ガスを封入したタンク内に消弧室を配置．外部との電線接続はガスブッシングを通して行う．タンクにはブッシング形変流器を搭載することが多い．

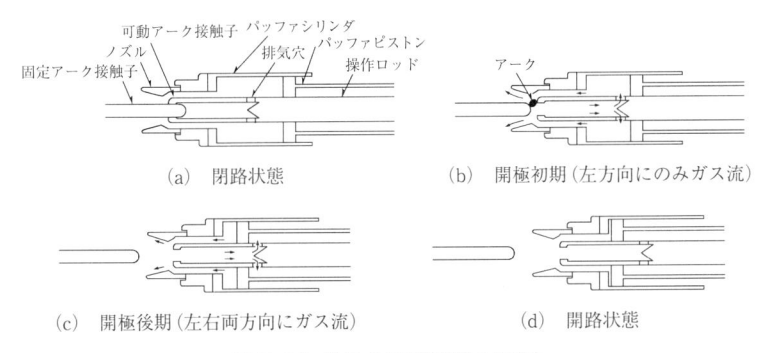

(a) 閉路状態

(b) 開極初期（左方向にのみガス流）

(c) 開極後期（左右両方向にガス流）

(d) 開路状態

図11.6.2 単圧式ガス遮断器の消弧室
パッファ室のガスがノズルを通って，電極間のアークに吹き付けられる．パッファ室の圧力はアークの熱エネルギーを利用して合理的に高められる．(a)～(d) の順．

c. 操作方式

ガス遮断器の代表的な操作方式としてばね操作，油圧操作，空気操作方式がある．

1) ばね操作方式 電動機でばねを蓄勢し操作する方式．原理的には投入用ばねと遮断用ばねの2つを有している．電動機で蓄勢するばねは投入用ばねを蓄勢しておく．投入動作で遮断側のばねも同時に蓄勢し，次の遮断動作を可能とする．したがって原理的に投入側のばねが大きくなる．周囲温度や，動作責務によって動作時間が変動しないことが大きな利点であり，開閉極位相制御方式に適している．

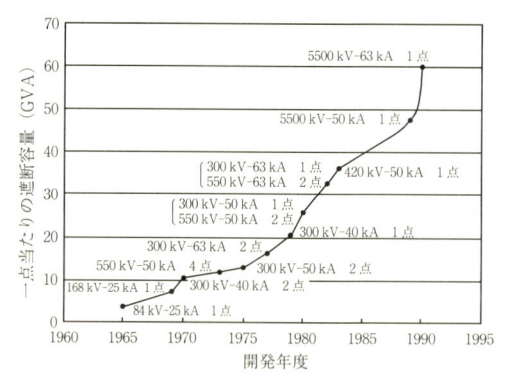

図11.6.3 1遮断点当たりの遮断性能の向上の変遷(GVA) 運転中のわが国における単圧式ガス遮断器の性能向上が著しいことがわかる．

2) 油圧操作方式 アキュムレータ内に窒素ガスを密封し，油ポンプで油を送り込むことによりピストンを押して窒素ガスを圧縮し，反力で油圧力を得る方式やばねによって油圧力を蓄勢する構造などがある．操作機構として操作ピストンがあり，投入状態では受圧断面積の差で投入側に押されている．遮断動作は操作ピストンの片側の油を排出することにより，差圧力でピストンを駆動する．定格操作圧力として30 MPa程度の高圧力が採用されており，大容量器でもシリンダなどが小さく設計でき，また操作音が比較的小さいという特徴がある．

3) 空気操作方式 遮断器に空気タンクを具備して，1.5 MPa程度の定格圧力としている．操作の都度，空気弁を開いて遮断器の操作ピストンへ高圧空気を導入して駆動する．開・閉操作ともに空気を導く方式と操作ばねを併用して開・閉操作のいずれかをばね力で行う方式などがある．

11.6.4 ガス絶縁開閉装置 (GIS)
a. GISの構造

図11.6.4に1回線分のGISの例を断面図で示す．GISの構成機器のうち，遮断器は接地タンク形のガス遮断器と消弧室などは基本的に同一である．ほかの構成機器は400~600 kPaのSF$_6$ガスが封入された接地タンク内に導体などを収納している．回線と回線を接続する主母線がガス絶縁化されることにより，相間および回線間寸法が縮小され気中絶縁変電所と比べて大幅に面積が縮小される．縮小化率の例を図11.6.5に示す．

主母線は気中絶縁のままの構成とし，各回線単位をガス絶縁化したものを複合形ガ

ス絶縁開閉装置，ハイブリッド形 GIS などと区分して呼ぶことも多い．

b. 三相一体構造

　当初は各相ごとに分離した接地タンクで構成されたが，全体の縮小のためには三相分の導体や電極を1つのタンク内に収納したほうが有利である．図 11.6.6 は三相一体構造の GIS の例を示す．相分離構造の場合には基本的には軸対称の同心構造で絶縁を考慮すればよいが，三相構造では非対称となるため解析技術や検証技術の進歩が必要であった．また，他相からの電磁誘導や内部導体の発熱も三相分が1つのタンク内で発生することへ配慮が必要となる．導体の配置は接続母線のように分岐を考えなくてよい場合には，正三角形配置が一般的には最小化でき，機械的にもバランスがと

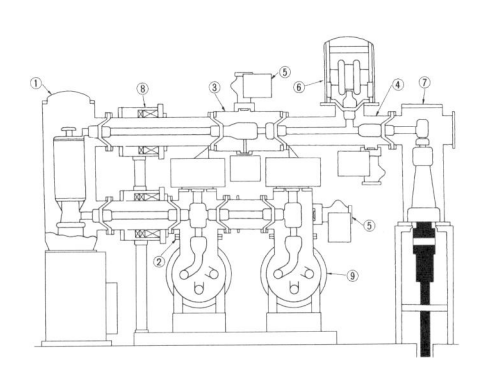

■ 部分名称
① ガス遮断器
　　240・300 kV-50 kA 1 点切り
　　320 kg/cm² ・f 油圧操作
② 母線断路器
　　ループ電流開閉性能付
　　三相一括リンク操作
③ 線路側断路器
　　直線形容器形状
　　三相一括リンク操作
④ 線路側接地開閉器
　　三相一括リンク操作
⑤ 接地開閉器
　　三相一括リンク手動操作
⑥ 増幅形計器用変成器分圧部
⑦ ケーブル接続部
⑧ 変流器
　　貫通形
⑨ 主母線
　　三相形

図 11.6.4 GIS の構成例（断面図）
遮断器，断路器，接地開閉器，計器用変成器などをタンク内に収納し，400-600 kPa 程度の SF₆ ガスを封入して絶縁している．

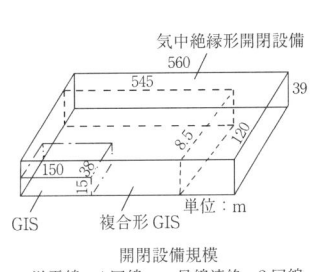

図 11.6.5 GIS と気中絶縁変電所との寸法比較（500 kV 変電所での構成例）
GIS は気中絶縁変電所に比べて画期的に縮小でき，面積で 10％程度になっている．

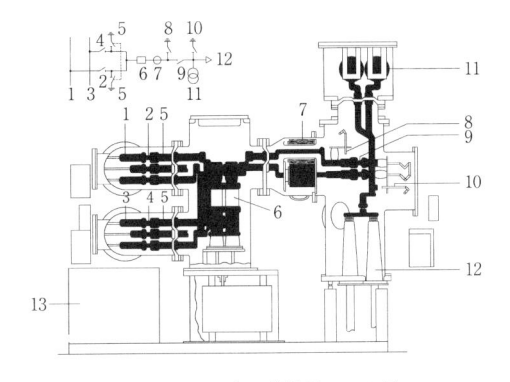

開閉設備規模
送電線　4 回線　　母線連絡　2 回線
変圧器　8 回線　　母線区分　2 回線

図 11.6.6 三相一体構造の GIS 例
1 つのタンク内に三相分の電極，導体を収納した構造．
対地絶縁と相間絶縁への配慮が必要．
番号は，結線図の番号に対応する．

れる．導体軸に直交する方向への分岐が必要な場合には，隣の相の導体との相間絶縁を確保し全体を縮小するために，四角形の3頂点に三相を配置する構造も採用されている．

一般的には三相1タンク構造が縮小化につながるが，電圧が高くなったり，定格電流が大きくなると個々の部品が大型化し，製造設備の大型化や，組立作業性が悪くなる．タンクを鋳物で構成する場合には，内径があまり大きくない方が製造しやすいこともあり，相分離構造が採用されることが多い．

c. 絶縁スペーサ

個別機器ではなく複数の機器を組み合わせたGIS構成では，ガス区画を区分するために絶縁スペーサが必要となる．機能上，ガス区画を区分する場所としては，主母線において隣の回線との仕切り，回線内では遮断器と母線側断路器との仕切りなどがある．区分用の絶縁スペーサは，絶縁物としての機能に加えて，ガスの差圧力に耐えるという機械的強度面での機能も必要である．

絶縁スペーサはAl_2O_3あるいはSiO_2などの添加物を含むエポキシ樹脂の注型品が使われている．区分した両区画の主回路導体の接続のために，絶縁スペーサには一般にアルミニウムの主回路電極が埋め込まれる．通電時の温度変化時に膨張係数がアルミに近いことから添加材入りエポキシ樹脂が適用されている．

気中絶縁機器に比べて絶縁寸法がきわめて縮小されているため，ガス空間の電界と運転電圧での絶縁物中の使用電界が高い．長年月の使用で絶縁物の寿命が問題とならないように，不純物やボイド欠陥のないように製造品質管理が施される．欠陥があって電気的に劣化する場合には，部分放電現象を伴って劣化すると考えられている．

ガス区画の必要のない絶縁スペーサは機能に合わせて柱状の形状（ポストスペーサと呼ばれる）などが適用されている．

絶縁スペーサの寸法はガス空間の電界設計とバランスをとって決められる．ガス空間の電界が高いため，導体表面に突起が存在したり，金属異物が存在したりすると当該部分の局所電界が高くなり，雷インパルスなどの急峻なサージ電圧に対する絶縁が著しく低下する．品質の確保のためには，GISの組み立て時の異物管理および運転中に異物を発生しない設計の採用がきわめて重要である．

d. タンクの接地

GISのタンクは保守作業などで触れてもよいように確実に接地をする構造である．面積的に広がりのあるGISでは複数箇所で接地しているため，タンクには運転電流による誘導電流が流れる．三相一括構造の場合にはタンクへの誘導は小さいが，相分離構造の場合には極端な場合には定格電流に近い電流が流れうる．したがって，タンクには電流が流れやすい構造を採用し，タンクのボルト接続部など必要な個所には積極的に通電導体が取り付けられる．表面積の小さい鉄製のタンクなどで，誘導電流を考慮しない設計の場合には，タンク接続部で絶縁構造を設け，単独の接地線を設ける．

運転中に断路器を開閉したりするときに，主回路に発生する高周波のサージがタンクに静電あるいは電磁誘導でサージ性電圧を誘起する．タンクの接地線は高周波に対してはインピーダンスが大きいため，場合によってはフランジ接続部などで火花が発生することがある．タンクのサージ性電圧はエネルギー的に人体には影響がないが，運転保守時に支障があるという場合には積極的にコンデンサや酸化亜鉛素子で高周波サージをバイパスすることが行われている．

また，電力ケーブルとの接続部分では，電力ケーブルのシース絶縁部分でシースのサージインピーダンスの不連続が発生するため，遮断器や断路器の開閉操作時に大きな火花放電が発生することがある．このときには，ケーブルのシースの保護という観点でバイパス用のコンデンサを取り付ける．

e. 複合化

GISの適用当初は遮断器，断路器，避雷器など各構成機器を単独のタンクで構成し，フランジ部分でボルト接続してGISを構成していた．運転実績も増え，GISの信頼性が実績的にも確認できてきたことから，より縮小化と経済性の向上のために複数の構成機器を複合し共通のタンクに収納する設計が採用されている．タンクを共有している例としては，断路器と接地開閉器，計器用変圧器と避雷器，遮断器と変流器/線路側断路器などである．複合化の長所とともに，万一の不具合時には波及範囲が拡大するなどのリスクがあることも理解しておく必要がある．

f. 主回路の接地

気中絶縁変電所では保守点検時の作業接地を断路器に付属している接地装置，点検台車による作業接地などで行う．GISの場合には内部導体が露出していないため作業接地に制約が多い．接地開閉器あるいは作業用接地開閉器をあらかじめ適切に設けておき確実に接地を確保するようになっている．

g. 状態監視

GISは主回路がタンク内に密閉収納されているために，赤外線監視や目視などで状態を監視することができない．内部で異常が起きると，① 部分放電が発生する，② SF_6 ガス中に分解ガス成分が含まれることから，外部からセンサを用いて診断する研究開発が進められている．精度やセンサの取付けなど実用面ではまだ課題があるが，今後より簡便な手法を目指して技術開発が進むと思われる．部分放電ではUHF領域での計測監視，分解ガスでは電気信号に変えての計測などが実用化されている．

h. 代替ガスの開発

SF_6 ガスは強力な温室効果ガスであるため，SF_6 ガスに代わる絶縁ガスの検討が進められている．電気的負性気体で化学的に安定なガスは，一般に温室効果ガスなので，自然界に存在している窒素ガスや二酸化炭素ガスによるガス絶縁開閉装置の研究が進められている．SF_6 との混合ガスも研究が進められている．将来，経済性や再利用などの管理手法などが改善されれば，SF_6 ガスの代替としての適用が考えられる．

11.6.5 ガス絶縁断路器

気中絶縁変電所とGISとでは基本的には結線状態は同一であり，断路器の使い方も同一であるが，発生する電気現象や要求される性能には大きな違いがある．根本的な違いは対地絶縁距離の違いにある．同じ電気現象が発生しても，気中絶縁の場合には問題とならないものが，GIS用断路器では接地されたタンクが導体あるいは電極の近くにあるために問題となることである．

a. ループ電流開閉性能

複母線構成の変電所で回線を使用中に接続を，たとえば甲母線から乙母線へ切換えるときに，母線断路器は母線連絡回線と当該回線とのループ回路の電流切換を行う．気中絶縁では大きな問題にならないが，GIS用では切替時に発生するアークの生成物が断路器内の絶縁物表面に付着して，沿面絶縁特性を低下させる可能性がある．絶縁物表面の沿面長さが気中のそれに比べて極端に短いために，分解生成物の影響が大きくなるためである．そのためGIS用断路器ではループ電流切換の機能を有する場合には，アーク生成物の発生が少ない電極構造の採用あるいは電極駆動スピードの増大，絶縁スペーサを近隣に配置しないなどの配慮がされている．またループ電流の100回遮断後の耐電圧試験による性能検証が義務づけられている．

66/77 kV系統などで，ループ状の系統構成のときに，受電側断路器の切換操作で系統のループ電流切替を行うときがある．この場合にも同様の検討が必要である．

b. 進み電流開閉と断路器再点弧サージ

無負荷のGIS接続母線を断路器で開閉することは，回路的には遮断器の進み電流開閉と同じであるが，電流が数10 mAときわめて小さいため，再点弧してもその電流はすぐに遮断される．断路器は遮断器に比べて電極速度が遅いため，図11.6.7に示すように，1回の開・閉動作で何回も再点弧を繰り返す．一旦再点弧が発生すると，断路器の電源側と負荷側の静電容量とでGIS接続母線を経由して電荷のやり取りが行われる．その結果，MHz～GHzオーダの高周波サージが断路器の極間アークに重畳して発生する．電極の設計が適切でないとこのときに極間のアークが接地タンク側に伸びて，地絡事故になる．気中断路器では接地電位が近接しておらず，また，周波数も遅いために問題にならなかった．

もう1つの問題は，この断路器サージがGIS中を往復伝播し，分岐部からの反射波などが重畳して，その波高値が運転電圧波高値の最大3倍程度にもなることである．周波数はMHz～GHz領域である．ガス絶縁では高電界部に針状の突起などがあると，雷インパルス領域よりも高周波で放電電圧が低下するため，針状金属異物をGIS中に残存させない管理が必要である．また，コンデンサを用いて電位を制御している部位は，高周波のサージが多数回印加される場合には耐量および周波数特性の面から配慮が必要である．対象としては，多点切り遮断器の電位分担コンデンサ，計器用変圧器のコンデンサ分圧部，巻線形計器用変圧器の巻線内電位分布などである．

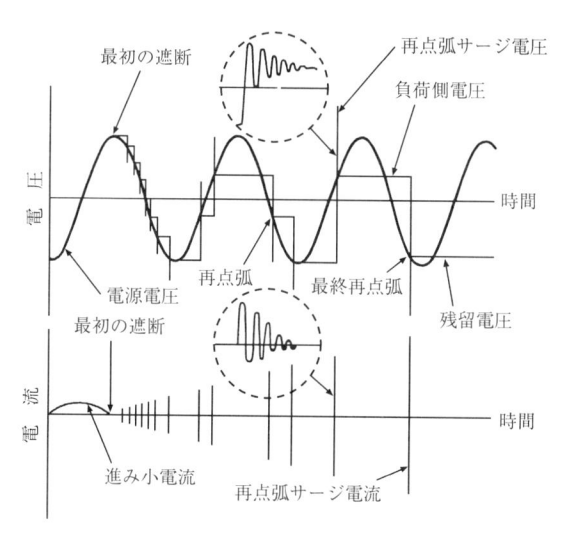

図 11.6.7 断路器の再点弧サージ
(電気学会技術報告(II部)第324号)
再点弧時の高周波サージの発生原理を説明している

11.7 避 雷 器

11.7.1 絶縁協調と避雷器

電気機器を設計するときには基準となる絶縁レベルが絶縁試験電圧として規定されている．雷や遮断器の開閉，系統の異常共振など電力系統には種々の過電圧の発生の要因がある．確実に所定の絶縁レベル以下で使用するためには，過電圧が発生したときに速やかに大地に放電させ，ある値(保護レベル)以下に抑制することが必要である．この詳細は11.2節絶縁協調にくわしい記述がある．

雷など一過性の過電圧に対しては，その現象が消滅したら即座に系統が通常運転に復帰できることが必要である．過電圧を大地に放電させるだけなら，保護ギャップでもある程度はできるが，大地に放電したあとに交流の地絡電流が流れ，その電流を自分自身では遮断できないため系統の地絡事故となる欠点がある．避雷器は保護動作後に流れる電流(続流)を抵抗で制限し，自分自身で続流を遮断して絶縁を回復できる機能(自復機能)がある．

11.7.2 避雷器の変遷．

わが国の避雷器は明治38年(1905年)にさかのぼるが，当時は単にギャップに直列に抵抗体を挿入したものであった．その後，アルミニウム電解皮膜が高い電圧をかけると絶縁が破れ，電圧が下がると絶縁を回復するという弁作用抵抗特性を有する

ことを利用したアルミニウムセル避雷器が，昭和20年ごろまで製造された．本格的な抵抗体を備え，続流遮断能力を有する避雷器は，抵抗体としての炭化けい素（SiC）と直列ギャップを組み合わせた弁抵抗型避雷器で，昭和20年代になってからである．

当初は直列ギャップ式が標準で，図11.7.1に示すようにギャップと抵抗体が直列に大地に接続されている．常時の運転時は系統とは直列ギャップで切り離されており，過電圧が印加されたときにギャップが放電し，電流が大地に流れる．抵抗体は図11.7.2に示すように電圧－電流の関係が非直線で，大きな電流が流れても抵抗体の端子電圧は低く抑制できるような特性である．

保護性能のためには，直列ギャップは放電電圧ができるだけ低いほどよく，一方，通常の開閉器の開閉動作では放電しないレベルが求められる．放電特性の安定化のために，複数の点数を直列にし，ギャップの分担電圧の均等化のために高抵抗が並列に配置された．碍子表面の塩分汚損や活線状態での洗浄水などがギャップの分担電圧に影響を与えるので，特殊使用状態の配慮が必要であった．

ギャップは放電特性の安定とともに続流遮断能力が重要であり，電流による電磁力を応用するものが多かった．磁気駆動や磁気吹消しの原理でアーク電圧を上げ，冷却して遮断させるのである．

11.7.3　酸化亜鉛形避雷器

昭和50年代に入り酸化亜鉛素子（ZnO）と呼ばれる新しい非直線抵抗体が開発実用化された．酸化亜鉛形避雷器は直列ギャップを用いず，抵抗素子のみを常時大地間に接続する．ギャップ放電による遅れがないため，雷インパルスなどの急峻な波形に対しても保護性能が大幅に改善された．また，ギャップ放電の特性のコントロールや続流遮断のための各種の部品が不要になったため，構造が大幅に簡素化した．

ZnO素子の非直線抵抗特性は図11.7.2に示すようにSiCに比べて格段に優れてお

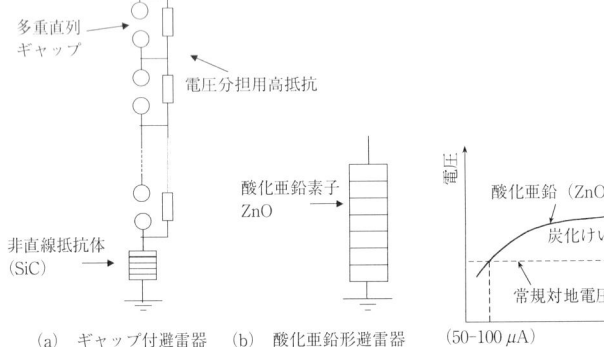

図11.7.1　ギャップ付，ギャップレス避雷器原理　　**図11.7.2**　避雷器の非直線抵抗体の電圧－電流特性

り，避雷器としての性能で常時の運転電圧では電流が 50〜100 μA 以下程度，10 kA の大きな電流が流れたときの電圧 V_{10kA} も機器の雷インパルス耐電圧よりもはるかに低くできる．電流―電圧特性が非直線というよりは平坦に近く，ZnO 素子がスイッチのオンオフに近い機能を有している．

ZnO 素子は ZnO の粉に Bi_3O_2 などの添加物を加えて加圧成形し焼成して作られる．添加物や焼成条件，上下面に蒸着する電極構造などで特性が異なる．ZnO の周りをとり囲む粒界層の半導電皮膜が非直線特性に重要な働きをしている．

素子の改良が進み，従来の半分の体積で同等の性能を有する素子が開発され，従来素子と比較して高耐圧素子と呼ばれている．避雷器の縮小化も進んでいる．これらの技術により，たとえばガス絶縁開閉装置（GIS）用の避雷器をほかの構成機器と同一の容器内に収納して構成することも可能となってきた．

避雷器の状態は常時の運転状態で流れている電流，漏れ電流で管理する．ZnO 素子は上下面に電極を蒸着していて静電容量が大きいため，漏れ電流の大きさはこの容量性電流で決まる．このため，容量性成分を除外した抵抗分電流のみを識別して素子の劣化診断を行う装置が実用化されている．

11.8 その他の変電機器

11.8.1 調相用コンデンサ

1938 年に 11 kV-500 kVA コンデンサが進相容量の調整用として設置されて以来，誘電体の改良，内部素子の冷却構造の改良，絶縁体製造技術の改良などにより順次大容量・高電圧に適用が拡大された．当初は誘電体として厚口絶縁紙に鉱物油を含浸したものが使用されたが，その後，1970 年代から縮小化の目的でアルミニウム電極箔をフィルム誘電体，油浸絶縁紙とともに巻回した構造が採用されてきた．鉱物油を芳香族炭化水素系合成油に代えて含浸させた紙・フィルムコンデンサの損失が 1/3 程度まで低減されたため，大容量化が可能となった．さらに，フィルムの表面を粗くして油の含浸性を向上させて紙の使用を省略し，新しい絶縁油を用いて高電界化と低損失化を実現したオールフィルムコンデンサが製品化された．

構造的には初期は小さな容器でコンデンサ単位（缶形コンデンサとも呼ばれる）を構成し，これを数多く直並列とすることにより所定の容量のコンデンサ群を形成した．しかし，占有容積が大きいことから，紙・フィルムコンデンサが実現したころから大地据置き式大容量コンデンサ構造が可能となった．

わが国のコンデンサ仕様の特徴として，コンデンサの接続時に流れる高周波の突入電流を抑制するために設けられている直列リアクトルが挙げられる．コンデンサ容量の 6％のリアクタンスが直列に挿入されている．また，コンデンサを回路から切り離したときに，コンデンサには通常使用電圧の波高値の電圧が残留する．これを自然放電させるための並列抵抗が設けられている．切離し後 5 秒間で端子電圧が 50 V 以下となるような時定数に設定されている．

11.8.2　リアクトル

リアクトルには用途によって分路リアクトル，直列リアクトル，消弧リアクトル，中性点リアクトルなどがある．構造によって空心リアクトルと鉄心リアクトルがあり，鉄心リアクトルの方が縮小化できる．変圧器と異なり，鉄心リアクトルも鉄心に空隙ギャップを設けて鉄心飽和のないように設計するが，リアクタンスの直線性が要求される場合には空心リアクトルが用いられる．たとえば周波数変換設備での高調波フィルタ用のリアクトルなどに採用される．以下にはギャップ付鉄心を用いた分路リアクトルについて説明する．

分路リアクトルは，系統に並列に挿入されるため分路と呼ばれる．系統の進相電流を補償するために使用され，長距離電力ケーブルの静電容量を補償するためや負荷変動時の電圧変動を制御するために使用される．前者は通常は連続的に使用されるが，後者は負荷の状況によって頻繁に開閉される．通常は軽負荷時の夜間に使用され，昼間に非使用となる．

鉄心リアクトルの構造を図 11.8.1 に示す．主脚鉄心にはギャップが何ヵ所かに分けて配置される．セラミック製スペーサなどを挿入してギャップを設け，ギャップを固定するために主脚鉄心全体を絶縁されたロッドで軸方向に締め付けている．鉄心は透磁率が大きいために磁束を通しやすいが，ギャップ部分は磁束が通りにくく，外側に漏れて再度鉄心に吸い込まれる．鉄心材料のけい素鋼板は断面方向が磁束を通しやすいため，けい素鋼板を半径方向にし円柱状に積み上げたラジアル鉄心が使用される．

ギャップ部分で外周方向に漏れた磁束が巻線に渦電流損を発生させる点の配慮が必要である．また，ギャップ部分では鉄心どうしの吸引力による，商用周波数の2倍の周波数で大きな力が作用する．このため運転時の振動や騒音に対する設計上の対応が

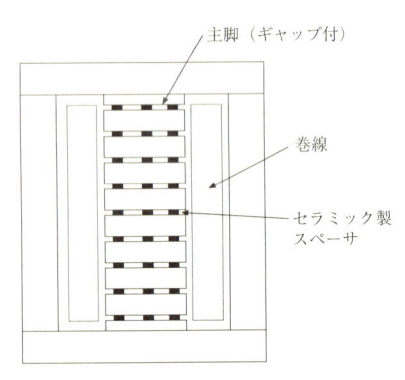

図 11.8.1　鉄心リアクトル構造例
鉄心にはギャップが設けられている．ギャップ部の漏れ磁束とギャップ部の電磁振動への配慮が重要．

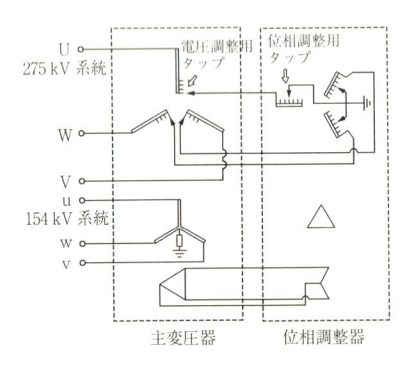

図 11.8.2　位相調整変圧器の原理図

重要な課題である．

11.8.3 位相調整変圧器
電力系統でインピーダンス差の大きい並列回路があるときに，片方に電力の流れが偏ることを調整するために，同一電圧系統間で電圧位相を調整する目的で使用されるものが位相調整器，電圧を変える変圧器の用途も併せもつものを位相調整変圧器と呼ぶ．

変圧器は，主磁束を共有する2つの巻線は電圧の大きさは巻き数比で変えられるが，位相は同一である．タップ巻線も主巻線と同一位相の電圧である．位相調整変圧器は位相の異なる位相調整巻線の電圧を主巻線に直列接続する．三相回路で各相は120°の位相差があることを利用して位相の異なる電圧を誘起する．種々の結線例があるが，代表的な例を図11.8.2に示す．二相の線間電圧の位相が残り一相の電圧と90°ずれることを利用した結線例である．位相調整巻線にタップを設け，位相調整電圧を変動させることにより位相を調整する．

11.8.4 変 成 器
a. 変成器の種類と構造
系統の監視制御と保護リレーへの入力のために主回路の電圧と電流を計測するための機器が変成器である．電流を計測する変流器と電圧を計測する計器用変圧器とがある．変成器のほとんどは鉄心と巻線から構成され，電磁誘導作用を利用した変成器であるが，そのほかに，コンデンサ分圧方式を利用したコンデンサ形計器用変圧器や，ホール効果を利用した変流器，ファラデー効果やポッケルス効果を利用した光変換形の変成器などがある．

1) ガス絶縁形計器用変圧器 ガス絶縁開閉装置の構成機器の1つとして使用されている．鉄心に変圧器の多重円筒巻線の様に何層にも分けて巻線を巻いている．全体で数千から数万回の巻回数である．層間の絶縁はポリエステルフィルムで行い，巻線端部での二層間の絶縁距離をとるために高電圧ほど巻数を少なくしてテーパ状に円筒巻線を構成する．多重円筒巻線は急峻な断路器サージに対して巻線内部の電位分布を均一化する効果がある．

一次側から二次巻線側に移行するサージを抑制するために混触防止を兼ねた静電遮蔽シールドが設けられる．

2) 貫通形変流器・ブッシング変流器
直線状の一次側主回路導体をとり囲むように鉄心を設け，その鉄心に変流比に応じた巻数の二次巻線を設けた構造である．ブッシングの支持金具部分の外周やGISのタン

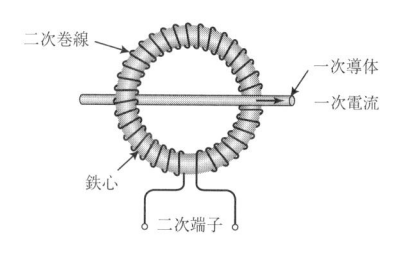

図11.8.3 ブッシング形変流器の構造例

ク部分に取り付けられる．BCT と略称される．図 11.8.3 に構造説明図を示す．主回路機器に取付けが容易であることから最も標準的な変流器である．

b. 変流器の過電流倍数と過渡特性

変流器は保護リレーの電流センサとして使用されるため，系統事故時の電流波形をできるだけ忠実に二次側電流として出力する必要がある．そのため，保護リレーの動作と協調をとって，系統事故時の大電流が短時間流れたときにも鉄心が飽和せずに出力するように設計される．耐える電流限度を定格電流との倍数で表し，過電流倍数 20 などと表す．定格負荷を接続してこの過電流が流れると，変流器の二次端子間には負荷のインピーダンスと変流器の二次巻線の抵抗との合計に対応した電圧が発生する．この電圧を発生する磁束で変流器の鉄心が飽和しないような設計としている．変流比は固定されているため，巻線抵抗と鉄心断面積が設計変数になる．

変流器にとって最も厳しい電流波形は直流分を含んだ事故電流波形である．変圧器の励磁突流と同様の現象になる．事故の発生位相によって，最大は交流電流成分の波高値と同じ大きさの直流電流成分が重畳し，系統定数で定まる減衰率で減衰する．保護リレーが動作するに十分な時間までは鉄心が飽和しないような仕様のものを過渡特性付き変流器と呼ぶ．鉄心磁路の一部に空隙を設けて鉄心の磁束密度を下げ，残留磁束を低減するようになっている．鉄心が大型になるので保護リレーで必要とする変流器に限定される．

c. 計器用変圧器の過負荷特性と鉄共振

鉄心を使用する方式では鉄心の飽和に配慮が必要で，過電圧と直流成分が対象になる．保護リレーの電圧センサとして使用されるため，系統事故時の過電圧も忠実に二次側波形に出力する必要がある．抵抗接地方式では一線地絡時の健全相の対地電圧として定格の $\sqrt{3}$ 倍，直接接地方式では 1.5 倍に耐えるように設計される．

直流分は遮断器の開閉時に回路に残留した直流電圧が計器用変圧器の巻線を通して放電するために生じる．このときに遮断器の極間コンデンサを通しての静電誘導や送電線の静電誘導などで計器用変圧器にある程度の大きさの交流電圧が印加されていると，直流分の放電により鉄心が飽和し，回路の固有周波数によっては数十秒の間，鉄心の飽和・非飽和を繰り返し二次波形が変形することがある．これを鉄共振現象と呼ぶ．防止するためには二次回路での減衰を早めるなどの方法がとられる．

11.8.5　ブッシング

ブッシングは電力機器から主回路導体を引き出すときに使用し，油絶縁機器から大気中に引き出すものを気中―油中用ブッシング，油絶縁機器からほかの油絶縁機器に接続するものを油中―油中ブッシング，油絶縁機器からガス絶縁機器に接続するものを油中―ガスブッシングなどと呼んでいる．

構造的にはコンデンサブッシングと単一形ブッシングに分かれる．66 kV 以上は図 11.8.4 に示すような，コンデンサコアを中心導体の周りに配した構造である．中心導

体の周りに絶縁紙を巻き，何層かのコンデンサ箔を巻き込み直列接続のコンデンサ群を形成する．コンデンサ箔の軸方向長さおよび箔間距離を調節して各々の箔の電位を調整し，碍管表面の電位をコンデンサ電位で強制的にコントロールする．箔端部での絶縁構造などからコンデンサコアは必然的にテーパ状となる．

絶縁油を封入するので，油浸紙コンデンサブッシングと呼ぶ．初期のものにはレジン紙ブッシングも適用されたが，大気中で接着しながらコンデンサコアを構成するため，製造段階で気泡を巻き込み，高電圧では運転時に部分放電が発生するため現在では高電圧ではほとんど用いられていない．

内部に絶縁油が封じられているため，温度変化による油の膨張収縮に対応した構造がとられている．耐震強度など機械的強度をもたせるため，中心導体をばねで引っ張り，上部碍管と支持金具，下部碍管を軸方向に締めつける構造をとっている．碍管端部の油密用のガスケットの締付けもこれで行っている．

碍管の形状は塩害仕様付と標準形があり，塩害仕様では碍管表面のひだ形状を工夫して標準型よりも表面漏れ距離を長くしている．また，運転時に碍管表面を洗浄する仕様の場合には，洗浄水が碍管を橋絡しないように何カ所かに大きな笠形状を設けた碍管が使用される．

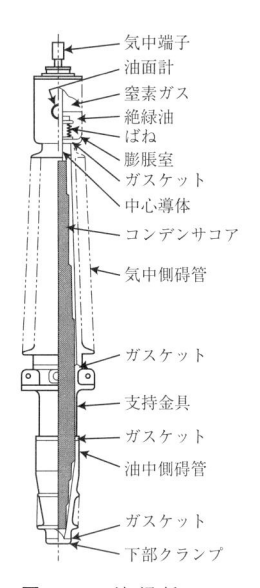

図 11.8.4 油浸紙コンデンサブッシングの構造例
碍管内部にコンデンサコアを入れ，碍管表面の電位コントロールを行う．

（図ラベル：気中端子，油面計，窒素ガス，絶縁油，ばね，膨脹室，ガスケット，中心導体，コンデンサコア，気中側碍管，ガスケット，支持金具，ガスケット，油中側碍管，ガスケット，下部クランプ）

11.8.6 変電新技術

変電技術は歴史的にみると，まず電力系統の拡大を実現するために，高電圧・大容量化のニーズに応えた新技術の開発が行われてきた．その後は経済性の向上，環境適合性の向上などを目的に新技術の適用が図られてきている．そのいくつかの例を紹介する．

a. 遮断器の位相制御付開閉方式

電気回路を開閉する際には必ず過渡現象が発生し，その大きさによって，性能仕様やほかの機器の基本設計にも影響を及ぼす．発生現象そのものを緩和するために，遮断器の投入位相，開極位相を制御することは効果が大きい．

投入位相制御によって変圧器の励磁突流，送電線の再投入サージ，コンデンサの突流現象が緩和できる．開極位相制御では遮断器の進み電流遮断時の無再点弧責務の軽減，リアクトル回路遮断時の再発弧サージ現象の回避などが可能となる．

遮断器の動作時間が安定していること，保護制御システムとの協調などの配慮が必

要であるが既に実用例が増えている.

b. 複合碍管ブッシング

ブッシングの碍管は通常は磁器碍管が使われているが,高電圧ものは質量が増大し,地震などに対する機械的強度に種々の配慮が必要となる.また,内部絶縁にSF_6ガスを封入する場合には,万一の破壊時に碍管が飛散するという問題がある.

機械的強度を高めるために円筒あるいは円錐状のFRP樹脂で構成し,外被としてシリコーンゴム製のひだを設けた碍管が適用されはじめた.FRPとシリコーンゴムで構成するので複合碍管,英語でコンポジット碍管と呼んでいる.長所は軽量と破壊時の飛散がないことである.長大碍管では経済的効果も大きい.

塩害汚損の厳しい地域でも活線洗浄なしで表面漏洩電流が増大しないという副次的効果も期待されている.加速試験結果などからは,長期寿命も良好な結果が得られている.海外では広く適用されており,わが国でも適用が始まってきている.

c. パワーエレクトロニクス応用機器

遮断器や断路器などの開閉機器にパワーエレクトロニクス技術を適用した無接点機器の開発が進んでいくと思われる.既に負荷時タップ切換器やSVC(無効電力補償装置)のリアクトル開閉などには適用実績があるが,今後大容量化,高電圧化,低価格化が進めば,将来の変電機器として期待される. 〔村山康文〕

文　献

1) 電気学会:電気工学ハンドブック　第6版,29編,19編,(2001)
2) 電気学会:試験電圧標準,電気標準規格,JEC-0102-1994(1994)
3) 電気学会:試験電圧の考え方と過電圧,電気学会技術報告,第517号,(1994)
4) 電気学会:試験電圧と機器の絶縁特性に関する諸特性,電気学会技術報告,第518号,(1994)
5) 電力中央研究所:発変電所および地中送電線の耐雷設計ガイド,電力中央研究所総合報告T40,(1995)
6) 電気学会:内外の絶縁協調技術の現状と今後の方向性,電気学会技術報告,第916号,(2003)
7) 電気協同研究会:変電設備の点検合理化,電気協同研究,vol. 56, No. 2 (2000)
8) 電気協同研究会:21世紀の変電技術-サブステーションからマルチステーションへ,電気協同研究,vol. 58, No. 2 (2002)
9) 電気学会:電気学会大学講座　電気機器工学I,第3章 (1987)
10) 電気学会:電気学会大学講座　高電圧大電流工学,第8章 (1988)
11) 電気学会:電気工学ハンドブック　第6版,17編,18編 (2001)
12) 電気学会:SF_6の地球環境負荷とSF_6混合・代替ガス絶縁,電気学会技術報告,第841号,(2001)
13) 電気学会:電気学会100年史　電気工学の変貌と発展,8編 (1988)

12. 配電・屋内設備

12.1 概　　論

12.1.1 配電の概要と特色

配電設備は，図 12.1.1 のような発電所，変電所，送配電線からなる電力ネットワークの中で，通常，配電用変電所あるいは二次変電所出口から需要家に至る電気設備のことをいう．わが国では一般的に，配電用変電所－需要地点間は高圧（6.6 kV）で配電し，需要地点にて柱上変圧器を用いて低圧（電灯 100 V，動力 200 V）に降圧し，一般需要家に供給している．

配電設備の特徴は，まず第一に単位容量の小さな施設が非常に多く分布していることである．発送電設備が点と線で表されるのに対し，配電設備は面として表されることが多く，国内 10 電力会社の配電設備数を示した表 12.1.1 をみても，非常に膨大な設備量であることがわかる．

第二の特徴は，需要家に直接接していることである．配電設備における事故，作業停電，電圧変動などが即座に需要家に影響を及ぼすとともに，逆に需要家側の負荷設備の多様化（大容量機器の普及，コージェネレーションや自家発などの分散型電源の導入など）に柔軟に対応できることが求められる．

第三の特徴は，公益性である．地域の隅々まで張り巡らされている配電設備は，公

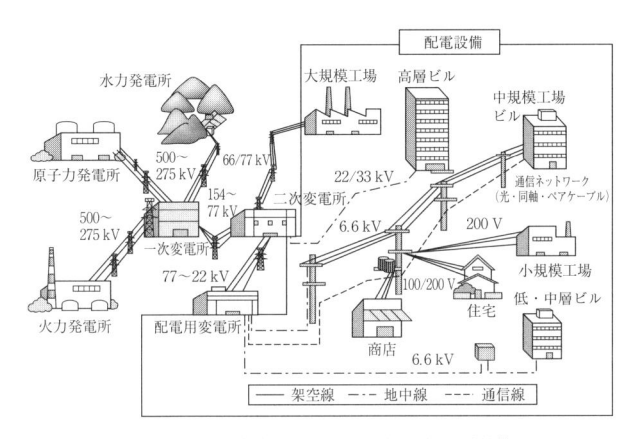

図 12.1.1 電力ネットワークの概要と配電設備

表 12.1.1 10電力配電設備概数（2002年度末）
（電気事業連合ホームページ電力統計情報より）

施設別			設備概数
架空	支持物数計		2060万基
	電線延長	特別高圧	11.3千km
		高圧	2140千km
		低圧	1720千km
		計	3870千km
	変圧器総容量		28000万kVA
地中	電線延長	特別高圧	3.8千km
		高圧	53.3千km
		低圧	4.5千km
		計	61.6千km
	変圧器総容量		2380万kVA

的インフラとして，通信事業者をはじめとした各種共用要請に基づき，電柱・管路の提供が行われている．また配電設備は街路と一体となった設備であることから，地域社会との共生なくして存続できないため，電線・変圧器などの装柱改善，配電線の地中化などの環境調和方策を推し進めるとともに，保守面では，公衆保安に対して特に注意を払わなければならない．

さらに近年は，事故の早期復旧を目指した配電自動化システムが導入され，それらの制御通信線として，光ケーブルをはじめとした様々な通信ネットワークが張り巡らされている．これらを有効活用した情報通信サービスや，家電機器制御・ホームセキュリティなどのITシステムとリンクした新たなサービスの進展も今後期待されている．

また2000年度より2,000kW以上の特高需要家から実施された電力の部分自由化は，2004年度より契約電力500kW以上，2005年度からは契約電力50kW以上のすべての高圧需要家まで対象が拡大され，配電設備は送変電設備と同様に，発電・販売部門からの中立性確保がいっそう求められてきている．

12.1.2 配電技術の変遷
a. 配電電圧と電気方式

電力系統で使用する電圧は「電気設備に関する技術基準を定める省令」（以下，電気設備技術基準という）において，以下の3種類に区分されている．

① 低　圧：直流750V以下，交流600V以下のもの
② 高　圧：低圧の限度を超え，7kV以下のもの
③ 特別高圧：7kVを超えるもの（以下，特高という）

上記の区分ごとのわが国における電圧，電気方式の変遷を以下に説明する．

1) 低圧配電方式　わが国の低圧配電方式は，明治の電気事業創業時は，直流100～200Vで直接発電箇所から配電されていたが，電力需要拡大に伴い送電時のロス低減のため高電圧への変換が可能な交流が主となった．その後，交流100～200V前後で，全国的に統一されていない状態が続いたが，大正から昭和初期にかけて，電灯：単相2線式100V，動力：三相3線式200Vが推奨され全国的に定着していった．

戦後は復興期の急激な需要増加に伴い，電灯に単相3線式100/200Vが導入され普及していった．この方式は，配電用変圧器の二次側中性点を接地して，そこから中性

(a) 単相2線式　　(b) 単相3線式

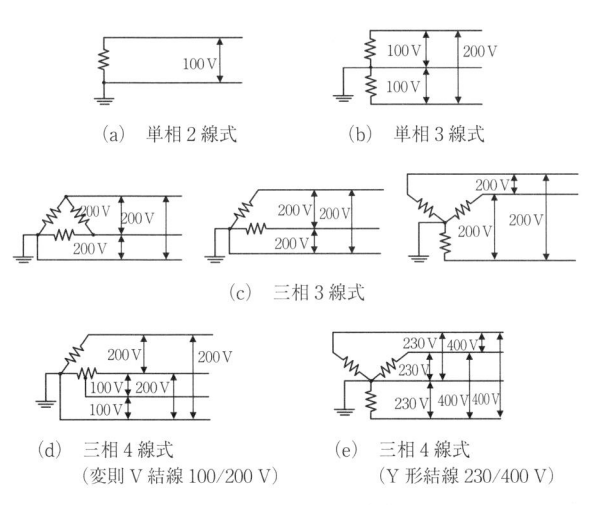

(c) 三相3線式

(d) 三相4線式　　(e) 三相4線式
　　（変則V結線100/200 V）　　（Y形結線230/400 V）

図12.1.2 低圧配電方式

線を引き出し両外側の電圧線とともに3線で負荷に供給するもので，負荷が平衡していれば電圧降下率と電力損失を単相2線式の1/4に減少できる特徴がある．

現在，電灯では，街灯や小型器具を主体とする小容量の需要家へは単相2線式100 V，その他のほとんどの需要家へは単相3線式100/200 Vで供給しており，動力では三相3線式200 Vで供給されている．電灯，動力の需要家がある場合は，一般的に変圧器台数，導体数を減らすために，柱上変圧器二次側の変則V結線（異容量変圧器）より灯動（電灯負荷，動力負荷に供給）三相4線式で引き出され，そこから上記の方式で各需要家へ引き込んでいる．

わが国では100/200 Vが主となっているが，このような低電圧を使用している国は世界的にみてもわずかしかなく，海外では200/400 V級が主流となっている．近年わが国でもさらなる需要拡大に伴い，100/200 Vでは電圧降下や供給力の面で行き詰まりが懸念され，負荷設備の大きいビルや工場の屋内配線では20 kV級配電の二次側に400 V級Y形結線三相4線式の採用が進んでいる．また新規開発地などでは電力会社から需要家への400 V直接供給が導入されてきている（低圧配電方式の概略は図12.1.2参照）．

2） 高圧配電方式　　わが国の高圧配電方式は，明治の電気の普及時期には電圧1.1～3.5 kV，接地方式も非接地，直接接地などまちまちであったが，明治後期より統一が進められ，3.3 kV三相3線式Δ結線非接地方式が定着していった．

その後，戦後の復興に伴う電力需要急増への対応が課題となり，一時的には3.3 kVから5.7 kV三相4線式Y結線への切替も試行されたが，通信線への誘導障害などの問題から，結局6.6 kVへの昇圧が実施されることとなった．6.6 kV昇圧は1960年代より全国大で進められ，今日ではほとんどの配電線で6.6 kV三相3線式Δ結線非接

地方式が採用されている．Δ結線非接地方式は，低圧との混触時の対地電圧上昇や通信線への誘導障害などの問題が少ないという利点がある．

3) 特高配電方式 1965年ごろより，高圧電圧の6.6 kV昇圧完了地区で，電流容量，電圧降下面で行き詰まりが生じてきたため，その抜本的対策として，22，33 kVといった20 kV級配電の導入が検討されるようになった．一時的には，6.6 kVから11.4 kV三相4線式（Y結線）への切替も実施されたが，通信線への誘導障害や公衆保安上の問題から，結局は20 kV級配電へ移行することとなった．

現在では，需要密度の高い都心部では電流容量面で，需要密度の低い郡部では電圧降下面で有利な20 kV級配電が導入されており，そこでは三相3線式Y結線中性点接地方式が採用されている．特高系統の接地方式は，高圧系統と同様に非接地方式の適用も可能ではあるが，1線地絡時のリレー動作の確実化を図るため，一般的に抵抗接地方式が用いられている．ケーブル系統の拡大などに伴う地絡継電器の検出感度低下を防止し，中性点電位の安定化を図る場合は低抵抗（40～90 Ω）接地方式が用いられ，誘導障害の低減や地絡保護を特に必要とする場合には高抵抗（500～1,000 Ω）接地方式が用いられている．そのほかでは，一線地絡時の故障点電流を補償する場合にリアクトル接地方式が採用されている．

b. 系統構成
1) 低圧配電系統構成
（i）放射状方式： バンク（電源および電源を同一とする設備範囲．通常電源の単位は供給用変圧器）ごとに低圧配電線が独立し，他と連系していない方式である．系統構成，保護方式が簡素で経済的であることから，わが国ではほとんどがこの方式となっている．一時，他バンクと連系する低圧バンキング方式が試行されたこともあったが，需要変動への追随が困難なことや，保護協調がとれなかった場合に連鎖的な停電を発生するおそれがあることから，現在では採用されていない．

（ii）低圧ネットワーク方式： 低圧配電線を相互に連系し，これに同一母線から出る2回線以上のフィーダで供給する方式で，1つのフィーダが停電しても残りのフィーダによって低圧需要家に無停電供給が可能となる．本方式は信頼度がきわめて高く電圧変動が少ないなどの長所があるため，特に信頼度が必要とされる一部の都市過密地域で使用されている．

2) 特高・高圧配電系統構成（図12.1.3）
（i）樹枝状系統： 配電線のない所に需要が発生した場合，近くにある配電線を延長して電力を供給するのが一般的である．このような負荷の発生とともに自然に形成される形態を樹枝状系統と呼んでおり，現在の高圧配電系統で最も多く採用されている．この系統は建設費は安価となるが，1ヵ所の事故により配電線すべてが停電してしまうなど供給信頼度が低いため，幹線を開閉器によって適当な区分に分割し，事故発生時には停電区域を限定できるような運用が図られるようになった．さらに今日では，各区間が連系線により隣接配電線と結ばれ，網目状となった多回線連系系統へと

(a) 樹枝状系統　　(b) 多回線連系系統

(c) ループ系統　　(d) 多回線放射状系統

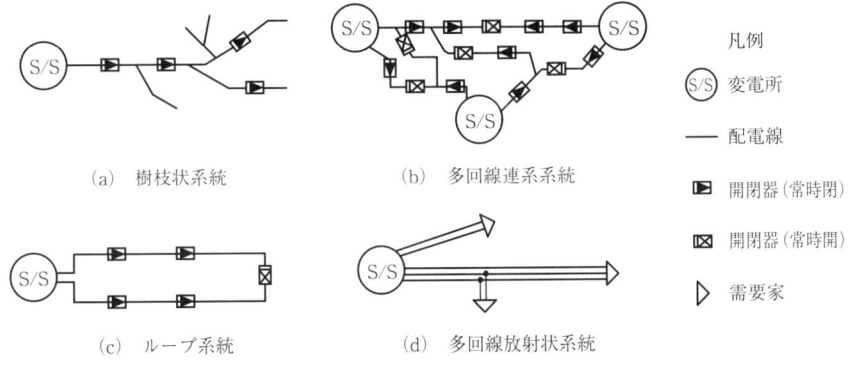

凡例
- S/S 変電所
- ── 配電線
- ▶ 開閉器（常時閉）
- ⊠ 開閉器（常時開）
- ▷ 需要家

図 12.1.3　特高・高圧配電系統構成

発展しており，近年のコンピュータ・通信技術の発展に伴い，連系開閉器を高速に自動遠隔制御し停電の復旧を行う「配電自動化システム」の導入が進んでいる．(12.5.5項参照）ここでは一般的に，1回線停電時に隣接する配電線（2～3回線）から健全区間へ送電できるよう供給力確保が図られている．

(ii) ループ系統：　環状の形態をした配電線を，ループ点の開閉器で常時開路しておく方式と常時閉路しておく方式があるが，わが国では高感度選択接地保護方式を使うことのできる常時開路ループ方式で運転することが多い．この方式では，故障発生時または作業停電時にループ開閉器を自動投入し迅速に送電することが可能であるため，特高系統や特に信頼度が要求される高圧系統に用いられていた．しかし今日では，架空系統の場合，樹枝状系統が発展した多回線連系系統における配電自動化システムがこの機能を果たしており，ループ系統を形成する必要性が薄れている．また地中系統でも，1回線停電時に送電可能となるよう線路利用率が過負荷耐量の50％に制限されることや，需要家側の遮断器操作が必要なことなどの理由から，現在ではあまり採用されていない．

(iii) 多回線放射状系統：　この系統は，通常2～4回線を一群として施設し，放射状に負荷点に至るもので，特高・高圧の全地中系統で用いられている．需要家側へは幹線より1～3回線を分岐して引き込み，12.4節で述べるスポットネットワーク方式や本線予備線方式，1回線受電など，需要家の信頼度レベルに応じた方式で受電することが可能である．したがって1つの系統に様々な受電方式が混在することもあるが，全体として1回線停電時には健全箇所の全負荷に送電できるよう回線に供給余力をもたせておくことが必要である．

〔土井義宏〕

12.2 配電設備計画

12.2.1 配電の品質
a. 供給信頼度

合理的な設備形成，系統運用・保守に加え，耐雷対策の実施や近年の配電自動化システムの導入に伴い，電力の供給信頼度は着実に向上し現在も高いレベルを維持し続けている．しかし，様々な分野において高度情報化が進むなど，安定した電力を供給できない場合の社会的影響も大きくなる一方であり，信頼度レベルの維持は今後とも重要である．

種々多数の需要家が混在する配電系統では，個々の供給支障量を表現することが困難なため，信頼度指標としては，一定期間の平均値を用いることが妥当である．わが国では次の指標で表されることが多い．

1 需要家当たりの年間停電回数
　　＝Σ（停電低圧電灯需要家口数）／低圧電灯需要家口数（回／年・軒）
1 需要家当たりの年間停電時間
　　＝Σ（停電時間×停電低圧電灯需要家口数）／低圧電灯需要家口数（分／年・軒）

これらの指標は，国際的にも，SAIFI (system average interruption frequency index)，SAIDI (system average interruption duration index) として規定され，電力系統の信頼度を管理する指標として利用されている．1 需要家当たりの年間停電時間（1999 年）では，わが国の 9 分に比べ，イギリス：63 分，フランス：57 分，アメリカ：73 分と世界的にみて，わが国の信頼度は際立って高い．

b. 電圧管理

供給電圧の変動範囲は，需要家が使用する機器の所要性能に大きな影響を与える．このため，わが国では電気事業法において供給地点の電圧を次のように定めている．

- ・標準電圧 100 V の場合：　101±6 V
- ・標準電圧 200 V の場合：　202±20 V

すべての需要家に対しこの範囲で供給するために，変電所側で需要の大きさに応じ，送り出し電圧を調整したり，配電線途中に線路電圧調整器を設置するなどの対策をとっている．また設備形成面では，高圧配電線，柱上変圧器，低圧配電線，引込線といった配電系統の各部分における電圧降下の限度を定めておき，計画・設計時には電圧降下をその範囲内に収めるなどの電圧管理に努めている．なお，これらの対策による上記範囲内の電圧維持状況の確認のため，実際にサンプル測定を行うほか，変圧器にかかる負荷設備（kW）や需要家の月間使用電力量（kWH）などをコンピュータ管理し，そこから負荷電流や電圧降下を算定しているところもある．

1) フリッカの概要と抑制対策　　配電線にアーク炉，溶接機などの負荷が接続されると，起動電流による大きな電圧降下のために線路電圧が変動する．この変動により白熱電灯・蛍光灯の明るさにちらつきを生じることをフリッカと呼んでいる．抑制

対策の基本は，発生源である機器側の運転条件の改善であるが，供給者側でも電圧降下を低減するような電線サイズの設定，変圧器の専用化などの対策をとっている．

2) 高調波の概要と抑制対策　高調波とは基準となる周波数をもつ正弦波に対して，基準周波数の整数倍の周波数をもつ波あるいはそれらを含む歪んだ波を指す．

電力系統における電流，電圧波形は 50 Hz または 60 Hz 正弦波を標準としているが，整流器などの変換器，アーク炉などの非線形機器に電力を供給した場合，それらの機器から高調波が発生し，電流・電圧は歪んだ波形となる．これにより，通信線への誘導障害やコンデンサ類の過負荷，そのほか機器類の加熱・焼損などが発生するおそれがある．これらを防止するために，わが国では 1994 年に「高圧又は特別高圧で受電する需要家の高調波抑制対策ガイドライン」(以下，高調波ガイドラインという) および「家電・汎用品高調波抑制対策ガイドライン」が制定され，発生源である機器側における高調波電流の限度値を定めている．

3) 瞬時電圧低下対策　送変電設備への落雷などによる故障（地絡・短絡など）が発生した場合，故障点をリレーで検出し遮断器で電力系統から除去するが，この瞬時の間に故障点を中心に電圧が低下する現象を「瞬時電圧低下」という．近年の情報化の進展に伴い，コンピュータなどの電圧低下に敏感な機器が幅広く使用されるようになり，瞬時電圧低下により機器が停止するなどの影響を受けるケースが多くなっている．これらは，供給側では物理的に回避不能なことから，負荷機器側で UPS（uninterruptible power system. 無停電電源装置）を設置するなどの対策がとられている．

c. 自然害対策
下記の各項目に対応する配電機器については，12.3.3 項に記載している．
1) 塩害
(i) 塩害による事故発生様相：　季節風や台風などの強風時には，海面に白波が増加し気泡が生成されるが，この気泡が破裂した際に空気中に「海塩粒子」と呼ばれる塩の粒が分布する．これが碍子類の表面に付着し溶融すると，表面の導電性が高くなり，漏洩電流が碍子および機器ブッシングの絶縁破壊や損傷などの被害をもたらす．また金属類に付着した海塩粒子は，錆を引き起こし，腐食損傷といった被害をもたらすこともある．

(ii) 各種塩害対策：　海岸からの距離，過去の災害実績，地理的な風の通りなどを勘案し，重塩害，軽塩害といった地域を設定し，それらの地域では塩分が付着しにくく付着しても塩害が起こりにくい特性（12.3.3 (b) 参照）をもった耐塩機材を使用する．また排気ガスなど塵害の甚だしい地域も，軽塩害と同様の対策をとっている．なお，塩風に直接吹きさらされるような地域では，高圧電線や機器類の設置は極力避けるように，線路ルート選定時などに留意が必要である．

2) 雷害
(i) 雷害による事故発生様相：　配電線路の雷害事故は，雷放電現象により配電線路に衝撃性の過電圧が発生し，絶縁が破壊されることにより引き起こされる．この

過電圧は雷サージと呼ばれ，配電線路に直接落雷した際に発生する直撃雷と，線路近傍の樹木や建物に落雷した場合に線路近傍の電磁界が急変することにより発生する誘導雷の2種類がある．配電線路の絶縁レベルでは直撃雷に対する完全な保護は困難なことから，雷害対策は主に誘導雷を対象としている．

(ii) **雷害対策** 過去からの地域ごとの襲雷頻度や，設備被害状況を考慮したうえで，雷害地域を激雷，多雷，少雷などに分類し，地域別の基準に沿って架空地線，避雷器を設置する．20kV級架空配電系統では，高圧系統のような面的な広がりで施設されていないこと，高い信頼度を必要とすることなどから，個々の設備ごとに保護するよう絶縁設計の最適化が図られており，碍子破損や電線溶断対策としてアークホーンが使用される．

3) 雪　害
(i) **雪害による事故発生様相** 雪による配電線路の被害は，積着雪による樹木の倒壊や風圧荷重増大に起因した断線や支持物類の破損など，そのほとんどが機械的なものである．なお雪害発生時は，積雪により輸送手段が阻害されることが多く，事故復旧に長時間を要することが多い．

(ii) **雪害対策** 過去からの地域ごとの積雪量などから雪害地域を設定し，それらの地域では，配電線路・支持物類の強度計算の際に，着雪・着氷時に耐えうる強度を確保するよう設計されている．または，着雪防止型の電線や，雪害防止効果のある機材を採用するとともに，配電線路のルート選定時には，傾斜地など雪崩や積雪の移動圧による支持物損傷の危険がある場所や樹木接触の危険性のある場所を避けるよう留意されている．

4) 樹木対策
配電線路や機器類が樹木接触により損傷し，地絡事故や断線事故などが引き起こされる．電気設備技術基準においても，電線路は常時吹いている風を考慮したうえで，植物と接触しないように施設することが定められており，配電設備の設計時に樹木との離隔を十分確保するように努めるとともに，樹木の成長を考慮し，定期的な巡視，伐採が行われる（12.3.3 (d) 参照）．

12.2.2 設備計画の基礎
a. 負荷特性
配電設備は，需要家に直接電力を供給する役割を担っているため，供給する負荷の特性を把握し，それらの変動に対応しうるものでなければならない．負荷の種類ごとの特徴を以下に示すとともに，その代表例を図12.2.1に示す．

1) 電灯負荷（一般住宅に施設されている電気機器全体の負荷をいう）　一般住宅の負荷に代表されるように電灯負荷は夜ピーク型が多い．朝のピーク立ち上がりはほかの負荷に比べ時間的に早く，昼間はほとんど負荷がない．夜のピークの発生時刻は季節により異なる．また負荷率が比較的低いのが特徴である．

2) **業務用負荷**　商店・サービス業などの負荷は業務用負荷と総称される．この種の負荷は負荷率が大きく，夏季は冷房用，冬季は暖房用の負荷が主体となり，季節天候などによる変化が大きい．

3) **動力負荷**　工場の負荷に代表されるように動力負荷は，昼間にピークがあり，12～13時で谷間ができる．負荷曲線は業種により異なる．

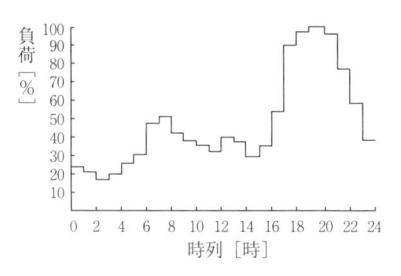

図 12.2.1　負荷特性の例（電灯負荷）

4) **そのほか留意すべき負荷**　鉄工業，溶接業などのフリッカを発生するものに対しては，定常的な設備容量だけでなく，瞬時的な電圧変動に耐える設備が必要である．また，冷凍倉庫や24時間営業の商店など夜間も定常的に負荷がかかるようなものや，太陽光発電をはじめとした分散型電源を伴う負荷についても電圧管理上注意が必要である．

これらの個々の負荷は，多数組み合わさって1つの需要家群をなし，地域ごとに異なる負荷（需要）特性を有する．

b. 需要想定

1) **需要想定の目的**　配電系統は需要家の利用形態に合わせて計画することが必要であるが，設備形成には長期間および膨大な資金を要するため，実際に個々の負荷が発生してから計画を立てては遅く，あらかじめ将来需要（最大電力）を想定して，これに対応する設備を計画する必要がある．需要想定は設備計画の根幹をなす重要諸元であるため，その精度には十分な正確さが求められる．

2) **需要想定方法**　需要特性は地域ごとに異なるため，その想定も地域ごとに実施する必要がある．需要想定は配電設備の計画に直結するため，変電所エリア，配電線エリア単位の想定が必要となる．

大口需要や大型の地域開発などの新規需要は，まず施主や開発責任箇所より，規模や業種などの情報をできるだけ収集することが大切である．商工業地では建坪面積当たりの需要の大きさ（kW/m^2），住宅ではその広さや電化度などから1口当たりの需要（kW/口）を想定し，それをもとに全体の需要を想定する．その際，個々の負荷設備や需要家が同時に電力を使用するわけではないため，最大電力／設備容量合計の比率を表す「需要率」を総設備容量に乗じて想定を行う．需要率は，負荷の種別や個数により異なる．

小口需要の動向は，今後の既設負荷の伸びと新規負荷の発生を適度に見込んでおく必要があるため，過去のトレンドなどに基づき需要の伸び率を想定する．需要の伸びは，商工業地域においては景気の変動，住宅地域においては住宅の着工数や主要な家庭電化製品の普及度などが影響するが，現在では，経済の成熟と機器の省エネ化により，各戸当たりの需要の伸びは非常に小さいものとなっている．

c. 設備計画の基本的な考え方

設備計画は，将来の需要増加に対応した供給設備の適切な拡充および増強計画を策定するものである．設備を拡充・増強する時期は，通常，供給力が不足する場合，電気の品質（電圧など）の維持が困難となる場合，増強による経済効果が見込める場合である．なお供給力については，常時容量が不足する場合はもちろん，配電線 1 回線または変電所 1 バンクの事故発生時に事故箇所以外の全負荷に送電できるようにしておく必要があり，それが果たせなくなる場合に設備増強を実施する．

計画策定に関しては，上位系統の計画を十分考慮するほか，地域社会環境との調和（公衆保安確保，地域景観との調和など）や投資の最適化（増分負荷に対する設備増強コストの効率化），将来系統への発展性などについて十分検討し，既設設備との協調・有効活用により効率化を図ることが重要である．

d. 増強計画手法

配電設備の増強・拡充を計画する際は，まず既設配電線および変電所バンクの過去最大負荷実績を把握した後，b. で述べた需要想定に基づいて，今後の最大負荷を想定することから始める．それに対する当該地域の既設設備の実態（系統構成，供給余力，設備の信頼度など）の把握・評価を行い，c. で述べた増強が必要な場合であると判断した際に増強を実施する．

設備の増強・拡充方法は，12.2.3 項に述べる経済性評価に留意し，必要最小限の投資となる計画を選定する．よって対策が必要な場合には，まず配電線の増強を検討し，それで対応できない場合に変電所の増強を検討する．配電線，変電所の増強方法についても，極力最小限の投資となるよう，おおむね以下の優先順位で対策を検討する．

- 配電線： ① 負荷切替，② 開閉器位置替・新設および負荷切替，
  ③ 連系線増強，④ 太線化，⑤ 配電線新設
- 変電所： ① 変電所間の負荷移行，② 配電線の引出バンク切替，
  ③ バンク容量増，④ バンク増設，⑤ 変電所新設

また高圧系統の場合は，周囲に 20 kV 級配電設備があり，かつ供給余力のある場合は，配電塔を介して既設 6.6 kV 設備を活用するなどの効率的運用を図る．

12.2.3 経済性評価

a. 経済性評価の基本的な考え方

配電設備の計画は，最小の投資で所期の効果をあげることが重要である．このため，設備計画の決定は経済性評価により行われる．具体的には，複数の設備計画案について，それらの工事費用や得失などを金額で評価することにより，最も経済的な案が選定される．

b. 採算計算および諸元

1) **経済計算方法**　　一般企業では投資がもたらす収益面の効果を比較して決定するのに対し，電気事業の経済性評価では，投資方法が変わっても料金収入が一定であ

ることから，複数の設備計画案の中から費用が最小の案を選定する最小費用法（原価比較法）が一般的に用いられている．比較する費用としては，各年度の設備工事費や，当該設備の維持などにかかる修繕費や人件費，また金利や固定資産税，電力損失費などを考慮する．使用期間が長期にわたる電力設備では，支出時期の異なるこれらの費用を単純に比較することが難しいため，各年度ごとの工事費などから計算される設備関係費に時点換算率を乗じて，同一時点における費用（均等年経費）に換算したのち，比較を行う．

2) 計算期間　電力設備は使用期間が長期間にわたり，また当初の設備計画のあり方が，将来の計画へ影響を与えることもあるため，経済計算についても長期間にわたって実施する必要がある．しかし，将来の設備計画は，技術革新や景気の動向などにより左右される場合が多く，将来の計画を考慮する期間には現実的な限界があるため，配電設備では一般的に 10 年程度を妥当な計算期間として適用することが多い．

3) 経済計算の諸元

(i) 設備関係費：　対象設備を設置することにより毎年必要となる経費のうち，電力損失費以外を総称して設備関係費と呼んでいる．これは資本回収費，固定資産税，修繕費，そのほか諸費用からなり，これらを個々に把握できる場合は積み上げて算定するが，設備計画の初期段階などで把握が困難な場合は，設備の標準的なモデルから年経費率をあらかじめ求めておき，これを建設工事費に乗じて算出する方法が用いられる．

(ii) 電力損失費：　電力損失には，銅損によるものと鉄損によるものがあるが，それらを評価できるように金額換算したものが電力損失費である．電力損失費は，損失により電源発電所や送変配電設備の増強につながる費用を固定費分とし，実際の損失電力量に相当する部分を可変費分として分け，前者を（kW 評価単価）×（損失電力），後者を（kWh 評価単価）×（損失電力量）として計算する．

実際の採算計算では，設備関係費と電力損失費を計算期間内にわたって均等化したものを足し合わせた均等年経費により，各設備計画案の比較を行う． 〔松村幹雄〕

12.3 配 電 線 路

12.3.1 配電線路の構成

a. 配 電 線 路

配電線路は，大別すると架空配電設備と地中配電設備からなる．需要増に即応でき，建設コストが安く，また事故時に早期復旧が可能な架空配電設備が従来より主体となっている．架空配電設備は主に，電気を通すための電線，電線と大地間および各相間を絶縁するための碍子，利用電圧に変換するための変圧器，信頼度を確保するための保安設備，ならびに，それらを構造的に支持するための支持物（電柱）から構成されている．

1) 電　線　架空電線には，当初，裸電線が使われていたが，1970 年代に入り，

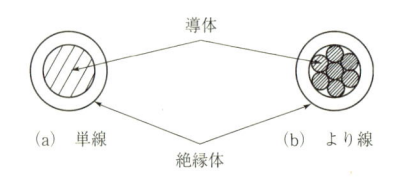

図12.3.1 電線の断面図
(a) 単線　導体　(b) より線　絶縁体

公衆保安の観点から，絶縁電線が採用されるようになり，1980年代には，既設裸電線の絶縁電線への計画的取替が行われ，1980年代前半に絶縁電線化が完了し現在に至っている．導体は，銅線およびアルミ線が使われている．絶縁材料は，高圧電線には架橋ポリエチレンが，低圧架空電線や引込線には，塩化ビニルが使用されている（図12.3.1）．

2) 碍子　碍子には使用電圧，電線の支持方法によって様々な種類があり，高圧の場合，引き通し用の高圧ピン碍子，引き留め用の高圧耐張碍子などがある．また，塩害地域では，沿面距離を長くとり，絶縁性能を高めた耐塩用碍子が使用されている．碍子の材質としては，主に磁器が用いられている．

3) 変圧器　高圧配電線路での柱上変圧器には100 kVA程度以下の中形，小形単相油入変圧器が多く用いられている．変圧器の鉄心は，けい素鋼板製が一般的であるが，低損失を実現するために，アモルファス鉄心（鉄，ボロン，シリコンの合金で，溶融した状態から急冷することにより生成）を用いた変圧器も一部で採用されている．

4) 支持物（電柱）　高圧配電線路用支持物（電柱）としては，主に中空鉄筋コンクリート柱が用いられている．木柱は，現在では，強度，耐用年数などの点から，新設設備にはほとんど使用されていない．運搬が困難な箇所では，現場で組立て可能な鋼板組立柱や，下部が鉄筋コンクリート台柱で上部が鋼管となっている複合柱が使用されている．

5) 保安設備（開閉器）　配電線路に施設される柱上開閉器は，主に配電線路作業時の区分用または故障時の切り離し用として使用される．操作紐によって開閉操作する手動式と制御装置と組み合わせた自動式とがある．当初，開閉器の絶縁・消弧方式としては，油入型が使われていたが，公衆保安の確保を図る目的で1973年以降全国的にオイルレス化が進められ，現在では，気中形，真空形，SF_6ガスを使用したガス形が使用されている．

b. 設備設計

配電設備の設計は，電圧降下や電力損失などの電気的設計，雷，事故時などの地絡・短絡を考慮した絶縁設計，風圧荷重などの機械的設計を行う．特に，配電線路は地域社会に密接して施設されるため，公衆保安の確保や，支持物の強度に十分注意を払う必要がある．

電線を引き留めた場合の張力や，電線がカーブしているために電柱に加わる外力に対しては支線で支えるが，電線に吹きつける風圧による外力（風圧荷重）に対しては支持物そのもので支えることが多い．

支持物は種類によって強度が異なり，支持している電線の太さや条数などによって受ける風圧荷重も違うため，建設に際しては，電柱に加わる風圧荷重に耐える強度を

12.3 配電線路

表 12.3.1 風圧荷重区分

風圧荷重区分	適用風圧	適用の考え方
甲　種	40 m/s	高温季（夏から秋にかけての季節）に受ける荷重
乙　種	20 m/s	氷雪の多い地方で，低温季（冬から春にかけて一般的に強風のない季節）に電線類に氷雪が付着した状態で受ける荷重
丙　種	20 m/s	氷雪の多くない地方の低温季，人家が多く連なっている場所など（一般的に風速が減少する場所）で受ける荷重

確保しなければならない．また，支持物の基礎強度についても安全率（加わる荷重に対する破壊荷重の倍率）を確保する必要があり，「電気設備の技術基準の解釈」（以下，電技解釈）では，この安全率は 2 以上とされている．

風圧荷重は，甲種，乙種，丙種の区分に分類されており（表 12.3.1），地域の特性によって選択される．

c. 配電線路の技術基準

電気は，その利用方法を誤れば，感電，漏電，通信設備への誘導障害や電波障害などの障害を与えるおそれがあるため，電気施設の保安に関する規制が定められてきた．

電気に関する法令は，1893 年に「電気事業取締規則」，1912 年に「電気工事規程」，1954 年に「電気工作物規程」，1965 年に電気事業法（1964 年法律第 170 号）の規定に基づく「電気設備に関する技術基準を定める省令」というように，その時代の経済的，社会的情勢を背景とした技術進歩に対応して幾多の変遷を経て今日に至っている．一例として，特別高圧配電線路の市街地への施設は当初，様々な制限が定められていたが，22（33）kV 架空配電線路の電線に特別高圧絶縁電線を使用する場合は，6 kV 配電線路と同等以上の安全性を有することから，1982 年の改正で，絶縁電線を使用する場合，施設地上高を裸電線時の 10 m から 8 m に緩和するとともに倒壊防止のための支線の施設条件を緩和するなど規定が緩和され，市街地においても 22（33）kV 架空配電がより汎用的に施設可能となったこと，などが挙げられる．

1997 年 3 月の全面的な改正では，民間活力の活用，民間規格の積極的な活用が求められ，① 基準の簡素化，② 機能性の基準化，③ 国際規格の導入など，よりいっそうの規制緩和が行われている．

12.3.2 特別高圧配電線路による供給方式

1950 年の急激な電力需要の伸びに対する方策として，大規模なビルや工場などへの供給は，主として鉄塔方式の 22, 33 kV 特別高圧により行われた．しかし，さらなる電力需要の増大とともに電気の品質向上に対する要望が高まるなか，過密化地域への供給力確保や電圧降下対策，省資源の観点からも有効な 22, 33 kV の電圧を汎用的な配電電圧として活用すべく，1960 年代後半に入り，20 kV 級地中配電や電柱方式

による20 kV級架空配電が提唱され，運用が開始された．

20 kV級地中配電は，CVケーブルの接続技術の進歩もあり，都市部過密地域において，高信頼度で系統の簡素化が図れるスポットネットワーク方式や本線予備線方式を中心に導入が進められ，今日に至っている．

20 kV級架空配電は，6 kV配電と比べ高絶縁レベルによる機器などの大型化を避けるため，雷インパルス電圧（LIWV：lightning impulse withstand voltage）の低減を目的とした避雷器を開発採用して，設備保護とコンパクト化が実現された．加えて，絶縁電線を開発適用することで，6 kV配電なみの安全性を実現し，人家の密集する場所でも施設を可能とするなど，様々な技術開発が行われ導入されるに至った．具体的な供給方式について，以下に記述する．

a. 20 kV級/6 kV配電塔方式

郡部地域での電圧降下対策として，既設の6 kV配電線を有効に活用しながら20 kV級線路の供給力を活用する場合や，工場地域や新規開発地域などで近隣に特高需要家に供給する20 kV級線路があり，高低圧負荷を20 kV級配電系統に吸収することにより，効率的な設備形成が図れる場合に適用する．20 kV級/6 kV配電塔は，変圧器と開閉器や遮断器，保護装置などで構成され，変圧器の容量は3～6 MVAが主に用いられている．接続結線図および施設状況を図12.3.2，図12.3.3に示す．

b. 20 kV級/6 kV柱上変圧器方式

山間部などで散在する6 kVの小容量分岐線や小規模な6 kV需要家への供給など，将来にわたって需要の伸びが低く，配電塔方式では採算的に不利な箇所での電圧降下対策などに適用する．柱上に施設するため，変圧器容量は，主に100～500 kVA程度のものが採用される．

c. 20 kV級/400 V方式

中高層マンションなど，100 V・200 V幹線方式では電圧降下と電流容量の面から低

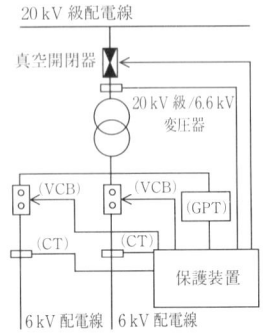

VCB：真空遮断器，GPT：接地形計器用変成器，
CT：計器用変流器

図12.3.2　配電塔結線図

図12.3.3　配電塔の設置例

圧幹線が膨大となり，経済性やスペースに問題がある場合，20 kV 級/400 V 方式を適用する．主電気室には 20 kV 級/400 V 変圧器を集約設置し，低圧幹線を 400 V で供給する．この幹線で供給される 400 V/100 V・200 V 変圧器を分散設置して需要家に供給する．こういった方式をとることで変電設備を集約化でき，低圧幹線の簡素化およびコスト抑制が図れる．また，400 V/100 V・200 V 変圧器を階段下などのデッドスペースに置けば，コストに加え，スペース面・保守保安上のメリットも大きくなる．20 kV 級/400 V 方式の単線結線図を図 12.3.4 に示す．

東京臨海副都心や大阪南港コスモスクエア両地域においては，供給電圧を 20 kV と 400 V に限定し，設備の集約，合理化を図る 400 V 直接供給が 1997 年から実施されている．ビル設備などには 400 V（単相 230 V）の電気機器が多く，機器の使用電圧で受電できるため高圧の受電設備が不要となり需要家にとっても経済的に有利な方式である．

12.3.3 自然現象への対応
a. 雷害対策

1960 年代に直列ギャップを用いた紙バルブ避雷器が弁抵抗形避雷器（図 12.3.5）とともに登場し，1970 年代には特性要素に炭化けい素（SiC）を用いた弁抵抗形避雷器が多用された．1980 年代には酸化亜鉛（ZnO）が採用されている．避雷器は，抵抗値が非直線性をもつ特性要素の働きにより，配電線路に誘起された雷サージを大地に放電し過電圧を抑制するとともに，続流を遮断する．6 kV 配電線路では，避雷器は主に開閉器などの機器を保護する目的で設置するとともに，線路全体の保護としても用いられている．さらに，線路に対する遮蔽効果を高めるために架空地線が 1960

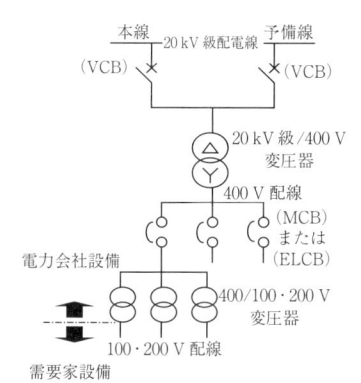

VCB：真空遮断器，MCB：配線用遮断器，
ELCB：漏電遮断器

図 12.3.4 20 kV 級/400 V 柱上変圧器単線結線図

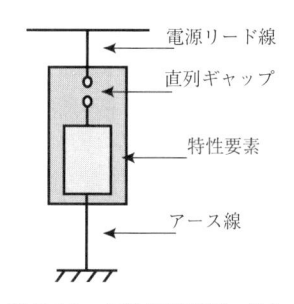

図 12.3.5 弁抵抗形避雷器の概念

(a) 6 kV 避雷器

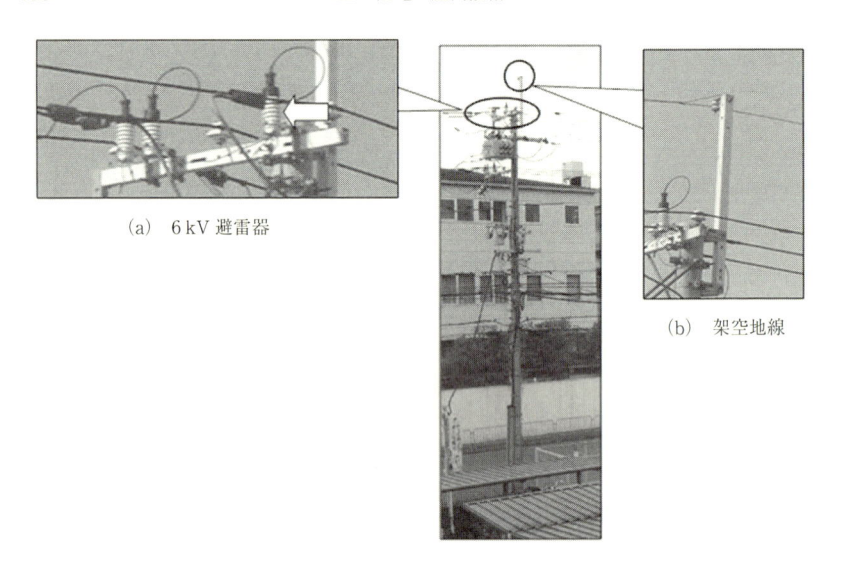

(b) 架空地線

図 12.3.6 誘導雷への対処

表 12.3.2 汚損度と海岸からの距離[3]

汚損度 (塩分付着量)	適用区域	海岸からの概略距離	
		台風に対して	季節風に対して
0.03 mg/cm^2	一般	50 km 以上	10 km 以上
0.06 mg/cm^2	軽塩害	10~50 km	3~10 km
0.12 mg/cm^2	中塩害	3~10 km	1~3 km
0.35 mg/cm^2	重塩害	0.3~3 km	0.1~1 km

年ごろから襲雷頻度が高い激雷地域に導入された（図 12.3.6）．なお，誘導雷に対しては，避雷器と架空地線の併用効果は小さいが，直撃雷に対しては架空地線の効果があるとされている[1]．

また，絶縁電線を使用することでアークスポットが生じ断線する被害を防止する目的で，高圧線と変圧器周辺部の絶縁強度に格差を設け，フラッシオーバを変圧器周辺に移行させる格差絶縁方式を導入しているところもある．格差絶縁方式では，変圧器や高圧カットアウトに酸化亜鉛（ZnO）素子の避雷装置を内蔵して，低圧側への雷サージの進入を抑制している．

20 kV 級配電では，6 kV 配電と比べて機器の設置数が少ないことから，機器設置箇所に避雷器を取り付けて保護する方式をとるとともに，雷サージによる碍子破損や電線溶断を防止するためにアークホーンを併用して線路全体を保護する方式が採用されている．

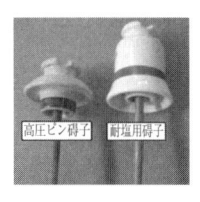

図 12.3.7 碍子

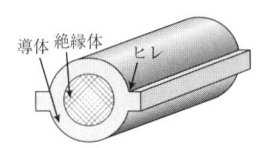

図 12.3.8 難着雪電線
絶縁体上に 2 本の着雪防止用突起（ヒレ）を施し，着雪した雪の廻りこみを防ぎ，着雪の発達を防止する．

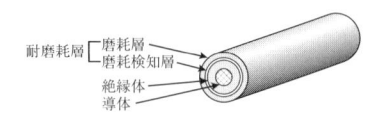

図 12.3.9 耐磨耗電線
絶縁電線被覆上に高耐磨耗性を有している耐磨耗層を施すことにより，樹木に接触した場合でも磨耗しにくく，検知層（黄色）の露出により磨耗の程度が目視で確認可能

b. 塩害対策

塩害は，塩分の付着によって引き起こされる絶縁劣化，沿面放電，漏れ電流の増加，発錆などがある．配電線路への塩分付着量（汚損度）と，海岸からの距離の関係は，位置・地形によって多少異なるが，おおよその目安としては，表 12.3.2 に示すような地域に応じた塩害対策が施されている．

碍子の塩害対策として，中塩害，重塩害区域では，沿面距離を長くして耐塩性能を向上するとともに，漏れ電流を抑制する深溝型形状の耐塩用碍子が開発され採用されている（図 12.3.7）．

そのほかの対策としては，付着した塩分を洗浄する碍子洗浄や，20 kV 級配電で使用されている碍子表面に半導電性の釉薬を施釉し耐汚損性能を向上させた導電釉碍子の採用などがある．最近では碍子を軽量化でき，耐塩・耐汚損性能に優れた撥水性のよい有機絶縁材料（ポリマなど）を用いた碍子も開発採用されている．

c. 雪害対策

雪害は着氷雪による過大な機械的荷重が，断線，電柱折損などの被害を与える場合と，着氷雪の脱落時に起きるスリートジャンプ（電線への着氷雪が落下した際の電線の跳ねあがり），不均一な着氷雪によるギャロッピング（電線への着氷雪と強風との重畳による大振幅）などが短絡などの電気的事故を誘発する場合がある．これに対して，径間の短縮，ルートの選定などによる雪害対策の実施や，難着雪電線（図 12.3.8）の導入により，電線着雪による断線などの被害は大幅に減少している．

d. 樹木対策

電線は，樹木との擦れによる被覆損傷（絶縁耐力低下）やそれに起因した火災が発生する可能性があり，樹木と接触しないように離隔を十分確保しなければならない．そこで，定期的に巡視を行い，樹木接触・接近のおそれのある箇所については伐採し，離隔距離を確保しているが，伐採が困難な箇所などには，耐磨耗性に優れた絶縁材料を用いる方法もとられている．1997 年度の電気設備技術基準の改正に伴い，絶縁性能および耐磨耗性を有する電線（図 12.3.9）を使用する場合には，樹木接触も認められることとなった．

12.3.4 地域環境との調和

大都市中心部のオフィス街や，歴史的景観地域などでは，配電線の輻輳を避け都市景観を向上させる目的で，地中化や美装化など，環境に調和した設備形成が行われている．しかし，環境調和型の設備形成は，従来の架空配電設備よりも建設コストが高くなるため，導入にあたっては，効果を精査するとともに，様々な工夫により建設コスト低減を実現している．

a. 配電線地中化の概要

わが国では，低廉かつ安定した電力を供給するため，配電設備の大半は架空線を標準とし，地中設備は，架空線では対応が困難な場所，たとえば配電線が集中する変電所引出し部分や，高架式道路や鉄道などの横断部分などに限定的に採用されてきた．その後，大都市中心部のようにオフィスビルなどの特別高圧/高圧の需要家が多い地域では，配電線の輻輳を避けるために，地中設備の採用が主流となってきた（図12.3.10）．しかし，一般的に地中設備は架空設備と比較して建設コストが高く，スクラップアンドビルド方式で街づくりを進めているわが国では需要変動への即応が困難である．また，万一の事故時の復旧時間が長いといった問題があることから，積極的な採用には至らなかった．

近年になり，都市景観向上の観点から，配電線地中化に対する社会的要請が高まり，1986年から，歩道幅が広く地上置き機器設置が可能で，需要密度が高く設備変更の少ない都市中枢部より順次計画的に電線類地中化工事が推進され，1998年度末までに都市部の主要道路など，全国で約3,400 kmの地中化が完了した．建設コストが高くなることに対しては，通信事業者などと協調することによる道路掘削の削減，また，電線共同溝方式（C. C. BOX：compact cable box．図 12.3.11）など道路管理者が工事の一部を負担する制度の採用，道路管理者・電線管理者・地元／地域が三位一体となり実施するソフト地中化方式の採用など，コスト低減方策を実施しながら進められている．特に歩道幅が小さく，需要変動が見込まれる地域には，これらの方策

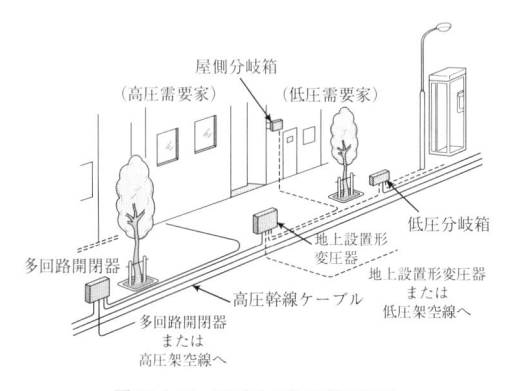

図 12.3.10 配電地中化設備の概要

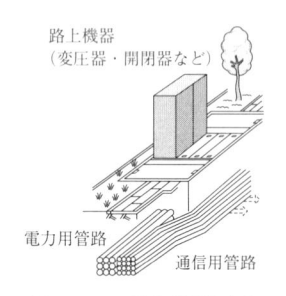

図 12.3.11 電線共同溝方式
管路は，電力用，通信用とも道路管理者が建設し，利用者に貸与され，電線，機器は利用者が建設する方式

(a) 地中化実施前　　　　(b) 地中化実施後
図 12.3.12　ソフト地中化の実施例

図 12.3.13　環境調和装柱事例

を組み合わせて最適な設備形成の地中化が進められている．ソフト地中化方式とは，地上設置機器が置けないところで柱上に機器を設置する，あるいは裏通りからの配線などにより主要な道路などでは電柱や電線がない環境を実現し，将来の需要変動に対して柔軟に対応できるよう需要家への引込部分のみを架空線で配線するなどの方式をいい，地域の状況に応じた設備形態を実現することが可能である（図12.3.12）．このような方式も採用することで，さらに1999年からの5カ年で全国3,000 kmの地中化計画が進められた．

b. 環境調和装柱

需要密度が低い地域などでの配電線地中化によらない美化要請への対応として行われている環境調和装柱とは，架空配電設備の外観を改良し，周辺の環境と調和させようとするもので，様々な方式がある（図12.3.13）．代表的な例としては，
- 高低圧線ともに垂直配列とし，線間距離も短縮して占有空間の減少を図る．
- 支持物を細型とし，セメントに顔料を調合し周辺の色調と調和した着色柱を使用する．
- 電力・動力用2台の変圧器を同一箱内に収納した細型変圧器を使用する．
- 支持物の頭部または中間部に街路照明灯を取り付け，公共用支持物との共用を図る．

といった方策が実施されている．

12.3.5　計量装置
a. 電力量計の変遷

明治時代の電力供給は，電灯1個につき料金を定める「定額制」が主であったため，

計量装置は使用されなかった．大正時代に入り，電熱器などの機器が現れ，電気需給契約も使用量に応じて課金する制度（従量制）が必要となったが，当時の電力量計はエジソンの発明による「電解型電量計」など複雑高価なものだったため，安価な計量装置の開発が進められた．

b. 誘導形（機械式）電力量計

1895年，交流による回転磁界の原理を応用した「誘導形電力量計」が開発された．その後，このタイプの電力量計は，多くの改良も加わって，安価で精度の高い計量を可能にし，現在でも一般家庭では主流となっている．誘導形電力量計は，電磁誘導により電流と電圧の乗算量に応じたアルミニウム製の円板の回転を，歯車に伝えて電力を積算し，使用電力量を表示するものであり，その例を図12.3.14に示す．また，原理図を図12.3.15に示す．

c. 電子式電力量計

1970年代からの冷房機器の目覚しい普及が夏季の最大電力を押し上げ，負荷率の低下を招いた．電力会社では負荷率の改善のため，昼間の料金単価を高めに，夜間の料金単価を低めに設定する「時間帯別料金制」を導入した．計量は，昼夜の2つの電力量計をタイムスイッチで切り換えて対応したが，その後，時間帯別料金制はさらに多様化し，料金メニューも多時間帯化が進むなか，タイムスイッチの切換による対応では，計量装置の設置スペースが足りなくなるなどの問題が発生した．また，1988年には，高圧500 kW未満の需要家に対するデマンド実量制*の拡大が実施され，電力量計と最大需要電力計を1つの計器で表示するために，電子式電力量計の開発が進められ現場に導入されるに至った．しかし，従来の誘導型電力量計と比べると高価であること，表示すべき時間帯の数がさらに増加したことなどから，導入後も，表示をサイクリック表示にすることで，液晶の表示窓の削減を図ったり，電力量計の筐体をプラスチック化しコスト低減を図るなどの改良が行われている．外観を図12.3.16に示す．

＊デマンド実量制： 契約電力を需要家の使い方（最大使用電力）に基づいて決める制度

図12.3.14 誘導形電力量計

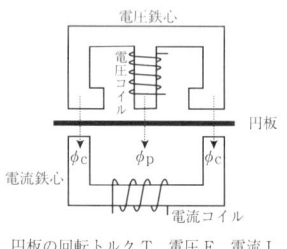

図12.3.15 誘導形電力量計の原理図[3]
円板の回転トルクT，電圧E，電流I
$T \propto \phi_p \phi_c \propto E \cdot I$

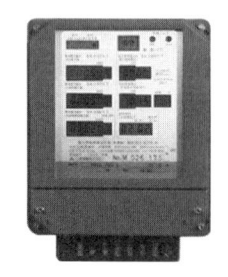

図12.3.16 電子式電力量計

d. 遠隔検針システム

遠隔検針システムは，光ファイバをはじめとした通信網や無線などの様々な通信媒体を活用して，電力量計の計量値を電力会社の事業所などに伝送して遠隔で検針するもので，山間部など検針が困難な箇所の検針業務の効率化の目的で導入が始まった．従来の人手での検針コストとの経済性比較により，これまでのところ，特高需要家など大きな工場やビルを対象に実施されているものの，低圧需要家まで含めた本格的な導入には至っていない．しかしながら，通信設備は配電自動化システムの導入に伴って整備が進んでおり，また，電力自由化によって料金体系も多様化の方向にあり，新しい料金メニューへのプログラム変更を遠隔で容易に実施できる必要性も増している．今後は，伝送用の機器を検針だけでなく，ホームネットワークなど様々な需要家ニーズに多目的に活用することで，採算性を向上させ，導入が進むと期待されている．

〔宮里健司〕

12.4 屋内電気設備

12.4.1 屋内電気設備の概要
a. 屋内電気設備の特殊性

屋内電気設備（この節ではビルを主体に述べる）は，主に受変電設備，配電設備，自家用発電設備，監視制御設備，負荷設備で構成される．

屋内電気設備とは，電力会社設備と連系し受電点以降の負荷設備群へ電気を供給するための設備であり，計画にあたっては，その負荷を適切にまとめ，負荷機器の定格電圧に合わせた電圧に変成し，負荷設備に対して充分な容量をもち，安全で信頼度の高い良質の電気を経済的に供給する設備でなくてはならない．そのためには，電気設備としての基本的特性および制約条件を理解し，各種負荷設備の電気的特性ならびにその建物における個別設備の役割や重要度を調査し，もっとも合理的な電気設備を計画することが重要である．

監視制御設備は，電気設備の神経系統であり，単に，電力監視だけでなくビルの総合管理や省エネルギーを図るため，ビルマネジメントシステム（BMS：building management system）やビルエネルギーマネジメントシステム（BEMS：building energy management system）に発展し，地球温暖化防止にも重要な役割を果たしている．

b. 屋内電気設備の変遷と今後の課題

戦後，わが国の急速な経済成長に伴い，容量の大きい高度の機能をもったオフィスビルの要求が強まり，また，地価の急騰から土地の高度利用が避けられなくなり，超高層建築のニーズが高まった．

超高層ビルでは，負荷設備の高機能化，大容量化に伴い消費電力も数千 kW 規模となり，より以上に供給信頼性が要求され，2 回線受電方式やスポットネットワーク受電方式（12.4.2 項に説明）などが一般化した．また，保守運用の面で高い安全性を

考慮し，受変電設備は開放形から閉鎖形キュビクルなどの採用が多くなった．

建物内の配電方式では，電気的利点（供給力の増加，電圧降下率の低減，銅量・電力損失の軽減）と物理的利点（回線数・導体サイズの減少による管路占有空間の縮小，変圧器の統合による電気室占有面積の縮小）から400V配線が日常的に採用される．しかしながら，負荷機器の容量によっては必ずしも400V配線が有利でない場合もあり，400V配線の採用にあたっては受変電設備，屋内配線のみならず負荷機器への影響を十分考慮する必要がある．中小ビルや一般家庭では単相3線式（100/200V）屋内配線も採用されている．

1973年，わが国は第一次オイルショックに見舞われ，エネルギー価格の高騰により省エネルギーニーズが急激に高まり，省エネルギー機器や空気調和システムの効率運転を図るためコンピュータを利用したBMSや，人感センサやあかりセンサを利用した照明制御システムが開発された．さらに誘導電動機の最適運転のために，静止形インバータによる回転数制御が多く用いられるようになったが，これは後に高調波問題の要因となった．

オイルショック以降の日本の経済は低成長となり建設は冬の時代となったが，社会は情報化が急速に発展し，通信ネットワークがコンピュータと結びついたインフォメーションネットワークシステム（INS：information network system）実証実験も実施された．

高度情報化社会におけるオフィスビルは，企業活動の知的生産の場であり社会のあらゆる通信インフラストラクチャを通じての情報拠点となる．それだけにビルにおける情報処理，通信，セキュリティ，快適環境制御など新しい領域を含む電気設備の役割はますます重要となっている．

また，電力消費は昼間に集中しており，これらの負荷を平準化するため夜間ヒートポンプの利用により冷・温熱源を作り蓄熱し，それを昼間利用するシステムが採用されるようになった．電気設備として，これに対応する高度な予測制御システムが必要となった．また，地球温暖化の面から地球規模のCO_2の総量規制をふまえた省エネルギーの取組みも重要である．

12.4.2 受変電設備

電力を受電する設備と，受電した電力を負荷設備で使用できる電圧に降圧するための変電設備とを合わせて受変電設備と呼ぶ．

a. 受 電 電 圧

受電する施設の電力容量と，その施設に電力を供給する電力会社の配電系の事情により需要家受電電圧と受電方式が決定される．受電電圧は，この数十年間需要家の増加とともに，高電圧化してきている．需要家の契約電力による受電電圧の分類を図12.4.1に示す．

12.4 屋内電気設備

図 12.4.1 契約電力と受電電圧[11]

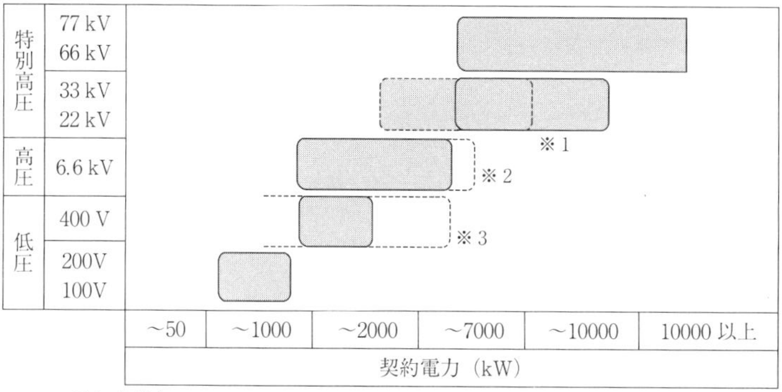

区分	電圧	
特別高圧	77 kV / 66 kV	
	33 kV / 22 kV	
高圧	6.6 kV	
低圧	400 V	
	200V / 100V	

契約電力（kW）: ～50　～1000　～2000　～7000　～10000　10000 以上

※1　電気事業者により，スポットネットワークは7000 kWが上限となる場合がある．
※2　電気事業者の配電事情により，弾力的に運用が行われる場合がある．
※3　400 Vによる供給については，一部の電気事業者が一部地域で実施している．

b. 受電方式

受電方式として，電力会社の配電用変電所から1回線で受電する方式が一般的であるが，この方式では配電線事故時に長時間停電の影響を回避することができない．そのために，大規模なビル・生産工場・医療施設・コンピュータセンタなど，停電により大きな被害の発生するおそれのある施設では，その供給信頼度を高くできる2回線受電などを選定して停電の影響を回避し，電源供給の信頼性を高くする方法がとられる．なお，特別高圧配電系統の構成は12.1.2bでもふれている．

1) 特別高圧受電方式

（i）1回線受電方式： 電力会社の送配電線から，1回線で受電する方式である．

（ii）本線予備線（2回線）受電方式： 電力会社の送配電線から，2回線で受電する方式で，常時は本線側で受電し，予備線側は遮断開放している．本線側停電時は，本線側の遮断器を開放し，予備線側の遮断器を投入して運転する方式である．本線側から予備線側，予備線側から本線側への切換時は，操作の間は停電となるため瞬時切替方式を採用しているところもある．

（iii）ループ受電方式： 電力会社の送配電線に対して，各需要家がループ状につながった状態で，常時2回線を受電回路2組（断路器2台，遮断器1台）でπ型回路を形成し，他の需要家（または電力会社変電所）と連系して受電する方式であるが，事故時，系統操作が複雑であり採用されなくなった．

（iv）スポットネットワーク（SNW：spot-network）**受電方式**： 電力会社の送配電線から常時2～4回線（一般的に3回線）で受電し，需要家はネットワーク変圧器の二次側を単一母線で接続し，並列運転を行うため1回線事故時にも無停電で供給が継続でき，信頼性が最も高い．

特別高圧受電における受電方式を表12.4.1に示す．

2) 高圧受電方式

(i) 1回線受電方式：　通常の需要家で契約電力 2,000 kW 未満の高圧受電における最も一般的な受電方式である．1回線受電方式は，最寄りの配電線から供給を受ける．

(ii) 2回線受電方式：　高圧受電の需要家において，事故時の長期停電を避けたい場合に採用される方式である．2回線受電方式は，同一変電所の異なる変圧器バンクから供給される配電線よりそれぞれ1回線ずつ受電する方式で，1回線受電に比べて高い信頼性があるが，民間では費用の面から採用されることは少ない．

表 12.4.1　特別高圧受電方式[12]

受電方式		1回線	2回線	ループ	スポットネットワーク
配電線					
受電設備			イ．本線予備線（同-S/S） ロ．本線予備線（異S/S）		（高圧SNWの場合）
特徴	ケーブル	1本	2本	2本	3〜4本
	遮断器	1台	2台	2台	プロテクタ 3〜4台
	停電時間	長い	短時間	瞬間	なし
	設備費	安い	高い	高い	最も高い

＊ 責は責任分界点を，財は財産分界点を示す．VCT：計器用変成器．

表 12.4.2　高圧受電方式[12]

受電方式		1回線	2回線	
配電線		本線	本線　　予備線	本線　　予備線
受電設備				
特徴	ケーブル	1本	2本	2本
	遮断器	1台	2台	切換開閉器1台 遮断器1台
	停電時間	長い	瞬間	瞬間
	設備費	安い	高い	高い

＊ 責は責任分界点を，財は財産分界点を示す．VCT：計器用変成器．

高圧受電における受電方式を表12.4.2に示す．
c. 受変電設備の構成
1) 受電設備と変電設備
（i）**受電設備**： 受電設備とは，電力会社の送配電線との財産分界・取引用計量装置および保安責任分界のために設ける施設であり，区分開閉器，断路器，遮断器，変成器，母線と付属設備などで構成される．

（ii）**変電設備**： 負荷機器に電力を供給するために，受電電圧を負荷設備機器の定格電圧に適合させるように変成する設備で，変圧器，変圧器二次側母線，配電盤などで構成され，電圧の変成箇所が複数の場合には，副変電設備（サブ変電設備）を設置する．

2) 受変電設備構成機器
（i）**区分開閉器**： 高圧受電の場合，保安上の責任分界点に設置される区分開閉器には負荷電流を開閉できる高圧交流負荷開閉器を使用する．高圧交流負荷開閉器には，気中開閉器や真空開閉器が多く用いられる（図12.4.2）．

（ii）**線路開閉器と断路器**： 保安上，送配電線路から設備を切り離すための開閉器で，電圧に応じ線路開閉器または断路器（図12.4.3）を選定する．いずれも負荷電流はアークが発生して遮断できないので，負荷電流が通じている場合には開路できないように施設する．特別高圧受電の場合，保安上の責任分界点に線路開閉器を設置する．

（iii）**計器用変成器 VCT**（voltage current transformer）（VT：voltage transformer，CT：current transformer）： 計器用変成器は，回路の電圧および電流を計測するためのものであるが，その使用目的により計器用（標準用および一般計器用，電力需給用），保護継電器用がある（図12.4.4）．

（iv）**遮断器**： 遮断器は，負荷電流あるいは回路の短絡電流を開閉できる装置であり，機器または回路の制御と事故の波及防止のために，主回路または分岐回路に設置される（図12.4.5）．遮断器には，油入遮断器，磁気遮断器，真空遮断器，ガス遮断器が使用されている．なお，真空遮断器は小型，軽量，長寿命，低騒音，保守点検が容易の点から主流となっており，主接触部，消弧部，絶縁部，操作メカニズム，制御部などで構成される．

（v）**変圧器**： 配電用に使用される標準的な変圧器としては，油入変圧器，モールド変圧器がある．油入変圧器（図12.4.6）は鉄心および巻線を絶縁油に浸し絶縁油を介して冷却される構造の変圧器である．モールド変圧器（図12.4.7）とは一次巻線および二次巻線の全表面が樹脂または樹脂を含んだ絶縁基材で覆われている．多く使用されている配電用変圧器は，ハイグレード，低損失の方向性けい素鋼板を採用して無負荷損を大幅に低減し，JEM（The Japan Electrical Manufacturer's）1474（配電用6kV高効率油入変圧器の特性基準値）およびJEM 1475（配電用6kV高効率モールド変圧器の特性基準値）の特性を満足する低損失形（高効率形）である．さらに低

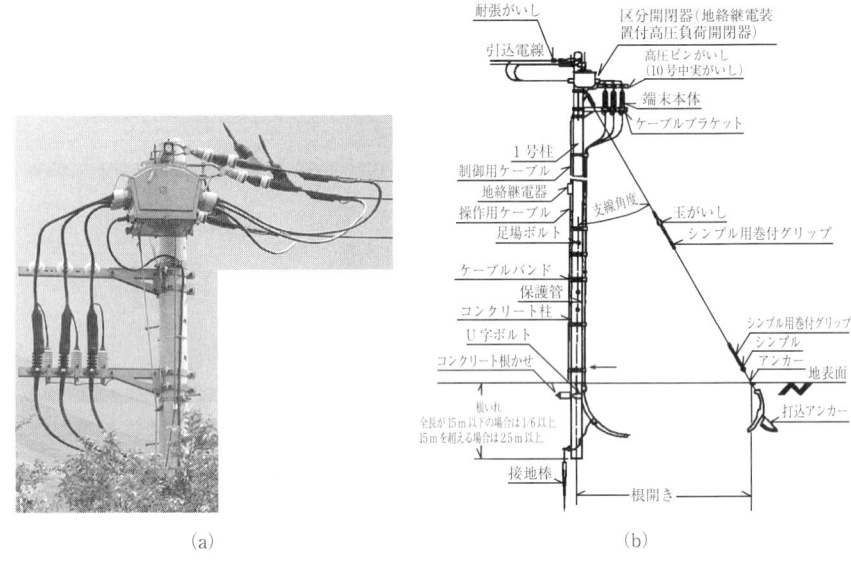

図 12.4.2　区分開閉器の例

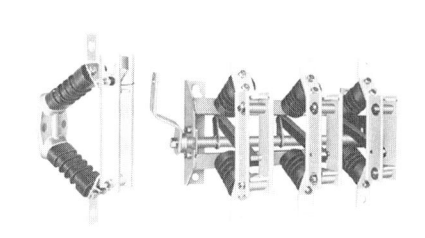

図 12.4.3　断路器

図 12.4.4　計器用変成器
（電力需給用）

損失のアモルファス変圧器も採用されはじめている．
　(vi)　進相コンデンサ：　自家用電気設備において無効電力の制御を行うことによって力率を向上させ，設備容量の有効利用，配電損失の低減，電圧降下の抑制および電力料金の低減対策などの目的で設置される．
　(vii)　直列リアクトル：
　① **進相コンデンサの開閉時の異常現象の防止**：　複数のコンデンサを設置した場合，コンデンサ突入電流は，投入時の回路条件により定格電流の30～100倍程度となるが，コンデンサ容量の6％の直列リアクトルを挿入し，5～8倍に低減させる．
　② **進相コンデンサ挿入に伴う高調波拡大現象の防止**：　高調波障害防止対策から，第5高調波以上の高調波に対してコンデンサ回路を誘導性とするために，コンデン

(a) 固定形VCB本体　　　　　　(b) 引出形VCB本体

図 12.4.5　遮断器 VCB（vacuum circuit breaker）

図 12.4.6　油入変圧器　　　　　図 12.4.7　モールド変圧器

サ容量の6%を設置する．この場合コンデンサとリアクトルの組合せによっては直列共振現象が発生することがある．この対策として，コンデンサ容量の8%や13～15%のリアクトルを設置する．

(viii) 避雷器： 避雷器は，電気設備を雷や回路の開閉などに起因する過電圧から保護するための設備である．

(ix) 配電盤： 配電盤は，変圧器の二次側母線（低圧側）から，屋内の各所にある負荷設備用分電盤へ配電するための設備である．変圧器二次側の母線から，各系統の必要容量の配電線に対応した配線用分岐遮断器（MCCB：molded case circuit breakers）などを用い，配電する．また，この遮断器は必要に応じて，分岐回路の過電流，短絡，地絡の保護を行う機能を有するものを設ける．

3) **受変電設備構成例**　高圧受電の構成例を図 12.4.8 に示す．

d. 受変電設備の保護方式

電力会社の送配電系統では，停電時間の短縮のため保護継電方式による完全な系統保護が行われる．屋内電気設備においては屋内設備事故の電力会社送配電系統への波及防止や屋内電気設備内での重大事故発生を防止する観点から，効率的な保護方式が選択される．

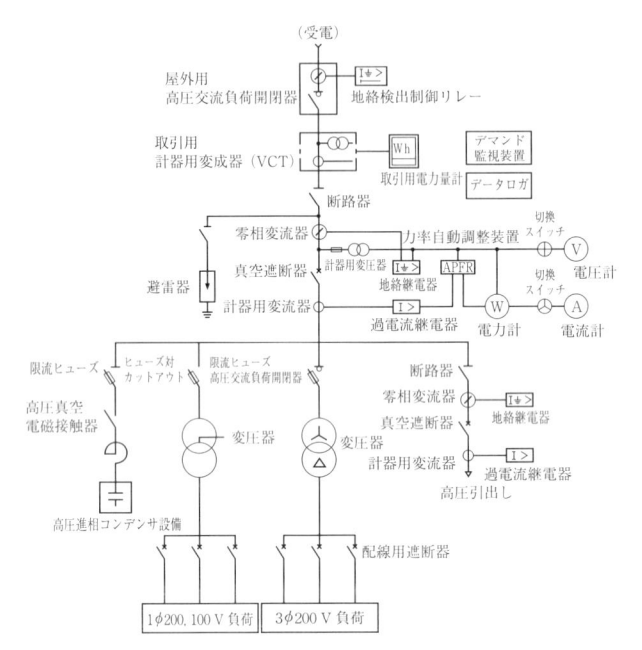

図 12.4.8　高圧受電設備の構成例[4]
(1回線受電)

1) 特別高圧受変電回路の保護方式

(i) 保護協調：　屋内電気設備では，電力会社より受電して負荷に電力を供給する．したがって，電力会社の変電所の遮断器の保護継電器と需要家の遮断器の保護継電器との間の動作時限協調を十分にとり，需要家側の事故では確実に需要家の保護継電器が先に動作して，変電所の保護継電器動作に至らないようにする必要がある．

2回線受電系の送配電回路に設置されている保護継電器は，過電流継電器（過電流リレー）と地絡過電流継電器が主となる．

(ii) 構内保護協調：　屋内電気設備における，放射状電力系統の過電流遮断装置と保護構成の例を図 12.4.9 に示す．各区間の過電流継電器は，自区間の主保護と同時に負荷側の隣接区間の後備保護を兼ねているため，隣接区間の過電流継電器との十分な協調を図らなければならない．過電流継電器の整定項目は，動作電流値と動作時限の2種類あり，前者は動作電流整定タップにより，後者は時限レバーにより整定する．

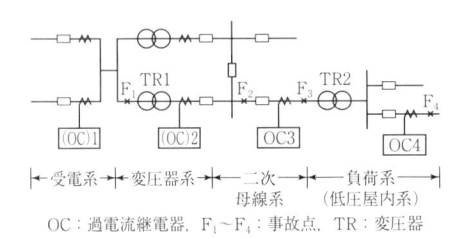

OC：過電流継電器，$F_1 \sim F_4$：事故点，TR：変圧器

図 12.4.9　電路系と保護区間[5]

① **動作電流値の整定**：　動作電流

値は，自区間保護と後備保護を考慮して，継電器にとって最も悪い条件を想定して整定する．

② **動作時限の整定**： 動作時限の整定では，負荷側の隣接区間までの事故の際に，事故点に最も近い電源側遮断器を引き外すよう，選択性を確保する．図12.4.9の受変電設備の例では各保護区間の過電流保護継電器の動作時限は，次のようになる．負荷側の保護区間における短絡時の過電流継電器の動作時間を最小にして，電源側へ隣接した上位の保護区間の整定値は，隣接下位の端末に対して必要最小時限差S（慣性動作時間を含む）を加えて設定する．一般に，受電系から第n区間の過電流継電器の動作時限は次式により決められる．

$$R_n = R_{n+1} + S$$
$$S = B_{n+1} + O_n + \alpha$$

ここで，R_n：第n区間継電器の動作時限，R_{n+1}：第$(n+1)$区間継電器の動作時限，S：第n区間と第$(n+1)$区間の継電器動作時限整定差，B_{n+1}：第$(n+1)$区間遮断器の全遮断時間，O_n：第$(n+1)$区間継電器の慣性動作時間，α：余裕時間．

③ **地絡電流の検出方式**： 抵抗接地系においては地絡事故を保護するフィーダの各相にCTを設け，CTを星形結線にしてその残留回路で地絡電流I_gを検出する．この残留回路方式の基本回路図を図12.4.10に示す．残留回路に地絡過電流継電器を設け，零相電流としてI_gを検出し，設定値以上で付勢させる．地絡事故時以外では，各相の電流ベクトルの和は0であるため，残留回路には電流が発生しない．

(iii) **スポットネットワーク（SNW）受電の保護協調**：

① **SNW配電側保護方式**： SNW受電設備には特別高圧側の保護装置はない．したがって，配電線の送電端でネットワークトランス（NWTR）の二次側までを保護範囲として保護する必要がある．しかし，NWTRは配電側からみると一般的に容量が小さく，二次側故障時の短絡電流と負荷電流との区別が困難であり，過電流保護継電器では十分な保護ができない．そのために二次側母線で事故を起こさないよう絶縁強化を図る必要がある．さらに，NWTRのインピーダンスを考慮した方向性距離

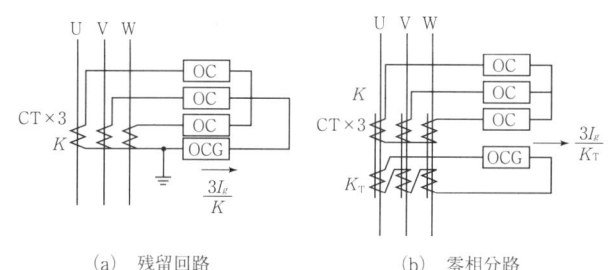

(a) 残留回路　　　　　　(b) 零相分路

OC：過電流継電器，OCG：地絡過電流継電器，K：変流比，
K_T：三次巻線の変成比

図 12.4.10 地絡電流検出方式[6]

継電器（directional distance relay）を用いて，その方向距離特性によりNWTR二次側の短絡事故を検出し送り出しの遮断器（電気の送り先を決めたり停止させる遮断器）を引き外して保護する．また，NWTR二次側の二相短絡（二相地絡を含む）に対しては，このとき逆相電流を検出する逆相継電器（RϕC）により同様に送り出しの遮断器を引き外して保護する．

② **SNW 受変電設備短絡保護協調**: SNW 受電設備における保護協調の対象は，図12.4.11 に示すように，特別高圧 SNW 配電線，プロテクタスイッチギヤ，ネットワーク母線などの電源系とテイクオフスイッチギヤネットワーク母線から分岐する幹線の分岐箇所に取り付ける

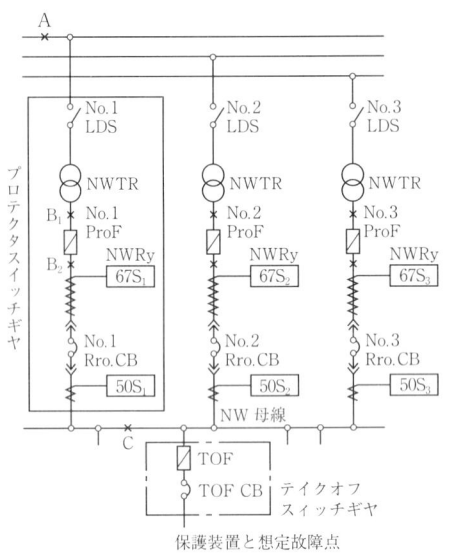

LDS：受電断路器，NWRy：ネットワーク主継電器．
50S$_1$〜S$_3$：短絡過電流継電器．

図 12.4.11 SNW の保護装置例[7]

表 12.4.3 高圧受電保護方式

高圧受電の保護方式	保護の概要
PF・S形 VCT 受電設備容量 キュービクル：300 kVA LBS（PF 付き）	・負荷開閉器は，受配電操作に伴う定常電流を開閉 ・電力ヒューズは高圧側短絡の主保護および変圧器過負荷保護，変圧器二次側短絡の後備保護としてあらゆる過電流に応動する ・電力ヒューズ選定上の注意点は， 　i) 遮断容量 > 受電点三相短絡電流 　ii) 供給変電所 OCR の動作特性とヒューズの全遮断時間特性の協調 　iii) 定常の過渡電流に対するヒューズの不劣化特性の協調 　iv) 変圧器二次 CB との協調
CB形 VCT 受電設備容量 キュービクル：4,000 kVA 計器用変成器 DS（JIS C4620）断路器 遮断器 CB 変流器 CT　過電流継電器	・過電流継電器と遮断器の組合せですべての保護を行うもので，一般的な方法である． ・過電流継電器には瞬時要素付過電流継電器を使用して 　　高圧回路の短絡事故　……　瞬時要素 　　変圧器二次側回路の短絡・過負荷　……　限時要素 ・瞬時要素の整定値は定常時の過渡電流を考慮する

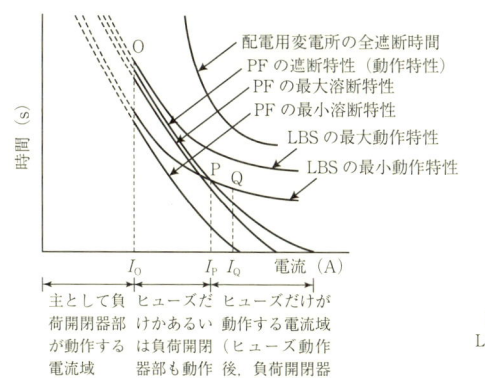

図12.4.12 高圧負荷開閉器(限流ヒューズ付き)の電流協調[8]

保護装置から負荷まで分類できる．保護装置としては，SNW配電系の保護装置のほかに，需要家においては，電源系としてプロテクタヒューズ，プロテクタ遮断器，ネットワーク主継電器(67S)，短絡過電流継電器(50S)があり，低圧負荷系としてテイクオフヒューズ，テイクオフ遮断器よりなる．SNW配電系とSNW受電設備系との保護協調および同一SNW配電系上のほかの需要家のSNW受電設備との協調が重要である．たとえば，SNW配電線の一回線停止時には，その配電系につながるすべての需要家の当該回線のプロテクタ遮断器が逆電力を遮断し，停止配電線を無充電とする．

2) 高圧受変電回路保護方式 高圧受電設備の保護方式は表12.4.3に示すように，次の2つの方式がある．

(i) PF·S形： 電力ヒューズと高圧交流負荷開閉器の組み合せで過負荷，短絡の保護を行う．この方式は変圧器容量の小さいキュービクル受電に適用され，電力ヒューズと高圧交流負荷開閉器を組み合せて，遮断器を用いないで保護の簡素化を図っている．

図12.4.12にストライカ引外し方式(ヒューズにストライカを付属させ，ヒューズ動作に連動して開閉器を動作させる．)による限流ヒューズ付高圧負荷開閉器の過電流協調例を示す．

(ii) CB形： 過電流継電器，地絡継電器の組合せにより過負荷，短絡，地絡に対する保護を行う．短絡と過電流に対する保護継電器として，JIS C 4602に準拠した強反限時特性(駆動電気量が大きくなるに従って保護動作時間が短くなる特性．)をもつ過電流継電器が使用される．

12.4.3 屋内配電設備

ここで述べる屋内配電設備は，電気使用場所での受変電設備の主変電設備配電盤か

ら負荷機器の電源接続部までの屋内配線をいう．一般に主変電設備配電盤からサブ変電設備受電盤，動力制御盤，電灯分電盤などまでの屋内配線を幹線といい，動力制御盤，電灯分電盤などから負荷設備機器に至る配線を分岐回路という．

屋内配電設備の構築にあたっては，主に配電電圧，配電方式，配電線保護の選定が重要である．

一般に建物の用途や規模によりそれぞれ適切な屋内配電設備が採用されるが，中小規模ビルの場合は汎用性，経済性により，電灯負荷は単相3線式100/200 V，動力負荷は三相3線式200 Vの採用が多く，大規模ビルにおいては電灯動力負荷に三相4線式240/415 Vで配電する例も増えてきている．そのほか，高圧幹線方式として，要所のサブ変電設備に設置された降圧変圧器に配電する方式をとる．また，OA機器や高調波を発生させる負荷が多くなると，それぞれを専用幹線として分けることや，重要負荷への供給として幹線を二重化することもある．

a．屋内配電電圧

屋内配電電圧の種類に，公称電圧100 V，200 V，100/200 V，415 V，240/415 V，高圧（3.3 kV，6.6 kV）があり，設備容量負荷分布および負荷設備機器の定格電圧を基

表12.4.4 屋内配電方式の比較[13]

方式 項目	樹枝状	放射状	ループ
概念図			⊠：主変電設備 □：サブ変電設備
特徴・機能	・1回線の故障で数ヵ所のサブ変電設備が停電するが，すぐに復旧（自動で可能）できる． ・変電設備のフィーダ数は，最低2回線でよい．	・1回線の故障で停電するが，すぐに復旧（自動で可能）できる． ・変電設備のフィーダ数は，サブ電気室の倍数必要．	・1回線の故障で数ヵ所のサブ変電設備が停電するが，すぐに復旧できる． ・変電設備のフィーダ数は，最低2回線でよい．
信頼性	1回線で複数の変電設備に供給しているため，幹線事故の確率が高くなる．	2回線以上で供給することにより高い信頼性を確保できる．	ループ配電のため，高い信頼性を確保できる．
施工性	幹線数が少なく，分岐部分をプレハブ化することにより，高い施工性を確保できる．	幹線数が多いため，施工性の点で劣る．	幹線数が少なく，端末処理についても，プレハブ化することにより高い施工性を確保できる．
保守性	1回線の保守で複数の変電設備が関係するため，保守性の点でやや劣る．	幹線数は多いが，構成がシンプルなため，保守が容易である．	ループ配電のため，リレー類の保守が複雑となる．
経済性	幹線数が少なく，構成もシンプルなため，経済性は高い．	幹線数が多くなるため経済性の点で劣る．	保護が複雑となるため，リレー類が高価になる．

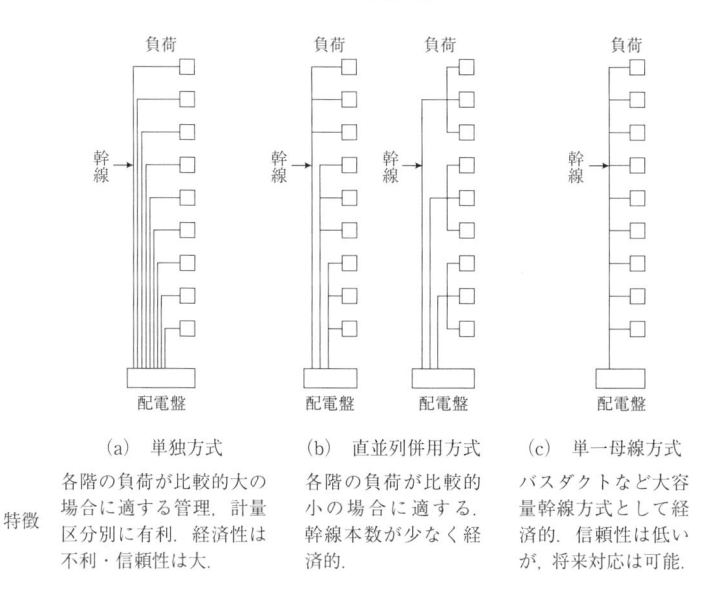

図 12.4.13 低圧幹線方式[9]

(a) 単独方式
特徴：各階の負荷が比較的大の場合に適する管理，計量区分別に有利．経済性は不利・信頼性は大．

(b) 直並列併用方式
各階の負荷が比較的小の場合に適する．幹線本数が少なく経済的．

(c) 単一母線方式
バスダクトなど大容量幹線方式として経済的．信頼性は低いが，将来対応は可能．

準に選定する．

ビルは，照明設備やそのほかの低圧電気機器が多く，動力負荷容量もあまり大きくなく地階機械室などに集中しており，しかも電路亘長が短いなどの特徴を有している．これらの特徴と，経済性，増改築および保守の容易さなども考慮して屋内配電電圧を選定する．

b. 屋内配電方式

屋内配電方式は，電気方式，高圧幹線方式，低圧幹線方式などの種々の方式があるが，その選定は，受変電設備および監視制御システムなどを含めて総合的に検討する必要がある．また，単に負荷設備に応じて計画するのではなく，当該施設に求められるニーズや建築計画との整合，LCC（life cycle cost）も併せて考慮しなければならない．

選定時の検討項目を示すと，① 建築計画との整合（配置計画・省スペースなど），② 建築物の特徴（建物用途・負荷種別・負荷密度など），③ システムの信頼性・安全性（保護方式・二重幹線など），④ 経済性（LCCなど），⑤ 保守性（通常時・故障時の対応など），⑥ 将来性（増設・更新の対応など）が挙げられる．

1) 電気方式 低圧屋内配電の電気方式は，相線式の形態から（図12.1.2）に示す方式に分けられる．

（i）**単相2線式 100 V, 200 V**： 電線2条で配電する最も基本的な方式である．電力損失が大きく大電力の伝送には適さない．

(ii) **単相3線式100/200 V**：　電線3条で配電し，中性線を接地する方式である．電圧降下，電力損失の面で単相2線式に比較して有利であることから，一般的に照明，コンセント用の分岐回路に適用されている．
　(iii) **三相3線式200 V, 415 V**：　電線3条で三相負荷（動力，電熱）供給用に一般的に採用される．
　(iv) **三相4線式240/415 V**：　電灯動力負荷共用方式および中大型施設の電灯負荷に適用される．変圧器バンク数の集約，二次側電線数の削減で経済的に有利になる．
　2）**高圧幹線方式**　　大規模施設で，負荷設備容量が大きく，幹線亘長が長い場合には，低圧配電では供給限界があるため，集中する負荷の付近に設置するサブ変電設備に高電圧で配電する高圧幹線方式が採用される．高圧配電電圧には3.3 kVと6.6 kVがあり，受電電圧そのままたは中間電圧のいずれかを経済性などから決定する（表12.4.4）．
　3）**低圧幹線方式**　　低圧幹線設備は，幹線系統の形態から図12.4.13に示す方式に分けられる．
　c．屋内配電保護
　屋内配電の事故原因には，過負荷，短絡，地絡および単相3線式の中性線断線などがある．これらの事故を未然に防ぐため，電気設備技術基準の解釈では，保護装置について規定している．

12.4.4　自家用発電設備

　商用電源の停止で問題が生じる場合，非常用電源を設置している．また最近規制緩和で，電力会社から一部電力の供給を受けながら自前の発電設備を常時運転し排熱を冷暖房，給湯などに利用し，総合エネルギーコストを低減する手段として発電設備を設置（コージェネレーション）することがある．なお自家用発電設備の原動機は，ガスエンジン，ディーゼルエンジン，ガスタービンが主である．
　なお，こうした非常用発電設備の設置を規定している法律として建築基準法と消防法がある．建築基準法では排煙設備や非常用の照明装置などの防災設備を有効に作動させる電源を速やかに供給することを義務づけている．また消防法では屋内消火設備，スプリンクラ設備など，消防用設備などを有効に作動させる電源を速やかに供給することを義務づけている．

12.4.5　瞬時電圧低下対策設備

　需要家側での瞬時電圧低下（しばしば「瞬低」と略称される）の対策は，重要負荷機器ごとに小容量で低圧用の無停電電源装置（UPS）を設置する．
　電源側の対策としては，直列補償形瞬低対策装置，並列形瞬低対策装置および電力系統の影響を受けない分散型電源装置がある．
　直列補償形瞬低対策装置は，コンデンサに必要な電気エネルギーを蓄えておき，電

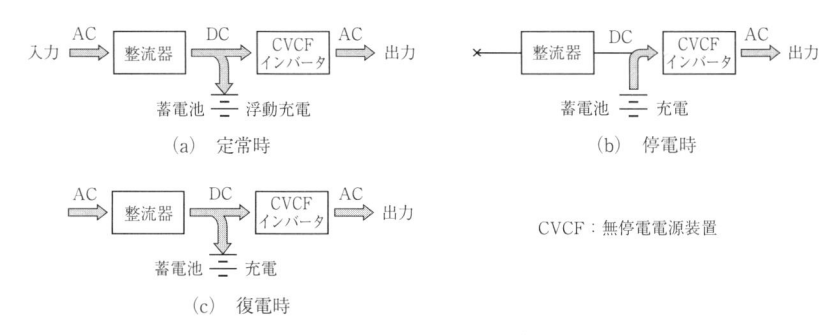

図 12.4.14　UPS の動作[10]

圧低下が発生した場合に，低下した分だけ電圧を補う装置である．
　並列形瞬低対策装置は，電気エネルギーを二次電池に化学エネルギーとして蓄積する二次電池型無停電電源装置，およびフライホイールの回転エネルギーとして蓄積するフライホイール形無停電電源装置がある．
　分散型電源には，熱エネルギーの供給を兼ねたコージェネレーション装置が一般的に採用される．また瞬低や停電対策として蓄電池設備がある．
a. 蓄電池設備
　蓄電池設備は，整流器と蓄電池から構成された直流電源装置として，交流を直流に変換し蓄電池に充電しながら，停電時あるいは瞬低などによる非常時に蓄電池を電源として，各種負荷に無停電で直流電力を供給するものである．蓄電池の種類としては，鉛蓄電池とアルカリ蓄電池が一般に使用される．最近では，レドックスフロー電池や NAS（ナトリウム-硫黄）電池といった電力貯蔵システムがコンパクト化し，都市でも分散設置が容易となった．
b. 無停電電源装置
　UPS（uninterruptible power supply）は，商用電源の瞬断，停電，電圧変動，周波数変動，電圧波形歪などによる負荷の誤動作や停止事故を防止する目的で設置される．商用電源停止や瞬低時においても負荷機器に定電圧定周波数の交流電力を安定供給することができる．CVCF（constant voltage constant frequency）との違いは，UPS は蓄電池が組み込まれているため，停電時でも電力を供給できるところにある（図 12.4.14）．

12.4.6　ビル監視制御設備
　ビル監視制御設備（中央監視設備）は建物内に散在する受変電設備，照明設備，熱源・空調設備，給排水衛生設備などの建築設備機器やセンサなどを集中的に監視制御することにより，快適環境，安全性，利便性を図るとともに，機能的な設備の運用支援，省エネルギーや運転管理の省力化を実現するものである．

a. 中央監視設備の歴史

遠隔集中監視制御のはじまりは1930年ごろで，電動機などの遠方操作や運転・故障の表示器，主要室内の温度・湿度の計測器などが鋼板製自立盤に収納されていたが，監視制御は個々の機器で行い，一部の警報装置，表示装置が遠隔化されるだけの，いわゆる直接監視制御の時代であった．1950年代に入ると大規模なビルの建設が始まり，本格的な冷暖房設備が導入されるようになり，朝夕の機器の発停，日常の運転状態監視を機器個々で行なうことがオペレータの大きな負担になってきた．このため集中監視計測制御装置を設置し，遠方発停，運転・警報監視，電流計測などの監視制御だけでなく，室温，熱量など，環境の状態，エネルギー・熱の使用状態などを管理できるようになった．

1960年代の後半から1970年代にかけて，コンピュータを用いた集中遠方監視制御装置が現れはじめた．マンマシンインターフェイスにCRT装置やプリンタが採用されるなど，コンピュータの技術と通信技術が応用されるようになった．デマンド監視制御や防災連動制御，カレンダ機能およびエネルギー使用量のグラフ表示など，現在の中央監視制御設備の多くの機能はこのころに作成され，試行を繰り返し実用化されていった．その後，空調自動制御用にマイクロコンピュータを使用したDDC（direct digital control）が開発され，分散制御集中監視方式が現れた．集中監視制御方式では，ホストコンピュータが全体のシステムの集中管理と全体的な統制制御を行っていたが，分散制御集中監視方式では制御機能が分散することにより，ホストコンピュータの輻輳が軽減でき，システムダウンの影響が最小限に抑えられ，拡張性があり増改

表12.4.5 規模に応じたシステムの構成

	1	2	3	4	5
構成	CPUなし 警報盤 個別配線方式	個別配線方式 CPU（モノクロ表示）	CPU（カラーLCD）	CPU（カラー液晶タッチパネル）	防災 防犯 BMS 空調 CPU（分散型）電気（カラーLCD）
管理点数 延床面積	～50点 ～2,000 m²	～150点 ～5,000 m²	～500点 3,000～15,000 m²	～1,500点 5,000～50,000 m²	500点～ 20,000 m²～
方式	・警報表示盤 ・個別配線方式	・CPUによる監視制御 ・個別配線方式	・リモート方式	・リモート方式	・リモート方式
特徴	・警報，状態変化の記録ができない ・スケジュール発停などの制御ができない	・CPUが1ヵ所に集約されているため，CPUのトラブル時には機能しなくなる	・自立盤型は設置スペースが小さいので，部屋を広く使える ・RSにもCPUを搭載することによりトラブル時の危険分散ができる	・デスクタイプで操作性が格段によい ・視認性のよい画面表示ができる．また，計測したデータや警報の履歴が保存できる	・中央監視を中心として，空調制御や防災，防犯，BMSなど各種サブシステムとの統合化されたシステム

設の容易性も備えている．

1980年代のインテリジェントビルブームでは，中央監視制御設備はその中心的な役割を担った．防犯・防災システムとの連携，多機能電話をはじめとする通信システムやOAシステムとの結合が図られるようになり，統合監視制御設備としてオフィスの快適性・利便性の向上，ビル管理の高度化と省力化を実現した．平成に入ると，ネットワーク化，オープン化，ダウンサイジングの流れを受け，機器のコンパクト化，センタ装置のパソコン化・ネットワーク化が推進され，低価格化，マルチベンダ化，オープン化が進んだ．現在ではインターネット技術の利用も進み，WEBによる情報配信や携帯電話やメールでの警報発信などが用いられるようになり，ビル内の設備情報の発信源として中央監視がますます重要になってきている．

b. 中央監視設備の機器構成

建物の規模と用途，監視制御対象と制御点数およびその配置とまとまり具合，監視制御機能などを考慮し，最適なシステムを選定する必要がある．表12.4.5に規模に応じたシステム構成を示す．一般的な中央監視設備を構成する機器は，中央処理装置，液晶ディスプレイ，プリンタ，UPS（無停電電源装置），RS（リモートステーション），入出力伝送端末などである．システム構成の例を図12.4.15に示す．

c. 中央監視設備の機能

中央監視設備の主な機能を表12.4.6に示す．

d. 中央監視設備の付随設備

1) DDC制御　　DDC制御（direct digital control system）とは温度や湿度を管理する調節器の機能がディジタル方式で行われる制御をいう．中央監視設備とは別設

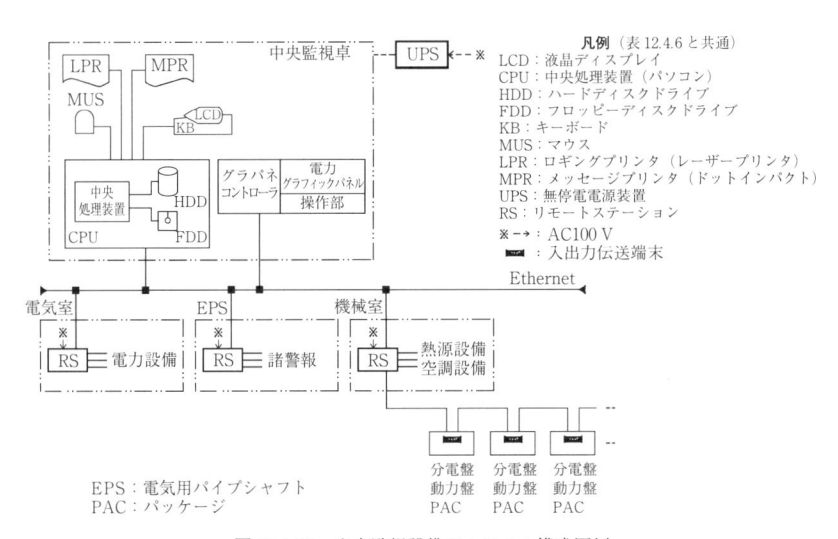

図12.4.15　中央監視設備のシステム構成図例

表 12.4.6 中央監視設備の主な機能

機　能	内　　　容
監　視	状態監視，警報監視，計測上下限監視，制御異常監視，運転時間積算監視，故障回数積算開始，システム異常監視
表　示	グラフィック画面表示，ポイントリスト表示，警報・状態変化メッセージ表示，警報履歴表示，トレンドグラフ表示，棒グラフ表示，無表示画面
操　作	個別発停・設定操作，グループ発停・設定操作
制　御	スケジュール機能，電力デマンド監視制御，力率改善制御，停復電制御，自家発負荷配分制御，火災連動停止制御，入退室・防犯連動制御
記　録	メッセージ印字，日報・月報印字，警報履歴データ保存，日報・月報データ保存，画面ハードコピー

備であることが多く，中央監視設備としては，アナログ信号または通信で温湿度などの情報を受け取ったり，設定値などの情報をわたすのみであることが多いが，制御機能そのものが中央監視設備に含まれている場合もある．

2) BMS（ビルマネジメントシステム）　BMSは，中央監視設備とリンクして，収集した情報のデータベース化を図り，エネルギー管理から，設備機器の保守・保全，さらに設備機器の資産管理とその運営管理を行うシステムとして位置づけられる．BMSの主な機能を表12.4.7に示す．

ソフトウェアを作成するにあたり，中央監視設備が設備の情報をリアルタイムに収集する即時性に重きを置いて作られるのに対し，BMSは過去のデータの蓄積や収集データの加工など，データベースや内部演算に重きを置いて作られる．そのため，安定したシステム運用のためには，中央監視とBMSの機能は同一のセンタ装置に共存させず，各々の機能用に個別にセンタ装置を置くことが望ましい．

e. 技術動向

最近の技術動向としてオープン化，マルチベンダ化の傾向が強い．上位系では，アメリカのANSI/ASHRAE規格のBACnet（a data communication protocol for build-

表 12.4.7 BMSの主な機能

機　能	内　　　容
保全管理	設備機器台帳管理，機器履歴台帳管理，点検スケジュール管理，消耗品台帳管理，警報データ管理，作業日誌・報告書管理
エネルギー管理	エネルギー分析管理，エネルギー予測管理，設備需要率・負荷率管理
テナント課金	集中検針，料金計算，請求書発行
テナントサービス	外部情報サービス，施設予約管理，時間外空調管理
営繕予算管理	保全予算管理，光熱費・下水道費等管理，工事委託管理
保全作業	点検作業支援，ビル環境測定管理，検針作業支援，稼動実績管理
図面管理	図面管理，ファイリング管理

ing automation and control network）による通信，FA システムで用いられている SCADA（supervisory control and data acquisition）ソフトの応用，インターネット技術を応用した Webtop などがある．ローカル系では，アメリカ ECHELON 社提唱の LONWORKS（local operating network）が増加傾向にある．

1) BACnet　　BACnet は，ASHRAE（米国空調冷凍暖房工業会）の提唱する BA（building automation）システム通信の標準プロトコルで，これからの統合化 BA システムの主流になる可能性の高いものである．日本国内では，電気設備学会が BACnet の規約に則って拡張し，BAS 標準インターフェース仕様書 IEIEJ/p-0003-2000 としてまとめている．受変電・熱源・空調・照明・防犯・防災の設備やビルマネジメントシステムを統合化する際には，システム間接続の仕様や責任分界点を明確にする，エンジニアリング労力を軽減するなどの目的で，BACnet の採用が有効かどうか検討してみる必要がある．

2) SCADA　　SCADA は，もともと工場用の監視制御・データ収集を行うパソコン DCS（distributed contral system）に使用されるソフトウェアで，グラフィック作画やデータ収集の機能，PLC（programmable logic controller）との通信機能を備えており，OA 系のソフトウェア（表計算ソフトやデータベースソフト）との連携も容易に行える．プログラム言語でソフトウェアを作成する場合と比べて，ソフト開発工数が低減でき，メンテナンス性も向上する．上位からローカルまでをオープンなシステムとして実現可能である．

3) Webtop　　Webtop は，BA システムの画面をインターネットのブラウザで閲覧できるように作成したシステムで，汎用の Web ブラウザソフトがあれば，複数の場所からも，遠隔地からも同時に監視制御を行うことができる．インターネットの技術は，応用範囲が広く，将来性も大きいと考えられている．

4) LONWORKS　　LONWORKS とは，アメリカ ECHELON 社が提唱する自律分散形のネットワークで，オープンフィールドバスの一種である．LONWORKS デバイスにはニューロンチップ（Neuron chip）という LON（local operation network）専用 LSI が組み込まれており，通信に関するプログラムがあらかじめファームウェア（ハードウェアを制御するために機器に組み込まれているソフトウェア）化されている．さらに制御機能を併せもつことができる．この通信プロトコルにより，異なるメーカの LON デバイス間でも通信が可能となる．そのため，LONWORKS を用いてシステムを構築するには，最適なデバイスを選択し，ネットワークを構築する技術者が必要となる．今後，多くの国内メーカがさらに多くの LONWORKS デバイスを発売していくにつれ，ますますマルチベンダ化が進展すると思われる．　　〔田辺年隆〕

12.5　配電線運用

12.5.1　設備管理

配電設備は面的に広範囲にわたって構成されているため，その施設数も莫大であ

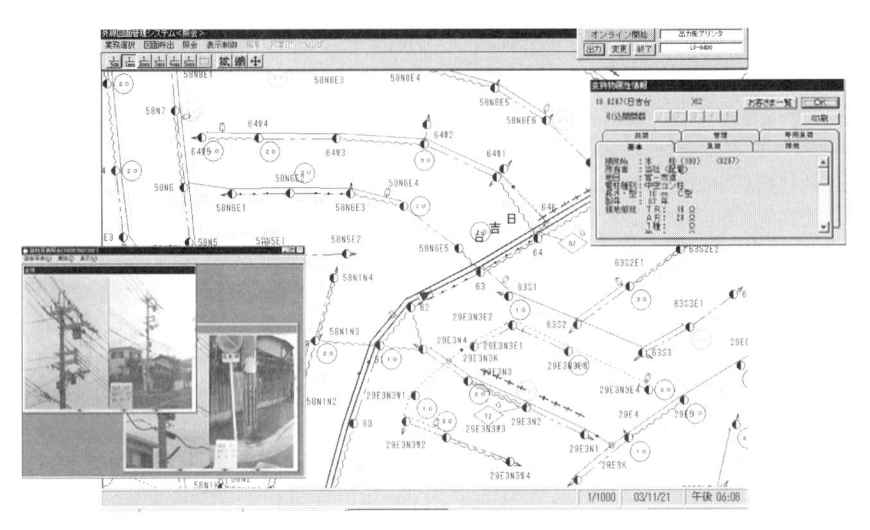

図 12.5.1 マッピングシステムの表示例

り,かつ環境の変化による設備の移動も頻繁である.これら設備の機能を維持し,日々変化する系統および設備情報を精度高く管理していくことが課題とされてきた.

　コンピュータ化以前の設備管理は,系統図や機器カードといった図面や紙データによっており,多くの労力を要していた.1970年代に入り,大型コンピュータ技術が向上し,オンライン適用分野も拡大してきた.そこで,日常業務の効率化と精度向上を目的として,コンピュータによる設備管理情報の電子データベース化が実現された.これにより,迅速かつ効率的に精度の高い情報を取得できる仕組みが確立された.しかし,系統図面や写真は,コンピュータ性能の制約から,依然として紙による管理のまま残ることとなった.

　1990年代になると,コンピュータ技術の進展に伴い,安価で高性能なコンピュータにより,図面や写真などのビジュアル情報も扱えるようになった.また,情報通信技術の進展により,従来の大型コンピュータによる集中処理方式から,クライアント・サーバによる分散処理方式への移行がすすみ,設備情報と地図情報を一元的に管理できるマッピングシステムによる設備管理が主流となった.このシステムは,電子地図上に支持物や系統図を表示し,設備情報や支持物写真,需要家情報などの迅速な照会が可能である(図12.5.1).これらの情報は工事設計図面の作成にも活用され,総合的な業務効率化に貢献している.さらに,これら事務処理系システムと制御系システムである配電自動化システムとが連携し,それぞれがもつ情報を相互に補完・連携することで,よりリアルタイムで高精度な設備管理を実現している.　〔小野　朗〕

12.5.2 電圧管理と負荷管理

配電線は，変電所引出口から線路末端に至るまで広範囲に需要家がつながっており，低圧電灯需要家，動力需要家，高圧需要家ごとに電気の利用パターンも異なる．このため，同一配電線においても，季節・時刻によって電流値が変化し，供給電圧も変化する．このような理由から，すべての需要家への供給電圧（需要家電圧）を，常に一定電圧に保つことは技術的に不可能である．したがって，電気事業法は，需要家の機器が実用上支障なく使用できる許容限度を需要家電圧として規定しており，電気事業者は，標準電圧 100 V では 101 V ± 6 V，標準電圧 200 V では 202 V ± 20 V を超えない値を維持するように努めている．

a. 電圧管理

配電用変電所では，フィーダごとに送出電圧を調整せず，変電所バンク単位に一括調整を行う方法を主に採用しており，目標とする電圧を負荷電流に応じて自動的に調整する方式（LDC 方式：line voltage drop compensator）と，時間によって送出電圧を調整する電圧指定時間スケジュール方式（プログラムコントロール方式）とがある．

1) LDC 方式　変電所送出電圧は，配電線路の負荷比率に応じて調整することにより，需要家電圧を規定値内に維持することが可能になる．電圧降下は電流に比例することから，系統内の一点の電圧を一定にすることをねらい，線路電圧降下補償器（LDC）を用いて，適切な値に保っている（図 12.5.2）．具体的には，最近端から最遠端需要家までの電圧降下和が，1/2 となる点を 101 V にするよう，最大（最小）バンク電流から算出された送出電圧に基づき，LDC の整定値（基準電圧，抵抗，リアクタンス）を決定する．

2) プログラムコントロール方式　変電所の母線負荷特性とそのバンクの配電線に接続されている負荷特性が時間的にズレている場合には，LDC 方式では全領域にわたって許容電圧範囲内に維持することが難しい．たとえば，バンク送出電流がピーク時に，オフピークとなる負荷特性をもつフィーダがある場合，そのフィーダの電圧

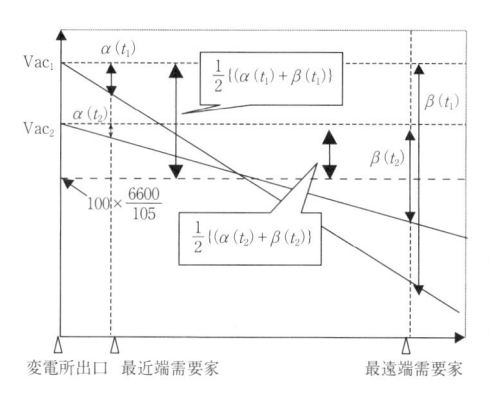

<電圧決定>
送出電圧は，最近端と最遠端需要家までの電圧降下和の1/2となる点が，101 V になるよう決定する．

<説　明>
Vac_1：バンク電流が最大となる t_1 時の送出電圧
Vac_2：バンク電流が最小となる t_2 時の送出電圧
$\alpha(t)$：t 時における最近端需要家までの低圧部分も含めた電圧降下の高圧側換算値
$\beta(t)$：t 時における最遠端需要家までの低圧部分も含めた電圧降下の高圧側換算値

図 **12.5.2**　LDC 方式（送出電圧決定）

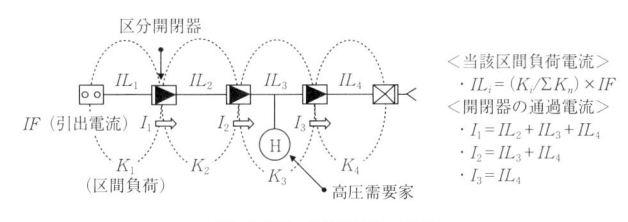

図中:
区分開閉器
IF（引出電流）　IL_1　IL_2　IL_3　IL_4
I_1　I_2　I_3
K_1　K_2　K_3　K_4
（区間負荷）
高圧需要家

＜当該区間負荷電流＞
・$IL_i=(K_i/\Sigma K_n)\times IF$
＜開閉器の通過電流＞
・$I_1=IL_2+IL_3+IL_4$
・$I_2=IL_3+IL_4$
・$I_3=IL_4$

図12.5.3　区間負荷の算出

が高くなるなど電圧管理が困難になる．このような特性を有するバンクでは，一日中の送出電圧のプログラムを作成しておき，それに従って，母線の負荷の大小に無関係に設定した電圧値を送り出す．時間別の負荷が季節により変化する場合，季節ごとのプログラムが必要である．

3)　線路用電圧調整器（SVR：step voltage regulator）　配電線は，変電所に電圧調整器を設置して電圧調整するのが一般的であるが，配電線の電圧降下が著しく大きくなると，母線のみの電圧調整だけでは需要家電圧を許容電圧範囲内に維持することが困難になる．また，同一バンク内のフィーダ間相互の電圧降下が著しく異なっている場合にも，母線のみの電圧調整だけでは不都合となる．したがって，これらの場合は，線路途中にタップ切替器が自動動作し，電圧を任意出力に保つことのできる線路用電圧調整器（SVR）を取り付け，電圧調整が行われる．電圧降下が大きくSVR1台で調整できない場合は，配電線に沿って複数台設置する．

b.　負荷管理

1)　高圧線負荷管理　設備の拡充強化や事故時の融通計算，需要家電圧の適正維持などを前提として，長期的に最小の投資で最大の効果を上げる適切な設備増強を計画するためには，配電線負荷の管理が不可欠である．配電線負荷は，配電線区間の低圧負荷や高圧需要家負荷の容量を諸元として算出されており，工事申込書や検針結果をもとに，定期的に更新されている．また，配電自動化システムにおいては，配電線負荷電流の実測値とコンピュータ管理されたそれらの情報をもとに各区間負荷を自動計算している（図12.5.3）．また，受電情報収集システムにより，高圧需要家の実際の負荷データが収集可能な場合は，そのデータを当該高圧需要家負荷と置き換え，区間負荷が補正される．

2)　低圧線負荷管理　変圧器や低圧線，引込線，需要家の負荷は，設備更新や需要家異動のたびに計算する毎日計算と，それら更新・異動に関係なく定期的に計算する期末計算，ならびに最新の需要家使用電力量から計算する最新負荷計算により算出される．これらは，事務効率化や精度向上を図るためコンピュータ管理されており，設備投資計画や運用計画に用いられる．

12.5.3　工事と保守
a.　配電線路の工事
1)　配電工事の機動化　　配電工事は，作業の効率化や作業環境の改善を図るため，1960年代後半から高所作業車や穴掘車などを導入して機動化されてきた．現在では長尺電柱の建柱・抜柱も可能な穴掘建柱車や，電線の長径間に及ぶ延線が可能な架線車，また需要家を作業停電させることなく工事を行うための工事用変圧器車，高圧発電機車，位相電圧調整器車などが導入され，高圧発電機車は災害時の応急送電にも活用されている．最近では活線工事を間接的に行う（後述の3）で説明）マニピュレータ車，非常災害時などでの現地拠点とするための緊急指令車など，用途に応じた

(a)　高所作業車，工事用変圧器車による作業風景
(b)　無停電工事および災害などの応急送電時に活用する高圧発電機車 

図 12.5.4　配電工事の機動化

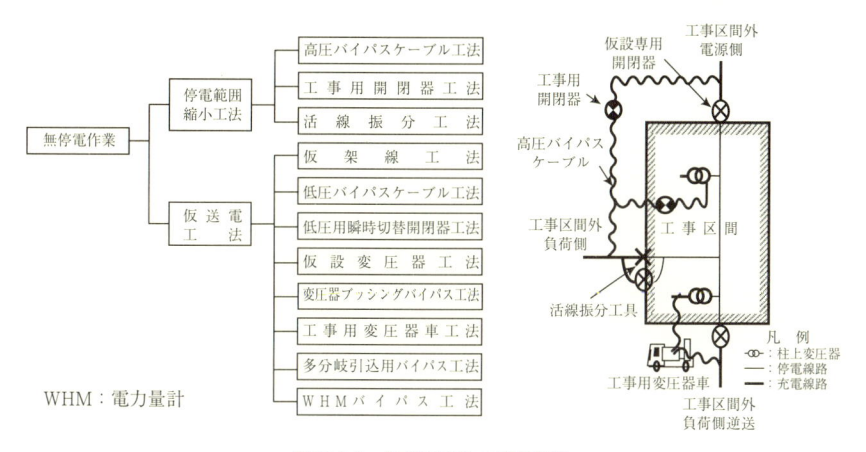

図 12.5.5　無停電工法の適用種類

車両も配備されている（図 12.5.4）.
なお，これらの車両には事故復旧時や配電工事に伴う連絡を行うための手段として車載無線が装備されている.

2) 停電作業と無停電作業 「停電作業」は，需要家への電気供給を一時停止して実施する作業であり，作業者の疲労度，作業時間は少なく済み工事費も安価となるが，需要家への事前の周知が必要である．最近，需要家の電気への依存度が高まるにつれ，作業停電の了承が得られにくい傾向にある．そこで需要家への電気供給を継続しながら工事箇所を無充電にして行う「無停電作業」が導入されている.

無停電作業の工法は，工事を施工する区間外の作業停電を減少させるための「停電範囲縮小工法」と，工事を施工する区間内の需要家にバイパスケーブルなどにより送電する「仮送電工法」に大きく分類される（図 12.5.5）.

3) 活線作業と間接活線作業 「活線作業」は，高圧で充電された配電線路を，絶縁用保護具（作業員が着用），防具（設備側に装着），活線工具，工事用車両などを用いて行う作業であり，高度な技能レベルを要し，絶縁用保護具の着用により疲労度も大きくなる（図 12.5.6）．また，気象条件により作業の中止を必要とする場合が発生する．そこで，1980 年代より活線作業を絶縁化された操作棒を用いて活線から離れて行う「間接活線作業」が導入された．感電災害の危険が少なくなり，防具の取付作業省略による作業時間の短縮や，絶縁用保護具着用の省略による作業環境の改善を図ることができる（図 12.5.7）．しかし，体力的には重い操作棒を使用した上向きの作業のため疲労度が大きく，さらなる作業時間短縮，作業環境改善のため，20 kV 級活線作業にも適用できるマニピュレータ車が開発された（図 12.5.8）.

b. 配電線路の巡視点検

1) 巡視・点検の目的 巡視は，地上から配電設備の劣化状況や，配電線路とほかの工作物や樹木との離隔などの良否を調査するものである．また点検は，巡視では目の届かない配電設備の機能の良否を柱上からの目視や測定装置を使用して詳細に調査するものである.

2) 巡視・点検方法 配電設備を効率よく巡視するため，車両と徒歩を組み合わせて実施される．すなわち，道路際に施設されている設備で，配電線路と他物との離隔を主眼にする場合には車両を活用した巡視を行い，個別機器の劣化状態を詳細にみ

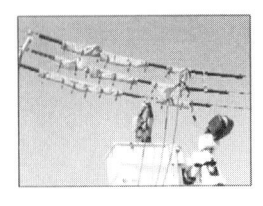

図 12.5.6 活線作業 　　図 12.5.7 間接活線作業 　　図 12.5.8 マニピュレータ車

る場合には徒歩による巡視を行う．

　機器類のひび・割れなど，地上からの目視では判別できない個別機器の状態や外観を確認するため，昇柱し柱上より至近距離からの点検が実施される．気密不良により開閉器内部に溜まった雨水や隠蔽部分での碍子割れなど，外観確認では確認困難な不具合に対しては超音波や赤外線を利用した測定装置も開発されている．

　3）**今後の方向**　　電気保安，信頼度向上のために巡視，点検の果たす役割は重要であるが，一方においてはその効率化を図り，タイミングよく的確に実施することが必要である．今後は，配電設備主要箇所に取り付けられた各種センサから通信ネットワークを通して収集した情報を配電自動化システム上でデータベースとして管理し，機器の点検の効率化など，保全の高度化に役立てることが期待される．

　c．事故復旧

　1）**高圧配電線路の事故原因**　　高圧配電線路の事故は，設備の大部分を占める架空電線路で発生する．架空電線路の事故原因のうち約半数以上が，雷や風雨・水害などの自然現象と樹木など他物との接触である．これに対して，地中電線路の事故原因は自然現象が少なく，経年による劣化や掘削を伴う工事から受ける傷害などである．

　2）**事故区間の限定**　　配電自動化システムが導入されるまでは，事故区間より負荷側の健全区間への送電は，柱上の区分開閉器の現地操作により行われた．現在では配電自動化システムによる遠隔制御で，事故区間を残して健全区間の送電が行われる．（12.5.5項参照）

　3）**事故点探査**　　事故点探査は悪天候の中で行うことが多く，雷や台風などにより複数箇所で同時に事故が発生することもある．

　（ⅰ）**地絡事故の場合**：　かつては，線路巡視で事故点が発見できない場合，過去の事故発生確率を勘案して探査の対象となる機器を線路から切り離し，絶縁抵抗測定により事故点を探査していた．また，高抵抗地絡事故の場合は絶縁抵抗測定で探査できないこともあった．最近では直流パルス電圧を線路に印加して事故電流をアンテナで探査する直流課電式事故探査装置を使用した方法が主流となり，短時間で探査を行えるようになった．

　（ⅱ）**短絡事故の場合**：　電源側から事故区間の線路巡視を行い，雷による機器の損傷，混線や飛来物接触などの有無を確認する．線路巡視で異常がなければ柱上の区分開閉器を操作して，順次部分送電を実施して復旧を進める．

　4）**地中ケーブル事故**　　地中電線路は，地上からの目視点検で事故点を探査することができないので，計測器による探査が必要である．計測箇所から事故点までの距離を求める方法には，事故相と健全相を接続してループを作りブリッジを形成してインピーダンスを測定するブリッジ法，ケーブルの一端からパルス電圧を印加して事故点で反射するパルスの往復時間を測定するパルスレーダ法などがある．

　5）**復旧作業**　　電気は社会活動に欠くことのできないインフラであることから，復旧作業に長時間を要する場合には，高圧発電機車・非常用変圧器・非常対策用ケー

ブルなどを使用した応急仮送電の処置をとり，早期に送電することが重要である．最近では地中化路線や屋上に受電設備を設けている需要家設備も多くあるため，施設状況に応じた応急送電や復旧作業を事前に把握しておくことも必要になっている．

12.5.4 保護システム
a. 配電系統の保護

配電系統の保護には，大別して地絡保護と短絡（過負荷）保護があり，それぞれ配電用変電所に保護継電器を設置して保護を行う．

1) 地絡保護　わが国の高圧配電系統は，高低圧混触時の低圧線電位上昇の抑制と通信線への誘導障害抑制などの点から従来より非接地方式がとられている．

非接地方式の配電線は，地絡事故が発生すると，地絡点に対地充電電流が流れる．各配電線別に設置された零相変流器に流れる零相電流は，図12.5.9に示すとおり健全な配電線と故障配電線では逆になることから，零相電圧と零相電流の位相関係を検出して，故障配電線を選択遮断することができる（図12.5.10）．また，特高配電線系統（12.3.2項参照）は異常電圧，保護方式，混触防止および電磁誘導などの諸条件を考慮して，主に中性点接地方式が採用されている．地中ケーブル系統の場合は，地絡リレーの誤不動作防止と零相電圧の発生をおさえるという観点から，低抵抗接地方式を採用しており，地絡方向継電器が使用されている．一方，市街地や道路沿いに施設する電柱による架空絶縁方式の場合は，高低圧配電線との混触防止，弱電流電線（通信線）への誘導抑制などの観点から，数百Ω程度の高抵抗接地方式が採用されており，地絡電流が比較的小さくなるため，高圧配電系統と同様，地絡過電圧継電器と地絡方向継電器が使用されている．ただし，高抵抗系と低抵抗系が混在する系統では，常時は高抵抗接地とし，故障発生が高抵抗系にあれば直ちに遮断し，高抵抗系統に故障が

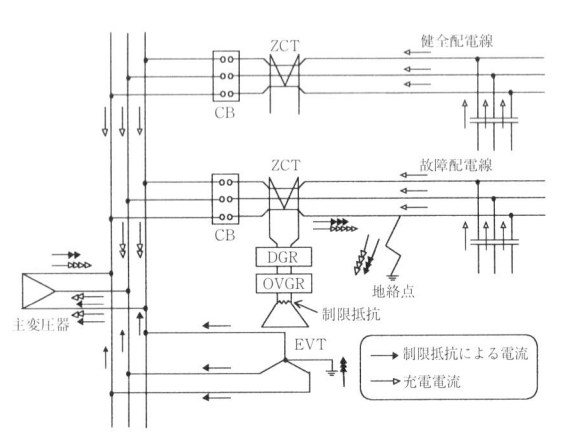

図12.5.9　地絡事故時の電流分布

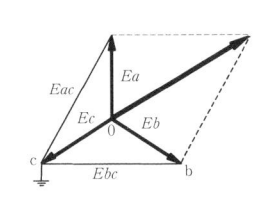

図12.5.10　非接地系における地絡事故ベクトル図

なければ低抵抗接地に変更する中性点抵抗切換方式が採用されている.

2) 短絡保護 短絡事故は，大きな短絡電流が流れるため故障箇所のみならず，電源側の設備にも大きな物理的ストレスが加わる．このため，速やかに短絡電流を遮断する必要がある．高圧・特高配電系統の短絡故障保護には，過電流継電器が使用されている．検出感度については，上位系統・需要家との協調を図りながら，できるだけ高速度（通常 0.2～0.4 秒程度）で遮断するように運用されている．

b. 保護協調

保護協調とは，ある系統もしくは機器に故障が発生した場合に，その故障発生源を早期に検出して，迅速に除去することにより，故障の波及・拡大を防いで，健全回路の不要遮断を避けることをいう．特高ならびに高圧配電系統の短絡故障と地絡故障の保護には，保護継電器が設けられており，その整定には感度調整と時限調整がある．高圧配電系統の保護協調例として，配電用変電所と高圧需要家との短絡保護協調を図 12.5.11 に示す．なお，保護協調は，12.4.2 d で詳しく説明している．

c. 接地工事

接地工事は，地絡事故時の確実な検出による感電・火災・機器損傷などの防止，ならびに避雷器などの耐雷機能を十分果たすための重要な保安措置である．接地工事の種類は，目的に応じて A 種，B 種，C 種，D 種の 4 種類に分類され，接地線に流れる電流や地絡点に誘起される電位を制限するため，接地抵抗値，接地線の太さなどが，各々電気設備技術基準に規定されている（表 12.5.1）.

B 種接地工事の接地抵抗値は，変圧器の高圧側電路または特別高圧側電路の 1 線地絡電流のアンペア数で，高低圧混触時低圧側電路の対地電圧の上昇を除した値に等しいオーム数以下となっている．この高圧電線路側の 1 線地絡電流値は，変電所のバンク単位に決定されるべきものであるから，あらかじめ系統の現状および近い将来の予想値を検討の上，その系統ごとに決定される．また，対地電圧の上昇の限度値は，低圧側電路の絶縁耐力で定まる．1912 年の規定当初は 150 V であったが，低圧用機械器具の耐圧試験結果に基づき，1968 年 6 月の省令改正時に混触発生時に 2 秒以内に自動的に遮断する場合は，低圧側の電位上昇が 300 V まで緩和された．さらに，機械器具の性能向上，混触事故の減少を理由に，1982 年 2 月の省令改正時に，1 秒以内で自動的に遮断することを条件に上昇限度は 600 V まで引き上げられた．

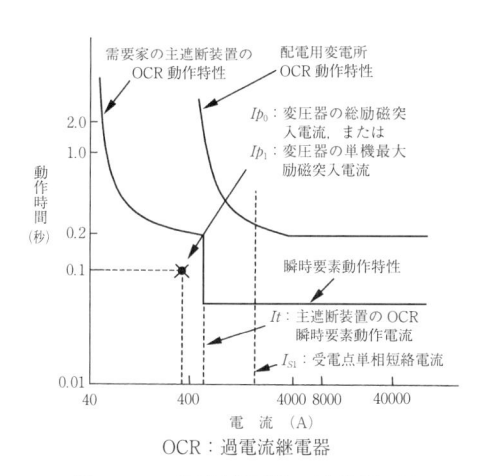

図 12.5.11 過電流継電器の時限協調の例

表 12.5.1 接地工事の種類

種類	接地抵抗値	適用箇所
A種接地工事	10 Ω以下 高圧架空配電線路の避雷器の場合，A種接地工事の接地極を変圧器のB種接地工事の接地極から1m以上離して設置する場合においては30 Ω以下など条件により緩和される．	高圧用および特別高圧用の機械器具の鉄台・金属製外箱の接地，避雷器の接地，特別高圧用の保護網の接地，特別高圧用計器用変成器の二次側電路の接地など，高電圧の侵入のおそれがあり，危険の程度が大きいものに適用される．
B種接地工事	$\dfrac{\text{電圧}^{*}\,[\text{V}]}{1\,\text{線地絡電流}\,[\text{A}]}\,\Omega$ 以下 ※ 変圧器の高圧側または特別高圧側の電路の1線地絡電流のアンペア数で150（変圧器の高圧側の電路または使用電圧が35000 V以下の特別高圧側の電路と低圧側の電路との混触により低圧電路の対地電圧が150 Vを超えた場合に，1秒を超え2秒以内に自動的に高圧電路または使用電圧が35000 V以下の特別高圧電路を遮断する装置を設けるときは300，1秒以内に自動的に高圧電路または使用電圧が35000 V以下の特別高圧電路を遮断する装置を設けるときは600）	高圧用または特別高圧電路が低圧電路と混触するおそれがある場合に，低圧電路の保護のために適用される．
C種接地工事	10 Ω以下 （低圧電路において，当該電路に地絡を生じた場合に0.5秒以内に自動的に電路を遮断する装置を施設するときは，500 Ω）	使用電圧が300 Vを超える低圧用機械器具の鉄台・金属製外箱の接地など，危険の程度は大きいが大地に生じる電位傾度などが比較的小さいものに適用される．
D種接地工事	100 Ω以下 （低圧電路において，当該電路に地絡を生じた場合に0.5秒以内に自動的に電路を遮断する装置を施設するときは，500 Ω）	使用電圧が300 V以下の低圧用機械器具の鉄台・金属製外箱の接地，特別高圧架空電線路の腕金類の接地，高圧用変成器の2次側電路の接地など，危険の程度の比較的小さいものに適用される．

また，低圧電路におけるC種，D種接地工事では，漏電しゃ断器（ELB：earth leakage circuit breaker）などにより地絡を瞬時に遮断できる場合には，感電および火災の危険性が著しく小さくなることから，昭和47年1月に接地抵抗値が500 Ωまで緩和されている．

〔石原一志〕

12.5.5 配電自動化
a. 配電自動化システム

配電自動化システムは，停電時間短縮のための線路開閉器の遠隔制御による配電線運用の自動化をベースに1980年代ごろから構築され，全国各地で展開されている．さらに，負荷平準化のためのDSM（demand side management）など負荷制御の自動化，需要家サービス向上のための需要家対応業務の自動化を視野に入れた取組みも進められている．

1) 配電線運用の自動化 配電線は樹枝状系統で亘長が長く供給エリアも広範囲

12.5 配電線運用

表 12.5.2 事故区間の切離しと電源側健全区間への送電

	系統概要図	補足説明
平常時	CB ─I─ SW1 ─II─ SW2 ─III─ SW3 ─IV─ SW4	・配電線に自動区分開閉器を設置 ・自動区分開閉器は電源側充電により投入状態を保持
事故区間切離し時	CB ─I─ SW1 ─II─ SW2 ─III─ SW3 ─IV─ SW4 CB：遮断器 SW：開閉器	・時限順送方式により事故区間判定と切離しを行う ・事故区間（III区間）よりも電源側にある健全区間（I, II 区間）が自動的に送電される ・事故区間（III区間）以降の健全区間（IV 区間）が停電している

にわたるため，一度事故が起きると，事故箇所の発見・復旧，送電に長時間を要していた．そこで，自動区分開閉器を設置し，配電線に事故が発生した場合には，配電用変電所の遮断器の再閉路方式と協調させ，電源側から自動区分開閉器を順次投入し事故区間以降を切り離す順送式事故区間自動検出方式が導入された．この方式により，事故区間よりも電源側にある健全区間への自動的な送電は可能となったが，事故区間以降にある健全区間への送電は現地での開閉器操作によらなければならなかった（表12.5.2）．

電力安定供給に対する社会ニーズの高まりとともに，通信技術や制御用コンピュータ技術を活用して各種伝送路を構築し，線路開閉器の監視・制御と配電用変電所機器の監視により，事故時の健全停電区間（事故区間以外の区間）への送電などの系統切替操作を自動制御する配電自動化システムへと移り変わってきた（図12.5.12，図12.5.13）．その代表的な機能は開閉器遠隔制御であり，本機能により，停電事故発生時の健全区間への迅速な自動融通を行い，供給信頼度向上を実現するとともに，設備拡充工事や修繕工事などにおける系統切替作業の業務効率化も図られている．

配電自動化システムが導入された当時は，今日に比べるとCPU（central process-ing unit）の処理能力が低く主メモリ容量も小さいうえ，独自の伝送方式であり拡張性にも乏しかった．その後，CPU処理能力や主メモリ集積技術の向上，データベースの汎用化やプロトコルの標準化によるクライアント・サーバ方式の実現など高性能化，汎用化の進む情報技術を取り入れて，配電線運用の高度化が検討・実施されている．高度化の

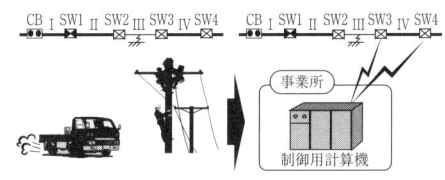

・作業員が現地へ赴き，開閉器操作を行い健全区間へ送電する
・事業所内のコンピュータが自動的に開閉器を遠隔制御し，健全区間へ送電する

(a) 現場開閉器操作　(b) 自動遠隔制御方式

図 12.5.12 事故区間切離し後の事故区間以降の健全区間への送電

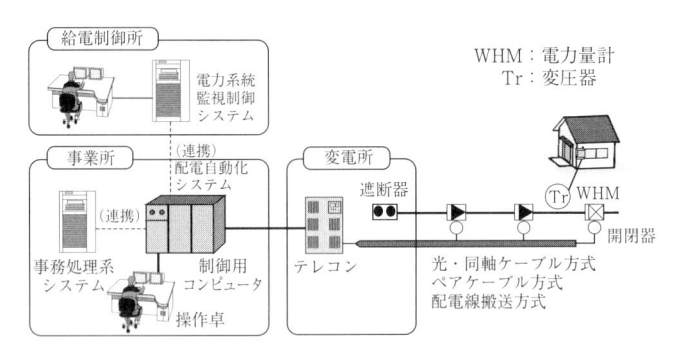

図 12.5.13 配電自動化システム構成図

目的の1つは，網の目状に張り巡らされた配電系統を効率的に運用し配電線利用率を高め，新たな設備投資を抑制することであり，既に，一部の電力会社では従来以上に広い範囲の配電系統から電気を高速に自動融通できる高速多段切替機能や広域負荷切替を実現している．

配電自動化システムにおいては，日々の工事などにより時々刻々変化する現場系統と自動化システム内部の配電系統データを一致させることが大前提となる．人手による設備データのメンテナンスに多大なマンパワーを要していたことや，バンク事故や変電所事故などの大規模事故時の事故復旧操作などの連絡業務に時間を要していたことから，上記の高度化に合わせて，事業所内外のシステムとシームレスに連携することで，業務の効率化や需要家サービスの向上が図られている．具体的には，膨大な配電設備を管理する事務処理系システムとの連携により設備データを一元管理し，これまで人力により行っていた配電自動化システムの設備データメンテナンスを自動化するとともに，変電所を監視・制御する電力系統監視制御システムとの連携により，変電所事故など広範囲な停電事故時に，変電所構内機器から配電系統に至る一連の事故復旧操作を自動実行し，停電時間の大幅な短縮が実現されている．

2) **負荷制御の自動化**　夏季昼間の電力需要の先鋭化による年負荷率の低下に対応すべく，負荷平準化への取組みとして，需要家宅内のエアコンなどの機器を直接制御する直接負荷制御や，省エネルギーに対する需要家の意識を高め負荷ピークの抑制を促す間接負荷制御の導入が検討されている．

3) **需要家対応業務の自動化**　現場業務の効率化ときめこまやかな需要家サービスの向上を目的に，音声，画像を効果的に用いたタイムリーな情報提供と収集を行うシステムとして，一部需要家に対して自動検針のための受電情報収集などが進んでいるが，対象数が膨大な低圧の需要家への展開には至っていない．しかし，今後は電力自由化に伴う需要家サービスの一層の向上を図る必要性から，急速に進展する可能性がある．

表 12.5.3 各伝送方式の比較

配電線搬送方式	ペアケーブル方式	同軸ケーブル方式	光ファイバケーブル方式
各端末は通信ケーブルから分岐する(ツリー状) S/S：変電所	各端末は通信ケーブルから分岐する(ツリー状)	各端末は通信ケーブルから分岐する(ツリー状)	光ファイバ 各端末とセンタ間を専用回路で接続する(スター状) 光カプラ 各端末は光カプラから分岐する(光マルチドロップ)

伝送速度：遅い ← → 速い
多目的利用の可能性：利用しにくい ← → 利用しやすい

b. 伝送路方式

遠隔制御に用いる伝送路は，地域の情報通信ネットワークの形成を目指し，地域特性を考慮したうえで必要な伝送速度や経済性を総合的に勘案した各種の伝送方式が適用されている(表12.5.3)．従来は，情報化ニーズが少なく開閉器制御の実現のみが必要な地域では安価で作業性に優れるペアケーブル方式や配電線搬送方式，都市型CATVとの共同利用など社会的情報化ニーズの高い地域では伝送速度が速く多目的利用が可能な同軸ケーブル方式や光ファイバケーブル方式が適用されてきた．近年，情報通信機器の急速な発展とこれに伴うインターネット需要の増大，デジタル家電機器の普及などにより地域の情報化ニーズが高まっており，低価格化，作業性向上が一段と進んだ光ファイバケーブル方式の導入が盛んになってきている．

c. 配電自動化の将来像

光ネットワークや無線LANなどの家庭内ネットワーク，家庭内機器のデジタル化の進展は著しく，配電自動化システムを核とした地域情報通信ネットワークの構築に向けた取組みが実を結びつつある．さらに，経済産業省が提唱する次世代ディジタル応用基盤技術開発事業に対し，大手家電メーカなどが構成するECONETコンソーシアムにおいて，互換性のあるオープンシステムの検討が進められている．PLC[*1]・HEMS[*2]など電力会社がインターネットを活用した高付加価値サービスの提供を実現するシステムの実用化も検討され，地域生活基盤の一翼を担うシステムとして期待されているとともに，負荷制御の自動化や需要家対応業務の自動化の実現が可能となってきている．

〔小野　朗〕

*1 PLC：　電力線搬送通信（PLC：power line communication）技術とは家庭にある電気コンセントを介して通信を行うもので，コンセントさえあればどこでもインターネット通信ができるという技術である．

*2 HEMS：　新エネルギー・産業技術総合開発機構（NEDO）が行っている「家庭内エネルギー需要最適マネジメント推進プロジェクト（HEMSプロジェクト（HEMS：home energy management system）」のことをいい，国民1人1人の意識に過剰な負担をかけずに省エネ行動が可能となるよう，ITを活用したシステム構築によるエネルギーマネジメントを追求し家庭内エネルギー利用の効率化を目指している．

文　　献

1) 配電線耐雷設計ガイド　総合報告，T69　p. 48，電力中央研究所（2003）
2) 電気学会：電気工学ハンドブック　第6版，p. 1350　図41，電気学会（2001）
3) 配電技術総合マニュアル，p. 105　表3-27，p. 329　図7-83，オーム社（1991）
4) 受配電制御システムハンドブック，p. 250，日本配電盤工業会（2002）
5) 電気設備の基礎技術（電路・システム編），p. 160，電気設備学会（2002）
6) 電気設備の基礎技術（電源系統システム編），p. 60，電気設備学会（1998）
7) 電気設備の基礎技術（電路・システム編），p. 176，電気設備学会（2002）
8) 電気設備の基礎技術（電路・システム編），p. 164，電気設備学会（2002）
9) 建築設備士の総合受験対策電気設備編　改訂4版，p. 21，電気設備学会（2001）
10) UPS導入活用マニュアル（別冊），p. 18，オーム社（1992）
11) 受配電制御システムハンドブック，p. 18，日本配電盤工業会（2002）
12) 電気設備工学ハンドブック，p. 393，電気設備学会（2002）
13) 受配電・制御システムハンドブック，p.24，日本配電盤工業会（2002）

13. パワーエレクトロニクス機器

13.1 直 流 送 電

13.1.1 直流送電の利点と適用分野

　直流送電の利点と適用分野を図13.1.1に示す．直流送電によれば第一に，電力潮流を指定したとおりに正確に，高速かつ連続して制御できる．これを利用して，系統間連系設備として常時の電力融通に，緊急時の電力応援に，また電力制御による交流系統の送電安定度の向上や周波数制御に用いられる．電力潮流を指定どおりに制御できることから，それぞれの交流系統の独立性を保った連系として電力会社間や国家間の電力系統の連系に使用される．また，連系する交流系統それぞれの短絡容量が増加しないので短絡容量対策としての効果もある．

　次に，直流送電やBTB（直流送電線のない連系で，交直変換器が背中合わせに設置されback-to-backと呼ばれる）では交流を直流に変換し再度直流から交流に戻すので，送電端と受電端は非同期連系となり，異なる周波数の系統間連系に周波数変換設備として用いられる．架空線で直流送電する場合には，交流の場合のように相差角が開いて脱調する安定度の問題がないので，長距離大電力送電に適している．交流より送電鉄塔を低く回線数を少なくでき，送電線の建設費が安く，景観や環境への影響も少ない．両端の交直変換所の建設費が送電線建設費の減少分と等しくなる距離を経済的平衡距離と呼ぶが，架空送電ではそれが数百kmで，それ以上の長距離送電では直流送電が交流送電より経済的である．

　また，ケーブルは架空送電線に比べて対地静電容量がはるかに大きいため，交流では静電容量に流れる充電電流が大きく，距離が長いとケーブルの電流容量が充電電流で占められて有効電力の送電に大きな制約が生ずる．直流送電では充電電流が流れないので，ケーブルの距離が長いほど交流に比べて有利な送電方式となる．途中での充電電流補償が困難な海底ケーブル送電には特に適している．交流ケーブルに比べて直流ケーブルの絶縁は比較的低くすることが可能であり，経済的平衡

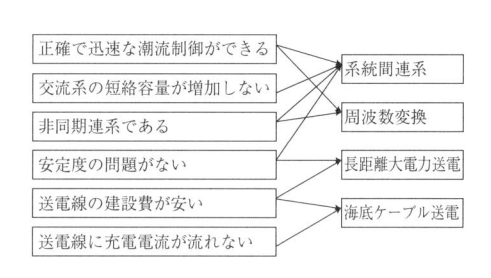

図 13.1.1 直流送電の利点と適用分野

距離は数十 km である．これより長いケーブル送電では直流送電を検討する価値がある．

このように直流送電には技術的，経済的に利点があり，それを生かして適用されている．

13.1.2　直流送電用変換装置

現代の直流送電は 1954 年にスウェーデンとゴットランド島間 96 km を 100 kV-200 A-20 MW で海底ケーブル送電したのが最初である．変換装置は高圧水銀整流器（mercury-arc rectifier，以下 MR と略称）による 50 kV の三相ブリッジ 2 直列で構成され，一極が海水帰路で送電された．わが国ではこの技術を輸入して 300 MW の佐久間周波数変換所が建設され 1965 年に運転を開始した．変換装置には 125 kV-1200 A の MR が使用された．

国内でも 1964 年に 125 kV-400 A の MR が直流送電用として開発されたが，サイリスタバルブへの移行時期にあたり，実系統に使われることはなかった．

一方，1957 年に GE 社から発売されたサイリスタ（当時は SCR：silicon controlled rectifier）は急速にその定格電圧，定格容量を増し，1960 年代後半にはこれを直列につないで大容量の変換装置に使うサイリスタバルブを開発する研究が国内で盛んに行われた．サイリスタバルブの開発に伴い，サイリスタ変換装置の実用化には実系統試験による長期信頼性の実証が必要とされ，「サイリスタによる大型高電圧交直流変換装置の実用化試験研究」が機械振興協会の新機械普及促進事業として実現した．実系統試験は佐久間サイリスタ試験所において 50 Hz と 60 Hz 系統を連系して行われ，変換装置は 125 kV-300 A-37.5 MW で，バルブは 2,500 V-500 A のサイリスタを 192 個（50 Hz 側），および 196 個（60 Hz 側）直列接続して構成された．

現地試験は 1970 年 11 月より 1975 年 3 月まで 4 年 5 ヵ月に及び，最後の 2 年間は風冷サイリスタバルブの 50 Hz，60 Hz 側各ブリッジの高圧側のそれぞれ 1 アームを油冷サイリスタバルブに置き換えて長期運転性能検証が行われた．これらの経験をもとにさらに開発を重ね 1977 年に油冷バルブによる新信濃周波数変換設備 300 MW（125 kV-1,200 A×2）が，また 1979～80 年に風冷バルブによる北海道本州直流送電第 1 期，第 2 期 300 MW（250 kV-1,200 A）が国産技術で建設された．

その後も次世代サイリスタバルブの開発が続けられ，冷却の改善によりサイリスタバルブの小型化を図るため，水冷バルブが佐久間周波数変換所の MR 1 台を置き換えて，1981 年から 1 年間フィールド試験された．またゲートの高信頼化と縮小化を図ることのできる画期的なデバイスとして，光直接点弧サイリスタが開発され，これによる光サイリスタバルブが同所の MR を置き換えて 1983 年より 2 年間試験されその効果を実証した．

1982 年から 3 年間は 500 kV 級直流送電を対象に各所で研究開発が進められた．500 kV 直流送電設備を建設する機会は先であったが，1992 年には新信濃周波数変換

設備 300 MW-125 kV-2,400 A が増設され，1993 年には北海道本州直流送電設備の第2極 300 MW-250 kV-1,200 A が増設された．また，同じく 1993 年には佐久間周波数変換所の MR による設備がサイリスタ変換装置 300 MW-125 kV-2,400 A に置き換えられた．いずれも，4 アーム積層形，空気絶縁水冷式光直接点弧サイリスタバルブである．この技術は 1999 年運転開始の南福光直流連系設備 300 MW-125 kV-2,400 A，2006 年運転開始予定の東清水周波数変換設備にも適用されている．

500 kV 直流送電は紀伊水道直流送電で実現した．この設備は段階的建設を考え，2000 年に運転開始したのは 1,400 MW-±250 kV-2,800 A であるが，将来の増設を見越して直流部分は ±500 kV 設備として製作されている．これら 500 kV 直流送電技術の確立により，他励変換装置による直流送電技術はほぼ完成されたとみなされる．一方，他励変換装置の欠点を解決できる自励変換装置を直流送電に適用する開発が進められている．これについては 13.1.6 項で述べる．

最近の変換装置は，光サイリスタを用いた空気絶縁水冷式バルブで構成されるが，これまでに，サイリスタデバイス，ゲート点弧方式，絶縁冷却技術に大きな進歩があった．

直列素子数は 196 個直列の油冷バルブ以降，増加はなく，むしろデバイスの定格電圧の上昇により，素子直列数は減少している．直列数の減少に大きな効果をもつデバイスの電圧定格の上昇経過を図 13.1.2 に示す．

光直接点弧サイリスタの開発はゲート方式に画期的な進歩をもたらした．直列接続されそれぞれ異なる電位にあるサイリスタにゲート信号を送るため電気点弧サイリスタでは最初は絶縁変圧器が使われた．その後，ゲート電源はバルブ主回路から得て，ゲートタイミングは光で絶縁してファイバを通して送る光間接点弧方式が北海道本州直流送電の第 2 期に使用された．その後開発された光直接点弧サイリスタは，バルブに以下の利点をもたらした．

① 高圧部のゲート電源，ゲート増幅回路を不要とし，部品点数は約 10% にまで減少した．② 部品数の減少でバルブの故障確率が約 2 分の 1 に減少し信頼性を増した．③ 高圧部のゲート電源が確立するまで待つ必要がなく，迅速な起動が可能となった．④ 保守の頻度と所要時間，保守コストを削減した．⑤ ゲート信号を光で送るため雷撃などの電磁ノイズに対する耐量が増した．⑥ サイリスタバルブ外形寸法が約 85% に減少した．

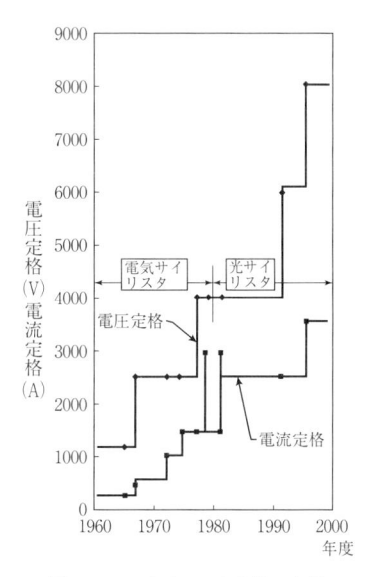

図 13.1.2 サイリスタ定格の上昇

これらの画期的な特長により，わが国では1980年代以降の直流送電用サイリスタバルブにはすべて光直接点弧サイリスタが使用されている．

絶縁，冷却については屋内形の空気絶縁，風冷式に始まり，次に屋外形を目指した油絶縁，油冷バルブが開発された．さらに水冷バルブの開発により，再び空気絶縁に戻り，現在は屋内形の空気絶縁水冷バルブが主流である．屋外設置の可能なタンク入りのガス絶縁バルブも研究開発されたが，実設備への適用はない．

13.1.3　内外の直流送電設備例

直流送電設備として現在約70ヵ所，50GWの設備が各地で運転中である．世界の設備（HVDC：high voltage DC）は表13.1.1に示すとおりである．当初MRで建設された設備も順次サイリスタバルブに置き換えられ，近い将来MRの設備はなくなるとみられる．特徴ある設備に次のものがある．

① 世界最初の設備はゴットランド20 MW-100 kV-200 Aで1954年運転開始．こ

表 **13.1.1**　HVDCプロジェクトの増加

プロジェクト名	年	MW	kV	備考	プロジェクト名	年	MW	kV	備考
ゴットランド I	1954	20	100	運転終了	イタイプ I	1984	1575	±300	
ゴットランド I 増設	1970	30	150	運転終了		1985	2383		
ゴットランド II	1983	130	150			1986	3150	±600	
ゴットランド III	1987	260	±150		インガシャバ	1982	560	±500	1700 km
英仏連系	1961	160	±100	運転終了	パシフィックインタタイ	1984	2000	±500	
英仏連系	1986	2000	2×±270		ブラックウオータ	1985	200	57	
ボルガグラードドンバス	1965	720	±400		ハイゲート	1985	200	±56	
ニュージーランド	1965	600	±250		マダワスカ	1985	350	140	
コンティスカン I	1965	250	250	MR	マイルズシティ	1985	200	±82	
コンティスカン II	1988	300	±285	サイリスタ	ブロークンヒル	1986	40	2×17	±8.33 kV
佐久間	1965	300	125	1993 置換	インターマウンテン	1986	1920	±500	
サルジニア・イタリー	1967	200	200		デカントンカマフォード	1986	690	±450	50 MW
バンクーバ I	1968	312	260		サコイ	1986	200	200	三端子
パシフィックインタタイ	1970	1600	±400			1992	300		
	1982	1620			イタイプ II	1987	3150	±600	
ネルソンリバー BPI	1972	1620	±450	バルブ置換 '93	バージニアスミス	1988	200	55.5	
キングスノース	1975	640	±266	運転終了	ゲゾウバー上海	1989	600	500	1990 増設
イールリバー	1972	320	2×80			1990	1200	±500	
スカゲラーク I	1976	250	250		コンティスカン II	1988	300	285	
スカゲラーク II	1977	250	±250		ビンダヤチャール	1989	500	2×69.7	
スカゲラーク III	1993	440	350		パシフィックインタタイ増設	1989	1100	±500	
バンクーバ II	1977	370	−280		マクネイル	1989	150	42	
新信濃	1977	300	2×125		フェノスカン	1989	500	400	
	1992	600	3×125		シレル・バーソール	1989	400	±200	
スケアビュート	1977	500	±250		リハンドデリー	1991	1500	±500	
D. A ハミル	1977	100	50		ハイドロケベック NE	1990	2000	±450	五端子
カボラバサ	1978	1920	±533		ニコレット端子	1992	2000		
ネルソンリバー BPII	1978	900	±500		ウエルチモンテセリロ	1995	160		
	1985	1800	±500	冬季 2000 MW	ウインサウスイースト	1993	600	160	
CU	1979	1000	±400		DC ハイブリッドリンク	1992	992	+270/	
北海道―本州	1979	150	125					−350	
	1980	300	250		韓国チェジュ島	1993	300	±180	
	1993	600	±250		エッツエンリヒト	1993	600	160	
アカライ	1981	55	25.6		バルチックケーブル	1994	600	450	
ビボルグ	1981	355	1×170	±85 kV	ウルグアイアナ	1995	53.7	17.9	
	1982	710	2×170		コンテック	1995	600	400	
	1984	1065	3×170		チャンドラプールバジェ	1997	1500	±500	
ゾウシャン PJ	1982	50	100		南福光	1999	300	125	
デュウルンロール	1983	550	145		紀伊水道	2000	1400	±250	
エディカウンティ	1983	200	82		天生橋	2000	1800	±500	
シャトウゲイ	1984	1000	2×140		タイーマレーシア	2001	300	300	
オクラユニオン	1984	200	82		東清水	2006	300	125	予定

の設備は1970年に50kVブリッジの追加により30MW-150kV-200Aとなり，1983年と1987年に各130MW-150kVがサイリスタバルブで増設され，MRの設備は1986年に運転を終えた．② 最初の三端子設備はSACOI（サルジニア・コルシカ・イタリー）200MW-200kV-1,000Aでこの設備は1967年に二端子で運転開始し，1985年にコルシカに50MW-200kV-250Aの並列増設がなされ，三端子のシステムとなった．③ 世界最大の設備はイタイプ3,150MW-±600kV-2,625Aの2ルート架空送電で，直流送電電圧が最高であり，送電容量6,300MWも最大である．④ 送電距離が最長なのはインガシャバで560MW-±500kV-560Aが1982/1983年に運転開始した．架空送電で送電距離は1,700kmである．⑤ 多端子ではケベック・ニューイングランド間1,486kmの五端子設備で，送電端のラディソンと受電端のサンディポンドの間に並列に三端子を設け，五端子となっている．

13.1.4 直流送電システム
a. 基本構成

直流送電システムは図13.1.3のように構成される．大地に対し極性の異なる二極（双極と呼ぶ）をもち，送受両端の変換器は直流送電線本線と帰路線（中性線とも呼ぶ）で結ばれる．本線には直流リアクトルを設け電流を平滑化している．

発生電圧と同じ方向に直流電流を流す変換器は順変換器運転，発生電圧に逆らって直流電流を流し込まれる変換器は逆変換器運転となる．送電電力を変更するには送電端あるいは受電端の電圧を調整して，次式の直流電流値 I_d を増減して行う．

$$I_d = (V_s - V_r)/R \quad (13.1.1)$$

ここで，I_d：直流電流　V_s：送電端電圧

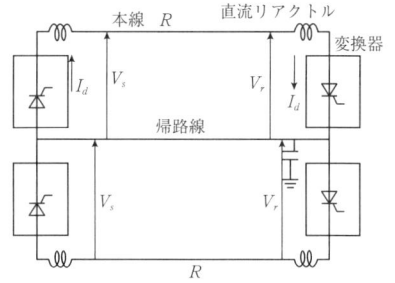

図13.1.3 直流送電システムの基本構成

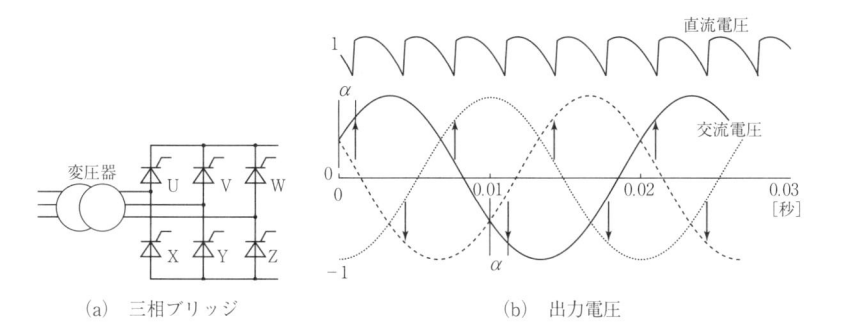

(a) 三相ブリッジ　　(b) 出力電圧

図13.1.4 三相ブリッジの出力電圧

V_r：受電端電圧　R：送電線路抵抗

　正負両極が同じ電流を流していれば帰路線の電流はキャンセルされ零となるので，正負同じ電流値にして送電損失の低減を図る．直流線路をなくし，直流リアクトルも送受電端共通とした形がBTB（13.1.1項に記載）と呼ばれ，周波数変換などの非同期連系に用いられる．直流送電でもBTBでも送受両端の各極は基本的には同じ構成であるが，電流の通路を構成するため送受両端の変換器は互いに逆極性に接続されている．

b. 三相ブリッジによる交直変換

　直流送電における交直変換には，サイリスタバルブおよび変換器用変圧器の利用率が高く，大容量の変換に適した三相ブリッジが使われる．図13.1.4に示す三相ブリッジを制御角 α で連続運転したときの平均出力電圧 V_α を求める．高圧側のUVWアームは電気角 $120°$（$2\pi/3$ ラジアン）ずつ通電し，より高い電圧の相へと転流（次のバルブへ電流が移ること）している．一方低圧側のXYZアームでは制御整流器の向きが逆向きになっているため，制御角 α でより低い電圧の相に転流している．ブリッジ両端の直流電圧 $V_{d\alpha}$ は，高圧側と低圧側の端子電圧の差であり E を交流線間電圧実効値として次式で計算される．

$$V_{d\alpha} = \frac{3}{\pi}\int_{\frac{\pi}{3}+\alpha}^{\frac{2\pi}{3}+\alpha} \sqrt{2}E\sin\theta d\theta = \frac{3\sqrt{2}}{\pi}E\cos\alpha \tag{13.1.2}$$

　上記は電源がインピーダンス0で電流が瞬時に転流できるときに成り立つが，変圧器や電源のインダクタンスにより電流は瞬時には移れない．電流がR相のUバルブからS相のVバルブに移るとき，Vバルブの点弧によりR相とS相の短絡が生じ，Vバルブの電流 i_s は増加し，Uバルブの電流は減少する．電流 i_s が零となったところで逆方向にさらに流れようとする短絡電流がUバルブにより阻止される．この間，R相とS相の電源側のインダクタンス L_r と L_s が等しく L とすれば，U，Vバルブの出力電圧はR相，S相の中間電圧となる．この期間を電気角で表して重なり期間 u と呼ぶ．このとき次式が成り立つ．

$$V_d = (V_r + V_s)/2 \tag{13.1.3}$$

$$2L\frac{di_s}{dt} = \sqrt{2}E\sin\omega t \tag{13.1.4}$$

　積分して，$\omega t = \alpha$ のとき $i_s = 0$，および $\omega t = \alpha + u$ のとき $i_s = I_d$，より

$$I_d = -\frac{\sqrt{2}E\cos(\alpha+u)}{2\omega L} + \frac{\sqrt{2}E\cos\alpha}{2\omega L} = \frac{\sqrt{2}E}{2\omega L}[\cos\alpha - \cos(\alpha+u)] \tag{13.1.5}$$

　式（13.1.5）より転流リアクタンス L が決まれば，直流電流 I_d と制御角 α から重なり角 u を求めることができる．

　重なり角による電圧降下 δV は $\pi/3$ ごとに生じるので，その平均値は次式で求まる．

$$\delta V = \frac{3}{\pi}\cdot\frac{1}{2}\int_\alpha^{\alpha+u} \sqrt{2}E\sin\omega t d\omega t = \frac{3\sqrt{2}E}{2\pi}[\cos\alpha - \cos(\alpha+u)] \tag{13.1.6}$$

重なりを考慮した直流電圧平均値 V_d は

$$V_d = V_{d\alpha} - \delta V = \frac{3\sqrt{2}}{2\pi} E \left[\cos\alpha + \cos(\alpha+u)\right] \qquad (13.1.7)$$

式 (13.1.5) により $\cos(\alpha+u)$ を消去すれば

$$V_d = \frac{3\sqrt{2}}{2\pi} E \left[\cos\alpha - \frac{2\omega L}{\sqrt{2}E}I_d + \cos\alpha\right] = \frac{3\sqrt{2}}{\pi} E \cos\alpha - \frac{3\omega L}{\pi} I_d \qquad (13.1.8)$$

これより,重なり角 u による電圧降下は直流電流 I_d と転流リアクタンス L に比例するが,制御角 α には影響されないことがわかる.

式 (13.1.8) は整流器側,インバータ側の両方で成り立つが,逆変換器では制御進み角 β で表し $\beta = \pi - \alpha$ の関係があるので,$\alpha = \pi - \beta$ を代入して

$$V_d = \frac{3\sqrt{2}}{\pi} E \cos(\pi - \beta) - \frac{3\omega L}{\pi} I_d = -\left[\frac{3\sqrt{2}}{\pi} E \cos\beta + \frac{3\omega L}{\pi} I_d\right] \qquad (13.1.9)$$

逆変換器では変換器の出力電圧 V_{di} が逆向きに接続されているので V_d の符号を変えて

$$V_{di} = \frac{3\sqrt{2}}{\pi} E \cos\beta + \frac{3\omega L}{\pi} I_d \qquad (13.1.10)$$

と表す.一方整流器側の出力電圧 V_{dr} は

$$V_{dr} = \frac{3\sqrt{2}}{\pi} E \cos\alpha - \frac{3\omega L}{\pi} I_d \qquad (13.1.11)$$

式 (13.1.10),式 (13.1.11) より,図 13.1.3 のシステムでは整流器側では転流インダクタンスにより出力電圧が下がり,逆変換器側では制御角 β 一定の場合には転流インダクタンスにより電圧が上昇することがわかる.

また,制御角 β は重なり角 u と余裕角 γ^* の和であるから $\alpha = \pi - \beta$,$\beta = u + \gamma$.したがって $\alpha = \pi - u - \gamma$ を式 (13.1.5) に代入すれば

$$I_d = \frac{\sqrt{2}E}{2\omega L} \left[\cos(\pi-\beta) - \cos(\pi-\gamma)\right] = \frac{\sqrt{2}E}{2\omega L} \left[-\cos\beta + \cos\gamma\right] \qquad (13.1.12)$$

これを式 (13.1.10) に代入して,$\cos\beta$ を消去すれば

$$V_{di} = \frac{3\sqrt{2}}{\pi} E \left(\cos\gamma - \frac{\sqrt{2}\omega L}{E} I_d\right) + \frac{3\omega L}{\pi} I_d = \frac{3\sqrt{2}}{\pi} E \cos\gamma - \frac{3\omega L}{\pi} I_d \qquad (13.1.13)$$

これは,余裕角 γ^* を一定に制御した場合には,インバータ側においても直流電流 I_d に比例して転流リアクタンスにより電圧が下がることを示す.

 *余裕角 γ:逆電圧が印加される期間を電気角で表したもので,転流失敗を避けるためにはターンオフ時間以上の γ 期間が必要である.

式 (13.1.11),式 (13.1.13) より直流送電システムの電圧を線路電圧降下も含めて図 13.1.5 に示す.

c. 直流送電システムの制御

変換器の電圧電流特性を図 13.1.6 に示す.変換器は $\alpha = 0$ で最大の直流電圧を発生

できるが，ゲートパルスの印加時に確実に点弧させるため，最小点弧電圧が必要である．このためバルブに少し電圧が印加された$\alpha_{\min}$での運転が最大直流電圧である．直流電圧は式 (13.1.8) で表され，直流電流が増加すると重なり角により低下する（①の領域）．直流電流を電流指令値にするには，負荷に応じて直流電圧を増減する（②の領域）．これは直流電流が負の領域③においても同様である．逆変換器運転時には直流電圧が指令値$-V_{dp}$になるように重なり角による電圧降下を補正し一定の直流電圧を出す（④の領域）．直流電圧指定では余裕角不足になる領域は定余裕角制御を優先して行う（⑤の領域）．このときI_dが増加すると逆変換器の電圧の絶対値は低下する．V_dが正の領域①，②が順変換器運転，V_dが負の領域③，④，⑤が逆変換器の運転であり，②と③の境界点 Z はゼロ力率運転である．

順変換所と逆変換所の協調制御は上記の変換器の電圧電流特性を使って行われる．直流送電システムにおいて両変換所の変換器は逆極性に接続され，逆変換所は順変換所よりも電流指令値を電流マージンΔI_{dp}だけ少なく設定されている．この状況を図 13.1.7 に示す．逆変換所の電圧は接続方向が逆なので電圧の方向を逆にとっている．点 A での順変換器は$\alpha_{\min}$より少し大きな制御角で定電流制御しており，逆変換

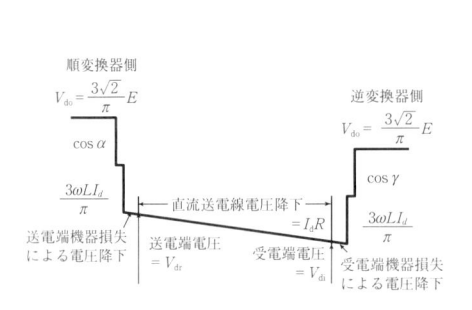

図 13.1.5 直流送電システムの電圧

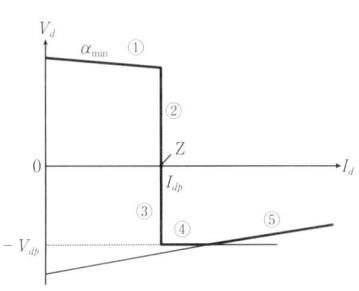

図 13.1.6 変換器の基本制御特性

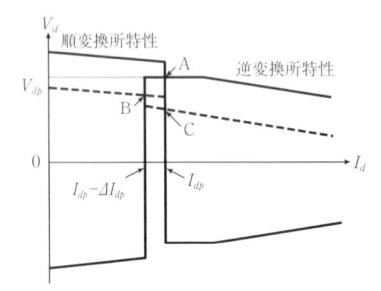

図 13.1.7 順逆変換器の協調制御（通常運転点 A）と交流電圧低下時の運転点（順側低下時 B，逆側低下時 C）

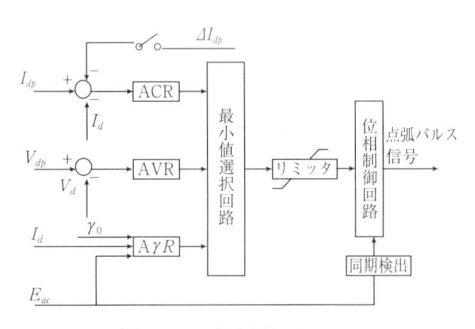

図 13.1.8 基本制御ブロック

器は V_{dp} で定電圧制御している。制御ブロックは図13.1.8のように構成される。順変換器では指令電流 I_{dp} と実際の電流 I_d はほぼ等しく，定電流制御（ACR：automatic current regulator）は，たとえば $\alpha = 15°$ 付近の出力を生じている。定電圧制御（AVR：automatic voltage regulator）は指令値 $-V_{dp}$（逆変換器に対応した電圧指令値で負）に対して系統には V_d（正）が現れているので，電圧を下げようとして $\alpha = 180°$ 付近で限度に達している。一方，定余裕角制御（AγR：automatic γ angle regulator）は，現在の直流電流値 I_d と交流電圧 E_{ac} で余裕角 γ_0 を確保する制御角たとえば $150°$ 付近の値を出力している。これらのうちの最小値，すなわちACRの出力が選ばれて順変換器は運転される。

逆変換器では，ACR指令値に $-\Delta I_{dp}$ が加えられて（$I_{dp} - \Delta I_{dp}$）となっているため流れている電流 I_d を減らそうとして，ACRは電圧を下げる限界 $\alpha = 180°$ 付近に達する。AVRの出力は逆変換器が V_{dp} にあるので，たとえば $\alpha = 140°$ 付近の値を出している。またAγRも逆変換所の交流電圧 E_{ac} に対応して，余裕角の確保できる制御角たとえば $150°$ 付近となる。この結果最小値選択ではAVRが選ばれ運転は図13.1.7の点Aである。

ここで，順変換器側の交流電圧が低下すると，α_{min} で発生できる電圧が低下し，運転は点Aから点Bに自動的に移る。すなわち整流器側は α_{min} 運転，逆変換器側はACR運転である。また逆変換器側の交流電圧が低下すると，定電圧制御は維持できなくなり，定余裕角制御により運転され，点Cに移る。このように両端の交流電圧低下が生じても安定な運転点が確保でき，送電電力（$I_d V_d$）が大きく変化しないのは直流送電制御の大きな特徴である。

また，潮流反転は電流余裕（$-\Delta I_{dp}$）を加える変換器を切り換えることにより，スムーズに電圧極性を反転し，送電方向を逆にすることができる。なお，故障電流抑制のため，逆変換所が α の小さな整流器運転をしないよう逆変換器側に $\alpha = 70°$ 付近のリミッタを設けることもある。潮流反転前の運転点Aと，反転後の運転点Dを図

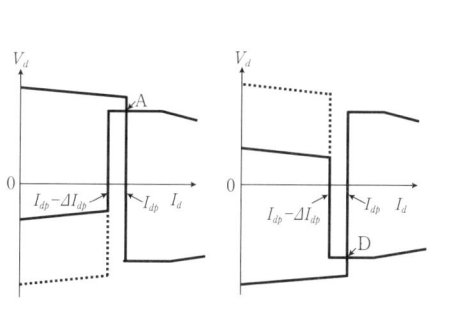

図13.1.9 ΔI_{dp} の入替による潮流反転（直流電圧の反転）

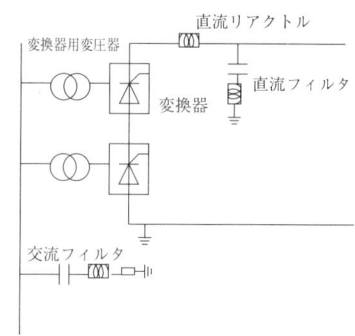

図13.1.10 変換所の主要機器

13.1.9 に示す．このように系統の状況の変化に対して安定な運転が継続できるよう各種の工夫がなされている．

13.1.5 交直変換所の主要機器

交直変換所の結線図の一例を図 13.1.10 に示す．主要機器はサイリスタバルブ，変換器用変圧器，直流リアクトル，交流・直流フィルタ，制御保護装置である．

a. サイリスタバルブ

現在主に用いられているサイリスタバルブは屋内形の空気絶縁，水冷式である．わが国では光直接点弧サイリスタが用いられている．光サイリスタを所定数直列につなぎ一体動作させる．直列素子数は数個から 200 個程度まで実施例があるが，これを適宜 6～8 個程度に分割する．素子に並列にスナバ回路（コンデンサと抵抗からなる回路で，素子に印加される急峻な電圧・電流の変化を低減すること，および素子の分担電圧を均等化する目的で設ける）を，両端に直列にバルブリアクトルを配置し引出し状の金属トレイに収めて 1 モジュールとし，これを数個絶縁支柱の前面および後面に配置してらせん状に接続したものがサイリスタバルブ 1 アームである．2 アームあるいは 4 アーム直列構成とすることにより，低電位のアームが高電位アームの絶縁架台の役目も果たし，設置スペースが節約される．モジュールの 1 例を図 13.1.11 に示す．スナバ回路の定数やバルブリアクトルの特性は，常時および特殊運転時に生ずる転流振動や，避雷器保護レベルのサージがサイリスタバルブに達したとき，デバイス分担電圧がその定格以下に分圧されるように決められる．

素子，スナバ抵抗，バルブリアクトルには数 kW の大量の熱が発生するので，絶

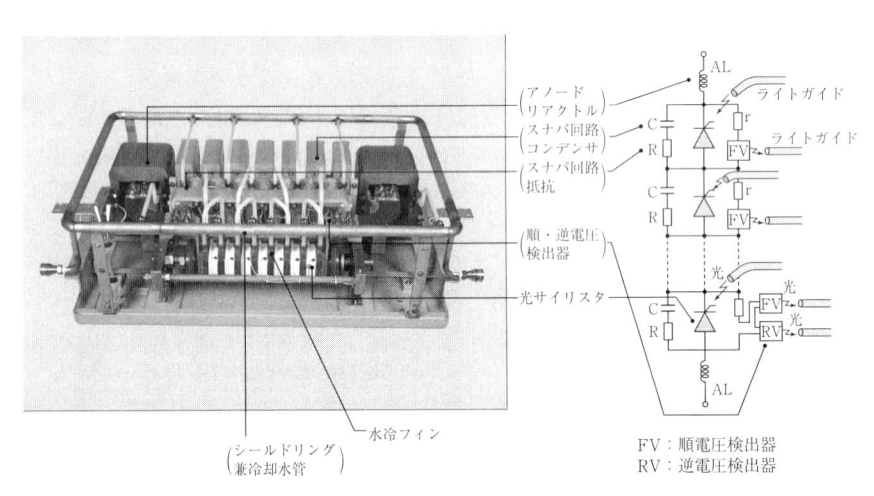

図 13.1.11　サイリスタバルブモジュール
（東芝三菱電機産業システム提供）

縁を保てる高純度の水を絶縁配管で送りこれらを水冷する．4アーム積層バルブ（四重バルブ）はときには10m以上の高さとなるので，絶縁支柱はFRP（繊維強化プラスチック）で作られ，揺れを考慮した耐震設計がされる．また，バルブの過電圧を抑制するため，端子間に避雷器を直結して保護する．この避雷器はバルブと一体構造とする場合が多い．

b. 変換器用変圧器

変換器用変圧器は交流系統とサイリスタバルブの間にあって絶縁，変圧，整流相数の決定，過電流の抑制，移行電圧の抑制の役割を果たしている．変換器用変圧器は次の点で電力用変圧器とは異なる．

1) **直流絶縁**　直列接続された高電位側のブリッジの直流巻線に順次低電位のブリッジの直流電圧がバイアス電圧として加わる．このため直流巻線に加わる電圧は直流分に交流分を重畳した電圧になり，さらにサイリスタバルブのスイッチングにより複雑な波形となる．

2) **高調波電流**　直流側の電流は直流リアクトルにより平滑化されている．このため変換器用変圧器に流れる電流は台形波状となり，多くの高調波を含んでいる．この高調波電流は変圧器の局部加熱，振動，漂遊損の増加を招くので，正しく予測し対策する必要がある．

3) **直流偏磁**　直流巻線に正，負の電流が流れる期間はサイリスタバルブの点弧時点で決まり，その変化$\Delta \alpha$により平均的には直流偏磁電流が流れる．$I_d = 1,200$ A のシステムで$\Delta \alpha = 0.1°$と仮定すれば，直流偏磁は最悪時に1.3A程度である．

これら3つの特徴に対し変換器用変圧器は設計製作されている．

c. 直流リアクトル

直流リアクトルの役割は，① 直流電流を平滑化し軽負荷時の電流断続を防止し，定電流制御の安定性を増すこと，② 直流側故障電流を抑制し，また一極ブロック時の直流線路，サージキャパシタからの流入電流を抑制すること，③ 交流電圧低下時の転流失敗防止および，④ 転流失敗時の電流増加を抑え連続転流失敗を防ぐことである．さらに，⑤ 直流フィルタの効果を増加し，直流系統から進入しバルブに達するサージを防ぐ効果もある．わが国では0.25Hから1.0Hと比較的大きなインダクタンスが用いられている．構造としてはコイルを磁気シールドで囲んだ空心形と，コイルを囲んだ磁気シールドのほか，コイル内部にもギャップ付き鉄心を入れた鉄心形がある．油で絶縁されブッシングで端子が引き出される．

長時間連続した直流電圧の印加，潮流反転時の直流電圧の急速な反転，バルブ欠相運転などによる商用周波電圧の直流側への進入，および雷や故障サージなどを考慮して変圧器と同様，交流，直流，サージ電圧の各種重畳に対して絶縁されている．

d. フィルタ

変換装置は交流側に高調波電流を，直流側に高調波電圧を発生する．その高調波の次数nは，パルス数p，正の整数kを用いると下記のようになる．

交流側高調波電流： $n=kp\pm 1$，　　　直流側高調波電圧： $n=kp$

　直流送電では6パルスの三相ブリッジを基本構成とし，変圧器のスター結線とデルタ結線とを組み合わせて30°移相し12パルスとする．したがって，下記の次数の高調波が発生する．

交流側高調波電流：　$n=11, 13, 23, 25, 35, 37, \cdots$
直流側高調波電圧：　$n=12, 24, 36, \cdots$

　高調波の大きさは高次ほど減る傾向にあるが，制御角と重なり角により複雑に変化し，最大負荷時に最大高調波になるとは限らない．送電線に流れる高調波は静電および電磁誘導により，平行して張られた通信線に誘導障害を起こしたり，コンデンサなどの機器を過負荷にするおそれがありフィルタを用いて除去する．

e. 制御保護装置

　制御装置は先に述べた制御ブロックをハードウェアで実現する．最近はディジタル方式による等間隔パルス制御が行われる．等間隔パルス制御のほうが高調波の発生も少なく，制御も安定する．

　直流の保護の基本は電流の差動保護と瞬時値の高速検出である．交流CT，直流CT，直流PTの出力を組み合わせて，故障の場所と厳しさを高速で検出する．図13.1.12に変換所の特徴的な保護リレーの構成を示す．変換装置それ自身が遮断能力をもっているので，直流側の故障は変換器で除去することができる．保護にあたって極の停止を許容できる二端子送電では，直流遮断器を使用せずに保護する．しかし変

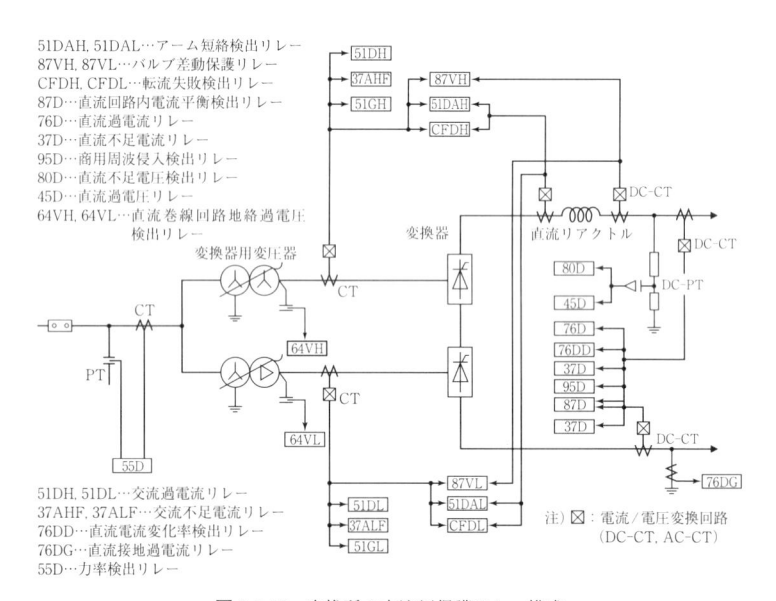

51DAH, 51DAL…アーム短絡検出リレー
87VH, 87VL…バルブ差動保護リレー
CFDH, CFDL…転流失敗検出リレー
87D…直流回路内電流平衡検出リレー
76D…直流過電流リレー
37D…直流不足電流リレー
95D…商用周波侵入検出リレー
80D…直流不足電圧検出リレー
45D…直流過電圧リレー
64VH, 64VL…直流巻線回路地絡過電圧
　　　　　　検出リレー

51DH, 51DL…交流過電流リレー
37AHF, 37ALF…交流不足電流リレー
76DD…直流電流変化率検出リレー
76DG…直流接地過電流リレー
55D…力率検出リレー

図3.1.12　変換所の直流側保護リレー構成

表 13.1.2　保護連動と適用対象故障

保護連動種別	故障端保護連動		健全端保護連動		適用対象故障
重故障-1	REC	GB-CBT	INV	GS-GB-CBT	アーム短絡
	INV	GS-GB-CBT	REC	GS-GB-CBT	
重故障-2	REC	BPP-GB-CBT	INV	GS-GB-CBT	変換装置用変圧器短絡・地絡 インバータ負荷遮断 交流過電圧
	INV	BPP-GB-CBT	REC	GS-GB-CBT	
重故障-3	REC	GS-GB-CBT	INV	GS-GB-CBT	直流母線短絡・地絡 直流過電圧・不足電圧 インバータ GB, 全電圧起動
	INV	GS-GB-CBT	REC	GS-GB-CBT	
中故障-1	REC	BPP-RST/ GS-GB-RST	INV	放置（ZPF→RST）/ GS-GB-RST	交流系統短絡・地絡 直流線路本線短絡・地絡
	INV	BPP-RST/ GS-GB-RST	REC	放置（ZPF→RST）/ GS-GB-RST	
中故障-2	REC	—	INV	—	—
	INV	BPP-RST/ GS-GB-RST	REC	放置（ZPF→RST）/ GS-GB-RST	転流失敗（継続）
軽故障	REC	—	INV	—	—
	INV	β 進み	REC	放置	転流失敗（瞬時）

注：REC：順変換所，INV：逆変換所，ZPF：ゼロ力率運転，CBT：遮断器トリップ，RST：再起動，
　β：逆変換所の制御角

換器が故障し，自身では保護のできない場合に，相手端の制御保護を期待する必要がある．また，直流リアクトルや直流ケーブルに蓄えられた大きなエネルギーにより，急速な遮断は過電圧を発生させるので，送受両端で協調してエネルギーを排出し，過電圧を抑えながら保護する．この1連の動作が保護連動である．

保護連動はゲートシフト（GS：gate shift），バイパスペア（BPP：bypass pair），ゲートブロック（GB：gate block）および交流側の遮断器の遮断によって行われる．順変換器（REC：rectifier）と逆変換器（INV：inverter）の運転状態，故障端か健全端かおよび故障の場所と程度により保護連動は使い分けられている．故障の程度は永久停止に至る重故障，一度停止して故障除去後再起動のできる中故障，運転しながら対策できる軽故障に分けられる．表13.1.2に保護連動とその適用対象故障を示す．サイリスタバルブが電圧阻止能力を失い逆方向にも通流するアーム短絡は重故障に，地絡しても停止してアークの消滅と絶縁回復を待って再起動のできる送電線故障は中故障に，余裕角を増やして連続転流失敗を防止できる単発の転流失敗は軽故障に分類される．

13.1.6　自励式変換装置の適用

GTO（gate turn-off thyristor）やIGBT（insulated gate bipolar transistor）などの自己消弧形デバイスの開発が進み，これまでの他励変換器に代わり自励変換器を

表 13.1.3 HVDC LIGHT の実施例

プロジェクト	国	容量	送電電圧	距離	採用理由	運転開始
ヘレヨン	Sw	3 MW	±10 kV	10 km	実証試験	1997
ゴットランド	Sw	50 MW	±80 kV	70 km	風力電源	1999
ダイレクトリンク	Aus	3×60 MW	±80 kV	59 km	非同期連系	2000
テジェボルグ	Dn	7.2 MW	±9 kV	4.3 km	風力電源, 実証	2000
イーグルパス	USA	36 MW	±15.9 kV	0 (BTB)	非同期連系	2000
クロスサウンドケーブル	USA	330 MW	±150 kV	40 km	融通電力制御	2002
マリーリンク	Aus	200 MW	±150 kV	180 km	非同期連系	2002
トロール A	Nor	2×40 MW	±60 kV	70 km	海上ガス基地送電	2005

*Sw：スウェーデン, Aus：オーストラリア, Dn：デンマーク, USA：アメリカ, Nor：ノルウェー

直流送電にも使う研究と実用化が進んでいる．電圧形変換器を使い，PWM（pulse width modulation）制御が行われる．自励変換装置を直流送電に適用する利点は，① 他励で必要とした転流電源を必要としない．このため，短絡容量の小さな孤立系統や，離島送電などに使うことが容易である．② 自励変換装置は有効電力とは独立して，無効電力を進相から遅相まで自由に制御でき，他励で必要とした進相無効電力を必要としない．③ PWMの搬送波の周波数を高めて低次の発生高調波をなくしフィルタを簡素化できる．④ 電圧形変換器により多端子構成が容易である，などである．

わが国では新信濃変換所にて，有効電力 37.5 MW，無効電力 37.5 MVar，皮相電力 53 MVA の三端子直流送電の実証試験が行われた．この設備は 1998 年に二端子運転，1999 年に三端子運転で実証試験され，300 MW 級の自励式交直変換装置の実現性と，三端子直流送電の制御が検証された．

海外ではデバイスとして高速スイッチングが可能な IGBT を用い，電圧形自励変換装置を周波数の高い搬送波で PWM 制御を行う装置を，中小規模の直流送電に用いており，ABB 社ではこれを HVDC LIGHT（簡易直流送電）と呼んでいる．HVDC LIGHT では変換器を直列接続しない場合は，変換器用変圧器をリアクトルで置き換え経済性を向上できる．また，景観やルート確保の容易さから陸上でもケーブル送電とすることが多い．

HVDC LIGHT は 1997 年 3 月にスウェーデンで実証設備として運転開始されたのが最初である．このプロジェクトはヘレヨン（Hellsjon）とグランゲスベルク（Grangesberg）間 10 km を ±10 kV で 3 MW 送電する．2,500V-700 A の IGBT を使い 2 kHz の搬送波で PWM 制御している．最初の実用設備は 2000 年 1 月からゴットランドで運転を開始した．この設備はゴットランド南部に建設された風力発電電力を北部の需要地へ送るもので，送電距離 70 km，電圧 ±80 kV，容量 50 MW である．交流フィルタとして 40 次のハイパスフィルタが設けられている．このほか表 13.1.3 に示すように各国で HVDC LIGHT が運転を開始している．今後も自励変換装置を適用した設備が増加するものと考えられる．　　　　　　　　　　　〔堀内恒郎〕

13.2 無効電力補償装置

13.2.1 他励式無効電力補償装置 (SVC：static var compensator)[4,5]

a. 機器構成

リアクトルやコンデンサの電流をサイリスタで制御することにより高速で無効電力の発生を行う装置である．リアクトルの電流を制御した場合は遅相，コンデンサの場合は進相となる．図13.2.1に回路構成を示し，(a)にサイリスタ制御リアクトル (TCR：thyristor controlled reactor)，(b)にサイリスタスイッチドキャパシタ (TSC：thyristor switched capacitor) の構成としてTCRはリアクトル，逆並列接続されたサイリスタスイッチおよび高調波フィルタで構成される．リアクトルは飽和を避けるために空芯タイプが一般に使用される．TSCは電力用コンデンサ，コンデンサの開閉を行う逆並列接続されたサイリスタスイッチおよびコンデンサへの突入電流を避けるために小さなリアクトルが接続されて構成される．リアクトルはコンデンサ容量の4%程度が挿入される．

b. 動作

TCRの動作をまず説明すると，TCRはリアクトルの電流を位相制御することによって連続的に遅れの無効電力を変える．図13.2.2に位相制御角に対するリアクトルに流れる電流波形を示す．この波形をフーリエ級数に展開して基本波の振幅を求め

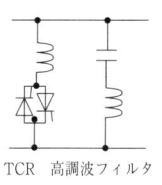

図13.2.1 他励式無効電力補償装置
(a) TCRの構成　(b) TSCの構成

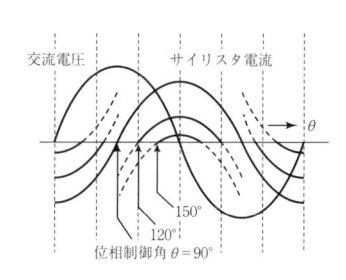

図13.2.2 位相制御角と電流波形

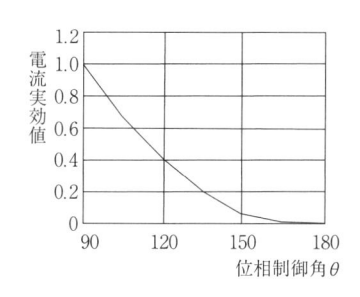

図13.2.3 位相制御角に対する電流値

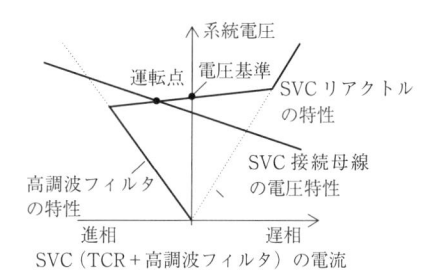

図13.2.4 SVC (TCR+高調波フィルタ) の無効電流・電圧特性

ると，位相制御角に対するSVCの容量が求められる．図13.2.3に位相制御角に対する電流実効値（基本波）を示す．TCRの電流波形には高調波が含まれるので，高調波フィルタと組み合せて使用されることが多い．この高調波フィルタは進相の無効電力を出すので，TCRとの容量を適切に選ぶことにより進みと遅れの無効電力を発生させることができる．この場合の系統電圧に対する無効電流特性を図13.2.4に示す．SVCの制御範囲を超えた電圧が低いところでは，交流フィルタによる無効電力特性となり，また電圧の高いところではSVCのリアクトルの無効電力特性となる．

TCRでリアクトルを高インピーダンス変圧器で代用させたサイリスタ制御変圧器（TCT：thyristor controlled transformer）も使われている．TSCはサイリスタのオン・オフ制御によりコンデンサを開閉することで無効電力を変える．したがってTCRとは異なり連続的に無効電力を変えることができない．しかし，電流波形が正弦波であり，高調波は含まれない特徴がある．無効電力を細かく調整する場合には，TSCを複数台設け，投入台数を制御することで調整する．

サイリスタを用いたSVCは機械式スイッチを使用した調相設備に比較して，半サイクルから2サイクルで無効電力の制御が可能であり，また寿命の問題がないことから，高速の無効電力制御や交流電圧制御が多頻度に必要な場合に適用されている．

13.2.2　SVCの制御方式

SVCの制御方式は，基本的に交流電圧制御と無効電力制御になるが，交流電圧を制御することによって系統の電力動揺抑制や，各相制御とすることで三相の不平衡電流を平衡化できる．以下にこれらの概要を説明する．

a.　交流電圧制御

交流系統のインピーダンスはリアクトル成分が支配的であり，交流電圧の低下や変動は主に無効電力によって生じる．したがって，無効電力を制御することによって交流電圧を制御できる．図13.2.5に交流電圧制御の制御ブロックの例を示す．電圧基準値と交流電圧検出値との差を制御する．演算は定常偏差をゼロとする，すなわち交流電圧を基準値に等しく制御するために比例積分を用いる．しかし，積分制御を行うと交流電圧がわずかに変動した場合でも，制御出力が大きく変動し，SVC出力が進相の最大値，または遅相の最大値に張り付いた状態になる可能性がある．このためSVCの電圧・電流特性にスロープ特性をもたせている．図13.2.5に交流電圧制御演算の出力にゲインを掛け入力に戻す構成方法を示す．SVC出力が進相に増加したとき，電圧基準値を

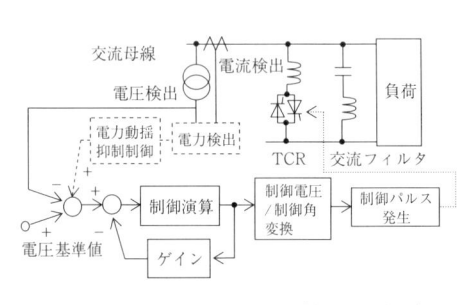

図13.2.5　SVC制御ブロック（交流電圧制御）

増加させることと等価とすることにより右上がりの特性が得られる．スロープ特性は通常1～2%程度に設定する．

SVCの応答速度は，交流系統の条件によって異なるが，通常10 ms程度の応答となるように制御演算部のゲインと時定数を調整する．

b. 無効電力制御

負荷の力率改善やアーク炉から発生するフリッカの抑制などに使用され，オープンループ制御とフィードバック制御がある．オープンループ制御では，指令値に応じた無効電力をSVCから出力し，系統の無効電力をゼロまたは所望の値とする．フィードバック制御では，検出した無効電力が無効電力基準値と一致するように閉ループ制御を行う．

c. 電力動揺抑制制御

電力動揺は，2つの系統間で有効電力を授受するときに現れ，回転機が加速・減速を繰り返す現象である．SVCで電力動揺を抑制する場合，送電線の有効電力が増加する期間はSVCにより交流電圧を上昇させ，発電機の加速を低減する．また，有効電力が減少する期間は，電圧を降下させ，発電機の減速を抑える．このために，交流電圧制御回路の電圧設定値に電力動揺抑制信号を加算する．抑制制御信号としては，周波数偏差や送電線の有効電力が使用される．図13.2.5中に有効電力を入力としたときの電力動揺抑制制御ブロックを破線で示す．

d. 三相電流平衡化制御

不平衡負荷が接続される電気鉄道などで，SUC（static unbalance compensator）として適用されている．今，図13.2.6(a)に示すようにA-B相だけに抵抗負荷が接続されている場合を考えると，負荷電流はA相からB相にA-B線間の電圧と同相の電流が流れている．このような負荷に対し，(b)の電流ベクトル図に示すようにSVCを各相個別制御し，B-C相には進相電流，C-A相には遅相電流を流すことによって三相電流を平衡化できる．負荷にどのような不平衡があってもSVC電流ベクトルを合わせることにより三相を平衡化できる．

e. SVCの開発経過

電力分野へのパワーエレクトロニクス技術の適用はSVCによる電圧変動補償から

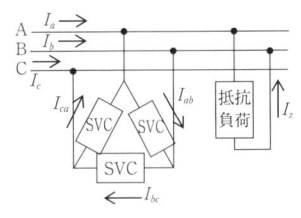

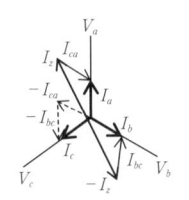

(a) SUCの構成　　　　(b) ベクトル図

図13.2.6　三相電流平衡化制御

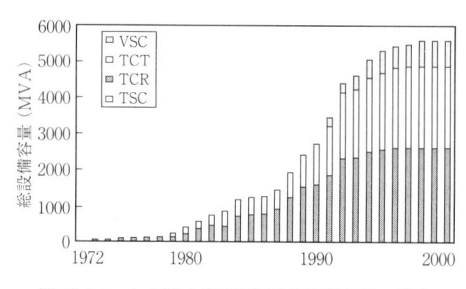

図 13.2.7 わが国の種類別 SVC 設備容量の推移

始まっており，長距離送電線をもつ北米，北欧，南米，南アフリカでは直列コンデンサ補償とともに SVC が系統安定化に用いられてきた．わが国の SVC 適用は，1970 年代に産業分野の電圧変動対策から始まり，1980 年代に電力分野，1990 年ごろから電鉄分野へと広がっている．図 13.2.7 に電気学会の調査報告[6]に掲載されているわが国の SVC 設備容量の推移を示す．SVC の種類は TCR が主体で，リアクトルを変圧器で代用させた TCT とともに普及している．以下に説明する電圧型自励式変換器（VSC：voltage source converter）を用いた自励式無効電力補償装置（自励式 SVC，または STATCOM；次項で説明）は 1990 年代に普及しているが，その設備容量は全体の 14% 程度である．

13.2.3　自励式無効電力補償装置（STATCOM）
a. STATCOM の構成

素子に流れる電流をオン・オフできる機能（自己消弧機能）をもつ GTO（gate turn-off thyristor）や IGBT（insulated gate bipolar transistor）などのスイッチング素子を使用したインバータ（電圧型自励式変換器，VSC：voltage source converter）は，任意の振幅，位相および周波数の電圧波形を作れるので，外部にコンデンサやリアクトルを設けずに，遅相から進相の無効電力を発生させることができる．図 13.2.8 に自励式無効電力補償装置（自励式 SVC，または STATCOM：static compensator）の構成と原理を示す．インバータの出力電圧 V_i を系統電圧 V_s と同位相で高くすると，系統に進みの無効電力（容量性無効電力）を発生する．逆に V_i を低くすると，系統から無効電力を吸収する（誘導性無効電力）．

系統電圧が低下した場合，他励式無効電力補償装置（他励式 SVC）は定インピーダンス特性で，系統電圧の自乗に比例して無効電力が低下（図 13.2.9 中の 1 点鎖線）

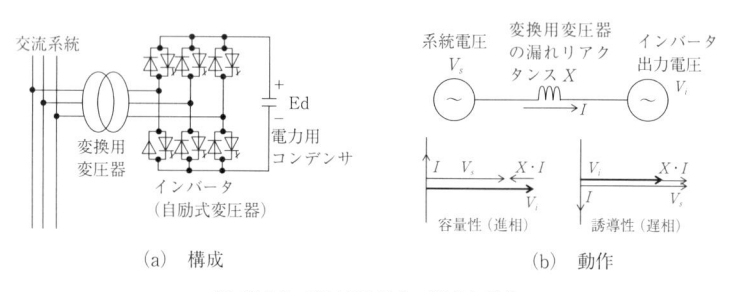

図 13.2.8　STATCOM の構成と動作

するが，STATCOM は制御範囲にある間は定電流特性を示すので，図 13.2.9 に示すように電圧に比例して無効電力出力が低下し，他励式無効電力補償装置に比べて電圧維持能力が高い．

b. 制御方式

制御ブロックの構成例を図 13.2.10 に示す．自励式変換器は電圧形であり，変換器至近端で地絡事故が発生すると過大な電流が流れスイッチング素子を破壊する危険性がある．このため，高速制御が要求される．よく使用される制御として，産業用の自励式変換器制御として使用されている dq ベクトル制御方式があり，以下に説明する．三相交流電流と交流電圧を以下の行列演算により u 相基準の固定座標 α, β の 2 軸に変換する．電圧についても同様に変換する．

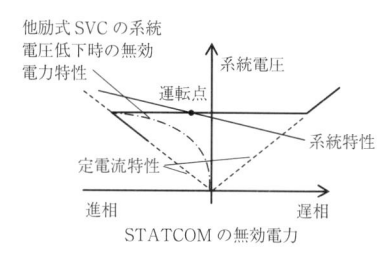

図 13.2.9 STATCOM の電圧・無効電力特性

$$\begin{pmatrix} I_\alpha \\ I_\beta \end{pmatrix} = \begin{pmatrix} 1 & -1/2 & -1/2 \\ 0 & \sqrt{3/2} & -\sqrt{3/2} \end{pmatrix} \begin{pmatrix} I_u \\ I_v \\ I_w \end{pmatrix} \quad (13.2.1)$$

これを次式を用いて d, q 回転座標軸に変換する．

$$\begin{pmatrix} I_d \\ I_q \end{pmatrix} = \begin{pmatrix} \sin\omega t & \cos\omega t \\ -\cos\omega t & \sin\omega t \end{pmatrix} \begin{pmatrix} I_\alpha \\ I_\beta \end{pmatrix} \quad (13.2.2)$$

ここに $\omega = 2\pi f$ (f，交流系統の周波数) である．

ここで d 軸を有効分制御，q 軸を無効分制御に対応させて，有効分と無効分を非干渉に制御（ベクトル制御）することにより高速制御が行える．自励式変換器の交流系統側からみた電流・電圧ベクトル図を図 13.2.11 に示す．図から自励式変換器の出力電圧 V_i の d 軸，q 軸成分は次式で表される．自励式変換器の制御回路ではこのベクトル図に従った演算を行う．

$$\begin{aligned} V_{id} &= R \cdot I_d + X \cdot I_q + V_d \\ V_{iq} &= R \cdot I_q - X \cdot I_d + V_q \end{aligned} \quad (13.2.3)$$

ここに，R, X は変換用変圧器の抵抗分と漏れリアクタンスである．なお，ベクト

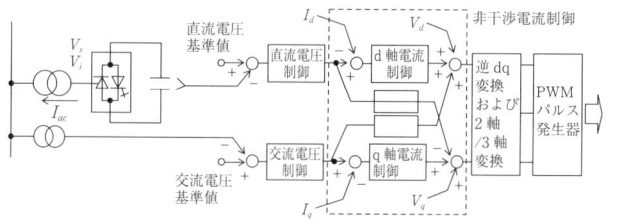

図 13.2.10 STATCOM の制御ブロック

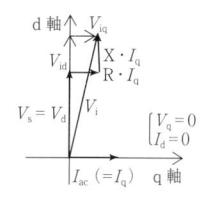

図 13.2.11 電流と電圧のベクトル

ル図ではR分を無視し，V_q, I_qは零としている．得られたV_{id}, V_{iq}信号をdq逆変換，2軸/3軸変換して基準電圧信号$V_{ref. u}$, $V_{ref. v}$, $V_{ref. w}$を作り，PWM制御（pulse width modulation control）パルスを作成する．dq逆変換，2軸/3軸変換は式（13.2.1）および式（13.2.2）の係数の逆変換行列を掛けることを表す．PWMパルスはキャリア（搬送波，たとえば三角波）との比較により作ることができる．d軸とq軸の電流指令値として自励式無効電力補償装置ではd軸に直流電圧制御回路，q軸に交流電圧制御回路，または無効電力制御回路の出力信号を与える．図13.2.10には交流電圧制御を行った場合を示している．

制御機能として他励式無効電力補償装置で述べた電力動揺抑制制御や無効電力制御，三相電流平衡化制御の機能も同様にもたせることができる．

c. STATCOMの開発経過

STATCOMは日本が最初に実用化している．1991年に関西電力の犬山開閉所に80 MVA[7]，1992年に東京電力の新信濃変換所に50 MVAが2台設置された[8]．アメリカでは後述するFACTS（次項に説明）プロジェクトの一環として1996年にサリバン変電所に100 MVA[9]が設置され，欧州でも1997年にデンマークで8 MVAが風力発電所の電圧変動抑制のために設置されている．

13.3 FACTS機器

13.3.1 FACTS機器の基本

アメリカの電力系統は多くの電力会社が互いに連系し，大規模複雑な系統構成となっている．さらに電力の自由化によってIPP（独立系発電事業者，independent power producer）が増加すると電力系統の潮流制御や運用が難しくなることが懸念された．このような背景から1989年にアメリカの電力研究所EPRI（Electric Power Research Institute）のヒンゴラニ（N. G. Hingorani）がFACTS（flexible AC transmission systems）の概念を打ち出した．これはパワーエレクトロニクス技術を駆使して，既存の交流系統の制御性を高めるとともに，電圧の大きさ，電圧の位相，インピーダンスを高速に制御して送電線の熱容量の限界まで送電容量を増大させるものである．

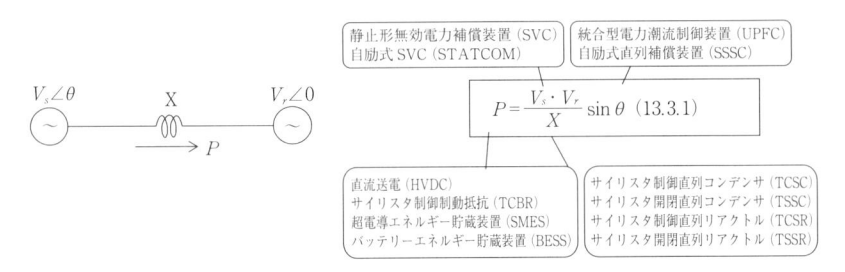

$$P = \frac{V_s \cdot V_r}{X} \sin \theta \quad (13.3.1)$$

図 13.3.1 FACTS機器の分類

FACTS 機器は図 13.3.1 に示すように分類できる．送電端の電圧を $V_s\angle\theta$，受電端の電圧を $V_r\angle 0$，送電線のインピーダンスを X とすると，送電電力 P はよく知られている図中の式で表される．FACTS 機器は P を制御する手段として，電圧の大きさを制御する機器，電圧の位相を制御する機器，送電線のインピーダンスを制御する機器および有効電力そのものを制御する機器に分けられる．

13.3.2 サイリスタ制御直列コンデンサ (TCSC)
a. TCSC の構成

図 13.3.2 にサイリスタ制御直列コンデンサ（TCSC：thyristor controlled series compensator）の構成とインピーダンス特性を示す．直列コンデンサとサイリスタ制御リアクトル（TCR）が並列に組み合わさって構成され，直列コンデンサの過電圧保護としてアレスタ（避雷器）が接続されている．TCSC は送電線のインピーダンスを打ち消し，等価的に送電線を短くする効果がある．動作原理はリアクトル L に流れる電流を位相制御して L の等価インダクタンスを変化させることにより，直列コンデンサと合成したインピーダンスを変化させる．ここで，Z_c を直列コンデンサのインピーダンス，Z_L をサイリスタ制御リアクトルとすると，TCSC の合成インピーダンス Z_t は次式で表される．

$$Z_t = Z_c \cdot Z_L / (Z_c + Z_L) \tag{13.3.2}$$

ここに，$Z_L = Z_L(\alpha)$，α：サイリスタの制御角（点弧位相角）である．

図 13.3.2 (b) に制御角に対する合成インピーダンスの特性例を示す．サイリスタがオフ（制御角 $\alpha=180°$）しているときは直列コンデンサを系統に挿入したときと同じで $Z_t = 1/\omega C$ であり，$\alpha=180°$ から L と C の並列共振点となる角度 αr までが Z_t の容量性の範囲（バーニアモード領域）で，この範囲で送電線のインダクタンス分を連続的に補償する．補償度 R_c は

$R_c = $（TCSC のインピーダンス）/（送電線のトータルインピーダンス）

で表され，70% 以上の補償度で使用されているとの報告もある[10]．補償度が 100% を超えると送電線のインピーダンスが負となり，過電圧や過電流などの問題が生じるので注意が必要である．直列コンデンサ補償の場合は，LC 共振による発電機の軸ねじ

(a) 構成（一相分）　　(b) インピーダンス特性

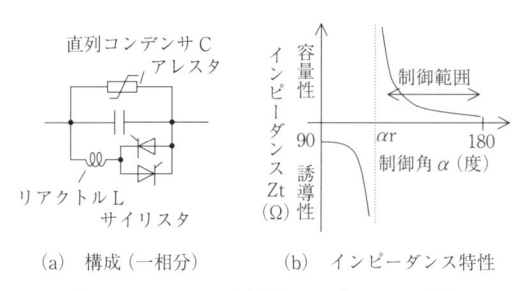

図 13.3.2 TCSC の構成とインピーダンス特性

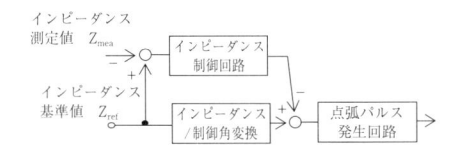

図 13.3.3 TCSC のインピーダンス制御ブロック

れ（SSR：sub-synchronous resonance）現象発生の問題があるが，TCSC の場合には C の値を可変にでき，SSR が発生しても C の値を変えることによって共振点を変えることができるので抑制できる．なお，TCSC では SSR の発生原因といわれている，系統の電気的制動係数が負とならないとの報告もある[10]．$αr$ よりもさらに小さい制御角においては Z_t は誘導性となり，送電線のインピーダンスを増加することになるので一般には使わない．サイリスタを全導通として $α=90°$（バイパスモード）とすると，直列コンデンサをリアクトルで短絡することになるので，系統事故時などのコンデンサの過電圧発生時の保護が行える．

図 13.3.3 に TCSC のインピーダンス制御ブロックを示す．インピーダンス制御回路には基準値とのオフセットをなくすために比例積分制御が用いられる．点弧パルス発生回路は，線路電圧でパルスとの同期をとることもできるが，TCSC を流れる電流で同期をとるのが，系統事故時の電圧消失の問題がないので好ましい[11]．

電力動揺抑制制御は，インピーダンス指令値に電力動揺抑制信号を加算し，発電機が加速時に TCSC のインピーダンスを容量性に大きくして補償度を大きくし，減速時には小さくして補償度を小さくすることにより行える．

b. TCSC の開発経過

欧米では長距離送電線のインピーダンスを補償するために直列コンデンサが多く使われている．TCSC を設置することによって補償度を固定の直列コンデンサで決まる値以上に高くすることができ，送電線潮流を増加できる．また SSR の問題も解決できることから，FACTS 機器として最初に実用化された．1992 年アメリカの Kayenta 変電所で 45 MVA[12]，1993 年にアメリカ BPA（Bonneville Power Administration）の Slatt 変電所で 267 MVA[13] の TCSC が EPRI の補助を得て運開されている．また

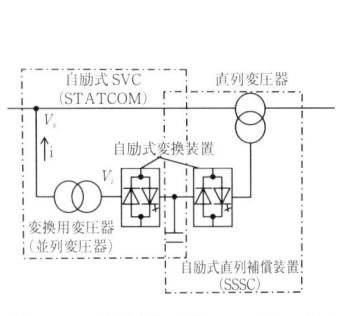

図 13.3.4 潮流制御装置（UPFC）の構成

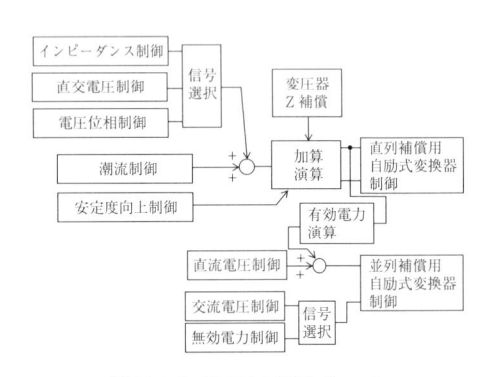

図 13.3.5 UPFC の制御ブロック

ブラジルの 500 kV-1,300 MW 送電, 1,020 km の南北連系にも 108 MVA の TCSC が設置されている[10]. しかし, わが国での適用はない.

13.3.3 潮流制御装置 (UPFC)
a. UPFC の構成

統合型電力潮流制御装置 (UPFC: unified power flow controller) の構成を図 13.3.4 に示す. 2 台の自励式変換器を 1 台は STATCOM として系統に並列に接続し, もう 1 台を自励式直列補償装置 (SSSC: static synchronous series compensator) として系統に直列に挿入して直流回路を介して背中合わせに接続して構成される. SSSC によって系統に注入する電圧は大きさと位相を自由に制御できるので, SSSC の電圧を, たとえば系統電流の位相に直交する方向の電圧を注入すると送電線のインピーダンス補償が行える. また, 系統電圧位相に直交する方向に電圧を注入すると移相器として動作し, 同じ方向に注入すると電圧調整器として動作する. STATCOM は SSSC の直流電圧を適切な値に制御するとともに, 系統電圧を制御することができる.

制御ブロックの一例を図 13.3.5 に示す[14]. UPFC は直列変圧器を介して任意の位相と振幅の電圧を補償できるので, 潮流制御のほかにインピーダンスや電圧位相などの系統パラメータを制御することができる. 以下に検討されている自励式直列補償装置の制御について述べる.

なお, SSSC が単独で用いられるときには直流回路にエネルギーを供給する設備をもたないため, 有効電力の補償は行えない. このため送電線のインピーダンスを等価的に変化させるために利用される.

① **インピーダンス制御**: 通過電流に対して直交する方向で, かつ大きさが電流に比例するように補償電圧を制御する. この場合, 比例ゲインがインピーダンスに相当する.

② **直交電圧制御**: インピーダンス制御と同じく, 通過電流に対し直交する方向に補償電圧を発生させるが, その大きさを電流によらず一定に保つ制御.

③ **電圧位相制御**: 移相調整器と同様に UPFC の送受電端電圧の絶対値を等しくとりながら, 位相差角を一定に保つ. 従来の機械式位相調整器は変圧器の原理で, 位相調整器両端の電流位相と電圧位相の両方を調整するため, 両端の有効電力と無効電力が等しくなる. したがって, UPFC の直列補償用変換器が系統とやりとりする無効電力を並列補償用自励式変換器で補償すれば従来の位相調整器と同じ動作となる.

④ **潮流制御**: 指定した潮流値になるように補償電圧を発生させる.

⑤ **系統安定度向上制御**: 系統事故時の過渡安定度と動態安定度を向上させるために, 線路有効電力の動揺と逆位相になるように潮流を制御する.

一方, 並列補償用の自励式変換器は STATCOM と同様の制御が行える. 図中の変圧器インピーダンス補償 (Z 補償) は, 通過電流に応じて発生する直列変圧器の無効

電力損失を補償する．また，有効電力演算回路は直列補償用変換器の有効電力出力を演算して並列補償用変換器の有効電力制御回路に加算するもので，直列補償用変換器による有効電力制御を高速化できる効果がある．

なお，系統事故時に直列変圧器を介して事故電流が流れ，自励式変換器にも流れるため，設計に注意が必要である．この対策として直列変圧器の二次巻線にサイリスタによる高速のバイパススイッチなどの過電流や過電圧の保護装置が設備される．

b. UPFCの開発経過

UPFCは1998年にアメリカAEP (American Electric Power Company) 社のINEZ変電所に設置されている．設備容量は±160 MVA で，INEZ地域の重負荷時の電圧低下と送電線潮流増加に供されている[15]．

13.3.4 そのほかのFACTS機器

上述した機器を含めて提案されているFACTS機器の主なものを，系統に並列接続される機器，直列接続される機器に分類し，さらにサイリスタ素子を応用した他励式変換器応用またはサイリスタスイッチ応用機器と，GTOなどの自己消弧素子を応用した自励式変換器応用機器とに分けて表13.3.4に示す．以下，主な機器について概説する．なお，実用化は並列機器から直列機器，変換器は他励式から自励式へと移っている．

1) **サイリスタ制御制動抵抗**（TCBR：thyristor controlled braking resistor）

図13.3.6 (a) に示すように，抵抗と逆並列接続されたサイリスタスイッチを直列接続して構成され，系統事故時の発電機の加速エネルギーを吸収するとともにサイリスタの位相制御により抵抗値を制御して，電力動揺にダンピングを掛ける．

2) **サイリスタ制御過電圧リミッタ**（TCVL：thyristor controlled voltage limiter）

たとえば抵抗とサイリスタスイッチを直列接続して系統に並列接続し，過電圧の大きさに応じてサイリスタスイッチを位相制御して抵抗でバイパスし抑制する．アレスタよりも電圧・電流特性を平坦化でき，過電圧抑制を高性能に行える．

表13.3.1 FACTS機器の分類

FACTS機器	系統並列接続	系統直列接続
サイリスタ素子応用	**静止形無効電力補償装置**（SVC） サイリスタ制御制動抵抗（TCBR） サイリスタ制御過電圧リミッタ（TCVL）	**HVDC/BTB** サイリスタ制御直列コンデンサ（TCSC） サイリスタ開閉直列コンデンサ（TSSC） サイリスタ制御直列リアクトル（TCSR） サイリスタ開閉直列リアクトル（TSSR） **NGH SSRダンパ** サイリスタ制御位相調整器（TCPST）
自己消弧素子応用 （自励式変換器応用）	**自励式SVC**（STATCOM） 超電導エネルギー貯蔵装置（SMES） バッテリーエネルギー貯蔵装置（BESS）	**自励式HVDC/BTB** 自励式直列補償装置（SSSC） 潮流制御装置（UPFC）

＊太字は実用化された，または運転実績のある機器を示す．

3) **サイリスタ開閉直列コンデンサ**（TSSC：thyristor switched series capacitor）
直列コンデンサに直列に逆並列接続されたサイリスタスイッチが接続されて構成され，直列コンデンサの系統への投入・開放を無接触で高速に行う．直列補償度は連続量とはならないが，サイリスタスイッチを位相制御しないでオン・オフするので，高調波を発生しない特徴がある．

4) **サイリスタ制御移相変圧器**（TCPST：thyristor controlled phase shifting transformer） 構成を図13.3.6 (b) に示す．励磁変圧器，サイリスタスイッチ，および直列変圧器から構成される．従来の機械式位相調整器のタップ制御をサイリスタスイッチで置き換えたもので，サイリスタスイッチを使用することによって，高速制御が行える．励磁変圧器の一次巻線はΔ接続されているため，二次巻線に誘起される電圧は相電圧と90°位相がずれている．この電圧を直列変圧器で送電線に挿入すると，相電圧の位相を90°方向にシフトできる．シフトできる大きさと極性は，励磁変圧器のどの巻線のサイリスタスイッチをオンさせるかの組合せにより決まる．位相をシフトできる大きさは連続量とはならないが，励磁変圧器の二次巻線電圧を細かくとることによって小さくできる．特徴としてサイリスタスイッチを位相制御しないでオン・オフするので，高調波を発生しないことが挙げられる．なお，励磁変圧器の二次巻線がサイリスタスイッチにより短絡しないように注意する必要がある．

5) **超電導エネルギー貯蔵装置**（SMES：superconducting magnetic energy storage system） STATCOMの電圧型自励式変換器を電流型のサイリスタ変換器に置き換え，直流コンデンサの代わりにエネルギー貯蔵ができる超電導コイルを接続して構成される．無効電力に合わせて有効電力のやりとりが行える．エネルギーは超電導コイルに電流を流して，磁気エネルギーとして蓄えておくために，常時，超電導コイルに電流を流しておく永久電流スイッチをコイルに並列に接続する必要がある．SMESの詳細は14.5節に解説されている．

6) **電池エネルギー貯蔵装置**（BESS：battery energy storage system）
STATCOMの直流コンデンサの代わりにエネルギーが貯蔵できる電池（バッテリー）を接続して構成される．したがって，系統と無効電力に合わせて有効電力のや

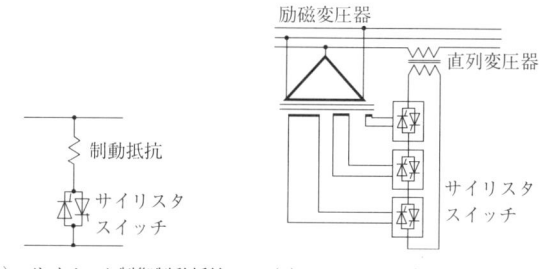

(a) サイリスタ制御制動抵抗　　(b) サイリスタ制御位相調整器

図13.3.6 2種類のFACTS機器の構成

りとりが行える．

7) 自励式直列補償装置（SSSC） SSSC については UPFC の構成要素として既に述べた．13.3.3 項を参照．

13.4 可変速揚水発電機励磁装置

13.4.1 可変速揚水発電機励磁装置の基本

揚水発電は深夜の余剰電力を貯蔵し，ピーク時など電力を必要とするときに貯蔵した電力を利用して，需要と供給のバランスを調整する装置である．また，昼間の電力変動が激しいときには，周波数調整にも貢献する即応性を備えた電源として重要な役割を担っている．しかし，電力を貯蔵する夜間の揚水運転時に電力の調整を行うためには，発電電動機の回転速度を自在に調整することができる必要がある．これまでの発電電動機は直流の電磁石を用いていたので，系統の周波数にあった一定の速度（同期速度）でしか回転させることができなかった．可変速揚水発電システムは，回転子を可変の低周波（すべり周波数）で交流励磁し，回転子の回転速度を可変にできる．回転速度が変わった場合は，回転磁界を次式に示すように常に同期速度となるように交流励磁するインバータの周波数を調整する．

商用周波数（回転磁界）＝（ランナの回転速度）＋（交流励磁周波数） （13.4.1）

揚水時，発電電動機入力は回転速度の約 3 乗に比例して変化するので，回転速度を変えることによって入力を大幅に調整することができる．深夜や休日などの軽負荷時に揚水発電所での周波数制御が可能となり，系統の経済的な運用を行うことができる．また，可変速揚水発電システムの高速応答性は電力系統に発生する擾乱を抑制し，系統安定化に大きく貢献できる．

可変速揚水発電システムの主要部の交流励磁装置は，商用周波数の交流を直接低周波交流に変換し，回転子を励磁するサイリスタを使用したサイクロコンバータ方式と，自己消弧形素子である GTO などを使用し，直流に変換した上で低周波交流に変換する自励式コンバータ・インバータ方式がある．従来の直流励磁装置容量は主機容量ベースで 0.5% 程度であるのに対して，可変速運転を行う可変速揚水発電システム

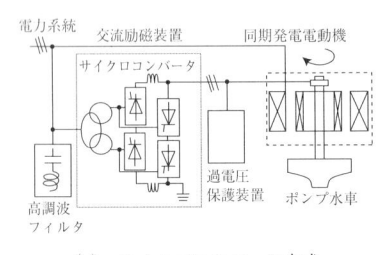

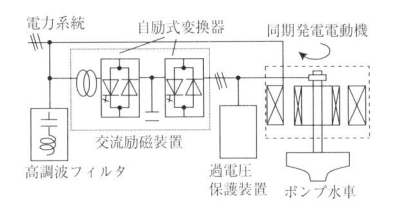

(a) サイクロコンバータ方式　　(b) 自励式コンバータ・インバータ方式

図 13.4.1 可変速揚水発電システムの構成

の交流励磁装置容量は可変速範囲にほぼ比例し，一般に定格周波数の 5〜15% の範囲で運転されるので，発電電動機容量の 10〜20% 程度必要である．

図 13.4.1 に可変速揚水発電システムの構成を示す．変換装置は低周波を発生させるため，素子に対して熱耐量設計が重要となる．また発電電動機や電力系統の擾乱により，変換装置に異常電流の流入や異常電圧の印加が生じるので，このときの抑制保護がシステム設計上重要となる．

13.4.2 可変速揚水発電機励磁装置の開発経過

最初，サイクロコンバータ方式が実用化され，そのあと，大容量の GTO の開発や制御方式の改良により，小型化，低損失化が可能となり，自励式コンバータ・インバータ方式が実用化されている．

表 13.4.1 に国内で実用化されている可変速発電システムを示す．世界で最初の可変速揚水発電システムは八木沢発電所 2 号機（東京電力）で 1990 年に容量 85 MVA で運開された．成出発電所 1 号機（関西電力）は発電専用で，現在は撤去されている．

表 13.4.1 国内の可変速揚水発電システム

発電所	交流励磁装置 方式	定格(MVA)	使用素子*	発電電動機容量(MVA)	回転数(rpm)	運開年
成 出	サイクロコンバータ	3.83	ETT, 4 kV-1.5 kA	22	190-210	1987
八木沢		25.8	LTT, 4 kV-3 kA	85	345-390	1990
大河内		72	ETT, 4 kV-3 kA	395	330-390	1993
大河内		72	ETT, 4 kV-3 kA	395	330-390	1995
塩 原		51.1	LTT, 6 kV-2.5 kA	360	345-390	1995
中城湾		6.55	LTT, 6 kV-2.5 kA	26.5	510-690	1996
高 見	自励式変換器	26.4	GTO, 4.5 kV-3 kA	105	208-254	1993
奥清津第二		31.5	GTO, 4.5 kV-3 kA	345	407-450	1996
やんばる海水揚水		3.96	GTO, 6 kV-3 kA	31.5	423-477	1999

*ETT : electrical triggered thyristor, LTT : light triggered thyristor, GTO : gate turn-off thyristor

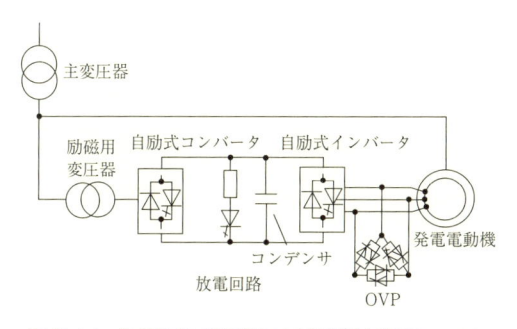

図 13.4.2 奥清津第二発電所の可変速揚水発電システム

表 13.4.2 奥清津第二発電所定格

項　目	定　格
発電機単機出力	300 MW
発電時使用水量	154 m^3
揚水時使用水量	125 m^3
平均落差	470 m
最大揚水揚程	514 m

したがって，国内では現在7ヵ所で可変速揚水発電システムが運転中である．なお，中城湾（沖縄電力）はフライホイール発電システムである．以下に奥清津第二揚水発電所の概要を紹介する．

奥清津第二揚水発電所は，電力需要が減少する夜間のAFC（automatic frequency control）容量の増強および系統安定度の向上を目的として，1982年に運開した揚水発電所である奥清津発電所（1,000 MW-250 MW×4台）に隣接して建設され，1996年に300 MWで運開した．図13.4.2に奥清津第二揚水発電機の可変速揚水発電システムの構成を示す．また，表13.4.2に奥清津第二揚水発電所の定格を示す．ポンプ水車は，可逆フランシス水車，発電電動機は三相巻線型の円筒型回転子から構成されている．表13.4.3に自励式コンバータ・インバータの定格を示す．以下に自励式コンバータ，自励式インバータおよび過電圧保護装置の概要を述べる．

1) コンバータ　単相GTOブリッジ回路コンバータ3台で1ユニットを構成し，これを2並列，2多重で構成されている．コンバータのスイッチング周波数は500 Hzであるが，2ユニット，2段多重により，電源側からみれば2 kHzの等価スイッチング周波数となり，高調波を低減している．1ユニットのコンバータ容量は，5 MW（2,024 V×823.5 A×三相）で，4ユニットのトータル容量は20 MWである．自励式のコンバータを採用することにより，入力力率を1に制御し，励磁変圧器容量および発電電動機容量を低減している．

2) インバータ　出力が低周波であり，変圧器での多重化が図れないため，中性点をゼロ電位にクランプする3レベルインバータを6台並列して構成している．容量は31.5 MVA（$\sqrt{3}$×3,040×5,980 A）である．6台のうち1台が故障しても残りの5台で定格有効電力を出力できるように，冗長性をもたせた容量としている．

3) 過電圧保護装置　系統や発電電動機主回路で故障が発生すると，発電電動機二次回路に過電流が流れる．この過電流がGTOインバータの逆並列ダイオードを介して直流コンデンサに流れ込み，コンデンサの電圧を上昇させることにより，過電圧を発生させる．対策として，奥清津第二発電所では図13.4.2の図中に示すように，

表 13.4.3　自励式コンバータ・インバータ定格

項　目	コンバータ	インバータ
定格出力	20 MW	31.5 MVA
直流電圧	9 kV	9 kV
交流電圧	2024 V	3040 V
交流電流	823.5 A×4	5980 A
周波数	50 Hz	-2.5 Hz～+2.5 Hz
結　線	単相2レベル×3×2段多重×2並列	三相3レベル
制御方式	500 Hz PWM	500 Hz PWM

発電電動機二次側に三相間をサイリスタで短絡するOVP (over voltage protection) 回路を設けている．また，直流コンデンサと並列にGTOと抵抗の直列回路からなる放電回路を設けている．

〔小西博雄〕

文　献

1) 町田武彦（編著）：直流送電工学，東京電機大学出版局（1994）
2) 電気協同研究会：電力系統用パワーエレクトロニクス設備の現状と設計・保守基準，電気協同研究, vol. **57**, No. 2 (2001)
3) C. Adamson and N. G. Hingorani : *High Voltage Direct Current Transmission*, Garraway Limited, London (1960)
4) 今井孝二（監修）：パワーエレクトロニクスハンドブック, pp. 797-800, R&Dプランニング (2002)
5) 林　敏之：基幹系統におけるパワーエレクトロニクス技術の活用, pp. 33-39, 電気評論, 4月号 (2003)
6) 電気学会：静止型無効電力補償装置の現状と動向, 電気学会技術報告, 第874号 (2002年3月)
7) 松野克彦ほか：自励式インバータを用いた静止形無効電力補償装置による系統安定度の向上，電気学会論文誌B, vol. **112**, No. 1 (1992)
8) 鈴木健一・矢島正士・野原幹也・上田茂太・佐藤博康・江口吉雄：50 MVA 自励式 SVC の制御方式，電気学会論文誌B. vol. **117**, No. 7 (1997)
9) C. Schauder et. al.： OPERATION OF ± 100MVAR TVA STATCOM, IEEE Trans., *Power Delivery*, Vol. **12**, No. 4, (1997)
10) C. Gama et. al.：Brazilian North-South Interconnection-Application of Thyristor Controlled Series Compensation (TCSC) to damp Inter-area Oscillation Mode, CIGRE SC14-101, Paris, France (1998)
11) 加藤正直・森岡靖夫・三島康弘・中地芳紀・浅田実・渡辺雅浩・小西博雄：サイリスタ制御直列コンデンサの制御方式の検討及び縮小モデルの開発, 電気学会論文誌B, vol. **117**, No. 7 (1997)
12) 加藤正直・森岡靖夫・中本祐二・三島康弘・中地芳紀・浅田実・徳原克久・赤松昌彦・吉田通博：UPFC縮小モデル開発と送電機能向上効果の検証, 電気学会論文誌B, vol. **118**, No. 10 (1998)
13) N. Christl et. al.：Advanced Series Compensation (ASC) with Thyristor Controlled Impedance, CIGRE SC14/37/38-05, Paris, France (1992)
14) J. Urbanek et. al.：Thyristor Controlled Series Compensation-Prototype Installation at the Slatt 500 kV Substation, IEEE Trans., *Power Delivery*, Vol. **8**, No. 3, pp. 1460-1469 (1993)
15) C. Schauder et. al.：AEP UPFC Project—Installation, Commissioning and Operation of the ± 160 MVA STATCOM (Phase I), IEEE PES Winter Meeting 1998, PE-515-PWRD-0-12 (1997)

14. 超電導応用機器

14.1 超電導電力応用技術の歴史と現状

14.1.1 超電導電力機器のメリット
超電導の特長は，
① 直流において損失がないこと．（交流では損失がある）
② 電流密度が高いこと．（30～1000 A/mm^2．銅線の場合は 3～10 A/mm^2）
③ 大電流が流せること．（数百 kA 級の線がある）
④ 高磁界が発生できること．（20 数 T の超電導マグネットがある．鉄の飽和は 2 T 程度）
⑤ 超電導/常電導の相転移があること．
⑥ 強力な磁束保持能力があること（バルク超電導体で 17 T の磁束保持）
などが挙げられる．

以上のような特長を現用の電力機器に応用することで，機器の小型化・軽量化，現用技術の製作限界を超えた大容量化と高効率化が図れる．このような機器として，超電導発電機，超電導変圧器，超電導送電ケーブルが挙げられる．超電導化すると機器それぞれが新たな特長を有することになる．

また，上記の特長を生かし，現用技術では成立しえない機器が可能となる．超電導マグネットに電流を流すことで磁気エネルギーの形でエネルギーを貯蔵する超電導磁気エネルギー貯蔵（SMES：superconducting magnetic energy storage）や超電導/常電導の相転移を利用し，事故電流を抑制する超電導限流器である．また，磁束保持能力を生かした永久磁石的な応用として，回転機や磁気軸受けなどがある．

上述の超電導電力機器共通の特長に加え，各機器の個別の特長がある．超電導同期発電機は，界磁巻線を超電導化することにより，その起磁力は大きく，主磁気回路に磁性体が不必要となるため，同期リアクタンスが小さくなる．そのため，電力系統の安定度向上効果がある．同様の理由で，進相運転領域が拡大する．また，構造上強力なダンパ効果が期待できる．このため，発電機としての逆相耐量や高調波耐量が大きい．

超電導変圧器は，冷却に液体窒素を使用するので，不燃性という特長を有する．

超電導送電ケーブルは，大電流化することで低電圧でも大容量送電が可能となり，送電線電圧階級の簡素化が図れる．また，リアクタンスや充電容量を現用ケーブルよ

り減少して長距離送電が可能となる.

SMES はマグネットに流れる電流でエネルギーを貯蔵し,電流源的なふるまいをするため,その電力授受の応答が速いので電力制御装置と考えることができる.このため,系統安定度向上,負荷変動補償,周波数制御,電圧制御,瞬時電圧低下抑制など,いろいろな分野に有用性があるのが特長である.電力系統の微小電力動揺の固有値の測定など新しい分野への応用が試みられており,今後その用途が多様化する可能性を秘めている.

超電導限流器は,限流器の特長である電力系統の安定度と故障電流抑制という電力系統のインピーダンスからみて相反する事象を同時に解決する新機能機器である.さらに超電導体の超電導/常電導相転移を用いるため,その応答が速いこと,無制御で応答することが特長である.このことは,瞬時電圧低下抑制や電力機器の長寿命化に貢献する.

超電導体の結晶をそのまま利用するバルク超電導体の応用は,開発が始まったばかりで,上述以外の特長がまだ明確ではないが,バルクの特長と機器の特性を考察することで,今後,現用機器にない特長が示されると思われる.

14.1.2 超電導電力機器開発の歴史

超電導電力機器の開発は,超電導体の発見とその線材化などに従って新しい展開をしてきた.その開発は,超電導現象の発見(1911 年)から,半世紀を経て成功した第 1 号高磁界超電導マグネットを契機に開始した(1961 年).当時は,超電導マグネットの安定性も低く,また,交流での損失が大きく,直流応用である.上記マグネットは,超電導線として Nb_3Sn を使用していたが,そのあとに発見された NbTi など合金系の超電導線を使用した電力機器が開発されてきた.同期発電機の界磁巻線を超電導化する試みは,同期発電機の界磁巻線は一般的に回転子であるが,固定界磁巻線で開発が進められ,1969 年に回転界磁型超電導発電機を MIT が製作し,実験に成功した.その後,アメリカ(MIT, GE, WH),フランス(AA-EDF),ドイツ(KWU-Siemens),ソ連,日本で 10 MVA から 300 MVA 機の開発が進められてきた.ソ連の 20 MVA 機は同期調相機として運転された.しかし,日本を除いて研究開発は発電機大容量化の必要性が少なく,現用機コストダウンの影響もあり停止した状態にある.日本では,1988 年から国家プロジェクトとして,200 MVA 機の要素技術開発を目指した 70 MVA 機の開発が行われ,3 台の回転子と 1 台の固定子が製作された.各種試験で超電導発電機の有用性を示すとともに,系統連系試験を行い,電圧安定性への寄与などの特長を実証し,1999 年に終了した.さらに 2000 年より近年の発電機の低価格化に対応すべく,200 MVA 級機でも現用機なみのコストになることの実証と大容量機開発のためのプロジェクトを開始し,2004 年 3 月に終了した.また,急峻な電流変化に耐えうる超電導線材の開発に成功し,それを受けて速応励磁型超電導発電機が開発され,1992 年に京都蹴上発電所にて世界初の実系統発電試験に成功している.

超電導送電ケーブルに関しても同様に金属系超電導線（NbTi, Nb$_3$Sn）を用いて，1970年代から開発が進められたが，コスト面からみて10 GVA以上の送電でのみ有利となることから停止された．

　超電導磁気エネルギー貯蔵装置の研究は，1969年にその提案がなされ，その後，アメリカで本格的な研究が開始された．その後，揚水発電に匹敵する貯蔵よりは，小型の装置に関心が移り，アメリカ，日本，ドイツで開発が進められてきた．アメリカでは，D-SMESと称し，数MJの装置が実用化しており，瞬時電圧低下補償や送電線送電電力増強に寄与している．日本においても電圧安定化の目的で工場に設置され実運転されている．

　超電導限流器に関しては，過飽和リアクトルの短絡コイルに超電導巻線を使用した研究が1970年代に始まったが，その容積が大きなことから開発が停止した．

　1983年フランスにおいて，50～60 Hzの交流使用に耐える超電導線が開発され，交流応用への道が開けた．これを機に変圧器，限流器の研究が盛んに行われた．変圧器に関しては，数10～1,000 kVA級の試作が行われた．その後は高温超電導使用に移行し，開発は停止状態にある．限流器に関しては，無誘導巻きの超電導コイルで，コイルの一方が常電導転移するもの，三巻線リアクトル，整流器型（ブリッジ結線のダイオードと超電導コイル）など，次々と開発されてきた．6.6 kV級の限流器が日本，フランスで試験に成功した．発電機に対しても，電機子巻線も超電導化した全超電導発電機がフランスで開発された．超電導電機子巻線の経験磁界（通常の運転で故障時も含め経験する最大磁界）がそれほど高くとれないことなどから，停止状態である．

　1986年の高温超電導体の発見とそれ以後の線材化，薄膜化，バルク製造などで，超電導電力機器の開発方向も一変した．回転機に関しては，Y系（Y, Ba, Cu, Oの各元素が1:2:3:6+αの割合で含まれる酸化物超電導材料，Yの代わりにH$_0$などの元素もある）のバルクを永久磁石のように利用する小型機器の試作，Bi2223銀シース線を界磁巻線として使用する同期機は小型機が開発され，数100 MVA機の開発が計画されている．8 MVA同期調機がアメリカで製作された．界磁巻線温度は25～30 Kである．

　超電導送電ケーブルは，Bi2223銀シース線を用いた超電導送電ケーブルが2001年にデンマークで実系統試験がなされるほか，数10 m～500 mの試作，試験が日本，アメリカ，フランスで進められてきている．日本においては，電力需要の低迷から大容量送電のニーズが減少し，さらなる開発が可能かどうかの岐路にある．

　限流器に関しては，Y系薄膜を用いた超電導/常電導相転移を利用したもの，Y系やBi系のバルクや薄膜を変圧器二次回路に用いるものなど，また，整流器型のコイルにBi2223銀シース線を用いるなど，多くの種類が多くの機関で開発中である．

　変圧器は，金属系超電導線に代わって，Bi2223系銀シース線を用いた変圧器が，日本（22 kV/6.9 kV, 1 MVA），欧州（18.72 kV/420 V, 630 kVA, 三相）などで開発され，欧州では実系統試験も行われた．金属系超電導線使用に比べて，運転温度が高

いだけでなく，突入電流によるクエンチがない，絶縁が容易などの特長を有する．

14.1.3 超電導電力機器の実用化状況

発電機，変圧器，ケーブルなど実系統における試験も行われたが，実用化しているのは超電導エネルギー貯蔵装置のみである．これはアメリカにおいて，D-SMES, PQ IVR などの商品名で発売されている．容量は，3 MJ, 3000 kW で，インバータや低温装置など一式でトレーラに積まれている．D-SMES は送電電流の増減などによる系統の不安定現象抑制対策など，PQ IVR は主として瞬時電圧低下対策用である．アメリカ，オーストリアの電力会社，フランスの半導体工場に納入されている．日本においても三重の液晶工場に日本製の SMES が納入された．これらは 14.4.2 項で詳しく説明する．

そのほかの機器に関して実用化を予測するのは容易でないが，電力の自由化や電力機器の長寿命化につながる超電導機器は近い将来実用化される可能性が高いと思われる．

なお，超電導マグネットは，医療用の MRI 診断装置や半導体引き上げ装置などに実用化されている．　　　　　　　　　　　　　　　　　　　　　　〔仁田旦三〕

14.2　超電導導体と超電導マグネット

14.2.1　超電導導体の種類と構造
a.　超電導材料の特徴と特性

現在，多くの超電導材料が発見されているが，線材および導体として開発が進められている材料はある程度限られている．図 14.2.1 には，現在開発されている代表的な各種超電導線材の超電導部の臨界電流密度 J_c の磁界依存性について温度をパラメー

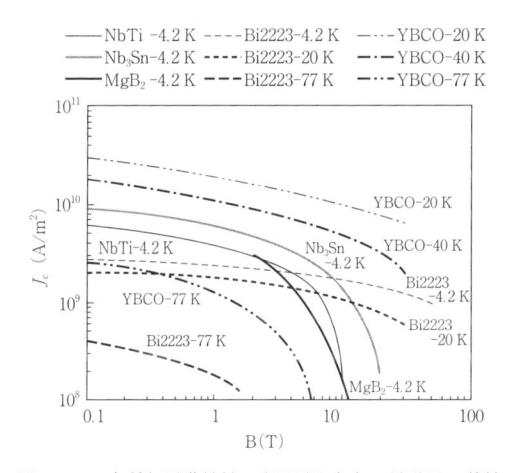

図 14.2.1　各種超電導材料の臨界電流密度 J_c 対磁界 B 特性

タにして示してある．

　導体用の材料は，主として液体ヘリウム温度（4.2 K）領域で用いられる金属系超電導または，低温超電導（LTS：low temperature superconductor），液体窒素温度（77 K）領域でも超電導になる高温超電導（HTS：high temperature superconductor），さらに両者の中間的な温度領域で超電導になる新超電導材料に大別できる．これらの材料を線材化，導体化するにあたって，用途や材料によって図 14.2.2 に示すように種々の構造のものがある．線材や導体は，一般に，安定化，クエンチ保護の観点から，銅，銀，アルミなどの低抵抗常電導金属と複合した構造となっている．

　LTS 線材・導体として代表的な材料は NbTi, Nb_3Sn があり（図 14.2.2 (a), (b), (c), (d)），大容量導体構成技術，量産化技術，また，コイル化技術がほぼ確立し，価格的にも実用レベルに達している．MRI 医療診断装置，高エネルギー物理用，核融合装置用，電力品質改善用 SMES，磁気浮上列車など，各分野に応用されている．また，50/60 Hz の交流で使用できる線も開発されている（図 14.2.2 (e)）．HTS 導体線材として Bi2223, Bi2212 を用いた Bi 系銀シース線材，YBCO（Y 系）テープ導体が，現在，世界各国で開発が進められている（図 14.2.2 (f), (g)）．

　LTS 導体は 4.2 K 領域で運転しなければならず，低温容器，冷凍装置にコストがかかるのに対して，HTS 導体は運転温度領域が 10～77 K と広く，冷却にかかる負担が少ない．このため HTS は電力エネルギー分野や産業分野への応用が広く普及するものと期待されている．しかし，現在，工場規模で作られ，長尺のものが供給され

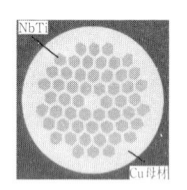

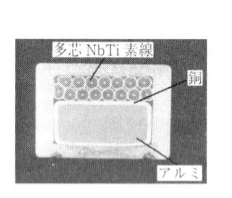

(a) 多芯線　(b) 安定化導体（NbTi）（ヘリカルコイル）　(c) 内部冷却ケーブル導体　(d) 二重極マグネット用ケーブル導体

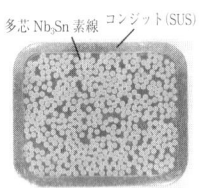

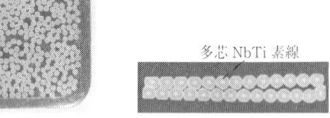

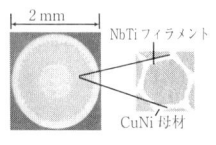

(e) 50/60 Hz 交流導体（NbTi）　(f) Bi2223/銀シース　(g) YBCO 導体（構造図）　(h) MgB_2 多芯導体

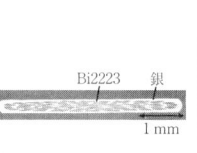

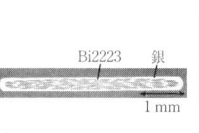

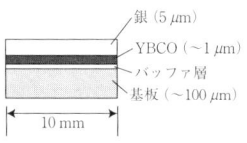

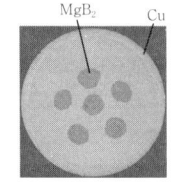

図 14.2.2　各種超電導線／導体断面構造
提供：(a) 古河電工，(b) 核融合科学研究所，(c) 日本原子力研究所，(d) 高エネルギー加速器研究機構，(e) 日立電線，(f) 住友電工，(h) 物質・材料研究機構

ている Bi2223 銀シース線材は 77 K 領域では磁界が印加されると急速に臨界電流密度が下がり，また，線材コストの低減も一定の限界がある．これに対して，Y 系導体は 77 K 領域で数 T の磁界下でも実用的な臨界電流密度を維持できて，さらに，温度を下げると，どの材料よりも優れた高磁界特性を示す[1]．また，将来的にはコストを低くできる可能性があることから，日米欧で開発競争が行われており，2010 年ごろには実用的な長尺 Y 系導体が開発されると予想されている．最近，発見された新超電導材料の MgB_2 は HTS と LTS 導体の中間的な臨界特性をもっており 4.2〜20 K の温度領域で使用可能である．線材（図 14.2.2 (h)）はコスト的にも現在最も安価な NbTi 線よりも安くなると期待されており，早い時期の実用化が期待されている．

14.2.2　超電導マグネット技術

超電導応用機器においては，多くの場合，超電導導体は磁界を発生させるためマグネットに巻いた状態で用いられるが，超電導マグネットは励磁中や運転中に突然超電導状態を失うクエンチという不安定現象が発生する可能性がある．特に LTS 導体ではその可能性が大きい．したがって，応用にあたっては，この不安定現象を抑制するとともにクエンチが起きてもマグネットが損傷を受けないようにする必要がある．このための技術が超電導マグネットを構成する技術として重要である．

a.　マグネットの安定化

マグネットのクエンチは，なんらかの擾乱により超電導導体が局所的に常電導転移を起こし，そこでのジュール発熱により導体のほかの部分の温度が上昇し，常電導部が急速に拡大するために起こる．常電導状態になった超電導体は大きな抵抗をもつため，線材・導体を超電導体と低抵抗常電導金属安定化材を図 14.2.2 にあるように複合させた構造とし，超電導体が抵抗状態になった場合に，安定化材に導体電流をバイパスさせる．これにより，ジュール発熱量が抑えられるとともに線方向の熱伝導もよくなり，さらに，導体を冷媒で冷却する場合には，導体冷却面積も大きくなる．

いま，安定化材の量を多くし，(14.2.1) の条件を満たすようにすれば，マグネット導体全体が常電導状態になっても，常電導転移を起こした原因が取り除かれればマグネットは超電導状態に復帰する．α を安定化係数という．これにより，事実上クエンチを起こさないマグネットを実現することができる．このような安定化を完全安定化という[2]．

$$\alpha = \frac{AW}{RI^2} < 1 \tag{14.2.1}$$

ここに，R は導体の常電導転移時の単位長さ当たりの抵抗，I は導体電流，A は導体単位長さ当たりの冷媒との接触面積，W は導体温度が臨界温度を超えない範囲で冷媒に伝達できる熱流束である．歴史的にみると，1960 年代初頭，完全安定化によって初めて MHD 発電用や高エネルギー粒子検出水素泡箱用などの大型 LTS マグネットの実現が可能になった．しかし，完全安定化は導体の電流密度，マグネット巻線

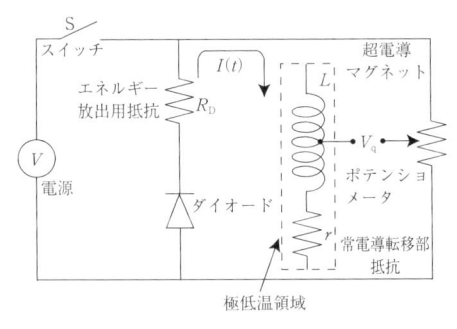

図中ラベル:
- S スイッチ
- エネルギー放出用抵抗 R_D
- $I(t)$
- L
- 超電導マグネット
- V_q
- ポテンショメータ
- V 電源
- ダイオード
- 常電導転移部抵抗
- 極低温領域

図 14.2.3 クエンチ保護回路

部の電流密度を著しく低下させるため，近年は α の値を 1 より大きく設定し，マグネット巻線の高電流密度化を図っている．これは，LTS マグネットにおいてクエンチの原因となる擾乱の原因が解明されるようになり，擾乱を抑制する技術が進んできたためである．現在は導体に直接冷媒を接触させず，伝導による冷却で安定に動作するマグネットが開発されており，マグネットと冷凍機を直結した無冷媒の伝導冷却 LTS マグネットも市販されている．

HTS コイルや MgB_2 コイルで運転温度が 10〜20 K 以上になれば，安定化材の比熱は 4.2 K 領域の 2 桁以上大きくなるので，擾乱によりクエンチが起こる可能性はかなり低くなる．しかし，クエンチによりマグネットが損傷を受けないようにすることは依然として必要であり，クエンチ保護の観点から安定化材は必要である．

b. クエンチ保護

マグネット導体の一部がクエンチした場合，導体電流を減らさなければ過大なジュール発熱により導体や導体の周りにある絶縁部材が損傷を受ける可能性がある．

一般にマグネットのクエンチ保護は図 14.2.3 に示す回路構成で行われる．常電導部に発生した電圧 V_q は図 14.2.3 に示すようなブリッジ回路により検出される．この電圧値がある閾値を超えると，スイッチ S をオフにして電源をコイルから切り離す．するとマグネット電流は室温部におかれたエネルギー放出用抵抗 R_D にダイオードを通して流れ，時定数 $\tau = L/R_D$（L：マグネットのインダクタンス）で減衰する．この間，最初に常電導転移した部分の温度が最も高くなり，この温度（ホットスポット温度という）をある閾値以下に抑える必要がある．ホットスポット温度を抑えるためには，導体の運転電流密度 J_0（導体の運転電流値を導体の断面積でわったもの）を下げ，τ を小さくする必要がある．しかし，J_0 をあまり下げるのは実用上好ましくなく τ を小さくする必要がある．τ の値を小さくするには，マグネット電流と，スイッチをオフにした時点のマグネット端子電圧の値を大きくする必要がある．ホットスポット温度の抑制は，蓄積エネルギーの大きいマグネットでは特に重要な問題で，導体電流容量を大きくし，かつ，マグネットの絶縁耐圧を上げ端子電圧の許容値を大きくすることにより対応している．

14.2.3 交流損失

超電導体に交流磁界を印加した場合，損失が発生する．これを交流損失という．第一種超電導体[*]，もしくは第二種超電導体[*]であっても印加磁界の振幅が下部臨界磁

界以下である場合は，MHz 級の高周波の交流に対しても損失はほとんど生じない．しかし，第二種の超電導体で，下部臨界磁界以上の交流磁界が加わる場合，超電導体の磁気的なヒステリシス効果により，50/60 Hz でも無視できない損失が発生する．直径 d_f の超電導線に横断方向のピーク値 B_m，周波数 f の交流磁界が印加されると，d_f が小さく印加磁界が線内部まで侵入するとすれば，発生するヒステリシス損失の超電導体単位体積当たりの損失 P_h は次式で示される[2]．

> *超電導体は磁場が加わると，その強さにより常電導と超電導の領域が混在した状態になる．第一種超電導体は，常電導領域が厚い平行な層を形成し，鉛など多くの元素物質がこれに属する．第二種超電導体は，常電導領域が無数の細い管系層を形成し，多くの合金や化合物質がこれに属する．

$$P_h = \frac{4}{3\pi} d_f J_c B_m f \quad [\text{W/m}^3] \tag{14.2.2}$$

P_h の値は印加磁界の波形にかかわらず B_m の値のみで定まる．この式よりわかるように，交流損失を減らすためには d_f の値をできるだけ小さくする必要がある．NbTi や Nb$_3$Sn などの LTS 交流超電導線材では，d_f がサブミクロンのマルチフィラメント形状になっている（図 14.2.1 (e) 参照）．この場合，フィラメント間で常電導金属母材を介して電磁気的結合があると，結合損失 P_c が発生する．マルチフィラメント線の交流損失は P_h と P_c の和で与えられ，P_c の値を抑制するためには線材をツイストする必要がある．P_c はフィラメント間の結合が比較的小さい場合，線単位体積当たり次式で与えられる[2]．

$$P_c = 2\pi B_m^2 \left(2\pi f^2 \tau_f\right) / \mu_0 \quad [\text{W/m}^3], \quad \tau_f = \frac{1}{2} \frac{\mu_0}{\rho_\perp} \left(\frac{l_p}{2\pi}\right) \tag{14.2.3}$$

τ_f はフィラメント間の結合時定数である．ただし，l_p は線材のツイストピッチ，$\rho_\perp$ はフィラメント間の横断抵抗である．50/60 Hz 用交流線では l_p を 1 mm 以下とし，さらに $\rho_\perp$ を大きくするために銅・ニッケル合金を母材に用いている．

HTS は超電導体を配向させる必要があり，LTS のような微小径のフィラメントを構成できない．Bi2223 線材では超電導フィラメントはリボン形状をしており（図 14.2.2 (f)），リボン状超電導フィラメントの厚さは 10～数 10 μm，幅は 100～200 μm であり，またシース材に低抵抗の銀もしくは銀合金が用いられるためフィラメント間の結合が大きい．YBCO 導体はテープ基板に YBCO の薄膜を生成したもので，フィラメント形状の構成は困難とされている．したがって，HTS の交流損失は LTS 線よりはかなり大きくなるが，電力ケーブルや変圧器などのように印加される交流磁界が 0.1 T レベル以下で，77 K での運転が可能であれば，4.2 K に比べて冷凍機の効率が 1 桁以上よく，外部からの侵入熱も少なく十分実用になる．

14.2.4 超電導マグネット応用機器

現在，多くの分野で超電導マグネットが用いられている．以下，代表的な応用機器

610   14. 超電導応用機器

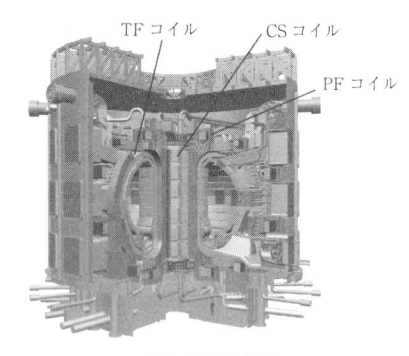

(a) ITER 装置

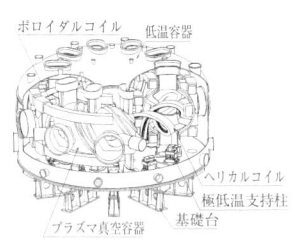

(b) 大型ヘリカル装置用コイル

(c) 多極ソレノイド配置形 SMES

(d) 単結晶引き上げ装置用 Bi2223 銀シースマグネット

(e) 21.6 T 超電導マグネットを用いた 920 MHz NMR

図 14.2.4 超電導マグネット応用機器・装置（写真・図提供：(a) 日本原子力研究所，(b) 核融合科学研究所，(c) NEDO，(d) 東芝，(e) 神戸製鋼）

について概説する．図14.2.4に超電導マグネット応用機器，装置の例を示す．

a. 核融合装置

磁気閉じ込め型の核融合装置は大きな空間に高い磁界を発生させる必要があり，超電導マグネットが必須であるため，現在，大型高磁界超電導マグネットの技術が最も進んでいる分野である．図14.2.4 (a) は国際熱核融合実験炉（ITER）の構成図であ

り，コイルはトロイダル磁界（TF）コイル，中心ソレノイド（CS）コイル，ポロイダル磁界（PF）コイルから成り立ち，いずれも超電導である．CS コイルは 13T の高磁界を発生する．これらのコイルの導体には Nb_3Sn や Nb_3Al が用いられる[3]．将来の実用炉ではさらに高い磁界が必要で，YBCO の優れた高磁界特性に期待が寄せられている．図 14.2.4 (b) は大型ヘリカル装置用で，ヘリカルコイルは複雑な形状をした高精度の磁界分布を実現している．超電導材料は NbTi が用いられている[4]．

b. 高エネルギー粒子物理実験装置[5]

高エネルギー粒子物理実験装置において，粒子の偏向，収束用に高精度の高磁界を発生させるために，さらに粒子の衝突による生成粒子検出のために超電導マグネットが必須となっている．実際，歴史的にも大型超電導コイルシステム開発は高エネルギー物理応用から始まったといえる．2005 年に完成が予定されている世界最大規模の粒子加速器であるスイス CERN の大型ハドロンコライダ装置では合計 1600 個の二重極および四重極コイルが周囲長 26.7 km のリング状に並べられる．これらのコイルは NbTi を用い高磁界を得るため 1.9 K の超流動ヘリウム冷却となっている．また同装置に用いられる検出コイルは蓄積エネルギーが数十 MJ の伝導冷却方式の NbTi コイルである．

c. 超電導磁気エネルギー貯蔵装置

超電導磁気エネルギー貯蔵装置（SMES）は，電気エネルギーを超電導コイルに磁気エネルギーとして蓄積するものであり，電池のように化学反応を介さず直接電気の形でエネルギーを蓄積するため，大きいピークの電力の出し入れを速応性よく行え，また，入出力の繰返し寿命が長い．アメリカでは既に瞬時停電，電圧低下対策としてマイクロ SMES が商品化されている．図 14.2.4 (c) はわが国で国家プロジェクトとして開発された電力系統安定化用 SMES の要素モデルコイルであり，漏洩磁界を小さくするため，4 個のソレノイドが極性を交互に変えて配置されている．

SMES に HTS 導体を用いる研究も行われている．運転温度を 10〜20 K とすればコイルの磁界を高くできるため，装置がコンパクトになり，また，過負荷に対してコイルがクエンチしにくい．さらに，運転温度が LTS に比べ高く冷凍機の効率がよいなど，将来的には装置のコストの大幅な低減ができると期待されている．

d. 産業・運輸応用

アメリカおよびドイツで産業用および船舶用さらに高速列車用に Bi 銀シース線材による回転子巻線をもつ電動機の開発が行われている．ドイツでは液体ネオン冷却で 400 kW の電動機が開発され，既に数千時間にわたる運転実績がある[6]．

半導体結晶引き上げ装置用の LTS 直流超電導マグネットが実用化されており，また，わが国では伝導冷却 Bi 銀シースコイルを用いたもの（図 14.2.4 (d)）も開発されている．

誘導反発型の高速磁気浮上列車は，超電導コイルを用いることにより成立するもので，超電導コイルは軽量・コンパクトであることが必要である．さらに，走行に伴う

振動および地上コイルの空間高調波による電磁誘導に対してクエンチを起こさないようにしなければならない．このため，特殊なコイル構造，クライオスタットの構造となっている[7]．

e. 医療および分析用マグネット

医療診断用 MRI（magnetic resonance imaging）は超電導コイルを用いたものが主流となっている．NbTi 導体コイルが用いられており，量産による大幅なコストの低減が図られている．高分解能の分析用 NMR（nuclear magnetic resonance）では，高い磁界を均一に高い安定度で発生するマグネットが必要であり，世界的な開発競争が行われている．図 14.2.4 (e) はわが国で開発された $Nb_3Sn/1.8\,K$ 冷却で 21.6 T を発生するマグネットを用いた世界最高性能の 920 MHz NMR である． 〔塚本修巳〕

14.3 超電導電力輸送機器

14.3.1 超電導ケーブルの特徴

超電導ケーブルは，現用のケーブルや架空送電線に比べ，小型で大電力を低電圧・大電流で送電でき，電気抵抗，リアクタンス，充電容量を低減して電力系統の安定度を向上する効果がある．

20 世紀の電力ケーブルや架空送電線は，絶縁技術と冷却技術の改良により発達してきたが，その送電容量の増加は送電線の高電圧化によるもので，送電電力量の増大に対応して 66/77, 154, 275, 500 kV などの電圧多階層の送電系統が構成されてきた．これに対して超電導ケーブルは，比較的低い送電電圧で機器絶縁の大型化を避け，極低温冷却により電流を増加させ機器を小型化して飛躍的な電力輸送量とするものである．たとえば原子力発電 1 ユニット 100 万 kW の電力を地中ケーブルで送電する

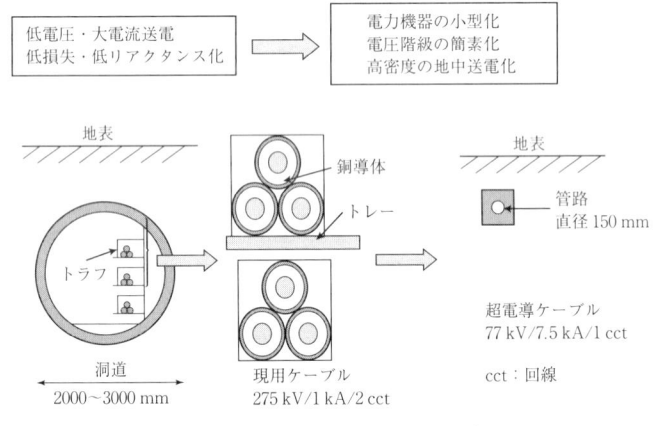

図 14.3.1 超電導ケーブルの特徴と機器サイズ小型化の例
通常 275 kV 級のケーブルは上記のように直径 2～3 m の洞道に敷設されるが，77 kV の場合は内径 150 mm の既設管路に収容が可能である．

場合，現状では 275 kV/1.0 kA 級のケーブル 2 回線を洞道に設置して送電するが，超電導ケーブルでは，77 kV/7.5 kA 級のケーブル 1 回線の管路敷設で対応できる（図 14.3.1 参照）．

近年，電力自由化や情報産業の発達により，都市部を中心とした地中送電容量は増加傾向にあり，今後は現用ケーブルで対応が困難な局所的な電力高密度化が生じる可能性がある．この対策として新たに超高圧のケーブルを洞道敷設するには多額な建設費用が必要になるが，既設の管路に敷設されているケーブルを超電導ケーブルに置き換えて，大幅な送電容量の増加を図ることが考えられる．また 66/77 kV の比較的低い電圧のままで電流を増加してこれまでの 154 kV 送電範囲を置換できるので，154 kV の変電所を合理化することができるなど，超電導ケーブルでは多くの導入効果が期待できる．なお既設のケーブル管路の外径は，150 mm が広く用いられている．

a. 超電導ケーブルの構造

超電導ケーブルは，1970 年代に 4.2 K 液体ヘリウム冷却での金属超電導線材（NbTi や Nb_3Sn 線）を使って欧米や日本で研究が開始された．その後 1987 年の 77 K 液体窒素冷却による高温超電導線材の発見を契機に研究開発が加速した．この間，各種のケーブル構造が提案されたが，基本的に単芯型と三芯一括型（図 14.3.2 参照）に分類できる．超電導ケーブルの導体や液体窒素冷却路の考え方は単芯・三芯とも基本的には同一で，テープ状の超電導線をフォーマに巻きその外側を電気絶縁層（PPLP：polypropylene laminated paper）で被う巻線構成となる．フォーマは，銅や鉄線などを編んで作る円筒状の芯で，クエンチ時保護のためのバイパス電流路を兼ね，その内部は中空で液体窒素冷却通路とする場合がある．電気絶縁層は直接超電導導体に巻き液体窒素を含浸する低温絶縁と，断熱層の外側に巻く常温絶縁がある．低温絶縁の場合，絶縁層の外側に超電導固有のマイスナ効果を利用した磁気遮蔽と電流リターン回路を兼ねた超電導線で被っている．

超電導ケーブルの導体は，テープ状の超電導線を集合化したより線構造により大電流通電化が図られる．このとき単純なより線では各層間で電流の偏流が生じ，臨界電流の低下や交流損失の増加を招くので，偏流を抑制して巻きやすい導体構造・構成とすることが重要となる．この多層積層導体の通電電流の偏流現象は，その集合化された線材のインダクタンス的な不均一から発生するので，これを防ぐため (a) 転位導体構造 (b) 層ごとに巻きピッチを変えたスパイラル導体構造の導体が開発されてい

図 14.3.2 超電導ケーブルの概観

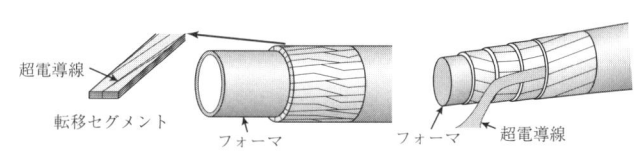

(a) 転移導体構造

(b) スパイラル導体構造

図 14.3.3 超電導ケーブル用導体と線材

る（図 14.3.3 の (a), (b) 参照).

超電導線には, イットリウムと銅を主にした酸化物線材（Y 系線材）とビスマスと銅を主にした酸化物線材（Bi 系線材）がある. Y 系線材は, レーザ蒸着法や化学蒸着法などにより合成されるが現在開発段階にある. これに対して Bi 系線材は, 銀母材の中に Bi や銅などの粉末を混ぜて熱処理して長い結晶を作る技術（粉末法）が開発され実用化段階にある. Bi 系線材では, 断面寸法が 0.25 mm ×4 mm, 面積が 1 mm^2 で 50 A を流すことのできる線材が 1 km 級の長さで販売されているので, 日本や欧米ではこれを用いて, 1 kA 級のケーブル用超電導導体を作る研究が盛んに行われている（図 14.3.4 と表 14.3.1 参照).

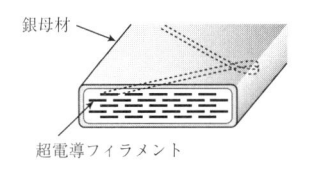

図 14.3.4 Bi 系超電導線材フィラメント

研究開発中の超電導ケーブルは, 表 14.3.1 に示すように温度が 70 K の極低温絶縁と 300 K 常温絶縁があり, 運転電圧は 15〜200 kV の範囲にある. これらはすべて巻線方式として, Bi 系超電導テープ線材を可変ピッチのスパイラル巻きしたもので, 1 本のケーブルに入る導体数は単芯か三相一括である. 開発中のケーブルは通電電流が 1〜3 kA の範囲にあり, ケーブルの距離は 30〜500 m と短く設計法を検証する試験ケーブルといえる. 偏流を抑制しながら 8〜10 層積層することにより, 達成できる値として最大通電電流 3 kA が設定されている. これらの研究開発では, 導体の偏流抑制, ケーブル損失の評価, 熱収縮対策の妥当性, ケーブル製造性能などの検証を行うことが共通の目的になっている.

b. 超電導ケーブルの系統導入効果

超電導ケーブルを電力系統に導入することにより, 送電電力の増加, 運転損失の低減, 建設費の節約など, 3 つの効果を期待できる. 超電導ケーブルの線路定数は, 現用ケーブルと比較すると電力安定度を決めるリアクタンスや, 電圧調整設備コストを決める充電容量が, 現用ケーブルに比べ大幅に減少し, 275 kV 架空線と同程度となる. 275 kV や 500 kV の現用ケーブルでは, 充電電流やリアクタンスが増加して, 電圧調整設備の大容量化, 安定送電限界の低下などにより 100 km 以上の長距離ケーブル送電は難しい. これに対して超電導ケーブルでは, 275 kV の架空送電線と等価な

表 14.3.1 超電導ケーブルの開発状況（1999〜2004 年）

国/開発機関	m	kV	kA	導体数/相数	電気絶縁	年　度
日本/Super-ACE	500	77	1	1/1	極低	〜2004
日本/東電, 住友電工	100	66	1	3/3	極低	〜2002
アメリカ/Detroit Edison	120	24	2.4	1/3	常温	〜2002
アメリカ/EPRI, Pirelli	50	115	2	1/1	常温	1999
アメリカ/Southwire	30	12.5	1.25	1/3	極低	〜2001
アメリカ/EDF, Pirelli	50	90	2.6	1/3	極低	〜2002
デンマーク/NKT	30	36	2	1/3	常温	〜2001

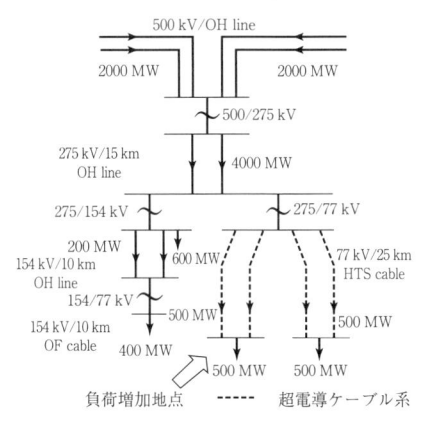

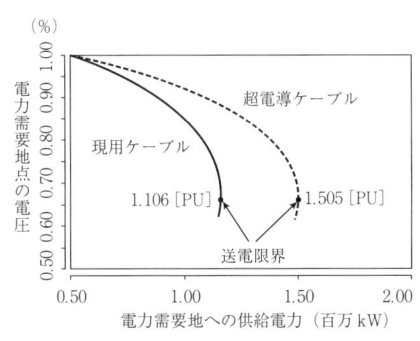

図 14.3.5 都市ケーブル系統解析モデル　　**図 14.3.6** 超電導ケーブルの送電電力増加の例

系統特性定数であるので 100 km 以上の長距離地中送電が容易にできる利点がある.

たとえば大都市部の地中ケーブル送電系統を対象にしたモデル系統図 14.3.5 で，矢印の地点の電力負荷が増加したときの電圧安定度限界を，現用ケーブルと超電導ケーブル導入後とで比較した結果は，図 14.3.6 のようになる．超電導ケーブルはそれ自体のリアクタンスや充電容量が少ないうえに，現用の 275/154/77 kV 電圧階級を 275/77 kV に簡素化して変電所を 1 ヵ所省略できるので，超電導ケーブルの導入により，電圧安定度で約 1.3 倍の送電電力の増加効果がある.

超電導ケーブルの送電損失は，断熱管の侵入熱と超電導導体の交流損失が支配的で，液体窒素の流動損失や誘電体損失は無視できる．150 mm の既設管路外径制限により，導体径が大きくなれば交流損失が減少し，断熱層が薄くなり侵入熱が増える相反性があるので，最適な導体径が存在する．例えば 275 kV の CV ケーブルでは平均的な送電損失は，約 100 kW/km 以上あり，超電導ケーブルがこの値を超えることはできない．現在の研究では，その半分を超電導ケーブルの損失目標としており，50 kW/km となる．超電導ケーブルでは，仮に外部熱侵入と導体交流損失の和が 5 kW/km 発生すると，これを冷却するための窒素液化電力は，約 10 倍必要になるので，50 kW/km となる．すなわち 1 m 当たりでは損失の和を 5 W 以下にする必要がある.

14.3.2　開発課題と設計

超電導ケーブルは，超電導導体を臨界温度，臨界電流，臨界磁界の範囲内で運転しなければならない．そのため，現用ケーブルの設計手法に加えて，新たに超電導固有の臨界磁界と臨界電流対策や，極低温下での電気絶縁などの電磁気設計技術と，極低温に保持する熱遮へい，熱収縮，冷却などの熱設計技術を開発する必要がある．また直流ケーブルでは，超電導の電気抵抗零の利点をフルに活用して外部侵入熱を中心に

した熱設計に対して，交流ケーブルでは，超電導導体に生じる交流損失熱と外部侵入熱とを考慮して構造設計をしなければならない．ここでは超電導ケーブル固有の交流損失，極低温絶縁，構造に関する設計を取り上げてその基本的考え方を説明する．

a. 磁界設計

超電導導体は，通電することにより自己磁界が生じるが，この磁界と電流が臨界値以下であることが前提条件となる．図14.3.7は単芯ケーブルと三相一括ケーブルの超電導導体の表面磁束解析結果を示す．導体表面磁界は通電電流に比例し導体径に反比例し，本例では定格電流3kA通電時の導体表面の最大磁束は，単芯ケーブルでは48mT，三相一括ケーブルでは65mTである．

図14.3.7の解析では，電気絶縁の外側にマイスナ効果による磁気遮へい巻線があり，ケーブル外部への漏れ磁束を遮へいしている．このように磁束発生領域が導体表面と磁気遮へい間の狭い空間に限られるので，インダクタンスは大幅に減少し，低リアクタンスケーブルが実現できる．本例では磁気遮へいのない導体に比べ，約1/4にリアクタンスが低減できる．

超電導導体に交流通電した場合，次式で表される交流損失熱が生じる．ここで交流損失熱 Q (W) は理論的に導体表面の磁束密度最大値 B_p (mT) の2乗に比例する．また磁束密度最大値 B_p は，定格電流 I_o (A) に比例し導体径 ϕ (mm) に反比例する．

$$Q \propto B_p^2 \tag{14.3.1}$$
$$B_p \propto I_o / \phi \tag{14.3.2}$$

定格電流 I_o (A) は，導体の臨界磁界・臨界電流の関係から決まるので，交流損失熱を少なくするには，導体を大口径にして B_p を小さくしなければならない．しかし導体の直径は，ケーブル全体の直径とその内部の断熱真空層，液体窒素冷却層，絶縁層の直径との取り合いになるので，たとえば150mmϕ の既設管路に設置する超電導ケーブルでは，ケーブル直径が埋設施工性を考え135mm以下となり，単芯ケーブル用導体で約40mm，三相一括ケーブルで30mmが許容される導体直径となる．図14.3.7の解析例は，これらの導体径に対する磁束密度を計算したものである．この寸

(a) 単芯ケーブル (b) 三相一括ケーブル

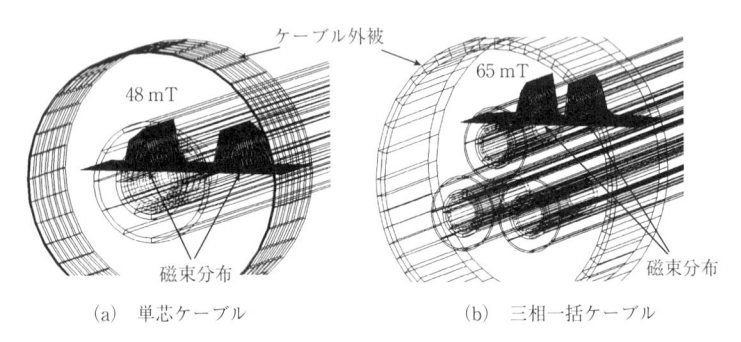

図 14.3.7 超電導ケーブルの磁束解析例（3kA通電時：ケーブル直径135mm）

法でケーブル用導体を現在市販の超電導線材で作成して，定格電流3kAを通電すると，可変ピッチスパイラル巻きの偏流対策した導体で，長さ1m当たり約1W以下の交流損失熱が発生することが確認されている．この線材で単芯ケーブルを製造すると，磁気遮へいの超電導層にも同一電流が流れ交流損失熱が生じるので，1km当たり合計で2kWの交流損失が発生する．この熱を液体窒素で冷却して臨界温度以下に温度を保つためには，液化効率10%として10倍以上の液体窒素の液化電力が必要になるので，1km当たり20kWの冷凍設備が，超電導ケーブルの交流損失のため必要となる．

一方，三相一括ケーブルでは，磁気遮へい超電導層と芯線の損失和を1kW/kmとすれば，三相分で3kW/kmとなり30kW/kmの冷凍設備が交流損失のため必要となる．

交流損失の発生原因は，超電導線材の反磁性特性に起因した磁化のヒステリシス特性と，超電導母材の誘導電流や超電導フィラメント間の結合電流などによる．交流損失低減対策としては，線材の細線化，超電導フィラメント間の高抵抗膜による結合電流の減少，銀母材や導電構造体の高抵抗化によって誘導電流を減少させて，超電導線材に生じる交流損失を極小化することが，偏流抑制策と同様に重要となる．なお直流通電ケーブルでは交流損失はないので，臨界電流・臨界磁界を考慮して定格電流は決めることができる．

b. 絶縁設計

超電導ケーブルでは，現用ケーブルの絶縁設計技術の多くを活用することができるが，70K近傍での液体窒素条件で長期間安定運転できるための設計基準は，新たに明らかにする必要がある．このうち交流/直流電圧の長期印加による絶縁劣化（V-t特性，破壊電圧 - 時間の特性）と，雷や開閉サージを想定したインパルス破壊電圧（IP特性）については，現用ケーブルと同様に図14.3.8に示すような，超電導ケーブル導体の部分モデルを極低温状態で絶縁破壊させる試験研究が現在進行中である．その中で特に超電導ケーブル固有の部分放電（PD：partial discharge）開始電圧特性につ

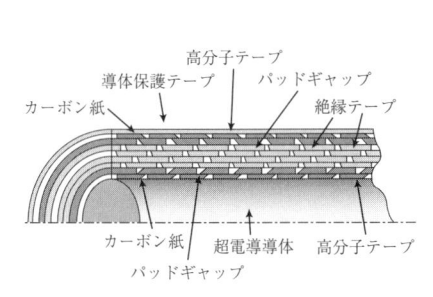

図14.3.8 超電導ケーブル用導体の極低温絶縁モデル（電力中央研究所提供）

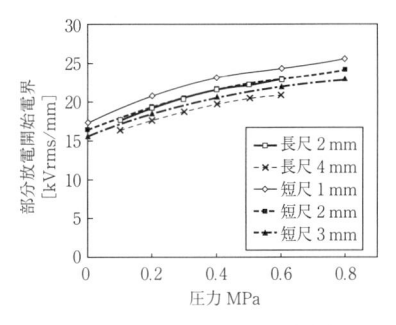

図14.3.9 部分放電開始電界と液体窒素圧力（電力中央研究所提供）

いて述べる．

超電導ケーブルは，通常運転で部分放電が発生したり常電導転移（クエンチ）したときには，窒素が気液混合状態となる．窒素は液体より気体状態のほうが電気絶縁強度が低下するので，気液混合状態で課電しないように運転しなければならない．このため超電導ケーブルの設計は，部分放電開始電界以下で常に運転する部分放電フリー設計が基本となる．

図 14.3.8 は，超電導ケーブルの絶縁を模擬した超電導導体部分モデルで，部分放電試験のテストピースの構造を示す．これを用いて液体窒素の沸騰大気状態と，常時運転を模擬した加圧状態での部分放電試験から，微弱放電発光測定により部分放電がバットギャップ内と，絶縁紙積層間の両方の液体窒素中で発生することが観測され，積層構造絶縁の部分放電開始電界は，絶縁紙の体積効果やバッドギャップの分布を考慮して評価する必要があることが明らかになった．

さらに，長尺（2 m）と短尺（40 cm）の極低温絶縁導体モデルの絶縁厚を変えたときの PD 特性から，絶縁厚 6 mm 以下の導体では，液体窒素 2 気圧以上で 15 kV/mm 以下の電界を維持すれば，部分放電は発生しない（図 14.3.9 参照）．この部分放電開始電界 15 kV/mm とケーブル導体表面の電界計算から，定格電圧が 77 kV の単心超電導ケーブルの絶縁厚さは 6 mm 以上が必要である．

c. 構造設計

ケーブルの構造は，製造，運搬，敷設の過程で決まる外径寸法を前提条件にして，定格容量に対する電圧と電流が与えられ，絶縁層の厚さや導体径など各部の寸法が求められる．超電導ケーブルの場合，超電導ケーブル本体のコストが現用ケーブルに比べ高価になる．既設管路のケーブルを超電導ケーブルにリプレースして，洞道を建設することなく飛躍的な電力増加を図ることができれば，経済性が成り立つので，既設管路に超電導ケーブルを敷設することが，構造設計の前提条件となる．日本では都市部の交流電力送電の場合，66 kV または 77 kV で 150 mmφ のケーブル用管路が広く普及しているので，この管路内に挿入敷設できる外径 135 mmφ が構造設計の前提条件となり，この寸法内で，所要の大電流を流す導体径，液体窒素を流す冷却層，外部

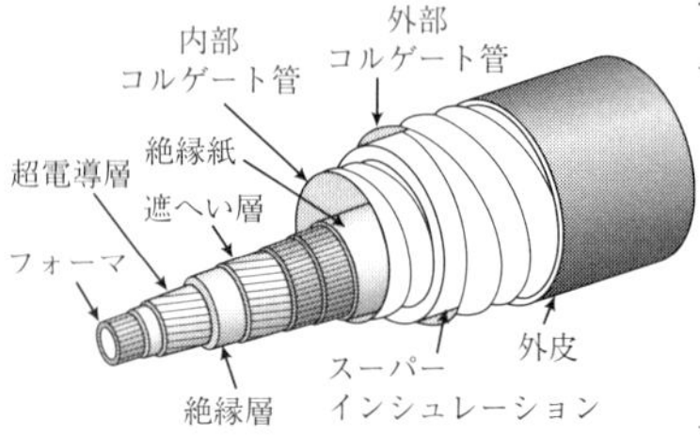

構造寸法

	寸法（mm）	備考
フォーマ外径	30	SUS 管 + 銅より線
超電導素線	0.25×4	Bi 系線　電流 100 A/本
導体部	40	4 層可変ピッチスパイラル
絶縁層部	8	絶縁保護層を含む
磁気遮へい層部	50	マイスナー効果超電導線
断熱管内径	80	SUS コルゲート管
断熱管外径	125	SUS コルゲート管
ケーブル外装外径	135	

図 14.3.10　単芯超電導ケーブルの設計例（定格 500 MW, 77 kV）
（Super-GM/古河電工提供）

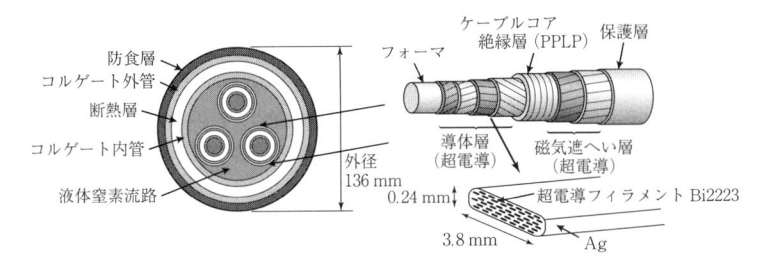

図 14.3.11 三相一括超電導ケーブル（定格 114 MVA, 66 kV）
（東京電力 / 住友電工提供）

表 14.3.2 三相一括超電導ケーブル設計例（東京電力 / 住友電工提供）

部　位	サイズ	構造・特徴
超電導素線	0.24 mm×3.8 mm	Bi 系超電導線 50 A 以上 / 本
導体部	ϕ20 mm	フォーマ上に超電導線をスパイラル状に巻き付け
絶縁層	絶縁厚 7 mm	PPLP に液体窒素を含浸した低温絶縁方式
磁気遮へい層	ϕ37 mm	超電導線を使用し、導体と反対方向の電流が流れ、磁場をキャンセルする.
保護層	ϕ39 mm	ケーブルコアを保護する.
断熱層	内径 95 mm 外径 129 mm	2 重の SUS コルゲート管で形成され、その間は断熱材を用いた真空多層断熱構造であり、侵入熱を低減する
防食層	厚さ 3.5 mm	ポリ塩化ビニル（OF ケーブルと同様）

侵入熱を防ぐ真空の熱遮へい層を確保しなければならない.

　導体径の超電導線の占める割合はわずかで、クエンチ保護のためのバイパス銅線層や電気絶縁層が大部分を占める. 絶縁層については、先に 77 kV 定格に対して最小限 6 mm の確保が必要となることを示した. バイパス銅線層については、超電導ケーブルクエンチ時のケーブル破壊データなどの試験実績が乏しく、設計方針は部分ケーブルモデルのクエンチ破壊試験や限流器との組合せ試験などを実施して明らかにする必要がある. 交流超電導ケーブルの場合、市販されている 4 mm 幅の Bi 線の巻線性と、導体表面の磁束密度と交流損失の関係を考慮して、外径 30 mm 程度のバイパス銅線層を兼ねたフォーマ上に、臨界電流から求まる本数の線材を数層重ね巻きした導線が製作されている. 77 kV/3 kA 交流用超電導導体としては、この外側に 6 mm の絶縁層を巻いた外径が 40 mmϕ 程度の超電導導体が、製作されて試験されている. 直流ケーブルでは、系統間連系が目的となり管路外径や交流損失に制約がなくなるので、運転電圧や電流値を大容量化して長距離化するために、その外径は交流ケーブルより大きなものが設計される.

　液体窒素の冷却層は、液体窒素強制循環方式のための冷却ステーション設置距離が前提条件となり、その間に発生する交流損失熱や外部侵入熱量を決める入口出口間の

温度差と，その間のヘッドロスが設計条件になる．日本や欧米では冷却設計に対する条件はほぼ共通しており，代表的な数値目標は次のような値となっている．

まず冷却ステーション間隔は，既存のOF油入管路ケーブルの敷設例から少なくとも5km以上が目標となっている．また5km間の窒素圧力は部分放電フリーと，高圧ガス規制を考慮して2～10気圧とし，運転温度は液体状態維持の65～76Kの範囲となる．外部侵入熱は単位ケーブル長当たり1W/m以下とし，5kmごとのケーブル接続部や常温接続部で1ヵ所当たり1W以下にすることが目標となっている．さらに交流損失は，導体と磁気遮へい巻線合計で単相当たり2W/m以下にすることが目標である．図14.3.10はこのような条件や目標値を考慮した単芯超電導ケーブルの設計例で，図14.3.11，表14.3.2は三相一括超電導ケーブルの設計例である．

14.3.3 超電導限流器
a. 短絡容量問題と限流器の役割

送電線に雷撃などの事故が生じた場合，故障送電線に通常電流の数倍を超える過大な故障電流が流れる．この故障電流は，送電系に結合する発電機の内部電圧を，発電機と故障点の間の電気的距離（伝達インピーダンス）で除した値である．電力系統は複数の発電機が結合しており，すべての発電機から故障地点に向かって故障電流が流れ込んでくるので，そのベクトル和となる．そこで発電機が最も多く結合する時期の電力系統網を模擬して故障電流の最大値（短絡容量と呼ぶ）を計算し，遮断器の遮断容量を超す故障送電線があれば，短絡容量が遮断器容量以下になるように対策（短絡容量対策と呼ぶ）しなければならない．現用遮断器の容量は，275kVや500kVの送電線で60kA，6.6kV配電線で12kAが最大容量で，短絡容量が遮断器容量を超えると，故障が継続して送変電機器の焼損や電力系統の安定度崩壊による大停電事故を引き起こす．そのため電力系統は，短絡容量が遮断器容量を超えないように構成され運用される．この短絡容量対策課題の例を図14.3.12に示す77kV/6.6kV配電用変電所系統で説明する．

近年の電力自由化により，配電用変電所にも分散形電源が新設できるようになっている．このような電力系統では，雷撃時など配電線に生じる故障電流は，遠方の上位系統の電源からと，近傍の新設された分散形電源からの流込み電流のベクトル和として大きな値となる．この故障電流の値が，遮断器の最大容量を超して遮断できなくなるまで増加した場合，変電所に設置されているすべての遮断器を，さらに大きな容量の遮断器に取り替えなければならなくなる．この故障電流が現在の配電用遮断器の最大容量12kAを超す場合は，遮断器取替えでは対応できず，上位系統からの故障電流を抑制するリアクトルの設置や系統構成の変更など，故障電流が12kA以下になるように多大の費用をかけて対策する必要がある．この短絡容量問題は，これまで大型発電機が結合する275～154kVなどの送電系統において生じ，電気事業者が対策してきた．これに対して近年の電力自由化により高圧の配電系統や低電圧の送電系統

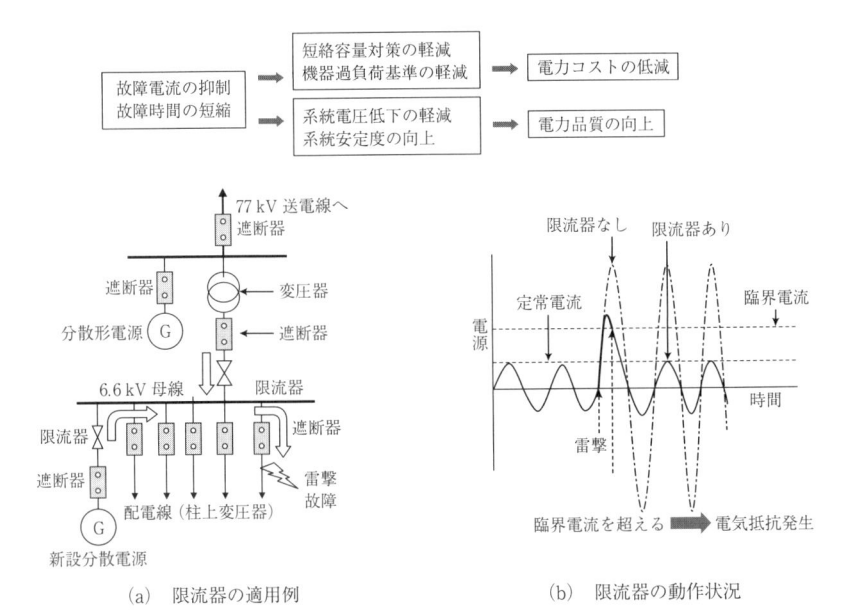

図14.3.12 限流器の適用例と動作状況例
（電力中央研究所提供）

に電源を結合することが多くなり，既存の電気事業者の想定外になる新しい課題として考えなければならなくなってきている．

限流器は，この短絡容量対策の1つとして，提案され各国で開発が進められている．図14.3.12の限流器ありなしの故障電流波形で示すように，分散電源出口か配電用変圧器入口のいずれかに設置することにより，故障電流を簡単に抑制することができる．また限流時の波高値を最初のサイクルで限流できれば，変電所の電力機器や発電機の電磁過渡トルクの大きさを大幅に減少することができる．これにより発変電機器の過負荷に対する強度設定を軽減でき，機器の寿命延長対策としても役立つ．さらに限流器は，その動作により系統故障期間中の瞬時電圧低下幅を軽減でき，近接する発電機の加速や負荷変動を抑制することにより，電力系統の過渡時信頼性の向上にも役立つ．

b. 開発課題と設計の考え方

現在開発中の超電導限流器には，超電導から常電導に転移するクエンチ現象を利用するものと，常電導の限流リアクトルを超電導コイル化したものとがある．後者は単にコイルの超電導化による小型軽量化技術であることから，ここでは超電導固有のクエンチ現象を利用したものについて説明する．このクエンチ利用型の限流器は，超電導バルク材料や超電導導体が，故障電流の増加で臨界値を超えることにより超電導状態がこわれ，瞬時に高抵抗体となり磁気遮へい効果がなくなることを利用している．

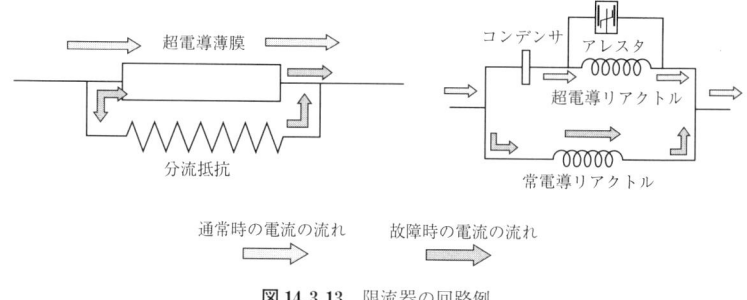

図14.3.13 限流器の回路例

　この性能は，すでに実用化されている電流ヒューズと似ているが，超電導限流器はクエンチした超電導材料を再度臨界温度以下に冷却し，そのときの磁界や電流が臨界電流以下になれば，超電導状態に復帰できる点が大きな違いである．したがってクエンチ利用型の超電導限流器の実用化には，繰り返してクエンチさせても，その臨界値が不変である長期信頼性技術の確立が大前提となる．現在，世界各国では図14.3.13に示すような抵抗形とリアクトル形のクエンチ利用型の超電導限流回路方式が，数多く開発されているが，これらは長期間にわたる性能劣化のない超電導材料の製作技術や，安価で高信頼度の冷却装置の製造技術が主要課題となっている．

（i）抵抗形：　超電導の特徴である臨界電流を利用し，通常電流では電気抵抗がほぼゼロの超電導導体が臨界電流を超える故障電流により，SN転移（常電導転移）して抵抗を発生し自律的に故障電流を限流する．外部磁界を重畳し臨界電流を変えて限流開始を制御する方式もある．

（ii）リアクトル形：　超電導により小型化したリアクトルとコンデンサの直列共振回路によりゼロインピーダンス回路を作り，常時はこの回路に電流が流れる．故障時に臨界電流を超える電流が流れると，これに並列に結合した常温リアクトルに転流することにより限流する．このほかにも超電導磁気シールド体や変圧器，整流器を組み合せて，定常時には零インピーダンス回路に通電し，故障時に臨界電流や臨界磁界を超えることにより，常電導の高インピーダンス回路として限流させる方式が開発されている．

1）限流素子の設計　超電導限流器の性能は，超電導限流素子の材料開発と密接に関係し，Bi系とY系の2種に分類される．Bi系超電導材料は$1\,\mathrm{mm}^2$当たりの電流密度が，50～150 Aの銀シース線材やバルク材料が実用化されており，これを用いた超電導導体バーや超電導コイルによる限流素子が開発されている．この素子はクエンチ現象が十～数十 msと比較的ゆるやかなため，数 Hz限流となるので，磁界の重畳などクエンチの高速化が工夫される．

　これに対してY系超電導材料は$1\,\mu$で1 cm幅の薄膜で，100 A以上の超電導薄膜を製作できるようになってきており，これを用いた薄膜平板型の限流素子が開発され

ている.この素子の特徴はミクロン薄膜で100 A級の通電のために,クエンチ現象が数 msと短時間で完了するので,1/4 Hz以下の高速限流を実現できる.簡単な構造で比較的安価な抵抗型限流器を製作できるので,各国で低電圧送配電系統への導入を目標に開発が進められている.以下ではY系抵抗型限流器を例にして超電導限流器の設計留意事項と開発状況を述べる.

2) 限流器の基本仕様項目 図14.3.14に示すように,送電線の故障発生で線路が臨界電流I_cを超えると,限流器が動作し故障点に抵抗が挿入される.このとき限流器には系統電圧E_{ac}と設置点から電源側をみた短絡インピーダンスZ_s(短絡容量の逆数)と,限流器インピーダンスZ_Lにより付式の電圧E_Lが加わるので,これを考慮した絶縁設計が要求される.その後,遮断器が動作して故障点が除去される数サイクル間は限流素子に電流が流れRI^2損失による温度上昇で抵抗も増加する.この温度上昇による熱応力が,素子疲労を生じないように熱応力設計をする必要がある.さらに故障除去後は,素子電流がゼロになり素子温度も減少に転じ,数秒~数分で素子が臨界温度Tc以下になって超電導を復帰できるように冷却設計をする必要がある.このように限流器は,限流機能,電気絶縁,熱応力,冷却設計が相互に関連しあって製作される.抵抗型限流器の電力系統からみた要求基本仕様項目は,表14.3.3のような項目がある.

3) 限流素子の開発 送電線に直列接続される限流器は,送電線故障時に要求仕様に従った正確な動作をするとともに,平常時は動作して送電線を開放しないように

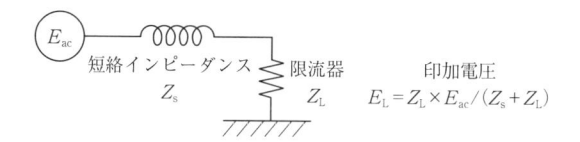

印加電圧 $E_L = Z_L \times E_{ac}/(Z_s + Z_L)$

図14.3.14 超電導限流器が接続された送電線の等価回路

表14.3.3 抵抗形超電導限流器の設計のための基本仕様

諸 元	仕様設定の例	参考値
限流開始電流	故障電流ピーク値以前の限流開始 (故障直後1/4 Hz以内)	素子の臨界電流I_c
限流初期抵抗	遮断器動作時の電流が許容値以下 (設置点の短絡容量以下)	素子のバイパス抵抗R_c
最大許容温度	素子の熱疲労が生じない温度	液体窒素前面蒸発温度T_{max}
超電導復帰時間	送電線再閉路時間以内(数秒~1分以内)	素子の臨界温度T_c
温度上昇率	故障継続中のI^2R損による素子の温度上昇率	素子の抵抗損と熱容量
温度減少率	故障除去後の冷却による素子の温度減少率	素子の熱容量と冷却能力
絶縁耐圧	故障時素子両端に加わる交流とサージ電圧の最高値	

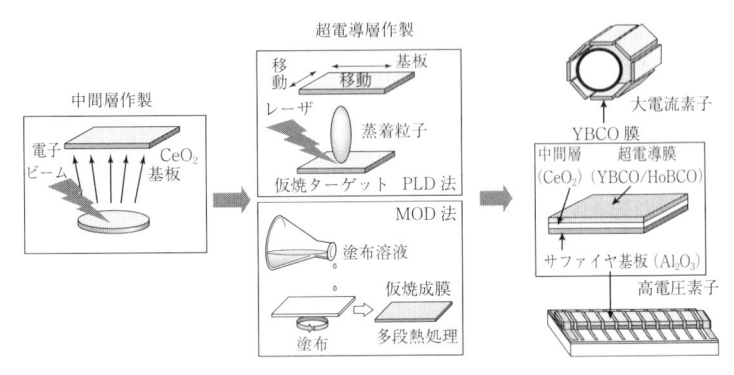

図14.3.15 超電導限流素子の作製方法
(Super-GM/産業技術総合研究所提供)

高信頼度設計が要求される．図14.3.15は，現在日本で開発されている代表的なY系素子作成方法を示したものである．超電導素子はサファイア基板上にシリア（CeO_2）を中間層として蒸着し，その上に超電導結晶膜を形成する．現在ではレーザ蒸着法や化学法（MOD法：metal organic desposition）などにより，サイズが10 cm×30 cm，膜厚が1～2 μm程度で電流密度が100万 A/mm^2以上の超電導結晶膜が合成できる．この方法で幅10 cmの超電導素子を作製した場合，臨界電流が1000 Aの限流素子が製作可能であり，これを直並列化して高電圧／大電流化を図ることができる．限流器の設計製作にあたっては，常時やクエンチ時の電流分布を均一にして局部的な電流集中による熱劣化を防ぐこと，クエンチ所の過渡電圧分担を均一にして局所的な電圧集中による絶縁劣化を防ぐことが最も重要な課題となる．このため図14.3.15に例示されているように，八角形（大電流素子）の構造や多段バイパス形（高電圧素子）の限流素子構造が考案されている．

Y系超電導薄膜を用いた抵抗型限流器は，動作原理や構想がシンプルであることから，数多く考案された超電導限流器の中でも実用性が有望視される電力機器といわれている．しかしY系薄膜技術はその製造方法が開発中で確立されておらず，これを用いた抵抗型限流器は，数十A級のものが試作され模擬送電線レベルで性能試験が行われている段階である．この技術を実系統に適用できるまで進歩させるには，常時6.6～77 kV級で100 A～1 kAの課通電ができ，均一通電と限流動作時の過渡電圧や10 kAを越す大電流の繰返しに対しても，長期間の健全性が保持できることが必要不可欠であり，今後の技術開発に負うところが大である．

14.3.4 超電導変圧器

a. 超電導変圧器の構造と系統導入効果

現在開発されている超電導変圧器の多くは，現用器の基本構造はあまり変更せず巻

線を超電導化するもので，次に述べるように構造の小型軽量化や，低リアクタンス変圧器と低損失化による省エネ変圧器の実現をめざしており，さらに冷却媒体の絶縁油から液体窒素への転換による環境性や防火性の向上効果が期待されている．

1) 小型軽量化と低リアクタンス化 図14.3.16は各国で開発が進められている配電変電所用の6.6/77 kVで10 MVA級の超電導変圧器の基本構造例を示したものである．現用器と同様に鉄心脚に低圧巻線と高圧巻線を同軸巻きし，これら超電導巻線と外部送電線とは極低温電流リードブッシングにより結合する．超電導化した大電流通電用の低圧巻線は超電導化により，巻線厚みを大幅に減少でき極低温電流リードの採用も伴って小型化が実現できる．さらに巻線のコンパクト化により，低圧巻線と高圧巻線間の磁気結合係数を増加させ，漏れリアクタンスが低減できる．現用変圧器の漏れリアクタンスが10％程度に対して，超電導変圧器では5％以下の低リアクタンス器が実現できる．現在の系統構成では，短絡容量の観点から変圧器の漏れリアクタンスを減少させるニーズはないが，将来，低リアクタンス低圧送電系統が安定度の観点から必要になればこの効果の利用が考えられる．また，将来低電圧大電流超電導ケーブルが実現した場合には，500 kVや275 kVなどの系統と77 kV超電導ケーブルを結合する変圧機能と，常温/極低温結合器としての機能を併せもつ変圧器としての利用が期待できる．

2) 低損失化による省エネ変圧器 図14.3.17は配電変電所などの10 MVA級小容量変圧器の現用器と超電導器の設計例を比較したものである．現用器では運転効率が99％以上でわずかな損失となる．この損失の内訳は無負荷時の励磁電流によるほぼ一定の鉄損分と負荷電流によって生じる導体の交流損による銅損からなっている．図に示すように超電導変圧器では鉄心をもつため，鉄損は同程度となるが，巻線を超電導化して銅損を減少させ，冷却損を加えても現用器の半分以下の損失低減を実現できることを示している．一方，超高圧変電所に用いる1,000 MVA級の大容量変圧器の運転効率は，99.8％と非常に高く，この効率をさらに向上させる事は困難といえる．したがって超電導変圧器は，製作が比較的容易で導入台数が多い中小容量変圧器の開

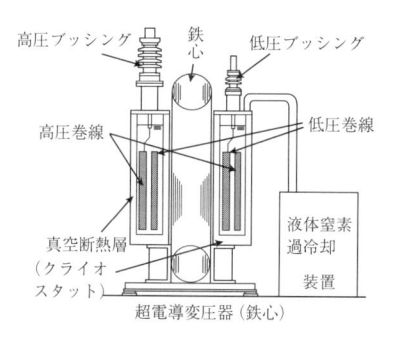

図14.3.16 超電導変圧器の構造概要
(Super-GM/富士電機提供)

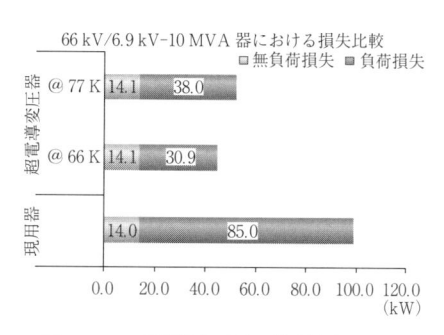

図14.3.17 超電導変圧器の損失低減
(Super-GM提供)

発が行われている．

b. 開発課題と設計の考え方

超電導変圧器の開発課題は，次に示すように変圧器固有の高電圧化と，大電流低損失化技術が挙げられる．これに加えて液体窒素の冷却システム技術は，超電導ケーブルや限流器と共通な技術として総括的に検討することが必要である．

1) 高電圧化技術 超電導変圧器は，液体窒素含浸中での高電圧巻線ターン間耐電圧，高/低圧巻線間および高圧ブッシングの極低温絶縁強度が，構造を決定する要因なので，これに関する多くの基礎試験が実施されている．特に部分クエンチによる窒素気泡による絶縁劣化特性や，巻線絶縁物のバッドギャップ中の部分放電特性は，絶縁構造を模擬した部分モデル実験が重要で，今後さらに試作機を用いた検証試験を含め超電導変圧器の絶縁設計技術を確立する必要がある．

2) 大電流低損失巻線技術 超電導変圧器の巻線は，100 mT 以上の磁束密度中での交流電流通電となり，超電導ケーブル以上の大電流低損失巻線技術が要求される．このため素線の銀シース Bi 線の低損失化，転移導体形成技術，巻線転移技術などを駆使した巻線モデルが試作され，交流損失の試験研究が実施されている．特に超電導線材の交流損失低減技術はまだ緒に就いたばかりで，今後の Y 系超電導線の開発動向と連動して超電導巻線低損失化技術を確立することが，超電導変圧器の実用化に必要不可欠である．

〔植田清隆〕

14.4 超電導磁気エネルギー貯蔵（SMES）

14.4.1 SMES の特徴

SMES は superconducting magnetic energy storage（超電導磁気エネルギー貯蔵）の略語である．SMES は超電導マグネットに電流を流すことでエネルギーを貯蔵する．すなわちマグネットのインダクタンスを L，電流を I とすると，$E=(1/2)LI^2$ のエネルギーが貯蔵できる．エネルギーの出し入れは，電圧 V と電流の関係 $V=L(di/dt)$ から，電圧を負にすると貯蔵エネルギーが減少（すなわち，エネルギー放出），正とすると貯蔵エネルギーの増加（エネルギー吸収）となる．交流の電力系統との接続は，半導体電力変換器（インバータ）を用いる．交流系統との接続を示した概念図を図 14.4.1 に示す．

超電導マグネットの構造は，円柱状のソレノイドと，パンケーキ状コイルを同心円状に分散配置し，磁束を内部に封じ込むトロイドの 2 種がある．ソレノイドはトロイドに比べて，構造が簡単であり，同一貯蔵量に対して超電導線材量が少なくてすむ特徴があるが，端部からの漏れ磁界の問題がある．

エネルギー貯蔵密度は，空間の平均磁束密度を B とすると $B^2/2\mu_0$ となる．ただし，μ_0 は真空の透磁率である．実用されている金属系の超電導線では B は 5 T 以下である．運転温度を下げることや，高温超電導線を液体窒素温度以下で使用することで空間の磁束密度は高く設定できる．しかし，マグネット電流と磁界により線材に力が働く．

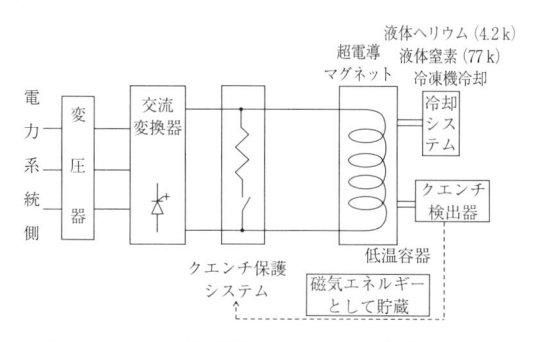

図 14.4.1 SMES（超電導磁気エネルギー貯蔵）の概念図

その力により線材が動こうとするが，その動きを止めることによってエネルギー貯蔵が成立しているから，空間の磁束密度が高くなるほどこの力が大きくなることに注意しなければならない．このため，現時点では，容積エネルギー密度は，揚水発電に比べ一桁大きいが，電池などに比べて一桁以上小さい．

電力変換器は，他励式インバータや自励式インバータが用いられる．いずれの場合も非常に速い電圧変化ができるので，エネルギー授受の応答速度が速い．

SMESの特徴は，① エネルギー貯蔵効率が高い，② エネルギー授受の応答速度が速い，③ 電流源的な特性があるため，電力系統に接続しても事故電流を増加させない，④ 有効電力と無効電力の同時制御が可能，⑤ 静止器であること，などが挙げられる．

14.4.2 SMESの適用法

上述のような特長を生かして，SMESは，① 電力系統のエネルギー貯蔵，② 負荷平準化，③ 変動負荷補償，④ 電力系統の周波数制御，⑤ 系統安定度制御，⑥ 電圧制御，⑦ 無停電電源装置（瞬時電圧低下補償），など多くの利用が考えられる．揚水発電所に匹敵するような大容量のSMESが開発当初の目的であったが，大きな超電導マグネットの現状技術などを考え，現在は比較的小容量でその応答性のよさを生かした適用が中心である．

図14.4.2はSMESの適用を貯蔵容量と出力の関係で示す．貯蔵容量は，超電導マグネットの大きさ，出力は変換器容量や超電導マグネットの絶縁設計に関係する．

上述のSMESの適用には，それぞれ競合技術がある．これに対して，SMESから系統に影響を与えない程度の微小な電力変動を与え，運転中の電力系統における電力動揺の固有値を測定する試みが提案されている．これは，SMESは電流源的特性であり系統からみたインピーダンスが高いこと，貯蔵効率がよいことから，SMESを系統に接続することが系統の運転状態に影響を与えない．また，その電力授受の応答速度が速く，任意の電力パターンを作ることができるなどから，現在のところSMES以

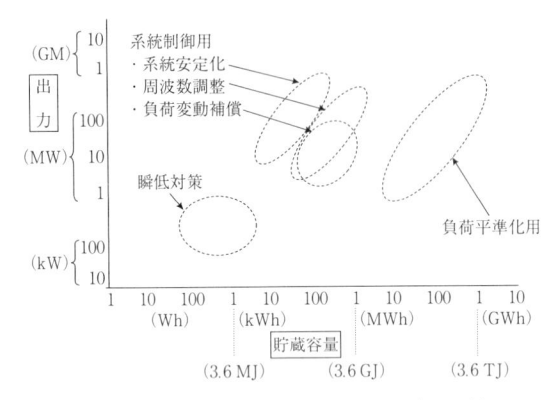

図 14.4.2 SMES の適用と貯蔵容量・出力の関係

外に適用されにくい応用である.

　今後, SMES の特長を生かした新しい応用が提案されることが期待できる.

　小容量の SMES はマイクロ SMES と称され, すでに商品化されている. この SMES は distributed SMES (D-SMES) と, power quality industrial voltage regulator (PQ IVR) との商品名で, 前者は電力系統での使用, 後者は需要家対応である. 3 MJ の NbTi の超電導マグネットと IGBT の四次元インバータ, 高調波フィルタ, 変圧器, 低温容器 (クライオスタット), 冷凍機がトレーラに搭載されている. アメリカ Wisconsin Public Service Co. (WPS) に導入された D-SMES が次のような働きをしたことが報告されている. 2001 年 9 月に発生した雷事故による電圧低下に対応し, 事故発生後 4 サイクル後に IGBT インバータが応答し, 2 サイクル後に電圧が 0.75 p.u. に回復し, その後, D-SMES に貯えられた有効電力を放出することにより, さらに 2 サイクル後に WPS の運用電圧下限の 0.9 p.u. に回復した. 電圧維持に有効電力の効果があり, SVC などの無効電力補償装置では, この効果がないとのことである.

　日本においても, 中部電力が液晶工場に 5,000 kW1 秒補償の SMES を設置し, フィールド試験を行っている.

14.4.3 SMES 開発プロジェクト

　SMES の開発は, 1970 年の後半からアメリカ Wisconsin 大学を中心に揚水代替エネルギー貯蔵として進められてきた. アメリカでは, そのほかの国立研究機関でもマグネット技術を中心に概念設計が行われた. わが国でも 1980 年代から, 同様な考え方で開発が進められた. また, 大学などの研究機関で小さな超電導マグネットを用いた電力変換の実験が行われてきた. この中で特筆すべきは, 1983 年にアメリカで 30 MJ/1 万 kW の SMES が開発され, BPA (Bonneville Power Administration) の

Tacoma 変電所に設置され，世界で初めて実系統試験に成功したことである．

1980 年代の後半から，わが国では，電力会社が数 MJ の超電導マグネットによる SMES 開発を行ってきた．1990 年に実系統試験が行われた．

1) **わが国の国家プロジェクト**　フィージビリティ研究を受けて，1991 年から 1998 年にかけて，「超電導電力貯蔵システム要素技術開発調査」において，2 万 kW/100 kWh の SMES の要素技術開発が行われた．要素技術開発に使用されたマグネットは，動作電流 20 kA であり，安定な動作が繰返し通電で実証された．次いで，1999 年から 2003 年度にかけて，「超電導電力貯蔵システム技術」と称して，上記の後継研究として進められている．この開発研究の主眼は，コスト低減にある．その目標は，系統安定化用として，出力 10 万 kW，貯蔵エネルギー 15 kW で 7 万円/kW，負荷変動補償・周波数調整用として，出力 10 万 kW，貯蔵エネルギー 500 kWh で，負荷変動補償では，27～31 万円/kW，周波数調整用では 30.5 万円/kW としている．開発の中間時の試算において，系統安定化用では 6.9 万円/kW，負荷変動補償・周波数調整用では，20.1 万円/kW が達成できることが示された．また，高温超電導線を用いた SMES の研究も行われている．今後は，フィールド試験などが必要であり，また，SMES の有用性に関する研究も必要と指摘されている．

2) **わが国における電力会社の取り組み**　1980 年後半から，日本の 4 つの電力会社で小型超電導マグネットを用いた SMES の研究が盛んに行われた．最近の状況は，九州電力が 1000 kW/1 kWh の SMES に電流型自励式 GTO サイリスタ電力変換器を用いて，変電所に設置し，負荷変動補償などの実証試験に成功した．この SMES は国内初の電力用機器としての認可を受けたことが特記される．また，中部電力では，前述の実フィールド試験以外に，Bi2212 線を用いた高磁界 SMES の研究を行っている．

3) **諸外国の開発状況**　上述のようにアメリカでは，先駆的に開発が進められてきた．また，ヨーロッパでも 1990 年に前後してドイツなどで小型 SMES の実験的検証，実系統試験が行われ，ロシアでも韓国電力向けの SMES の実験的開発がなされた．アメリカでは 1980 年代のレーガン政権時に SDI（strategic defense initiative）計画の一環として SMES が取り上げられ（engineering test model），要素技術開発が進められた．また，アンカレッジ（Anchorage）での大型 SMES 計画があった．最近の話題としては，フロリダ州の電力会社の Levy 変電所に隣接した場所に 10 万 kW/100 MJ を設置し，2004 年の試験が計画されたが，現在中断中である．

このようにマイクロ SMES は，すでに商用化が始まり，それより 10～100 倍も貯蔵エネルギーの大きい SMES がアメリカと日本で研究開発されている．コストの課題を解決し，また，その有用性を開拓することが，SMES のさらなる実用化につながる．

14.5 超電導回転機

14.5.1 超電導回転機の特徴

　発電機と電動機などの回転機は，ファラデーの電磁誘導原理を具現化してそれぞれ磁界と運動，磁界と電流の効果を利用するので，超電導応用の代表的な電気機械としてNbTi線などの低温超電導の時代から研究されてきた．近年は，高温超電導体で成立するバルク超電導体の適用が行われている．超電導の応用からは，超電導巻線形とバルク超電導形に分けられる．

　超電導巻線形は，交流機と直流機に分けられる．交流機は同期機と誘導機が考案されたが，主として同期機が開発されている．直流機は，広い空間に磁界が要求される単極機への応用が中心である．バルク超電導体形は，バルクの磁気ヒステリシスを利用したヒステリシスモータ，反磁性を利用したリラクタンス形モータ，磁束フローを利用した誘導機，磁束保持を利用した同期機などが挙げられる．

　超電導電力応用としては超電導同期発電機（調相機）が主として開発されてきたが，ほかにも超電導単極機，バルク超電導応用回転機などもある．

a. 超電導同期機

　超電導同期機は，直流電流で励磁する界磁巻線に超電導線を用いるものが主に開発されてきた．電機子巻線にも超電導線を利用したものも開発されたが，交流超電導線の開発に費用がかかりその特徴があまり発揮されないので，界磁巻線のみ超電導化したものが主流となった．界磁巻線の超電導線には，金属系のNbTiが用いられるが，最近は高温超電導Bi2223銀シース線を用いたものが開発されている．冷媒は，NbTi線では4Kの液体ヘリウムを用いるが，高温超電導線では，液体窒素では高磁界発生ができないため20〜30K程度のヘリウムガスなどで冷却を行う．電機子巻線は銅

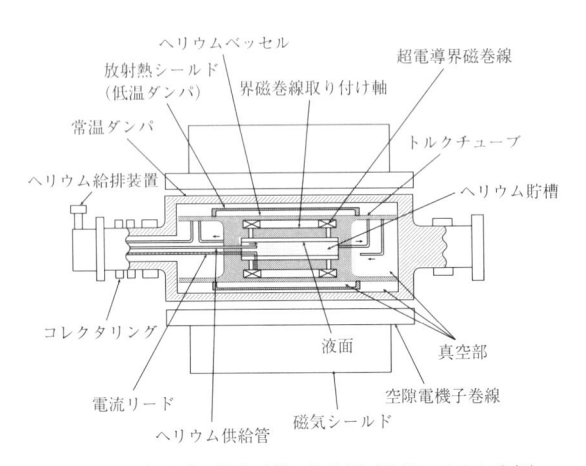

図14.5.1 超電導同期発電機の概念図（液体ヘリウム冷却）

を用いて，超電導界磁巻線の強力磁界発生のため，鉄などの磁性体を用いない空隙電機子巻線を使用する．金属系の超電導線を利用した超電導発電機の概念図を図14.5.1に示す．高温超電導線を利用したものもほぼ同じ構造であるが，ヘリウムガス冷却のためその供給軸端部の構造が少し違う．

金属系超電導同期発電機の構造は，回転子内部から，ヘリウム貯槽，界磁巻線取付け軸，界磁巻線，ヘリウムベッセル，真空槽，放射熱シールド，真空槽，常温ダンパからなる．トルクは，トルクチューブを介して原動機から与えられる．放射熱シールドは，外からの放射熱をシールドするためと，低周波の磁束侵入を防ぐとともに，現用機の界磁巻線に近い時定数をもたせ，電力動揺に対するダンピング力をもたせる．常温ダンパは，現用機のダンパ巻線に近い特性をもつ．

液体ヘリウムは，ヘリウム給排装置を介して，回転部に移送される．界磁巻線を冷却（低温に保つ）したのち，放射熱シールドとトルクチューブからの侵入熱を冷却し，ヘリウム給排装置を介して外部に放出される．これらの侵入熱の冷却による気化とヘリウム貯槽内のヘリウム液相と気化の効果で，緻密な制御なしにヘリウムが自然循環して回転子を冷却できるのも特徴の1つである．電機子は，空隙電機子巻線と磁気シールドからなる．

この発電機の特徴は
① 冷却にかかわる損失を考慮しても励磁損の低減があり，効率が高い．さらに機械損の低減も大きいので，発電効率が0.3～1.0ポイント向上
② 小型化，軽量化（1/2～1/3），製作限界の拡大
③ 空隙電機子巻線の採用により，同期リアクタンスが小さくなり（1/3～1/5），電力系統の安定度や電圧安定性が向上して，現用機における電機子端部過熱がないため，進相無効電力運転領域が拡大（100%進相運転可能）
④ 強力ダンパが可能となり，不平衡負荷耐力や高調波耐力が向上
⑤ 端子電圧の高圧化が可能

などが挙げられる．

b. 超電導直流単極機

直流単極機は，現用では，大電流直流電源のような特殊な用途のみに利用されている．これは，大きな空間に高磁界が必要であるため，鉄心入り銅マグネットでは汎用性に乏しいためである．超電導マグネットは空隙で高磁界を発生することができ，整流子の問題がないため，開発が進められている．その構造を図14.5.2に示す．円板型と円筒型に分けられる．いずれの機器でも発電機動作では，静止の超電導巻線の界磁から空間に磁束を発生させ，円板または円筒の回転電機子に電気出力を発生させる．出力電流はブラシを介して静止部に伝えられ，静止の円板または円筒（電機子反作用補償）を介して出力される．電動機の場合は，その逆に電流を回転する円板または円筒に流してトルクを発生する．電機子反作用補償ができることがこの特徴であり，超電導巻線を保護している．ただし，単極機は大電流低電圧であるため，集電装

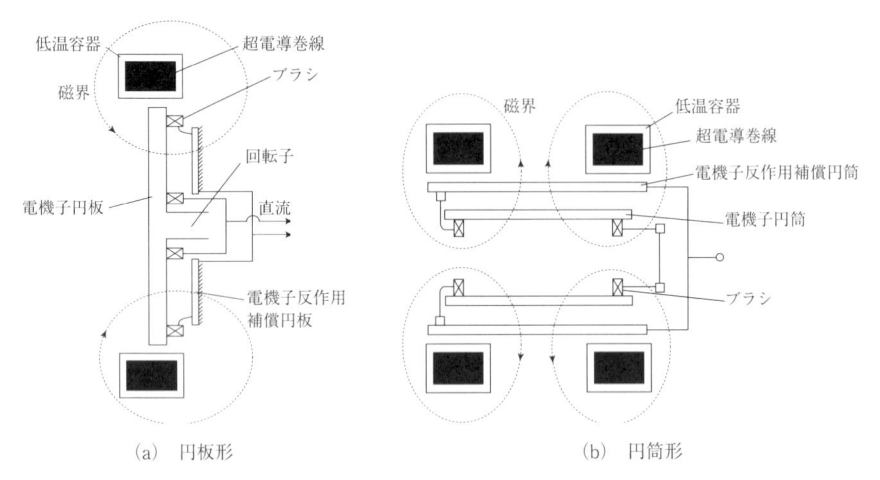

図 14.5.2 超電導直流単極機の概念図
(a) 円板形　(b) 円筒形

置であるブラシに課題が多い．

c. バルク超電導応用回転機

バルク超電導体を回転子にもつ回転機は，固定子は三相巻線が施されている．同じ構造でヒステリシスモータ，リラクタンスモータ，誘導機，同期機になる．小型モータの試作が行われている．今後この特長を生かした適用が期待される．

14.5.2 超電導回転機開発プロジェクト

超電導回転機は，金属系の同期機，単極機の開発が1960年代後半から進められてきた．単極機は超電導マグネットが静止であることと，電気子反作用補償ができるため早くから開発が進められ，イギリスでの開発が代表例として挙げられる．これは直流機の静止トルクが大きいことを利用し，電気推進船用の発電機電動機として開発されたもので，軍事目的に使用されているため詳細は不明である．その後アメリカの海軍で進められてきている．わが国でも1980年代に砕氷船応用を目的とした円筒形の開発が行われた．

同期発電機は，1969年アメリカのマサチューセッツ工科大学（MIT）で回転界磁形が初めて開発された．その後，アメリカ，ソ連，フランスで開発が進められ，ドイツも加わった．ドイツにおけるヘリウム供給における自律流動効果（サーマルサイフォン，セルフポンピング効果）の発見は冷却系を簡単にし，開発を促進した．1980年代にソ連の20 MVA機の実系統における調相機運転は特筆される．

わが国における1988～1999年の200 MVA機の要素技術開発のための70 MVA機の開発は大きな成果を得た．力率0.9の進相運転の実証，814時間連続出力運転，DSS運転（daily start and stop）を含む1,500時間連続運転，起動時に電動機として

の運転が要求されるガスタービン用発電機を模擬した運転, 実系統連系調相機運転などが挙げられる. この間, 1992 年に 100 kVA と小型機であるが, 実系統における発電運転が京都で行われた.

超電導発電機の開発が行われている間に, 現用機のコストダウンが進んだため, 当初のコストイーブン容量が大きくなった. そこで 2000 年から 2003 年度にかけて, さらなる高密度化によるコストダウン, 大容量化の研究開発が進められている. これにより, 200 MVA 機でも現用機なみのコストが実現できる見通しを得ている.

海外における超電導発電機は, 高温超電導体 Bi2223 銀シース線を用いた開発が進められている. GE が 2001 年から 3 年計画で 100 MVA 機を目標とした 1.5 MVA 機の製作と試験を計画している. また, 50 MVA 機の概念設計において, 運転温度 35 K で寸法, 重量とも現用機の半分の結果を得ている. アメリカの ASC 社で 8 MVA 同期調相機が製作された (2003 年).

高温超電導体を適用した電動機の研究開発が行われている. この開発は発電機の開発に繋がるから, 簡単に開発状況を述べる. 日本では, 電動機の市場調査などが行われているが, プロジェクトは立ち上がっていない. 韓国では, 100 HP から 3,000 HP の開発が 2001 年から 2011 年にかけて, 3 期の計画で進められている. 運転温度は 27〜33 K である. ドイツでは, 政府の援助で 2001 年に 400 kW を開発し, 試験中である. アメリカでは, 超電導連携推進機構 (SPI : Superconductivity Partner-ship Initiative) や海軍で開発が進められ, 200 HP (1996 年), 1,000 HP (2000 年), 5,000 HP (2001 年) の電動機試験に成功し, 5000 kW の船舶用電動機が開発された (2003 年).

バルク超電導体を用いた電動機開発は, リラクタンス形 25 kW, 100 kW 機 (ロシア・ドイツ), ヒステリシス形 4 kW/24,000 rpm (ロシア・ドイツ), 磁束保持形 1.5 kW (日本) などで成功している.

〔仁田旦三〕

文　献

1) M. Inoue, T. Kiss, et al. : Physica C, 392-396, pp. 1078-1082 (2003)
2) 山村　昌ほか : 超電導工学　電気学会大学講座, オーム社 (1988)
3) 安藤俊就・辻博史 : 解説 ITER 中心ソレノイドモデルコイル計画, 低温工学, Vol. 36, No. 6, pp. 309-314 (2001)
4) 本島修 : 大型ヘリカル装置計画, 低温工学, Vol. 32, No. 11, pp. 540-547 (1997)
5) 新冨孝和 : 解説高エネルギー物理研究における超伝導磁石技術, 低温工学, Vol. 35, No. 4, pp. 162-168 (2000)
6) 電気学会技術報告, 946 号, 超電導機器の仕様と特性, 電気学会, (2003)
7) 土井 : 低温工学, Vol. 28, No. 10, pp. 561-568 (1993)
8) 電気学会技術報告, 508 号, 超電導発電機の構造と特性, 電気学会, (1994)
9) 電気学会技術報告, 639 号, 超電導発電機システムの動特性, 電気学会, (1997)
10) 電気学会技術報告, 800 号, 電力系統における超電導機器, 電気学会, (2000)

15. 電気応用

本章の構成

本章では電気がどのように使われているかについて，主要な応用分野の概要を紹介する．まず15.1節で「電力需要の動向」として，分野別の需要推移と各国の電力需要について解説する．次に電力需要は大きく産業用，業務用，家庭用に分けられるので，各分野ごとの需要動向，技術動向を述べる．15.2節では「鉄鋼・産業応用」として鉄鋼プラント，石油精製プラントを取り上げる．15.3節では「電気鉄道応用」として鉄道の特徴ある負荷特性，地上電力設備，車両電気機器について解説する．15.4節では業務用電力として「ビル・昇降機応用」を取り上げる．15.5節では「家庭応用」として最近技術進歩の著しい省エネ技術，電力負荷平準化技術などを解説する．以上は電力需要の大きい分野であるが，最後に15.6節で「静電気応用」について解説する．この分野は電力需要は大きくはないが，電気ならではの特色がある．たとえば静電塗装，電気集じん装置，複写機をはじめ最近ではバイオ操作で有名な電気泳動などを解説する．

人口の減少が予測され，日本のエネルギー需要は転換点を迎えているが，クリーンかつ制御性がよく，そのほか様々な利点を備えた電気および電気技術は，21世紀のエネルギーおよび地球環境問題解決のためにますます重要になってきている．

15.1 電力需要の動向

15.1.1 日本の電力需要の動向

a. 電力需要の動向[1,2,3,6]

電力需要の長期的な推移は，経済成長やエネルギー消費の伸び率と深い関係がある．1965～2000年度の電力需要実績を表15.1.1に示す．ここで電気事業用とは各電力会社および卸電気事業者（電源開発，日本原子力発電など）で発電するものを，自家発とは電力事業者以外の各企業が工場などで発電するものをさす．

電力需要の統計データは契約により，大きく電灯と電力に分けられ，電力はさらに業務用電力需要，小口電力需要，大口電力需要に分けられてきた．さらに2000年度からは電力自由化の対象となる2,000 kW以上の大口電力需要と業務用電力需要を合わせて，特定規模需要と区分するようになった．これに伴い従来の大口電力需要は特定規模需要と高圧電力Bに分かれた．家庭用，業務用，産業用の電力需要は旧区分では各々主に，電灯，業務用電力＋小口電力の一部，小口電力の一部＋大口電力＋自

15.1 電力需要の動向

表 15.1.1 年度別電力需要と経済成長の推移（単位：億 kWh）

年　度	電灯	電気事業用 計	うち9電力会社 業務用	うち9電力会社 小口	うち9電力会社 大口	特定規模需要	自家発等	計	実質GDP[兆円]	一次エネルギー[石油換算百万t]	電力化率[%]	為替レート[円/$]
1965	283	1195	76	228	827		210	1688	123	169	13.0	362
1973	725	2908	301	522	1715		584	4218	246	385	13.4	274
1986	1365	4012	810	887	1938		641	6018	380	402	18.8	160
1991	1853	5133	1222	1003	2515		913	7899	481	491	20.3	133
1999	2482	5885	1774	1126	2589		1206	9574	524	549	21.7	112
2000	2546	3636	1556	1149	891	2399	1240	9821	539	559	22.2	111
1999/1973	3.4	2.0	5.9	2.2	1.5		2.1	2.3	2.1	1.4	1.6	0.41

*文献 1) p15, p23, p33, p180 より抜粋して作成

家発で表される．
　それぞれの需要先と契約電力区分は次のとおりである．
　　電　灯：　一般家庭，街灯などに，低圧で供給．
　　電　力：① 業務用電力（50 kW〜）：　事務所ビル，デパート，ホテル，飲食店，
　　　　　　　　　　学校，病院など
　　　　　　② 小口電力（〜500 kW 未満）：　商店，小規模工場などで
　　　　　　　　　　低圧電力（〜50 kW 未満）と高圧電力 A（50〜500 kW 未満）
　　　　　　　　　　からなる．
　　　　　　③ 大口電力（500 kW〜）：　中規模，大規模工場などで
　　　　　　　　　　高圧電力 B（500〜2,000 kW 未満）と特別高圧電力（2,000 kW〜）
　　　　　　　　　　からなる．
　また 2000 年度から，
　・業務用電力は，業務用電力（50〜2,000 kW 未満）と特定規模需要（2,000 kW〜）
　・大口電力は，高圧電力 B（500〜2,000 kW 未満）と特定規模需要（2,000 kW〜）
に区分が変更された．
　表 15.1.1 では年度として日本の経済成長の転換点となった年，すなわち 1973 年（第一次石油危機），1986 年と 1991 年（バブル景気の始まりと終わり）を選んでいる．各期間における実質 GDP（gross domestic product. 国内総生産）の年平均伸び率は，第一次石油危機前後で 9.1% から 3.4% に変化し，バブル景気中とそのあとで 4.8% から 1.1% に変化している．電力需要の年平均伸び率はこの間，12.1%，2.8%，5.6%，2.4% と変化している．
　この間，最終エネルギー消費量に占める電力消費量（発電ロスを含めない電力化率）は 1973 年の約 13% から 1999 年度は約 22% に上昇している．なお発電ロスを含めた電力化率（＝（発電電力量＋発電ロス）/一次エネルギー総供給量）は 2000 年度で約 41% である．1973〜1999 年の 26 年間で GDP が約 2.1 倍に，電力需要は 2.3 倍

になった.この間に家庭用(電灯)は約3.4倍,業務用(業務用電力)は約5.9倍になったのに対し産業用(大口電力+自家発)は約1.7倍にしかなっていない.また1999年度でみると電力需要のうち,家庭用と業務用電力が,それぞれ,約26%,約19%を占めるに至っている.これは家庭におけるアメニティ化・クリーンエネルギー指向,オフィスでのOA化,産業分野での省エネルギー化が進んだためと考えられる.

b. 産業別電力需要の動向[1,2,3,6]

産業用電力需要の動向を,大口電力需要(9電力会社計)と自家発の自家消費分(自社で発電し自社で消費する部分.他社に販売する部分がある場合もある.)との合計電力量でみてみる.これを産業別に示したのが表15.1.2と図15.1.1である.1973年度は鉄鋼と化学の比率が大きく各々約25%,約22%あったが,1999年度には各々約15%,約16%に減少している.これに対し機械はこの間に約8%から約19%に上昇している.1999年度で比率の高い業種順にみると,機械(約19%),化学(約16%),鉄鋼(約15%),紙パルプ(約9%),そのほか製造(約8%),鉄道(約6%)の順となっている.鉄道の比率は石油危機以後,6%前後で横ばいである.

石油危機以降の需要の拡大率(1999年度/1973年度)をみると,全体平均(1.64倍)以下は鉄鋼,化学,窯業・土石の素材系の電力多消費産業に多い.この背景は円高などによる国際競争力の低下がある.第二次石油危機(1979年)以降はアルミ精錬産業が急速に衰退した.これに対し,拡大比率の大きい業種は,機械,そのほか製造,食料品などの非素材系の電力寡消費産業である.これらをみると日本の産業構造が鉄鋼,化学などの素材産業中心から自動車,電気機械などの製造業中心に移ってきた様子がよくわかる.

自家発は1986年度以降急拡大している.1999年度では産業用電力需要に占める比率も約31%に達している.1986年度と1999年度の需要拡大率をみると産業用全体の需要拡大率が約1.46倍であるのに対し,自家発は約1.84倍と高い.これは1986年度以降に産業用コージェネレーションが急拡大し,1999年度には発電容量が全体で

表15.1.2 産業別電力需要の動向(9電力会社大口電力需要と自家発自家消費分の合計)
(単位:億kWh,( )は自家発自家消費分)

| 年度 | 製造業 |||||||| 鉄道 | その他 | 合計 |
| | 電力多消費産業(素材系) |||| 電力寡消費産業(非素材系) |||||||
	紙・パルプ	化学	石油・石炭	窯業・土石	鉄鋼	非鉄金属	機械	その他製造業	食料品			
1973	207(115)	502(232)	48(26)	138(18)	567(93)	189(59)	188(0)	75(0)	46(5)	132(22)	206(14)	2299(584)
1986	244(137)	447(201)	50(29)	157(33)	495(158)	128(22)	390(1)	145(1)	83(7)	165(29)	273(23)	2578(640)
1999	342(239)	610(353)	94(81)	186(69)	579(234)	162(25)	717(45)	283(21)	171(22)	219(37)	400(50)	3764(1175)
1999/1973	1.66	1.22	1.96	1.35	1.02	0.85	3.81	3.76	3.72	1.65	1.95	1.64
1999 自家発内比率(%)	20	30	7	6	20	2	4	2	2	3	3	100
1999 産業内自家発比率(%)	70	58	86	37	40	15	6	7	13	17	12	31

*文献[1] p182-185より抜粋して作成

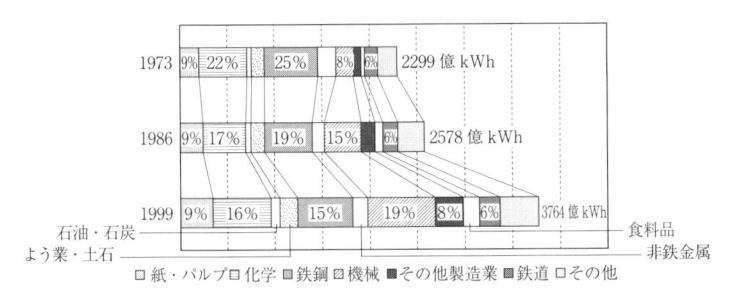

図 15.1.1　産業別電力需要の動向

412万kWに達したことと関連する．自家発自家消費電力量が大きな産業は，化学，紙・パルプ，鉄鋼で，1999年度では自家発自家消費全体の各々約30%，約20%，約20%と，この3業種で70%にも達している．また同年度で自家発比率が最も高い業種は，石油・石炭（約86%），紙・パルプ（約70%），化学（約58%），鉄鋼（約40%）の順となっており，鉄道は約17%，機械は約6%である．

c.　今後の長期需要見通し

電力需要は経済成長とともに順調に伸びてきたが，経済産業省資源エネルギー庁の「平成15年度電力供給計画の概要」[4]（平成15年3月発表）によれば，「今後の需要電力量については内需を中心とした安定的な経済成長，アメニティ志向の高まり，高齢化の進展及び電気の持つ利便性などに起因する電力化率の上昇などが押し上げ要因となる一方で，足下の景気回復の遅れ，省エネの一層の進展等により，過去に比べ増勢の鈍化が予想される」とし，平成13年度から平成24年度の年平均伸び率は，同期間の経済成長率をやや下回る1.3%になると予想している．需要別の年平均伸び率は，電灯が1.6%，業務用電力が2.4%と民生用需要は比較的安定した増加となるが，小口電力は0.5%，高圧電力Bは1.1%，特定規模需要は0.3%と産業用関連需要は伸び悩む予想となっている．

15.1.2　各国の電力需要[5]

電力は国によって発電方式の構成が大きく異なることはよく知られているが，需要も国による相違が大きい．主要国の消費電力量と電力料金を表15.1.3に示す．最近10年間の伸びは，中国，東南アジアの発展途上国で著しく，特に中国はここ10年で約2.1倍（日本は約1.3倍）となっている．一人当たりの消費電力量は，カナダ，アメリカが大きく日本の2倍以上である．欧州は日本と同じレベルにある．これは各国の電気料金とも関連があると思われる．なお電気料金は比較の条件設定により相当に変わり，たとえば図15.1.2の比較結果もある．

主要各国の分野別電力需要を1999年の販売電力量データでみてみる．各国で統計の区分が異なるため正確な比較は難しいが，家庭用の比率を比べると，日本が約

表15.1.3 主要国の消費電力量と電気料金（1999年．*は1998年）

	カナダ	アメリカ	フランス	日本	ドイツ	イギリス	ロシア	中国
消費電力量（億kWh）	4871	*34729	*3933	8180	4884	3299	7359	12092
1人当たり消費電力量（kWh）	15975	*12834	6786	6457	5950	5545	5056	960
電気料金・産業用（USセント/kWh）	N. A.	3.9	4.4	14.3	5.7	6.4	N. A.	N. A.
電気料金・家庭用（USセント/kWh）	N. A.	8.2	12.1	21.3	15.2	11.7	N. A.	N. A.

注1：電気料金の比較は為替レートによる
注2：N. A.：Not Available
注3：文献5) p6-8，文献1) p248 より抜粋して作成

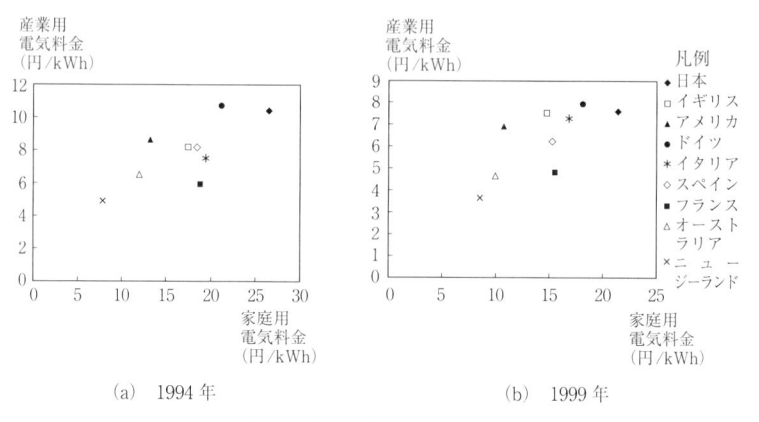

(a) 1994年　　(b) 1999年

図15.1.2 1994年と99年の電気料金の国際比較（為替レート）
注：家庭用需要家は年間需要 3,300 kWh，産業用は契約電力 10,000 kW，負荷率60%のモデル需要家の料金．（出所：International Electricity Prices 1994, 1999, Electric Association, 1994, 1999）

30%であるのに対し，アメリカ，イギリス，ドイツは各々，約35%，約36%，約40%であり，中国は消費電力量で約12%である．

アメリカは販売電力量で家庭用，商業用，工業用，そのほかの比率が約35%，約30%，約31%，約3%となっている．またドイツの自家発を含めた産業別消費電力量（1998年で2,296億kWh）をみると，需要の大きな産業は，化学が約21%，次に鉄鋼，金属加工，木材・製紙が約10%で並んでいる．運輸は産業用の外に区分されているが産業用電力需要全体と比較すると約4%である．

主要各国の電力需要は海外電力調査会の「海外電気事業統計」にくわしく記載されている．

〔阿部　茂〕

15.2 鉄鋼・産業応用

15.2.1 鉄鋼・産業分野の電力需要

　鉄鋼・産業分野は，基幹的な製造業であり，その範囲は鉄鋼業，非鉄金属業，紙・パルプ業，化学業，石油・石炭業などである．これらの業種はプラントと称せられる製造設備の集合体を構成することが多く，大規模であり，かつ高度な技術を駆使することにその特徴を有する．表 15.2.1 に鉄鋼分野とそれ以外の産業分野の電力需要の特質をまとめる．産業用の大電力需要としてはアルミニウム精錬用途があったが，わが国においては石油危機以降急速に衰退した．このため，現在では動力用途が鉄鋼・産業分野の電力需要の中心となっている．

　表 15.2.1 において鉄鋼分野とそれ以外の産業分野とが大きく相違する点は，鉄鋼分野においては後述するように，1940 年前後に電動機単機容量が数千 kW の大容量機による，停止から定格速度までの全範囲にわたる精密な可変速駆動の方式が普及し，製造プロセスの改良に貢献してきたことである．

表 15.2.1　鉄鋼・産業分野の電力需要の特質

分　野	主な用途	典型的な単機容量(例)	可変速駆動の普及時期	可変速度駆動の目的	可変速度駆動の範囲(対電動機定格速度)
鉄鋼分野	動力用	数千 kW	1940 年前後	製造プロセスの改良	0～100%
産業分野	動力用	数百 kW	1990 年代以降	省エネルギー	70～100%

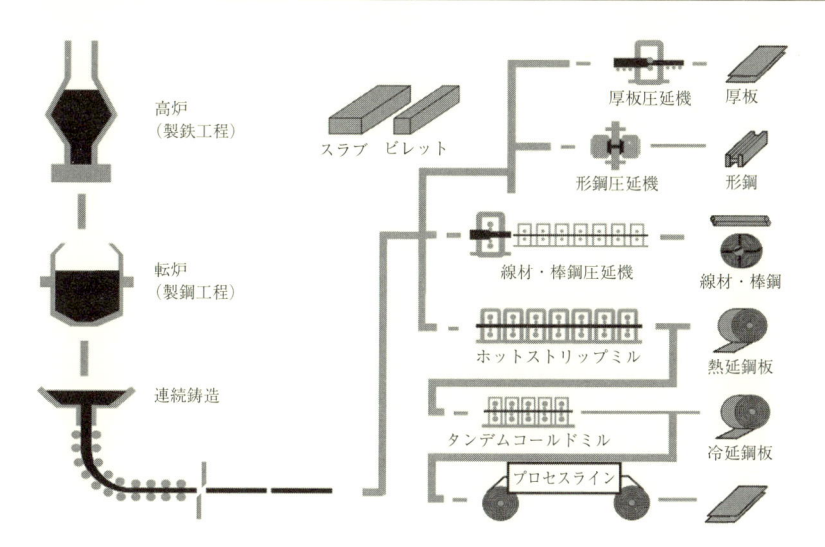

図 15.2.1　鉄鋼製造プロセス

15.2.2 鉄鋼プラント用電気設備

a. 鉄鋼製造プロセス

鉄鋼プラントの典型的な形態である一貫製鉄所は，原料である鉄鉱石の受け入れ，処理，加工のプロセスを経て，鋼板や形鋼をはじめとする各種の鉄鋼製品を生産する大規模な製造拠点である．代表的な一貫製鉄所は，年間生産量 1,000 万 t，年間電力需要は 40 億 kWh に達する．

図 15.2.1 に鉄鋼製造プロセスの概要を示す．製造プロセスは製銑工程を担う高炉にはじまる．高炉は熱風を送り込まれた約 1,800℃の赤熱環境下で，コークスにより発生する一酸化炭素によって鉄鉱石を還元して溶けた銑鉄（溶銑）を得るものである．銑鉄は炭素含有量が多くてもろいため，溶融状態のまま製鋼工程である転炉に運ばれる．転炉は溶銑に酸素を吹き込んで炭素を除去するとともに，冶金学的な見地から種々の合金成分を加えて，所望の性質を有する溶融状態の鋼鉄（溶鋼）を得る．溶鋼は連続鋳造によって順次固形化，切断され，スラブやビレットなどの半製品となる．なお，一貫製鉄所とは別途に，鉄スクラップを用いて電気炉により加熱溶解したあと連続鋳造を行って前記の半製品を得るプロセスがある．電炉メーカと称せられる業態である．これらの半製品は，電動力を動力源とする圧延プロセスや処理プロセスを経由して最終製品となって出荷される．

鋼板についていえば，原料のスラブはホットストリップミル（熱間帯鋼圧延機）によって圧延され，次いで板表面に付着したスケール（鉄の酸化物）を除去するために，酸洗ラインによる処理を経たあと熱延鋼板として出荷され，制御盤や電車用の鋼板となる．

自動車や家電製品に用いられる厚み 1 mm 以下の鋼板は，タンデムコールドミルによって常温で熱延鋼板を圧延することによって得られる．このあと，プロセスラインと呼ばれる一連の処理プロセスを経て冷延鋼板として出荷される．板表面の圧延油を除去する電解清浄ライン，冷間圧延による内部歪みを取り除いて強度を与える連続焼鈍ライン，錫めっきを行う電気めっきライン，亜鉛めっきを行うガルバナイジングライン，塗色を行うカラーコーティングラインなどがある．また，上記に加えて，船舶用の厚板を生産する厚板圧延機，レールや建築用鉄構材を生産する形鋼圧延機や線材・棒鋼圧延機，パイプライン用の鋼管製造設備などが設置される．

このように鉄鋼製造プロセスは，連続鋳造を境界としてその上流工程では熱エネルギー需要が優勢，下流工程では電気エネルギー需要が優勢という特徴を有する．

b. ホットストリップミルと電圧型インバータ

ホットストリップミルは，そのラインの総長約 1 km，総電力需要は 10 万 kW に及ぶ大規模かつ高度な代表的鉄鋼プラント設備である．1,000℃以上に加熱された厚み 250 mm 程度の原材料スラブは，圧延プロセスを経て厚み 1 mm 強の鋼板となり，毎分 1,200 m 程度の高速度でコイル状に巻き取られる．巻き取られた 1 個のコイルの質量は 25 t にも及ぶ．

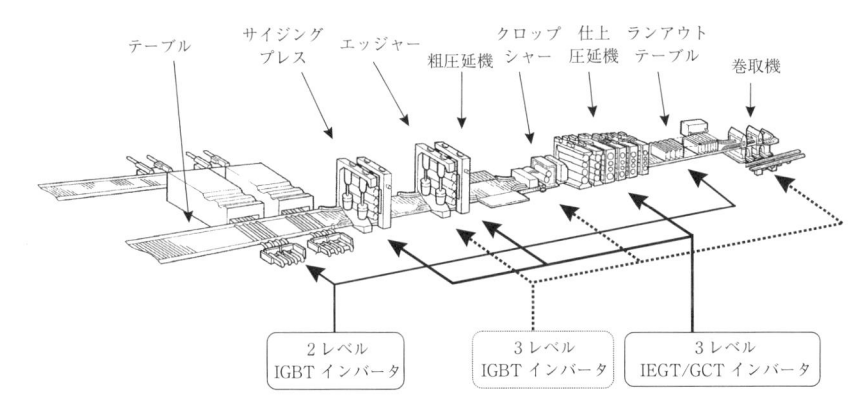

図 15.2.2 ホットストリップミルへの電圧型インバータの適用機種の例

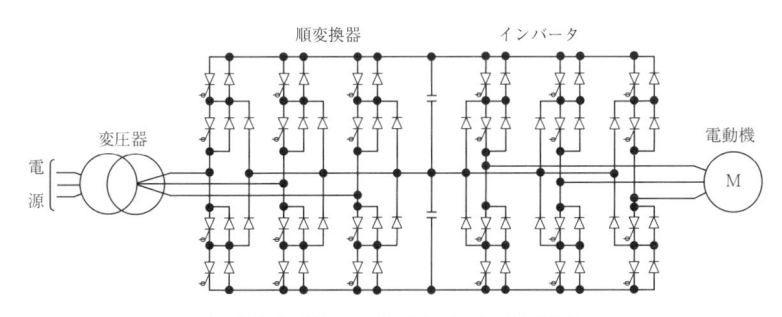

図 15.2.3 3レベル電圧型インバータの構成

　IEGT (injection enhanced gate transistor) やGCT (gate commutated turn-off thyristor) を適用したPWM (pulse width modulation) 方式の3レベル電圧型インバータ駆動システムが，7,000 kWクラスの7ないし8台の主機同期電動機用電源として採用される．2,000 kWクラスの準主機の誘導電動機に対しては3レベル電圧型IGBT (insulated gate bipolar transistor) インバータが適用される．また搬送用の中小形誘導電動機に対しては2レベル電圧型IGBTインバータが適用される．図15.2.2に適用機種の例をホットストリップミルのライン構成に即して示す[7]．

　また3レベル電圧型インバータの主回路構成を図15.2.3に示す[8]．定格としては，たとえば容量12,000 kVA，出力電圧3.45 kVである．図15.2.3のように商用電源から直流に変換する順変換器と，この直流を可変電圧，可変周波数（VVVF：variable voltage variable frequency）の交流出力へ変換するインバータとから構成され，3レベル動作のために直流部は中間電位をもつ．3レベルインバータにおいては，低速では2レベル域で動作するが，高速では3レベル域で動作するモード転換を行い，電圧波形が正弦波に近づくようにする．この出力電圧が電動機回路のインダクタンス分に

よりフィルタされ，なめらかな正弦波の電流波形となり，回転に際してのトルクリプル（トルクの脈動分．平均トルクに対する百分率で示す）が小さくなる．また電源側にも同様のなめらかな電流が流れるので高調波は小さい．さらに電流位相を制御し，受電力率を1にすることができるので，力率改善コンデンサや高調波フィルタが不要となる．

c. 圧延プロセスと駆動システムの変遷

圧延プロセスは図15.2.4に示すように，圧延機スタンドに支持されて回転するロールの間に材料を噛み込ませて厚みを減少させるものであり，材料とロールとの間にはたとえば20,000 kNもの圧延力が発生する．圧延により鋼板を得ることは，蒸気機関という産業革命を主導した10,000 HP（約7,500 kW）クラスの大出力の原動機の出現により1世紀前[9]に実用化され，最初は材料を赤熱して（熱間圧延），のちに常温でも実施されるようになった（冷間圧延）．初期の原動機は蒸気機関で，このような大出力の電動機の出現は1930年代後半まで待たねばならなかった．

材料を噛み込ませると，ロール開度，圧延機弾性定数および材料の変形抵抗の相互関係によって厚みの減少量が決まる．1回の圧延（これをパスという）での厚みの減少率は最大25％程度であるから，これが終わればロールの回転方向を逆にして開度を狭めて再度噛み込ませる手順を繰り返して，最終的に所望の厚みの鋼板を得る可逆圧延方式が用いられていた．圧延のパスを経るに従って材料の厚みは薄くなるので，所要トルクも減少するが，厚みに反比例して材料が長くなるため，能率的な圧延を行うために速度を上昇させる必要がある．蒸気機関は低速域では蒸気圧によって決まる定トルク特性をもち，高速域ではボイラの蒸気発生量によって決まる定出力特性となってトルクは回転速度に反比例するため，経済的にプロセス要求を実現するにはまことに好都合であった．

しかし，蒸気機関が駆動する圧延機においては1スタンドの圧延機による圧延のみが可能であった．数スタンドの圧延機を縦列に設置して厚みを一気に減少させるタンデム圧延方式は，直流電動機による精密な速度制御方式を適用し，隣接スタンド間の速度の揃速性を確立して初めて可能になったものであり，圧延プロセスの改良による生産量の飛躍的な増大に電気技術者が果たした役割は大きい．

わが国においてタンデム圧延方式は1940年前後に実用化された．速度を変更するための可変電圧電源には直流発電機が適用され，ワードレオナード方式と呼ばれた．直流電動機も低速域での定トルク特性と高速域すなわち弱め界磁領域における定出力特性とを併せもち，圧延プロセスの要求に合致するものであった．

この直流電源は水銀整流器を経て，1970年代の電力半導体素子の発展によりサイリスタ電源に置換され，サイリスタレオナード方式と称せられた．これを契機に直流発電機が衰退した．

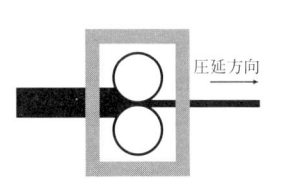

図15.2.4 圧延機の構成

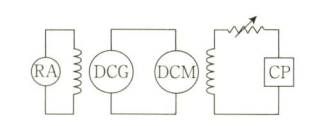

(a) ワードレオナード
RA：回転増幅器，DCG：直流発電機，DCM：直流電動機，CP：定電圧直流電源

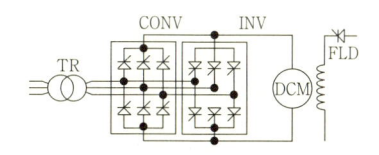

(b) サイリスタレオナード
TR：電源トランス，CONV：力行側サイリスタ，INV：回生側サイリスタ，FLD：電動機界磁サイリスタ

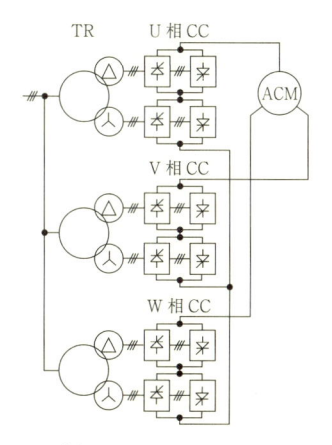

(c) サイクロコンバータ
TR：電源トランス，CC：サイクロコンバータ，ACM：交流電動機

図 15.2.5 インバータ方式以前の主要な駆動方式の構成

　また，1980年代後半のマイクロプロセッサを適用したディジタル制御技術の発展は，従来のアナログ制御ではきわめて困難であった交流電動機の精密な速度制御を可能とした．初期にはサイリスタを用いたサイクロコンバータが適用されたが，圧延機主機駆動用などの大容量の装置が主であった．1990年代後半にIEGT, GCT, IGBTなどの自己消弧形素子が出現したことにより，前記の電圧型インバータを用いた交流電動機駆動方式が小容量の補機にまで普及するに及んで，ブラシと整流子があるため保守が煩雑な直流電動機が衰退した．また速度制御応答も直流電動機の整流現象による制約が除去されてさらに高性能化が図られ，60 rad/secの速度制御応答も得られている．しかし低速域での定トルク特性と高速域での定出力特性との基本的な組合せは現在も同様であり，蒸気機関に始まるこの歴史は既に一世紀を超えるものとなっている．インバータ方式以前の主要な駆動方式の構成を図15.2.5に示す．

15.2.3　石油精製プラント用電気設備

　鉄鋼プラント以外の産業用プラントの例として石油精製プラントを取り上げる．

a. 石油精製プロセス

　石油精製プロセスの代表的な形態である製油所は，原油を加熱蒸留して沸点の順に抽出する蒸留設備，製品の1つである重油の脱硫設備，水添設備などの物質状態の遷移を伴う塔槽類から構成されるオンサイト設備と，物質状態の遷移を伴わずに原料を受け入れて搬送や貯蔵を行い，また製品を仕分けて貯蔵し最終的に出荷するためのオフサイト設備に二分される．プロセスの特徴としては対象が液相または気相であり，塔槽類または配管内を搬送されるので連続的である．典型的な製油所は日産処理能力

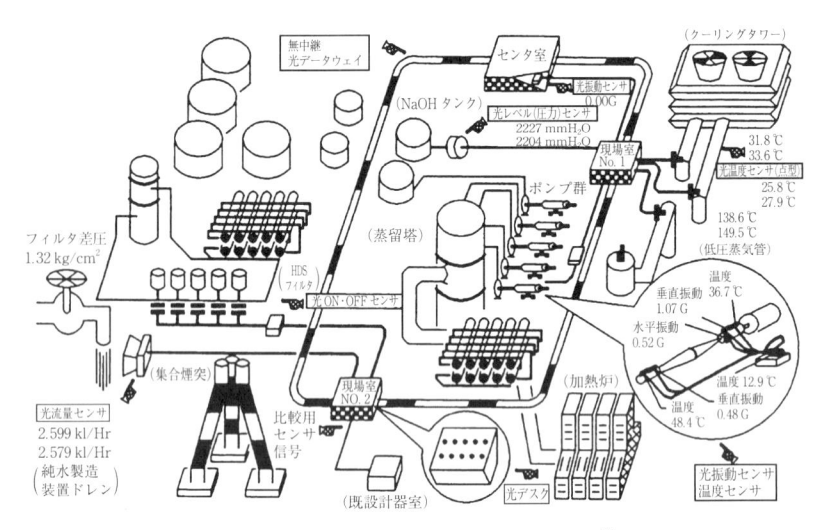

図 15.2.6　石油プラントオンサイト設備配置例[10]

10数万バレル（1バレルは約159 l），年間電力需要は約4億kWhとなっている．

オンサイト設備の概略の配置例を，計測制御用 CRT 表示画面から抜粋して図15.2.6 に示す[10]．加熱炉において気化された材料は蒸留塔において沸点の相違によって分留され，出口側のポンプ群によって搬送される．設備中には処理済の半製品を貯蔵するタンク群，水添脱硫設備，塔槽類を冷却するためのクーリングタワー，排気およびフレアのための集合煙突，純水製造装置などが付帯している．

b. 石油精製プロセスにおける電力需要

石油精製プロセスを電力需要の観点からみると，そのほとんどが動力源であり，かつ負荷としては数十～数百 kW の誘導電動機が大半を占める．極数としてはほかの製造プラントと異なり2極機も多く用いられる．または爆発性の雰囲気に設置されるので耐圧防爆形の電動機などが適用される．

製油所内にはコンプレッサ駆動用などの数千 kW クラスの動力需要が存在し，従来はこのため蒸気タービンなどが用いられていた．しかし最近の卸電力事業（IPP: independent power producer）の自由化に伴い，製油所構内に設置される発電所の燃料源となるガスのコンプレッサには1万 kW 超の同期電動機が使用される例がある．これら大容量の同期電動機には，無負荷状態においてインバータ電源に接続して低周波起動を行い，定格回転数になれば商用電源に切り換えて負荷を印加する図15.2.7（後述）の商用電源切替方式に類似の始動法が採用されている．

15.2.4 最近の技術動向
a. 鉄鋼業における最近の省エネルギー

1997年の地球温暖化防止のための京都議定書の締結,ならびに2002年に「エネルギーの使用の合理化に関する法律」(省エネルギー法)の改正において,エネルギー消費原単位を年平均1%以上低減させる努力目標が設定された.

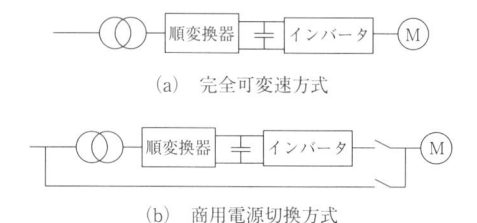

図 15.2.7 LNG出荷基地電気駆動方式

(a) 完全可変速方式

(b) 商用電源切換方式

この目標を達成するために,付帯設備に対する省エネルギー技術の導入が活発化している.たとえば代表的な付帯設備である主機電動機冷却ファンに関しては,停止中または軽減負荷にて動作中にも連続運転されているという不都合があった.誘導電動機を商用電源により一定速度で運転してファン吐出側のダンパの開度を変化させて風量調整を行うよりも,電動機の可変速運転による風量調整を行う方が省エネルギー効果が高いため,最近広く適用されるようになった.

b. LNG出荷基地における電気駆動方式

液化天然ガス(LNG)出荷基地でのコンプレッサの駆動動力源は,高速(3,600 min^{-1})大出力(10,000 kW超)であり,従来はガスタービンが適用されてきたが,ガスタービンに必然的に付属するタービンブレードなどの保守のため年間5日間程度の停止期間が必要であった.電気駆動方式の採用により停止期間がなくなり稼動率の向上が図れるうえに,副次的効果としての建設期間の短縮,据付の容易化,高効率特性,保守コスト低減などの利点も期待されている.電動機としては保守作業低減の目的によりブラシレス形同期電動機が適用される.このシステム構成例を図15.2.7に示すが,完全可変速方式と商用電源切換方式の2方式が存在する.完全可変速方式は50 Hz電源地区においても電動機の60 Hz運転が可能であり,一方,商用電源切換方式は始動時のみにインバータを使用するもので,インバータの容量を小さくできる.

〔上住好章〕

15.3 電気鉄道応用

15.3.1 電気鉄道の電力需要
a. 過去10年間の電力需要動向[11]

1973,1986,1999年度における電気鉄道の電力需要は,15.1節の表15.1.2,図15.1.1に示すように,いずれも産業用全体の約6%を占めており,ほぼ一定で推移している.

また,図15.3.1には過去10年間の電気鉄道の電力需要(1992年度の203億kWhを100%とした百分率で表示)と原単位電力量(走行距離当たりの電力消費量)を示したが,電力は1992年度の100%から微増を続け1998年度には104%に至り,その後少し減少し,2001年度に102%になっている.

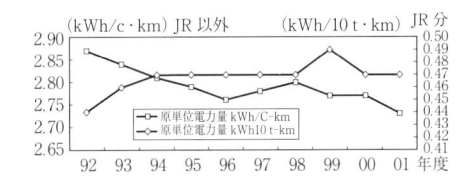

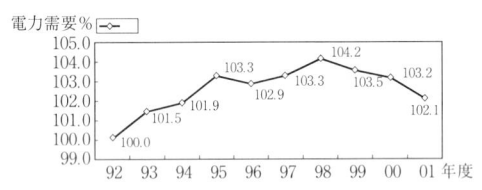

図 15.3.1 電気鉄道における年度ごとの原単位電力量と電力需要

原単位電力量はJR各社ではkWh/10 t・km（10 tを1 km運ぶのに必要な電力消費量）が，JRを除く事業者ではkWh/Car・km（車両1両を1 km運ぶのに必要な電力消費量）が各々用いられているが，いずれの場合も1998～1999年度ごろからわずかながら減少あるいは横ばい傾向にある．これは，速度の向上，移動時の快適空間の提供，駅設備の整備など乗客へのサービス向上が進められることで電力使用量が増加する一方，省エネルギー形の新造車両への置き換えなどにより使用電力量の節減が図られた結果と考えられる．

b. 今後の需要動向[12]

少子高齢化などにより都市部を中心に乗客数が微減傾向にある鉄道路線が多い．また，公営交通を中心とした大規模な新線計画も一段落し，大幅な伸びは期待できない．

反面，表15.3.1の二酸化炭素排出原単位炭素換算（1人を1 km運ぶのに排出する二酸化炭素の炭素に換算した重量）例に示されているように，旅客輸送機関のなかで，鉄道は，営業用乗合バス，航空機に比べて1/5～1/6の量であることから，省資

表 15.3.1 二酸化炭素排出原単位炭素換算例（1999年度）

旅客輸送機関の種類	CO_2排出量	
	(g-C/人 km)	鉄道を1.0とした比率
自家用自動車	47	9.4
営業用乗合バス	27	5.4
航　空	30	6.0
鉄　道	5	1.0
地下鉄	4	0.8
路面電車	8	1.6
新交通システム	7	1.4

源,省エネルギー,環境負荷低減などの観点から,今後引き続き鉄道,地下鉄,路面電車,新交通システムなどの交通機関の利用促進,簡便な交通手段の検討がなされると予想される.

また,新幹線に関しては,東北新幹線や九州新幹線の延伸,東海道・山陽新幹線における列車の増発など,今後の電力需要の伸びが期待できる.

15.3.2 電気鉄道の電力負荷特性
a. 電力負荷の特徴

鉄道車両が駅間を走行する場合の走行速度と電力消費量の様子を都市内交通の例でみると,図15.3.2に示すように駅間で特徴的なパターンとなる.このパターンが車両編成ごとに繰り返され,運転間隔が短い出勤,退社の混雑時に消費電力が大きく,運転間隔が長い閑散時には消費電力が低減されるため,一般の工場における電力需要の変動を緩和する傾向を有している.この傾向は新幹線などの都市間交通においても同様である.

b. き電方式の適用例と特長[13]

電気鉄道のき電方式は,交流方式と直流方式に大きく分けられる.

交流き電方式ではき電電圧を高くすることで,き電電流を下げて遠方の車両へ電力供給し,変圧器を用いて電圧の昇降,各種保護継電器を用いて異常時の保護動作を比較的容易に行うことができる.したがって,都市間輸送のように距離の長い路線に適用されており,JR各社の新幹線,在来線は各々25 kV(60 Hzまたは50 Hz),20 kV(60 Hzまたは50 Hz)のき電電圧が採用されている.たとえば新幹線の場合,変電所間隔は20~70 kmと長い.

なお,(サイリスタレオナード装置+直流電動機)システムを用いることで回生ブレーキを含めた車両推進制御装置を簡素化できる三相交流600 Vき電方式が新交通システムなどで適用される例があるが,車両電気品の更新時には,制御の高性能化と電動機保守の省力化のために(可変電圧,可変周波数制御装置(VVVF〔variable voltage variable frequency〕インバータ)+誘導電動機)システムが検討されている.交流電車では,三相き電の場合も,単相き電の場合も,交流から直流に変換する装置と併せて,CI(コンバータ・インバータ)装置と呼ばれている.

一方,直流き電方式では,変電所でまとめて交流から直流に電力変換することで,各車両における推進制御装置を簡素化できるために,運転間隔が短く,多数の車両が同時に運転される都市内輸送に適用されている.直流1,500 V,750 V,600 Vのき

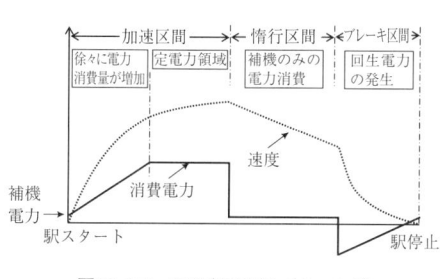

図15.3.2 駅間車両走行パターン例

表15.3.2 駆動制御システムの主な種類と特徴

制御方式		直流電動機			交流電動機
		抵抗制御あるいはタップ切換え制御	連続制御		VVVFインバータ制御
直流き電方式	概略回路構成	(回路図)	(力行時回路・回生時回路)		(回路図) IM：誘導電動機
	動作特徴	1) 抵抗制御回路の基本回路を示す。2) 実際には、電動機を2群に分け低速時に直列接続して抵抗器損失を低減する。また、弱め界磁制御も併用して特性改善を図る。・低速時に逆起電力が小さいため抵抗で電流を制限しながら一定電流になるよう抵抗を制御する。・抵抗器切換えのため電流制御が不連続となる。抵抗損失が大きい。	1) 基本回路として電機子チョッパ回路を示す。電機子チョッパ以外に次の界磁制御が実用化されている。① 界磁チョッパ、② 界磁添加励磁制御（交流電源を使用）、③ 界磁添加励磁制御（他励巻線なし）・力行時に降圧チョッパ、回生ブレーキ時に昇圧チョッパとして連続制御する。・回生制御が可能である。抵抗制御に比べて損失が少ない。		1) VVVFインバータ制御の基本回路を示す。インバータを構成するスイッチング素子は当初GTOサイリスタが使用されたが、最近ではスイッチング特性の優れたIGBTが多く使用されている。2) VVVFは PWM（パルス幅変調）制御により VVVF（可変電圧・可変周波数）制御され、構造が簡単で省保守の特長を有する誘導電動機を駆動する。小型、軽量、高性能のシステムが構築できる。
交流き電方式	概略回路構成	1) タップ切換えにより直流電動機電圧を制御する。・タップ切換えのため電流制御が不連続となる。・タップ間位相制御、抵抗制御により連続制御する方法もある。	1) サイリスタとダイオードを使用した混合ブリッジ2段で構成された位相制御回路の基本回路を示す。・サイリスタ純ブリッジ構成で回生可能となる。・サイリスタ位相制御で直流電動機電圧を連続制御する。・分割された複数の変圧器2次巻線をブリッジ2段に直列接続することで、直流電動機脈動電流の軽減、交流側力率改善を図っている。		1) 交流側に PWM制御コンバータを使用したCI（コンバータ・インバータ）装置の基本回路を示す。・中間の直流回路以降は PWM制御方式と同じ。・ PWM制御コンバータの使用により交流側高次高調波が低減され、力率1で運転できる。
	動作特徴				

電電圧が使用されている.

また，近年，路面電車を近代化したライトレールシステム，新交通システムなどが各方面で検討されており，中量輸送領域から，小・中量輸送領域へ拡大する動きがみられるが，これらの要求に対しては地上き電設備，車両推進制御装置の簡素化，低廉化，省資源，省エネルギー化の観点からき電電圧は直流 750 V, 600 V が主に採用されている．

c. 電気鉄道の駆動制御システム[14]

表 15.3.2 に電気鉄道駆動制御システムの主な種類と特徴を示す.

直流電車では，当初カム軸式により抵抗制御されていた直流電動機がチョッパ制御装置などで制御されるようになり，また交流電車ではタップ切換え制御されていたものがサイリスタ制御され，ステップレスでスムースに制御されるようになった．1980年後半には，インバータ制御された誘導電動機駆動システムが実用化されるに至り，直流電車においても，交流電車においても，現在では，新製されるほとんどの車両がインバータ制御車となっている．

15.3.3 電気鉄道の地上電力設備と車両電気機器[15]

a. 地上電力設備

直流き電用き電変電所の代表的な構成を図 15.3.3 に示す．直流き電用地上電力設備機器の中で特徴的なものは，整流器，回生インバータそして直流高速度遮断器である．また，スコット結線変圧器を用いた場合の交流き電用き電変電所の構成を図 15.3.4 に示す．

1) 整流器 シリコン整流器用変圧器とシリコン整流器から構成され，交流を直流に変換する機能を有する．交流側に発生する高調波電流を抑制するために，六相ブリッジ整流器 2 ユニットで構成される 12 相シリコン整流器が用いられることが多

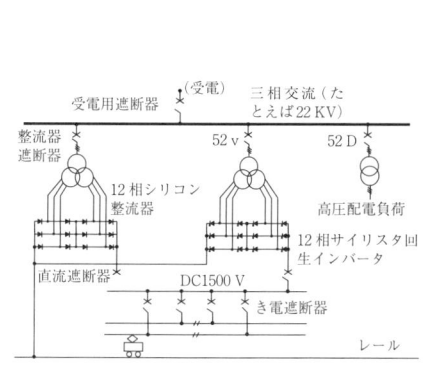

図 15.3.3 直流き電変電所概略構成

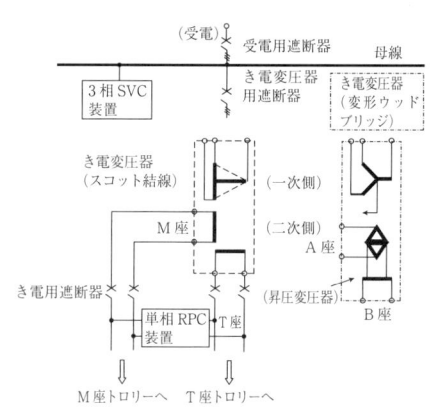

図 15.3.4 交流き電変電所概略機構成

い．直流電流が平滑な場合に発生する交流側高調波電流は次数：$(12n \pm 1)$，大きさ：$\{1/(12n \pm 1)\}$，$n =$ 整数となる．

 2）回生インバータ 交流き電方式においては，当該変電所のき電線，高圧配電負荷ならびに隣接のき電変電所負荷などが交流電源線で相互に接続されている．したがって，車両減速走行時の回生ブレーキで発生する回生電力は，特段の手段を講ずることなく，それらの負荷で消費することができるので安定な回生ブレーキを確保することができる．

 一方，直流き電方式で一般に使われるシリコン整流器は交流から直流への電力潮流のみ可能なために，同一き電区間内の加速車両や車両の補機電源で消費できなかった回生電力を交流高圧配電負荷などで有効活用するためには，制御回路からの信号でターンオン制御されるサイリスタを用いた回生インバータが設置される．

 3）高速度直流遮断器 直流き電回路での地絡事故あるいは車両パンタ事故などが発生した場合に，シリコン整流器から供給される事故電流を速やかに遮断するために高速度直流遮断器が使用される．GTO サイリスタなどの半導体を使用した静止形半導体遮断器や，主接点に真空バルブを使用し高周波転流遮断方式を適用した直流高速度真空遮断器が使用される場合もある．

 4）交流き電用変圧器 一次電圧が高く，一次側中性点を接地する必要がある場合は，図 15.3.4 の一点鎖線内に示した変形ウッドブリッジ結線変圧器が適用される．いずれの場合も，M 座，T 座（または A 座，B 座）の負荷が等しい場合は三相側に不平衡が生じない．M 座，T 座の負荷が不平衡な場合でも電力系統側の平衡，無効電力補償のために三相側に SVC（static VAR compensator）装置（無効電力補償装置），あるいは単相き電側に RPC（railway static power conditioner）装置（単相き電線間電力融通装置）が設置される場合がある．

 b．車両電気機器[16)]

 図 15.3.5 は，誘導電動機を VVVF（可変電圧，可変周波数）インバータ駆動する

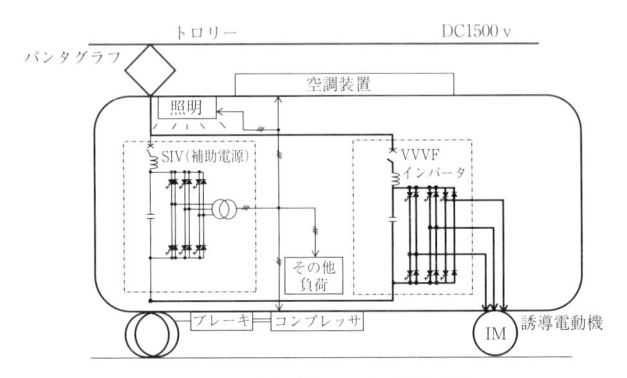

図 15.3.5 直流電車における電力応用

直流電車を電力応用の視点からまとめたものである．以下にこれらの機器の概要を説明する．

1) 推進制御装置　パンタグラフから集電された電力は車両を駆動するVVVFインバータと誘導電動機からなる推進制御システムに給電される．VVVFインバータはGTOサイリスタ (gate turn-off thyristor)，IGBT (insulated gate bipolar transistor) などの自己消弧形電力半導体デバイスで構成され，運転席のマスタコントローラの指令に従い，所要推進力を出力するのに必要な可変電圧，可変周波数電力を誘導電動機に供給する．電力半導体デバイスの進歩は目覚ましく，通電損失，スイッチング損失の大幅な改善によって，GTOサイリスタで使用されていた変調周波数300〜500 HzはIGBTでは1〜2 kHzまで向上し，出力高調波電流の抑制，小型軽量化などが図られている．また，誘導電動機は，通常，構造が簡単で，小型軽量，高信頼，保守性向上などの特長を有するかご形誘導電動機が使用されている．

2) 静止形補助電源装置 (SIV: static inverter)
VVVFインバータが可変電圧，可変周波数電力を誘導電動機に供給するのに対して，SIVは，通常，車両に搭載された車両空調装置，照明，エアコンプレッサなどの電気機器に商用周波数電力を供給するのに用いられる．SIV出力は出力変圧器で絶縁された100 V, 200 Vまたは440 V, 60 Hzが多く用いられている．

15.3.4　最近の技術動向[17]

速く，安全に，大量輸送できることが電気鉄道の大きな使命でありその重要性はますます高まっている．また，近年，社会の様々なシステムに環境との親和性が要求されるなかで，電気鉄道も自然と人間により優しくなることが求められている．これらの観点も踏まえて電気鉄道における最近の技術動向の概略を以下に述べる．

a. 駅，ホーム関連
切符の自動購入，自動座席予約がより容易にできるようになっている．ホーム柵を導入する事業者が増えている．

b. 車　両
できるだけ機械ブレーキを使用しないための純電気ブレーキ化の研究が盛んに行われており，ブレーキ信頼性の向上，定位置停止の精度向上が期待されている．また，車両に搭載した電気二重層キャパシタなどの電力蓄勢装置に回生ブレーキ時の回生電力を一時蓄勢して，再加速時にその電力を再利用するシステムや，水素を燃料とする燃料電池電気鉄道等の研究もなされている．

従来車両間の制御信号は直流100 Vなどが用いられていたが，マイコンを搭載した車両の統合管理システムでは，電線あるいは光ケーブルを用いた信号の多重伝送を利用することで大幅な配線節減を図るとともに，車両搭載機器のデータの収集，解析などが可能になり，保守支援にも大いに役立っている．また，このシステムを利用して車内のディスプレイに文字情報，動画情報を提供するサービスも実用化され，ますま

す普及するものと思われる.
c. 地上電力設備
　車両の純電気ブレーキ化に伴い，運転ダイヤの閑散時などに回生ブレーキ負荷が不足するケースが増えると考えられるので，回生インバータの適用が増加すると思われる．従来はシリコン整流器とサイリスタ回生インバータの組合せで電力供給，回生電力の系統への返還を実現していたが，IGBT などの自己消弧形半導体デバイスの性能向上により，それらの機能を統合した PWM（pulse width modulation．パルス幅変調形）変換装置も実用化されている.

　設備管理，保守支援システムなどへの IT 技術の適用もますます盛んになっている.

〔米畑　讓〕

15.4　ビル・昇降機応用

15.4.1　ビルの電力需要と省エネルギー技術
a.　ビルの電力需要[18]
　建物のエネルギー消費量をみると図 15.4.1 のように用途によって大きな違いがみられる．事務所ビルでは空調と照明・コンセントの需要が大部分である．電力消費比率は事務所ビルなどの民生用ビルが高く 80～90％，給湯・暖房にボイラを使用するホテル・病院が低く約 60％である．またエレベータのエネルギー需要はビル全体の 1～5％程度である.

b.　照　明[19]
　ビルの照明では，蛍光灯が主体となっており，従来から点灯装置として磁気式安定器が使われていた．蛍光灯は点灯周波数が高いと発光効率が高く，10 kHz 以上の高周波点灯では商用周波数に比べ約 11％の発光効率の向上がある．そのためインバータ（電子安定器）を用いた高周波点灯に移行している．インバータ化の特長は高効率に加え，チラツキがない，即時点灯，出力制御が容易などである．また出力制御が容

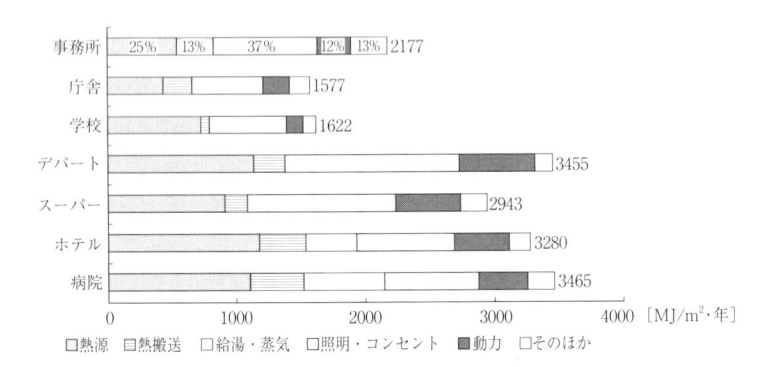

図 15.4.1　各種ビルのエネルギー消費量
（文献 18）p. 2, 3 より抜粋）

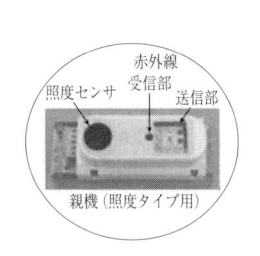

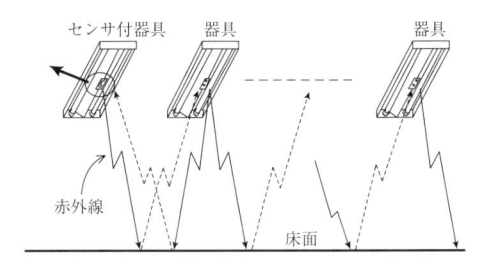

図 15.4.2 配線レス照明制御システム
センサ付器具から制御情報を赤外線で送信, 受信した他器具は制御内容に応じて調光制御するとともに, 他器具へ赤外線を中継し, 全器具が連動制御される.

易であることから, 調光点灯を実現し, 省エネと快適性を両立させることが可能となっている. さらに照明の省エネは冷房負荷の低減にも直結する.

インバータの普及に伴い, ランプ自体も高周波点灯専用に設計されたものが登場した. これらのランプは高周波点灯時に最も発光効率が高く, また, 長寿命になるように設計されている. 従来ランプと比較して明るさを大幅に向上し, さらに専用インバータと組み合わせて約 1.5 倍 (9,000 時間) の長寿命を達成している.

照明を制御することで, さらに 10～30％の省エネルギーが実現できる. 照明制御の機能は, 初期照度補正, 昼光利用制御, 人感制御, スケジュール制御, 施錠連動制御などがある. 昼光利用制御では, 窓から入る外光を活用し, 照度センサを用い照度が一定になるように照明を制御することで電力消費を低減することができる. 人感制御では, 人感センサで人を検知した際に照度が低い時だけ照明を自動的に点灯し, 一定時間後に自動的に消灯することでトイレ, 廊下, ロッカールームの照明の省エネが実現される. 従来, 照明制御システムは制御配線工事が必要であったが, 赤外線でセンサ信号を送受信することで制御配線が不要で既設ビルにも工事が容易な照明制御システム (図 15.4.2) も実現している.

c. 空調[20,21]

ビルの空調設備には大きく分類して, 170～4,400 kW の容量の大型熱源機で生成した冷温水をポンプで各階に搬送し, エアハンドリングユニットで空調するセントラル空調方式と, 14～120 kW の容量をもつ室外ユニットと複数台の室内ユニットを冷媒配管で接続するビル用マルチエアコンがある. 床面積 10,000 m^2 以上の大型ビルでは, セントラル空調方式が, 一方, 床面積 5,000 m^2 以下の中小ビルでは, 個別分散空調方式のビル用マルチエアコンが多用されている.

空調の省エネ技術としては, 氷蓄熱システムによる夜間電力利用, インバータ制御, 空調管理システムによる集中管理などがある.

氷蓄熱空調システムは, 夜間の電力で蓄熱槽に氷を作り, これを昼間の冷房に使用する. 夜間の安価な電力を使うことで, ランニングコストを低減できるだけでなく, 昼間電力を 30％程度低減できることで電力設備の小型化も可能である. また夜

間の電力は原子力でまかなわれており，CO_2 発生量を 30％程度削減することになる．2002 年の時点で運用されている氷蓄熱空調システムによるピークシフト電力は，136万 kW に達している．

ビル用マルチエアコンは，インバータの導入により 10 年間で約 40～50％の省電力化が進んでいる．また，ビル用マルチエアコンは室内機ごとの個別分散制御が可能であり，これを集中的に管理し，温度管理を徹底し，切り忘れを防止することで無駄な運転を防止し，省エネルギーが可能になる．最近では，インターネットを活用し，オフィスのパソコンから空調を管理したり，遠隔地から設備を保守したりすることで常に空調設備を最適に維持し，省エネルギーを実現するシステムが運用されている．

15.4.2 エレベータとエスカレータ
a. エレベータの種類[22~24]

日本で稼働中の昇降機は 2002 年度末で約 60 万台，昇降機の年間需要は同年度で約 3.3 万台（うち，ホームエレベータ 8,000 台）である．世界では 2000 年度で約 600 万台の昇降機が稼働中で，年間需要は約 25 万台といわれている．昇降機は製品寿命が約 25 年以上と長く，保守が重要である．昇降機の中でエスカレータの占める比率は約 10％であり，圧倒的にエレベータが多い．

エレベータは駆動方式からロープ式と油圧式に分けられ，ロープ式はさらにトラクション式と巻胴式に分けられる．油圧式も直接式と間接式がある．トラクション方式のロープ式エレベータは，図 15.4.3 (a) に示すように，かごとつりあい重りがロープでつるべ式に支持されており，巻上機の綱車とロープ間の摩擦力により駆動する方式である．ロープを巻胴（ドラム）で巻き取る巻胴式や油圧式に比べ，所要動力（電

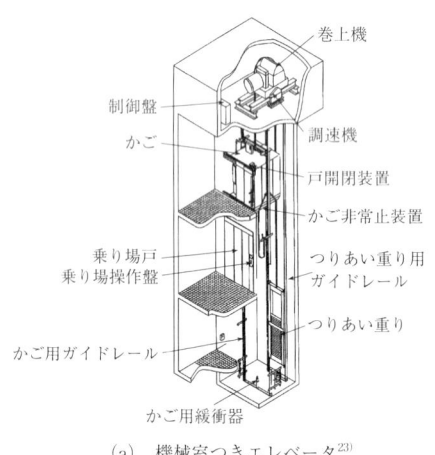

(a) 機械室つきエレベータ[23]　　　(b) 機械室レスエレベータ[48]

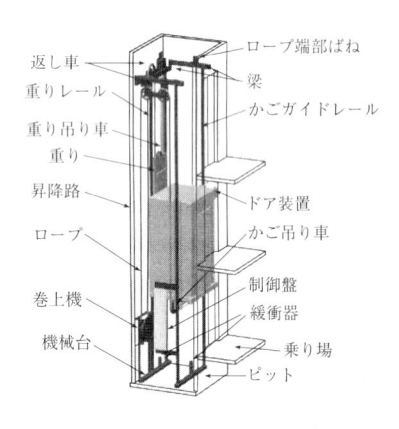

図 15.4.3　ロープ式エレベータ

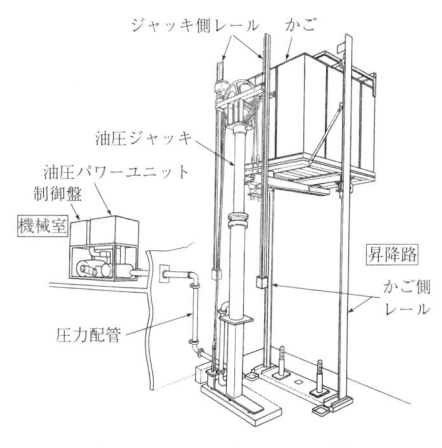

図15.4.4 油圧式エレベータ[24]

動機容量）が小さくて済むのが大きな特長であり，低速から超高速まで広く使われている．巻胴式はつりあい重りが不要であるが，巻胴ゆえの欠点も多く，ホームエレベータなど低速，低揚程に限られている．

油圧式エレベータは油圧ポンプと油圧ジャッキを用いてかごを昇降させる．間接式の油圧式エレベータは，図15.4.4に示すように油圧ジャッキの先端の滑車にロープを掛け，ロープでかごを昇降させる．国内は間接式が多く，アメリカではかごを直接油圧ジャッキで駆動する直接式が多い．油圧式エレベータは原理的に低速，大容量に適しており，日本では機械室をビル屋上に設置しなくてよいという利点から，日影規制を受ける都市部のビルで需要が伸び，1990年代前半にはエレベータ販売台数の約30%を占めるに至った．しかし，機械室レスエレベータが1998年に登場すると急速に需要が減少し，大容量の荷物用・自動車用とホームエレベータ以外はほとんど販売されなくなった．

ロープ式の機械室レスエレベータでは，図15.4.3（b）に示すように巻上機を昇降路内に設置し，制御盤も昇降路内あるいは乗り場の袖壁に設置することで屋上機械室が不要になった．さらに代表的な機種（住宅用，9人乗り，速度60 m/分，5停止）で比較すると，油圧式に比べ電動機容量が1/5に，電源設備容量が1/6に，年間消費電力量が1/3になり，従来のロープ式と比べても各々82%，80%，90%と少し小さくなる．

エレベータは定格速度により，高速エレベータ（120 m/分以上）と，低速エレベータ（105 m/分以下）に分けられる．ホームエレベータは速度が12～30 m/分，定員は3人以下である．乗用エレベータでは乗り過ぎを防ぐため，かご床面積により積載量（定員）が決められている．需要台数が多いのは低速エレベータの中の，速度が45～105 m/分で積載量が450～1,000 kgの標準形エレベータで，2002年度ではホームエレベータを除いたエレベータ全体の約75%を占める．またその90%以上が機械室レスエレベータになっている．最新のエレベータの電動機容量は，高速エレベータが15～210 kW，低速（標準形）エレベータでは2.1～11 kWである．

b. ロープ式エレベータの駆動制御方式と省エネルギー化[22, 24-26]

エレベータは走行時間が短く，乗り心地がよく，しかも着床誤差が小さくなるように制御しなければならない．走行時間は加速時と減速時の加速度と定格速度で決まる．加速度は大きくしすぎると乗客の気分が悪くなるほか，必要な電動機容量も大き

くなる．通常，加速度は 0.6〜1.1 m/s²，着床誤差の目標は±5 mm 以下とされる．エレベータが何階から何階に行くのかが決まると，エレベータの速度制御装置は理想の運転曲線が得られるように，速度指令値を作り，この指令値に追従させるように速度制御する．また起動停止ショックを小さくするため秤起動方式が用いられている．秤装置でかご重量（乗客の重さ）を測り，かごが動き出すときはかごの静止に必要な電動機電流を流してから，機械式ブレーキを解除して動き始める．逆に停止するときは，かごが完全に停止するまで電動機で制御し，停止してから機械式ブレーキを動作させ，そのあと電動機電流を遮断する方式が主流である．ブレーキは非常停止時以外は磨耗しないため，保守の省力化にも役立っている．

　エレベータはロープでつるされた非常に振動しやすい構造であるため，特に低トルクリプル（トルク脈動）の電動機を使用し，電動機制御でも低トルクリプル制御やかご振動を抑制する制御が要求される．またビル内のほかの機器に影響を及ぼさないよう電源高調波対策や電磁妨害 EMI（electromagnetic interference）対策が必要である．

　ロープ式（トラクション式）エレベータの駆動制御方式と省エネルギー化の歴史を図 15.4.5 に示す．高速エレベータでは減速機のないギヤレス巻上機が主に用いられてきた．低速エレベータではウォーム歯車減速機（効率 60〜70％），次に，はすば（ヘリカル）歯車減速機（効率 95％）のギヤード巻上機が主流であったが，機械室レスエレベータになり巻上機の小型化，低騒音化のために，永久磁石同期電動機のギヤレス巻上機に代わった．

　高速エレベータは古くは MG（motor generator）セットを必要とする直流電動機のワードレオナード方式，次に MG セットが不要のサイリスタレオナード方式が用いられた．低速エレベータは誘導電動機の極数変換による交流二段制御方式，次にサ

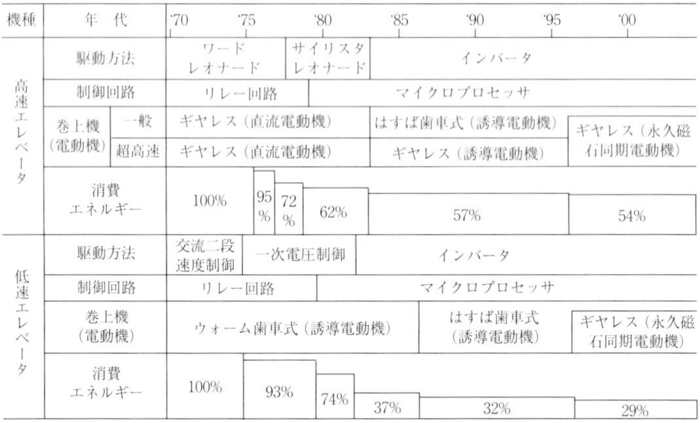

図 15.4.5　ロープ式エレベータの駆動制御方式の変遷[25]

イリスタにより誘導電動機の一次電圧を制御する交流帰還一次電圧制御方式が用いられた．サイリスタ制御の時代に制御回路もリレー回路からマイクロプロセッサに置き換えられた．これらにより高速エレベータでは約40％の省エネルギーが達成された．

1983年にパワートランジスタを用いた交流可変電圧可変周波数（VVVF）制御方式，すなわちインバータ制御方式が高速エレベータで実用化され，翌年には低速エレベータにもインバータ制御方式が導入された．低速エレベータでは一次電圧制御方式に比べ約50％もの省エネルギーになり，乗り心地も高級エレベータなみとなった．

1996年，高速エレベータで誘導電動機に代わり永久磁石同期電動機が実用化され，1998年には低速エレベータにも機械室レスエレベータの登場に伴い永久磁石同期電動機（ギヤレス巻上機）が実用化された．永久磁石同期電動機は希土類永久磁石を用いており，誘導電動機に比べ小型化や薄型化が可能なうえ，回転子側の銅損も生じない特長がある．

高速エレベータの代表的な駆動制御システムは図15.4.6の構成となっており，電動機が発電制動するときの回生電力を電源側に回生するため電圧形PWM（pulse width modulation）順変換器（高力率コンバータ）を採用している．電源側制御においてPWM順変換器の出力電圧を一定に制御するとともに，電源電圧の位相を検出して電源側力率を力行時1に，回生時には−1になるように制御する．また電源高調波も大幅に低減されている．低速エレベータでは順変換器部はダイオードで構成し，回生電力は抵抗で消費する方式が主流である．

最近低速エレベータにニッケル水素蓄電池を用い，回生電力を電池に蓄え，力行運転時には蓄電池システムと商用電源のハイブリッド運転を行う方式が実用化された．約20％の省エネルギー化が可能なうえ，停電時にも低速で10分程度運転を継続できる．

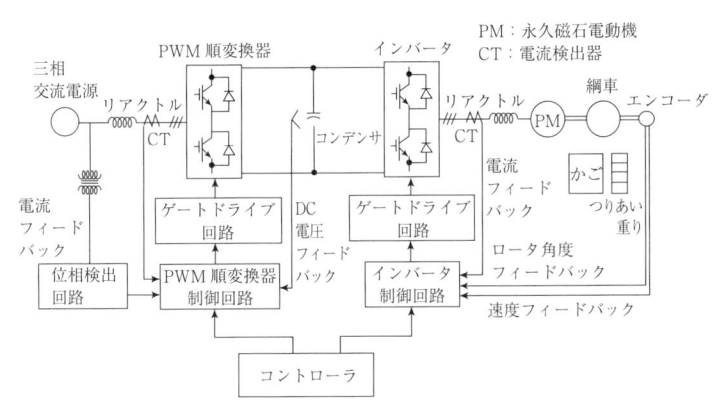

図15.4.6 高速エレベータの駆動制御システム[26]

c. エレベータの運転操作方式と群管理[24, 27)]

エレベータが1台の場合は，乗合い全自動方式が採用される．乗り場ボタンは上り下りで2個ある．乗り場やかごでボタンが押されると呼びが登録される．かごは登録された呼びに応じて起動し，運転方向の呼びに答えて順次停止し，前方に呼びがなくなると自動的に運転方向を反転する．エレベータが2台になると，群乗合い全自動方式が採用される．これも乗り場ボタンは上り下り2個である．2台のかごが合理的に連携して，乗合い全自動運転をする方式である．

3台以上になると群管理システムが用いられる．古くはリレー回路が用いられていたが，1970年代後半にマイクロコンピュータを用いた呼び割当て制御方式と即時予報方式が実用化され群管理性能は大幅に向上した．これらは乗り場呼び単位にかごを割り当てる方式，および割当かご決定後即時にホールランタンを点灯し，割り当てかごを予報する方式である．1980年代後半にはエキスパートシステム，ファジィ理論，ニューラルネットなどのAI（artificial intelligence）技術を用いた群管理が登場し，さらに性能が向上した．群管理では輸送効率の指標としての平均待ち時間や平均サービス完了時間（乗客がホールに来てから目的階に到着するまでの時間）に加え，長待ち率（たとえば1分以上）も重視される．群管理システムでは呼び割当て制御と出勤時，平常時，昼食時などで変化するビル内交通パターンへの適応制御が重要である．最近群管理の性能をさらに高める方式として，乗り場行き先階登録方式が実用化された．これは乗り場の上り下りボタンの代わりに，行き先階を登録できるボタンと乗るべき号機を示す表示装置を設置し，乗り場ボタンが押された時点で群管理装置が行き先階を知るとともに，行き先階が同じ乗客は同じかごに乗車してもらうことにより，全体としてかごの停車階数を減らし輸送効率を高める方式である．

d. エスカレータ[23, 24)]

エスカレータは大量輸送を目的としており，待たずに乗れる特徴がある．標準的なエスカレータは勾配が30°，速度が毎分30mで，踏段（ステップ）幅が1mと0.6mの2種類ある．それぞれ9,000人/時と4,500人/時の輸送能力がある．条件により，速度が45m/分のものや勾配が35°のものも認められている．動く歩道ではステップ幅が1.4mのものも許容され，空港などにみられる．

エスカレータは多数の踏段が踏段チェーンに連結されており，この踏段チェーンを上部に設置された駆動機で鎖歯車（スプロケット）を介して駆動する構造になっている．手すりへも鎖歯車から動力が伝達される．この駆動機が1台の方式は揚程が高くなると駆動機が大型化する．これに対し標準駆動機を傾斜部に分散配置するマルチ駆動方式（モジュラ方式）があり，高揚程に適している．エスカレータには駅などでみられる車椅子用ステップ付きエスカレータや，螺旋階段のスパイラルエスカレータもある．

エスカレータの省エネルギー技術としては，駆動装置の減速機としてウォーム歯車に代わりヘリカル歯車を用いる方式，光電装置を用いて乗客の有無に応じ自動的に運

転停止させる自動運転式エスカレータがある．欧州ではインバータ駆動により乗客の有無により定格速度運転と低速運転を連続的に切り換える方式が多く，常に運転方向が分かる利点がある．　　　　　　　　　　　　　　　　　　　　　　〔阿部　茂〕

15.5　家庭応用

15.5.1　家庭の電力需要

　家庭のエネルギー消費量は増加を続けており，特に電力の伸びが著しい[28]．家庭1世帯1ヵ月当たりの電力量推移を図15.5.1に示すが，1970年と2000年を比較すると，2.5倍以上の伸びを示している．図15.5.2は，家庭における電力消費の内訳を示す．ルームエアコン，冷蔵庫，照明器具，テレビの4機種で約2/3を占め，家庭内の省エネ実現には，これら4機種の省エネが大きな効果を示す．

　家庭における生活の利便性を向上する新しい家電製品として，IHクッキングヒー

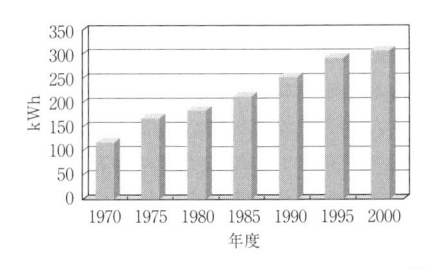

図15.5.1　家庭1世帯当たりの電力消費量推移[29]
（1ヵ月当たりの平均電力消費量）

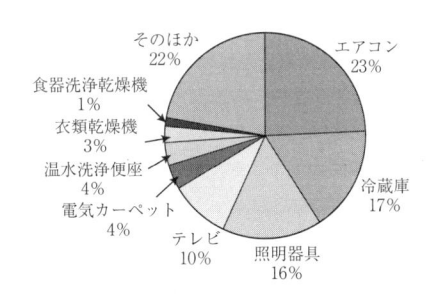

図15.5.2　家庭内における電力消費[30]

表15.5.1　改正省エネ法の指標区分と省エネ効果

機器名	エアコン	照明器具	テレビ	VTR	冷蔵庫
対象範囲	冷房専用，冷暖房兼用で25 kW以下	蛍光灯	ブラウン管型で交流電源使用	ディジタルを除く交流電源使用	JISC9607 横置きを除く
指標	COP	全光束/消費電力	年間消費電力量	待機消費電力	年間消費電力量
区分	冷房能力	形状/スタート形式	サイズ/アスペクト比	画質タイプ	製品区分/冷却方式
目標基準値例	4.90 3.2 超 4kW 以下セパレート	82 lm/W 環形区分62 超72以下	136.9 kWh/年 ワイド29インチ	2.5 W 高画質BSチューナ	（調整内容積） ×定数+定数
目標年度	2004/2007年度	2005年度	2003年度	2003年度	2004年度
省エネ効果	63%（冷暖兼用） （1997冷凍年度）	16.6% （1997年度比）	16.4% （1997年度比）	58.7% （1997年度比）	23% （1998年度比）

タ，食器洗浄乾燥機，洗濯乾燥機などが伸長をみせており，家庭内の電力消費は今後も増大することが予測され，省エネの取組みが重要となる．

省エネ対策を実現するために，1999年に省エネ法が改正され，省エネ基準が強化されるとともに，「トップランナー方式」などの新しい施策が導入された．従来は，市場製品のエネルギー消費効率の平均値が目標の基準であったのに対して，トップランナー方式では，エネルギー消費効率の最も優れた製品の値が目標値となる．家庭用電気機器では，表 15.5.1 に示すように，指標と目標値が決められている．

15.5.2 家電機器の省エネ技術

家庭電気機器の省エネの取組みは継続的に行われている．図 15.5.3, 15.5.4 にルームエアコンと冷蔵庫の消費電力量推移を示すが，圧縮機，熱交換器，ファンなどデバイスの効率向上により，10年前と比較してルームエアコンでは約 1/2, 冷蔵庫では約 1/3 と大幅に消費電力が低減されている．

家庭用電気機器では，使用時の消費電力に加え，リモコンなどの使用に備えた待機消費電力が家庭における消費電力の約 10% を占め，その削減が重要である．表 15.2.2 は，家庭用機器の待機消費電力平均値[31]を示す．VTR，ルームエアコン，電子レンジなど，使用率の高い機器の待機消費電力が大きく，消費電力を限りなく 0 に近づける取組みが進められている．カラーテレビの待機消費電力は，表 15.2.2 の 1.5 W から，2000 年では 0.1 W と大きく低減している．

a. ルームエアコン

家庭電気機器で年間消費電力量の最も大きなルームエアコンの省エネは，非常に重要であり，冷熱サイクルおよび熱交換器や圧縮機など構成部品の高効率化技術開発が進められている．省エネルギーや室内外気温差が小さい冷房中間期の快適性向上を目的に，ルームエアコンでは再熱除湿冷凍サイクルが採用されているが，高効率化技術として，冷媒回路内の圧力損失を低減する気液分離型冷凍サイクルの開発導入がある．気液分離型冷凍サイクルは図 15.5.5[32]に示す構成で，ガスバイパス回路を設置

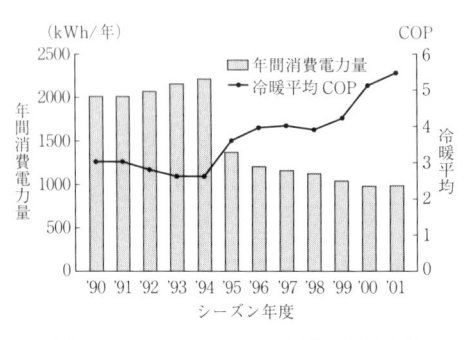

図 15.5.3 ルームエアコンの消費電力量推移

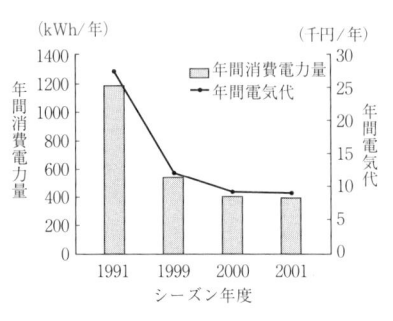

図 15.5.4 冷蔵庫の消費電力量推移

表 15.5.2 家庭用機器の待機消費電力

用途	機種	待機消費電力（平均）W
AV	テレビ*	1.5
	VTR*	6.9
	CDラジカセ*	3.5
空調	エアコン*	4.6
	石油ファンヒータ	5.1
	扇風機*	0.5
衛生	洗濯機	1.2
情報	パソコン	3.5
厨房	炊飯器	2.2
	電子レンジ	4.8
	食器乾燥機	1.6

*リモコン使用機種

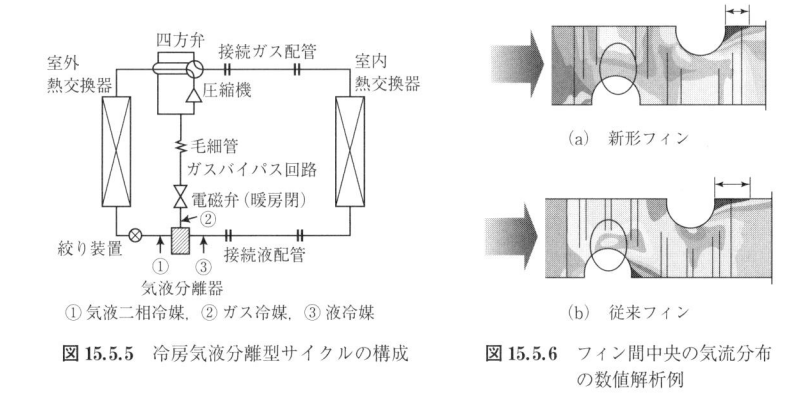

図 15.5.5 冷房気液分離型サイクルの構成
① 気液二相冷媒，② ガス冷媒，③ 液冷媒

図 15.5.6 フィン間中央の気流分布の数値解析例
(a) 新形フィン
(b) 従来フィン

することにより，圧力損失を低減させ，冷房能力増加やCOP（エネルギー消費効率．coefficient of performance．＝冷房・暖房能力[kW]/消費電力[kW]）改善を実現する．

要素デバイスとして重要な熱交換器では，フィン形状の設計に流体シミュレーションが適用（図15.5.6）され，低通風抵抗で空気側伝熱性能を向上させたフィン形状が開発，導入されている[33]．

b. 冷蔵庫

冷蔵庫は，1年中稼働している機器であり，省エネ効果が大きい．庫内を冷却するための冷熱システムにおいて，デバイスや運転条件の最適化が行われている．図15.5.7に，冷蔵庫で使用される整流回路の例を示す．従来は倍電圧整流回路が使用されてきたが，最近では全波/倍電圧切替整流回路やトランジスタのスイッチング動作によりリアクタ電流を制御するアクティブ整流回路を搭載し，高効率化を実現している．

(a) 倍電圧
　　（低コスト）

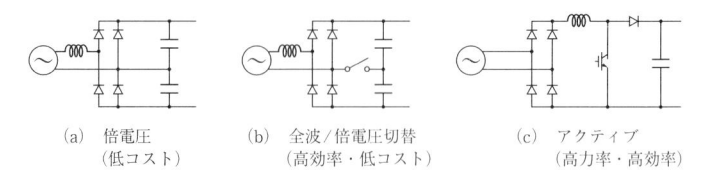

(b) 全波／倍電圧切替
　　（高効率・低コスト）

(c) アクティブ
　　（高力率・高効率）

図 15.5.7 冷蔵庫の代表的な順変換回路

冷蔵庫では，断熱技術も省エネには重要である．冷蔵庫箱体の高断熱技術，扉パッキンの断熱性改良の取組みが継続して行われている．最近導入が進んでいる真空断熱パネル（vacuum insulation panel）は，気体透過性の非常に小さな容器（フィルム）の中に，形状（大気圧）を保持するコア材を封入し減圧することにより，代表的な冷蔵庫断熱材であるウレタンフォームの 1/4～1/6 の低い熱伝導率を示す．コア材としては，有機系粉体，連続気泡フォーム，無機フィラなど，真空中でガス発生の少ない材料が選ばれる．最近では，ミクロフィビリルガラスをコア材とした超低熱伝導真空断熱パネルの採用が増加している．パネル中のゲッタ（getter）剤は，使用中に発生したガスを吸着し，真空度を維持する．

c. 照明器具

日本の住宅照明は，蛍光灯が主体で，従来は点灯装置として磁気式安定器が使われていた．蛍光灯は点灯周波数が高いと発光効率が高いという特性をもち，磁気式安定器と比較して 10 kHz 以上の高周波点灯では発光効率が約 11 % 向上する．そのため，商用周波数による点灯から，インバータを用いた高周波点灯に移行している．

1) インバータによる省エネ　点灯装置のインバータ化は，高効率，チラツキがない，即時点灯，出力制御が容易などの特長がある．出力制御により，調光点灯が可能となり，省エネと快適性を両立させることが可能となっている．住宅用照明器具におけるインバータ化率は約 40 % に達し，今後さらにインバータ化が進むと考えられる．

2) 高効率ランプの開発　インバータの普及に伴い，高周波点灯専用に設計されたランプが開発された．高周波点灯時に最も発光効率が高く，長寿命になるように設計され，専用インバータと組み合わせて約 1.5 倍（9,000 時間）の長寿命を達成している．高周波点灯専用ランプは，管径が従来の 29 mm に対して 16 mm と細くなり二重環形は高出力となっている．小口径であることから，ガラス使用量が少なく環境に与える負荷も小さく，器具を薄型にできる．

3) 電球形蛍光灯　家庭内において，白熱電球は，洗面所，浴室，トイレ，廊下，門灯などに幅広く使用されてきたが，蛍光灯に比較して消費電力が大きい．電球形蛍光灯は，図 15.5.8 に示すように，白熱電球とほぼ同等形状のカバーの中に，屈曲形蛍光ランプとそれを点灯するためのインバータ回路が内蔵されている．電球形蛍光灯は，同等の明るさの白熱電球に対して，省電力，長寿命といった特長に加え，発光色のバリエーションもあり，今後需要の拡大に伴い省エネが期待できる．

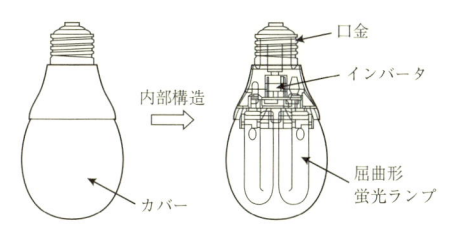

図15.5.8 電球型蛍光灯の構成

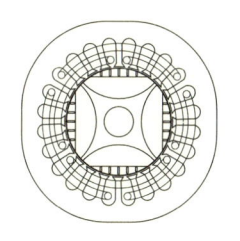

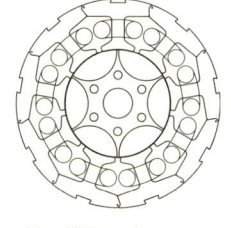

(a) 従来モータ
(4極・分布巻・IPM)

(b) 新型モータ
(6極・集中巻・IPM)

図15.5.9 ブラシレスDCモータ断面

4) システム制御による省エネ

照明ではセンサを用いて制御システムで照明を制御することで，10%以上の省エネが実現できる．人感センサで人を検知し，照度が低いときのみ照明を自動点灯し，一定時間後に自動消灯することで省エネが実現される．

d. モータ

住宅内で使用されるほとんどの家電機器においてモータが使用されているため，住宅の省エネではモータの効率向上が重要である．ルームエアコンの圧縮機に使用されるブラシレスDCモータでは，シミュレーション技術を適用して，短期間の開発で高効率化を実現した[34]．

図15.5.9 (a) は従来の三相4極24スロット，分布巻きステータとIPM (interior permanent magnet) ロータを組み合わせたモータを示す．図15.5.9 (b) は，三相6極9スロット，集中巻きステータとIPMロータを組み合わせた新型モータで，ステータはコイルを巻く突起部のティースが分割連結された関節型連結分割構造を採用している．モータの損失は，銅損と鉄損に大別されるが，新型モータは集中巻きと連結コア構造により，銅損低減を実現している．モータステータの磁束密度解析では，4極から6極にすることにより，磁束密度が分散し，ロータの磁束解析と合わせて，材料選定，モータ設計を行い，試作評価において30%以上の鉄損低減が確認され，高い効率を実現している．

家電機器のパワーエレクトロニクス技術は，製品の高性能化，省エネと密接に関係するため，インバータをはじめ，今後もますます重要になる．

15.5.3 電力負荷の平準化

家庭における電力負荷は，家族がそろう夕方から夜にかけてピークとなる（図15.5.10）．家庭における電力負荷の平準化については，深夜電力温水器が長い実績を有しているが，最近，深夜電力を用いるエコアイス（氷蓄熱），エコキュート（ヒートポンプ式給湯器）などの新しい機器が導

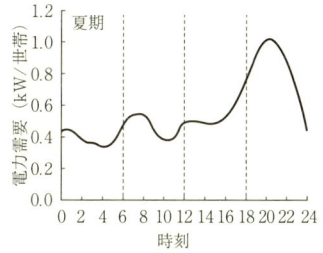

図15.5.10 家庭の1日における電力需要（夏期）

入されはじめた．太陽電池，風力発電，マイクロガスタービン，燃料電池などの分散電源も将来的には負荷平準化に貢献すると考えられる．

15.5.4 新家電機器の動向

家庭内のエネルギー需要を電力でまかなうオール電化システムが，安全性，操作性などの観点から本格的に普及しつつある．ガスコンロ，ガス給湯に代えてIHクッキングヒータ，ヒートポンプ式給湯器がオール電化システムの中核となる．IHクッキングヒータは，20〜60 kHzの高周波をコイルに流し，電磁誘導で調理器具を加熱する．直火を使用しないため安全であること，温度制御が容易であることなどから，安全性の高い調理器具として利用が伸びている．ヒートポンプ給湯器はCOPが3以上と大きな省エネとなる．

インターネットや携帯電話の普及により，家庭内のIT化が急速に進んでいる．IT化により，従来の機器個別の性能向上から，住宅全体を総合的に制御するシステム技術がより重要性を増すと予想される．各種センサと家電製品をネットワーク化することにより，住宅全体の省エネ制御とエネルギーモニタが可能となる．家庭用エネルギー管理システム（ホームエネルギーマネージメントシステム，HEMS：home energy management system）の導入に伴う省エネ効果を，ルームエアコンについては約14%，そのほかの家電機器については約10%とした場合，普及率30%で原油換算約90万klの削減効果が試算されている．

HEMSでは，学習効果を付与した最適制御（空調），人感センサによる消し忘れ防止（照明），使用量予測による貯湯量制御（給湯）などにより，快適性を損わずに省エネが実現される． 〔馬場文明〕

15.6 静 電 気 応 用

15.6.1 静電気応用技術の概要

a. 序

静電気の歴史は古く古代ギリシャ時代に既に記述されている[36, 37]が，その応用は意外に知られていない．静電気のイメージは，ショック，爆発や火災の原因など暗いものが多い．静電気の本格的な研究は，石油化学工業の発達との関連が深い．最近，静電気現象が科学的に解明され，電気分野の研究者も興味をもつようになった．特に，電子産業の発達は，より新しい静電気分野を広げつつある．応用例と静電気安全問題の概略を紹介する．

b. 帯電とその対策

冬が近づくと静電気関係の番組が必ず放送される．静電気が一般の話題になるからである．冬になると湿度が下がることに起因する．湿度が下がると様々な物質の電気抵抗が増加し，電荷の緩和時間が増加して電荷が貯まりやすくなる．通常，静電気現象を説明する場合[38]，① 電荷発生（分離），② 電荷移動，③ 電荷緩和，の3つの素

過程を考える．

具体的な帯電現象の基本は接触帯電であるが，接触の状態によって，摩擦帯電，剥離帯電，噴出帯電，流動帯電，凍結帯電（雷の主原因），粉砕帯電などが自然界で存在する．

人工的な帯電方式としては，誘導帯電，コロナ帯電が有名である．

静電気対策は，電気抵抗を下げることが普通である．導電性の高い材料を混ぜることが多い．導電性材料としては炭素がよく用いられる．金属細線を混ぜ込む技術もある．感電による事故を防ぐ意味から，帯電防止を目的とした場合，この漏洩抵抗は $10^9 \sim 10^6 \Omega$ [39] にすることが多い．また，静電シールドとしては $10^4 \Omega$ 程度にすることもある．

工業的には[36-40]，反対極性の電荷を発生させて中和する方法もある．交流コロナ放電を用いることが多い．これを通称アイオナイザと呼ぶ．処理は速いが，みかけ上の緩和にすぎず，時間とともに電荷が回復することもある．帯電面に突起部を有する導体（主に金属線や金属針）を近づけ自己放電によって中和する自己放電形除電器もある．接触面積を小さくするなど帯電そのものを減らす工夫もたえず行われている．

c. 静電気力[36]

静電気の特徴の１つに，静電気力がある．その基本は，クーロン引力である．静電気分野で用いる力には，ほかに，電界方向に回転力を発生する配向力，周囲より誘電率が大きな物体を電界強度の大きい方に引きつける勾配力（グレーディエント力）がある．いずれも，厳密にはクーロン力によるものである．

d. 静電気放電

静電気放電は，b. で述べたように，離れた場所に静電荷が蓄積して一定以上の電圧となったとき，絶縁破壊が生じる現象である．放電電流は短時間でなくなる．人間の静電容量は数 10 pF なので，静電電位 1 kV では，放電エネルギーは高々数 10 μJ である．水素の最小着火エネルギーもほぼ 20 μJ と同じ程度である．一方，半導体素子は，小型化，高速化が進んだ結果，より少ないエネルギーで破壊されるので新たな対策が必要となる．静電気放電は短間隙で発生することが多く高周波雑音を発生する．従来は，エネルギーも少なく影響はなかったが，電子素子の小型化，高速化は，静電気放電による誤動作の可能性を増加させ，大きな問題となりつつある．

e. 各種の静電気応用技術[36,37]

静電気利用技術の詳細は後述するが，そのほかの主なものを紹介する．静電吸着力を利用した静電塗装がある．塗料をコロナ放電や誘導帯電で帯電させ，対象物体に付着させる．塗料が飛び散らない，裏面まで回り込んで塗装できる，密着性がよい，薄くて強い塗装ができるなどの長所を有する．液体溶媒を使う塗装と，粉体塗料を静電気で付着させる粉体静電塗装技術がある．類似の技術として絨毯やフェルト生地を作製する静電植毛技術がある．接着剤をつけた基盤生地と反対側との間に強い電界を印加すると，その間に置かれた繊維片は，電界方向にそろい，クーロン力によって緻密

に生地に植え付けられる．密度が一様で強く付着できる．帯電特性や導電性の違いを利用する静電選別も既に実用化されている．誘導帯電やコロナ帯電させた粒子の付着力の減衰の違いを利用したり，電界中での移動を利用したりして分離する技術である．ノズルに高電圧を印加するとノズルから出る液滴が微細化する．この技術を静電霧化と呼び，各分野で利用されている．

15.6.2 環境改善への応用
a. 電気集じん装置の概略[36]

静電気を応用した環境改善技術として，静電気技術を産業分野に利用した最初の例としても有名な電気集じん装置（ESP：electrostatic precipitator）がある．これは，産業排気ガスなどの気相中に含まれた粒子状汚染物質（ダスト）を静電気引力で効率よく除去する装置である．圧力損が少なく大型装置に適している．わが国では，LNG以外のほとんどの火力発電所で飛灰（フライアッシュ）捕集（ダスト捕集）に採用されている．海外（オーストラリア，アメリカ）ではトラブルが発生し，石炭火力発電の一部では利用されていない．わが国でも，都市ゴミ焼却炉用電気集じん装置でダイオキシン発生が報告され，バグフィルタ（電気掃除機の袋を大きくしたもので，機械的に浮遊粉塵を捕集するもの）に取って代わられた．

電気集じん装置は，ダストサイズが $100\,\mu m$ から $100\,nm$ 程度の微粒子を99.9％以上捕集することができる技術で，放電電力を考慮しても，送風動力がほとんど不要なことから全体の消費電力が少なく，維持費の少ない装置である．初期コストが高いこと，集じんできるダストの電気抵抗率に制限があること（$10^4 \sim 5 \times 10^{10}\,\Omega\,cm$）が欠点である．粘着性粒子や着火性ダストあるいは着火性雰囲気では使えない．

b. 動作原理と構造

電気集じん装置の一部を図15.6.1に示す．平行配置の集じん極板の間に一定間隔で放電極線（角や突起付棒）がある．この放電極線に高電圧を印加すると放電極でコロナ放電が発生し，形成されたイオンは，電界によって集じん極側に移動する．粒子があるとイオンは粒子に付着し帯電する．帯電した粒子は，クーロン力によって集じん極板に引き寄せられ，付着する．ある程度ダストが付着すると，図にみられる槌打装置で集じん極板をたたき，付着したダストを下に落とす．この集じん極板を平行に数列並べたものが基本ユニットである．集塵極板間隔は25cmから1m程度である．産業的には，$40 \sim 100\,kV$ の負電圧電源を用い，室内用には，NOx，オゾンの発生を防

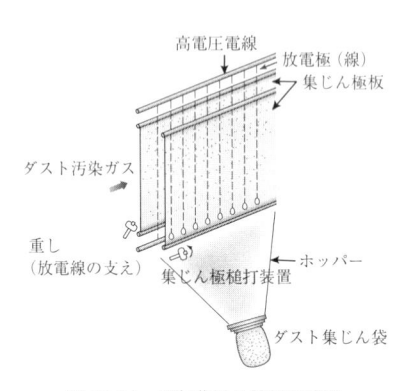

図15.6.1 電気集じん装置概略図

ぐため正の高電圧を用いる.

c. 問題点とその対策

　ダストの電気抵抗が小さいと，集じん極に捕集されたダストの電荷は直ちに緩和し集じん極板から剝がされる．これを再飛散と呼ぶ．電気集じん極板に電気抵抗の高い帯電粒子が堆積すると，帯電粒子層の電荷量が増加して放電が発生し，電荷が緩和され，付着粒子は再度気流中に飛散する．この現象をバックコロナと呼ぶ．集じん極表面に水を流す湿式集じんなどの対策はあるが維持費が高い．処理ガスの温度を300～400℃にする高温電気集じん装置，帯電部と集じん部とを分けた二段式集じん装置，パルス荷電法がある．移動電極形電気集じん装置もある．現在は，高電圧を短時間で変化させて放電電流と集じん電界を別々に制御する間欠荷電，パルス幅が大きく安価なパルス荷電が使われる．

d. そのほかの静電フィルタ

　コロナ荷電は利用しないが静電気力を利用して粒子を捕集するものを静電フィルタという．平行電極間に電圧を印加するものもあるが，不織布内部に電荷を閉じこめたエレクトレットフィルタがある．正負の電荷がまばらに分布していると，帯電粒子は，逆極性電荷のある場所に付着する．帯電していない粒子も勾配力で電界集中箇所に付着する．マスクや空調などに利用されている．

15.6.3　画像分野への応用[36,37]

　静電気を画像処理に利用する代表的技術が静電複写技術（ゼログラフィー）である．1938年，カールソンが光画像を電荷信号に変換（これを静電潜像と呼ぶ）し，その静電潜像を可視化する技術を発明・開発した．この動作原理図を図15.6.2に示す．光導電性感光体表面をコロナ放電によって一様に帯電する（(a) 帯電）．帯電面に複写したい像を結像させる．光照射面は導電性となり電荷は感光体を流れ消失する．非照射部にのみ電荷（図では正電荷：静電潜像）が残る（露光過程）．静電潜像上でトナー粒子（図の場合，負に帯電したトナー粒子）を浮遊させると電荷のある場所のみトナーが付着する（現像プロセス）．この感光体を紙で覆い，その上から再度コロナ放電を行う．クーロン力で静電潜像の上に付着していた負のトナーを紙の上に引きつける．これを転写という．この紙をヒータで加熱する．トナーは溶けて紙に密着する．これを定着という．現在，感光体は，ドラム形状（円筒）である．このドラムが，荷電部，露光部，現像部，転写部を次々と回転しながら通過していく．ドラムを小型化することで装置も小型化する．露光部は，面ではなく線状である．

　レーザプリンタも，この原理を応用したものである．像を光学的に結像する必要がなく，線状に露光すればよい．半導体レーザを光源とし，多角形ミラーを高速で回転させることにより，レーザ光を感光体ドラムの横方向に掃引する(ポリゴンスキャン)．照射場所と同期してレーザ光を止めるなどの制御を行うことで信号に応じた静電潜像を形成する．定着までのプロセスは，静電複写と同じである．半導体レーザの代わり

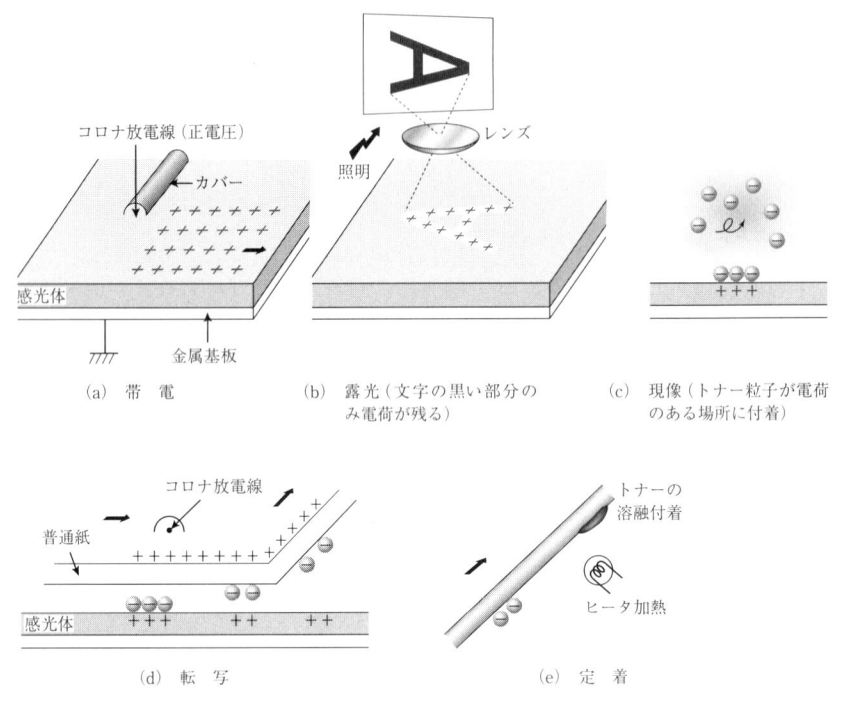

(a) 帯電　(b) 露光（文字の黒い部分のみ電荷が残る）　(c) 現像（トナー粒子が電荷のある場所に付着）

(d) 転写　(e) 定着

図 15.6.2　静電写真の原理図

に，発光ダイオード列や液晶シャッタなども使用される．

　カラー複写機では，三原色の露光・現像が必要である．3つの感光体ドラムの調節が難しいことからディジタル化が進み[41]スキャナで画像をディジタル化し，カラー（レーザ）印刷機（トナーは三原色に黒を追加）で印刷するようになった．現在は，白黒複写機もスキャナでディジタル化してから印刷する．感光体ドラムは1本で，トナーのみを内部で交換する方式（カラー印刷は白黒印刷の3～4倍時間がかかる）と感光体ドラムを4本一直線上に並べて連続的に露光し，印刷する紙は，4つのドラムを次々に通過していくタンデム方式がある．コロナ荷電をやめて電圧を印加したローラを接触させて帯電させる手法に代わりつつある．高電圧を用いないこと，窒素酸化物やオゾンが発生しない利点がある．定着においても，誘導加熱によってヒータの消費エネルギーの減少と応答速度の向上がなされている．

　コンピュータプロジェクタでは，液晶シャッタのほかにDMD（dynamic mirror device）[42]が最近使われる．半導体集積回路制作技術を応用して作られたもので，同じ金属製カンチレバーとヒンジで支えられたミクロンサイズの可動ミラー面を1チップ上に多数（百万個以上）製造する．各ミラー面を静電引力で動かすことができる素子である．ランプからの光を各画素ごとに制御してスクリーン上に投影するか，ほか

の場所（吸収体）に移すかを制御することで画像を映し出す．小型化，光源の強力化，応答速度の向上，広いダイナミックレンジ（光の有無による明るさの違い）に特徴がある．CCDセンサなど各種撮像管も光信号を電気信号として取り出していることから静電信号変換器ともいえる．

16.5.4 静電気技術の最近の動向
a. バイオ操作

細胞，さらには，DNAやそのほかの生体高分子を静電気力で制御することが可能である．溶媒中の生体高分子に働く電気力には2つあり，クーロン力と勾配力である．クーロン力によってDNAを移動させる速度が長さによって異なることを利用し分離する手法がある．液中でのクーロン力による移動を化学の分野では電気泳動と呼ぶ．勾配力は，電界強度の二乗の変化に比例し，誘電率の違いにも依存する．また，勾配力によって，粒子間に力が働き，鎖状につながる．これを数珠玉形成と呼ぶ[44]．くわしくは，エネルギー計算などにより解析される[37,43]．

細胞に電界を加えると，細胞の列ができる．列の長さ（細胞数）をDCR（dielectrophoretic collection rate）という．周波数を変えると誘電率の違いからDCRの大きさが変化する．図16.5.3にその様子を示す．媒質より細胞の誘電率が大きい周波数の間は，細胞の列ができてDCRが正となる．逆に，細胞の誘電率が小さい場合には，DCRが零となる．生きた細胞と死んだ細胞で誘電率の周波数特性が違う場合，一方のみDCRが現れる周波数の電圧を印加すれば，細胞の生死で分離できる．電圧を印加すると先端部に電界集中が起きるため，新たに発生する勾配力により細胞を引きつけることができる．電圧変化で細胞を目的の場所まで誘導することが可能である．

回転電界を印加することで高分子を回転させることも可能である．平行電極間に電圧を印加すると液体がその間に吸引され，電圧を止めると液体は表面張力で多数の液滴となる性質を応用して，化学薬品を含んだ液滴を制御して配置する技術もある[45]．レーザ光圧力も併用した生体の操作も研究されている[37]．DCRにパルス高電圧を印加すると細胞壁が破壊されて1つの細胞となる．これを細胞融合と呼ぶ．ナノテクによる微細加工技術の進歩で，静電気アクチュエータが，バイオ関係に限らず様々

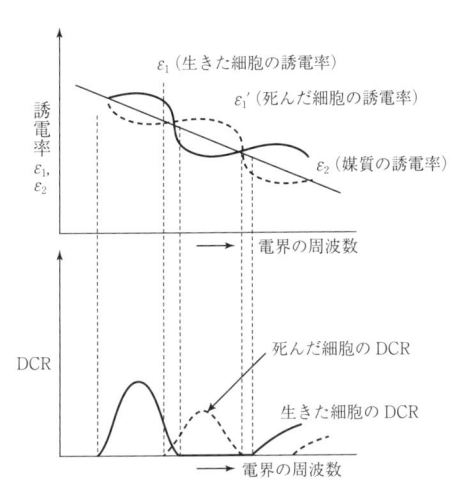

図 15.6.3 DCRの周波数依存性（仮想モデル）

b. 大気圧プラズマ応用[46,47]

電気集じん装置のパルス放電を強くすると化学反応力がきわめて強くなることが昔から知られていた．パルス放電を利用して形成した大気圧プラズマを応用して環境改善を行う研究がある[37]．本来，静電気とは異なりプラズマ応用であるが環境対策技術なので紹介する．用いられる放電は，パルス幅が $1\,\mu s$ 以下のパルス放電，数十kHzから商用周波数までの交流高電圧を用いる放電（この場合には，バリア放電か，沿面放電）である．放電プラズマ領域に誘電体粒子を入れる（触媒を入れることもある）場合もある．燃焼排ガス中のNOx除去，大気中の有害有機物（ダイオキシン，フロン，地球温暖化促進ガス，発がん性物質，そのほかの有害ガス）除去にも有効である．

〔小田哲治〕

文　献

1) 日本エネルギー経済研究所計量分析部（編）：エネルギー・経済統計要覧，省エネルギーセンター（2003）
2) 日本エネルギー経済研究所計量分析部（編）：エネルギー・経済データの読み方入門，省エネルギーセンター（2001）
3) 電気事業連合会統計委員会（編），経済産業省資源エネルギー庁電力・ガス事業部（監修）：電気事業便覧　平成13年版，日本電気協会，オーム社（2001）
4) 経済産業省資源エネルギー庁：平成15年度電力供給計画の概要（2003）
5) 海外電力調査会：海外電気事業統計，海外電力調査会（2001）
6) 原子力百科事典 ATOMICA　エネルギーと地球環境／エネルギー政策／電力政策（http://staatm.jst.go.jp/atomica/bun_010905.html）
7) 増田博之・山本国成・吉村　誠・豊田　勝：鉄鋼プラント用可変速ドライブシステム，三菱電機技報，Vol. **74**, No. 5, pp. 26-32（2000）
8) M. Koyama, Y. Shimomura, H. Yamaguchi, M. Mukunori, H. Okayama and S. Mizoguchi: Large Capacity High Efficiency Three-Level GCT Inverter System for Steel Rolling Mill Drives, Proceedings of European Power Electronics Conference (EPE2001)（August 2001）
9) Y. Uezumi: Steel Plant Lifecycle Management and Equipment Renewal, Proceedings of 2002 Annual Convention of Association of Iron and Steel Engineers (AISE)（October 2002）
10) 辻　順一・香川重光・平野昌彦・上住好章：無中継広域伝送サブシステムの現場実証，三菱電機技報，Vol. **60**, No. 12, pp. 35-43（1986）
11) 竹村宗能：平成13年度電力需要動向，鉄道と電気技術，Vol. **14**, No. 15, pp. 49-51（2003）
12) 交通エコロジー・モビリティー財団：運輸部門　環境年次報告（2001-2002）
13) 米畑　譲・西村　悟：新交通システムにおける省資源，省エネルギー，電気学会誌，Vol. **123**, No. 7, pp418-421（2003）
14) 電気学会（編）：電気工学ポケットブック，オーム社（1987）
15) 電気学会（編）：電気工学ハンドブック　第6版，オーム社（2001）
16) 電気学会研究会資料 TER-03-1～7（SPC-03-65～71）（2003）
17) 宗行満男・金田順一郎：21世紀の交通事業への取り組み，三菱電機技報，Vol. **77**, No. 11, pp. 2-6，（2003）
18) 省エネルギーセンター：ビルの省エネガイドブック　平成15年版，（2003）
19) 西健一郎，永井　敏，江口健太郎：赤外線を用いた制御配線レス照明制御システムの開発，平成

15年度(第36回)照明学会全国大会講演論文集, p. 48 (2003)
20) 空気調和・衛生工学会:空気調和・衛生工学便覧 第12版 3空気調和設備設計篇, 丸善 (1995)
21) 井上雅裕:IT時代を迎えた冷凍空調分野の最新通信・制御システム, 冷凍, Vol. 77, No. 892, pp. 127-131 (2002)
22) 阿部 茂・渡辺英紀:エレベータの歴史と今後の課題, 電気学会論文誌 A, Vol. 124, No. 8, pp. 679-687 (2004)
23) 国土交通省住宅局建築指導課, 日本建築設備・昇降機センター, 日本エレベータ協会(編):昇降機技術基準の解説 2002年度版, サクライ印刷 (2002)
24) 寺園成宏・松倉欣孝(編):エレベータハイテク技術, オーム社 (1994)
25) 久保田猛彦・小松孝教・荒木博司:エレベータの省エネルギー技術, 三菱電機技報, Vol. 76, No. 5, pp. 10-13 (2002)
26) 加藤 覚・須藤信博・荒木博司・川口守弥・河瀬千春・青木 深・本田武信:高速エレベータ用新型ギヤレス巻上機, 電気学会回転機研究会, RM-97-107, pp. 1-6 (1997)
27) 匹田志朗・阿部 茂:エレベータ群管理制御におけるAI技術の応用, 人工知能学会, Vol. 17, No. 1, pp. 57-62 (2002)
28) 日本エネルギー経済研究所計量分析部(編):EDMC/エネルギー・経済統計要覧2002年版, 省エネルギーセンター (2002)
29) 「原子力」図面集-2002-2003-, 日本原子力文化振興財団 (2002)
30) 経済産業省資源エネルギー庁:平成13年度電力需給の概要 (2002)
31) 省エネルギー部会報告書:今後の省エネルギー対策のあり方について, 総合資源エネルギー調査会省エネルギー部会, 添付資料2, p. 12 (2001. 6)
32) 鈴木 聡・村上泰隆・川野将俊・森下国博:ルームエアコンの差別化技術, 三菱電機技報, Vol. 76, No. 11, pp. 7-10 (2002)
33) 古藤 悟・加賀邦彦・中山雅弘・若本慎一・七種哲二:空調機の省エネルギー技術, 三菱電機技報, Vol. 76, No. 5, pp. 14-17 (2002)
34) 長尾政志・廣中康雄・馬場和彦・岩村義巳・川尻和彦・加藤康明:省エネルギーをリードするシミュレーション技術, 三菱電機技報, Vol. 76, No. 5, pp. 26-29 (2002)
35) 永田 豊:民生部門の省電力の可能性と電気事業の役割, 「エネルギー社会システム計画」研究座談会資料, (1998. 10. 2.)
36) 静電気学会(編):静電気ハンドブック, オーム社 (1981)
37) 静電気学会(編):新版静電気ハンドブック, オーム社 (1998)
38) 増田閃一:最近の静電気工学, 高圧ガス保安協会 (1974)
39) 日本空気清浄協会:クリーンルームにおける静電気対策 (1993. 3)
40) 産業安全研究所技術安全指針:静電気安全指針, 労働省産業安全研究所 (1988)
41) 深瀬康historical:電子写真画像のカラー化・高精細化, 第2回静電気学会研究会, pp. 46-50 (1996)
42) http://www.tij.co.jp/jrd/dlp/docs/technology/index.htm
43) H. A. Pohl: *Dielectric Phoresis*, Cambridge University Press (1978)
44) Van Gunter Zebel: Über die Aggregatbildung zwischen kugelformigen Aerosolteilchen parallel ausgerichteten Dipolmomenten, *Staub*, Vol. 23, No. 5, pp. 263-268 (1963)
45) 軍司昌秀・鷲津正夫:誘電泳動による液滴の形成と融合, 静電気学会講演論文集, pp. 155-158 (2002)
46) T. Oda: Non-thermal plasma processing for environmental protection: decomposition of dilute VOCs in air, *J. Electrost.*, Vol. 57, pp. 293-311 (2003)
47) 小田哲治:放電プラズマを用いた環境改善技術, 応用物理, Vol. 72, pp. 415-421 (2003)
48) 林 美克・山川茂樹・湯村 敬:三菱新機械室レスエレベータ "ELEPAQ-I", 三菱電機技法, Vol. 75, No. 12, p. 8 (2001)

索 引

和 英 索 引

【ア 行】

アーク(放電)　arc (discharge)　191, 227
アーク加熱　arc heating　257
アーク間欠地絡　earth-fault by intermittent arc current　210
アーク時定数　arc time constant　229
アーク電圧　arc voltage　257
アーク灯　arc lamp　7
アークプラズマ(処理)　arc plasma (treatment)　253, 258, 259
アークホーン　arcing horn　449
アーク炉　arc furnace　257
アーチダム　arch dam　310
アーマロッド　armor rod　457
アイオナイザ　ionizer　665
亜鉛めっき鋼より線　galvanized steel wire　454
あかりセンサ　light sensor　542
アクシデントマネジメント　accident management　378
アスファルト　asphalt　83
圧油装置　oil pressure supply system　315
圧油タンク　oil pressure tank　315
圧油ポンプ　pressure oil pump　315
厚板　plate　640
圧延　rolling　642
圧縮荷重(力)　compression load (force)　444
圧縮機　compressor　660
圧縮クランプ　compression-type clamp　457
圧縮スリーブ　compression joint sleeve　472
圧縮耐力度　compressive yield strength　445
圧力油槽　pressure oil tank　468
アドミタンス　admittance　113
アナログ式　analogue method　25
油遮断器　oil circuit breaker (OCB)　502
油止め接続(箱)　stop joint　473
アモルファス合金　amorphous alloy　496
アモルファス変圧器　amorphous transformer　547
アラゴ　Arago, D. F.　12
亜臨界圧力ボイラ　subcritical pressure boiler　333

アルカリ蓄電池　alkaline storage battery　555
アルミナ含有磁器　alumina porcelain　446
アルミ覆鋼心アルミより線　aluminum conductor aluminum clad steel reinforced (ACSR/AC)　456
アルミ覆鋼心耐熱アルミ合金より線　thermo-resistant aluminum alloy conductor aluminum clad steel reinforced (TACSR/AC)　456
アルミ覆鋼より線　aluminum clad wire　454
亜瀝青炭　sub-bituminous coal　59
アレスタ　arrestor　210, 513
アンカー基礎　rock anchor foundation　445
暗きょ式(地中送電線)　culvert type　461
安定化(超電導マグネット)　stabilization　606
安定化係数(超電導マグネット)　stability factor　607
安定化材　stabilizer　607
安定化制御　stabilization control　161
安定送電限界　stability limit of power transmission　614
安定度　stability　122
安定度計算　stability analysis　26, 128
安定平衡点　stable equilibrium point　128
案内羽根(ガイドベーン)　guide vane　315
アンペール　Ampere, A. M.　10
アンモニア接触還元法　selective catalytic reduction proces　357
アンローダ　coal unloader　328
アンローディングアーム　unloading arm　329

硫黄酸化物　sulfur oxides (SOx)　40, 356
硫黄電灯　sulfur lamp　258
イオン流帯電(現象)　ion flow electrification (phenomenon)　294
維持放流　compensatory outlet　307
異種接続(箱)　transition joint　473
異常気象　abnormal weather　277
異常時絶縁間隔　abnormal state insulation gap　439
移相　phase shifting　117
移相器　phase shifter　517, 595

位相差　phase angle difference　101
位相制御開閉方式　synchronous controlled switching　519
位相調整器　phase shifter　163
位相比較リレー　phase comparison relay　25
一次エネルギー(源)　primary energy source　38, 45, 54, 55, 59
一次系統　primary system　142
一次変電所　primary substation　97, 148, 479
一次冷却配管破断事故　primary pipe rupture accident　376
一方向凝固翼　directionally solidified buckets (DS)　343
一機無限大母線系統　one machine to infinite bus system　123
イミュニティ　immunity　288
入口弁　inlet valve　314
陰解法　implicit method　133
インターセプト弁　intercept valve (ICV)　136
インターナルポンプ　internal recirculation pump　366
インターリーブ巻線　interleave winding　500
インバータ　inverter (INV)　404, 641, 657
インバータ型(分配型電源)　inverter type　395
インパルス　impulse　214, 237
インパルス電圧試験　impulse voltage test　218
インパルス電圧発生装置　impulse generator　214
インパルス破壊電圧(IP特性)　impulse breakdown voltage　188, 617
インピーダンス　impedance　113
インピーダンス制御　impedance control　594
インピーダンス電圧　impedance voltage　495
インフォメーションネットワーク　information network　542

ウィンドファーム　wind farm　408
ウェスティングハウス　Westinghouse, G.　11
ヴォルタ　Volta, A.　6
　　――の電堆　Volta's pile　7
浮屋根式タンク　floating roof tank　330
うず電流損　eddy current loss　224, 498
薄膜　thin film　604
渦雷　cyclonic thunderstorm　200
内鉄形変圧器　core type transformer　492
「奪われし未来」　"Our Stolen Future"　265
埋立てガス　landfill gas　74
ウラン　uranium　68
ウラン・プルトニウム混合酸化物燃料　uranium and plutonium oxide fuel (MOX fuel)　373

ウラン燃料　uranium fuel　372, 384
ウラン濃縮　uranium enrichment　383
上向きリーダ　upward leader　201
運転基準出力制御　dispatching power control (DPC)　355
運転損失　operational loss　614
運転保守　operation&maintenance (O&M)　319, 379, 481, 486
運転予備力　operational reserve　107, 152
運用計画(電力系統)　operation planning　145
運用対策(酸性雨防止のための)　employment measure (for acid rain prevention)　273

疫学調査　epidemiological survey　294
液化石油ガス　liquefied petroleum gas (LPG)　82
液化天然ガス　liquefied natural gas (LNG)　82
液化燃料　gas to liquid (GTL)　89
液体金属ナトリウム　liquid-metal sodium　373
液体窒素(冷却層)　(cooling layer of) liquid nitrogen　615, 616
液体ネオン冷却　liquid neon cooling　611
エジソン　Edison, T. A.　10
A重油　A type heavy fuel oil　83
エジソン式(発電機)　Edison type　14
エスカレータ　escalator　654
a-スポット　a-spot　223
エニアック　ENIAC　36
エネルギーシステム　energy system　45
エネルギー基本計画　basic law on energy policy　78
エネルギー源　energy source　54
エネルギー作物　energy plantation　72
エネルギー資源　energy resources　38
エネルギー消費効率　energy efficiency　272, 661
エネルギー政策基本法　Energy Policy Organic Act　281
エネルギー貯蔵　energy conservation　251, 422
エネルギーフロー　energy flow　54
エネルギー放出用抵抗(超電導マグネット)　energy dump resistor　608
烏帽子鉄塔　corset type tower (waist type tower)　438
エルステッド　Oersted, H. C.　7
エレキテル　5
エレベータ　elevator　654
塩害(対策)　salt contamination (countermeasures)　451, 527, 536
遠隔検針システム　remote meter-reading

和 英 索 引　　　　　　　　　　　　　　675

system 540
遠隔常時監視方式　remote operating supervisory and control system 319
遠隔制御(配電線)　remote control 568
遠心分離法　centrifugal separation method 383
鉛直荷重基礎　foundation mainly designed for vertical load 444
円筒巻線　cylindrical winding 499
遠隔制御方式(水力発電)　telecontrol system 306
沿面フラッシオーバ　surface flashover 198
沿面放電　surface discharge 198

オイラー法　Euler method 132
オイルサンド　oil sand 57
オイルシェール　oil shale 57
横断抵抗　transverse resistance 609
往復蒸気機関　reciprocating steam engine 14
応力図　stress diagram 443
大型ハドロンコライダ装置　large hadron collider 611
大型ヘリカル装置　large helical device (LHD) 254
大口電力需要　large industrial electric power demand 634
オートサンプラ　auto oil sampler 329
オートトランス　auto transformer 496
オーバーロード(過負荷)　overloading 104
オープンラック式気化器　open-rack vaporizer 332
オープンループ(開ループ)制御　open loop control 589
屋外貯炭式　field coal storage system 328
屋内貯炭式　indoor coal storage system 328
押込通風機　forced draft fan 335
押込通風方式　forced draft system 335
オゾン　ozone 292
オゾン層破壊物質　ozone-depleting substance 274
オフラインの連系遮断　off-line interconnection trip 182
オペレータステーション　operator station (OPS) 351
オリマルジョン　orimulsion 63
卸供給事業者　independent power producer (IPP) 80
卸電気事業者　wholesale electric utilities 634
温室効果(ガス)　greenhouse effect/gas 274
温度上昇(変圧器)　temperature rise 500
温度上昇試験　temperature rise test 251

温排水(対策)　thermal wastewater (measure) 267
オンラインの連系遮断　on-line interconnection trip 182

【カ　行】

加圧水型原子力発電所　pressurized water reactor (PWR) 19, 364
加圧流動床コンバインドサイクル発電　pressurized fluidized bed combustion combined cycle (PFBC) 345
開削方式　cut and cover method 461
がいし(碍子)　insulator 446, 531
改質器　reformer 413
回収率(エネルギー資源)　recovery factor 58
回生ブレーキ　regenerative brake 646
海底ケーブル(送電)　submarine cable (transmission) 464, 573
外鉄形サージプルーフ巻線　surge proof winding for shell transformer 500
外鉄形変圧器　shell type transformer 492, 493
回転界磁形三相交流同期発電機　revolving field type three-phase synchronous generator 315
回転形カメラ　rotating camera 204
回転機型(分散型電源)　rotating machine type 395
ガイド軸受　guide bearing 317
外部浸入熱　invasion heat 615
開閉インパルス(電圧)　swichting impulse (voltage) 188, 452
開閉過電圧　switching overvoltage 470, 484
開閉器　switch 350, 532
開閉サージ　switching surge 209, 452
開閉所　switching station 98
海面水位上昇　sea level rise 277
海洋温度差発電　ocean thermal power generation 76
界雷　frontal thunderstorm 200
改良型沸騰水型原子炉　advanced boiling water reactor (ABWR) 366
外輪送電線(系統)　power wheeling transmission line (system) 140, 146
火炎検出器　flame detector 353
化学蒸着　chemical deposition 614, 624
化学体積制御設備　chemical and volume control system 366
化学的酸素要求量　chemical oxygen demand 358
化学トリー　chemical tree 197

可逆圧延　reverse rolling　642
架空送電(線)　overhead power transmission (line)　20, 99, 432, 481, 612, 614
架空地線　overhead ground wire　207, 436, 453, 535
拡散モード　diffuse mode　230
各相制御(SVCの)　individual phase control　588
確認(可採)埋蔵量　proved reserve　58
核燃料サイクル　nuclear fuel cycle　78, 361
格納容器　reactor containment　366, 368
核反応　nuclear reaction　362
核不拡散条約　Non-Proliferation Treaty (NPT)　379
核物質計量管理　nuclear material accountancy and control　379
核分裂　nuclear fission　359, 361
核分裂生成物　fission product　362, 376
核分裂性物質　fissile material　362, 372
核分裂連鎖反応　fission chain reaction　359
核融合(装置)　nuclear fusion (device)　251, 606, 610
確率論的安全評価　probabilistic safety assessment　378
可採年数　recoverable year (R/P)　58
可採埋蔵量　recoverable reserve　58
重なり角(サイリスタバルブ)　overlap angle　578
火山雷　volcano lightning　200
荷重径間　loading span　442
火主水従　thermal dominated hydro secondary power generation portfolio　16
架渉線風圧荷重　wind pressure on strung wires　441
ガスエンジン　natural gas powered engine　418
ガス温度制御　exhaust gas temperature control　354
ガス区画(GIS)　gas sectionalization　510
カスケード(原子燃料)　cascade　384
カスケード接続　cascade connection　213
ガス事業法　Gas Utilities Industry Law　81
ガス遮断器　gas circuit breaker (GCB)　286, 503
ガス絶縁開閉装置　gas insulated switchgear (GIS)　503, 508
ガス絶縁形計器用変圧器　gas insulated instrument transformer　517
ガス絶縁機器　gas insulation apparatus　286, 508
ガス絶縁送電線路　gas insulated transmission line (GIL)　478
ガス絶縁断路器　gas insulated disconnector　512
ガス絶縁バルブ　gas insulated valve　576
ガス絶縁変圧器　gas insulated transformer　492, 500
ガス絶縁変電所　gas insulated substation　479
ガスタービン(発電)　gas turbine (power generation)　19, 324, 418
ガス中終端接続(箱)　SF$_6$ gas-immersed sealing end　473
ガス冷却型原子炉　gas-cooled reactor (GCR)　370
ガス冷却高速炉　gas-cooled fast reactor (GFR)　374
ガス冷房　gas air conditioning　80
風　wind　405
——の逓増　gradual increase of wind velocity with altitude　441
化石燃料　fossil fuel　44, 57
風騒音　wind noise　293
河川維持流量　river compensation flow　319
ガソリン　gasoline　83
形鋼　section steel　640
活性炭　activated carbon　427
活線作業　hot-line work　564
褐炭　brown coal　59
家庭電化機器　home electrification equipment　30, 659
家庭内エネルギー管理システム　home energy management system　49, 664
過電圧　overvoltage　206, 482
過電流(保護)継電器　over-current relay　548, 567
過電流倍数(変流器)　over-current multiple　518
過電流リレー　over-current relay　489, 548
過渡安定度　transient stability　123, 157
稼働率　availabilty　42
角周波数　angular frequency　100
過渡特性(変成器)　transient response characteristics　518
過熱器　superheater　335
加熱炉　reheating furnace　644
ガバナ(調速機)　governor　107, 350
ガバナ・タービン系モデル　governor and turbine system model　129
ガバナフリー　governor free　107
過負荷リレー　over load relay　165
可変速機(風力発電)　variable-speed machine　407
可変速駆動　variable speed drive　639

和　英　索　引　　　*677*

可変速揚水発電　variable speed pumped storage system　26, 308, 316, 598
可変電圧，可変周波数　variable voltage variable frequency (VVVF)　641, 647
紙・フィルムコンデンサ　paper/film capacitor　515
紙バルブ避雷器　paper valve arrester　535
カム軸式　cam-shaft system　649
カラー複写機　color copy machine　668
ガラス固化　vitrification　386
火力発電　thermal power generation　44, 97, 324
火力発電所　thermal power plant　267
　──の熱効率　thermal efficiency (of thermal power plant)　276, 325
ガルヴァーニ　Galvani, L.　6
火炉（熱負荷）　furnace (liberation rate)　334
簡易自動方式（水力発電の）　simple automatic control system　306
環境　environment　39
環境アセスメント（環境影響評価）　environmental impact assessment　268, 318, 355
環境行動計画　Action Plan about Environment　284
環境省　Ministry of the Environment　271
環境調和（電力設備の）　environmental harmony　270
環境調和装柱　environmental harmonized pole　539
環境調和対策（配電線路の）　environmental harmonization measures　537
環境負荷物質　environmental impact substance　282
環境放射能　environmental radioactivity　268
環境問題　environmental problem　44, 264
間欠電源　intermittent generators　423
感光体　photoreceptor　668
乾式架橋　dry crosslinking　197
乾式架橋方式　dry curing process　469
乾式変圧器　dry type transformer　492
監視制御（ビルの）　monitor control　555
監視制御設備（方式）　monitoring & control system　319, 350
慣性核融合　inertia confinement fusion (ICF)　254
間接活線作業　hot stick work　564
間接負荷制御　indirect load control　570
完全安定化（超電導マグネット）　full stabilization　607

感知（電圧）　perception　289
管通風形（水車発電機）　pipe ventilated type　316
ガンツ社　Ganz Electric Works　11
感電　electric shock　289
感度係数　sensitivity coefficient　122, 133
岩盤破砕　rock fragmentation　255
関門連系線　kanmon interconnection line　433
貫流ボイラ　once-through boiler　333
管路式（地中送電線）　drawn-in conduit system　461
緩和時間（帯電）　relaxation time　664
気温上昇　temperature rise　277
機械室レスエレベータ　machine-room-less elevator　655
帰還雷撃　return stroke　201
機器保護（電力系統）　facility protection　160
気候変化　climatic change　277
気候変動に関する政府間パネル　Intergovernmental Panel on Climate Change (IPCC)　276
技術基準（配電線路）　technological standards　532
技術教育　engineering education　51
技術予測調査　technology foresight survey　45
基準衝撃絶縁強度　basic impulse insulation level　482
基準母線　reference bus　100, 120
起磁力（変圧器）　ampere-turn　495
気水分離器　steam separator　335
規制緩和　deregulation　42, 80, 84
規制緩和アクションプログラム　Deregulation Action Program　84
帰線　return conductor　436
基礎（送電線）　foundation　436, 444
北本連系線　kitahon interconnection line　433
気中絶縁変電所　air insulated substation　484
き電方式　feeder system　646
機動化　mechanization　562
起動変圧器（火力発電）　starting transformer　346
ギブス　Gibbs, J.　11
規約原点　virtual origin　188
逆相電流（配電）　negative-phase-sequence current　550
逆潮流　reverse power flow　178, 394
逆Ｔ字基礎　pad and chimney foundation　444
逆フラッシオーバ　back flashover　208, 449, 483

逆並列接続(SVC)　anti-parallel connection　587
逆変換器　inverter　577
逆流雷　backflow lightning　209
ギャップ付き鉄心　iron core with gaps　516
ギャップレス避雷器　gapless arrester　211, 513
ギャロッピング　galloping　437
球ギャップ　sphere gap　216
究極可採埋蔵量　ultimate recoverable reserve　58
吸収断面積　absorption cross section　363
吸収反応　absorption reaction　361
吸出管　draft tube　315
給水加熱器　feed water heater　336
給水装置　cooling water supply system　315
給水ポンプ　feed water pump　336
給炭機　coal feeder　334
給電運用　power system operation control　24
給電業務　power system dispatch control　24
給電指令　power supply order　154
給油設備(OFケーブル)　oil feeding system　465
供給支障(停電)　power supply interruption　149, 153, 168, 172, 179
供給支障事故　power supply interruption fault　171
供給支障電力量　interrupted electric energy　171
供給信頼度　power supply reliabilty　49, 168, 525
供給予備力　power supply reserve　150
強磁界　high magnetic field　252
強制循環ボイラ　forced circulation boiler　332
強制冷却式(変圧器)　forced cooling　492
協調ギャップ　coordination gap　211
共同溝　common ducts　461
京都議定書　Kyoto Protocol　279
京都メカニズム　Kyoto Mechanism　280
強反限時特性　strong inverse time-lag characteristic　551
業務用電力需要　commercial electric power demand　634
極座標表示(電力系統)　polar-coordinates expression　112
極性切換(変圧器)　reversing switch　501
極性反転(直流送電)　polarity reversal　463
局部破壊　partial breakdown　187
許容電流(ケーブル)　allowable current　463
距離リレー　distance relay　25, 489
切換開閉器(変圧器)　diverter　501
汽力発電　steam turbine power generation/
conventional power generation　324
ギルバート　Gilbert, W　4
キルヒホッフ則　Kirchhoff's law　118
帰路線　return pass transmission line　577
均一形ダム　homogeneous type dam　310
緊急操作(電力系統)　emergency operation　153
近距離線路故障　short line fault (SLF)　247
銀系接点材料　silver contact　227
銀シース線　silver sheathed wire　604
金属異物　metalic particle　192, 512
金属超電導線材　metal superconductor　613
金属2重殻式貯槽　double shell LNG storage tank　331

杭基礎　pile foundation　445
空間電荷(直流送電)　space charge　463
空気遮断器　air blast circuit breaker　502
空気操作方式　pneumatic operation　505, 508
空気予熱器　air preheater　335
空気冷却(火力発電)　air cooling　347
空隙電機子巻線(超電導回転機)　air gap armature winding　631
空調設備　air conditioning facility　653
クーロン　Coulomb, C. A. de　4
クーロン引力　Coulmb force　665
クエンチ(常電導転移)　quenching　256, 606, 613, 622
クエンチ保護　quench protection　608, 619
矩形鉄塔　rectangular section tower　438
くさびクランプ　wedge-type clamp　457
区分開閉器　sectioning switch　545
雲放電　cloud discharge　201
クラスタ(原子力発電)　cluster　365
クラッシャ　coal crusher　329
グラム　Gramme, Z.T.　10
クリアランス　clearance　219
グリース　grease　83
クリーンエネルギー自動車　clean energy vehicle　58
クリーン開発メカニズム　clean development mechanism (CDM)　280
グリーン電力基金制度　green power fund　401
グリーン電力証書　green power certificate　401
グリーンプライシング　green pricing　402
黒液　black liquor　72
グローコロナ　glow corona　187
クローズドサイクル(MHD発電)　closed cycle　254
クローバスイッチ　clover switch　236
グロー放電　glow discharge　191

和英索引

群管理(エレベータ)　group control　658
訓練用(リアルタイム)シミュレータ　system training (real time) simulator　27, 168

計画外停止　operation stop out of schedule, unplanned outage　150
計画基準(電力系統)　planning criteria　103
径間長　span　458
計器用変圧器　instrument transformer　218, 518
軽故障(直流送電)　light fault　585
経済運用　economic operation　111, 151
経済開発機構原子力局　Organization of Economic Development (OECD) Nuclear Energy Agency (NEA)　68
経済負荷配分　economic dispatch control (EDC)　151
経済負荷配分制御　economic load dispatching control　106
軽水炉　light-water nuclear reactor　19, 97, 364
けい素鋼板　grain oriented silicone steel　493, 496, 516
継鉄　yoke　492
系統安定化制御　power system stabilizing control　153, 163, 627
系統安定化装置　power system stabilizer (PSS)　25, 141, 159, 162, 490
系統安定化方策　power system stabilizing measures　154, 166
系統安定度　power system stability　105, 603
系統監視　power system monitoring　155
系統間のねじれ　distortion of power systems　142, 163
系統間連系　interconnection of power systems　573
系統計画　system planning　145
系統事故　power system fault　158, 167
系統周波数　system frequency　103, 105
系統周波数特性　system frequency characteristics　107
系統制御　power system control　155
系統制御装置　power system controller　146
系統電圧　system voltage　104, 350
系統保護　system protection　488
系統連系　system interconnection　95, 573
系統連系型分散型電源　interconnected type distributed generation　394
系統連系技術(分散型電源)　system interconnection technology　395

系統連系技術要件ガイドライン　Guideline for system interconnection of dispersed generators　178, 398, 554
系統連系保護装置　protection equipment for system interconnection　404
契約電力　contract demand　542
軽油　diesel oil　83
計量装置(電力量)　instrument equipment　539
系列監視盤　group monitoring panel　352
系列制御盤(火力発電)　group control console　351
ケーシング　casing　314
ケーソン基礎　caison foundation　445
ゲートシフト　gate shift　585
ゲート点弧　gate firing　575
ゲートブロック　gate block　585
ケーブル　cable　99, 460, 478, 612
ゲーリケ　Guericke, O. von　4
結合損失　coupling loss　609
原始埋蔵量　reserve in place　58
原子力発電　nuclear generation　147
原子力エネルギー　nuclear energy　68, 359
原子力災害特別措置法　Law Concerning Special Measures for Prevention of Nuclear Accidents　379
原子力発電所　nuclear power plant　18, 44, 57, 97, 268, 359
原子炉　reactor　359, 361
原子炉格納容器スプレイ系　containment spray system　377
原子炉隔離時冷却系　reactor core isolation cooling system　368, 376
原子炉再循環ポンプ　reactor recirculation pump　369
原子炉等規制法　Law on the Regulation of Nuclear Source Materials, Nuclear Fuel Materials and Reactor　379
懸垂がいし　suspension insulator　446
懸垂型鉄塔　suspension type tower　438
懸垂クランプ　suspension clamp　456
減速材　moderator　362
減速材温度係数　moderator temperature coefficient　375
減速材ボイド係数　moderator void coefficient　375
原油　crude oil　84
原油タンカ　crude oil tanker　84
限流素子(超電導)　current limiter element　624

コアタイプ(変圧器)　core type　493

高圧(配電) high voltage 522
高圧幹線方式(屋内配電方式) high-voltage main line system 552
高圧耐張碍子 high-voltage strain insulator 532
高圧配電系統 primary distribution system configuration 524
高圧配電方式 primary distribution system 523
高圧炉心注水系 high pressure injection system 376
硬アルミ線 aluminum conductor 454
高位発熱量 high heating value (HHV) 55, 325
高温ガス炉 high temperature gas-cooled reactor (HTGR) 360, 370
高温岩体発電 hot dry rock generation 411
高温季(送電) high temperature season 440
高温工学試験研究炉 High Temperature Engineering Test Reactor (HTTR) 371
高温超電導 high temperature superconductor 606
交会法 direction finding method 206
公害防止協定 Pollution Control Agreement 265
公害問題 environmental issues 17, 263
鋼管単柱鉄塔 steel pipe mono-pole 438
高気圧アーク high pressure arc 228
高輝度発光 high brilliant radiation 253
高次回収技術 advanced recovery technology 63
工事計画(火力発電) constraction plan 355
高周波点灯 high frequency operation 652
高周波サージ very fast transient overvoltage 209, 511
公称電圧 nominal voltage 95, 471
鋼心 steel core 455
鋼心アルミより線 aluminum conductor steel reinforced (ACSR) 454
鋼心耐熱アルミ合金より線 thermo-resistant aluminum alloy conductor steel reinforced, (TACSR) 454
合成荷重(送電線) synthesized load 459
合成遮断試験 synthetic short circuit current test 248
公正報酬率規制 fair rate of return regulation 79
合成油 synthetic oil 466
高速磁気浮上列車 high speed maglev train 611
高速スイッチ high speed interrupter 182

高速制御(STATCOM) high speed control 591
高速増殖型原子炉 fast breeder reactor (FBR) 70, 372
高速多段切替(配電自動化) fast multi-step-interchange for power restoration 569
高速度再閉路 fast reclosing 162, 505
高速度直流遮断器(電気鉄道) DC high speed breaker 650
高速バルブ制御 fast valving control 136
高速飛しょう high speed flying 252
後続雷撃 subsequent lightning 201
高調波 higher harmonics 176, 398, 526
高調波ガイドライン harmonics guideline 177
高調波障害 harmonics damage 177, 398, 526
高調波対策 harmonic suppressing method 177, 526
高調波電圧(直流送電) harmonic voltage 583
高調波電流 harmonic current 583, 649
高調波フィルタ harmonic filter 587, 642
高張力鋼板 high tensile strength sheet steel 26, 311
交直変換器(所) AC-DC converter (station) 98, 573
鋼鉄 steel 640
硬銅より線 hard drawn copper conductor 454
勾配力 gradient force 665
鋼板 steel strip 640
後備保護 back-up protection 160
鉱油(OFケーブル) mineral oil 466
交流 alternating current (AC) 11
交流1分間電圧試験 AC 1 minite test 218
交流回路 AC electric circuit 112
交流架空送電線 AC overhead transmission line 290, 436
交流計算盤 AC network analyzer 26
交流遮断器 AC circuit breaker 502
交流送電線 AC transmission line 290
交流損失(超電導機器) AC transmission loss 608, 615
交流長時間試験 long duration AC test 219
交流電圧制御(SVC) AC voltage control 588
交流励磁 AC excitation 25, 598
交流励磁方式 AC excitation system 129, 348
高レベル放射性廃棄物 high-level radioactive waste 361, 386
高炉 blast furnace 640
コージェネレーション(システム) cogeneration (system) 80, 325, 390, 416, 554
氷蓄熱システム ice thermal storage system 653

和英索引   681

コールダーホール発電所　Calder Hall type reactor power station　18
コールベッドメタン　coalbed methane　66
コーンルーフタンク　cone roof tank　330
五脚鉄心　five legs core　497
黒鉛減速ガス冷却炉　graphite moderator gas cooling reactor　18, 370
国際エネルギー機関　International Energy Agency (IEA)　60
国際技術教育学会　International Technology Education Association (ITEA)　51
国際原子力機関　International Atomic Energy Agency (IAEA)　68
小口電力需要　small industrial electric power demand　634
極低温　cryogenic　195, 612
極低温絶縁　cryogenic insulation　195
極低温電流リード　cryogenic current lead　625
極低周波　extremely low frequency　298
国連環境計画　United Nations Environment Programme (UNEP)　278
国連気候変動枠組条約　United Nations Framework Convention on Climate Change (UNFCCC)　279
50%スパークオーバ電圧　50% sparkover voltage　189
50%スパークオーバ電界　50% sparkover stress　190
故障区間標定システム　fault section detecting system　438
故障点標定装置　fault locator　438
故障電流(超電導限流器)　fault current　620
故障方向標定装置　fault direction detecting device　438
固体酸化物形燃料電池　solid oxide fuel cell (SOFC)　413
固体絶縁物　solid insulator　195, 462
固体分子形燃料電池　polymer electrolyte fuel cell (PEFC)　414
コッククロフト回路　Cockcroft circuit　214
固定荷重　fixed load (dead load)　440
固定速機(風力発電)　constant-speed machine　407
固定屋根付浮屋根式タンク　inner floating roof tank　330
琥珀　amber　3
500kV送電　500kV transmission　21
コプロダクション　coproduction　87
ゴムブロック方式接続(箱)　rubber block joint　475

ゴムユニットワンピース型ジョイント　rubber unit one piece type joint　23
固有値(電力系統)　eigenvalue　126, 131
ゴラール　Gaulard, L.　11
コロナ開始電界　corona onset field　187
コロナ雑音　corona noise　292
コロナ騒音　corona audible noise　292
コロナ損　corona loss　187
コロナ帯電　corona charging　665
コロナ放電　corona discharge　187, 292, 664
コンクリート充填鋼管　concrete filled steel pipe　439
コンクリートダム　concrete type dam　310
コンクリートピット　concrete pit　388
混合ガス(総線特性)　gas mixture　192
混合酸化物(MOX)燃料　mixed oxide fuel　79, 385
コンサベータ　conservator　493
混焼　cofiring　422
コンダクタンス　conductance　115
コンディショニング　conditioning　199
コンデンサ　condenser　97
コンデンサカップリングシールド　condenser coupling grading shield　499
コンデンサ転流型変換器　capacitor commutation converter (CCC)　145
コントロールセンター　control center　346
コンバータ(順変換器)　converter (CONV)　573, 657
コンバインドサイクル発電　combined cycle power generation　80, 284, 325, 342
コンバインドサイクルプラント　combined cycle power plant　19
コンピュータ支援製造　computer aided manufacturing (CAM)　34
コンピュータ支援設計　computer aided design (CAD)　34
コンポジット碍管　composite bushing　520

【サ　行】

サージ　surge　208
　——の反射　reflection of surge　209
サージインピーダンス　surge impedance　208
サイクロコンバータ　cycloconverter (CC)　643
最高許容電圧(がいし)　highest equipment voltage　452
財産分界点(配電設備の)　demarcation point of property　544
最終エネルギー源　final energy source　54
再循環通風機　gas recirculation fan　336

最小引張強さ　minimum mechanical strength　454
最小費用法　minimum cost rule　530
再生可能エネルギー　renewable energy　45, 57, 74, 276, 390
再生可能エネルギー割当て制度　Renewables Portfolio Standard (RPS)　76
再生タービン　regenerative turbine　337
最大電力　maximum power demand　146
最適出力点追尾制御　maximum power point tracking　404
最適潮流　optimal power flow (OPF)　111
再点弧サージ　restrike surge　512
再熱器　reheater　335
再熱タービン　reheat turbine　337
再発弧サージ　reignition surge　519
再飛散　re-entrainment　667
再閉路(遮断器)　first re-closure　568
再閉路　reclosing　167, 398, 490
細胞融合　cell fusion, electrofusion　669
在来型エネルギー　conventional energy　57
在来型石油　conventional oil　62
在来型天然ガス　conventional natural gas　65
サイリスタレオナード装置　thyristor leonard control device　646
サイリスタ開閉直列コンデンサ　thyristor switched series capacitor　596
サイリスタ始動装置(火力発電)　thyristor starting system　353
サイリスタ始動方式　thyristor starting system　27, 322
サイリスタスイッチドキャパシタ　thyristor switched capacitor (TSC)　587
サイリスタ制御移相変圧器　thyristor controlled phase shifting transformer　597
サイリスタ制御過電圧リミッタ　thyristor controlled voltage limiter　596
サイリスタ制御制動抵抗　thyristor controlled braking resistor　596
サイリスタ制御直列コンデンサ　thyristor controlled series capacitor (TCSC)　145, 162, 593
サイリスタ制御リアクトル　thyristor controlled reactor (TCR)　587
サイリスタ制御変圧器　thyristor controlled transformer (TCT)　588
サイリスタ素子　thyristor device　28
サイリスタバルブ　thyristor valve　574
サイリスタ励磁(方式)　thyristor excitation (system)　25, 129, 348

サイリスタレオナード　thyristor-leonard　656
サセプタンス　susceptance　115
雑音(大電流測定)　noise　238
サハの式　Saha's equation　228
サブマージド式気化器　submerged combustion vaporizer　332
酸化亜鉛形避雷器　metal oxide surge arrester　482, 514
三角化分解　triangular factorization　121
酸化物超電導材料　oxide superconducting material　604
三脚鉄心　three legs core　497
残渣油　oil residue　84
サンシャイン計画　Sun-Shine Project　402
三重化(火力発電)　triple redundant　351
三芯一括型(超電導ケーブル)　three bundle core　613
酸性雨　acid rain, acid deposition　40, 263
酸性雨被害　acid rain damage　272
酸性雨防止　acid rain prevention　273
三線式配電線　three-line distribution line　20
三相一体構造(GIS)　three phase encapsulation　509
三相交流　three-phase AC　12, 99
三相交流誘導発電機　three-phase induction generator　14
三相3線式　three-phase three-wire system　522
三相電流平衡化制御　current balancing control　589
三相ブリッジ　three phase bridge connection　578
三相4線式　open-delta three-phase four-wire system　523
三端子　three terminals configuration　577
サンプリング装置(火力発電)　sampler　329
散乱断面積　scattering cross section　363
散乱反応　scattering reaction　362
残留電荷法　residual charge method　472
残留電流　post-arc current　241

シース損　sheath loss　462
C重油　C type heavy fuel oil　83
ジーメンス　Siemens, E.W.　10
シールド(大電流測定)　shield　237
シールド電極(高電圧計測)　shielding electrode　217
シェールガス　shale gas　66
ジェット燃料油　jet fuel oil　83
シェルタイプ　shell type　494

和英索引　　　　　　　　　　　　　　683

四角鉄塔　square section tower　438
自家発　self-generated and consumed　635
時間帯別料金制　rate to time of use　540
磁器（がいし）　porcelain　446
磁気遮へい　magnetic shield　613
磁気遮へい巻線　winding for magnetic shield　616
磁気閃光　magnetophosphene　298
磁気浮上式鉄道　magnetic levitation train (maglev train)　256, 606
軸受　bearing　317, 323, 428
試験管内研究　in-vitro study　297
資源枯渇　depletion of reserves　63
試験電圧（絶縁）　testing voltage　212, 482
資源問題　natural resources problem　44, 63
試験用変圧器　tetsing transformer　213
磁鋼片　magnetic link　205
事故遮断　fault clearing　160
自己消弧　self commutation　590
自己制御性　self-regulation performance　103
磁粉探傷　magnetic particle test　323
自己点火　self ignition　253
事故点探査　fault section detecting　565
事故点探査装置　fault locator　565
事故電流　fault current　22
事故波及（防止制御）　fault cascading (preventive control)　153, 165
事故復旧　restoration　565
支持物　supporting structure　436, 532
地震荷重　seismic load　441
自然エネルギー　natural energy sources　57, 74, 284, 392
自然科学　natural seience　37
自然循環ボイラ　natural circulation boiler　332
持続的発展　sustainable growth　44
磁束密度　magnetic flux density　347, 518
実効値　effective value　100
実効電離係数　effective ionization coefficient　186
湿式架橋（方式）　wet curing process　469
湿式石灰石-石こう法　limestone-gypsum process　357
実用化戦略調査研究（FBR）　feasibility study on commercialized fast reactor cycle system　373
自動化　automation　350, 491
自動化（配電）　automation　568, 570
始動ギャップ　triggering gap　214
自動給電システム　automatic dispatch control system　23

自動減圧系　automatic depressurization system　376
自動再閉路　auto reclosing　491
自動遮断　automated splitting　104
自動周波数制御　automatic frequency control (AFC)　24, 108, 355
自動制御（屋内設備）　automatic control　556
自動電圧調整装置　automatic voltage regulator (AVR)　24, 126, 155, 348
自動同期装置　automatic synchronizing equipment　321
自動復旧　automatic restoration　168
始動方式　starting method　27, 322
自動融通（配電線）　automatic power restoration　569
シナジズム（絶縁特性）　synergism　192
シビアアクシデント　severe accident　378
事務処理系システム　business processing system　560
ジメチルエーテル　di-methyl ether (DME)　88
遮水層（絶縁）　waterproof layer　197
遮断　break　227, 504
遮断器　circuit breaker　97, 127, 350, 479, 504
遮断器投入サージ　circuit breaker switching surge　209
遮断器容量　capacity of circuit breaker　620
遮断時間　interrupting time/breaking time　504
遮断性能　interrupting performance　506
遮熱コーティング　thermal barrier coating (TBC)　343
遮へい失敗　shielding failure　207
遮へい層（OFケーブル）　shield　465
斜流形　diagonal flow type　25, 314
集油タンク　sump tank　315, 317
週間運用　weekly start-stop (WSS)　151
重故障　heavy fault　585
十字アングル　cross angle steel　439
収縮モード　constricted mode　230
集じん極　collecting electrode　666
重水型原子炉　heavy water reactor　371
終端接続（箱）　sealing end　473
集中型ダンパ　concentrated-type damper　457
集中監視制御方式（水力発電）　supervisory control system　306
集中定数　lumped constant　114
充電電流　charging current　463
周波数　frequency　100
周波数安定性　frequency stability　122
周波数応答法　frequency response method　132
周波数制御　frequency control　24, 151, 603, 627

周波数調整運転　frequency control operation　26
周波数調整機能　frequency control function　28
周波数変換　frequency change　573
周波数変換所　frequency converter station　98, 433, 573
周波数偏倚連系線電力制御　tei-line bias control　109
周波数偏差　frequency deviation　104
周波数リレー　frequency relay　165
重力式ダム　gravity dam　310
重力油槽　feeding tank　467
ジュール　Joule, J. P.　9
──の法則　Joule's law　9
ジュール熱　joule heat　224
主脚鉄心　main leg　492
需給制御　supply and demand control　151
需給調整　supply and demand coordination　151
需給バランス　supply-demand balancing　103
縮小化率(GIS)　size reduction rate　508
縮約　reduction　99
樹枝状系統　branch type distribution system　524
主磁束　magnetic flux　494
主蒸気逃がし安全弁　main steam safety relief valve　368
主蒸気配管破断事故　main steam pipe rupture accident　368
取水口　intake　310
取水設備　water intake facility　308
取水ダム　intake dam　308
数珠玉形成　pearl chain formation　669
受端　receiving end　114
受電情報　customer information　570
受電点　receiving point　541
手動制御方式(水力発電)　manual control　306
主変圧器(火力発電)　main transformer　346
主保護　main protection　160
寿命指数　degradation coefficient　470
樹木対策　tree damage countermeasures　537
需要家　customer　98
需要家対応業務の自動化　automatic customer-related service　570
需要想定　demand forecasting　145, 529
需要率　demand factor　529
潤滑油　lubricant　83
潤滑油装置(水力発電)　lubricating oil supply system　317
循環水ポンプ(火力発電)　circulating water pump　341

巡視(配電線)　patrol　564
瞬時電圧(低下)　instantaneous voltage (drop)　101, 112, 174, 179, 424, 527, 554, 603, 621, 627
瞬時電圧変動　instantaneous voltage fluctuation　397
瞬時電流　instantaneous current　101, 112
瞬時電流制御型(インバータ)　instantaneous current control type　404
瞬時電力　instantaneous power　101
順送　time-limited, sequential charging automatic switching system　568
瞬時電圧低下対策設備　equipment for momentary voltage drop　554
瞬時予備力　spinning reserve　107, 152
順変換器　rectifier　577
省エネルギー　energy saving　283
常温極低温結合器　room/cryogenic coupling equipment　625
常温絶縁(超電導ケーブル)　room temperature dielectric　613
常温ダンパ　room temperature damper　631
蒸気タービン　steam turbine　13, 337, 370
蒸気発生器　steam generator　364
小規模分散型電源　small-scale dispersed power source　97, 390
商業エネルギー　commercial energy　58
昇降法　up-and-down method　219
消弧リアクトル　arc-suppressing grounding reactor　516
常時監視制御方式(水力発電)　on-site operating supervisory and control system　319
常時電圧変動　continuous voltage fluctuation　397
小水力　small hydropower　409
使用済燃料再処理　spent fuel reprocessing　386
省石油　oil conservation　64
状態監視保全(原子力発電)　condition based maintenance (CBM)　380
常電導転移(クエンチ)　quenching　256, 606, 613, 618, 622
衝動水車　impulse water turbine　312
衝突電離　collision ionization　185
衝突電離係数　collision ionization coefficient　186
消費者物価指数　consumers' price index　43
消費電力量　electricity consumption　637
照明　lighting　29, 652, 662
照明制御　lighting control　653
常陽　JOYO　373
商用周波数　commercial (or system) frequency

105, 150, 598
蒸留　distillation　643
所内回路　station power supply circuit　16
所内変圧器(火力発電)　house transformer　346
初負荷(火力発電)　initial load　353
シリコン整流器(電気鉄道)　silicon rectifier　649
自立運転　isolated operation　394
自流式　self-flow type　147, 150
自冷式(変圧器)　natural cooling　492
自励式無効電力補償装置　static synchronous compensator (STATCOM)　163, 590
自励式直列補償装置　static synchronous series compensator (SSSC)　595, 598
自励式変換装置　self commutated converter　585
新エネルギー　alternative energy　58, 283
新型転換炉　advanced thermal reactor (ATR)　360, 372
人感センサ　occupant sensor　542, 653
真空アーク　vacuum arc　229
真空ギャップ　vacuum gap　199
真空遮断器　vacuum circuit breaker (VCB)　503
真空断熱パネル　vacuum insulation panel　662
人工汚損試験　artificial pollution test　219
人工バリア　engineered barrier　388
心室細動電流　fibrillating current　290
芯線(超電導ケーブル)　core wire　617
深礎基礎　pier foundation　444
人体の電気的特性　electric characteristics of a human body　298
浸透探傷　liquid penetrant test　323
信頼性技術　reliabilty engineering　42
信頼性重視保全　reliability centered maintenance (RCM)　379, 381

水圧管路　penstock and appurtenant structures　309, 311
水撃作用　water hammer　309, 311
随時巡回方式(水力発電)　preventive supervisory and control system　319
水質保全　water quality conservation　267
水主火従　hydro dominated thermal secondary power generation portfolio　16
水蒸気改質法　steam reforming　87
水そう(水力発電)　head tank　310
水素エネルギー　hydrogen energy　86
水素吸蔵合金　metal alloy for hydrogen storage　88
水素経済　hydrogen economy　87
水素冷却(火力発電)　hydrogen cooling　347

垂直反力　vertical reaction　443
随伴ガス　associated gas　66
水平角度荷重　horizontal angle load　441
水平荷重(力)　horizontal load (force)　444
水平単位荷重　horizontal unit load　443
水力　hydro power　147, 305, 409
水力タービン　hydraulic turbine　13
水力発電　hydro-power generation　45, 97, 305
水冷バルブ(サイリスタ)　water cooled (thyristor) valve　574
水路　waterway　308
水路式発電所　waterway type power station　308, 310
スクラム　scram　367
スコット結線変圧器　Scott connection system transformer　649
スタインメッツ　Steinmetz, C.P.　13
スタッカ　stacker　328
スタッカリクレーマ　stacker-reclaimer　328
スタンレー　Stanley, W.　11
ステップトリーダ　stepped leader　200
ストール制御　stall regulation　407
ストリーマコロナ　streamer corona　187
ストレスリリーフコーン　stress relief cone　474
ストローク(雷)　stroke　201
スナバ回路　snubber circuit　582
スパークオーバ　sparkover　188
スパイラル巻き　spiral winding　614
スパイラル線　spiral wire　293
スパイラル導体　spiral conductor　613
スプリッタランナ　splitter runner　26, 314
スポットネットワーク受電方式　spot-network power receiving system　541
スポットネットワーク方式　spot-network system　533
素掘処分　trench　388
スラスト押上装置　high pressure oil lifting system　317
スラスト軸受　thrust bearing　317
スリートジャンプ　sleet jump　451
スリーブ　compression sleeve　457
スリーマイル島事故　Three Mile Island Accident　70
スルース弁　sluice valve　314

制圧機　relief valve　315
制御材　control material　362
制御進み角　advanced angle　579
制御装置(火力発電)　control equipment/control

system 350
制御保護装置(直流送電)　control and protection equipment　584
制限電圧　residual voltgae　211, 513
制止補助電源装置　static auxiliary power equipment　651
静止形無効電力補償装置　static var compensator (SVC)　123, 135, 161, 491, 587
静止形励磁方式(水力発電)　static excitation system　317
生体外研究　in-vitro study　297
生体高分子　biopolymer　669
生体遮へい　biological shield　363
生体内研究　in-vivo study　297
「成長の限界」　"Limits to Growth"　264
製鉄所　steelworks　640
静電引力　electrostatic atracting force　668
静電気　static electricity　3, 664
静電植毛　electrostatic flocking　665
静電潜像　electrostatic latent　667
静電選別　electrostatic separation　666
静電塗装　electrostatic coating, electrostatic painting　665
静電フィルタ　electrostatic filter　667
静電複写　zerography　667
静電誘導　electrostatic induction　178, 290
制動抵抗(電力系統)　damping resistor　136
制動巻線(電力系統)　damper winding　128
生物学的変換法　biological conversion　420
精密点検(水力発電)　precise inspection　323
製油所　oil refinery　84, 643
静落差　static head　309
ゼーベック効果　Seebeck effect　10
世界エネルギー会議　World Energy Council (WEC)　59
世界気象機構　World Meteorological Organization (WMO)　278
世界石油会議　World Petroleum Congress (WPC)　62
石炭　coal　59
石炭ガス化コンバインドサイクル発電　integrated coal gasification combined cycle (IGCC)　345
石炭火力　coal fired thermal generation　147
石炭焚きボイラ　coal burned boiler　17, 334
石炭灰　coal ash　270
石炭バンカ　coal bunker　334
責任分界点(高圧受電方式)　responsibility point　545
石油　oil　62

石油化学工業　petrochemical industry　64, 643
石油火力　oil fired thermal generation　147, 324
石油危機　oil crisis　64, 263, 635
石油業法　Oil Industry Law　84
石油鉱業連盟　Japan Petroleum Development Association　62
石油資源国有化　nationalization of oil resources　66
石油市場　oil market　86
石油製品　petroleum products　83
石油代替　oil substitution　64
石油メジャー　oil majors　66
石油輸出国機構　Organization of the Petroleum Exporting Countries (OPEC)　62
積乱雲　cumulonimbus　200
絶縁回復(遮断器)　dielectric recovery　506
絶縁協調　coordination of insulation　210, 448, 482, 513
絶縁強度(配電線)　insulation strength　210, 535
絶縁材料　insulation material　27, 185
絶縁試験　dielectric strength test　218
絶縁診断(変電設備)　insulation diagnosis　487
絶縁スペーサ　insulating spacer　510
絶縁設計(ケーブル)　insulation design　206, 450, 466, 470, 474, 532
絶縁接続(箱)　sectionalizing joint　473
絶縁層(超電導ケーブル)　dielectric layer　616
絶縁電線　insulated wire　533
絶縁破壊試験　dielectric breakdown test　219
絶縁油　insulating oil　194, 465, 492
絶縁劣化(超電導ケーブル)　dielectric degradation　617
雪害(配電設備)　snow damage　528
雪害対策　snow damage countermeasures　537
設計耐電圧　design withstand voltage　448
接触帯電　contact charging　665
接触抵抗　contact resistance　225
節炭器　economizer　335
接地　grounding, earthing　237, 510, 568
接地タンク(遮断器)　dead tank　506
接地抵抗(配電設備)　ground resistance, earthing device　568
接地変圧器　earthing transformer　11
設置補助　subsidy　76
接点(材料)　contactor (material)　226
設備管理(配電設備)　facilities management　559
設備設計(配電設備)　equipment design　532
設備率　facility factor　170
零相電流(配電設備)　zero-phase-sequence

和英索引

current 549
零相変流器 zero-phase-sequence current transformer 566
零力率(直流送電) zero power factor 580
センサ(電流測定) sensor 237
先進湿式法 advanced wet-reprocessing 386
占積率(変圧器) core occupation rate 497
銑鉄 pig iron 640
全導通(パワーエレクトロニクス) full conduction 594
セントラル空調方式 central air conditioning system 653
船舶用電動機 ship repulsion motor 633
全路破壊 disruptive discharge 187
線路用電圧調整器 step voltage regulator 561

騒音振動防止 noise and vibration isolation 268
双極 two poles 577
相似則 similarity law 186
増殖 breeding 372
相対空気密度 relative air density 187
送端 sending end 114
想定荷重 assumed load 440
送電系統 transmission system 96
送電線(路) transmission line 99, 114, 432, 460
送電線保護 line protection 160
送電損失 transmission loss 21, 111
送電電圧 transmission voltage 21
送電電圧制御発電機励磁装置 power system voltage regulator (PSVR) 348
送電電流 transmission current 21
送電電力(超電導ケーブル) transmitted electric power 614
送電ネットワーク transmission network 432
送電容量 transmission capacity 462, 613
増分燃料費(曲線) incremental fuel cost (curve) 110
相分離母線(火力発電) isolated phase bus (IPB) 349
ゾーン形ダム zone type dam 310
疎行列 sparse matrix 119
速応励磁型超伝導発電機 superconducting generator with high response excitation 603
側脚鉄心 side leg 493
束導体 bundle conductor 136
速度制御 automatic speed regulation (ASR) (鉄鋼) 642
速度調定率 permanent speed regulation 107, 321
続流 post current 513

素線 strand 454
ソフトエネルギーパス soft energy paths 40
損失水頭 loss head 309
損失電流法 loss current method 472
損耗(接点) erosion 226

【タ 行】

ダートリーダ dart leader 201
タービンブレード(翼) turbine blade 16, 338
耐塩用がいし fog type insulator 532
耐塩用懸垂がいし anti-contamination suspension insulator 446
ダイオキシン dioxin 269
耐汚損設計 anti-contamination design 451
大気圧プラズマ atmospheric pressure plasma 670
大気汚染 air pollution 263
大気汚染物質 air pollutant 61
待機消費電力 standby power requirement 660
大気電界(電場) atmospheric electric field 290
大規模集中型電源 large-scale centralized power source 96
大気保全 air preservation 267
大規模停電 large scale system outage 26, 140, 163, 166
待機予備力 cold reserve 106
第5高調波(配電設備) fifth harmonic 547
第三者接続 third party access 83
体積効果 volume effect 194
代替ガス substitute gas 192, 511
代替フロン chlorofluorocarbon-replacing material 282
対地電圧(配電設備) ground voltage 568
耐張型鉄塔 tension type tower 438
耐張クランプ tension clamp 456
大地雷撃 cloud-to-ground lightning 201
大地雷撃密度 lightning flash density 201
帯電 charging 664
耐電圧試験 withstand voltage test 220
タイトサンドガス tight sands gas 66
耐熱アルミ合金線 thermo-resistant aluminum alloy conductor 454
耐摩耗電線 withstand abrasion wire 537
太陽エネルギー solar energy 75, 402
太陽光発電 photovoltaic power generation 75, 400, 402
太陽電池(モジュール) solar cell (module) 402, 404

太陽熱温水器　solar thermal water heater　75
太陽熱発電　solar thermal power generation　75
第4世代原子炉　Generation Ⅳ (GEN-Ⅳ)　373
耐雷設計　anti-lightning design　206, 452
タウンゼント　Townsend, J. S. E.　185
　——の理論　Townsend's law　185
多回線放射状系統(配電設備)　multi circuit radial type distribution system　525
多回線連系系統(配電設備)　multi circuit interconnection system　524
多機能電話(配電設備)　multi-functional telephone system　556
託送ガイドライン　delivery service guidelines　83
凧上げ実験　Franklin's kite experiment　6
多重円筒巻線　multi layer cylindrical winding　499
多重雷　multi lightning strokes　201, 256
多重防護　defense in depth　374
多層積層導体　multilayer conductor　613
多段可逆式(揚水機器)　multi stage reversible type　18
多端子構成　multi terminal configuration　586
脱イオン水洗紙　deionized insulation paper　466
脱気器(火力発電)　deaerator　336
脱硝装置　denitrification facility　357
脱調　step-out　105, 126
脱調未然防止リレー　step-out preventive relay　165
タップ(変電機器)　tap　491
タップ切換制御　tap-changing controller　649
タップ選択器　tap selector　501
タップ巻線　tap winding　501, 517
脱硫　desulfurization　270, 357, 643
脱硫石膏　desulfurization gypsum　270
脱硫装置　desulfurization facility　357
多点切り　multiple interrupting units　505
多導体　bundle conductor　436
ダニエル　Daniell, J.F.　7
多入力PSS　multi-input power system stabilizer　162
ダム式発電所　dam type power station　308
ダム水路式発電所　dam-waterway type power station　308
他励式無効電力補償装置　static var compensator (SVC)　587
タレス　Thales　3
単圧式(ガス遮断器)　puffer type/single pressure type　503, 506
単位応力係数　unit stress coefficient　443
単一より線　homogeneous stranded wire　454
単位波形　unit waveform　102
単巻変圧器　auto transformer　496
単極機　homopolar machine　231, 630
タングステン系接点材料　tungsten contact material　226
タンクローリー　tank lorry　84
単結晶翼　single crystal buckets (SC)　343
短時間過電圧　temporary overvoltage　209, 452, 484
短時間過負荷　temporary overload　500
端子短絡故障　bus terminal fault (BTF)　247
単芯型　single core　613
弾性散乱　elastic scattering　362
単相交流　single phase current　99
単相3線式　single-phase three-wire system　522
単相2線式　single-phase two-wire system　522
炭素フィラメント　carbon filament　10
単段可逆式(揚水機器)　single stage reversible type　18
単段ポンプ水車　single stage pump-turbine　25, 26, 314
タンデムコールドミル　tandem cold mill (TCM)　640
タンデム式(揚水機器)　tandem type　18
単電池　battery cell　424
単導体　single conductor　436
単独運転　isolated operation　167, 178, 318, 398
単独運転検出　islanding detection　398
断熱真空層　vacuum layer of thermal insulation　616
断熱層　thermal insulation　615
ダンパ(送電線)　damper　457
単母線　single bus　480
断面積　cross section　362
短絡故障計算　short circuit fault calculation　25
短絡事故　short circuit fault　126, 159, 232, 291, 565
短絡発電機　short circuit generator　232, 254
短絡保護　short-circuit protection　567
短絡保護協調　protective coordination of short-circuit　567
短絡容量　short circuit capacity　397, 620
断路器　disconnector　479, 512
断路器サージ　disconnetcing swicth surge　209

和英索引

地域環境保全　local environmental preservation　265
チェルノブイリ事故　Chernobyl Accident　70
地球温暖化　global warming　86, 263
地球温暖化係数　global warming potential (GWP)　274
地球温暖化対策推進大綱　Global Warming Measures Promotion Fundamental Principles　281
地球環境(問題)　global environmental (problem)　49, 271
地球サミット　Earth Summit　278
蓄熱式空調システム　thermal storage air conditioning system　78
致死電流　lethal electric current　290
地層処分　geologic disposal　388
遅相電流　lagging current　589
地中送電(線)　underground power transmission (line)　460, 615
窒素酸化物　nitrogen oxides (NOx)　40, 263, 356
弛度　dip　458
弛度計算　dip calculation　458
地熱発電　geothermal generation　75, 410
着氷雪荷重　snow and ice load　459
中間接続(箱)　joint　473
中間領域安定度　mid-term stability　123
中空鋼管　steel pipe　439
中故障(パワーエレクトロニクス)　medium fault　585
中心ソレノイド(CS)コイル　center field coil　611
柱上変圧器　pole transformer　97, 534
中性子　neutron　359, 361
中性点接地方式　grounding system　524, 566
中性点リアクトル　neutral reactor　516
中性粒子ビーム　neutral particle beam　253
超ウラン　trans uranium (TRU)　259, 387
超音波探傷検査(水力発電)　ultrasonic test　323
長幹がいし　long rod insulator　446
長幹支持がいし　long rod support insulator　446
長期エネルギー需給見通し　long-term energy supply-demand outlook　281
長距離越境大気汚染　long-range transboundary air pollution　272
長距離送電　long distance transmission　21, 573
ちょう形弁　butterfly valve　314
超高圧系統　extra high voltage system　142
超高圧送電(線)　extra high voltage transmission (line)　22, 140

超高圧変電所　extra high voltage substation　97, 148
超高温ガス炉　very high-temperature gas cooled reactor (VHTR)　374
長時間フリッカ値　long term flicker value　176
長時間領域安定度　long-term stability　123
長寿命半減期核種　long-lived radionuclide　388
長周期動揺　long periodic disturbance　162
調整池　pondage　306
調整池式発電所　pondage type power station　15, 308
長石質磁器　feldspathic porcelain　446
潮汐発電　tidal power generation　76
調相機能　phase modifying function　27, 322
調相設備　var equipment, reactive power source　155, 588
調相用コンデンサ　static condenser　515
調速機　governor　107, 350
超々臨界圧　ultra super critical pressure (USC)　326
超電導　super conductivity　479, 602
超電導/常電導相移転　super/normal transition　604
超電導銀シース線材　superconducting silver matrix conductor　622
超電導限流器　superconducting current limiter　602, 604, 620
超電導磁気エネルギー蓄積装置　super-conductive magnetic energy storage (SMES)　254, 597, 602, 604, 611
超電導軸受　superconducting bearing　429
超電導線　superconductor　254, 613
超電導層　superconducting layer　617
超電導(送電)ケーブル　superconducting (transmission) cable　602, 612
超電導電力機器　superconducting power apparatus　602
超電導同期機　superconducting synchronous machine　630
超電導薄膜　superconducting thin film　624
超電導発電機　superconducting generator　602
超電導バルク材料　superconducting bulk materials　621
超電導変圧器　superconducting transformer　602, 624
潮流計算　load flow calculation　25, 118
潮流制御装置　unified power flow controller (UPFC)　517, 595
超流動ヘリウム　superfluid helium　611
潮流反転　power reversal　581

超臨界圧　supercritical pressure　326
超臨界圧軽水冷却炉　supercritical water cooled reactor (SWCR)　373
直撃雷　direct stroke　209
直軸過渡インピーダンス　direct-axis transient impedance　233
直軸過渡初期インピーダンス　direct-axis sub-transient impedance　233
直軸同期インピーダンス　direct-axis synchronous impedance　233
直接短絡遮断試験　direct short circuit current test　247
直接負荷制御　direct load control　570
直接冷却　direct cooling　17
直流　direct current (DC)　10
直流がいし　DC insulator　436
直流架空送電線　DC transmission line　436
直流絶縁(直流送電)　insulation for direct voltage　583
直流送電　DC power transmission　139, 142, 144, 463, 573
直流送電線　DC transmission line　293
直流電圧制御　DC voltage control　592
直流電源(配電設備)　DC power source　554
直流電動機　direct current motor (DCM)　305, 642, 646
直流発電機　direct current generator (DCG)　642
直流偏磁(パワーエレクトロニクス)　magnetization by direct current　583
直流漏れ電流法　DC leakage current method　472
直流リアクトル　DC reactor　583
直流励磁(パワーエレクトロニクス)　DC excitation　598
直流励磁(機)方式　DC excitation system　25, 129, 317, 348
直流連系　high voltage DC link　139
直列ギャップ　series gap　514
直列コンデンサ　series capacitor　135, 593
直列変圧器(パワーエレクトロニクス)　series transformer　595
直列補償方式　series compensation　183
直列巻線　series winding　496
直列リアクトル　series reactor　516, 547
貯水運用　reservoir control　150
貯水池(式発電所)　reservoir (type power station)　15, 147, 306, 308
直角成分　vertical component　102, 114
直交座標表示　rectangular-coordinates expression　112
チョッパ制御装置　chopper controller　649
地絡(地中送電線)　line-to-ground fault　462
地絡(保護)継電器　ground relay　548
地絡サージ　ground-fault surge　210
地絡事故　grounding fault accident　126, 565
地絡電流　ground-fault current　159, 568
地絡方向継電器　ground-fault directional relay　567
地絡保護　ground-fault protection　565
ちらつき感度指数　flicker sensitivity index　175
沈砂池　settling basin　310
「沈黙の春」　"Silent Spring"　265
ツイスト(ピッチ)　twist (pitch)　609
槌打　hammering　666
土の等価単位体積重量　equivalent soil unit volume weight　445
低圧注水系　low pressure coolant injection system　376
低圧ネットワーク方式　network type secondary distribution system　524
低圧配電系統　secondary distribution system　522, 524
低圧バンキング方式　banked secondary distribution system　524
低位発熱量　low heating value (LHV)　55, 325
低インダクタンス　low inductance　434
低NOx燃焼器　low-NOx combustor　342, 357
低温季(送電線)　low temperature season　440
低温絶縁　cryogenic dielectric　613
低温超電導　low temperature superconductor　606
低温腐食　low temperature corrosion　337
定格回転速度(水力発電)　rated rotating speed　315
定検コンソール(火力発電)　maintenance console　352
抵抗加熱　resistance heating　257
抵抗接地方式　resistance grounded neutral system　524
抵抗倍率器　resistor amplifier　217
抵抗分圧器　resistor voltage divider　217
抵抗方式(電流切換)　tap change with resistor　501
抵抗容量分圧器　resistor-capacitor voltage divider　217
ディジタル式　digital type　25
ディジタルリレー　digital relay　488

和 英 索 引

低弛度増容量電線　low-sag and up-rating conductor　455
定周波数制御　flat frequency control　109
定常状態(電力系統)　steady state　112
ディーゼルエンジン　diesel powered engine　418
低速再閉路　low speed reclose　167
定態安定度　steady state stability, small signal stability　122, 157
定電圧制御装置(直流送電)　automatic voltage regulator　581
定電圧方式　constant voltage control　105
停電回数　interruption times　169
停電コスト　interruption cost　172
停電時間　interruption interval　169, 173
停電率　blackout rate　42
定電流制御(直流送電)　automatic current regulator　581
定電力方式　constant power control　105
低濃縮ウラン　low enriched uranium　363
締約国会議　the Conference of the Parties (COP)　279
定余裕角制御　automatic margin angle regulator　581
低レベル放射性廃棄物　low level radioactive waste　259, 388
低レベル放射性廃棄物埋設センター　low-level radioactive waste disposal center　388
定連系線電力制御　flat tie-line control　109
デーヴィ卿　Davy, Sir H.　7
テスラ　Tesla, N.　12
鉄共振　ferro-resonance　210, 518
鉄筋コンクリート柱　reinforced concrete pole　438
鉄鋼業　iron and steel industry　61, 639
鉄線鎧装　armor wire sheath　464
鉄損(超電導変圧器)　iron loss　625
鉄柱　steel pole　438
鉄塔　steel tower　438
鉄塔風圧荷重　wind pressure on steel tower　441
デフレクタ　deflector　315
デマンド実量制　rate to maximum demand power　540
ΔV_{10}　delta V ten　175
テレビ　television　659
テレビ電波障害　television interference　293
電圧・無効電力制御　voltage reactive power control　153, 155
電圧安定性(度)　voltage stability　123, 157, 615

電圧安定性限界　voltage stability limit　117
電圧階級　voltage class　142
電圧型自励式変換器　voltage source converter (VSC)　590
電圧管理(配電設備)　voltage management　526, 561
電圧源　voltage source　112
電圧制御(超電導機器)　voltage control　603, 627
電圧調整設備　voltage regulator　614
電圧低下(崩壊)　voltage collapse　117, 143, 180
電圧特性　voltage characteristic　105
電圧不安定　voltage instability　104, 116
転位切換　transfer switch　501
転位電線　transposed line　498
転位導体　transposed conductor　613
電解質　electrolyte　412
電荷移動　charge transfer　664
電荷緩和　charge relaxation　664
電荷発生　charge generation　664
電荷分離(雷現象)　charge separation　200
電気エネルギー　eclectric energy　37, 45, 91
電気事業　electric utility　77
電気事業法　Electricity Utilities Industry Law　43, 83
電機子巻線　armature winding　129
電気集じん器　electrostatic precipitator　356, 666
電気主任技術者　certificated electrical engineer　402
電気的制動係数　electrical damping coefficient　594
電気的破壊　electrical breakdown　195
電気的負性気体　electro-negative gas　191
電気鉄道　electric railway　645
電気点弧サイリスタ　electrical trigger thyristor　575
電気トリー　electrical tree　197
電気二重層(キャパシタ)　electric double layer (capacitor)　426
電気分解　electrolysis　7
電気料金制度　electricity tariff　79
点検(配電設備)　examination, inspection　564
電源計画　expansion planning　145, 146
電源構成　power source composition　79, 96
電源送電線　transmission line from generation　140, 146
電磁界　electromagnetic fields
　——の健康影響問題　electromagnetic fields (EMF) issues　294

——の熱作用　thermal effect of electromagnetic fields　298
電磁過渡トルク　electromagnetic transient torque　621
電磁環境　electromagnetic environment　263
電磁気的結合　electromagnetic coupling　609
電子式電力量計　electronic meter　540
電磁遮へい　electro-magnetic shielding　215
電磁(的)障害　electromagnetic interference (EMI)　21, 177, 252
電磁推進　electro-magnetic propulsion　252
電子付着　electron attachment　186
転写　transfer　667
電磁誘導　electromagnetic induction　178, 299
電磁誘導障害　electromagnetic induction obstacle　21
電磁流体発電　magneto hydro dynamics (MHD) generation　252
電磁両立性　electromagnetic compatibility (EMC)　252, 288
電磁力　electromagnetic force　222
電線　conductor, wire　436, 531
電線共同溝方式　compact cable box, communication cable box　539
電線実長　wire length　458
電線水平張力　horizontal wire tension　459
電線張力荷重　conductor tension load　441
電線付属品　accessories　456
伝送方式(配電設備)　communication network type　569
電池エネルギー貯蔵装置　battery energy storage system (BESS)　597
電燈会社　electric light company　14
点灯装置　ballast　652
電灯電力需要　residential electric power demand　634
電灯動力負荷共用方式　combination lighting and motor power supply system　553
電動発電機容量　capacity of motor generator　599
伝導冷却　conduction cooling　608, 611
天然ガス　natural gas　59
天然ガス自動車　natural gas vehicle　80
天然バリア　natural barrier　388
転流　commutation　578
転流失敗　commutation failure　583
転流電源　commutation voltage　586
電流マージン　current margin　580
転流リアクタンス　commutation reactance　579
電流リターンパス　current return circuit　613

電力　electric power　100
電力化　electrification of demand　77
電力会社　electric utilities　77, 634
電力化率　electrification ratio　37, 77, 635
電力供給　power supply　146
電力系統　electric power system　92
電力系統安定化装置　power system stabilizer (PSS)　348
電力系統監視制御システム　power system supervisory and control system　570
電力需要　electricity demand　146, 158, 634
電力消費　electric power consumption　37
電力損失費　power loss cost　531
電力潮流　power flow, load flow　100, 104
電力貯蔵設備　electric energy storage equipment　422
電力貯蔵用電池　battery energy storage system　424
電力動揺抑制(制御)　power oscillation damping (control)　588, 589
電力取引所　electric power exchange　43
電力ネットワーク　electric power network　22
電力半導体　power semiconductor　642
電力品質　power quality　174
電力方程式　power equation　119
電力輸送(超電導ケーブル)　electric power transmission　612
電力利用機器　electric power use equipment　29
電力利用技術　electric power technology　26
電力料金　electricity charge, electricity rate　42, 637
電力量計　watt-hour meter　539
転炉　LD-converter　640

東海再処理施設　Tokai reprocessing plant　361, 386
等価塩分付着密度　equivalent salt deposit density　451
同角成分　horizontal component　102, 114
同期安定性限界　synchronous stability limit　117
同期化力(係数)　synchronizing power (coefficient)　105, 125
同期始動方式　back-to-back starting system　27, 322
同期調相機　synchronous condenser　24, 123, 633
同期電動機(鉄鋼)　synchronous motor (SM or SYM)　641

和 英 索 引

同期発電機　synchronous generator　96, 123, 347
同期不安定性　synchronous instability　105
冬季雷　winter lightning　200
銅系接点材料　copper contact　226
統合型電力潮流制御装置　unified power flow controller (UPFC)　595
東西パイプライン　East-West Pipeline (China)　67
動作責務　operating duty　505
透磁率(変圧器)　permeability　497
導水路　headrace　310
等増分燃料費則　equi-incremental fuel cost law　111
銅損(超電導変圧器)　cupper loss　625
導体　conductor　224, 461
動態安定性　dynamic stability　123
導体損　conductor loss　462
導体表面磁界(超電導ケーブル)　magnetic flux of conductor surface　616
到達時間差法　time-of-arrival method　206
導電釉がいし　semiconducting glaze insulator　447
洞道　culvert　461
投入(遮断器)　make　504
等辺山形鋼　equal angle steel　439
等面積法　equal area criterion　128
灯油　kerosene　83
動揺方程式　swing equation　123
ドームルーフタンク　dome roof tank　330
トカマク　tokamak　253
特殊電線　specialized conductor　456
特性要素　non-linear element　211
特定規模需要　customers in deregulated fields　634
特定石油製品輸入暫定措置法　Provisional Law for Importation of Special Petroleum Products　84
特定放射性廃棄物の最終処分に関する法律　Law on Permanent Disposal of Special Radioactive Waste　361
特別高圧(配電系統)　extra-high voltage (distribution system configuration)　522, 524
特別高圧配電線路　extra-high voltage distribution line　533
特別高圧配電方式　extra-high voltage distribution system　524
独立型分散型電源　isolated type distributed generation　394
独立系発電事業者　independent power producer

(IPP)　43, 592
都市ガス　city gas　80
ドップラ係数　Doppler coefficient　375
トップランナー方式　TOP runner　660
トラクション式エレベータ　traction type elevator　654
トラッキング　tracking　199
ドラム(火力発電)　steam drum　334
トリー　tree　196
トリーイング現象　treeing phenomena　196
ドリヴォ＝ドブロウォルスキー　Dolivo-Dobrowolsky, M. von　12
トリッチェルパルス　Trichel pulse　187
トリップ電磁弁(火力発電)　master trip solenoid valve　352
トリプレックス　triplex　469
トルクチューブ　torque tube　631
トロイダル磁界(TF)コイル　troidal field coil　611

【ナ　行】

ナイアガラ発電所　Niagara power plant　12
内航タンカー　coastal shipping tanker　84
内燃力発電　internal combustion engine power generation　325
内部過電圧(がいし)　internal overvoltage　452
流れ込み式発電所　run-of-river type power station　308
ナトリウム・硫黄電池　sodium sulfur battery　425
ナトリウム冷却高速炉　sodium-cooled fast reactor (SFR)　374
ナフサ　naphtha　83
鉛合金冷却高速炉　lead-cooled fast reactor (LFR)　374
鉛蓄電池　lead storage battery　424, 555
難着雪電線　snow accretion resistant wire　537

2回線受電方式　double circuit power receiving system　541
二酸化硫黄　sulfur dioxide　263
二酸化炭素　carbon dioxide　44, 263, 275, 285
二次エネルギー(源)　secondary energy source　38, 45, 54, 55
二次系統　secondary system　142
二次系ナトリウム漏洩事故　secondary sodium coolant leakage accident　361
二次電池　secondary battery　424
二次変電所　secondary substation　97, 148, 479
二重圧力式　double blast type　503

二重幹線　double main line system　552
二重母線　double bus　480
二段燃焼(脱硝技術)　two staged combustion　357
日間運用　daily start-stop (DSS)　151
日本技術者教育認定機構　Japan Accreditation Board for Engineering Education (JABEE)　51
日本標準規格　Japanese Engineering Standard (JES)　33
入出熱法　efficiency by input-output method　336
ニュートン・ラフソン法　Newton-Raphson method　120

熱エネルギーの多段階利用　heat cascading　393
熱化学的変換法　thermochemical conversion　420
熱間圧延　hot rolling　642
熱交換機　heat exchanger　660
熱効率(火力発電所)　thermal efficiency (of thermal power plant)　276, 326
熱遮へい　thermal shield　615
熱収縮　thermal constrict　614
熱損失法　efficiency by heat loss method　336
熱中性子　thermal neutron　361
熱抵抗(地中送電線)　thermal resistance　462
熱的破壊　thermal breakdown　195
熱電併給　co-generation　325
熱等価回路　thermal equivalent circuit　463
ネットワーク変圧器　network transformer　543
熱疲労　thermal fatigue　623
熱雷　thermal thunderstorm　200
年負荷率　annual load factor　146
燃料　fuel　39
燃料集合体　fuel assembly　364
燃料多様化(火力発電)　fuel flexibility　327
燃料転換　fuel conversion　275, 283
燃料電池　fuel cell　58, 80, 283, 412, 554
燃料電池スタック　fuel cell stack　413
燃料費曲線　fuel cost curve　110
燃料費調整制度　fuel cost adjustment clause　80
燃料棒　fuel rod　363, 364

ノイマン　Neumann, J. von　9
ノード　node　93, 112
ノードアドミタンス行列　nodal admittance matrix　118

【ハ 行】

パークの方程式　Park's equation　124, 129
パージ　purge　353
パーソンズ　Parsons, C.　13
ハードエネルギーパス　hard energy paths　40
バーナブルポイズン　burnable poison　363
バーニアモード　vernia mode　593
バーン　barn　362
排煙脱硝　fuel gas denitrogenization　272
排煙脱硫　fuel gas desulfurization　272
バイオ操作　bio handling　669
バイオマスガス　biogas　66
バイオマス(発電)　biomass (fueled generation)　58, 72, 420
排ガス混合通風機　gas mixing fan　335, 357
π型回路(配電)　π junction　543
π型表示　π-type expression　114
排気再燃式コンバインドサイクル　fully fired heat recovery combined cycle　344
廃棄物発電　power generation technology utilizing waste and refuse derived fuel　58, 284
排出量取引　emission trading　280
灰処理　ash treatment　61
ばいじん　dust　263, 356
排水処理装置　waste water treatment system　358
排水対策　measure against drainage　267
ハイセルキャップ円板巻線　high series capacitance disc winding　499
倍電圧整流回路　voltage doubler rectifier circuit　214
配電系統(構成)　distribution system (configuration)　96, 521, 524
配電自動化システム　distribution automation system　568
配電設備計画　distribution system planning　525
配電線(路)　distribution line　99, 531
配電線運用の自動化　automatic distribution line operation　568
配電線地中化　underground distribution facilities　538
配電線搬送　distribution line carrier　570
配電電圧　distribution system voltage　48, 522
配電塔　uni-substation　534
配電方式　distribution scheme　522
配電用変電所　distribution substation　97, 479
排熱回収　heat recovery　417

和英索引

排熱回収式コンバインドサイクル　un-fired heat recovery combined cycle　343
排熱回収ボイラ　heat recovery steam generator (HRSG)　343
バイパスペア　bypass pair　585
廃炉　nuclear reactor disposal　70
パイロットリレー(配電)　pilot relay　489
白熱電灯　incandescent lamp　26
曝露量(電磁界)　dose　297
はずみ車式発電機　flywheel generator　234
バックコロナ　back corona　667
パッシェン曲線　Paschen curve　186
パッシェン則　Paschen's law　186
発電機固定子巻線絶縁劣化診断(火力発電)　generator stator coil insulation diagnostic　323
発電機周波数特性　generator frequency characteristics　108
発電技術　power generation technology　44, 305, 324, 359
発電効率　electrical efficiency　55, 418
バッドギャップ　bad gap inside of dielectric　618
パッファー室　puffer cylinder　506
波頭長　time to crest　188
ばね操作方式　spring charged operation　505, 508
波尾長　time to half value　188
波力発電　wave activated generation　75
バルク超電導体　bulk superconductor　603, 630
パルス荷電　pulse charging　667
パルス整形回路網　pulse-forming network (PFN)　235
パルス整形線　pulse-forming line (PFL)　235
バルブリアクトル　valve reactor　582
パワーエレクトロニクス　power electronics　28, 161, 163, 479, 520, 573
パワーエレクトロニクス機器　power electronics equipment　176, 183
パワーセンタ(火力発電所)　power center　346
半合成絶縁紙　plastic laminated insulation paper　466
反磁性特性　diamagneticity　617
反射体　reflector　363
バンデグラーフ発電機　Van de Graff generator　214
反動水車　reaction trubine　312
半導電層　semi-conducting layer　197, 465
販売電力量　electricity sales　637

ピーク電源　peak-load plant　79, 147
ピークの式　Peek's formula　187
ヒートポンプ　heat pump　664
非開削方式　shield driving method　461
非化石エネルギー　non-fossil energy　57, 74, 284, 392
光サイリスタバルブ　direct light triggered thyristor valve　574
光直接点弧サイリスタ　direct light triggered thyristor　574
光ファイバケーブル(配電設備)　optical fiber cable　570
光ファイバ複合架空地線　composite fiber-optic ground wire　455
引揚荷重(力)　uplift load (force)　444
引留クランプ　anchor clamp　456
ピクシ　Pixii, N. H.　10
非在来型エネルギー　unconventional energy　57
非在来型石油　unconventional oil　63
非在来型天然ガス　unconventional natural gas　66
非商業エネルギー　non-commercial energy　58
非常用ガス処理系　standby gas treatment system　378
非常用発電機(火力発電)　emergency power generator　346
非常用炉心冷却系　emergency core cooling system (ECCS)　366, 368
ヒステリシス損失(超電導)　hysteresis loss　609
ヒステリシス特性(超電導)　hysterics characteristics　617
ヒステリシスモータ　hysteresis motor　630, 632
ひずみ率　distortion ratio　176
非接地方式(配電)　isolated neutral system/non-grounded system　524
皮相電力　apparent power　101
非弾性散乱　inelastic scattering　362
ピッチ角制御　pitch angle regulation　406
非同期連系　unsynchronized interconnection　578
一人制御方式　one man control system　306
飛灰(フライアッシュ)　fly ash　666
非破壊検査(水力発電)　non-destructive inspection　323
非破壊試験　non-destructive test　220
火花ギャップ　spark gap　214
火花電圧　spark voltage　188
微風振動　aeolian vibration　437
被覆材(原子力発電)　cladding material　363

微粉炭　pulverized coal　61, 334
微粉炭機(ミル)　coal pulverizer/mill　334
非有効接地系統　non-direct grounding system/impedance grounding system　486
ピューレックス法　purex process　386
標準開閉インパルス　standard switching impulse　219
標準絶縁間隔　standard insulation gap　439
標準電圧(配電)　standard voltage　560
標準風圧値　standard wind pressure　441
標準雷インパルス　standard lightning impulse　219
表皮効果(大電流現象)　skin effect　244
表面遮水壁形ダム　facing dam　310
表面膜の除去(大電流現象)　surface cleaning　259
表面漏れ距離　creepage distance　448, 519
漂遊負荷損　stray load loss　225
避雷器　arrester, lightning arrester　27, 97, 210, 349, 462, 482, 513, 535
平賀源内　Hiraga, G.　5
ビルエネルギーマネジメントシステム　building energy management system　49, 541
ビルマネジメントシステム　building management system　541
ビル用マルチエアコン　variable refrigerant flow　653
ピンがいし　pin-type insulator　446

ファラデー　Faraday, M.　8
ファラデー効果　Faraday effect　240
不安定現象(超電導)　instability phenomenon　607
フィルタ(直流送電)　filter　583
フィルダム　fill dam　310
風圧荷重　wind pressure load　441, 532
風力発電　wind power generation　75, 405
風冷サイリスタバルブ　air cooled thyristor valve　574
フェラリス　Ferraris, G.　12
フェランチ効果　Ferranti effect　210
フェランチ　Ferranti S. Z.　11
フォーマ(超電導)　former　613
負荷管理(配電)　load management　562
負荷供給系統　load supply system　148, 155
負荷曲線　load curve　45
負荷係数　load factor　459
負荷持続供給曲線　load duration curve　78
負荷時タップ切換器　on-load tap changer (LTC)　155, 349, 501

負荷遮断　load rejection　210, 354
負荷周波数制御　load frequency control (LFC)　108, 151
負荷周波数特性　load frequency characteristics　108
負荷上昇(火力発電)　load up　353
負荷制御の自動化　automatic load control　570
負荷制限装置　load limiter　107
負荷調整(水力発電)　load control　306, 307
負荷追従性能　load follow performance　369
負荷特性　load characteristic　98, 528
負荷平準化　load leveling　285, 423, 603, 627
負荷変動補償　load fluctuation compensation　603
負荷モデル　load model　129
負荷率　load factor　78
複合碍管　composite insulator　520
複合誘電体　composite dielectric　197
複合より線　composite stranded wire　454
復水器　condenser　340
復水ポンプ　condensate pump　341
複素表示　complex expression　113
複葉弁　through-flow valve　314
ふげん　FUGEN　361
負性気体　electronegative gas　191
ブチルゴム　butyl rubber　469
普通接続(箱)　straight joint　473
復旧訓練　restoration training　168
復旧操作　power system restoration　153, 167
ブッシング　bushing　478, 518
ブッシング変流器　bushing type current transformer (BCT)　517
沸騰水型原子力発電所　boiling water reactor (BWR)　19, 366
不燃油　noncombustible oil　27
部分クエンチ　partial quench　626
部分負荷運転(水力発電)　partial load operation　318
部分放電　partial discharge　187, 510, 617
部分放電開始電圧(超電導ケーブル)　starting voltage of partial discharge　617
部分放電試験　partial discharge test　220
不平衡絶縁　unbalanced insulation　437
浮遊物質(火力発電)　suspended solids　358
浮揚溶解装置　floating melting device　257
フライアッシュ(飛灰)　fly ash　358, 666
フライホイール　flywheel　428, 554
ブラシレス(交流励磁機)方式　AC excitation system　317
プラズマ加熱　plasma heating　257

和 英 索 引

プラズマトーチ plasma torch 257
フラッシオーバ flashover 448
フラッシュ(雷放電) flash 201
フランクフルト博覧会 Frankfurt EXPO 20
フランクリン Franklin, B. 5
ブランケット blanket 363
フランシス水車 Francis hydraulic turbine 15, 312
ブランチ branch 93, 112
フリッカ flicker 175, 397, 526, 589
フリッカ評価 flicker evaluation 175
フリッカメータ flicker meter 176
フリッカ累積確率曲線 flicker duration curve 176
ブリティッシュ・ペトロリアム British Petroleum (BP) 62
ブリティッシュサーマルユニット British thermal unit (Btu) 55
ブリトルフラクチャー(脆性破壊) brittle fracture 447
プルトニウム plutonium 68, 361, 385
フルネイロン Fourneyron, B. 13
ブレイトンサイクル Brayton cycle 342
プレスボード pressed board 493
プログラムコントロール方式(配電) program control 561
プロセスライン(鉄鋼) processing lines 640
プロテクタ遮断器 protector circuit breaker 550
プロテクタヒューズ protector fuse 550
プロペラ形風車 propeller type wind mill 406
フロン chlorofluocarbon 274
分圧比 voltage dividing ratio 217
分岐回路(配電) branch circuit 548
分光システム spectro-scopic system 245
分散型電源 distributed generation plant, dispersed generation plant 48, 178, 284, 390, 479, 620
　インバータ型 inverter type 395
　回転機型 rotating machine type 395
　系統連系型 interconnected type 394
分子パラコル molecular parachor 194
ブンゼン Bunsen, R. W. 7
分布型ダンパ distributed-type damper 457
粉末法(超電導) powder method 614
分離作業単位 separative work unit (SWU) 384
分離巻線 separate winding 496
分流器 shunt 241
分路巻線 common winding 496
分路リアクトル shunt reactor 491, 516

ペアケーブル pair cable 570
平衡通風方式 balanced draft system 335
平衡点 equilibrium point 125
米国地質調査所 US Geological Survey 62
閉鎖型(筐体) metal-enclosed 541
閉鎖風道方式 closed circuit cooling system 316
平面トラス構造 plane truss structure 443
並列(火力発電) synchronization 353
並列補償方式 shunt compensation 183
ベース電源 base-load plant 78, 147
ベキ乗法 power method 132
ベクトル制御 vector control 591
ベッツの法則 Betz's law 406
ヘリウム吸排装置 helium tarnsfer coupling 631
ペルチェ効果 Peltier effect 10
ヘルツ Hertz, H.R. 9
ベルトケーブル belted type cable 460
ベルトコンベヤ(火力発電) belt conveyor 328
ペレット pellet 367, 385
変圧運転 variable pressure operation 327
変圧器 transformer 97, 478, 532
変圧比 transformation ratio 117, 348
変換器用変圧器 converter transformer 583
変形ウッドブリッジ結線変圧器 hetero-wood-bridge connection transformer 650
弁抵抗形避雷器 damper resistance arrester 535
変電 voltage transform 478
変電所 substation 97, 478
変電所総合ディジタルシステム substation automation digital control system 25, 490
変動係数(絶縁結合) coefficient of variation 189
変動負荷(電力貯蔵) fluctuating load 423
変動負荷補償 fluctuating load compensation 603, 627
ヘンリー Henry, J. 8
偏流 non-uniform current distribution 613, 617
変流器 current transformer (CT) 239

保安規定 safety rule 379
ボイド void 197
ボイラ効率(火力発電) boiler efficiency 336
ボイルオフガス boil-off gas 332
崩壊熱 decay heat 362
方向性距離継電器 directional distance relay 550

方向性けい素鋼板/帯　grain oriented silicon steel strip　496, 547
放射状系統　radial system　138, 140, 162, 163, 168, 170
放射状方式(配電)　radial type distribution system　524
放射性廃棄物　radioactive waste　269, 271, 386
放射性物質　radioactive material　268, 362
放射性捕獲　radioactive capture　362
放射熱シールド　radiation shield　631
防食電線　anti-corrosion wire　455
放水路　tailrace　310
包蔵水力　hydropower pontial　409
ボウタイ状トリー　bow-tie tree　196
放電成形　electro discharge shaping　255
放電ランプ　electric discharge lamp　258
防爆　explosion proof　644
防爆試験　explosion-proof test　250
飽和磁束密度　saturated flux density　496
ホームエネルギーマネージメントシステム　home energy management system (HEMS)　664
ホール素子　Hall element　240
ホーン効率　horn efficiency　449
捕獲γ線　capture gamma rays　362
補間法　interpolation method　219
ポケットチャージ　pocket charge　200
保護ギャップ　protective gap　513
保護協調　protection coordination　395, 567
保護システム　protection system　146, 164, 166
保護リレー　protective relay　346, 488
保護レベル　protection level　211
補修計画　repair planning　148, 150
保障措置(原子力発電)　safeguards　379
補償度　degree of compensation　594
補助開閉器　auxiliary contact　506
母線　bus　94, 350, 480
母線電圧　bus voltage　101
ホットストリップミル　hot strip mill (HSM)　640
ホットスポット温度　hot-spot temperature　608
ホモポーラ発電機　homo-polar generator　11, 230
ポリ塩化ビフェニル　PCB, polychlorinated biphenyl　269
ポリマ碍管　polymer insulator　23, 518
ポロイダル磁界(PF)コイル　poloidal field coil　611
ホロニックパス　holonic paths　41

ホワイトメタル(水力発電)　white metal　317
ボン合意　Bonn Agreement　281
本四連系線　Honshi interconnection line　433
本線予備線方式　alternate-feeder system　533

【マ 行】

マイクロ SMES　micro-SMES　611
マイクロ水力　micro hydro generation　307, 319, 409
マイスナー効果　Meissner effect　613
埋蔵量　reserve　58
　　──の成長　growth of reserves　62
マイヤーの式　Mayr's equation　229
巻上機　traction machine　654
巻線導体　winding conductor　498
巻胴式エレベータ　drum type elevator　654
マクスウェル　Maxwell, J. C.　9
　　──の方程式　Maxwell's equations　9, 205
マグネットセパレータ　magnetic separator　329
マグノックス炉　magnox reactor　370
摩擦起電機　electrostatic generator　4
摩擦帯電　frictional charging　665
待ち時間　waiting time　658
マット基礎　mat foundation　445
マッピングシステム(配電設備)　mapping system　560
マラケシュ合意　Marrakesh Awards　281
マルチフィラメント　multi-filament　609
マンホール　manhole　461
マンマシンインターフェース(機器)　man-machine interface (facility)　350, 556

水トリー　water tree　196, 471
水冷却(火力発電)　water cooling　347
ミドル電源　middle-load plant　79, 147
未発見資源量　undiscovered resources　65

無煙炭　anthracite　59
無限大母線　infinite bus　123
無効電力　reactive power　24, 101, 104, 479
無効電力制御　reactive power control var control　155, 588
無効電力補償装置　var compensator　491, 587
無効分制御　reactive component control　591
無停電作業　work without supply-interruption　563
無停電電源装置　uninterruptible power supply (UPS)　49, 179, 422, 604, 627
無電圧タップ切換方式　no-voltage tap changer　349

和英索引

メタノール methanol 88
メタンハイドレート methane hydrate 66
メッシュ系統 mesh system 138, 140, 142, 168, 170
面積効果 electrode area effect 192
メンブレン式貯槽 membrane LNG storage tank 331

モータ motor 30
モータリゼーション motorization 56
モーメント荷重基礎 foundation mainly designed for turning over moment 444
モールド変圧器 encapsulated-winding transformer 546
木質系バイオマス woody biomass 72, 422
木柱 wood pole 438
モジュール工法(火力発電) module method 355
漏れ磁束 leakage flux 242, 495, 616
漏れリアクタンス leakage reactance 495, 591, 625
門型鉄塔 gantry tower 438
もんじゅ MONJU 361, 373
文部科学省 Ministry of Education, Culture, Sports, Science and Technology 45

【ヤ 行】

ヤードスティック査定 yardstick assessment 83
夜間電力 midnight service of electricity 653
ヤコビ Jacobi, M. 32
ヤコビアン行列 Jacobian matrix 121

油圧式エレベータ hydraulic elevator 655
油圧ジャッキ hydraulic jack 655
油圧操作方式(遮断器) hydraulic operation 505, 508
油入変圧器 oil immersed type transformer 492
誘引通風機 induced draft fan 335
有機がいし composite insulator 447
有機絶縁材料 organic insulating material 537
有効接地系統 direct grounding system 486
有効電力 active power 101, 104
有効分制御 active component control 591
有効落差 effective head 309
誘電正接試験 dielectric loss tangent test 24, 220
誘電損失角 dielectric loss angle 221
誘電体損 dielectric loss 462, 615

誘導形電力量計 induced meter 539
誘導加熱 induction heating 257, 349
誘導電界 induced electric field 299
誘導電動機(鉄鋼) induction motor (IM) 641, 646
誘導電流(電磁界) induced current 299
誘導発電機 induction generator 407
誘導放射能 induced radioactivity 362
誘導雷 induced stroke 209
U 特性 U-charcateristcis 190
誘雷 triggered lightning 206
油浸紙コンデンサブッシング oil impregnated paper condenser bushing 519
油槽所 oil terminal 84, 329
油中ガス分析(OF ケーブル) analysis of dissolved gas in oil 468
油中コロナ corona in oil 194
油中終端接続(箱) oil-immersed sealing end 473
油通路 oil duct 465
油冷サイリスタバルブ oil cooled thyristor valve 574
陽解法 explicit method 132
溶剤 solvent 83
揚水運用 pumped storage hydro power operation generation 147
揚水式(水力発電) pumping storage type 97, 147, 150
揚水発電 pumped storage power station 17, 45, 306, 308, 317, 322
溶存酸素 dissolved oxygen 336
溶融塩電解法 molten salt electrolytic process 386
溶融炭酸塩形燃料電池 molten carbonate fuel cell (MCFC) 413
容量分圧器 capacitance voltage divider 217
ヨーク鉄心 yoke leg 492
横軸水車 horizontal type hydro turbine 305
余剰電力購入制度 buy-back rate 400
予想埋蔵量 estimated reserve 59
予備力 reserve 106
予防保全(配電) preventive maintenance 486
余裕角 margin angle 579
余裕油量 surplus oil 467
より線 stranded wire 461, 613
4アーム積層形 quadraple valve 575
400V 方式 400V distribution system 541

【ラ 行】

雷インパルス（電圧） lightning impulse (voltage) 188, 449
雷インパルス耐電圧値（CVケーブル） lightning impulse withstand voltage 471
雷雨日数 thunderday 201
雷雲 thundercloud 200
雷害 lightning damage 206, 527
雷害（事故） lightning fault 158
雷害対策（配電） lightning measures 528, 535
雷過電圧 lightning overvoltage 449, 466
雷撃距離 striking distance 207
雷撃電流 lightning stroke current 203, 483
雷サージ lightning surge 449
雷事故 ligtning fault 179, 181, 182
雷遮へい shielding 207
ライデン瓶 Leyden jar 5
ライフサイクルアセスメント life cycle assessment (LCA) 287
雷放電 lightning discharge 245
ラインポストがいし line post insulator 446
落雷位置標定システム lightning location and protection system (LLS) 206, 437
ラジアル鉄心 radial iron core 516
ラップ接合 wrapped core sheet connection 497
ランキンサイクル Rankine cycle 337
ランチョス法 Lanczos' method 132
ランナベーン runner vane 315

リアクトル reactor 97, 516
リアクトル方式（電流切換） tap change with reactor 501
リーダ leader 200
離隔 clearance 439, 537
離隔検討図（クリアランス図） clearance diagram 439
力率 power factor (pf) 101, 347
力率改善コンデンサ（鉄鋼） power factor improvement condenser 642
リクレーマ reclaimer 7
リサイクル recycling 259, 270
離脱電流 let-go current 290
流動損失 liquid flow loss 615
流動帯電 fluidized charging 665
利用率（高電圧） utilization factor 215
リラクタンスモータ reluctance motor 630, 633
臨界 criticality 369

臨界圧力（火力発電） critical pressure 333
臨界温度 critical temperature 615
臨界磁界 critical magnetic field 615
臨界通絡電圧 critical cascading flashover voltage 450
臨界電流（密度） critical current (density) 605, 615
臨界波頭長 critical time to crest 190
りん酸形燃料電池 phosphoric acid fuel cell (PAFC) 414

ループ系統 looped distribution system 138, 140, 162, 170, 525
ループ電流開閉 closed loop current switching 512
ループフロー loop flow 142
ルームエアコン air conditioner 660
ルンゲ-クッタ法 Runge-Kutta method 132

冷間圧延 cold rolling 642
冷却材（原子力発電） coolant 363
冷却ステーション cooling station 619
冷却層 cooling layer 619
励磁系モデル excitation system model 129
励磁装置 excitation system, exciter 155, 161, 315, 317, 598
励磁電流 exciting current, magnetizing current 494, 625
励磁突入電流 inrush current 498, 519
冷蔵庫 refrigerator 661
レーザ蒸着（法） pulse laser deposition 614, 624
レーザプリンタ laser printer 667
レールガン rail gun 256
瀝青炭 bituminous coal 59
劣化診断（CVケーブル） degradation diagnosis 471
レドックスフロー形電池 redox-flow type battery 425, 554
連系系統 linkage system 108
連系送電線 tie-line, interconnected system 108
連続円板巻線 disc type winding 499
連続許容温度（送電線） continuous allowable temperature 458
レンツ Lenz, H.F 9

ロイヤルダッチシェル Royal Dutch Shell 63
ロータリ弁（水力発電） spherical valve 314
ロープ式エレベータ traction type elevator

654
ロガー　logger　25
六フッ化硫黄　sulfur hexafluoride　27, 191, 285
ロケット誘雷　rocket-triggerred lightning　206,
　　　245
ロゴスキーコイル　Rogowski coil　244
炉心シュラウド　core shrouds　366

【ワ 行】

ワードレオナード　Ward-Leonard　656
Y行列　Y matrix　118
Y分岐接続(箱)　Y joint
ワイブル確率分布　Weibull distribution　471
ワックス　wax　83
「我ら共通の未来」　"Our Common Future"　265

英和索引

【略　語】

AFC　automatic frequency control　600
ALPS　automatic lightning progressing feature observation system　204
AVR　automatic voltage regulator　126

BACnet　a data communication protocol for building automation and control network　558
BEMS　building energy management system　49
Bi系銀シース線材　Bi system silver sheathed wire　606
Bi系線材　Bi-tape conductor　614
BTB　back-to-back　573

CANDU炉　Canadian Deuterium Uranium Reactor　371
C-GIS　cubicle type GIS　504
COP　the Conference of the Parties　661
CP-1　Chicago pile 1　359
CRTオペレーション　cathode-ray tube　351
CVCF　constant voltage constant frequency　555
CVケーブル　cross-linked poly-ethylene insulated poly-vinyl chloride sheathed cable, XLPE cable　468

DC/DCコンバータ　DC/DC converter　427
DCR　dielectrophoretic collection rate　669
DCS　distributed control system　558
DDC　direct-digital control　556
DMD　dynamic mirror device　668
DNA　deoxyribonucleic acid　669
DSM　demand side management　568
D-SMES　distributed SMES　605, 628
DSMプログラム　demand-side management program　78
DSS運転　daily start and stop operation　327, 632

ELF　extremely low frequency　298
EMC　electromagnetic compatibility　288
EMF問題　electromagnetic fields issues　294

EPゴム　ethylene propylene rubber　469

FACTS　flexible AC transmission systems　28, 142, 592

GIL　gas insulated transmission line　464
GIS　gas insulated switchgear　191, 503, 508
GTウォーミング　gas turbine warming　353
GTL　gas to liquid　88
GTO　gate turn-off thyristor　28, 585, 590

HEMS　home energy management system　49, 571
HTS　high temperature superconductor　606
HVDC LIGHT　high voltage direct current transmission light　586

IGBT　insulated gate bipolar transistor　585, 590
IKL　isokeraunic level　201
IPCC　Intergovernmental Panel on Climate Change　276
IPM　interior permanent magnet　663
IPP　independent power producer　592

JABEE　Japan Accreditation Board for Engineering Education　51
JEM　Japan electrical manufacture　547
JPDR　Japan Power Demonstration Reactor　360, 388

LCC　life cycle cost　553
LDC方式　line voltage drop compensator　561
LNG火力発生　liquid natural gas fired thermal generation　147
LNG火力発電所　LNG thermal power plant　284, 327
LONWORKS　local operating network　558
LTC　on-load tap changer　156
LTS　low temperature superconductor　606

MIMAS法　micronized master process　385
MOX　mixed oxide fuel　385
MRI　magnetic resonance imaging　606, 612

英 和 索 引

NAS電池　sodium sulfur battery　554
NMR　nuclear magnetic resonance　612
NOx　nitrogen oxide　356

OFケーブル　oil filled cable　23, 460, 465, 620
OVP　overvoltage protection　601

PCB油　polychlorinated biphenyl oil　259
pH　power of hydrogen ion　358
PLC　power line communication　571
POF　pipe-type oil filled cable　465
POFケーブル　pipe type oil filled cable　23
PQ指定ノード　PQ-specified node　119
PRTR　pollutant release and transfer register　269
PSS　power system stabilizer　126, 161, 164
P-V曲線　P-V curve　117
PV指定ノード　PV-specified node　119
PWM（制御）　pulse width modulation (control)　586, 592
P-δ曲線　P-δ curve　124

QR法　QR method　131

RAPID計画　Electric and Magnetic Fields-Research and Public Information Dissemination Project　296
RPC装置　railway static power conditioner　650
RPS法　Renewables Portfolio Standard Law　401, 405
R/X比　resistance/reactance ratio　115

SCADA　supervisory control and data acquisition　558
SF$_6$　sulfur hexafluoride　191
SiC　silicon carbide　211
SLケーブル　separately leadsheathed cable　460
SMES　superconducting magnetic energy storage　430, 606, 626
SOx　sulfur oxide　356
SSR　sub-synchronous resonance　135, 593
STATCOM　static compensator　590
SUC　static unbalance compensator　589
SVC（装置）　static VAR compensator　123, 164, 175, 588, 650
S行列法　S matrix method　131

UHV（送電）　ultra-high voltage (transmission)　141, 434
UNEP　United Nations Environment Programme　278
UNFCCC　United Nations Framework Convention on Climate Change　279
UPFC　unified power flow controller　595
UPS　uninterruptible power supply　49, 181, 555

V-t特性　voltage-time characteristics　189, 470
VVVFインバータ　variable voltage variable frequency inverter　646
Vθ指定ノード　voltage theta-specified node　119

WMO　Word Meteorological Organization　278

Y行列　Y matrix　118
Y系線材　Yi-tape conductor　614
Y分岐接続（箱）　Y joint　473
YBCO（Y系）テープ導体　YBCO (Y system) tape conductor　606

ZnO　zinc oxide　211

【A】

a data communication protocol for building automation and control network　BACnet　558
A type heavy fuel oil　A重油　83
abnormal state insulation gap　異常時絶縁間隔　439
abnormal weather　異常気象　277
absorption cross section　吸収断面積　363
absorption reaction　吸収反応　361
AC 1 minite test　交流1分間電圧試験　218
AC circuit breaker　交流遮断器　502
AC electric circuit　交流回路　112
AC excitation　交流励磁　25, 598
AC excitation system　交流励磁方式, ブラシレス方式　129, 317, 348
AC network analyzer　交流計算盤　26
AC overhead transmission line　交流架空送電線　290, 436
AC transmission loss　交流損失（超電導機器）　608, 615
AC transmission line　交流送電線　290
AC voltage control　交流電圧制御（SVC）　588

AC-DC converter (station)　交直変換器(所)　98, 573
accessories　電線付属品　456
accident management　アクシデントマネジメント　378
acid rain damage　酸性雨被害　272
acid rain prevention　酸性雨防止　273
acid rain, acid deposition　酸性雨　40, 263
Action Plan about Environment　環境行動計画　284
activated carbon　活性炭　427
active component control　有効分制御　591
active power　有効電力　101, 104
admittance　アドミタンス　113
advanced angle　制御進み角　579
advanced boiling water reactor (ABWR)　改良型沸騰水型原子炉　366
advanced recovery technology　高次回収技術　63
advanced thermal reactor (ATR)　新型転換炉　360, 372
advanced wet-reprocessing　先進湿式法　386
aeolian vibration　微風振動　437
air blast circuit breaker　空気遮断器　502
air conditioner　ルームエアコン　660
air conditioning facility　空調設備　653
air cooled thyristor valve　風冷サイリスタバルブ　574
air cooling　空気冷却(火力発電)　347
air gap armature winding　空隙電機子巻線(超電導回転機)　631
air insulated substation　気中絶縁変電所　484
air pollutant　大気汚染物質　61
air pollution　大気汚染　263
air preheater　空気予熱器　335
air preservation　大気保全　267
alkaline storage battery　アルカリ蓄電池　555
allowable current　許容電流(ケーブル)　463
alternate-feeder system　本線予備線方式　533
alternating current (AC)　交流　11
alternative energy　新エネルギー　58, 283
alumina porcelain　アルミナ含有磁器　446
aluminum clad wire　アルミ覆鋼より線　454
aluminum conductor　硬アルミ線　454
aluminum conductor aluminum clad steel reinforced, (ACSR/AC)　アルミ覆鋼心アルミより線　456
aluminum conductor steel reinforced (ACSR)　鋼心アルミより線　454
amber　琥珀　3

amorphous alloy　アモルファス合金　496
amorphous transformer　アモルファス変圧器　547
Ampere, A. M.　アンペール　10
ampere-turn　起磁力(変圧器)　495
analogue method　アナログ式　25
analysis of dissolved gas in oil　油中ガス分析(OFケーブル)　468
anchor clamp　引留クランプ　456
angular frequency　角周波数　100
annual load factor　年負荷率　146
anthracite　無煙炭　59
anti-contamination design　耐汚損設計　451
anti-contamination suspension insulator　耐塩用懸垂がいし　446
anti-corrosion wire　防食電線　455
anti-lightning design　耐雷設計　206, 452
anti-parallel connection　逆並列接続(SVC)　587
apparent power　皮相電力　101
Arago, D. F.　アラゴ　12
arc (discharge)　アーク(放電)　191, 227
arc furnace　アーク炉　257
arc heating　アーク加熱　257
arc lamp　アーク灯　7
arc plasma (treatment)　アークプラズマ(処理)　253, 258, 259
arc time constant　アーク時定数　229
arc voltage　アーク電圧　257
arch dam　アーチダム　310
arcing horn　アークホーン　449
arc-suppressing grounding reactor　消弧リアクトル　516
armature winding　電機子巻線　129
armor rod　アーマロッド　457
armor wire sheath　鉄線鎧装　464
arrester, lightning arrester　避雷器，アレスタ　27, 97, 210, 349, 462, 482, 513, 535
artificial pollution test　人工汚損試験　219
ash treatment　灰処理　61
asphalt　アスファルト　83
a-spot　a-スポット　223
associated gas　随伴ガス　66
assumed load　想定荷重　440
atmospheric pressure plasma　大気圧プラズマ　670
atmospheric electric field　大気電界(電場)　290
auto oil sampler　オートサンプラ　329
auto reclosing　自動再閉路　491
auto transformer　オートトランス，単巻変圧器

英和索引　　　705

496
automated splitting　自動遮断　104
automatic control　自動制御（屋内設備）　556
automatic current regulator　定電流制御（直流送電）　581
automatic customer-related service　需要家対応業務の自動化　570
automatic depressurization system　自動減圧系　376
automatic dispatch control system　自動給電システム　23
automatic distribution line operation　配電線運用の自動化　568
automatic frequency control (AFC)　自動周波数制御　24, 108, 355, 600
automatic lightning progressing feature observation system　ALPS　204
automatic load control　負荷制御の自動化　570
automatic margin angle regulator　定余裕角制御　581
automatic power restoration　自動融通（配電線）　569
automatic restoration　自動復旧　168
automatic speed regulation (ASR)（鉄鋼）　速度制御　642
automatic synchronizing equipment　自動同期装置　321
automatic voltage regulator (AVR)　自動電圧調整装置　24, 126, 155, 348, 581
automation　自動化　350, 491, 568, 570
auxiliary contact　補助開閉器　506
availabilty　稼働率　42

【B】

back corona　バックコロナ　667
back flashover　逆フラッシオーバ　208, 449, 483
backflow lightning　逆流雷　209
back-to-back　BTB　573
back-to-back starting system　同期始動方式　27, 322
back-up protection　後備保護　160
bad gap inside of dielectric　バッドギャップ　618
balanced draft system　平衡通風方式　335
ballast　点灯装置　652
banked secondary distribution system　低圧バンキング方式　524
barn　バーン　362
base-load plant　ベース電源　78, 147
basic impulse insulation level　基準衝撃絶縁強度　482

basic law on energy policy　エネルギー基本計画　78
battery cell　単電池　424
battery energy storage system　電力貯蔵用電池　424
battery energy storage system (BESS)　電池エネルギー貯蔵装置　597
bearing　軸受　317, 323, 428
belt conveyor　ベルトコンベヤ（火力発電）　328
belted type cable　ベルトケーブル　460
Betz's law　ベッツの法則　406
Bi system silver sheathed wire　Bi系銀シース線材　606
bio handling　バイオ操作　669
biogas　バイオマスガス　66
biological conversion　生物学的変換法　420
biological shield　生体遮へい　363
biomass (fueled generation)　バイオマス（発電）　58, 72, 420
biopolymer　生体高分子　669
Bi-tape conductor　Bi系線材　614
bituminous coal　瀝青炭　59
black liquor　黒液　72
blackout rate　停電率　42
blanket　ブランケット　363
blast furnace　高炉　640
boiler efficiency　ボイラ効率（火力発電）　336
boiling water reactor (BWR)　沸騰水型原子力発電所　19, 366
boil-off gas　ボイルオフガス　332
Bonn Agreement　ボン合意　281
bow-tie tree　ボウタイ状トリー　196
branch　ブランチ　93, 112
branch circuit　分岐回路（配電）　548
branch type distribution system　樹枝状系統　524
Brayton cycle　ブレイトンサイクル　342
break　遮断　227, 504
breeding　増殖　372
British Petroleum (BP)　ブリティッシュ・ペトロリアム　62
British thermal unit (Btu)　ブリティッシュサーマルユニット　55
brittle fracture　ブリトルフラクチャー（脆性破壊）　447
brown coal　褐炭　59
building energy management system (BEMS)　ビルエネルギーマネジメントシステム　49, 541
building management system　ビルマネジメン

トシステム　541
bulk superconductor　バルク超電導体　603, 630
bundle conductor　束導体, 多導体　136, 436
Bunsen, R. W.　ブンゼン　7
burnable poison　バーナブルポイズン　363
bus　母線　94, 350, 480
bus terminal fault (BTF)　端子短絡故障　247
bus voltage　母線電圧　101
bushing　ブッシング　478, 518
bushing type current transformer (BCT)　ブッシング変流器　517
business processing system　事務処理系システム　560
butterfly valve　ちょう形弁　314
butyl rubber　ブチルゴム　469
buy-back rate　余剰電力購入制度　400
bypass pair　バイパスペア　585

【C】

C type heavy fuel oil　C重油　83
cable　ケーブル　99, 460, 478, 612
caison foundation　ケーソン基礎　445
Calder Hall type reactor power station　コールダーホール発電所　18
cam-shaft system　カム軸式　649
Canadian Deuterium Uranium Reactor　CANDU炉　371
capacitance voltage divider　容量分圧器　217
capacitor commutation converter (CCC)　コンデンサ転流型変換器　145
capacity of circuit breaker　遮断器容量　620
capacity of motor generator　電動発電機容量　599
capture gamma rays　捕獲γ線　362
carbon dioxide　二酸化炭素　44, 263, 275, 285
carbon filament　炭素フィラメント　10
cascade　カスケード(原子燃料)　384
cascade connection　カスケード接続　213
casing　ケーシング　314
cathode-ray tube　CRTオペレーション　351
cell fusion, electrofusion　細胞融合　669
center field coil　中心ソレノイド(CS)コイル　611
central air conditioning system　セントラル空調方式　653
centrifugal separation method　遠心分離法　383
certificated electrical engineer　電気主任技術者　402
charge generation　電荷発生　664
charge relaxation　電荷緩和　664

charge separation　電荷分離(雷現象)　200
charge transfer　電荷移動　664
charging　帯電　664
charging current　充電電流　463
chemical and volume control system　化学体積制御設備　366
chemical deposition　化学蒸着　614, 624
chemical oxygen demand　化学的酸素要求量　358
chemical tree　化学トリー　197
Chernobyl Accident　チェルノブイリ事故　70
Chicago pile 1　CP−1　359
chlorofluocarbon　フロン　274
chlorofluorocarbon-replacing material　代替フロン　282
chopper controller　チョッパ制御装置　649
circuit breaker　遮断器　97, 127, 350, 479, 501
circuit breaker switching surge　遮断器投入サージ　209
circulating water pump　循環水ポンプ(火力発電)　341
city gas　都市ガス　80
cladding material　被覆材(原子力発電)　363
clean development mechanism (CDM)　クリーン開発メカニズム　280
clean energy vehicle　クリーンエネルギー自動車　58
clearance　クリアランス　219
clearance　離隔　439, 537
clearance diagram　離隔検討図(クリアランス図)　439
climatic change　気候変化　277
closed circuit cooling system　閉鎖風道方式　316
closed cycle　クローズドサイクル(MHD発電)　254
closed loop current switching　ループ電流開閉　512
cloud discharge　雲放電　201
cloud-to-ground lightning　大地雷撃　201
clover switch　クローバスイッチ　236
cluster　クラスタ(原子力発電)　365
coal (ash)　石炭灰　59, 270
coal bunker　石炭バンカ　334
coal burned boiler　石炭焚きボイラ　17, 334
coal crusher　クラッシャ　329
coal feeder　給炭機　334
coal fired thermal generation　石炭火力　147
coal pulverizer/mill　微粉炭機(ミル)　334
coal unloader　アンローダ　328

英 和 索 引

coalbed methane コールベッドメタン 66
coastal shipping tanker 内航タンカー 84
Cockcroft circuit コッククロフト回路 214
coefficient of variation 変動係数(絶縁結性) 189
cofiring 混焼 422
cogeneration (system) 熱電併給，コージェネレーション(システム) 80, 325, 390, 416, 554
cold reserve 待機予備力 106
cold rolling 冷間圧延 642
collecting electrode 集じん極 666
collision ionization 衝突電離 185
collision ionization coefficient 衝突電離係数 186
color copy machine カラー複写機 668
combination lighting and motor power supply system 電灯動力負荷共用方式 553
combined cycle power generation コンバインドサイクル発電 80, 284, 325, 342
combined cycle power plant コンバインドサイクルプラント 19
commercial (or system) frequency 商用周波数 105, 150, 598
commercial electric power demand 業務用電力需要 634
commercial energy 商業エネルギー 58
common ducts 共同溝 461
common winding 分路巻線 496
communication network type 伝送方式(配電設備) 569
commutation 転流 578
commutation failure 転流失敗 583
commutation reactance 転流リアクタンス 579
commutation voltage 転流電源 586
compact cable box, communication cable box 電線共同溝方式 539
compensatory outlet 維持放流 307
complex expression 複素表示 113
composite bushing コンポジット碍管 520
composite dielectric 複合誘電体 197
composite fiber-optic ground wire 光ファイバ複合架空地線 455
composite insulator 複合碍管 520
composite insulator 有機がいし 447
composite stranded wire 複合より線 454
compression joint sleeve 圧縮スリーブ 472
compression load (force) 圧縮荷重(力) 444
compression sleeve スリーブ 457
compression-type clamp 圧縮クランプ 457

compressive yield strength 圧縮耐力度 445
compressor 圧縮機 660
computer aided design (CAD) コンピュータ支援設計 34
computer aided manufacturing (CAM) コンピュータ支援製造 34
concentrated-type damper 集中型ダンパ 457
concrete filled steel pipe コンクリート充填鋼管 439
concrete pit コンクリートピット 388
concrete type dam コンクリートダム 310
condensate pump 復水ポンプ 341
condenser コンデンサ 97
condenser 復水器 340
condenser coupling grading shield コンデンサカップリングシールド 499
condition based maintenance (CBM) 状態監視保全(原子力発電) 380
conditioning コンディショニング 199
conductance コンダクタンス 115
conduction cooling 伝導冷却 608, 611
conductor 導体 224, 461
conductor loss 導体損 462
conductor tension load 電線張力荷重 441
conductor, wire 電線 436, 531
cone roof tank コーンルーフタンク 330
conservator コンサベータ 493
constant power control 定電力方式 105
constant voltage constant frequency CVCF 555
constant voltage control 定電圧方式 105
constant-speed machine 固定速機(風力発電) 407
construction plan 工事計画(火力発電) 355
constricted mode 収縮モード 230
consumers' price index 消費者物価指数 43
contact charging 接触帯電 665
contact resistance 接触抵抗 225
contactor (material) 接点(材料) 226
containment spray system 原子炉格納容器スプレイ系 377
continuous allowable temperature 連続許容温度(送電線) 458
continuous voltage fluctuation 常時電圧変動 397
contract demand 契約電力 542
control and protection equipment 制御保護装置(直流送電) 584
control center コントロールセンター 346
control equipment/control system 制御装置(火

力発電) 350
control material 制御材 362
conventional energy 在来型エネルギー 57
conventional natural gas 在来型天然ガス 65
conventional oil 在来型石油 62
converter (CONV) コンバータ(順変換器) 573, 657
converter transformer 変換器用変圧器 583
coolant 冷却材(原子力発電) 363
cooling layer 冷却層 619
cooling station 冷却ステーション 619
cooling water supply system 給水装置 315
coordination gap 協調ギャップ 211
coordination of insulation 絶縁協調 210, 448, 482, 513
copper contact 銅系接点材料 226
coproduction コプロダクション 87
core occupation rate 占積率(変圧器) 497
core shrouds 炉心シュラウド 366
core type コアタイプ(変圧器) 493
core type transformer 内鉄形変圧器 492
core wire 芯線(超電導ケーブル) 617
corona audible noise コロナ騒音 292
corona charging コロナ帯電 665
corona discharge コロナ放電 187, 292, 664
corona in oil 油中コロナ 194
corona loss コロナ損 187
corona noise コロナ雑音 292
corona onset field コロナ開始電界 187
corset type tower (waist type tower) 烏帽子鉄塔 438
Coulmb force クーロン引力 665
Coulomb, C. A. de クーロン 4
coupling loss 結合損失 609
creepage distance 表面漏れ距離 448, 519
critical cascading flashover voltage 臨界通絡電圧 450
critical current (density) 臨界電流(密度) 605, 615
critical magnetic field 臨界磁界 615
critical pressure 臨界圧力(火力発電) 333
critical temperature 臨界温度 615
critical time to crest 臨界波頭長 190
criticality 臨界 369
cross angle steel 十字アングル 439
cross section 断面積 362
cross-linked poly-ethylene insulated poly-vinyl chloride sheathed cable, XLPE cable CVケーブル 468
crude oil 原油 84

crude oil tanker 原油タンカ 84
cryogenic 極低温 195, 612
cryogenic current lead 極低温電流リード 625
cryogenic dielectric 低温絶縁 613
cryogenic insulation 極低温絶縁 195
cubicle type GIS C-GIS 504
culvert 洞道 461
culvert type 暗きょ式(地中送電線) 461
cumulonimbus 積乱雲 200
cupper loss 銅損(超電導変圧器) 625
current balancing control 三相電流平衡化制御 589
current limiter element 限流素子(超電導) 624
current margin 電流マージン 580
current return circuit 電流リターンパス 613
current transformer (CT) 変流器 239
customer 需要家 98
customer information 受電情報 570
customers in deregulated fields 特定規模需要 634
cut and cover method 開削方式 461
cycloconverter (CC) サイクロコンバータ 643
cyclonic thunderstorm 渦雷 200
cylindrical winding 円筒巻線 499

【D】

daily start and stop operation DSS運用 327, 632
daily start-stop (DSS) 日間運用 151
dam type power station ダム式発電所 308
damper ダンパ(送電線) 457
damper resistance arrester 弁抵抗形避雷器 535
damper winding 制動巻線(電力系統) 128
damping resistor 制動抵抗(電力系統) 136
dam-waterway type power station ダム水路式発電所 308
Daniell, J.F. ダニエル 7
dart leader ダートリーダ 201
Davy, Sir H. デーヴィ卿 7
DC excitation 直流励磁(パワーエレクトロニクス) 598
DC excitation system 直流励磁方式 25, 129, 317, 348
DC high speed breaker 高速度直流遮断器(電気鉄道) 650
DC insulator 直流がいし 436
DC leakage current method 直流漏れ電流法 472
DC power source 直流電源(配電設備) 554

DC power transmission 直流送電 139, 142, 144, 463, 573
DC reactor 直流リアクトル 583
DC transmission line 直流架空送電線 436
DC transmission line 直流送電線 293
DC voltage control 直流電圧制御 592
DC/DC converter DC/DC コンバータ 427
dead tank 接地タンク(遮断器) 506
deaerator 脱気器(火力発電) 336
decay heat 崩壊熱 362
defense in depth 多重防護 374
deflector デフレクタ 315
degradation coefficient 寿命指数 470
degradation diagnosis 劣化診断(CV ケーブル) 471
degree of compensation 補償度 594
deionized insulation paper 脱イオン水洗紙 466
delivery service guidelines 託送ガイドライン 83
delta V ten ⊿V10 175
demand factor 需要率 529
demand forecasting 需要想定 145, 529
demand-side management (program) DSM(プログラム) 78, 568
demarcation point of property 財産分界点(配電設備の) 544
denitrification facility 脱硝装置 357
deoxyribonucleic acid DNA 669
depletion of reserves 資源枯渇 63
Deregulation Action Program 規制緩和アクションプログラム 84
deregulation 規制緩和 42, 80, 84
design withstand voltage 設計耐電圧 448
desulfurization 脱硫 270, 357, 643
desulfurization facility 脱硫装置 357
desulfurization gypsum 脱硫石膏 270
diagonal flow type 斜流形 25, 314
diamagneticity 反磁性特性 617
dielectric breakdown test 絶縁破壊試験 219
dielectric degradation 絶縁劣化(超電導ケーブル) 617
dielectric layer 絶縁層(超電導ケーブル) 616
dielectric loss 誘電体損 462, 615
dielectric loss angle 誘電損失角 221
dielectric loss tangent test 誘電正接試験 24, 220
dielectric recovery 絶縁回復(遮断器) 506
dielectric strength test 絶縁試験 218
dielectrophoretic collection rate DCR 669

diesel oil 軽油 83
diesel powered engine ディーゼルエンジン 418
diffuse mode 拡散モード 230
digital relay ディジタルリレー 488
digital type ディジタル式 25
di-methyl ether (DME) ジメチルエーテル 88
dioxin ダイオキシン 269
dip 弛度 458
dip calculation 弛度計算 458
direct cooling 直接冷却 17
direct current (DC) 直流 10
direct current generator (DCG) 直流発電機 642
direct current motor (DCM) 直流電動機 305, 642, 646
direct grounding system 有効接地系統 486
direct light triggered thyristor 光直接点弧サイリスタ 574
direct light triggered thyristor valve 光サイリスタバルブ 574
direct load control 直接負荷制御 570
direct short circuit current test 直接短絡遮断試験 247
direct stroke 直撃雷 209
direct-axis sub-transient impedance 直軸過渡初期インピーダンス 233
direct-axis synchronous impedance 直軸同期インピーダンス 233
direct-axis transient impedance 直軸過渡インピーダンス 233
direct-digital control DDC 556
direction finding method 交会法 206
directional distance relay 方向性距離継電器 550
directionally solidified buckets (DS) 一方向凝固翼 343
disc type winding 連続円板巻線 499
disconnector 断路器 479, 512
disconnetcing swicth surge 断路器サージ 209
dispatching power control (DPC) 運転基準出力制御 355
disruptive discharge 全路破壊 187
dissolved oxygen 溶存酸素 336
distance relay 距離リレー 25, 489
distillation 蒸留 643
distortion of power systems 系統間のねじれ 142, 163
distortion ratio ひずみ率 176
distributed control system DCS 558

distributed generation plant, dispersed generation plant　分散型電源　48, 178, 284, 390, 479, 620
distributed SMES　D-SMES　605, 628
distributed-type damper　分布型ダンパ　457
distribution automation system　配電自動化システム　568
distribution line　配電線(路)　99, 531
distribution line carrier　配電線搬送　570
distribution scheme　配電方式　522
distribution substation　配電用変電所　97, 479
distribution system (configuration)　配電系統(構成)　96, 521, 524
distribution system planning　配電設備計画　525
distribution system voltage　配電電圧　48, 522
diverter　切換開閉器(変圧器)　501
Dolivo-Dobrowolsky, M. von　ドリヴォ＝ドブロウォルスキー　12
dome roof tank　ドームルーフタンク　330
Doppler coefficient　ドップラ係数　375
dose　曝露量(電磁界)　297
double blast type　二重圧力式　503
double bus　二重母線　480
double circuit power receiving system　2回線受電方式　541
double main line system　二重幹線　552
double shell LNG storage tank　金属2重殻式貯槽　331
draft tube　吸出管　315
drawn-in conduit system　管路式(地中送電線)　461
drum type elevator　巻胴式エレベータ　654
dry crosslinking　乾式架橋　197
dry curing process　乾式架橋方式　469
dry type transformer　乾式変圧器　492
dust　ばいじん　263, 356
dynamic mirror device　DMD　668
dynamic stability　動態安定度　123

【E】

Earth Summit　地球サミット　278
earth-fault by intermittent arc current　アーク間欠地絡　210
earthing transformer　接地変圧器　11
East-West Pipeline (China)　東西パイプライン　67
eclectric energy　電気エネルギー　37, 45, 91
economic dispatch control (EDC)　経済負荷配分制御　151

economic load dispatching control　経済負荷配分制御　106
economic operation　経済運用　111, 151
economizer　節炭器　335
eddy current loss　うず電流損　224, 498
Edison type　エジソン式(発電機)　14
Edison, T. A.　エジソン　10
effective head　有効落差　309
effective ionization coefficient　実効電離係数　186
effective value　実効値　100
efficiency by heat loss method　熱損失法　336
efficiency by input-output method　入出熱法　336
eigenvalue　固有値(電力系統)　126, 131
elastic scattering　弾性散乱　362
Electric and Magnetic Fields-Research and Public Information Dissemination Project　RAPID 計画　296
electric characteristics of a human body　人体の電気的特性　298
electric discharge lamp　放電ランプ　258
electric double layer (capacitor)　電気二重層(キャパシタ)　426
electric energy storage equipment　電力貯蔵設備　422
electric light company　電燈会社　14
electric power　電力　100
electric power consumption　電力消費　37
electric power exchange　電力取引所　43
electric power network　電力ネットワーク　22
electric power system　電力系統　92
electric power technology　電力利用技術　26
electric power transmission　電力輸送(超電導ケーブル)　612
electric power use equipment　電力利用機器　29
electric railway　電気鉄道　645
electric shock　感電　289
electric utilities　電力会社　77, 634
electric utility　電気事業　77
electrical breakdown　電気の破壊　195
electrical damping coefficient　電気的制動係数　594
electrical efficiency　発電効率　55, 418
electrical tree　電気トリー　197
electrical trigger thyristor　電気点弧サイリスタ　575
electricity charge, electricity rate　電力料金　42, 637

electricity consumption 消費電力量 637
electricity demand 電力需要 146, 158, 634
electricity sales 販売電力量 637
electricity tariff 電気料金制度 79
Electricity Utilities Industry Law 電気事業法 43, 83
electrification of demand 電力化 77
electrification ratio 電力化率 37, 77, 635
electro discharge shaping 放電成形 255
electrode area effect 面積効果 192
electrolysis 電気分解 7
electrolyte 電解質 412
electromagnetic compatibility (EMC) 電磁両立性 252, 288
electromagnetic coupling 電磁気的結合 609
electromagnetic environment 電磁環境 263
electromagnetic fields (EMF) issues 電磁界の健康影響問題 294
electromagnetic force 電磁力 222
electromagnetic induction 電磁誘導 178, 299
electromagnetic induction obstacle 電磁誘導障害 21
electromagnetic interference (EMI) 電磁(的)障害 21, 177, 252
electro-magnetic propulsion 電磁推進 252
electro-magnetic shielding 電磁遮へい 215
electromagnetic transient torque 電磁過渡トルク 621
electron attachment 電子付着 186
electronegative gas 負性気体 191
electro-negative gas 電気的負性気体 191
electronic meter 電子式電力量計 540
electrostatic atracting force 静電引力 668
electrostatic coating, electrostatic painting 静電塗装 665
electrostatic filter 静電フィルタ 667
electrostatic flocking 静電植毛 665
electrostatic generator 摩擦起電機 4
electrostatic induction 静電誘導 178, 290
electrostatic latent 静電潜像 667
electrostatic precipitator 電気集じん器 356, 666
electrostatic separation 静電選別 666
elevator エレベータ 654
emergency core cooling system (ECCS) 非常用炉心冷却系 366, 368
emergency operation 緊急操作(電力系統) 153
emergency power generator 非常用発電機(火力発電) 346
emission trading 排出量取引 280

employment measure (for acid rain prevention) 運用対策(酸性雨防止のための) 273
encapsulated-winding transformer モールド変圧器 546
energy conservation エネルギー貯蔵 251, 422
energy dump resistor エネルギー放出用抵抗(超電導マグネット) 608
energy efficiency エネルギー消費効率 272, 661
energy flow エネルギーフロー 54
energy plantation エネルギー作物 72
Energy Policy Organic Act エネルギー政策基本法 281
energy resources エネルギー資源 38
energy saving 省エネルギー 283
energy source エネルギー源 54
energy system エネルギーシステム 45
engineered barrier 人工バリア 388
engineering education 技術教育 51
ENIAC エニアック 36
environment 環境 39
environmental harmonization measures 環境調和対策(配電線路の) 537
environmental harmonized pole 環境調和装柱 539
environmental harmony 環境調和(電力設備の) 270
environmental impact assessment 環境アセスメント(環境影響評価) 268, 318, 355
environmental impact substance 環境負荷物質 282
environmental issues 公害問題 17, 263
environmental problem 環境問題 44, 264
environmental radioactivity 環境放射能 268
epidemiological survey 疫学調査 294
equal angle steel 等辺山形鋼 439
equal area criterion 等面積法 128
equi-incremental fuel cost law 等増分燃料費則 111
equilibrium point 平衡点 125
equipment design 設備設計(配電設備) 532
equipment for momentary voltage drop 瞬時電圧低下対策設備 554
equivalent salt deposit density 等価塩分付着密度 451
equivalent soil unit volume weight 土の等価単位体積重量 445
erosion 損耗(接点) 226
escalator エスカレータ 654
estimated reserve 予想埋蔵量 59

ethylene propylene rubber　EPゴム　469
Euler method　オイラー法　132
examination, inspection　点検(配電設備)　564
excitation system model　励磁系モデル　129
excitation system, exciter　励磁装置　155, 161, 315, 317, 598
exciting current, magnetizing current　励磁電流　494, 625
exhaust gas temperature control　ガス温度制御　354
expansion planning　電源計画　145, 146
explicit method　陽解法　132
explosion-proof (test)　防爆(試験)　250, 644
extra high voltage substation　超高圧変電所　97, 148
extra high voltage system　超高圧系統　142
extra high voltage transmission (line)　超高圧送電(線)　22, 140
extra-high voltage (distribution system configuration)　特別高圧(配電系統)　522, 524
extra-high voltage distribution line　特別高圧配電線路　533
extra-high voltage distribution system　特別高圧配電方式　524
extremely low frequency (ELF)　極低周波　298

【F】

facilities management　設備管理(配電設備)　559
facility factor　設備率　170
facility protection　機器保護(電力系統)　160
facing dam　表面遮水壁形ダム　310
fair rate of return regulation　公正報酬率規制　79
Faraday effect　ファラデー効果　240
Faraday, M.　ファラデー　8
fast breeder reactor (FBR)　高速増殖型原子炉　70, 372
fast multi-step-interchange for power restoration　高速多段切替(配電自動化)　569
fast reclosing　高速度再閉路　162, 505
fast valving control　高速バルブ制御　136
fault cascading (preventive control)　事故波及(防止制御)　153, 165
fault clearing　事故遮断　160
fault current　故障電流(超電導限流器)　22, 620
fault direction detecting device　故障方向標定装置　438

fault locator　故障(事故)点標定装置　438, 565
fault section detecting　事故点探査　565
fault section detecting system　故障区間標定システム　438
feasibility study on commercialized fast reactor cycle system　実用化戦略調査研究(FBR)　373
feed water heater　給水加熱器　336
feed water pump　給水ポンプ　336
feeder system　き電方式　646
feeding tank　重力油槽　467
feldspathic porcelain　長石質磁器　446
Ferranti effect　フェランチ効果　210
Ferranti S. Z.　フェランティ　11
Ferraris, G.　フェラリス　12
ferro-resonance　鉄共振　210, 518
fibrillating current　心室細動電流　290
field coal storage system　屋外貯炭式　328
fifth harmonic　第5高調波(配電設備)　547
fill dam　フィルダム　310
filter　フィルタ(直流送電)　583
final energy source　最終エネルギー源　54
first re-closure　再閉路(遮断器)　568
fissile material　核分裂性物質　362, 372
fission chain reaction　核分裂連鎖反応　359
fission product　核分裂生成物　362, 376
five legs core　五脚鉄心　497
fixed load (dead load)　固定荷重　440
flame detector　火炎検出器　353
flash　フラッシュ(雷放電)　201
flashover　フラッシオーバ　448
flat frequency control　定周波数制御　109
flat tie-line control　定連系線電力制御　109
flexible AC transmission systems　FACTS　28, 142, 592
flicker　フリッカ　175, 397, 526, 589
flicker duration curve　フリッカ累積確率曲線　176
flicker evaluation　フリッカ評価　175
flicker meter　フリッカメータ　176
flicker sensitivity index　ちらつき感度指数　175
floating melting device　浮揚溶解装置　257
floating roof tank　浮屋根式タンク　330
fluctuating load　変動負荷(電力貯蔵)　423
fluctuating load compensation　変動負荷補償　603, 627
fluidized charging　流動帯電　665
fly ash　フライアッシュ, 飛灰　358, 666
flywheel　フライホイール　428, 554
flywheel generator　はずみ車式発電機　234

fog type insulator 耐塩用がいし 532
forced circulation boiler 強制循環ボイラ 332
forced cooling 強制冷却式(変圧器) 492
forced draft fan 押込通風機 335
forced draft system 押込通風方式 335
former フォーマ(超電導) 613
fossil fuel 化石燃料 44, 57
foundation 基礎(送電線) 436, 444
foundation mainly designed for turning over moment モーメント荷重基礎 444
foundation mainly designed for vertical load 鉛直荷重基礎 444
Fourneyron, B. フルネイロン 13
Francis hydraulic turbine フランシス水車 15, 312
Frankfurt EXPO フランクフルト博覧会 20
Franklin, B. フランクリン 5
Franklin's kite experiment 凧上げ実験 6
frequency 周波数 100
frequency change 周波数変換 573
frequency control 周波数制御 24, 151, 603, 627
frequency control function 周波数調整機能 28
frequency control operation 周波数調整運転 26
frequency converter station 周波数変換所 98, 433, 573
frequency deviation 周波数偏差 104
frequency relay 周波数リレー 165
frequency response method 周波数応答法 132
frequency stability 周波数安定性 122
frictional charging 摩擦帯電 665
frontal thunderstorm 界雷 200
fuel 燃料 39
fuel assembly 燃料集合体 364
fuel cell 燃料電池 58, 80, 283, 412, 554
fuel cell stack 燃料電池スタック 413
fuel conversion 燃料転換 275, 283
fuel cost adjustment clause 燃料費調整制度 80
fuel cost curve 燃料費曲線 110
fuel flexibility 燃料多様化(火力発電) 327
fuel gas denitrogenization 排煙脱硝 272
fuel gas desulfurization 排煙脱硫 272
fuel rod 燃料棒 363, 364
FUGEN ふげん 361
full conduction 全導通(パワーエレクトロニクス) 594
full stabilization 完全安定化(超電導マグネット) 607
fully fired heat recovery combined cycle 排気

再燃式コンバインドサイクル 344
furnace 火炉 334
furnace liberation rate 火炉熱負荷 334

【G】

galloping ギャロッピング 437
Galvani, L. ガルヴァーニ 6
galvanized steel wire 亜鉛めっき鋼より線 454
gantry tower 門型鉄塔 438
Ganz Electric Works ガンツ社 11
gapless arrester ギャップレス避雷器 211, 513
gas air conditioning ガス冷房 80
gas circuit breaker (GCB) ガス遮断器 286, 503
gas insulated disconnector ガス絶縁断路器 512
gas insulated instrument transformer ガス絶縁計器用変圧器 517
gas insulated substation ガス絶縁変電所 479
gas insulated switchgear (GIS) ガス絶縁開閉装置 191, 503, 508
gas insulated transformer ガス絶縁変圧器 492, 500
gas insulated transmission line (GIL) ガス絶縁送電線路 464, 478
gas insulated valve ガス絶縁バルブ 576
gas insulation apparatus ガス絶縁機器 286, 508
gas mixing fan 排ガス混合通風機 335, 357
gas mixture 混合ガス(絶縁特性) 192
gas recirculation fan 再循環通風機 336
gas sectionalization ガス区画(GIS) 510
gas to liquid (GTL) 液化燃料 88, 89
gas turbine (power generation) ガスタービン(発電) 19, 324, 418
gas turbine warming GTウォーミング 353
Gas Utilities Industry Law ガス事業法 81
gas-cooled fast reactor (GFR) ガス冷却高速炉 374
gas-cooled reactor (GCR) ガス冷却型原子炉 370
gasoline ガソリン 83
gate block ゲートブロック 585
gate firing ゲート点弧 575
gate shift ゲートシフト 585
gate turn-off thyristor GTO 28, 585, 590
Gaulard, L. ゴラール 11
Generation IV (GEN-IV) 第4世代原子炉 373
generator frequency characteristics 発電機周波数特性 108
generator stator coil insulation diagnostic 発電

機固定子巻線絶縁劣化診断(火力発電) 323
geologic disposal 地層処分 388
geothermal generation 地熱発電 75, 410
Gibbs, J. ギブス 11
Gilbert, W ギルバート 4
global environmental (problem) 地球環境(問題) 49, 271
global warming 地球温暖化 86, 263
Global Warming Measures Promotion Fundamental Principles 地球温暖化対策推進大綱 281
global warming potential (GWP) 地球温暖化係数 274
glow corona グローコロナ 187
glow discharge グロー放電 191
governor ガバナ(調速機) 107, 350
governor and turbine system model ガバナ・タービン系モデル 129
governor free ガバナフリー 107
gradient force 勾配力 665
gradual increase of wind velocity with altitude 風の漸増 441
grain oriented silicon steel strip 方向性けい素鋼板/帯 496, 547
grain oriented silicone steel けい素鋼板 493, 496, 516
Gramme, Z.T. グラム 10
graphite moderator gas cooling reactor 黒鉛減速ガス冷却炉 18, 370
gravity dam 重力式ダム 310
grease グリース 83
green power certificate グリーン電力証書 401
green power fund グリーン電力基金制度 401
green pricing グリーンプライシング 402
greenhouse effect/gas 温室効果(ガス) 274
ground relay 地絡(保護)継電器 548
ground resistance, earthing device 接地抵抗(配電設備) 568
ground voltage 対地電圧(配電設備) 568
ground-fault current 地絡電流 159, 568
ground-fault directional relay 地絡方向継電器 567
ground-fault protection 地絡保護 565
ground-fault surge 地絡サージ 210
grounding fault accident 地絡事故 126, 565
grounding system 中性点接地方式 524, 566
grounding, earthing 接地 237, 510, 568
group control 群管理(エレベータ) 658
group control console 系列制御盤(火力発電) 351

group monitoring panel 系列監視盤 352
growth of reserves 埋蔵量の成長 62
Guericke, O. von ゲーリケ 4
guide bearing ガイド軸受 317
guide vane 案内羽根(ガイドベーン) 315
Guideline for system interconnection of dispersed generators 系統連系技術要件ガイドライン 178, 398, 554

【H】

Hall element ホール素子 240
hammering 槌打 666
hard drawn copper conductor 硬銅より線 454
hard energy paths ハードエネルギーパス 40
harmonic current 高調波電流 583, 649
harmonic filter 高調波フィルタ 587, 642
harmonic suppressing method 高調波対策 177, 526
harmonic voltage 高調波電圧(直流送電) 583
harmonics damage 高調波障害 177, 398, 526
harmonics guideline 高調波ガイドライン 177
head tank 水そう(水力発電) 310
headrace 導水路 310
heat cascading 熱エネルギーの多段階利用 393
heat exchanger 熱交換機 660
heat pump ヒートポンプ 664
heat recovery 排熱回収 417
heat recovery steam generator (HRSG) 排熱回収ボイラ 343
heavy fault 重故障 585
heavy water reactor 重水型原子炉 371
helium tarnsfer coupling ヘリウム吸排装置 631
Henry, J. ヘンリー 8
Hertz, H.R. ヘルツ 9
hetero-wood-bridge connection transformer 変形ウッドブリッジ結線変圧器 650
high brilliant radiation 高輝度発光 253
high frequency operation 高周波点灯 652
high heating value (HHV) 高位発熱量 55, 325
high magnetic field 強磁界 252
high pressure arc 高気圧アーク 228
high pressure injection system 高圧炉心注水系 376
high pressure oil lifting system スラスト押上装置 317
high series capacitance disc winding ハイセルキャップ円板巻線 499
high speed control 高速制御(STATCOM) 591

英 和 索 引　　　　　　　　　　　　　　　715

high speed flying　高速飛しょう　252
high speed interrupter　高速スイッチ　182
high speed maglev train　高速磁気浮上列車　611
High Temperature Engineering Test Reactor (HTTR)　高温工学試験研究炉　371
high temperature gas-cooled reactor (HTGR)　高温ガス炉　360, 370
high temperature season　高温季(送電)　440
high temperature superconductor (HTS)　高温超電導　606
high tensile strength sheet steel　高張力鋼板　26, 311
high voltage　高圧(配電)　522
high voltage DC link　直流連系　139
high voltage direct current transmission light HVDC LIGHT　586
higher harmonics　高調波　176, 398, 526
highest equipment voltage　最高許容電圧(がいし)　452
high-level radioactive waste　高レベル放射性廃棄物　361, 386
high-voltage main line system　高圧幹線方式(屋内配電方式)　552
high-voltage strain insulator　高圧耐張碍子　532
Hiraga, G.　平賀源内　5
holonic paths　ホロニックパス　41
home electrification equipment　家庭電化機器　30, 659
home energy management system (HEMS)　ホームエネルギーマネージメントシステム　49, 571, 664
homogeneous stranded wire　単一より線　454
homogeneous type dam　均一形ダム　310
homo-polar generator　ホモポーラ発電機　11, 230
homopolar machine　単極機　231, 630
Honshi interconnection line　本四連系線　433
horizontal angle load　水平角度荷重　441
horizontal component　同角成分　102, 114
horizontal load (force)　水平荷重(力)　444
horizontal type hydro turbine　横軸水車　305
horizontal unit load　水平単位荷重　443
horizontal wire tension　電線水平張力　459
horn efficiency　ホーン効率　449
hot dry rock generation　高温岩体発電　411
hot rolling　熱間圧延　642
hot stick work　間接活線作業　564
hot strip mill (HSM)　ホットストリップミル　640
hot-line work　活線作業　564
hot-spot temperature　ホットスポット温度　608
house transformer　所内変圧器(火力発電)　346
hydraulic elevator　油圧式エレベータ　655
hydraulic jack　油圧ジャッキ　655
hydraulic operation　油圧操作方式(遮断器)　505, 508
hydraulic turbine　水力タービン　13
hydro dominated thermal secondary power generation portfolio　水主火従　16
hydro power　水力　147, 305, 409
hydrogen cooling　水素冷却(火力発電)　347
hydrogen economy　水素経済　87
hydrogen energy　水素エネルギー　86
hydro-power generation　水力発電　45, 97, 305
hydropower pontial　包蔵水力　409
hysteresis loss　ヒステリシス損失(超電導)　609
hysteresis motor　ヒステリシスモータ　630, 632
hysterics characteristics　ヒステリシス特性(超電導)　617

【I】

ice thermal storage system　氷蓄熱システム　653
immunity　イミュニティ　288
impedance　インピーダンス　113
impedance control　インピーダンス制御　594
impedance voltage　インピーダンス電圧　495
implicit method　陰解法　133
impulse　インパルス　214, 237
impulse breakdown voltage　インパルス破壊電圧(IP特性)　188, 617
impulse generator　インパルス電圧発生装置　214
impulse voltage test　インパルス電圧試験　218
impulse water turbine　衝動水車　312
incandescent lamp　白熱電灯　26
incremental fuel cost (curve)　増分燃料費(曲線)　110
independent power producer (IPP)　独立系発電事業者　43, 80, 592
indirect load control　間接負荷制御　570
individual phase control　各相制御(SVC)　588
indoor coal storage system　屋内貯炭式　328
induced current　誘導電流(電磁界)　299
induced draft fan　誘引通風機　335
induced electric field　誘導電界　299
induced meter　誘導形電力量計　539

induced radioactivity 誘導放射能 362
induced stroke 誘導雷 209
induction generator 誘導発電機 407
induction heating 誘導加熱 257, 349
induction motor (IM) 誘導電動機（鉄鋼） 641, 646
inelastic scattering 非弾性散乱 362
inertia confinement fusion (ICF) 慣性核融合 254
infinite bus 無限大母線 123
information network インフォメーションネットワーク 542
initial load 初負荷（火力発電） 353
inlet valve 入口弁 314
inner floating roof tank 固定屋根付浮屋根式タンク 330
inrush current 励磁突入電流 498, 519
instability phenomenon 不安定現象（超電導） 607
instantaneous current 瞬時電流 101, 112
instantaneous current control type 瞬時電流制御型（インバータ） 404
instantaneous power 瞬時電力 101
instantaneous voltage (drop) 瞬時電圧（低下） 101, 112, 174, 179, 424, 527, 554, 603, 621, 627
instantaneous voltage fluctuation 瞬時電圧変動 397
instrument equipment 計量装置（電力量） 539
instrument transformer 計器用変圧器 218, 518
insulated gate bipolar transistor IGBT 585, 590
insulated wire 絶縁電線 533
insulating oil 絶縁油 194, 465, 492
insulating spacer 絶縁スペーサ 510
insulation design 絶縁設計 206, 450, 466, 470, 474, 532
insulation diagnosis 絶縁診断（変電設備） 487
insulation for direct voltage 直流絶縁（直流送電） 583
insulation material 絶縁材料 27, 185
insulation strength 絶縁強度（配電線） 210, 535
insulator がいし（碍子） 446, 531
intake 取水口 310
intake dam 取水ダム 308
integrated coal gasification combined cycle (IGCC) 石炭ガス化コンバインドサイクル発電 345
intercept valve (ICV) インターセプト弁 136
interconnected type distributed generation 系統連系型分散型電源 394
interconnection of power systems 系統間連系 573
Intergovernmental Panel on Climate Change (IPCC) 気候変動に関する政府間パネル 276
interior permanent magnet IPM 663
interleave winding インターリーブ巻線 500
intermittent generators 間欠電源 423
internal combustion engine power generation 内燃力発電 325
internal overvoltage 内部過電圧（がいし） 452
internal recirculation pump インターナルポンプ 366
International Atomic Energy Agency (IAEA) 国際原子力機関 68
International Energy Agency (IEA) 国際エネルギー機関 60
International Technology Education Association (ITEA) 国際技術教育学会 51
interpolation method 補間法 219
interrupted electric energy 供給支障電力量 171
interrupting performance 遮断性能 506
interrupting time/breaking time 遮断時間 504
interruption cost 停電コスト 172
interruption interval 停電時間 169, 173
interruption times 停電回数 169
invasion heat 外部浸入熱 615
inverter (INV) 逆変換器，インバータ 404, 577, 641, 657
inverter type インバータ型（分配型電源） 395
in-vitro study 生体外（試験管内）研究 297
in-vivo study 生体内研究 297
ion flow electrification (phenomenon) イオン流帯電（現象） 294
ionizer アイオナイザ 665
iron and steel industry 鉄鋼業 61, 639
iron core with gaps ギャップ付き鉄心 516
iron loss 鉄損（超電導変圧器） 625
islanding detection 単独運転検出 398
isokeraunic level IKL 201
isolated neutral system/non-grounded system 非接地方式（配電） 524
isolated operation 単独（自立）運転 167, 178, 318, 394, 398
isolated phase bus (IPB) 相分離母線（火力発電） 349
isolated type distributed generation 独立型分散型電源 394

【J】

Jacobi, M. ヤコビ 32
Jacobian matrix ヤコビアン行列 121
Japan Accreditation Board for Engineering Education (JABEE) 日本技術者教育認定機構 51
Japan electrical manufacture JEM 547
Japan Petroleum Development Association 石油鉱業連盟 62
Japan Power Demonstration Reactor JPDR 360, 388
Japanese Engineering Standard (JES) 日本標準規格 33
jet fuel oil ジェット燃料油 83
joint 中間接続(箱) 473
joule heat ジュール熱 224
Joule, J. P. ジュール 9
Joule's law ジュールの法則 9
JOYO 常陽 373

【K】

kanmon interconnection line 関門連系線 433
kerosene 灯油 83
Kirchhoff's law キルヒホッフ則 118
kitahon interconnection line 北本連系線 433
Kyoto Mechanism 京都メカニズム 280
Kyoto Protocol 京都議定書 279
lagging current 遅相電流 589

【L】

Lanczos' method ランチョス法 132
landfill gas 埋立てガス 74
large hadron collider 大型ハドロンコライダ装置 611
large helical device (LHD) 大型ヘリカル装置 254
large industrial electric power demand 大口電力需要 634
large scale system outage 大規模停電 26, 140, 163, 166
large-scale centralized power source 大規模集中型電源 96
laser printer レーザプリンタ 667
Law Concerning Special Measures for Prevention of Nuclear Accidents 原子力災害特別措置法 379
Law on Permanent Disposal of Special Radioactive Waste 特定放射性廃棄物の最終処分に関する法律 361

Law on the Regulation of Nuclear Source Materials, Nuclear Fuel Materials and Reactor 原子炉等規制法 379
LD-converter 転炉 640
lead storage battery 鉛蓄電池 424, 555
lead-cooled fast reactor (LFR) 鉛合金冷却高速炉 374
leader リーダ 200
leakage flux 漏れ磁束 242, 495, 616
leakage reactance 漏れリアクタンス 495, 591, 625
Lenz, H.F レンツ 9
let-go current 離脱電流 290
lethal electric current 致死電流 290
Leyden jar ライデン瓶 5
life cycle assessment (LCA) ライフサイクルアセスメント 287
life cycle cost LCC 553
light fault 軽故障(直流送電) 585
light sensor あかりセンサ 542
lighting 照明 29, 652, 662
lighting control 照明制御 653
lightning damage 雷害 206, 527
lightning discharge 雷放電 245
lightning fault 雷害(事故) 158
lightning flash density 大地雷撃密度 201
lightning impulse (voltage) 雷インパルス(電圧) 188, 449
lightning impulse withstand voltage 雷インパルス耐電圧値(CVケーブル) 471
lightning location and protection system (LLS) 落雷位置標定システム 206, 437
lightning measures 雷害対策(配電) 528, 535
lightning overvoltage 雷過電圧 449, 466
lightning stroke current 雷撃電流 203, 483
lightning surge 雷サージ 449
light-water nuclear reactor 軽水炉 19, 97, 364
ligtning fault 雷事故 179, 181, 182
limestone-gypsum process 湿式石灰石-石こう法 357
"Limits to Growth" 「成長の限界」 264
line post insulator ラインポストがいし 446
line protection 送電線保護 160
line voltage drop compensator LDC方式 561
line-to-ground fault 地絡(地中送電線) 462
linkage system 連系系統 108
liquefied natural gas (LNG) 液化天然ガス 82
liquefied petroleum gas (LPG) 液化石油ガス 82
liquid flow loss 流動損失 615

liquid natural gas fired thermal generation　LNG火力発生　147
liquid neon cooling　液体ネオン冷却　611
(cooling layer of) liquid nitrogen　液体窒素(冷却層)　616
liquid penetrant test　浸透探傷　323
liquid-metal sodium　液体金属ナトリウム　373
LNG thermal power plant　LNG火力発電所　284, 327
load characteristic　負荷特性　98, 528
load control　負荷調整(水力発電)　306, 307
load curve　負荷曲線　45
load duration curve　負荷持続供給曲線　78
load factor　負荷率/係数　78, 459
load flow calculation　潮流計算　25, 118
load fluctuation compensation　負荷変動補償　603
load follow performance　負荷追従性能　369
load frequency characteristics　負荷周波数特性　108
load frequency control (LFC)　負荷周波数制御　108, 151
load leveling　負荷平準化　285, 423, 603, 627
load limiter　負荷制限装置　107
load management　負荷管理(配電)　562
load model　負荷モデル　129
load rejection　負荷遮断　210, 354
load supply system　負荷供給系統　148, 155
load up　負荷上昇(火力発電)　353
loading span　荷重径間　442
local environmental preservation　地域環境保全　265
local operating network　LONWORKS　558
logger　ロガー　25
long distance transmission　長距離送電　21, 573
long duration AC test　交流長時間試験　219
long periodic disturbance　長周期動揺　162
long rod insulator　長幹がいし　446
long rod support insulator　長幹支持がいし　446
long term flicker value　長時間フリッカ値　176
long-lived radionuclide　長寿命半減期核種　388
long-range transboundary air pollution　長距離越境大気汚染　272
long-term energy supply-demand outlook　長期エネルギー需給見通し　281
long-term stability　長時間領域安定度　123
loop flow　ループフロー　142
looped distribution system　ループ系統　138, 140, 162, 170, 525

loss current method　損失電流法　472
loss head　損失水頭　309
low enriched uranium　低濃縮ウラン　363
low heating value (LHV)　低位発熱量　55, 325
low inductance　低インダクタンス　434
low level radioactive waste　低レベル放射性廃棄物　259, 388
low pressure coolant injection system　低圧注水系　376
low speed reclose　低速再閉路　167
low temperature corrosion　低温腐食　337
low temperature season　低温季(送電線)　440
low temperature superconductor (LTS)　低温超電導　606
low-level radioactive waste disposal center　低レベル放射性廃棄物埋設センター　388
low-NOx combustor　低NOx燃焼器　342, 357
low-sag and up-rating conductor　低弛度増容量電線　455
lubricant　潤滑油　83
lubricating oil supply system　潤滑油装置(水力発電)　317
lumped constant　集中定数　114

【M】

machine-room-less elevator　機械室レスエレベータ　655
magnetic flux　主磁束　494
magnetic flux density　磁束密度　347, 518
magnetic flux of conductor surface　導体表面磁界(超電導ケーブル)　616
magnetic levitation train (maglev train)　磁気浮上式鉄道　256, 606
magnetic link　磁鋼片　205
magnetic particle test　磁粉探傷　323
magnetic resonance imaging　MRI　606, 612
magnetic separator　マグネットセパレータ　329
magnetic shield　磁気遮へい　613
magnetization by direct current　直流偏磁(パワーエレクトロニクス)　583
magneto hydro dynamics (MHD) generation　電磁流体発電　252
magnetophosphene　磁気閃光　298
magnox reactor　マグノックス炉　370
main leg　主脚鉄心　492
main protection　主保護　160
main steam pipe rupture accident　主蒸気配管破断事故　368
main steam safety relief valve　主蒸気逃がし安

全弁　368
main transformer　主変圧器(火力発電)　346
maintenance console　定検コンソール(火力発電)　352
make　投入(遮断器)　504
manhole　マンホール　461
man-machine interface (facility)　マンマシンインターフェース(機器)　350, 556
manual control　手動制御方式(水力発電)　306
mapping system　マッピングシステム(配電設備)　560
margin angle　余裕角　579
Marrakesh Awards　マラケシュ合意　281
master trip solenoid valve　トリップ電磁弁(火力発電)　352
mat foundation　マット基礎　445
maximum power demand　最大電力　146
maximum power point tracking　最適出力点追尾制御　404
Maxwell, J. C.　マクスウェル　9
Maxwell's equations　マクスウェルの方程式　9, 205
Mayr's equation　マイヤーの式　229
measure against drainage　排水対策　267
mechanization　機動化　562
medium fault　中故障(パワーエレクトロニクス)　585
Meissner effect　マイスナー効果　613
membrane LNG storage tank　メンブレン式貯槽　331
mesh system　メッシュ系統　138, 140, 142, 168, 170
metal alloy for hydrogen storage　水素吸蔵合金　88
metal oxide surge arrester　酸化亜鉛形避雷器　482, 514
metal superconductor　金属超電導線材　613
metal-enclosed　閉鎖型(筐体)　541
metalic particle　金属異物　192, 512
methane hydrate　メタンハイドレート　66
methanol　メタノール　88
micro hydro generation　マイクロ水力　307, 319, 409
micronized master process　MIMAS法　385
micro-SMES　マイクロSMES　611
middle-load plant　ミドル電源　79, 147
midnight service of electricity　夜間電力　653
mid-term stability　中間領域安定度　123
mineral oil　鉱油(OFケーブル)　466
minimum cost rule　最小費用法　530

minimum mechanical strength　最小引張強さ　454
Ministry of Education, Culture, Sports, Science and Technology　文部科学省　45
Ministry of the Environment　環境省　271
mixed oxide fuel　混合酸化物(MOX)燃料　79, 385
moderator　減速材　362
moderator temperature coefficient　減速材温度係数　375
moderator void coefficient　減速材ボイド係数　375
module method　モジュール工法(火力発電)　355
molecular parachor　分子パラコル　194
molten carbonate fuel cell (MCFC)　溶融炭酸塩形燃料電池　413
molten salt electrolytic process　溶融塩電解法　386
monitor control　監視制御(ビルの)　555
monitoring & control system　監視制御設備(方式)　319, 350
MONJU　もんじゅ　361, 373
motor　モータ　30
motorization　モータリゼーション　56
multi circuit interconnection system　多回線連系系統(配電設備)　524
multi circuit radial type distribution system　多回線放射状系統(配電設備)　525
multi layer cylindrical winding　多重円筒巻線　499
multi lightning strokes　多重雷　201, 256
multi stage reversible type　多段可逆式(揚水機器)　18
multi terminal configuration　多端子構成　586
multi-filament　マルチフィラメント　609
multi-functional telephone system　多機能電話(配電設備)　556
multi-input power system stabilizer　多入力PSS　162
multilayer conductor　多層積層導体　613
multiple interrupting units　多点切り　505

【N】

naphtha　ナフサ　83
nationalization of oil resources　石油資源国有化　66
natural barrier　天然バリア　388
natural circulation boiler　自然循環ボイラ　332
natural cooling　自冷式(変圧器)　492

natural energy sources　自然エネルギー　57, 74, 284, 392
natural gas　天然ガス　59
natural gas powered engine　ガスエンジン　418
natural gas vehicle　天然ガス自動車　80
natural resources problem　資源問題　44, 63
negative-phase-sequence current　逆相電流(配電)　550
network transformer　ネットワーク変圧器　543
network type secondary distribution system　低圧ネットワーク方式　524
Neumann, J. von　ノイマン　9
neutral particle beam　中性粒子ビーム　253
neutral reactor　中性点リアクトル　516
neutron　中性子　359, 361
Newton-Raphson method　ニュートン・ラフソン法　120
Niagara power plant　ナイアガラ発電所　12
nitrogen oxides (NOx)　窒素酸化物　40, 263, 356
nodal admittance matrix　ノードアドミタンス行列　118
node　ノード　93, 112
noise　雑音(大電流測定)　238
noise and vibration isolation　騒音振動防止　268
nominal voltage　公称電圧　95, 471
noncombustible oil　不燃油　27
non-commercial energy　非商業エネルギー　58
non-destructive inspection　非破壊検査(水力発電)　323
non-destructive test　非破壊試験　220
non-direct grounding system/impedance grounding system　非有効接地系統　486
non-fossil energy　非化石エネルギー　57, 74, 284, 392
non-linear element　特性要素　211
Non-Proliferation Treaty (NPT)　核不拡散条約　379
non-uniform current distribution　偏流　613, 617
no-voltage tap changer　無電圧タップ切換方式　349
nuclear energy　原子力エネルギー　68, 359
nuclear fission　核分裂　359, 361
nuclear fuel cycle　核燃料サイクル　78, 361
nuclear fusion (device)　核融合(装置)　251, 606, 610
nuclear generation　原子力発電　147
nuclear magnetic resonance　NMR　612
nuclear material accountancy and control　核物質計量管理　379

nuclear power plant　原子力発電所　18, 44, 57, 97, 268, 359
nuclear reaction　核反応　362
nuclear reactor disposal　廃炉　70

【O】

occupant sensor　人感センサ　542, 653
ocean thermal power generation　海洋温度差発電　76
Oersted, H. C.　エルステッド　7
off-line interconnection trip　オフラインの連系遮断　182
oil　石油　62
oil circuit breaker (OCB)　油遮断器　502
oil conservation　省石油　64
oil cooled thyristor valve　油冷サイリスタバルブ　574
oil crisis　石油危機　64, 263, 635
oil duct　油通路　465
oil feeding system　給油設備(OFケーブル)　465
oil filled cable　OFケーブル　23, 460, 465, 620
oil fired thermal generation　石油火力　147, 324
oil immersed type transformer　油入変圧器　492
oil impregnated paper condenser bushing　油浸紙コンデンサブッシング　519
Oil Industry Law　石油業法　84
oil majors　石油メジャー　66
oil market　石油市場　86
oil pressure supply system　圧油装置　315
oil pressure tank　圧油タンク　315
oil refinery　製油所　84, 643
oil residue　残渣油　84
oil sand　オイルサンド　57
oil shale　オイルシェール　57
oil substitution　石油代替　64
oil terminal　油槽所　84, 329
oil-immersed sealing end　油中終端接続(箱)　473
once-through boiler　貫流ボイラ　333
one machine to infinite bus system　一機無限大母線系統　123
one man control system　一人制御方式　306
on-line interconnection trip　オンラインの連系遮断　182
on-load tap changer (LTC)　負荷時タップ切換器　155, 156, 349, 501
on-site operating supervisory and control system　常時監視制御方式(水力発電)　319

英和索引

open loop control　オープンループ(開ループ)制御　589
open-delta three-phase four-wire system　三相4線式　523
open-rack vaporizer　オープンラック式気化器　332
operating duty　動作責務　505
operation planning　運用計画(電力系統)　145
operation stop out of schedule, unplanned outage　計画外停止　150
operation&maintenance (O&M)　運転保守　319, 379, 481, 486
operational loss　運転損失　614
operational reserve　運転予備力　107, 152
operator station (OPS)　オペレータステーション　351
optical fiber cable　光ファイバケーブル(配電設備)　570
optimal power flow (OPF)　最適潮流　111
organic insulating material　有機絶縁材料　537
Organization of Economic Development (OECD) Nuclear Energy Agency (NEA)　経済開発機構原子力局　68
Organization of the Petroleum Exporting Countries (OPEC)　石油輸出国機構　62
orimulsion　オリマルジョン　63
"Our Common Future"　「我ら共通の未来」　265
"Our Stolen Future"　「奪われし未来」　265
over load relay　過負荷リレー　165
over-current multiole　過電流倍数(変流器)　518
over-current relay　過電流リレー(継電器)　489, 548, 567
overhead ground wire　架空地線　207, 436, 453, 535
overhead power transmission (line)　架空送電(線)　20, 99, 432, 481, 612, 614
overlap angle　重なり角(サイリスタバルブ)　578
overloading　オーバーロード(過負荷)　104
overvoltage　過電圧　206, 482
overvoltage protection　OVP　601
oxide superconducting material　酸化物超電導材料　604
ozone　オゾン　292
ozone-depleting substance　オゾン層破壊物質　274

【P】

π junction　π型回路(配電)　543

π-type expression　π型表示　114
pad and chimney foundation　逆T字基礎　444
pair cable　ペアケーブル　570
paper valve arrester　紙バルブ避雷器　535
paper/film capacitor　紙・フィルムコンデンサ　515
Park's equation　パークの方程式　124, 129
Parsons, C.　パーソンズ　13
partial breakdown　局部破壊　187
partial discharge　部分放電　187, 510, 617
partial discharge test　部分放電試験　220
partial load operation　部分負荷運転(水力発電)　318
partial quench　部分クエンチ　626
Paschen curve　パッシェン曲線　186
Paschen's law　パッシェン則　186
patrol　巡視(配電線)　564
peak-load plant　ピーク電源　79, 147
pearl chain formation　数珠玉形成　669
Peek's formula　ピークの式　187
pellet　ペレット　367, 385
Peltier effect　ペルチェ効果　10
penstock and appurtenant structures　水圧管路　309, 311
perception　感知(電圧)　289
permanent speed regulation　速度調定率　107, 321
permeability　透磁率(変圧器)　497
petrochemical industry　石油化学工業　64, 643
petroleum products　石油製品　83
phase angle difference　位相差　101
phase comparison relay　位相比較リレー　25
phase modifying function　調相機能　27, 322
phase shifter　移相器　517, 595
phase shifter　位相調整器　163
phase shifting　移相　117
phosphoric acid fuel cell (PAFC)　りん酸形燃料電池　414
photoreceptor　感光体　668
photovoltaic power generation　太陽光発電　75, 400, 402
pier foundation　深礎基礎　444
pig iron　銑鉄　640
pile foundation　杭基礎　445
pilot relay　パイロットリレー(配電)　489
pin-type insulator　ピンがいし　446
pipe type oil filled cable　POFケーブル　23, 465
pipe ventilated type　管通風形(水車発電機)　316
pitch angle regulation　ピッチ角制御　406

Pixii, N. H.　ピクシ　10
plane truss structure　平面トラス構造　443
planning criteria　計画基準(電力系統)　103
plasma heating　プラズマ加熱　257
plasma torch　プラズマトーチ　257
plastic laminated insulation paper　半合成絶縁紙　466
plate　厚板　640
plutonium　プルトニウム　68, 361, 385
pneumatic operation　空気操作方式　505, 508
pocket charge　ポケットチャージ　200
polar-coordinates expression　極座標表示(電力系統)　112
polarity reversal　極性反転(直流送電)　463
pole transformer　柱上変圧器　97, 534
pollutant release and transfer register　PRTR　269
Pollution Control Agreement　公害防止協定　265
poloidal field coil　ポロイダル磁界(PF)コイル　611
polychlorinated biphenyl (PCB)　ポリ塩化ビフェニル　269
polychlorinated biphenyl oil　PCB油　259
polymer electrolyte fuel cell (PEFC)　固体分子形燃料電池　414
polymer insulator　ポリマ碍管　23, 518
pondage　調整池　306
pondage type power station　調整池式発電所　15, 308
porcelain　磁器(がいし)　446
post current　続流　513
post-arc current　残留電流　241
powder method　粉末法(超電導)　614
power center　パワーセンタ(火力発電所)　346
power electronics　パワーエレクトロニクス　28, 161, 163, 479, 520, 573
power electronics equipment　パワーエレクトロニクス機器　176, 183
power equation　電力方程式　119
power factor (pf)　力率　101, 347
power factor improvement condenser　力率改善コンデンサ(鉄鋼)　642
power flow, load flow　電力潮流　100, 104
power generation technology　発電技術　44, 305, 324, 359
power generation technology utilizing waste and refuse derived fuel　廃棄物発電　58, 284
power line communication　PLC　571
power loss cost　電力損失費　531

power method　ベキ乗法　132
power of hydrogen ion　pH　358
power oscillation damping (control)　電力動揺抑制(制御)　588, 589
power quality　電力品質　174
power reversal　潮流反転　581
power semiconductor　電力半導体　642
power source composition　電源構成　79, 96
power supply　電力供給　146
power supply interruption　供給支障(停電)　149, 153, 168, 172, 179
power supply interruption fault　供給支障事故　171
power supply order　給電指令　154
power supply reliabilty　供給信頼度　49, 168, 525
power supply reserve　供給予備力　150
power system control　系統制御　155
power system controller　系統制御装置　146
power system dispatch control　給電業務　24
power system fault　系統事故　158, 167
power system monitoring　系統監視　155
power system operation control　給電運用　24
power system restoration　復旧操作　153, 167
power system stability　系統安定度　105, 603
power system stabilizer (PSS)　系統安定化装置　25, 126, 141, 159, 161, 162, 164, 490
power system stabilizer (PSS)　電力系統安定化装置　348
power system stabilizing control　系統安定化制御　153, 163, 627
power system stabilizing measures　系統安定化方策　154, 166
power system supervisory and control system　電力系統監視制御システム　570
power system voltage regulator (PSVR)　送電圧制御発電機励磁装置　348
power wheeling transmission line (system)　外輪送電線(系統)　140, 146
P-V curve　P-V曲線　117
PQ-specified node　PQ指定ノード　119
precise inspection　精密点検(水力発電)　323
pressed board　プレスボード　493
pressure oil pump　圧油ポンプ　315
pressure oil tank　圧油槽　468
pressurized fluidized bed combustion combined cycle (PFBC)　加圧流動床コンバインドサイクル発電　345
pressurized water reactor (PWR)　加圧水型原子力発電所　19, 364

preventive maintenance 予防保全(配電) 486
preventive supervisory and control system 随時巡回方式(水力発電) 319
primary distribution system 高圧配電方式 523
primary distribution system configuration 高圧配電系統 524
primary energy source 一次エネルギー(源) 38, 45, 54, 55, 59
primary pipe rupture accident 一次冷却配管破断事故 376
primary substation 一次変電所 97, 148, 479
primary system 一次系統 142
probabilistic safety assessment 確率論的安全評価 378
processing lines プロセスライン(鉄鋼) 640
program control プログラムコントロール方式(配電) 561
propeller type wind mill プロペラ形風車 406
protection coordination 保護協調 395, 567
protection equipment for system interconnection 系統連系保護装置 404
protection level 保護レベル 211
protection system 保護システム 146, 164, 166
protective coordination of short-circuit 短絡保護協調 567
protective gap 保護ギャップ 513
protective relay 保護リレー 346, 488
protector circuit breaker プロテクタ遮断器 550
protector fuse プロテクタヒューズ 550
proved reserve 確認(可採)埋蔵量 58
Provisional Law for Importation of Special Petroleum Products 特定石油製品輸入暫定措置法 84
puffer cylinder パッファー室 506
puffer type/single pressure type 単圧式(ガス遮断器) 503, 506
pulse charging パルス荷電 667
pulse laser deposition レーザ蒸着(法) 614, 624
pulse width modulation (control) PWM(制御) 586, 592
pulse-forming line (PFL) パルス整形線 235
pulse-forming network (PFN) パルス整形回路網 235
pulverized coal 微粉炭 61, 334
pumped storage hydro power operation generation 揚水運用 147
pumped storage power station 揚水発電 17, 45, 306, 308, 317, 322
pumping storage type 揚水式(水力発電) 97, 147, 150
purex process ピューレックス法 386
purge パージ 353
PV-specified node PV指定ノード 119
P-δ curve P-δ曲線 124

【Q】

QR method QR法 131
quadraple valve 4アーム積層形 575
quench protection クエンチ保護 608, 619
quenching クエンチ，常電導転移 256, 606, 613, 622

【R】

radial iron core ラジアル鉄心 516
radial system 放射状系統 138, 140, 162, 163, 168, 170
radial type distribution system 放射状方式(配電) 524
radiation shield 放射熱シールド 631
radioactive capture 放射性捕獲 362
radioactive material 放射性物質 268, 362
radioactive waste 放射性廃棄物 269, 271, 386
rail gun レールガン 256
railway static power conditioner RPC装置 650
Rankine cycle ランキンサイクル 337
rate to maximum demand power デマンド実量制 540
rate to time of use 時間帯別料金制 540
rated rotating speed 定格回転速度(水力発電) 315
reaction trubine 反動水車 312
reactive component control 無効分制御 591
reactive power 無効電力 24, 101, 104, 479
reactive power control var control 無効電力制御 155, 588
reactor 原子炉，リアクトル 97, 359, 361, 516
reactor containment 格納容器 366, 368
reactor core isolation cooling system 原子炉隔離時冷却系 368, 376
reactor recirculation pump 原子炉再循環ポンプ 369
receiving end 受端 114
receiving point 受電点 541
reciprocating steam engine 往復蒸気機関 14
reclaimer リクレーマ 7
reclosing 再閉路 167, 398, 490

recoverable reserve　可採埋蔵量　58
recoverable year (R/P)　可採年数　58
recovery factor　回収率(エネルギー資源)　58
rectangular section tower　矩形鉄塔　438
rectangular-coordinates expression　直交座標表示　112
rectifier　順変換器　577
recycling　リサイクル　259, 270
redox-flow type battery　レドックスフロー形電池　425, 554
reduction　縮約　99
re-entrainment　再飛散　667
reference bus　基準母線　100, 120
reflection of surge　サージの反射　209
reflector　反射体　363
reformer　改質器　413
refrigerator　冷蔵庫　661
regenerative brake　回生ブレーキ　646
regenerative turbine　再生タービン　337
reheat turbine　再熱タービン　337
reheater　再熱器　335
reheating furnace　加熱炉　644
reignition surge　再発弧サージ　519
reinforced concrete pole　鉄筋コンクリート柱　438
relative air density　相対空気密度　187
relaxation time　緩和時間(帯電)　664
reliability centered maintenance (RCM)　信頼性重視保全　379, 381
reliabilty engineering　信頼性技術　42
relief valve　制圧機　315
reluctance motor　リラクタンスモータ　630, 633
remote control　遠隔制御(配電線)　568
remote meter-reading system　遠隔検針システム　540
remote operating supervisory and control system　遠隔常時監視方式　319
renewable energy　再生可能エネルギー　45, 57, 74, 276, 390
Renewables Portfolio Standard (RPS)　再生可能エネルギー割当て制度　76
Renewables Portfolio Standard Law　RPS法　401, 405
repair planning　補修計画　148, 150
reserve　埋蔵量，予備力　58, 106
reserve in place　原始埋蔵量　58
reservoir (type power station)　貯水池(式発電所)　15, 147, 306, 308
reservoir control　貯水運用　150

residential electric power demand　電灯電力需要　634
residual charge method　残留電荷法　472
residual voltgae　制限電圧　211, 513
resistance grounded neutral system　抵抗接地方式　524
resistance heating　抵抗加熱　257
resistance/reactance ratio　R/X比　115
resistor amplifier　抵抗倍率器　217
resistor voltage divider　抵抗分圧器　217
resistor-capacitor voltage divider　抵抗容量分圧器　217
responsibility point　責任分界点(高圧受電方式)　545
restoration　事故復旧　565
restoration training　復旧訓練　168
restrike surge　再点弧サージ　512
return conductor　帰線　436
return pass transmission line　帰路線　577
return stroke　帰還雷撃　201
reverse power flow　逆潮流　178, 394
reverse rolling　可逆圧延　642
reversing switch　極性切換(変圧器)　501
revolving field type three-phase synchronous generator　回転界磁形三相交流同期発電機　315
river compensation flow　河川維持流量　319
rock anchor foundation　アンカー基礎　445
rock fragmentation　岩盤破砕　255
rocket-triggerred lightning　ロケット誘雷　206, 245
Rogowski coil　ロゴスキーコイル　244
rolling　圧延　642
room temperature damper　常温ダンパ　631
room temperature dielectric　常温絶縁(超電導ケーブル)　613
room/cryogenic coupling equipment　常温極低温結合器　625
rotating camera　回転形カメラ　204
rotating machine type　回転機型(分散型電源)　395
Royal Dutch Shell　ロイヤルダッチシェル　63
rubber block joint　ゴムブロック方式接続(箱)　475
rubber unit one piece type joint　ゴムユニットワンピース型ジョイント　23
Runge-Kutta method　ルンゲ-クッタ法　132
runner vane　ランナベーン　315
run-of-river type power station　流れ込み式発電所　308

【S】

S matrix method　S 行列法　131
safeguards　保障措置(原子力発電)　379
safety rule　保安規定　379
Saha's equation　サハの式　228
salt contamination (countermeasures)　塩害(対策)　451, 527, 536
sampler　サンプリング装置(火力発電)　329
saturated flux density　飽和磁束密度　496
scattering cross section　散乱断面積　363
scattering reaction　散乱反応　362
Scott connection system transformer　スコット結線変圧器　649
scram　スクラム　367
sea level rise　海面水位上昇　277
sealing end　終端接続(箱)　473
secondary battery　二次電池　424
secondary distribution system　低圧配電系統　522, 524
secondary energy source　二次エネルギー(源)　38, 45, 54, 55
secondary sodium coolant leakage accident　二次系ナトリウム漏洩事故　361
secondary substation　二次変電所　97, 148, 479
secondary system　二次系　142
section steel　形鋼　640
sectionalizing joint　絶縁接続(箱)　473
sectioning switch　区分開閉器　545
Seebeck effect　ゼーベック効果　10
seismic load　地震荷重　441
selective catalytic reduction proces　アンモニア接触還元法　357
self commutated converter　自励式変換装置　585
self commutation　自己消弧　590
self ignition　自己点火　253
self-flow type　自流式　147, 150
self-generated and consumed　自家発　635
self-regulation performance　自己制御性　103
semiconducting glaze insulator　導電釉がいし　447
semi-conducting layer　半導電層　197, 465
sending end　送端　114
sensitivity coefficient　感度係数　122, 133
sensor　センサ(電流測定)　237
separate winding　分離巻線　496
separately leadsheathed cable　SL ケーブル　460
separative work unit (SWU)　分離作業単位　384

series capacitor　直列コンデンサ　135, 593
series compensation　直列補償方式　183
series gap　直列ギャップ　514
series reactor　直列リアクトル　516, 547
series transformer　直列変圧器(パワーエレクトロニクス)　595
series winding　直列巻線　496
settling basin　沈砂池　310
severe accident　シビアアクシデント　378
SF$_6$ gas-immersed sealing end　ガス中終端接続(箱)　473
shale gas　シェールガス　66
sheath loss　シース損　462
shell type　シェルタイプ　494
shell type transformer　外鉄形変圧器　492, 493
shield　シールド，遮へい層　237, 465
shield driving method　非開削方式　461
shielding　雷遮へい　207
shielding electrode　シールド電極(高電圧計測)　217
shielding failure　遮へい失敗　207
ship repulsion motor　船舶用電動機　633
short circuit capacity　短絡容量　397, 620
short circuit fault　短絡事故　126, 159, 232, 291, 565
short circuit fault calculation　短絡故障計算　25
short circuit generator　短絡発電機　232, 254
short line fault (SLF)　近距離線路故障　247
short-circuit protection　短絡保護　567
shunt　分流器　241
shunt compensation　並列補償方式　183
shunt reactor　分路リアクトル　491, 516
side leg　側脚鉄心　493
Siemens, E.W.　ジーメンス　10
"Silent Spring"　「沈黙の春」　265
silicon carbide　SiC　211
silicon rectifier　シリコン整流器(電気鉄道)　649
silver contact　銀系接点材料　227
silver sheathed wire　銀シース線　604
similarity law　相似則　186
simple automatic control system　簡易自動方式(水力発電の)　306
single bus　単母線　480
single conductor　単導体　436
single core　単芯型　613
single crystal buckets (SC)　単結晶翼　343
single phase current　単相交流　99
single stage pump-turbine　単段ポンプ水車　25, 26, 314

single stage reversible type　単段可逆式(揚水機器)　18
single-phase three-wire system　単相3線式　522
single-phase two-wire system　単相2線式　522
size reduction rate　縮小化率(GIS)　508
skin effect　表皮効果(大電流現象)　244
sleet jump　スリートジャンプ　451
sluice valve　スルース弁　314
small hydropower　小水力　409
small industrial electric power demand　小口電力需要　634
small-scale dispersed power source　小規模分散型電源　97, 390
snow accretion resistant wire　難着雪電線　537
snow and ice load　着氷雪荷重　459
snow damage　雪害(配電設備)　528
snow damage countermeasures　雪害対策　537
snubber circuit　スナバ回路　582
sodium sulfur battery　NAS電池, ナトリウム・硫黄電池　425, 554
sodium-cooled fast reactor (SFR)　ナトリウム冷却高速炉　374
soft energy paths　ソフトエネルギーパス　40
solar cell (module)　太陽電池(モジュール)　402, 404
solar energy　太陽エネルギー　75, 402
solar thermal power generation　太陽熱発電　75
solar thermal water heater　太陽熱温水器　75
solid insulator　固体絶縁物　195, 462
solid oxide fuel cell (SOFC)　固体酸化物形燃料電池　413
solvent　溶剤　83
space charge　空間電荷(直流送電)　463
span　径間長　458
spark gap　火花ギャップ　214
spark voltage　火花電圧　188
sparkover　スパークオーバ　188
sparse matrix　疎行列　119
specialized conductor　特殊電線　456
spectro-scopic system　分光システム　245
spent fuel reprocessing　使用済燃料再処理　386
sphere gap　球ギャップ　216
spherical valve　ロータリ弁(水力発電)　314
spinning reserve　瞬動予備力　107, 152
spiral conductor　スパイラル導体　613
spiral winding　スパイラル巻き　614
spiral wire　スパイラル線　293

splitter runner　スプリッタランナ　26, 314
spot-network power receiving system　スポットネットワーク受電方式　541
spot-network system　スポットネットワーク方式　533
spring charged operation　ばね操作方式　505, 508
square section tower　四角鉄塔　438
stability　安定度　122
stability analysis　安定度計算　26, 128
stability factor　安定係数(超電導マグネット)　607
stability limit of power transmission　安定送電限界　614
stabilization　安定化(超電導マグネット)　606
stabilization control　安定化制御　161
stabilizer　安定化材　607
stable equilibrium point　安定平衡点　128
stacker　スタッカ　328
stacker-reclaimer　スタッカリクレーマ　328
stall regulation　ストール制御　407
standard insulation gap　標準絶縁間隔　439
standard lightning impulse　標準雷インパルス　219
standard switching impulse　標準開閉インパルス　219
standard voltage　標準電圧(配電)　560
standard wind pressure　標準風圧値　441
standby gas treatment system　非常用ガス処理系　378
standby power requirement　待機消費電力　660
Stanley, W.　スタンレー　11
starting method　始動方式　27, 322
starting transformer　起動変圧器(火力発電)　346
starting voltage of partial discharge　部分放電開始電圧(超電導ケーブル)　617
static auxiliary power equipment　制止形補助電源装置　651
static compensator　STATCOM　590
static condenser　調相用コンデンサ　515
static electricity　静電気　3, 664
static excitation system　静止形励磁方式(水力発電)　317
static head　静落差　309
static synchronous compensator (STATCOM)　自励式無効電力補償装置　163, 590
static synchronous series compensator (SSSC)　自励式直列補償装置　595, 598

英 和 索 引

static unbalance compensator　SUC　589
static VAR compensator　SVC(装置)　123, 164, 175, 588, 650
static var compensator (SVC)　静止形(他励式)無効電力補償装置　123, 135, 161, 491, 587
station power supply circuit　所内回路　16
steady state　定常状態(電力系統)　112
steady state stability, small signal stability　定態安定度　122, 157
steam drum　ドラム(火力発電)　334
steam generator　蒸気発生器　364
steam reforming　水蒸気改質法　87
steam separator　気水分離器　335
steam turbine　蒸気タービン　13, 337, 370
steam turbine power generation/conventional power generation　汽力発電　324
steel　鋼鉄　640
steel core　鋼心　455
steel pipe　中空鋼管　439
steel pipe mono-pole　鋼管単柱鉄塔　438
steel pole　鉄柱　438
steel strip　鋼板　640
steel tower　鉄塔　438
steelworks　製鉄所　640
Steinmetz, C.P.　スタインメッツ　13
step voltage regulator　線路用電圧調整器　561
step-out　脱調　105, 126
step-out preventive relay　脱調未然防止リレー　165
stepped leader　ステップトリーダ　200
stop joint　油止め接続(箱)　473
straight joint　普通接続(箱)　473
strand　素線　454
stranded wire　より線　461, 613
stray load loss　漂遊負荷損　225
streamer corona　ストリーマコロナ　187
stress diagram　応力図　443
stress relief cone　ストレスリリーフコーン　474
striking distance　雷撃距離　207
stroke　ストローク(雷)　201
strong inverse time-lag characteristic　強反限時特性　551
sub-bituminous coal　亜瀝青炭　59
subcritical pressure boiler　亜臨界圧力ボイラ　333
submarine cable (transmission)　海底ケーブル(送電)　464, 573
submerged combustion vaporizer　サブマージド式気化器　332

subsequent lightning　後続雷撃　201
subsidy　設置補助　76
substation　変電所　97, 478
substation automation digital control system　変電所総合ディジタルシステム　25, 490
substitute gas　代替ガス　192, 511
sub-synchronous resonance　SSR　135, 593
sulfur dioxide　二酸化硫黄　263
sulfur hexafluoride　SF_6, 六フッ化硫黄　27, 191, 285
sulfur lamp　硫黄電灯　258
sulfur oxides (SOx)　硫黄酸化物　40, 356
sump tank　集油タンク　315, 317
Sun-Shine Project　サンシャイン計画　402
super conductivity　超電導　479, 602
super/normal transition　超電導/常電導相移転　604
superconducting (transmission) cable　超電導(送電)ケーブル　602, 612
superconducting bearing　超電導軸受　429
superconducting bulk materials　超電導バルク材料　621
superconducting current limiter　超電導限流器　602, 604, 620
superconducting generator　超電導発電機　602
superconducting generator with high response excitation　速応励磁型超伝導発電機　603
superconducting layer　超電導層　617
superconducting power apparatus　超電導電力機器　602
superconducting silver matrix conductor　超電導銀シース線材　622
superconducting synchronous machine　超電導同期機　630
superconducting thin film　超電導薄膜　624
superconducting transformer　超電導変圧器　602, 624
super-conductive magnetic energy storage (SMES)　超電導磁気エネルギー蓄積装置　254, 430, 597, 602, 604, 611, 626
superconductor　超電導線　254, 613
supercritical pressure　超臨界圧　326
supercritical water cooled reactor (SWCR)　超臨界圧軽水冷却炉　373
superfluid helium　超流動ヘリウム　611
superheater　過熱器　335
supervisory control and data acquisition　SCADA　558
supervisory control system　集中監視制御方式(水力発電)　306

supply and demand control　需給制御　151
supply and demand coordination　需給調整　151
supply-demand balancing　需給バランス　103
supporting structure　支持物　436, 532
surface cleaning　表面膜の除去(大電流現象)　259
surface discharge　沿面放電　198
surface flashover　沿面フラッシオーバ　198
surge　サージ　208
surge impedance　サージインピーダンス　208
surge proof winding for shell transformer　外鉄形サージプルーフ巻線　500
surplus oil　余裕油量　467
susceptance　サセプタンス　115
suspended solids　浮遊物質(火力発電)　358
suspension clamp　懸垂クランプ　456
suspension insulator　懸垂がいし　446
suspension type tower　懸垂型鉄塔　438
sustainable growth　持続的発展　44
swichting impulse (voltage)　開閉インパルス(電圧)　188, 452
swing equation　動揺方程式　123
switch　開閉器　350, 532
switching overvoltage　開閉過電圧　470, 484
switching station　開閉所　98
switching surge　開閉サージ　209, 452
synchronization　並列(火力発電)　353
synchronizing power (coefficient)　同期化力(係数)　105, 125
synchronous condenser　同期調相機　24, 123, 633
synchronous controlled switching　位相制御開閉方式　519
synchronous generator　同期発電機　96, 123, 347
synchronous instability　同期不安定性　105
synchronous motor (SM or SYM)　同期電動機(鉄鋼)　641
synchronous stability limit　同期安定性限界　117
synergism　シナジズム(絶縁特性)　192
synthesized load　合成荷重(送電線)　459
synthetic oil　合成油　466
synthetic short circuit current test　合成遮断試験　248
system frequency (characteristics)　系統周波数(特性)　103, 105, 107
system interconnection　系統連系　95, 573
system interconnection technology　系統連系技術(分散型電源)　395

system planning　系統計画　145
system protection　系統保護　488
system training (real time) simulator　訓練用(リアルタイム)シミュレータ　27, 168
system voltage　系統電圧　104, 350

【T】

tailrace　放水路　310
tandem cold mill (TCM)　タンデムコールドミル　640
tandem type　タンデム式(揚水機器)　18
tank lorry　タンクローリー　84
tap　タップ(変電機器)　491
tap change with reactor　リアクトル方式(電流切換)　501
tap change with resistor　抵抗方式(電流切換)　501
tap selector　タップ選択器　501
tap winding　タップ巻線　501, 517
tap-changing controller　タップ切換制御　649
technological standards　技術基準(配電線路)　532
technology foresight survey　技術予測調査　45
tei-line bias control　周波数偏倚連系線電力制御　109
telecontrol system　遠隔制御方式(水力発電)　306
television　テレビ　659
television interference　テレビ電波障害　293
temperature rise　温度上昇(変圧器)　500
temperature rise　気温上昇　277
temperature rise test　温度上昇試験　251
temporary overload　短時間過負荷　500
temporary overvoltage　短時間過電圧　209, 452, 484
tension clamp　耐張クランプ　456
tension type tower　耐張型鉄塔　438
Tesla, N.　テスラ　12
testing voltage　試験電圧(絶縁)　212, 482
tetsing transformer　試験用変圧器　213
Thales　タレス　3
the Conference of the Parties (COP)　締約国会議　279, 661
thermal barrier coating (TBC)　遮熱コーティング　343
thermal breakdown　熱的破壊　195
thermal constrict　熱収縮　614
thermal dominated hydro secondary power generation portfolio　火主水従　16
thermal effect of electromagnetic fields　電磁界

の熱作用　298
thermal equivalent circuit　熱等価回路　463
thermal fatigue　熱疲労　623
thermal insulation　断熱層　615
thermal neutron　熱中性子　361
thermal power generation　火力発電　44, 97, 324
thermal power plant　火力発電所　267
thermal resistance　熱抵抗(地中送電線)　462
thermal shield　熱遮へい　615
thermal storage air conditioning system　蓄熱式空調システム　78
thermal thunderstorm　熱雷　200
thermal wastewater (measure)　温排水(対策)　267
thermochemical conversion　熱化学的変換法　420
thermo-resistant aluminum alloy conductor　耐熱アルミ合金線　454
thermo-resistant aluminum alloy conductor aluminum clad steel reinforced, (TACSR/AC)　アルミ覆鋼心耐熱アルミ合金より線　456
thermo-resistant aluminum alloy conductor steel reinforced, (TACSR)　鋼心耐熱アルミ合金より線　454
thin film　薄膜　604
third party access　第三者利用　83
three bundle core　三芯一括型(超電導ケーブル)　613
three legs core　三脚鉄心　497
Three Mile Island Accident　スリーマイル島事故　70
three phase bridge connection　三相ブリッジ　578
three phase encapsulation　三相一体構造(GIS)　509
three terminals configuration　三端子　577
three-line distribution line　三線式配電線　20
three-phase AC　三相交流　12, 99
three-phase induction generator　三相交流誘導発電機　14
three-phase three-wire system　三相3線式　522
through-flow valve　複葉弁　314
thrust bearing　スラスト軸受　317
thundercloud　雷雲　200
thunderday　雷雨日数　201
thyristor controlled braking resistor　サイリスタ制御制動抵抗　596

thyristor controlled phase shifting transformer　サイリスタ制御移相変圧器　597
thyristor controlled reactor (TCR)　サイリスタ制御リアクトル　587
thyristor controlled series capacitor (TCSC)　サイリスタ制御直列コンデンサ　145, 162, 593
thyristor controlled transformer (TCT)　サイリスタ制御変圧器　588
thyristor controlled voltage limiter　サイリスタ制御過電圧リミッタ　596
thyristor device　サイリスタ素子　28
thyristor excitation (system)　サイリスタ励磁(方式)　25, 129, 348
thyristor leonard control device　サイリスタレオナード装置　646
thyristor starting system　サイリスタ始動装置(火力発電)　353
thyristor starting system　サイリスタ始動方式　27, 322
thyristor switched capacitor (TSC)　サイリスタスイッチッドキャパシタ　587
thyristor switched series capacitor　サイリスタ開閉直列コンデンサ　596
thyristor valve　サイリスタバルブ　574
thyristor-leonard　サイリスタレオナード　656
tidal power generation　潮汐発電　76
tie-line, interconnected system　連系送電線　108
tight sands gas　タイトサンドガス　66
time to crest　波頭長　188
time to half value　波尾長　188
time-limited, sequential charging automatic switching system　順送　568
time-of-arrival method　到達時間差法　206
Tokai reprocessing plant　東海再処理施設　361, 386
tokamak　トカマク　253
TOP runner　トップランナー方式　660
torque tube　トルクチューブ　631
Townsend, J. S. E.　タウンゼント　185
Townsend's law　タウンゼントの理論　185
tracking　トラッキング　199
traction machine　巻上機　654
traction type elevator　トラクション式エレベータ　654
traction type elevator　ロープ式エレベータ　654
trans uranium (TRU)　超ウラン　259, 387
transfer　転写　667
transfer switch　転位切換　501

英和索引

transformation ratio　変圧比　117, 348
transformer　変圧器　97, 478, 532
transient response characteristics　過渡特性（変成器）　518
transient stability　過渡安定性　123, 157
transition joint　異種接続（箱）　473
transmission capacity　送電容量　462, 613
transmission current　送電電流　21
transmission line　送電線（路）　99, 114, 432, 460
transmission line from generation　電源送電線　140, 146
transmission loss　送電損失　21, 111
transmission network　送電ネットワーク　432
transmission system　送電系統　96
transmission voltage　送電電圧　21
transmitted electric power　送電電力（超電導ケーブル）　614
transposed conductor　転位導体　613
transposed line　転位電線　498
transverse resistance　横断抵抗　609
trcc　トリー　196
tree damage countermeasures　樹木対策　537
treeing phenomena　トリーイング現象　196
trench　素掘処理　388
triangular factorization　三角化分解　121
Trichel pulse　トリッチェルパルス　187
triggered lightning　誘雷　206
triggering gap　始動ギャップ　214
triple redundant　三重化（火力発電）　351
triplex　トリプレックス　469
troidal field coil　トロイダル磁界（TF）コイル　611
tungsten contact material　タングステン系接点材料　226
turbine blade　タービンブレード（翼）　16, 338
twist (pitch)　ツイスト（ピッチ）　609
two poles　双極　577
two staged combustion　二段燃焼（脱硝技術）　357

【U】

U-charcateristcis　U 特性　190
ultimate recoverable reserve　究極可採埋蔵量　58
ultra super critical pressure (USC)　超々臨界圧　326
ultra-high voltage (transmission)　UHV（送電）　141, 434
ultrasonic test　超音波探傷検査（水力発電）　323
unbalanced insulation　不平衡絶縁　437

unconventional energy　非在来型エネルギー　57
unconventional natural gas　非在来型天然ガス　66
unconventional oil　非在来型石油　63
underground distribution facilities　配電線地中化　538
underground power transmission (line)　地中送電（線）　460, 615
undiscovered resources　未発見資源量　65
un-fired heat recovery combined cycle　排熱回収式コンバインドサイクル　343
unified power flow controller (UPFC)　統合型電力潮流制御装置　517, 595
uninterruptible power supply (UPS)　無停電電源装置　49, 179, 181, 422, 555, 604, 627
uni-substation　配電塔　534
unit stress coefficient　単位応力係数　443
unit waveform　単位波形　102
United Nations Environment Programme (UNEP)　国連環境計画　278
United Nations Framework Convention on Climate Change (UNFCCC)　国連気候変動枠組条約　279
unloading arm　アンローディングアーム　329
unsynchronized interconnection　非同期連系　578
up-and-down method　昇降法　219
uplift load (force)　引揚荷重（力）　444
upward leader　上向きリーダ　201
uranium and plutonium oxide fuel (MOX fuel)　ウラン・プルトニウム混合酸化物燃料　373
uranium enrichment　ウラン濃縮　383
uranium (fuel)　ウラン（燃料）　68, 372, 384
US Geological Survey　米国地質調査所　62
utilization factor　利用率（高電圧）　215

【V】

vacuum arc　真空アーク　229
vacuum circuit breaker (VCB)　真空遮断器　503
vacuum gap　真空ギャップ　199
vacuum insulation panel　真空断熱パネル　662
vacuum layer of thermal insulation　断熱真空層　616
valve reactor　バルブリアクトル　582
Van de Graff generator　バンデグラーフ発電機　214
var compensator　無効電力補償装置　491, 587
var equipment, reactive power source　調相設備　155, 588

variable pressure operation　変圧運転　327
variable refrigerant flow　ビル用マルチエアコン　653
variable speed drive　可変速駆動　639
variable speed pumped storage system　可変速揚水発電　26, 308, 316, 598
variable voltage variable frequency (VVVF)　可変電圧，可変周波数　641, 647
variable voltage variable frequency inverter　VVVFインバータ　646
variable-speed machine　可変速機（風力発電）　407
vector control　ベクトル制御　591
vernia mode　バーニアモード　593
vertical component　直角成分　102, 114
vertical reaction　垂直反力　443
very fast transient overvoltage　高周波サージ　209, 511
very high-temperature gas cooled reactor (VHTR)　超高温ガス炉　374
virtual origin　規約原点　188
vitrification　ガラス固化　386
void　ボイド　197
volcano lightning　火山雷　200
Volta, A.　ヴォルタ　6
Volta's pile　ヴォルタの電堆　7
voltage characteristic　電圧特性　105
voltage class　電圧階級　142
voltage collapse　電圧低下（崩壊）　117, 143, 180
voltage control　電圧制御（超電導機器）　603, 627
voltage dividing ratio　分圧比　217
voltage doubler rectifier circuit　倍電圧整流回路　214
voltage instability　電圧不安定　104, 116
voltage management　電圧管理（配電設備）　526, 561
voltage reactive power control　電圧・無効電力制御　153, 155
voltage regulator　電圧調整設備　614
voltage source　電圧源　112
voltage source converter (VSC)　電圧型自励式変換器　590
voltage stability　電圧安定性（度）　123, 157, 615
voltage stability limit　電圧安定性限界　117
voltage theta-specified node　Vθ指定ノード　119
voltage transform　変電　478
voltage-time characteristics　V-t特性　189, 470

volume effect　体積効果　194

【W】

waiting time　待ち時間　658
Ward-Leonard　ワードレオナード　656
waste water treatment system　排水処理装置　358
water cooled (thyristor) valve　水冷バルブ（サイリスタ）　574
water cooling　水冷却（火力発電）　347
water hammer　水撃作用　309, 311
water intake facility　取水設備　308
water quality conservation　水質保全　267
water tree　水トリー　196, 471
waterproof layer　遮水層（絶縁）　197
waterway　水路　308
waterway type power station　水路式発電所　308, 310
watt-hour meter　電力量計　539
wave activated generation　波力発電　75
wax　ワックス　83
wedge-type clamp　くさびクランプ　457
weekly start-stop (WSS)　週間運用　151
Weibull distribution　ワイブル確率分布　471
Westinghouse, G.　ウェスティングハウス　11
wet curving process　湿式架橋（方式）　469
white metal　ホワイトメタル（水力発電）　317
wholesale electric utilities　卸電気事業者　634
wind farm　ウィンドファーム　408
wind noise　風騒音　293
wind power generation　風力発電　75, 405
wind pressure load　風圧荷重　441, 532
wind pressure on steel tower　鉄塔風圧荷重　441
wind pressure on strung wires　架渉線風圧荷重　441
winding conductor　巻線導体　498
winding for magnetic shield　磁気遮へい巻線　616
winter lightning　冬季雷　200
wire length　電線実長　458
withstand abrasion wire　耐磨耗電線　537
withstand voltage test　耐電圧試験　220
wood pole　木柱　438
woody biomass　木質系バイオマス　72, 422
work without supply-interruption　無停電作業　563
World Energy Council (WEC)　世界エネルギー会議　59
World Meteorological Organization (WMO)　世

界気象機構　278
World Petroleum Congress (WPC)　世界石油会
　　　議　62
wrapped core sheet connection　ラップ接合
　　　497

【Y】

Y joint　Y 分岐接続(箱)　473
Y joint　Y 分岐接続(箱)
Y matrix　Y 行列　118
yardstick assessment　ヤードスティック査定
　　　83
YBCO (Y system) tape conductor　YBCO(Y系)
　　　テープ導体　606

Yi-tape conductor　Y 系線材　614
yoke　継鉄　492
yoke leg　ヨーク鉄心　492

【Z】

zero power factor　零力率(直流送電)　580
zerography　静電複写　667
zero-phase-sequence current　零相電流(配電設
　　　備)　549
zero-phase-sequence current transformer　零相
　　　変流器　566
zinc oxide　ZnO　211
zone type dam　ゾーン形ダム　310

資料編

―掲載会社索引―
(五十音順)

株式会社ジェイ・パワーシステムズ……………………… 1
住友電気工業株式会社……………………………………… 2
財団法人電力中央研究所…………………………………… 3
東京電力株式会社…………………………………………… 4
株式会社東芝………………………………………………… 5
株式会社ビスキャス………………………………………… 6

人々の暮らしを支え
地域社会と地球環境の未来に貢献する
新しい「パワー」となるために——

日立電線(株)と住友電気工業(株)の
電力事業部門を統合いたしました。

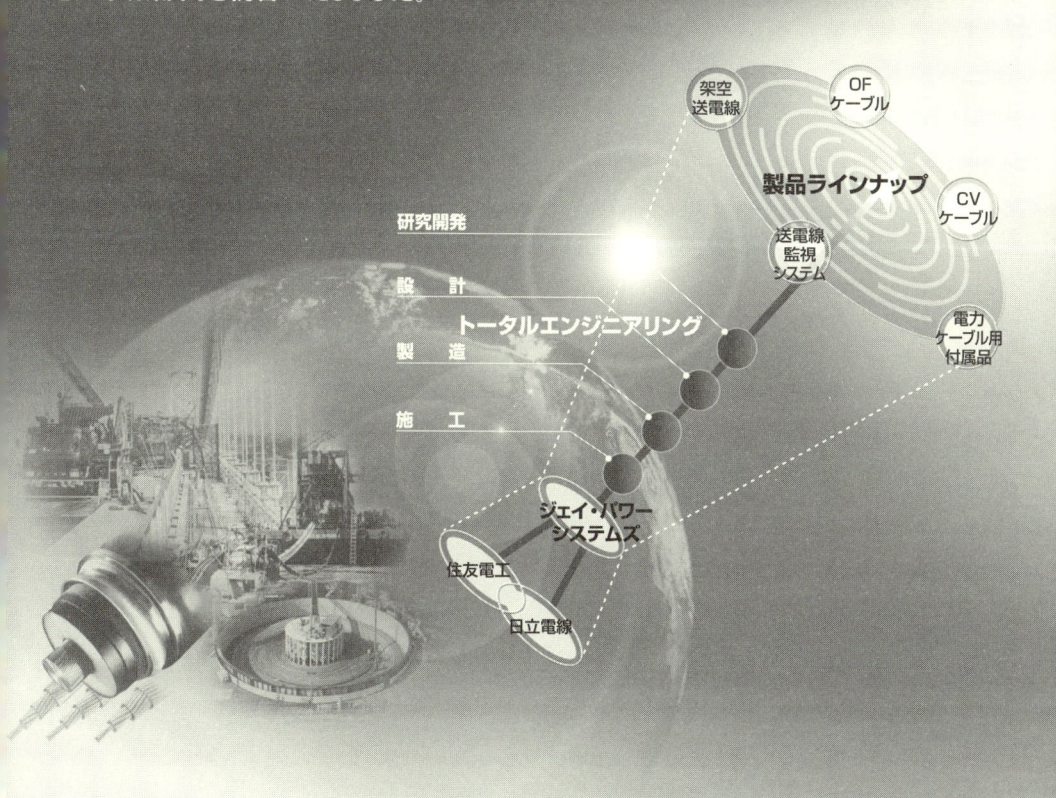

製品ラインナップ
- 架空送電線
- OFケーブル
- 送電線監視システム
- CVケーブル
- 電力ケーブル用付属品

トータルエンジニアリング
- 研究開発
- 設計
- 製造
- 施工

ジェイ・パワーシステムズ
住友電工
日立電線

株式会社　ジェイ・パワーシステムズ

〒108-0073 東京都港区三田3-13-16 三田43MTビル8F
電話:03-5232-4700
Fax:03-5232-4717
URL:http://www.jpowers.co.jp

J-Power Systems

SEI ◆ 住友電工

素敵な未来を奏でたい。

パッドの上で指が踊る。踊りに合わせて音が奏でられる。
美しい音色は耳から心に響く。
それは一つ一つのパッドがその役割を果たし、
指が華麗に踊ってこそ心に届くもの。
いつの時代にも素敵な音色を奏でるフルートのように、
一世紀の間に蓄積した技術を活かして数々の最先端分野を切り拓き、
心に響く未来を創造する、それが住友電工なのです。

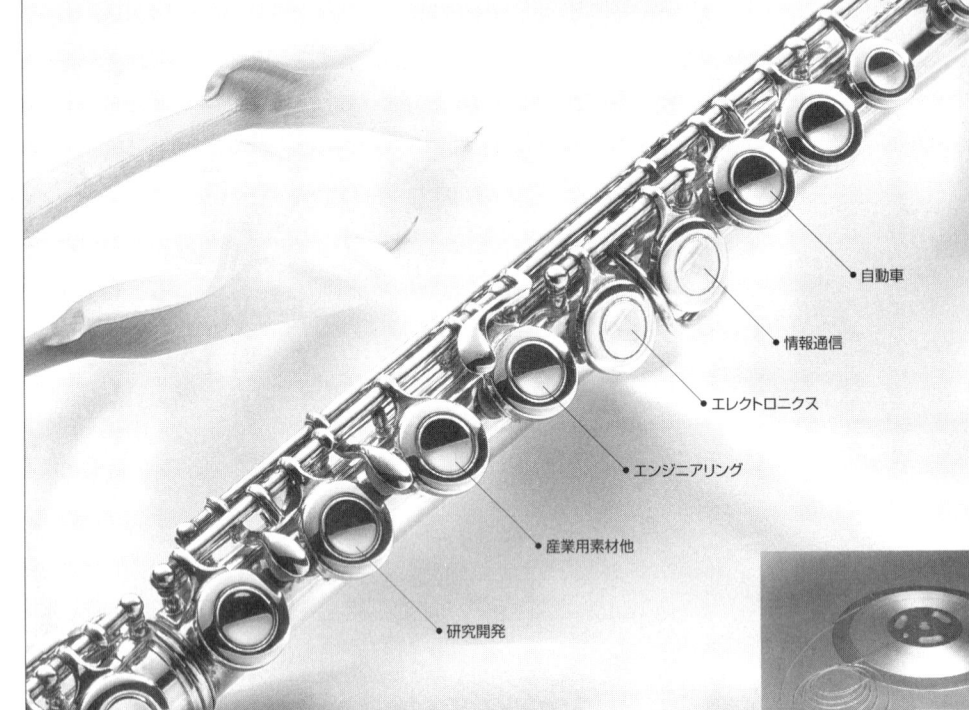

- 自動車
- 情報通信
- エレクトロニクス
- エンジニアリング
- 産業用素材他
- 研究開発

ビスマス系高温超電導線

住友電工は、新しく開発した加圧焼成法により、ビスマス系高温超電導線の品質・生産性の大幅な向上を達成し、無欠陥で1,000mを超える長尺線材の量産を可能としました。既に米国ニューヨーク州Albany市での超電導ケーブル実証計画で使用され、韓国電力公社電力研究院向け超電導ケーブルでの採用も決定しています。
住友電工は、これまで培ってきた材料技術とシステム技術で、21世紀の新しい扉を開く超電導技術をこれからもリードしてゆきます。

大阪本社 〒541-0041 大阪市中央区北浜4-5-33 ☎06-6220-4141　東京本社 〒107-8468 東京都港区元赤坂1-3-12 ☎03-3423-5111　URL http://www.sei.co.jp/

夢を技術に（かたち）に

（財）電力中央研究所は、エネルギーの安定供給やコストダウン、地球環境問題への取り組みなど、電気事業の課題解決に役立つ"頼りになる研究所"を目指して研究を進めていきます。

CRIEPI 電力中央研究所 http://criepi.denken.or.jp/

〒100-8126　東京都千代田区大手町1-6-1　TEL:03-3201-6601（代）

[TEPCO 東京電力]

いっしょにやれば、もっと大きなチカラになる。

いっしょに減らそう CO₂

品川火力発電所にて

東京電力だからできるCO₂ダイエットを実践しています。

発電時のCO₂排出量をできるだけ少なくするために2010年度のCO₂排出原単位を
20%低減（1990年度比）するという目標に向けて、あらゆる努力を続けています。

- 発電時にCO₂を出さない原子力発電や水力発電を利用しています。
- 火力発電の熱効率を向上させることで、CO₂の排出量を削減しています。
- 太陽光や風力など自然エネルギーの開発・普及に取り組んでいます。

エネルギーを効率よく使うCO₂の少ない暮らしをご提案しています。

- 空気の熱でお湯を沸かす、次世代給湯システム「エコキュート」など、高効率な機器やシステムの開発・普及を進めています。
- 省エネルギーやエコライフに役立つ情報を、インターネットやパンフレットを通じてご提供しています。

尾瀬の自然保護や、オーストラリアでの植林プロジェクトなどを進めています。

あなたの暮らしの中でできるCO₂ダイエットがあります。

地球温暖化をストップするためには、今こそひとりひとりの省エネ行動が求められています。
例えば、エアコンの設定温度は控えめにする、冷蔵庫の詰め込みすぎをやめる、
洗濯物はまとめて洗うなど、今すぐできることから始めませんか。

つくる大切さ。まもる大切さ。

省エネルギー、エコライフに役立つ情報はこちらから。

www.tepco.co.jp

TEPCOのECO

TOSHIBA

エネルギーの未来、東芝は技術で応えます。

電力システム技術

Reliability
エネルギーの安定供給を支える高度なシステム

Intelligent
複雑なシステムを支える高度な情報処理・制御・解析技術

Solution
豊富な経験と総合力による最適なエネルギーソリューション

Energy

Ecology
環境問題に配慮した技術開発

Application*
エネルギーインフラ構築で培った技術を応用した、幅広い産業分野に対応するソリューション

*詳しくは、ポータルサイト「EnergyFort」http://www.toshiba.co.jp/efort/へ。

株式会社 東芝　電力・社会システム社　http://www3.toshiba.co.jp/power/
〒105-8001　東京都港区芝浦1-1-1(東芝ビル)　TEL. 03-3457-3667

電力送配電システムの
世界的トップランナーとして、ビスキャスは
さらなる飛躍をめざします。

ビスキャスの新たなる展開

　ビスキャスは、古河電気工業株式会社と株式会社フジクラが一世紀以上にわたって積み重ねてきた設計、製造、施工にいたる研究と技術の蓄積を融合し、電力ケーブルの設計・海外営業の会社として2001年10月1日に営業を開始しました。営業開始以来、その技術力は日本のみならず世界の電力会社から高い評価をいただいています。

　そして2005年1月1日、ビスキャスはさらに大きく飛躍、電力送配電システムの総合企業として、新たに生まれ変わりました。新たなビスキャスは、遠隔地から消費地までの架空送電システム、大都市圏の電力供給を支える地中送電システム、都市の変電所から需要家を結ぶ配電システムおよび、その基盤となる電線・ケーブル、機器部品、工事および関連システムを提供します。また、電力送配電システムの世界的トップランナーとして、電力エネルギー供給のあらゆる局面で、信頼度の高い技術力を世界中に拡めていきます。

営業品目

電力　電力ケーブル、機器部品、工事および関連システム

送電　架空送電線、機器部品、工事および関連システム

配電　配電ケーブル

ビスキャス >>> ラテン語でPowerを意味する「VIS」とCable And Systemの頭文字「CAS」を組み合わせた造語「VISCAS」です。

株式会社 ビスキャス　〒140-0002　東京都品川区東品川4丁目13番14号
Tel:03-5783-1850（代）　Fax:03-5783-1870

電力工学ハンドブック　　　　定価は外函に表示

2005年10月30日　初版第1刷

編者　宅　間　　　董
　　　高　橋　一　弘
　　　柳　父　　　悟
発行者　朝　倉　邦　造
発行所　株式会社　朝　倉　書　店
　　　　東京都新宿区新小川町6-29
　　　　郵便番号162-8707
　　　　電　話 03 (3260) 0141
　　　　F A X 03 (3260) 0180
　　　　http://www.asakura.co.jp

〈検印省略〉

©2005〈無断複写・転載を禁ず〉　　中央印刷・渡辺製本

ISBN 4-254-22041-3　C3054　　Printed in Japan

前蔵前工高 岩本　洋編

図 解 電 気 工 学 事 典

22030-8 C3554　　　　A5判 432頁 本体14000円

電気工学のすべてを，多数の図表および例題を用いて簡潔・平易に解説。第三種電気主任技術者に必要な知識を網羅した，学生ならびに電気技術者の座右の書。〔内容〕電気数学／電気基礎(電気回路，磁気，静電気)／電気機器(直流機，変圧器，誘導機，同期機，パワーエレクトロニクス，電気材料，発電，送電・配電，照明，電熱，電気化学，他)／電子技術(半導体素子，電子回路，電子計測，自動制御，音響機器，通信，テレビジョン，情報の記録と再生，他)／コンピュータ

前日大 川西健次・前東大 近角聰信・前阪大 櫻井良文編

磁 気 工 学 ハ ン ド ブ ッ ク

21029-9 C3050　　　　B5判 1272頁 本体50000円

最近の磁気工学の進歩は，多方面に渡る産業界にダイナミックな変革を及ぼしている。エネルギー等大規模なものから記憶・生体等身近なものまでその適用範囲が広大な中で，初めて本書では体系化を行った。基礎となる理論も含め，それぞれの領域で第一人者として活躍する研究者・技術者が詳述するもの。〔内容〕磁気物性／磁気の測定法・観察法／磁性材料／線形磁気応用／非線形磁気応用／永久磁石応用／光・マイクロ波磁気／磁気記憶，記録／磁気センサー／新しい磁気の応用

D.リンデン編　前立大 髙村　勉監訳

最 新 電 池 ハ ン ド ブ ッ ク

22034-0 C3054　　　　B5判 944頁 本体35000円

〔内容〕(1)原理：性能への影響因子／標準化／設計／(2)一次電池：アルカリマンガン電池／空気亜鉛電池／リチウム電池／固体電解質電池／(3)リザーブ電池：亜鉛-酸化銀リザーブ電池／回転依存型リザーブ電池／アンモニア電池／常温型リチウム正極電池／(4)二次電池：密閉型鉛蓄電池／ニカド電池／焼結式ニカド電池／ニッケル・亜鉛電池／密閉型ニッケル・金属水素化物電池／(5)新型電池：常温型リチウム／亜鉛・臭素／空気金属電池／リチウム・硫化鉛／βアルミナ型／他

P.S.アジソン著
東大 新　誠一・電通大 中野和司監訳

図説ウェーブレット変換ハンドブック

22148-7 C3055　　　　A5判 408頁 本体13000円

ウェーブレット変換の基礎理論から，科学・工学・医学への応用につき，250枚に及ぶ図・写真を多用しながら詳細に解説した実践的な書。〔内容〕連続ウェーブレット変換／離散ウェーブレット変換／流体(統計的尺度・工学的流れ・地球物理学的流れ)／工学上の検査・監視・評価(機械加工プロセス・回転機・動特性・カオス・非破壊検査・表面評価)／医学(心電図・神経電位波形・病理学的な超音波と波動・血流と血圧・医療画像)／フラクタル・金融・地球物理学・他の分野

日中英用語辞典編集委員会編

日中英電気対照用語辞典

22033-2 C3554　　　　A5判 496頁 本体12000円

日本・中国・欧米の電気を学ぶ人々および電気産業に携わる人々に役立つよう，頻繁に使われる電気用語約4500語を選び，日中英，中日英，英日中の順に配列し，どこからでも用語が探し出せるよう図った。〔内容〕計測・制御／材料部品／電気機器／電力／電線・ケーブル／電気化学／電気鉄道／有線通信／通信網／交換／光ファイバ・伝送／無線通信／アンテナ／無線航法／電子回路／半導体／IC／放送・音響／照明／論理演算／プログラミング／データ通信／コンピュータ／他

上記価格(税別)は2005年9月現在